Handbibliothek für Bauingenieure

Ein Hand- und Nachschlagebuch
für Studium und Praxis

Begründet von

Robert Otzen

III. Teil. Wasserbau. 7. Band:

Landwirtschaftlicher Wasserbau

Von

G. Schroeder

Zweite, umgearbeitete Auflage

Springer-Verlag
Berlin / Göttingen / Heidelberg
1950

Landwirtschaftlicher Wasserbau

Von

Prof. Dr.-Ing. **Gerhard Schroeder**

Zweite, umgearbeitete Auflage

Mit 372 Abbildungen

Springer-Verlag
Berlin / Göttingen / Heidelberg
1950

ISBN 978-3-642-53349-5 ISBN 978-3-642-53389-1 (eBook)
DOI 10.1007/978-3-642-53389-1

Softcover reprint of the hardcover 2nd edition 1950

Vorwort zur zweiten Auflage.

Da die im Jahre 1937 erschienene erste Auflage vergriffen ist, wurde das Buch nach den inzwischen gewonnenen neuen Erkenntnissen und Erfahrungen umgearbeitet und in einigen Abschnitten erheblich erweitert. Dabei konnten auch die inzwischen genormten Bezeichnungen verwendet werden.

Neu aufgenommen sind Abschnitte über die energetische Theorie des Bodenwassers, über Bodentypen, Pflanzensoziologie und über die Wirkungen der Wasserstraßen und Wasserkraftwerke auf Landeskultur und Fischerei. Ferner wurden neue Verfahren zur Berechnung von Stau- und Senkungskurven, des Sielzuges sowie der Leistung von Schöpfwerken entwickelt.

Erheblich erweitert wurden die Abschnitte über Abflußberechnungen und Feldberegnung. Völlig neu sind die Ausführungen über Abwasserverwertung gefaßt worden. Die Flußregelung wurde unter den für die Landeskultur wichtigen Gesichtspunkten behandelt.

Den Kostenangaben mußten im wesentlichen RM-Preise vor 1939 zugrunde gelegt werden, da eine ausreichende Festigung der DM-Preise noch nicht eingetreten ist.

Ich hoffe, daß auch die zweite Auflage dieses Buches sowohl für den Lernenden als Lehrbuch wie auch für den Geübten als Nachschlagebuch seinen Zweck erfüllt und mit dazu beiträgt, die heute besonders wichtige Hebung der landwirtschaftlichen Erzeugung zu fördern.

Bielefeld, Mai 1950.

Dr. Schroeder.

Inhaltsverzeichnis.

I. Boden- und Pflanzenkunde

Seite

II. Gewässer- und Wetterkunde

III. Bäche, Gräben und Entwässerungskanäle

IV. Flüsse und Flußdeiche

X. Die Landgewinnung

I. Boden- und Pflanzenkunde.

A. Der Zustand des Bodens (Physik).

1. Der Boden als Gemenge fester, flüssiger und gasförmiger Teile.

Der Standort der landwirtschaftlichen Nutzpflanzen ist der gewachsene Boden. Er besteht aus festen, flüssigen und gasförmigen Teilen. Die festen Teile sind entweder mineralischer oder organischer Art (Humusstoffe), als flüssiger Teil erscheint das Wasser und als gasförmiger in der Hauptsache die Luft und die Kohlensäure.

Diese drei Zustände des Bodens sind nun nicht durch scharfe Grenzflächen voneinander getrennt. „Was bei etwa millionenfacher Vergrößerung dem Auge des Beschauers sich bieten würde, würde nicht mehr ein Gemisch von festen Teilchen, Wasser und Luft sein, sondern ein völlig unentwirrbares Durcheinander in rasender Bewegung umherwirbelnder Massenpunkte im leeren Raum, in welchem jede Möglichkeit, fest, flüssig und gasförmig zu unterscheiden, zunächst verschwunden wäre" (*244, 21*)[1]. So müssen wir uns vorstellen, daß die einzelnen Zustände der Masse nicht plötzlich aufeinander folgen, daß vielmehr Übergänge vorhanden sind und daß ständig ein Austausch von Molekeln zwischen den einzelnen Zuständen stattfindet. Diese Betrachtungsweise läßt gleichzeitig erkennen, daß eine scharfe Trennung zwischen physikalischen und chemischen Vorgängen keineswegs immer durchzuführen ist.

Trotz dieser Verhältnisse arbeitet die Bodenkunde zum Teil mit grobsinnlichen Begriffen, die zwar mit der Zusammensetzung des Stoffes aus Molekeln nicht immer im Einklang stehen, aber doch in vielen Fällen für die Praxis brauchbare Ergebnisse geliefert haben. Es gibt Böden, bei denen eine solche grobsinnliche Betrachtungsweise auch ohne weiteres verständlich ist, wie beispielsweise die Sandböden mit ihren dem bloßen Auge als scharf begrenzte Teilchen erkennbaren Quarzkörnern. Es gibt aber auch bodenkundliche Fragen, deren Lösung ohne Beachtung der vorstehend dargelegten Verhältnisse nicht möglich ist.

2. Die festen Bodenteile.

Die festen Teile des Bodens haben eine sehr verschiedene Form und Größe. Von der Kugel bis zum flachen Scheibchen sind alle Zwischenstufen vertreten. Regelmäßige und unregelmäßige Formen wechseln miteinander ab. Das einzelne Bodenteilchen kann eine mehr oder weniger abgerundete Form besitzen oder zahlreiche Ecken und Kanten aufweisen. Das alles gilt in gleicher Weise für große und winzig kleine Bodenteile.

Wenn man trotz der verschiedenen Formen der Bodenkörner von bestimmten Korngrößen spricht, so wird diese Bezeichnung aus der Bestimmungsart der Korngrößen verständlich. Wenn z. B. Boden durch das 2-mm-Sieb hindurchgeht, sagt man, seine Korngröße sei kleiner als 2 mm. Nach dem Vorschlag von Atterberg teilt man die Böden nach ihren Korngrößen in folgende Gruppen:

[1] Die zwischen runden Klammern stehenden, schräg gedruckten Zahlen beziehen sich auf das Schriftenverzeichnis am Schluß des Buches. Es bedeutet also (*244, 21*) die Nr. 244 des Schriftenverzeichnisses und S. 21 der dort angegebenen Quelle.

a) Grobboden. Kies, Grus	20	bis 2 mm
b) Feinboden. Grobsand	2	bis 0,2 mm
Feinsand (Körner noch erkenn- oder fühlbar)	0,2	bis 0,02 mm
Staubsand (Schluff)	0,02	bis 0,002 mm
Rohton (Kolloidton)	< 0,002 mm	

Der Gehalt eines Bodens an Teilchen < 0,002 mm wird auch als sein absoluter Tongehalt bezeichnet ohne Rücksicht darauf, daß diese kleinen Teilchen nicht immer restlos aus dem Mineral Ton bestehen. Die feinsten, sog. kolloidalen Bodenteilchen sind bodenkundlich von besonderer Bedeutung (S. 16).

Kies und Sand werden häufig auch wie folgt abgestuft:

Kies	50 bis 2 mm
(Grobkies 50 bis 20, Mittelkies 20 bis 5, Feinkies 5 bis 2)	
Sand	2 bis 0,02 mm
(Grobsand 2 bis 0,5, Mittelsand 0,5 bis 0,2, Feinsand 0,2 bis 0,02)	

Für das physikalische Verhalten des Bodens ist auch die chemische Beschaffenheit der festen Bodenteilchen nicht gleichgültig. Sie kann sogar von wesentlichem Einfluß auf den Wasserhaushalt des Bodens sein (S. 22).

Betrachtet man die Quarzkörner eines reinen Sandbodens, so leuchtet ein, daß jedes einzelne Bodenteilchen eine Oberfläche besitzen muß und daß man für eine bestimmte Bodenmenge die Summe aller Teilchenoberflächen bilden kann. Man nennt diese Summe die Bodenkornoberfläche der betreffenden Bodenmenge, genauer auch wohl die äußere Bodenkornoberfläche zur Unterscheidung von der inneren. Man muß sich nämlich die mineralischen Bodenteilchen als von zahlreichen winzigen Hohlräumen durchsetzte Schwämmchen vorstellen, als porige Körper, deren Porenwandungen man als innere Oberfläche bezeichnet hat. Auch die Molekeln selbst sind ja stark porig. Die im Boden befindlichen Pflanzenreste enthalten geschlossene Gefäßzellen. Sieht man die äußere Bodenkornoberfläche als Begrenzung des für die Wasser- und Luftbewegung im Boden zur Verfügung stehenden Porenraumes an (S. 6), so sind die inneren Wandungen der Gefäßzellen nicht der äußeren Bodenkornoberfläche zuzurechnen. Die innere Bodenkornoberfläche ist ihrer Größe nach zahlenmäßig auch nicht annähernd erfaßbar. Aber auch die äußere Bodenkornoberfläche, die bodenkundlich von Bedeutung ist, läßt sich schon deshalb oft nicht berechnen, weil sie wesentlich von der Form der einzelnen Bodenteilchen abhängig und diese in vielen Fällen nicht feststellbar ist. Die Angaben über die wirkliche Bodenkornoberfläche eines Bodens sind daher in der Regel höchstens als rohe Schätzungswerte anzusehen und sogar als solche noch recht unsicher. Wenn die Bodenteilchen zweier Böden dasselbe Artgewicht haben und in dem einen Fall Kugeln, im anderen kreisrunde flache Scheibchen sind (Abb. 1), also dieselbe Korngröße besitzen, so hat der aus Scheibchen bestehende Boden je 100 g trockener Bodenmasse eine 4 mal so große Bodenkornoberfläche wie der andere. Obschon solche Grenzfälle in der Natur nicht vorkommen, kennzeichnet dieses Beispiel trotzdem die Schwierigkeit der Frage.

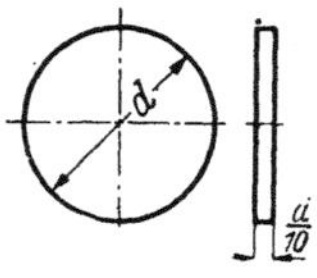

Abb. 1. Scheibenförmiges Bodenteilchen.

Wenn nun auch eine einigermaßen sichere Berechnung der wirklichen Bodenkornoberfläche in den meisten Fällen nicht möglich ist, so läßt sich doch das Verhältnis der Bodenkornoberflächen verschiedener Böden mit größerer Sicherheit feststellen, und dieses Verhältnis gestattet wertvolle bodenkundliche Schlüsse. Die Bodenkornoberfläche ist nämlich im allgemeinen um so größer, je kleiner die Korngröße der festen Bodenteilchen ist. Denkt man sich zwei gleich große Würfel einmal mit 8 und das andere Mal mit 125 Kugeln in gleicher Lagerung gefüllt (Abb. 2), so läßt sich leicht nachweisen, daß zwar in beiden Fällen der Rauminhalt aller Kugeln der gleiche ist, daß aber die 125 kleineren Kugeln eine 2,5 mal so große Gesamtoberfläche besitzen wie die 8 größeren.

Die Bedeutung der Bodenkornoberfläche besteht ferner darin, daß alle im Boden stattfindenden physikalischen und chemischen Veränderungen nur an den Grenzflächen durch die dort auftretenden Grenzflächenkräfte ausgelöst werden. Diese entstehen dadurch, daß sich im Inneren eines festen Körpers oder einer Flüssigkeit die vorhandenen Kräfte der Molekeln in gegenseitiger Anziehung absättigen, während an der Oberfläche Anziehungskräfte freibleiben, die man Grenzflächenkräfte (freie Oberflächenenergie) nennt. Je größer nun die Bodenkornoberfläche ist, um so größer ist auch die Wahrscheinlichkeit, daß solche Grenzflächenkräfte zur Wirkung kommen. Es ist die Auffassung vertreten worden, daß die Größe der Bodenkornoberfläche ein unmittelbarer Maßstab für das Auftreten der wichtigen Grenzflächenkräfte sei und daß daher der landwirtschaftliche Wert eines Bodens im unmittelbaren Verhältnis zur Größe seiner Kornoberfläche stehe. Diese Auffassung überschätzt jedoch die Bedeutung der Bodenkornoberfläche, deren Flächeneinheit sehr verschieden viele wirksame Punkte enthalten kann, an denen die Grenzflächenkräfte wirksam sind (*244, 26*).

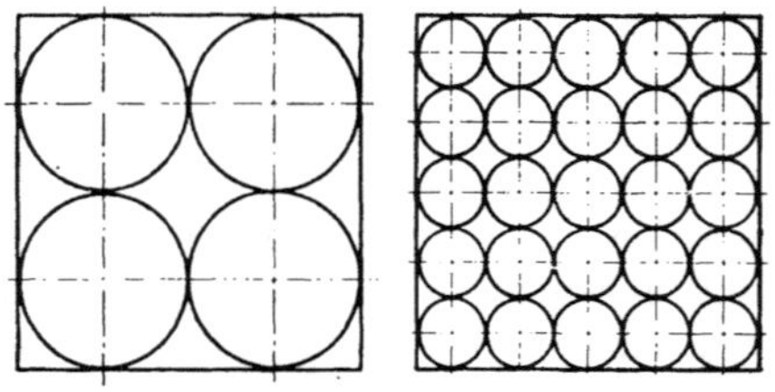

Abb. 2. Raumfüllung durch Bodenkörner.

Zunker hat den Begriff der Bezugskornoberfläche (spezifischen Bodenkornoberfläche) eingeführt (*276*). Sie ist diejenige Zahl, die angibt, wievielmal so groß die Oberfläche aller auf eine bestimmte Gewichtsmenge bezogener Bodenteilchen ist wie die Oberfläche derselben Gewichtsmenge eines Bodens, dessen Teilchen die gleiche Form und das gleiche Artgewicht wie jene Bodenteilchen, aber die Korngröße 1 cm haben. Auch die Bezugskornoberfläche gestattet nicht die Berechnung der wirklichen (S. 42).

3. Die Wasseranlagerung und die Benetzungswärme.

Die an der Oberfläche der festen Bodenteilchen wirkenden Anziehungskräfte der Molekeln haben zur Folge, daß sich die Bodenteilchen mit Wasser benetzen, dem angelagerten (hygroskopischen) Wasser. Seine Menge ist von mancherlei Umständen abhängig. So ist die Temperatur des Wassers von Einfluß. Ferner nimmt die Dicke der Wasserschicht im allgemeinen mit der Korngröße ab. Natriumgehalt der Bodenteilchen wirkt stark wasseranziehend, Kalzium meistens entgegengesetzt (S. 23).

Die Kräfte, durch die das angelagerte Wasser von den festen Bodenteilchen angezogen wird, sind außerordentlich groß (z. B. 24000 kg/cm²). Die Folge ist eine Verdichtung des Wassers, die unmittelbar an der Oberfläche der Bodenteilchen am größten ist und nach außen hin kleiner wird. Ist eine d cm starke unverdichtete Wasserschicht auf $0{,}9\,d$ verdichtet, so nennt man das Verhältnis der Dickenabnahme zur ursprünglichen Dicke ($0{,}1\,d:d = 0{,}1$) die Verdichtung des Wassers (ε). Der Wert ε kann für kieselsäurereiche Mineralböden mittels der Gl. (5) und (6) berechnet werden, sobald der Wasseranlagerungswert w_h (s. unten) und das scheinbare Artgewicht γ_s (S. 5) ermittelt sind. Wenn man einen völlig wasserfreien Boden allmählich mit Wasser benetzt, so wird dieses Wasser gebunden und verdichtet, gleichzeitig wird Wärme frei, die sog. Benetzungswärme. Sobald alles Wasser, das der Boden durch Benetzung festhalten kann, gebunden ist, hört auch die Wärmeentwicklung auf. Man nennt diejenige Wassermenge in Gewichtshundertteilen des trockenen Bodens, die der Boden enthält, wenn bei seiner weiteren Benetzung keine Wärme mehr frei wird, seinen Wasseranlagerungswert (Hygroskopizität, Hygroskopizitätsziffer, w_h).

Ein einfaches Verfahren zur Bestimmung des Wasseranlagerungswertes ist von Rodewald-Mitscherlich angegeben. Es beruht darauf, daß man in einem luftverdünnten Gefäß über 10%iger Schwefelsäure eine Benetzung des trockenen Bodens herbeiführt und das Gewicht des Bodens einschließlich des angelagerten Wassers feststellt; es möge in einem Beispiel 1487 g betragen. Alsdann wird das angelagerte Wasser durch Trocknen des Bodens wieder ausgetrieben, und das Gewicht des trockenen Bodens ermittelt (z. B. 1423 g), so daß $1487 - 1423 = 64$ g angelagertes Wasser von 1423 g trockenem Boden gebunden sind, d. s. 4,50%. Daher ist $w_h = 4{,}50$. Würde man statt der Schwefelsäure Wasser verwenden, so würden die durch Temperaturschwankungen hervorgerufenen Kondensationserscheinungen die Genauigkeit der Untersuchung beeinträchtigen. Nach diesem Untersuchungsverfahren kann man den Wasseranlagerungswert auch als diejenige Wassermenge in g bezeichnen, die 100 g im Vakuum getrockneter Boden im Dampfdruckgleichgewicht mit 10%iger Schwefelsäure bei 18° aufnimmt.

Dabei ist allerdings zu beachten, daß die Trocknung keineswegs alles angelagerte Wasser austreibt und daß auch die Art des Trocknungsverfahrens von Einfluß auf das Ergebnis ist. Man wird also, um vergleichbare Ergebnisse zu erhalten, stets das gleiche Verfahren anwenden müssen.

Die Wasseranlagerung spielt in der Bodenkunde zur Kennzeichnung der Böden eine große Rolle. Je feinkörniger ein Boden ist, um so größer ist im allgemeinen seine Wasseranlagerung. Sie ist auch ein Hilfsmittel, um die Menge des für die Pflanzen nicht aufnehmbaren Bodenwassers zu ermitteln (S. 69). Abgesehen von der Bodenkrume sind unsere Böden fast stets mit angelagertem Wasser gesättigt, weil die Bodenluft in der Regel eine relative Feuchtigkeit (S. 90) von 100% besitzt.

Die Benetzungswärme wird mit dem Kalorimeter gemessen. Die genauesten Ergebnisse liefert der Eis-Kalorimeter, die Messungen mit ihm sind jedoch sehr umständlich. Weniger genau, aber wesentlich schneller arbeitet der Wasser-Kalorimeter. Man drückt die Benetzungswärme in der Regel in Wärmeeinheiten (cal) je g trockenen Bodens aus. Auch die Ermittlung der Benetzungswärme ist ebenso wie die der Wasseranlagerung mit mancherlei Fehlerquellen behaftet, und die Anwendung verschiedener Untersuchungsverfahren führt zu stark voneinander abweichenden Werten.

Man hat geglaubt, aus der Wasseranlagerung oder Benetzungswärme die Bodenkornoberfläche berechnen zu können. Man müßte zu diesem Zweck zunächst die Annahme machen, daß das angelagerte Wasser nur die äußere Oberfläche der Bodenteilchen benetzt und nicht auch in deren Poren eindringt; letzteres ist aber durchaus möglich. Man müßte ferner wissen, wie dick die benetzende Wasserschicht bei den verschiedenen Korngrößen ist. Schließlich bleibt auch noch die Frage völlig offen, ob nicht die Dicke der Wasserschicht an den verschiedenen Stellen eines sehr unregelmäßig geformten Bodenteilchens eine sehr verschiedene ist. Unter diesen Umständen ist die Berechnung der Bodenkornoberfläche aus der Wasseranlagerung oder Benetzungswärme ein aussichtsloses Unternehmen. Es ist aber auch gar nicht nötig, die Wasseranlagerung in Bodenkornoberfläche umzurechnen, da sie bereits an sich wichtige Schlüsse bodenkundlicher Art gestattet.

Die nach dem Verfahren von Mitscherlich berechnete Wasseranlagerung liegt von den Sanden bis zu den schweren Tonen etwa zwischen den Grenzwerten 0,1 und 20%. Wasseranlagerungswert (w_h) und Benetzungswärme (W_b) stehen, wie nicht anders zu erwarten ist, in Beziehung zueinander, die jedoch noch nicht ausreichend geklärt ist. So ist im Mittel nach

Zunker-Janert	$W_b = 0{,}50\,w_h$ (0,34 bis 0,68 w_h)	cal/g
Mirtsch	$W_b = 0{,}80\,w_h$ (0,60 bis 0,92 w_h)	cal/g
Vageler-Alten	$W_b = 0{,}65\,w_h$	cal/g

Die Unterschiede sind zum Teil darauf zurückzuführen, daß die Versuchsanordnungen nicht gleich gewesen sind. Im übrigen ist es auch noch zweifelhaft, ob die Beziehung überhaupt die einfache Formel $W_b = k\, w_h$ ergibt.

Als durchschnittliche Beziehung zwischen dem Wasseranlagerungswert und der Bezugskornoberfläche (U) gibt Zunker die Gleichung

$$U = 1600\, w_h\, (1 + 0{,}0016 \cdot w_h^3). \tag{1}$$

Sie gilt nach Zunker für humusfreie Mineralböden mit mittlerem Alkaligehalt und $w_h \geqq 1$.

Der Wasseranlagerungswert w_h stellt Gewichtshundertteile dar. Bezeichnet man mit $w_{h\,v}$ den Raum, den das angelagerte Wasser einnimmt, in Raumhundertteilen des gewachsenen Bodens, so läßt sich leicht nachweisen, daß

$$w_{h\,v} = w_h\, \gamma_t\, (1 - \varepsilon) \tag{2}$$

ist. Wegen der Bedeutung von γ_t siehe unten.

4. Art- und Raumgewicht.

Das Artgewicht (spezifisches Gewicht, γ) eines Bodens gibt an, wievielmal so schwer die trockenen Bodenteile sind wie ein gleicher Raum Wasser vom Artgewicht 1. Bei der Ermittlung des Wertes γ ist nun aber die Feststellung der durch die Bodenteilchen verdrängten Wassermenge in cm^3 (s. unten) nicht ohne weiteres möglich, weil 1 cm^3 angelagertes Wasser mehr als 1 g wiegt. Man pflegt daher zunächst von der vereinfachenden Annahme auszugehen, daß die Verdichtung (ε) des angelagerten Wassers gleich Null sei, und nennt das auf Grund dieser Voraussetzung berechnete Artgewicht des Bodens sein scheinbares Artgewicht (γ_s). Für die vorkommenden Rechnungen kann man fast stets unbedenklich $\gamma_s = \gamma$ setzen. Im folgenden sollen jedoch die rechnerisch genauen Begriffe verwendet werden, um das Grundsätzliche nicht zu verwischen.

Das Trockenraumgewicht (Volumengewicht, Litergewicht, γ_t) gibt an, wievielmal so schwer der völlig trockene gewachsene Boden (Bodenteile und Hohlräume) ist, wie ein gleicher Raum Wasser vom Artgewicht 1.

Das Frischraumgewicht (γ_f) ist das Gewicht der Bodenteile und des Porenwassers, geteilt durch den Bodenraum (Bodenteile, Wasser und Luftraum).

Das scheinbare Artgewicht ermittelt man mit sogenannten Pyknometern. Das sind Gefäße, die eine besonders genaue Wasserfüllung gewährleisten. Ist G_1 das Gewicht des mit Wasser gefüllten Pyknometers, G_t das Trockengewicht der Bodenprobe (getrocknet bei 105 bis 110°) und G_2 das Gewicht des mit Wasser und Boden gefüllten Pyknometers, so ist

$$\gamma_s = \frac{G_t}{G_t + G_1 - G_2}. \tag{3}$$

Beispiel: $G_1 = 1037$ g, $G_t = 1423$ g, $G_2 = 1939$ g, $\gamma_s = 1423 : 521 = 2{,}731$.

Zur Bestimmung des Trockenraumgewichts entnimmt man mittels einer Stechröhre von beispielsweise 1000 cm^3 Inhalt eine Probe des zu untersuchenden Bodens in gewachsenem Zustande und trocknet sie. Ist dann wie oben $G_t = 1423$ g, so ergibt sich $\gamma_t = 1423 : 1000 = 1{,}423$.

Zunker hat für etwa 40 kieselsäurereiche Mineralböden die durchschnittliche Beziehung ermittelt (*271, 76*)

$$\gamma_s = 2{,}652 + 0{,}01167 \cdot w_h. \tag{4}$$

Für $w_h = 0$ ist also der Mittelwert $\gamma\ (= \gamma_s) = 2{,}652$. Im einzelnen ist natürlich γ veränderlich, da die in den Böden enthaltenen Mineralien recht verschiedene Artgewichte besitzen, z. B.:

Zeolithe	1,9 bis 2,5	Glimmer	2,7 bis 3,2
Gips	2,3	Hornblende	2,9 bis 3,4
Leuzit	2,5	Augit	3,1 bis 3,6
Feldspate	2,56 bis 2,76	Apatit	3,2
Nephelin	2,6	Brauneisenstein	3,5 bis 4,0
Quarz	2,65	Magnetit	4,9 bis 5,2
Kalkspat	2,7		

Wendet man nun näherungsweise Gl. (4) auch auf den Einzelboden an, indem man statt des Mittelwertes 2,652 den Einzelwert γ setzt, so kann man schreiben

$$\gamma = \gamma_s - 0{,}01167 \cdot w_h. \qquad (5)$$

In unserem Beispiel würde man erhalten

$$\gamma = 2{,}731 - 0{,}01167 \cdot 4{,}50 = 2{,}678.$$

Bezeichnet man mit V_0 den Rauminhalt der festen Bodenteile und mit G_t ihr Gewicht, mit $\varDelta V$ den Raum, um den das angelagerte Wasser verdichtet ist, so bestehen folgende Beziehungen:

$$\gamma = \frac{G_t}{V_0}, \qquad \gamma_s = \frac{G_t}{V_0 - \varDelta V}, \qquad \varDelta V = G_t \frac{w_h}{100}\varepsilon$$

und daraus

$$\varepsilon = \frac{100}{w_h}\left(\frac{1}{\gamma} - \frac{1}{\gamma_s}\right) \qquad (6)$$

in unserem Beispiel

$$\varepsilon = \frac{100}{4{,}50}\left(\frac{1}{2{,}678} - \frac{1}{2{,}731}\right) = 0{,}161.$$

5. Der Porenraum.

Die zwischen den einzelnen Bodenteilchen vorhandenen Hohlräume bilden in ihrer Gesamtheit den Porenraum (Porenvolumen, Hohlraumvolumen). Man drückt den Porenraum in Raumhundertteilen des gewachsenen Bodens aus. Wenn beispielsweise 100 cm^3 gewachsenen Bodens 54 cm^3 Bodenteile enthalten, so ist sein Porengehalt $p = 46\%$.

Der Porengehalt des gewachsenen Bodens pflegt mit der Tiefe der Bodenschicht abzunehmen, da die tieferen Bodenschichten durch die oberen belastet und daher dichter gelagert sind als diese. Versuche haben ergeben, daß der Porengehalt in 85 cm Tiefe nur etwa 75 bis 98 % der Werte betrug, die in 45 cm Tiefe festgestellt wurden.

Die meistens mit Wasser gefüllten Gefäßzellen der Humusmasse werden nicht zum Porengehalt p des Bodens gerechnet. Nicht zum Porengehalt gehören ferner die bereits erwähnten Poren innerhalb der einzelnen Bodenteilchen (S. 2).

Der Porengehalt ein und derselben Bodenschicht kann auch zeitlichen Schwankungen unterliegen, die sich aus der Quellung des Bodens ergeben (S. 17). Man kann annehmen, daß solche Quellungen in größerer Tiefe als etwa 1,5 m infolge des Druckes der oberen Bodenschichten nicht mehr auftreten. Der Porengehalt, der ohne Quellung vorhanden ist, wird auch kleinster Porengehalt genannt (p_m).

Bei gleicher Form der Bodenteilchen und gleicher Art ihrer Lagerung ist der Porenraum stets derselbe, auch wenn in dem einen Boden alle Teilchen $n$mal so groß sind wie in einem anderen (S. 2). Unter diesen Voraussetzungen müßten also grob- und feinkörnige Böden den gleichen Porenraum besitzen. Da aber die Wasseranlagerung im allgemeinen um so größer ist, je feinkörniger der Boden ist, und da die angelagerten Wasserhüllen die Bodenteilchen auseinanderdrängen, so ist zu vermuten, daß im großen Durchschnitt feinkörnige Böden einen größeren Porenraum haben als grobkörnige. Nimmt man zur Veranschaulichung dieser Verhältnisse an, daß alle Bodenteilchen gleich große Kugeln sind, die sich in dichtester Lagerung befinden, dann läßt sich leicht nachweisen, daß eine solche Kugelmasse einen Porengehalt (p) von $100 \cdot \left(1 - \pi \frac{\sqrt{2}}{6}\right) = 25{,}95\,\%$ besitzt. Ein Sandboden mit 1 mm Korndurchmesser, dessen Hygroskopizität etwa gleich Null ist, würde dann also einen Porengehalt von etwa 26,0 % haben. Anders ein Tonboden mit 0,001 mm Korndurchmesser und 15 % Hygroskopizität. Unter der Voraussetzung, daß sich das angelagerte Wasser in gleicher Schichtdicke um alle Bodenkörner legt ($\varepsilon = 0{,}16$) und daß die angelagerten Wasserschichten an den Berührungspunkten der Bodenkörner nicht abgeplattet werden, läßt sich rechnerisch zeigen, daß p in diesem gedachten Falle $= 43{,}4\,\%$ wird. Tatsächlich haben auch Versuche Zunkers (*271, 83* und *275, 533*) und Fausers (*48, 465*) eine Beziehung zwischen dem Porengehalt des erdfeuchten gewachsenen Bodens und dem Wert w_h ergeben. Zunker ermittelte aus einer Punktschar folgende mittlere Beziehung:

$w_h =$	0	5	10	15
$p =$	24	34	42	48

Diese Zahlen dürfen aber nicht dazu dienen, um aus dem Wasseranlagerungswert eines Bodens seinen Porengehalt zu berechnen, da dieser auch noch von anderen Umständen abhängig ist (s. unten).

Bezeichnet man mit V_0 den Rauminhalt der trockenen festen Bodenteilchen, mit G_t ihr Gewicht und mit V den zugehörigen Rauminhalt des gewachsenen Bodens, so ist

$$p = \frac{V - V_0}{V} \cdot 100\,\%, \qquad \gamma = \frac{G_t}{V_0}, \qquad \gamma_t = \frac{G_t}{V},$$

$$p = \left(1 - \frac{\gamma_t}{\gamma}\right) \cdot 100\,\%. \tag{7}$$

Die Begrenzungsfläche des Porenraumes p ist gleich der Bodenkornoberfläche. Seine Größe hängt von der Größe, Form und Lagerung der einzelnen Bodenteilchen ab. So werden in einem Gemenge von Kies und Sand die Hohlräume des Kieses zum Teil durch die kleineren Sandkörner ausgefüllt, was gegenüber dem reinen Kiesboden zu einer Verkleinerung des Porenraumes führen muß.

Wenn man in Gl. (7) statt des wirklichen Artgewichtes γ das scheinbare γ_s einsetzt, erhält man für den Porengehalt einen rein rechnerischen Wert p_s, der scheinbarer Porenraum genannt wird:

$$p_s = \left(1 - \frac{\gamma_t}{\gamma_s}\right) \cdot 100\,\%. \tag{8}$$

Da im allgemeinen $\gamma < \gamma_s$ ist [Gl. (5)], so ist p in der Regel kleiner als p_s.

Um die Größe des kleinsten Porengehaltes p_m zu ermitteln, bringt man einen Teil des zu untersuchenden Bodens durch Wasserzusatz in einen knetbaren Zustand und drückt ihn fest in ein rundes flaches Schälchen mit ebenem Boden und senkrechten Wänden, wobei die Oberfläche der Bodenmasse sorgfältig zu glätten ist. Nach Trocknen des Bodens bei 105° C läßt sich dann der Durchmesser der geschrumpften Bodenscheibe messen und dadurch ihr Rauminhalt berechnen. Dieser bildet nunmehr den Ausgangspunkt für die übliche Bestimmung der Werte γ_s und γ_t, damit auch des Porengehaltes p, der nach dieser Vorbehandlung des Bodens sein kleinster Porengehalt p_m (ohne Quellung) ist.

Nicht der gesamte Porenraum steht für die Wasser- und Luftbewegung im Boden zur Verfügung, weil zum mindesten das angelagerte Wasser durch die Bodenteilchen stark festgehalten wird. Bezeichnet man denjenigen Teil des Porenraumes, der nicht mit angelagertem Wasser gefüllt ist, als spannungsfreien oder wirksamen Porenraum, so ist mit Rücksicht auf Gl. (2) der entsprechende wirksame Porengehalt

$$p_0 = p - w_h\,\gamma_t\,(1 - \varepsilon). \tag{9}$$

Vorstehende Gleichung läßt sich mit Hilfe der Gl. (6) bis (8) auch wie folgt umwandeln:

$$p_0 = p_s - w_h \gamma_t, \tag{10}$$

$$p = p_s - w_h \gamma_t \varepsilon. \tag{11}$$

Bei einem kleinen Wasseranlagerungswert ist genau genug $p = p_s$.

Nach Vageler beginnt das Bodenwasser bereits dann sehr träge zu werden, wenn der Boden etwa die doppelte Menge des angelagerten Wassers enthält (*244*, *123*). Man nennt den Wassergehalt des Bodens, bei dem diese Trägheit eintritt, den lentokapillaren Punkt. Berechnet man nach diesem Gesichtspunkt den spannungsfreien Porengehalt p_0, so findet man

$$p_0 = p - w_h \gamma_t (2 - \varepsilon) = p_s - 2 \cdot \gamma_t w_h. \tag{12}$$

Gl. (12) führt zu dem Ergebnis, daß die Wasser- und damit auch die Luftbewegung in Tonböden unter folgenden Voraussetzungen aufhört:

$w_h = 10\,\%$ und $p \leq 33\,\%$
$w_h = 15\,\%$ „ $p \leq 42\,\%$
$w_h = 20\,\%$ „ $p \leq 49\,\%$

Dabei sind $\gamma = 2{,}65$ und $\varepsilon = 0{,}16$ gesetzt. Die Zahlen lassen erkennen, daß das Ziel jeder Verbesserung schwerer Tonböden darin zu bestehen hat, den spannungsfreien Porenraum im Untergrunde zu vergrößern (S. 23). Doch sind die Auffassungen über die Größe des spannungsfreien Porenraumes, wie aus den Gl. (9) und (12) hervorgeht, nicht einheitlich. Es wird auch nicht möglich sein, im Einzelfall eine scharfe Grenze für ihn anzugeben. Vgl. hierzu Abschnitt 13 (S. 25).

In dem durchgerechneten Beispiel ist:

nach Gl. (7): $p = \left(1 - \frac{1{,}423}{2{,}678}\right) \cdot 100 = 46{,}86\,\%$,

nach Gl. (8): $p_s = \left(1 - \frac{1{,}423}{2{,}731}\right) \cdot 100 = 47{,}89\,\%$,

nach Gl. (10): $p_0 = 47{,}89 - 4{,}50 \cdot 1{,}423 = 41{,}49\,\%$,

nach Gl. (12): $p_0 = 46{,}86 - 4{,}50 \cdot 1{,}423\,(2 - 0{,}161) = 35{,}08\,\%$.

6. Das Grund- und Saugwasser.

Unter Grundwasser versteht man dasjenige Wasser, das die Hohlräume der Erdrinde zusammenhängend ausfüllt und nur der Schwere und dem hydrostatischen Druck unterliegt, es fließt also, wenn Gefälle vorhanden ist. Somit gehören z. B. die im Bereiche des Grundwassers befindichen hygroskopischen Wasserhüllen der Bodenkörner nach dieser Begriffsbestimmung nicht zum Grundwasser. Dem Praktiker wird am besten die Vorstellung einleuchten, daß das Grundwasser sich aus Brunnen herauspumpen läßt. Es ist jedoch zu beachten, daß die Pflanzen auch einen Teil des gebundenen Wassers (S. 27) auszunutzen vermögen.

Die grundwasserführenden Schichten nennt man Grundwasserleiter, das sind für die Praxis namentlich die Sande und Kiese. Übereinanderliegende, durch schwer durchlässige Schichten voneinander getrennte Grundwasserleiter werden als Grundwasserstockwerke bezeichnet. Für ruhende Grundwasseransammlungen gebraucht man die Ausdrücke Grundwasserseen oder Grundwasserbecken. Befinden sich über der durchgehenden Grundwasseroberfläche muldenförmige, schwer durchlässige Bodenschichten, über denen sich Wasser sammelt, so bildet sich schwebendes Grundwasser. Wird das Grundwasser von unten gegen eine schwer durchlässige Bodenschicht gedrückt, so steigt es nach Durchbrechung dieser Schicht im Bohrloch in die Höhe. Man spricht in solchen Fällen von gespanntem Grundwasser, das die Ursache der bekannten artesischen Brunnen ist (nach der Grafschaft Artois in Nordfrankreich). Die untere Grenzfläche der Schicht heißt Deckfläche des unter ihr liegenden Grundwasserleiters.

Grundsätzlich zu unterscheiden sind die beiden Begriffe der Grundwasseroberfläche und des Grundwasserspiegels, wenn auch diese Unterscheidung kulturtechnisch keine Bedeutung hat. An der Grundwasseroberfläche ist der Wasserdruck gleich der Spannung der Grundluft, am Grundwasserspiegel gleich dem Atmosphärendruck. In der Regel ist zwar die Spannung der Grundluft gleich dem jeweiligen Atmosphärendruck, es kann aber in Böden mit schwer durchlässigen oberen Schichten auch der Fall eintreten, daß die Spannung p_1 der Grundluft den Änderungen des Atmosphärendrucks p_{at} nur langsam folgt. Das Gleichgewicht am unteren Rohrende der Abb. 3 erfordert

$$h_1 - h_0 = \frac{p_{at} - p_1}{\gamma}. \tag{13}$$

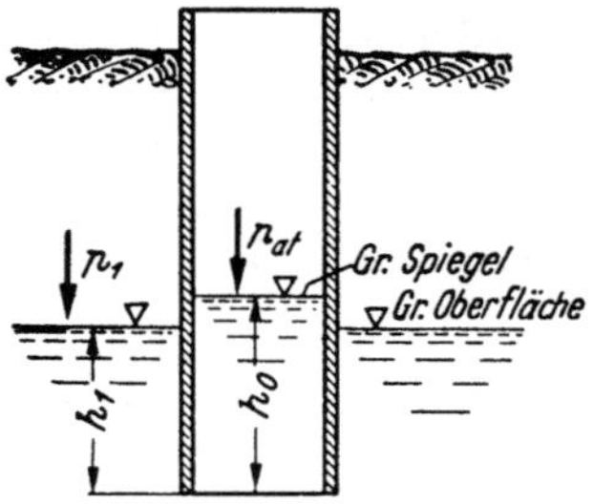

Abb. 3. Grundwasseroberfläche und Grundwasserspiegel.

Ist also $p_1 > p_{at}$, so wird $h_0 > h_1$, d. h. der Grundwasserspiegel im Rohr liegt höher als die Grundwasseroberfläche, mit $p_1 < p_{at}$ ergibt sich das umgekehrte Bild. Wenn auch meistens $p_1 = p_{at}$ ist, so spricht man doch im Boden stets von einer Grundwasseroberfläche, da hier von einem eigentlichen Wasserspiegel nicht gut die Rede sein kann.

Wegen der Bewegung des Grundwassers vgl. S. 18.

Nach oben geht das Grundwasser in der Regel ohne sichtbar scharfe Trennung in das Saugwasser (Porensaugwasser, Kapillarwasser) über. Grundwasser und Saugwasser treten stets zusammen auf. Die Bezeichnung Kapillarwasser ist der bekannten Erscheinung des Wasseraufstieges in engen Röhren, sog. Haarröhrchen oder Kapillaren, entnommen (Capillum = Haar). Kapillarität nennt man die Eigenschaft benetzbarer Körper, durch Massenanziehung Wasser über dessen freie Oberfläche zu heben. Die Flüssigkeitssäule h (Abb. 4) wird durch ihre mit der Luft in Berührung stehende Endfläche (Meniskus) getragen. Ursache der Kapillarität sind Grenzflächenkräfte (S. 3). Man ist davon ausgegangen, daß auch die eng aneinander liegenden Bodenkörner Haarröhrchen bilden, in denen das Grundwasser emporsteigt, und man hat auf Grund dieser Auffassung Formeln entwickelt, die den Verlauf des Wasseraufstieges erfassen sollen. Die Formeln haben aber für die Praxis bisher keine brauchbaren Ergebnisse geliefert. Das ist erklärlich, soweit sie nicht aus Versuchen am gewachsenen Boden abgeleitet sind. Es ist aber auch höchst zweifelhaft, ob die meist vollständig regellosen Bodenporen überhaupt mit den bekannten Haarröhrchen verglichen und ob die Kapillarerscheinungen selbst in den gleichmäßigst zusammengesetzten Böden durch Rechnung erfaßt werden können. Die erwähnten Formeln liefern Steighöhen, z. B. bei Tonen von 300 m und mehr, wie sie in der Natur noch niemals beobachtet sind. Gerade die schwersten Tone zeigen im gewachsenen Boden fast keine Kapillarerscheinungen, weil sie fast undurchlässig für Wasser sind.

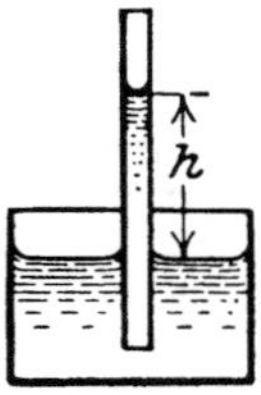

Abb. 4. Kapillarität.

In sehr gleichporigen Böden besitzt das Saugwasser meistens eine ziemlich gleichmäßige Höhe. Wenn das Grundwasser in solchen Fällen keinen Zufluß hat und den oberen Schichten des Saugwassers durch die Pflanzenwurzeln oder durch Verdunstung Wasser entzogen wird, müssen Grundwasseroberfläche und Saugwasser sinken, so daß der den Wurzeln zur Verfügung stehende Saugwasservorrat ständig geringer wird, soweit sie dem absinkenden Wasser nicht nachwachsen.

Man unterscheidet bisweilen das geschlossene und das offene Saugwasser und versteht unter ersterem die untere Schicht des Saugwassers, in der die meisten Poren des Bodens mit Wasser gefüllt sind und sich keine nennenswerten zusammenhängenden Lufteinschlüsse befinden. Diese Bodenschicht wird auch Saugsaum (Kapillarsaum) genannt. Er steigt und fällt mit der Grundwasseroberfläche. Über dem geschlossenen liegt das offene Saugwasser, das nach oben meistens stark gezackt ist.

Unter der Steighöhe (kapillare Saug- oder Steighöhe, Kapillarziffer) versteht man die größte Höhe über dem Grundwasser, auf die das Wasser noch durch Kapillarkräfte gehoben wird. Alle darüber liegenden Bodenschichten erhalten also kein Wasser durch Aufstieg. Die Steighöhe ist in Sandböden sehr gering, nimmt in Lehmböden mit wachsendem Tongehalt zunächst zu, um jedoch im Bereich der schwersten Tone, die keinen oder fast keinen spannungsfreien Porenraum besitzen, fast auf Null zu sinken. Vageler und Alten fanden folgende Werte (*244*, *133*):

Zahlentafel 1.

Tongehalt %	Steighöhe mm	Tongehalt %	Steighöhe mm
0,0 (Seesand)	128	52,1	833
4,2	256	55,0	500
10,1	526	64,2	74
39,4	500	68,0	27

Die Krümelbildung (S. 17) wirkt infolge der mit ihr verbundenen Vergrößerung der Bodenporen in der Regel verringernd auf die Steighöhe. In sehr schweren Böden kann aber auch die entgegengesetzte Wirkung eintreten.

Beim Aufstieg des Wassers wird Kraft (Druckhöhe) verbraucht, was eine Verkürzung der Steighöhe zur Folge hat, solange das Wasser steigt. Dieser Druckhöhenverlust ist um so größer, je größer der Reibungswiderstand des Bodens und die Wassergeschwindigkeit sind.

Die Geschwindigkeit, mit der das Saugwasser gehoben wird, heißt Steiggeschwindigkeit. Sie ist stark von der Korngröße abhängig und kann als Maß für die Beweglichkeit des Bodenwassers angesehen werden. Atterberg beobachtete an künstlich zusammengestellten Korngruppen diluvialer Böden folgende Steighöhen nach den ersten 24 h (*271*, *107*):

Zahlentafel 2.

Korngröße mm	Steighöhe mm	Korngröße mm	Steighöhe mm
5 —2	22	0,05 —0,02	**1153**
2 —1	54	0,02 —0,01	485
1 —0,5	115	0,01 —0,005	285
0,5—0,2	214	0,005—0,002	143
0,2—0,1	376	0,002—0,001	55
0,1—0,05	530		

Der Porenraum der einzelnen Korngruppen war nicht sehr verschieden (40,1 bis 41,7 %). Die größte Steiggeschwindigkeit hatte also der sehr feine Sand (0,05 bis 0,02 mm), während bemerkenswerterweise Grobsand (2 bis 1 mm) und Ton (0,002 bis 0,001 mm) die gleichen geringen Steiggeschwindigkeiten ergaben. Auch Wollny kam bei seinen Versuchen zu dem Ergebnis, daß die Steiggeschwindigkeit in den feinen Sandböden am größten ist. Nach Versuchen von Ridgway (*146*, *195*) wurden in einem gewachsenen feinsandigtonigen Boden ohne Pflanzenwuchs von Mai bis September durchschnittlich in 24 h die in Zahlentafel 3 angegebenen Wassermengen verdunstet. Die mittlere tägliche Regenmenge betrug nur 0,96 mm. Es sind also erhebliche Wassermengen aus dem Grundwasser bis zur Oberfläche gehoben worden. Die Zahlen zeigen die Abhängigkeit der gehobenen Wassermengen von der Tiefe des Grundwasserstandes. Sie dürfen nicht verallgemeinert werden, da die Menge des durch Ka-

Zahlentafel 3.

Tiefe des Grundwasserstandes cm	Verdunstung mm
15	5,3
30	3,9
45	2,5
55	2,0

pillarkräfte gehobenen Grundwassers ganz von der jeweiligen Bodenart und den klimatischen Verhältnissen abhängt.

Geringe Temperatur und Bodensalze verringern die Steiggeschwindigkeit. Besonders ist diese Wirkung bei Natriumsalzen festgestellt worden (S. 23). Die Steiggeschwindigkeit scheint auch von der mineralischen Zusammensetzung des Bodens beeinflußt zu werden, indem z. B. eckige Kalkteilchen gegenüber rundlichen Quarzsandkörnern verzögernd wirken (Reibungswiderstand). Die Steiggeschwindigkeit ist ferner in feuchten Böden anfänglich größer als in trockenen, weil in diesen Benetzungswiderstände auftreten und eine größere Wassermenge nötig ist, um den wasserfreien Teil des Porenraumes zu füllen. Schon schwache Schichten aus Ton oder Grobsand pflegen auch in Böden mit sonst guter Kapillarität außerordentlich hindernd zu wirken.

Der Aufstieg des Saugwassers kann Veranlassung zu einer Art Heberwirkung geben, indem das Saugwasser einen wasserundurchlässigen Sattel gleichsam überklettert. Solche Erscheinungen können an Dämmen auftreten, die durch einen Tonkern gedichtet sind, wenn das Saugwasser in dem durchlässigen Dammboden über den Scheitel der Tondichtung hinaussteigt.

Das Bodenwasser des Saugsaumes befindet sich in fortschreitender Bewegung, wenn das darunter befindliche Grundwasser fließt. Die Wassergeschwindigkeit im Saugsaum ist um so geringer als die des Grundwassers, je höher die Saugwasserteilchen über der Grundwasseroberfläche liegen (*250*, *148*).

Die Bedeutung des Saugwassers für die Pflanzen ist auf S. 70 besprochen.

Wenn auch die festen Bodenteilchen in der Regel für Wasser benetzbar sind und die Böden daher Kapillarerscheinungen zeigen, so kommt doch bisweilen auch der Fall der Unbenetzbarkeit der Bodenteilchen vor. Der Unterschied zwischen der Benetzbarkeit und Unbenetzbarkeit besteht darin, daß die elektrischen Kraftfelder zwischen den festen Bodenteilchen und dem Bodenwasser entweder entgegengesetzt sind und daher eine Anziehung bewirken (Benetzbarkeit), oder daß sie die gleiche elektrische Ladung besitzen und daher eine Abstoßung herbeiführen (Unbenetzbarkeit). Die Frage, ob die Anlagerung von Luftteilchen an den Grenzflächen der Bodenteilchen deren Benetzbarkeit zum mindesten vorübergehend erschwert, wie manche Forscher annehmen, ist noch nicht befriedigend geklärt (S. 17).

7. Das Haft- und Sickerwasser.

Ebenso wie das angelagerte und das Saugwasser verdankt auch das sog. Haftwasser seine Entstehung im wesentlichen den Anziehungskräften der Grenzflächen. Im Gegensatz zum Saugwasser steht es nicht mit dem Grundwasser in Verbindung. Vom angelagerten Wasser unterscheidet es sich dadurch, daß es keine oder doch keine nennenswerte Verdichtung besitzt. Während das Sickerwasser (Senkwasser) sich in merkbarer lotrechter oder schräger Abwärtsbewegung befindet, bleibt das Haftwasser, wie schon der Name sagt, im Boden haften, ohne allerdings völlig jede Bewegung einzubüßen. Es pflegt daher als Wasservorrat für die Pflanzen von außerordentlicher Bedeutung zu sein.

Das Haftwasser haftet, über dem hygroskopischen liegend, an den Bodenkörnern (Häutchen- oder Filmwasser), füllt feine Poren des Bodens aus (feinkapillares Haftwasser) und sitzt namentlich in den Winkeln zwischen den einzelnen Bodenkörnern (Porenwinkelwasser). Es entstammt entweder dem von oben in den Boden eindringenden Niederschlagswasser, das durch die Anziehung der Molekeln oder durch Aufsitzen auf Gruppen von Bodenkörnern am weiteren Versickern verhindert wird, oder dem Saugwasser, das bei sinkendem Grundwasser zum Teil in den feinen Bodenporen zurückbleibt.

Die Menge des Sickerwassers ist naturgemäß stark von den jeweiligen Niederschlägen abhängig. Niemals gelangt aber das Sickerwasser von der Geländeoberfläche ohne Unterbrechung bis zum Grundwasser. Vielmehr verwandelt es sich zum Teil in Haftwasser, es verdrängt bisheriges Haftwasser, das nun seinerseits Sickerwasser wird, es wird von den Pflanzenwurzeln verbraucht oder entweicht wieder durch Verdunstung, und es tritt schließlich in den Saugsaum ein, wo es selbst zum Saugwasser wird, dabei unter Umständen die untersten Teile des bisherigen Saugwassers in Grundwasser verwandelnd.

Ob die im Boden befindliche Luft, die Grundluft, der Abwärtsbewegung des Sickerwassers einen merkbaren Widerstand entgegensetzen kann, ist noch eine umstrittene Frage. Ein solcher Widerstand müßte mit einer Spannung der Grundluft Hand in Hand gehen, die jedoch höchstens in sehr gleichförmigen, für Luft schwer durchlässigen Böden denkbar ist. In allen anderen Böden wird die Ungleichförmigkeit der Bodenbeschaffenheit und die dadurch bedingte ganz regellose Art der Versickerung hinreichend Möglichkeiten für einen Druckausgleich bieten.

Die Sickergeschwindigkeit in sonst durchlässigen Böden wird durch eingelagerte schwer durchlässige Schichten, auch wenn diese nur dünn sind, erheblich herabgesetzt. Bodenhorizonte (S. 62) wirken daher sehr verzögernd.

Die Bewegung des Sickerwassers wird auch durch Temperatur (S. 20) und Luftdruck beeinflußt. Im allgemeinen wird sie durch zunehmende Temperatur und abnehmenden Luftdruck verstärkt. Dränungen liefern infolgedessen tags mehr Wasser als nachts, bei fallendem Luftdruck mehr als bei steigendem. Je größer die Durchlässigkeit des Bodens und je geringer Bodenverdunstung und Wasserverbrauch der Pflanzen sind, um so größer ist unter sonst gleichen Verhältnissen die Menge des Sickerwassers.

Bei tiefliegendem Grundwasser können viele Monate vergehen, bevor das Sickerwasser eines Regens eine Hebung der Grundwasseroberfläche bewirkt. Wenn dagegen hängende Haftwasserschichten ihre größtmögliche Höhe besitzen, werden sie bisweilen schon durch den Druck geringer neu einfallender Sickerwassermengen mitgerissen und dadurch selbst in Sickerwasser verwandelt, so daß in solchen Fällen die Grundwasseroberfläche weit stärker gehoben wird, als es den neu gefallenen Regenmengen entsprechen würde.

Ständig fließendes Sickerwasser entsteht unter Wasserläufen, Seen oder Talsperren, deren Sohle nicht ausreichend durch natürliche Schlammablagerungen oder künstlich gedichtet ist.

Die Wasserdurchlässigkeit der verschiedenen Bodenarten ist auf S. 18 behandelt.

8. Wasser- und Luftgehalt, Wasserhaltewert.

Unter dem Wassergehalt eines Bodens versteht man die jeweils in ihm vorhandene Wassermenge, die starken zeitlichen Schwankungen unterliegt. Dasselbe gilt für den Luftgehalt. Wasser- und Luftgehalt in Raumhundertteilen des gewachsenen Bodens ergeben zusammen den Porenraum (p). Man drückt den Wassergehalt in Gewichtshundertteilen des trockenen Bodens (w_g) oder in Raumhundertteilen des gewachsenen Bodens (w_v) aus und kann ihn dadurch feststellen, daß mit einer Stechröhre ein Bodenstück von bestimmtem Rauminhalt V (cm^3) ausgestochen und untersucht wird. Ein anderes Verfahren besteht darin, daß ein Bodenstück vom gewachsenen Boden abgebrochen und zunächst in Paraffin getaucht wird, um dann gewogen und durch Wasserverdrängung räumlich gemessen zu werden.

Sind G_f das Frischgewicht und G_t das Trockengewicht der mit der Stechröhre entnommenen Bodenprobe in g, w_{vs} der scheinbare Wassergehalt in Raumhundertteilen (ohne Berücksichtigung der Verdichtung ε des angelagerten Wassers) und l_v der Luftgehalt in Raumhundertteilen, so bestehen die folgenden Beziehungen:

$$w_g = \frac{G_f - G_t}{G_t} \cdot 100, \qquad w_{vs} = \frac{G_f - G_t}{V} \cdot 100, \tag{14}$$

$$\gamma_t = \frac{G_t}{V}, \qquad w_{vs} = \gamma_t w_g, \tag{15}$$

$$w_v = \gamma_t [(1 - \varepsilon) w_h + (w_g - w_h)] = \gamma_t (w_g - \varepsilon w_h), \tag{16}$$

und mit Gl. (11)

$$l_v = p - w_v = p_s - w_{vs}. \tag{17}$$

Sehr anschaulich ist die Darstellung des Wasser- und Luftgehalts sowie des Porengehalts für einen Bodendurchschnitt nach Abb. 5.

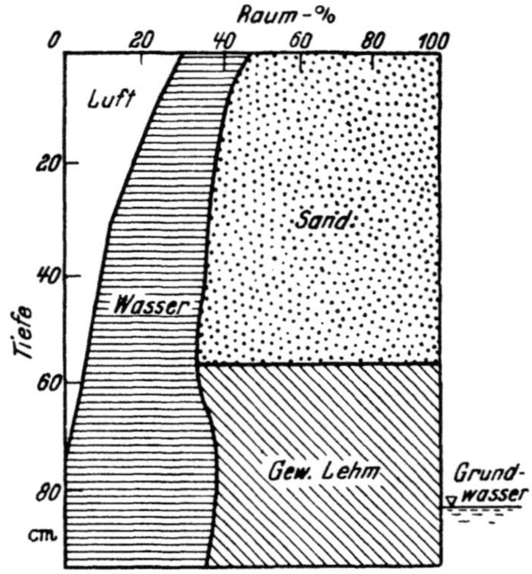

Abb. 5. Bodendurchschnitt.

Wir haben bereits gesehen, daß jeder Boden gewisse Wassermengen festhält, das angelagerte, Saug- und Haftwasser. Diese Eigenschaft der Böden, Wasser in ihrem Porenraum festzuhalten, nennt man ihr Wasserhaltevermögen, die zahlenmäßige Größe den Wasserhaltewert oder die Wasserkapazität (w_0). Je feinkörniger ein Boden ist, um so größer ist im allgemeinen sein Wasserhaltevermögen. Wollny fand für Quarzsande folgende Werte für den Wasserhaltewert in Gewichtshundertteilen des trockenen Bodens:

Zahlentafel 4.

Korngröße mm	Wasserhaltewert %
2 —1	2,33
1 —0,5	2,68
0,5 —0,25	2,94
0,25 —0,171	3,47
0,171—0,114	4,25
0,114—0,071	24,67
0,071—0,01	27,23

Durch Steingehalt des Bodens wird das Wasserhaltevermögen vermindert, da die Steine den Porenraum des Gesamtbodens verkleinern. Bei lockeren Böden läßt sich das Wasserhaltevermögen häufig durch Verdichtung (Walzen) vergrößern. Ein für das Pflanzenwachstum besonders günstiges Wasserhaltevermögen pflegen solche Mineralböden zu besitzen, in denen dünne lehmige Schichten mit sandigen wechseln, weil in so geschichteten Böden das Wasserhaltevermögen weder zu groß ist, was Luftmangel im Boden zur Folge haben würde, noch zu klein, wodurch leicht Wassermangel eintreten würde. Das Wasserhaltevermögen krümeliger Böden ist in der Hauptsache von dem Wasserhaltevermögen der Bodenkrümel abhängig, die beträchtliche Wassermengen festzuhalten vermögen. In humushaltigen Böden, namentlich in allen Moorböden, wird ein Teil des Wassers, das osmotische Wasser, in den geschlossenen Gefäßzellen der Humusmasse zurückgehalten, also außerhalb des Porenraumes (S. 6). Da die Pflanzenwurzeln das osmotische Wasser im allgemeinen nicht ansaugen können, so müßte man im Hinblick auf das Pflanzenwachstum das Wasserhaltevermögen der Moorböden ohne Berücksichtigung des osmotischen Wassers verstehen, dessen Messung aber noch nicht geglückt ist.

Der Wasserhaltewert ist für ein und denselben Boden keine völlig feststehende Größe. King hat 2½ Jahre lang die Abflußmengen aus 2,44 m hohen Bodensäulen beobachtet und festgestellt, daß die Bodensäulen sogar nach 2½ Jahren noch Wasser abgaben. Man kann daraus schließen, daß sich dauernd Haftwasser in Sickerwasser verwandelt, und man muß daher, wenn man vergleichsfähige Werte des Wasserhaltewertes verschiedener Böden erhalten will, diesen stets nach demselben Verfahren ermitteln.

Zur Bestimmung des Wasserhaltewertes eines Bodens läßt man die mit Wasser gesättigte Bodenprobe eine bestimmte Zeit lang abtropfen, schleudert sie nach bestimmten Vorschriften aus (Schleuderverfahren) oder unterzieht sie einer Saugwirkung (Absaugverfahren) in der Annahme, daß dann nur das zum Wasserhaltewert zu rechnende Wasser zurückbleibt. Da alle Verfahren Willkürlichkeiten enthalten, bleibt nur übrig, den Wasserhaltewert als diejenige Wassermenge zu bezeichnen, die nach einer bestimmten Behandlung der Bodenprobe, wobei auch die Art des Trocknens vorzuschreiben ist, in ihr zurückbleibt.

Die weitere Ermittelung der Wasserhaltewerte w_0 in Gewichtshundertteilen des trockenen und w_{0v} in Raumhundertteilen des gewachsenen Bodens ist nichts anderes als die Ermittelung eines Wassergehalts, so daß die Gl. (14) und (16) (für w_g und w_v) auch hier gelten.

Der Unterschied des Porengehalts (p) und des Wasserhaltewertes (w_{0v}) ist der Lufthaltewert l_0 in Raumhundertteilen (Luftkapazität):

$$l_0 = p - w_{0v} = p_s - \gamma_t w_0. \tag{18}$$

Der Wert l_0 ist der zahlenmäßige Ausdruck für die Größe des Lufthaltevermögens.

Wenn die bereits oben behandelte Bodenprobe unmittelbar nach der Entnahme gewogen wird (1612 g), und wenn sie nach der Trocknung 1423 g wiegt, so ist

$$w_g = \frac{1612 - 1423}{1423} \cdot 100 = 13{,}28\,\%$$

und nach Gl. (16)

$$w_v = 1{,}423\,(13{,}28 - 0{,}161 \cdot 4{,}50) = 17{,}87\,\%,$$

d. h. 179 cm³ der Bodenprobe (1000 cm³) sind mit Wasser gefüllt.

Wenn man die mit Wasser gesättigte Probe 2 h lang abtropfen läßt (Verfahren Mitscherlich), dann wiegt (1679 g) und durch Trocknen ihr Trockengewicht (1423 g) ermittelt, so ist

$$w_0 = \frac{1679 - 1423}{1423} \cdot 100 = 17{,}99\,\%$$

und nach Gl. (16)

$$w_{0v} = 1{,}423\,(17{,}99 - 0{,}161 \cdot 4{,}50) = 24{,}57\,\%,$$

d. h. 246 cm³ der Bodenprobe (1000 cm³) sind mit Wasser gefüllt.

Nach S. 8 ist der Porengehalt $p = 46{,}86\,\%$, daher der Luftgehalt der Bodenprobe $46{,}86 - 17{,}87 = 29{,}0\,\%$ und der Lufthaltewert $l_0 = 46{,}86 - 24{,}57 = 22{,}3\,\%$.

Rothe hat durch Untersuchung der Marschböden im niederelbischen Obstbaugebiet den Wasserhaltewert w_0 in Beziehung zur Benetzungswärme W_b gebracht und die Formel aufgestellt (*199, 618*)

$$w_0 = 14 + 5{,}3 \cdot W_b. \tag{19}$$

Nach Vageler ist auf Grund rechnerischer Ableitung und als Mittelwert aus etwa 250 Untersuchungen (*244, 111*)

$$w_0\,(= C) = 4{,}5\, w_h. \tag{20}$$

Nun kann bei kleinem Porenraum und großem Wasserhaltewert eines Bodens der Fall eintreten, daß die vorhandene wasserhaltende Kraft der Bodenmasse nicht voll zur Wirkung kommt, weil der Boden an sich mehr Wasser festhalten könnte, als sein Porenraum fassen kann, wenn er nicht etwa gelockert wird. In solchen Fällen muß aber das Quellungsvermögen der schweren Böden berücksichtigt werden, das zu einer Vergrößerung des Porenraumes führt (S. 17). Sonst würde man unter Umständen zu völlig falschen Werten für die Wassermenge kommen, die ein Boden im Höchstfalle tatsächlich festhält. Um diese Zusammenhänge rechnerisch annähernd zu erfassen, geht Vageler (*244, 273*) davon aus, daß bei mineralischen Böden in 1,5 m Tiefe stets der kleinste Porengehalt p_m vorhanden ist und in dieser Tiefe auch durch Quellung nicht vergrößert wird, weil der starke Druck der auflagernden Bodenschichten es verhindert. An der Geländeoberfläche dagegen, wo die Bodenteilchen ausweichen können, wird durch Quellung der Porenraum geschaffen, der zur Erreichung des Wasserhaltewertes C erforderlich ist. In den dazwischenliegenden Bodenschichten wird ein Übergang von dem einen zum anderen Grenzwert stattfinden. Die dafür von Vageler aufgestellte Beziehung lautet:

$$w_q = w_{pm} + \left(1 - \frac{t}{150}\right)^2 \cdot (4{,}5\, w_h - w_{pm}). \qquad (21)$$

Darin bedeuten ($\varepsilon = 0$):

w_{pm} die Wassermenge in g je 100 g trockenen Bodens bei voller Sättigung des kleinsten Porenraumes p_m (S. 7).

w_h die Wasseranlagerung in g je 100 g.

t die Tiefe der Bodenschicht unter Gelände in cm.

w_q die Wassermenge in g oder cm³ je 100 g, die der Boden in t cm Tiefe festhält, wenn sein Porenraum daselbst zunächst kleiner als w_q ist und erst durch Quellung auf den Wert w_q gebracht wird.

Unter dem für die Pflanzen nutzbaren Wasserhaltewert w_n versteht man meistens den Ausdruck

$$w_n = w_0 - 2 \cdot w_h \qquad (22)$$

in Gewichtshundertteilen des trockenen Bodens, von Sekera als Regenkapazität bezeichnet. Oder in Raumhundertteilen des gewachsenen Bodens ($\varepsilon = 0$)

$$w_{nv} = \gamma_t\,(w_0 - 2 \cdot w_h). \qquad (23)$$

In dem durchgerechneten Zahlenbeispiel ist

$$w_n = 17{,}99 - 2 \cdot 4{,}50 = 8{,}99\,\%,$$
$$w_{nv} = 1{,}423 \cdot 8{,}99 = 12{,}79\,\%.$$

Zahlentafel 5.

p_m	w_h						p_m	w_h					
%	2,5	5,0	7,5	10,0	12,5	15,0	%	2,5	5,0	7,5	10,0	12,5	15,0
	35	58	68	76	83	88		28	55	78	84	89	94
	35	48	47	45	44	43		28	55	74	70	67	65
30	35	41	28	16	5	0	45	28	55	71	59	48	37
	35	36	14	0	0	0		28	55	69	51	33	15
	35	34	6	0	0	0		28	55	68	46	25	3
	175	**217**	163	137	132	131		140	275	**360**	310	262	214
	33	61	71	78	85	89		25	50	75	88	92	96
	33	58	55	53	51	49		25	50	75	81	77	74
35	33	55	42	29	18	8	50	25	50	75	75	64	54
	33	53	32	11	0	0		25	50	75	71	54	38
	33	52	27	1	0	0		25	50	75	69	49	29
	165	**279**	227	172	154	146		125	250	375	**384**	336	291
	30	60	74	81	87	92		23	45	68	90	96	100
	30	60	64	61	59	57		23	45	68	90	88	84
40	30	60	56	44	33	22	55	23	45	68	90	81	71
	30	60	50	31	12	0		23	45	68	90	76	61
	30	60	47	24	0	0		23	45	68	90	74	56
	150	**300**	291	241	191	171		115	225	340	**450**	415	372

Der nutzbare Wasserhaltewert kann in Verbindung mit der Wurzelausbreitung der Pflanzen dazu dienen, um den nutzbaren Wasservorrat im Boden zu berechnen. Mit Hilfe der Gl. (21) sind in Zahlentafel 5 die nutzbaren Wassermengen in l/m^2 ermittelt, die in den fünf Tiefenstufen 0 bis 30, 30 bis 60, 60 bis 90, 90 bis 120 und 120 bis 150 cm vom Boden festgehalten werden. Gl. (21) gilt, wenn $4{,}5 \cdot w_h > w_{p\,m}$ ist; p_m ist der kleinste Porengehalt in 150 cm Tiefe, die Werte t der Gl. (21) wurden für die einzelnen Tiefenstufen zu 15, 45, 75, 105 und 135 cm eingesetzt. Man erhält als nutzbare Speichermengen der einzelnen Tiefenstufen ($\gamma = 2{,}7$; $w_n \gtreqless 2{,}5 \cdot w_h$; Senkwasser nicht berücksichtigt, vgl. S. 26)

$$\text{ohne Quellung} \quad 0{,}2 \cdot w_h \cdot (100 - p_m), \tag{24}$$

$$\text{mit Quellung} \quad \frac{300 \cdot (w_q - 2 \cdot w_h)}{37 + w_q}. \tag{25}$$

Für die Auswertung der Zahlentafel 5 ist zu beachten, daß bei den schweren Böden ($w_h = 15$) die größeren, bei den leichten ($w_h = 2{,}5$) die kleineren Porenräume vorherrschen. Entscheidend für die nutzbare Wasserspeicherung der Böden ist die Größe des Porengehalts und der Bodenteilchen, letztere gekennzeichnet durch w_h. Dichte Lagerung (kleiner Porengehalt) schafft mehr wasserbindende Bodenmasse, doch kommt dieser Umstand nur den leichten Böden zugute, während das an sich gute Wasserhaltevermögen der schweren Böden in den tieferen Schichten bei dichter Lagerung nicht ausgenutzt werden kann und in der obersten Schicht durch Verdunstung beeinträchtigt wird. Der Bestwert der Speicherung rückt mit wachsendem Porengehalt (p_m) von den leichteren zu den schwereren Böden und liegt etwa im Bereich $w_h = 5 - 10$, d. h. bei den Lehmböden vom sandigen bis zum mittelschweren Lehm. Bei dichter Lagerung sind die leichten Lehmböden den schweren überlegen.

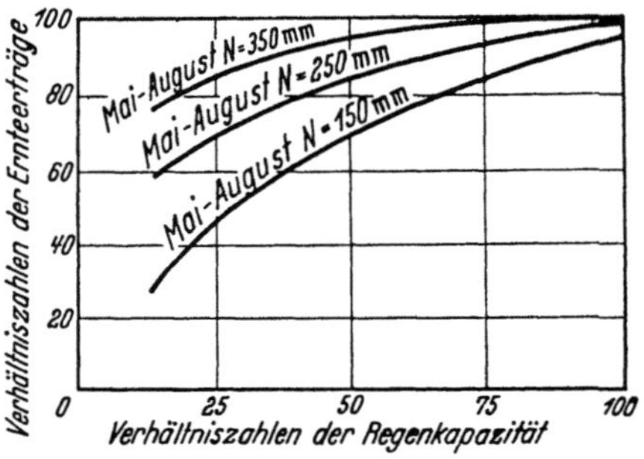

Abb. 6. Abhängigkeit der Ernten von der Regenkapazität des Bodens.

Wie sehr die Ernteerträge von der Fähigkeit der Böden abhängen, im durchwurzelten Raum nutzbares Wasser zu speichern, zeigen statistische Erhebungen Sekeras (Abb. 6).

9. Kolloide, Quellung und Krümelbildung.

Die physikalischen, aber auch die chemischen Eigenschaften der Böden werden in hohem Maße durch die Kolloide beeinflußt (colla = Leim). Der kolloidale Zustand ist eine Mittelstellung zwischen der gröberen Aufschwemmung und der echten Lösung, bei der die Zerteilung des Stoffes bis zum Molekel oder Ion geht. Ein im Kolloidzustand befindlicher Stoff besitzt eine außerordentlich kleine Korngröße, die so gering sein kann, daß man die Anwesenheit des Stoffes im Wasser nur noch an einer Trübung der Flüssigkeit erkennt. Die obere Korngrößengrenze, bei der dieser Zustand beginnt, liegt nicht eindeutig fest (0,002 bis 0,0001 mm). Die im Wasser aufgeschlämmten kolloidalen Bodenteilchen werden durch die Schwerkraft nicht mehr zum Absitzen gebracht. Man bezeichnet die Kolloidlösungen als Sole. Durch chemische und elektrische Vorgänge können die einzelnen Kolloidteilchen sich zu größeren Einheiten zusammenlagern. Sie flocken aus, d. h. sie bilden eine gallertartige Masse, das sog. Gel. Insbesondere treten Ton und Humus in Kolloidform auf; auch Kieselsäure, Eisenoxyd und viele andere Verbindungen können den Kolloidzustand annehmen.

Die Kolloide besitzen infolge ihrer großen Oberflächenentwicklung sehr viele Grenzflächenkräfte (S. 3), so daß sie Gase und Flüssigkeiten mit den in ihnen gelösten Stoffen stark zu binden vermögen. Man bezeichnet diese Eigenschaft als Bindungsvermögen (Sorptionsvermögen). Eine scharfe Grenze zwischen physikalischer und chemischer Bindung läßt sich nicht ziehen. Die Bindung gelöster Stoffe oder Gase (Ammoniak) ist für das Pflanzenwachstum von großer Bedeutung, da sonst große Nährstoffmengen durch die Sickerwässer fortgeführt oder als Gas entweichen würden.

Flüssigkeiten und Gase können an den Grenzflächen der Kolloidteilchen, auch wohl an ihrer inneren Oberfläche angelagert werden. Dadurch wird entweder die Schichtstärke des angelagerten Wassers dicker oder die Wasserteilchen drängen sich in die inneren Hohlräume des Bodenteilchens ein und vergrößern dadurch dessen Raum. Diese Vorgänge werden als Ursache des Quellens (Schwellens) kolloidhaltiger Böden angesehen. Die Bodenteilchen werden somit durch den Quellungsdruck an ihren Berührungsstellen auseinandergetrieben, was eine Lockerung des Bodens, also einen größeren Porenraum zur Folge hat. Dem Quellen der Böden sind jedoch dadurch Schranken gesetzt, daß der Druck der auflagernden Bodenschichten in größerer Tiefe eine Quellung verhindert. Das Freiwerden angelagerter Wasserteilchen (z. B. durch Verdunstung) führt umgekehrt zum Schrumpfen (Schwinden) der Böden, wie es sich im Ton durch die bekannte Rißbildung deutlich zeigt. Zunker hat die räumliche Schwindung (ε_q) des gewachsenen Bodens von seinem feuchten Zustand in 0,5 bis 1 m Tiefe bis zur Lufttrockenheit als groben Mittelwert zahlreicher Untersuchungen wie folgt ermittelt (*271, 85*):

$$\varepsilon_q = 1{,}78 \cdot w_h\,\%, \tag{26}$$

darin ist

$$\varepsilon_q = \frac{V_0 - V_1}{V_1}.$$

$$\left.\begin{array}{l} V_0 = \text{Bodenraum zu Beginn} \\ V_1 = \quad\text{,,}\quad \text{am Ende} \end{array}\right\} \text{des Schwindungsvorganges.}$$

Das Quellen der Böden kann Böschungsrutschungen nach sich ziehen, weil es eine Verringerung der Anziehung der festen Bodenteilchen zur Folge hat. Denn die gegenseitige Anziehung eines Bodenteilchens auf das andere ist um so kleiner, je größer ihr Abstand ist. Die Gefahr der Rutschung wird noch vergrößert, wenn durch Steigen des Grundwassers der Druck der auflagernden Bodenschichten infolge des Auftriebes des Grundwassers vermindert und dadurch die Quellung noch gefördert wird.

Bei starker Wasserentziehung kann der Fall eintreten, daß die Gele nicht wieder aufquellen und sich auch nicht wieder lösen. Man nennt Kolloide dieser Art irreversibel. Die Kolloidteilchen sind dann unbenetzbar geworden. Der irreversible Zustand der Humuskolloide ist die Ursache für das Puffigwerden der Moorböden (S. 56), er beruht nach Zunker auf dem Vorhandensein von Benetzungsschutzstoff. Kolloide, die auch nach starker Wasserentziehung wieder aufquellen oder in Lösung gehen, wenn ihnen Wasser zugeführt wird, nennt man reversibel.

Die Bodenkolloide sind erforderlich, um das für die Bodengare wichtige Krümelgefüge (Krümelstruktur) zu erzeugen. Man versteht darunter den Zustand, daß Gruppen kleinster Bodenteilchen miteinander zu sog. Bodenkrümeln verkittet sind. Bei dem Einzelkorngefüge (Einzelkornstruktur) dagegen liegt jedes einzelne Bodenteilchen für sich neben den benachbarten. Ein Beispiel dafür sind die Dünensande.

Die Krümel erreichen meistens eine Größe von etwa 0,01 bis 0,03 mm, das ist die Korngröße sehr feiner Sande. Zwischen den Krümeln bilden sich größere Poren, als sie dem nichtgekrümelten Boden eigen sind, was eine Vergrößerung des Porenraumes und damit eine Lockerung des Bodens bewirkt. In krümeligen Böden enthalten die Krümel einen großen Teil des Bodenwassers. Die Krümelung ist auf Vorgänge zurückzuführen, die zum Teil recht verwickelter

Natur sind. So wirkt der Schleim der Kleinlebewesen verkittend auf die Bodenteilchen. Chemisch sind es namentlich die Salze mehrwertiger Grundstoffe (Ca, Al, Mg), die die Einzelteilchen aneinander klammern. So ist ja die krümelbildende Wirkung des kohlensauren Kalkes bekannt, während Natrium die Krümelbildung erschwert (S. 23).

Die Krümelung ist ein wichtiges Ziel der Bodenbearbeitung. Krümeliger Boden widersteht der verschlämmenden Wirkung des Wassers, so daß die Niederschläge versickern können und die schädlichen Folgen der Bodenabschwemmung (Erosion) vermieden werden. Die Speicherfähigkeit solcher Böden und ihre Durchlüftung sind gut.

Zwischen dem Kolloidgehalt eines Bodens und seiner Wasseranlagerung besteht insofern eine Beziehung, als die Wasseranlagerung in der Hauptsache vom Kolloidgehalt abhängig ist. Denn je kleiner die Bodenteilchen sind, um so größer ist im Verhältnis zu ihrem Eigengewicht die angelagerte Wassermenge.

10. Die Durchlässigkeit des Bodens.

Für viele Maßnahmen ist die Wasserdurchlässigkeit eines Bodens von großer Bedeutung. Im Jahre 1856 hat Darcy das nach ihm benannte Filtergesetz für die Bewegung des Grundwassers abgeleitet. Es lautet mit den Bezeichnungen der Abb. 7

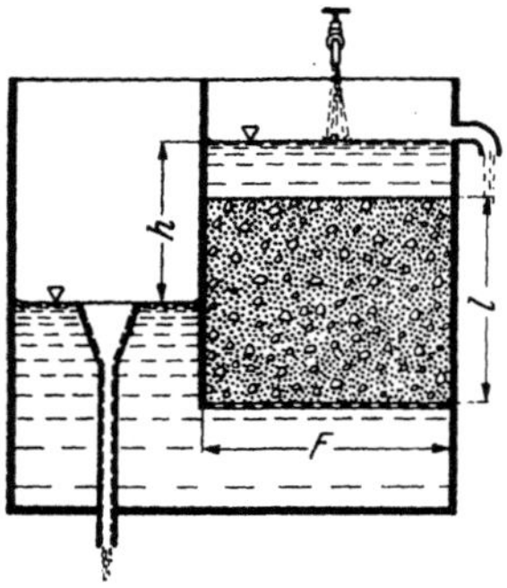

Abb. 7. Filterversuch von Darcy. (Nach Zunker.)

$$Q = k_f \frac{h}{l} F = k_f J F \quad \text{cm}^3/\text{s}. \tag{27}$$

Der Wert k_f wird Durchlässigkeitsbeiwert genannt und von Darcy für einen bestimmten Boden als Festwert betrachtet. Bei wachsender Geschwindigkeit scheint jedoch k_f zunächst etwas zuzunehmen, und wenn die Geschwindigkeit bei weiterem Steigen wirbelnd wird (S. 150), wieder kleiner zu werden. Der Wert k_f ist außerdem von der Zähigkeit des Bodenwassers abhängig (S. 20). Für viele Fälle kann jedoch k_f genau genug als Festwert angesehen werden, jedenfalls für kleine und mittlere Gefälle mit Ausnahme sehr durchlässiger Kiesböden. Meistens wird k_f in cm/s angegeben. F ist der volle, rechtwinklig zur Fließrichtung liegende Bodenquerschnitt in cm², der vom Wasser durchflossen wird, ohne Abzug der in ihm vorhandenen Querschnitte der festen Bodenteilchen. J ist im Gelände das Gefälle des Grundwassers. Man kann auch F in m² und k_f in m/s in die Gl. (27) einsetzen und erhält dann Q in m³/s. Entsprechend der allgemeinen Formel $Q = Fv$ nennt man

$$v = k_f J \quad \text{cm/s} \tag{28}$$

die scheinbare Geschwindigkeit des Bodenwassers, scheinbar deshalb, weil das einzelne Wasserteilchen sich nicht geradlinig, sondern in gewundener Bahn um die Bodenteilchen herum bewegt und weil der wasserführende Querschnitt kleiner als F ist, die wirkliche Geschwindigkeit daher entsprechend größer als $k_f J$ sein muß. Für $J = 1$ ist $v = k_f$ cm/s.

Die Anwendung der Darcyschen Formel setzt einen im Bereiche der Untersuchung gleichmäßigen Boden voraus. Wir haben es aber in der Natur oft mit Böden zu tun, bei denen leichter und schwerer durchlässige Bodenmassen bunt durcheinanderliegen und in denen alle rein rechnerischen bodenkundlichen Untersuchungen versagen, weil die Beschaffenheit des Bodens so stark wechselt, daß sie sich einer ausreichenden Feststellung entzieht. Schon dünne schwer durchlässige Schichten in sonst durchlässigen Böden vermögen den Wasserdurchfluß maßgebend zu beeinflussen. In schwerdurchlässigen Böden dagegen können Wurzel- und Wurmlöcher, Risse und Sandadern die Durchlässigkeit erheblich vermehren.

Über die Größe der Werte k_f bei verschiedenen Bodenarten sind zahlreiche Untersuchungen angestellt worden, meistens mit Böden, die sich nicht mehr in natürlicher Lagerung befanden. Es ist fraglich, wieweit man das Ergebnis solcher Untersuchungen überhaupt auf die gewachsenen Böden im Gelände übertragen darf. Jedenfalls sind die im Schrifttum genannten k_f-Werte nur für ganz überschlägliche Rechnungen brauchbar. Wie sehr sie voneinander abweichen, zeigt folgende Zusammenstellung der Werte 1000 k_f (k_f in cm/s):

Anstaltsversuche nach Thiem (*42, 40*):

Feiner Sand	2	Mittelsand	10 bis 30
Grober Sand	30 bis 50	Feiner Kies	40 „ 160

Anstaltsversuche nach Hugentobler (*112, 132*):

Reiner Sand	150 bis 310
Gemisch von Sand und Kies	100 „ 500

Nach Kyrieleis (*112, 132*):

Sand bei Berlin im Mittel	140
Feiner Sand bei Emden	20

Nach Joachim Schulze (*112, 132*):

Kies bei Leipzig	530
Scharfer Sand	280
Sehr feiner Sand mit Schlamm- und Klaigehalt in Holland	10 bis 20

Nach Zunker (*271, 163*):

Gelber sandfreier grober Rheinkies	190 bis 210
Grober Rheinkies	35 „ 40
Grober Rheinkies	19 „ 33
Rheinkies	32 „ 34
Rheinkies mit Schutt	18 „ 19
Ziemlich gleichkörniger reiner Rheinsand	14 „ 15

Nach Koehne (grobe Mittelwerte):

Grober reiner Kies	400
Scharfer Sand	100
Mergeliger Kies	15
Lehmiger Sand	0,0001

Zunker gibt außerdem folgenden Überblick über die Werte 1000 k_f (k_f in cm/s) bei durchschnittlichem Porengehalt (*271, 173*):

Kiese	$>$ 100
Kiessande und Sande	100 bis 0,5
Schlief-, lehmige und eisenschüssige Sande	0,5 „ 0,002
Sandige Lehme und Tone	0,002 „ 0,00001
Schwere Lehme und Tone	$<$ 0,00001

Die durch den Wert k_f gekennzeichnete Durchlässigkeit eines Bodens ist nicht etwa nur von der Größe seines Porenraumes abhängig, wie man zunächst vermuten könnte. Denn die als durchlässig bekannten Sandböden haben meistens sogar einen kleineren Porenraum als die schwerdurchlässigen Tonböden. Ein Teil des Porenraumes scheidet schon deshalb für den Wasserdurchfluß aus, weil er von dem durch die Bodenteilchen festgehaltenen hygroskopischen Wasser ausgefüllt wird. Dieses nimmt aber bei den Tonböden einen wesentlich größeren Raum ein als bei den Sandböden. Für den Durchfluß des Bodenwassers steht also nur der spannungsfreie Porenraum (S. 7) zur Verfügung, und auch dieser nur insoweit, als er nicht schwer verdrängbare Luft enthält. Von Bedeutung ist ferner der Umstand, daß die einzelnen Poren eines Bodens um so kleiner sind und daher dem Durchgang des Wassers einen um so größeren Widerstand entgegensetzen, je feinkörniger der Boden ist. Aus den vorstehenden Gründen können die sehr feinkörnigen strengen Tonböden fast völlig undurchlässig für Wasser sein. Auch wenn ein schwerer Tonboden noch einen spannungsfreien Porenraum besitzt, so können sich doch die Wasserhüllen des hygroskopischen

Wassers so weitgehend berühren und zum Teil ineinander fließen, daß sie eine für den Durchfluß fast undurchdringliche Sperre bilden.

Die Wasserdurchlässigkeit eines Bodens steigt mit der abnehmenden Zähigkeit des Bodenwassers (S. 12). Man versteht unter der Zähigkeit (Viskosität) den Widerstand, den eine Flüssigkeit der Verschiebung ihrer Teile gegeneinander entgegensetzt. Vgl. S. 22.

Am wertvollsten zur Erlangung einigermaßen zuverlässiger k_f-Werte für den Einzelfall sind die Untersuchungen des Bodens im gewachsenen Zustande, sei es in einer Versuchsanstalt mit Hilfe von Bodenproben in natürlicher Lagerung, sei es im Felde am gewachsenen Boden selbst. Ein häufig angewandtes Verfahren ist der Pumpversuch, wegen seiner rechnerischen Behandlung wird auf S. 112 verwiesen.

Zunker hat darauf aufmerksam gemacht, daß in der Nähe von Brunnen bei der Wasserentnahme Gasbläschen aus dem Wasser ausgeschieden werden, die nach längerem Pumpbetrieb zu einer Verstopfung der Bodenporen Anlaß geben können (*271*, *176*).

Ein sehr rohes Verfahren zur Bestimmung der Wasserdurchlässigkeit des Bodens besteht darin, daß man die in gerader Richtung gemessene Geschwindigkeit v' des Grundwassers, sein Gefälle J und am besten den spannungsfreien Porenraum p_0 des Bodens nach Gl. (12) ermittelt, letzteren auch schätzungsweise. Man beachte, daß v' ein anderer Wert ist als die scheinbare Geschwindigkeit v der Gl. (28). Es ist dann

$$Q = v' F \frac{p_0}{100} = k_f J F .$$

F ist ebenso wie in Gl. (27) der volle Querschnitt des Bodens. Aus der vorstehenden Gleichung folgt

$$k_f = \frac{v' p_0}{100 \cdot J} \tag{29}$$

Durch Grundwasserstandsbeobachtungen ermittelt man zunächst Richtung und Größe des Grundwassergefälles. An den Punkten *1*, *2*, *3* (Abb. 8) senkt man Röhren ab und bestimmt den Grundwasserstand. Auf zwei Seiten, z. B. *1*—*2* und *1*—*3*, findet man durch Einschaltung der Punkte gleicher Grundwasserhöhe die Linie *a*—*b*, die senkrecht zur Stromrichtung verläuft. Sodann senkt man in der Stromrichtung zwei eiserne, unten durchlochte Röhren *I* und *II* bis in das Grundwasser, und zwar in 5 bis 20 m Abstand. Aus diesem und der Höhe der Grundwasserspiegel ergibt sich das Grundwassergefälle J. Nun wird Röhre *I* mit einem Färbemittel (Fluoreszin oder Uranin) beschickt, und man beobachtet die Zeit, in der es in *II* erscheint. In humusreichen Böden versagen die Färbemittel, weil der Farbstoff vom Humus gebunden wird. Man verwendet dann Kochsalz. Der Salzgehalt im Rohr *II* wird fortlaufend durch Messen mit Silbernitratlösung festgestellt. Maßgebend für v' ist der Zeitpunkt, in dem der größte Salzgehalt bei *II* auftritt.

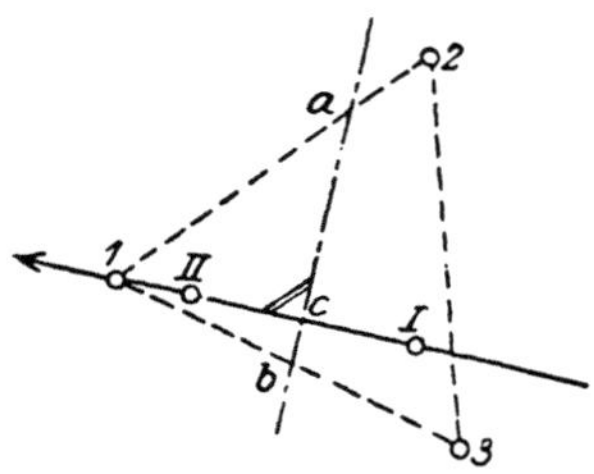

Abb. 8. Bestimmung des Grundwassergefälles. (Nach Krüger.)

Zuerst in Amerika wurde auch ein elektrisches Verfahren angewandt. Dabei ist *I* ein gewöhnliches Rohr, wie oben beschrieben. In *II* ist eine unten durch Kautschuk isolierte Kupferstange eingelassen. Beide Rohre erhalten etwa 2 m Abstand. Solange Rohr *II* in reinem Wasser steht, ist das so gebildete galvanische Element ohne Strom. Dieser entsteht erst, sobald das in *I* gegebene Salz (Chlorammonium) bis *II* vorgedrungen ist. Der Strom wird durch einen in den Stromkreis zwischen Kupfer und Eisen eingeschalteten Strommesser gemessen, an dessen Ausschlag man den für v' maßgebenden Zeitpunkt erkennen kann, wenn der Größtwert des Salzes bei *II* auftritt.

Auch Temperaturmessungen lassen Rückschlüsse auf die Geschwindigkeit der Grundwasserbewegung zu, wenn starken Temperaturschwankungen ausgesetztes Oberflächenwasser in das Grundwasser übertritt. Denn dieses ist an sich ziemlich gleichmäßig warm, ändert aber seine Temperatur durch die Vermischung mit dem Oberflächenwasser. Der zeitliche Abstand der Temperaturwellen im Oberflächen- und Grundwasser läßt sich auf diese Weise ermitteln, und damit die Fließgeschwindigkeit des Grundwassers.

Die Durchlässigkeit eines Bodens wird auch durch die Zeit ausgedrückt, in der eine bestimmte Wassermenge eine bestimmte Bodenschicht unter dem Einfluß der Schwerkraft senkrecht durchfließt. Man nennt derartige Versuche Sickerzeitbestimmungen. Oder man mißt die Wassermenge, die in einer bestimmten Zeit hindurchgeht. In beiden Fällen muß der gesamte Porenraum des Bodens mit Wasser gefüllt sein. Vageler gibt das folgende Ergebnis von Versuchen an, bei denen das Wasser eine Bodenschicht von 1 cm Stärke bei 500 mm Unterdruck durchfließen mußte, bezogen auf 1 cm² Fläche (*244*, *133*):

Zahlentafel 6.

Ton-gehalt %	Durch-lässigkeit cm³/h	Steig-höhe mm	C %
—	5143,0	128	6,0
4,2	400,0	256	9,6
10,1	105,0	526	17,4
39,4	30,0	500	22,5
52,1	18,0	833	50,7
55,0	62,0	500	42,5
64,2	8,0	74	62,1
66,3	30,0	122	53,5
68,0	2,6	27	77,5
70,6	5,0	43	68,2

Man kann auch die Durchlässigkeit des gewachsenen Bodens im Felde dadurch untersuchen, daß man ein Stahlrohr in den Boden eintreibt und die Zeit feststellt, in der eine bestimmte Wassermenge versikkert. Das Verfahren ist jedoch nicht befriedigend, weil das Ergebnis zu sehr durch den zufälligen Wassergehalt der an der Versickerung beteiligten Bodenschichten beeinflußt wird. Genauer ist das Verfahren von Diserens, bei dem das Rohr bis unter den Grundwasserspiegel abgesenkt und ausgeschöpft wird, um dann den zeitlichen Verlauf des Wiederaufstiegs des Wassers im Rohr zu verfolgen.

Beim Absenken des Grundwassers, z. B. durch Pumpen, ist die aus 1 m³ gewachsenen Boden freiwerdende Wassermenge je nach der Bodenart sehr verschieden. Man nennt sie, ausgedrückt in Raumhundertteilen des gewachsenen Bodens, die spezifische Wasserlieferung. Der beim Fallen der Grundwasseroberfläche unter Eindringen von Luft je m³ frei werdende Bodenraum heißt nutzbarer Hohlraumgehalt (z. B. 0,3, wenn 300 l je m³ frei werden). Er ist um so größer, je durchlässiger ein Boden ist, und etwa dem Lufthaltewert gleichzusetzen [Gl. (18)]. Man kann die spezifische Wasserlieferung des gewachsenen Bodens dadurch ermitteln, daß man mittels Wasserspiegelmessungen den Raum berechnet, den beim Abpumpen des Grundwassers der Senkungstrichter des Brunnens in einem bestimmten Zeitpunkt einnimmt, und diesen Raum mit der geförderten Wassermenge vergleicht.

Neben der Wasserdurchlässigkeit ist auch die Luftdurchlässigkeit der Böden wichtig. Sie wird dadurch ermittelt, daß mit Hilfe eines bestimmten Unterdruckes Luft durch eine Bodensäule gesaugt wird. Man kann für die Luftdurchlässigkeit eine ganz ähnliche Gleichung verwenden wie Gl. (27):

$$Q_l = k_l J F. \qquad (30)$$

Q_l ist die Luftmenge in cm³/s, die den vollen Bodenquerschnitt F (cm²) durchströmt, wenn J den Druckabfall der Luft in cm Wassersäule je cm Bodensäulenlänge bedeutet. Der Wert k_l heißt Durchlässigkeitsbeiwert für Luft. Wollny fand folgende Verhältniszahlen (s. nebenstehende Zahlentafel).

Zahlentafel 7.

Korngröße mm	Luft-menge cm³/s
2—1	100
1—0,5	23,7
0,114—0,071	1,17
0,071—0,01	0,06

Die Zahlen zeigen, daß die Luftdurchlässigkeit eines Bodens um so kleiner ist, je kleiner seine einzelnen Poren sind. Sie ist daher auch größer in krümeligen Böden als in gleichen Böden mit Einzelkorngefüge, größer in Sand- als in Tonböden. Je mehr der Porenraum mit Wasser gefüllt ist, um so schwieriger wird naturgemäß der Durchgang der Luft. Sehr wichtig ist der im Boden sich vollziehende Luftwechsel, der verschiedene Gründe haben kann. Das in den Boden eindringende Niederschlagswasser verdrängt die alte Bodenluft, die Verdunstung saugt neue nach. Auch das Steigen und Fallen des Grundwassers hat eine Luftbewegung im Boden zur Folge. Schließlich bewirken auch Schwankungen der Temperatur und des Luftdruckes einen Wechsel der Bodenluft.

In neuerer Zeit wird angestrebt, die Gln. (27) und (30) durch Einführung der Zähigkeit η zusammenzufassen. Die Gleichungen nehmen dann die einheitliche Form an

$$Q = \frac{k_0}{\eta} J F. \tag{31}$$

Die Praxis wird jedoch von dieser Formel erst Gebrauch machen können, wenn genügend Untersuchungen über die Größe k_0 vorliegen. Die Zähigkeit η und die kinematische Zähigkeit ν (S. 150) stehen in folgender Beziehung zueinander

$$\eta = \varrho \nu, \tag{32}$$

Dichte $\varrho = \gamma/g$. Vgl. Zahlentafel 7a.

Zahlentafel 7a.

	Grad C	$10^3 \cdot \gamma$ in g/cm³	$10^6 \cdot \varrho$ in g·s²/cm⁴	$10^6 \cdot \eta$ in g·s/cm²	$10^2 \cdot \nu$ in cm²/s
Wasser	0	999,87	1019,7	18,15	1,78
	4	1000,00	1019,8	—	—
	10	999,73	1019,5	13,36	1,31
	20	998,23	1018,0	10,28	1,01
	40	992,24	1011,9	6,69	0,661
	60	983,24	1002,7	4,83	0,482
	80	971,83	991,1	3,65	0,368
Luft bei 760 mm Druck	0	1,29	1,316	0,171	13,0
	10	1,24	1,265	0,176	13,9
	20	1,20	1,224	0,182	14,9
	40	1,12	1,142	0,194	17,0
	60	1,05	1,071	0,206	19,2

11. Der Einfluß der Basen auf den Wasserhaushalt des Bodens.

Es wurde bereits darauf hingewiesen, daß eine scharfe Trennung zwischen den physikalischen und chemischen Vorgängen im Boden nicht möglich ist. Das zeigt sich auch darin, daß die chemischen Verschiedenheiten der Bodenmasse die physikalischen Eigenschaften des Bodens, z. B. seinen Wasserhaushalt, weitgehend zu beeinflussen vermögen.

Insbesondere ist es die Wasseranlagerung, die stark vom Basengehalt des Bodens abhängig ist. Die Anzahl der angelagerten Wassermolekeln wird nämlich von der Zahl und Art der zum Kolloidteilchen gehörenden Ionen beeinflußt. Das sind elektrisch geladene Atome oder Molekeln. Als solche spielen namentlich Na, K, Mg, Ca und NH_4 eine Rolle, die verschieden stark hydratisierbar, d. h. eine verschiedene Anzahl von Wassermolekeln anzulagern imstande sind. So sind z. B. die Na-Ionen stark, die K- und Ca-Ionen dagegen schwach hydratisierbar (Hydratation = Wasseranlagerung).

Aus dieser Verschiedenheit der Wasseranlagerung ergeben sich wesentliche Unterschiede im Wasserhaushalt der Böden. Starker Natriumgehalt kann die Wasserdurchlässigkeit eines Tonbodens auf Null herabsetzen, weil die Na-Ionen so viel Wasser anlagern, daß der gesamte Porenraum damit ausgefüllt wird und für freibewegliches Wasser (spannungsfreier Porenraum) kein Platz mehr bleibt. Die große Wasseranlagerung des Na hat auch ein starkes Quellen und Schwinden natriumhaltiger Kolloidteilchen zur Folge. Natriumhaltiger Ton enthält wenig Bodenluft. So ist der Wasserhaushalt neu eingedeichter Seepolder nach der Eindeichung häufig ein sehr schlechter, pflegt sich aber mit der Auswaschung des Salzes (NaCl) allmählich zu bessern.

Starker Natriumgehalt des Tones verhindert auch die wichtige Krümelbildung des Bodens, weil den einwertigen Na-Ionen die Klammerwirkung mehrwertiger Ionen fehlt (s. unten).

Ganz anders als das Natrium verhält sich im allgemeinen das Kalzium. Es ist seit langem bekannt, daß der Kalk in erster Linie den Bodenzustand verbessert. Da Ca eine geringere Wasseranlagerung als z. B. Na und K besitzt, so wird eine durch Kalkung eintretende Verdrängung der Na- oder K-Ionen aus den Kolloidteilchen durch Ca-Ionen eine Verringerung der angelagerten Wassermolekeln nach sich ziehen. Kalkhaltige Tonböden pflegen daher auch weniger zu quellen und zu schwinden als natriumhaltige.

Die zweiwertigen Ca-Ionen besitzen außerdem die sog. Klammerwirkung, d. h. ein Ca-Atom kann sich gleichzeitig mit einem zu dem Bodenteilchen *a* gehörigen Atom und mit einem zum Bodenteilchen *b* gehörigen verbinden, so daß auf diese Weise die beiden Teilchen *a* und *b* gleichsam zusammengeklammert werden. Den einwertigen Ionen des Na und K fehlt natürlich diese Fähigkeit. Werden sie also nach einer Kalkung durch Ca-Ionen verdrängt, so tritt die klammernde Wirkung ein, wodurch die Krümelbildung begünstigt wird.

Eine ähnliche Wirkung wie das Ca-Ion hat das gleichfalls zweiwertige Mg-Ion.

Kalzium- und Magnesium-Ionen können jedoch auch eine Vergrößerung der Wasseranlagerung und eine Verringerung der Krümelbildung bewirken, wenn sie im Boden dreiwertige Ionen (Al, Fe) aus den Kolloidteilchen verdrängen. Denn die dreiwertigen Ionen wirken weit stärker klammernd und schwächer hydratisierend als die zweiwertigen. Ihre starke Klammerwirkung ergibt sich daraus, daß sie nicht nur über zwei, sondern über drei freie elektrische Ladungen verfügen. So hat Kappen festgestellt, daß sehr saure Böden, in deren Kolloidsalzen das dreiwertige Al als ungesättigter Anteil besonders vertreten war, durch Ca- oder Mg-Zufuhr undurchlässiger wurden.

Das K-Ion ist wesentlich weniger hydratisierbar als das gleichfalls einwertige Na-Ion. Wenn daher natriumtonhaltige Böden eine Kalidüngung erhalten, wird eine Verdrängung der Na-Ionen aus den Kolloidteilchen durch K-Ionen die Wasserdurchlässigkeit des Bodens vergrößern.

Die vorstehenden Hinweise lassen erkennen, daß eine dauernde Verbesserung des Untergrundes sehr schwerer Böden unter Umständen nur dadurch möglich ist, daß man dem Boden wenig hydratisierbare Ionen zuführt, die durch Verdrängung der in den Kolloidteilchen vorhandenen stark hydratisierbaren Ionen (z. B. Na) den spannungsfreien Porenraum vergrößern. Ohne ein solches Vorgehen würde auch eine Dränung in derartigen Böden keinen dauernden Erfolg haben. Daher die oftmals große Wirkung einer gleichzeitigen Kalkung bei der Dränung schwerer Tonböden.

Auf einem Austausch von Ionen scheint auch die Verfestigung weicher Tonböden zu beruhen, die neuerdings auf elektrisch-chemischem Wege versucht wird (*39*). Ferner sind zwischen der Rutschneigung der Tonböden, die durch das Verhalten des Bodens zum Wasser bedingt ist, und ihrem chemischen Aufbau Zusammenhänge festgestellt worden (*180*).

12. Der Wärmehaushalt des Bodens.

Sehr wichtig für das Pflanzenwachstum ist die Temperatur des Bodens (S. 65). Ein Boden wird durch zugeführte Wärme um so stärker erwärmt, je kleiner seine Artwärme (spezifische Wärme) ist. Man versteht darunter diejenige Wärmemenge c in Wärmeeinheiten (cal), die erforderlich ist, um 1 g eines Stoffes um 1° C zu erwärmen. Eine cal ist die Artwärme von 1 g Wasser bei 15° C. Wärmefassungsvermögen (Wärmekapazität) ist die Wärmemenge, die ein Stoff bei der Erwärmung um 1° aufnimmt. Wiegt er g g, so ist also sein Wärmefassungsvermögen $= cg$.

Die Artwärme des gewachsenen Bodens setzt sich zusammen aus derjenigen der festen Bodenteilchen sowie der im Boden vorhandenen Wasser- und Luftmengen. Es ist:

$c = 1$ für Wasser von 15° C.

$c = 0,24$ für Luft. Dabei wird vorausgesetzt, daß die Luft sich bei der Erwärmung ausdehnen kann.

$c = 0,20$ bis 0,25 für die festen Bodenteilchen.

Bezeichnet man mit c_v diejenige Wärmemenge in Wärmeeinheiten, die nötig ist, um 1 cm³ eines Stoffes um 1° zu erwärmen, so ist $c_v = c\gamma$ (γ = Artgewicht). Man findet daher folgende Werte c_v:

Wasser	$\gamma = 1$	$c_v = 1$
Luft (760 mm; 10°)	$\gamma = 0,00124$	$c_v = 0,0003$
Feste Bodenteilchen in kieselsäurereichen Böden	$\gamma = 2,65$	$c_v = 0,50$ bis 0,65

Man sieht aus diesen Zahlen, daß ein stark lufthaltiger Boden eine geringe Artwärme besitzt und sich daher schnell erwärmt, während starker Wassergehalt die Erwärmung erschwert. Die zur Erwärmung eines Bodens zur Verfügung stehende Wärme stammt fast ausschließlich von der Sonne, indem die Energie der Lichtstrahlen sich zum Teil in Wärme umsetzt. Dunkle Böden verwandeln mehr Licht in Wärme als helle, da sie mehr Lichtstrahlen verschlucken als diese.

Nasse Böden leiten die Wärme schneller weiter als trockene. Das liegt daran, daß Luft im Vergleich zu den festen Bodenteilchen und zum Bodenwasser ein sehr schlechter Wärmeleiter ist. Unter der inneren Wärmeleitfähigkeit eines Stoffes versteht man diejenige Wärmemenge in cal, die durch 1 cm² einer 1 cm starken Schicht dieses Stoffes in 1 s hindurchgeht, wenn die Temperatur auf der einen Seite der Schicht um 1° größer ist als auf der anderen. Die Wärmeleitfähigkeit des Wassers beträgt 0,00124, der Luft 0,00005, der festen Bodenteilchen 0,001 bis 0,006 cal (S. 42). Die große Wärmeleitfähigkeit der nassen Böden hat gleichfalls zur Folge, daß sich die obere Bodenschicht im Frühjahr nur langsam erwärmt, weil ein Teil der zugeführten Wärme schnell in tiefere Schichten weitergeleitet wird.

Die Bodentemperatur wird auch durch die sog. Wärmeausstrahlung (Wärmeemission) des Bodens beeinflußt. Je größer die Temperatur des Bodens als die der Luft ist, um so stärker ist die Ausstrahlung (S. 65). Sie kann so stark werden, daß die Temperatur der obersten Bodenschicht kleiner wird als die der Luft, so daß sich Tau oder Reif bildet (S. 92). In nassen Böden, z. B. in Mooren, spielt die Verdunstungskälte eine große Rolle. Sie entsteht dadurch, daß das Wasser bei seinem Übergang vom flüssigen in den gasförmigen Zustand Wärme verbraucht, die es dem Boden entzieht. Der umgekehrte Vorgang tritt bei der Taubildung ein, da die Verdichtung des Wasserdampfes der Luft zu Wasser Wärme freigibt, die sog. Kondensationswärme.

13. Die energetische Theorie des Bodenwassers.

Die energetische Theorie des Bodenwassers ist seit längerer Zeit im Auslande mit gutem Erfolge verwendet worden, vgl. auch die Forschungen von Vageler, Sekera, Kuron u. a. Sie ist für die praktische Kulturtechnik deshalb sehr einleuchtend, weil sie mit den gleichen (osmotischen) Kräften arbeitet, mit denen auch die Pflanzenwurzeln das Bodenwasser aufnehmen.

Die in einem Boden vorhandenen Wasserteilchen werden durch den Boden mehr oder weniger stark festgehalten, oder sie wandern mangels ausreichender Bindung, der Schwerkraft folgend, abwärts. Man unterscheidet dementsprechend das gebundene (osmotische) und das freie (gravitative) Wasser sowie die beiden Gruppen der O-Böden, die nur gebundenes, und der G-Böden, die außerdem auch noch freies Wasser enthalten.

Die Bindung des Bodenwassers wird bei unseren deutschen Böden fast ausschließlich durch die sogenannte Ionenhydratation (Adsorption) bewirkt, die eine Folge der Grenzflächenkräfte ist (S. 3) und daher unabhängig von den Zufälligkeiten der Lagerung der einzelnen Bodenteilchen und den vorhandenen Kapillaren. Die Ionenhydratation ist daher auch in einer lockeren Bodenprobe ebenso groß wie im gewachsenen Boden. Das so gebundene Wasser ist für die Pflanzenwurzeln zum Teil nicht aufnehmbar.

Eine zweite Ursache der Wasserbindung kann die Kapillarkondensation sein, d. i. die Kondensation des im Boden befindlichen Wasserdampfes in den Kapillarräumen. Sie ist also strukturbedingt, aber auch in hohem Maße von den Grenzflächenkräften abhängig. Das durch Kapillarkondensation festgehaltene Wasser kann durch die Pflanzen restlos ausgenutzt werden.

Setzt man nun eine Bodenprobe einer Saugwirkung S (at) aus, so wird der nach dem Absaugen in der Probe noch vorhandene Wassergehalt w_g (Gewichts-%) naturgemäß um so kleiner, je größer S ist. Es gilt dann allgemein die empirische Beziehung

$$S = n\, w_g^m . \tag{33}$$

S ist das sogenannte Kapillarpotential von Buckingham, das auch als osmotisches Potential bezeichnet wird. Die Werte n und m sind Materialkonstanten, die den einzelnen Boden kennzeichnen und jeweils besonders ermittelt werden müssen. Bestimmt man z. B. den Wert w_g für einen Unterdruck $S_3 = 1$ at (w_3) und für $S_c = 1370$ at (w_c; über gesättigter $CaCl_2$-Lösung bei 20° C), so erhält man die beiden Gleichungen

$$1 = n\, w_3^m, \qquad 1370 = n\, w_c^m,$$

$$m = \frac{\log 1370}{\log w_c - \log w_3} \tag{34}$$

$$n = w_3^{-m}. \tag{35}$$

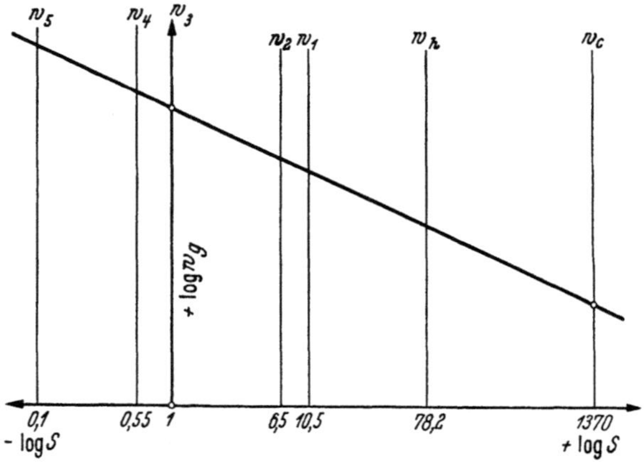

Abb. 9. Beziehung zwischen Saugspannung und Wassergehalt des Bodens.

Setzt man n und m in Gl. (33) ein, so findet man

$$\log w_g = \frac{\log \frac{w_c}{w_3}}{\log 1370} \log S + \log w_3 , \tag{36}$$

d. h. die Beziehung zwischen $\log w_g$ und $\log S$ verläuft geradlinig und läßt sich nach Abb. 9 darstellen. Es ist stets $w_3 > w_c$. Diese Darstellung im logarithmischen Maßstab ermöglicht es, ohne Rechnung für jeden Wert S das zugehörige w abzugreifen. Zu diesem Zweck werden an den Koordinatenachsen nicht die Werte der Logarithmen, sondern die Werte w und S angeschrieben.

In der energetischen Theorie sind die Bezeichnungen der Zahlentafel 8 gebräuchlich. Soweit $S < 1$ at ist, das Bodenwasser also mit weniger als 1 at vom Boden festgehalten wird, überwiegt die Schwerkraft, und das Bodenwasser ist beweglich (freies Wasser). Das gewöhnliche Sickerwasser ist für die Pflanzenwurzeln nur zu einem geringen Teil ausnutzbar, da es zu schnell versickert. Das Senkwasser dagegen (nach Rotmistroff) bewegt sich im Durchschnitt mit etwa 2 m je Jahr abwärts, d. i. ungefähr die mittlere Geschwindigkeit des Wurzelwachstums. Daher ist das Senkwasser in der Wachstumszeit osmotisch nutzbar. Die angegebene Grenze von 0,55 at ist natürlich nicht als scharfe Grenze anzusehen, sie entspricht aber der allgemeinen Erfahrung. Bei 6 bis 7 at beginnt das Welken unserer Kulturpflanzen, bei 10 bis 11 at das Absterben. Auch diese Grenzen sind fließend. Die Ausnutzbarkeit des gebundenen Wassers, das beim Absaugen im Boden zurückbleibt, nimmt von 6 bis 11 at ständig ab und erreicht etwa bei $S = 10$ bis 11 at, dem größten osmotischen Wurzeldruck unserer Nutzpflanzen, den Nullpunkt. Alles Wasser, das mit mehr als 10 bis 11 at vom Boden festgehalten wird, bezeichnet man als totes Wasser.

Die durchgeführten sehr zahlreichen Bodenuntersuchungen haben ergeben, daß das Absaugen des angelagerten Wassers ohne große Unterschiede bei den einzelnen Böden dann beginnt, wenn $S = 78{,}2$ at wird (über 10% H_2SO_4). Außerdem konnte Vageler nachweisen, daß das gebundene Wasser (C; S. 14) durchschnittlich ohne große Abweichungen bei unseren deutschen Böden etwa $= 4{,}5 \cdot w_h$ ist (kritischer Wassergehalt, moisture equivalent). Er setzt daher den spannungsfreien Porengehalt (S. 7)

$$p_0 = p_s - 4{,}5 \cdot \gamma_t\, w_h\,. \tag{37}$$

Aus den vorstehend genannten Untersuchungen ergeben sich mittels Gl. (33) die beiden Beziehungen

$$78{,}2 = n\, w_h^m, \qquad 1 = n\,(4{,}5\, w_h)^m, \tag{38}$$

und daraus

$$m = -2{,}9, \qquad n = 78{,}2 \cdot w_h^{2,9}. \tag{39}$$

Diese Werte m und n sind als Durchschnittszahlen anzusehen und können für überschlägliche Berechnungen verwendet werden, während bei genaueren Rechnungen nach Abb. 9 verfahren werden muß. Aus den Gln. (33) und (38) folgt weiter

$$w_g = w_h \left(\frac{78{,}2}{S}\right)^{\frac{1}{2,9}}. \tag{40}$$

Vgl. die Durchschnittswerte der Zahlentafel 8. Man kann aus diesen Zahlen den Schluß ziehen, daß durchschnittlich etwa $2 \cdot w_h$ für die Wurzeln unserer Kulturpflanzen nicht aufnehmbar sind (in g je 100 g des trockenen Bodens), dagegen bestenfalls $4{,}5 \cdot w_h - 2 \cdot w_h = 2{,}5 \cdot w_h$ gebundenes Wasser und $5{,}5 \cdot w_h - 4{,}5 \cdot w_h = 1 \cdot w_h$ Senkwasser, das sind zusammen $3{,}5 \cdot w_h$, verwertet werden können. Da jedoch die ersten Welkerscheinungen bereits bei $S = 6$ bis 7 at einsetzen, empfiehlt es sich, die ausnutzbare Bodenwassermenge, sofern das Senkwasser mitgerechnet wird, nur zu 3 bis $3{,}5 \cdot w_h$ anzunehmen.

Nach Gl. (37) hört die durch die Schwerkraft bewirkte (gravitative) Wasserbewegung im Boden auf, wenn p_s oder genau genug $p = 4{,}5 \cdot \gamma_t\, w_h$ wird. Das ergibt in Verbindung mit Gl. (7)

$$p = \frac{450 \cdot \gamma\, w_h}{100 + 4{,}5 \cdot \gamma\, w_h}. \tag{41}$$

Diese Grenzwerte des Porengehalts sind also folgende ($\gamma = 2{,}65$):

$w_h =$	1	2	4	6	8	10	12
$p \lesseqgtr$	11%	19%	32%	42%	49%	54%	59%

Alle Untersuchungen werden am lockeren Feinboden in Teilen je 100 g Trockenmasse durchgeführt, letztere bezogen auf den Boden einschl. seiner gröberen Kornanteile, wie Kies, Steine usw. Die Anwendung der Theorie soll an einigen Beispielen gezeigt werden.

Wieviel Millimeter Niederschlag kann ein Boden innerhalb der Wurzeltiefe t (cm) als nutzbares, gebundenes Wasser speichern? Aus einer Darstellung nach Abb. 9 lassen sich die Werte w_3 und w_1 entnehmen (Zahlentafel 8). Ist nun der Porenraum groß genug, um alles Wasser aufnehmen zu können ($p > \gamma_t\, w_3$), so werden $0{,}1 \cdot t\, \gamma_t\, (w_3 - w_1)$ mm nutzbar gespeichert oder mit Gl. (7) und $\gamma = 2{,}7$

$$0{,}27\, \frac{100 - p}{100}\, t\, (w_3 - w_1)\,, \tag{42}$$

p = durchschnittlicher Porengehalt innerhalb der Wurzeltiefe. Für Überschlagsrechnungen ist $w_3 - w_1 = (4{,}5 - 2)\, w_h = 2{,}5\, w_h$. Vgl. Zahlentafel 8. Reicht dagegen der Porenraum nicht aus, so daß Quellungen zu erwarten sind, dann kann man von den Zahlen der Zahlentafel 5 ausgehen.

Zahlentafel 8.

	S at	w Gewichts-%	Bezeichnungen		Ausnutzbarkeit	
—	$S_5 = 0{,}10$	$w_5 = 9{,}9 \cdot w_h$	leicht bewegliches Wasser $S < 0{,}10$	freies Wasser	nicht nutzbar	—
Beginn der Ausnutzbarkeit	$S_4 = 0{,}55$	$w_4 = 5{,}5 \cdot w_h$	gewöhnliches Sickerwasser $S = 0{,}10$ bis $0{,}55$	freies Wasser	zum Teil nutzbar	—
Grenze der O- und G-Böden	$S_3 = 1{,}00$	$w_3 = 4{,}5 \cdot w_h$	Senkwasser $S = 0{,}55$ bis $1{,}00$	freies Wasser	bedingt nutzbar	$1{,}0 \cdot w_h$
Beginn des Welkens (Mittelwert)	$S_2 = 6{,}50$	$w_2 = 2{,}4 \cdot w_h$	nutzbares gebundenes Wasser $S = 1{,}00$ bis $10{,}50$	gebundenes Wasser	nutzbar $S = 1{,}00$ bis $6{,}50$	$2{,}1 \cdot w_h$
Beginn des Absterbens (Mittelwert)	$S_1 = 10{,}50$	$w_1 = 2{,}0 \cdot w_h$		gebundenes Wasser	schwer nutzbar $S = 6{,}50$ bis $10{,}50$	$0{,}4 \cdot w_h$
			totes Wasser $S > 10{,}50$	gebundenes Wasser	nicht nutzbar	$2{,}0 \cdot w_h$

Will man die Einzelgabe (mm) einer sommerlichen Überstauung berechnen, so sind zwei wichtige Gesichtspunkte zu beachten. Erstens darf nicht mehr Wasser zur Versickerung gebracht werden, als die Pflanzen osmotisch nutzen können, und zweitens soll ein im Einzelfall festzusetzender Luftgehalt l_v des Bodens nicht unterschritten werden. Ist w_g der Wassergehalt des Bodens zur Zeit der Bewässerung, so muß die gesuchte Einzelgabe die beiden folgenden Bedingungen erfüllen:

$$\leqq 0{,}1 \cdot t\, \gamma_t\, (w_4 - w_g), \tag{43}$$

$$\leqq 0{,}1 \cdot t\, (p - l_v - \gamma_t\, w_g). \tag{44}$$

Bei der Herbstbewässerung ist w_4 um das Senkwasser zu verringern, da dieses von den Pflanzenwurzeln im nächsten Frühjahr nicht mehr ausgenutzt werden kann.

Die so ermittelten Bewässerungsgaben gelten für G-Böden und haben die Bedeutung, daß keine Verschwendung mit dem Wasser getrieben wird, da kein Wasser nutzlos versickert, daß die Auswaschung der Pflanzennährstoffe gering bleibt und daß kein die Assimilation störender übermäßiger Wasserverbrauch der Pflanzen stattfindet, da die Wurzeln mangels größerer Mengen freien Wassers gezwungen sind, das gebundene Wasser nach und nach selbst aufzusuchen.

Durch Dränung läßt sich ein gewisser Mindestluftgehalt l_v nur dann erreichen (S. 12), wenn der Porengehalt

$$p \gtreqless \gamma_t w_3 + l_v \tag{45}$$

ist oder durch das Dränen auf diesen Mindestwert gebracht wird. Durch Lockerung des Bodens werden p größer und γ_t kleiner, die Verhältnisse also günstiger.

Sehr schwere Böden (O-Böden) sind oft nur etwa im gelockerten Bereich ihrer Pflugtiefe t_a (cm) wasseraufnahmefähig. In solchen Fällen hat es sich bewährt, die Einzelgabe mit

$$1{,}5 \cdot t_a \gamma_t (4{,}5 \cdot w_h - w_g) \tag{46}$$

m³/ha anzusetzen.

Zum Schluß sei noch darauf hingewiesen, daß die Werte S_1 und S_2 der Zahlentafel 8 nur Mittelwerte sind und daß es für die weitere Entwickelung der Bewässerungstechnik erwünscht ist, diese Werte den verschiedenen osmotischen Fähigkeiten der einzelnen Kulturpflanzenarten anzupassen.

B. Der Stoff des Bodens (Chemie).

Die Pflanze bedarf zu ihrer Ernährung einer Anzahl von Grundstoffen, von denen Kohlenstoff (C), Sauerstoff (O), Wasserstoff (H), Stickstoff (N), Schwefel (S), Phosphor (P), Kalium (K), Magnesium (Mg) und Eisen (Fe) die wichtigsten sind. Auch das Kalzium (Ca) ist zum mindesten mittelbar für das Pflanzenwachstum von wesentlicher Bedeutung. Man findet außerdem in der Pflanzenasche Natrium (Na), Silizium (Si), Chlor (Cl), Aluminium (Al), Mangan (Mn), Fluor (F), Brom (Br) und Jod (J).

Den Kohlenstoff entnimmt die Pflanze der in der Luft vorhandenen Kohlensäure (CO_2), Wasserstoff und Sauerstoff stehen im Wasser (H_2O) reichlich zur Verfügung, letzterer wird zum Teil auch durch Atmung aus der Luft aufgenommen. Die Hauptquelle des Stickstoffes sind die im Boden vorhandenen oder ihm künstlich zugeführten organischen Lebensreste. Bezüglich der übrigen Grundstoffe ist die Pflanze auf die Gesteine angewiesen, die in mehr oder weniger verwittertem Zustande den Boden bilden.

1. Die wichtigsten Gesteine und ihre mineralische Zusammensetzung.

Man unterscheidet die beiden großen Gruppen der Erstarrungs-(Eruptiv-) Gesteine und der Schicht-(Sediment-)Gesteine. Die Erstarrungsgesteine trennt man wieder in die Gruppe der Tiefen- (plutonischen) und der Erguß- (vulkanischen) Gesteine. Die Tiefengesteine sind abgekühlt, bevor sie die Erdoberfläche erreichten. Sie besitzen daher ein körnig-kristallartiges Gefüge im Gegensatz zu den Ergußgesteinen, die ein porphyrisches, auch schlackiges oder glasiges Aussehen zeigen. Die Schichtgesteine sind aus zerstörten Erstarrungsgesteinen unter dem Einfluß der verschiedenen gesteinsbildenden Kräfte durch Ablagerung entstanden und allmählich in den harten Gesteinzustand übergegangen. Eine Mittelstellung zwischen den Erstarrungs- und Schichtgesteinen nehmen die kristallinen Schiefer ein, die sich aus diesen beiden Gruppen gebildet haben. Man nennt sie auch umgebildete (metamorphe) Gesteine.

Nachfolgend ist die Hauptzusammensetzung der wichtigsten Gesteine angegeben. Man spricht von den wesentlichen und den zusätzlichen Bestandteilen eines Gesteines. Die ersteren sind immer vorhanden und bestimmen daher die Gesteinsart, während die zusätzlichen Bestandteile zwar meistens zu finden sind, aber in der Regel nur vereinzelt auftreten. Doch kann auch ein zusätzlicher Bestandteil stärker hervortreten und einen wesentlichen Bestandteil in die Rolle eines zusätzlichen zurückdrängen. Die Natur hat auch hier zahlreiche Übergangsformen entstehen lassen. Die wichtigsten zusätzlichen Bestandteile sind im folgenden in eckigen Klammern angegeben.

I. Tiefengesteine.

1. Granit. Feldspat (Orthoklas, Oligoklas), Quarz, Glimmer (Biotit, Muskowit) [Hornblende, Augit, Apatit, Magneteisen, Titanit].
2. Syenit. Feldspat (Orthoklas, Oligoklas), Hornblende, Glimmer (Biotit) [Augit, Leuzit, Nephelin, Titanit, Magneteisen, Quarz]. Abarten: Leuzit- und Nephelinsyenit, in denen Leuzit und Nephelin stärker hervortreten.
3. Diorit. Feldspat (Oligoklas, Anorthit, Labradorit), Hornblende [Biotit, Augit, Quarz, Apatit].
4. Gabbro. Feldspat (Labradorit), Diallag [Olivin, Apatit, Biotit, Magneteisen, Augit].
5. Peridotit. Olivin [Hornblende, Chromeisen].

II. Ergußgesteine.

1. Quarzporphyr, dem Granit entsprechend. Feldspat (Orthoklas), Quarz [Plagioklase, Augit, Biotit, Hornblende, Magneteisen].
2. Feldspatporphyr und Trachyt, dem Syenit entsprechend. Feldspat (Orthoklas) [Plagioklase, Biotit, Augit, Hornblende, Quarz].
3. Phonolith, dem Nephelinsyenit entsprechend. Feldspat (Orthoklas), Nephelin [Augit, Leuzit, Hornblende, Biotit, Magneteisen].
4. Porphyrit, dem Diorit entsprechend. Feldspat (Plagioklase), Hornblende [Augit, Biotit].
5. Diabas (Grünstein) und Melaphyr, dem Gabbro entsprechend. Feldspat (Plagioklase), Augit, oft auch Olivin als Hauptgemengteil [Magneteisen, Apatit, Olivin].
6. Basalt, als jüngeres Gestein gleichfalls dem Gabbro entsprechend. Feldspat (Plagioklase), Augit, Magneteisen, oft auch Nephelin, Leuzit und Olivin als Hauptgemengteile [Hornblende, Biotit, Titanit, Apatit]. Abarten: Nephelin- und Leuzitbasalt.

Einen Überblick über die chemische Zusammensetzung einiger Erstarrungsgesteine gibt die folgende Zusammenstellung (nach R. Lang):

Zahlentafel 9.

Gesteine	Kieselsäure SiO_2 %	Tonerde Al_2O_3 %	Eisenoxyd Fe_2O_3 %	Eisenoxydul FeO %	Kalk CaO %	Magnesia MgO %	Kali K_2O %	Natron Na_2O %	Wasser H_2O %
Granit . . .	67,70	16,08	5,26	—	1,65	0,95	5,78	3,22	—
Syenit . . .	59,37	17,92	6,77	2,02	4,16	1,83	6,68	1,24	0,38
Diorit . . .	52,97	22,56	5,47	4,03	7,51	2,13	0,44	2,31	2,24
Gabbro . . .	49,14	15,90	5,88	9,49	10,50	6,64	0,28	2,26	0,52
Peridotit . .	41,44	6,63	13,87	6,30	7,20	18,42	0,93	0,24	5,60
Quarzporphyr	70,85	14,12	4,72	—	1,62	—	3,57	5,23	0,65
Trachyt . .	63,61	16,34	4,30	2,08	1,47	0,37	5,54	6,21	0,77
Augitporphyrit	63,08	14,19	7,98	—	4,20	1,23	2,09	3,47	3,45
Diabas . . .	47,36	16,79	1,53	7,93	0,08	6,53	0,84	2,85	3,05
Basalt . . .	48,81	15,03	3,76	1,65	7,85	8,09	1,12	3,42	2,12

III. Kristalline Schiefer.

1. Gneis. Feldspat (Orthoklas), Quarz, Glimmer (Biotit, Muskowit) [Plagioklase, Magneteisen, Graphit, Hornblende, Granat].
2. Glimmerschiefer. Quarz, Glimmer [Magneteisen, Granat, Chlorit].
3. Phyllit (Urtonschiefer). Quarz und Glimmer in sehr kleinen Teilchen [Feldspat, Chlorit, Hornblende, Magneteisen].

IV. Schichtgesteine.

1. Tongesteine. Sie bestehen in der Hauptsache aus Tonerdesilikat, dem Zersetzungsergebnis feldspathaltiger Gesteine, und enthalten außerdem Glimmer- und Quarzteilchen sowie Eisen. Kaolin ist ein Gemenge von Tonerde und Kieselsäure. Sandiger, durch Eisen gelb gefärbter Ton heißt Lehm. Kalkhaltigen Ton oder Lehm nennt man Mergel. Die Tonschiefer sind aus Tonen entstanden und durch Gebirgsdruck geschiefert.

2. Sandgesteine. Sie enthalten im wesentlichen Kieselsäure in der Form des Quarzes, daneben die verschiedensten Bestandteile, wie Feldspat, Kalk, Glimmer, Magneteisen. Sehr feiner Sand heißt Schluff. Der Löß ist ein überaus feinkörniger, kalkhaltiger Quarzstaub. Quarzite sind sehr feste Sandsteine mit kieseligem Bindemittel. Die Grauwacke ist ein fein- bis grobkörniger fester grauer Sandstein.

3. Kalkgesteine. Sie bestehen in der Hauptsache aus kohlensaurem Kalk. Meereskalke haben sich aus den Schalen der Meeresbewohner gebildet (Korallenriffe). Im Süßwasser können auf dem Boden von Seen Süßwasserkalke entstehen (Reste von Muschelschalen, Aussonderungen von Pflanzen). Derartige Kalke findet man häufig am Grunde von Flachmooren (Kalkmudde). Ein wichtiges Kalkgestein ist der Geschiebemergel. Ferner gehören hierher der Kalkspat, der Marmor, ein sehr reines Kalkgestein, und der Dolomit.

4. Kieselgesteine. Aus den Schalen der Kieselalgen (Diatomeen) ist die Kieselgur entstanden. Zu den Kieselgesteinen gehören außerdem die Kieselschiefer und der Feuerstein.

5. Kohlengesteine. Man rechnet zu ihnen die Moore, die Braunkohle, Steinkohle und den Anthrazit. Faulschlamme, auch Sapropelite genannt (vom griechischen pelos = Schlamm und sapros = faul), sind aus öl- und fetthaltigen Algen und aus tierischen Stoffen (Kot, Leichen) entstanden. Man findet sie häufig unter Flachmooren, wo sie sich auf dem Grunde der früheren Seen gebildet haben (Mudden; S. 56).

Auch das Erdpech (Bitumen) ist sehr wahrscheinlich aus tierischen oder pflanzlichen Ölen und Fetten unter Luftabschluß entstanden. Erdpech ist ein Sammelname für feste und flüssige Kohlenwasserstoffverbindungen der Erdrinde, die besonders reich an Wasserstoff sind. Zu den Erdpechen gehören das Erdöl (Petroleum) und der Asphalt. Letzterer gilt als eine Umwandlung des entgasten Erdöls durch Sauerstoff.

6. Ausscheidungsgesteine. Diese Gruppe umfaßt die verschiedenen Salze (Steinsalz, Kainit, Carnallit usw.), ferner Soda, Anhydrit, Gips, Chilisalpeter.

Den Gesteinen, die durch Verwitterung bereits Bodenform angenommen haben, ist ein besonderer Abschnitt gewidmet (S. 38).

2. Die wichtigsten Mineralien und ihre chemische Zusammensetzung.

Die vorstehend genannten wichtigsten Bestandteile der Gesteine, die sog. Mineralien, sind im folgenden nach ihrer chemischen Zusammensetzung aufgeführt. Der besseren Übersichtlichkeit halber sind weitestgehend Sauerstoffformeln (Oxydformeln) verwendet.

I. Grundstoffe (Elemente).

Graphit = reiner Kohlenstoff (C).

II. Einfache Sauerstoffverbindungen (Oxyde).

Quarz = Siliziumdioxyd oder Kieselsäureanhydrid, meist kurz Kieselsäure genannt (SiO_2).

Kieselgur = wasserhaltige Kieselsäure (Opal) ($SiO_2 \cdot n\,H_2O$).

Kieselschiefer, Feuerstein = dichter Quarz mit Opalresten.

Kaolin = Tonerde, Kieselsäure und gebundenes Wasser ($Al_2O_3 \cdot 2\,SiO_2 \cdot 2\,H_2O$).

Titansäure = Titandioxyd (TiO_2).

Die wichtigsten Sauerstoffverbindungen des Eisens sind folgende:

Roteisenstein = hauptsächlich Eisenoxyd (Fe_2O_3).

Brauneisenstein (Limonit) = Eisenoxyd und gebundenes Wasser (z. B. $Fe_2O_3 \cdot 3\,H_2O$). Eine Abart ist das in Mooren und Sümpfen abgesetzte Raseneisenerz (Wiesen-, Sumpf-, See-Erz). Auch der Rost ist im wesentlichen wasserhaltiges Eisenoxyd (Eisenoxydhydrat).

Magneteisen (Magnetit) = Eisenoxydul und Eisenoxyd ($FeO \cdot Fe_2O_3$).

Spateisenstein = kohlensaures Eisenoxydul ($FeCO_3$).

Chromeisen = Eisenoxydul und Chromoxyd ($FeO \cdot Cr_2O_3$).

An Sauerstoffverbindungen, die in der Bodenkunde Bedeutung haben, sind noch folgende zu nennen:

Tonerde = Aluminiumoxyd (Al_2O_3). Aus Tonerde mit gebundenem Wasser besteht der Bauxit ($Al_2O_3 \cdot nH_2O$).

Kali = Kaliumoxyd (K_2O).

Natron = Natriumoxyd (Na_2O).

Kalk = Kalziumoxyd (CaO).

Magnesia = Magnesiumoxyd (MgO).

Phosphorsäure in der Anhydridform = Phosphorpentoxyd (P_2O_5).

Schwefelsäure in der Anhydridform = Schwefeltrioxyd (SO_3).

III. Kieselsaure Salze (Silikate).

1. Feldspat-Gruppe.

Orthoklas (Kalifeldspat) = Kalium-(Natrium-)Aluminium-Silikat ($K_2O \cdot Al_2O_3 \cdot 6\,SiO_2$). Übergang zum Albit ($[KNa]_2O \cdot Al_2O_3 \cdot 6\,SiO_2$). Eine glasige Abart ist der Sanidin.

Die folgenden 4 Feldspate werden unter dem Sammelnamen Plagioklase (Natron-Kalk-Feldspate) zusammengefaßt:

Albit (Natronfeldspat) = Natrium-Aluminium-Silikat ($Na_2O \cdot Al_2O_3 \cdot 6\,SiO_2$).

Anorthit (Kalkfeldspat) = Kalzium-Aluminium-Silikat ($CaO \cdot Al_2O_3 \cdot 2\,SiO_2$).

Oligoklas (Natronkalkfeldspat) = Mischung von Albit und Anorthit mit vorherrschendem Natrongehalt.

Labradorit (Kalknatronfeldspat) = wie vor mit vorherrschendem Kalkgehalt.

Zeolithe (Siedesteine) = Kalzium- oder Natrium-Aluminium-Silikate mit gebundenem Wasser. Chemisch leicht angreifbar, beim Erhitzen schäumen sie auf. Die folgenden Formeln geben mittlere Zusammensetzungen an:

Analzim ($Na_2O \cdot Al_2O_3 \cdot 4\,SiO_2 \cdot 2\,H_2O$).

Natrolith ($Na_2O \cdot Al_2O_3 \cdot 3\,SiO_2 \cdot 2\,H_2O$).

Skolezith ($CaO \cdot Al_2O_3 \cdot 3\,SiO_2 \cdot 3$ bis $4\,H_2O$) und andere.

Ferner die beiden Feldspatvertreter:

Leuzit = Kalium-Aluminium-Silikat ($K_2O \cdot Al_2O_3 \cdot 4\,SiO_2$).

Nephelin = Natrium-Kalium-Aluminium-Silikat ($[KNa]_2O \cdot Al_2O_3 \cdot 2\,SiO_2$).

2. Glimmer-Gruppe.

Biotit (Eisenmagnesiaglimmer) = Aluminium-Silikat mit Eisen und Magnesia, auch mit Kali, Kalk, Natron. Stark wechselnde Zusammensetzung. Häufig Muskowitmolekeln mit Olivinmolekeln in verschiedenem Verhältnis.

Muskowit (Kaliglimmer) enthält Tonerde, Kieselsäure, Kali und Wasser. Häufig: ($K_2O \cdot 3\,Al_2O_3 \cdot 6\,SiO_2 \cdot 2\,H_2O$). Die Zusammensetzung ist der des Kalifeldspates sehr ähnlich.

Chlorit = basisches, wasserhaltiges Tonerdesilikat des Magnesiums. Etwa: ($3\,MgO \cdot 2\,SiO_2 \cdot 2\,H_2O + 2\,MgO \cdot Al_2O_3 \cdot SiO_2 \cdot 2\,H_2O$). Zum Teil Mg und Al auch durch Fe ersetzt.

3. Pyroxen-Amphibol-Gruppe.

Augit (Pyroxen) und Diallag = Kalk-Magnesia-Silikat mit Eisen und Tonerde. Häufig: ($MgO \cdot SiO_2 + CaO \cdot MgO \cdot 2\,SiO_2 + Na_2O \cdot Al_2O_3 \cdot 4\,SiO_2$) in verschiedenen Mischungen. Statt Mg und Al auch Fe.

Hornblende (Amphibol) = Tonerde-Alkali-Kalk-Magnesia-Eisen-Silikat. Die Molekeln sind zum Teil dieselben wie die des Augits. Außerdem: ($CaO \cdot 3\,MgO \cdot 4\,SiO_2$). Statt Mg auch Fe.

Olivin = Magnesium-Eisen-Silikat ($2\,MgO \cdot SiO_2 + 2\,FeO \cdot SiO_2$).

Zu den kieselsauren Salzen gehören noch:

Titanit = kieselsaures und titansaures Kalzium ($CaO \cdot SiO_2 \cdot TiO_2$).

Granat = Kalzium-Aluminium-Silikat mit Magnesia und Eisen, auch Chrom ($3\,CaO \cdot Al_2O_3 \cdot 3\,SiO_2$). Statt Ca auch Mg oder Fe, statt Al auch Cr oder Fe.

IV. Phosphorsaure Salze (Phosphate).

Apatit = phosphorsaures Kalzium mit Chlor und Fluor. Chlorapatit: $3\,[Ca_3(PO_4)_2] + CaCl_2$. Fluorapatit: $3\,[Ca_3(PO_4)_2] + CaF_2$. In verschiedenen Mischungen.

Vivianit (Blaueisenerde) = phosphorsaures Eisenoxydul mit gebundenem Wasser ($Fe_3(PO_4)_2 \cdot 8\,H_2O$).

V. Kohlensaure Salze (Karbonate).

Kalkspat, Marmor = kohlensaures Kalzium ($CaCO_3$).

Magnesit = kohlensaures Magnesium ($MgCO_3$).

Dolomit ($CaCO_3 \cdot MgCO_3$).

Soda = kohlensaures Natrium mit gebundenem Wasser ($Na_2CO_3 \cdot 10\,H_2O$).

VI. Schwefelsaure Salze (Sulfate).

Pyrit (Eisenkies, Schwefelkies) und Markasit (Strahlkies) = Schwefeleisen (FeS_2).

Anhydrit = schwefelsaures Kalzium ($CaSO_4$).

Gips = schwefelsaures Kalzium mit gebundenem Wasser ($CaSO_4 \cdot 2\,H_2O$).

VII. Salpetersaure Salze (Nitrate).

Kalisalpeter = salpetersaures Kalium (KNO_3).

Natronsalpeter = salpetersaures Natrium ($NaNO_3$). Hauptbestandteil des Chilisalpeters.

VIII. Steinsalz und Abraumsalze.

Steinsalz = Chlornatrium ($NaCl$).

Sylvin = Chlorkalium (KCl).

Kainit = Chlorkalium und schwefelsaures Magnesium mit gebundenem Wasser ($KCl \cdot MgSO_4 \cdot 3\,H_2O$).

Carnallit = Chlorkalium und Chlormagnesium mit gebundenem Wasser ($KCl \cdot MgCl_2 \cdot 6\,H_2O$).

Kieserit = schwefelsaures Magnesium mit gebundenem Wasser ($MgSO_4 \cdot H_2O$) und andere.

Die Verschiedenheit in der chemischen Zusammensetzung der Bodenarten ist aus der folgenden Zusammenstellung zu ersehen (*223*, *143*):

Zahlentafel 10.

	Sandboden	Lehmboden	Tonboden (mergelig)	Tonboden (schwarzerdig)	Kalkboden
Stickstoff (N)	0,13	0,18	0,26	0,78	0,25
Kali (K_2O)	0,04	1,06	2,60	1,96	0,85
Kalk (CaO)	0,17	0,96	5,97	1,91	29,96
Phosphorsäure (P_2O_5)	0,03	0,18	0,20	0,20	0,22
Natron (Na_2O)	0,03	0,37	1,17	1,16	0,22
Magnesia (MgO)	0,14	0,88	2,22	1,71	0,48
Eisenoxyd (Fe_2O_3)	0,74	5,20	4,60	4,11	1,16
Tonerde (Al_2O_3)	1,06	7,04	15,12	15,20	6,82
Kieselsäure (SiO_2)	92,50	76,14	54,53	52,23	25,44
Schwefelsäure (SO_3)	0,01	0,01	0,17	0,01	0,10
Kohlensäure (CO_2)	Spur	Spur	4,63	0,03	23,54
Chlor (Cl)	Spur	Spur	0,11	Spur	Spur
Organische Stoffe	3,04	4,63	8,54	21,40	12,06
Mineralstoffe	96,96	95,37	91,46	78,60	87,94

Die Zahlen sind Gewichtshundertteile des trockenen Bodens und beziehen sich auf die Bodenkrume.

3. Basen und Säuren.

Für das Wachstum unserer Nutzpflanzen ist ein ausreichender Gehalt des Bodens an Basen von Wichtigkeit. Basen nennt man alle Verbindungen, die mit Säuren Salze zu bilden vermögen. Sie entstehen aus den Sauerstoffverbindungen durch Wasseraufnahme:

$$K_2O + H_2O = K_2(OH)_2 = \text{Kaliumhydroxyd},$$
$$FeO + H_2O = Fe(OH)_2 = \text{Eisenhydroxyd}.$$

Die Säuren haben ihre Bezeichnung nach ihrem sauren Geschmack erhalten. Wenn sie gelöst sind, spalten sich ihre Molekeln zum Teil in positiv elektrisch geladene Wasserstoffatome (Wasserstoffionen) und in den Restteil, der negativ geladen ist (Dissoziation). Bei der Salzbildung werden die Wasserstoffionen der Säure durch die Metallionen der Base ersetzt:

$$H_2SO_4 + Ca(OH)_2 = CaSO_4 + 2\,H_2O = \text{Anhydrit und Wasser},$$
$$H_2CO_3 + Mg(OH)_2 = MgCO_3 + 2\,H_2O = \text{Magnesit und Wasser},$$
$$2\,HNO_3 + K_2(OH)_2 = 2\,KNO_3 + 2\,H_2O = \text{Kalisalpeter und Wasser}.$$

Das Bindungsvermögen der Böden (S. 16) wird durch die sog. Bodenzeolithe stark gefördert. Diese dürfen nicht mit den kristallischen Zeolithen (Siedesteinen) verwechselt werden. Man versteht unter Bodenzeolithen wasserhaltige Doppelsilikate des Kalziums und Natriums, die neben Aluminium verschiedene Basen enthalten, die gegen andere Basen leicht ausgetauscht werden. Wenn ein Boden z. B. mit Kali- oder Ammoniaksalzen gedüngt wird, treten das Kalium oder Ammonium (NH_4) des Düngers an die Stelle des Kalziums oder Natriums der Bodenzeolithe und werden so durch chemische Bindung (Absorption) vor dem Auswaschen bewahrt. Man nennt diesen Vorgang Basenaustausch. An ihm sind namentlich Na, K, NH_4, Mg und Ca beteiligt.

Die Verwitterung, die Pflanzen und die saueren künstlichen Dünger entziehen dem Boden im Laufe der Zeit immer größere Mengen an kohlensaurem Kalk und Basen der Silikate, so daß eine fortschreitende Verarmung an Basen die Folge ist und schließlich eine allgemeine Bodenversäuerung eintreten kann. Denn im Boden entstehen durch die sauren Ausscheidungen der Wurzeln, durch die Zersetzung des Humus (CO_2) und aus anderen Ursachen ständig Säuren, die nur dann unschädlich bleiben, wenn sie fortlaufend durch Basen gebunden werden. Je größer die Bodenkornoberfläche ist, um so leichter findet diese Bindung statt. Daher treten Säureschäden am häufigsten in leichten Böden ein. Ist aber ein schwerer Boden erst einmal sauer geworden, so ist er sehr schwer wieder zu entsäuern. Die Bodensäure tritt in verschiedenen Formen (Aziditätsformen) auf. Ihre Bestimmung ist für landwirtschaftliche Zwecke von Bedeutung. Man spricht von der Bodenreaktion, die alkalisch, neutral oder sauer ist.

Bei ihrer Ermittlung spielt die Wasserstoffionendichte, der sog. p_H-Wert eine Rolle (*150*). Jedes Wasser enthält außer den Wassermolekeln (H_2O) noch kleine Mengen gespaltener Molekeln, sog. freie Ionen von Wasserstoff (H^+) und Hydroxyl (OH^-). 1 l reinen, neutralen Wassers enthält nun stets ganz bestimmte Gewichtsmengen H-Ionen und OH-Ionen, die nur von der Temperatur des Wassers abhängig sind. Sie betragen bei 22° C 10^{-7} g H-Ionen und die gleiche Gewichtsmenge OH-Ionen. Säuren sind dadurch gekennzeichnet, daß sie in einer wässerigen Lösung H-Ionen abspalten, während Basen OH-Ionen liefern. Der Zutritt einer Säure zum neutralen Wasser hat daher zur Folge, daß die Dichte der H-Ionen im Wasser größer wird. Gleichzeitig wird die Dichte der OH-Ionen kleiner, da nach dem sog. Massenwirkungsgesetz das Produkt aus der Gewichtsmenge H-Ionen und der Gewichtsmenge OH-Ionen in 1 l Wasser bei derselben Temperatur stets einen ganz bestimmten Wert hat. Umgekehrt bewirkt eine ins Wasser gebrachte Base eine Vermehrung der OH-Ionen und eine entsprechende Verminderung der H-Ionen. Der Gewichtsgehalt des Wassers an H-Ionen gibt somit einen Maßstab für seine Reaktion. Sobald nämlich die in 1 l Wasser enthaltene Menge der Wasserstoffionen größer als 10^{-7} g wird, z. B. gleich 10^{-6}, geht der neutrale Zustand in den sauren über. Umgekehrt ist eine Verringerung der Wasserstoffionenmenge (z. B. 10^{-8}) gleichbedeutend mit einer alkalischen Reaktion des Wassers. Man nennt das Grammgewicht der Wasserstoffionen im Liter die Wasserstoffionendichte und die Exponenten die Wasserstoffzahlen (p_H). Die vorstehend für Wasser angestellten Betrachtungen gelten auch für Bodenauszüge. Die Reaktion eines Bodens ist daher neutral, wenn der p_H-Wert seiner Lösung gleich 7 ist; wird p_H kleiner als 7, so ist die Reaktion sauer, während ein p_H-Wert, der größer als 7 ist, eine alkalische Reaktion anzeigt. Die p_H-Zahlen der Bodenlösungen schwanken zwischen den Grenzwerten 3 und 11. Sie werden kolorimetrisch mit Lackmuspapier oder flüssigen Indikatoren oder auch elektrometrisch durch Potentiometer bestimmt, entweder in Wasseraufschwemmung für bautechnische oder in normaler KCl-Lösung für landwirtschaftliche Zwecke. In sauren Böden können Wasser und KCl zu verschiedenen Ergebnissen führen.

Der p_H-Wert eines Bodens wird durch Zuführung von Säuren oder Basen mehr oder weniger schnell geändert. Der Widerstand, den die einzelnen Böden einer solchen Änderung ihrer Reaktion entgegensetzen, ist ein sehr verschiedener. Man nennt dieses Festhalten des Bodens an seiner Reaktion die Pufferung des Bodens.

Besonderer Erwähnung bedarf noch die zerstörende Wirkung der im Boden vorkommenden Säuren auf Betonbauwerke und Zementrohre. Ausgangspunkt der Zerstörungen ist namentlich die Schwefelsäure (S. 58). Sie bildet mit Kalk den Anhydrit

$$H_2SO_4 + Ca(OH)_2 = CaSO_4 + 2\,H_2O.$$

Unter Aufnahme von Wasser geht der Anhydrit unter bedeutender Raumvergrößerung in Gips über, es entsteht das sog. Gipstreiben, das den Beton lockert

$$CaSO_4 + 2\,H_2O = CaSO_4 \cdot 2\,H_2O.$$

Trifft $CaSO_4$ mit tonerdehaltigen hydraulischen Bindemitteln zusammen, so bildet sich unter Aufnahme von Wasser Kalktonerdesulfat, der gefürchtete „Zementbazillus" ($3CaO \cdot Al_2O_3 \cdot 3CaSO_4 \cdot 30H_2O$), der auf den Zement stark zersetzend und infolge bedeutender Wasseraufnahme sprengend wirkt.

Auch freie Kohlensäure kann den Zement und Beton angreifen. Ihre Wirkung besteht darin, daß sie den schwer löslichen kohlensauren Kalk ($CaCO_3$) in die lösliche Form des doppeltkohlensauren Kalkes (Bikarbonats) überführt:

$$CaCO_3 + H_2O + CO_2 = CaH_2(CO_3)_2.$$

Als betongefährlich sind schließlich noch die Humussäuren zu nennen. Über ihre chemische Natur sind die Forschungen noch nicht abgeschlossen. Odén (*162, 102*) bezeichnet sie als vierbasische, mittelstarke Säuren, die im Wasser sehr schwer löslich sind, aber leicht kolloide Lösungen geben. Sie sind Verbindungen von Kohlenstoff, Wasserstoff und Sauerstoff.

C. Das Leben im Boden (Biologie).

1. Allgemeines.

Im Boden herrscht reges Leben (Edaphon). Bakterien, Pilze, niedere Tiere und Algen entfalten hier eine starke Tätigkeit, ohne die weder das Wachstum der Pflanzen noch der Abbau der toten Pflanzenreste, also die Bildung des wichtigen Humus, möglich sein würde.

Die Zahl der im Boden befindlichen Kleinlebewesen ist außerordentlich groß. Im Mittel kann man im Ackerboden etwa 10 bis 100 Millionen Bakterien und Pilze je Gramm Boden annehmen, im Ödland (Moor und Heide) wesentlich weniger. Die Anzahl der Kleinlebewesen pflegt in 10 bis 20 cm Tiefe unter Gelände am größten zu sein und nimmt dann mit weiterer Tiefe schnell ab.

In den meisten Böden überwiegen die Bakterien und Pilze. Unter den Bodenpilzen spielen die Schimmelpilze eine besondere Rolle. Von den niederen Tieren trifft man die Urtierchen (Protozoen), wie Amöben und Geißeltierchen, deren Nahrung hauptsächlich in Bakterien besteht und die als Wassertierchen feuchte Böden (z. B. Moore) bevorzugen. Würmer und Larven wirken lockernd auf den Boden und erleichtern die abbauende Tätigkeit der Kleinlebewesen dadurch, daß sie gröbere organische Reste zerkleinern. In diesem Sinne ist auch die Tätigkeit der Regenwürmer von großer Bedeutung.

2. Die Lebensbedingungen der Kleinlebewesen.

Die Kleinlebewesen können im Boden nur dann eine rege Tätigkeit entfalten, wenn sie ihnen zusagende Lebensbedingungen vorfinden. Während unter besonders ungünstigen Verhältnissen jede Lebenstätigkeit eingestellt wird und eine Art Scheintod eintritt, lösen günstige Umstände einen außerordentlich regen Stoffwechsel aus, der das Hundert- bis Tausendfache des eigenen Körpergewichtes an einem Tage umsetzt.

Auch die Kleinlebewesen des Bodens brauchen wie andere Lebewesen Nahrung, Wasser, Wärme und zum Atmen Sauerstoff. Da sie etwa 80 bis 90 % Wasser enthalten, können sie sich nur bei ausreichender Bodenfeuchtigkeit lebhaft entwickeln und vermehren. Nach Löhnis gedeihen die landwirtschaftlich nützlichen Kleinlebewesen am besten, wenn das Wasserhaltevermögen des Bodens zu etwa 50 bis 75 % gesättigt ist. Es gibt aber auch Kleinlebewesen, die wesentlich größere Wassermengen im Boden bevorzugen und daher gerade an sumpfigen Stellen besonders gut gedeihen. Zu ihnen gehören die Schwefelwasserstoff-, Buttersäure- und Sumpfgas-(Methan-)Bildner. Bei starker Austrocknung des Bodens wird die Lebenstätigkeit schwächer und kann schließlich vorübergehend ganz eingestellt werden (Trockenstarre), um später bei zunehmender Feuchtigkeit sofort wieder einzusetzen. Vielfach werden von den niederen Lebewesen auch Dauerformen (Sporen oder Zysten) gebildet, die eine besonders große Widerstandsfähigkeit gegen lebensfeindliche Einflüsse der Umwelt besitzen.

Ein übermäßiger Wassergehalt des Bodens ist für die landwirtschaftlich nützlichen Kleinlebewesen namentlich deshalb schädlich, weil er die Luft aus dem Boden verdrängt, die von den Aeroben zum Atmen benötigt wird. Während die Pflanze Kohlensäure und Wasser unter Abgabe von Sauerstoff zum Aufbau ihrer Masse verwendet, wird im Boden dieselbe tote Masse unter Bindung von Sauerstoff und unter Abgabe von Kohlensäure und Wasser wieder abgebaut. Nur dann, wenn der Boden infolge übermäßiger Nässe zu wenig Luft und damit zu wenig freien Sauerstoff enthält, wie es z. B. in den Mooren der Fall ist, wird der Abbau der toten Pflanzenreste verhindert, der aber nach der Entwässerung des Moores sofort beginnt. Auch die Zersetzung der organischen Dünger im Acker ist von einem ausreichenden Luftzutritt abhängig. Es gibt im Boden aber auch Lebewesen, die ohne Luft atmen können, weil sie imstande sind, den für die Atmung erforderlichen Sauerstoff den sauerstoffreichen Verbindungen des Bodens zu entziehen. Man nennt sie die Anaeroben und ihre Tätigkeit eine reduzierende. Sie haben für den Abbau der Lebensreste keine Bedeutung.

Neben Wasser und Sauerstoff ist auch eine gewisse Temperatur für die Lebenstätigkeit der Kleinlebewesen erforderlich, die im allgemeinen bei etwa 20° am stärksten zu sein scheint. Bei Frost wird zwar der Stoffwechsel unterbunden, es tritt aber die sog. Kältestarre ein, die auch in langen und starken Frostzeiten das Leben erhält. Höhere Wärmegrade als 40 bis 50° können viele unserer heimischen Kleinlebewesen nicht ertragen, während die bereits erwähnten Dauerformen der Bakterien und Pilze auch gegen sehr hohe Wärmegrade fast unempfindlich sind.

Die meisten Kleinlebewesen des Bodens ernähren sich von den Lebensresten der verschiedensten Art. Seltener dienen ihnen mineralische Stoffe zur Nahrung.

Die Tätigkeit der Kleinlebewesen wird ebenso wie die der höheren Pflanzen auch durch die Reaktion des Bodens beeinflußt. Die für unsere Nutzpflanzen vorteilhaften Bodenbakterien bevorzugen im allgemeinen eine neutrale oder schwach alkalische Reaktion, während die meisten Bodenpilze saure Böden lieben.

3. Der Abbau der organischen Stoffe. Bildung von Humus und Kohlensäure.

Die Hauptaufgabe, die die Kleinlebewesen des Bodens im Haushalt der Natur zu erfüllen haben, besteht in dem Abbau der im Boden vorhandenen organischen Stoffe (Pflanzenreste, Stalldünger, Kompost). Die weitaus meisten Lebensreste des Bodens sind kohlenstoffhaltige Verbindungen, die bei ausreichendem Luftzutritt durch aerobe Lebewesen zu Kohlensäure und Wasser abgebaut werden. Auch der wichtige Abbau der Holzfaser ist hier zu nennen. Bei völligem Luftabschluß in nicht entwässerten Mooren und in Sümpfen ist jedoch die Zersetzung durch anaerobe Bakterien nur eine unvollständige, wie man ja in den

Mooren deutlich erkennt. Sie geht über die Bildung organischer Säuren nicht hinaus. Daneben entstehen Sumpfgas (Methan, CH_4), Kohlenoxyd (CO) und Wasserstoff (H), die bei Zutritt von Luft gleichfalls durch Bakterien in Kohlensäure und Wasser zersetzt werden. Diese Tätigkeit der anaeroben Bakterien ist in mehr oder minder ausgeprägter Form überall dort zu beobachten, wo infolge übermäßigen Wassergehaltes des Bodens die im Boden befindlichen Lebensreste nur ungenügend zersetzt werden. So kann man häufig auf Wiesen, die seit längerer Zeit überschwemmt sind, die Bildung von Sumpfgas feststellen. Man nennt die bei reichlicher Sauerstoffmenge vor sich gehende Zersetzung der Lebensreste Verwesung, die Zersetzung bei Sauerstoffmangel dagegen Fäulnis.

Ein wichtiges Ergebnis der bei Luftzutritt vor sich gehenden Zersetzung ist die Humusbildung. Schon Thaer hatte die Bedeutung des Humus für die Landwirtschaft erkannt und sah in ihm den fruchtbringenden Bestandteil des Bodens. Man hat dann den Humus zugunsten der künstlichen Dünger lange Zeit vernachlässigt, um ihm jetzt wieder größere Bedeutung zukommen zu lassen (S. 56). Der Humus entsteht, wie man heute annimmt, aus den Ausscheidungsprodukten gewisser niederer Strahlenpilze, die die organische Masse bei ihrer Verwesung zersetzen.

Die Tätigkeit der aeroben Kleinlebewesen hat ferner die Bildung der Kohlensäure zur Folge. Je lebhafter diese Tätigkeit ist, um so größer ist die Menge der entstehenden Kohlensäure. Ausreichende Feuchtigkeit, Wärme und gute Durchlüftung des Bodens sind die Vorbedingungen für eine möglichst umfangreiche Bildung des wichtigen Gases, das bekanntlich für die Pflanzen unentbehrlich ist. Bei ruhiger Luft kann die aus dem Boden entweichende Kohlensäure auch unmittelbar an Ort und Stelle in dichten Pflanzenbeständen festgehalten und verwertet werden, da sie schwerer als Luft ist.

Ein Teil der Kohlensäure wird im Bodenwasser gelöst, und dieses kohlensäurehaltige Wasser besitzt die Fähigkeit, die im Boden vorhandenen Mineralstoffe weit stärker aufzuschließen als gewöhnliches Wasser. So vorteilhaft das einerseits für die Pflanzen ist, für deren Ernährung die aufgeschlossenen Mineralstoffe unentbehrlich sind, so bringt die Kohlensäure doch andererseits auch den Nachteil mit sich, daß sie den kohlensauren Kalk stark löst, der dann durch das Sickerwasser fortgeführt wird (S. 34).

Die im Boden gebildete Kohlensäure wird zu einem allerdings nur kleinen Teil dadurch wieder verbraucht, daß Kleinlebewesen sie in gleicher Weise wie die höheren Pflanzen verbrauchen. Man spricht daher von einer Kohlensäure-Assimilation im Boden, die namentlich von den Salpeterbakterien verursacht wird.

4. Der Stickstoffumsatz im Boden.

Von besonderer Bedeutung ist der Stickstoffumsatz im Boden. Zunächst werden die dem Boden zugeführten Eiweiß- und Amidstoffe, die z. B. im Stall- und Gründünger enthalten sind, von zahlreichen Kleinlebewesen zu Ammoniak (NH_3) abgebaut. Dieser Abbau vollzieht sich in allen Böden unter den verschiedensten Verhältnissen, ohne etwa von ausreichender Luftzufuhr oder anderen Voraussetzungen abhängig zu sein. Das so gebildete Ammoniak wirkt einer Versäuerung des Bodens entgegen, es wird namentlich vom Humus gebunden und kann von den Pflanzen aufgenommen werden. Allerdings ist auch mit Stickstoffverlusten zu rechnen, weil ein Teil des Ammoniaks durch Verdunstung verlorengehen kann.

Das Ammoniak erfährt aber zum Teil eine weitere Umbildung, indem es von den Salpeterbakterien zu Salpeter verarbeitet wird:

$$2\,NH_4HCO_3 + 3\,O_2 = 2\,HNO_2 + 2\,CO_2 + 4\,H_2O + 143{,}6\ \text{Cal},$$

$$2\,HNO_2 + O_2 = 2\,HNO_3 + 36{,}6\ \text{Cal},$$

oder

$$2\,(NH_4)_2CO_3 + 3\,O_2 = 2\,N_2 + 8\,H_2O + 2\,CO_2 + 312{,}8\ \text{Cal},$$
$$2\,N_2 + 5\,O_2 + 2\,H_2O = 4\,HNO_3 + 58{,}4\ \text{Cal}.$$

Weiter bilden sich Nitrite (KNO_2 und $NaNO_2$) und Nitrate (KNO_3 und $NaNO_3$), die eine unmittelbare Stickstoffnahrung der Pflanzen sind. Da bei diesem Vorgang salpetrige Säure (HNO_2) und Salpetersäure (HNO_3) entstehen, die sofort unschädlich gemacht werden müssen, da sie sonst die Bakterien töten würden, und da der Umbau des Ammoniaks zu Salpeter die Gegenwart von Sauerstoff voraussetzt, so kann Salpeter nur dann gebildet werden, wenn sich ausreichend Luft und Basen im Boden befinden. In Sümpfen und nassen Mooren findet daher keine Salpeterbildung statt. Die Salpeterbakterien sind bei weitem nicht so zahlreich wie die Ammoniakbildner und wesentlich anspruchsvoller als diese hinsichtlich der Reaktion und des Luftgehaltes des Bodens.

Wenn vorübergehend Luftmangel im Boden eintritt, entziehen viele Kleinlebewesen, die bei ausreichendem Luftgehalt das Ammoniak in Salpeter verwandeln, umgekehrt dem Salpeter wieder den Sauerstoff, den sie zur Atmung brauchen, und bewirken so zeitweise eine Reduktion des Salpeters zu Ammoniak.

Findet eine starke Vermehrung der Kleinlebewesen im Boden statt, so muß neues Körpereiweiß aufgebaut werden, so daß eine sog. Eiweißbildung im Boden die Folge ist. Das ist der Fall, wenn die Kleinlebewesen unter auch sonst günstigen Umständen reichliche Kohlenstoffnahrung im Boden vorfinden, wie es z. B. beim Unterpflügen unzersetzten Stallmistes oder einer frischen Gründüngung eintreten kann. Die dann einsetzende Eiweißbildung entzieht den Pflanzenwurzeln den Stickstoff. Das ist der Grund, weshalb Stallmist und Gründüngung dem Boden in verrottetem Zustande zugeführt werden sollen, der den Kleinlebewesen weniger verwertbare Kohlenstoffnahrung liefert und daher ihre übermäßige Vermehrung verhindert.

Es gibt auch zahlreiche Bakterien, die den Salpeter zersetzen (denitrifizieren), ein Vorgang, der jedoch nur bei Luftmangel im Boden eintritt, und wenn leicht zersetzliche Kohlenstoffverbindungen in reichlicher Menge vorhanden sind. Die Salpeterzersetzung kann auch im lagernden Stalldünger stattfinden. Bei guter Pflege des Stallmistes ist jedoch die Salpeterbildung so gering, daß die denitrifizierenden Bakterien keine erhebliche Zersetzungsarbeit leisten können.

Zunker glaubt festgestellt zu haben, daß der Abbau der Eiweißstoffe auch ohne Bakterien, nur durch die Wirkung von H- und OH-Ionen erfolgen kann.

5. Die Bindung des Luftstickstoffes.

Sehr wichtig für die Stickstoffversorgung der Pflanzen und des Bodens ist die Nutzbarmachung des Luftstickstoffes, die durch Bodenbakterien bewirkt wird. Diese leben entweder in kleinen Knöllchen an den Pflanzenwurzeln verschiedener Schmetterlingsblütler (Leguminosen) und heißen daher Knöllchenbakterien, oder sie befinden sich frei im Boden. Die Lebensgemeinschaft zwischen den Knöllchenbakterien und ihrer Wirtspflanze beruht darauf, daß die Pflanze den Bakterien Kohlehydrate zur Verfügung stellt und diese den Luftstickstoff binden. Dabei handelt es sich vermutlich um recht erhebliche Mengen. Nolte nimmt etwa 120 kg Stickstoff je ha an (*161*). Im Herbst verlassen die Bakterien die Knöllchen und kehren in den Boden zurück. Die verschiedenen Pflanzenarten oder Gruppen mehrerer Arten haben ihre besonderen Knöllchenbakterien und können nur mit diesen zusammen leben.

Eine starke Stickstoffdüngung vermag die Bindung des Luftstickstoffes durch die Knöllchenbakterien merkbar zu verringern, weil sich diese dann offenbar des leichter zugänglichen Bodenstickstoffes bedienen.

Eine Bindung des Luftstickstoffes findet auch dann statt, wenn keine Schmetterlingsblütler angebaut werden, und zwar durch frei im Boden lebende Bakterien. Man schätzt den dadurch jährlich in den deutschen Böden gewonnenen Luftstickstoff etwa ebenso hoch wie die Stickstoffzufuhr der Knöllchenbakterien. Die Bindung des Stickstoffes im Boden setzt voraus, daß den Bakterien eine reichliche kohlenstoffhaltige Nahrung zur Verfügung steht.

Nach neueren Untersuchungen von Schanderl (*207*) sollen sogar die Zellen der meisten Pflanzen stickstoffbindende Bakterien beherbergen. Schanderl hält eine übermäßige Stickstoffdüngung für falsch, weil dadurch die natürliche Bindung des Luftstickstoffs durch die Pflanze beeinträchtigt würde.

6. Die Umsetzung der Mineralstoffe.

Neben dem Kohlenstoff- und Stickstoffumsatz besteht eine weitere Tätigkeit der Kleinlebewesen darin, daß sie bei der Aufschließung der für die Pflanzen erforderlichen Mineralstoffe mitwirken. Der Abbau der Lebensreste führt die in ihnen enthaltenen Mengen an Kalk, Kali, Phosphor, Schwefel, Eisen u. a. in den mineralischen Zustand zurück, so daß sie erneut von den Pflanzenwurzeln aufgenommen werden können. Die durch Atmung der Kleinlebewesen erzeugte Kohlensäure wird zum Teil vom Bodenwasser gelöst, das dann die Mineralvorräte des Bodens aufschließt. Auch die im Boden befindliche Salpeter- und Schwefelsäure verdanken ihre Entstehung zum Teil der Tätigkeit der Bodenbakterien und helfen mit, die Gesteinstrümmer des Bodens aufzulösen. Die Umsetzung der Eisenverbindungen ist zum Teil auf die Tätigkeit von Kleinlebewesen zurückzuführen. Die Eisenbakterien verwandeln die gelösten Eisenoxydulverbindungen des Wassers in Eisenoxydhydrat und schlagen sie in dieser Form auf ihrem Körper nieder, z. B. nach folgender Gleichung:

$$2\,FeO + 3\,H_2O + O = Fe_2O_3 \cdot 3\,H_2O = 2\,Fe(OH)_3.$$

Das sichtbare Ergebnis dieses Vorganges sind dünne, in den Regenbogenfarben schillernde Häutchen auf der Wasseroberfläche und braune, flockige Ausscheidungen, die sich im Laufe der Zeit zu Raseneisenerz verdichten können (S. 30).

Bei der Entwässerung der Moore treten häufig weißflockige Ausscheidungen auf, sog. Schwefelalgen, die von der Tätigkeit der Schwefelbakterien herrühren. Diese verarbeiten den Schwefelwasserstoff (H_2S) zu Schwefel, den sie als weißes Pulver in ihren Zellen ablagern:

$$H_2S + O = S + H_2O.$$

D. Die Böden.

1. Die Bodentypen.

Die Bildung der Böden wird entscheidend durch das Klima und das Muttergestein beeinflußt, also durch physikalische und chemische Faktoren, als deren Folge dann später noch die Pflanzendecke als dritter, biologischer Faktor hinzutritt. Nachdem zunächst die klimatischen Einflüsse (Wasser, Wärme, Wind) die Verwitterung des Muttergesteins eingeleitet haben, kommt es zur Bildung der ersten Pflanzendecke, die nun ihrerseits die weitere Entwicklung des Bodens weitestgehend bedingt (Wirkung der Wurzeln, Humusbildung, Kleinlebewesen). Als Gesamtergebnis dieser drei Faktoren der Bodenbildung entstehen die sog. Bodentypen. Während die Bodenart die Zusammensetzung des Bodens nach Korngrößen, Mineralien und organischer Masse kennzeichnet, umfaßt der Bodentyp das namentlich biologisch in Erscheinung tretende Gesamtbild eines Bodens im Rahmen seiner Entwicklung. Daher können verschiedene Bodenarten demselben Bodentyp angehören und umgekehrt verschiedene Bodentypen die gleichen Bodenarten aufweisen.

Nach ihrer Entstehungsart unterscheidet man die Verwitterungsböden (Verwitterung an Ort und Stelle), die Diluvialböden (Eis), die Schwemmlandböden (Wasser) sowie die Wind- oder Lößböden (Wind). Die wirkenden Kräfte sind in Klammern beigefügt. Innerhalb dieser Gruppen kommt der mineralischen (chemischen) Zusammensetzung des Muttergesteins im gemäßigten Klima Deutschlands eine besondere Bedeutung für den entstehenden Bodentyp zu.

Klimatisch sind es besonders die jährliche Höhe und jahreszeitliche Verteilung der Niederschläge sowie die Temperaturverhältnisse, die den Bodentyp gestalten.

In der gemäßigten Zone Deutschlands sind in der durch den Menschen noch nicht beeinflußten Entwicklungszeit ursprünglich 4 große Gruppen der Pflanzengesellschaften entstanden, die Laubwälder, Nadelholzwälder, steppenähnlichen Formationen und Sumpfgesellschaften, mit denen sich im Laufe langer Zeiträume die unten genannten 4 Grundbodentypen entwickelten.

Jeder Boden durchläuft eine Reihe von Stufen, die man als Entwicklungsstufen, Stufe der Vollreife und Alterungsstufen bezeichnet. Die von der Reichsbodenschätzung (*190*) unterschiedenen 8 mineralischen Bodengruppen (Sand, anlehmiger Sand, lehmiger Sand, starklehmiger Sand, sandiger Lehm, Lehm, schwerer Lehm und Ton) werden in 7 Zustandsstufen unterteilt, die sowohl Entwicklungs- wie Alterungsstufen sind. Man stellt also den gesamten Werdegang eines Bodens von der geringsten Entwicklung (Stufe 7) über den günstigsten Zustand (Stufe 1) bis zur stärksten Entartung (Stufe 7) durch die Stufenreihe 7, 6....2, 1, 2....6, 7 dar. Man hat nämlich festgestellt, daß die Entwicklungsstufen den Alterungsstufen wertmäßig weitgehend entsprechen. So durchläuft also ein Boden von seiner Entstehung ab eine ganze Reihe von Stufen und erreicht zu irgendeiner Zeit seinen landwirtschaftlichen Höchstwert, um alsdann in den Alterungsstufen insbesondere durch Auswaschung immer mehr zu verarmen. In Stufe 1 fallen namentlich die Schwarzerden, in Stufe 7 die Auswaschböden schärfster Ausprägung (siehe unten). Die Entwicklungsstufen sind durch den Aufbau der Bodenkomplexe gekennzeichnet, es bilden sich Ton und Humus. Zur Zeit der Vollreife erreicht der Gehalt an Basen, Ton und Humus seinen Höchstwert, ebenso das Bindungsvermögen des Bodens. Und in den Alterungsstufen tritt dann eine fortschreitende Verarmung des Bodens an Ton, Humus, Nährstoffen und Kalk ein, Krümelung und Bodengare gehen endgültig verloren. Diese Veränderungen eines Bodens können im Laufe langer Zeitspannen so groß werden, daß aus dem bisherigen ein ganz anderer Bodentyp entsteht.

Als deutsche Bodentypen sind der ursprünglichen Pflanzendecke entsprechend zu unterscheiden:

1. Die braunen Waldböden (Braunerden) gehören den warmen und mäßig feuchten Gebieten an und trugen ursprünglich Laubwälder auf bindigem Muttergestein. Mittlerer Jahresniederschlag größer als 500 mm. Es bildet sich reichlich Kohlensäure, daher starke Kohlensäure-Verwitterung der Gesteine. Die Auswaschung ist nicht übermäßig stark. Das Ergebnis sind humushaltige Lehm- und Tonböden von meistens gelblicher oder bräunlicher Farbe. Etwa 90 bis 95% der deutschen Böden sind braune Waldböden.

2. Die rostfarbenen Waldböden in kälter-gemäßigten Gebieten mit ursprünglicher Nadelholzdecke auf quarzreichem Muttergestein. Mittlerer Jahresniederschlag größer als 500 mm, Auswaschung stärker als bei 1. Es entstehen rostfarbige, leichtere Böden.

3. Die Schwarzerdeböden bilden sich im semiariden Klima bei trockenen Sommern und strengen Wintern als steppenartige Böden mit reichlichem Graswuchs. Mittlerer Jahresniederschlag kleiner als 500 mm. Mineralkräftige Erde

ist mit reichlich Humus gemischt, die Auswaschung der Nährstoffe ist gering. Die Schwarzerde bleibt ohne Eingriffe und Zutaten fruchtbar, die Umsetzungen im Boden stehen im Gleichgewicht, Verluste an Nährstoffen werden durch Aufschließung neuer wieder ausgeglichen (nachschaffende Kraft des Bodens). Es gibt Schwarzerden aus Löß, Ton, Kalkstein, Gneis u. a.

4. Die Naßböden, aus früheren Sumpfgebieten entstanden. Hierher gehören die eigentlichen Grundwasserböden (mineralischen Naßböden, Bruchböden, Gleiböden) mit Ablagerungen im Schwankungsbereich der Grundwasseroberfläche (S. 62), ferner die trockengelegten Naßböden, die erst nach der Entwässerung die verschiedenen Entwicklungsstufen durchlaufen, und schließlich die Moorböden (organischen Naßböden).

Die sogenannten Auenwaldböden sind Übergangsböden zwischen den reinen Waldböden und den Naßböden. Unter Gesteinsböden versteht man Böden mit meistens geringer Verwitterungsschicht, die Art ihres Muttergesteins ist deutlich erkennbar. Die zusammengeschwemmten Böden (Hangfußböden) finden sich in flachen Mulden und Senken. Anmoorige Böden sind Übergangsböden zwischen mineralischen und organischen Naßböden.

Jeder Bodentyp besitzt seine ihm eigene Horizontbildung unabhängig von seiner Bodenart (S. 62). Man bezeichnet daher die Bodentypen auch nach ihren Horizonten als ABC-Böden (braune und rostfarbene Waldböden), AC-Böden (Schwarzerdeböden, Gesteinsböden), AG-Böden (Naßböden) und ABG-Böden (Auenwaldböden).

Die braunen und rostfarbenen Waldböden sind heute zu einem großen Teil in Acker umgelegt. Der Getreidebau auf solchen Böden bedeutet die Verpflanzung von Steppenpflanzen auf Waldboden, da ja das Getreide eine Steppenpflanze ist. Diese Vergewaltigung der Natur ist ein Grund für die Schwierigkeit, solchen Ackerboden dauernd gesund zu erhalten.

Der Alterungsvorgang der braunen Waldböden führt dazu, daß diese im Laufe der Zeit in den Typ der rostfarbenen Waldböden übergehen, der dann nach weiterer Auswaschung den Typ der Podsolböden annimmt (S. 57). Das Endergebnis sind die Heide-Ortstein-Böden.

Die Kulturtechnik hat allen Grund, sich mit der Erscheinung der Bodenalterung eingehend zu beschäftigen, da das Altern der Böden durch eine falsch durchgeführte Bewässerung erheblich beschleunigt werden kann. Wenn unter bestimmten klimatischen Verhältnissen die Niederschläge gerade ausreichen, um die Verdunstung zu decken, und wenn die abgestorbenen Pflanzen restlos an Ort und Stelle verwesen, wie es ohne Eingriffe des Menschen der Fall ist, so werden die durch das versickernde Wasser abwärts geführten Pflanzennährstoffe durch das aufsteigende Kapillarwasser und den Saftstrom der Pflanzen ständig wieder nach oben geschafft, das Nährstoffgleichgewicht des Bodens bleibt ungestört. Sobald jedoch der größte Teil der erzeugten Pflanzenmasse alljährlich als Ernte fortgebracht wird und außerdem infolge größerer Niederschläge im feuchten Klima die Auswaschung der Nährstoffe deren Aufwärtsbewegung überwiegt, muß der Alterungsvorgang zwangsläufig einsetzen und kann durch eine zusätzliche Versickerung von Bewässerungswasser noch wesentlich verstärkt werden (S. 364). Die große Fruchtbarkeit der Schwarzerden im semiariden Klima beruht vorzugsweise auf dem Umstande, daß hier das Nährstoffgleichgewicht des Bodens sich in Jahrtausenden ungestört erhalten konnte. Im ariden Klima kann es auch zu einer Ablagerung von Salzen in den oberen Bodenschichten kommen, wenn der aufsteigende Wasserstrom den abwärts gehenden hinsichtlich der transportierten Stoffmenge überwiegt.

Eine umfasende Kartierung der deutschen Bodentypen hat Stremme durchgeführt.

2. Zahlenwerte des Bodenzustandes.

Die Böden sind durch Verwitterung der Gesteine entstanden. Ein Gestein kann sehr verschiedene Böden liefern, die z. B. je nach dem Alter der Verwitterung grusig, sandig oder lehmig sind. Verschiedene Arten desselben Gesteines, z. B. des Granits, führen häufig zu ganz verschiedenen Bodenbildungen. Die letzten Verwitterungserzeugnisse sind namentlich Quarzkörner (Sand), Tonerdesilikate (Ton) und Eisenoxydhydrat, das die gelbe oder braune Verwitterungsfarbe liefert.

Die folgende Zahlentafel gibt einige Zahlen über die Korngrößen, Wasseranlagerung, Benetzungswärme und Wasserhaltewert der verschiedenen Bodenarten:

Zahlentafel 11.

		Sand	Lehmiger Sand	Sandiger Lehm	Gewöhnlicher Lehm	Schwerer Lehm	Gewöhnlicher Ton	Schwerer Ton
Korngrößenanteile in Gewichtshundertteilen des trockenen Bodens (Deutscher Ausschuß für Kulturbauwesen)	$< 0{,}02$ mm	< 10	10—25	25—40	40—50	50—60	60—75	75—100
	$< 0{,}002$ mm (absoluter Tongehalt)	< 4	4—9	9—15	15—20	20—25	25—36	36—100
Wasseranlagerungswert w_h nach Mitscherlich (Deutscher Ausschuß für Kulturbauwesen)		$<1{,}8$	1,8—4,5	4,5—7,1	7,1—9,0	9,0—10,7	10,7—13,4	13,4—20
Benetzungswärme W_b in cal/g, wenn $W_b = 0{,}50\, w_h$ (S. 4)		$<0{,}9$	0,9—2,3	2,3—3,6	3,6—4,5	4,5—5,4	5,4—6,7	6,7—10
Wasserhaltewert w_0 nach Rothe [Gl. (19)]		< 19	19—26	26—33	33—38	38—42	42—49	49—67
Wasserhaltewert C nach Vageler [Gl. (20)]		< 5	5—10	10—17,5	17,5—25	25—40	> 40	—

Bei überschläglichen Untersuchungen kann man sich der vorstehenden Zahlen bedienen, wobei jedoch zu beachten ist, daß die von Vageler verwendeten Wasseranlagerungswerte w_h ($= C/4{,}5$) kleiner sind als die des Deutschen Ausschusses für Kulturbauwesen.

Nicht einfach ist die Einschätzung des Porengehaltes p, der auch innerhalb derselben Bodenart zwischen ziemlich weiten Grenzen schwankt. Je fester der Boden gelagert ist, um so kleiner ist sein Porengehalt. Daher besitzen tiefere Bodenschichten meistens einen kleineren Porengehalt als flachere. In sehr gleichkörnigen Böden ist der Porengehalt größer als in ungleichkörnigen (S. 7). Schwere Böden haben im allgemeinen einen größeren Porengehalt als leichte, namentlich in geringer Tiefe, in der die Quellung zur Wirkung kommen kann (S. 17). Bei überschläglichen Rechnungen kann man im großen Durchschnitt mit etwa folgenden p-Werten rechnen:

Stark ungleichkörniger reiner Kies	25 bis 30 %
Ungleichkörniger reiner Sand und lehmiger Sand	30 „ 35 %
Sehr gleichkörniger reiner Sand, sandiger Lehm und gewöhnlicher Lehm	35 „ 45 %
Schwerer Lehm und Ton	45 „ 60 %

Das Artgewicht γ kann in humusarmen Mineralböden überschläglich mit 2,65 angenommen werden, für die Verdichtung ε des angelagerten Wassers ist etwa 0,16 zu setzen.

Über die Steighöhe des Grundwassers im gewachsenen Boden liegen nur wenige Beobachtungen vor.

Nach Grebe beträgt die Steighöhe
in gröberem Diluvialsand höchstens . . . . 0,35 m
in feinkörnigen Sanden höchstens . . . . . 0,50 m
nach Keen in grobem Sand etwa . . . . . . 0,35 m
in feinem Sand etwa . . . . 0,70 m
nach Schucht im Löß etwa . . . . 0,70 bis 1,0 m
nach Vageler (*244*, *129*) auf Grund zweier Untersuchungen:
in lehmigem Sand . . . . 0,53 m
in schwerem Lehm . . . . 0,72 m

Man vergleiche auch die Ausführungen auf den S. 10 und 11.

Für die Bezugskornoberfläche gibt Zunker folgende Zahlen:

Kiessande und Sande	10	bis	200
Schlief-, lehmige und eisenhaltige Sande	200	„	3000
Sandige und gewöhnliche Lehme	3000	„	40000
Schwere Lehme und Tone	> 40000		

Nach Mitscherlich (*155*, *31*) hatte die Artwärme c_v eines untersuchten Sand-, Humus- und Tonbodens, wenn der Porengehalt zu 0 %, 50 % oder 100 % mit Wasser gefüllt war, die in Zahlentafel 12 angegebenen Werte. Der Wert c_v ist auf 1 cm³ bezogen (S. 24). Danach erwärmt sich der Humusboden im trockenen Zustande schneller, im nassen langsamer als die übrigen.

Zahlentafel 12.

	0 %	50 %	100 %
Sand	0,302	0,510	0,717
Humus	0,148	0,525	0,902
Ton	0,240	0,532	0,823

Zahlentafel 13.

	Trocken	Wasser-gesättigt
Feiner Sand	0,00046	0,0039
Grober Sand	0,00047	0,0041
Lehm	0,00033	0,0021
Sandhaltiger Lehm	0,00045	0,0032
Torferde	0,00027	0,0011

Karsten (*103*, *524*) fand für die Wärmeleitfähigkeit verschiedener Bodenarten die in Zahlentafel 13 angegebenen Werte in cal. Die größte Wärmeleitfähigkeit besaß demnach der Sandboden, die kleinste die Torferde. Im wassergesättigten Zustande war die Wärmeleitfähigkeit 4- bis 8mal so groß wie im trockenen.

3. Die Sandböden.

Man unterscheidet die reinen und die lehmigen Sandböden. Nach Gagel hatten märkische Sande in der humushaltigen Oberkrume etwa nebenstehende mittlere Zusammensetzung (*223*, *312*) und folgenden Gehalt an Pflanzennährstoffen.

Zahlentafel 14.

Korngröße mm	Obere Diluvialsande %	Talsande %	Dünensande %	Flußsande %
< 0,01	3,95	3,11	2,0	6,0
0,01—0,05	3,18	2,01	1,5	2,2
0,05—2	81,6	88,86	96,45	90,8
> 2	11,27	6,02	0,05	1,0

Vgl. auch Zahlentafel 10 (*223*, *312*).

Zahlentafel 15.

Pflanzen-nährstoffe	Obere Diluvialsande %	Talsande %	Dünensande %	Flußsande %
N	0,02—0,10	0,02—0,05	0,01—0,02	0,08—1,14
CaO	0,04—0,17	0,03—0,17	0,02—0,04	0,17—0,68
K_2O	0,03—0,05	0,03—0,05	0,02—0,03	0,02—0,04
P_2O_5	0,03—0,07	0,03—0,10	0,03—0,06	0,03—0,10

Die Sandböden weisen je nach den Gesteinstrümmern, aus denen sie entstanden sind, und nach dem Grade der Verwitterung eine sehr verschiedene Beschaffenheit auf. Arme Sandböden können aus Quarzit entstehen, aber auch aus Graniten, Gneisen, feinkörnigen Dioriten oder aus der Umlagerung des Geschiebemergels. Es gibt Quarzsandböden, die so geringe Mengen an Pflanzennährstoffen enthalten, daß ihre landwirtschaftliche Nutzung nicht in Frage kommt. Sie können allenfalls für anspruchslose Forstpflanzungen verwendet werden, namentlich dann, wenn in einer für die Wurzeln der Bäume noch erreichbaren Tiefe nährstoffreichere Bodenschichten vorhanden sind. Je mehr jedoch der Quarz durch andere Gemengteile (z. B. Feldspat, Augit, Hornblende, Glimmer) ersetzt wird, um so größer wird der Gehalt des Bodens an Nährstoffen. So enthalten die diluvialen Sande (Spatsande) der norddeutschen Tiefebene größere Mengen Feldspat. Allgemein sind aber die Sandböden als nährstoffarme und daher wenig fruchtbare Böden anzusehen.

Die Beschaffenheit der reinen Sandböden ist dadurch gekennzeichnet, daß die einzelnen Bodenkörner im Vergleich zu den Tonböden verhältnismäßig groß sind und meistens locker nebeneinander liegen. Die Pflanzenwurzeln können leicht eindringen. Die Neigung zur Krümelbildung ist gering. Nach der Korngröße spricht man von grob-, mittel- und feinkörnigen Sandböden. Ihre Trockenmasse besteht zu mindestens 90 Gewichtshundertteilen aus Korngrößen über 0,02 mm. Alle Sandböden sind wegen ihrer geringen Bindigkeit leicht zu bearbeiten. Daher werden sowohl die reinen als auch die lehmigen Sandböden als „leichte“ Böden bezeichnet.

Der Wasseranlagerungswert der Sandböden und ihre Bodenkornoberfläche sind nur klein. Ebenso die wasserhaltende Kraft, die um so geringer ist, je grobkörniger der Boden. Daraus ergibt sich der Nachteil, daß die Niederschläge sehr schnell in das Grundwasser absinken, und daß nur wenig Haftwasser für die Pflanzenwurzeln zurückgehalten wird. Die erhebliche Wasserdurchlässigkeit hat auch Verluste an Pflanzennährstoffen durch Auswaschung zur Folge. Andererseits kann der Wasserhaltewert in sehr feinkörnigen Sandböden schon bei geringem Humus- oder Tongehalt erheblich größere Werte erreichen als sich aus der Zahlentafel 11 ergibt.

Die grob- und mittelkörnigen Sandböden zeigen eine nur sehr geringe Steighöhe, während das Grundwasser in sehr feinen Sanden höher steigt und namentlich wesentlich schneller als in schweren Lehm- und Tonböden. Daher pflegt der feine Sandboden, zu dem in dieser Hinsicht auch der quarzreiche Löß zu rechnen ist, infolge seiner größeren Steiggeschwindigkeit den Pflanzenwurzeln in derselben Zeit größere Saugwassermengen zuzuführen als alle anderen Bodenarten. Der Aufstieg des Saugwassers in Sandböden wird jedoch häufig dadurch beeinträchtigt, daß Sandkörner durch Eisen, Ton, Kalk und andere Beimengungen mehr oder weniger stark verkittet sind. Es bilden sich dünne Eisen- und Tonleisten, oder es kommt gar zur Ortsteinbildung (S. 57). Da derartige Bildungen von nachteiligem Einfluß auf die Wasser- und Luftbewegung im Boden sind, ist ihrem Vorkommen besondere Aufmerksamkeit zu widmen.

Das Lufthaltevermögen der Sandböden ist im allgemeinen groß. Ihre starke Durchlüftung fördert die Tätigkeit der Bodenbakterien und bewirkt somit eine schnelle Zersetzung der Lebensreste. Die Sandböden zählen daher zu den „hitzigen“ Böden. Eine zu schnelle Zersetzung der organischen Bodenteile, z. B. auch des Stalldungs und der Gründüngung, ist aber deshalb besonders schädlich, weil die Sandböden den Humus zu ihrer Verbesserung dringend brauchen. Sand besitzt nur ein geringes Bindungsvermögen für Pflanzennährstoffe.

Der meist große Luftgehalt der Sandböden und die geringe Artwärme des Quarzes haben ein kleines Wärmefassungsvermögen der gewachsenen Böden zur Folge, so daß Sandböden, die ausreichend entwässert sind, sich im Frühjahr schnell erwärmen und einen zeitigen Beginn des Pflanzenwachstums aufweisen. Je nasser jedoch der Boden ist, um so größer ist sein Wärmefassungsvermögen. Nasse Sandböden werden daher im Frühjahr viel langsamer erwärmt als entwässerte. Die große Wärmeleitfähigkeit nasser Sandböden verzögert die Erwärmung der oberen Bodenschichten noch dadurch, daß ein Teil der zugeführten Wärmemenge verhältnismäßig schnell an untere Bodenschichten abgegeben wird (S. 24).

Der schnellen Erwärmung entwässerter Sandböden im Frühjahr entspricht ihre schnelle Abkühlung (Wärmeausstrahlung) bei Spätfrösten, wodurch die jungen zarten Pflanzenteile leicht Schaden leiden können. Wärmeverluste treten auch durch die Verdunstungskälte ein, die in nassen Sandböden (z. B. bei hochstehendem Grundwasser) wesentlich größer ist als in gut entwässerten. Andererseits findet in nassen Böden ein schnellerer Wärmenachschub aus tieferen Schichten statt als in trockenen.

Da die Sandböden bei nicht zu hohem Grundwasserstand ein Zuviel an Bodenwasser schnell verlieren, sind Säureerscheinungen infolge Bodennässe in solchen Fällen nicht zu befürchten. Anders liegen die Verhältnisse bei hohem Grundwasserstand. Denn Sandböden besitzen eine sehr schwache Pufferung (S. 33).

Die lehmigen Sandböden bilden den Übergang von den reinen Sandböden zu den sandigen Lehmböden, so daß sie eine entsprechende Zwischenstellung einnehmen. Wenn auch ihr Gehalt an Pflanzennährstoffen ein größerer ist als der der reinen Sandböden, so gehören sie trotzdem noch zu den nährstoffärmeren Bodenarten.

Bemerkenswert sind die tonigen Feinsande (Schlicksande der Marschen), die sich durch einen großen Gehalt an Feinsand (0,2 bis 0,02 mm) auszeichnen. Untersuchungen ergaben nebenstehende Zusammensetzung (*223*).

Zahlentafel 16.

Korngröße mm	Boden A %	Boden B %
< 0,01	22,0	9,2
0,01—0,05	11,2	5,2
0,05—0,2	64,0	83,6
0,2 —1	2,8	2,0

4. Die Tonböden.

Zur Gruppe der Tonböden gehören die gewöhnlichen und die schweren Tonböden. Die meisten deutschen Tonböden sind Absatzgesteine, durch Ausschlämmung der feinen Verwitterungsgebilde entstanden. Der Gehalt einiger Tonböden an Korngrößen geht aus Zahlentafel 17 hervor (*223, 336*). Diese vier Tonböden enthielten Pflanzennährstoffe, deren Menge durch einstündiges Kochen in Salzsäure festgestellt wurde (*223,334*) (s. Zahlentafel 18). Vgl. auch Zahlentafel 10.

Zahlentafel 17.

Korngröße	Verschiedene Schlicktone der Marschen			
	1	2	3	4
mm	%	%	%	%
< 0,01	43,2	30,8	59,6	42,4
0,01—0,05	29,6	34,0	25,6	40,0
0,05—2	27,2	35,2	14,8	17,6
> 2	—	—	—	—

Zahlentafel 18.

Pflanzennährstoffe	Verschiedene Schlicktone der Marschen			
	1	2	3	4
	%	%	%	%
N	0,56	0,87	—	0,15
CaO	0,28	0,55	0,13	0,26
K_2O	0,81	0,95	0,26	0,57
P_2O_5	0,12	0,46	0,03	0,10

Chemisch-mineralisch ist Ton durch die Formel $Al_2O_3 \cdot 2\,SiO_2 \cdot 2\,H_2O$ gekennzeichnet, geologisch enthalten aber die Tonböden außer den vorherrschenden

Tonerdesilikaten, dem Zersetzungsergebnis der feldspathaltigen Gesteine, noch viele andere Bestandteile. Syenit, Feldspatporphyr, Trachyt, Gabbro, Melaphyr, Basalt, Tonschiefer, auch Granit, Gneis und andere können die Ursprungsgesteine der Tonböden sein, in denen sich Reste von Feldspat, Glimmer, Quarz, Hornblende und anderen Mineralien finden. Ihr Eisengehalt färbt die Tone gelb, rot oder braun, Beimengungen von Humus geben ihnen eine graue bis schwarze Farbe (S. 61). Die tonhaltigen Ablagerungen des Meeres und der Flüsse werden Schlick genannt. Unter Letten versteht man meistens kolloidarme Tonböden, die zähe, seifig und mit feinsten Quarzteilchen durchsetzt sind. Kalkhaltige Tone heißen Tonmergel oder Mergelton. Die Tonböden sind als nährstoffreiche Böden anzusprechen.

Der Seeschlick wird an der Nordseeküste zur Bodenverbesserung benutzt. Nach Untersuchungen der Moorversuchsstation Bremen enthielt 1 m^3 lufttrockener Schlick etwa 3,6 kg Stickstoff, 2,8 kg Phosphorsäure, 7,5 kg Kali und 57 kg kohlensauren Kalk. Der Kalkgehalt ist sehr verschieden. In Gewichtshundertteilen des lufttrockenen Bodens wurden bei zahlreichen Untersuchungen etwa 1 bis 15 %, im Mittel 5 bis 8 % $CaCO_3$ gefunden, ferner an Stickstoff 0,25 bis 0,68 %, Phosphorsäure 0,15 bis 0,25 % und Kali 0,56 bis 0,68 %. Auf Sandböden wirkt der Schlick auch in physikalischer Hinsicht günstig, indem er die wasserhaltende Kraft des Bodens vergrößert.

Für alle Tonböden ist kennzeichnend, daß der größte Teil ihrer Bodenteilchen eine sehr geringe Korngröße besitzt. Die kleinsten Teilchen befinden sich im Kolloidzustande.

Die Tonböden treten im Einzelkorn- oder im Krümelgefüge auf. Besonders in ersterem Zustande sind sie wegen ihrer großen Bindigkeit sehr schwer zu bearbeiten. Sie gehören daher zu den sog. „schweren“ Böden. Trockene Tonböden pflegen überaus hart zu werden. Für die Bearbeitung ist daher ein mittlerer Feuchtigkeitsgehalt wichtig. Tonböden im Einzelkorngefüge setzen dem Tiefenwachstum der Pflanzenwurzeln einen erheblichen Widerstand entgegen.

Im Gegensatz zu den Sandböden besitzen die Tonböden eine große wasserhaltende Kraft. Diese Eigenschaft beruht auf ihrer großen Bodenkornoberfläche, die viel hygroskopisches Wasser anlagert, und auf der außerordentlichen Kleinheit ihrer Bodenporen, die ein hohes Wasserhaltevermögen zur Folge hat. Namentlich die nicht gekrümelten Tonböden halten daher das eingedrungene Wasser so stark fest, daß der Boden naß und kalt wird und in diesem Zustande für landwirtschaftliche Nutzpflanzen ungeeignet ist. Es kann vorkommen, daß ein spannungsfreier Porenraum überhaupt nicht vorhanden ist (S. 7). Andererseits kann die wasserhaltende Kraft des Tones auch von großem Nutzen für die Wasserversorgung der Pflanzenwurzeln sein, wenn es gelingt, die schädlichen Eigenschaften eines Tonbodens, z. B. durch Krümelung, zu beseitigen, oder wenn der Boden einen ausreichenden Sandgehalt besitzt (milder Tonboden).

Es gibt schwere Tonböden, die fast wasserundurchlässig sind (S. 19), während andere eine größere Durchlässigkeit aufweisen, als man bisher annahm.

Wegen der Steighöhe des Wassers vgl. auch S. 10. Die Steiggeschwindigkeit kann in Tonböden infolge der außerordentlich kleinen Bodenporen und des verhältnismäßig kleinen wirksamen (spannungsfreien) Porengehalts so gering werden, daß ein nennenswerter Nachschub aus dem Grundwasser nicht möglich ist.

Der hohe Wasserhaltewert der Tonböden bedingt einen geringen Lufthaltewert, also eine meist nur mangelhafte Durchlüftung. Der Luftmangel verzögert die Zersetzung der Lebensreste, die Humusbildung geht nur langsam vor sich. Namentlich in kalkarmen Tonböden treten Versäuerungen ein. Da also die für das Pflanzenwachstum nötigen Umsetzungen in den untätigen Tonböden nur sehr langsam verlaufen, kann der reichliche Nährstoffgehalt nicht voll ausgenutzt werden. Um die Tonböden tätiger zu machen, brauchen sie Kalk und Humus, die lockernd wirken und das gerade im Tonboden besonders wichtige Krümelgefüge erzeugen. Das Bindungsvermögen der Tonböden für Pflanzennährstoffe ist ein sehr großes (S. 16). Die Phosphorsäure wird oft so fest gebunden, daß sie von den Pflanzenwurzeln nicht aufgenommen werden kann.

Die Tonböden besitzen infolge ihres meist hohen Wassergehaltes ein großes Wärmefassungsvermögen. Sie erwärmen sich im Frühjahr nur langsam, so daß der Beginn des Pflanzenwachstums sich verzögert. Man rechnet daher die Tonböden zu den sog. „kalten" Böden. Es gilt in dieser Hinsicht auch für die Tonböden, was auf S. 44 für nasse Sandböden ausgeführt wurde.

Trocknet ein Tonboden aus, so schwinden seine Kolloide, und es kommt zur Bildung von Rissen. Diese Erscheinung läßt sich besonders gut an den Schlickablagerungen der Flüsse beobachten, die nach einem Hochwasser auf den Vorländern zurückbleiben. Die Rissebildung der Tonböden kann Beschädigungen der Pflanzenwurzeln bewirken.

5. Die Lößböden.

Eine besondere Stellung nehmen die Lößböden ein, die sich in Deutschland in breitem Streifen von Schlesien über Magdeburg (Börde) und Thüringen nach Westen bis zum Niederrhein ziehen und auch in Süddeutschland weit verbreitet sind. Der Löß verdankt seine Ablagerung der Tätigkeit des Windes. Der unverwitterte Lößmergel ist ein sehr quarzreicher, kalkhaltiger und tonarmer Mineralstaub von gelber Farbe, der u. a. Feldspat- und Glimmerteilchen enthält. Er besteht in der Hauptsache aus Korngrößen unter 0,05 mm. Sein Kalkgehalt schwankt im allgemeinen zwischen 10 und 25 %. Den entkalkten, meist bräunlichen Löß nennt man Lößlehm.

Die Lößmergelböden zeichnen sich sowohl durch hohen Nährstoffgehalt als auch durch sehr günstige physikalische Eigenschaften aus und gehören daher zu den besten landwirtschaftlichen Böden. Sie sind locker und bei einem Porengehalt von über 40 % gut wasserdurchlässig. Sie besitzen ferner eine gute wasserhaltende Kraft und sind imstande, in trockenen Zeiten durch Ansaugen des Grundwassers, wenn dieses nicht zu tief liegt, eine zu weitgehende Austrocknung der oberen Bodenschichten zu verhindern (S. 42). Der Lufthaltewert der Lößböden ist günstig.

Der Lößlehm besitzt infolge seines Kalkmangels weniger günstige Eigenschaften als der Lößmergel. Er ist undurchlässiger und wegen seiner Härte schwerer zu bearbeiten. Durch Kalkung lassen sich jedoch diese Nachteile verhältnismäßig leicht beseitigen.

Die obere Schicht der Lößböden erscheint häufig als Schwarzerde. Die Lößschwarzerde ist ein Gemenge von basenreichem (kalkhaltigem) Mineralboden mit reichlichem Gehalt an mildem Humus, mit vorzüglicher Krümelung und gutem Wasserhaltevermögen. Sie ist gleichfalls eine für die landwirtschaftliche Nutzung vorzügliche Bodenart, weniger infolge hohen Nährstoffgehaltes als vielmehr wegen ihrer außerordentlich günstigen physikalischen Eigenschaften.

Die mittlere Kornzusammensetzung eines Lößmergels (aus 4 m Tiefe) und mehrerer Lößschwarzerden wurde wie folgt ermittelt (*223*, *317* und *318*) (s. nebenstehende Zahlentafel). Der Salzsäure-Aufschluß einer Schwarzerde auf Löß (Oberkrume) ergab (*223*, *143*):

$N = 0{,}27\,\%$ $K_2O = 0{,}41\,\%$,
$CaO = 1{,}16\,\%$ $P_2O_5 = 0{,}10\,\%$

Zahlentafel 19.

Korngröße mm	Lößmergel %	Lößschwarzerden %
< 0,01	15,08	29,5
0,01—0,05	71,28	53,4
0,05—2	13,64	16,0
> 2	0,0	1,1

6. Die Lehmböden.

Zwischen den Sand- und Tonböden gibt es eine große Anzahl von Zwischenstufen, die sog. Lehmböden. Sie unterscheiden sich mineralisch durch ihren mehr oder weniger großen Gehalt an sandigen und tonigen Bestandteilen. Lehm besteht also aus Ton und Sand, er pflegt infolge seines Eisengehaltes eine gelbe, braune oder rötliche Farbe zu haben. An seiner Bildung sind im wesentlichen dieselben Gesteine beteiligt wie an der Bildung der Tonböden.

Der Gehalt einiger Lehmböden an Korngrößen ist aus der folgenden Zusammenstellung zu entnehmen (*223*, *308* und *336*):

Zahlentafel 20.

Korngröße	Lehmböden der Marschen		Oberer Geschiebemergel		
	1	2	Ackerkrume	Untergrund	Tieferer Untergrund
mm	%	%	%	%	%
< 0,01	4,0	16,4	7,8—30,8	21,0—49,9	17,4—38,8
0,01—0,05	38,0	24,8	4,8—15,6	6,4—14,6	6,0—17,9
0,05—2	57,6	58,8	Rest	Rest	Rest
> 2	0,4	—	0,7— 9,6	0,6— 5,0	0,0— 6,9

Die Untersuchung ergab folgenden Gehalt an Pflanzennährstoffen. Die beiden Lehmböden der Marschen sind durch einstündiges Kochen in Salzsäure untersucht (*223*, *309* und *334*). Vgl. auch Zahlentafel 10.

Zahlentafel 21.

Pflanzennährstoffe	Lehmböden der Marschen		Oberer Geschiebemergel		
	1	2	Ackerkrume	Untergrund (Lehm)	Tieferer Untergrund (Mergel)
	%	%	%	%	%
N	0,28	0,14	0,05—0,35	0,01—0,06	0,01—0,02
CaO	0,59	0,18	0,11—0,71	0,22—0,51	5,36—8,10
K_2O	0,31	0,19	0,05—0,33	0,29—0,46	0,08—0,39
P_2O_5	0,15	0,15	0,02—0,10	0,03—0,12	0,04—0,10

Entsprechend ihrer Mittelstellung zwischen den Ton- und Sandböden liegen auch die Eigenschaften der Lehmböden zwischen diesen beiden Grenzen. Ihr Gehalt an Pflanzennährstoffen ist im allgemeinen befriedigend. Sie werden, namentlich bei gutem Kalkgehalt, leicht krümelig und behalten im Gegensatz zu den Tonböden auch bei stärkerem Wassergehalt ihr Krümelgefüge. Je schwerer allerdings der Lehm ist, um so mehr gleicht er dem Ton. Abgesehen von den schweren Lehmböden macht ihre Bearbeitung keine Schwierigkeiten. Auch die sonstigen Eigenschaften der milden (gewöhnlichen und sandigen) Lehmböden, ihr Wasserhaltevermögen, Lufthaltevermögen, Durchlässigkeit, Wärmeverhältnisse und Bindungsvermögen sind für unsere Nutzpflanzen günstig, so daß diese Böden zu unseren besten Böden zu rechnen sind. Schädliche Bodennässe, die in schweren und gewöhnlichen Lehmböden auch bei tiefem Grundwasserstand auftreten kann, läßt sich leichter beseitigen als in den Tonböden. Das Tiefenwachstum der Wurzeln ist im allgemeinen ausreichend.

Besonderer Erwähnung bedarf noch der Geschiebemergel, der Grundschutt des diluvialen Inlandeises. Seine Verwitterungsböden sind im norddeutschen Flachlande weit verbreitet. Der Geschiebemergel enthält alle Korngrößen vom kleinsten Staubteilchen bis zum riesigen Findling, er zeigt in unverwittertem Zustande tonige Beschaffenheit und besitzt erheblichen Kalkgehalt, der meistens etwa zwischen 4 und 15% liegt. Die oberen Schichten dieser Böden sind jedoch in der Regel entkalkt und in sandige Lehme oder lehmige Sande verwittert. Diese heben sich durch rotbraune Färbung meistens deutlich von dem unverwitterten bläulichgrauen Geschiebemergel ab. Der Geschiebemergel mit seinen Verwitterungsergebnissen zeichnet sich häufig durch eine außerordentlich stark wechselnde Bodenbeschaffenheit aus, so daß man schwere und leichte Bodenarten bunt gewürfelt dicht neben- und übereinander antrifft.

7. Die Kalk- und Mergelböden.

Die Kalkböden sind durch Verwitterung kalkhaltiger Gesteine entstanden und besitzen daher einen hohen Gehalt an Kalk ($CaCO_3$). Thaer bezeichnete als Kalkböden diejenigen, die mehr als 20% kohlensauren Kalk enthalten, während er bei 5 bis 20% Kalk von Mergelböden sprach. Heute haben sich folgende Bezeichnungen eingebürgert:

$< 2\%$ $CaCO_3$ . . .	kalkarm
$2-10\%$ $CaCO_3$ . . .	mergelig
$10-50\%$ $CaCO_3$ . . .	Mergel
$> 50\%$ $CaCO_3$ . . .	Kalkboden

Die strengen Kalkböden haben eine helle, meist grauweiße Farbe. Sie leiden ebenso wie die Sandböden leicht unter Wassermangel und besitzen außer dem Kalk nur wenig andere Pflanzennährstoffe. Alle Lebensreste (Stalldünger, Humus) werden in den „hitzigen“ Kalkböden sehr schnell zersetzt. Strenge Kalkböden sind aus diesen Gründen für die Landwirtschaft wenig geeignet. Häufig findet man den Kalkboden nur im Untergrunde, weil die oberen Schichten im Laufe der Zeit ausgelaugt und dadurch in Lehm oder Ton verwandelt sind.

Unter Niederungsmooren liegt bisweilen der sog. Wiesenkalk (Alm), eine Kalkmudde (S. 30).

Im Gegensatz zu den strengen Kalkböden sind die Mergelböden im allgemeinen von großem landwirtschaftlichen Wert. Infolge ihres geringeren Kalkgehaltes besitzen sie nicht die schädlichen Eigenschaften der strengen Kalkböden, dagegen die Vorteile, die der Kalk in mannigfacher Hinsicht bietet. Man unterscheidet je nach dem wichtigsten Gemengteil Sand-, Lehm-, Schluff- und Tonmergel, von denen die Lehmmergel in mäßig feuchten Lagen zu den reichsten Bodenarten gehören. Der Schluffmergel heißt auch Mergelsand. Der Geschiebemergel wurde bereits im Abschnitt 6 behandelt.

8. Die Humusböden.

Die reinen Humusböden sind unter der Bezeichnung Moorböden bekannt und spielen in der Bodenverbesserung eine wichtige Rolle. Moore bilden sich nur dann, wenn die abgestorbenen Pflanzenteile infolge Mangels an Sauerstoff einer nur langsamen Zersetzung unterliegen und sich infolgedessen anhäufen. Die Moorbildung (Vertorfung) ist besonders auf den Luftabschluß durch Wasser zurückzuführen. Man unterscheidet Niederungsmoore (Flachmoore), Übergangsmoore und Hochmoore (Abb. 10).

Die Flachmoore sind durch Verlandung stehender oder langsam fließender Gewässer entstanden. Da der Nährstoffgehalt der Seen und Tümpel ein verhältnismäßig hoher war, so haben sich anspruchsvollere Pflanzen angesiedelt (S. 85). Entsprechend dem Wasser, in dem diese Pflanzen gewachsen sind, sind die Flachmoore reich an Kalk (und Stickstoff), dagegen arm an Kali und

Phosphorsäure. Oft enthalten sie Brauneisenstein, Vivianit und Schwefeleisen. Die nicht erschlossenen Flachmoore zeigen Grünlandbestände, in denen die Sauergräser vorzuherrschen pflegen, sowie Laubwald und Sträucher. Der Untergrund der Flachmoore besteht häufig aus sog. Muddeablagerungen (S. 30).

Mit der Bildung des Flachmoores, das bis zum Wasserspiegel des verlandeten Sees reicht, hat aber das Wachstum der Pflanzen nicht aufgehört. Je höher das Moor jetzt über den ursprünglichen Wasserspiegel hinauswächst, um so mehr gewinnen anspruchslose Pflanzen, die nicht auf nährstoffreiches Grundwasser angewiesen, sondern mit den Niederschlägen zufrieden sind, die Oberhand. In dieser Zeit entsteht über dem Flachmoor das meistens nur wenige dm mächtige Übergangsmoor, in dem zunächst Föhren und Birken, dann Wollgräser (Erióphorum) und schließlich die Torfmoose (Sphágnum) erscheinen, die dann den weitaus größten Anteil der Pflanzen stellen. Die Übergangsmoore enthalten schon weniger Kalk (und Stickstoff) als die Flachmoore.

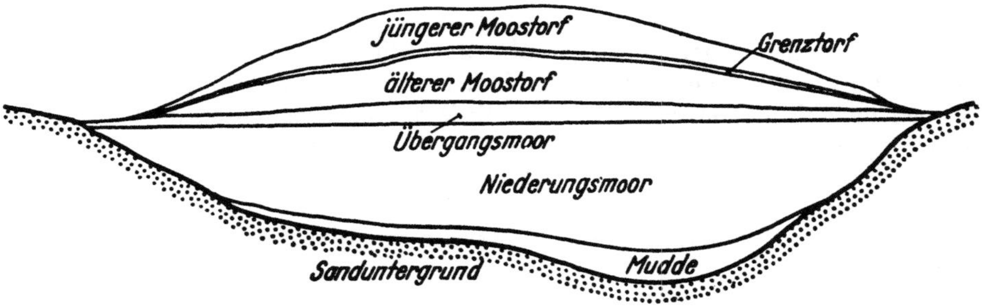

Abb. 10. Entstehung der Moore.

In feuchter, kühler Witterung wachsen nun auf dem Übergangsmoor die außerordentlich anspruchslosen Torfmoose weiter. Daneben finden sich viele andere Pflanzenarten ein, die aber der Zahl nach hinter den Torfmoosen stark zurücktreten (S. 85). Man nennt diese Moorschichten, deren Pflanzenbestand nur mit den nährstoffarmen Niederschlägen aufgewachsen ist, Hochmoore. Da das für ein üppiges Wachstum der Torfmoose wichtige Regenwasser an den Rändern des Moores leichter abfließt als in der Mitte, so sind die Hochmoore in der Regel uhrglasförmig gewölbt. Ihre Entstehung ist durch eine Zeit trockenen Klimas, in der sich der Grenzhorizont bildete, unterbrochen worden. Er besteht aus dem Grenztorf (namentlich Wollgras und Heide). Später setzte dann wieder ein kühles, feuchteres Klima ein und veranlaßte die Torfmoose zu neuem Wachstum. Der unter dem Grenzhorizont liegende Torf heißt der ältere, der darüberliegende der jüngere Moostorf. Alle Hochmoore sind außerordentlich nährstoffarm und enthalten nur wenig Kalk und Stickstoff.

Nicht immer zeigen die Moore die vorstehend dargestellte Schichtenfolge. Beispielsweise können Hochmoore unmittelbar auf Mineralböden wachsen. Entscheidend für die Art des sich bildenden Moores ist stets der Nährstoffgehalt des dabei mitwirkenden Wassers.

Nach den Ermittlungen der Moorversuchsstation Bremen enthalten die Moore im großen Durchschnitt etwa folgende Pflanzennährstoffe in Gewichtshundertteilen der Trockenmasse (*236*, *52*) [s. Zahlentafel 22].

Zahlentafel 22.

	N	CaO	K_2O	P_2O_5
Hochmoor (angereichert) obere Schicht	1,2	0,35	0,05	0,1
Hochmoor (angereichert) tiefere Schicht	0,8	0,25	0,03	0,05
Übergangsmoor	2,0	1,0	0,1	0,2
Flachmoor	2,5	4,0	0,1	0,25

Bei Zugrundelegung der weiter unten angegebenen mittleren Trockenraumgewichte (γ_t) des gewachsenen Moorbodens ergibt sich folgender Nährstoffgehalt in kg/m³ (siehe Zahlentafel 23):

Zahlentafel 23.

	N	CaO	K_2O	P_2O_5
Hochmoor obere Schicht	1,44	0,42	0,06	0,12
Hochmoor tiefere Schicht	0,72	0,22	0,03	0,05
Übergangsmoor	3,6	1,8	0,18	0,36
Flachmoor	6,25	10,0	0,25	0,62

In der Praxis der Moorkultur unterscheidet man die Moore vielfach nach ihrem Kalkgehalt:

$<$ 0,5 % CaO . . . Hochmoore
0,5 – 2,5 % CaO . . . Übergangsmoore
$>$ 2,5 % CaO . . . Niederungsmoore

Dabei bezieht sich der Prozentgehalt auf die von zufälligen Bestandteilen (Sand usw.) frei gedachte Trockenmasse.

Die Flachmoore zeichnen sich also durch einen besonders hohen Gehalt an Stickstoff und Kalk aus. Hinzu kommt, daß sie stets besser zersetzt sind als die übrigen Moore und daß daher auch die Nährstoffe besser aufgeschlossen und für die Pflanzen aufnehmbar sind. Das Flachmoor gelangt weit schneller zu einer gleichförmig-erdigen Beschaffenheit als das Hochmoor, dessen Humussäure erhaltend auf die tote Pflanzenfaser wirkt. Während die Hochmoore überaus aschenarm sind und selten mehr als 5 Gewichtshundertteile der trockenen Masse an mineralischen Beimengungen besitzen, werden den Flachmooren durch Überschwemmungen häufig größere Mengen mineralischer Bestandteile zugeführt.

Die 3 großen Gruppen der Moore enthalten nach Tacke folgende Torfarten:

1. Flachmoore (eutrophe Torfarten).

a) Schilftorf, Phragmitestorf. Hauptbestandteil Schilf (Phragmítes commúnis). Auch der Darg der Marschböden ist Schilftorf.

b) Schneidentorf, Cladiumtorf. In der Hauptsache aus den Resten der Sumpfschneide (Cládium Maríscus) bestehend.

c) Seggentorf, Carextorf. Besteht namentlich aus Hochseggen, häufig mit den kleinen Samen des Bitterklees (Menyánthes trifoliáta).

d) Astmoostorf, Hypnumtorf, Braunmoostorf. Vorherrschend Astmoose (Hypneen).

e) Bruchwaldtorf, Übergangswaldtorf. Mit Resten von Schwarzerlen, Weiden und anderen Baumarten. Eine besondere Art ist der Auwaldtorf, der meistens auch Eichenreste enthält.

2. Übergangsmoore (mesotrophe Torfarten).

a) Föhrenwaldtorf. Vorherrschend die Föhre (Kiefer), häufig auch die Weißbirke.

b) Widertonmoostorf, Polýtrichumtorf. Ist aus den so benannten Moosen entstanden.

3. Hochmoore (oligotrophe Torfarten).

a) Binsentorf, Scheuchzeriatorf. Mit den Resten der Sumpfbinse (Scheuchzéria palústris).

b) Wollgrastorf, Erióphorumtorf. Besteht namentlich aus den faserigen Blattscheiden des scheidigen Wollgrases (Erióphorum vaginátum).

c) Bleichmoostorf, Sphagnumtorf. Enthält besonders Sphagnumarten.

Die jüngeren Torfschichten haben im nassen Zustande eine mittelbraune, getrocknet eine hellbraune Farbe, sind von schwammiger Beschaffenheit und lassen bis zum Alter von einigen Jahrhunderten die Formen der schwer vergänglichen Moose noch deutlich erkennen. Die unteren, älteren Schichten sind dunkelbraun bis schwarz, auch in getrocknetem Zustande.

Von besonderer Wichtigkeit sind die physikalischen Eigenschaften der Moore, die im folgenden zunächst zahlenmäßig zusammengestellt sind:

Trockenraumgewicht (γ_t) nach Fleischer im großen Durchschnitt:

Gut zersetztes Hochmoor	0,12	Übergangsmoor	0,18
Mäßig zersetztes Hochmoor	0,09	Flachmoor	0,25

Der Rauminhalt (1000 cm³) ist so gefunden, daß das Moor in naturfrischem Zustande sorgfältig gemischt und mit der Hand in einen hohlen Eisenwürfel von 10 cm lichter Kantenlänge so dicht eingepreßt wurde, wie es ohne Anwendung übermäßiger Kraft möglich war.

Artgewicht (γ) nach Tacke:

Hochmoor	1,60 bis 1,65
Flachmoor	1,50 „ 1,75
Flachmoor mit starkem Mineralgehalt . . .	bis 2,50

Porengehalt und Rauminhalt der Zellen nach Gl. (7) (vgl. S. 13):

Hochmoor	92 bis 95%
Flachmoor	83 „ 86%

Wasseranlagerungswert (w_h) nach Mitscherlich . . . . 10 bis 37%
Wasserhaltewert (w_{0v}) einschließlich des osmotischen Wassers nach Wollny . . . . 55 bis 70%

Zahlentafel 24.

Moorart	Entnahmetiefe m	w_g %	w_v %	γ_f %	γ_t %	w_0 %	w_{0v} %	Wasserdurchlässigkeit	Vertorfungsgrad
Hochmoor. Brauner, mäßig zersetzter jüngerer Moostorf. . .	0,2—0,6	942	84,2	0,931	0,089	985	88,7	35,0	43,7
Hochmoor. Dunkelbrauner, ziemlich stark zersetzter spekkiger älterer Moostorf.	1,9—2,2	953	88,7	0,980	0,093	1045	97,3	3,3	68,7
Hochmoorartiges Übergangsmoor. Schwarzbrauner, stark zersetzter Übergangstorf	2,2—2,5	681	84,4	0,968	0,124	737	90,0	2,1	70,4
Übergangsmoor. Schwarzbrauner, stark zersetzter Übergangstorf	1,5—1,8	801	89,7	1,009	0,112	849	95,0	0,5	73,3
Niederungsmoor. Schwarzbrauner, krümeliger, stark zersetzter Torf. . .	0,0—0,2	322	80,1	1,050	0,249	351	86,8	6,8	37,0

Zahlentafel 24 enthält das Ergebnis von Versuchen der Moorversuchsstation Bremen. Die Werte w_g und w_v zeigen den Wassergehalt nach der Probeentnahme. Die Wasserdurchlässigkeit (nach Kopecky) gibt das Wassergewicht in Gramm an, das durch eine 10 cm hohe Bodensäule von 10 cm² Querschnitt in 4 h durchsickert. Der Vertorfungsgrad (nach Keppeler) bezeichnet die zersetzte Pflanzenmasse in Gramm je 100 g trockenen Torfes.

Zahlentafel 25 (S. 52) nach Versuchen der Versuchsanstalt für Wasser-, Erd- und Schiffbau in Berlin; w_g wie in Zahlentafel 24.

In schwedischen Mooren fand Malmström die Durchlässigkeitszahlen der Zahlentafel 26 (S. 52). Zersetzungsgrad nach von Post, in dessen zehngradiger Skala die niedrigen Zahlen einen geringen, die hohen einen fortgeschrittenen Grad der Zersetzung angeben.

Lufthaltewert (l_0) . . . . (83 bis 95%)—(55 bis 70%)
Wollny fand bei Versuchen 29%.
Artwärme, bezogen auf 1 cm³ (S. 24) siehe S. 42.
Wärmeleitfähigkeit siehe S. 42.

Zahlentafel 25.

Moorart	Entnahmetiefe m	Belastung kg/m²	w_g %	γ g/cm³	Durchlässigkeitsbeiwert k_f cm/s
Niederungsmoor, mittelstark zersetzt	2,8—4,2	1200	312	2,05	$2{,}0 \cdot 10^{-6}$
Niederungsmoor, wenig zersetzt (Wiesentorf)	1,7—2,0	900	213	1,83	$1{,}9 \cdot 10^{-7}$
Niederungsmoor, stark zersetzt; Übergang Torf/Faulschlamm	8,1—8,4	2200	325	1,98	$1{,}0 \cdot 10^{-7}$
Niederungsmoor, Faulschlamm	7,8—8,1	2200	243	1,86	$1{,}7 \cdot 10^{-7}$

Zahlentafel 26.

Torfart	Zersetzungsgrad	Durchgeflossene Wassermenge je Std.	
		lotrecht	waagerecht
Seggen-Bleichmoostorf	2	27,60	—
Simsen-Bleichmoostorf	2	5,49	29,40
Bleichmoostorf	3	12,30	59,40
„	4—5	2,52	7,56
„	6	1,00	0,54
„	7	0,24	0,24
Mudde	8—9	0,15	0,13
„	9	0,02	0,04

Grubenfeuchter Torf enthält meistens etwa 80 bis 95 Raumhundertteile Wasser und wiegt im gewachsenen Zustande durchschnittlich rund 1000 kg je m³. Auch entwässerte Moore besitzen noch einen sehr hohen Wassergehalt. Ein großer Teil des Wassers ist jedoch für die Pflanzenwurzeln nicht aufnehmbar, weil er als osmotisches Wasser und durch Wasseranlagerung festgehalten wird. So ist es zu erklären, daß die Pflanzen auf Hochmoorböden schon zu welken beginnen, wenn der Wassergehalt des Moores unter 50 bis 60 Raumhundertteile sinkt. Vergleicht man diese Zahlen mit dem Wasserhaltewert (55 bis 70 %), so erkennt man, daß im Moor die Gefahr eines Wassermangels der Pflanzen besonders groß ist, wenn nicht ein Nachschub aus dem Grundwasser stattfindet.

Die Moorböden zeigen bei Wasserentziehung eine starke Schrumpfung. Nach Untersuchungen von Fleischer nahm 1 dm³ mit Wasser vollgesaugter Torfmasse nach dem Austrocknen folgenden Raum ein:

Unzersetzter Moostorf	484 cm³ = (7,85 cm)³
Wenig zersetzter Wollgrastorf	227 cm³ = (6,10 cm)³
Zersetzter Wollgras-Heidetorf	174 cm³ = (5,58 cm)³

Das durch Entwässerung eintretende Sacken des Moores ist von einer ganzen Reihe von Umständen abhängig, namentlich von der Moortiefe, der Tiefe der Entwässerung, der pflanzlichen Zusammensetzung, dem Gehalt an mineralischen Stoffen, dem Zersetzungsgrad und dem Wassergehalt. Die Wasserentziehung vermindert den Auftrieb und vergrößert dadurch den Druck der oberen Moorschichten auf die unteren. Auch die spätere landwirtschaftliche Nutzung (Walzen, Besandung, Beweiden) bewirkt eine solche Druckverstärkung. So erklärt sich die Tatsache, daß nicht nur die entwässerten, sondern auch die darunter liegenden unentwässerten Schichten des Moores zu sacken pflegen, so daß die Mooroberfläche um so stärker sackt, je tiefer das Moor ist. Im Verhältnis zur Schichtstärke schrumpfen jedoch die entwässerten Schichten stärker als die unentwässerten, da in ersteren die Wasserentziehung und die allmählich eintretende Vererdung zur unmittelbaren Wirkung kommen und eine entwässerte, vererdete Moorschicht einen kleineren Raum einnimmt als eine unentwässerte, wenig zersetzte. Die Sackung eines entwässerten Moores ist unter sonst gleichen Verhältnissen um so größer, je weniger zersetzt das Moor ist. Hochmoor, besonders jüngerer Moostorf, sackt mehr als Niederungsmoor. Im Laufe der Zeit wird die jährliche Sackung einer entwässerten Moorfläche naturgemäß immer geringer.

Über das Sackmaß der Moore liegen nur vereinzelte zuverlässige Messungen vor. Krüger stellte im Kehdinger Moor (*127*, *179*), einem auf größere Tiefe aus fast völlig unzersetztem jüngeren Moostorf bestehenden Hochmoor mit großem Wassergehalt, eine Sackung fest, wie sie in Abb. 11 dargestellt ist. Die Moortiefe betrug etwa 10 m. Die Sackung trat auf einem nicht allzu breiten Streifen zu beiden Seiten des Hauptgrabens ein und wurde mit zunehmender Entfernung vom Graben geringer. Krüger schätzt nach diesen und anderen Erfahrungen das Sackmaß der Hochmoore auf 10 bis 25% der ursprünglichen Tiefe.

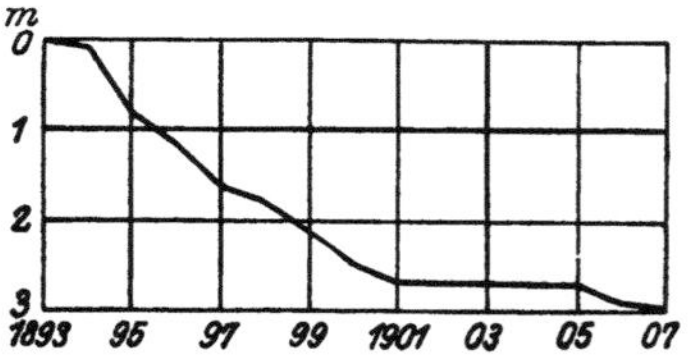

Abb. 11. Sackung im Kehdinger Moor. (Nach Krüger.)

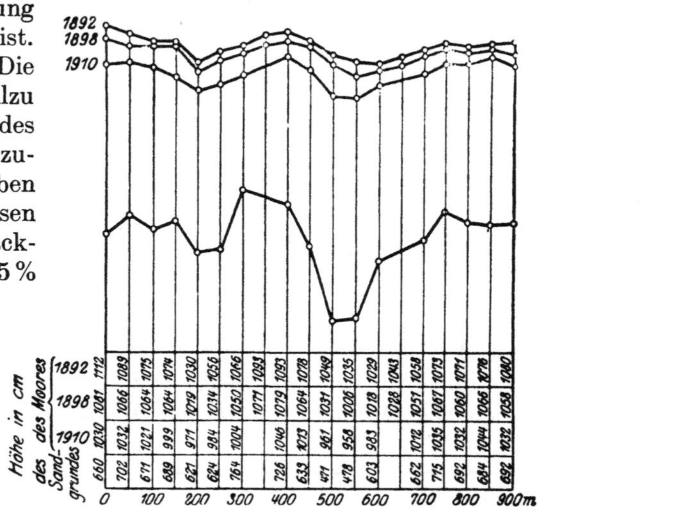

Abb. 12. Sackung bei Marcardsmoor. (Nach Krüger.)

Weitere Beobachtungen wurden im Maibuscher Moor bei Hude (Oldenburg) gemacht. Es handelt sich um ein Hochmoor, das an der fraglichen Stelle 3,5 bis 4,5 m tief ist und vorwiegend aus jüngerem Moostorf besteht. Das Moor wurde etwa 1860 durch 0,75 bis 1,00 m tiefe Hauptgräben und 0,4 bis 0,5 m tiefe Grüppen entwässert, die Entwässerung wurde 1895 etwas ergänzt, nach 1900 wurden die Flächen zum Teil gedränt und häufig mit schweren Walzen gewalzt. Die Messungen ergaben Sackungen von 0,80 m und teilweise noch stärkere in den 15 Jahren 1895 bis 1910 (*237*, *42*).

Abb. 12 gibt die Sackung eines 4 m tiefen Hochmoores bei Marcardsmoor in etwa 800 m Abstand vom Ems-Jade-Kanal wieder, der etwa um 1885 gebaut wurde.

Im Burtanger Moor, einem Hochmoor von 4,50 m Tiefe, wurden nach Anlage einer Schiffahrtsstraße folgende Sackungen der Mooroberfläche von 1885 bis 1894 beobachtet:

0,55	0,43	0,00 m
in 250	500	1000 m

Abstand von der Achse der Schiffahrtsstraße. Diese war 1885 noch nicht bis in den Sand gebracht (*205*, *191*).

Zahlentafel 27.

	Fläche B	Fläche C	Fläche D
Ursprüngliche Moortiefe	2,00 m	2,20 m	1,65 m
Sackung 1911—1920. .	47 cm	41 cm	32 cm
„ 1920—1932. .	10 cm	14 cm	11 cm
Gesamte Sackung . . .	28%	25%	26%

Im Königsmoor (Hochmoor) wurden die vorstehenden Sackungen gedränter Flächen festgestellt (*22*). Die in 1,10 m Tiefe liegenden Dräne sind von 1911 bis 1920 um 14 bis 15 cm gesackt (*270*, *48*).

Die im Ostenholzer Moor, unweit Hannover, von 1842 bis 1914 eingetretenen Sackungen sind durch Uhden näher untersucht worden. Das dortige Hochmoor wurde schon vor 1842 durch mehrere Hauptgräben roh entwässert, die Anfang der 60er Jahre vertieft und durch einige weitere Gräben ergänzt wurden, doch sind Binnenentwässerung und Kultivierung vor 1914 nur in sehr geringem Umfange durchgeführt. In Zahlentafel 28 bedeuten die Prozentzahlen den 1932 festgestellten Anteil *a* des jüngeren Moostorfes an der damaligen Moortiefe. Die vorhandenen Beobachtungen sind mit Hilfe der Ausgleichsrechnung ausgewertet, wobei sich ein geradliniger Ausgleich als ausreichend erwies. Es ergab sich eine deutliche Abhängigkeit der Sackung von den Werten *t* und *a*.

Zahlentafel 28.

a	Moortiefe *t* 1842				
	3 m	4 m	5 m	6 m	7 m
40%	(33 cm)	42	51	60	69
70%	52 cm	61	70	79	(88)

Die größte in Bayern gemessene absolute Moorsackung wurde zu 3,2 m bei einer ursprünglichen Moortiefe von 12 m ermittelt. In diesem Hochmoor betrug die Sackung sieben Jahre nach dem ersten Spatenstich bereits 2,5 m, nach weiteren fünf Jahren wurde die Grenze von 3 m überschritten, und es trat ein gewisser Beharrungszustand ein.

Einen Anhalt für die Einschätzung der Sackung können auch die von Gerhardt gegebenen Zahlen liefern (*72, 514*). Sie beziehen sich auf Flachmoore, die auf 1 m Tiefe entwässert und 10 cm übersandet sind. Die Sackmaße sollen für einen Zeitraum von 60 bis 80 Jahren gelten:

Zahlentafel 29.

Beschaffenheit des Moores	Sackung des Moores in m bei 1 bis 8 m Moorstärke							
	1	2	3	4	5	6	7	8
Dicht	0,15	0,24	—	—	—	—	—	—
Ziemlich dicht .	0,20	0,32	0,42	0,51	—	—	—	—
Ziemlich locker .	0,26	0,42	0,56	0,68	0,78	0,87	—	—
Locker	0,35	0,59	0,75	0,92	1,07	1,20	1,30	—
Fast schwimmend	—	0,80	1,04	1,26	1,46	1,65	1,83	2,00
Schwimmend . .	—	—	1,65	2,10	2,50	2,85	3,15	3,40

Beispiel: 0 bis 1 m ziemlich dicht: Sackung = 0,20 m
1 bis 3 m ziemlich locker: „ = 0,56 — 0,26 = 0,30 m
3 bis 5 m locker: „ = 1,07 — 0,75 = 0,32 m
0,82 m

Durch die Sandschicht tritt eine Hebung von 0,10 m ein, so daß die Oberfläche um etwa 0,70 m niedriger wird.

Einen wirklich zuverlässigen Maßstab zum Vorausbestimmen der Moorsackungen gibt es noch nicht. Diese lassen sich vielmehr unter Berücksichtigung der jeweiligen Umstände nur roh einschätzen.

Besonders starke Sackungen können in Niederungsmooren oder auf dem Grunde abgelassener Seen eintreten, wenn Muddebildungen (S. 30 und 56) vorhanden sind, die bei Wasserentziehung sehr starken Schrumpfungen unterliegen. Dasselbe gilt für die „schwimmenden“ Moore, die als Verlandungsmoore teilweise noch auf einem unterirdischen See schwimmen.

Die Wasserdurchlässigkeit der Moorböden ist im allgemeinen sehr gering. Daher wird in tiefgründigen Mooren, in denen die Gräben den Sanduntergrund nicht anschneiden, die Grundwasseroberfläche nur in nächster Nähe der Entwässerungsgräben merkbar gesenkt, so daß die Reichweite der Gräben nur klein ist. Sie wirken besonders dadurch, daß sie starke Niederschläge durch oberirdischen Abfluß schnell beseitigen. Vgl. auch S. 458.

Die umstrittene Frage, wie sich die Durchlässigkeit der Moore mit ihrem Zersetzungsgrad ändert, ist deshalb nicht leicht zu beantworten, weil die Durchlässigkeit auch noch von der sehr verschiedenen botanischen Zusammensetzung der Moore, von ihrer Lagerungsdichte, von der durch landwirtschaftliche Maßnahmen bewirkten Veränderung der oberen Moorschicht und bei Niederungsmooren auch von den sehr wechselnden Beimengungen (Schlick, Sand, Holz) abhängt. Nach den heute vorliegenden Erfahrungen kann aber angenommen werden, daß die fortschreitende Zersetzung die Durchlässigkeit herabsetzt. Schon Wollny hat 1897 die gleiche Ansicht vertreten. Dafür sprechen z. B. in den Hochmooren die häufigen Wasserhorizonte über der Grenztorfschicht und die Erfahrung, daß der stark zersetzte ältere Moostorf durchweg enger gedränt werden muß als der weniger zersetzte jüngere, in den Niederungsmooren die oftmals eintretende Notwendigkeit, die Entwässerung von Jahrzehnt zu Jahrzehnt zu verstärken. Man vergleiche ferner die Zahlentafeln 24 bis 26. Worauf die größere Durchlässigkeit der Niederungsmoore gegenüber den Hochmooren beruht, ist noch nicht geklärt.

Abb. 13 zeigt den Verlauf der Grundwasseroberfläche in einem entwässerten Hochmoor. Untersuchungen, die Krüger im Kehdinger Hochmoor anstellte (*128*, *239*), ergaben auf 5 m Abstand von einem Entwässerungsgraben einen sehr steilen Anstieg des Grundwassers von 50 bis 90 cm, also ein Gefälle von 10 bis 18%.

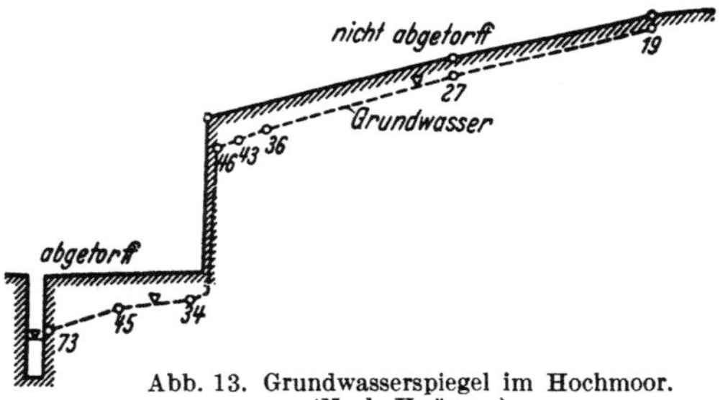

Abb. 13. Grundwasserspiegel im Hochmoor. (Nach Krüger.)

Hinsichtlich der Kapillarität ähneln die Moorböden den Tonböden (S. 45). Ein ausreichender Wassernachschub ist daher nur aus einem verhältnismäßig hochliegenden Grundwasser möglich.

Die Verdunstung der Moorböden ist größer als bei anderen Böden, wie die von Eser ermittelten Vergleichszahlen zeigen (s. Zahlentafel 30). Dabei ist eine feuchte Oberflächenschicht der Böden vorausgesetzt. Trocknet diese aus, so sinkt die Verdunstung stark. Umgekehrt fördert das Walzen zu lockerer Moore das Wasserhaltevermögen sowie den Aufstieg des Saugwassers und damit auch die Verdunstung.

Zahlentafel 30.

	Quarzsand	Ton	Torf
5. Juni bis 6. Juli	100	118	159
11. Sept. bis 17. Okt.	100	125	133

Die Verdunstung der Moore ändert sich wesentlich, wenn die oberen Moorschichten mit Sand vermischt oder bedeckt werden (S. 465). Nach Versuchen der Moorversuchsstation Bremen verhielt sich die Verdunstung beim reinen, sandgemischten und sandbedeckten Moor etwa wie 100 : 66 : 33.

Das Lufthaltevermögen der entwässerten Moorböden ist im allgemeinen für das Wachstum unserer Nutzpflanzen günstig. Der Luftwechsel wird natürlich um so mehr erschwert, je wasserhaltiger das Moor ist. Versuche in Neu-Hammerstein (*196*) haben ergeben, daß das Lufthaltevermögen einer stark zersetzten Niederungsmoorwiese bei hohem Grundwasserstand durch schweres Walzen leicht zu klein werden kann.

Die Moorböden sind kalte Böden, da sie sich infolge ihres hohen Wassergehaltes nur langsam erwärmen, und da ihre starke Verdunstung viel Wärme verbraucht. Ihre dunkle Farbe fördert dagegen die Erwärmung (S. 24). Die Temperatur der oberen Moorschichten ist im allgemeinen im Sommer niedriger und im Winter höher als die der Mineralböden. Nach Versuchen der Moorversuchsstation Bremen betrug die mittlere Jahrestemperatur und die mittlere Temperatur der Wachstumszeit in 11 cm Tiefe:

Zahlentafel 31.

	Jahr	Wachstumszeit
Reines Moor	7,92°	11,9°
Sandgemischtes Moor .	8,41°	13,8°
Sandbedecktes Moor .	9,01°	14,7°

Eine besondere Gefahr ist das Puffigwerden der oberen Moorschichten (S. 17). Die Oberfläche des Moores verwandelt sich in einen leicht verwehenden, als Pflanzenstandort völlig ungeeigneten Mull. Dieser Vorgang ist namentlich auf gut vererdeten, beackerten Mooren zu beobachten, deren Grundwasserstand durch die Entwässerung zu stark gesenkt wurde.

Eine weitere Gefahr auf den Moorböden sind die Nachtfröste. Sie pflegen nicht bei feuchter, sondern bei trockener Beschaffenheit der Mooroberfläche aufzutreten, da die trockene Oberschicht infolge ihres geringen Wärmevorrates und ihrer schlechten Wärmeleitung die vorhandene Wärme durch Ausstrahlung schnell verliert, ohne rechtzeitig aus tieferen Schichten Ersatz zu erhalten. Der Frost kann in Moorböden auch dadurch schädlich wirken, daß das Moor infolge seines hohen Wassergehaltes „auffriert", wodurch Pflanzenwurzeln zerrissen werden. Denn da das Wasser bei seiner Erstarrung zu Eis seinen Raum um etwa 9% vergrößert, werden die einzelnen Bodenteilchen gegeneinander verschoben, und es können sogar ganze Bodenschollen hochgehoben werden.

Moorböden mit größeren Beimengungen mineralischer Bestandteile (Sand, Ton) bezeichnet man als Moorerde oder anmoorigen Boden. Vielfach wird ein Gehalt an unverbrennlichen Stoffen von 40% der trockenen Masse als Grenze zwischen Moorböden und Moorerde angenommen. Die landwirtschaftliche Nutzung der anmoorigen Böden ist etwa die gleiche wie die der eigentlichen Moorböden. Zu den anmoorigen Böden wird auch der Heidetorf gerechnet, der hauptsächlich aus den Resten der gewöhnlichen Heide (Callúna vulgáris) besteht und sich in meist dünnen Schichten auf den mineralischen Heideböden bildet.

Man unterscheidet Torfmudden, Sandmudden, Tonmudden, Kalkmudden, Kieselmudden (mit starkem Torf-, Sand-, Ton-, Kalk- oder Kieselgurgehalt) und Lebermudden. Letztere sind gallertartige, leberartige Muddetorfe, die beim Trocknen stark schrumpfen und blättrig werden (S. 30).

Schließlich findet sich der Humus auch als mehr oder weniger umfangreiche Beimengung der Mineralböden. Man trifft folgende Unterscheidungen nach dem Humusgehalt in Gewichtshundertteilen des lufttrockenen Bodens (*223, 61*):

Zahlentafel 32.

Bezeichnung	Bei Sandböden	Bei schweren Böden
Humusarm . . .	$<$ 1% Humus	$<$ 2% Humus
Humushaltig . . .	1—2%	2—5%
Humos	2—4%	5—10%
Humusreich . . .	4—8%	10—15%
Humusüberreich .	8—12%	15—20%
Humusboden. . .	$>$ 12%	$>$ 20%

Der Humus tritt als milder und saurer Humus auf. Im milden Humus sind die Säuren durch Kalk oder andere Basen gebunden, während der saure Humus freie Humussäuren enthält. In Flachmooren findet man keine oder doch nur sehr geringe Mengen freier Humussäuren, was auf ihren hohen Kalkgehalt zurückzuführen ist. Dagegen zeigen Hoch- und Übergangsmoore im unerschlossenen Zustande (ohne Kalkdüngung) stets eine saure Reaktion.

Der Nährhumus enthält die schnell zersetzbaren organischen Stoffe, die den Kleinlebewesen als Nahrung dienen, während der Reservehumus aus schwer löslichen Kohlenstoffverbindungen besteht. Die Braunhuminsäuren finden sich in allen Böden, die Grauhuminsäuren dagegen scheinen nur im semiariden Klima zu entstehen und kommen daher nur in den Schwarzerden vor, sie sind beständiger als die ersteren. Durch Ton- und Kalkteilchen wird der Humus im Boden festgehalten.

Der Humus besitzt ein sehr erhebliches Bindungsvermögen für Pflanzennährstoffe, das noch wesentlich größer ist als das des Tones. Ein weiterer Vorteil des Humus für die Pflanzen besteht darin, daß er die Basen viel lockerer bindet, als es mineralische Bodenteilchen tun, so daß es für die Pflanzenwurzeln erheblich leichter ist, dem Humus die gebundenen Nährstoffe wieder zu entziehen als den Tonteilchen. Die Humuskolloide halten das Wasser fest, was den leichten Böden zugute kommt, sie fördern die Krümelbildung und machen dadurch die schweren Böden lockerer, sie erhöhen ferner die Pufferung (S. 33).

9. Schädliche Bodenarten.

Unter dem Einfluß bestimmter Pflanzengesellschaften bildet sich der Rohhumus. Vorherrschend sind dabei die Glockenheide (Eríca Tetrálix), das gemeine Heidekraut (Callúna vulgáris), die Heidelbeere (Vaccínium Myrtíllus), die Preißelbeere (Vaccínium Vítis idaéa) und verschiedene Moose. In der Streudecke dieser Pflanzen entstehen Humussäuren. Sie verwandeln die Streuschicht in Rohhumus und gelangen mit dem Sickerwasser in die Tiefe. Ihre Wirkung auf den Boden besteht darin, daß sie den oberen Bodenschichten den Kalk und die Pflanzennährstoffe, auch das Eisen, entziehen, den Boden dadurch ausbleichen und so die Bleicherde erzeugen. Man nennt diesen Vorgang auch Auswaschung oder Podsolierung und die so entstandenen Böden Podsolböden (von dem russischen Wort podsol = Asche, die ja oft eine grauweiße Farbe hat). Die Bleicherdeschicht pflegt etwa 10 bis 50 cm stark zu sein. Beim weiteren Abwärtswandern der Humussäuren tritt dann häufig eine Ausfällung der Humuskolloide ein, was zur Bildung des Ortsteins führt. Er besteht in der Hauptsache aus Sandkörnern, die durch Humusstoffe und Eisen miteinander verkittet sind, und besitzt eine dunkelbraune, auch rote bis schwarze Farbe (daher auch Branderde oder Fuchserde genannt). Bei größerer Ablagerung von Eisen entstehen Übergänge zum Eisenortstein. Ortsteinschichten können die Wasser- und Luftbewegung im Boden stark beeinträchtigen, sie müssen daher durch tiefes Pflügen oder durch Untergrundlockerer aufgerissen werden. An der Luft zerfällt der Ortstein ziemlich schnell, da die Humusstoffe sich bei Luftzutritt rasch zersetzen. Der Ortstein kann sehr hart werden. Die Zusammensetzung der Bleicherde und des Ortsteins ist aus der nebenstehenden Zahlentafel zu erkennen (*223, 65*).

Zahlentafel 33.

	Bleicherde %	Ortstein %	Unverwitterter Sand des Untergrundes %
Humus	2,8	12,02	2,59
Eisenoxyd (Fe_2O_3)	0,182	3,72	1,462
Kalk (CaO)	0,007	0,096	0,039
Tonerde (Al_2O_3)	0,265	0,170	1,695
Magnesia (MgO)	0,005	0,032	0,040
Kali (K_2O)	0,017	0,073	0,084
Natron (Na_2O)	0,005	0,037	0,021
Phosphorsäure (P_2O_5)	0,011	0,038	0,031

Das im Boden fast überall vorhandene Eisen kommt, oft in Verbindung mit anderen Grundstoffen, in dreifacher Form vor, als Eisenoxydul, Eisenoxyd und Eisenoxydhydrat (S. 30), das häufig zu schädlichen Ablagerungen führt (Eisenocker). Die Bildung des Eisenockers geht auch so vor sich, daß das im Wasser gelöste doppeltkohlensaure Eisenoxydul bei Luftzutritt Sauerstoff und Wasser aufnimmt (vgl. auch S. 38).

$$2\ Fe(HCO_3)_2 + O + H_2O = 2\ Fe(OH)_3 + 4\ CO_2 .$$

Der Knick der Marschböden, eine erhärtete Bodenschicht, ist von zahlreichen Eisenadern durchzogen. Sandböden werden häufig durch Eisenablagerungen verkittet. Es kommt dann zur Bildung von Eisenleisten und Raseneisenstein, wodurch die Wasser- und Luftbewegung im Boden erheblich beeinträchtigt werden kann.

Auch der im Boden vorhandene Schwefel (S. 31) kann für das Pflanzenwachstum verhängnisvoll werden. Er zersetzt sich bei Einwirkung von Wasser und Sauerstoff nach folgenden Gleichungen:

$$2\ FeS_2 + H_2O + 15\ O = Fe_2(SO_4)_3 + H_2SO_4$$
$$Fe_2(SO_4)_3 + 6\ H_2O = 2\ Fe(OH)_3 + 3\ H_2SO_4.$$

Schwefeleisen (FeS_2) und Einfach-Schwefeleisen (FeS) finden sich häufig im Darg der Marschen, im Untergrundschlick und in den tieferen Schichten der Flachmoore. Der Untergrundschlick heißt dann Pulvererde (Gifterde, Maibolt). Auch der in den organischen Stoffen enthaltene Schwefel kann Ausgangspunkt der Schwefelsäure sein. Er verwandelt sich unter Luftabschluß in Schwefelwasserstoff (H_2S), und dieser bei Zutritt von Luft und Wasser in Schwefelsäure, die ein starkes Pflanzengift ist:

$$H_2S + 3\ O = SO_2 + H_2O$$
$$SO_2 + 2\ H_2O = H_2SO_4 + 2\ H.$$

Giftig für die Pflanzenwurzeln ist auch das schwefelsaure Eisenoxydul oder Eisenvitriol, das sich gelegentlich im Boden findet ($FeSO_4 \cdot 7\,H_2O$).

Sehr ungünstig für das Pflanzenwachstum sind die sog. Molken- oder Missenböden. Es sind tonige oder schluffige Gebirgsböden mit Eisenoxydulverbindungen, meist arm an Nährstoffen, besonders an Kali und Kalk. Sie sind das Verwitterungsergebnis der Buntsandsteine. Bezeichnend ist ihre starke Vernässung auch bei tiefem Grundwasserstand und die damit im Zusammenhang stehende Luftarmut.

Bei allen Entwässerungsmaßnahmen ist das Vorkommen des sog. Schliefsandes recht ungünstig. Unter Schliefsand versteht man einen sehr feinkörnigen Sand ohne wesentliche Bindemittel. Im durchtränkten Zustande ähnelt er beim Zerreiben zwischen den Fingern aufgeschwemmtem Ton, im trockenen Zustande fühlt er sich wie Mehl an. Während er trocken zu ziemlich harten Brocken zusammenklebt, ist er durchweicht völlig ohne Zusammenhang. Man nennt ihn daher in diesem Zustande Trieb-, Fließ- oder Schwimmsand. Besonders günstig sind die Verhältnisse für Triebsandbildung, wenn infolge Überdruckes ein Wasserstrom von unten nach oben durch den Sand dringt, wie es in Baugruben oder Gräben der Fall sein kann.

E. Bodenuntersuchungen.

1. Allgemeines.

Bodenuntersuchungen sind für die Durchführung bodenverbessernder Maßnahmen unerläßlich (S. 270). Man stellt ihr Ergebnis häufig in Bodenkarten zusammen, für deren Ausführung jedoch noch keine einheitlichen Vorschriften bestehen (*145*). Wenn im Gelände bereits Bodenaufschlüsse (Sand- oder Mergelgruben, Steilhänge) vorhanden sind, sollen sie für die Bodenuntersuchung ausgenutzt werden. Auch geologische Karten können viel Wissenswertes vermitteln. Daneben sind aber Bohrungen und Schürfgruben nicht zu entbehren. Letztere sind zweckmäßig nach Abb. 14 mit einigen Stufen zu versehen.

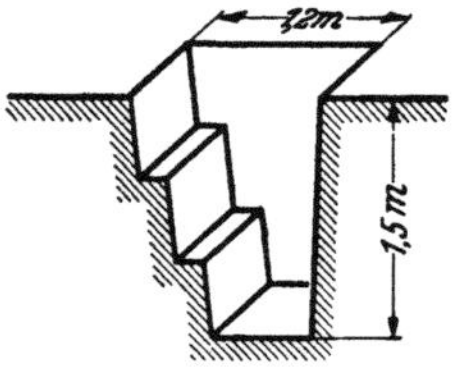

Abb. 14. Schürfgrube.

Die Bohrungen werden mit einem Handbohrer ausgeführt. Für Zwecke der Bodenverbesserung genügt im allgemeinen eine Bohrtiefe von 1,5 m. Die gebräuchlichsten Bohrer (Abb. 15) sind der Schlagbohrer, Stockbohrer (*a*), Tellerbohrer (*b*) und Spiralhohlbohrer (*c*). Der Schlagbohrer ist eine runde, 20 bis 25 mm starke, unten zugespitzte Stahlstange von 1 bis 2 m Länge mit dm-Teilung. Er besitzt im unteren Teil bis zur 5-dm-Marke eine Rille von 7 bis 8 mm Tiefe und Breite. Man schlägt den Bohrer mit einem Holzschlegel entsprechend der Rillenlänge in Stufen von je 50 cm in den Boden und dreht ihn einige Male, damit die Rille sich mit Boden füllt. Der Stockbohrer unterscheidet sich vom Schlagbohrer nur dadurch, daß er kürzer ist als dieser (etwa 0,9 m lang) und oben einen Handgriff hat, so daß er als Spazierstock geführt werden kann. Der Handgriff hat die Form eines kleinen Hammers und läßt sich abschrauben, um ihn zum Einschlagen des Bohrers verwenden zu können.

Um größere Bodenproben bis aus etwa 3 m Tiefe zu gewinnen, bedient man sich des Tellerbohrers, der an seinem unteren Teil mehrere mit Schneiden versehene Schraubenflächen besitzt, zwischen denen der Boden gefaßt wird. Mit dem Tellerbohrer werden nacheinander Bodenwalzen von 15 bis 20 cm Höhe herausgeholt. Man erhält dadurch Bodenproben aus allen Tiefen. In gleicher

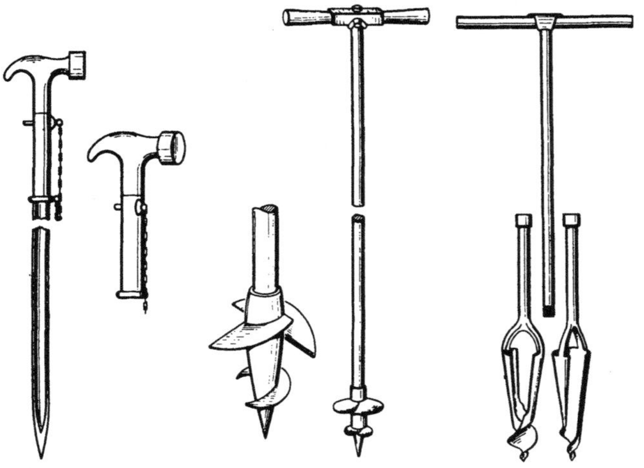

a *b* *c*

Abb. 15. Erdbohrer.

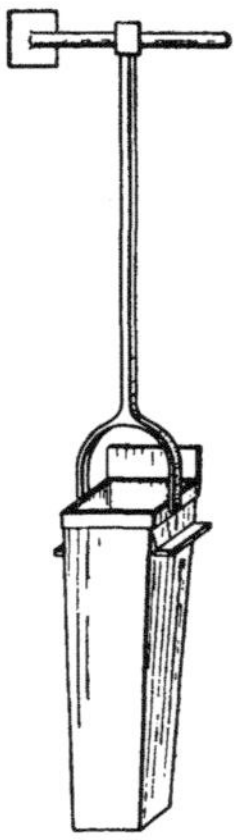

Abb. 16. Probenstecher. (Nach Schucht.)

Weise ist der Spiralhohlbohrer zu verwenden (*14, 487*). Janert hat einen Raumbohrer (Volumenbohrer) vorgeschlagen, der es ermöglicht, eine Probe zu entnehmen, deren ursprünglicher Rauminhalt an gewachsenem Boden bekannt ist (*100, 427*). Der Raumbohrer besitzt eine waagerechte Schneide, die innerhalb eines 34 mm weiten, nach innen angeschärften Rohres arbeitet. Für Bohrungen unter der Grundwasseroberfläche oder auf dem Boden von Flüssen und Seen dient der Kammerbohrer. Er besteht aus einer inneren runden Kammer mit Längsschlitz und einer darüber liegenden runden Hülse, die gleichfalls einen Schlitz besitzt. Beim Eintreiben des Bohrers ist der Schlitz der Kammer durch die Hülse verschlossen. Beim Drehen des Bohrers verschiebt sich die Hülse, so daß der Kammerschlitz freigegeben wird (Schlitz auf Schlitz). Dann wird durch eine an der Hülse angebrachte Lippe Boden in die Kammer gedrückt. Beim Drehen des Bohrers in umgekehrter Richtung wird der Schlitz der Kammer wieder geschlossen, und der Bohrer kann herausgezogen werden.

Eine Bohrung von 1,5 m Tiefe beansprucht im mittelschweren Boden bei Verwendung des Schlagbohrers etwa 5 bis 10 min, bei Verwendung des Tellerbohrers oder Spiralhohlbohrers etwa 15 min. In steinigen und harten Böden wird man den Schlagbohrer nicht verwenden. Proben aus Moorböden werden mit besonderen Probenstechern (Abb. 16) entnommen, wenn ihr Rauminhalt genau bestimmt werden soll. Sonst nimmt man einfach den Spaten.

Zur Untersuchung des Untergrundes tiefgründiger Moore verwendet man eine unten zugespitzte und oben mit einem Handgriff versehene eiserne Peilstange, die in etwa 2 m lange Stücke zerlegbar ist (Gasröhren mit Schraubengewinde). Unten muß die Stange eine Rille haben, in der sich beim Drehen Teile des Untergrundes festsetzen.

Die Zahl der im Mineralboden je ha erforderlichen Bodenuntersuchungen richtet sich ganz nach dem Zweck der Untersuchung und nach der mehr oder weniger einheitlichen Bodenbeschaffenheit. Da oft schon schwache Bodenerhebungen eine andere Bodenbeschaffenheit aufweisen als die dazwischen liegenden Senken, so ist bei der Auswahl der Untersuchungsstellen auf diese Oberflächengestaltung Rücksicht zu nehmen, damit sowohl die Bodenwellen als auch die Senken und die Übergangsflächen erfaßt werden. Auch verschiedener Pflanzenwuchs nach Art und Üppigkeit verdient Beachtung.

Die richtige Auswahl der Entnahmestellen für Bodenproben ist keineswegs einfach und darf daher nur geübten Personen überlassen werden. Über die Frage, ob Einzel- oder Sammelproben zu untersuchen sind, herrscht keine einheitliche Auffassung. Wer in der Beurteilung der Böden nicht sehr bewandert ist, sollte nur Einzelproben entnehmen und das Mischen mehrerer Proben unterlassen. Sammelproben dürfen nur aus Proben gleicher Tiefe und etwa gleichartiger Bodenbeschaffenheit zusammengestellt werden, wozu große Erfahrung gehört. Sie haben dann gegenüber Einzelproben aber auch den Vorteil, daß die unvermeidbaren Zufälligkeiten in der Beschaffenheit einer Einzelprobe besser ausgeschaltet werden, und man so bei der gleichen Anzahl der Untersuchungen ein besseres Durchschnittsbild des Bodens erhält.

Vgl. auch die Ausführungen auf den Seiten 270 und 283.

2. Die Beurteilung des Bodens im Gelände.

Für die Beurteilung des Bodens im Gelände ist zunächst seine Korngröße von Bedeutung. Man untersucht sie durch Zerreiben und Formen des Bodens zwischen den Fingern, wobei die Bindigkeit der Bodenteilchen auf den Gehalt an tonigen Bestandteilen schließen läßt. Auch die Lupe dient zur Feststellung kleiner Korngrößen. Die richtige gefühlsmäßige Einschätzung eines Bodens in die Gruppen der Sand-, Lehm- und Tonböden mit ihren verschiedenen Zwischenstufen setzt große Übung voraus. So kann Trockenheit des Bodens dazu verleiten, seinen Gehalt an bindigen Bestandteilen zu unterschätzen, während große Feuchtigkeit leicht den entgegengesetzten Fehler bewirkt. Man kann die gefühlsmäßige Einschätzung des Bodens durch ein einfaches Absetzverfahren unterstützen, das für die vorkommenden Zwecke vielfach ausreicht (S. 63). Es findet dabei eine, wenn auch nur rohe Trennung der verschiedenen Korngrößen statt, die sich gleichsam filterförmig übereinander lagern, so daß man die Anteile der einzelnen Korngrößen, nötigenfalls mit der Lupe, leichter erkennen kann, als wenn sie im Boden vermengt sind. Ein Gerät dieser Art, das auch im Gelände verwendbar ist, ist die Schlämmflasche von Bennigsen (Abb. 17).

Abb. 17. Schlämmflasche von Bennigsen. (Nach Schucht.)

Namentlich für Dränungen ist es besonders wichtig, das Vorkommen von Schliefsand (S. 58) und von Eisen festzustellen. Der Eisengehalt ist häufig schon an der Farbe zu erkennen. Die Eisenverbindungen des Bodens haben bei Luftmangel meistens olivgrüne oder bläuliche bis schwarze Färbungen, während sie bei genügender Durchlüftung oft eine sehr lebhafte ockergelbe bis rotbraune oder blutrote Farbe annehmen. In Sandböden führt bereits ein geringer Eisengehalt von 1 bis 2% zu einer lebhaften rötlichen oder braunen Färbung. Die Braun- und Rotfärbung der Lehm- und Tonböden zeigt 5 bis 10% Eisenverbindungen an. Auf der Wasseroberfläche der Gräben zeigen sich vielfarbige wie dünne Ölschichten schillernde Überzüge und rostfarbene Flockenbildungen (Eisenoxydhydrat, S. 30). Das Eisenphosphat des Vivianits ist bei Luftabschluß weiß und wird an der Luft schnell blau. Insbesondere rühren meistens her:

Rote Färbungen von Eisenoxyd (Roteisenstein).

Rötlichbraune bis schwärzlichbraune Farbtöne von Eisenoxydhydrat (Brauneisenstein).

Bläulichschwarze Farben von fein verteiltem Schwefeleisen.

Grünliche Färbungen von eisenhaltigen Silikaten wie Olivin, Chlorit u. a.

Der Humusgehalt der Mineralböden läßt sich nach dem Grad ihrer Färbung (grau bis schwarz) beurteilen. Je dunkler der Boden aussieht, um so mehr Humus enthält er. Feuchte Böden erscheinen bei gleichem Humusgehalt dunkler als trockene, sandige dunkler als lehmige und tonige. Feuchter Sandboden zeigt folgende Farbtöne:

bei 0,2 bis 0,5 Gewichtshundertteilen Humus . .	deutlich grau
bei 2 bis 4% Humus	tiefgrau
bei mehr als 8% Humus	schwarz

Starker Kalkgehalt kann eine hellgraue, weißliche Farbe des Bodens hervorrufen. Man stellt den Kalkgehalt durch Betropfen mit verdünnter Salzsäure fest, wobei man aus der Stärke des Aufbrausens auf den Gehalt an Kalk schließen kann:

Kein Aufbrausen	$< 1\%$ $CaCO_3$	Deutliches Aufbrausen	3 bis 4%
Schwaches Aufbrausen . .	1 bis 2%	Stark anhaltendes Brausen . .	$> 5\%$

Bei gleichem Kalkgehalt brausen leichtere Böden stärker auf als schwerere, da die Salzsäure in letztere langsamer eindringt. Der Vorgang des Aufbrausens wird durch folgende Gleichung dargestellt:

$$CaCO_3 + 2\,HCl = CaCl_2 + H_2O + CO_2.$$

Ein weiteres Kennzeichen ist der Geruch der Böden. Sand- und Kalkböden sind geruchlos, Tonböden erkennt man an ihrem besonderen arteigenen Tongeruch. Nasse, torfige Böden riechen moderig, während humusreiche einen erdigen Geruch haben.

Hinsichtlich des Feuchtigkeitsgrades unterscheidet man trockene (w_0), frische (w_1), feuchte (w_2), nasse (w_3) und im Grundwasser liegende (w_4) Bodenschichten. Zur Abkürzung dienen die in Klammern beigefügten Bezeichnungen.

Die folgenden Ermittlungen sind nur in Schürfgruben oder natürlichen Bodenaufschlüssen durchführbar. Die Lagerungsdichte eines Bodens kann sehr dicht, z. B. ortsteinähnlich (p_1), dicht (p_2), mäßig porig, löcherig (p_3) oder sehr locker, krümelig (p_4) sein. Sie läßt sich durch Eintreiben eines Messers feststellen, wobei jedoch der jeweilige Feuchtigkeitsgrad des Bodens zu beachten ist. Zum Beispiel erscheint ein trockener Tonboden wesentlich dichter als ein feuchter. Auch das Abklopfen der Bodenwand mit einem hölzernen Gegenstand läßt bei einiger Übung Rückschlüsse aus der Tonhöhe und Tondauer zu. Bisweilen findet man in Pflugtiefe eine verdichtete Pflugsohle, die für das Wachstum der Pflanzenwurzeln recht hinderlich ist. Auch das Vorkommen von Bodenrissen, Wurmlöchern und Pflanzenwurzeln ist von Bedeutung. Die Bodenrisse durchziehen den Boden in der Regel etwa in lotrechter Richtung und sind entweder offen oder mit sehr feiner Bodenmasse (Schluff) ausgefüllt. Wurmlöcher erhöhen die Durchlässigkeit des Bodens. Die Ausbreitung der Pflanzenwurzeln läßt gleichfalls auf die Durchlässigkeit schließen. Es ist daher darauf zu achten, ob Wurzeln nur vereinzelt vorkommen oder in größerer Menge, ob nur in der oberen Bodenschicht oder auch im Untergrunde. Wenn sie vorzugsweise in

Bodenrissen liegen, pflegt der Boden zwischen den Rissen ziemlich dicht zu sein. Eine deutliche Hemmung des Wurzelwachstums und die damit meist verbundene Verdichtung der Wurzelmasse pflegt ein Hinweis dafür zu sein, daß sich unmittelbar unterhalb der Hemmung eine verdichtete Bodenschicht befindet. Man unterscheidet starke (d_1) und mäßige (d_2) Durchwurzelung sowie vereinzelte Wurzeln (d_3).

Hinsichtlich der Bindigkeit spricht man von sehr bindigen (zäher Ton), bindigen, schwach bindigen, losen und flüchtigen Böden (Flugsand).

In den Schürfgruben ist auch auf die Schichtung des Bodens zu achten: Schichten, Gänge oder Adern, Nester und buntgewürfelter Boden. Die Schichten haben eine große Breite und Länge, Gänge und Adern sind schmal und lang, während Nester in keiner Richtung weit ausgedehnt sind. Besonders wichtig ist das Vorkommen sandiger oder kiesiger wasserführender Schichten.

Sickerwasser und Grundwasser rufen in vielen Böden deutlich sichtbare Veränderungen hervor, die Bodenhorizonte genannt werden. Ihre Feststellung ist deshalb erwünscht, weil sie Rückschlüsse auf die Ursache der schädlichen Bodennässe, auf die Durchlässigkeit des Bodens und auf Pflanzennährstoffe gestatten. Die Auswaschung (S. 57) ist besonders in den Geländemulden zu beobachten, weil hier die Versickerungsmengen größer sind als auf den Geländekuppen. Man nennt die ausgewaschene obere Schicht den A-Horizont (Krume, eluvialer Horizont), bisweilen unterteilt in die Bodenstreuschicht (A_0), die humose Ackerkrume bis zur Pflugtiefe, Rasenkrume oder humose Heideerde (A_1) und die Unterkrume (A_2). Darunter liegt der verdichtete und meistens schmutzig rostfarbige B-Horizont (illuvialer Horizont), der in ausgeprägten Fällen als Ortstein erscheinen kann. Der B-Horizont findet sich am häufigsten in Kies- und Sandböden, seltener in Lehmböden und nur ausnahmsweise in Tonböden. In letzteren treten dann mehr Flecken, Adern oder Streifen von dichterem Boden auf. Ein stärkerer B-Horizont ist nachteilig für das Tiefenwachstum der Wurzeln und behindert die Wasser- und Luftbewegung im Boden oft erheblich. Man erkennt den B-Horizont an seiner Färbung und seiner Lagerungsdichte. Unter diesem befindet sich der nicht veränderte Untergrund, das Muttergestein (C-Horizont).

Während A- und B-Horizont ihre Entstehung dem Sickerwasser verdanken, ist der G-Horizont durch Ablagerungen aus andrängendem Grundwasser entstanden. Man spricht daher auch von einem Glei-Horizont (Glei ist russisch und heißt Grundwasserablagerung). Es bilden sich fleckige, streifige oder schalige, gelbbraune bis rote Ablagerungen von Eisenrost, wenn eisenhaltiges Grundwasser an seiner Oberfläche mit der Bodenluft in Verbindung kommt. In ausgeprägten Fällen entstehen Bänke von Raseneisenstein, Vivianit u. dgl. Wenn das Grundwasser tonige Teilchen führt, können auch tonige Bänder auftreten, die sich durch ihre graue, schwarze, blaue oder grüne Farbe verraten und die anstehenden Sandschichten in tonige Sande oder sogar in sandige Tone verwandeln. Aus der Tiefenlage der Bänder kann man bisweilen Rückschlüsse auf die häufigste Lage der Grundwasseroberfläche ziehen.

3. Die Untersuchung des Bodenzustandes in der Versuchsanstalt.

Nicht immer genügt die gefühlsmäßige Beurteilung des Bodens im Gelände, bisweilen wird es erwünscht oder gar erforderlich sein, Bodenproben an eine bodenkundliche Untersuchungsstelle zu schicken (S. 271). Vorschriften für die Entnahme und Versendung der Bodenproben sind von den Untersuchungsstellen anzufordern. Bei gleichartigen Mineralböden empfiehlt es sich, die Proben aus 0,0 bis 0,2, 0,4 bis 0,6 und 0,8 bis 1,0 m Tiefe zu entnehmen. Ist der Boden nicht gleichartig, dann müssen die aus einer Schürfgrube zu entnehmenden Bodenproben so verteilt werden, daß die Beschaffenheit des Bodens mit möglichst wenig Proben erfaßt wird. Für jede Bodenprobe ist die Entnahmetiefe anzugeben. Bei steinhaltigen Böden ist der Hundertsatz der Steine am Gesamtboden abzuschätzen.

Die Einzelproben sind möglichst als Bodenschollen aus der Grubenwand herauszubrechen. Im allgemeinen ist etwa 1 kg mineralischer Boden je Probe erwünscht. Damit die natürliche Lagerung des Bodens nicht völlig zerstört wird, sollen die Einzelproben nicht geknetet werden.

Zur Aufnahme der Proben sind nur solche Gefäße oder Beutel aus Leinen oder wasserdichtem Papier zu benutzen, die jede Verunreinigung ausschließen. Jede Probe soll durch Aufschrift oder Anhänger gekennzeichnet werden. Anzugeben sind: Ort und Zeitpunkt, Name des Unternehmens, Nummer der Entnahmestelle, Entnahmetiefe und angebaute Pflanzen. Zur Beschriftung soll kein Tintenstift verwendet werden. In das Gefäß oder den Beutel ist ein Zettel mit den gleichen Angaben zu legen.

Wegen der Entnahme von Moorproben vergleiche die Nummern *18* und *179* des Schriftenverzeichnisses.

Der Gewichtsanteil der in einem Mineralboden enthaltenen verschiedenen Korngrößen wird durch Sieben, Spülen oder Absetzen (Sedimentieren) ermittelt. Zunächst werden die gröberen Bodenteile durch Siebe verschiedener Lochweite ausgesiebt und gewogen. Man legt der Bodenuntersuchung den lufttrockenen Boden zugrunde. Meistens bestimmt man die Korngrößen über 0,2 mm durch Sieben, 0,2 bis 0,02 mm durch Spülen und 0,02 bis 0,002 mm durch Absetzen. Doch läßt sich das Siebverfahren auch bis 0,05 mm und das Absetzverfahren bis 0,0005 mm anwenden. Letzteres beruht darauf, daß die verschiedenen Bodenteilchen in ruhendem Wasser im großen Durchschnitt um so langsamer nach unten sinken, je kleiner sie sind (Gesetz von Stokes). Zunker mißt in seinem Absetzgerät durch Manometer die sich beim Absinken der Bodenteilchen ständig ändernde Dichte der Bodenaufschwemmung. Das Spülverfahren benutzt einen von unten nach oben gehenden Wasserstrom, der um so größere Korngrößen mitreißt, je stärker er ist. Sehr anschaulich ist die Wirkung des Spülgerätes von Kopecky (Abb. 18), bei dem der Spülstrom nacheinander die verschieden weiten Glasröhren *A*, *B* und *C* durchfließt, so daß sich in dem Rohr *A*, in dem sich die größte Wassergeschwindigkeit entwickelt, nur die gröberen Bodenteile ablagern, während in *C* schon wesentlich feinere zurückbleiben und die abschlämmbaren in das Gefäß *D* gelangen. Die abschlämmbaren Teile ($<$ 0,01 mm) werden häufig aus Ton bestehen, können aber auch Quarzstaub enthalten.

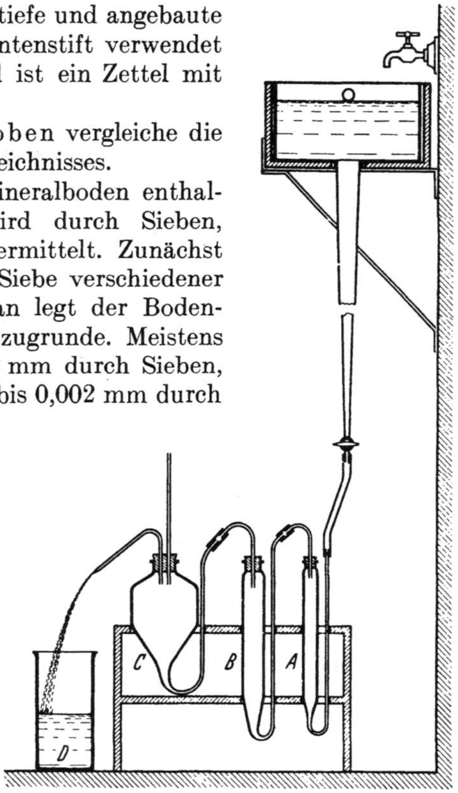

Abb. 18. Spülgerät von Kopecky. (Nach Fauser.)

Will man vergleichbare Ergebnisse erzielen, so muß man unbedingt stets das gleiche Verfahren anwenden. Das gilt ebenso für das Spül- wie für das Absetzverfahren, da das Ergebnis der mechanischen Bodenuntersuchung erheblich von der Vorbehandlung der Bodenprobe abhängt (Aufschwemmungsdichte, Schütteldauer, Elektrolytzusatz usw.).

Sehr beachtenswert ist ein neueres holländisches Verfahren, ausgearbeitet von Hudig-Wageningen, die sogenannte Schleifplattenmethode, die geeignet ist, unsere Kenntnis des Bodengefüges weitestgehend zu fördern. Bodenproben in natürlicher Lagerung werden mit einem Kunstharz so getränkt, daß alle Hohlräume ausgefüllt sind und die Proben sich zu 0,02 mm dicken Platten ausschleifen und mit dem Mikroskop untersuchen lassen. Die Untersuchung der Schleifplatten gibt über verschiedene für die Wasserführung des Bodens wichtige Fragen Auskunft, insbesondere über die Verteilung des Tons und der organischen Masse, ob diese Stoffe die Sandkörner mehr oder weniger umhüllen, in welcher Form und Verteilung das Eisen im Boden auftritt, über den Zersetzungsgrad der organischen Masse, ihre Neigung zum irreversiblen Eintrocknen (S. 17) u. dgl. mehr. Die Schleifplattenmethode kann daher als wichtige Ergänzung anderer Bodenuntersuchungsverfahren in der Kulturtechnik wertvolle Dienste leisten.

Auch im Abschnitt A (S. 1) ist die Ermittlung verschiedener physikalischer Bodenwerte kurz behandelt.

F. Die Wachstumsbedingungen der Pflanze.

Alle Wachstumsbedingungen der Pflanze (Licht, Wärme, Wasser, Luft, Nährstoffe) müssen in ausreichender Menge zur Verfügung stehen. Nach dem „Liebigschen Gesetz vom Minimum" richtet sich der Pflanzenertrag in der Hauptsache nach derjenigen Wachstumsbedingung, die am spärlichsten vertreten ist, auch wenn alle übrigen in größerem Umfange gegeben sind. Wie freilich die verschiedenen Wachstumsbedingungen das verwickelte und noch keineswegs geklärte Leben der Pflanze im einzelnen beeinflussen, bedarf noch weiterer Forschungen.

1. Das Licht.

Unter dem Einfluß der Energie des Sonnenlichtes vollzieht sich in der Pflanze der als Assimilation (Photosynthese) bezeichnete Vorgang, bei dem aus der Kohlensäure der Luft und dem Wasser organische Stoffe, Kohlehydrate, aufgebaut werden. Doch verbraucht die Assimilation nur einen sehr geringen Teil der eingestrahlten Sonnenenergie, der weitaus größte Teil wird bei der Blattverdunstung verbraucht (S. 67). Der Kohlenstoff ist neben dem Wasser mengenmäßig der wichtigste Bestandteil des Pflanzenkörpers. Die Assimilation findet nur in den grünen Pflanzenteilen statt, in denen sich ein grüner Farbstoff, das Blattgrün (Chlorophyll), befindet. Die Kohlensäure (CO_2) der Luft gelangt durch die Spaltöffnungen, die sich in großer Zahl namentlich auf der Unterseite der Blätter befinden, in die blattgrünhaltigen Zellen. Hier wird sie zunächst von der Zelle durch Bindung aufgenommen. Mit steigender Temperatur wird die Fähigkeit des in der Zelle vorhandenen Wassers zur Kohlensäureaufnahme geringer, so daß zu hohe Temperatur unter Umständen eine Verringerung der Assimilation zur Folge haben kann, weil es an der nötigen Kohlensäure fehlt. Am günstigsten für eine rege Assimilation ist niedrige Temperatur in Verbindung mit hoher Lichtstärke. Die Kohlensäureaufnahme des Zellwassers wird größer, wenn dieses kohlensäurebindende Salze enthält. Auch ein reichlicher Gehalt der Luft an Kohlensäure und der Pflanzenzellen an Wasser ist nötig, um eine für ein üppiges Pflanzenwachstum ausreichende Kohlensäurebindung und eine genügende Assimilation zu gewährleisten. In den Zellen werden nun aus Kohlensäure und Wasser unter der Einwirkung des Lichtes und der Wärme Kohlehydrate gebildet:

$$CO_2 = CO + O; \quad H_2O = H_2 + O.$$

(der Sauerstoff entweicht)

$$CO + H_2 = CH_2O \text{ (Formaldehyd)},$$

durch Kondensation entsteht

$$6\,CH_2O = C_6H_{12}O_6 \text{ (Zucker)},$$

durch Wasserabgabe

$$C_6H_{12}O_6 - H_2O = C_6H_{10}O_5 \text{ (Stärke)}.$$

Die erzeugte Stärke wird nach Bedarf durch einen gärstoffartig wirkenden Körper (Diastase) in löslichen Zucker verwandelt, und die Zuckerlösung wandert von einer Zelle zur anderen, und zwar um so schneller, je höher der Wassergehalt der Zellen ist. Der Zucker wird dann in den Vorratskammern der Pflanze, z. B. in den Knollen der Kartoffeln, in Stärke zurückverwandelt. Diese ist nicht wanderungsfähig. Da die Wanderung des Zuckers zu den Stellen seines Verbrauches auch nachts stattfindet, so wächst die Pflanze auch nachts trotz der dann fehlenden Assimilation.

Der Bedarf der einzelnen Pflanzenarten an Licht ist ein sehr verschiedener. Man spricht daher von Licht- und Schattenpflanzen. So hat beispielsweise nach den Untersuchungen Wießmanns der Weizen ein größeres Lichtbedürfnis als der Hafer (*254, 155*). Manche Waldkräuter, z. B. der Sauerklee (Oxalis), vermögen mit erstaunlich geringen Lichtmengen auszukommen. Übrigens scheint das zerstreute Licht für die Assimilation günstiger zu sein als grelles Sonnenlicht.

2. Die Wärme.

Die Wärme ist für das Erwachen des Pflanzenlebens im Frühjahr die entscheidende Wachstumsbedingung (S. 24). Nach Homén wird die Sonnenwärme wie folgt verwendet:

Zahlentafel 34.

	Abgabe an die Luft %	Zur Verdunstung %	Aufspeicherung im Boden %
Granitfels	47	—	53
Sandheide	48	26	26
Moorboden	36	53	11

In humushaltigen Böden mit lebhafter Bakterientätigkeit entsteht außerdem eine wenn auch nur geringe Atmungswärme der Kleinlebewesen. Warme Frühjahrsregen oder warmes Bewässerungswasser erhöhen gleichfalls die Wärme des Bodens. Eine weitere Wärmequelle ist die Kondensationswärme des Taues (S. 24). Auch bei gleichstarken Wärmequellen ist die Erwärmung der verschiedenen Böden durchaus nicht gleich. So ist z. B. die Farbe der Böden von Einfluß auf den Grad ihrer Erwärmung (S. 24). Da die Erwärmung des Bodens durch starken Wassergehalt sehr verzögert wird, ist eine rechtzeitige Entwässerung im Frühjahr besonders wichtig. Nach Wollny betrug im Mittel von 13 Versuchen der Temperaturunterschied zwischen einem nassen und trockenen Boden im Frühjahr durchschnittlich etwa 7° C.

Die Temperatur des Bodens unterliegt täglichen und jahreszeitlichen Schwankungen, die bei einem unbewachsenen Boden am größten sind. Eine geschlossene Pflanzendecke, namentlich Wald, wirkt stark mildernd auf die Temperaturschwankungen. Diese sind an der Geländeoberfläche am größten und nehmen mit der Tiefe schnell ab. In 60 cm Tiefe sind Schwankungen innerhalb desselben Tages (24 h) kaum noch zu spüren. Schubert ermittelte die in Zahlentafel 35 (S. 66) angegebene Wärmeaufnahme (+) und Abgabe (—) in Wärmeeinheiten (cal) je cm^2 Bodenfläche.

Schedler fand für die von der Sonne eingestrahlte Lichtenergie (Cal) je cm^2 waagerechten Bodens in Wien — Hohe Warte unter Berücksichtigung der durchschnittlichen Bewölkung die Werte der Zahlentafel 36 (S. 66) (1 Cal = 1000 cal).

Die Wärmeabgabe wird auch durch tote Bodendecken (Reisig, Laub, Schnee) und durch Nebel verringert.

Warme und kalte Winde, Süd- und Nordlage sind auf die Bodentemperatur von erheblichem Einfluß.

Zahlentafel 35.

Monat	Feld cal	Wald cal	Wald % des Feldes	Monat	Feld cal	Wald cal	Wald % des Feldes
April	+353	+169	48	Oktober . . .	—386	—232	60
Mai	+498	+294	59	November . .	—425	—298	70
Juni	+469	+356	76	Dezember . .	—393	—302	77
Juli	+345	+277	80	Januar . . .	—300	—232	77
August . . .	+147	+165	112	Februar . . .	—166	—140	84
September . .	—133	— 16	12	März	— 9	— 41	455

Zahlentafel 36.

Monat. .	I	II	III	IV	V	VI	VII	VIII	IX	X	XI	XII
Cal . . .	0,79	1,44	3,21	5,41	8,38	9,09	9,76	8,23	5,05	2,30	0,89	0,50

Die Wachstumszeit der Pflanzen ist im wesentlichen durch diejenige Zeit bestimmt, in der vom Frühjahr bis zum Herbst eine ausreichende Wärmemenge zur Verfügung steht. Der Wärmebedarf der landwirtschaftlichen Nutzpflanzen ist aber sehr verschieden. Nach Krafft (*121*) braucht beispielsweise der Sommerweizen von der Saat bis zur Ernte fast zweimal so viel Wärme zu seiner vollen Entwicklung wie der Buchweizen. Dieser Unterschied des Wärmebedarfes kommt auch in der Länge der Wachstumszeit zum Ausdruck, die beim Sommerweizen etwa 120 bis 140 und beim Buchweizen nur 70 bis 90 Tage beträgt. Unter bestimmten Wärmeverhältnissen gezüchtetes Saatgut kann im kälteren Klima zu Mißerfolgen führen. So kann Saatgut von mineralischem Boden auf Moorböden versagen, weil es deren besonderen Wärmeverhältnissen (Verdunstungskälte, Spätfröste) nicht angepaßt ist.

Die Assimilation unserer Nutzpflanzen beginnt bei etwa 0 bis 4°. Ihre Keimtemperatur ist sehr verschieden. Während Roggen bereits bei 1 bis 2° keimt, braucht Weizen 3 bis 4°, Hafer 4 bis 5° und Tabak sogar 13 bis 14° C. Es gibt bei uns Pflanzen und Pflanzenteile, die schon bei einer geringen Unterschreitung des Nullpunktes erfrieren, während andere bis zu 10° Kälte ohne Schaden ertragen können. Die Frostgefahr wird durch die Wärmezufuhr aus tieferen Bodenschichten (S. 56) und durch eine schützende Schneedecke stark gemildert. Auch das Vorhandensein löslicher Düngesalze im Boden scheint einen gewissen Schutz vor dem Erfrieren junger Pflanzen zu gewähren. Die günstigste Temperatur für das Wachstum unserer Nutzpflanzen liegt bei etwa 25°. Zu hohe Bodentemperatur kann Schädigungen des Wachstums hervorrufen. Neuere Versuche haben gezeigt, daß die Wurzeltemperatur das Wachstum der Pflanzen stark beeinflußt. Es scheint so, daß jede Pflanzenart einen bestimmten günstigsten Wärmegrad der Wurzeln und der oberirdischen Teile besitzt. So wurde festgestellt, daß der Lein sich am besten bei einer Wurzeltemperatur von 10° C und bei einer Temperatur der oberen Teile von 22° entwickelte. Vgl. auch den Einfluß zu hoher Wärmegrade auf die Assimilation (S. 64).

Unter Muldenfrost versteht man die Erscheinung, daß kalte Luftmassen, die schwerer sind als warme, in Geländemulden fließen, wo sie bei Windstille verbleiben und die Frostgefahr vergrößern.

Wegen der Wärmeverhältnisse der einzelnen Gegenden wird auf den Hellmannschen Klimaatlas von Deutschland verwiesen (*87*).

Der Einfluß der Temperatur auf die Ernteerträge hängt eng mit den Niederschlagsverhältnissen zusammen. Im allgemeinen sind gute Ernten in warmen, feuchten Sommern zu erwarten, mittlere in kühlen, trockenen und schlechte in warmen, trockenen Sommern.

3. Das Wasser.

Das Wasser hat als Wachstumsbedingung unserer Nutzpflanzen deshalb eine ganz besondere Bedeutung, weil es in unserem Klima für die Erzeugung von Höchsternten häufig im Kleinstmaß vorhanden ist. Es hat außer seiner Mitwirkung bei der Assimilation die Aufgabe, die in ihm gelösten Nährsalze den einzelnen Pflanzenteilen zuzuführen. In der Wachstumszeit steigt ein ständiger Wasserstrom von den Wurzeln in der Pflanze nach oben. Die Verdunstung des Wassers in den Blättern hat eine saugende Kraft zur Folge, die Wasser aus den rückwärts liegenden Zellen nachzieht, sie schützt die Pflanze in heißen Sommern vermöge der entstehenden Verdunstungskälte gegen zu starke Erwärmung. Das verdunstende Wasser entweicht durch die Spaltöffnungen, zum Teil auch durch die mehr oder weniger wasserdurchlässige Außenschicht (Kutikula) der Blätter. Manche Pflanzen besitzen noch besondere Wasserspalten, die sich ebenso wie die Spaltöffnungen an den Blättern befinden und den Zweck haben, überschüssiges Wasser zu entfernen. Der Verdunstungsvorgang wird Blattverdunstung (Transpiration) genannt. Pisek (*171*) hat die Blattverdunstung auf Wiesen in einer Höhenlage von 600 bis 800 m ermittelt, sie betrug an klaren, ungestörten Sommertagen bei günstiger Nachschublage:

Trockenwiese (Brométum) . .	2,58 mm/24 h . . .	195 mm/Jahr
Fettwiese (Arrhenátherum) . .	4,29 „ . . .	323 „
Nasse Wiese	15,50 „ . . .	1165 „

Die Blattverdunstung wird durch Kapillarkräfte und Osmose unterstützt. Die Zellen der Pflanze bilden zum Teil sehr enge Röhrchen, die als Haarröhrchen wirken (S. 9). Die Osmose äußert sich dahin, daß eine mit einer Nährsalzlösung gefüllte Zelle durch die Zellhaut Wasser und Nährsalze ansaugt, wenn sich auf der Außenseite ihrer Zellhaut eine weniger starke Lösung befindet (Endosmose). Da das Wasser bei der Osmose stets nach der stärkeren Lösung hin wandert, so wird der Wassereintritt aus dem Boden in die Wurzelzellen erschwert, wenn die Bodenlösung zu stark wird. Alsdann kann sogar eine Osmose in umgekehrter Richtung stattfinden (Exosmose). Blattverdunstung und Exosmose müssen also ein Welken der Pflanze zur Folge haben, auch wenn genügend Feuchtigkeit im Boden vorhanden ist. Daraus folgt, daß der Boden um so reicher mit Wasser versorgt werden muß, je größer sein Gehalt an löslichen Nährsalzen ist. Das Welken der Pflanze kann aber auch durch starken Wasserverbrauch bei trockenen Winden verursacht werden, so daß in solchen Fällen nur ein Windschutz, nicht aber eine Bewässerung Erfolg verspricht.

Allerdings besitzt die Pflanze die Fähigkeit, sowohl die Blattverdunstung wie auch die Osmose ihrer Zellen und die Durchlässigkeit ihrer Zellhäute den Bedürfnissen des Lebens weitgehend anzupassen. So vermindert sie die Blattverdunstung bei Wassermangel durch Schließen ihrer Spaltöffnungen. Die Osmose der Zellen wird bei Bedarf durch die Rückbildung von Stärke in Zucker vergrößert. Die Zellhaut ist imstande, bald Wasser und Nährsalze durchzulassen, bald den Durchtritt der Nährsalze fast ganz zu unterbinden und nur Wasser anzusaugen (semipermeabel).

Die meisten unserer Nutzpflanzen entwickeln osmotische Wurzeldrücke bis zu etwa 11 bis 12 kg/cm², einige auch mehr. Ihre Größe ist auch bei derselben Pflanzenart verschieden. Zum Beispiel bewirkt Kalzium in der Bodenlösung eine Erhöhung des Wurzeldruckes, wodurch der Anteil des von der Pflanze aufnehmbaren Bodenwassers vermehrt wird. Je größer das osmotische Saugvermögen einer Pflanze ist, um so größer ist ihre Widerstandskraft gegen Dürre, und um so schnellwüchsiger und frühreifer pflegt sie zu sein. Nach neueren Untersuchungen scheint eine Vermehrung des Humusgehaltes die osmotische Wasseraufnahme durch die Wurzeln zu erleichtern.

Durch den Wurzeldruck wird die Straffheit der Zelle (der Turgor) bewirkt. Sie ist eine wesentliche Voraussetzung für hohe Ernten, da ohne sie keine starke Assimilation stattfindet.

Der Einfluß der Blattverdunstung auf das Wachstum ist noch nicht restlos geklärt. Eine starke Blattverdunstung scheint in ihrer Gesamtwirkung für ein üppiges Wachstum der Pflanzen durchaus nicht günstig zu sein. Wir müssen annehmen, daß die Pflanzen die erforderlichen Nährsalze und das Wasser aus dem Boden auch bei geringer Blattverdunstung aufzunehmen vermögen, indem sie sich des überschüssigen Wassers nötigenfalls durch tropfenförmige Ausscheidung an den Blättern, sog. Austropfung (Guttation), entledigen, und daß eine starke Blattverdunstung der Pflanze unter Umständen sogar Wasser entzieht, das sie für ihre Assimilation dringend nötig hätte. Da die Spaltöffnungen sowohl die Wasserdampfströmung der Blattverdunstung nach außen wie auch die Kohlensäure nach innen zu leiten haben, so muß eine starke nach außen gerichtete Wasserdampfströmung das Eindringen der Kohlensäure in die Spaltöffnungen erschweren. Versuche Wollnys (*3, 2*) haben auch den Nachweis erbracht, daß die Erntemasse bei trockener Luft, also bei starker Blattverdunstung, unter sonst gleichen Verhältnissen zurückgeht. So ergab ein Versuch mit Weizen in feuchter, mittelfeuchter und trockener Luft (relative Feuchtigkeit = 69, 37 und 23 %) folgende Verhältniszahlen:

Zahlentafel 37.

Luft	Verdunstung	Erntemasse
Feucht	100	100
Mittelfeucht	196	77
Trocken	247	41

Neue Untersuchungen haben gezeigt, daß ein Teil der aus dem Boden entnommenen mineralischen Bestandteile nicht in der Pflanze bleibt, sondern durch Regen aus den Blättern wieder ausgewaschen wird. Offenbar verhindert die Pflanze dadurch, daß sich zu viele Aschenbestandteile in ihren Blättern ansammeln. Vielleicht ist auch diese Erscheinung ein Grund dafür, daß Regen günstiger auf das Pflanzenwachstum wirkt als bloße Bodenbewässerung.

Die der Wasser- und Nährstoffaufnahme dienenden Wurzeln weisen eine sehr unterschiedliche Länge auf. Man spricht demgemäß von Flach- und Tiefwurzlern. Unsere Wiesengräser besitzen z. T. eine weitgehende Anpassungsfähigkeit an die Wasserverhältnisse des Bodens. Sie sind zwar ausgesprochene Flachwurzler, weil der weitaus größte Teil ihrer Wurzeln in einer Tiefe bis zu 15 cm angetroffen wird. In zahlreichen Fällen konnte aber auch die Beobachtung gemacht werden, daß einzelne Wurzeln der Wiesengräser bei tieferem Grundwasserstand teilweise bis auf große Tiefen hinabreichten. So fand Witte (*260*) in mittelschwerem Lehmboden, dessen Gefüge in einer Tiefe von 50 bis 110 cm sehr fest war, darunter aber lockerer wurde, nach 18monatlichem Freilandwachstum folgenden größten Wurzeltiefgang:

Rohrglanzgras, französisches Raygras	280 bis 290 cm
Wehrlose Trespe	220 „
Quecke, wolliges Honiggras, Rasenschmiele	130 „ 160 „
Rotschwingel, Fioringras, Knaulgras, Wiesenfuchsschwanz, Wiesenrispengras, gemeines Ruchgras, englisches Raygras, Wiesenschwingel	100 „ 120 „
Timothe, Schafschwingel, Goldhafer, Kammgras	50 „ 90 „

Könekamp hat in 260 cm tiefen Kästen, die mit lehmigem Sand gefüllt waren, Versuche über das Wurzelwachstum von Gräsern und Kleearten angestellt (*114*). Er fand nach 80 Tagen Wurzeltiefen verschiedener Gräser von 70 bis 250 cm.

Als ausgesprochene Tiefwurzler, die für Dränungen gefährlich werden können, sind anzusehen: Sumpfschachtelhalm (Equisétum palústre), Ackerschachtelhalm (Equisétum arvénse), Schilfrohr (Phragmítes commúnis), Sauerampfer (Rúmex acetósa), Wiesenknopf (Sanguisórba májor), Huflattich (Tussilágo fárfara), Hopfen (Húmulus lúpulus), Zuckerrübe, Luzerne, Esparsette, Wein, Weiden (außer Sálix cáprea), Schwarzerle (Álnus glutinósa), Pappeln (Pópulus nígra, álba, canadénsis), Esche (Fráxinus excélsior), Wasserknöterich (Polýgonum amphíbium terréstre) u. a.

Eingehende Untersuchungen über die Wurzelentwicklung der wichtigsten Kulturpflanzen stammen von Schulze (*224*). Er fand in lockeren Böden folgende größte Tiefen in Zentimetern als Mittelwerte mehrerer Versuche:

Zahlentafel 38.

	Junge Pflanze	In der Bestockung	Beim Schossen	Ende der Blüte	Milchreife	Vollreife
Winterroggen	54	102	199		178	194
Winterweizen	53	134	277		235	186
Hafer	67	80	284		234	247
Gerste	62	95	259		244	221
Erbsen	26		64	176		209
Pferdebohnen	32		78	124		168
Weiße Lupinen	40		71	100		205
Raps	190		264	259		291

Rotmistroff hat die Wurzelverbreitung zahlreicher Nutzpflanzen in der Ukraine untersucht (*203*, *30*). Er stellte fest, daß einzelne Wurzeln der Getreidearten bereits 7 bis 10 Tage nach der Keimung eine Länge von 25 bis 40 cm erreichten. Sie hatten größte Tiefen von etwa 90 bis 120 cm, Wintergetreide größere als Sommerung. Bemerkenswert ist die weitere Feststellung, daß das Wurzelnetz bei Getreide bedeutend dichter war als bei den zweikeimblätterigen Pflanzen. Daraus ist zu schließen, daß die Getreidearten das Bodenwasser besonders gut auszunutzen vermögen.

Die Wurzeln einer Pflanzenart meiden im allgemeinen den Wurzelbereich der gleichen Nachbarart, es tritt keine Verflechtung der beiden Wurzelmassen ein. Daher pflegen Mischsaaten das Bodenwasser besser auszunutzen als Reinsaaten.

Die Wurzeltiefe unserer Nutzpflanzen auf Moorböden hängt auch von der Reaktion des Moorbodens ab. Denn in die saueren Schichten des Hochmoores dringen die Wurzeln nicht ein, bleiben vielmehr in der oberen durch landwirtschaftliche Maßnahmen entsäuerten Schicht. Das gilt jedoch nicht für den natürlichen Hochmoorbestand, der seinem saueren Standort angepaßt ist. Bei einer zu weitgehenden Entwässerung des Hochmoores können daher die Wurzeln der Nutzpflanzen dem sinkenden Saugwasser nicht folgen, eine Gefahr, die in den alkalischen Niederungsmooren nicht besteht.

Die wasseraufsaugenden Teile der Wurzeln sind die außerordentlich dünnen und zahlreichen Wurzelhaare. Bei der Erbse hat man mehr als 200 je mm^2 festgestellt. Ihr Durchmesser beträgt nach Atterberg 0,008 bis 0,012 mm. Die wasseraufsaugende Tätigkeit der Wurzelhaare wird dadurch unterstützt, daß das bewegliche Bodenwasser langsam vom feuchten zum trockenen Bodenteilchen hin wandert.

Die Pflanzen decken ihren Wasserbedarf in der Hauptsache aus den an Ort und Stelle fallenden Niederschlägen und bei ausreichend hohem Grundwasserstand auch aus dem Saugsaum des Grundwassers. Dieses kann natürlich gleichfalls den örtlichen Niederschlägen entstammen, kann aber auch durch seitlichen unterirdischen Zufluß gespeist werden. Nun ist aber keineswegs alles Bodenwasser für die Pflanzen aufnehmbar. Man fand je nach der Pflanzenart den 1½- bis 4fachen Betrag des Wasseranlagerungswertes (w_h) als unaufnehmbar, bei den meisten unserer deutschen Nutzpflanzen etwa den 2fachen Betrag

(S. 27). Die Menge des von der Pflanze wirklich aufgenommenen Wassers ist außerdem noch von der Verteilung der Wurzelmasse insofern abhängig, als ein dichtes Wurzelnetz das aufnehmbare Wasser besser ausnutzen wird als ein lockeres. Man sieht, daß die Frage, bei welchem Wassergehalt des Bodens eine Pflanze zu welken beginnt, nicht leicht zu beantworten ist. Wegen des Welkens der Pflanzen auf Moorböden vgl. S. 52. Der günstigste Wassergehalt des Bodens für unsere Nutzpflanzen wird im allgemeinen zu etwa 50 bis 60 % des Porengehaltes angenommen (S. 80).

Die wassersuchenden Wurzeln reichen in der Regel nicht bis in das Grundwasser, da der Saugsaum ihnen genügend Feuchtigkeit liefert. In Zeiten geringer Niederschläge kann die Versorgung der Pflanzen aus dem Saugsaum von ausschlaggebender Bedeutung werden. Dabei spielen die Tiefe des Grundwassers unter Gelände sowie die Steighöhe und Steiggeschwindigkeit des Wassers eine Rolle (S. 10). Da aber der Aufstieg des Saugwassers in der Nähe des Grundwassers am stärksten ist, gewinnt die Versorgung aus dem Grundwasser im allgemeinen nur dann praktische Bedeutung, wenn ein ausreichender Teil der Wurzeln bis dicht über die Grundwasseroberfläche vordringt. Die wasserspendende Wirkung des Grundwassers läßt sich an dem Ertrage des Grünlandes deutlich nachweisen (Zahlentafel 39). Es ist daher bei vielen Entwässerungsmaßnahmen eine für den Erfolg entscheidende Frage, wie tief unter Gelände die Grundwasseroberfläche gesenkt werden muß.

Freckmann hat Versuche über diese Frage mit einem Kleegrasgemenge in Wachstumsgefäßen aus Zement angestellt, deren Ergebnis aus der folgenden Zahlentafel zu entnehmen ist (*63*, *42*):

Zahlentafel 39.

Bodenart	Grundwasser unter Gelände cm	Heuernte dz/ha	Roheiweiß der Trockenmasse %	Roheiweiß dz/ha	Bodenart	Grundwasser unter Gelände cm	Heuernte dz/ha	Roheiweiß der Trockenmasse %	Roheiweiß dz/ha
Grober Sandboden	40	118,0	12,51	12,6 = 100	Lehmboden	40	222,9	11,16	21,2 = 100
	70	50,4	14,10	6,0 = 48		70	170,4	10,19	14,8 = 70
	100	42,8	14,65	5,3 = 42		100	137,5	12,88	15,0 = 71
	130	33,1	14,47	4,1 = 33		130	118,1	12,31	12,3 = 58
Feiner Sandboden	40	174,4	8,15	12,1 = 100	Tonboden	40	180,1	10,02	15,3 = 100
	70	151,6	8,41	10,8 = 89		70	161,8	11,99	16,5 = 108
	100	113,0	9,33	8,9 = 74		100	141,8	11,61	14,0 = 92
	130	72,3	9,42	5,8 = 48		130	140,6	12,62	15,1 = 99
Lehmiger Sandboden	40	259,9	9,80	21,6 = 100	Niederungsmoor	40	172,5	9,16	13,4 = 100
	70	178,5	8,78	13,3 = 62		70	161,8	10,56	14,5 = 108
	100	163,6	9,23	12,8 = 59		100	124,4	10,56	11,2 = 84
	130	109,1	9,98	9,3 = 43		130	123,0	10,44	10,9 = 81

Die Grundwasseroberfläche wurde während der ganzen Wachstumszeit auf den angegebenen Höhen gehalten. Die Ernten sind das Ergebnis von drei Schnitten. Man beachte den starken Einfluß des Grundwasserstandes bei dem durchlässigen groben Sandboden und den geringen bei dem schwer durchlässigen Tonboden.

In lehmigem Sandboden wurden außerdem Untersuchungen bei zum Teil wechselndem Grundwasserstand mit demselben Kleegrasgemenge durchgeführt. Das Ergebnis ist in Zahlentafel 40 festgehalten. Die Zahlen lassen deutlich erkennen, daß ein tiefer Grundwasserstand im Winter und ein hoher im Sommer wesentlich größere Ernten ergeben haben als tiefe Sommer- und hohe Winterwasserstände.

Zahlentafel 40.

Winter	Sommer	Heuernte dz/ha	Roheiweiß d. Trockenmasse %	Roheiweiß dz/ha
40 cm	40 cm	260	9,79	21,6 = 100
70 cm	70 cm	179	8,78	13,3 = 62
100 cm	100 cm	164	9,23	12,9 = 60
trocken, d. h. kein Grundwasser im Versuchsgefäß	40 cm	266	8,65	19,5 = 90
	70 cm	209	8,78	15,6 = 72
	100 cm	196	9,28	15,5 = 72
40 cm	trocken	127	10,86	11,7 = 54
70 cm	trocken	118	10,30	10,3 = 48
100 cm	trocken	104	11,50	10,2 = 47
trocken	alle 2 Wochen abwechselnd trocken und 40 cm	176	9,07	13,6 = 63
	70 cm	164	9,19	12,8 = 59
	100 cm	152	8,91	11,5 = 53
trocken	alle 4 Wochen abwechselnd trocken und 40 cm	165	9,22	12,9 = 60
	70 cm	161	9,06	12,4 = 57
	100 cm	134	9,52	10,8 = 50

Sellke hat Durchschnittsergebnisse aus 41 Poldern und Gemeindebezirken an der Weichselmündung veröffentlicht, aus denen die Abhängigkeit des Weideertrages vom Grundwasserstand hervorgeht (*230*). Die Zahlen sind Mittelwerte von moorigen, anmoorigen und mineralischen (meist lehmigen) Böden (Zahlentafel 41).

Zahlentafel 41.

Grundwasser unter Gelände cm	Gewichtszunahme des Jungviehs je ha dz	Milchmenge je ha l
10	1,80	1692
20	2,75	2056
35	2,95	2917
70	4,40	4213

Nach Gefäßversuchen Bertrams (*6, 205*) sind manche Nutzpflanzen auch recht empfindlich gegen eine vorübergehende Anspannung des Grundwassers, namentlich dann, wenn es sich um stillstehendes, sauerstoffarmes Wasser handelt. Gerste, die schon an sich die Bodennässe nicht liebt, brachte folgende mittlere Körnerernten (Vergleichszahlen):

Grundwasserstand unverändert	80 cm	100
Bei vorübergehender Anspannung bis auf	50 cm	54
	25 cm	35
	10 cm	25

Die Anspannung erfolgte von Tag zu Tag zunehmend eine Woche lang, während in der nächsten Woche eine stufenweise Wiederabsenkung stattfand. Jeder Versuch dauerte 2 Wochen. Die verschiedenen Pflanzenarten sind gegen solche Schwankungen des Grundwasserstandes sehr verschieden empfindlich.

Die Lage des Grundwassers ist auch von Einfluß auf das Artenverhältnis des Grünlandes, weil manche Pflanzenarten einen tieferen, andere einen höheren Grundwasserstand bevorzugen. Man versteht unter Artenverhältnis das Verhältnis der Anteile, mit denen die einzelnen Pflanzenarten nach Anzahl oder Gewicht im Gesamtbestande vertreten sind. Das Artenverhältnis beeinflußt den Ernteertrag. Freckmann und Brouwer (*64, 241*) haben die Entwicklung des Artenverhältnisses bei verschiedenen festbleibenden Grundwasserständen (40, 85 und 130 cm) durch einen vierjährigen Versuch verfolgt. In Zahlentafel 42 (S. 72) ist der Gewichtshundertteil der betreffenden Pflanze an der grünen Ernte des ersten Schnittes im Jahre 1929 (oben) und 1932 (unten) angegeben, darunter die Zu- oder Abnahme: mit sinkendem Grundwasserstande ist der Anteil des Wiesenschwingels (Festúca praténsis) im Laufe der Jahre stark zurückgegangen, während das Wiesenrispengras (Póa praténsis) gleichzeitig eine erhebliche Zunahme erfahren hat.

Zahlentafel 42.

	Ungedüngt			Gedüngt		
	Grundwasser unter Gelände in cm					
	40	85	130	40	85	130
	%	%	%	%	%	%
Festúca praténsis	26	56	50	33	41	47
	28	23	12	20	15	10
	+ 2	−33	−38	−13	−26	−37
Phléum praténse	34	28	36	46	47	42
	3	10	8	9	5	9
	−31	−18	−28	−37	−42	−33
Phálaris arundinácea	~ 0	~ 0	1	2	2	~ 0
	40	15	25	52	34	33
	+40	+15	+24	+50	+32	+33
Póa praténsis	6	4	5	8	3	5
	13	43	53	15	44	46
	+ 7	+39	+48	+ 7	+41	+41
Trifólium répens	33	11	4	10	4	2
	15	0	0	0	0	0
	−18	−11	− 4	−10	− 4	− 2

Tacke teilt das Ergebnis von Feldversuchen auf Moorboden mit, aus denen die Abhängigkeit der Ernte vom Grundwasserstand hervorgeht (*236, 69*) [s. Zahlentafel 43]. Wenn danach auch eine Entwässerungstiefe von 50 cm die größten Ernten ergeben hat, so ist diese geringe Tiefe doch in niederschlagsreichen Jahren für Ackerbau auf Moorböden nicht ausreichend, zumal auch die Bearbeitung des Moores dann erschwert wird.

Zahlentafel 43.

Grundwasser unter Gelände	Winterroggen		Hafer		Kartoffeln
cm	Korn dz/ha	Stroh dz/ha	Korn dz/ha	Stroh dz/ha	Knollen dz/ha
50	16,9	39,9	28,0	58,0	288,4
75	15,0	32,0	28,1	52,9	211,9
100	12,0	26,7	27,3	48,0	202,1
125	8,5	21,5	23,9	41,9	194,8
150	8,0	16,5	21,2	39,9	194,0

Als günstigste Tiefe des Grundwassers unter Gelände während der Wachstumszeit kann man bei mittleren Verhältnissen etwa die Zahlen der Zahlentafel 44 (in cm) annehmen (vgl. S. 69, Wurzeltiefen in Mooren). Hohe Jahresniederschläge, wie z. B. in den bayerischen Mooren der Voralpen, bedingen tiefere Grundwasserstände als in Norddeutschland, auch auf mineralischen Böden. Allgemein ist zu beachten, daß stauendes Grundwasser wegen seines Sauerstoffmangels tiefer liegen muß als fließendes. Manche Gräser können bei einem vorübergehend hohen Grundwasserstand gut gedeihen, wenn das Grundwasser durch seine Fließbewegung und durch häufiges Steigen und Fallen immer wieder von neuem Gelegenheit hat, sich mit Luft anzureichern. Im übrigen ist der günstigste Grundwasserstand für die verschiedenen Pflanzenarten durchaus nicht gleich. Man kann aber diesem Umstande in der Praxis keine Rechnung

Zahlentafel 44.

	Bodenart	Wiese	Weide	Acker
Nord- und Mittel-deutschland	durchlässige Mineralböden . . .	50—70	70— 90	80—100
	schwerdurchlässige Mineralböden	60—80	80—100	100—120
	unbesandetes Hochmoor . . .	40—50	60— 70	70— 80
	unbesandetes Niederungsmoor .	40—60	60— 80	70— 80
	besandetes Niederungsmoor . .	—	80— 90	90—100
Voralpenländer	unbesandetes Moor	50—70	70— 90	80—100

tragen, weil im Laufe der Jahre und zur gleichen Zeit auch auf benachbarten Feldern verschiedene Gewächse angebaut werden, so daß man sich mit einer mittleren Absenkung begnügen muß. Dieses auch deshalb, weil der günstigste Grundwasserstand außerdem von der Niederschlagshöhe abhängt, die ja in den einzelnen Jahren stark wechselt. Denn in nassen Jahren ist ein tieferer Grundwasserstand erwünscht als in trockenen. Ferner möchte man in der Wachstumszeit häufig einen höheren Grundwasserstand haben als im Winter (S. 184).

Außer den Niederschlägen liefert auch der Tau Wasser für die Pflanzen. Nach Zunker ist im Flachlande bei starkem Taufall mit höchstens etwa 1 mm Tau je Nacht zu rechnen, nach Untersuchungen von Wollny nur mit dem halben Betrage. Der Tau entstammt zum Teil der Bodenverdunstung. Am Morgen wird die unmittelbar über dem Boden lagernde Luft durch die Verdunstung des Taues stark mit Wasserdampf versorgt, so daß die Blattverdunstung der Pflanzen in der feuchten Luft vorübergehend herabgesetzt wird. Der Tau wirkt somit wassersparend für die Pflanzen. Wind verringert die Taumenge, weil er dem wärmeausstrahlenden Boden immer wieder neue Wärme zuführt und dadurch seinen Wärmegrad über dem Taupunkt hält (S. 90). Daher ist die Taubildung an windgeschützten Stellen, z. B. auf Waldwiesen und in Mulden, im allgemeinen besonders groß. Auf Grund neuerer Untersuchungen ist anzunehmen, daß die Pflanzen zwar die Wasseraufnahme durch die Wurzeln bevorzugen, daß manche aber bei Wassermangel im Boden auch mit den Blättern nicht unerhebliche Wassermengen aufnehmen können, wenn bestimmte Voraussetzungen dafür gegeben sind, die im Sommer aber fast nur nachts vorliegen. Es tritt dann ein rückläufiger Saftstrom ein, der die Pflanze vor dem Vertrocknen schützt (*194*, *111*). Dieser Umstand ist für die künstliche Beregnung und für die Ausnutzung des Taues von Bedeutung.

Eine besondere Bedeutung der Taubildung scheint darin zu bestehen, daß sie in kalten Nächten durch die entstehende Kondensationswärme die Frostgefahr verringert, und daß sie, wie Sekera betont, in den obersten Bodenschichten, die besonders der Austrocknung unterliegen, eine periodisch wiederkehrende Belebung der Kleinlebewesen auslöst. Daher fördert der Tau mittelbar die Bodengare (S. 17).

Über die Wassermengen, die durch die Kondensation der Bodenluft entstehen, wenn diese wärmer ist als die festen Bodenteilchen und keinen Sättigungsfehlbetrag mehr enthält, sind die Auffassungen verschieden. Eine wesentliche Rolle ist diesem Vorgang vermutlich nicht zuzuschreiben.

Tiefer Grundwasserstand und geringes Wasserhaltevermögen eines Bodens fördern die Sickerverluste, umgekehrt hoher Grundwasserstand und großes Wasserhaltevermögen die Verdunstung. Von Seelhorst ermittelte bei seinen Versuchen die in Zahlentafel 45 (S. 74) angegebenen Sickerwassermengen bebauter und unbebauter Flächen. Die Zahlen zeigen die Abhängigkeit der Sickerverluste und damit auch des Wasserverbrauches der Pflanzen von ihrem wechselnden Wachstumszustande. Die Verdunstungsverluste sind auch von dem Zustand der Geländeoberfläche abhängig. Nach Mitscherlich (*155*, *155*) fand man durch Versuche folgende Vergleichszahlen:

Unbehackter Boden	100	Brache ohne Streudecke	100
Behackter Boden	78 bis 85	Brache mit 0,5 cm Strohdecke	42
		Brache mit 2,5 cm Strohdecke	18
		Brache mit 5,0 cm Strohdecke	10

Winde können die Bodenverdunstung erheblich vergrößern und so eine starke Austrocknung der oberen Bodenschichten bewirken. Auch die Blattverdunstung der Pflanzen wird durch den Wind beeinflußt (*5*), sie steigt zunächst mit zunehmender Windstärke, pflegt dann bei weiterer Zunahme unverändert zu bleiben und bei stärkeren Winden wieder zu sinken. Bei 2 m/s ist sie bisweilen doppelt so groß wie in ruhiger Luft. Weitere Nachteile des Windes sind: Erschwerung der Taubildung, Wärmeverluste, Verluste an Kohlensäure und Bodenverwehungen (Winderosion). Ein Mittel gegen all diese Schäden sind aufgelockerte Gruppen von Bäumen und Hecken oder Baumpflanzungen in schmalen Streifen, sog. Windschutzstreifen, die gleichzeitig auch dem Vogelschutz dienen und Schatten für das Weidevieh gewähren. Zu eng stehende Hecken haben jedoch den Nachteil, daß sich der Boden in heißen Sommern stark erwärmt, wodurch die Verdunstung wieder vergrößert wird.

Zahlentafel 45.

Jahr	Monat	Regen	Sickerwassermenge von							
			Kartoffeln		Gerste		Roggen		Brache	
		l	l	%	l	%	l	%	l	%
1904	November	86	22	26	1	1	33	38	74	86
	Dezember	63	32	51	27	43	34	54	35	56
1905	Januar	48	36	75	36	75	37	77	44	92
	Februar	41	57	139	52	127	59	144	66	161
	März	54	24	44	25	46	23	43	25	46
	April	67	42	63	41	61	41	61	39	58
	Mai	46	4	9	3	7	1	2	5	11
	Juni	105	10	10	1	1	—	—	32	31
	Juli	113	5	4	—	—	—	—	40	35
	August	43	1	2	—	—	4	9	13	30
	September	67	4	6	—	—	4	6	41	61
	Oktober	111	42	38	16	14	44	40	82	74
		844	279	33	202	24	280	33	541	64

Der Wassergehalt der verschiedenen Pflanzen und Pflanzenteile ist sehr verschieden. Es enthalten im großen Durchschnitt in Gewichtshundertteilen:

Getreidekörner und Samen der Hülsenfrüchte, Heu, Stroh . .	14 bis 16%
Frische Baumblätter	55 „ 65%
Frische Baumnadeln	40 „ 70%
Gräser, Halmfrüchte, Klee	70 „ 80%
Kartoffelknollen, Rüben	75 „ 85%
Rübenblätter, Kartoffelkraut, Hülsenfrüchte	80 „ 90%
Gurken, Spargel, Obst	85 „ 95%

Der Wasserverbrauch unserer Nutzpflanzen weist erhebliche Unterschiede auf. Vgl. auch die Ausführungen auf S. 88. Seine Kenntnis ist für die Landwirtschaft und Bodenverbesserung wichtig. Man hat versucht, durch Lysimeter oder durch Wachstumsgefäße diese Frage zu klären. Lysimeter sind mit Boden gefüllte Gefäße, die in einem Bodenschacht so angeordnet werden, daß sie mit ihrem Inhalt gewogen werden können. Die Oberfläche ihrer Bodenfüllung muß in gleicher Höhe wie der benachbarte gewachsene Boden liegen und mit derselben Pflanzenart bestellt sein wie dieser, damit Regen, Wind und Sonne möglichst so zur Wirkung kommen, wie es natürlichen Verhältnissen entspricht. Man kann ferner eine künstliche Grundwasseroberfläche im Lysimeter herstellen und durch eine verstellbare Abflußvorrichtung am Grunde des Gefäßes regeln. Mißt man alsdann laufend die Niederschläge, den Abfluß und das Gewicht des Lysimeters, so läßt sich die Verdunstung leicht berechnen. Diese stellt jedoch nicht nur die Blattverdunstung des Pflanzenwuchses, sondern auch die Verdunstung des im Lysimeter befindlichen Bodens dar. Um beide Größen getrennt zu erhalten, muß noch ein zweiter Lysimeter ohne Pflanzenwuchs unter sonst gleichen Verhältnissen aufgestellt werden, der dann die reine Bodenverdunstung ergibt. Eine Schwierigkeit liegt aber darin, daß der bewachsene Boden durch den Pflanzenwuchs gegen Wind und Sonne geschützt ist, was bei dem nackten Boden nicht der Fall ist. Man muß daher letzteren durch tote Bedeckung in gleicher Weise zu schützen versuchen, wobei jedoch schwer zu sagen ist, ob die lebende und tote Bedeckung wirklich als einigermaßen gleichwertig angesehen werden können. Dabei ist auch noch nicht berücksichtigt, daß die Pflanzen dem Boden Wasser entziehen, das sonst zum Teil durch den Boden selbst verdunsten würde.

Abb. 19. Lysimeter Eberswalde.

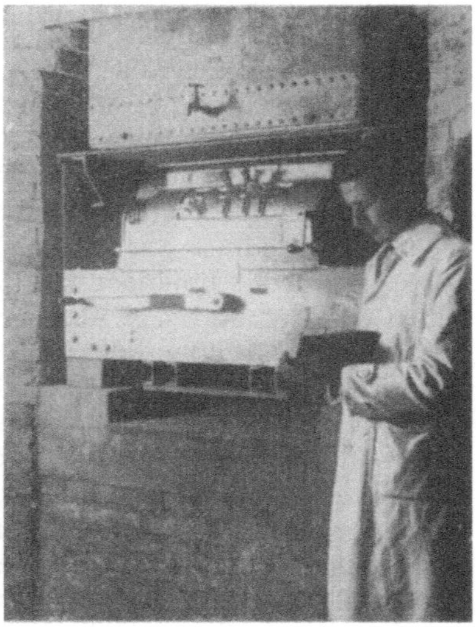

Abb. 20. Lysimeter Eberswalde.

Die Versuche mit Wachstumsgefäßen sind auf zweierlei Weise durchgeführt worden. Das Wachstumsgefäß wird mit einem Deckel dicht verschlossen, so daß keine Bodenverdunstung eintreten kann. Der Deckel ist mit Löchern für die Pflanzenstengel versehen, die Zwischenräume werden mit Wachs gedichtet. Oder man sieht davon ab, die Bodenverdunstung durch luftdichten Abschluß auszuschalten, und versucht, sie in gleicher Weise wie bei den Lysimetern durch ein Gefäß ohne Pflanzen festzustellen.

Jeder einzelne Versuch ergibt aber stets nur den Wasserverbrauch, den eine Pflanze unter bestimmten Umständen gehabt hat, und die dabei mitwirkenden Umstände sind außerordentlich vielgestaltig. Die durch Lysimeter oder Wachstumsgefäße gemessene Blattverdunstung sagt daher noch nichts darüber aus, ob eine Nutzpflanze bei anderen Wachstumsbedingungen, als sie dem Versuch zugrunde liegen und wie sie durch landwirtschaftliche Maßnahmen unter Umständen geschaffen werden können, nicht auch mit wesentlich weniger Wasser dieselbe Erntemenge liefert.

Man drückt den Wasserverbrauch der Pflanzen meistens als Vielfaches (w) der geernteten Trockenmasse aus. Nach den bisher vorliegenden Untersuchungen muß man annehmen, daß w um so größer wird, je mehr das für eine Pflanzenart günstigste Verhältnis zwischen

1. Assimilation,
2. Wasser- und Nährsalzaufnahme und damit auch Wasserabgabe (Blattverdunstung, Austropfung),
3. Atmung (S. 79)

gestört wird. Die Pflanze arbeitet hinsichtlich ihres Wasserverbrauches dann unwirtschaftlicher. Wenn in trockener Luft die Blattverdunstung stark zunimmt, kann die damit verbundene Möglichkeit einer stärkeren Nährsalzaufnahme aus dem Boden offenbar nicht voll ausgenutzt werden, weil die Assimilation zu gering wird (S. 68). Ebenso muß eine Beeinträchtigung der Assimilation durch starke Beschattung bei unveränderter Blattverdunstung in gleicher Weise wirken. Großer Wassergehalt des Bodens hat zur Folge, daß seine Nährsalzlösungen verdünnt werden und daher mehr Wasser aufgenommen werden muß, um der Pflanze dieselbe Gewichtsmenge an Nährsalzen zuzuführen. Hat umgekehrt die Pflanze Wassermangel, dann kann sie auch nicht genügend Nährsalze aufnehmen, außerdem leidet die Assimilation (S. 64), so daß der Aufbau neuer Pflanzenmasse geringer wird. Zwar sinkt dann auch die Blattverdunstung, andererseits geht aber die Atmung weiter und der durch sie bewirkte Stoffverlust wird verhältnismäßig groß. In nährsalzarmen Böden sind große Wassermengen nötig, um mit den schwachen Nährsalzlösungen ausreichende Nährsalze zu erhalten. Man kann ferner vermuten, daß der Wasserverbrauch je Kilogramm Trockenmasse im allgemeinen um so kleiner wird, je weniger Nährsalze und je mehr Kohlehydrate die Pflanze für ihren Aufbau benötigt. Denn das Wasser dient ja in erster Linie der Aufnahme der Nährsalze aus dem Boden und nur zu einem geringen Teil dem Aufbau der Kohlehydrate, wenn nur der Wassergehalt der Zellen zur Bindung der Kohlensäure ausreicht (S. 64). So erklärt sich möglicherweise der verhältnismäßig kleine Wasserverbrauch *w* bei den Hackfrüchten (s. unten). Man hat schließlich noch die Beobachtung gemacht, daß *w* in der Regel um so kleiner ist, je mehr Trockenmasse auf der Flächeneinheit erzeugt wird. Diese Erscheinung dürfte darauf zurückzuführen sein, daß ein üppiges Wachstum die Folge davon ist, daß Assimilation, Wasser- und Nährsalzaufnahme sowie Atmung gut im Einklang miteinander stehen.

Die Abhängigkeit des Wasserverbrauches von zahlreichen Umständen und die dadurch bedingte Schwierigkeit der Versuchsanordnung bringt es mit sich, daß verschiedene Untersuchungen zu recht verschiedenen Ergebnissen geführt haben. Nach zahlreichen bisher angestellten Versuchen dieser Art kann man im großen Durchschnitt mit etwa folgendem Wasserverbrauch in Litern je Kilogramm Trockenmasse (Trocknung bei 100° C) ohne Bodenverdunstung rechnen:

Wiesen und Weiden	350	bis	600
Klee und Getreide	300	„	500
Hülsenfrüchte	250	„	400
Hackfrüchte	200	„	300

Diese Zahlen beziehen sich auf den sogenannten Sparverbrauch, der dann eintritt, wenn das Wasser nicht überreichlich zur Verfügung steht. Andernfalls setzt ein Luxusverbrauch ein, der erheblich größere Werte *w* zur Folge haben kann.

Es wird das Ziel weiterer Forschungen sein müssen, ob und wie dieser Wasserverbrauch unserer Nutzpflanzen durch ein möglichst vollkommenes Zusammenspiel aller Wachstumsbedingungen, insbesondere durch ein günstiges Verhältnis von Assimilation, Blattverdunstung und Atmung, verringert werden kann.

Der Wasserverbrauch unserer Nutzpflanzen auf dem Felde hängt von zahlreichen Umständen ab: Art der Vorfrucht, Wasservorrat im Frühjahr, Niederschläge, insbesondere ihre Verteilung im Verhältnis zum Wachstumsgang der betreffenden Pflanzenart, sowie Wurzeltiefgang und Wurzelmenge. Nicht zuletzt spielen auch die artbedingten physiologischen Fähigkeiten der jeweiligen Pflanzenart (Wurzeldruck usw.) eine maßgebliche Rolle.

Die Tatsache, daß der weitaus größte Teil des von der Pflanze aus dem Boden entnommenen Wassers nach der Beförderung der Nährstoffe wieder entweicht, hat die große wasserwirtschaftliche Bedeutung, daß das entweichende Wasser noch im gleichen Jahr als Regen zurückkehren und somit neue Pflanzenmasse aufbauen kann.

Unter den Waldbäumen sind es namentlich die Kiefer, Steineiche, Robinie, Birke und Aspe, die mit wenig Wasser auskommen. Hohe Ansprüche dagegen stellen Schwarzerle, Pappeln, Weiden, Lärche, Esche, Fichte und Stieleiche (mit Ausnahme der Eschen auf Kalkboden und der kaspischen Weide). Dazwischen stehen die übrigen Holzarten wie Buche, Tanne und andere. Die vorliegenden Untersuchungen über den zahlenmäßigen Wasserverbrauch der Waldbestände sind noch als recht unsicher anzusehen, Zahlentafel 46 gibt eine Zusammenstellung über die bloße Blattverdunstung der Bäume, also ohne die Verdunstung des Bodens und Unterholzes.

Zahlentafel 46.

Holzart	Alter Jahre	mm/Jahr	Nach
Kiefer, II. Standortsklasse	100	47	Burger
Kiefer, II. Standortsklasse	haubar	103	Vater
Kiefer	100	150—170	Schubert
Kiefer	4—8	~ 300	Bartels
Eiche, II. Standortsklasse	100	120	Burger
Buche, II. Standortsklasse	100	200—230	Burger
Buche, II. Standortsklasse	haubar	290	Vater
Fichte, II. Standortsklasse	100	180—240	Burger
Fichte, II. Standortsklasse	haubar	255	Vater
Fichte	100	320	Schubert
Lärche	60	680	Schubert

Man kennzeichnet den Wasserbedarf der Pflanzen auch durch die Höhe einer Wasserschicht, die man sich über der bewachsenen Bodenfläche denkt. Unter Berücksichtigung des Wassergehaltes der Pflanzen (S. 74) und der Literzahlen je Kilogramm Trockenmasse ergeben sich dann für mittlere und hohe Ernten nach Zahlentafel 51 folgende Wasserhöhen (ohne Bodenverdunstung):

Zahlentafel 47.

	Wasserbedarf für mittlere Ernten mm	Wasserbedarf für hohe Ernten mm
Erbsen.	85—135	210—340
Kartoffeln	85—130	160—235
Getreide	130—210	305—510
Zuckerrüben . . .	180—270	320—480
Wiesenheu	180—305	300—510
Luzerne	205—340	410—680

Der hohe Wasserverbrauch einer Zuckerrübenernte ist die Folge der großen Erntemenge. In den Wentzelschen Betrieben (Teutschenthal, Bezirk Merseburg) wurden auf lehmigen Böden bei tiefem Grundwasserstand (etwa 60 m) und bei 400 bis 500 mm Jahresniederschlag noch mittlere Zuckerrübenernten erzielt. Danach scheint sich also der oben ermittelte Wasserverbrauch für Hackfrüchte zu bestätigen. Bei Kartoffeln müssen sich wegen ihres geringen Wasserverbrauches (160 bis 235 mm) hohe Ernten auch auf leichten, durchlässigen Böden erreichen lassen, was mit der Erfahrung in Einklang steht. Unter den Getreidearten gilt der Roggen als verhältnismäßig anspruchslos im Wasserbedarf, Hafer ist erheblich anspruchsvoller als Roggen. Bei 600 mm und weniger Jahresniederschlag wird die Wassermenge in vielen Fällen nicht ausreichen, um hohe Heuernten zu erzielen. Wiesen können daher vielfach nur dann hohe Ernten bringen, wenn ihnen fremdes Wasser als Grundwasser zufließt. Bei 1000 mm und mehr Jahresniederschlag findet man hochwertige Wiesen aber auch dann, wenn kein Grundwasser zur Verfügung steht.

Ein vorübergehender Wassermangel wird zu manchen, je nach der Pflanzenart verschiedenen Zeiten leicht überwunden, führt dagegen in anderen, oft nur kurzen Zeiten zu erheblichen Wachstumsschädigungen und Mindererträgen. Jedem Landwirt ist es bekannt, wie ein „Regen zur rechten Zeit" oft geradezu Wunder tut.

Da der Regen die wichtigste Wasserquelle der Pflanzen ist, hat man den Begriff der Dürremonate eingeführt (S. 98). Dürremonate nennt man diejenigen Monate, in denen der Niederschlag unter einer bestimmten Grenze bleibt.

Der Begriff ist freilich nur ein sehr roher Maßstab für die erforderliche Regenmenge, weil der Regenbedarf der Pflanzen in hohem Maße auch von der Bodenbeschaffenheit und der Temperatur abhängt. Denn leichte Böden brauchen wesentlich mehr Regen als schwere, und in heißen Monaten ist das Regenbedürfnis größer als in kühlen. Im allgemeinen kann man vielleicht von Dürremonaten sprechen, wenn folgende Niederschlagshöhen nicht überschritten werden:

im April und September je 50 mm, im Mai bis August je 60 mm.

Nach Freckmann (*192*, *13*) ist das Regenbedürfnis unserer Nutzpflanzen in Millimetern auf mittelschweren Böden etwa folgendes:

Zahlentafel 48.

	April	Mai	Juni	Juli	August	Sept.
Winter-Roggen	40	70	70	40—50	—	—
Winter-Weizen	40	70	80	60	—	—
Winter-Gerste	40	70	70	40	—	—
Sommer-Roggen	50	80	80	60	—	—
Sommer-Weizen	50	80	80—90	70	—	—
Sommer-Gerste	50	70—80	70	50	—	—
Hafer	50	70	70—80	60	—	—
Lupinen	40—50	70	70	60	—	—
Kartoffeln (mittelspäte)	40	60	70	80—90	80—90	60
Rüben	50	50	70	80—90	90	70
Klee	60	90	80— 90	90	80	—
Wiese	60	90—120	90—100	100—120	80— 90	—
Weide	60	90—100	90—120	90—120	90—120	70—80

Auf Sandböden wird der Verbrauch größer, weil sie stärkeren Sickerverlusten ausgesetzt sind. Die Zahlen sollen nur einen Anhalt geben.

Münzinger (*158*, *100*) rechnet für kurzlebige und schwachverdunstende Pflanzen mindestens etwa 2 mm Regen im Durchschnitt je Tag, im höchsten Fall 5 mm, also bei 100 Wachstumstagen 200 bis 500 mm. Von Wrangell (*262*, *308*) gibt den Regenbedarf für eine Gerstenernte von 30 dz Körnern und 40 dz Stroh je Hektar auf schweren Böden, in denen das Wasser weitgehend ausgenutzt wird, zu rund 280 mm an.

Nähere Angaben über die Niederschläge siehe S. 94.

Die landwirtschaftliche Bodenbearbeitung ist weitgehend darauf abgestellt, den Wasserhaushalt des Bodens zu verbessern. Werden die oberen Bodenschichten durch Eggen oder Hacken gelockert, so wird der Aufstieg des Bodenwassers erschwert, so daß die Bodenverdunstung verringert wird. Beim Hacken werden außerdem die Unkräuter vernichtet, die sonst Wasser verbrauchen würden. Auch das Schälen der Stoppeln unmittelbar nach der Ernte bewirkt eine Lockerung der oberen Bodenschicht, so daß die Verdunstungsverluste geringer werden und das Niederschlagswasser besser in den Boden eindringt. Außerdem stört auch das Schälen das Wachstum der wasserverbrauchenden Unkräuter. Versuche ergaben in der Zeit vom 10. 8. bis 1. 9., also in 21 Tagen, eine Verringerung der Verdunstung um 8 mm gegenüber ungeschältem Boden, in der Zeit vom 20. 7. bis 31. 10., in 103 Tagen, eine Wasserersparnis von 41 mm. Die Ackerschleppe glättet die rauhe Furche und bewirkt, im Frühjahr angewendet, daß der Wind den Boden nicht so schnell austrocknen vermag. Der Untergrundlockerer kann die Aufspeicherung von Bodenwasser fördern und eine etwa verdichtete Pflugsohle zerstören, wodurch die Wasserbewegung im Boden erleichtert wird. Man erreicht dadurch eine schnelle Versickerung der Niederschläge, was zur Erhaltung der Gare günstig ist. Tiefere feuchte Schichten dürfen nicht durch Wenden nach oben gebracht werden, wenn man Wasser sparen will.

In entgegengesetzter Richtung wie die Lockerung der oberen Bodenschicht wirkt das Walzen. Es begünstigt den Aufstieg des Saugwassers. Man walzt daher die junge Saat, damit die Bodenfeuchtigkeit bis zum Saatkorn hochsteigen kann. Besonders wichtig ist das Walzen der lockeren Moorböden. Nach einer Untersuchung der Moorversuchsstation Bremen enthielt 1 l Moorboden einer gewalzten und einer nichtgewalzten Hochmoorwiese im Maibuscher Moor im Juli die Wassermengen der Zahlentafel 49.

Zahlentafel 49.

Tiefe cm	Gewalzt cm^3	Ungewalzt cm^3
0— 5	649	505
5—10	811	683

4. Die Luft.

Auch die Pflanzen brauchen Luft zum Atmen. Der durch die Spaltöffnungen der Blätter eindringende Sauerstoff der Luft verbindet sich mit einem Teil des in den Zellen vorhandenen Kohlenstoffes der Kohlehydrate zu Kohlensäure, die entweder vom Blattgrün sofort verarbeitet oder durch die Spaltöffnungen wieder ausgeschieden wird. Die Atmung (Dissimilation) ist also ein Verbrennungsvorgang, der Energie für den Ablauf des Lebens, insbesondere für die Assimilation, liefert und daher auch mit einem Verlust an Pflanzenmasse verbunden ist. Dieser Verlust kann so groß werden, daß er den Zuwachs durch Assimilation übersteigt und dadurch sogar zu einer Abnahme des Pflanzengewichtes führt. Bei höheren Wärmegraden atmen die Pflanzen lebhafter, desgleichen bei geringem Wassergehalt ihrer Zellen. In kühlen Nächten mit ihrer verminderten Atmungstätigkeit wird daher der Verlust an Kohlehydraten erheblich kleiner. Dieser Verlust läßt sich durch folgende Gleichungen ausdrücken:

$$C_6H_{10}O_5 + 12\,O = 6\,CO_2 + 5\,H_2O, \qquad C_6H_{12}O_6 + 12\,O = 6\,CO_2 + 6\,H_2O.$$

Gräser, die in warmer Jahreszeit zu lange durch stillstehendes Wasser überschwemmt sind, ersticken, weil ihnen der Sauerstoff zum Atmen fehlt. Auch die Wurzeln der Pflanzen atmen, wenngleich weniger stark als die Blätter. Daher können auch manche Baumarten stauende Nässe nicht längere Zeit ertragen:

Feldahorn (Ácer campéstre). Kommt noch auf nassen Böden fort.

Bergahorn (Ácer pseudoplátanus). Sehr empfindlich gegen Überschwemmungen und stauende Nässe.

Schwarzerle (Álnus glutinósa). Gegen stauende Nässe empfindlich.

Weißerle (Álnus incána). Erträgt Überschwemmungen.

Weißbuche (Carpínus Bétulus). Ziemlich widerstandsfähig gegen Überschwemmungen.

Rotbuche (Fágus silvática). Meidet Überschwemmungsgebiete.

Schwarzpappel (Pópulus nígra). Verträgt kurze Zeit anhaltende Überschwemmungen, jedoch kein stauendes Wasser.

Stieleiche (Quércus Róbur). Erträgt Überschwemmungen gut.

Korbweide (Sálix viminális). Erträgt Überschwemmungen sehr gut.

Weißtanne (Ábies pectináta). Sehr empfindlich gegen Überschwemmungen.

Fichte (Pícea excélsa). Meidet Überschwemmungsgebiete.

Gemeine Kiefer (Pínus silvéstris). Verträgt gelegentliche kurze Überschwemmungen durch fließendes Wasser, fehlt aber in Überschwemmungsgebieten.

Manche Sauergräser sind imstande, ihren im Bodenwasser befindlichen Wurzeln Luft von oben durch besondere Leitbündel zuzuführen.

Der Kohlensäuregehalt der Luft beträgt etwa 0,03%. Auch die im Boden befindliche Luft enthält Kohlensäure. In frisch gedüngten Böden und Gartenerde hat man zeitweise bis zu 10% CO_2 festgestellt. Der Kohlensäuregehalt der Bodenluft nimmt mit wachsender Tiefe zunächst zu und wird dann wieder geringer. Je größer die Luftdurchlässigkeit des Bodens ist, um so häufiger wird die Bodenluft erneuert und die Kohlensäure entfernt. Lau fand die Vomhundertzahlen der Zahlentafel 50 (*135*). Die aus dem Boden entweichende sogenannte bodenbürtige Kohlensäure ist für die Assimilation von größter Bedeutung, namentlich bei den Rüben, die sie mit ihren auf der Unterseite der Blätter befindlichen Spaltöffnungen leicht abfangen können.

Zahlentafel 50.

CO_2-Gehalt in einer Tiefe von cm	Sandboden %	Lehmboden %	Moorboden %
15	0,09—0,19	0,05—0,27	0,10—0,75
30	0,06—0,24	0,09—0,47	0,34—1,12
60	0,11—0,57	0,20—1,13	1,01—3,77

Für viele Nutzpflanzen ist bereits ein größerer Kohlensäuregehalt der Bodenluft als 1 bis 2% schädlich, wie er in nicht ausreichend entwässerten schweren Böden und Moorböden bisweilen vorkommt. Bodenschichten mit länger anhaltendem starken Gehalt an CO_2 verhindern das Wurzelwachstum unserer Nutzpflanzen.

In der Bodenluft der Moore findet man bisweilen auch Sumpfgas (CH_4) und Schwefelwasserstoff (H_2S). Der Sauerstoff der Bodenluft verbindet sich mit der in Zersetzung begriffenen organischen Masse des Bodens und entgiftet sie dadurch, verhindert also die Fäulnis.

Für das Pflanzenwachstum ist der Luftgehalt des Bodens äußerst wichtig. Kopecky gibt dafür folgende Zahlen (*118, 173*): Süßgräser verlangen etwa 6 bis 10%. Sinkt der Luftgehalt unter diese Grenze, dann werden sie durch Sauergräser verdrängt. Mineralischer Ackerboden bedarf eines Luftgehaltes von 10 bis 20% und ist als entwässerungsbedürftig anzusehen, wenn sein Lufthaltewert (S. 14) unter 10% liegt. Weizen und Hafer sollen nach Kopecky 10 bis 15%, Gerste und Zuckerrübe 15 bis 20% Luftgehalt beanspruchen. Die vorstehenden Zahlen stellen den Mindestgehalt an Bodenluft dar, den die Pflanzen brauchen. Ein zu geringer Luftgehalt erschwert die ausreichende Erneuerung der Bodenluft (S. 22), so daß die Kohlensäure sich im Boden anhäuft und statt der erforderlichen Verwesung die schädliche Fäulnis eintritt.

Ein wichtiges Ziel der Bodenbearbeitung ist häufig die Verbesserung seines Lufthaushaltes.

5. Die Nährstoffe.

Die Pflanzen decken ihren Nährstoffbedarf nicht lediglich aus den Salzen der Bodenlösung, sondern sind offenbar imstande, auch den Bodenteilchen einen Teil ihrer Basen unmittelbar zu entziehen. Dabei spielen vermutlich die Ausscheidungen der Wurzeln eine Rolle. In saueren Böden ist der Nährsalzgehalt der Bodenlösung nur gering, so daß die Pflanzen hier besonders darauf angewiesen sind, die zu ihrer Ernährung erforderlichen Basen von den Bodenteilchen selbst abzuspalten. Da aber in sauren Böden die Ionen nur schwer von den Kolloidteilchen zu lösen sind, kann ein starker Nährstoffmangel der Pflanzen auch dann bestehen, wenn der Boden an sich noch einen ausreichenden Vorrat an Nährsalzen besitzt. Vgl. auch die Ausführungen über Misch- und Reinsaaten auf S. 69, die auch bezüglich der Nährstoffaufnahme gelten.

Die zum Aufbau des Pflanzenkörpers dienenden Grundstoffe haben verschiedene Aufgaben zu erfüllen. Die Kohlehydrate sowie die Pflanzenfette und Pflanzenöle bestehen aus Kohlenstoff, Wasserstoff und Sauerstoff. Der Stickstoff ist unentbehrlich zum Aufbau aller Eiweißstoffe. Phosphor findet sich gleichfalls in vielen Eiweißverbindungen, die außerdem Kohlenstoff, Wasserstoff, Sauerstoff und Schwefel enthalten. Das Kalium steht in wichtigen Beziehungen zu den Kohlehydraten und ihren Wanderungen. Das Magnesium scheint bei der Bildung der Eiweißstoffe mitzuwirken, es findet sich auch im Zellsaft und im Blattgrün. Bei Eisenmangel treten Störungen im Blattgrün auf, obwohl das Eisen kein Bestandteil des Blattgrüns ist. Auch Kalzium kommt in jeder Pflanzenasche vor; es ist jedoch noch nicht geklärt, ob es für die Pflanzen unentbehrlich ist. Natrium scheint bisweilen als Ersatz für Kalium aufzutreten. Die Rolle des Aluminiums ist noch unklar. Silizium findet sich besonders in Gräsern und Getreidearten und dient zur Verfestigung mancher Pflanzenteile. Auch die Spurenelemente (z. B. Mangan, Bor, Jod, Kupfer, Zink, Titan, Molybdän) beeinflussen das Pflanzenwachstum, ihr Fehlen ist die Ursache mancher Mangelkrankheiten. Die Jodversorgung der Pflanzen scheint zu einem erheblichen Teil aus der Luft zu erfolgen.

Außer Stickstoff, Phosphor, Kalium und Kalzium (sowie mancher Spurenelemente) sind die übrigen für das Pflanzenwachstum wichtigen Grundstoffe im allgemeinen in ausreichender Menge im Boden vorhanden. Die genannten vier Grundstoffe bedürfen aber in der Regel eines Ersatzes durch

Zahlentafel 51.

		Ertrag in dz/ha			Gehalt an Nährstoffen in %				Nährstoffbedarf einer mittleren Ernte in kg/ha			
		gering	hoch	mittel	N	P_2O_5	K_2O	CaO	N	P_2O_5	K_2O	CaO
Getreide . .	Korn Stroh	10 20	40 80	20 30	1,6 0,55	0,8 0,2	0,6 1,0	0,1 0,35	49	22	42	13
Grünmais . .	lufttrocken	50	180	85	1,2	0,6	0,2	0,7	102	42	17	60
Kartoffeln .	Knollen Kraut	100 30	320 100	180 50	0,37 0,4	0,14 0,15	0,6 0,8	0,03 0,9	80	32	148	50
Zuckerrüben	Wurzeln Kraut	220 120	500 400	300 200	0,2 0,3	0,09 0,1	0,25 0,5	0,06 0,2	120	50	175	58
Erbsen . . .	Samen Stroh	10 20	40 60	15 25	3,7 1,4	1,0 0,4	1,3 0,5	0,1 1,8	90	25	32	46
Raps	Samen Stroh	13 25	40 70	25 50	3,5 0,7	2,0 0,3	1,0 1,0	0,3 1,0	122	65	75	58
Luzerne . .	lufttrocken	50	160	80	2,6	0,7	1,5	2,6	208	56	120	208
Rotklee . .	„	30	100	50	2,0	0,6	1,2	2,1	100	30	60	105
Wiesenheu .	„	40	100	60	1,5	0,67	2,0	1,33	90	40	120	80

Dünger, zumal sie durch die Ernten in erheblichem Umfange dem Boden entzogen werden. Die Zahlentafeln 51 und 52 (S. 82) geben darüber Aufschluß (*262*, *339* und *95*).

Gerlach (*73*, *721*) hat von 1906 bis 1918 Versuche mit Lysimetern über die Auswaschung von Stickstoff (N), Kali (K_2O), Kalk (CaO), Magnesia (MgO) und Phosphorsäure (P_2O_5) angestellt, und zwar mit folgenden Böden:

1. Niederungsmoor . . . . 100 cm
2. Schwach humushaltiger, lehmiger Sand . . . 35 „
   Lehmiger Sand mit Mergel . . . . 65 „
3. Humushaltiger Sand mit etwas Lehm . . . . 22 „
   Gelber Sand . . . . 78 „
4. Humusarmer, schwach lehmiger Sand . . . . 19 „
   Schwach lehmiger Sand . . . . 81 „
5. Humusarmer, sandiger Lehm . . . . 25 „
   Sandiger Lehm . . . . 75 „

Die Sickerwässer brachten im Jahresdurchschnitt die in Zahlentafel 53 angegebenen Verluste in kg/ha (die durch die Ernten entzogenen Mengen sind in Klammern beigefügt). Man vgl. auch S. 475. Starke Kalkung vergrößert in der Regel die Durchlässigkeit des Bodens und die Auswaschung der Pflanzennährstoffe.

Zahlentafel 52.

Pflanzenart	Durchschnittlicher Ertrag dz/ha	Nährstoffentzug in kg/ha N	P_2O_5	K_2O	CaO
Roggen	20 Körner 38 Stroh	50	30	60	15
Weizen	24 Körner 40 Stroh	70	30	50	12
Hafer	24 Körner 38 Stroh	60	25	75	15
Gerste	24 Körner 32 Stroh	50	25	50	50
Körnermais	32 Körner 45 Stroh	85	32	86	23
Kartoffeln	200 Knollen 80 Kraut	90	40	160	50
Futterrüben	500 Rüben 150 Blätter	110	50	250	80
Zuckerrüben	440 Rüben 200 Kraut	150	60	180	120
Erbsen	20 Erbsen 30 Stroh	(120)	30	70	60
Raps	24 Raps 38 Stroh	100	60	100	120
Rotklee	185 Grünfutter	(108)	23	80	85
Heu u. Grummet	50	80	40	120	60

Zahlentafel 53.

Boden		Stickstoff Gesamt-	Stickstoff Salpeter	Kali	Kalk	Magnesia	Phosphorsäure
1	gedüngt	137 (213)	129	18 (200)	740 (121)	206	Spuren (51)
	ungedüngt	274 (159)	262	19 (148)	1420 (105)	380	„ (42)
2	gedüngt	31 (53)	29	34 (99)	237 (34)	27	„ (38)
	ungedüngt	33 (27)	30	27 (57)	288 (20)	31	„ (21)
3	gedüngt	32 (52)	29	62 (107)	262 (35)	24	„ (34)
	ungedüngt	38 (30)	34	40 (66)	286 (23)	32	„ (26)
4	gedüngt	20 (73)	19	26 (123)	142 (39)	21	„ (40)
	ungedüngt	20 (30)	20	15 (63)	136 (16)	19	„ (13)
5	gedüngt	26 (72)	24	17 (139)	214 (47)	30	„ (38)
	ungedüngt	31 (46)	29	17 (103)	244 (35)	35	„ (27)

G. Die Pflanzensoziologie.

Jeder Kulturtechniker weiß, daß die Zusammensetzung der Pflanzendecke von zahlreichen Faktoren abhängt, die man als Standortsfaktoren bezeichnet: Klima, Bodenart, Bodentyp, Relief, Wasser, Durchlüftung sowie menschliche und tierische Einflüsse der verschiedensten Art (Düngung, Bodenbearbeitung, Mahd, Weidegang u. a.), wobei man von Menschen geschaffene Reinbestände außer Betracht zu lassen pflegt.

Die Anpassung der Pflanzenarten an bestimmte Standortsverhältnisse hat sich im Laufe ihrer erdgeschichtlichen Entwicklung sehr verschieden vollzogen. Während manche Arten sich fast allen Umweltbedingungen anzupassen vermögen, sind andere hinsichtlich der Wahl ihres Standortes außerordentlich wählerisch und gedeihen überhaupt nur dann, wenn ihr Standort ganz bestimmte Eigenschaften besitzt. Man hat sie auch als Zeiger- oder Leitpflanzen bezeichnet, weil ihr Vorkommen diese Eigenschaften anzeigt.

Nun haben aber die Forschungen der letzten Jahrzehnte immer deutlicher gezeigt, daß die Standortsverhältnisse einer Fläche, kurz der Standort, d. h. die Summe aller an einem bestimmten Wuchsort vorhandenen Faktoren, am sichersten nach ihrem gesamten Pflanzenbestand beurteilt werden können. Die Summe aller Standortsfaktoren einer Fläche findet nämlich ihren lebendigen Ausdruck in der hier lebenden ganz bestimmten Pflanzengesellschaft. Die Wissenschaft, die sich mit der Erforschung dieser Pflanzengesellschaften befaßt, ist die Pflanzensoziologie. Die grundlegende Einheit der Pflanzengesellschaften ist die Assoziation. Sie ist nicht die kleinste Einheit; ihre notwendig gewordene Unterteilung führt über Untergesellschaften (Subassoziationen), Varianten und Subvarianten bis zu den Fazies, während die Zusammenfassung der Assoziationen zu höheren Einheiten Verbände, Ordnungen und Klassen ergibt (Gesellschafts-System).

Die praktische Bedeutung der Pflanzengesellschaften und ihrer kleineren Einheiten besteht zum ersten darin, daß sie die jeweiligen Standortsverhältnisse mit großer Sicherheit zum Ausdruck bringen, nicht nur in groben Zügen, sondern heute bereits in einer sehr weitgehenden Differenzierung, die mit weiteren Forschungen noch zunehmen wird. So wichtig und unentbehrlich auch die Bodenkunde für alle kulturtechnischen Arbeiten ist, die Pflanzensoziologie hat unstreitig das eine vor ihr voraus, daß sie nicht nur die Standortsverhältnisse selbst, sondern auch deren biologische Wirksamkeit erkennen läßt, auf die es in der Kulturtechnik letzten Endes ankommt.

Die umfassende Kenntnis der Beziehungen zwischen Standortsfaktoren und Pflanzengesellschaften gibt dem Pflanzensoziologen zweitens die Möglichkeit, auch die Wirkung vorauszusagen, die eine bestimmte Änderung der Standortsfaktoren, beispielsweise irgendeine kulturtechnische Maßnahme, auf den Pflanzenbestand ausüben wird. Hier liegt die grundlegende Bedeutung der Pflanzensoziologie für den landwirtschaftlichen Wasserbau, dessen Aufgabe ja gerade darin besteht, die Standortsverhältnisse einer Fläche wasserwirtschaftlich so zu verändern, daß die Kulturpflanzen günstigere Wachstumsbedingungen als vorher bekommen. Das folgende Beispiel möge diesen Zusammenhang kurz erläutern: eine zu nasse Wiese soll entwässert werden; ihr bisheriger Ertrag ist bekannt, der künftige ist zu schätzen. Die Schwierigkeit und Anfechtbarkeit solcher Schätzungen sind dem Kulturtechniker nur zu gut vertraut, sie bestehen darin, daß jeder objektive Maßstab für die biologische Wirkung der Standortsveränderung bisher fehlte, und haben häufig genug zu sehr bedenklichen Wirtschaftlichkeitsberechnungen Anlaß gegeben. Heute gibt uns aber die Pflanzensoziologie diesen Maßstab, indem sie im betrachteten Beispiel anzugeben vermag, daß sich die vor der Melioration vorhandene Pflanzengesellschaft A durch die Veränderung des Wasserfaktors in eine andere B umstellen wird. Da nun die Zusammensetzung der beiden Gesellschaften, ihr durchschnittlicher Mengenertrag und Futterwert bekannt sind, kann der durch die Entwässerung zu erwartende Mehrertrag nach wirklich objektiven Gesichtspunkten vorausberechnet werden. Man könnte vielleicht einwenden, daß eine Neuansaat nach der Entwässerung doch einen im voraus zu übersehenden Pflanzenbestand schafft, dessen Ertrag nach Menge und Güte der Wirtschaftlichkeitsberechnung zugrunde gelegt werden müsse. Demgegenüber kann jedoch nicht oft genug darauf hingewiesen werden, daß solche Neuansaaten nur dann von Dauer sind, wenn sie in ihrer Zusammensetzung der Pflanzengesellschaft B ganz und gar entsprechen. Sonst kann man immer wieder beobachten, daß sie sich schon nach wenigen Jahren den neuen Standortsverhältnissen anpassen, die sich mit elementarer Gewalt durchzusetzen pflegen. So wird man für die Zukunft bei allen Meliorationen eine enge Zusammenarbeit des Kulturtechnikers mit dem Pflanzensoziologen fordern müssen.

Drittens dienen die pflanzensoziologischen Erkenntnisse auch dazu, Ansaaten und Anpflanzungen jeder Art (Böschungen, Windschutzanlagen usw.) so durchzuführen, daß sie den gegebenen Standortsverhältnissen entsprechen und auf die Dauer lebensfähig und kräftig sind. Die Gesellschaften werden gleichsam als lebendiger Baustoff benutzt.

Es ist für einen Kulturtechniker im allgemeinen natürlich nicht möglich, die Pflanzensoziologie in gleicher Weise zu beherrschen wie der Pflanzensoziologe, je mehr er aber von diesen Zusammenhängen weiß, desto besser für seine Arbeit. Den Anfang bildet die Kenntnis der wichtigsten Pflanzenarten und ihrer Standortsbedingungen, das sind in erster Linie die für die Gesellschaften und Untergesellschaften kennzeichnenden Charakter- bzw. Differentialarten, die oben auch als Zeiger- oder Leitpflanzen bezeichnet sind. Zur Einführung diene die folgende Auswahl nach Tüxen (von Lohmeyer zusammengestellt). Sie gilt im wesentlichen für Nordwest-Deutschland, ist aber auch darüber hinaus anzuwenden, wenngleich nicht vollständig in den Arten.

Wasserpflanzen.

1. Stehende, nährstoffreiche, alkalische Gewässer (Seerosen-Gesellschaft, Myriophyllléto-Nupharétum).

Gelbe Teichrose (Núphar lúteum)
Weiße Seerose (Nymphaéa álba)
Rauhes Hornkraut (Ceratophýllum demérsum)
Krebsschere (Stratiótes aloídes) (schlammreiche Gewässer der Stromtäler)
Teichlinse (Spirodéla polyrrhíza)
Quirliges Tausendblatt (Myriophýllum verticillátum)

2. Mäßig nährstoffreiche, schwach saure Gräben und Tümpel (Wasserfeder-Gesellschaft, Hottónia palústris-Assoziation).

Wasserfeder (Hottónia palústris)
Wasserhahnenfuß (Ranúnculus aquátilis)

3. Nährstoffarme, saure Teiche und Tümpel (Igelkolben-Torfmoos-Gesellschaft, Spargánium angustifólium-Sphágnum obésum-Assoziation; Zwergigelkolben-Wasserschlauch-Gesellschaft, Sparganiétum mínimi; Brachsenkraut-Lobelien-Gesellschaft, Isoëtéto-Lobeliétum).

Schmalblättriger Igelkolben (Spargánium angustifólium)
Kleiner Wasserschlauch (Utriculária mínor)
Wasserlobelie (Lobélia Dortmánna)
Sumpfbrachsenkraut (Isoétes lacústris)
Zwergigelkolben (Spargánium mínimum)
Mittlerer Wasserschlauch (Utriculária intermédia)
Zwiebelbinse (Júncus bulbósus [= supínus])

Röhrichtpflanzen.

1. Verlandungsbereich sehr bis mäßig nährstoffreicher Gewässer (Süßwasser-Röhricht, Scirpéto-Phragmitétum).

Flußampfer (Rúmex hydrolápathum)
Aufrechter Igelkolben (Spargánium eréctum ssp. polyédrum)
Seesimse, Teichbinse (Schoenopléctus lacústris)
Wasserschwaden (Glycéria máxima)
Breitblättriger Rohrkolben (Týpha latifólia)
Schwanenblume (Bútomus umbellátus)
Kalmus (Ácorus cálamus)
Schmalblättriger Rohrkolben (nur Teich-Röhricht) (Týpha angustifólia)
Rohrglanzgras (nur Fluß-Röhricht) (Phálaris arundinácea)

2. Brackwasserbereich der Flußmündungen und an Küsten. Salz! (Brack-Röhricht, Scirpétum marítimi).

Rauhe Simse (Schoenopléctus Tabernaemontáni)
Meerstrandsimse (Scírpus marítimus)

3. Bäche (Bach-Röhricht, Glyceriéto-Sparganiétum).

Bachbungen-Ehrenpreis (Verónica beccabúnga)
Faltiger Schwaden (Glycéria plicáta)
Gauchheil-Ehrenpreis (Verónica anagállis-aquática)
Brunnenkresse (Nastúrtium officinále)
Schattenbraunwurz (Scrophulária aláta)

Pflanzen der Großseggen-Rieder, im Winter und Frühjahr überschwemmt, nur zeitweise im Sommer trocken fallend (Magnocarícion).

1. Verlandungs- und Einflußbereich neutraler Gewässer (Steifseggen-Ried, Carícétum elátae; Schlankseggen-Ried, Carícétum grácilis; Fuchsseggen-Ried, Carícétum vulpínae).

Steifsegge (Cárex eláta)
Schlanksegge (Cárex grácilis)
Sumpfsegge (Cárex acutifórmis)
Ufersegge (Cárex ripária)
Zweizeilige Segge (Cárex dísticha)
Fuchssegge (Cárex vulpína)

2. Verlandungs- und Einflußbereich schwach bis stark saurer Gewässer (Blasenseggen-Ried, Caricétum infláto-vesicáriae).

Blasensegge (Cárex vesicária)
Flaschensegge (Cárex infláta)

Flachmoor (Schwingmoor)-Pflanzen.

1. Mehr oder weniger nährstoffarmer, saurer Torf (Grauseggen-Sumpfwiese, Caricéto canescéntis-Agrostidétum canínae).

Grausegge (Cárex canéscens)
Sternsegge (Cárex echináta)
Wiesensegge (Cárex fúsca)
Fadenbinse (Júncus filifórmis)
Glanzbinse (Júncus articulátus)
Waldbinse (Júncus acutiflórus)
Schmalblättriges Wollgras (Erióphorum angustifólium)
Hundsstraußgras (Agróstis canína var. stolonífera)
Sumpfveilchen (Víola palústris)
Blutauge (Cómarum palústre)
Sumpfläusekraut (Pediculáris palústris)
Sumpfmiere (Stellária Dilleniána)

2. Nährstoffreicher Torf, Kalksinter (Schwarzried-Sumpf, Schoenétum nigricántis; Kalkbinsen-Ried, Juncétum subnodulósi).

Schwarze Kopfsimse (Schoénus nígricans)
Rostbraune Kopfsimse (Schoénus ferrugineus)
Flohsegge (Cárex pulicáris)
Rostbraune Segge (Cárex Hostiána)
Davalls Segge (Cárex Davalliána)
Stumpfblütige Binse (fließendes Grundwasser) (Júncus subnodulósus)
Breitblättriges Wollgras (Erióphorum latifólium)
Fettkraut (Pinguícula vulgáris)
Weiße Sumpfwurz (Epipáctis palústris)

Hochmoor-Pflanzen auf nassem, saurem Torf.

1. Schlenken und offene, abgeplaggte Stellen (Schnabelseggen-Gesellschaft, Rhynchosporétum; Blasenbinsen-Gesellschaft, Scheuchzeriétum palústris).

Mittlerer Sonnentau (Drósera intermédia)
Braune Schnabelbinse (Rhynchóspora fúsca)
Weiße Schnabelbinse (Rhynchóspora álba)
Blumenbinse (Scheuchzéria palústris)
Schlammsegge (Cárex limósa)
Bleichmoos (Sphágnum cuspidátum)

2. Auf Bülten, etwas trockener (Moorbülten-Gesellschaft, Sphagnétum médii).

Moosbeere (Vaccínium oxycóccus)
Rosmarinheide (Andrómeda polifólia)
Bleichmoos (Sphágnum médium)
Bleichmoos (Sphágnum rubéllum)

Heide-Pflanzen saurer, nährstoffarmer Sandböden (Echte Ginster-Sandheide, Callunéto-Genistétum).

Heide (Callúna vulgáris)
Behaarter Ginster (Genísta pilósa)
Englischer Ginster (Genísta ánglica)
Katzenpfötchen (Antennária dióica)
Thymianseide (Cuscúta epíthymum)
Wimpermoos (Ptilídium ciliáre)

Dazu auf feuchten Standorten, z. T. auch auf entwässerten Hochmooren (Feuchte Ginstersandheide, Callunéto-Genistétum molinietósum)

Glockenheide (Érica tetrálix)
Pfeifengras (auch in feuchten Wäldern auf saurem Boden) (Molínia coerúlea)
Sperrige Binse (Júncus squarrósus)

Wiesenpflanzen.

1. Nährstoffreiche, lehmige bis tonige Böden (Glatthafer-Wiese, Arrhenátherum elatióris).

Glatthafer (Arrhenátherum elátius)
Goldhafer (Trisétum flavéscens)
Wiesenbärenklau (Stickstoff) (Heracléum sphondýlium)
Wilder Kerbel (Stickstoff) (Anthríscus silvéstris)
Wiesenpippau (Crépis biénnis)
Pastinak (Pastináca satíva)
Wiesenbocksbart (Tragopógon praténsis)
Wiesenstorchschnabel (Geránium praténse)

Dazu auf frischeren Standorten (Frische Glatthafer-Wiese, Subassoziation von Alopecúrus praténsis)

Wiesenfuchsschwanz (Alopecúrus praténsis)
Gemeines Rispengras (Póa triviális)
Schwarzwurz (Sýmphytum officinále)
Silau (Sílaum sílaus)
Großer Wiesenknopf (Sanguisórba májor)

Auf trockneren Standorten (Trockene Glatthafer-Wiese, Subass. von Bríza média)

Zittergras (Bríza média)
Mittlerer Wegerich (Plantágo média)
Flaumhafer (Avéna pubéscens)
Kleine Bibernelle (Pimpinélla saxífraga)

2. Feuchte bis nasse, nährstoffarme bis -reiche Standorte (Pfeifengras-Wiese, Moliniétum coerúleae).

Pfeifengras (Molínia coerúlea)
Teufelsabbiß (Succísa praténsis)
Silge (Selínum carvifólia)
Sumpfgarbe (Achilléa ptármica)
Natternfarn (Ophioglóssum vulgátum)
Lungenenzian (Gentiána pneumonánthe)

Dazu auf sauren Standorten

Borstgras (Nárdus stricta)
Glockenheide (Érica tetrálix)
Dreizahn (Sieglíngia decúmbens)
Wassernabel (naß) (Hydrocótyle vulgáris)
Blutauge (naß) (Cómarum palústre)

Auf schwach sauren bis alkalischen Standorten

Färberscharte (Serrátula tinctória)
Gemeiner Ziest (Stáchys betónica)
Echte Primel (Prímula véris)
Kleines Mädesüß (Filipéndula hexapétala)
Wiesenhornklee (Lótus corniculátus)
Flaumhafer (Avéna pubéscens)
Große Händelwurz (Gymnadénia conopéa)
Nordisches Labkraut (Gálium boreále)

3. Feuchte, nährstoffreiche Standorte (Kohldistel-Wiese, Círsium oleráceum-Angélica silvéstris-Assoziation).

Kohldistel (Círsium oleráceum)
Sumpfdotterblume (Cáltha palústris)
Waldsimse (Scírpus silváticus)
Wasserkreuzkraut (Senécio aquáticus)
Wiesenknöterich (Polýgonum bistórta)
Traubige Trespe (Brómus racemósus)

Dazu auf nährstoff- und kalkärmeren Standorten (Seggenreiche Kohldistel-Wiese, Subass. von Cárex fúsca)

Wiesensegge (Cárex fúsca)
Hirsensegge (Cárex panicéa)
Glanzbinse (Júncus articulátus)
Bäumchenmoos (Climácium dendroídes)

Oder auf Standorten mit günstigem Nährstoff- und Wasserhaushalt (Frische Kohldistel-Wiese, Subass. von Brómus hordeáceus)

Weiche Trespe (Brómus hordeáceus)
Wilder Kerbel (Anthríscus silvéstris)
Wiesenbärenklau (Heracléum sphondýlium)
Kleiner Klee (Trifólium dúbium)
Schafgarbe (Achilléa millefólium)

Weidepflanzen (Kleeweide, Loliéto-Cynosurétum).

Kammgras (Cynosúrus cristátus)
Wiesenlieschgras (Phléum praténse)
Weißklee (Trifólium répens)

Mit ihnen vergesellschaftet sind auf frischen bis feuchten Standorten (Feuchte Kleeweide, Loliéto-Cynosurétum lotetósum)

Flatterbinse (Júncus effúsus)
Knäuelbinse (Júncus conglomerátus)
Hasensegge (Cárex leporína)
Sumpfkratzdistel (Círsium palústre)
Kuckucksnelke (Lýchnis flos cúculi)
Sumpfhornklee (Lótus uliginósus)

Dazu auf sandigen Böden

Dreizahn (Sieglíngia decúmbens)
Borstgras (Nárdus stricta)

Pflanzen der Salzwiese (Strandnelken-Wiese, Armeriétum marítimae).

Meerstrandwegerich (Plantágo marítima)
Meergrasnelke (Armária marítima)
Küstenrotschwingel (Festúca rúbra litoŕale)
Strandnelke (Státice limónium)
Strandbeifuß (Artemísia marítima)
Bottenbinse (Júncus Gerárdi)
Milchkraut (Glaux marítima)
Stranddreizack (Triglóchin marítima)

Pflanzen der Dünen und offenen Sandfelder.

1. Salzhaltige Vorstranddüne der Meeresküsten (Strandweizen-Düne, Agropyrétum júncei).

Strandweizen (Agriopýrum júnceum)
Salzmiere (Honckénya peploídes)

2. Salzfreie, kalkreiche Küstendüne mit Sandstäubung (Strandhafer-Düne, Elymóto-Ammophilétum).

Gemeiner Strandhafer (Ammóphila arenária)
Baltischer Strandhafer (Ammóphila báltica)
Strandroggen (auch nitrophil) (Élymus arenárius)
Stranddistel (Erýngium marítimum)

3. Festliegende, ± entkalkte Küstendüne, Graue Düne, Kleingras-Düne (Sandlieschgras-Moos-Flur, Tortuléto-Phleétum).

Ohrlöffel-Taubenkropf (Siléne otítes)
Graugrünes Schillergras (Koeléria albéscens)
Sandlieschgras (Phléum arenárium)
Moos (Tórtula rurális var. ruralifórmis)
Kleinblütiges Vergißmeinnicht (Myosótis micrántha)

4. Kalkfreie, humusarme, offene Sande des Binnenlandes (Silbergras-Flur, Corynephorétum canescéntis).

Silbergras (Corynéphorus canéscens)
Sandsegge (Cárex arenárius)
Sandspark (Spérgula Morisónii)
Bauernsenf (Teesdália nudicaúlis)

Waldpflanzen.

1. Dauernd nasse, saure und nährstoffarme Torfböden (Birkenbruch, Betulétum pubescéntis).

Moorbirke (Bétula pubéscens)
Trunkelbeere (Vaccínium uliginósum)
Porst (Lédum palústre)

2. Nasse, mehr oder weniger nährstoffreiche Torfböden mit hochanstehendem Grundwasser während des ganzen Jahres (Erlenbruch, Alnétum glutinósae).

Schwarzerle (Álnus glutinósa)
Hopfen (Húmulus lúpulus)
Verlängerte Segge (Cárex elongáta)
Schwarze Johannisbeere (Ríbes nígrum)
Rote Johannisbeere (Ríbes rúbrum)
Sumpfschildfarn (Dryópteris thelýpteris)
Wiesenreitgras (Calamagróstis lanceoláta)

3. Nährstoffarme, saure Mineralböden (Eichen-Birkenwald, Quercéto-Betulétum).

Sandbirke (Bétula péndula)
Aspe (Pópulus trémula)
Adlerfarn (Eúpteris aquilína)
Schönes Hartheu (Hypéricum púlchrum)
Siebenstern (Trientális europaéa)
Blaubeere (Vaccínium myrtíllus)
Preißelbeere (Vaccínium vítis idáea)
Wiesenwachtelweizen (Melámpyrum praténse)
Faulbaum (Frángula álnus)
Weiches Honiggras (Hólcus móllis)
Drahtschmiele (Deschámpsia flexuósa)
Gewelltes Sichelmoos (Dicránum undulátum)
Schrebers Astmoos (Éntodon Schréberi)
Weißmoos (Leucóbryum glaúcum)

Dazu auf feuchten Standorten (Feuchter Eichen-Birkenwald, Subassoziation von Molínia coerúlea)

Pfeifengras (Molínia coerúlea)
Moorbirke (Bétula pubéscens)
Glockenheide (Erica tetrálix)

4. Nährstoffreiche, mäßig saure bis alkalische Böden, meist Lehm- und Tonböden oder von nährstoffreichem Grundwasser beeinflußte Sandböden (Eichen-Hainbuchenwald, Quercéto-Carpinétum).

Esche (Fráxinus excélsior)
Feldulme (Úlmus campéstris)
Hainbuche (Carpínus bétulus)
Pfaffenhütchen (Evónymus europáeus)
Feldahorn (Ácer campéstre)
Wildrose (Rósa canína)
Weißdorn (Crataégus oxyacántha, Crataégus monógyna)
Echter Kreuzdorn (Rhámnus cathártica)
Hohler Lerchensporn (Corýdalis cáva)
Gelber Goldstern (Gágea lútea)
Aronstab (Arum maculátum)
Scharbockskraut (Ranúnculus ficária)
Waldziest (Stáchys silvática)
Echte Nelkwurz (Géum urbánum)
Gelbe Taubnessel (Lámium galeóbdolon)
Sternmiere (Stellária holóstea)
Schlüsselblume (Prímula elátior)
Goldhahnenfuß (Ranúnculus auricomus)
Wolliger Hahnenfuß (Ranúnculus lanuginósus)
Nesselblättrige Glockenblume (Campánula trachélium)
Giersch (Aegopódium podagrária)
Lungenkraut (Pulmonária officinális)

Dazu auf feuchten bis nassen (n) Standorten

Schwarzerle (n) (Álnus glutinósa)
Sumpfpippau (n) (Crépis paludósa)
Brustwurz (n) (Angélica silvéstris)
Gilbweiderich (Lysimáchia vulgáris)
Großer Baldrian (n) (Valeriána officinális)
Frauenfarn (Athýrium fílix fémina)
Riesenschwingel (Festúca gigántea)
Entferntährige Segge (Cárex remóta)
Hopfen (Húmulus lúpulus)

Unkräuter.

1. Saure, durchlässige Sandböden (Sand-Halmfrucht-Gesellschaft, Scleránthus ánnuus-Arnóseris mínima-Assoziation).

Lammkraut (Arnóseris mínima)
Begranntes Ruchgras (Anthoxánthum aristátum)
Grüner Knäuel (Scleránthus ánnuus)
Sandhohlzahn (Galeópsis ochroleúca)
Fadenhirse (Pánicum lineáre)
Bauernsenf (Teesdália nudicaúlis)

Bei Pflugsohlenverdichtung oder hohem Grundwasserstand treten hinzu

Sumpfziest (Stáchys palústris)
Ackerminze (Méntha arvénsis)
Wasserknöterich (Landform) (Polýgonum amphíbium terréstre)
Wasserpfeffer (Polýgonum hydrópiper)
Dreiteiliger Zweizahn (Bídens tripartíta)

2. Mehr oder weniger nährstoffreiche, sandig-lehmige bis tonige Böden (Frauenmantel-Kamillen-Ges., Alchemílla arvénsis-Matricária chamomílla-Ass., Ackerhirse-Gänsefuß-Ges., Pánico-Chenopodiétum polyspérmi-Ass. u. a.)

Ackerfrauenmantel (Alchemílla arvénsis)
Echte Kamille (Matricária chamomílla)
Feldrittersporn (Delphínium consólida)
Ackerhahnenfuß (Ranúnculus arvénsis)
Ackersteinsame (Lithospérmum arvénse)
Gartenwolfsmilch (Euphórbia péplus)
Schwarzer Nachtschatten (Solánum nígrum)
Gemeiner Erdrauch (Fumária officinális)
Einjähriges Bingelkraut (Mercuriális ánnua)
Glänzender Ehrenpreis (Verónica pólita)
Tourneforts Ehrenpreis (Verónica Tournefórtii)
Kornrade (Agrostémma githágo)

Nitrophile Pflanzen stickstoffreicher und überdüngter Böden.

1. Trockene bis frische Standorte, z. B. Schuttplätze, Ruderalstellen, Spülsäume (Beifuß-Hochstauden-Flur, Artemisiétum vulgáris, Brennessel-Gänsefuß-Ges., Chenopódium bónus Henrícus-Urtica úrens-Ass., Knollenkerbel-Gesellschaft, Chaerophýllum bulbósum-Cárduus críspus-Ass. u. a.).

Gemeiner Beifuß (Artemísia vulgáris)
Große Brennessel (Úrtica dióica)
Kleine Brennessel (Úrtica úrens)
Schwarznessel (Ballóta nígra)
Guter Heinrich (Chenopódium bónus Henrícus)
Filzklette (Árctium tomentósum)
Große Klette (Árctium láppa)
Kleine Klette (Árctium mínus)
Erzengelswurz (Angélica archangélica)
Wegmalve (Málva neglécta)
Schierling (Cónium maculátum)
Knollenkerbel (Chaerophýllum bulbósum)
Krause Distel (Cárduus críspus)
Stumpfblättriger Ampfer (Rúmex obtusifólius)
Weiße Taubnessel (Lámium álbum)

2. Periodisch trocken fallende, schlammige und sandige Uferstreifen stehender und fließender Gewässer (Zweizahn-Gesellschaft, Bidentétum tripartíti, Gänsefuß-Knöterich-Ges., Chenopódio-Polygonétum Bríttingeri).

Dreiteiliger Zweizahn (Bídens tripartíta)
Nickender Zweizahn (Bídens cérnua)
Goldampfer (Rúmex marítimus)
Ampferknöterich (Polýgonum lapathifólium)
Sumpfkresse (Róripa islándica)
Gifthahnenfuß (Ranúnculus scelerátus)
Spießmelde (Átriplex hastáta)
Roter Gänsefuß (Chenopódium rúbrum)
Grauer Gänsefuß (Chenopódium glaúcum)

Tretpflanzen (Trittgesellschaft, Lólium perénne-Matricária suavéolens-Ass.).

Breitwegerich (Plantágo májor)
Vogelknöterich (Polýgonum aviculáre)
Einjähriges Rispengras (Póa ánnua)
Deutsches Weidelgras (Lólium perénne)
Strahllose Kamille (Matricária suavéolens)

Pionierpflanzen übersandeter oder verwundeter, im Frühjahr überschwemmter Böden, vor allem in Flußauen (Gänsefuß-Knickfuchsschwanz-Gesellschaft, Potentíllo-Alopecurétum geniculáti).

Kriechendes Fingerkraut (Potentílla réptans)
Gänsefingerkraut (Potentílla anserína)
Geknickter Fuchsschwanz (Alopecúrus geniculátus)
Wilde Kresse (Róripa silvéstris)

Allgemein sei noch auf folgendes hingewiesen:

1. Feuchte Böden. Pflanzen, die sich einem starken Wasserverbrauch angepaßt haben (Hygrophyten), sind häufig schon an ihren großen, meist zarten Blättern zu erkennen, deren sie wegen ihrer starken Blattverdunstung bedürfen. Bisweilen zeigt die Blattoberfläche ein samtartiges Aussehen. Die Träufelspitzen vieler Blätter bewirken ein schnelles Abtropfen des Regenwassers. Die Wurzelausbildung pflegt schwach zu sein, meist sind es Flachwurzler, da ein Suchen nach Wasser sich erübrigt.

Zahlreich auftretende Sauergräser deuten darauf hin, daß im Boden Luftmangel herrscht, der ja die Folge einer übermäßigen Bodennässe ist. Denn viele Sauergräser (Binsen, Seggen) gedeihen im Gegensatz zu anderen Pflanzen noch bei einem geringen Luftgehalt des Bodens (S. 80).

Man beachte, daß feuchte Böden oft sauer sind.

2. Trockene Böden. Die dem Wassermangel angepaßten Pflanzen (Xerophyten) zeigen das Bestreben, ihre Blattverdunstung durch kleine Blattflächen zu verringern. Kennzeichnend sind die Nadelblätter (z. B. bei vielen Nadelhölzern), die Rollblätter mit umgerollten Rändern (Callúna vulgáris), schuppenförmige (Nadelhölzer), borsten- oder fadenförmige Blätter (Festúca ovína, Nárdus stricta). Bisweilen sind die Blätter lederartig und glänzend (Ilex) oder fleischig mit Wasserspeichern (Sedum). Als Schutzmittel gegen Verdunstung dienen die Deckhaare, die den Blättern ein weiß- oder graufilziges Aussehen geben. Die Wurzeln sind häufig stark ausgebildet (Tiefwurzler), auch scheint der Bereich ihrer osmotischen Saugkräfte besonders groß zu sein.

Der Trockenheit angepaßte Pflanzen findet man auch auf Moor- und Salzböden, ohne daß ein Wassermangel erkennbar wäre. Die Wasseraufnahme wird aber in diesen Böden erschwert, weil der Moorboden das Wasser stark festhält und weil in Salzböden die Wasseraufnahme durch Osmose infolge der starken Bodenlösung oft schwierig ist.

Zu beachten ist, daß ein ausgesprochener Hungerbestand, der durch Nährstoffmangel des Bodens bedingt ist, bisweilen den Eindruck einer Trockenheit liebenden Pflanzengesellschaft erwecken kann.

Bei den trockenen Böden handelt es sich vielfach um Sandböden. Auch die strengen Kalkböden leiden leicht unter Wassermangel.

3. Alkalische Böden ($p_H > 7$). Sie enthalten stets mehr oder weniger Kalk. Auch die Niederungsmoore sind alkalisch. Trotzdem kommt es vor, daß Leitpflanzen für Niederungsmoore die alkalischen Mineralböden meiden und saure bevorzugen.

4. Saure Böden ($p_H < 6$). Sie leiden unter Kalkmangel. Sauer sind auch die Hochmoorböden. Auf sauren Böden siedeln sich nicht selten Moose an.

5. Kalkreiche Böden. Der Kalkgehalt ($CaCO_3$) dieser Böden bewirkt, wenn er erheblich ist, einen ganz besonderen Pflanzenbestand. Es gibt Pflanzen, die nur auf kalkreichen Böden wachsen (kalkstete Pflanzen), und solche, die kalkreiche Böden bevorzugen (kalkholde). Zu den kalkreichen Böden gehören auch die Niederungsmoore. Alle kalkreichen Böden haben eine alkalische Reaktion. Kalkliebend sind fast alle Hülsenfrüchtler (Leguminosen) außer Lupine und Serradella.

6. Kalkarme Böden. Die besten Leitpflanzen der kalkarmen Böden sind diejenigen, die bei einem nennenswerten Kalkgehalt des Bodens zugrunde gehen. Man vermutet, daß bei ihnen der saure Zellsaft der Wurzeln durch den Kalk des Bodens gebunden wird und darunter die Ernährung der Pflanze leidet. Kalkarm sind auch die Hochmoore. Die kalkarmen Böden sind häufig sauer.

7. Stickstoffreiche Böden. Kennzeichnend sind die Schutt- (Ruderal-) Pflanzen, die in der Nähe menschlicher Ansiedlungen oft sehr üppig gedeihen.

8. Stickstoffarme Böden. Meistens besteht Mangel an Humus.

9. Salzhaltige Böden. Die Salzpflanzen scheinen das Natrium des Kochsalzes (NaCl) für ihr Wachstum nicht unbedingt zu brauchen, sie sind aber offenbar dem Salzgehalt des Bodens so angepaßt, daß das Salz ihnen im Gegensatz zu anderen Pflanzen nicht schadet, so daß sie im Kampf ums Dasein die Oberhand gewinnen. Zum Teil bilden sich auf salzhaltigem Boden besondere Abarten. Salzpflanzen haben bisweilen die Merkmale Trockenheit liebender Pflanzen.

10. Moorböden. Die auf Moorböden wachsenden Pflanzen zeigen bisweilen eine Anpassung an Trockenheit. Auf den Flachmooren findet man statt der Torfmoose (Sphagnum) die Astmoose (Hypnum). In den bayerischen Hochmooren fehlen Érica tetrálix, Lédum palústre, Myríca Gále und Narthécium ossífragum völlig.

II. Gewässer- und Wetterkunde.

A. Die Niederschläge.

1. Die Entstehung der Niederschläge.

Die Quelle aller Niederschläge ist der in der Luft vorhandene, unsichtbare Wasserdampf, der durch die Verdunstung des Wassers dauernd ergänzt wird. Er übt wie jedes Gas einen Druck auf alle Gegenstände aus, die den Stößen seiner Molekeln ausgesetzt sind, den sog. Dampfdruck, dessen Größe von der in 1 m³ Luft enthaltenen Wasserdampfmenge abhängt. Die Wasserdampfmenge je m³ und der Dampfdruck können bestimmte Größtwerte, die nur von der Temperatur der Luft abhängig sind, nicht überschreiten. Diese Größtwerte sind in der Zahlentafel 53a für Wärmegrade von $-25°$ bis $+30°$ zusammengestellt. Sie beziehen sich bei Wärmegraden $\gtreqless 0°$ auf den sog. Dampfdruck über Wasser, d. h. auf den Fall, daß ein Luftraum durch Verdunstung von Wasser mit Wasserdampf versorgt wird, im übrigen auf den Dampfdruck über Eis (Eisverdunstung).

Zahlentafel 53a.

Wärmegrad °C	Größtmögliche Werte des Dampfdruckes mm Quecksilber	Größtmögliche Werte des Wasserdampfes g/m³	Wärmegrad °C	Größtmögliche Werte des Dampfdruckes mm Quecksilber	Größtmögliche Werte des Wasserdampfes g/m³
—25	0,48	0,56	+ 5	6,54	6,81
—20	0,78	0,89	+10	9,21	9,42
—15	1,25	1,40	+15	12,79	12,85
—10	1,96	2,16	+20	17,54	17,32
— 5	3,02	3,26	+25	23,76	23,07
± 0	4,58	4,85	+30	31,83	30,40

Da der Dampfdruck eine Spannung darstellt, spricht man besser von der Dampfspannung als Dampfdruck je Flächeneinheit (e in mm QS; 1 mm QS = 1 Torr). Der Wasserdampfgehalt der Luft heißt Luftfeuchtigkeit (f_d in g/m³). Die von der Temperatur abhängigen Größtwerte der Tafel 53a sind die Sättigungsspannung (e_0) und der Sättigungsdampfgehalt (f_0). Diese Bezeichnungen gelten also nur dann, wenn die Luft mit Wasserdampf gesättigt ist. Luft mit einem bestimmten Wasserdampfgehalt ist nach Zahlentafel 53a bei einem bestimmten Wärmegrad gerade gesättigt, der Tau- oder Sättigungspunkt genannt wird. Ferner sind folgende Bezeichnungen üblich:

relative Luftfeuchtigkeit $R = \frac{e}{e_0} 100\,\%$

oder $R_d = \frac{f_d}{f_0} 100\,\%$,

relativer Sättigungsfehlbetrag $S_a = (100 - R)\,\%$

oder $S_d = (100 - R_d)\,\%$,

absoluter Sättigungsfehlbetrag $S = (e_0 - e)\,\text{mm}\,QS$

oder $S_D = (f_0 - f_d)\,\text{g/m}^3$.

Die Luftfeuchtigkeit ist im Sommer größer als im Winter, umgekehrt verhält sich die relative.

Beispiel: 1 m³ Luft von 10° soll 7,12 g Wasserdampf enthalten. Dann ist: $f_d = 7{,}12$ g/m³; aus Zahlentafel 53a durch geradlinige Einschaltung $e = 6{,}86$ mm QS; $f_0 = 9{,}42$ g/m³; $e_0 = 9{,}21$ mm QS; $R = 74{,}5\,\%$; $R_d = 75{,}6\,\%$; $S_a = 25{,}5\,\%$; $S_d = 24{,}4\,\%$; $S = 2{,}35$ mm QS; $S_D = 2{,}30$ g/m³; Taupunkt für 7,12 g/m³ = 5,6° (durch geradlinige Einschaltung). Würde sich die Luft von 10° auf 5° abkühlen, so würde sie nach Zahlentafel 53a nur noch 6,81 g/m^3 Wasserdampf festhalten können, so daß 0,31 g/m^3 aus dem gasförmigen in den flüssigen Zustand übergehen müßten.

In der Regel geht die Wolkenbildung den Niederschlägen voran, obschon Regen und Schnee zuweilen auch ohne vorausgehende Wolkenbildung fallen. Der Regen entsteht aus der Wolke dadurch, daß die ursprünglich winzigen Wassertröpfchen größer werden und dann infolge ihrer zunehmenden Schwere zur Erde fallen. Die Ursache der Wolkenbildung ist in erster Linie die Abkühlung aufsteigender Luftmassen. Auch die Mischung warmer und kalter Luft kann zur Wolkenbildung führen.

Einem Tief, d. h. den Stellen geringeren Luftdruckes, strömt von allen Seiten Luft zu; der Überschuß muß nach oben ausweichen. Auch ein von Luftströmungen (Winden) getroffenes Gebirge zwingt die Luft zum Aufsteigen. Nun dehnen aufsteigende Luftmassen sich aus entsprechend dem mit der Höhe abnehmenden Luftdruck. In unseren Breiten hat der mittlere Luftdruck in verschiedenen Höhen etwa die Werte der nebenstehenden Zahlentafel. Bei der Ausdehnung tritt eine Abkühlung ein, die auf je 100 m Steighöhe etwa 1° beträgt. Wird dann bei fortschreitender Abkühlung der Taupunkt für den in der Luft vorhandenen Wasserdampf unterschritten, so muß ein Teil des Wasserdampfes flüssig werden, die Wolkenbildung setzt ein. Da die Umwandlung von Wasserdampf in Wasser Wärme freiwerden läßt, die der weiteren Abkühlung der aufsteigenden Luft entgegenwirkt, wird die Abkühlung nach Erreichung des Taupunktes geringer und beträgt bei Wärmegraden über Null nur noch etwa 0,4 bis 0,6° für 100 m Steighöhe. Hinter einem Gebirgskamm sinkt die abgekühlte Luft wieder ab, wobei ihre Temperatur mit je 100 m Abstieg um 1° zunimmt. Allgemein ist die von den herrschenden Winden getroffene Vorderseite der Gebirge reich, die Rückseite dagegen arm an Niederschlägen. Diese wird daher auch die Regenschattenseite genannt.

Zahlentafel 54.

Höhe km	Luftdruck mm Quecksilber	Höhe km	Luftdruck mm Quecksilber	Höhe km	Luftdruck mm Quecksilber
0	760	5	403	10	198
1	674	6	352	11	170
2	596	7	306	12	146
3	525	8	266		
4	461	9	230		

Man ersieht aus den Zahlen der Tafel 53a, daß der Sättigungsdampfgehalt bei höheren Wärmegraden für 1° Abkühlung weit schneller sinkt als bei niedrigeren. Das ist ein Grund dafür, daß in der warmen Jahreszeit größere Niederschläge einzutreten pflegen als in der kalten. Meereswinde sind meistens mit Wasserdampf fast völlig gesättigt. Die geringste Abkühlung muß daher Niederschläge auslösen. Infolgedessen sind die häufig von Meereswinden getroffenen Küstenstriche in der Regel besonders reich an Niederschlägen.

Der Regen nimmt bei seinem Fallen durch die Luft Luftteilchen und damit Sauerstoff auf, er entzieht außerdem der Luft alle möglichen Beimengungen, namentlich Staub und Rußteilchen, ferner Ammoniak, Salpeter und salpetrige Säure. Die Bildung dieser Stickstoffverbindungen scheint durch elektrische Entladungen in der Luft gefördert zu werden.

Die Temperatur des Regens pflegt nicht erheblich von der Lufttemperatur abzuweichen, sie ist in den meisten Fällen um einige Grade (1 bis 3°) niedriger als diese.

Zwischen der Nebel- und Wolkenbildung besteht kein grundsätzlicher Unterschied. Die bekannten Herbstnebel, die man häufig morgens und abends auf feuchten Wiesen beobachten kann, sind sog. Bodennebel. Sie verdanken ihre Entstehung der Wärmeausstrahlung des Bodens. Bei ruhiger Luft kühlen sich dann auch deren untere Schichten an dem ständig kälter werdenden Boden ab, bis der Taupunkt unterschritten wird. Man unterscheidet trockene und nässende Nebel. Das Nässen der Nebel tritt ein, wenn die Wassertröpfchen größer werden.

Der Tau hat die gleiche Ursache wie die Bodennebel. Sinkt die Temperatur des Bodens durch Ausstrahlung unter 0°, so kommt es zur Reifbildung, entweder dadurch, daß die schon vorher ausgeschiedenen Tautropfen gefrieren, oder wenn der Taupunkt der Luft unter Null liegt, dadurch, daß der Wasserdampf unmittelbar in der Form winzig kleiner Eiströpfchen ausgeschieden wird, die sich zu den Reifteilchen zusammenlagern. Wind verringert die Tau- und Reifbildung (S. 73).

Beginnt die Ausscheidung des Wasserdampfes aus der Luft in solchen Höhen, in denen die Temperatur unter Null liegt, so entstehen die Schneekristalle. Bisweilen bilden sich auch unterkühlte Wassertropfen, die Schneekristalle zu Graupelkörnern zusammenschweißen. Lagern sich nun weitere unterkühlte Wassertröpfchen in der Form von Eishüllen auf dem Graupelkorn ab, so wird es zum Hagelkorn. Die Bildung des Hagels scheint mit elektrischen Vorgängen in der Lufthülle zusammenzuhängen. Daher treten Hagelschauer auch oft im Gefolge von Gewittern auf.

In unseren Breiten fällt der meiste Schnee bei Wärmegraden von $-1°$ bis $+1°$. Hagelschauer fallen am häufigsten nachmittags und im Frühsommer sowie meistens in der Form schmaler Hagelstriche.

2. Die Messung der Niederschläge.

Die Messung der Niederschläge ist für Fragen der Bodenverbesserung von großer Bedeutung. Im Jahre 1936 hatten wir etwa 4300 Regenmeßstellen in Deutschland.

Die Größe der Niederschläge wird dadurch von der Fläche, auf die sie fallen, unabhängig gemacht, daß sie nach der Niederschlagshöhe in mm angegeben wird. Schnee wird dabei auf seinen Wasserinhalt umgerechnet.

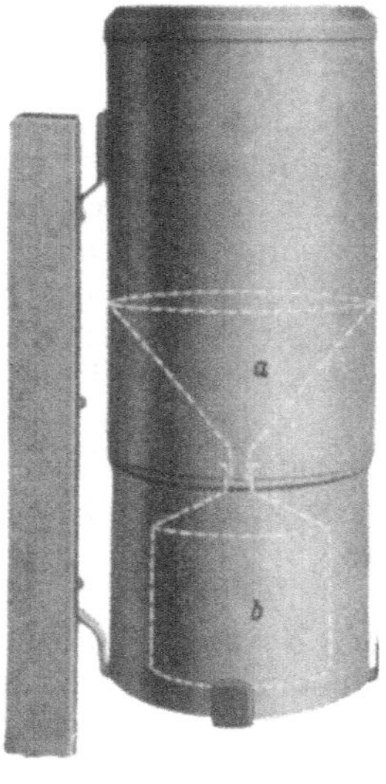

Abb. 21. Gewöhnlicher Regenmesser. (Nach R. Fueß.)

Zur Messung dienen die Regenmesser, die heute fast ausschließlich in der Form der Hellmannschen Regenmesser verwendet werden. Man unterscheidet den gewöhnlichen und den selbstschreibenden Regenmesser.

Der gewöhnliche Regenmesser (Abb. 21) besteht aus dem Auffanggefäß *a* und dem Sammelgefäß *b*. Die Auffangfläche ist kreisförmig, 200 cm² groß und durch einen scharf abgedrehten Messingring umgrenzt. Das Regenwasser wird durch einen Trichter aus dem Auffanggefäß in das Sammelgefäß geleitet. Um an dieses zu gelangen, hebt man das Auffanggefäß heraus. Der Inhalt des Sammelgefäßes wird in ein Meßgefäß gegossen und so gemessen. Man braucht in der Regel zu jedem Regenmesser zwei Sammelgefäße, um sie sofort gegeneinander auswechseln und die Messung sorgfältig vornehmen zu können.

Bei den selbstschreibenden Regenmessern (Abb. 22) ist in dem Sammelgefäß G, das gleichzeitig als Meßgefäß dient, ein Schwimmer angebracht, an dessen Achse S ein Hebelarm mit einer Schreibfeder sitzt. So wird die Bewegung des Schwimmers mittels der Schreibfeder auf den Papierstreifen übertragen. Dieser ist auf eine Trommel T gelegt, die ein Uhrwerk enthält und durch dieses in 24 h einmal um ihre Achse gedreht wird. Der Inhalt des Sammelgefäßes G wird bei größeren Regenmengen durch den Heber H selbsttätig in die am Boden stehende Sammelkanne abgehebert.

Die Regenmesser sind so aufzustellen, daß die Niederschläge, auch wenn sie bei starkem Wind unter einem Neigungswinkel von 45° einfallen, noch von allen Seiten freien Zutritt zum Regenmesser haben. Daher sollen Gebäude, Mauern, Bäume und sonstige Gegenstände mindestens ebensoweit vom Regenmesser entfernt sein wie sie selbst hoch sind. Der Platz, auf dem der Regenmesser steht, soll aber auch genügend windgeschützt sein, da auf freiem Felde Regen und Schnee leicht über den Regenmesser hinweggeweht werden. Jeder Regenmesser ist so an einem Pfahl zu befestigen, daß seine Auffangfläche 1 m über dem Erdboden und der Pfahlkopf etwa 0,15 m unter der Auffangfläche liegt, damit keine Regentropfen oder Hagelkörner vom Pfahlkopf aus in das Gefäß springen können. Eine größere Höhe als 1 m ist nur dort am Platze, wo sonst bei hoher Schneedecke durch den Wind Schnee vom Erdboden in das Gefäß gewirbelt werden könnte.

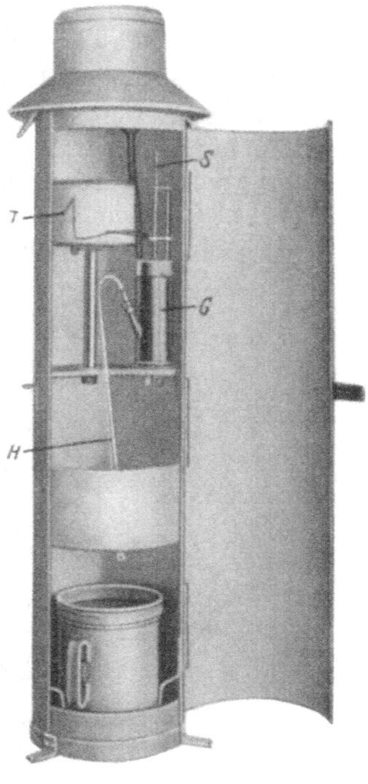

Abb. 22. Selbstschreibender Regenmesser. (Nach R. Fueß.)

Der in 1 m Höhe über Flur gemessene Niederschlag N_2 ist wegen der stärkeren Störung durch den Wind kleiner als der in Geländehöhe gemessene N_1. Die Werte der Zahlentafel 55 sind Jahresniederschlagshöhen (Eberswalde) in mm; N_2 ist also hier im Mittel um 48 mm oder um 7,8 % zu klein gemessen.

Die Regenmengen werden täglich um 7 Uhr morgens gemessen, beim selbstschreibenden Regenmesser der Inhalt der Sammelkanne. Der Vorteil des Selbstschreibers liegt darin, daß Fehler beim Messen, wie sie beim gewöhnlichen Regenmesser vorkommen, nicht zu erwarten sind, und daß die Dichte (Intensität) der Regen (S. 100) angegeben wird, deren Kenntnis für die Wasserwirtschaft wertvoll ist.

Die Schneemenge wird entweder durch selbstschreibende Schneemesser (Bauart Hellmann) oder durch Feststellung der Schneehöhe ermittelt. Der selbstschreibende Schneemesser beruht darauf, daß das 50 cm hohe Auffanggefäß auf dem Teller einer Waage (Briefwaage) steht und sich innerhalb des äußeren Mantels bei zunehmender Belastung nach unten bewegt. Diese Bewegung wird durch einen Hebel mit Schreibfeder auf eine durch ein Uhrwerk getriebene Trommel übertragen.

Zahlentafel 55.

		1930	1931	1932	1933	1934	1935	1936	1937
N_1	mm	755	697	535	571	534	655	536	622
N_2	mm	704	634	496	534	496	603	486	568
$N_1 - N_2$	mm	51	63	39	37	38	52	50	54
$N_1 - N_2$	%	−6,7	−9,0	−7,3	−6,5	−7,1	−7,9	−9,3	−8,7

Aus der gemessenen Schneehöhe kann man annähernd die ihr entsprechende Wasserhöhe berechnen, wenn man den spezifischen Wasserwert des Schnees schätzt. Man versteht darunter diejenige Zahl, mit der man die Schneehöhe vervielfältigen muß, um ihre Wasserhöhe zu erhalten. Im Durchschnitt kann der spezifische Wasserwert zu $^1/_{12}$ bis $^1/_{10}$ angenommen werden. Diese Zahlen gelten jedoch nur für frisch gefallenen Schnee. Nach längerer Lagerung wird er wesentlich größer, er kann im Hochgebirge nach 6 bis 9 Monaten den Wert $^1/_2$ erreichen. Den reziproken Wert des spezifischen Wasserwertes nennt man spezifische Schneetiefe. Das ist demnach diejenige Schneehöhe in mm, die der Wasserschicht 1 mm entspricht.

Man kann den Wassergehalt einer Schneedecke auch dadurch feststellen, daß man eine Zinkblechröhre von 50 cm Höhe und 200 cm² Öffnung senkrecht in den Schnee hineindrückt. Durch Schmelzen des Schnees läßt sich dann sein Wassergehalt leicht in mm angeben.

3. Größe und Verteilung der Niederschläge.

Die jährlichen und monatlichen Niederschläge der verschiedenen Gegenden Deutschlands weisen starke Unterschiede auf. Schon benachbarte Regenmeßstellen können sehr verschiedene Niederschlagsmengen ergeben. Auch zeitlich unterliegen die Niederschläge am selben Ort von Jahr zu Jahr starken Schwankungen. Liegt ein Gebiet im Bereich mehrerer Meßstellen, so ist jeder Meßstelle eine bestimmte Teilfläche zuzuweisen. Bei der Abgrenzung dieser Teilflächen muß nötigenfalls die Höhenlage der einzelnen Flächen und ihre Lage zu Gebirgen berücksichtigt werden, da namentlich diese beiden Umstände von Einfluß auf die Größe der Niederschläge zu sein pflegen (S. 96). Andernfalls kann man eine gleichmäßige Änderung der Niederschläge zwischen je zwei Meßstellen annehmen und dadurch die Niederschlagshöhe von Zwischenpunkten bestimmen, wie es in Abb. 23 geschehen ist. An den Eckpunkten des großen Dreiecks liegen die drei Meßstellen. Den einzelnen Zwischenpunkten werden bestimmte Teilflächen zugewiesen, die durch gestrichelte Linien begrenzt sind.

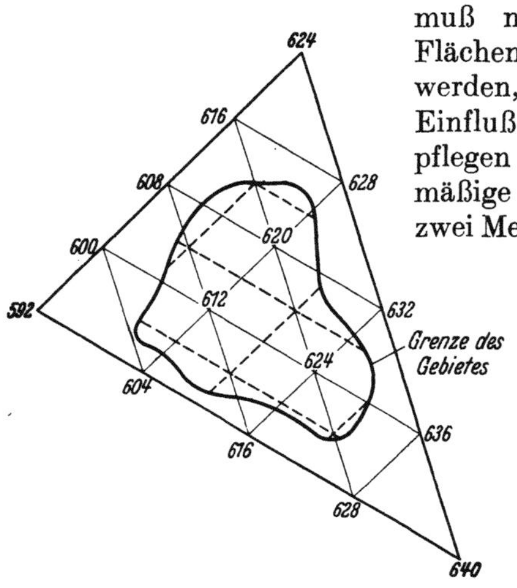

Abb. 23. Bestimmung der Niederschlagshöhe.

Auf andere Weise erhält man die mittlere Niederschlagshöhe eines größeren Gebietes, wenn eine Karte mit Regengleichen (Isohyeten) zur Verfügung steht. Das sind Linien gleicher mittlerer Niederschlagshöhe, die sich auf das Jahr, Halbjahr oder auf einen Monat beziehen. Bei dem Flächenmeßverfahren wird die Fläche zwischen je zwei benachbarten Regengleichen (z. B. 625 und 650 mm) durch einen Flächenmesser (Planimeter) ermittelt und mit dem Mittel der beiden Regenhöhen eingesetzt. Bei dem Einschaltverfahren von Meinardus (*149*) überzieht man die ganze Fläche F mit gleich großen Quadraten f ($5 \cdot 5$ oder $10 \cdot 10$ mm) und schaltet für jeden Schnittpunkt der Quadratseiten unter Berücksichtigung der Beobachtungen an nahegelegenen Meßstellen oder der Regengleichen eine Regenhöhe h_i ein. Dann ist die mittlere Niederschlagshöhe H der Fläche F, wenn n Schnittpunkte vorhanden sind, $(\sum h_i) : n$.

Der mittlere Jahresniederschlag ist das Mittel der Niederschläge aller Jahre einer bestimmten Jahresreihe. Für die Bildung eines einigermaßen zuverlässigen Mittelwertes müssen mindestens 10 bis 15 Beobachtungsjahre vorliegen. Doch kann auch für einen solchen Zeitraum der wahrscheinliche Fehler a noch recht groß werden. Man berechnet ihn nach der Fechnerschen Formel:

$$a = \frac{1{,}1955 \cdot v}{\sqrt{2n-1}} \quad \text{(mm)}; \qquad (47)$$

v = mittlere Abweichung des Jahresniederschlages in mm (S. 97),
n = Anzahl der Jahre.

Gl. (47) kann in entsprechender Weise auch für Monatsmittel benutzt werden.

Will man die Niederschläge verschiedener Orte miteinander vergleichen, so dürfen nur gleichzeitige Beobachtungen verwendet werden, da Nässe und Dürre zeitlich stark wechseln. Sind auf einer Meßstelle Beobachtungen in ausreichendem Umfange nicht vorhanden, so muß man eine Beziehung zwischen den Jahresniederschlägen zweier Orte ableiten. Hellmann hat dafür folgendes Verfahren angegeben (*88, 42*): es seien auf der Regenmeßstelle I nur 12 Jahre beobachtet, während man einen Zeitraum von 20 Jahren zugrunde legen möchte. Auf einer benachbarten Meßstelle II seien jedoch alle 20 Jahre beobachtet (Zahlentafel 56). Man bildet dann für die 12 Jahre die Verhältniszahlen der Jahresniederschläge und prüft, ob sie einigermaßen gleichmäßig oder sehr verschieden ausfallen. In dem durchgerechneten Beispiel betragen die größten Abweichungen vom Mittel nur + 0,06 und — 0,05, das sind + 7,5 und — 6,2 %.

Zahlentafel 56.

Jahr	Gemessene Jahresniederschläge (mm)		Berechnete Werte		Jahr	Gemessene Jahresniederschläge (mm)		Verhältnis der Jahresniederschläge
	II	I	Verhältnis der Jahresniederschläge	Jahresniederschlag I		II	I	
1914	607	—		486	1924	708	545	0,77
1915	743	—		594	1925	603	519	0,86
1916	681	—		545	1926	514	401	0,78
1917	609	—		487	1927	615	480	0,78
1918	692	—		554	1928	772	648	0,84
1919	572	—		458	1929	781	601	0,77
1920	745	—		596	1930	654	510	0,78
1921	691	—		553	1931	490	397	0,81
1922	526	426	0,81		1932	699	573	0,82
1923	786	644	0,82		1933	503	378	0,75
							Summe:	9,59
							Mittel:	0,80

Man kann daher genügend genau annehmen, daß die Jahresniederschläge der Meßstelle I etwa 80 % der gleichzeitig in II gefallenen betragen und danach die fehlenden Werte für I berechnen. Sind dagegen die Abweichungen vom Mittel erheblich, so wird die Bezugsrechnung an Wert verlieren. Nötig sind mindestens 10 bis 15 gleichzeitige Beobachtungen [Gl. (47)]. Will man in gleicher Weise eine Bezugsrechnung für die mittleren Niederschläge eines Monats (z. B. des Juni) durchführen, so müssen in der Regel wesentlich mehr gleichzeitige Beobachtungen zur Verfügung stehen. Denn die Genauigkeit der Monatsmittel ist weit geringer als die der Jahresmittel, weil bei diesen die Zeiteinheit 12mal länger ist und daher mehr ausgleichende Umstände umfaßt (S. 97).

Die Höhe der mittleren Jahresniederschläge ist in den einzelnen Gebieten sehr verschieden. Von der Oberfläche Deutschlands (1937) erhalten nach Münzinger (*158, 101*) im Jahresdurchschnitt etwa

5%	< 500 mm	15%	700 bis 800 mm
40%	500 bis 600 mm	5%	800 „ 1000 mm
30%	600 „ 700 mm	5% . . .	> 1000 mm

Gebiete, deren mittlerer Jahresniederschlag unter 500 mm bleibt, können als Trockengebiete bezeichnet werden. Wir besitzen drei größere Gebiete dieser Art: das Trockengebiet zu beiden Seiten der unteren Oder, das Regenschattengebiet des Harzes und das rhein-hessische Trockengebiet. Kleinere Trockengebiete liegen u. a. bei Oranienburg, nördlich Lübben, bei Neusalz, Bomst-Meseritz und Schneidemühl-Flatow, letzteres in Verbindung mit dem großen polnischen Trockengebiet.

Nach Hellmann (*88, 382*) unterliegt die Regenverteilung in Deutschland folgenden Gesetzen:

a) Der mittlere Jahresniederschlag nimmt von Westen nach Osten ab.

b) Die deutsche Flachküste ist regenärmer als das anstoßende Binnenland. Die Unterschiede sind aber nur klein (10 bis 60 mm).

c) Die Regenmenge ist weitgehend von der Höhengestaltung des Landes abhängig (S. 91, Regenschattenseite).

Van Bebber gibt folgenden durchschnittlichen Einfluß der Meereshöhe *H* auf den mittleren Jahresniederschlag *N* (*131, 13*):

Zahlentafel 57.

H m	*N* mm	*H* m	*N* mm
100—200	580	500— 700	850
200—300	650	700—1000	1000
300—400	700	1000—1300	1310
400—500	780		

d) Schon unbedeutende Bodenerhebungen steigern die Niederschläge, so z. B. im norddeutschen Tiefland die Lüneburger Heide, der uralisch-baltische Höhenrücken u. a. Ebenso wirken langsam ansteigende Hochflächen von mäßiger Höhe.

e) Die Flußtäler sind in ihrem mittleren Lauf, namentlich wenn sie von Erhebungen begleitet sind, trockener als ihre Nachbarschaft.

Um sich über die Niederschlagsverhältnisse eines Gebietes allgemein zu unterrichten, kann man sich der von Hellmann herausgegebenen Regenkarten bedienen, die für einzelne Provinzen (mit Monatskarten) und für ganz Deutschland vorliegen (*87*).

Für die landwirtschaftliche Ausnutzung eines Regens ist es nicht gleichgültig, ob er als Platzregen in kurzer oder als Landregen in längerer Zeit, ob er im Winter oder im Sommer fällt. Sehr kleine Niederschläge von wenigen Millimetern bringen keine Bodenfeuchtigkeit, weil die Regentropfen zum Teil an den Blättern haften bleiben, zum anderen Teil nur die oberste Bodenschicht anfeuchten und in beiden Fällen schnell wieder verdunsten, soweit sie nicht von den Blättern aufgesogen werden. Sie wirken aber mittelbar wassersparend, da sie durch Erhöhung der Luftfeuchtigkeit die Blattverdunstung herabsetzen. Hellmann (*88, 206*) hat für die beiden Meßstellen Görlitz und Torgau und für die Jahresreihe 1848 bis 1900 die Anteile der einzelnen Regenhöhen am gesamten Jahresniederschlag ermittelt (Zahlentafel 58). Er rechnet als Winter den Dezember bis Februar, als Frühjahr den März bis Mai, als Sommer den Juni bis August und als Herbst den September bis November (S. 121).

Zahlentafel 58.

Meßstelle	Zeit	≦ 0,2 mm %	0,3 bis 1,0 mm %	1,1 bis 5,0 mm %	5,1 bis 10,0 mm %	10,1 bis 15,0 mm %	15,1 bis 20,0 mm %	20,1 bis 25,0 mm %	25,1 bis 30,0 mm %	30,1 bis 40,0 mm %	40,1 bis 50,0 mm %	> 50,0 mm %
Görlitz	Winter	0,5	5,4	38,9	31,8	14,4	5,5	1,4	0,4	1,7	—	—
	Frühjahr	0,3	4,1	29,9	27,2	14,9	11,1	4,3	3,2	3,4	1,6	—
	Sommer	0,2	2,1	21,7	22,7	13,7	11,6	6,3	7,5	6,0	3,8	4,4
	Herbst	0,4	4,1	29,5	27,0	17,6	9,5	5,3	3,6	2,3	—	0,7
	April—September	0,3	2,7	20,3	23,7	17,5	12,4	6,7	5,6	5,0	2,9	2,9
	Oktober—März	0,5	5,1	37,4	30,5	14,9	5,8	1,6	2,4	1,8	—	—
Torgau	Winter	0,6	6,5	42,1	27,8	14,0	6,0	2,0	0,4	0,6	—	—
	Frühjahr	0,5	4,7	35,6	30,6	12,1	7,7	3,2	2,4	2,4	0,8	—
	Sommer	0,3	2,6	22,4	25,5	16,3	11,1	7,1	5,4	5,6	1,0	2,7
	Herbst	0,5	4,2	32,7	28,6	16,3	8,2	4,8	2,1	1,6	—	1,0
	April—September	0,3	3,1	26,0	27,1	15,1	10,4	6,3	4,2	4,9	0,9	1,7
	Oktober—März	0,6	5,7	39,2	28,8	14,7	6,4	2,5	1,3	0,3	—	0,5

In Zahlentafel 59 sind die mittleren Monatsniederschläge für 24 Meßstellen und für einen Zeitraum von 50 (1851 bis 1900) oder 35 (1866 bis 1900) Jahren in Hundertteilen des mittleren Jahresniederschlages angegeben (*88, 74*). In der Verteilung des Jahresniederschlages auf die Jahreszeiten bestehen erhebliche örtliche Unterschiede. Ebenso weichen die Monatsanteile der Zahlentafel 59 nicht unwesentlich voneinander ab.

Zahlentafel 59.

Meßstelle	Zahl der Jahre	Mittlerer Jahresniederschlag mm	Januar %	Februar %	März %	April %	Mai %	Juni %	Juli %	August %	September %	Oktober %	November %	Dezember %
Posen	50	492	5,9	5,1	6,4	6,5	9,6	12,0	13,1	13,0	8,0	7,1	6,5	6,8
Halle (Saale)	50	498	5,6	5,3	6,9	6,6	9,6	**13,5**	14,1	10,3	**6,9**	7,8	6,5	6,9
Stettin	50	519	6,0	5,1	6,5	6,2	8,5	10,5	13,7	**13,1**	8,1	8,4	6,8	7,1
Torgau	50	539	5,9	6,0	7,1	6,2	9,1	12,0	13,5	10,5	7,6	7,8	7,2	7,1
Breslau	35	569	**5,1**	5,2	6,4	6,6	**10,8**	11,5	**14,5**	11,7	8,3	7,2	6,4	6,3
Göttingen	35	569	6,2	6,6	7,2	6,0	7,6	10,8	13,1	10,2	7,4	9,0	7,6	8,3
Berlin	50	581	6,7	6,3	7,5	6,2	8,5	11,1	13,2	9,9	7,2	8,0	7,3	8,1
Lüneburg	50	598	6,4	6,1	7,0	6,1	8,4	10,9	12,0	10,4	8,1	9,3	7,5	7,8
Hannover	35	608	6,0	5,9	7,5	6,2	8,2	11,6	12,3	10,8	7,4	8,5	7,3	8,3
Frankfurt (Main)	50	613	7,2	5,4	6,4	5,7	8,3	11,5	12,7	9,7	7,5	9,4	8,1	8,1
Lübeck	50	630	6,1	5,2	6,4	5,5	8,1	10,0	12,9	11,4	9,8	9,7	7,0	7,9
Köln	50	635	7,1	6,2	6,5	6,2	8,2	11,0	12,1	10,2	8,1	8,4	7,9	8,1
Königsberg	50	640	5,8	5,0	**5,2**	5,1	7,7	9,2	11,9	12,5	**12,5**	9,7	8,4	7,0
Stuttgart	50	644	5,2	5,0	6,4	**7,6**	**10,8**	13,0	12,3	10,4	8,3	7,7	6,8	6,5
Görlitz	50	659	5,3	5,9	6,8	7,0	10,0	11,2	13,9	12,0	8,3	**6,7**	6,4	6,5
Köslin	50	668	6,3	5,3	6,5	5,5	7,4	9,3	12,7	12,5	10,4	9,5	7,9	6,7
Bremen	50	673	7,1	6,1	7,3	5,1	7,9	10,5	12,7	10,6	7,9	8,4	7,7	8,7
Trier	50	681	7,2	5,9	6,8	6,6	8,3	10,9	10,5	**9,1**	8,3	9,8	8,0	8,6
Münster (Westfalen)	50	726	7,7	6,5	7,1	5,4	7,6	9,9	11,8	10,5	7,8	8,7	8,2	8,8
Emden	50	737	6,9	6,0	6,7	5,0	6,9	8,7	10,4	12,6	9,3	10,2	**8,9**	8,4
Husum	35	755	6,3	5,4	5,8	**4,9**	**6,2**	**7,4**	**10,0**	12,1	11,7	**12,3**	**8,9**	9,0
Chemnitz	35	758	5,7	6,1	7,5	7,0	9,1	12,3	12,2	9,7	8,0	7,7	7,2	7,5
Friedrichshafen	50	999	4,7	**4,7**	6,0	7,3	10,3	12,4	12,1	12,8	10,3	8,0	**5,9**	**5,5**
Klausthal	35	1300	**7,8**	**7,9**	**8,1**	5,9	6,5	9,1	11,4	9,3	7,2	8,5	8,3	**10,0**
Kleinster Wert der 24 Meßstellen			5,1	4,7	5,2	4,9	6,2	7,4	10,0	9,1	6,9	6,7	5,9	5,5
Größter Wert der 24 Meßstellen			7,8	7,9	8,1	7,6	10,8	13,5	14,5	13,1	12,5	12,3	8,9	10,0

Auch die Niederschläge am gleichen Ort sind starken Schwankungen unterworfen, sowohl die jährlichen wie die monatlichen. Wenn man für jedes Jahr den Unterschied des Jahresniederschlages zum langjährigen Mittel bildet und diese Unterschiede wiederum mittelt, dann erhält man die sog. mittlere Abweichung des Jahresniederschlages. Sie beträgt für Deutschland (*88, 245*) etwa 11 bis 16% des langjährigen Jahresmittels. Wesentlich größer sind die mittleren Abweichungen der monatlichen Niederschlagsmengen (Januar, Februar usw. je für sich), sie liegen meistens zwischen 35 und 55% des langjährigen Monatsmittels. Im großen Durchschnitt kann man annehmen, daß der größte Jahresniederschlag einer langen Jahresreihe etwa 145%, der kleinste etwa 60% des Mittels beträgt. Der größte Monatswert der Niederschlagsmenge ist etwa 2- bis 3,5mal so groß wie das Monatsmittel des betreffenden Monats (*88, 277*).

Auch für die Tagesgrößtwerte des Niederschlages in einem bestimmten Monat sind Beziehungen abgeleitet (*88, 112*). Es sei:

h die mittlere Monatshöhe in mm (z. B. für den Januar),

m der mittlere Tagesgrößtwert eines Monats in mm (z. B. Mittel der Januar-Größtwerte der Jahresreihe),

M der Tagesgrößtwert eines Monats in mm (z. B. größter Wert aller Januar-Größtwerte).

Alle drei Größen sind auf dieselbe Jahresreihe zu beziehen. Dann ist $h : m = 3{,}5$ bis 4,0. Die Verhältniszahl nimmt für sehr trockene Orte etwa bis auf 3,0 ab, für sehr regenreiche bis auf rund 4,5 zu. Ferner ist $h : M = 1{,}2$ bis 1,5. Die kleineren Zahlen (1,2 bis 1,3) gelten für die Sommermonate, die größeren (1,4 bis 1,5) für die Wintermonate. Auch hier machen sehr trockene und sehr feuchte Orte eine Ausnahme, und zwar in demselben Sinne wie bei dem Verhältnis $h : m$.

Ein weiteres Kennzeichen für die Niederschlagsverhältnisse eines Ortes ist seine Niederschlagshäufigkeit. Man versteht darunter in der Regel die Zahl der Tage, an denen mehr als 0,2 mm Niederschlag gemessen sind. Für 96 von Hellmann untersuchte Meßstellen (*88*, *173*) wurden nebenstehende mittlere Häufigkeitszahlen in den vier Jahreszeiten gefunden. Dabei lagen Jahresreihen von 22 bis 50 Jahren zugrunde. Vorherrschend ist demnach in allen Jahreszeiten eine mittlere Niederschlagshäufigkeit von 35 bis 45 Tagen. Das Jahr hat in der Ebene höchstens 210 bis 230, im Gebirge (Harz, Riesengebirge) bis zu 280 Niederschlagstage. Die kleinste jährliche Niederschlagshäufigkeit schwankt etwa zwischen 110 und 150 Tagen.

Zahlentafel 60.

Mittlere Anzahl der Niederschlagstage je Jahreszeit	Anzahl der Meßstellen mit der nebenstehenden Niederschlagshäufigkeit im			
	Winter	Frühjahr	Sommer	Herbst
30,0—34,9	13	19	—	18
35,0—39,9	44	52	41	38
40,0—44,9	31	19	45	29
45,0—49,9	8	5	9	11
50,0—54,9	—	1	1	—

Die jährliche Niederschlagsdauer ist für mehrere Orte aus Zahlentafel 61 zu ersehen. Es sind Mittelwerte der 3 Jahre 1941 bis 1943, gewonnen aus sorgfältigen Aufzeichnungen der Beobachter an Wetterwarten über Beginn und Ende von Niederschlägen, wobei allerdings anzunehmen ist, daß gelegentliche kürzere Unterbrechungen des Regen- oder Schneefalls nicht erfaßt wurden. Die mittlere Niederschlagsdichte (mm/h) hatte im Durchschnitt der 3 Jahre und der 10 Stationen folgenden Jahresgang:

Zahlentafel 61.

Station	Niederschlagsdauer	Regendauer	
	h	h	%
Thorn	1057	693	66
Liegnitz	1103	680	62
Kottbus	965	649	67
Neuruppin	1049	745	71
Hamburg	1135	874	77
Köln	995	837	84
Kassel	933	686	74
Böblingen bei Stuttgart	1092	750	69
Salzburg	1400	996	71
Wien	1067	767	72

I	II	III	IV	V	VI
0,26	0,26	0,42	0,54	0,83	1,05
VII	VIII	IX	X	XI	XII
1,35	1,28	0,88	0,68	0,40	0,32

Im Mittel aller 36 Monate betrug die Niederschlagsdichte in Thorn 0,42, in Köln 0,72 und in Salzburg 0,85 mm/h.

Von besonderer Bedeutung ist die Zahl der in den einzelnen Gebieten auftretenden Dürremonate. Eingehende Untersuchungen über diese Frage, desgleichen über die Häufigkeit der nassen Monate, sind namentlich von Wussow angestellt. Er hat im einzelnen behandelt: Westdeutschland (*265*), Nordwestdeutschland (*264*), das mittlere Norddeutschland (*268*), Ostpreußen (*263*), Mitteldeutschland (*266*) und Schlesien (*267*). Weitere Untersuchungen dieser Art liegen vor von Troßbach über das obere Donaugebiet (*241*) sowie von Kleinschmidt über Württemberg und Hohenzollern (*110*). Die Abhandlungen enthalten auch Angaben darüber, wie oft auf den einzelnen Regenmeßstellen mehrere Dürremonate aufeinander gefolgt sind. Wussow hat für 4 Gebiete die Häufigkeitszahlen in Beziehung gesetzt zu der mittleren Niederschlagshöhe der 6 Monate April bis September (Zahlentafel 62) und kommt zu einer für alle vier Gebiete fast gleichen Abhängigkeit. Auch die Zahlen Kleinschmidts für Württemberg und Hohenzollern weichen nicht wesentlich von denen der übrigen Gebiete ab. Wegen der Dürremonate vgl. S. 77. Der April und September gelten als naß bei mehr als 80 mm, der Mai bis August bei mehr als 100 mm Niederschlag. Die Zahlen der Zahlentafel 62 geben die Anzahl der dürren und nassen Monate April bis September in 10 Jahren an, d. h. also den Anteil an insgesamt 60 Monaten. Aus Zahlentafel 62 kann man mit ziemlich großer Wahrscheinlichkeit die Anzahl der dürren und nassen Monate in den vier Gebieten entnehmen, falls die mittlere Regenhöhe der Monate April bis September bekannt ist. Diese läßt sich überschläglich auch mit Hilfe der Zahlentafel 59 ermitteln,

Zahlentafel 62.

Mittlere Regenhöhe April bis September	Nordwestdeutschland		Westdeutschland		Mitteldeutschland		Schlesien		Württemberg und Hohenzollern	
mm	dürr	naß	dürr	naß	dürr	naß	dürr	naß	dürr	naß
250	47	1	—	—	48	3	—	—	—	—
300	39	4	40	4	40	5	40	5	—	—
350	33	8	31	8	33	7	34	8	31	8
400	27	12	26	12	26	11	29	11	25	12
450	22	17	22	17	21	16	24	15	20	17
500	18	22	18	22	18	21	20	19	15	22
550	16	26	15	26	15	27	16	23	12	27
600	13	31	12	31	13	32	13	27	10	32
650	11	35	—	—	—	—	10	31	8	36
700	—	—	—	—	—	—	8	35	6	39
800	—	—	—	—	—	—	—	—	5	44
900	—	—	—	—	—	—	—	—	4	48

wenn man den mittleren Jahresniederschlag kennt. In Schlesien wurde festgestellt, daß leichte, mittlere oder schwere Böden im allgemeinen dann bewässerungsbedürftig waren, wenn in 10 Jahren (60 Sommermonaten April bis Spetember) mehr als 20, 25 bzw. 30 Dürremonate vorkamen.

Schildknecht und andere Forscher (*209*) haben darauf hingewiesen, daß die Niederschläge für die Dürre eines Gebietes, landwirtschaftlich gesehen, nicht allein entscheidend sind, daß vielmehr auch der Luftfeuchtigkeit eine Bedeutung zukommt. Denn je feuchter die Luft ist, um so besser werden die Niederschläge ausgenutzt. Daneben spielt das Wasserhaltevermögen des Bodens eine wesentliche Rolle, desgleichen die Höhe der Grundwasseroberfläche. Vgl. auch S. 77 (vorübergehender Wassermangel). Schildknecht nennt das Verhältnis Niederschlagshöhe: absoluten Sättigungsfehlbetrag den N/S-Quotienten. Nach S. 90 ist

$$S = e_0\left(1 - \frac{R}{100}\right). \tag{47a}$$

e_0 ist entsprechend der mittleren Monatstemperatur aus Zahlentafel 53a zu entnehmen, R wird als Monatsmittel eingesetzt. Man berechnet nun die N/S-Quotienten der Monate April bis September für eine möglichst lange Jahresreihe und reduziert die so gefundenen Dauerzahlen auf 10 Jahre (60 Monate). Ist z. B. $N/S = 10$ in 18 Jahren 9mal unterschritten, so ist die entsprechende Dauerzahl für 10 Jahre $= \frac{9 \cdot 10}{18} = 5$. Die auf 10 Jahre umgerechneten Dauerzahlen

7*

werden nun als Dauerlinie nach Abb. 23a aufgetragen. Die Abbildung enthält zwei Dauerlinien für starke und schwache Bodennutzung, die aus amerikanischen Bewässerungsversuchen in humidem Klima ermittelt sind. Trägt man die aus den örtlichen meteorologischen Werten gewonnene Dauerlinie eines Gebiets in Abb. 23a ein, so läßt sich aus ihrer Lage die Bewässerungsbedürftigkeit erkennen: a) auch bei starker Bodennutzung keine Bewässerung nötig, b) Bewässerung nur bei starker, aber nicht bei schwacher Nutzung erforderlich, c) Bewässerung in jedem Fall lohnend.

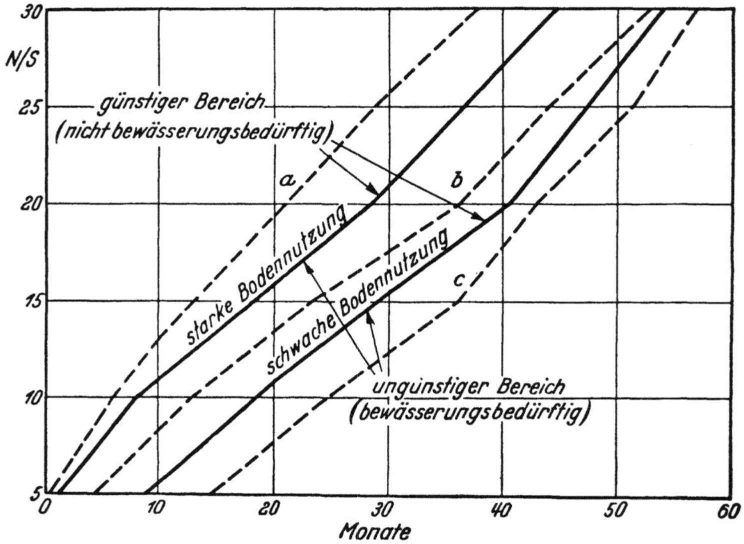

Abb. 23a. Dauerlinien der N/S-Quotienten.

Unter der monatlichen Niederschlagsdichte versteht man das Verhältnis der mittleren monatlichen Niederschlagshöhe in mm zu der mittleren Zahl der Niederschlagstage desselben Monats. Wichtiger ist die Regendichte, d. i. die in der Zeiteinheit (h, min) fallende Regenhöhe in mm. Im großen Durchschnitt ist die Dauer eines Regens um so kürzer, je größer seine Dichte ist. Besonders starke Regen werden als Stark- oder Platzregen bezeichnet. Hellmann versteht unter Platzregen solche, deren Dauer t (in min) und Dichte i (in mm je min) in folgendem Verhältnis stehen:

Zahlentafel 63.

t	i	t	i
1— 5	> 1,00	46— 60	> 0,40
6—15	> 0,80	61—120	> 0,30
16—30	> 0,60	121—180	> 0,20
31—45	> 0,50	> 180	> 0,10

Hellmann hat ferner (*88, 146*) folgende Beziehung zwischen der mittleren Dichte i und der Dauer t der starken Regenfälle aus zahlreichen Beobachtungen abgeleitet:

$$i = \frac{3{,}522}{\sqrt[3]{t}} - 0{,}311\,. \qquad (48)$$

Zahlentafel 64.

Regendichte mm/min	Regendauer in min			
	1—5	6—15	16—30	31—45
2,00—2,49	19	19	9	2
2,50—2,99	8	6	1	
3,00—3,49	3	4		
3,50—3,99	3			
4,00—4,49	2			
4,50—4,99	1	1		

Ist h die in der Zeit t gefallene Regenmenge in mm, dann ist $h = i\,t$. Bei 341 durch Hellmann zusammengestellten Platzregen wurde die Dichte 2 mm/min nur in 78 Fällen überschritten, die sich nach der Dauer des Regens, wie in Zahlentafel 64 angegeben, verteilen. Die größte Dichte betrug 4,97 mm/min bei einer Regendauer von 6 min. Die 341 Platzregen zeigen folgende monatliche Verteilung und mittlere Dichte (*88, 161*):

Zahlentafel 65.

Regen-dauer	April		Mai		Juni		Juli		August		September	
min	Zahl	Dichte	Zahl	Dichte	Zahl	Dichte	Zahl	Dichte	Zahl	Dichte	Zahl	Dichte
1— 5	—		3	3,41	4	2,57	13	2,49	12	2,78	4	2,45
6— 15	—		7	2,13	12	2,17	26	2,03	19	2,00	3	2,34
16— 30	—		10	1,44	17	1,60	26	1,58	9	1,78	1	1,29
31— 45	—		2	1,32	13	1,18	12	1,17	8	1,35	—	
46— 60	—		5	0,91	13	1,04	13	0,90	6	1,04	—	
61—120	—		5	0,81	19	0,74	18	0,72	20	0,76	1	0,75
121—180	—		3	0,48	4	0,62	11	0,51	4	0,50	—	
> 180	3	0,54	2	0,36	7	0,45	5	0,35	1	0,35	—	
Summe	3		37		89		124		79		9	
In %	0,9		10,8		26,1		36,4		23,2		2,6	

Im Sommer (Juni bis August) fielen demnach 86% aller Platzregen, in den Monaten Oktober bis März kein einziger.

Eingehende Untersuchungen über Platzregen hat auch Haeuser angestellt. Er fand, daß die von Hellmann für Norddeutschland abgeleitete Gl. (48) auch für Bayern gilt. Nach Haeuser besteht zwischen der Dauer eines Platzregens und der größten Dichte, die er erreichen kann, folgende Beziehung (*76, 27*):

Zahlentafel 66.

Regen-dauer min	Größte Dichte	Größte Ergiebig-keit mm	Regen-dauer min	Größte Dichte	Größte Ergiebig-keit mm	Regen-dauer min	Größte Dichte	Größte Ergiebig-keit mm
5	7,00	35	30	3,07	92	90	1,64	148
10	5,40	54	40	2,62	105	105	1,49	157
15	4,47	67	50	2,30	115	120	1,38	165
20	3,84	76	60	2,08	125	150	1,19	179
25	3,40	85	75	1,83	137	180	1,06	190

Die monatliche Verteilung von 1197 Platzregen war folgende (*76, 28*):

Zahlentafel 67.

Regen-dauer min	Januar	Februar	März	April	Mai	Juni	Juli	August	September	Oktober	November	Dezember	Jahr
1— 5				2	11	17	15	9	2				56
6— 15				3	39	88	65	29	7	2			233
16— 30				1	48	106	50	59	16				280
31— 45			1	3	23	38	31	21	7				124
46— 60				—	16	47	31	14	4				112
61—120				3	28	68	51	23	10				183
121—180				1	16	24	11	6	2	1			61
> 180	2			1	25	42	30	40	8				148
Summe .	2	—	1	14	206	430	284	201	56	3	—	—	1197
In % . .	0,2	—	0,1	1,2	17,2	35,9	23,7	16,8	4,7	0,2	—	—	100

Also auch nach dieser Zusammenstellung brachte der Sommer (Juni bis August) weitaus die meisten Platzregen (76%).

Die Dichte der Platzregen ist in der Mitte des Regengebietes am größten und nimmt nach den Rändern zu ab. Haeuser fand für Bayern eine durchschnittliche Flächenausdehnung in km² nach Zahlentafel 68 (*76, 52*). Im Durchschnitt hatte also ein Platzregen von 180 min Dauer in der Mitte (7 km²) eine Dichte von 0,60 bis 0,71, im nächsten Bereich (22 — 7 = 15 km²) 0,54 bis 0,59 usw.

Zahlentafel 68.

Nieder-schlags-dauer	Niederschlagsspende in m³/s·km² ≧															
	5	6	7	8	9	10	12	14	16	18	20	22	24	26	28	30
	Niederschlagsdichte in mm/min ≧															
min	0,30	0,36	0,42	0,48	0,54	0,60	0,72	0,84	0,96	1,08	1,20	1,32	1,44	1,56	1,68	1,80
10	61	52	44	40	36	33	31	29	28	26	25	23	21	16	13	10
20	93	80	68	60	54	50	46	42	39	35	29	22	17	11	8	5
30	120	104	87	76	68	62	56	50	41	31	24	17	12	7	4	2
40	143	125	105	90	79	69	59	46	36	27	19	13	8	4	2	
50	162	141	120	102	83	67	54	42	31	22	15	8	4			
60	175	150	125	101	79	61	49	37	27	18	10	4				
75	177	145	118	94	71	54	42	30	20	11	4					
90	169	138	111	87	64	46	34	23	13	5						
105	161	130	104	80	56	39	27	16	7							
120	153	123	95	73	49	32	21	10	1							
150	137	107	81	58	35	19	8									
180	122	92	66	43	22	7										

Nach Wussow (*269*) kann man als Platz- oder Starkregen diejenigen bezeichnen, die etwa oberhalb der Grenze $h = \sqrt{5 \cdot t}$ liegen, wobei h die Regenhöhe in mm und t die Regendauer in min ist. Die in den fünf Jahren 1927 bis 1931 mit selbstschreibenden Regenmessern in Preußen gemessenen 517 Starkregen hatten folgende mittlere Dichte:

Zahlentafel 69.

Regen-dauer min	Zahl der Regen	Dichte mm/min	Regen-dauer min	Zahl der Regen	Dichte mm/min	Regen-dauer h	Zahl der Regen	Dichte mm/min
1—15	315	1,04	61— 75	4	0,41	2—3	3	0,24
16—30	128	0,72	76— 90	5	0,42	3—4	4	0,18
31—45	24	0,58	91—105	1	0,63	4—5	1	0,21
46—60	17	0,56	106—120	1	0,24	> 5	14	0,08

Unter Dauerregen versteht Wussow diejenigen, die bei einer ununterbrochenen Dauer von mindestens 6 h eine Stundendichte von mehr als 0,5 mm aufweisen. In den fünf Jahren 1927 bis 1931 wurden in Preußen mit selbstschreibenden Regenmessern 1477 Dauerregen mit folgenden mittleren Stundendichten festgestellt:

Zahlentafel 70.

Regen-dauer h	Zahl der Regen	Dichte mm/h	Regen-dauer h	Zahl der Regen	Dichte mm/h	Regen-dauer h	Zahl der Regen	Dichte mm/h
6— 7	361	1,68	13—14	44	1,39	20—21	8	1,20
7— 8	261	1,46	14—15	36	1,63	21—22	9	1,65
8— 9	210	1,53	15—16	32	1,35	22—23	7	1,23
9—10	133	1,37	16—17	22	1,55	23—24	9	1,54
10—11	98	1,34	17—18	27	1,37	> 24	37	1,72
11—12	77	1,37	18—19	14	1,55			
12—13	76	1,56	19—20	16	1,55			

Größere Wälder pflegen die Regenbildung zu beeinflussen, wenn auch nicht erheblich. Die über dem Walde entstehende Luftabkühlung begünstigt die Niederschläge. Dazu schlagen sich Nebel und Reif an Baumblättern reichlicher nieder als auf dem freien Felde. Ein großer Teil des Regens bleibt jedoch in den Baumkronen hängen und verdunstet von hier aus. Auf den Waldboden gelangt aus diesem Grunde in der Regel weniger Regen als auf den Ackerboden.

Für die Landwirtschaft ist die Größe und zeitliche Verteilung der Niederschläge sehr wichtig. Namentlich ist der in der Wachstumszeit fallende Regen wertvoll. Aber auch die Winterniederschläge sind von Bedeutung, weil sie einen Wasservorrat für das kommende Frühjahr schaffen. Sehr kleine Niederschlagsmengen können von den Pflanzen nur schlecht ausgenutzt werden, da sie nicht tief in den Boden eindringen, sondern schnell wieder verdunsten. Bei Platzregen fließt ein großer Teil des Wassers in hängigem Gelände ungenutzt oberirdisch ab.

B. Die Verdunstung.

1. Die Verdunstungsbedingungen.

Verdunstung findet überall dort statt, wo nicht gesättigte Luft mit Wasser in Berührung steht. Bei der Verdunstung einer Landfläche ist zu unterscheiden zwischen den Wassermengen, die der Boden verdunstet, und der Blattverdunstung oder anderweitigen Wasserausscheidung der Pflanzen.

Wenn genügend Wasser für die Verdunstung vorhanden ist, hängt die Geschwindigkeit der Verdunstung von zwei Umständen ab. Sie ist um so größer, je größer der Sättigungsfehlbetrag der Luft und je größer die Windgeschwindigkeit ist. Die Fähigkeit der Luft, Wasser aufzunehmen, bezeichnet man als Verdunstungskraft.

Für die Verdunstungsgeschwindigkeit ist der Sättigungsfehlbetrag derjenigen Luftschicht maßgebend, die sich unmittelbar über der verdunstenden Wasser- oder Bodenfläche sowie über den Spaltöffnungen der verdunstenden Pflanzen befindet. Wenn die stärker mit Wasserdampf angereicherten Luftmassen durch Wind fortgeführt und so dauernd durch trockenere Luft ersetzt werden, verdunstet erheblich mehr Wasser in derselben Zeit als bei Windstille. Daher ist auch die Verdunstung je ha um so größer, je kleiner eine im Vergleich zur Umgebung stark verdunstende Fläche ist, weil die mit Wasserdampf angereicherte Luft über einer kleinen Fläche schneller durch weniger feuchte Luft ersetzt wird, als es über einer größeren Fläche der Fall ist.

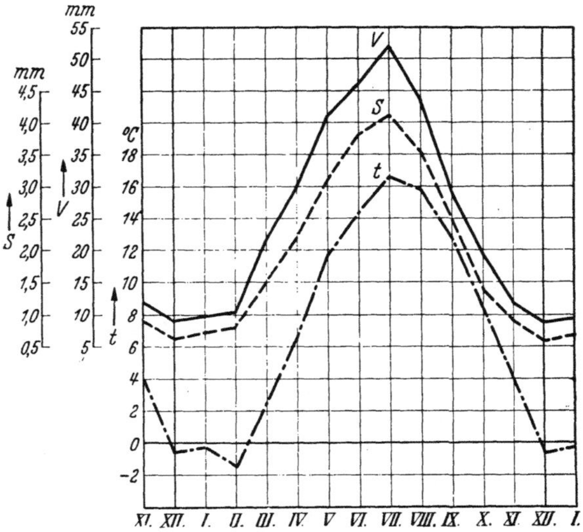

Abb. 24. Lufttemperatur, Sättigungsfehlbetrag und Verdunstung.

Verdunstung findet bei jeder Lufttemperatur statt. Auch Schnee und Eis geben ständig Wasserdampf an die Luft ab. Der jährliche Gang der Verdunstung V (Wildsche Schale, S. 104) und des Sättigungsfehlbetrages S mit der Lufttemperatur t ist aus Abb. 24 zu ersehen (Durchschnitt 1928 bis 1934).

Da die Temperatur eines Bodens durch seine Farbe beeinflußt wird (S. 24), ist die Verdunstung des Bodens im allgemeinen um so größer, je dunkler er ist. Eser (*155, 153*) gibt dafür folgende durch Versuche gefundene Verhältniszahlen:

Farbe = weiß	gelb	braun	grau	schwarz
V = 100	107	119	125	132

Salzwasser verliert weniger durch Verdunstung als Süßwasser. Nach Versuchen, die in Triest angestellt wurden, entsprachen folgende Verdunstungshöhen einander (*131, 20*):

Süßwasser	1,03	1,60	2,04	2,80 mm
Meerwasser . . .	0,78	1,28	1,69	2,40 mm

Die Verdunstung auf dem Lande ist naturgemäß auch davon abhängig, welche Wassermengen vorhanden sind. Reichliche Niederschläge ermöglichen eine stärkere Verdunstung als sehr geringe. Dieselbe Regenhöhe erleidet aber im allgemeinen um so größere Verdunstungsverluste, je kleiner die einzelnen Niederschläge sind, aus denen die Gesamtmenge sich zusammensetzt (S. 96). Alle Umstände, die die Versickerung der Niederschläge in tiefere Bodenschichten fördern, verringern die Verdunstung (S. 73). Bei sehr tief liegendem Grundwasser ist sein weiteres Absinken für die Verdunstung belanglos, weil ein Grundwasseraufstieg zur Geländeoberfläche ohnehin nicht möglich ist. Von dem tieferen Bodenwasser kann nicht mehr verdunsten, als die Wurzeln und der Nachschub des Saugwassers herbeischaffen, da die Verdunstung im wesentlichen an der Geländeoberfläche stattfindet (S. 78).

Eine sehr beträchtliche Verdunstung kann in Gebieten auftreten, die bei hohem Grundwasserstande eine üppige, stark verdunstende Pflanzendecke tragen. Die Verdunstung ist in solchen Fällen bisweilen größer als über freien Wasserflächen.

Aus den vorstehenden Ausführungen ist zu entnehmen, daß die einzelnen Flächen eines größeren Gebietes einen sehr verschiedenen Beitrag zur gesamten Gebietsverdunstung liefern. Die stärkste Verdunstung besitzen im allgemeinen Wiesen und Wälder mit hohem Grundwasserstand, die geringste brachliegende Äcker und Flächen mit spärlichem Pflanzenwuchs auf leichtem Boden bei tiefer Grundwasseroberfläche.

2. Die Verdunstungsmessungen.

Die Verdunstung freier Wasserflächen wird zweckmäßig mit dem Bindemannschen Floßverdunstungskessel gemessen. Wollte man die Verdunstung einer Seefläche dadurch feststellen, daß man ermittelt, wieviel Wasser von einer auf dem Lande aufgestellten mit Wasser gefüllten Schale verdunstet, so würde man zu falschen Ergebnissen gelangen, weil die Verdunstungsbedingungen über einem See andere sind als auf dem Lande. Der Verdunstungskessel wird auf einem Floß angebracht und so ins Wasser gehängt, daß sein Wasserspiegel mit dem des freien Wassers in gleicher Höhe liegt. Der Kessel ist etwa 20 bis 25 cm tief und besitzt eine kreisrunde Auffangfläche von 2000 cm^2. In der Mitte des Kessels befindet sich ein Überlaufrohr, das stärkere Niederschläge in ein besonderes Gefäß ableitet. Um die Verdunstung des Kessels zu ermitteln, muß man die Schwankung des Wasserspiegels im Kessel, den Niederschlag und die übergelaufene Wassermenge fortlaufend messen.

Die sog. Wildsche Schale (Wildsche Waage) ist ein mit Wasser gefülltes Gefäß, das in einer kleinen Hütte gegen Niederschläge geschützt aufgestellt wird und den Zweck hat, die Verdunstungshöhen verschiedener Zeiten miteinander zu vergleichen. Das Gefäß ruht auf einer Waage (Briefwaage), damit die jeweilige Verdunstung möglichst genau und bequem ermittelt werden kann. Die mit der

Wildschen Schale gemessenen Verdunstungshöhen sind als Zahlen für sich ohne Wert, da sie unter Voraussetzungen gefunden sind, die den natürlichen Verhältnissen nicht entsprechen. Sie lassen aber Schlüsse zu, wie sich im großen Durchschnitt die Verdunstungen der einzelnen Monate zueinander verhalten.

Die Verdunstung von Landflächen mit und ohne Pflanzenwuchs wird mit Hilfe der bereits erwähnten Lysimeter festgestellt (S. 74). Auf Flächen mit hohem Grundwasserstand ist es erforderlich, die Grundwasseroberfläche des Lysimeters ständig auf der gleichen Höhe zu halten, wie sie auf den Flächen selbst bald tiefer bald höher vorhanden ist. Eine einfache Art der Verdunstungsmessung besteht darin, daß man ein größeres Gefäß in den Boden versenkt, so daß sein oberer Rand etwa in Geländehöhe liegt. Das Gefäß wird mit Boden in natürlicher Lagerung gefüllt und bepflanzt. Man schafft alsdann in dem Gefäß eine künstliche Grundwasseroberfläche, die man durch tägliches Nachfüllen oder Abzapfen von Wasser dauernd auf derselben Tiefe hält wie in der Umgebung. Durch einen Regenmesser sind laufend die Niederschläge zu messen. Stellt man außerdem die nachgefüllten und abgezapften Wassermengen fest, so läßt sich die Gesamtverdunstung von Pflanzen und Boden leicht berechnen.

3. Größe und Verteilung der Verdunstung.

Unter der mittleren Jahresverdunstung V (Verdunstungshöhe) versteht man das Mittel der einzelnen Jahresverdunstungen einer Jahresreihe. Bezeichnet man mit A den mittleren jährlichen Abfluß des Gebietes (Abflußhöhe) für eine längere Jahresreihe, mit N den mittleren Jahresniederschlag (Niederschlagshöhe), so ist

$$V = N - A. \tag{49}$$

Alle drei Größen sind in mm auszudrücken und als Mittelwerte auf das ganze Flußgebiet zu beziehen. Keller hat die Verdunstung V größerer Flußgebiete in Abhängigkeit zu N gebracht. Für deutsche Verhältnisse ist nach Keller das Durchschnittsverhalten der Verdunstung

$$V = 405 + 0{,}06\,N. \tag{50}$$

Die Gleichung gilt nur für $N \geqq 560$ mm. Für Gebiete mit sehr kleiner Verdunstung ist die sog. untere Grenzlinie der Verdunstung

$$V = 350. \tag{51}$$

Dabei muß $N \geqq 500$ mm sein. Für eine starke Verdunstung gilt die obere Grenzlinie der Verdunstung mit $N \geqq 625$ mm

$$V = 460 + 0{,}12 \cdot N. \tag{52}$$

Man kann mit Hilfe dieser Gleichungen den Wert V aus bekanntem N überschläglich ableiten, wenn man Anhaltspunkte für das allgemeine Verhalten der Verdunstung besitzt. Schätzt man dieses z. B. als in der Mitte zwischen dem Durchschnittsverhalten und der oberen Grenze liegend ein, so ist für $N = 720$ mm:

nach Gl. (50) . . . $V = 448$ mm,
nach Gl. (52) . . . $V = 546$ mm.

Das Mittel beträgt also 497 mm.

Ähnliche Gleichungen sind auch für einzelne Flußgebiete aufgestellt worden. So fand z. B. Huber für das Gebiet der March bis zur Thaya-Mündung, der Thaya und der Oder bis einschl. der Olsa (Meereshöhe 225 bis 625 m)

$$V = 323 + 0{,}29 \cdot N. \tag{52a}$$

An den Gln. (50) bis (52) fällt auf, daß die Jahresverdunstung nur wenig von N abhängig ist. Das ist zum Teil darauf zurückzuführen, daß in nassen Sommern zwar viel Wasser für die Verdunstung zur Verfügung steht, daß aber die Verdunstung infolge der feuchten Luft vermindert wird, während in trockenen Sommern die trockene Luft zwar den Wasserdampf begierig aufnimmt, andererseits aber weniger Wasser für die Verdunstung vorhanden ist.

Fischer hat für die Verdunstung eines Flußgebietes die Gleichung abgeleitet (*53*)

$$V = (6 - \gamma)\frac{N}{100} + (405 - 9\gamma). \tag{53}$$

Der Wert γ kennzeichnet das Verdunstungsvermögen des Gebietes. Man erhält mit

$\gamma = 0$ Gl. (50) (mittleres Verhalten),

$\gamma = +6$ Gl. (51) (Gebirgsflüsse),

$\gamma = -6$ Gl. (52) (Flachlandflüsse).

Die Werte $\gamma = \pm 1$ bis ± 5 stellen also Zwischenstufen des Verdunstungsvermögens dar.

Die einzelnen Monate liefern einen sehr verschiedenen Anteil zur mittleren Jahresverdunstung. Für die Havel bis Rathenow und für das Weser-Quellgebiet wurden folgende mittlere Verdunstungshöhen berechnet (vgl. auch Zahlentafel 75):

Zahlentafel 71.

		November	Dezember	Januar	Februar	März	April	Mai	Juni	Juli	August	September	Oktober	Winter	Sommer	Jahr
Havelgebiet bis Rathenow (nach Koehne)	mm	13	10	12	14	28	47	70	71	67	60	40	22	124	330	454
	%	2,9	2,2	2,6	3,1	6,2	10,3	15,4	15,6	14,8	13,2	8,8	4,9	27,3	72,7	100,0
Weser-Quellgebiet (nach Fischer)	mm	15	13	12	16	31	49	64	72	64	58	37	21	136	316	452
	%	3,3	2,9	2,7	3,5	6,9	10,8	14,2	15,9	14,2	12,8	8,2	4,6	30,1	69,9	100,0

Je kleiner die Flußgebiete sind, deren Verdunstung man ermitteln will, um so schwieriger ist es, die mittlere Jahresverdunstung einigermaßen zuverlässig einzuschätzen. Die folgenden Angaben können als Anhaltspunkte dienen.

Für freie Wasserflächen gibt Fischer (*56*) die Verdunstungshöhen (mm) der Zahlentafel 72. Am Zuger und Ägerisee hat Maurer die Verdunstung aus dem Wasserhaushalt ermittelt. Da die Seebecken praktisch undurchlässig sind, brauchten nur der Niederschlag, die Wasserstandsänderung sowie die Zu- und Abflüsse festgestellt zu werden. Dasselbe Verfahren wurde beim Takernsee angewandt. Die drei übrigen Meßstellen sind mit dem Floßverdunstungskessel

Zahlentafel 72.

Meßstelle	Beobachtungszeit	November	Dezember	Januar	Februar	März	April	Mai	Juni	Juli	August	September	Oktober	Jahr
Zuger See . . .	1. 12. 1911 bis 30. 11. 1912	35	35	45	60	50	55	75	95	130	75	65	55	775
Ägerisee	1. 12. 1911 bis 30. 11. 1912	35	25	40	55	65	60	75	90	105	85	60	45	740
Takernsee (Schwed.)	1911, 1914—16	18	12	14	18	21	46	85	189	146	125	56	30	760
Grimnitzsee . . .	1909—13	38	30	27	29	44	60	121	155	156	136	86	54	936
Mittellandkanal bei Sehnde . .	1925—27	21	15	24	25	45	57	80	93	102	80	59	34	635
Ederstausee bei Nieder-Werbe	1928—34	17	13	13	14	38	55	95	115	122	97	62	35	676

Zahlentafel 73.

		Nov.	Dez.	Jan.	Febr.	März	April	Mai	Juni	Juli	Aug.	Sept.	Okt.	Winter	Sommer	Jahr
1930	*N*	13,6	58,4	34,7	8,1	48,6	39,4	61,3	27,5	193,7	83,1	67,2	84,5	202,8	517,3	720,1
	V ohne Pflanzenwuchs	2,6	0	0	4,0	9,4	20,5	23,9	17,6	17,0	30,3	13,0	1,7	36,5	103,5	140,0
	V Gras ohne Grundwasser	3,4	1,8	0,7	3,5	14,1	41,8	55,5	41,2	49,0	61,0	34,4	15,1	65,3	256,2	321,5
1931	*N*	94,6	11,4	75,4	35,6	39,0	51,5	23,4	107,7	100,3	51,4	106,5	52,7	307,5	442,0	749,5
	V ohne Pflanzenwuchs	0,1	0	0	0	11,0	24,8	20,8	34,4	39,6	27,4	27,0	13,9	35,9	163,1	199,0
	V Gras ohne Grundwasser	10,1	1,6	11,7	2,3	17,0	36,1	75,9	76,2	64,6	51,6	38,3	18,2	78,8	324,8	403,6
1932	*N*	5,1	48,2	50,2	10,8	11,3	45,7	83,8	19,3	69,7	78,3	55,9	71,7	171,3	378,7	550,0
	V ohne Pflanzenwuchs	5,0	1,2	0,7	8,7	10,1	23,9	27,1	21,1	33,0	23,2	26,3	13,2	49,6	143,9	193,5
	V Gras ohne Grundwasser	7,7	4,1	4,7	6,9	11,5	32,7	61,8	67,2	62,2	54,4	38,4	19,7	67,6	303,7	371,3
1933	*N*	32,2	5,4	18,8	63,8	23,6	25,3	54,3	127,2	55,9	53,1	35,7	57,0	169,1	383,2	552,3
	V Gras ohne Grundwasser	5,9	0,8	0,8	3,3	22,6	39,2	58,3	72,5	88,8	53,8	37,0	22,1	72,6	332,5	405,1
	V Wiese mit Grundwasser							90,3	116,1	144,1	113,8	66,8	28,9		560,0	
	V junge Kiefern	9,2	3,0	3,8	8,2	17,7	30,0	55,0	72,2	84,5	54,5	42,7	25,2	71,9	334,1	406,0
1934	*N*	42,4	14,1	36,7	20,2	30,3	61,8	15,8	23,8	34,8	126,9	43,9	40,6	205,5	285,8	491,3
	V Gras ohne Grundwasser	5,5	1,7	3,4	6,0	17,6	49,4	39,5	20,2	27,9	54,0	40,9	15,9	83,6	198,4	282,0
	V Wiese mit Grundwasser	8,6	2,5	5,2	8,7	15,4	53,6	138,5	190,8	206,5	111,0	85,7	37,4	94,0	769,9	863,9
	V junge Kiefern	8,9	4,2	7,7	9,4	22,4	48,2	56,3	43,1	43,7	67,3	47,1	29,6	100,8	287,1	387,9
1935	*N*	66,8	30,6	44,7	61,6	42,4	70,0	22,3	82,4	62,2	79,7	59,4	74,6	316,1	380,6	696,7
	V Gras ohne Grundwasser	5,9	2,1	1,4	8,1	17,9	34,4	53,0	54,2	80,0	58,6	43,5	21,6	69,8	310,9	380,7
	V Wiese mit Grundwasser	12,5	5,3	5,8	14,7	21,6	43,2	94,5	159,6	162,0	121,4	65,4	30,0	103,1	632,9	736,0
	V junge Kiefern	12,0	8,5	7,8	14,7	28,3	52,8	62,8	78,1	83,7	61,4	67,3	38,6	124,1	391,9	516,0
1936	*N*	23,3	32,3	49,4	42,9	22,4	63,8	58,0	23,3	47,0	37,7	45,2	66,4	234,1	277,6	511,7
	V Gras ohne Grundwasser	6,9	1,9	6,2	5,5	15,5	40,1	72,3	56,3	38,0	46,6	40,2	17,6	76,1	271,0	347,1
	V Wiese mit Grundwasser	9,3	4,0	10,6	10,4	18,9	46,7	82,3	128,4	117,7	103,3	66,2	27,3	99,9	525,2	625,1
	V junge Kiefern	16,3	11,1	12,2	12,8	19,4	43,5	81,8	81,9	45,3	45,2	39,4	30,5	115,3	324,1	439,4
1937	*N*	44,0	36,6	30,6	90,7	71,5	52,5	42,9	26,2	81,1	88,6	44,7	17,7	325,9	301,2	627,1
	V Gras ohne Grundwasser	7,8	4,0	6,3	3,1	11,3	26,9	84,4	24,8	48,5	61,3	43,5	15,2	59,4	277,7	337,1
	V Wiese mit Grundwasser	12,3	6,8	11,8	7,8	15,0	29,8	126,6	129,0	105,3	74,8	60,8	18,7	83,5	515,2	598,7
	V junge Kiefern	17,2	12,6	9,6	16,7	28,0	43,0	90,7	44,6	69,5	93,9	51,2	25,3	127,1	375,2	502,3

(S. 104) untersucht worden, der in Nord- und Mitteldeutschland etwas zu kleine Werte zu liefern scheint. Der Grimnitzsee und der Takernsee bieten dem Wind freien Zugang, während die Meßstellen bei Sehnde und Nieder-Werbe ziemlich windgeschützt liegen. Am Ederstausee wurde folgende Beziehung zwischen der täglichen Verdunstung V (mm) und der Wassertemperatur t (Celsiusgrade) gefunden:

$$V = 0{,}0895 \cdot t - 0{,}9047. \qquad (54)$$

Die zahlreichen Formeln für die Verdunstung freier Wasserflächen in Abhängigkeit von Windstärke, Temperatur usw. führen zum Teil zu sehr verschiedenen Ergebnissen und sind für die Praxis bisher nicht verwendbar (*45*, *52*, *70* und *240*).

Zahlentafel 74.

Abflußjahr	Winter				Sommer			
	V mm	N mm	T °C	Wildsche Waage mm	V mm	N mm	T °C	Wildsche Waage mm
1930	65	203	3,9	143	256	517	14,4	357
1931	79	308	1,6	121	325	442	14,3	350
1932	68	171	2,2	149	304	379	15,5	386
1933	73	169	2,1	147	333	383	14,5	375
1934	84	206	3,0	159	198	286	15,8	481
1935	70	316	3,2	141	311	381	14,4	434
1936	76	234	3,2	122	271	278	14,5	364
1937	59	326	2,6	112	278	301	15,9	351
1938	73	266	3,1	157				
Mittel	72	244	2,8	139	285	371	14,9	387

Über die Verdunstung von bewachsenem und unbewachsenem Erdboden liegen viele Untersuchungen mit Lysimetern vor. In der Zahlentafel 73 (S. 107) ist das Ergebnis der 1930 bis 1937 in Eberswalde durch Friedrich angestellten Versuche auszugsweise wiedergegeben, die Wasserhöhen in mm (*67* und *68*). Auch die beiden Zahlentafeln 74 und 75 behandeln diese Versuche. Die Lysimeter enthielten feldspatreichen Sand aus einer Binnendüne, ein Grundwasserstand von 40 bis 50 cm unter Flur wurde nur bei der „Wiese" gehalten. Zahlentafel 74 bezieht sich auf das Gras ohne Grundwasser, T = Durchschnittstemperatur des Halbjahres. In Zahlentafel 75 sind die Durchschnittswerte V der betr. Jahresreihe angegeben. Als abgerundete Verhältniszahlen der Verdunstung ergaben sich:

Ohne Pflanzenwuchs	1,0	Wiese	4,3
Gras, ohne Grundwasser	2,0	junge Kiefern	2,8

Engler hat die Verdunstung von Wald und Freiland in der Schweiz untersucht und dabei die Prozentzahlen der Zahlentafel 76 gefunden. Auf den lockeren Sandböden des Tieflandes kann jedoch die Versickerung so groß und daher die Bodenverdunstung so gering werden, daß der Wald infolge seiner starken Blattverdunstung mehr Wasser verbraucht als das Freiland.

Nach Frenzel verdunsteten auf einer Spreewaldwiese im Durchschnitt der drei Jahre 1935 bis 1937 vom 1. Mai bis 31. Oktober 555 mm bei einem Grundwasserstand von 30 cm und 645 mm bei einem solchen von 20 cm unter Flur. Fabian (*45*) fand in Lysimetern, die einen Wassergehalt w_p (in % des Porenraumes) hatten, ohne daß sich jedoch eine Grundwasseroberfläche bildete, folgende tägliche Verdunstungswerte V im Mittel der Zeit vom 1. bis 20. August 1924:

w_p	V
etwa 21%	1,70 bis 1,86 mm
„ 74%	7,15 „ 8,09 mm

Zahlentafel 75.

Abflußjahre	Kulturart	Nov.	Dez.	Jan.	Febr.	März	April	Mai	Juni	Juli	Aug.	Sept.	Okt.	Winter	Sommer	Jahr
1930—32	ohne Pflanzenwuchs . . .	2,6	0,4	0,2	4,2	10,2	23,1	23,9	24,4	29,9	26,9	22,1	9,6	40,7	136,8	177,5
	Wildsche Waage	19	16	14	13	29	47	73	81	77	65	41	28	138	365	503
1930—37	Gras ohne Grundwasser . .	6,7	2,3	4,4	4,8	15,9	37,6	62,5	51,6	57,4	55,2	39,5	18,2	71,7	284,4	356,1
	Wildsche Waage	16	11	13	16	30	50	74	85	86	66	48	29	136	388	524
1934—37	Wiese mit Grundwasser . .	10,7	4,7	8,4	10,4	17,7	43,2	110,5	151,9	147,9	102,6	69,5	28,4	95,1	610,8	705,9
	Wildsche Waage	14	9	14	19	28	51	76	93	94	63	52	29	135	407	542
1933—37	junge Kiefern	12,7	7,9	8,2	12,4	23,2	43,5	69,3	64,0	65,3	64,5	49,5	29,8	107,8	342,5	450,3
	Wildsche Waage	14	9	13	18	31	52	74	87	91	67	52	30	137	401	538
Mittelwerte in %		2	1	1	2	5	8	16	17	17	15	11	5	19	81	100

Zahlentafel 76.

	Verdunstung auf den Pflanzen %	Verdunstung vom Boden %	Blattverdunstung %	Summe %
Wald . .	15	5	20	40
Freiland .	10	24	6	40

Die Verdunstung ist also bei dem hohen Wassergehalt des Bodens etwa 4mal so groß wie bei dem niedrigen gewesen. Die Lysimeter enthielten eine aus einer natürlichen Wiese des Odervorlandes ausgestochene Grasnarbe.

Rothe (*202*) hat Untersuchungen über die Verdunstung eines verhältnismäßig kleinen Gebietes an der Memelmündung angestellt. Das Gebiet ist 180 km² groß und wird durch ein ausgedehntes Grabennetz sowie durch mehrere Schöpfwerke entwässert. Im Durchschnitt liegt das Polderwasser in den Gräben etwa 1 m unter Gelände. Das Verhältnis zwischen Acker, Wiese und Weide ist etwa 1:1:1. Als Mittel der 20 Jahre 1898 bis 1917 ergaben sich folgende Beziehungen:

N_s im Sommer (Mai bis Oktober) $= 400$ mm,
N_w im Winter (November bis April) $= 275$ mm,
$V_s = (210 + 0{,}4 \cdot N_s)$ mm,
$V_w = 130$ mm,
$V \ = V_s + V_w = 370 + 130 = 500$ mm.

Diese Verdunstung liegt etwa in der Mitte zwischen dem Durchschnittsverhalten und der oberen Grenzlinie der Verdunstung nach Keller (S. 105).

Die Gl. (49) gilt nur für solche Zeiträume, zu deren Anfang und Ende der Wasservorrat des Bodens als gleich angesehen werden kann. Das kann man im allgemeinen bei der Mittelbildung aus langen Jahresreihen unterstellen, nicht aber für einzelne Jahre oder gar Monate. In diesen Fällen ist

$$V = N - A - (R - B). \qquad (55)$$

Hierin bedeuten:

R die Rücklage in mm, d. i. derjenige Teil von N, der während des Zeitraumes im Gebiet zurückgehalten ist.

B der Aufbrauch in mm, d. i. derjenige Teil des zu Beginn des Zeitraumes im Gebiet vorhandenen Wassers, der während des Zeitraumes abgeflossen oder verdunstet ist.

$(R - B)$ ist also die Zunahme des Gebietswassers in dem betrachteten Zeitraum. Für $R = B$ erhält man Gl. (49).

C. Das Grundwasser.

Man vergleiche auch die Ausführungen auf den S. 8 und 18. Die Grundwasserverhältnisse eines Gebietes sind häufig nicht leicht zu beurteilen, da sie weitgehend von dem geologischen Aufbau abhängen, dieser aber nicht offen vor uns liegt, sondern in vielen Fällen erst durch zahlreiche Bohrungen festgestellt werden muß. Wo geologische Karten vorhanden sind, soll man sich ihrer bedienen. In schwierigen Fällen wird es sich stets empfehlen, ein geologisches Gutachten einzuholen, wobei zu beachten ist, daß der Sachverständige auch genügende Erfahrungen auf dem Sondergebiet der Grundwasserkunde besitzen muß.

1. Grundwasserbeobachtungen.

Bei der großen Bedeutung des Grundwassers für die Landwirtschaft sind die vorübergehenden und bleibenden Veränderungen des Grundwasserstandes aufmerksam zu verfolgen. Das gilt insbesondere dort, wo durch Bergbau oder Wasserwerke eine starke Absenkung des Grundwasserstandes zu erwarten ist. Man muß aber mit den Beobachtungen rechtzeitig beginnen, um die etwaige Veränderung des Grundwasserstandes auch nachweisen zu können.

Das wichtigste Hilfsmittel zur Feststellung des Grundwasserspiegels sind die Grundwasserpegel (Grundwasserbeobachtungsrohre). Man verwendet meistens eiserne Rohre von 60 bis 100 mm Durchmesser, die mit Hilfe eines 200 mm weiten Mantelrohres niedergebracht und unten, im Bereich der gelochten Strecke, mit Kies umschüttet werden. Die Durchlochung besteht aus Schlitzen von 3 bis 5 mm Weite und etwa 10 bis 20 mm Länge oder aus 10 mm weiten Löchern. Die Rohre sollen etwas über das Gelände hinausragen, damit kein Tagwasser von oben eindringen kann. Sie sind mit einem verschließbaren Deckel zu versehen, der zum Zwecke des Druckausgleichs bei sich änderndem Grundwasserstand eine kleine Öffnung erhält.

Neuerdings verwendet man statt der Durchlochung des unteren Rohrteils auch sog. Taschen-, Teller- oder Glockenfilter, die aus Eisen, Holz, Steingut oder Porzellan hergestellt werden und Schlitze besitzen.

Will man einen hochliegenden Grundwasserspiegel bis zu einer Tiefe von etwa 1,5 m beobachten, so genügt auch das Einsetzen von Holzkästen in eine Ausschachtung. Die Kästen erhalten eine Weite von 20 × 20 cm und werden mit Kies, Steinen, Schlacke oder anderen durchlässigen Stoffen umschüttet. Die Brettchen sollen kleine Zwischenräume von 0,5 cm Weite haben, damit das Grundwasser leicht hindurchtreten kann.

Auf Dränungsversuchsfeldern haben sich die von Fauser empfohlenen Rohre von 56 mm Lichtweite bewährt. Sie sind unten offen und haben seitlich 10 mm weite Löcher in spiralförmiger Anordnung.

Gebrauchsbrunnen eignen sich schlecht für Grundwasserbeobachtungen. Voraussetzung ist, daß sich nach einer Wasserentnahme der Grundwasserspiegel schnell wieder im Brunnen einstellt. Zur Messung eines flachen Grundwasserspiegels können auch Wasserlöcher oder Ausschachtungen benutzt werden.

Flachliegende Grundwasserspiegel lassen sich meistens mit einem gewöhnlichen zusammenklappbaren Zollstock einmessen. Man mißt von einem Meßpunkt oder von Oberkante Rohr aus. Auch Meßbänder oder Meßketten werden verwendet, erstere zweckmäßig mit einem 1 m langen eisernen Lotstab beschwert, der cm-Einteilung besitzt; das Meßband ist dann entsprechend zu verkürzen.

Liegt der Grundwasserspiegel tiefer, so verwendet man die Brunnenpfeife. Sie besteht aus einem 27 mm weiten, unten offenen Rohr, in dessen oberem Ende sich eine Pfeife befindet. Diese ertönt, sobald das Rohr etwa 1 cm tief ins Wasser taucht. Um feststellen zu können, ob die Brunnenpfeife, z. B. bei schnellem

Hinablassen, tiefer als 1 cm eingetaucht ist, besitzt das Rohr in Abständen von 1 cm nach oben gebogene ringförmige Wulste, die beim Hochziehen mit Wasser gefüllt bleiben.

Bei sehr tiefem Grundwasserstand hat sich auch das Lichtlot bewährt. Bei seinem Eintauchen ins Grundwasser leuchtet eine kleine Glühbirne auf, die von einer Stabbatterie gespeist wird.

Besonders wichtige Grundwasserpegel können ebenso wie die Pegel an Wasserläufen (S. 120) auch selbstschreibend eingerichtet werden.

Der Wasserstand eines Brunnens in der Nähe eines offenen Gewässers kann durch bloße Druckübertragung Änderungen erfahren, wenn der Wasserspiegel des benachbarten Gewässers schnell steigt. In solchen Fällen braucht daher ein Ansteigen des Brunnenspiegels nicht gleichbedeutend zu sein mit einer gleich großen Hebung der benachbarten Grundwasseroberfläche.

Die Oberkante der Grundwasserrohre ist einzunivellieren. Bei der meistens nur langsamen Schwankung des Grundwasserspiegels genügt es in der Regel, die Messungen wöchentlich auszuführen.

Wenn genügend Beobachtungen vorliegen, kann man gleichzeitige Messungen zu Höhenlinien des Grundwassers zusammenstellen. Die Zusammenhänge zwischen Grundwasserstand und Niederschlägen treten am deutlichsten in Erscheinung, wenn man beide in ihrem zeitlichen Ablauf im gleichen Zeitmaßstab untereinander aufträgt. Dabei ist zu beachten, daß der Grundwasserstand meistens auch durch die Niederschläge der Vormonate beeinflußt wird. Schließlich können auch die Häufigkeit und Dauer der Grundwasserstände in derselben Weise berechnet und aufgetragen werden, wie es bei den Wasserständen der oberirdischen Gewässer üblich ist (S. 123).

2. Die Grundwasserstände.

Unter Grundwasserstand versteht man die Höhen- oder Tiefenlage des Grundwasserspiegels in bezug auf einen Vergleichspunkt, z. B. Oberkante eines Grundwasserrohres oder Gelände. Der Ausdruck ist auch für die Lage der Verbindungsfläche beobachteter Grundwasserstände üblich.

Der Grundwasserstand ist ständigen Schwankungen unterworfen. Sickerwasser und unterirdischer seitlicher Zufluß lassen ihn steigen, während der unterirdische Abfluß, die Verdunstung des Saugwassers sowie namentlich die Wasserentnahme durch die Pflanzenwurzeln ein Absinken des Grundwasserstandes zur Folge haben.

Das Sickerwasser kann auch aus undichten Flußbetten dem tiefer liegenden Grundwasser zufließen und so den Grundwasserstand heben (Abb. 25). Die Flußbetten sind selten völlig dicht. Nur wenn sie im Ton liegen, wird man sie als undurchlässig bezeichnen können. Auch starke Schlammschichten auf der Sohle und den Böschungen eines Wasserlaufes können in der Regel den Durchtritt von Wasser in einen durchlässigen Untergrund nicht völlig verhindern. Doch nimmt die Durchlässigkeit des Untergrundes häufig mit der Zeit ab, da die vom Sickerwasser mitgeführten Ton- und Humusteilchen die Bodenporen zum Teil verstopfen. Abb. 25 zeigt, daß man ein Flußbett nicht etwa deshalb als dicht ansprechen darf, weil ein Grundwasserpegel in der Nähe des Flusses kein Wasser ergibt.

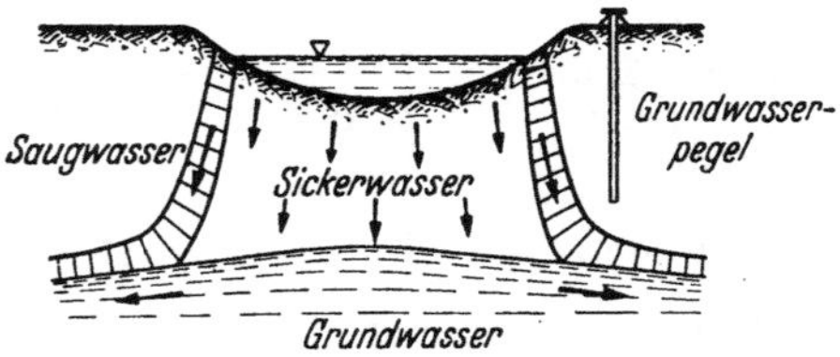

Abb. 25. Sickerwasser unter einem Flußbett.

Der Grundwasserstand der Flachland-Wiesen liegt im Winter meistens höher und im Sommer häufig tiefer als der Wasserstand der Entwässerungsgräben (S. 184).

Die Frage, welchen Einfluß die Wälder auf den Grundwasserstand haben, kann noch nicht als völlig geklärt angesehen werden. Untersuchungen ergaben, daß das Grundwasser des Flachlandes im Walde tiefer lag als außerhalb desselben. Bei dem starken Wasserverbrauch der Laubbäume im Sommer ist es durchaus wahrscheinlich, daß der Laubwald das Grundwasser ziemlich stark absenkt, soweit der Saugsaum in erreichbarer Tiefe liegt, und daß dem so unter dem Walde entstehenden Senkungstrichter auch aus der Nachbarschaft Grundwasser zufließt. Im Winter ist der Wasserverbrauch des Waldes wesentlich kleiner als im Sommer. Man kann die Blattverdunstung vom November bis April zu etwa 5% der jährlichen Blattverdunstung annehmen.

Höhere Lufttemperatur im Winter hat ein Steigen des Grundwassers zur Folge, weil der Schnee dann schmilzt und versickert. Die Zeit der Schneeschmelze im Frühjahr kommt im Steigen des Grundwassers deutlich zum Ausdruck.

Die monatliche Änderung des Grundwasserstandes läßt sich in rechnerische Beziehung zu Niederschlag, Abfluß und anderen Größen bringen, wenn man folgende Bezeichnungen einführt (*112, 41*):

N = monatlicher Niederschlag in mm,
A = monatlicher Abfluß in mm,
V = monatliche Verdunstung in mm,
$\pm L$ = monatliche Zunahme oder Abnahme des Wasservorrates oberhalb des Grundwassers einschließlich des Schnees und Eises in mm,
$\pm h$ = monatliches Steigen oder Fallen des Grundwassers in mm,
φ = spezifische Wasserlieferung des Bodens (S. 21).

Dann ist

$$\varphi h = N - A - V - L. \tag{56}$$

Koehne gibt folgendes Beispiel für den jährlichen Gang der Grundwasseroberfläche bei durchschnittlichen deutschen Verhältnissen (*112, 46*):

Zahlentafel 77.

	November	Dezember	Januar	Februar	März	April	Mai	Juni	Juli	August	September	Oktober	Jahr
N	5	4	4	4	4	4	6	6	8	7	6	4	62
V	1	1	1	1	2	4	7	9	8	6	3	2	45
A	1	1	2	2	3	2	1	1	1	1	1	1	17
L	+ 1	+ 1	0	0	− 1	− 1	− 1	− 1	0	0	+1	+1	0
φh	+ 2	+ 1	+ 1	+ 1	0	− 1	− 1	− 3	−1	0	+1	0	0
h (für $\varphi = 0{,}2$).	+10	+ 5	+ 5	+ 5	0	− 5	− 5	−15	−5	0	+5	0	0
Grundwasserstand am Ende des Monats . . .	+10	+15	+20	+25	+25	+20	+15	0	−5	−5	0	0	—
Monatsmittel des Grundwasserstandes . . .	+ 5	+12,5	+17,5	+22,5	+25	+22,5	+17,5	+ 7,5	−2,5	−5	−2,5	0	—

Die Zahlen sind in cm angegeben. Die während der Wachstumsruhe fallenden Niederschläge haben auf den Grundwasserstand den stärksten Einfluß, während im Sommer durch die Pflanzen so bedeutende Wassermengen verbraucht werden, daß ein Zusammenhang zwischen Niederschlag und Grundwasserstand häufig nicht erkennbar ist.

3. Die Bewegung des Grundwassers. Pumpversuche.

Das Grundwasser bewegt sich in gleicher Weise wie das oberirdische von den Stellen höheren zu denjenigen geringeren Druckes auf dem Wege des kleinsten Widerstandes. Auf geneigten undurchlässigen Schichten fließt es abwärts. Dabei treten dieselben Formen der Wasserbewegung auf wie bei oberirdischen Gewässern. Abb. 26 zeigt bei *a* ein gewöhnliches Fließen. Bei *b* hat sich ein Stau gebildet, hier nimmt auch das Wasser in der Mulde an der Bewegung teil und bewegt sich gegen die Barre aufwärts. Bei *c* könnte man von einem unterirdischen Wasserfall sprechen, und bei *d* tritt das Grundwasser unmittelbar oberhalb der undurchlässigen Schicht als Quelle zutage.

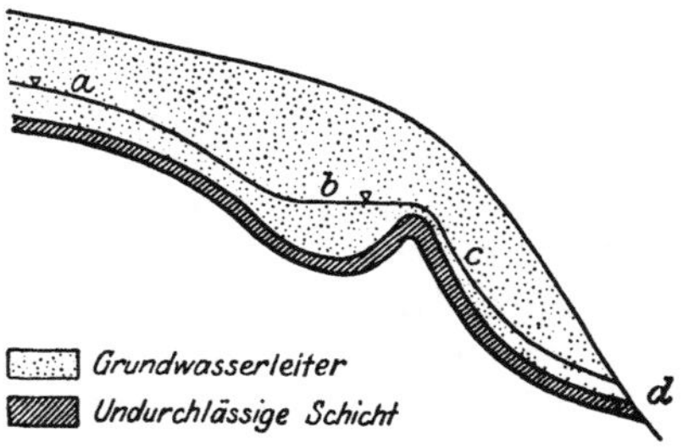

Abb. 26. Formen der Grundwasserbewegung. (Nach Krüger.)

Sehr ergiebige Grundwasserleiter sind die Urstromtäler, die ihre Entstehung den Eiszeiten verdanken. Die am Südrande der norddeutschen Vereisung in westlicher und nordwestlicher Richtung abfließenden Schmelzwasser haben breite Täler gebildet und diese schließlich mit Kiesen und Sanden gefüllt. Die wichtigsten norddeutschen Urstromtäler sind, von Süden nach Norden aufgezählt, das Breslauer, das Glogau-Baruther, das Berliner, das Eberswalder und das Pommersche.

Das in Bewegung befindliche Grundwasser gelangt in die Gräben, Bäche und Flüsse, ein Teil auch unmittelbar ins Meer, ohne die Wasserläufe berührt zu haben. Die Flüsse werden also nicht nur durch den oberirdischen Abfluß der Niederschläge, sondern in trockener Zeit ausschließlich aus dem Grundwasser gespeist, das ihnen in breitem Strom oder aus Quellen zufließt.

Die Bewegung des Grundwassers läßt sich unter bestimmten Voraussetzungen auch rechnerisch behandeln, die Berechnung erfolgt meistens nach dem Darcyschen Filtergesetz [Gl. (27)]. Smreker setzt

$$Q = k_f F J^{2/3}. \tag{57}$$

Versuche von Holler haben ergeben, daß Q nicht verhältnisgleich der Wassertiefe (y) des Grundwassers ist. Das dürfte darauf beruhen, daß die tieferen Grundwasserschichten langsamer fließen als die höheren. Allgemein gilt daher die Beziehung

$$Q = k_f b y^m J^n, \tag{58}$$

b = Breite des Grundwasserabflusses. Man kann nun die Werte k_f, m und n in folgender Weise durch zwei Pumpversuche bestimmen, wenn die Lage der undurchlässigen Schicht bekannt ist.

Setzt man auf einer vom Mittelpunkt des Brunnens ausgehenden Geraden 3 Grundwasserbeobachtungsrohre (Abb. 27), so lassen sich die Werte y_1, y_2, J_1 und J_2 berechnen. Bezeichnet man ferner die sekundliche Zuflußmenge zum Brunnen, die bei einem Pumpversuch längs der Geraden innerhalb eines Winkels von 1° zufließt, mit Q_1, so ist

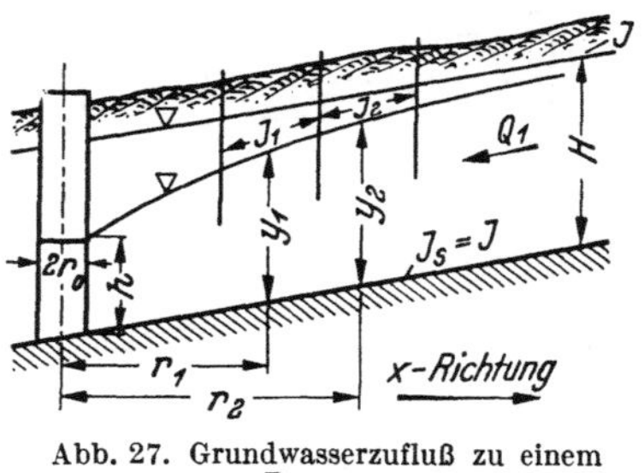

Abb. 27. Grundwasserzufluß zu einem Brunnen.

$$Q_1 = k_f \frac{r_1 \pi}{180} y_1^m J_1^n = k_f \frac{r_2 \pi}{180} y_2^m J_2^n,$$

daraus ergibt sich

$$m = \frac{\lg \frac{r_2}{r_1}}{\lg \frac{y_1}{y_2}} + \frac{\lg \frac{J_2}{J_1}}{\lg \frac{y_1}{y_2}} n = a + b n. \tag{59}$$

Wir führen nunmehr einen zweiten Pumpversuch durch mit den Werten Q_1', y_1', y_2', J_1', J_2'. Demnach ist

$$Q_1 = k_f \frac{r_1 \pi}{180} y_1^m J_1^n; \qquad Q_1' = k_f \frac{r_1 \pi}{180} y_1'^m J_1'^n, \tag{60}$$

und daraus

$$n = \frac{\lg \frac{Q_1}{Q'_1} - a \lg \frac{y_1}{y'_1}}{\lg \frac{J_1}{J'_1} + b \lg \frac{y_1}{y'_1}}. \tag{61}$$

Eine Proberechnung für n ist dadurch möglich, daß man statt der Werte y_1, J_1 die Werte y_2, J_2 einsetzt oder daß man derartige Berechnungen für mehrere vom Brunnenmittelpunkt ausgehende Geraden durchführt. Ebenso sind mehrere Berechnungen zur Ermittelung der Werte a und b zweckmäßig. Man verwendet dann die Mittelwerte von a, b, m und n. In Gl. (61) ist angenähert $Q_1/Q'_1 = Q/Q'$ zu setzen (siehe unten). Mittels der Gln. (59) und (61) läßt sich prüfen, ob die Formel von Darcy anwendbar ist, weil m und n etwa $= 1$ werden.

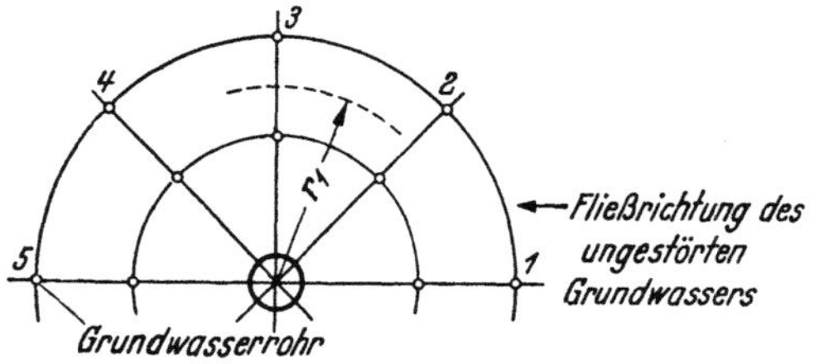

Abb. 28. Berechnung der Durchlässigkeitsziffer durch Pumpversuche.

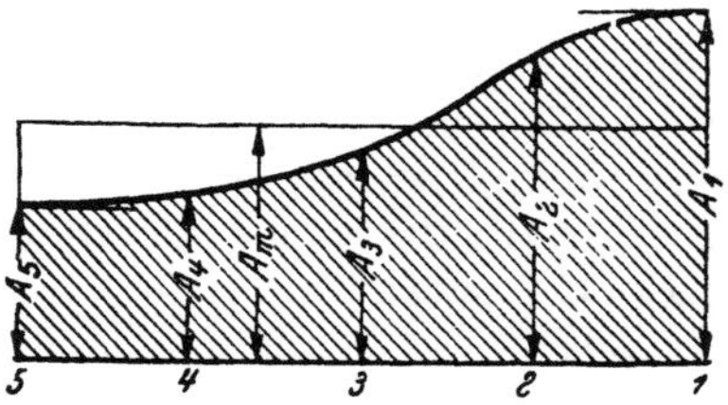

Abb. 29. Verteilung des Zuflusses zum Brunnen.

Zur Berechnung der Durchlässigkeitsziffer k_f benutzt man für die 5 Richtungen der Abb. 28 die Werte Q_1 und Q'_1 nach den Gln. (60). Setzt man nämlich $\frac{r_1 \pi}{180} y_1^m J_1^n = A$, so ist für jede der 5 Richtungen $Q_1 = k_f A$. Trägt man die gefundenen Werte A_1 bis A_5 nach Abb. 29 auf und verwandelt man die schraffierte Fläche in ein inhaltsgleiches Rechteck mit der Höhe A_m, so ist

$$k_f = \frac{Q}{360 A_m}. \tag{62}$$

Abb. 29 zeigt die Verteilung des Zuflusses zum Brunnen. Q ist die gesamte beim Pumpversuch geförderte sekundliche Wassermenge. Dieselbe Rechnung für Q' ermöglicht eine Prüfung.

Für $m = n = 1$ (Darcy) findet man k_f in gleicher Weise mittels der Werte A_1 bis A_5, der Abb. 29 und Gl. (62).

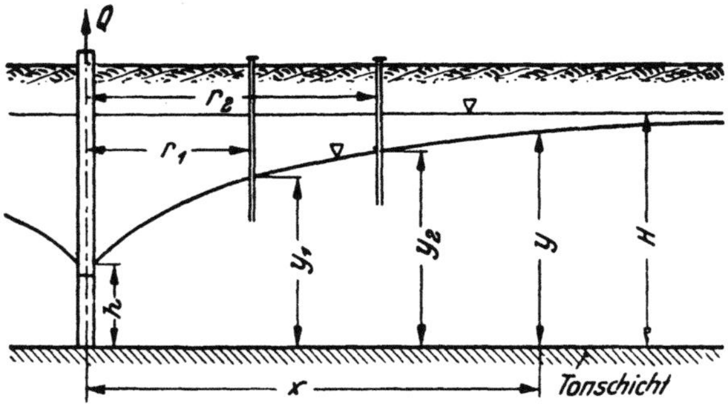

Abb. 30. Grundwasserzufluß zu einem Brunnen.

Ist das Gefälle J des ungestörten Grundwassers und J_s der undurchlässigen Schicht sehr klein, so kann man näherungsweise $J = 0$ setzen und annehmen, daß das Grundwasser dem Brunnen von allen Seiten gleichmäßig zufließt. Mit den Bezeichnungen der Abb. 30 ist dann allgemein

$$Q = k_f\, y^m \cdot 2 \cdot x \pi \left(\frac{dy}{dx}\right)^n, \tag{63}$$

$Q =$ Entnahme aus dem Brunnen. Integriert man und setzt man zur Bestimmung der Integrationskonstanten $x = r_1$, $y = y_1$, so ergibt sich

$$\frac{m+n}{n-1}\left(\frac{Q}{2\pi k_f}\right)^{\frac{1}{n}}\left(x^{1-\frac{1}{n}} - r_1^{1-\frac{1}{n}}\right) = y^{\frac{m}{n}+1} - y_1^{\frac{m}{n}+1}. \tag{64}$$

Die Werte m und n findet man wie oben [Gln. (59) und (61)], k_f dadurch, daß man in Gl. (64) $x = r_2$ und $y = y_2$ setzt.

Nimmt man in Gl. (63) $m = n = 1$ (Darcy), so erhält man

$$y^2 = y_1^2 + \frac{Q}{\pi k_f} \ln \frac{x}{r_1}, \quad (65)$$

$$k_f = \frac{Q \ln \frac{r_2}{r_1}}{\pi (y_2^2 - y_1^2)}, \quad (66)$$

ln = natürlicher Logarithmus für die Basis $e = \lim_{n=\infty} \left(1 + \frac{1}{n}\right)^n$. Also

$$e^{\ln r} = r; \quad \ln r = 2{,}302585 \lg r.$$

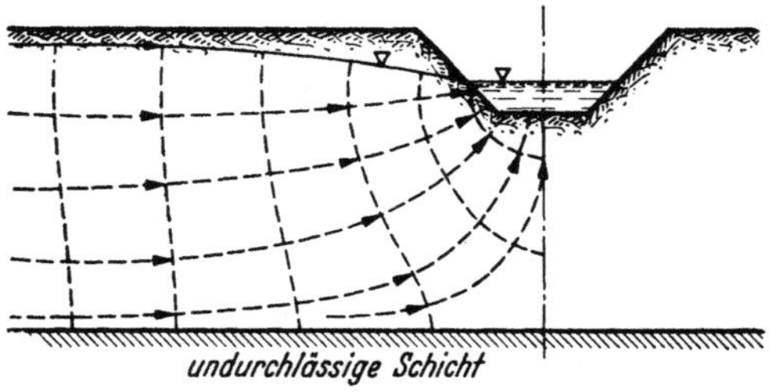

Abb. 31. Grundwasserbewegung nach Pennink. (Nach Krüger.)

Reicht der Brunnen nicht bis zur undurchlässigen Schicht, deren Lage jedoch bekannt ist, so verwendet man gleichfalls die Gln. (57) bis (66). Auch in diesem Fall sind die Ordinaten y_1 und y_2 von der undurchlässigen Schicht aus zu rechnen. Das Grundwasser bewegt sich bei Wasserläufen und Brunnen so, wie es in Abb. 31 dargestellt ist. Pennink hat das durch Versuche an Gräben gezeigt (*165*). Er fand, daß einem unter dem Grundwasser liegenden Abzuge von allen Seiten, auch von unten, Wasser zuströmt. Die Punkte gleichen Druckes liegen auf gekrümmten Linien, die Bewegungsrichtung steht stets senkrecht auf diesen Drucklinien.

Ist die Lage der undurchlässigen Schicht unbekannt, so ist eine Näherungsrechnung in der Weise möglich, daß man die Höhen y von einer gedachten Grenzlinie $A - B$ aus rechnet (Abb. 32). Man erhält aus Gl. (66)

$$y_2 + y_1 = \frac{Q \ln \frac{r_2}{r_1}}{\pi k_f (y_2 - y_1)}. \quad (67)$$

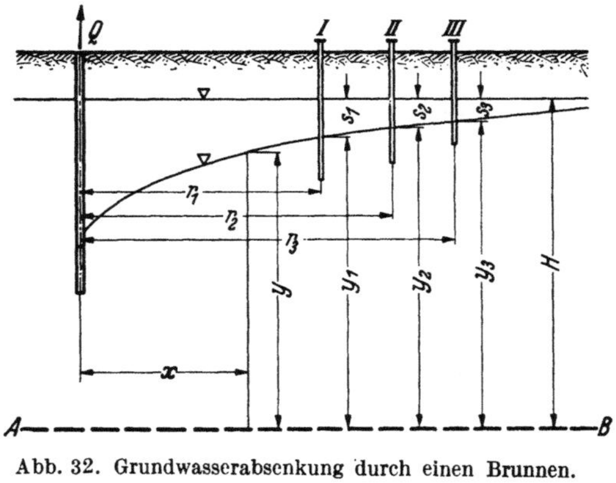

Abb. 32. Grundwasserabsenkung durch einen Brunnen.

Ist k_f aus anderen Versuchen bekannt, dann läßt sich $(y_2 + y_1)$ aus Gl. (67) berechnen, weil $(y_2 - y_1)$ mit Hilfe der beiden Beobachtungsrohre *I* und *II* ermittelt werden kann. Damit ist auch die Höhe y_1 bekannt, die man nur in Gl. (65) einzusetzen braucht, um die Gleichung der Spiegellinie zu erhalten. Wenn man dagegen auch den Durchlässigkeitsbeiwert k_f durch den Pumpversuch feststellen muß, bedarf es noch eines dritten Beobachtungsrohres *III*. Natürlich sind alle drei Rohre und die Brunnenachse in einer Geraden anzuordnen. Das dritte Rohr liefert die Gleichung

$$y^2 = y_3^2 + \frac{Q}{\pi k_f} \ln \frac{x}{r_3}. \quad (68)$$

Schreibt man nun Gl. (67) in der Form

$$2H - s_1 - s_2 = \frac{Q \ln \frac{r_2}{r_1}}{\pi k_f (s_1 - s_2)} \quad (69)$$

und leitet man aus den Gln. (65) und (68) die weitere Beziehung ab

$$2H - s_1 - s_3 = \frac{Q \ln \frac{r_3}{r_1}}{\pi k_f (s_1 - s_3)}, \quad (70)$$

so enthalten diese beiden Gleichungen nur die beiden Unbekannten H (als rein rechnerische Ersatzhöhe) und k_f. Man findet daraus

$$k_f = \frac{Q}{\pi(s_2 - s_3)}\left(\frac{\ln\frac{r_3}{r_1}}{s_1 - s_3} - \frac{\ln\frac{r_2}{r_1}}{s_1 - s_2}\right). \tag{71}$$

Setzt man diesen k_f-Wert in Gl. (69) ein, so ist auch H leicht zu berechnen, und damit sind die Höhen y_1, y_2, y_3 bekannt. Eine der Gln. (65) oder (68) ergibt alsdann die Spiegellinie des abgesenkten Grundwassers.

Bei allen rechnerischen Untersuchungen der Grundwasserbewegung ist zu beachten, daß Gl. (27) zweifelsfrei nur dann gilt, wenn das Gefälle des Grundwassers nicht zu stark ist. Da sich nun in der Nähe eines Brunnens bei der Wasserentnahme häufig ein sehr starkes Gefälle des Grundwassers bildet und da hier weitere Störungen durch Ausscheidung von Gasblasen (S. 20) eintreten können, so wird man es nach Möglichkeit vermeiden, die Gl. (27) in der Brunnennähe zu verwenden. Das empfiehlt sich auch noch aus einem anderen Grunde. Wenn nämlich die undurchlässige Schicht tiefer liegt als die Unterkante des Brunnens, dann weichen auch die Bahnen der tieferen Grundwasserteilchen in der Nähe des Brunnens erheblich von der Waagerechten ab (Abb. 31), so daß der Querschnitt F der Gl. (27) sehr schräge durchströmt wird. Es ist daher ratsam, die Grundwasserbeobachtungsrohre nicht in zu großer Nähe des Brunnens niederzubringen.

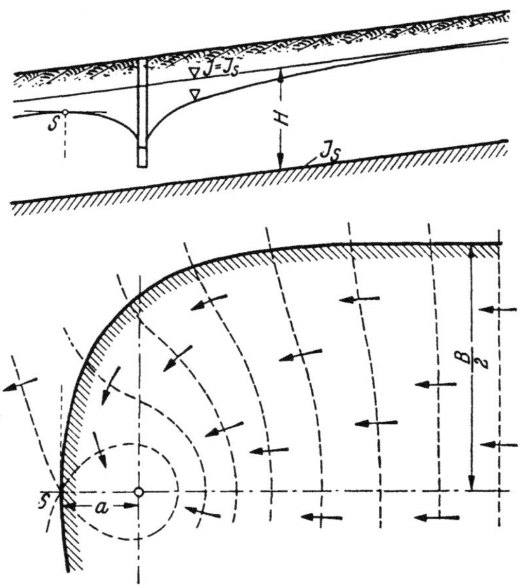

Abb. 33. Entnahmegebiet eines Brunnens.

Wenn das Grundwasser Gefälle hat (Abb. 33), erfahren die ursprünglich gleichlaufenden Wasserfäden der ungestörten Grundwasserströmung eine Ablenkung. Es bildet sich das gestrichelte Entnahmegebiet des Brunnens, das senkrecht bis zur undurchlässigen Schicht reicht und die Entnahmebreite B hat. Alle Wasserteilchen, die von rechts in der Fließrichtung des Grundwassers in dieses Entnahmegebiet eintreten, gelangen in den Brunnen, alle anderen werden zwar mehr oder weniger aus ihrer ursprünglichen Fließrichtung abgelenkt, aber von der Pumpe nicht erfaßt. Man nennt die Strombreite, in der eine Ablenkung stattfindet, die Einwirkungsbreite des Brunnens. In der Praxis nimmt man die Grenze der Brunneneinwirkung häufig dort an, wo die natürlichen Spiegelschwankungen des Grundwassers größer sind als die Spiegelschwankungen des Brunnenbetriebes (*181, 152*). Nach Prinz ist die Einwirkungsbreite eines Brunnens in grob durchlässigen Schichten bei einer Entnahme von etwa 200 bis 250 l/s und einer Absenkung am Brunnen von 6 bis 7 m selten breiter als 2 bis 3 km.

Unterhalb des Brunnens (links vom Punkt S) ist die weiterfließende sekundliche Grundwassermenge um die sekundliche Brunnenentnahme kleiner als oberhalb. Es muß daher hier eine Spiegelsenkung eintreten, die in der Nähe des Brunnens am größten ist und nach den Seiten, quer zur ursprünglichen Fließrichtung, allmählich kleiner wird. Diese Spiegelunterschiede in der Querrichtung gleichen sich aber immer mehr aus, je weiter sich das Grundwasser vom Brunnen (nach links) entfernt. Den Punkt S, an dem die Grundwasseroberfläche waagerecht ist, nennt man die untere Scheitelung.

Auf der linken Seite der Abb. 33 fließt nur vom Punkte S ab Wasser in den Brunnen. S liegt an derselben Stelle, wo bei waagerechter undurchlässiger Schicht (Abb. 30) das abgesenkte Grundwasser das Gefälle $J = J_s$ haben würde. Man findet S am einfachsten zeichnerisch, indem man nach Gl. (65) die abgesenkte Spiegellinie des Grundwassers aufträgt. Diese verliert aber weiter links vom Punkte S ihre Gültigkeit. Das folgt daraus, daß sie bei weiterer Fortsetzung die ursprüngliche Grundwasserlinie erreichen würde, während die wirkliche Grundwasseroberfläche tiefer liegt.

In der Landeskultur ist häufig die Frage zu beantworten, welche Grundwasserabsenkung infolge einer Grundwasserentnahme Q_0 zu erwarten ist, wenn der Pumpversuch nicht mit Q_0, sondern nur mit kleineren Fördermengen durchgeführt werden kann. Zunächst sind m, n und k_f zu berechnen oder nach Darcy $m = n = 1$ anzunehmen, außerdem ist die Verteilung des Zuflusses zum Brunnen gemäß Abb. 29 für die Pumpversuche Q und Q' zu ermitteln. Daraus schätzt man mit hinreichender Genauigkeit, wie groß Q_1 für den Sektor 1° im Verhältnis zur späteren Gesamtfördermenge Q_0 in der Richtung *1* der Abb. 28 etwa sein wird. Allgemein ist

$$Q_1 = k_f \frac{r\pi}{180} y^m J^n. \qquad (72)$$

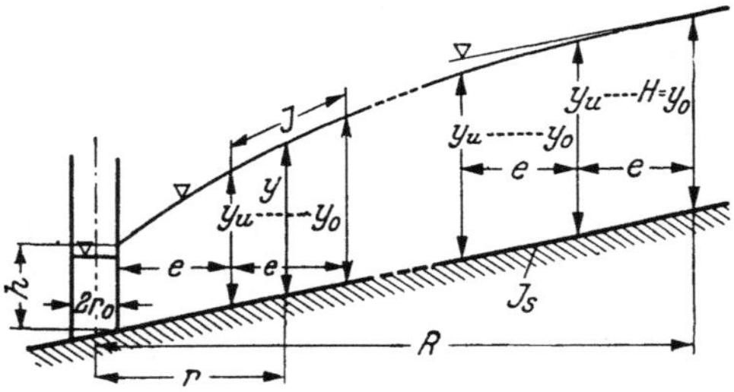

Abb. 34. Berechnung der Grundwasserabsenkung durch einen Brunnen.

Für $y = \sim H$ (Abb. 34) wird $J = J_s$ und $r = R$, d. h. im Abstande R vom Brunnen erreicht die abgesenkte Spiegellinie den ursprünglichen Grundwasserspiegel. Daher wird

$$Q_1 = k_f \frac{R\pi}{180} H^m J_s^n, \qquad (73)$$

$$R = \frac{180 \cdot Q_1}{k_f \pi H^m J_s^n}. \qquad (74)$$

Gl. (72) ermöglicht nun die Berechnung der Spiegellinie des Senkungstrichters in der Richtung *1* nach Art der Senkungskurvenberechnung durch Probieren, indem man sich, ausgehend von dem festliegenden Punkt R, H, schrittweise dem Brunnen nähert und so schließlich auch die Ordinate h am Brunnen findet: $y = (y_o + y_u) : 2$, $J = (y_o - y_u) : e + J_s$.

Da die Grundwassertiefe h auch für die übrigen Richtungen *2* bis *5* gilt, so lassen sich nunmehr, von h ausgehend, auch diese Spiegellinien schrittweise berechnen, gleichfalls mit Hilfe der Gl. (72) und mit dem aus Abb. 29 einzuschätzenden zugehörigen Wert Q_1. Dabei ist zu beachten, daß J_s bei den Richtungen *4* und *5* negativ wird.

Überschläglich kann die Ordinate h wie folgt ermittelt werden: in der Richtung *3* ist $J_s = 0$, daher nach Gl. (65) mit r_0 als Brunnenhalbmesser

$$y^2 = h^2 + \frac{360 \cdot Q_1}{\pi k_f} \ln \frac{x}{r_0}. \qquad (75)$$

Für $y = H$ wird angenähert $x =$ der halben Entnahmebreite B:

$$H^2 = h^2 + \frac{360 \cdot Q_1}{\pi k_f} \ln \frac{B}{2 \cdot r_0}. \qquad (76)$$

Aus Abb. 29 findet man wie oben den Wert Q_1 in Richtung *3* für den Sektor 1°: $Q_1 = k_f A_3$ in Verbindung mit Gl. (62) ergibt $Q_1 = (Q_0 A_3) : (360 \cdot A_m)$. In der Richtung der Grundwasserströmung ist der gesamte Zufluß zum Brunnen (Abb. 33)

$$Q_0 = k_f F J = k_f B H J_s,$$

$$B = \frac{Q_0}{k_f H J_s}. \qquad (77)$$

Nach Smreker kann man die Entnahmebreite B auch aus dem Abstand a der unteren Scheitelung S vom Brunnen berechnen (Abb. 33); angenähert ist:

$$B = 2 \cdot \pi a. \tag{78}$$

Aus den Gln. (76) und (77) läßt sich h berechnen. Die wirkliche Reichweite der Absenkung ist nur ungefähr $= B/2$, doch ist der Fehler nicht erheblich, weil B in der Form des Logarithmus auftritt. Beispiel: $Q_0 = 10000$ cm³/s, $k_f = 0{,}1$ cm/s, $H = 700$ cm, $J_s = 4^0/_{00}$, $r_0 = 30$ cm, $Q_1 = 26$ cm³/s. Daher $B = 35714$ cm und $h = 547$ cm.

Die Leistung eines Brunnens in l/s je 1 m Absenkung nennt man seine spezifische Ergiebigkeit. Nach Lueger kann man eine spezifische Ergiebigkeit von 2 bis 4 bei Brunnendurchmessern von 200 mm schon als günstig ansehen.

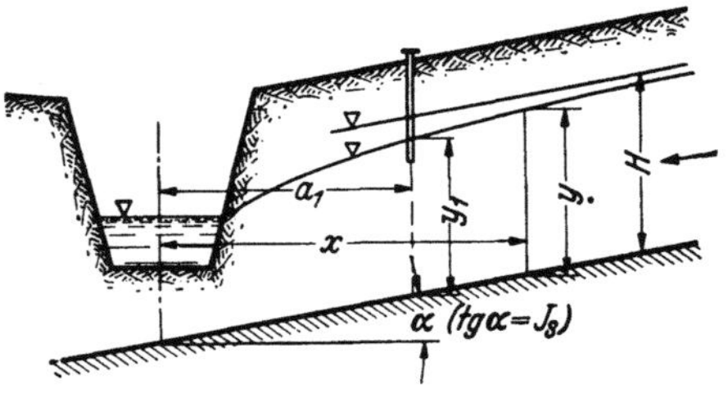

Abb. 35. Grundwasserabsenkung durch einen Graben.

Wird ein Grundwasserstrom quer zu seiner Richtung durch einen Graben oder Kanal angeschnitten (Abb. 35), so läßt sich die zu erwartende Absenkung des Grundwassers berechnen, wenn m und n sowie ein Punkt der Senkungskurve bekannt sind. Setzt man $m = n = 1$ (Darcy), so ist für einen 1 m breiten Streifen:

$$Q = k_f J F = k_f \left(\frac{dy}{dx} + J_s\right) y.$$

Da sich ein Grundwasserstrom mit der sekundlichen Abflußmenge Q und der Höhe H nach dem Graben zu bewegt, so ist

$$Q = k_f J_s H, \qquad J_s H = \left(\frac{dy}{dx} + J_s\right) y,$$

$$J_s\, dx = \frac{y\, dy}{H - y} = \frac{H\, dy}{H - y} - dy.$$

Durch Integration findet man

$$J_s x = -H \ln(H - y) - y + C,$$

für $x = a_1$ wird $y = y_1$; daher

$$C = J_s a_1 + H \ln(H - y_1) + y_1,$$

$$J_s(x - a_1) = H \ln \frac{H - y_1}{H - y} - (y - y_1). \tag{79}$$

Oder man bestimmt m und n durch Pumpversuche und setzt

$$Q = k_f y^m J^n = k_f H^m J_s^n,$$

$$J = \left(\frac{H}{y}\right)^{\frac{m}{n}} J_s. \tag{80}$$

$$y_0 + J_s e - y_u = J e; \qquad y_0 + y_u = 2y \quad \text{(Abb. 34)},$$

$$y_u = y - \frac{e(J - J_s)}{2}, \qquad y_0 - y_u = e(J - J_s). \tag{81}$$

Die beiden Gln. (81) ermöglichen die Anwendung des auf S. 142 angegebenen Verfahrens.

Die vorstehenden Ableitungen ergeben Staukurven, wenn die Werte $y > H$ sind. In Gl. (79) wird x unendlich groß für $y = H$, d. h. die rein rechnerische Stau- oder Senkungsweite ist unendlich. In der Praxis wird man aber die Reichweite des Staues oder der Absenkung bis zu der Stelle rechnen, an der y nur noch einige Zentimeter von H abweicht.

Ob man sich bei der rechnerischen Behandlung der Grundwasserbewegung der Gl. (27), (57) oder (58) bedient, muß der Entscheidung im Einzelfall überlassen bleiben. Die Formeln von Darcy und Smreker sind nur für ganz rohe Überschlagsrechnungen geeignet. In allen anderen Fällen sollte man sich die Exponenten m und n jeweils selbst ableiten, wie es in gleicher Weise ja auch bei Wasserläufen geschieht (S. 139). Auch bei unsicheren Voraussetzungen, wie mangelnder Kenntnis der Bodenverhältnisse, die bisweilen stark wechseln, wird das Rechnungsergebnis um so genauer, je richtiger die verwendete Formel ist.

Wegen weiterer Berechnungen der Grundwasserbewegung wird auf das Schriftenverzeichnis hingewiesen (*148*, *181* und *253*).

4. Die Beschaffenheit des Grundwassers.

Ein für das Pflanzenwachstum wichtiger Umstand ist der Gehalt des Grundwassers an Luft und damit an Sauerstoff (S. 72).

In chemischer Beziehung ist das Grundwasser in der Regel nicht rein; es zeigt vielmehr meistens Beimengungen aus dem Gestein, dem es entstammt. Eine häufige Beimengung ist das Eisen. Schon ein Eisengehalt von 0,3 mg/l gibt dem Wasser einen metallischen, tintigen Geruch und Geschmack. Bei einem Eisengehalt $\geqq$ 10 mg/l spricht man von Mineralwasser. Eisenhaltiges Wasser ($>$ 0,2 mg/l) färbt die Wäsche gelb. Über die Ausscheidungen von Eisenocker vgl. S. 57.

Auch Mangan findet sich häufig im Grundwasser. Es verursacht dunkelbraune Flecke in der Wäsche.

Gipshaltige Gesteine reichern das Grundwasser mit Kalziumsulfat an. Kalzium- und Magnesiumbikarbonat gehen aus Kalkspat und Dolomit in Lösung. Zum Beispiel: $CaCO_3 + CO_2 + H_2O = Ca(HCO_3)_2$.

Oft findet sich freie Kohlensäure im Grundwasser. Sie bewirkt einen angenehmen Geschmack, greift aber Blei, Eisen, Kupfer, Zink sowie Mörtel und Beton an.

Unter der Härte des Grundwassers versteht man seinen Gehalt an CaO und MgO. Dabei setzt man 1 Teil MgO im Verhältnis der Atomgewichte = $^{40}/_{56} = 5/7$ Teilen CaO und bezeichnet je 1 Gewichtsteil CaO (einschließlich des umgerechneten MgO) auf 100000 Gewichtsteile Wasser als einen deutschen Härtegrad. Dieser entspricht also 10 mg CaO je Liter. Die Härte des unbeeinflußten Wassers nennt man seine Gesamthärte. Ein Teil der Gesamthärte, die vorübergehende Härte (Karbonathärte), geht beim Kochen des Wassers verloren. Es sind die Bikarbonate von Kalzium und Magnesium, die sich beim Kochen in schwer lösliche Formen verwandeln und daher ausscheiden. Dagegen bleiben die Sulfate, Chloride, Nitrate und Silikate von CaO und MgO auch beim Kochen im Wasser erhalten und bedingen daher die sog. bleibende Härte. Für die Härte des Wassers sind folgende Bezeichnungen üblich:

$<$ 4° Härte	sehr weich	12 bis 18°	ziemlich hart
4 bis 8°	weich	18 „ 30°	hart
8 „ 12°	mittelhart	$>$ 30°	sehr hart.

Auch Kochsalz (NaCl) ist nicht selten im Grundwasser gelöst. Beträgt sein Gehalt mehr als 400 mg/l, so nimmt das Wasser einen salzigen Geschmack an. Da Salzwasser schwerer als gewöhnliches Wasser ist, findet man im Küstengebiet bei Bohrungen häufig salziges Wasser unter einer Schicht süßen Grundwassers.

Eine wertvolle Eigenschaft des Grundwassers ist seine große Reinheit von Kleinlebewesen, die beim Einsickern des Oberflächenwassers durch die Filterwirkung des Bodens zurückgehalten werden. Nicht alle Böden filtern gleich gut. Eine gute Filterwirkung besitzt feiner Sand, während Kies, dessen Hohlräume nicht mit Sand gefüllt sind, Verunreinigungen aller Art durchläßt. Auch Lehm und Löß können ausreichend filtern, sofern der Boden keine Risse oder Röhrchen aufweist.

Grundwasser eignet sich ferner deshalb besonders gut zum Gebrauchswasser, weil es eine ziemlich gleichbleibende, geringe Temperatur hat.

D. Der oberirdische Abfluß.

1. Wasserstände und Abflußmengen.

Zur Feststellung der in einem Wasserlauf auftretenden Wasserstände dienen die Pegel, und zwar die Lattenpegel und die Schreibpegel. Für die kleinste Unterteilung der Pegellatten genügt das Maß von 2 cm. Die Teilung wird auf Holzlatten meistens durch Ölfarbenanstrich hergestellt. Eine Teilung mit blanken, breitköpfigen Nägeln bietet den Vorteil, daß sie nicht so leicht vergeht wie ein Farbanstrich. Pegellatten, die längere Dauer haben sollen, werden aus Gußeisen gefertigt. Ihre Teilung wird entweder erhaben aufgegossen oder durch Emaille hergestellt. Die Präzisionspegellatten von Seibt sind mit eingelegten Porzellanplättchen versehen.

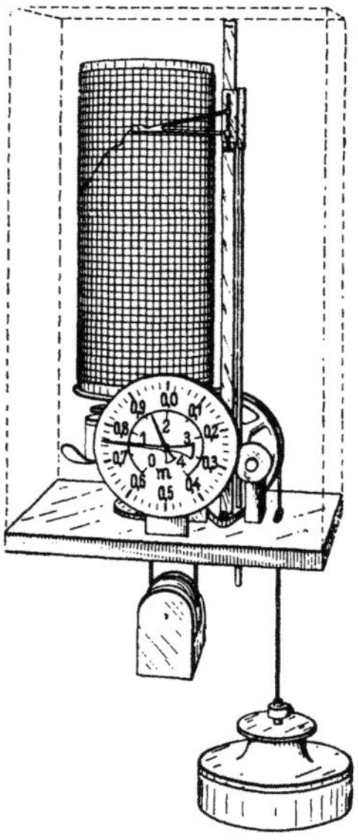

Abb. 36. Schreibpegel. (Nach R. Fueß.)

Die Lattenpegel sind meistens:

Senkrechte Lattenpegel, seltener

Treppenpegel: Pegel treppenförmig ansteigend, Teilung an den senkrechten Flächen der Stufen.

Schrägpegel: Pegellatte liegt schräge, z. B. auf einer Uferböschung, mit Neigung $1:n$. Teilung verzerrt, 1 cm Höhenunterschied $= \sqrt{1+n^2}$ cm auf der Latte. Besonders sichere Lagerung erforderlich.

Staffelpegel: Pegel in mehrere getrennte Teilstücke aufgelöst, die den gleichen Nullpunkt haben, jedes Teilstück für einen besonderen Wasserstandsbereich.

Bandmaßpegel: Bandmaß mit Zentimeterteilung, Schwimmer mit Gegengewicht ist über eine Rolle geführt und in einem Rohr untergebracht, Ablesung der Zentimeterteilung durch ein Fenster. Verwendet bei unruhigem Wasserspiegel, der sich im Schwimmerrohr beruhigt. Doch sind die Wasserstände im freien Fluß und Rohr bisweilen etwas verschieden.

Die Pegellatten sind so anzuordnen, daß unmittelbar vor der Latte keine Hebung oder Senkung des Wasserspiegels eintritt (Stau vor Pegelpfählen, Senkung zwischen Brückenpfeilern). Sie werden mit Langlöchern befestigt, um Verschiebungen in der Höhenlage leicht wieder ausgleichen zu können.

Die Schreibpegel sind in der Hauptsache Schwimmerschreibpegel (Abb. 36), sie übertragen die steigende und fallende Bewegung des Wassers durch einen Schwimmer mittels Schreibstift fortlaufend auf eine Trommel. Diese ist mit einem Bogen Papier (Pegelbogen) bespannt und wird durch ein Uhrwerk gedreht. Bei den elektrischen Fernpegeln wird die Bewegung des Schwimmers durch eine Kontaktvorrichtung an eine Empfangsstelle übertragen, oder es wird der elektrische Widerstand eines im Wasser stehenden Stabes gemessen, der aus besonderem Stoff besteht und dessen Widerstand sich mit der Eintauchtiefe ändert. Der Druckluftpegel beruht darauf, daß der Druck in einer unten offenen Tauchglocke durch die Luft in der Glocke und in der zur Empfangsstelle führenden Luftleitung (Bleirohrkabel) auf ein Feder- oder Quecksilbermanometer übertragen wird.

Die Schreibpegel sind stets in Verbindung mit Lattenpegeln zu betreiben, da die Ablesungen am Lattenpegel zuverlässiger sind und daher zur Kontrolle des Schreibpegels dienen müssen. Sie werden mit stehender und liegender Trommel ausgeführt. Um die Trommellänge zu verkleinern, wird bisweilen ein Umkehrschreibwerk verwendet, durch das die Hochwasserscheitel von einem bestimmten Wasserstand ab nach unten, also umgeklappt, aufgezeichnet werden. Der Wilcke-Rohrpegel ist ein in einer dichtschließenden Haube untergebrachter Schwimmerschreibpegel, der sich an einem Pfahl befestigen läßt und für einfache Anlagen geeignet ist. Als Höhenmaßstäbe für die Wasserstände verwendet man 1 : 5,1 : 10 oder 1 : 20, als Zeitmaßstäbe im Binnenlande 1 h = 2 mm, 3 mm oder 4 mm.

Eine Schreibpegelstation besteht aus dem Schreibpegel, dem Schwimmerschacht, der Verbindungsleitung des Schachtes mit dem freien Wasser, dem Pegelhaus, dem Lattenpegel und drei zuverlässigen Pegelfestpunkten. Dem Schutz der Anlage gegen Luftfeuchtigkeit und Frost ist besondere Aufmerksamkeit zu widmen.

Die Pegelbögen reichen im allgemeinen für eine, seltener für zwei Wochen. Zur Kontrolle sollen aber die Aufzeichnung auf dem Pegelbogen und der Wasserstand am Lattenpegel außer beim Wechseln des Pegelbogens noch ein- bis zweimal wöchentlich miteinander verglichen werden. Die Nullpunkte der beiden Pegel sind auf die gleiche Höhe zu legen, auf Normalnull einzumessen und gegen die Pegelfestpunkte festzulegen. Der Pegelnullpunkt (P.N.) soll stets so gewählt werden, daß keine negativen Pegelstände und möglichst auch keine vierstelligen Zahlen ($\gtreqless$ 1000 cm) vorkommen.

Die bekanntesten Herstellerfirmen für Pegel sind: Eisenwerk in Tangerhütte (Lattenpegel), A. Ott in Kempten (Allgäu), R. Fueß in Berlin-Steglitz, Otto A. Ganser in Wien und Siemens & Halske in Berlin (elektrische Fernpegel).

Im früheren Reichsgebiet gab es 1937 etwa 3800 Pegelstellen, an denen die Wasserstände dauernd gemessen wurden. Davon waren rd. 900 Schreibpegel. Die amtliche Pegelvorschrift vom 14. 9. 1935 unterscheidet entsprechend ihrer Bedeutung die Pegel I., II. und III. Ordnung.

Alle Pegel sind möglichst so aufzustellen, daß in ihrer Nähe keine größeren Veränderungen des Wasserlaufes zu erwarten sind. Läßt sich die Errichtung des Pegels in einer Krümmung nicht vermeiden, so ist das einbuchtende Ufer dem ausbuchtenden im allgemeinen vorzuziehen. Stromspaltungen sind keine geeigneten Pegelstellen, desgleichen Strecken, an denen oft starker Wellenschlag herrscht oder die im Rückstau liegen. Die Pegel müssen so aufgestellt werden, daß sie gegen Beschädigungen, z. B. durch Eis oder durch die Schiffahrt, geschützt sind, daß in ihrer Nähe möglichst bei allen Wasserständen Abflußmessungen vorgenommen werden können und daß Änderungen der Abflußmenge sich mit hinreichender Deutlichkeit in einer Änderung des Pegelstandes zeigen.

Die Wasserstände werden meistens täglich einmal, und zwar stets um dieselbe Tagesstunde (Hauptbeobachtungen), abgelesen sowie in Listen eingetragen. Man schreibt den Wasserstand in Zentimetern an, z. B. 137 cm (nicht 1,37 m). Bei jedem Vorüberlaufen einer Hochwasserwelle muß häufiger als einmal täglich abgelesen werden. Nur so ist es möglich, den Verlauf der Welle und ihren Scheitelwert genau genug festzulegen. Bei Wasserläufen mit sehr langsamen Änderungen des Wasserstandes schreibt man unter Umständen den Wasserstand nur an jedem zweiten Tag auf.

Da die Ansammlung von Eis und Schnee oft schon vor Neujahr beginnt und ihr Abfluß erst im Frühjahr stattfindet, würden die Niederschlagsverhältnisse des Jahres in den Wasserständen nicht zum Ausdruck kommen, wenn man diese nach dem Kalenderjahr zusammenstellte. Man rechnet daher das Abflußjahr vom 1. November bis zum 31. Oktober. Es umfaßt darin das Winterhalbjahr die Monate November bis April, das Sommerhalbjahr die Monate Mai bis Oktober. Man nennt z. B. das Abflußjahr vom 1. November 1932 bis 31. Oktober 1933 kurz das Abflußjahr 1933.

Wegen sonstiger Einzelheiten wird auf die Pegelvorschrift verwiesen (*175*).

Besonders wichtige Wasserstände werden als Hauptzahlen der Wasserstände bezeichnet. Außerhalb des Tidegebietes verwendet man folgende Abkürzungen, die sich auf einen bestimmten Zeitraum (z. B. auf die 20 Abflußjahre 1911—1930) beziehen:

NW = der niedrigste Wasserstand der 20 Jahre.

MNW = der mittlere niedrigste Wasserstand der 20 Jahre. Man nimmt den niedrigsten Wasserstand jeden Jahres und bildet aus diesen 20 Werten das Mittel.

MW = der mittlere Wasserstand, d. h. das Mittel aus sämtlichen Tageswerten aller 20 Jahre. Man kann *MW* auch so bilden, daß man zunächst für jedes einzelne Jahr den mittleren Wasserstand als Mittel der 365 (366) Tageswerte berechnet und aus den so erhaltenen 20 Werten wieder das Mittel bildet. Das Ergebnis ist das gleiche.

MHW = der mittlere höchste Wasserstand (sinngemäß wie *MNW*).

HW = der höchste Wasserstand (sinngemäß wie *NW*).

Man braucht nun diese fünf Wasserstände nicht, wie vorstehend geschehen, auf die gesamten Jahre zu beziehen, kann sie vielmehr auch auf Halbjahre oder Monate beschränken. So bedeutet:

SoNW = der niedrigste Wasserstand der 20 Sommerhalbjahre (Mai bis Oktober).

WiMW = der mittlere Wasserstand der 20 Winterhalbjahre (November bis April).

Jan. *MNW* = der mittlere niedrigste Wasserstand der 20 Januar-Monate usw.

Ferner ist

GW = der gewöhnliche Wasserstand, d. i. derjenige Wasserstand, der in den 20 Jahren an ebensoviel Tagen überschritten wie nicht erreicht wird (Zentralwert *ZW*).

NNW = der überhaupt bekannte niedrigste Wasserstand, gleichgültig, ob er in den betrachteten Zeitraum (20 Jahre) fällt oder nicht.

HHW = der überhaupt bekannte höchste Wasserstand (sinngemäß wie *NNW*).

Im Tidegebiet mit seinem ständigen Wechsel von Ebbe, Tide-Niedrigwasser (*Tnw*), Flut und Tide-Hochwasser (*Thw*) gelten ähnliche Bezeichnungen. Es entsprechen einander:

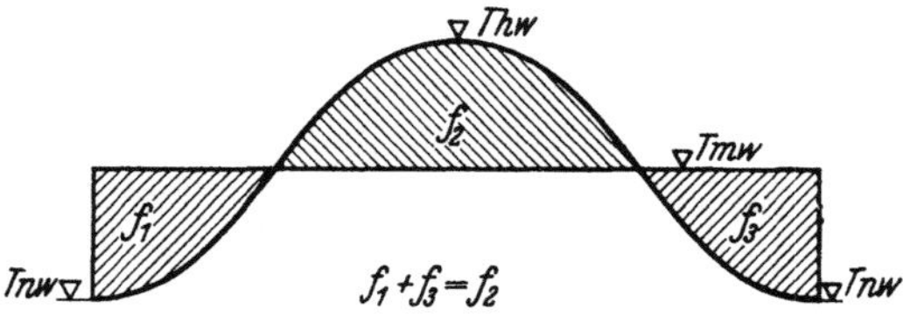

Abb. 37. Tide-Mittelwasser.

NNW — *NNTnw* — *NNThw*.
NW — *NTnw* — *NThw*.
MNW — *MNTnw* — *MNThw*.
MW — *MTnw* — *MThw*.
MHW — *MHTnw* — *MHThw*.
HW — *HTnw* — *HThw*.
HHW — *HHTnw* — *HHThw*.

Unter Tide-Mittelwasser (*Tmw*) versteht man die aus der Tidekurve genau bestimmte mittlere Lage des Wasserspiegels (Abb. 37), unter Tide-Halbwasser $\left(T\frac{1}{2}w\right)$ den Wasserstand in Höhe des halben Tidehubs. Man wendet auch für diese beiden Wasserstände gleichartige Bezeichnungen wie oben an:

$$NNTmw,\quad NTmw,\quad \ldots NNT\frac{1}{2}w,\quad NT\frac{1}{2}w\ldots \quad \text{usw.}$$

Als gewöhnlichen Wasserstand (*GW*) bezeichnet man im Tidegebiet das arithmetische Mittel der Tidehochwasserstände. Unter Hauptbeobachtungen versteht man im Tidegebiet die Tidehochwasser und Tideniedrigwasser.

Einen guten Einblick in die Wasserverhältnisse eines Flusses gewähren die Häufigkeitszahlen der Wasserstände. Sie geben an, an wieviel Tagen in einem bestimmten Zeitraum (z. B. in 20 Jahren) ein bestimmter Wasserstand oder eine Gruppe von Wasserständen (meist durchschnittlich je Jahr) eingetreten ist. Im allgemeinen ist die Häufigkeit nach Stufen von 10 cm auszuzählen, für die Berechnung des *GW* ist diese Stufengröße vorgeschrieben. Die Stufen sind dann, auf Pegelnull bezogen, folgende:

0 bis 9, 10 bis 19, 20 bis 29 cm usw.,
— 1 bis — 10, — 11 bis — 20, — 21 bis — 30 cm usw.

Zahlentafel 78.

Stufe am Pegel cm	Häufigkeitszahl	Stufe am Pegel cm	Häufigkeitszahl	Stufe am Pegel cm	Häufigkeitszahl	Stufe am Pegel cm	Häufigkeitszahl
170—179	2	130—139	10	90—99	33	50—59	31
160—169	3	120—129	15	80—89	48	40—49	24
150—159	5	110—119	20	70—79	70	30—39	19
140—149	8	100—109	26	60—69	51	30—179	365

Die Zahlentafel 78 gibt ein Beispiel für die durchschnittliche jährliche Wasserstandshäufigkeit einer längeren Jahresreihe. Trägt man die Häufigkeitszahlen nach Abb. 38 auf, so erhält man einen treppenförmigen Linienzug, die sogenannte

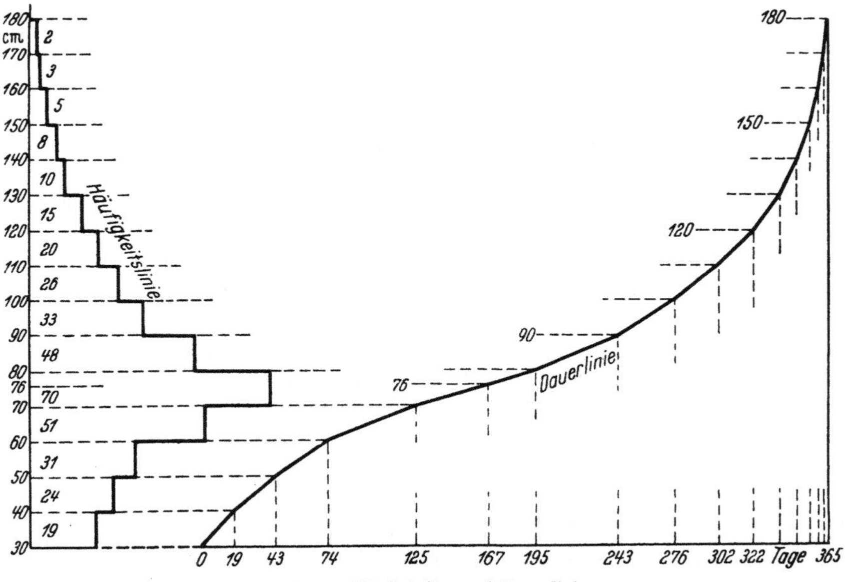

Abb. 38. Häufigkeits- und Dauerlinie.

Häufigkeitslinie, die um so ausgeglichener verläuft, je länger die Jahresreihe ist. Man kann sie statt nach Dezimeterstufen auch nach Zentimetern auftragen, indem man die Häufigkeitszahlen nach Zentimetern am Pegel auszählt.

Aus den Häufigkeitszahlen kann man die Dauerzahlen der Wasserstände ableiten. Sie geben an, von wieviel kleineren Werten ein beobachteter Wert derselben Beobachtungsreihe unterschritten (Unterschreitungszahl), oder von wieviel größeren Werten er überschritten wird (Überschreitungszahl). Die Dauerzahlen sind die Summen der betreffenden Häufigkeitszahlen, sie liefern die Dauerlinie der Wasserstände, wie sie in Abb. 38 (rechts) dargestellt ist. Die Dauerlinie ist die zeichnerische Darstellung der nach ihrer Größe geordneten Werte und die Summenlinie der Häufigkeitslinie. Man findet aus ihr für irgendeinen Pegelstand (z. B. 76 cm in Abb. 38) die Unterschreitungsdauer (167 Tage) und die Überschreitungsdauer (365 — 167 = 198 Tage). Aus der Dauerlinie (Abb. 39) kann man auch die Höhe des *GW* leicht entnehmen, da es nach seiner Begriffsbestimmung eine Dauer von $\frac{365}{2}$ Tagen haben muß. Aus der Dauerlinie ergibt sich ferner die Höhe des *MW*, indem man die von ihr und dem Achsenkreuz eingeschlossene Fläche in ein Rechteck mit der Grundlinie $t = 365$ Tagen verwandelt. Die Höhe dieses Rechtecks ist dann *MW*. Die Richtigkeit dieser Rechnung folgt daraus, daß bei Betrachtung des gestrichelten Streifens an $(t_2 - t_1)$ Tagen der Wasserstand zwischen W_2 und W_1 liegt, im Mittel dieser Zeit also $\frac{W_2 + W_1}{2}$ beträgt. Das gewöhnliche Wasser liegt meistens einige Zentimeter unter Mittelwasser.

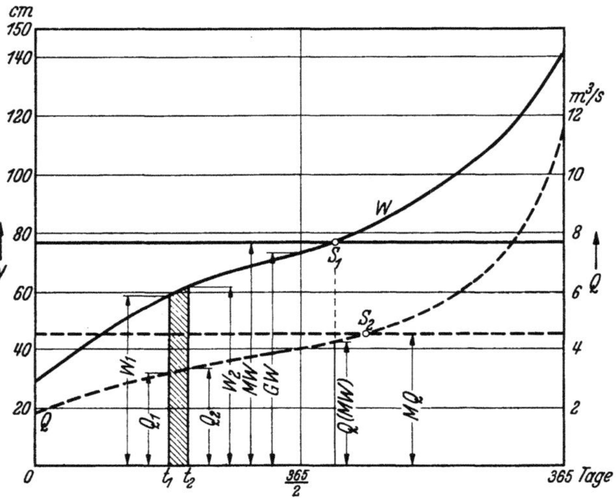

Abb. 39. Dauerlinien der Wasserstände und Abflußmengen.

Man kann die Wasserstandshäufigkeit und die Dauerlinie der Wasserstände auch für einzelne Monate oder Jahreszeiten ermitteln, was gerade für Fragen der Bodenverbesserung, bei denen ja die Wachstumszeit eine besondere Rolle spielt, häufig wichtig ist.

Oft ist es nötig, an einer Stelle *a*, an der noch keine Pegelbeobachtungen vorliegen, wasserbauliche Arbeiten auszuführen und dabei die Wasserstandsbewegungen zu berücksichtigen. Es ist meistens unmöglich, durch Beobachtungen die maßgebenden Wasserstände rechtzeitig zu ermitteln. In solchen Fällen empfiehlt es sich, die Beziehung der Wasserstände bei *a* zu denen an einem benachbarten Pegel *b*, von dem schon langjährige Beobachtungen vorliegen, festzustellen. Darunter versteht man die Herleitung eines Gesetzes, aus dem man entnehmen kann, welcher Wasserstand bei *a* einem beliebigen Wasserstande bei *b* entspricht. Zu dem Zwecke ist auch bei *a* ein Pegel zu setzen (Bezugspegel) und regelmäßig, wenn auch nur kürzere Zeit, zu beobachten.

Man darf aber nicht alle sich entsprechenden Pegelstände dazu benutzen, vielmehr nur diejenigen in Beziehung zueinander setzen, die einem Beharrungswasserstande entstammen. Beharrung ist dann vorhanden, wenn der Wasserstand längere Zeit hindurch an beiden Pegeln ganz oder nahezu unverändert bleibt. Solche Beharrung tritt für kurze Zeit auch dann ein, wenn das Wasser nach beendetem Fallen wieder zu steigen beginnt oder umgekehrt. Die Wasserstandsganglinien (S. 126) haben zur Zeit einer solchen Zustandsänderung waagerechte Tangenten. Man erkennt die Wasserstände, die nach diesen Grundsätzen zur Herleitung von Beziehungen geeignet sind, am besten, wenn man die Wasserstandsbewegung an den beiden Pegeln *a* und *b* nach Abb. 40 untereinander zeichnerisch darstellt. Dabei muß allerdings vorausgesetzt werden, daß auf der

Strecke $a-b$ kein größerer Nebenfluß einmündet, der die Beziehung stören würde. In Abb. 40 liegen „gleichwertige“ Pegelstände an den Stellen *1, 2, 3* und *4*. Die sich daraus ergebende Beziehung pflegt man nach Abb. 41 zeichnerisch aufzutragen, indem man durch die gefundenen Punkte einen ausgleichenden Linienzug zeichnet. Dabei ist aber zu beachten, daß bei den so ermittelten gleichwertigen Wasserständen nicht immer dieselben sekundlichen Wassermengen abfließen. Insbesondere ist häufig der sekundliche Abfluß in den Hochwasserspitzen verschieden.

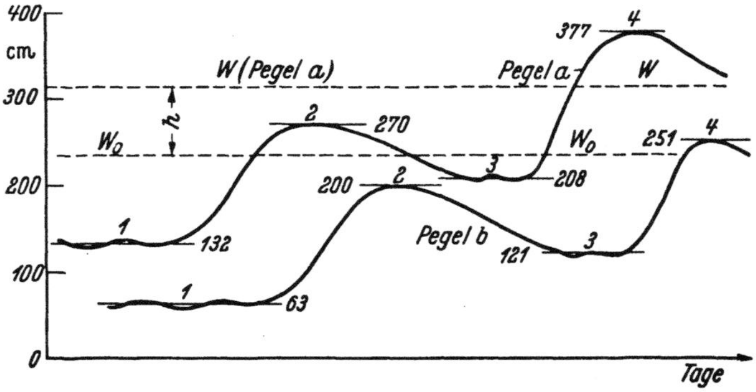

Abb. 40. Wasserstandsganglinien mit gleichwertigen Wasserständen.

Die gleichwertigen Wasserstände (*GlW*) einzelner Pegel eines Wasserlaufs, die einander entsprechen, kann man nach verschiedenen Gesichtspunkten ermitteln:

1. Aus Beharrungszuständen (siehe oben), insbesondere bei unbedeutenden ober- und unterirdischen Zuflüssen.

2. Aus mittleren Wasserständen solcher Zeiträume, in denen der Wasserspiegel nur in engen Grenzen geschwankt hat.

3. Aus gleicher Unter- oder gleicher Überschreitungsdauer der ungehemmten (z. B. eisfreien) Wasserstände des betrachteten Zeitraums.

Ist in dem fraglichen Flusse ein geeigneter Pegel *b* nicht vorhanden, wohl aber in einem benachbarten Flusse mit gleichartigen Verhältnissen des Niederschlagsgebiets und in klimatischer Hinsicht, so kann man in Ermangelung eines Besseren ausnahmsweise auch diesen zur Herstellung einer überschläglichen Beziehung benutzen. Indem man diese auf langjähriger Beobachtung beruhenden Wasserstände auf einen benachbarten Fluß überträgt, wird man in der Regel zuverlässigere Werte erhalten, als wenn man sich allein mit unmittelbaren Wasserstandsbeobachtungen von nur sehr kurzer Dauer behilft.

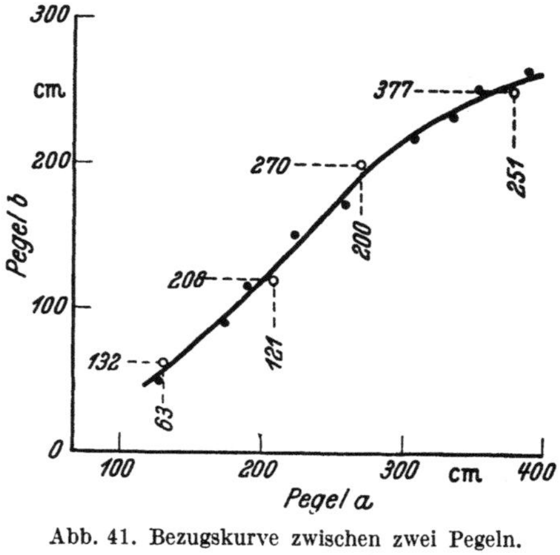

Abb. 41. Bezugskurve zwischen zwei Pegeln.

Bei der Auswertung der Wasserstände ist zu beachten, ob der Abfluß durch Eisversetzungen oder durch den Betrieb von Stauwerken beeinflußt worden ist. Eine Eisversetzung erzeugt oberhalb einen außergewöhnlich hohen und unterhalb zeitweise einen niedrigen Wasserstand. Bei Wasserständen, die unter solchen Verhältnissen beobachtet wurden, muß das stets vermerkt werden. Die Stauwerke, besonders die in kleinen Flüssen häufig für Wassertriebwerke angelegten, können den Wasserstand ober- und unterhalb durch den Wechsel im Betriebe so beeinflussen, daß sie die unter natürlichen Verhältnissen sich ausbildende Wasserstandsbewegung völlig verdunkeln.

Die Wasserstandsänderungen eines Flußquerschnittes entstammen zwei verschiedenen Ursachen, der Änderung der Abflußmenge und der Veränderung des Abflußquerschnittes. Unter der Abflußmenge versteht man diejenige Wassermenge (z. B. in m³), die in 1 s durch einen bestimmten Flußquerschnitt hindurchfließt. Wenn zwei Querschnitte eines Flusses bei gleichem Spiegelgefälle die gleiche Abflußmenge führen, dann steigt bei demselben Zuwachs an Abflußmenge der Wasserstand in dem breiteren Querschnitt weniger als in dem schmaleren. Das wird bei Ausuferungen besonders deutlich, ebenso bei seeartigen Erweiterungen des Wasserlaufes. Haben zwei Querschnitte denselben sekundlichen Abfluß und dieselbe Wasserspiegelbreite, dann bewirkt derselbe Zuwachs an sekundlicher Wassermenge bei stärkerem Gefälle ein geringeres Steigen als bei schwächerem. Ausuferungen, Seen und Talsperren oberhalb eines Flußquerschnittes verringern den Wasserstandswechsel auch dadurch, daß sie durch die Zurückhaltung des Wassers den sekundlichen Abfluß unterhalb verkleinern. Allgemein sind die Wasserstandsschwankungen eines Flusses um so größer, je verschiedener seine Abflußspenden sind (S. 167).

Eine häufig vorkommende Veränderung des Abflußquerschnittes wird durch Eindeichungen bewirkt, die bei höheren Wasserständen eine Vergrößerung der Wasserstandsänderungen zur Folge haben, und zwar aus zwei Gründen. Einmal, weil die Breite des Hochwasserabflußquerschnittes im Bereiche der Eindeichung geringer wird, sodann aber auch deshalb, weil durch Verringerung der Aufspeicherung oberhalb des betrachteten Flußquerschnittes die Abflußmenge unterhalb zunimmt (S. 237). Auch das Flußbett selbst kann Änderungen erfahren, natürliche und künstliche. Natürliche Veränderungen sind die Uferabbrüche, Kolke, Versandungen und die Laufverlängerungen infolge Zunahme der Krümmungen. Durch letztere wird das Gefälle verringert, das seinerseits wieder die Wassergeschwindigkeit und die Größe der Wasserstandsänderungen bei wechselnder Abflußmenge beeinflußt (s. oben). Künstliche Veränderungen des Abflußquerschnittes sind z. B. die Buhnenbauten. Über ihre Wirkung auf die Wasserstände vergleiche man die Ausführungen auf S. 246. Die Zurückhaltung des Geschiebes durch Wehre und Talsperren kann zum mindesten vorübergehend den Gleichgewichtszustand eines Flusses stören und eine Vertiefung der Sohle unterhalb, damit auch ein Sinken der Wasserstände herbeiführen.

Die Eigenart eines Flusses kommt in dem Verhalten der Wasserstände zum Ausdruck. Die Hauptwasserstände reichen aber nicht aus, um die Eigenart zu kennzeichnen. Einen klaren Überblick gewähren erst die zeichnerischen Darstellungen der Pegellisten, die dadurch entstehen, daß man (auf Millimeterpapier) zu den Zeiten als Waagerechten die Wasserstände als Senkrechte aufträgt (Wasserstandsganglinien, Abb. 40). Verarbeitet man in dieser Weise die täglichen Wasserstände, so kann man bezeichnende Eigentümlichkeiten des Flusses anschaulich erkennen. Man kann das Bild in der Weise ergänzen, daß man die Monatsmittelwerte oder die Mittelwerte der Jahreszeiten oder des Jahres als waagerechte Linien einträgt und auf diese Weise die Abweichungen der Einzelwerte von diesen Mittelwerten darstellt. Gerade für den landwirtschaftlichen Wasserbau ist die Auftragung der Wasserstandsganglinien häufig nicht zu entbehren, weil nur sie zeigen, wie die einzelnen Wasserstände in zeitlicher Reihenfolge aufgetreten sind. Dieser zeitliche Verlauf ist aber landwirtschaftlich oft entscheidend. Es ist z. B. ein wesentlicher Unterschied, ob 20 Überschwemmungstage in der Wachstumszeit hintereinander oder in mehreren kleinen Überflutungen von kurzer Dauer eingetreten sind, ob sie nach der Zeit ihres Auftretens für das Pflanzenwachstum und die Ernte günstig oder ungünstig lagen.

Solange das Flußbett in der Nähe eines Pegels unverändert bleibt, entspricht einem bestimmten Wasserstand am Pegel eine ganz bestimmte Abflußmenge. Denn je größer diese ist, um so höher liegt der Wasserspiegel. Hat man die Abflußmengen für verschiedene Pegelstände ermittelt (S. 129), so trägt man erstere als Waagerechte und letztere als Senkrechte auf (Abb. 42). Durch die so erhaltenen Punkte legt man einen ausgleichenden Linienzug. Denn kleine Abweichungen der Punkte von der ausgleichenden Linie werden in der Regel auf Messungsfehlern beruhen. Die Ausuferungshöhe ist meistens an einem Bruch in dem Linienzug erkennbar. Die Darstellung nach Abb. 42 nennt man die Abflußkurve des Pegels.

Die zur Festlegung der Abflußkurve erforderlichen Abflußmessungen (Geschwindigkeitsmessungen) dürfen nur bei einem beharrlichen Wasserstande (S. 124) durchgeführt werden, da die Geschwindigkeiten trotz gleichen Wasserstandes verschieden sein können, je nachdem ob das Wasser steigt oder fällt. So hat z. B. eine Hochwasserwelle (Abb. 43) an der Vorderseite ein stärkeres Gefälle als an der Rückseite, so daß bei demselben Wasserstande bei steigendem Wasser eine größere Abflußmenge abfließt als bei fallendem. Da die Abflußkurve eine Änderung erleidet, wenn sich das Flußbett ändert, so sollte sie nur an solchen Punkten des Flusses ermittelt werden, an denen das Bett sich im Beharrungszustande befindet. Aber auch dann muß von Zeit zu Zeit durch Aufnahme von Querschnitten und Höhenplänen an sowie ober- und unterhalb der Meßstelle festgestellt werden, ob eine Veränderung des Flußbettes eingetreten und daher die Abflußkurve neu zu ermitteln ist. Weiter ist darauf zu achten, ob die Geschwindigkeitsmessungen bei krautfreiem oder verkrautetem Flußbett vorgenommen werden.

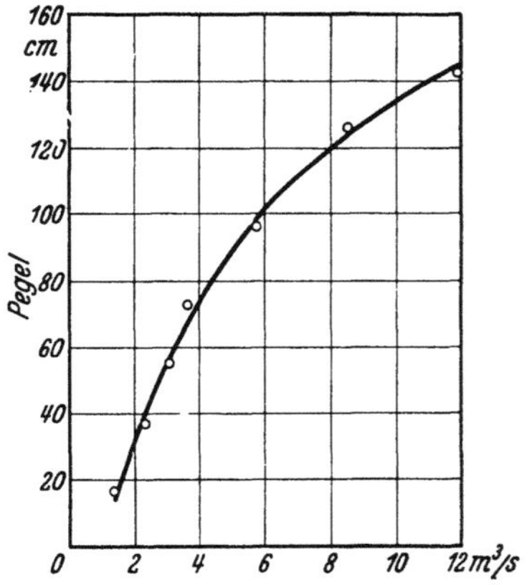

Abb. 42. Abflußkurve eines Pegels.

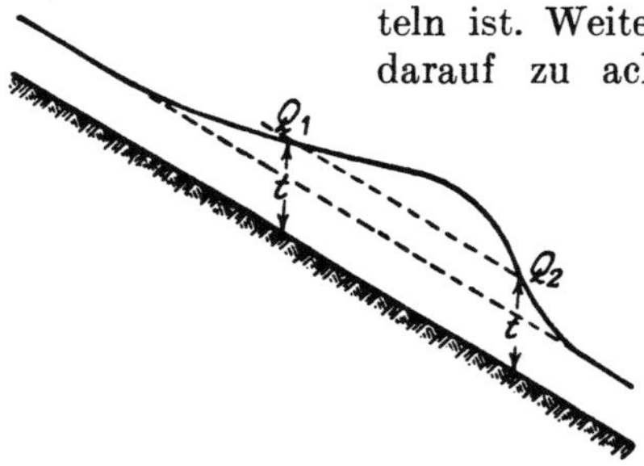

Abb. 43. Hochwasserwelle.

Denn bei derselben Abflußmenge ist der Wasserstand eines Wasserlaufes höher im verkrauteten als im krautlosen Zustande. Eine vollständige Abflußkurve läßt sich nur dann auftragen, wenn Abflußmessungen auch für besonders niedrige und besonders hohe Wasserstände vorliegen. Man sieht gelegentlich Abflußkurven, deren Verlauf für die höheren Wasserstände nur geschätzt ist. Solche Schätzungen sind wertlos und geben nur Anlaß zu falschen Rechnungen. Man muß zum mindesten fehlende Messungen durch Berechnung der Abflußmengen ersetzen, wobei man aus den vorhandenen Messungen den richtigen Rauhigkeitsgrad (S. 152) oder andere Beiwerte für den Wasserlauf ableiten kann. Wenn die Abflußkurve auch für diejenigen Wasserstände aufgetragen werden soll, bei denen der Fluß ausufert, ist die Meßstelle so auszuwählen, daß sich auch der Abfluß auf den Vorländern möglichst genau messen oder berechnen läßt. Die Vorländer sollen zu diesem Zweck an der Meßstelle frei von größeren Unregelmäßigkeiten sein.

Da die Abflußkurve eines Pegels bei Beharrungszuständen des Abflusses ermittelt wird und somit auch nur für diese gilt, kann man sie zur genauen Ermittlung der Abflußmengen innerhalb einer Hochwasserwelle nicht ohne weiteres verwenden. Man würde sonst bei steigendem Hochwasser eine zu kleine und bei fallendem eine zu große Abflußmenge erhalten. Ist J_0 das Wasserspiegelgefälle des Beharrungszustandes, J dasjenige des Hochwassers zu einer bestimmten Zeit, ferner Q_0 der Abfluß in m³/s nach der Abflußkurve bei dem gemessenen Pegelstande, dann ist der wirkliche Abfluß Q in m³/s genau genug [Gl. (95)]

$$Q = Q_0 \sqrt{\frac{J}{J_0}}\,. \tag{82}$$

Nach dem Vorgesagten muß jedem Hauptwasserstand eine bestimmte Abflußmenge entsprechen, die aus der Abflußkurve des betreffenden Pegels leicht zu entnehmen ist. Man spricht dann von einer Abflußmenge bei NW, MNW, MW usw. und bezeichnet sie mit $Q(NW)$, $Q(MNW)$, $Q(MW)$. Dabei ist zu beachten, daß z. B. $Q(MW)$ nicht gleichbedeutend ist mit der mittleren Abflußmenge MQ (s. unten).

Entsprechend den oben aufgeführten Hauptzahlen der Wasserstände sind für die Hauptzahlen der Abflußmengen allgemein folgende Bezeichnungen eingeführt:

NNQ = niedrigste Niedrigwasser-Abflußmenge, die überhaupt bekannte kleinste Abflußmenge.

NQ = Niedrigwasser-Abflußmenge, die kleinste Abflußmenge im betrachteten Zeitraum.

MNQ = mittlere Niedrigwasser-Abflußmenge, das Mittel der Niedrigwasser-Abflußmengen NQ jedes einzelnen Jahres.

MQ = mittlere Abflußmenge, das Mittel aller den täglichen Ablesungen entsprechenden Abflußmengen. Bei Schreibpegeln kann man den Wert MQ noch genauer berechnen als bei den nur einmal täglich abgelesenen Lattenpegeln. Am genauesten ist MQ = Gesamtabfluß in m³: Abflußzeit in s.

MHQ = mittlere Hochwasser-Abflußmenge, das Mittel der Hochwasser-Abflußmengen HQ jedes einzelnen Jahres.

HQ = Hochwasser-Abflußmenge, die größte Abflußmenge im betrachteten Zeitraum.

HHQ = höchste Hochwasser-Abflußmenge, die überhaupt bekannte größte Abflußmenge.

Der Dauerlinie der Wasserstände entspricht die Dauerlinie der Abflußmengen. Diese Abflußmengendauerlinie erhält man dadurch, daß man in der Wasserstandsdauerlinie zu jedem Wasserstande die zugehörige Abflußmenge nach der Abflußkurve aufträgt (Abb. 39). Betrachtet man den gestrichelten Streifen, so erkennt man, daß an $(t_2 - t_1)$ Tagen der sekundliche Abfluß zwischen Q_2 und Q_1 m³/s liegt, oder daß in dieser Zeit im Mittel $\frac{Q_2 + Q_1}{2}$ m³/s abfließen. Das heißt: der gestrichelte Streifen bis zur Q-Linie stellt diejenige Abflußmenge in m³ dar, die in $(t_2 - t_1)$ Tagen zum Abfluß kommt. Daraus folgt, daß die von der Dauerlinie und dem Achsenkreuz eingeschlossene Fläche gleich dem gesamten Jahresabfluß ist und daß man die mittlere Abflußmenge MQ dadurch erhält, daß man besagte Fläche in ein Rechteck mit der Grundlinie $t = 365$ Tagen verwandelt. Die Höhe dieses Rechteckes ist dann MQ.

In Abb. 39 sind die Dauerlinien der Wasserstände und der Abflußmengen desselben Pegels aufgetragen. Da nun die Abflußkurve (Abb. 42) im Bereich der niedrigen Wasserstände steiler als im Bereich der höheren verläuft, so liegt der Schwerpunkt der Q-Fläche (Fläche zwischen Q-Linie und Achsenkreuz) weiter rechts als der Schwerpunkt der W-Fläche. Daher pflegt auch der Schnittpunkt S_2 rechts von S_1 zu liegen und pflegt die mittlere Abflußmenge MQ größer zu sein als die Abflußmenge bei MW. Der Unterschied ist um so größer, je häufiger große Hochwasser eintreten und je stärker gekrümmt die Abflußkurve des Pegels ist, z. B. infolge von Ausuferungen.

Die verschiedenen Abflußmengen an einer Pegelstelle (MQ usw.) werden in der Regel auf das Niederschlagsgebiet bezogen, d. h. auf dasjenige Gebiet, dessen Niederschläge der betreffenden Pegelstelle vermöge des Geländegefälles zufließen. Das Niederschlagsgebiet wird von den oberirdischen Wasserscheiden begrenzt. Unter Einzugsgebiet dagegen versteht man das ober- und unterirdische Gebiet, dem das in einem Flußquerschnitt abfließende Wasser entstammt. In Abb. 44 liegt die oberirdische Wasserscheide bei o, die unterirdische bei u. Denn das zwischen o und u versickernde Wasser wird durch die undurchlässige Tonschicht gleichfalls nach links dem Flusse zugeführt. Bei großen Gebieten pflegt man lediglich von den oberirdischen Wasserscheiden auszugehen, also die Größe des Niederschlagsgebietes zu ermitteln, bei sehr kleinen Gebieten kann aber die Berücksichtigung einer mit der oberirdischen nicht zusammenfallenden unterirdischen Wasserscheide nötig werden. Hat man an einer Pegelstelle eine Abflußmenge $Q(MW)$ von beispielsweise 7,4 m³/s ermittelt und das Niederschlagsgebiet für diese Pegelstelle zu 1460 km² festgestellt, so ergibt sich ein Abfluß von $\frac{7400}{1460}$ = rund 5,1 l/s · km² = 0,051 l/s · ha. Man nennt die so ausgedrückten Abflußmengen Abflußspenden; sie spielen bei vielen wasserwirtschaftlichen Berechnungen eine große Rolle. Teilt man alle Ordinaten der Abflußmengendauerlinie (Abb. 39) durch die Größe des Niederschlagsgebietes, so erhält man eine Dauerlinie der Abflußspenden.

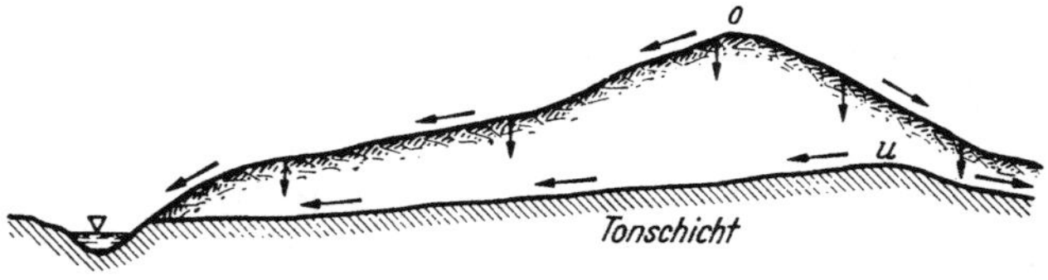

Abb. 44. Wasserscheiden.

Ebenso wie den Niederschlag und die Verdunstung drückt man auch den monatlichen oder jährlichen Abfluß eines Flußgebietes in mm aus, indem man sich das ganze Niederschlagsgebiet mit einer gleichmäßigen Wasserschicht bedeckt denkt. Je 100 mm Abflußhöhe im Jahr ergeben eine mittlere jährliche Abflußspende (Mq) von 3,17 l/s · km².

Alle Feststellungen über die Wasserstände und Abflußmengen eines Wasserlaufes beziehen sich natürlich auf die Vergangenheit. Wenn aber den Beobachtungen eine genügend lange Jahresreihe (mindestens 10 bis 15 Jahre) zugrunde liegt, ist man berechtigt, aus der Vergangenheit einigermaßen zutreffende Schlüsse für die Zukunft zu ziehen [Gl. (47)].

2. Abflußmessungen.

Die Abflußmessungen haben den Zweck, die sekundliche Wassermenge festzustellen, die zu einer bestimmten Zeit durch einen bestimmten Querschnitt eines Wasserlaufes hindurchfließt. Da alle Messungen eine gewisse Zeit erfordern, erhält man stets die mittlere Abflußmenge der gesamten Meßzeit.

Kleine Abflußmengen, z. B. die Ergiebigkeit einer Quelle, sind dadurch zu ermitteln, daß man ein Gefäß t Sekunden unter die Quelle hält und dann die Wassermenge durch Ausschöpfen mit dem Litermaß bestimmt. Das Verfahren der Raumfüllung kann unter günstigen örtlichen Verhältnissen auch bei größeren Abflußmengen angewendet werden. Das ist z. B. dann der Fall, wenn ein Teich oder See von einem Wasserlauf durchflossen wird und an der Ausflußseite durch ein dort vorhandenes Bauwerk oder durch eine einfache behelfsmäßige Einrichtung vorübergehend abgesperrt werden kann. Aus der in einer bestimmten Zeit gespeicherten Wassermenge ist dann der sekundliche Abfluß wenigstens überschläglich zu berechnen, wenn keine nennenswerte Versickerung stattfindet.

In den meisten Fällen ist man jedoch genötigt, die Abflußmenge Q auf dem Umwege über Geschwindigkeitsmessungen festzustellen. Die mittlere Geschwindigkeit eines Flußquerschnittes setzt sich aus ganz verschiedenen Einzelgeschwindigkeiten zusammen. Trägt man die Geschwindigkeiten v', die an einzelnen Punkten einer im Fluß gedachten Lotrechten t herrschen, senkrecht zu dieser Lotrechten an den betreffenden Punkten auf, so erhält man die Tiefengeschwindigkeitskurve (Abb. 45). Man nennt v_0 die Oberflächengeschwindigkeit und v_s die Sohlengeschwindigkeit. In nicht sehr schmalen Wasserläufen ist bei Windstille in der Regel v_0 am größten. Dagegen wird v_0 durch stromauf gerichteten Wind etwas verkleinert, so daß dann der größte v'-Wert etwas unter der Wasseroberfläche zu liegen pflegt. Am kleinsten ist stets die Sohlengeschwindigkeit v_s, die gleich Null werden kann, meistens aber größer ist. Die mittlere Geschwindigkeit v_m einer Lotrechten ist das Mittel aller Einzelgeschwindigkeiten v', also gleich der Fläche $(a\,b\,c\,d)$, geteilt durch t. Alle Versuche, den Verlauf der Tiefengeschwindigkeitskurve formelmäßig festzulegen, haben bisher nicht zu einem brauchbaren Ergebnis geführt.

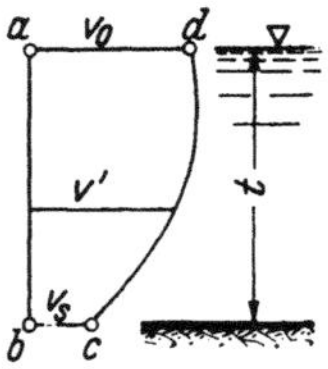

Abb. 45. Tiefengeschwindigkeitskurve.

Trägt man die gemessenen v_0 an den Meßstellen als Höhen über dem Spiegel auf und verbindet die so erhaltenen Punkte durch einen Linienzug, so erhält man eine von dem Spiegel und der Geschwindigkeitslinie umschlossene Fläche, die meistens eine gewisse Ähnlichkeit mit der Querschnittsfläche zeigt (Abb. 46). Wenn man den Inhalt dieser Geschwindigkeitsfläche durch die Spiegelbreite teilt, findet man die mittlere Oberflächengeschwindigkeit. Der Wert v_0 ist an den Ufern etwa gleich Null.

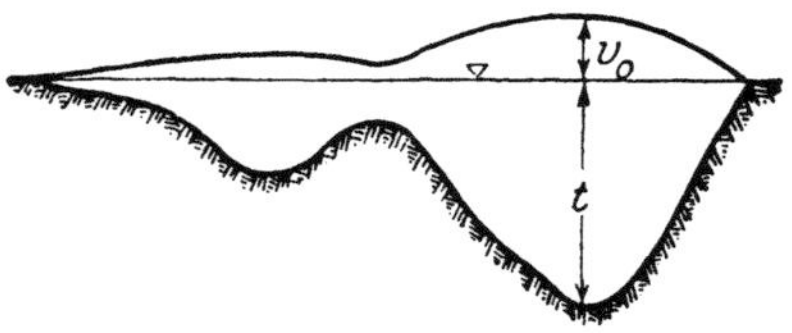

Abb. 46. Verteilung der Oberflächengeschwindigkeit.

Denkt man sich den ganzen Flußquerschnitt F in zahlreiche Teilflächen ΔF zerlegt, in deren Schwerpunkt die Wassergeschwindigkeit v' herrscht, so ist die mittlere Geschwindigkeit v des gesamten Querschnittes F

$$v = \frac{Q}{F} = \frac{\Sigma \Delta F\, v'}{F}. \tag{83}$$

Für überschlägliche Berechnungen benutzt man die Gln. (84) bis (87) mit den oben erklärten Bezeichnungen, wobei der Zusatz Gr den Größtwert im Stromstrich (S. 218) bedeutet. In den meisten Fällen ist:

$$v_m = (0{,}78 \text{ bis } 0{,}90) \cdot v_0, \tag{84}$$

$$v_s = (0{,}3 \text{ bis } 0{,}7) \cdot v_0, \tag{85}$$

$$v = (0{,}6 \text{ bis } 0{,}8) \cdot Gr\, v_0, \tag{86}$$

$$v = (0{,}75 \text{ bis } 0{,}9) \cdot Gr\, v_m. \tag{87}$$

In Gl. (84) bei kleinen Flüssen durchschnittlich 0,80, bei großen 0,88.

Genaue Abflußmengenmessungen in größeren Querschnitten sind stets mit dem Flügel auszuführen (*174*). Der 1790 von Woltmann eingeführte Flügel hat im Laufe der Zeit zahlreiche Verbesserungen erfahren. Die Firmen A. Ott in Kempten (Allgäu), Otto A. Ganser in Wien und Georg Killi in München haben zahlreiche Ausführungen entwickelt. Die Anzahl der Flügelumdrehungen wird entweder durch ein elektrisches Klingel- oder Telefonsignal (z. B. nach je 25 Umdrehungen) oder auch durch einen Tourenzähler (laufend) angezeigt. Wenn das Wasser infolge irgendwelcher Beimengungen leitend ist, muß ein wasserfreies Kontaktwerk verwendet werden. Es gibt auch Schreibflügel in Form eines Bandchronographen mit 3 Schreibfedern für die Zeit in Sekundenabständen, für die Umdrehungen der Flügelschaufel und für die Ortsveränderung des Flügels in der Meßlotrechten beim Ablaufverfahren.

Man unterscheidet nämlich die Punkt- und die Ablaufmessungen. Beim Punktmeßverfahren wird die Wassergeschwindigkeit an einzelnen Punkten der Meßlotrechten ermittelt, man erhält also gleichzeitig einen Überblick über die Geschwindigkeitsverteilung. Das ist beim Ablaufverfahren (Integrierwerk Wilcke) nicht der Fall, da sich hier der Flügel vermöge eines selbsttätig wirkenden Ablaufwerkes mit gleichbleibender Geschwindigkeit abwärts bewegt und daher nur die mittlere Wassergeschwindigkeit in der Meßlotrechten ergibt. Durch die Ablaufmessung wird aber die Arbeit erheblich beschleunigt. Denkt man sich die Tiefe t der Abb. 45 in viele gleiche Teilstrecken Δt zerlegt, so gehört zu jedem Δt eine Wassergeschwindigkeit v' und es ist $v_m = \frac{\Delta t \sum v'}{t}$ $\left(\frac{t}{\Delta t} = \text{Anzahl der Teilstrecken}\right)$. Ferner ist $v' = a\,n + b$, dabei n die Zahl der Flügelumdrehungen je s. Finden nun auf der Strecke Δt n' Umdrehungen statt und wird die ganze Strecke t in z Sekunden durchlaufen, so entfallen n' Umdrehungen auf $\frac{z\,\Delta t}{t}$ Sekunden, d. h. es ist $n = \frac{n'\,t}{z\,\Delta t}$ (Umdrehungen je s). Daher

$$v_m = \frac{\Delta t}{t}\left(a \sum n + \sum b\right) = \frac{a}{z} \sum n' + b\,. \tag{88}$$

Man braucht also nur die Zeit z und die Summe aller Flügelumdrehungen ($\Sigma\, n'$) zu kennen, um daraus unmittelbar v_m berechnen zu können.

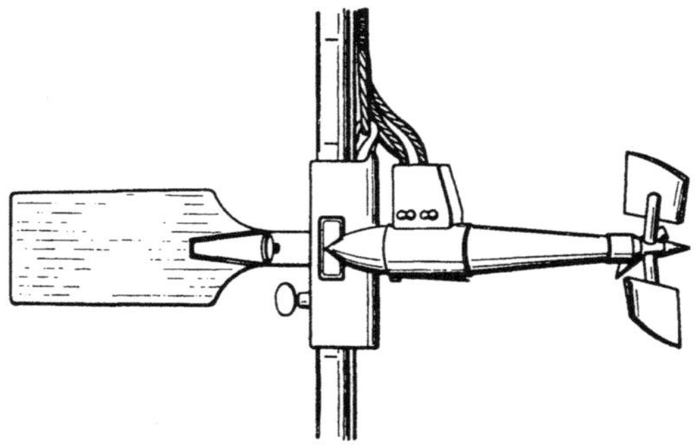

Abb. 47. Magnetflügel. (Nach A. Ott.)

Alle Meßflügel werden geeicht und dadurch die Festwerte a und b bestimmt. Bei der Eichung wird der Flügel mit verschiedenen bekannten Geschwindigkeiten durch ruhendes Wasser gezogen, sie muß von Zeit zu Zeit wiederholt werden. Die mit einem Flügel gemessenen Wassergeschwindigkeiten dürfen nur dann als zuverlässig angesehen werden, wenn sie genügend weit unterhalb der Wellenschnelligkeit $w = \sqrt{g\,t}$ liegen (*229*). Es bedeuten:

w = Wellenschnelligkeit in m/s, $g = 9{,}81$ m/s², t = Wassertiefe in m.

Die größte mit dem Flügel meßbare Geschwindigkeit beträgt etwa 3 bis 4 m/s. Ob eine Verformung der Flügelschaufeln eingetreten ist, läßt sich durch Aufpassen einer zweiteiligen Gipsform prüfen.

Die Flügel werden durch Stangen oder Seile geführt. Der Stangenflügel liefert die genauesten Meßergebnisse, da er senkrecht zum Meßquerschnitt eingestellt werden kann und daher nur denjenigen Seitenteil der Geschwindigkeit mißt, der senkrecht zu diesem Querschnitt steht und für die gesuchte Abflußmenge maßgebend ist. Hinzu kommt, daß die Flügel bei ihrer Eichung gleichfalls an einer Stange befestigt werden. Die Stangen mit meistens 20, 27 oder 32 mm Durchmesser besitzen eine Führungsleiste für den Flügel. Bei großen Geschwindigkeiten und Wassertiefen verwendet man Stahlseile. Die Meßlotrechten werden von Fahrzeugen, Brücken oder besonderen Meßstegen aus errichtet.

Als Meßstelle ist eine möglichst regelmäßige Flußstrecke ohne strömungslose Teile zu wählen. Bei Brücken muß auf die störende Wirkung der Pfeiler geachtet werden (Stau, Wirbel, Schrägströmung), in der Regel mißt man auf der Oberstromseite. Im Rückstau liegende Flußstrecken sind möglichst zu vermeiden. Der Meßquerschnitt soll frei von Hindernissen (Krautwuchs) sein, er ist vor der Messung, bei leicht beweglicher Sohle auch nachher zu peilen. In jeder Lotrechten sind mindestens drei Messungen erforderlich. Die einzelne Messung soll wenigstens 60 s dauern. Während der Messung ist ein naher Pegel oder Bezugspegel alle 15 min abzulesen, auch ist das Wasserspiegelgefälle J durch genaue Höhenmessung festzustellen. Man erhält dadurch die Möglichkeit, die Beiwerte der hydraulischen Formeln (S. 151) zu berechnen. Den zuverlässigsten Wert für J bekommt man im allgemeinen dadurch, daß man ober- und unterhalb der Meßstelle Hilfspegel setzt, deren Höhenunterschied und Abstand eingemessen und die während der Geschwindigkeitsmessungen wiederholt gleichzeitig abgelesen werden.

Die Auswertung der Messungen geschieht wie folgt: man zeichnet zunächst für jede Lotrechte, in der Messungen stattgefunden haben, die Tiefengeschwindigkeitskurve (Abb. 45) und mißt die so erhaltene Fläche f. Die Flächenwerte f (m^2/s) sind alsdann nach Abb. 48 über der Wasserspiegelbreite B an den Stellen, an denen gemessen ist, aufzutragen. Verbindet man die Endpunkte der aufgetragenen Flächenwerte f durch einen ausgeglichenen Linienzug, so stellt die so entstehende Fläche F den Abfluß in m^3/s dar. Bezüglich der Maßstäbe ist dabei folgendes zu beachten: wir wählen in den Tiefengeschwindigkeitskurven die Maßstäbe 1 m/s $= a$ cm und 1 m Tiefe $= b$ cm. Die Flächenmessung ergebe f cm². Trägt man dann in Abb. 48 die Werte f in dem Maßstab 1 cm² $= c$ cm und B in dem Maßstab 1 m $= d$ cm auf und findet man F zu e cm², so ist

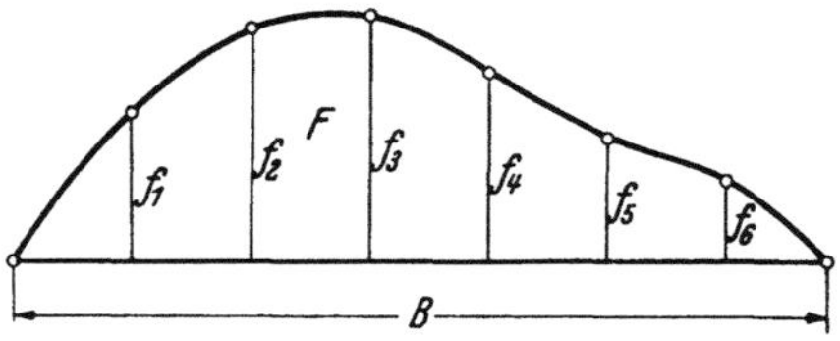

Abb. 48. Auswertung der Geschwindigkeitsmessungen.

$$Q = \frac{e}{a\,b\,c\,d}\,\mathrm{m^3/s}\,. \tag{89}$$

Wenn während der Geschwindigkeitsmessungen innerhalb eines Flußquerschnittes der Wasserstand steigt oder fällt, ist dieser Umstand besonders zu berücksichtigen. Wegen des dabei einzuschlagenden Verfahrens wird auf die Richtlinien (*174*) verwiesen. Vgl. jedoch die Ausführungen auf S. 127 über die Wichtigkeit eines beharrlichen Wasserstandes.

Türk hat ein vollautomatisches Meßgerät konstruiert, das während der Messung die Tiefengeschwindigkeitskurven selbsttätig aufzeichnet und durch fortlaufende Zählung der Flügelumdrehungen im Ablaufverfahren am Schluß der Messung die Abflußmengen angibt. Das Gerät wird z. Z. noch weiter entwickelt.

Die einfachste Messung der Wassergeschwindigkeit ist die Schwimmermessung. Sie ergibt aber nur Näherungswerte für v. Mit Fehlern bis zu $\pm$ 25% muß dabei gerechnet werden. Entweder mißt man $Gr\,v_0$ mit Hilfe eines Oberflächenschwimmers und verwendet Gl. (86), oder man mißt $Gr\,v_m$ mittels eines Stabschwimmers, um v aus Gl. (87) zu ermitteln. Da ein fester Schwimmkörper im fließenden Wasser eine Voreilung erfährt, hat Wilcke versucht, diese Voreilung dadurch zu vermeiden, daß er eine Stoffröhre verwendet, die sich dem Wasser besser anpaßt als ein fester Körper. Sie wird nach der jeweiligen Wassertiefe eingestellt, an einer Leine vom Boot aus abgelassen (Fesselschwimmer) und steht, da sie unten beschwert ist, fast senkrecht im Wasser. Ob sie, wie beabsichtigt, die mittlere Geschwindigkeit der Meßlotrechten ergibt, steht noch nicht fest. Der Fesselschwimmer scheint aber für $v \leq 1$ m/s recht gute Ergebnisse zu liefern. Als Stabschwimmer verwendet man im übrigen unten beschwerte Holzstäbe, als Oberflächenschwimmer Rundholzscheiben von etwa 10 cm Durchmesser und 2 cm Stärke.

Das Tauchseil von Hillebrand beruht auf dem Gedanken, die Zugkraft in einem über den Fluß gespannten, an beiden Ufern verankerten Seil, an dem Schwimmer (Holzbalken) befestigt sind, zu messen und aus dieser Zugkraft die mittlere Oberflächengeschwindigkeit zu bestimmen.

Bei stark wirbelnder Strömung und unregelmäßigen Querschnitten kann man Flügel oder Schwimmer nicht verwenden, dann läßt sich aber die Abflußmenge mit dem Salzverdünnungsverfahren feststellen. Führt man nämlich dem Wasserlauf in einer gewissen Entfernung oberhalb der Meßstelle mittels besonderer Vorrichtungen eine sekundlich gleichbleibende Salzlösung zu, deren Menge und Salzgehalt bekannt sind, so kann man aus dem Salzgehalt des Wassers an der Meßstelle die Abflußmenge berechnen. Der Salzgehalt an der Meßstelle wird entweder durch chemische Untersuchung von Wasserproben (Titrierverfahren) oder durch Messung der elektrischen Leitfähigkeit bestimmt, die vom Salzgehalt abhängt.

Ganz ähnlich ist das Farbverdünnungsverfahren, bei dem statt der Salzlösung ein Farbstoff (Uranin) verwendet und an der Meßstelle die von dem Grad der Färbung abhängige Lichtdurchlässigkeit des Wassers mit einer photoelektrischen Zelle gemessen wird.

Wegen der Ausführung und Auswertung der Abflußmessungen bei Eis und wegen sonstiger Einzelfragen wird auf „Die wichtigsten Regeln für Abflußmessungen mit dem Flügel" verwiesen (*174*).

In sehr kleinen Wasserläufen kann man sich auch der von Darcy verbesserten Pitotschen Röhre bedienen (Abb. 49). Bei geöffnetem Hahn H entstehen durch Druck und Sog des fließenden Wassers die Höhenunterschiede h_1 und h_2. Eicht man die Röhre dadurch, daß man sie mit verschiedenen Geschwindigkeiten durch ruhiges Wasser zieht, so findet man $v = C\sqrt{h_1 + h_2}$ (C = Festwert). Nach Schließen des Hahnes H zieht man die Röhre aus dem Wasser und stellt den Unterschied $(h_1 + h_2)$ fest.

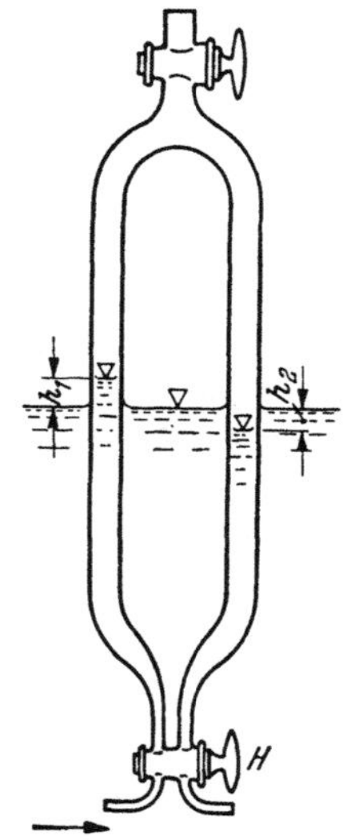

Abb. 49. Pitotsche Röhre.

Man kann den sekundlichen Abfluß unter Umständen auch durch Meßwehre bestimmen, indem man die Überfallhöhe mißt. Dazu dient in der Regel der vollkommene Überfall ohne seitliche Einschnürung (Abb. 50). Der Raum unter dem überfallenden Wasser muß mit der Außenluft in Verbindung stehen (Loch bei a). Nach den Versuchen Rehbocks ist bei dünnwandigen lotrechten Plattenwehren (*185*):

$$Q = \left(1{,}782 + 0{,}24 \cdot \frac{h_0}{w}\right) b\, h_0^{3/2}, \tag{90}$$

$$h_0 = h + 0{,}0011. \tag{91}$$

b ist die Länge der waagerechten scharfkantigen Überfallkante. Die Gleichungen gelten für $w > 0{,}06$ m und $h = 0{,}01$ bis $0{,}80$ m. Der Wert h soll in einer Entfernung von mindestens $4\,h$ oberhalb der Wehrkante gemessen werden. Alle Werte h, h_0, w und b in m.

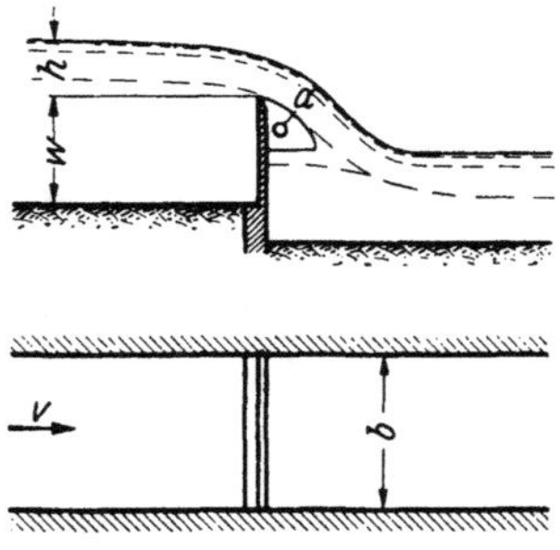

Abb. 50. Meßwehr.

Für kleine Wassermengen kann man den dreieckigen Überfall von Thompson verwenden (Abb. 51). Bei ihm ist

$$Q = 0{,}014 \cdot h^2 \sqrt{h}. \tag{92}$$

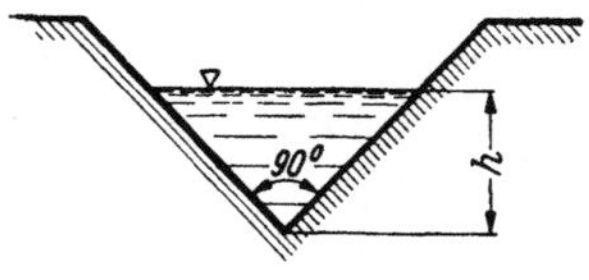

Abb. 51. Überfall von Thompson.

Q erhält man in l/s. Die Überfallhöhe h ist in cm auszudrücken und 80 cm oberhalb des Einschnittes zu messen. Der Gleichung liegt ein Wert $\mu = 0{,}593$ zugrunde (S. 166).

Meßgerinne aus Bruchsteinmauerwerk, Pflaster oder Holz baut man namentlich in Gebirgsflüssen, um in dem unregelmäßigen Fluß- oder Bachbett eine kurze Strecke mit regelmäßigem Durchfluß zu schaffen, hier Abflußmessungen durchzuführen und im Bedarfsfalle auch einen Schreibpegel anzubringen. Das Gerinne ist so anzulegen, daß sich in ihm und unmittelbar unterhalb möglichst wenig Gerölle ablagert. Meßgerinne finden auch bei der Bewässerung Verwendung (S. 405). Die Beziehung zwischen der Durchflußmenge Q und der Wassertiefe wird durch Eichung bestimmt.

3. Abflußberechnungen.

Die einem Wasserteilchen i innewohnende Energie tritt im wesentlichen in 3 Formen auf:

1. Bewegungsenergie (kinetische), lebendige Kraft: $0{,}5 \cdot dm\, v_i^2$; dm = Masse in kg · s²/m, v_i = Geschwindigkeit in m/s.

2. Energie der Lage (potentielle), das Arbeitsvermögen der Masse dm, bezogen auf eine bestimmte, aber an sich beliebige waagerechte Ebene (Nullebene): $dm\, g\, h_i$; h_i = Höhe der Masse dm über der Ebene in m, g = Erdbeschleunigung = 9,81 m/s².

3. Pressungsenergie (elastische): $dm\, g\, p_i/\gamma$; p_i = Pressung in kg/m², γ = Artgewicht des Wassers in kg/m³ = 1000. Luftdruck $p_{at} = 10000$ kg/m².

Bernoulli hat als erster den allgemeinen Satz von der Erhaltung der Energie auf das Wasser angewandt. Danach bleibt die Gesamtenergie eines bewegten Wasserteilchens i unverändert, wenn ihm weder Energie durch Widerstände entzogen noch neue, z. B. durch eine Pumpe, zugeführt wird:

$$0{,}5 \cdot dm\, v_i^2 + dm\, g\, h_i + dm\, g\, p_i/\gamma = C_i .$$

Um jedoch diese Beziehung praktisch verwerten zu können, muß man sie auf eine meßbare Wassermenge, zweckmäßig auf die Masse eines Liters (1 kg), beziehen. Nimmt man an, daß n gleiche Massenteilchen dm 1 Liter ergeben und summiert man die n Gleichungen, so ergibt sich:

$$n\, dm\, g \left(\frac{1}{2g}\, \frac{\Sigma v_i^2}{n} + \frac{\Sigma h_i}{n} + \frac{1}{\gamma}\, \frac{\Sigma p_i}{n}\right) = \Sigma C_i ,$$

$n\, dm\, g = 1$ kg. Für $\frac{\Sigma v_i^2}{n}$ kann man setzen αv^2 (v = mittlere Geschwindigkeit, α ein vom Profil abhängiger Beiwert), $\frac{\Sigma h_i}{n}$ ist die Lage h_g des Schwerpunktes über der Nullebene, $\frac{\Sigma p_i}{n}$ die mittlere Pressung p. Sonach findet man die Gleichung

$$\alpha \frac{v^2}{2g} + h_g + \frac{p}{\gamma} = C . \qquad (93)$$

Die linke Seite stellt die Energie eines kg Wassers dar, dessen mittlere Geschwindigkeit v ist, dessen Schwerpunkt die Ortshöhe h_g besitzt und dessen mittlere Pressung p beträgt. Man nennt $v^2/2g$ die Geschwindigkeitshöhe, h_g die Ortshöhe und p/γ die Pressungshöhe. Der Wert α beträgt bei offenen Parabelquerschnitten mit einer Scheiteltiefe von 1 bis 5 m etwa 1,040 bis 1,050, bei geschlossenen Kreisprofilen etwa 1,060 bis 1,065.

Bewegt sich also 1 Liter Wasser vom Punkte *1* ($v_1\, h_{g1}\, p_1$) nach *2* ($v_2\, h_{g2}\, p_2$) und erhält es auf diesem Wege durch Antrieb die Energievermehrung H_A (Antriebshöhe, Energiegewinnhöhe) sowie durch Widerstände die Energieverminderung H_E (Energieverlusthöhe), beide Werte H_A und H_E in m ausgedrückt, so kann man die Bernoullische Gl. (93) in erweiterter Form auch wie folgt schreiben:

$$\alpha \frac{v_1^2}{2g} + h_{g1} + \frac{p_1}{\gamma} + H_A = \alpha \frac{v_2^2}{2g} + h_{g2} + \frac{p_2}{\gamma} + H_E . \qquad (94)$$

Beispiele.

1. Die gleichförmige Bewegung in offenen Gerinnen. In Abb. 52 bewegt sich die schraffierte Wasserscheibe von *1* nach *2*, ihr Gewicht G betrage 1 kg. *1* und *2* sind die Schwerpunkte. In Gl. (94) ist $v_1 = v_2 = v$, $p_1 = p_2$, $H_A = 0$, also $h_{g1} - h_{g2} = h = H_E$. H_E ist die Energieverlusthöhe, die infolge der Reibung R_0 (kg) am Gerinneumfang auf dem Wege l_0 entsteht, d. h. $H_E = h = R_0\, l_0$. Nach vielfachen Erfahrungen ist $R_0 = k_0\, U\, d\, \gamma\, v^2$. U heißt benetzter Umfang, γ = Artgewicht des Wassers, k_0 hat die Dimension s²/m. Da δ sehr klein ist, setzt man $l_0 = l$. $G = F\, d\, \gamma = 1$ kg. Mit $F = U\, R$ (R = Profilradius, hydraulischer Radius) und $k\sqrt{k_0} = 1$ erhält man

$$\left.\begin{aligned} H_E = h &= \frac{l\, v^2}{k^2 R}, \\ v &= k\sqrt{R\, J} \\ &= k_1 \sqrt{g}\, \sqrt{R\, J}, \end{aligned}\right\} \qquad (95)$$

k hat die Dimension $m^{1/2}/s$, k_1 die Dimension 1. $J = h/l$.

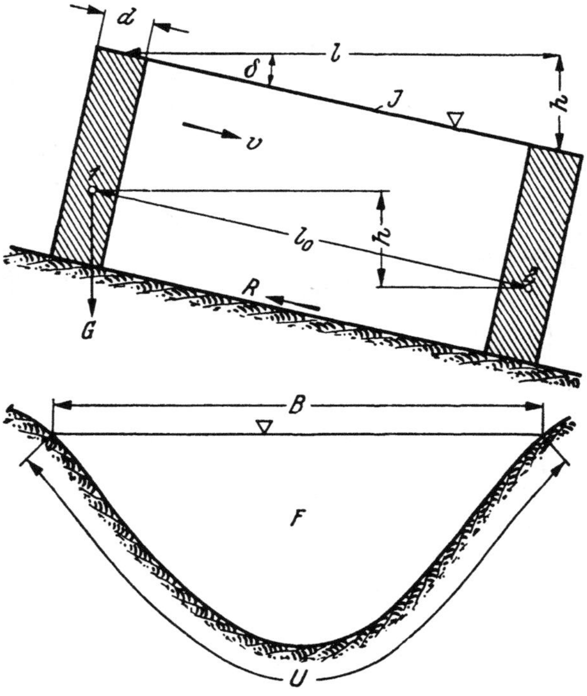

Abb. 52. Gleichförmige Bewegung in offenen Gerinnen.

2. Die verzögerte Bewegung (Staukurve). *1* und *2* sind die Schwerpunkte der schraffierten je 1 kg Wasser enthaltenden Scheiben (Abb. 53), v_1 und v_2 die mittleren Geschwindigkeiten. $h_{g1} - h_{g2} = h_0$; $H_A = 0$; $p_1 = \gamma\, h_1 + p_{at}$; $p_2 = \gamma\, h_2 + p_{at}$ (p_{at} = Luftdruck). $h_1 + h_0 = h + h_2$.

$$h = H_E - \frac{\alpha}{2g}(v_1^2 - v_2^2). \qquad (96)$$

Nach Gl. (95) ist

$$H_E = \left(\frac{Q}{k}\right)^2 \int\limits_0^l \frac{U}{F^3}\, \mathrm{d}l, \qquad (97)$$

doch kann man für kurze Strecken l mit den Mittelwerten v_m und R_m der Strecke rechnen, d. h.

$$H_E = \frac{v_m^2\, l}{R_m\, k^2} \qquad (98)$$

setzen.

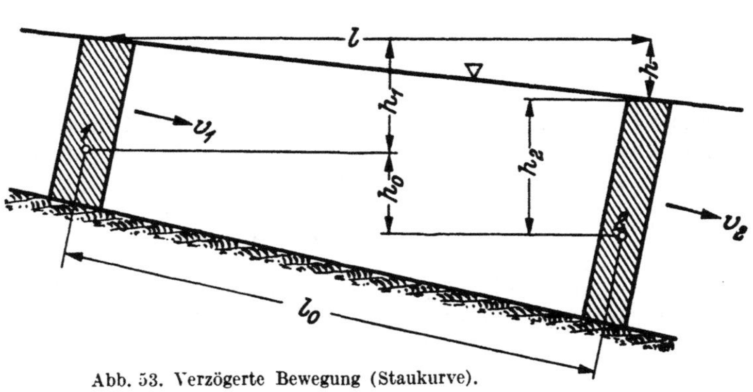

Abb. 53. Verzögerte Bewegung (Staukurve).

Der Wert h ist also kleiner als die Verlusthöhe H_E, weil ein Teil von v durch die freiwerdende lebendige Kraft überwunden wird. Da aber ein Teil der freigewordenen Bewegungsenergie häufig durch innere Widerstände des Wassers verbraucht wird, so wird in der Praxis das zweite Glied $\alpha\,\frac{(v_1^2 - v_2^2)}{2g}$ oft nicht berücksichtigt.

Die Energieverhältnisse einer Flußstrecke stellt man meistens nach Abb. 54 dar, indem man $\alpha = 1$ setzt und den in allen Querschnitten gleich großen Luftdruck p_{at} unberücksichtigt läßt. v_1 und v_2 = mittlere Geschwindigkeiten. Die Drucklinie (vgl. Ziffer 7) fällt hier mit dem Wasserspiegel zusammen.

3. Die beschleunigte Bewegung (Senkungskurve). Die Gln. (96) und (98) gelten auch in diesem Fall, dabei ist jedoch $v_2 > v_1$, also $h > H_E$. Denn h muß sowohl die Verlusthöhe H_E ersetzen als auch die Wassergeschwindigkeit vergrößern. Bei Senkungskurven ist das zweite Glied der Gl. (96) stets dann zu berücksichtigen, wenn es die Werte h praktisch merkbar erhöht.

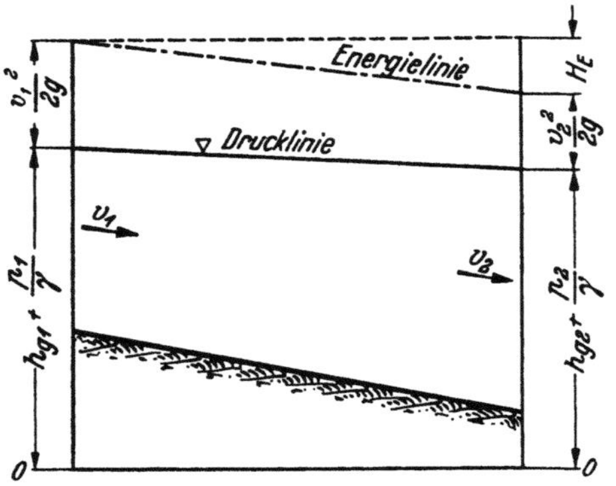

Abb. 54. Energieverhältnisse einer Flußstrecke.

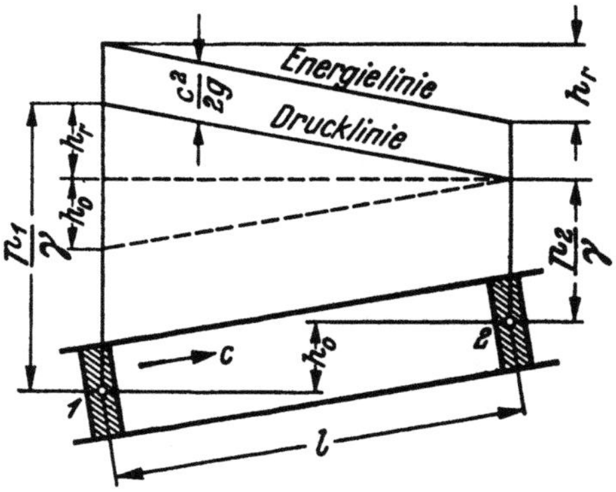

Abb. 55. Die unter Druck stehende gerade Rohrleitung.

4. Die unter Druck stehende gerade Rohrleitung (Abb. 55). p_1 und p_2 sind die Gesamtdrücke in der Rohrleitung, daher Überdrücke über den Luftdruck $= (p_1 - p_{at})$ und $(p_2 - p_{at})$. $h_{g1} - h_{g2} = -h_0$; $c_1 = c_2$ (in geschlossenen Querschnitten setzt man statt v den Buchstaben c). $H_A = 0$, $H_E = (p_1 - p_2)/\gamma - h_0$. Nach Abb. 55 ist also $H_E = h_r$, d. h. gleich dem Fall der Energielinie oder gleich dem durch Reibung am Gerinneumfang verursachten Energieverlust auf der

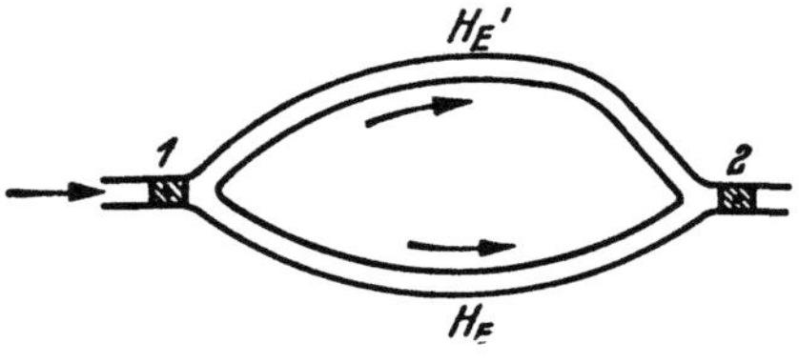

Abb. 56. Die Ringleitung.

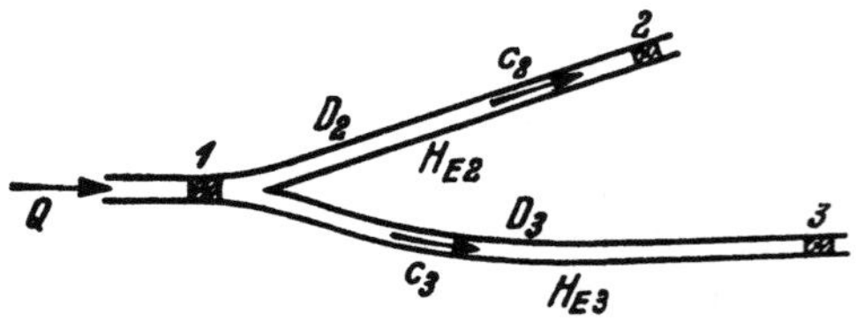

Abb. 57. Die Rohrverzweigung.

Strecke l. Der Wert h_r entspricht daher dem Wert h der Abb. 52, so daß Gl. (95) auch für Rohrleitungen gilt. Setzt man bei kreisförmigen Rohrquerschnitten $R = D/4$ und $k^2 = 8\,g/\lambda$, so wird nach Gl. (95)

$$H_E = h_r = \lambda \frac{l}{D} \frac{c^2}{2g}. \tag{99}$$

$h_r/l = J_r$ ist das Reibungsgefälle einer geraden Rohrleitung. Wenn der Rohrquerschnitt nicht kreisförmig ist, hat man in Gl. (99) statt D den Wert $4\,R$ einzusetzen (R = Profilradius). Beachte, daß h_r unabhängig davon ist, ob die Rohrleitung steigt oder fällt, und daß die Drucklinie sich hier auf die Gesamtdrücke bezieht, daher um $p_{at}/\gamma = 10$ m höher liegt als die der Abb. 58.

5. Die Ringleitung (Abb. 56). Verfolgt man 1 kg Wasser auf seinem Wege über den rechten Rohrstrang, so erhält man (für $\alpha = 1$)

$$\frac{c_1^2}{2g} + h_{g1} + \frac{p_1}{\gamma} = \frac{c_2^2}{2g} + h_{g2} + \frac{p_2}{\gamma} + H_E.$$

Für den linken Strang ergibt sich dieselbe Gleichung mit H'_E. Daher muß sich das Wasser auf die beiden Stränge so verteilen, daß $H_E = H'_E$ wird. H_E und H'_E sind die gesamten Energieverlusthöhen der beiden Rohrstränge: h_r, h_e, h_k, h_f, h_a (S. 159).

6. Die Rohrverzweigung (Abb. 57). Das Wasser soll bei *2* und *3* frei ausfließen. Für $H_A = 0$ ist

$$\alpha\frac{c_1^2}{2g} + h_{g1} + \frac{p_1}{\gamma} = \alpha\frac{c_2^2}{2g} + h_{g2} + \frac{p_2}{\gamma} + H_{E2},$$

$$\alpha\frac{c_1^2}{2g} + h_{g1} + \frac{p_1}{\gamma} = \alpha\frac{c_3^2}{2g} + h_{g3} + \frac{p_3}{\gamma} + H_{E3}.$$

p_2 und p_3 sind beide gleich dem Luftdruck, da freier Ausfluß, also $p_2/\gamma = p_3/\gamma = 10$ m. H_{E2} und H_{E3} = gesamte Energieverlusthöhen wie in Ziffer 5. Da ferner $Q = \frac{D_2^2 \pi c_2}{4} + \frac{D_3^2 \pi c_3}{4}$, so lassen sich c_2 und c_3 berechnen, wenn die Längen und Durchmesser der Rohre sowie Q bekannt sind.

7. Der Abfluß aus einem Hochbehälter (Abb. 58). Wir setzen $\alpha = 1$, ferner ist $H_A = 0$; $c_1 = 0$; $p_1 = p_{\text{at}}$ (Luftdruck).

$$h_{g1} + \frac{p_{\text{at}}}{\gamma} = \frac{c_2^2}{2g} + h_{g2} + \frac{p_2}{\gamma} + H_E. \qquad (100)$$

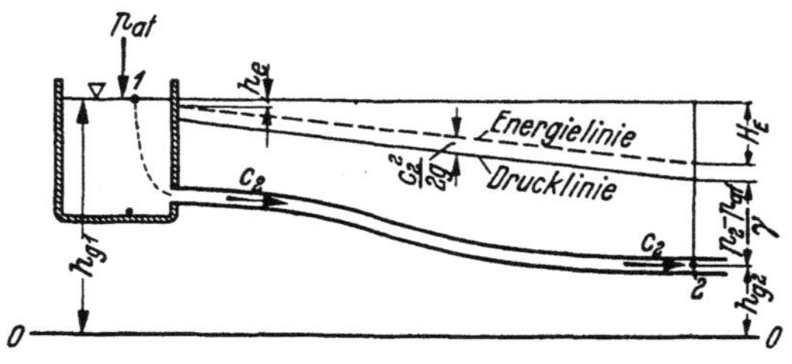

Abb. 58. Abfluß aus einem Hochbehälter.

Daher ist der innere Überdruck an der Stelle *2*

$$p_2 - p_{\text{at}} = \gamma\left(h_{g1} - h_{g2} - \frac{c_2^2}{2g} - H_E\right) \qquad (101)$$

$h_{g1} - h_{g2}$ ist die statische Druckhöhe an der Stelle *2*, der Klammerausdruck die dynamische. $H_E = h_e + h_r$; h_e = Widerstandshöhe am Rohreintritt (S. 159), h_r nach Gl. (99), wenn h_k, h_f, $h_a = 0$ (S. 160). Im Hochbehälter selbst tritt praktisch kein Widerstand auf. Würde man auf das Abflußrohr oben offene Röhren (Piezometer) setzen, so würde das Wasser in ihnen bis zur sogenannten Drucklinie steigen. Diese zeigt also für jede Stelle der Rohrleitung den bis dahin entstandenen Druckabfall ($c_2^2/2g + H_E$). Läßt man das Wasser an der Stelle *2* durch eine Öffnung im Rohr frei ausströmen, so wird p_2 in Gl. (100) = dem Luftdruck p_{at} und die Ausströmungsgeschwindigkeit $\bar{c}_2$

$$\bar{c}_2^2 = 2g\,(h_{g1} - h_{g2} - H_E), \qquad (102)$$

d. h. die dem Wasser an der Stelle *2* noch innewohnende Pressungsenergie wird dann restlos in Bewegungsenergie umgesetzt.

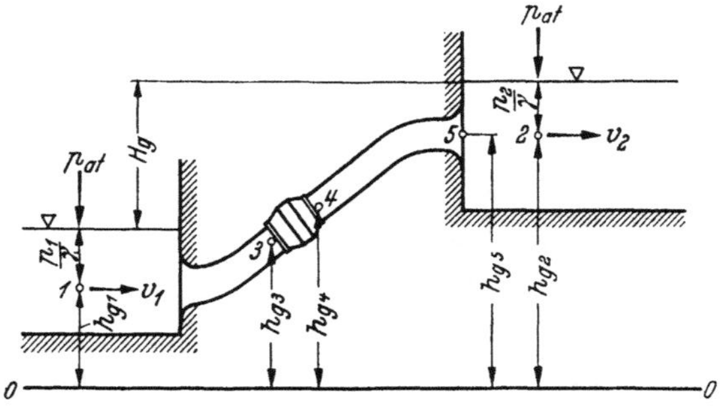
Abb. 59. Wirkung einer Schöpfwerkspumpe.

8. Die Wirkung einer Schöpfwerkspumpe (Abb. 59). Mit $\alpha = 1$ ist

$$\frac{v_1^2}{2g} + h_{g1} + \frac{p_1 + p_{\text{at}}}{\gamma} + H_A = \frac{v_2^2}{2g} + h_{g2} + \frac{p_2 + p_{\text{at}}}{\gamma} + H_E. \qquad (103)$$

v_1 und v_2 sind die durch Sohlengefälle bewirkten Wassergeschwindigkeiten im Zu- und Ablaufgerinne. $H_E = H_{Ei} + H_{Ea}$; H_{Ei} = Widerstände in der Pumpe, H_{Ea} = Widerstände außerhalb der Pumpe. $(h_{g2} + p_2/\gamma) - (h_{g1} + p_1/\gamma) = H_g$ = Nutzförderhöhe (geodätische). $H_A - H_{Ei} = H_m$ = Gesamtförderhöhe (manometrische). Dann folgt aus Gl. (103)

$$H_m = H_g + H_{Ea} + \frac{v_2^2 - v_1^2}{2g}. \tag{104}$$

Der Wirkungsgrad der Pumpe beträgt

$$\eta_P = \frac{H_A - H_{Ei}}{H_A} = \frac{H_m}{H_A}. \tag{105}$$

Für $H_{Ei} = 0$ (verlustlose Pumpe) würde $\eta_P = 1$ werden. Bringt man an der Stelle *3* ein Vakuummeter und bei *4* ein Manometer an, so ist

$$\frac{v_3^2}{2g} + h_{g3} + \frac{p_3}{\gamma} + H_A = \frac{v_4^2}{2g} + h_{g4} + \frac{p_4}{\gamma} + H_{Ei},$$

$$H_m = H_A - H_{Ei} = \frac{v_4^2 - v_3^2}{2g} + (h_{g4} - h_{g3}) + \frac{p_4 - p_3}{\gamma}. \tag{106}$$

Wenn bei einem Pumpversuch H_m nach Gl. (106) ermittelt wird (S. 310), der Antriebsmotor bei einem Wirkungsgrad η_M K Kilowatt verbraucht und Q m³/s Wasser gefördert werden, so ist

$$H_A = \frac{0{,}102 \cdot K\,\eta_M}{Q}. \tag{107}$$

η_P aus Gl. (105). 1 kW = 102 mkg/s.

Wirft eine Pumpe das Wasser frei aus, so ergibt sich

$$\frac{v_1^2}{2g} + h_{g1} + \frac{p_1 + p_{at}}{\gamma} + H_A = \frac{v_5^2}{2g} + h_{g5} + \frac{p_{at}}{\gamma} + H_E,$$

$$H_m = H_g + H_{Ea} + \frac{v_5^2 - v_1^2}{2g}. \tag{108}$$

9. Die Wirkung einer Beregnungspumpe. Eine vorhandene Rohrleitung mit gleichbleibendem Durchmesser soll am Ende einen Weitstrahlregner tragen. Wie groß ist bei gegebener Pumpe der Düsendruck? $c_1 = 0$; $p_1 = p_2 = p_{at}$ (Luftdruck).

$$h_{g1} + H_A = \alpha \frac{c_2^2}{2g} + h_{g2} + H_{Ei} + H_{Ea},$$

$$H_m = H_A - H_{Ei} = h_{g2} - h_{g1} + \alpha \frac{c_2^2}{2g} + H_{Ea}. \tag{109}$$

Nach Gl. (222) ist $H_m = f(Q)$; $c_2 f = Q$ (f = Querschnitt der Düse). H_{Ea} enthält die Rohrreibung h_r nach Gl. (99) und etwaige weitere Verlusthöhen, die aber sämtlich nur die eine Unbekannte Q enthalten. Daher ist Q aus Gl. (109) zu berechnen. Der Düsendruck ergibt sich zu $c_2^2/2g$; c_2 = Wassergeschwindigkeit im Düsenaustritt. Steht das Wasser im Rohr unmittelbar vor der Düse unter dem Überdruck p (gegenüber dem Luftdruck p_{at}) und hat es die Geschwindigkeit c, so ist der Düsendruck $= p/\gamma + c^2/2g = c_2^2/2g$, d. h. die Pressungsenergie p/γ setzt sich in Geschwindigkeitsenergie um.

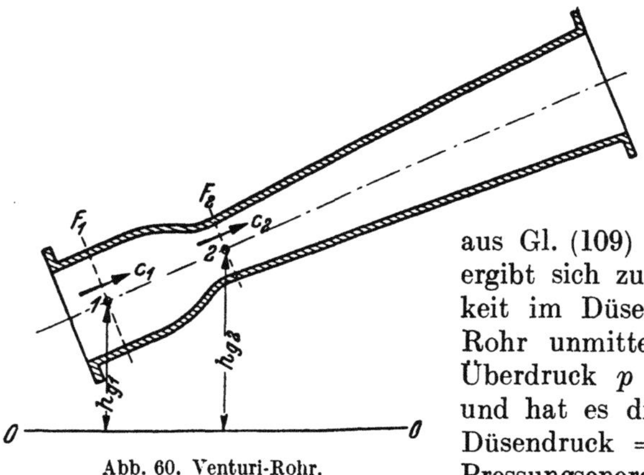

Abb. 60. Venturi-Rohr.

10. Das Venturi-Rohr (Abb. 60). Setzt man in Gl. (94) $H_A = 0$ und H_E für die Strecke *1—2* $= C\,c_1^2/2\,g$, so ist

$$\frac{p_1 - p_2}{\gamma} = (h_{g2} - h_{g1}) + \frac{\alpha}{2g} c_2^2 + \frac{C - \alpha}{2g} c_1^2, \tag{110}$$

und $c_1 F_1 = c_2 F_2 = Q$. Mißt man nun durch Manometer den Druckunterschied $(p_1 - p_2)$, so kann man Q aus den vorstehenden Gleichungen berechnen. C wird meistens $= 0$ gesetzt und der Energieverlust H_E dadurch berücksichtigt, daß man den aus Gl. (110) berechneten Wert Q um 1 bis 3% verkleinert.

Die oben abgeleitete Gl. (95) ist nicht in jeder Hinsicht befriedigend. So ist z. B. die Wassergeschwindigkeit in höherem Maße von der Form des wasserführenden Querschnittes abhängig, als er durch den Wert R gekennzeichnet wird. Hat doch ein quadratischer Querschnitt mit der Seitenlänge a denselben R-Wert wie ein rechteckiger mit der Breite $4a$ und der Tiefe $0{,}4a$ (Abb. 61), während in Wirklichkeit die mittlere Geschwindigkeit in dem flachen Gerinne kleiner ist als in dem quadratischen. Statt R findet man daher in manchen Formeln die mittlere Wassertiefe $t = \frac{F}{B}$, worin B die Wasserspiegelbreite bedeutet. Auch die Geschiebebewegung (S. 175) übt einen Einfluß auf die Geschwindigkeit des Wassers aus. Trotz dieser und anderer Bedenken hat aber die Gl. (95) bisher zu genügend genauen Ergebnissen in der Praxis geführt, jedenfalls solange die Wasserbewegung eine strömende ist (s. unten).

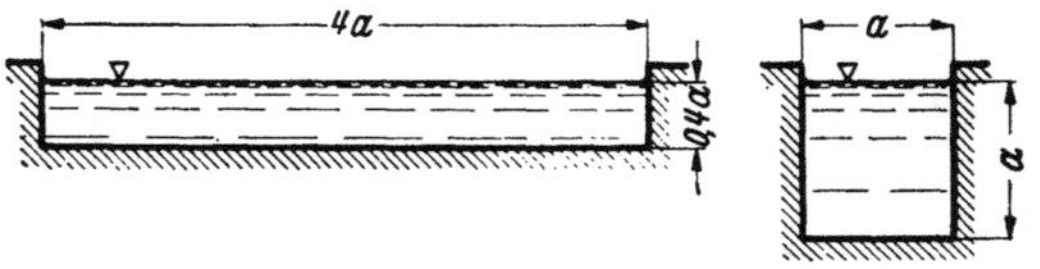

Abb. 61. Gerinne mit gleichen Profilradien.

In Anlehnung an Formel 95 (Brahms 1753, Chézy 1755) setzt man häufig auch

$$v = k\, R^m\, J^n \tag{111}$$

und bestimmt die Festwerte k, m und n durch Versuche. Durch Messung von v bei drei verschiedenen Wasserständen erhält man drei Gleichungen mit den drei Unbekannten k, m und n:

$$\left.\begin{aligned} \log v_1 &= \log k + m \log R_1 + n \log J_1, \\ \log v_2 &= \log k + m \log R_2 + n \log J_2, \\ \log v_3 &= \log k + m \log R_3 + n \log J_3. \end{aligned}\right\} \tag{112}$$

Dabei wird k im Bereiche der drei Wasserstände als Festwert angenommen. Auch die Werte λ der Gl. (99) werden durch Versuche ermittelt, indem man bei verschiedenen Rohrdurchmessern D und mittleren Geschwindigkeiten c den Druckabfall h_r feststellt. Die Bestimmung der Festwerte durch Versuche liefert natürlich für den Einzelfall ein genaueres Ergebnis als die Schätzung der Rauhigkeit nach irgendeiner Formel (S. 152). Da man das Wasserspiegelgefälle J nur für eine mehr oder weniger lange Flußstrecke ermitteln kann, muß folgerichtig auch der Wert R der Gl. (111) als Mittelwert dieser Strecke in der Rechnung verwendet werden, was oft nicht beachtet wird.

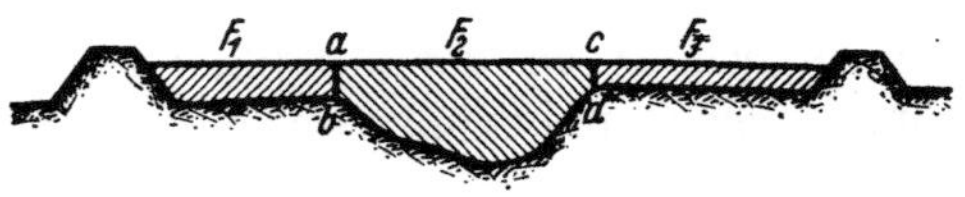

Abb. 62. Doppelquerschnitt.

In Doppelquerschnitten (Abb. 62) ist die Abflußmenge im Flußbett und auf den Vorländern je für sich zu berechnen, da die Strömungsverhältnisse hier sehr verschieden sind. An der Grenze zwischen dem tiefen Flußbett und dem flachen Vorland treten infolge der Geschwindigkeitsunterschiede erhebliche Widerstände auf. Man pflegt daher die Strecken $a-b$ und $c-d$ als Teile des benetzten Umfanges U anzusehen, wobei jedoch, insbesondere bei kleinen Querschnitten, die folgenden Betrachtungen zu berücksichtigen sind. Abb. 63 (S. 140) zeigt einen symmetrischen Grabenquerschnitt mit beiderseitigen Bermen b. Als Trennungslinien für den mittleren und die seitlichen Querschnittsteile kann man die Strecken $i-p$ oder $k-p$ annehmen, die entweder überhaupt nicht, nur für den mittleren Teil (F_1, U_1) oder für diesen und die Seitenteile (F_2, U_2) dem benetzten Umfang U zugerechnet werden. Dementsprechend wurden in Zahlentafel 79 die folgenden Fälle behandelt:

Zahlentafel 79.

Profil	1	2	3	4	5	6	7	8	9	10	11	12
t	1,0	1,0	1,0	0,5	0,5	0,5	1,0	1,0	1,0	1,0	0,5	1,0
T	2,0	2,0	2,0	1,5	1,5	1,5	1,5	1,5	1,5	2,0	1,5	1,5
S	1,0	1,0	1,0	1,0	1,0	1,0	1,0	1,0	1,0	1,0	1,0	1,0
b	0,3	1,0	1,5	0,3	1,0	1,5	0,3	1,0	1,5	1,0	1,0	1,0
n	1	1	1	1	1	1	1	1	1	2	2	2
a	89	93	94	89	91	91	90	95	96	91	89	93
b	100	100	100	100	100	100	100	100	100	100	100	100
c	74	76	77	84	85	85	67	71	74	81	89	76
d	120	114	111	108	105	105	134	120	115	121	108	135
e	82	78	77	86	84	84	78	73	72	80	85	75
f	78	81	83	86	87	88	74	80	83	85	90	82
g	83	81	82	87	87	87	80	78	80	82	86	79
h	80	68	61	85	76	71	75	57	49	76	81	67

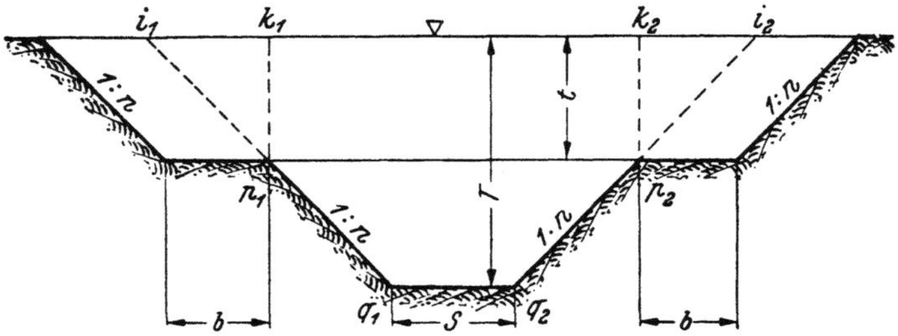

Abb. 63. Berechnung kleiner Doppelquerschnitte.

a) Keine Trennung in F_1 und F_2. Berechnung als einheitlicher Querschnitt;
b) Trennungslinien k—p ohne Anrechnung auf U_1 und U_2;
c) Trennungslinien k—p mit Anrechnung auf U_1 und U_2;
d) Trennungslinien i—p ohne Anrechnung auf U_1 und U_2;
e) Trennungslinien i—p mit Anrechnung auf U_1 und U_2;
f) Trennungslinien k—p mit Anrechnung nur auf U_1;
g) Trennungslinien i—p mit Anrechnung nur auf U_1;
h) Einfacher Querschnitt $i_1\, q_1\, q_2\, i_2$ als Vergleich.

Die Berechnungen der Abflußmenge wurden für verschiedene Querschnittsabmessungen durchgeführt und auf den Fall $b = 100$ bezogen, sie ergeben folgendes:

Fall a: störender Einfluß der Trennschicht nicht berücksichtigt, Q daher vermutlich zu groß.

Fall b: gibt bei schmalen Bermen viel zu große Q-Werte. Querschnitt nur 10% größer als im Fall h, Q um 25%.

Fall c: Q zum Teil kleiner als bei h, was nicht richtig sein kann.

Fall d: Q viel zu groß gegenüber h.

Fall e: Q reichlich klein gegenüber h.

Fall f: wie Fall c.

Es empfiehlt sich daher, bei kleinen Wasserläufen die Doppelprofile nach Fall g zu berechnen.

Zur Ermittelung der Stau- und Senkungskurven vgl. die Ausführungen auf S. 135. Wenn die Querschnittsabmessungen des Wasserlaufes stark wechseln, müssen die Kurven schrittweise berechnet werden. Bekannt ist die Wassertiefe an der Stau- oder Senkungsstelle. Es empfiehlt sich, die erste Teilstrecke l

zunächst versuchsweise 10- bis 20mal so groß zu wählen wie die Breite des gestauten oder gesenkten Wasserspiegels. Je geringer das Sohlengefälle des Wasserlaufes ist, um so länger kann l genommen werden. Alsdann wird das absolute Gefälle h der Teilstrecke geschätzt und werden ihre Mittelwerte F_m und U_m berechnet. Schreibt man nun Gl. (95) in der Form

$$h = \frac{Q^2 U_m l}{k^2 F_m^3}, \qquad (113)$$

so muß diese Gleichung durch h erfüllt oder die Rechnung mit einem anderen h-Wert wiederholt werden. Auf diese Weise findet man, von Teil- zu Teilstrecke fortschreitend, nacheinander durch Probieren die einzelnen Werte h und damit die gesuchte Kurve.

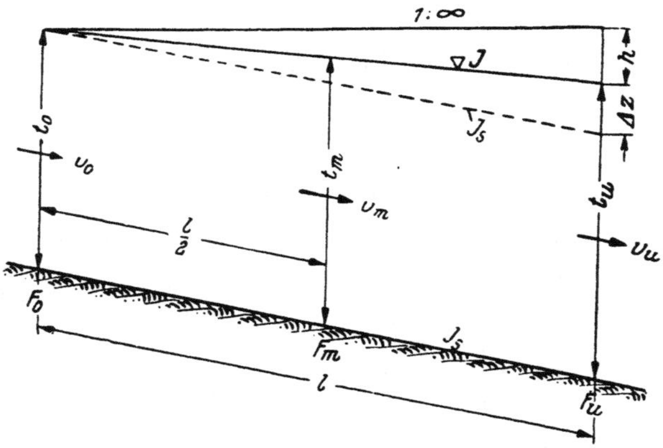

Abb. 64. Berechnung von Staukurven (Hilfskurvenverfahren).

Will man den Einfluß der Geschwindigkeitsänderung berücksichtigen, so wird nach den Gln. (96) und (98)

$$h = Q^2 \left[\frac{U_m l}{k^2 F_m^3} - \frac{\alpha}{2g}\left(\frac{1}{F_o^2} - \frac{1}{F_u^2}\right)\right]. \qquad (114)$$

F_o und F_u sind die Querschnitte am oberen und unteren Ende der Teilstrecke.

Eine Vereinfachung der Rechnung ist dann möglich, wenn Sohlenbreite, Böschungsneigung und Sohlengefälle der zu untersuchenden Wasserlaufstrecke sich nicht wesentlich ändern. Aus den Gln. (96) und (98) ergibt sich (Abb. 64):

$$h = \frac{v_m^2 l}{R_m k^2} - \frac{\alpha}{2g}(v_o^2 - v_u^2); \qquad F_m = \frac{F_o + F_u}{2},$$

$$h = J_s l - \Delta z = \left(\frac{Q}{k}\right)^2 \frac{U_m}{F_m^3} l - \frac{\alpha Q^2}{2g}\left(\frac{1}{F_o^2} - \frac{1}{F_u^2}\right),$$

$$F_o F_u = F_m^2 - \left(\frac{F_o - F_u}{2}\right)^2 = \sim F_m^2,$$

$$J_s l - \Delta z = \left(\frac{Q}{k}\right)^2 \frac{U_m}{F_m^3} l - \frac{\alpha Q^2}{g}\,\frac{F_u - F_o}{F_m^3},$$

$$l = \frac{\dfrac{\alpha Q^2}{g}\,\dfrac{F_u - F_o}{F_m^3} - \Delta z}{\left(\dfrac{Q}{k}\right)^2 \dfrac{U_m}{F_m^3} - J_s}. \qquad (115)$$

k bezieht sich auf den mittleren Querschnitt F_m, α nach S. 134. Man wählt bei bekanntem t_u den Wert Δz, findet dadurch $t_o = t_u - \Delta z$ und kann nun l berechnen. Daß dabei die Teilstrecken l verschieden groß ausfallen, ist nicht von Bedeutung. Will man die Geschwindigkeitsänderung unberücksichtigt lassen, so ist das erste Zählerglied $= 0$ zu setzen.

Die drei Gln. (113) bis (115) gelten auch für Senkungskurven, bei denen jedoch Δz negativ einzuführen ist (also statt $-\Delta z$ $+\Delta z$).

Legt man der Berechnung statt der Gl. (95) die allgemeine Gl. (111) zugrunde, so nimmt das erste Nennerglied der Gl. (115) die Form an:

$$\left(\frac{Q}{k}\right)^{1/n} \frac{1}{F_m^{1/n} R_m^{m/n}}.$$

Enthält die verwendete Abflußformel die mittlere Wassertiefe t (S. 139), so ist statt R der Wert t einzusetzen.

Man kann auch das im folgenden entwickelte Hilfskurvenverfahren anwenden. Ausgehend von der Forchheimerschen Abflußformel [Gl. (166)], erhält man

$$J = \left(\frac{Q}{k_f}\right)^2 \frac{U^{1,4}}{F^{3,4}}. \tag{116}$$

Ferner mit den Bezeichnungen der Abb. 64

$$t_u - t_o = l\,(J_s - J); \qquad t_u = t_m + \frac{l}{2}\,(J_s - J). \tag{117}$$

Zahlentafel 80.

t_m	F	U	$J^0/_{00}$	$t_u - t_o$	t_u
4,00	52,000	22,888	0,01358	0,095	4,047
3,75	46,875	21,770	0,01802	0,093	3,796
3,50	42,000	20,652	0,02431	0,090	3,545
3,25	37,375	19,534	0,03344	0,087	3,293
3,00	33,000	18,416	0,04702	0,081	3,041
2,75	28,875	17,298	0,06781	0,073	2,786
2,50	25,000	16,180	0,1008	0,060	2,530
2,30	22,080	15,286	0,1420	0,043	2,322
2,15	19,995	14,615	0,1868	0,025	2,163

Beispiel in Zahlentafel 80. Sohlenbreite 5 m, Böschungen 1 : 2, Wassertiefe im ungestauten Fluß 2,00 m, $J_s = 0{,}25^0/_{00}$, $k_f = 35$, $Q = 11{,}913$ m³/s, Stau = 2,00 m, $l = 400$ m. Man berechnet für die Werte t_m der Zahlentafel die zugehörigen

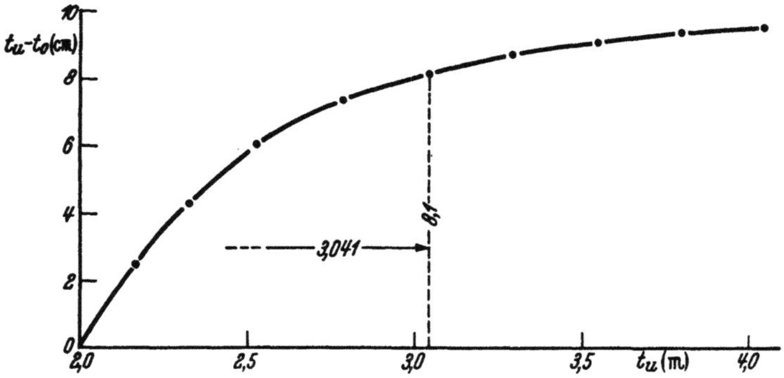

Abb. 65. Berechnung von Staukurven (Hilfskurvenverfahren).

$t_u - t_o$ und t_u und trägt diese Wertepaare als Hilfskurve auf (Abb. 65). J nach Gl. (116) für den mittleren Querschnitt (t_m). Dann läßt sich für jedes t_u, beginnend am Stau mit $t_u = 4{,}00$ m, der Unterschied $t_u - t_o$ aus der Hilfskurve entnehmen. Damit ist auch der Wert t_u der nächsten Flußstrecke bekannt und so fort. Als Maßstab der Ordinaten wählt man 1 cm der Zeichnung = 1 mm bis 1 cm der Wirklichkeit. Die Senkungskurven lassen sich ganz entsprechend berechnen.

Um das Hilfskurvenverfahren mit Berücksichtigung der Geschwindigkeitsänderungen durchzuführen, setzt man in Gl. (115) genau genug $F_u - F_o = (t_u - t_o)\,B_m = l\,(J_s - J)\,B_m$. Vgl. Gl. (117). B_m = Wasserspiegelbreite des mittleren Querschnitts (t_m). Es ergibt sich

$$J = \frac{M - N\,J_s}{1 - N}, \tag{118}$$

$$M = \left(\frac{Q}{k}\right)^2 \frac{U_m}{F_m^3}; \qquad N = \frac{\alpha\,Q^2\,B_m}{g\,F_m^3}. \tag{119}$$

Dann ist also statt der Gl. (116) die Gl. (118) zu verwenden.

Bei Querschnitten mit sehr unregelmäßiger Sohlenlage und flußaufwärts abnehmenden Sohlenbreiten sind zunächst das durchschnittliche Sohlengefälle J_s und die durchschnittliche Abnahme ΔS der Sohlenbreite in m/100 m zu ermitteln. Dann gilt außer den Gln. (117) die Beziehung $S_m = S_u - l\,\Delta S/200$. Man kann also für irgendein Wertepaar $t_m\,S_m$ die Größen S_u, J, $t_u - t_o$ und t_u berechnen. Führt man nun solche Rechnungen für mehrere Sohlenbreiten S_m mit verschiedenen Wassertiefen t_m durch, so erhält man mehrere Hilfskurven nach Art der Abb. 65, aus denen sich durch geradlinige Zwischenschaltung für jedes Wertepaar $t_u S_u$ die zugehörigen Werte $t_u - t_o$ und t_o ergeben.

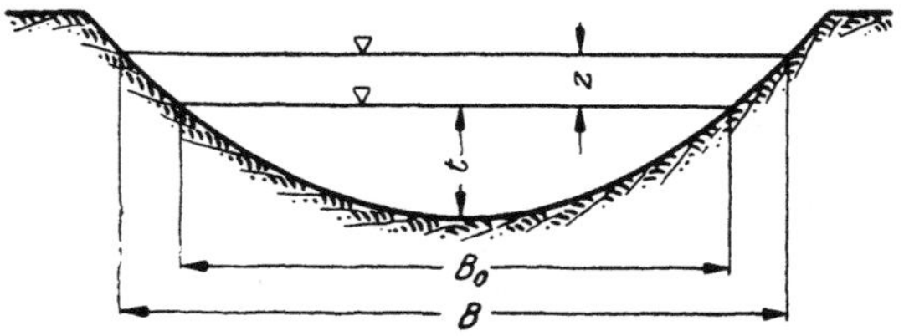

Abb. 66. Staukurve (Verfahren Tolkmitt).

Tolkmitt und Rühlmann haben Differentialgleichungen der Stau- und Senkungskurven abgeleitet, denen vereinfachende Annahmen zugrunde liegen. Tolkmitt nimmt einen Parabelquerschnitt nach Abb. 66 an:

$$Q = \frac{2}{3} B_0\, t\, k \sqrt{\frac{2}{3} t J}\,. \qquad (120)$$

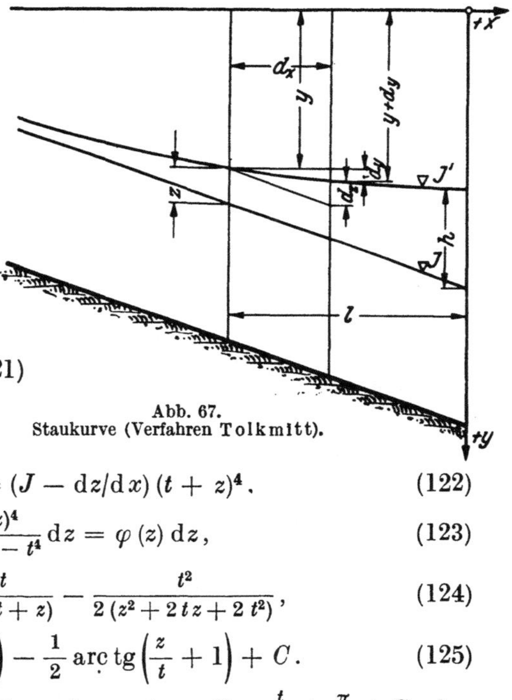

Abb. 67. Staukurve (Verfahren Tolkmitt).

Nach Abb. 67 (Staukurve) nehmen y und z zu, wenn x größer wird, oder einem positiven $\mathrm{d}x$ entsprechen positive $\mathrm{d}y$ und $\mathrm{d}z$. Daher $J' = \mathrm{d}y/\mathrm{d}x$, $J - J' = \mathrm{d}z/\mathrm{d}x$. Ferner ist

$$\left.\begin{aligned} Q &= \frac{2}{3} B\,(t+z)\,k \sqrt{\frac{2}{3}(t+z)\,J'}\,; \\ t\,B^2 &= (t+z)\,B_0^2, \end{aligned}\right\} \quad (121)$$

und in Verbindung mit Gl. (120)

$$J\,t^4 = J'\,(t+z)^4 = (J - \mathrm{d}z/\mathrm{d}x)\,(t+z)^4\,. \qquad (122)$$

$$J\,\mathrm{d}x = \frac{(t+z)^4}{(t+z)^4 - t^4}\,\mathrm{d}z = \varphi(z)\,\mathrm{d}z\,, \qquad (123)$$

$$\varphi(z) = 1 + \frac{t}{4z} - \frac{t}{4\,(2t+z)} - \frac{t^2}{2\,(z^2+2tz+2t^2)}\,, \qquad (124)$$

$$\frac{Jx}{t} = \frac{z}{t} - \frac{1}{4}\ln\left(2\frac{t}{z}+1\right) - \frac{1}{2}\,\mathrm{arc\,tg}\left(\frac{z}{t}+1\right) + C\,. \qquad (125)$$

Setzt man aus Gründen der zahlenmäßigen Auswertung $C = \frac{t}{t} + \frac{\pi}{4} + C_1$, bestimmt die Integrationskonstante C_1, indem man $x = 0$ und $z = h$ setzt, und schreibt man Gl. (125) in der Form

$$\frac{Jx}{t} = \frac{t+z}{t} - \frac{1}{4}\ln\left(2\frac{t}{z}+1\right) - \frac{1}{2}\,\mathrm{arc\,tg}\left(\frac{z}{t}+1\right) + \frac{\pi}{4} + C_1 = f\left(\frac{t+z}{t}\right) + C_1\,, \quad (126)$$

berücksichtigt man außerdem, daß $l = -x$ ist, so erhält man schließlich

$$l = \frac{t}{J}\left[f\left(\frac{t+h}{t}\right) - f\left(\frac{t+z}{t}\right)\right]. \qquad (127)$$

Im Abstande l vom Wehr beträgt demnach die Stauhöhe z. Die Werte der Funktion $f\left(\frac{t+z}{t}\right)$ sind mittels der Gl. (126) berechnet und in Zahlentafel 81 (S. 144) zusammengestellt.

Zahlentafel 81.

$\frac{t+z}{t}$	$f\left(\frac{t+z}{t}\right)$	$\frac{t+z}{t}$	$f\left(\frac{t+z}{t}\right)$	$\frac{t+z}{t}$	$f\left(\frac{t+z}{t}\right)$
1,000	$-\infty$	1,190	0,928	1,530	1,429
1,001	−0,507	1,200	0,948	1,540	1,441
1,005	−0,102	1,210	0,967	1,550	1,453
1,010	+0,074	1,220	0,985	1,560	1,465
1,015	+0,179	1,230	1,003	1,570	1,477
1,020	0,254	1,240	1,021	1,580	1,489
1,025	0,313	1,250	1,038	1,590	1,501
1,030	0,362	1,260	1,055	1,600	1,513
1,035	0,403	1,270	1,071	1,650	1,571
1,040	0,440	1,280	1,087	1,700	1,628
1,045	0,473	1,290	1,103	1,750	1,685
1,050	0,502	1,300	1,119	1,800	1,740
1,055	0,529	1,310	1,134	1,850	1,795
1,060	0,554	1,320	1,149	1,900	1,850
1,065	0,578	1,330	1,164	2,000	1,957
1,070	0,599	1,340	1,178	2,100	2,063
1,075	0,620	1,350	1,193	2,200	2,168
1,080	0,639	1,360	1,207	2,300	2,272
1,085	0,657	1,370	1,221	2,400	2,376
1,090	0,675	1,380	1,235	2,500	2,478
1,095	0,692	1,390	1,249	2,600	2,581
1,100	0,708	1,400	1,262	2,700	2,683
1,105	0,723	1,410	1,276	2,800	2,785
1,110	0,738	1,420	1,289	2,900	2,886
1,115	0,753	1,430	1,302	3,000	2,988
1,120	0,767	1,440	1,315	3,500	3,492
1,125	0,780	1,450	1,328	4,000	3,995
1,130	0,793	1,460	1,341	4,500	4,496
1,135	0,806	1,470	1,354	5,000	4,997
1,140	0,818	1,480	1,367	6,000	5,998
1,150	0,842	1,490	1,379	8,000	7,999
1,160	0,865	1,500	1,392	10,000	10,000
1,170	0,887	1,510	1,404	∞	∞
1,180	0,908	1,520	1,417	—	—

Für Senkungskurven nach Tolkmitt findet man unter Berücksichtigung der Geschwindigkeitsänderungen die folgenden Beziehungen (Abb. 68). Wenn x größer wird, nehmen auch y und z zu, einem positiven dx entsprechen daher auch positive dy und dz: $J\,dx = dy - dz$, $J'\,dx = dy$. Aus den Gln. (96) und (98) ergibt sich mit $v_1 = v$, $v_2 = v + dv$, $dv^2 = 0$

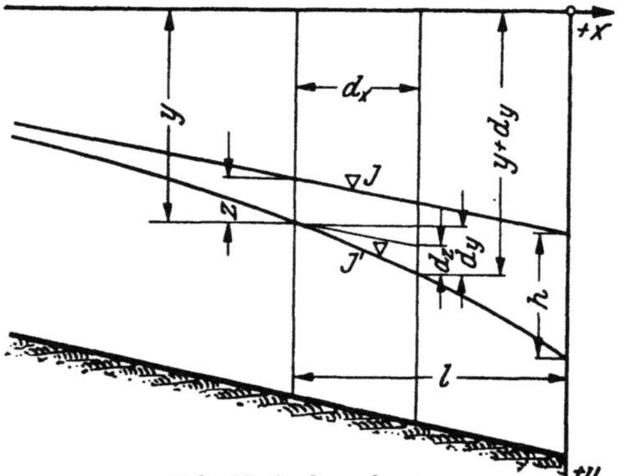

Abb. 68. Senkungskurve (Verfahren Tolkmitt).

$$dy = \frac{v^2}{R\,k^2}\,dx + \frac{\alpha\,v\,dv}{g}, \qquad (128)$$

$v^2 : (R\,k^2) = J'$, ferner entsprechend Gl. (122) $J\,t^4 = J'\,(t-z)^4$ und entsprechend Gl. (121)

$$Q = \frac{2}{3}\,B\,(t-z)\,k\sqrt{\frac{2}{3}\,(t-z)\,J'};$$

$$t\,B^2 = (t-z)\,B_0^2.$$

Für den gesenkten Fluß ist $v = \frac{Q}{F}$, $F = \frac{2}{3}(t-z)\,B$. Mit den vorstehenden Werten Q und F erhält man

$$v^2 = \frac{\frac{2}{3}\,k^2\,t^4\,J}{(t-z)^3}; \qquad v\,dv = \frac{t^4}{(t-z)^4}\,k^2\,J\,dz.$$

Daher aus Gl. (128)

$$J\,\mathrm{d}x + \mathrm{d}z = \frac{J\,t^4\,\mathrm{d}x}{(t-z)^4} + \frac{\alpha\,k^2\,J\,t^4\,\mathrm{d}z}{g\,(t-z)^4},$$

oder nach Umwandlung

$$-J\,\mathrm{d}x = \left[1 - \left(1 - \frac{\alpha\,k^2\,J}{g}\right)\frac{t^4}{t^4-(t-z)^4}\right]\mathrm{d}z. \tag{129}$$

Die Integration erfolgt in ähnlicher Weise wie bei Gl. (123) mit dem Ergebnis

$$f\left(\frac{t-z}{t}\right) = \frac{1}{4}\ln\left(2\frac{t}{z}-1\right) + \frac{1}{2}\operatorname{arc\,tg}\left(1-\frac{z}{t}\right), \tag{130}$$

$$l = \frac{t}{J}\left[f\left(\frac{t-z}{t}\right) - f\left(\frac{t-h}{t}\right)\right]\left(1-\frac{\alpha\,k^2\,J}{g}\right) - \frac{h-z}{J}. \tag{131}$$

Bei Vernachlässigung der Geschwindigkeitsänderungen ist das Glied $\frac{\alpha\,k^2 J}{g} = 0$ zu setzen. Man erhält dann

$$l = \frac{t}{J}\left\{\left[f\left(\frac{t-z}{t}\right) - \frac{t-z}{t}\right] - \left[f\left(\frac{t-h}{t}\right) - \frac{t-h}{t}\right]\right\}$$

$$= \frac{t}{J}\left[F\left(\frac{t-z}{t}\right) - F\left(\frac{t-h}{t}\right)\right]. \tag{132}$$

Zur Berechnung dient Zahlentafel 82.

Zahlentafel 82.

$\frac{t-z}{t}$	$f\left(\frac{t-z}{t}\right)$	$F\left(\frac{t-z}{t}\right)$	$\frac{t-z}{t}$	$f\left(\frac{t-z}{t}\right)$	$F\left(\frac{t-z}{t}\right)$
0,000	0,0000	0,0000	0,790	0,8700	0,0800
0,100	0,1000	0,0000	0,800	0,8867	0,0867
0,200	0,2001	0,0001	0,810	0,9039	0,0939
0,300	0,3005	0,0005	0,820	0,922	0,102
0,350	0,3511	0,0011	0,830	0,940	0,110
0,400	0,4021	0,0021	0,840	0,960	0,120
0,425	0,4278	0,0028	0,850	0,980	0,130
0,450	0,4538	0,0038	0,860	1,002	0,142
0,475	0,4800	0,0050	0,865	1,013	0,148
0,500	0,5065	0,0065	0,870	1,025	0,155
0,510	0,5172	0,0072	0,875	1,037	0,162
0,520	0,5279	0,0079	0,880	1,049	0,169
0,530	0,5388	0,0088	0,885	1,062	0,177
0,540	0,5496	0,0096	0,890	1,075	0,185
0,550	0,5606	0,0106	0,895	1,089	0,194
0,560	0,5717	0,0117	0,900	1,103	0,203
0,570	0,5828	0,0128	0,905	1,118	0,213
0,580	0,5940	0,0140	0,910	1,133	0,223
0,590	0,6054	0,0154	0,915	1,149	0,234
0,600	0,6168	0,0168	0,920	1,166	0,246
0,610	0,6283	0,0183	0,925	1,185	0,260
0,620	0,6400	0,0200	0,930	1,204	0,274
0,630	0,6518	0,0218	0,935	1,224	0,289
0,640	0,6638	0,0238	0,940	1,246	0,306
0,650	0,6758	0,0258	0,945	1,270	0,325
0,660	0,6881	0,0281	0,950	1,296	0,346
0,670	0,7005	0,0305	0,955	1,324	0,369
0,680	0,7132	0,0332	0,960	1,355	0,395
0,690	0,7260	0,0360	0,965	1,391	0,426
0,700	0,7390	0,0390	0,970	1,431	0,461
0,710	0,7523	0,0423	0,975	1,479	0,504
0,720	0,7658	0,0458	0,980	1,536	0,556
0,730	0,7797	0,0497	0,985	1,610	0,625
0,740	0,7938	0,0538	0,990	1,714	0,724
0,750	0,8082	0,0582	0,995	1,889	0,894
0,760	0,8231	0,0631	0,997	2,016	1,019
0,770	0,8383	0,0683	0,999	2,293	1,294
0,780	0,8539	0,0739	1,000	∞	∞

Rühlmann behandelt rechteckige Querschnitte mit der Breite B und der Wassertiefe t im ungestauten Zustande, er setzt

$$Q = B\,t\,k\sqrt{t\,J}\,. \tag{133}$$

Entsprechend der Ableitung für die Tolkmittsche Parabel findet man

$$J\,\mathrm{d}x = \frac{(t+z)^3}{(t+z)^3 - t^3}\,\mathrm{d}z = \psi(z)\,\mathrm{d}z\,, \tag{134}$$

$$\psi(z) = 1 + \frac{t}{3z} - \frac{t\,(3\,t+z)}{3\,(z^2 + 3\,t\,z + 3\,t^2)} \tag{135}$$

$$\frac{J\,x}{t} = \frac{z}{t} - \frac{1}{6}\ln\left(1 + 3\,\frac{t}{z} + 3\,\frac{t^2}{z^2}\right) - \frac{1}{\sqrt{3}}\operatorname{arc\,tg}\frac{2\,\frac{z}{t} + 3}{\sqrt{3}} + C = f\left(\frac{z}{t}\right) + C\,, \tag{136}$$

$$l = \frac{t}{J}\left[f\left(\frac{h}{t}\right) - f\left(\frac{z}{t}\right)\right]. \tag{137}$$

Der Stau ist also im Abstande l vom Wehr $= z$. Die Integrationskonstante C ergibt sich aus der Bedingung $x = 0$, $z = h$. Vgl. Zahlentafel 83, in der $f\left(\frac{z}{t}\right)$ um ein konstantes Glied vergrößert ist, um keine negativen Werte zu erhalten.

Zahlentafel 83.

$\frac{z}{t}$	$f\left(\frac{z}{t}\right)$	$\frac{z}{t}$	$f\left(\frac{z}{t}\right)$	$\frac{z}{t}$	$f\left(\frac{z}{t}\right)$	$\frac{z}{t}$	$f\left(\frac{z}{t}\right)$
0,01	0,0067	0,27	1,2861	0,56	1,7444	1,40	2,7264
0,02	0,2444	0,28	1,3054	0,58	1,7714	1,50	2,8337
0,03	0,3863	0,29	1,3243	0,60	1,7980	1,60	2,9401
0,04	0,4889	0,30	1,3428	0,62	1,8243	1,70	3,0458
0,05	0,5701	0,31	1,3610	0,64	1,8503	1,80	3,1508
0,06	0,6376	0,32	1,3789	0,66	1,8759	1,90	3,2553
0,07	0,6958	0,33	1,3964	0,68	1,9014	2,00	3,3594
0,08	0,7482	0,34	1,4126	0,70	1,9266	2,10	3,4631
0,09	0,7933	0,35	1,4306	0,72	1,9517	2,20	3,5664
0,10	0,8353	0,36	1,4473	0,74	1,9765	2,30	3,6694
0,11	0,8739	0,37	1,4638	0,76	2,0010	2,40	3,7720
0,12	0,9098	0,38	1,4801	0,78	2,0254	2,50	3,8745
0,13	0,9434	0,39	1,4962	0,80	2,0495	2,60	3,9768
0,14	0,9751	0,40	1,5119	0,82	2,0735	2,70	4,0789
0,15	1,0051	0,41	1,5275	0,84	2,0975	2,80	4,1808
0,16	1,0335	0,42	1,5430	0,86	2,1213	2,90	4,2826
0,17	1,0608	0,43	1,5583	0,88	2,1449	3,00	4,3843
0,18	1,0869	0,44	1,5734	0,90	2,1683	4,00	5,3958
0,19	1,1119	0,45	1,5884	0,92	2,1916	5,00	6,4020
0,20	1,1360	0,46	1,6032	0,94	2,2148	6,00	7,4056
0,21	1,1595	0,47	1,6179	0,96	2,2380	8,00	9,4097
0,22	1,1821	0,48	1,6324	0,98	2,2611	10,00	11,412
0,23	1,2040	0,49	1,6468	1,00	2,2839	15,00	16,414
0,24	1,2254	0,50	1,6611	1,10	2,3971	20,00	21,415
0,25	1,2461	0,52	1,6893	1,20	2,5084	30,00	31,415
0,26	1,2664	0,54	1,7170	1,30	2,6179	50,00	51,416
						100,00	101,420

Je nachdem die Flußquerschnitte sich mehr der Parabel oder dem Rechteck nähern, wird man das eine oder das andere Verfahren verwenden. Dabei pflegt man so vorzugehen, daß man für den Staubereich und für den ungestauten Fluß die mittlere Wasserspiegelbreite B_0 sowie den mittleren Querschnitt F und daraus die Scheiteltiefe $t = 3F/2B_0$ oder die Rechtecktiefe $t = F/B_0$ ermittelt (Ersatzquerschnitt). Bei gleichen Werten F und B_0 liefert das Verfahren Tolkmitt in der Regel etwas höhere Werte z als das Rühlmannsche, wie aus Zahlentafel 84 hervorgeht. Hier ist $J = 0{,}2^0/_{00}$ gesetzt.

Zahlentafel 84.

h	t		l für $z = h/2$		Stauweite L für $z = 2$ cm			Stau z für $l = l_2$		
	Rühlmann	Tolkmitt	Rühlmann l_1	Tolkmitt l_2	Rühlmann	Tolkmitt	Parabel	Rühlmann	Tolkmitt	Parabel
0,50	0,50	0,75	1557	1583	4488	4717	4000	0,24	0,25	0,23
0,50	2,50	3,75	3759	4020	15138	16928	4000	0,24	0,25	0,02
1,50	1,50	2,25	4671	4750	16545	17456	13268	0,74	0,75	0,70
2,50	0,50	0,75	6319	6298	14783	14986	22764	1,25	1,25	1,40
2,50	2,50	3,75	7785	7916	29487	31732	22764	1,23	1,25	1,17

Bisweilen wird die Staukurve überschläglich als Parabel nach Abb. 69 angenommen. Das kann jedoch zu erheblichen Fehlern führen, wie ein Vergleich der Stauweiten und der beiden letzten Spalten in Zahlentafel 84 zeigt. Man beachte, daß der Verlauf der Staukurven bei der Parabel unabhängig von t ist im Gegensatz zu den Verfahren von Tolkmitt und Rühlmann.

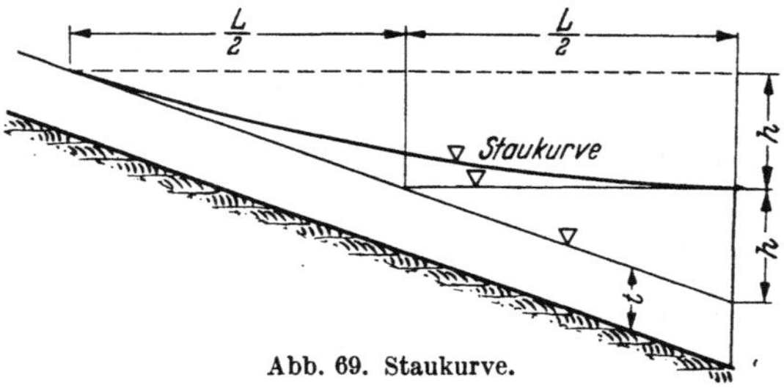

Abb. 69. Staukurve.

Die Berücksichtigung der Geschwindigkeitsänderungen bei Senkungskurven kann in sehr einfacher und häufig ausreichender Weise nach Abb. 70 vorgenommen werden, wodurch erheblich an Rechenarbeit gespart wird. Man berechnet zunächst die Senkungskurve S_1 ohne Beachtung der Geschwindigkeitsänderungen, trägt alsdann die Strecke $h = (v_2^2 - v_1^2) : 2g$ zwischen der ursprünglichen Spiegellinie und S_1 ein und paßt die gesuchte Senkungskurve S_2 dem Verlauf von S_1 an.

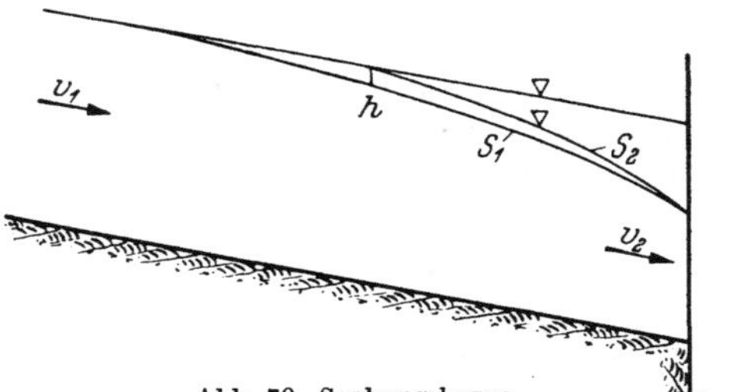

Abb. 70. Senkungskurve.

Die Stau- und Senkungskurven werden bei den sog. Sielzugberechnungen im Tidegebiet verwendet. Dadurch soll festgestellt werden, wie hoch das Binnenwasser bei einem Binnenzufluß Q_0 (m³/s) und bei einem bestimmten Tideverlauf während des Sielschlusses steigt. Man pflegt so vorzugehen, daß man einen höchsten Binnenwasserstand W am Siel zunächst annimmt und den Speicherraum ermittelt, der während der Sielzugzeit frei wird und so groß sein muß, daß er in der darauffolgenden Sielschlußzeit durch Q_0 gerade gefüllt wird. Nötigenfalls ist die Rechnung mit einem anderen Wasserstand W zu wiederholen.

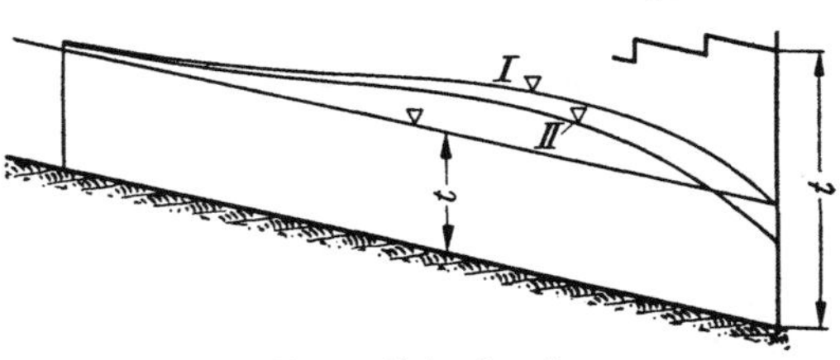

Abb. 71. Sielzugberechnung.

Die üblichen Sielzugberechnungen gehen davon aus, daß sich bei der Entleerung des binnenseitigen Speicherraumes normale Stau- bzw. Senkungskurven bilden. Das ist jedoch hydraulisch nicht richtig, da bei fallendem Binnenwasser die Abflußmenge unmittelbar oberhalb des Siels erheblich größer als Q_0 ist. Es läßt sich nachweisen, daß häufig eine am Siel vorhandene Senkungskurve weiter oberhalb in eine Staukurve übergeht (Abb. 71). Leider ist es im Einzelfall nicht zu übersehen, welcher Fehler dadurch entsteht, daß man fälschlich mit gewöhnlichen Stau- und Senkungskurven rechnet. Eine weitere erhebliche hydraulische Unsicherheit liegt darin, daß die Absenkung des Binnenwassers am Siel sich erst allmählich nach oben hin auswirkt.

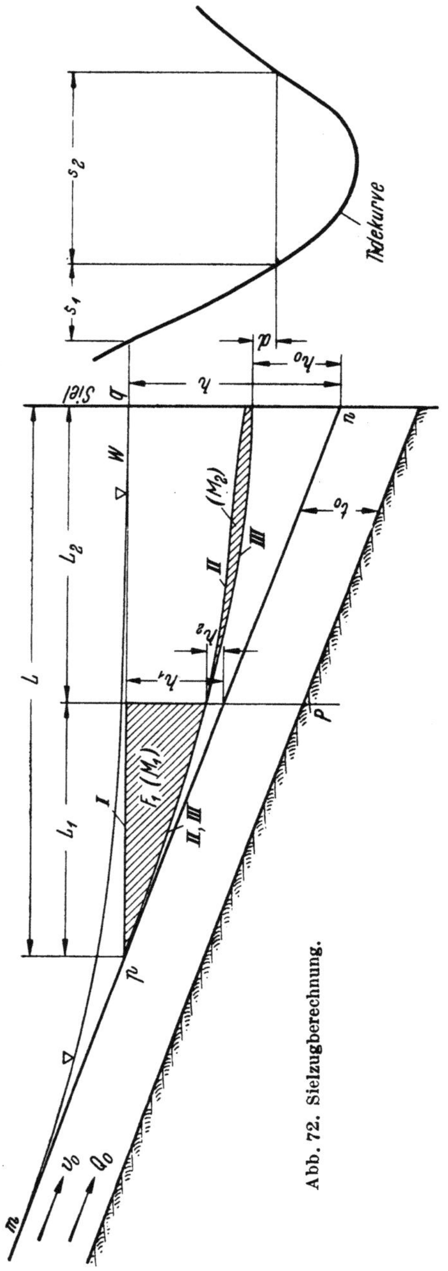

Abb. 72. Sielzugberechnung.

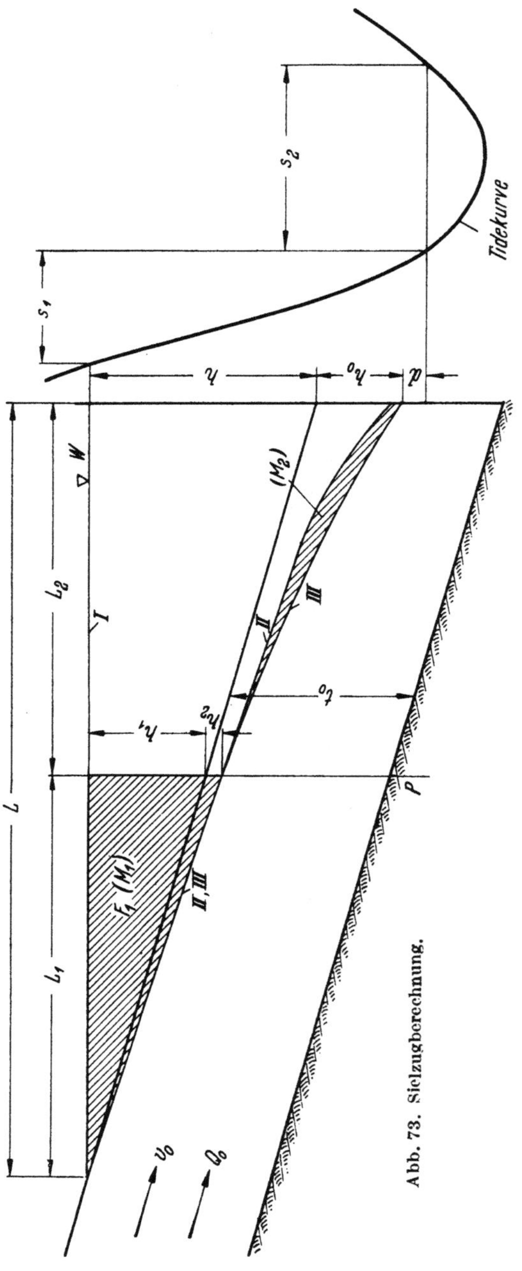

Abb. 73. Sielzugberechnung.

Die häufig nicht unbedeutende Speicherung in Altarmen und Seitengräben läßt sich nur überschläglich berücksichtigen, wobei man den rechnerischen Speicherraum sehr abseits liegender Gräben nicht voll einsetzen darf. In der Wahl des Binnenzuflusses Q_0 und der Tidekurve, die man einander zuordnen will, liegt ein weiterer beachtlicher Unsicherheitsfaktor.

Da somit die übliche Sielzugberechnung hydraulisch keineswegs befriedigt und auch sonst erhebliche Fehlerquellen enthält, ohnehin also nur ein Näherungsverfahren ist, da sie außerdem eine sehr zeitraubende Rechenarbeit verursacht, so sollte man sie durch ein einfacheres Näherungsverfahren ersetzen und den unvermeidbaren Unsicherheiten durch einen Sicherheitszuschlag begegnen.

Wir begrenzen zu diesem Zwecke den Speicherraum oben durch den hydrostatischen Stauspiegel pq der Abb. 72. Der Speicherungsvorgang bei geschlossenem Siel hat zur Folge, daß die Wasserspiegellinie mq wesentlich flacher verläuft als bei einer gewöhnlichen Staukurve; der Anteil a der Fläche mpq an mnq in runden Zahlen ist aus Zahlentafel 85 zu erkennen. t = Scheiteltiefe der Ersatzparabel (S. 146). Der links von p liegende Teil der Fläche mpq wird vernachlässigt, der rechts liegende dient als Sicherheitszuschlag.

Zahlentafel 85.

h/t	1	1,5	2	3	4
a	8%	5%	3%	2%	2%

Die untere Begrenzung des Speicherraumes sei die Staukurve (Senkungskurve) *III* mit dem Abfluß Q_0. Nach s_1 s ist zunächst die Wasserspiegellinie *II* entstanden, die auf der Strecke L_1 eine normale Staukurve (Senkungskurve) mit Q_0 ist. Über *III* liegt jetzt (nach s_1 s), zum weitaus größten Teil in den unteren zwei Dritteln von L_2, noch die Wassermasse M_2, die in weiteren s_2 s das Siel erreichen soll. Wir nehmen *III* als quadratische Parabel an und führen folgende Bezeichnungen ein:

f_0, v_0, Q_0 für den ungestauten Fluß; $Q_0 = f_0 v_0$.
B_1 = mittlere Breite der Wassermasse M_1; $M_1 = F_1 B_1$.
f_1 u. f_1' = Abflußquerschnitte bei P und bei den Wassertiefen $(t_0 + h_1)$ bzw. $(t_0 \pm h_2)$.
v_1 = durchschnittliche Geschwindigkeit auf der Strecke L_1 in der Zeit s_1.

Um nun den schraffierten Speicherraum M_1 in s_1 s zu entleeren, muß L_1 in s_1 s durchflossen werden. Man erhält mit $L_1 = \varphi L$ (Abb. 72)

$$F_1 = \frac{(3-\varphi)\,\varphi^2}{3}(h - h_0)\,L\,, \tag{138}$$

$$M = Q_0 s_1 + M_1\,; \quad v_1 = \frac{v_0}{2} + \frac{M}{(f_1 + f_1')\,s_1}. \tag{138a}$$

$$\varphi = \frac{v_1\,s_1}{L}. \tag{138b}$$

Durch Probieren ergibt sich φ, Kontrolle durch Gl. (138b). $\varphi \gtreqless 1$ bedeutet, daß s_1 s zur Bildung des Wasserspiegels *III* ausreichen. Ferner sei

d = Druckhöhe am Siel beim Durchfluß Q_0.
Q_2 = Abfluß vor dem Siel bei der Wassertiefe $(t_0 \pm h_0)$ zu Beginn der Zeit s_2. Dabei wird aus der Tidekurve entnommen, daß der Wasserspiegel am Siel in s s von $(h_0 \pm 0{,}1)$ auf h_0 fällt, wobei die Entleerung parabolisch nach oben ausläuft.
B_2 = mittlere Breite der Wassermasse M_2.
f_2 = Abflußquerschnitt vor dem Siel bei der Wassertiefe $(t_0 \pm h_0)$.
v_2 = durchschnittliche Geschwindigkeit auf der Strecke L_2 in der Zeit s_2.

Dann ist

$$\left.\begin{aligned} Q_2 &= Q_0 + \frac{2}{3}\cdot 0{,}1\cdot L_2\frac{B_2}{s}\,; \\ v_2 &= \frac{1}{2}\left(\frac{Q_0}{f_1'} + \frac{Q_2 + Q_0}{2\cdot f_2}\right); \quad v_2 s_2 = \frac{2}{3}L_2. \end{aligned}\right\} \tag{139}$$

Durch Probieren findet man h_0 und s_2. Die untere Begrenzung *(III)* des Speicherraumes läßt sich dann als normale Staukurve mit dem Abfluß Q_0 ermitteln. In f_2 liegt ein Sicherheitszuschlag, da die Wassertiefe in der Zeit s_2 kleiner als $(t_0 \pm h_0)$ ist.

Bei Senkungskurven (Abb. 73) ist der Rechnungsgang der gleiche. Es gelten auch dann die Gln. (138a), (138b) und (139), statt der Gl. (138) dagegen

$$F_1 = \varphi^2 \left(\frac{h}{2} + \frac{h_0 \varphi}{3} \right) L. \tag{140}$$

Die Wasserbewegung in den Flüssen und Leitungen ist nicht gleichartig, man unterscheidet folgende Arten:

1. Die gleitende (laminare). Es ist nur die Zähigkeit des Wassers zu überwinden, da keine Wirbel entstehen. Diese Bewegung tritt nur bei sehr kleinen Wassergeschwindigkeiten auf. Bei der kritischen Geschwindigkeit (nach Reynolds) geht sie über in

2. die strömende Wasserbewegung, die in den Wasserläufen und Rohrleitungen die vorherrschende ist. Wird v größer als die Wellenschnelligkeit $\sqrt{g\,t}$ ($g = 9{,}81$; t = Wassertiefe in m), so entsteht

3. die schießende Wasserbewegung, die bisweilen in Wildbächen vorkommt. Für sie ist kennzeichnend, daß kleine im Wasser befindliche Hindernisse (Steine) keinen Stau erzeugen. Das heranschießende Wasser sucht sie vielmehr zu überspringen, weil die große Wassergeschwindigkeit die Entstehung einer flußaufwärts gerichteten Stauwelle verhindert.

Die strömende und schießende Bewegung nennt man auch wirbelnde (turbulente).

Man bezieht die Reynoldssche Zahl entweder auf den hydraulischen Radius R oder auf den Rohrdurchmesser D:

1. $\mathfrak{R}' = \frac{v\,R}{\nu}$; die kritische Geschwindigkeit liegt bei $\mathfrak{R}' = 580$.

2. $\mathfrak{R} = \frac{c\,D}{\nu}$; „ „ „ „ „ $\mathfrak{R} = 2320$.

ν ist die kinematische Zähigkeit des Wassers in m²/s (Zahlentafel 7a). Die Reynoldssche Zahl hat die Dimension 1, v und c sind in m/s, R und D in m einzuführen. Aus den Gesetzen der Strömungslehre folgt, daß λ außer von anderen Faktoren auch von $\mathfrak{R}$ abhängig sein muß. Nur dann genügt die Formel dem Reynoldsschen Ähnlichkeitsgesetz und läßt daher im allgemeinen einen größeren Gültigkeitsbereich erwarten als eine Formel ohne $\mathfrak{R}$. Diejenigen Formeln, die $\mathfrak{R}$ enthalten, berücksichtigen auch die Temperatur des Wassers, da ja $\mathfrak{R}$ von ν und damit auch von der Temperatur abhängt. Will man dagegen bei einer Formel ohne $\mathfrak{R}$ auch den Einfluß der Temperatur berücksichtigen, so hat man das Ergebnis c (oder v) einer solchen Formel mit dem Faktor C_t zu vervielfältigen:

$t =$	0°	10°	13°	15°	20°	25°	30°
$C_t =$	0,95	0,99	1,00	1,01	1,025	1,04	1,06

Die neuere Hydraulik unterscheidet die hydraulisch glatten und die rauhen Rohre. Man bezeichnet ein Rohr als hydraulisch glatt, wenn die Erhebungen der Rohrwand $< 30 \cdot D\,\mathfrak{R}^{-7/8}$ sind. Beispiel: $D = 0{,}5$ m; $c = 2$ m/s; $10^6 \cdot \nu = 1{,}30$; Erhebungen $< 0{,}106$ mm.

Bei den rauhen Rohren sind nach den Untersuchungen von Hopf und Fromm zwei Arten von Rauhigkeit zu unterscheiden: bei der einen ist λ nicht von $\mathfrak{R}$, sondern von der relativen Rauhigkeit k/D abhängig, k ist das Rauhigkeitsmaß. Bei der anderen (Welligkeit) ist λ von $\mathfrak{R}$, jedoch nicht von D abhängig, $\lambda = \lambda_0 \xi$. Man nennt ξ die Welligkeitszahl, λ_0 ist die Widerstandsziffer für glatte Rohre. Die Wandrauhigkeit ist durch scharfkantige und unregelmäßige Erhebungen, die Welligkeit durch sanftere und regelmäßigere Unebenheiten gekennzeichnet.

Für Flüsse, namentlich für größere, haben sich Formeln ohne Rauhigkeitsbeiwerte bewährt. Die Erklärung dafür ist darin zu sehen, daß der Umfang der Rauhigkeit des Flußbettes bereits in der Größe des wasserführenden Querschnitts und des Wasserspiegelgefälles zum Ausdruck kommt. Auch tritt in großen Querschnitten der Einfluß der Wandreibung gegenüber den Widerständen, die durch innere Reibung des Wassers, Wirbelbewegungen und Querströmungen entstehen, zurück.

Die Ergebnisse verschiedener Abflußformeln weichen in der Regel mehr oder weniger voneinander ab. Das liegt zu einem erheblichen Teil daran, daß man die bei der Ableitung der Formel vorhanden gewesenen Verhältnisse, z. B. die Rauhigkeit eines Rohres, meistens nicht eindeutig definieren und daher auch nicht wissen kann, ob der zu untersuchende Abflußvorgang der früheren Versuchsanordnung entspricht. Grundsätzlich empfiehlt es sich daher, vergleichsweise mehrere Formeln zu verwenden, wenn Zweifel bestehen.

Zu beachten ist, daß die Rohrwiderstände um so größer werden, je kleiner die Baulänge der Rohre ist, da gerade an den Verbindungsstellen größere Widerstände aufzutreten pflegen. Auch reines Wasser bildet innen eine Schleim-

Zahlentafel 86.

Formel von	Jahr	Werte v oder c [Gln. (95) und (111)]	Gleichung
Ganguillet und Kutter	1869	$\dfrac{\frac{1}{n} + a}{1 + \frac{a\,n}{\sqrt{R}}} R^{0,5} J^{0,5}$; $a = 23 + \dfrac{0{,}00155}{J}$	(141)
Kutter	1885	$\dfrac{100 \cdot \sqrt{R}}{m + \sqrt{R}} R^{0,5} J^{0,5}$	(142)
Bazin	1897	$\dfrac{87}{1 + \frac{\gamma}{\sqrt{R}}} R^{0,5} J^{0,5}$	(143)
Heßle	1899	$25\,(1 + 0{,}5 \cdot \sqrt{R})\, R^{0,5} J^{0,5}$	(144)
Hermanek	1905	$t < 1{,}5$: $(30{,}7 \cdot \sqrt{t})\, t^{0,5} J^{0,5}$ $t = 1{,}5 - 6{,}0$: $(34 \cdot \sqrt[4]{t})\, t^{0,5} J^{0,5}$ $t > 6{,}0$: $(50{,}2 + 0{,}5 \cdot t)\, t^{0,5} J^{0,5}$	(145)
Gröger	1913	$t = 0{,}2 - 2{,}0$: $23{,}781 \cdot t^{0,776} J^{0,458}$ $t > 2{,}0$: $22{,}11 \cdot t^{0,58} J^{0,43}$	(146)
Scobey		$122 \cdot R^{0,65} J^{0,556}$	(147)
Gauckler	1923	$k_s\, R^{2/3} J^{1/2}$	(148)
Forchheimer	1923	$k_f\, R^{0,7} J^{0,5}$	(149)
Winkel	1927	$(185 - 210 \cdot J^{0,5/7})\, R^{5/7} J^{4/7}$	(150)
Matakiewicz	1927	natürliche Gerinne: $35{,}36 \cdot t^{0,7} J^{m}$ künstliche Gerinne: $35{,}36 \cdot R^{0,7} J^{m}$	(151)
Ludin	1937	$(122 \text{ bis } 134) \cdot R^{0,65} J^{0,51}$	(152)

schicht, die den ursprünglichen Durchmesser um 2 bis 3 mm verkleinert. In eisernen Rohren können sich starke Krusten bilden. Je kleiner der Rohrdurchmesser, um so größer wird die prozentuale Verengung. Man hat daher stets die Neigung des Wassers zur Krustenbildung zu prüfen und ihr bei der Wahl des Durchmessers Rechnung zu tragen.

Die wichtigsten Abflußformeln sind in den Zahlentafeln 86 (S. 151) und 87 zusammengestellt, alle Längen sind in m einzusetzen, $v(c)$ ergibt sich in m/s; $t = F/B$ (S. 139).

Zahlentafel 87.

Formel von	Jahr	Werte h_r Gl. (99)	Gleichung
Weisbach	1855	$\left(0{,}0144 + \frac{0{,}00947}{\sqrt{c}}\right) \frac{l}{D} \frac{c^2}{2g}$	(153)
Dupuit	1865	$0{,}03 \frac{l}{D} \frac{c^2}{2g}$	(154)
Lang	1896	$\left(a + \frac{0{,}0018}{\sqrt{cD}}\right) \frac{l}{D} \frac{c^2}{2g}$	(155)
Stadtbauamt Wien	1911	$\left(0{,}007\,913 + \frac{0{,}01\,399}{\sqrt{D}}\right) \frac{l}{D} \frac{c^2}{2g}$	(156)
von Mises	1914	$\left(0{,}0096 + \sqrt{\frac{32 \cdot k_m}{D}} + \frac{1{,}7}{\sqrt{\Re}}\right) \frac{l}{D} \frac{c^2}{2g}$	(157)
Biegeleisen	1914	Schmiedeeisen: $0{,}0007\,745 \frac{l}{D^{1,2}} c^{1,8}$ Gußeisen neu: $0{,}0012 \frac{l}{D^{1,1}} c^{1,9}$ Gußeisen gebraucht: $0{,}002567 \frac{l}{D^{1,1}} c^{1,9}$	(158)
Drondhjem		$0{,}000885 \frac{l}{D^{1,17}} c^{1,8}$	(159)
Hopf und Fromm	1923	a) $0{,}01 \left(\frac{4\,k}{D}\right)^{0,314} \frac{l}{D} \frac{c^2}{2g}$ b) $\lambda_0 k_1 \frac{l}{D} \frac{c^2}{2g}$	(160)
Biel	1907	$0{,}0785 \left(0{,}12 + \frac{f}{\sqrt{R}} + \frac{b\,v}{c\sqrt{R}}\right) \frac{l}{D} \frac{c^2}{2g}$	(161)
Blasius	1909	$\lambda = \lambda_0 = \frac{0{,}3164}{\sqrt[4]{\Re}}$	(162)
Jakob und Erk		$\lambda = \lambda_0 = 0{,}00714 + 0{,}614 \cdot \Re^{-0,35}$	(163)
Prandtl	1933	$\frac{1}{\left(2 \cdot \log \frac{r}{\varepsilon} + 1{,}74\right)^2} \frac{l}{D} \frac{c^2}{2g} \quad (D = 2\,r)$	(164)

Ganguillet und Kutter. Für den Rauhigkeitsgrad n kann man setzen:

1. Gehobeltes Holz, sehr glatter Zementputz	0,010
2. Bretter, Zementputz, behauene Quadern, gut gefugte Backsteine	0,012 bis 0,015
3. Bruchsteine, rauher Zementputz	0,017
4. Rohe Bruchsteine, Pflaster	0,020 „ 0,022
5. Wasserläufe ohne grobes Geschiebe und Krautwuchs	0,025
6. Wasserläufe, hier und da mit Geschiebe oder Wasserpflanzen	0,025 „ 0,030
7. Wasserläufe mit grobem Geschiebe oder stärkerem Krautwuchs (die meisten Bäche und Gräben)	0,030 „ 0,035

8. Wasserläufe wie unter 7., außerdem stark verwildert . . . . 0,035 bis 0,040
9. Flach überströmtes Vorland, *n* ist um so größer zu wählen, je flacher die Überströmung, je höher der Graswuchs und je unebener das Vorland ist 0,035 „ 0,045

Die Ziffern 5 bis 8 ohne Vorland. Mit größerem Gefälle *J* wird *n* im allgemeinen kleiner (*142*). Vgl. Zahlentafel 88, S. 154/155. Man kann auch die Zusammenstellungen von Schewior (*208*) oder Schüngel (*226*) verwenden, was die Berechnungen wesentlich vereinfacht.

Kutter. Den Rauhigkeitsbeiwert *m* schätzt man nach folgenden Angaben:

1. Sehr gut geglättete Baustoffe . . . . 0,10 bis 0,15
2. Gut gefugte Bretter; weite, glatte Eisen- und Betonleitungen 0,20
3. Gewöhnliche Bretter, glattes Backstein- und Quadermauerwerk, reine Steinzeugkanäle, gebrauchte Wasserleitungsrohre ohne stärkere Ablagerungen 0,25
4. Bohlwände, Backsteinmauerwerk, gebrauchte Zementrohr- und Steinzeugkanäle, quer- und längsgenietete nicht zu weite Eisenrohre . . . . . . 0,30 „ 0,35
   Dränrohre 0,30
   Städtische Entwässerungsrohre 0,35
5. Älteres Backsteinmauerwerk, rauher Zementputz . . . . 0,45 „ 0,50
6. Pflaster, ungeputzter Beton . . . . 0,55 „ 0,75
7. Älterer, unregelmäßiger Beton und ebensolches Mauerwerk 1,00

Häufig für Rohrleitungen verwendet.

Bazin. Für γ ist zu setzen:

1. Glatter Zement, gehobelte Bretter 0,06
2. Bretter, Quadern, glattes Backsteinmauerwerk 0,16
3. Städtische Entwässerungsrohre 0,30
4. Roher Beton, gewöhnliches Bruchsteinmauerwerk 0,46
5. Sehr regelmäßige Querschnitte in Erde, Gräben mit gepflasterten Böschungen . 0,85

Besonders für offene künstliche Gerinne.

Heßle. Nur für natürliche Gewässer und für Überschlagsrechnungen.

Hermanek. Nur für natürliche Wasserläufe.

Gröger. Wasserspiegelbreite $\geqq 10$ m, $J \leqq 0{,}005$. Bei den Messungen war der benetzte Umfang *U* nicht wesentlich größer als die zugehörige Wasserspiegelbreite. Zuverlässige Formel für größere Wasserläufe mit muldenförmigem Querschnitt.

Scobey. Nur für glatte Holzrohre, fast gleich ist die Formel von Ludin. Scobey empfiehlt folgende Zuschläge zu *Q*:

5%: wenn keine Ablagerungen zu befürchten sind und eine zu geringe Leistungsfähigkeit keine bedenklichen Folgen hat.

10%: wenn das Wasser zeitweise trübe ist und wegen geringer Geschwindigkeit Schlammabsatz und pflanzlicher Ansatz eintreten können oder eine zu kleine Förderung folgenschwer wäre.

15%: wenn Verschlammung und Pflanzenwachstum besonders drohen oder Steingrus sich ablagern kann.

Gauckler. Nach Strickler gelten folgende Werte k_s:

1. Gezogene Messing- und Kupferrohre 150
2. Gasrohre verzinkt . . . . 125 bis 135
3. Zementglattstrich 100
4. Rohre, mäßig inkrustiert 70
5. Neue Gußeisenrohre, geglätteter Beton, Holzbretter, Dauben, feiner Schlamm 90
6. Blechrohre, im Umfang nur ein Blech . . . . 85 bis 100
7. Genietete Blechrohre, im Umfang mehrmals überlappt . . . . 65 „ 70
8. Hausteinquadern, gut gefugte Ziegel 80
9. Gutes Bruchsteinmauerwerk, unverputzter gut geschalter Beton 60
10. Grobes Bruchsteinmauerwerk, feiner Kies mit viel Sand 50
11. Kies, fein ($\sim$ 10/20/30 mm) 45
12. Kies, mittel ($\sim$ 20/40/60 mm) 40
13. Kies, grob ($\sim$ 50/100/150 mm) 35
14. Steine, kopfgroß . . . . 25 bis 30
15. Fels, mittel . . . . 20 „ 28
16. Fels, sehr grob . . . . 15 „ 20

Zahlen-

R	n = 0,025							n = 0,030						
	1000 J =							1000 J =						
m	0,05	0,1	0,2	0,3	0,4	0,5	$\geqq 1$	0,05	0,1	0,2	0,3	0,4	0,5	$\geqq 1$
0,10	18	20	21	21	22	22	22	14	16	17	17	17	17	18
0,15	21	23	24	24	25	25	25	17	18	19	19	19	20	20
0,20	23	25	26	27	27	27	27	19	20	21	21	22	22	22
0,25	25	27	28	28	29	29	29	21	22	23	23	23	23	23
0,30	27	29	29	30	30	30	30	22	23	24	24	24	24	25
0,35	29	30	31	31	31	32	32	23	24	25	25	25	25	26
0,40	30	31	32	32	32	32	33	25	25	26	26	26	27	27
0,45	31	32	33	33	34	34	34	26	26	27	27	27	27	28
0,50	32	33	34	34	34	34	35	27	27	28	28	28	28	28
0,6	34	35	36	36	36	36	36	28	29	29	29	29	29	30
0,7	36	37	37	37	37	37	37	30	30	30	31	31	31	31
0,8	37	38	38	38	38	38	38	31	31	31	32	32	32	32
0,9	39	39	39	39	39	39	39	32	32	32	33	33	33	33
1,0	40	40	40	40	40	40	40	33	33	33	33	33	33	33
1,2	42	42	41	41	41	41	41	35	35	35	35	35	35	35
1,4	44	43	43	43	42	42	42	37	36	36	36	36	36	36
1,6	45	44	44	44	43	43	43	38	37	37	37	37	37	37
1,8	47	46	45	44	44	44	44	39	39	38	38	38	37	37
2,0	48	47	46	45	45	45	45	41	39	39	38	38	38	38
2,2	49	47	46	46	46	46	46	42	41	39	39	39	39	39
2,4	50	48	47	47	47	46	46	43	41	40	40	40	39	39
2,6	51	49	48	47	47	47	47	44	42	41	40	40	40	40
2,8	52	50	48	48	48	47	47	44	42	41	41	41	40	40
3,0	53	50	49	48	48	48	47	45	43	42	41	41	41	40
3,2	54	51	49	49	49	48	48	46	44	42	42	41	41	41
3,4	54	51	50	49	49	49	48	46	44	43	42	42	42	41
3,6	55	52	50	50	49	49	49	47	45	43	42	42	42	41
3,8	55	52	50	50	50	49	49	48	45	43	43	43	42	42
4,0	56	53	51	50	50	50	49	48	45	44	43	43	43	42
4,2	57	53	51	51	50	50	50	49	46	44	43	43	43	42
4,4	57	54	52	51	51	50	50	49	46	44	44	43	43	43
4,6	58	54	52	51	51	51	50	50	47	45	44	44	43	43
4,8	58	54	52	51	51	51	50	50	47	45	44	44	44	43
5,0	59	55	52	52	51	51	50	51	47	45	45	44	44	43

Forchheimer. Der Beiwert k_f ist etwa $= 1/n$ (n = Rauhigkeitsgrad nach Ganguillet und Kutter). Zahlentafel 89 (S. 156) enthält die Werte $Q : 30 \sqrt{J} = F\, R^{0,7}$. Von den 3 Zahlen jedes Feldes bezieht sich die obere auf die Böschungsneigung 1 : 1, die mittlere auf 1 : 1,5 und die untere auf 1 : 2. Trapezprofil mit Sohlenbreite S und Wassertiefe t.

Beispiel: $Q = 3{,}5\ \mathrm{m^3/s}$, $J = 0{,}4\,‰$, Böschung 1 : 1,5. Dann ist $Q : 30 \sqrt{J} = 5{,}833$. Dieser Wert wird z. B. erfüllt durch $S = 2$ und $t = 1{,}51$ oder durch $S = 3$ und $t = 1{,}36$ usw. Zwischenwerte sind geradlinig einzuschalten. Die Zahlen der Zahlentafel können auch dazu benutzt werden, um die Beziehungen zeichnerisch darzustellen. Man erhält dann eine Kurvenschar für $t = 0{,}2$, $0{,}4$, $0{,}6$ usw.

Die Forchheimersche Formel wird viel für Gräben verwendet mit $k_f = 30$. Weitere Beiwerte k_f nach Forchheimer:

1. Alte Betonrohrleitungen, mit wenig Sorgfalt aus Einzelröhren zusammengesetzt . 76
2. Einige Jahre im Betrieb stehende aus Einzelröhren zusammengesetzte Betonleitungen 85
3. Monolithische über geölte Eisenformen gestampfte Betonleitungen 88
4. Monolithische geschliffene Betonleitungen größter erzielbarer Glätte 100
5. Werkkanäle aus ablagerungsfreiem Beton 59
6. Werkkanäle aus altem angegriffenem Beton 50

tafel 88.

R	$n = 0{,}035$							$n = 0{,}040$						
	$1000\,J =$							$1000\,J =$						
m	0,05	0,1	0,2	0,3	0,4	0,5	$\geqq 1$	0,05	0,1	0,2	0,3	0,4	0,5	$\geqq 1$
0,10	12	13	14	14	14	14	15	10	11	11	12	12	12	12
0,15	14	15	16	16	16	16	17	12	13	13	14	14	14	14
0,20	16	17	18	18	18	18	18	14	14	15	15	15	15	16
0,25	17	18	19	19	19	19	20	15	16	16	16	16	17	17
0,30	19	19	20	20	20	20	21	16	17	18	18	18	18	18
0,35	20	20	21	21	21	21	22	17	18	18	18	18	18	19
0,40	21	21	22	22	22	22	22	18	18	19	19	19	19	19
0,45	22	22	23	23	23	23	23	19	19	20	20	20	20	20
0,50	23	23	24	24	24	24	24	19	20	20	20	21	21	21
0,6	24	25	25	25	25	25	25	21	21	22	22	22	22	22
0,7	25	26	26	26	26	26	26	22	22	23	23	23	23	23
0,8	27	27	27	27	27	27	27	23	23	24	24	24	24	24
0,9	28	28	28	28	28	28	28	24	24	24	24	24	24	24
1,0	29	29	29	29	29	29	29	25	25	25	25	25	25	25
1,2	30	30	30	30	30	30	30	27	26	26	26	26	26	26
1,4	32	31	31	31	31	31	31	28	28	27	27	27	27	27
1,6	33	32	32	32	32	32	32	29	29	28	28	28	28	28
1,8	34	34	33	33	33	32	32	30	30	29	29	29	29	29
2,0	35	34	34	33	33	33	33	31	31	30	30	30	29	29
2,2	36	35	34	34	34	34	34	32	31	30	30	30	30	30
2,4	37	36	35	35	35	34	34	33	32	31	31	31	31	30
2,6	38	37	36	35	35	35	35	34	33	32	31	31	31	31
2,8	39	37	36	36	36	35	35	35	33	32	32	32	31	31
3,0	39	38	37	36	36	35	35	35	34	33	32	32	32	32
3,2	40	38	37	37	36	36	36	36	34	33	33	32	32	32
3,4	41	39	38	37	37	37	36	36	35	34	33	33	33	32
3,6	41	39	38	37	37	37	37	37	35	34	33	33	33	33
3,8	42	40	38	38	37	37	37	37	36	34	34	34	33	33
4,0	42	40	39	38	38	38	37	38	36	35	34	34	34	33

Winkel. Für mittlere Verhältnisse natürlicher Flußläufe mit $J \leqq 6^0/_{00}$, aber nicht für Ausuferungswasserstände, nur beschränkt gültig für Stauberechnungen und Gefälleberechnungen in Durchstichen, weil sich in diesen Fällen das Rauhigkeitsmaß nicht mit dem Gefälle ändert.

Matakiewicz. Werte m wie folgt:

1. Natürliche Betten (Flüsse, Bäche) . . . . $0{,}493 + 10 \cdot J$
2. Kanäle in Erde, regulär und rein . . . . $0{,}483$
3. Kanäle in Erde, schlecht erhalten . . . . 0,505 bis 0,515
4. Kanäle mit sehr rohem Pflaster aus Bruchsteinen, alte Gebirgsbachschalen . . . . $0{,}493 - 2 \cdot J$
5. Kanäle mit Sohle aus Schotter und Böschungen aus Beton oder Pflaster, beschädigte Betonkanäle, unausgemauerte Stollen . . . . $0{,}460$
6. Offene Betonkanäle, glatt gepflasterte Kanäle. . . . . $0{,}442 - 9 \cdot J$
7. Kanäle mit glatter Betonsohle und glatten Seitenmauern . . . . . . $0{,}422 - 14 \cdot J$
8. Kanäle aus Beton oder glatt gepflastert, mit Schlamm bedeckt . . . . . $0{,}405$
9. Sehr glatte Rohrgerinne, reiner Zement, gehobeltes Holz . . . . $0{,}347 - 13 \cdot J$
10. Gerinne aus gewöhnlichen Brettern . . . . $0{,}385 - 13 \cdot J$
11. Rauhe Betonrohre (aus einzelnen Stücken zusammengesetzt), nicht sehr glatt verputzte Stollen . . . . $0{,}412 - 8 \cdot J$
12. Betonrohre, mittelrauh (aus Stücken zusammengesetzt, aber sorgfältig ausgeführt) . . . . $0{,}410 - 9 \cdot J$
13. Stollen aus Beton oder gemauert, sehr glatt verputzt . . . . $0{,}380 - 13 \cdot J$
14. Glätteste Betonrohre, als Monolith ausgeführt oder geschliffen . . . . $0{,}355 - 13 \cdot J$
15. Gußeisenrohre, stark verkrustet . . . . $0{,}478 - 1{,}2 \cdot J$
16. Hölzerne Daubenrohre . . . . $0{,}418 - \sqrt{J}$
17. Gebrauchte Gußeisenrohre (nach Kutter $m = 0{,}25$) . . . . $0{,}410 - \sqrt{J}$

Zahlentafel 89.

t	S (in m) =					
m	0	1	2	3	4	5
	0,006262	0,06457	0,1281	0,1923	0,2568	0,3214
0,2	0,01053	0,06925	0,1326	0,1967	0,2611	0,3257
	0,01476	0,07345	0,1365	0,2004	0,2648	0,3292
	0,04069	0,2197	0,4196	0,6249	0,8322	1,041
0,4	0,06840	0,2507	0,4500	0,6545	0,8613	1,069
	0,09593	0,2790	0,4772	0,6807	0,8867	1,094
	0,1216	0,4658	0,8527	1,254	1,662	2,073
0,6	0,2044	0,5580	0,9448	1,345	1,751	2,161
	0,2867	0,6436	1,029	1,426	1,831	2,239
	0,2644	0,8122	1,428	2,070	2,727	3,391
0,8	0,4444	1,011	1,629	2,270	2,924	3,586
	0,6233	1,197	1,813	2,451	3,101	3,759
	0,4830	1,270	2,150	3,074	4,020	4,981
1,0	0,8118	1,630	2,517	3,440	4,383	5,341
	1,139	1,970	2,856	3,774	4,713	5,665
	0,7902	1,848	3,027	4,267	5,541	6,837
1,2	1,328	2,434	3,626	4,867	6,139	7,431
	1,863	2,988	4,182	5,419	6,683	7,966
	1,198	2,558	4,067	5,655	7,292	8,960
1,4	2,014	3,440	4,972	6,566	8,201	9,864
	2,825	4,279	5,816	7,406	9,034	10,69
	1,718	3,411	5,278	7,247	9,278	11,35
1,6	2,888	4,668	6,571	8,551	10,58	12,65
	4,051	5,869	7,781	9,756	11,78	13,84
	2,361	4,414	6,670	9,046	11,50	14,01
1,8	3,969	6,134	8,439	10,84	13,30	15,80
	5,567	7,780	10,10	12,50	14,95	17,45
	3,138	5,579	8,249	11,06	13,97	16,94
2,0	5,275	7,855	10,59	13,44	16,36	19,33
	7,399	10,04	12,80	15,65	18,56	21,53
	4,059	6,915	10,03	13,30	16,69	20,17
2,2	6,823	9,848	13,05	16,37	19,78	23,25
	9,570	12,67	15,90	19,22	22,63	26,09
	5,134	8,431	12,01	15,77	19,67	23,66
2,4	8,631	12,13	15,82	19,64	23,57	27,57
	12,10	15,69	19,42	23,26	27,18	31,17
	6,373	10,14	14,21	18,49	22,92	27,46
2,6	10,71	14,70	18,91	23,26	27,73	32,28
	15,02	19,12	23,38	27,75	32,22	36,77
	7,785	12,04	16,62	21,44	26,43	31,54
2,8	13,09	17,61	22,35	27,26	32,30	37,44
	18,35	23,00	27,81	32,75	37,79	42,93
	9,379	14,15	19,27	24,65	30,21	35,92
3,0	15,76	20,84	26,15	31,65	37,28	43,03
	22,11	27,32	32,71	38,24	43,89	49,63

18. Gebrauchte Gußeisenrohre . . . . 0,465— $\sqrt{J}$
19. Neue und reine Gußeisenrohre . . . . 0,370— $\sqrt{J}$
20. Gewalzte Eisenrohre, am Umfang mehrfach verbunden . . . . 0,446 bis 0,434— $\sqrt{J}$
21. Gewalzte Eisenrohre, am Umfang einheitliches Blech . . . . . 0,408 bis 0,377— $\sqrt{J}$
22. Die glattesten gezogenen Kupfer- und Messingrohre . . . . . 0,385— $\sqrt[3]{J}$

Ludin. Gilt für Asbestzementrohre, auch für offene Gerinne mit sehr glatter Zementwandung. Versuche mit $D = 5$ bis 25 cm, $c = 0{,}025$ bis 6,95 m/s. Der Beiwert beträgt für $c < 0{,}3$ m/s 122, für $c > 0{,}8$ m/s 134, dazwischen ist geradlinig einzuschalten. Ein Versuch nach fünf Betriebsjahren (weiches Wasser) ergab keine Verschlechterung.

Lindboe. In Zahlentafel 90 ist $a = 0{,}822 - t/B$, $b = 2{,}293 - t/B$. Werte v für natürliche Wasserläufe mit 10 m Mindestbreite des Wasserspiegels, $J \leqq 0{,}005$, $t/B \leqq 0{,}10$. t = mittlere Wassertiefe, B = Wasserspiegelbreite.

Zahlentafel 90.

t	$J < 0{,}0006$		$0{,}0006 < J < 0{,}005$	
	$\frac{t}{B} < 0{,}028$	$0{,}028 < \frac{t}{B} < 0{,}1$	$\frac{t}{B} < 0{,}028$	$0{,}028 < \frac{t}{B} < 0{,}1$
$< 1{,}12$	$23{,}37 \cdot a\, t^{0{,}9}\, J^{0{,}42}$	$8{,}19 \cdot b\, t^{0{,}9}\, J^{0{,}42}$	$33{,}86 \cdot a\, t^{0{,}9}\, J^{0{,}47}$	$11{,}86 \cdot b\, t^{0{,}9}\, J^{0{,}47}$
$> 1{,}12$ / $< 3{,}65$	$24{,}11 \cdot a\, t^{0{,}63}\, J^{0{,}42}$	$8{,}45 \cdot b\, t^{0{,}63}\, J^{0{,}42}$	$34{,}94 \cdot a\, t^{0{,}63}\, J^{0{,}47}$	$12{,}24 \cdot b\, t^{0{,}63}\, J^{0{,}47}$
$> 3{,}65$	$27{,}45 \cdot a\, t^{0{,}53}\, J^{0{,}42}$	$9{,}62 \cdot b\, t^{0{,}53}\, J^{0{,}42}$	$39{,}77 \cdot a\, t^{0{,}53}\, J^{0{,}47}$	$13{,}94 \cdot b\, t^{0{,}53}\, J^{0{,}47}$

Weisbach. Nur für ganz glatte Rohre und kleine Durchmesser (~ 6 cm).

Dupuit. Für überschlägliche Berechnungen von Rohren mit mäßigen Ablagerungen. $c = 0{,}5$ bis 1,0 m/s.

Lang. Versuche mit $D > 50$ mm, $c > 0{,}7$ m/s. Werte a:

1. Neue gerade, sehr glatte Rohre (Kupfer, Glas, Asphalt)	0,01 bis 0,012
2. Rohre mit dünner Ansatzschicht	0,019
3. Stark verkrustete Leitungen	$> 0{,}059$
4. Genietete Leitungen	0,0193
5. Geschweißte Leitungen	0,0136
6. Stahlbetonrohre	0,014 bis 0,015

Stadtbauamt Wien. Versuche an gußeisernen Rohren von 948 und 869 mm Durchmesser.

Von Mises. Die Gleichung ist dimensionsrichtig, sie gilt nicht in der Nähe der kritischen Geschwindigkeit. Für $10^6 \cdot k_m$ ist zu setzen:

Roher Zement	0,2 bis 0,4	Holz, glatt gehobelt	0,25 bis 0,5
Gasrohr	0,2 „ 0,5	„ gewöhnlich	0,5 „ 1
Asphaltiertes Blech- oder Gußrohr	0,3 „ 0,6	„ rauhe Bretter	2 „ 4
Gußeisen neu	1 „ 2	Bearbeitete Quadern	2 „ 4
„ gebrauchte Leitung	2,5 „ 5	Gut gefugte Backsteine	2 „ 4
Genietete Blechrohrleitung	2 „ 5	Gewöhnliche Backsteine	3 „ 6
		Rohe Bruchsteine	20 „ 40

Biegeleisen. $D = 10$ bis 300 mm bei Schmiedeeisen, 40 bis 1200 mm bei Gußeisen, c bis etwa 9 m/s. Die zweite Formel gilt z. B. bei städtischen Wasserversorgungen mit guter Wasserbeschaffenheit, die dritte nur dann, wenn stärkere Inkrustationen zu befürchten sind.

Drondhjem. Für Holzrohre in Norwegen verwendet.

Hopf und Fromm. Für rauhe Rohre. Zu wählen ist der größere der beiden Werte a und b. λ_0 siehe Gln. (162) und (163). Die Rauhigkeitsmaße k und k_1 betragen (*97 I, 370*):

Neues, ziemlich glattes Metallrohr, asphaltiertes Blech	$k = 0{,}35$
Neues Gußeisenrohr, Eisenblech, gut geglätteter Zement	$k = 0{,}60$
Älteres Eisenrohr, angerostet	$k = 1{,}25$
Rauher Zement, verkrustetes Gußeisen, rauhe Bretter	$k = 1{,}75$
Ziegel- und Quadermauerwerk	$k = 2{,}50$
Asphaltiertes Eisenblech	$k_1 = 1{,}2$ bis 1,5
Holzrohre	$k_1 = 1{,}5$ „ 2,0

Biel. Für geschlossene Leitungen. Werte f und b v (für 12°) nach Zahlentafel 91 (S. 158).

Blasius. Für glatte Rohre. Die Formel gibt zu kleine Werte, wenn $\mathfrak{R} > 10^5$.

Jakob und Erk. Für glatte Rohre. Neuere Formel, zuverlässiger als die vorige.

Zahlentafel 91.

	f	b	$b\,v$
Glatte Messing-, Blei-, Kupfer- und Glasröhren	0,0064	0,95	0,0118
Besonders glatte Eisen- und Zementröhren	0,018	0,71	0,0088
Gewöhnliche neue gußeiserne und Holzdaubenrohre, glatte Zementrohre, sehr ebenmäßig und festgestampfter Beton . . .	0,036	0,46	0,0057
Rauhe zusammengenagelte Bretter, sorgfältig ausgefugte glatte Backsteine, gewöhnlicher Beton	0,054	0,27	0,0033
Normal ausgefugte glatte Backsteine, behauene Quadern, gebrauchte Gußrohre	0,072	0,27	0,0033

Die folgenden Zahlentafeln geben einen vergleichsweisen Überblick über die Ergebnisse verschiedener Formeln:

Zahlentafel 92: Werte v nach Bazin ($\gamma = 1{,}9$), Ganguillet und Kutter ($n = 0{,}033$) und Forchheimer ($k_f = 30$). v in m/s.

Zahlentafel 93: Werte λ nach Jakob und Erk, Ludin, Kutter ($m = 0{,}25$ und $0{,}35$) und von Mises ($10^6\,k_m = 3$, 6 und 9). $\nu = 1{,}30 \cdot 10^{-6}$.

Zahlentafel 94: Beiwerte, die gleiche Geschwindigkeiten ergeben, n = Rauhigkeitsgrad der Gl. 141.

Zahlentafel 92.

R	$J\,^0/_{00} =$									
m	0,05	0,1	0,2	0,4	0,7	1,0	1,5	2,0	3,0	4,0
0,1	0,03	0,04	0,06	0,08	0,10	0,12	0,15	0,18	0,22	0,25
	0,03	0,04	0,06	0,10	0,13	0,15	0,19	0,22	0,27	0,31
	0,04	0,06	0,08	0,12	0,16	0,19	0,23	0,27	0,33	0,38
0,3	0,08	0,11	0,15	0,21	0,28	0,34	0,41	0,48	0,58	0,67
	0,08	0,11	0,17	0,24	0,32	0,38	0,47	0,54	0,67	0,77
	0,09	0,13	0,18	0,26	0,34	0,41	0,50	0,58	0,71	0,82
0,7	0,16	0,22	0,31	0,45	0,59	0,70	0,86	1,00	1,22	1,41
	0,16	0,23	0,33	0,46	0,62	0,74	0,90	1,04	1,28	1,48
	0,17	0,23	0,33	0,47	0,62	0,74	0,91	1,05	1,28	1,48
1,5	0,30	0,42	0,59	0,84	1,10	1,32	1,62	1,87	2,29	2,64
	0,30	0,41	0,58	0,81	1,07	1,28	1,56	1,81	2,21	2,55
	0,28	0,40	0,56	0,80	1,05	1,26	1,54	1,78	2,18	2,52
3,0	0,51	0,72	1,02	1,44	1,90	2,27	2.78	3,21	3,94	4,54
	0,51	0,69	0,94	1,31	1,72	2,05	2,50	2,88	3,53	4,07
	0,46	0,65	0,92	1,29	1,71	2,05	2,51	2,89	3,55	4,09

Zahlentafel 93.

c	D	Jakob und Erk	Ludin	Kutter $m =$		von Mises $10^6 \cdot k_m =$		
				0,25	0,35	3	6	9
0,5	0,05	0,0266	0,0286	0,0822	0,1338	0,0659	0,0840	0,0980
	0,10	0,0224	0,0248	0,0523	0,0810	0,0494	0,0622	0,0721
	0,20	0,0191	0,0215	0,0352	0,0516	0,0378	0,0469	0,0538
	0,50	0,0158	0,0179	0,0229	0,0311	0,0274	0,0331	0,0375
	1,00	0,0140	0,0155	0,0176	0,0227	0,0222	0,0263	0,0294
1,5	0,05	0,0204	0,0243	0,0822	0,1338	0,0606	0,0787	0,0927
	0,10	0,0175	0,0211	0,0523	0,0810	0,0457	0,0585	0,0684
	0,20	0,0153	0,0183	0,0352	0,0516	0,0351	0,0442	0,0511
	0,50	0,0131	0,0152	0,0229	0,0311	0,0257	0,0314	0,0358
	1,00	0,0118	0,0132	0,0176	0,0227	0,0210	0,0251	0,0282
2,5	0,05	0,0182	0,0225	0,0822	0,1338	0,0590	0,0771	0,0911
	0,10	0,0158	0,0195	0,0523	0,0810	0,0445	0,0573	0,0672
	0,20	0,0140	0,0170	0,0352	0,0516	0,0343	0,0434	0,0503
	0,50	0,0121	0,0141	0,0229	0,0311	0,0252	0,0309	0,0353
	1,00	0,0110	0,0122	0,0176	0,0227	0,0206	0,0247	0,0278

Zahlentafel 94.

J ‰	R	$1000/n$	v (c)	k Ganguillet u. Kutter	m Kutter	γ Bazin	k_s Strickler	k_f Forchheimer	$10^6 \cdot k_m$ von Mises
0,2	0,2	10	0,49	77,48	0,13	0,06	101,32	106,90	0,0036
		15	0,30	47,96	0,49	0,36	62,72	66,17	10,6
		20	0,22	34,00	0,87	0,70	44,46	46,91	72,0
		25	0,16	26,02	1,27	1,05	34,03	35,90	255
	1,6	10	1,88	105,18	—0,06	—0,22	97,26	95,75	1,88
		15	1,28	71,39	0,51	0,28	66,01	64,99	5,23
		20	0,97	54,33	1,06	0,76	50,24	49,46	52,5
		25	0,79	44,00	1,61	1,24	40,68	40,05	181
1,2	0,7	10	2,79	96,33	0,03	—0,08	102,23	103,45	0,296
		15	1,83	63,36	0,48	0,31	67,24	68,05	7,22
		20	1,36	47,00	0,94	0,71	49,88	50,48	54,4
		25	1,08	37,25	1,41	1,12	39,53	40,00	184
3,0	0,2	10	1,98	80,95	0,11	0,03	105,86	111,69	0,017
		15	1,24	50,42	0,44	0,32	65,93	69,57	9,33
		20	0,88	35,83	0,80	0,64	46,85	49,44	60,6
		25	0,67	27,44	1,18	0,97	35,88	37,86	212
	1,6	10	7,22	104,16	—0,05	—0,21	96,31	94,82	1,41
		15	4,89	70,52	0,53	0,30	65,21	64,19	6,78
		20	3,71	53,59	1,10	0,79	49,55	48,78	60,1
		25	3,00	43,36	1,65	1,27	40,09	39,47	201

Die Formeln von Ganguillet und Kutter sowie Forchheimer ergeben gut übereinstimmende Werte. Die Formel von Kutter hat den Nachteil, daß sie für verschiedene c-Werte die gleichen Ergebnisse liefert. Sie ergibt für $D < 200$ mm zu große λ-Werte, was aber einen praktischen Vorteil hat, da gerade bei kleinen Durchmessern etwaige Verkrustungen sich besonders stark auswirken.

Einige Einzelversuche ergaben folgende Beiwerte:

1. Gußeiserne Druckleitung Bodensee—St. Gallen; $D = 350$ bis 450 mm; $Q = 67$, 84, 100 l/s; $\lambda = 0{,}0261$, 0,0227, 0,0197.

2. Amerikanische Versuche an genieteten Stahlblechrohren mit $D = 1800$ mm, $c = 0{,}15$ bis 1,20 m/s, $\lambda = 0{,}021$ bis 0,023.

3. Amerikanische Versuche an Betonrohrleitungen, $D = 1372$ bis 1524 mm, $c = 0{,}69$ bis 0,80 m/s, mit einzelnen Ecken und Krümmungen, $k_f = 94{,}1$ bis 100,5, $n = 0{,}0111$ bis 0,0106.

4. Schweizer Versuche an Stahlbetonrohren, $D = 2200$ mm, $c = 1{,}24$ m/s, $n = 0{,}01$.

Außer den vorstehend behandelten Energieverlusten eines geraden Rohres mit gleich bleibendem Querschnitt können noch folgende entstehen, die man ebenfalls als ein Vielfaches des Wertes $c^2/2\,g$ auszudrücken pflegt:

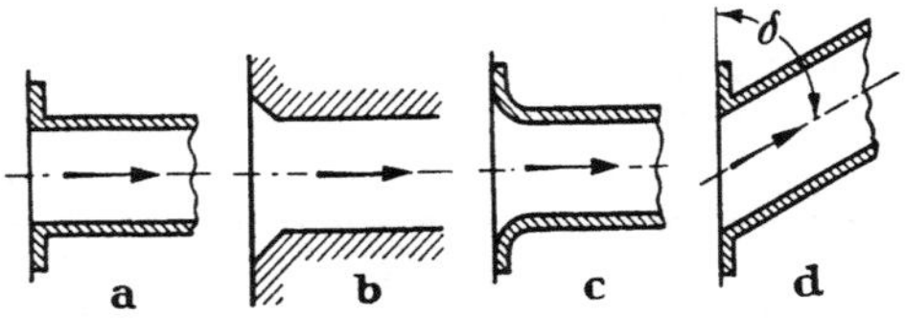

Abb. 74. Eintrittsverlust.

1. Eintrittsverlust.

$h_e = \lambda_e\, c^2/2\,g$. Werte λ_e nach Abb. 74:

a) Einlaufkante scharf 0,50
b) Einlaufkante mit 45° abgeschrägt . . . . 0,25 bis 0,35
c) Je nach Glätte der Wandung . . . . 0,06 bis 0,005
d) Einlaufkante scharf . . . . $0{,}5 + 0{,}3 \cdot \cos\delta + 0{,}2 \cdot \cos^2\delta$

2. Geschwindigkeitsänderung. Änderung von c_1 auf c_2

$$h_c = \frac{c_2^2 - c_1^2}{2g}. \tag{165}$$

Man beachte, daß h_c keinen Energieverlust, sondern nur einen Druckverlust darstellt, h_c wird < 0, wenn $c_2 < c_1$, d. h. es tritt dann kein Verlust, sondern ein Gewinn ein.

3. Richtungsänderung. $h_k = \lambda_k c^2/2g$. Für Bogenstücke mit kreisförmigem Querschnitt (Abb. 75) nach Weisbach näherungsweise

$$\lambda_k = \left[0{,}13 + 0{,}16\left(\frac{D}{\varrho}\right)^{3,5}\right]\frac{\varphi^\circ}{180^\circ}. \tag{166}$$

Diese Formel gibt jedoch nach neueren Versuchen zu geringe λ-Werte. Auch ändert sich λ_k nicht geradlinig mit φ.

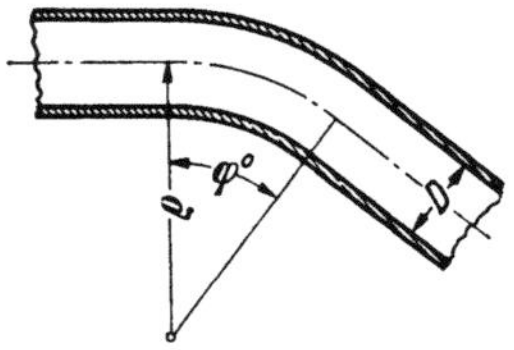

Abb. 75. Bogenstück.

Zahlentafel 95.

Rohr innen	φ°	ϱ/D				
		1	2	4	6	10
glatt	15	0,03	0,03	0,03	0,03	0,03
	22,5	0,045	0,045	0,045	0,045	0,045
	45	0,14	0,09	0,08	0,075	0,07
	60	0,19	0,12	0,10	0,09	0,07
	90	0,21	0,14	0,11	0,09	0,11
rauh	90	0,51	0,30	0,23	0,18	0,20

Nach Hofmann und Wasielewski ergaben sich für $\mathfrak{R} = 225000$ die Werte λ_k der vorstehenden Zahlentafel.

Versuche von Reichel: Stahlgußkrümmer 90°, $D = 500$ mm, $\varrho = 650$ mm, $c = 2{,}90$ m/s, λ_r in der Gl. (99) wurde zu 0,299 gefunden.

Nach Pfarr bei 90° und $c = 1$ m/s für:

$\varrho : D =$	1,00	1,25	1,50	2,00	5,00
$\lambda_k =$	0,294	0,196	0,176	0,157	0,137

Die Frage der Verluste in Rohrkrümmern ist noch nicht völlig geklärt. Überschläglich kann man aber bei rauhen Rohren annehmen, daß ein Krümmer von 45° den halben Verlust eines 90°-Krümmers liefert. Da λ_k im wesentlichen von dem Verhältnis ϱ/D, nicht aber von D abhängt, kann man bei Überschlagsrechnungen die mit kleineren Durchmessern gefundenen λ_k-Werte auch auf größere anwenden.

Näherungsformel für nicht abgerundete Kniee nach Weisbach (δ = Ablenkungswinkel)

$$\lambda_k = \sin^2\frac{\delta}{2} + 2\sin^4\frac{\delta}{2}. \tag{167}$$

Kirchbach und Schubart fanden für scharfkantige Kniee in kreisförmigen Röhren ($c > 2$ m/s, $D = 43$ mm) die Werte λ_k der Zahlentafel 96. Vgl. Abb. 76.

Zahlentafel 96.

a	$\delta =$	22,5°	30°	45°	60°	90°			
	glatt . .	0,07	0,11	0,24	0,47	1,13			
	rauh . . .	0,11	0,17	0,32	0,68	1,27			
b	$l/D =$	0,71	0,943	1,174	1,42	1,86	2,56	6,28	∞
	glatt . .	0,51	0,35	0,33	0,28	0,29	0,36	0,40	0,47
	rauh . . .	0,51	0,41	0,38	0,38	0,39	0,43	0,45	0,64
c	$l/D =$	1,23	1,67	2,37	3,77				
	glatt . .	0,16	0,16	0,14	0,16				
	rauh . . .	0,30	0,38	0,26	0,24				

Verluste in T-Stücken nach Vogel in Zahlentafel 97 (Abb. 77). Anschluß scharfkantig, Rohre kreisförmig und gleich weit, λ_k für den nicht abgelenkten, λ_k' für den abgelenkten Anteil. $h_k = (\lambda_k + \lambda_k')\, c^2/2g$. Verluste durch Abrunden der Kanten etwas geringer.

Mit Ausnahme der Versuche von Reichel gibt λ_k den Mehrverlust gegenüber einem geraden Rohr von gleicher Länge und Rauhigkeit.

Zahlentafel 97.

	$\frac{Q_a}{Q} =$	0	0,2	0,4	0,6	0,8	1
Abb. 77a	$\lambda_k =$	0,04	−0,08	−0,05	0,07	0,21	0,35
	$\lambda_k' =$	0,95	0,88	0,89	0,95	1,10	1,28
Abb. 77b	$\lambda_k =$	0,04	0,17	0,30	0,41	0,51	0,60
	$\lambda_k' =$	−1,2	−0,4	0,08	0,47	0,72	0,91

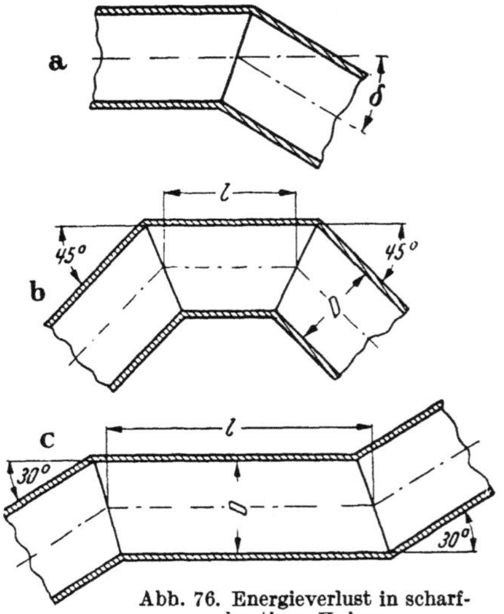

Abb. 76. Energieverlust in scharfkantigen Knieen.

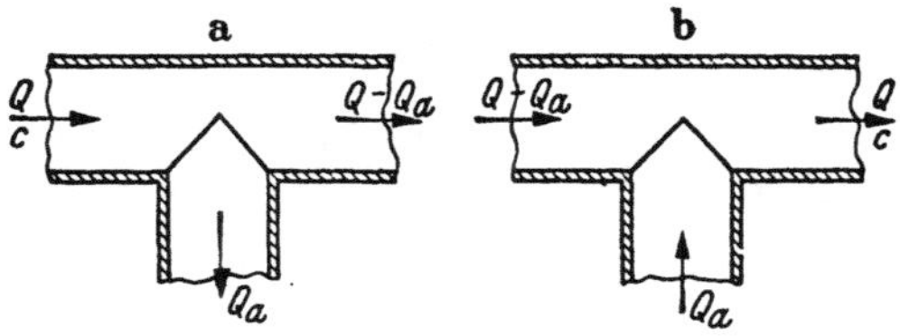

Abb. 77. Energieverlust in T-Stücken.

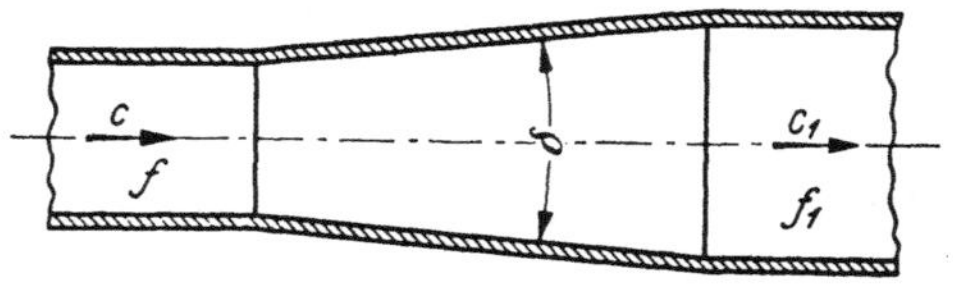

Abb. 78. Energieverlust einer allmählichen Querschnittserweiterung.

4. Querschnittsänderung. $h_f = \lambda_f c^2/2g$ (Abb. 78). Für den günstigsten Winkel $\delta = 8°$ ist

$$\lambda_f = (0{,}15 \text{ bis } 0{,}20) \cdot \left[1 - \left(\frac{f}{f_1}\right)^2\right]. \quad (168)$$

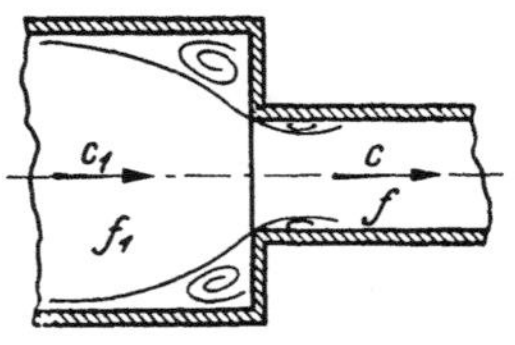

Abb. 79. Energieverlust einer plötzlichen Querschnittsverengung.

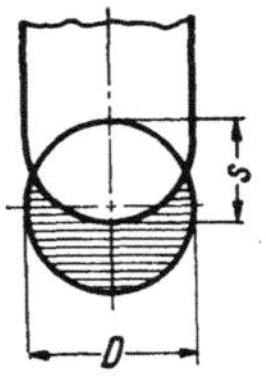

Abb. 80. Schieber.

Bei plötzlicher Querschnittsverengung mit scharfer Kante (Abb. 79) ist nach Weisbach:

$f/f_1 =$	0,01	0,1	0,2	0,3	0,4	0,6	0,8	1,0
$\lambda_f =$	0,50	0,47	0,42	0,37	0,33	0,25	0,15	0,00

Querschnittsverengungen mit guter Abrundung ohne anschließende Erweiterung bringen so gut wie keine Energieverluste: $\lambda_f = 0{,}06$ bis $0{,}005$, bezogen auf die Geschwindigkeit c im engen Querschnitt. Der Verlust wächst mit der Rauhigkeit und mit Abnahme der Reynoldsschen Zahl.

Für dünne Schieber in rundem Rohr fand Weisbach je nach der Schieberstellung (Abb. 80):

$\frac{8s}{D} =$	1	2	3	4	5	6	7
$\lambda_f =$	0,07	0,26	0,8	2,1	5,5	17	98

Nach Weisbach gelten ferner für Drosselklappen (Abb. 81) und für Wasserhähne in Kreisrohren (Abb. 82) die Werte λ_f der Zahlentafel 98.

Zahlentafel 98.

$\varphi =$	5°	10°	20°	30°	40°	45°	50°	60°	65°
Drosselklappen	0,24	0,52	1,54	3,91	10,8	18,7	32,6	118	256
Wasserhähne	0,05	0,29	1,56	5,17	17,3	31,2	52,6	206	486

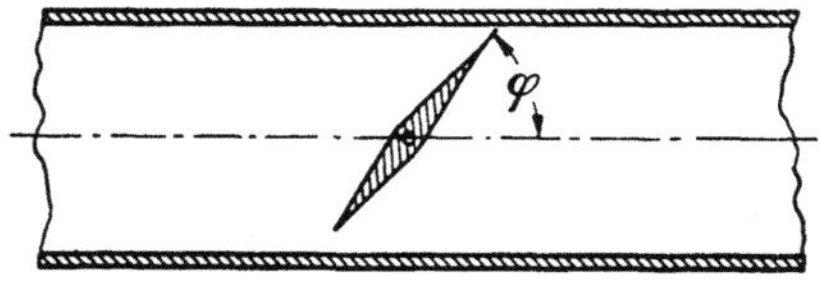

Abb. 81. Energieverlust einer Drosselklappe im Kreisrohr.

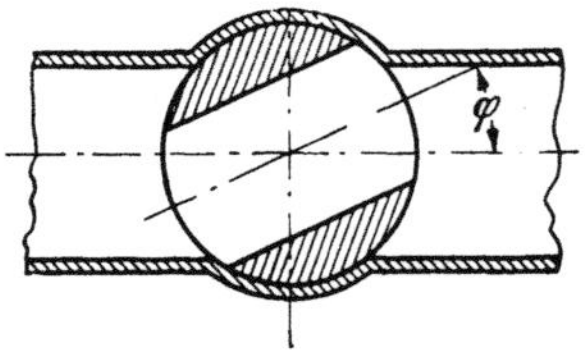

Abb. 82. Energieverlust eines Wasserhahns im Kreisrohr.

Versuche von Knichling mit einem gewöhnlichen Wasserschieber von 610 mm Durchmesser im Kreisrohr (Abb. 83):

$f_1/f =$	0,2	0,3	0,4	0,6	$\geqq 0{,}8$
$\lambda_f =$	20	12,22	6,50	1,44	0

5. Austrittsverlust (Abb. 84). Wassergeschwindigkeit im Rohr unmittelbar vor dem Austritt $= c_1$, nach dem Austritt $= c_2$. Es entsteht ein Aufprallverlust nach dem Carnotschen Gesetz von

$$h_a = \frac{(c_1 - c_2)^2}{2g}. \tag{169}$$

Bei Austritt in ruhendes Wasser ist $c_2 = 0$ zu setzen, bei Austritt in Luft $h_a = 0$.

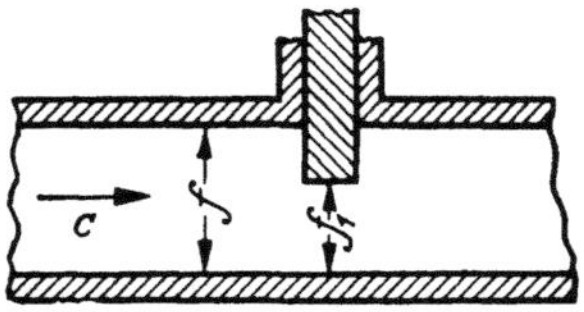

Abb. 83. Energieverlust eines Wasserschiebers im Kreisrohr.

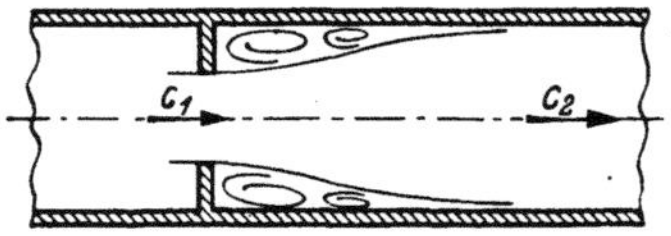

Abb. 84. Austrittsverlust.

Wegen weiterer λ-Werte vgl. man die einschlägigen Schriften (z. B. *97* und *253*). Durch Zusammenzählung aller einzelnen Energieverluste [h_r nach Gl. (99), h_e, h_k, h_f und h_a] erhält man die gesamte Energieverlusthöhe H_E. Der gesamte Verlust an Druckhöhe ist um den Wert h_c der Gl. (165) größer als H_E. Vgl. Abb. 58.

Bei Beregnungsanlagen mit ihren zahlreichen Einzelwiderständen durch Abzweigungen, Krümmungen usw. pflegt man in dem Wert λ der Gl. (99) auch die übrigen Widerstände zusammenzufassen und nur Gl. (99) mit dem Wert $\lambda = 0{,}03$ zu verwenden (S. 426).

Zur Berechnung von Überfällen empfiehlt sich die Verwendung folgender Gleichungen:

1. Wehre mit schmaler Krone, vollkommener Überfall. Vgl. die Abb. 50 und 51 sowie die Gln. (90) bis (92) (S. 133).

Rehbock fand für Schußwehre mit lotrechter Stauwand, einem unter 3 : 2 geneigten Abschußboden und einer nach einem Kreisbogen gekrümmten Krone vom Halbmesser r (Abb. 85) den μ-Wert der Gl. (184) zu

$$\mu = 0{,}31 + \sqrt{0{,}3 - 0{,}01\left(5 - \frac{h}{r}\right)^2} + 0{,}09\,\frac{h}{w} \tag{170}$$

mit den Gültigkeitsgrenzen

$$w > r > 0{,}02\,\mathrm{m}, \qquad h < r\left(6 - \frac{20\,r}{w + 3\,r}\right).$$

Wird h größer als der vorstehende Wert, so löst sich der Wasserstrahl vom Wehrkörper und μ wird plötzlich erheblich kleiner. Die Versuche fanden ohne seitliche Einschnürung und ohne Belüftung des Strahles statt. Gl. (170) gilt auch für steilere Abfallböden, da deren Neigung keinen wesentlichen Einfluß auf μ hat.

Soll $h = h_1$ werden, so berechnet man r aus der Gleichung

$$h_1 = r\left(6 - \frac{20\,r}{w + 3\,r}\right), \qquad (171)$$

μ aus Gl. (170) und b bei bekanntem Q aus Gl. (184). Keinesfalls darf r kleiner als nach Gl. (171) gewählt werden, weil sich sonst der Strahl leicht ablöst, wobei die Stauhöhe plötzlich stark (bis über 10%) anwächst. Derselbe Vorgang tritt bei Belüftung des Strahles ein.

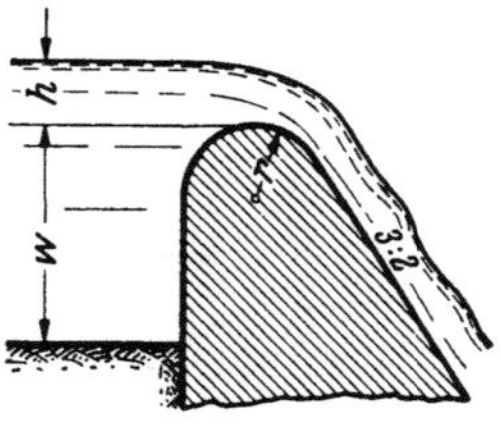

Abb. 85. Schußwehr.

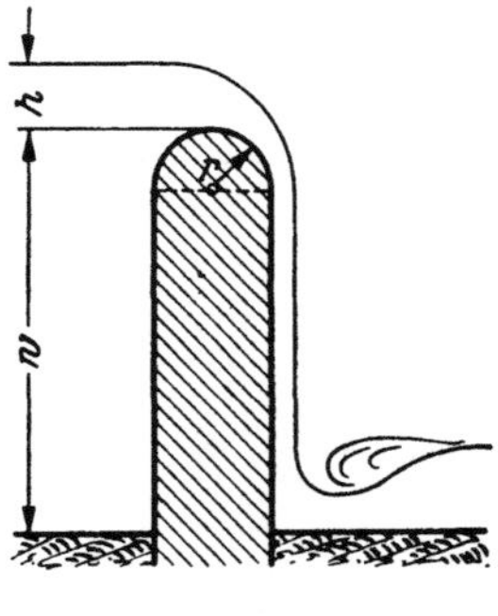

Abb. 86. Dammbalkenwehr.

Nach Kramer ist für Dammbalkenwehre der Abb. 86 ohne seitliche Einschnürung und ohne Belüftung der μ-Wert der Gl. (184)

$$\mu = 1{,}02 - \frac{1{,}015}{\frac{h}{r} + 2{,}08} + \left[0{,}04\left(\frac{h}{r} + 0{,}19\right)^2 + 0{,}0223\right]\frac{r}{w}. \qquad (172)$$

Angeschmiegter Strahl mit freiem Fuß, Formel nur bei verhältnismäßig kleinen Abflußmengen verwendbar. Gültigkeitsgrenzen

$$\frac{h}{r} \leqq 4{,}2$$

und

$$\frac{h}{r} \leqq 0{,}4 + 0{,}32\,\frac{w}{r} + \\ + 0{,}06 \cdot \sqrt{r - 12{,}5}$$

h, r und w in cm.

2. Grundablässe, Brücken. Ist wie bei seitlicher Einengung (Abb. 87) oder breitem Wehrrücken (Abb. 88, S. 164) ein Gebiet mit angenähertem Parallelabfluß und daher statischer Druckverteilung vorhanden, so rechnet man zweckmäßig mit Böß nach dem Prinzip des Größtdurchflusses. Dabei sollen die zusätzlichen Energieverluste, $h_e + h_r$, die auf der Strecke $A-E$ eintreten (Abb. 87 und 89, S. 164) und in dem Eintritts- und

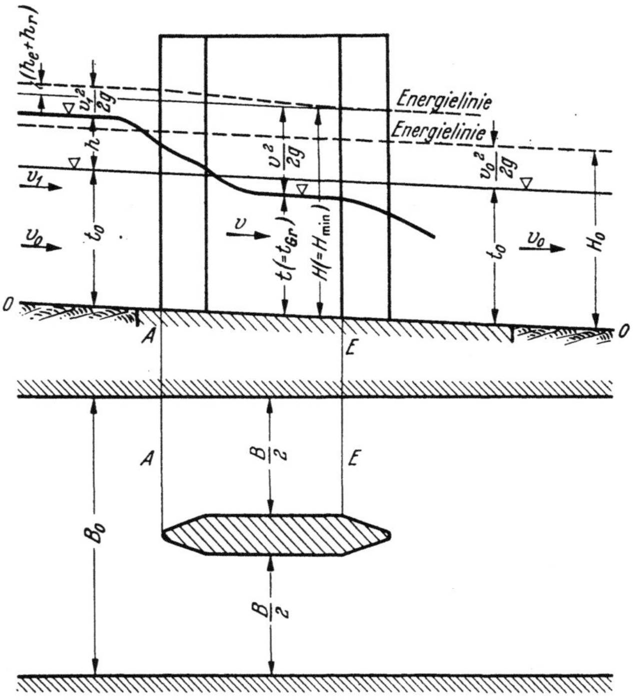

Abb. 87. Grundablaß.

Wandreibungsverlust bestehen, zunächst außer acht gelassen und zum Schluß nach Bedarf berücksichtigt werden.

Bekanntlich ist beim freien Abfluß die Höhe (H) der **Energielinie** über einer Nullinie (z. B. der Sohle) gleich der jeweiligen Höhe des Wasserspiegels über dieser Nullinie + der Geschwindigkeitshöhe ($v^2/2g$). Daher in der Einengung (Abb. 87)

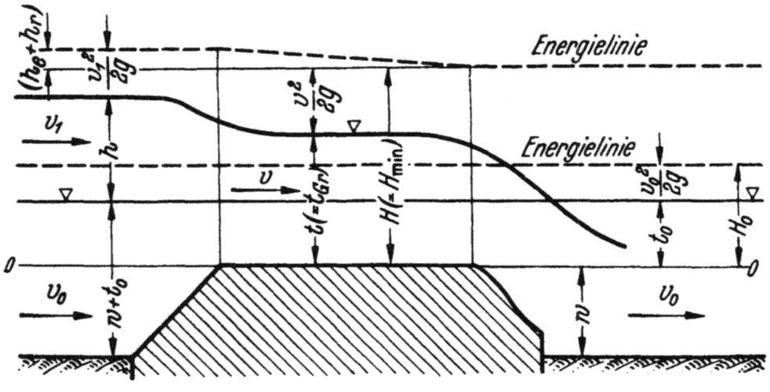

Abb. 88. Breiter Wehrrücken.

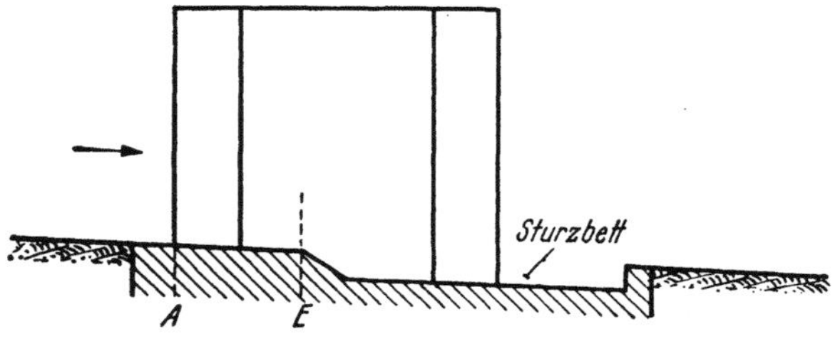

Abb. 89. Grundablaß.

$$H = t + \frac{Q^2}{B^2 t^2 2g}. \quad (173)$$

Q = Durchfluß in m³/s, B = lichte Weite in m. Für $t = 0$ und $t = \infty$ wird $H = \infty$, daher muß bei einem bestimmbaren t_{Gr} der Kleinstwert $H_{\min}$ liegen. Die Gleichung $\mathrm{d}H/\mathrm{d}t = 0$ ergibt

$$t_{Gr} = \left(\frac{Q^2}{B^2 g}\right)^{\frac{1}{3}}. \quad (174)$$

$$H_{\min} = \frac{3}{2}\left(\frac{Q^2}{B^2 g}\right)^{\frac{1}{3}}. \quad (175)$$

Diese Energiehöhe ist nötig und ausreichend, um Q durch die Engstelle zu drücken. Nun ist im freien Fluß

$$H_0 = t_0 + \frac{v_0^2}{2g} \quad (176)$$

leicht zu ermitteln. Sofern also $H_0 \geqq H_{\min}$ ist, reicht die vorhandene Energiehöhe H_0 aus. Daher findet in diesem Falle eine Hebung des Oberwassers aus hydrodynamischen Gründen nicht statt, sondern nur wegen der zusätzlichen Energieverluste in der Einengung, so daß die Stauhöhe $h = z$ aus der folgenden von **Rehbock** durch Versuche ermittelten Gleichung zu berechnen ist:

$$z = [\delta_0 - \alpha\,(\delta_0 - 1)]\,(0{,}4\,\alpha + \alpha^2 + 9\,\alpha^4)\,(1 + 2\,w)\,h_v. \quad (177)$$

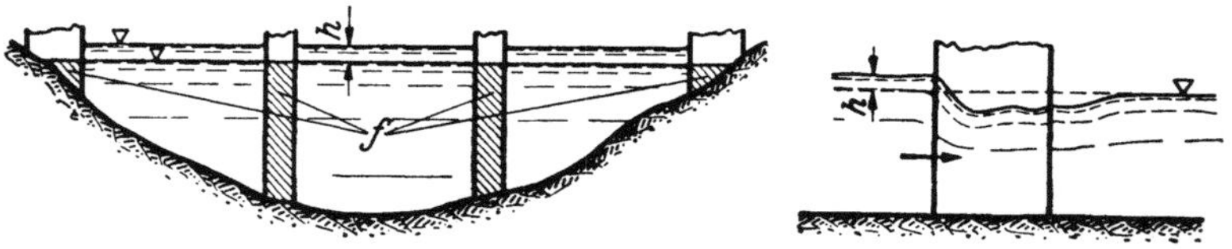

Abb. 90. Brückenstau.

$\alpha = f/F$ (die Verbauung),
f = verbauter Teil des ungestauten und unverbauten Flußquerschnitts F in m^2 (gestrichelter Teil der Abb. 90),
$h_v = v_0^2/2\,g$ (Geschwindigkeitshöhe des ungestauten Wasserlaufes),
$w = h_v/t$ (das Fließverhältnis). t = mittlere Wassertiefe des ungestauten Wasserlaufes,
δ_0 = (der Grenz-Formwert) ist von der Pfeilerform abhängig und aus Abb. 91 zu entnehmen. Die dargestellten Pfeilerformen sind symmetrisch aus Geraden und Kreisbögen zusammengesetzt. Die Kopflängen der Pfeiler sind in der Form $\varepsilon \cdot d$ eingetragen (ε = 0,50, 1,67, 2,50 ...). d = größte Pfeilerstärke. Der Wert ε ist bei der einzelnen Pfeilerform für δ_0 entscheidend.

Voraussetzung der Gl. (177) ist, daß das Wasser **strömt** und nicht schießt, was in den meisten Fällen zutrifft (S. 150). Meistens können die Glieder α^2 und $9\,\alpha^4$ vernachlässigt werden.

Ist nun $H_{\min} > H_0$, dann muß sich zunächst der Oberwasserspiegel so weit heben, daß die dortige Energiehöhe von H_0 auf $H_{\min}$ $(= H)$ zunimmt. Darüber hinaus ist jedoch eine weitere Hebung $(h_e + h_r)$ nötig, um die zusätzlichen Energieverluste in der Einengung zu ersetzen. $H_{\min}$ muß an der am weitesten unterhalb gelegenen engsten Stelle E vorhanden sein (Abb. 87), von hier aus wächst die Höhe der Energielinie bis zum Querschnitt A um $(h_e + h_r)$, und dieser Wert $(h_e + h_r)$ nähert sich dem z-Wert der Gl. (177) um so mehr, je weiter abwärts die Stelle E liegt. So kann man z. B. im Falle der Abb. 89 nach Versuchen $(h_e + h_r) = 0{,}4 \cdot z$ setzen. Es ist also nunmehr im Oberwasser, wo v_0 sich infolge der Hebung h des Wasserspiegels auf v_1 verringert,

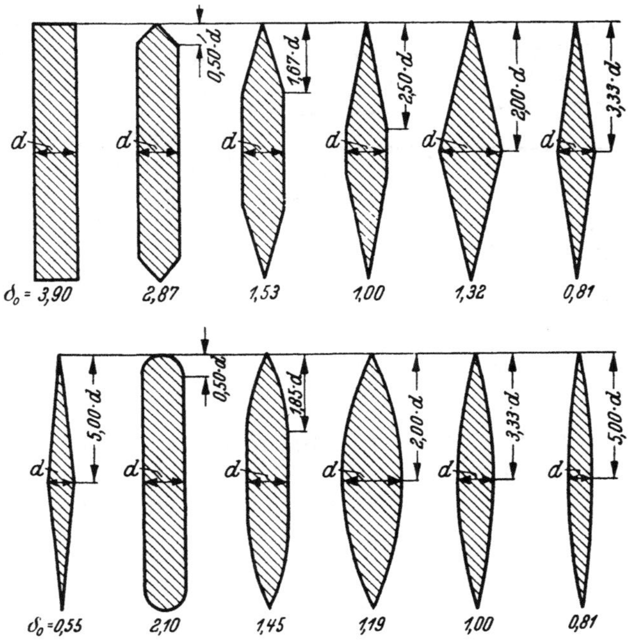

Abb. 91. Brückenpfeiler.

$$H_{\min} + h_e + h_r = t_0 + h + \frac{v_1^2}{2g}, \quad (178)$$

$$v_1 = \frac{Q}{B_0 (t_0 + h)}. \quad (179)$$

Aus diesen beiden Gleichungen findet man (durch Probieren) den gesuchten Stau h. Aus $v^2 = 2g\,(H_{\min} - t_{Gr})$ folgt

$$v = \sqrt{g\, t_{Gr}} \;(= \text{Wellenschnelligkeit } w). \quad (180)$$

3. Wehre mit breiter Krone. Hydrodynamisch gleicher Fall wie vorstehend, da es sich auch hier um eine Einengung, und zwar von der Sohle aus, handelt (Abb. 88). Daher gelten ebenfalls die Gln. (173) bis (176) und (178). Statt der Gl. (179) ergibt sich

$$v_1 = \frac{Q}{B_0 (w + t_0 + h)}. \quad (181)$$

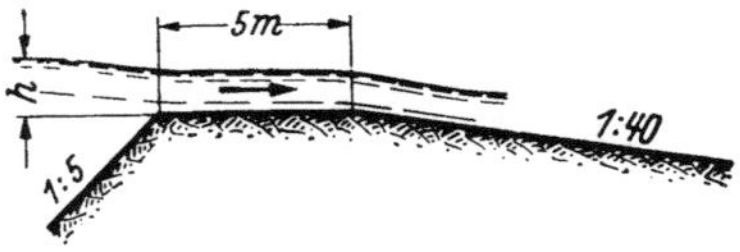

Abb. 92. Überlaufkrone eines Deiches.

Auch in diesem Fall ist zunächst zu untersuchen, ob $H_0 >$ oder $< H_{\min}$ ist. Im ersten Fall tritt keine hydrodynamische Hebung des Oberwassers ein, im zweiten ist der Stau h aus den Gln. (178) und (181) zu ermitteln. Der Wert $(h_e + h_r)$ kann erfahrungsgemäß $= 0$ gesetzt werden, wenn keine seitliche Einengung vorhanden ist $(B = B_0)$. Ist jedoch ein Wehr mit breiter Krone gleichzeitig auch noch seitlich eingeengt, so ist $(h_e + h_r)$ nach denselben Grundsätzen zu berechnen wie bei den Grundablässen (Ziffer 2). Die vorstehenden Beziehungen gelten auch für den vollkommenen Überfall $(t_0 < 0)$.

Über die Leistungsfähigkeit von Überlaufkronen in Deichen hat die Preußische Versuchsanstalt für Wasserbau und Schiffbau 1916 Versuche durchgeführt. Dabei ergaben sich für Gl. (184) folgende μ-Werte bei rauher Böschung und Krone, letztere waagerecht (Abb. 92):

$h = 10$ cm	$\mu = 0{,}42$	$h = 40$ cm	$\mu = 0{,}51$
20 cm	0,48	60 cm	0,53
30 cm	0,50		

Der Wert μ steigt für $h = 10$ bis 60 cm auf 0,57, wenn die Krone eine Querneigung 1 : 100 nach rechts erhält. Bei schräger Anströmung des Überlaufes ist der senkrecht zum Überlauf gerichtete Seitenteil der Wassergeschwindigkeit als v in Gl. (184) einzusetzen.

4. Streichwehre (Abb. 93). Engels fand durch Versuche für rechteckige Gerinne (*43*) die Gleichung

$$Q = 2{,}95\,\mu\,l^{0,9}\,h^{1,6} \tag{182}$$

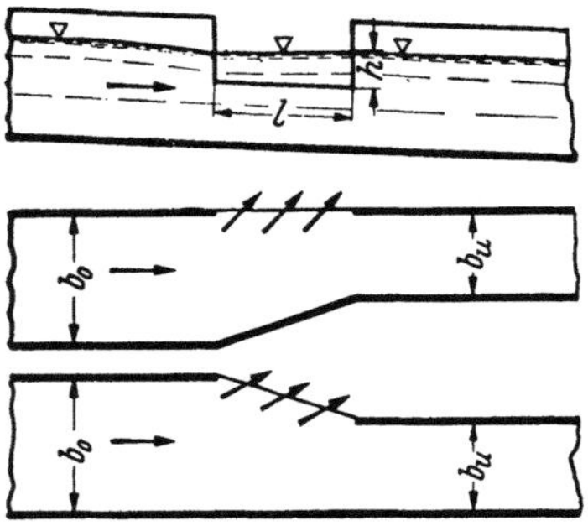

Abb. 93. Streichwehr.

l und h in m, Q in m³/s. Die Gleichung wurde abgeleitet für sich verengende Gerinne mit dem Verhältnis $b_u : b_o = \frac{1}{3}$ und $\frac{2}{3}$ und unter der Voraussetzung, daß das Wasser unterhalb des Streichwehres mit gleichförmiger Geschwindigkeit abfloß. Der Wehrrücken lag gleichlaufend mit der Gerinnesohle. Die Neigung der Schrägwand betrug $1 : \frac{3}{4}$ bis 1 : 40. Der Wert μ hängt von der Form des Wehrrückens ab (für abgerundete $\mu = 0{,}85$, für schärfere $\mu = 0{,}73$). Für $b_u = b_o$ ergab sich

$$Q = 2{,}95\,\mu\,l^{0,83}\,h^{1,67}. \tag{183}$$

5. Die Formeln von Rühlmann. Für den vollkommenen Überfall (Abb. 85)

$$Q = \frac{2}{3}\,\mu\,b\,\sqrt{2g}\,\left[(h + h_v)^{3/2} - h_v^{3/2}\right] \tag{184}$$

und für den unvollkommenen (Abb. 94)

$$Q = \frac{2}{3}\,\mu_1 b\,\sqrt{2g}\,\left[(h_1 + h_v)^{3/2} - h_v^{3/2}\right] + \mu_2 b\,h_2\,\sqrt{2g}\,\sqrt{h_1 + h_v} \tag{185}$$

$h_v = v^2/2g$; b = Wehrlänge. Es sind zu setzen: b und h in m, v in m/s, Q in m³/s. Wenn v klein ist, $h_v = 0$.

Die Rühlmannschen Wehrformeln stehen im Widerspruch zu den hydrodynamischen Grundgesetzen, ein zuverlässiges Ergebnis kann nur dann erwartet werden, wenn die μ-Werte für bestimmte Wehrbauarten durch Versuche ermittelt sind. In allen anderen Fällen ist größte Vorsicht geboten.

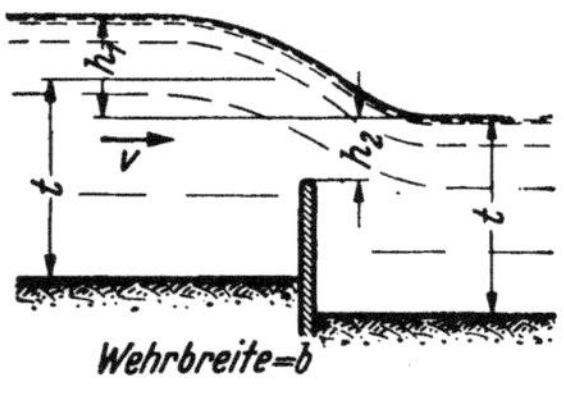

Abb. 94. Unvollkommener Überfall.

Bei Überschlagsrechnungen für den vollkommenen Überfall mit Seiteneinschnürung und Strahlbelüftung nach Kinzer:

$$\frac{2}{3}\,\mu = 0{,}4342 + 0{,}009\,\frac{b}{B} - 0{,}0777\,\frac{h}{h + w}. \tag{186}$$

B = volle Gerinnebreite, b = Überfallbreite. Für den unvollkommenen Überfall nach Tolkmitt:

	μ_1	μ_2
Gut abgerundete Kanten	0,80 bis 0,85	0,67
Scharfkantiges, breites Sturzwehr	0,83	0,62
Grundschwelle mit Grießständern	0,60 bis 0,65	0,62
Grundablaß ($w = 0$)	0,75 „ 0,95	0,75 bis 0,95

Für den Stau h vor einem Rechen fanden Kirschmer und Spangler folgende Werte in m (Abb. 95):

$$h = \beta\left(\frac{s}{v}\right)^{4/3}\sin\delta\cdot\frac{v^2}{2g}. \tag{187}$$

Diese Gleichung gilt für den Fall, daß der Rechen senkrecht angeströmt wird, wie es bei Schöpfwerken die Regel ist. Der Beiwert β ist von der Form der Rechenstäbe abhängig (Abb. 96):

Rechenform	a	$\beta = 2{,}42$
	b	1,67
	c	0,92
	d	1,79

Bei schräger Anströmung, $\frac{b}{s} = 1{,}7$ und $\delta = 90°$ ergaben sich für die Gleichung

$$h = \lambda_f \frac{v^2}{2g} \tag{188}$$

folgende Werte λ_f:

Zahlentafel 99.

α °	Form der Rechenstäbe a	b	c
30	1,46	0,71	0,68
45	2,05	1,29	1,29
60	4,26	2,81	3,05

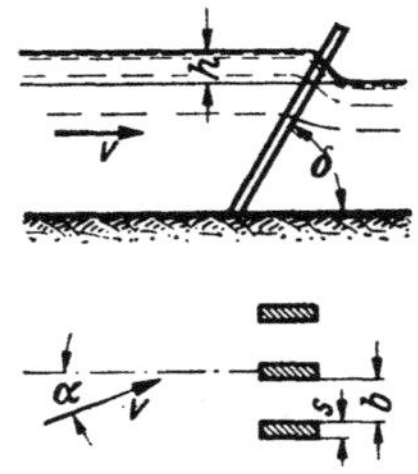

Abb. 95. Rechenstau.

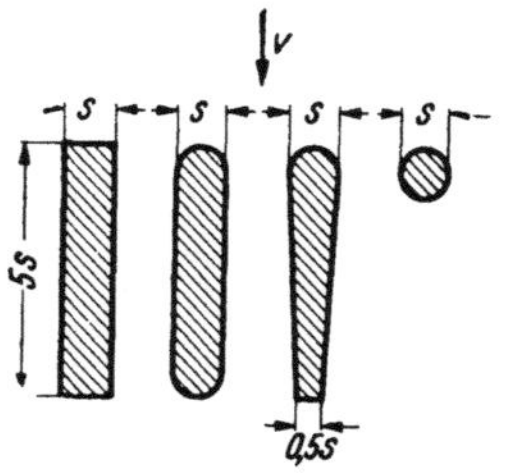

Abb. 96. Formen der Rechenstäbe.

Anders als im freien Fluß vollzieht sich der Abfluß unter einer geschlossenen Eisdecke, der nach Geschwindigkeitsmessungen in der unteren Elbe nur 35 bis 45% des eisfreien Abflusses (bei gleichen Wassertiefen) betrug (*92*). Der Wert n der Gl. (141) wurde zunächst zu 0,043 ermittelt und war nach 7 Tagen infolge Glättung der Eisunterfläche auf 0,036 gefallen, während für den eisfreien Abfluß $n = 0{,}031$ bis 0,033 berechnet wurde. Hiermit hängt das plötzliche Steigen des Wasserstandes der Flüsse beim Eintritt des Eisstandes zusammen.

4. Die Größe des Abflusses.

Die Größe des Abflusses ist eine der wichtigsten Grundlagen für viele wasserbaulichen Berechnungen. Sie wird hauptsächlich dargestellt:

1. in mm Abflußhöhe A vom gesamten Niederschlagsgebiet während einer bestimmten Zeit (Jahr, Winter, Sommer, Monat);
2. in mittleren Abflußspenden Mq (l/s km²) während einer bestimmten Zeit (entsprechend MQ);
3. in Abflußspenden (l/s km²) bei einem bestimmten Wasserstande: $q(MNW)$, $q(MW)$ usw. entsprechend $Q(MNW)$, $Q(MW)$.

Zwischen A und Mq bestehen, beide Größen auf den gleichen Zeitraum bezogen, folgende Beziehungen:

$$\left.\begin{array}{ll} \text{Jahr (365 Tage)} \ldots\ldots & Mq = 0{,}0317 \cdot A \\ \text{Winter (November bis April)} \ldots & = 0{,}0639 \cdot A \\ \text{Sommer (Mai bis Oktober)} \ldots & = 0{,}0629 \cdot A \\ \text{Monat von 31 Tagen} \ldots & = 0{,}3734 \cdot A \\ \text{,, ,, 30 ,,} \ldots & = 0{,}3858 \cdot A \\ \text{,, ,, 28 ,,} \ldots & \doteq 0{,}4134 \cdot A \end{array}\right\} \tag{189}$$

Die mittlere Jahresabflußhöhe A läßt sich nach den Gln. (49) bis (52) aus der Jahresniederschlagshöhe N überschläglich ermitteln. Im großen Durchschnitt ist also auch Mq von N abhängig, wie es in Abb. 97 (S. 168) dargestellt ist. Für verschiedene Flußgebiete gibt Zahlentafel 100 (S. 169) die durch Messungen ermittelten Werte Mq (*51*, *20*):

Nr. 1 bis 5: im wesentlichen Flachland.

Nr. 6 bis 16: Mittelgebirgs- und Hügelland, teilweise auch Flachland.

Nr. 18: reines Gebirgsland.

Nr. 17, 19 bis 21: *Gebiete mit alpinem Anteil.*

Untersuchungen Rothes (S. 109) führten in einem Niederungsgebiet von 180 km² zu folgenden mittleren Abflußspenden Mq in l/s km²: Jahr 5,5, Winter 9,3 und Sommer 1,9. Infolge des hohen Grundwasserstandes tritt hier im Sommer eine sehr starke Verdunstung ein.

Nach den Feststellungen Bertrams (*7, 108*) wurden im Mittel der 6 Jahre 1919 bis 1924 aus 8 Poldern des Danziger Werders im Jahresdurchschnitt 227 mm abgepumpt, Mq war also $= 7{,}2$ l/s km². Diese Zahl enthält allerdings auch das Drängewasser. Die Polder sind etwa 300 bis 1400 ha groß, alles Wasser muß künstlich gehoben werden. Der Boden besteht in der Hauptsache aus Schlick über Sand. Der mittlere Jahresniederschlag der 6 Jahre betrug 512 mm.

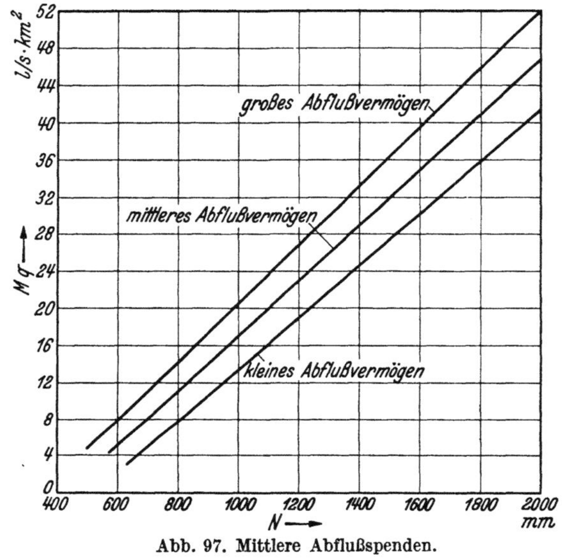

Abb. 97. Mittlere Abflußspenden.

Die Abflußspenden q bei den verschiedenen Wasserständen lassen sich überall dort leicht berechnen, wo seit längerer Zeit Pegelbeobachtungen stattgefunden haben und die Abflußkurve des Pegels bekannt ist. Zahlentafel 101 (S. 170) enthält eine Reihe von q-Werten nach den Berechnungen der ehemaligen Preußischen Landesanstalt für Gewässerkunde.

Sofern keine Beobachtungen vorliegen, bleibt nur übrig, die Abflußspenden q zu schätzen. Am leichtesten ist das durchzuführen für die Abflußspende bei MW. Je ausgeglichener der Abfluß eines Wasserlaufes ist, um so näher liegt $q(MW)$ bei Mq. Weyrauch gibt folgende Zahlen (*253, 279*), die jedoch nur einen Anhalt für die ungefähre Größenordnung gewähren sollen (in l/s km²):

	MNq	Mq	MHq
Flachland	0,5 bis 2	4 bis 8	8 bis 50
Hügelland	1 „ 2	5 „ 12	80 „ 200
Mittelgebirge	2 „ 4	6 „ 16	200 „ 1000
Hochgebirge	4 „ 10	10 „ 30	800 „ 4000

Die Abflußspenden bei NNW, NW, HW und HHW schwanken je nach der Beschaffenheit des Niederschlagsgebietes und den klimatischen Verhältnissen sehr erheblich. Man muß daher bei Entwurfsbearbeitungen stets die örtlichen Verhältnisse ermitteln und berücksichtigen. Im Schrifttum finden sich zwar zahlreiche Angaben für größere Flußgebiete (*58, 1176* und *253, 256*), im landwirtschaftlichen Wasserbau handelt es sich aber in der Regel um kleine Gebiete von einigen 100 bis 1000 ha, für die außer $q(MW)$ die Abflußspenden für Sommer- und Winterhochwasser von besonderer Bedeutung sind. Obwohl im Sommer mehr Niederschläge fallen als im Winter, sind doch die Abflußspenden der Winter- (Frühjahrs-) Hochwasser im Flachlande größer als die der Sommerhochwasser, da im Winter wenig Wasser verdunstet sowie Eis und Schnee aufgespeichert werden. Im Hochgebirge dagegen ist der zeitliche Verlauf des Abflusses infolge der späteren Schneeschmelze ein anderer. Die HW-Abflußspenden sind für kleine Teilgebiete f meistens wesentlich andere als für das gesamte Flußgebiet F, dem das kleine angehört (Abb. 98, S. 170). Sie werden durch folgende Umstände beeinflußt:

Zahlentafel 100.

Nr.	Flußgebiet	km²	Jahre	November	Dezember	Januar	Februar	März	April	Mai	Juni	Juli	August	September	Oktober	Winter	Sommer	Jahr
1	Dahme bei Neue Mühle	1410	1902—1910	3,1	3,7	3,7	4,1	4,9	4,2	3,7	2,7	2,6	3,0	2,7	2,6	4,0	2,9	3,4
2	Peene, Mündung	5099	1896—1910	2,7	3,4	4,1	4,1	6,3	5,8	4,1	2,7	2,6	3,0	3,1	3,0	4,4	3,1	3,7
3	Warthe bei Landsberg	51893	1896—1905	2,7	3,6	3,9	4,9	6,0	6,1	5,3	2,9	2,6	2,6	2,3	2,5	4,5	3,1	3,8
4	Havel bei Rathenow	19500	1902—1910	2,7	3,7	4,5	5,3	6,0	5,8	4,9	3,1	2,6	2,6	2,7	3,0	4,7	3,1	3,9
5	Spree bei Beeskow	6353	1902—1910	3,5	4,1	4,9	5,8	6,0	5,0	3,4	2,7	2,2	2,6	3,1	3,4	4,9	2,9	3,9
6	Saale bei Trebnitz	18850	1882—1901	4,6	5,6	5,6	7,4	10,5	6,9	5,2	3,9	4,1	2,6	3,5	4,1	6,8	3,9	5,3
7	Main bei Wertheim	20605	1901—1910	5,0	7,5	8,6	9,9	10,8	8,1	5,6	4,2	4,1	3,7	3,5	4,1	8,3	4,2	6,2
8	Weser unterhalb der Diemel	14825	1896—1915	6,8	10,6	11,9	14,1	16,3	11,1	8,4	5,4	4,7	4,2	4,4	4,9	11,8	5,3	8,5
9	Glatzer Neiße, Mündung	4534	1822—1910	6,0	7,1	7,5	9,9	12,1	13,7	11,7	9,3	7,7	6,8	5,5	5,3	9,3	7,7	8,5
10	Jagst, Mündung	1832	1888—1898	6,3	9,0	9,8	16,6	18,1	11,3	8,0	6,8	5,1	4,1	4,6	7,4	11,8	6,0	8,9
11	Bober, Mündung	5938	1896—1905	6,2	7,9	8,8	11,2	12,0	13,2	14,2	7,3	6,4	8,2	7,2	6,4	9,8	8,3	9,1
12	Kocher, Mündung	1989	1888—1898	7,4	10,1	10,9	18,6	18,6	10,3	8,6	7,6	5,6	5,3	6,6	8,6	12,6	7,0	9,8
13	Oder bei Ratibor	6737	1896—1905	7,5	7,3	6,5	10,0	13,2	16,7	13,2	9,0	10,5	9,6	7,0	7,5	10,2	9,5	9,9
14	Mulde bei Golzern	5430	1910—1919	6,6	14,6	17,5	11,9	17,5	14,3	9,3	6,6	7,5	7,1	6,2	6,3	13,8	7,2	10,5
15	Main bei Mainleus	1170	1901—1910	9,6	14,9	16,8	19,3	21,3	13,5	9,3	7,7	9,7	10,1	9,3	9,0	15,9	9,2	12,5
16	Ruhr bei Mülheim	4432	1891—1915	20,4	27,9	29,7	32,9	34,6	23,3	16,3	10,1	9,8	9,5	10,3	12,5	28,1	11,4	19,7
17	Isar bei Landau	8478	1901—1910	15,4	15,3	13,8	13,5	17,2	27,4	27,6	25,5	27,3	24,3	23,9	18,3	17,1	24,5	20,8
18	Enz beim Lautenhof (Schwarzwald)	85	1856—1915	16,2	23,5	25,4	20,5	34,3	35,1	27,3	18,1	16,4	13,4	19,3	23,9	25,9	19,8	22,8
19	Rhein bei Basel	35929	1808—1925	22,0	20,5	18,4	18,0	21,1	26,9	34,7	42,4	42,2	37,5	31,4	25,6	21,2	35,6	28,4
20	Iller bei Wiblingen	2192	1901—1910	16,6	18,3	17,9	15,6	25,0	44,8	46,3	42,8	35,5	30,2	27,0	21,3	23,1	33,8	28,5
21	Iller bei Sonthofen	401	1901—1910	23,9	21,3	22,0	17,6	29,5	76,4	93,7	82,6	59,4	53,4	42,8	31,7	31,8	60,6	46,3

Zahlentafel 101.

Nr.	Stromgebiet	Gewässer	Pegel	Niederschlagsgebiet km²	Zeitraum	Abflußspenden in l/s·km² bei MNW	MW	MHW	Bemerkungen
1	Memel	Ruß	Schanzenkrug	91338	1896—1915	2,1	5,5	46,0	
2	Weichsel	Weichsel	Montauerspitze	193009	1896—1910	1,8	5,0	17,6	
3	Oder	Oder	Hohensaaten	109564	1896—1915	2,4	4,9	14,1	
4	"	"	Frankfurt	53580	1896—1920	2,1	5,5	19,4	
5	"	"	Steinau	29605	1896—1910	1,9	5,9	35,0	
6	"	"	Ratibor	6698	1896—1915	1,9	9,0	87,0	
7	"	Warthe	Landsberg	51893	1896—1910	1,7	3,65	9,3	Nach der Abflußkurve von 1909
8	"	"	Schwerin	31039	1926—1930	1,8	4,3	12,2	
9	"	Netze	Vordamm	15872	1926—1930	2,7	5,1	10,4	
10	"	Lausitzer Neiße	Guben	3936	1896—1930	4,1	8,9	47,0	
11	"	Ihna	Gollnow	2095	1926—1930	2,2	5,6	16,5	
12	"	Malapane	Luboschütz	1463	1926—1930	(0,35)[1]	5,7	46,0	
13	Elbe	Elbe	Wittenberge	123532	1896—1930	2,0	5,1	15,9	
14	"	"	Torgau	55162	1896—1915	1,61	5,87	26,1	
15	"	Saale	Grizehne	23737	1896—1915	1,39	4,62	19,7	
16	"	Havel	Rathenow	19329	1896—1915	1,72	4,09	7,42	Werte bei gewöhnlichem Stau
17	"	Spree	Kottbus	2327	1906—1930	1,7	4,8	30,2	
18	"	Bode	Athensleben	3000	1896—1915	0,76	4,46	16,1	
19	"	Oste	Minstedt	676	1931—1935	2,2	5,8	40,0	
20	Weser	Weser	Intschede	37906	1931—1935	2,7	6,1	21,2	
21	"	"	Gieselwerder	12670	1901—1930	2,4	7,8	45,4	
22	"	Aller	Westen	15221	1926—1930	3,2	6,8	24,6	
23	"	Werra	Eschwege	4606	1901—1930	2,6	8,7	37,3	
24	"	Schwalm	Treysa	549	1896—1925	(1,1)	(5,5)	(65,6)	
25	Ems	Ems	Greven	2898	1896—1925	0,8	6,4	48,0	
26	"	Hase	Herzlake	2307	1926—1930	1,4	6,3	49,0	
27	Rhein	Rhein	Wesel	154528	1926—1930	6,6	13,7	(44,0)	
28	"	"	Kaub	103729	1896—1930	7,0	15,0	39,0	
29	"	"	Maxau	50343	1926—1930	10,0	24,0	61,0	
30	"	Lahn	Leun	3594	1906—1910	1,4	8,4	(94,0)	
31	"	Mosel	Kochem	27100	1896—1930	2,1	9,8	(69,0)	
32	Ostsee	Leba	Lauenburg	436	1897—1915	(6,0)	9,0	22,2	Ohne 1914
33	"	Persante	Bartin	2944	1921—1930	(4,5)	8,5	—	Ohne 1925
34	Nordsee	Treene	Treia	480	1932—1935	(1,5)	9,8	(36,5)	

1. Größe und Form des Gebietes. Je kleiner das Niederschlagsgebiet f ist, um so eher kann es ganz durch einen Starkregen bestrichen werden, während in großen Gebieten stets nur eine Teilfläche den Starkregen erhält. Kleine Gebiete liefern daher stärkere HW-Spenden als große.

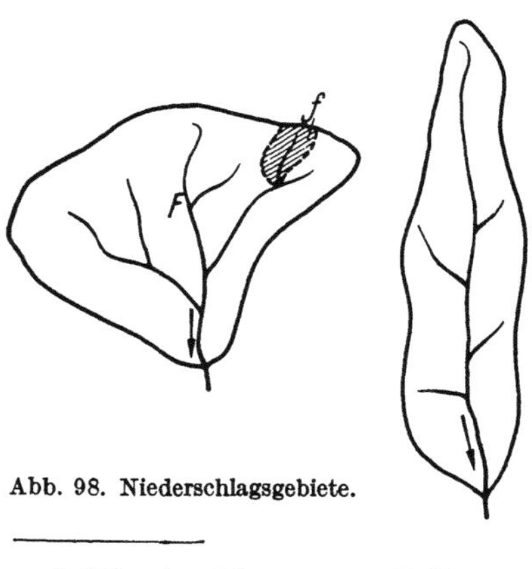

Abb. 98. Niederschlagsgebiete.

In fächerförmigen Gebieten ist die HW-Spende größer als in langgestreckten (Abb. 98), da in ersteren das abfließende Wasser fast gleichzeitig unten ankommt, in letzteren aber zum Teil eine Abflußverzögerung erfährt.

[1] Die eingeklammerten Zahlenwerte sind unsicher.

Liegt der Fluß hart an einer Wasserscheide, während das Niederschlagsgebiet nach der anderen Seite breite Ausdehnung hat, so gelangen die Abflußmengen von der schmalen Seite schneller in den Fluß als von der breiten. Der Niederschlag von beiden Seiten fließt also nacheinander ab und erzeugt daher ein geringeres Hochwasser, als wenn der Fluß das Niederschlagsgebiet in der Mitte durchzieht.

2. Oberflächengestaltung und Bodenbeschaffenheit. In flachem Gelände ist der Oberflächenabfluß gering oder vollzieht sich doch langsam, so daß ein erheblicher Teil der Niederschläge bei leicht durchlässigem Boden versickert, bei schwer durchlässigem verdunstet. Die Versickerung hat eine starke Abflußverzögerung zur Folge. Nur bei Platzregen oder plötzlich einsetzender Schneeschmelze kann auch in flachen Gebieten ein erheblicher Oberflächenabfluß eintreten, wenn zahlreiche Gräben vorhanden sind. Umgekehrt liefern steile Hänge im allgemeinen einen starken oberirdischen Abfluß, besonders dann, wenn auch der Boden noch schwer durchlässig ist. Hat aber ein Hang leichten Boden, so können waagerechte Ackerfurchen einen großen Teil der Niederschläge zur Versickerung bringen. Je flacher das Gebiet ist, um so kleiner wird im großen Durchschnitt unter sonst gleichen Umständen die *HW*-Spende.

Seen, Staubecken und Überschwemmungsgebiete verzögern den Abfluß um so mehr, je größer ihre Oberfläche oder ihr Fassungsraum im Verhältnis zum Gesamtgebiet ist, sie ermäßigen die *HW*-Spenden oft sehr erheblich.

Ist das Gebiet stark durch offene Gräben aufgeschlossen oder soll dies durch die geplante Entwässerung geschehen, so erfolgt der Abfluß in flachen Gebieten wesentlich schneller, als wenn es an Gräben fehlt. Die Folge ist eine Vergrößerung der *HW*-Spenden. Gelände mit vielen abflußlosen Mulden bewirkt das Gegenteil.

3. Pflanzenbestand und Grundwasserstand. Ein üppiger Pflanzenbestand verbraucht viel Wasser durch Blattverdunstung, er entzieht daher dem Boden große Wassermengen und macht ihn dadurch wieder aufnahmefähig für neues Sickerwasser. Wald in flachem oder schwach hängigem Gelände verhindert den Oberflächenabfluß oft gänzlich, besonders im Gebirge wirkt er stark ausgleichend auf die Wasserführung. Engler untersuchte in den Alpen zwei ganz gleichartige Gebiete, die sich nur in der Bewaldung unterschieden. Zahlentafel 102 gibt Mittelwerte aus 12 Jahren.

Zahlentafel 102.

	Sperbelgraben	Rappengraben
Bewaldung (%)	97	31
Fläche (ha)	55,8	61,7
Geröllförderung (m^3/km^2 Jahr)	85	222
Jahresniederschlag (mm)	1589	1536
Abflußspenden (l/skm^2) Gewitter	1038	1674
Abflußspenden (l/skm^2) Landregen bei Beginn	896	972
Abflußspenden (l/skm^2) Landregen nach 2 Tagen	717	648
Abflußspenden (l/skm^2) Trockenzeit	11	3
abflußlose Tage im trockensten Jahr	0	46

Ein sehr hoher Grundwasserstand verringert die Versickerung erheblich, fördert also den oberirdischen Abfluß und vergrößert die *HW*-Spenden, wenn nicht das Gelände fast waagerecht und ohne Gräben ist.

4. Klima. Je größer die mittlere Jahresniederschlagshöhe ist, um so größer sind im allgemeinen auch die *HW*-Spenden im Sommer, wenn es sich um größere Niederschlagsgebiete handelt, die bei Dauerregen zu Hochwasser neigen. Weniger trifft dies zu in kleinen Gebieten, in denen die sommerlichen *HW*-Spenden namentlich durch die Größe der Platzregen bestimmt werden (Ziffer 1), die nicht so sehr von der Jahresniederschlagshöhe abhängig ist. Die jahreszeitliche Verteilung der Niederschläge ist insofern von Bedeutung, als z. B. eine verhältnismäßig große sommerliche Niederschlagshöhe die Sommer-

hochwasser erhöht. Dieselbe Regenhöhe erzeugt einen stärkeren Abfluß, wenn sie hintereinander, als wenn sie in viele Einzelregen über einen längeren Zeitraum verteilt fällt.

Strenge Winter mit schnell einsetzendem Tauwetter im Frühjahr vergrößern das Frühjahrshochwasser, da der in den unteren Schichten noch gefrorene Boden die Versickerung stark erschwert.

Wind begünstigt die Verdunstung und ermäßigt somit in größeren Gebieten die HW-Spenden, die hier namentlich durch Dauerregen entstehen.

Ganz allgemein ist zur Frage der Hochwasserspenden noch darauf hinzuweisen, daß die Wasserführung eines Flusses um so gleichmäßiger ist, je mehr er aus dem Grundwasser, um so ungleichmäßiger, je mehr er durch Oberflächenabfluß gespeist wird. Starke Grundwasserspeisung gibt geringe, starker Oberflächenabfluß große HW-Spenden. Die unterirdische Speisung vollzieht sich natürlich nur so lange, wie das umgebende Grundwasser höher steht als das Wasser im Flusse (Abb. 99). Steigt das Flußwasser über diesen Stand, so findet ein Abfluß ins Grundwasser statt, es wird Grundwasser gespeichert. Die HW-Spenden pflegen im Oberlauf desselben Flußgebietes größer als im Unterlauf zu sein, bisweilen ist der Unterschied sogar recht erheblich. Die Gründe dafür sind nach den obigen Ausführungen leicht zu erkennen.

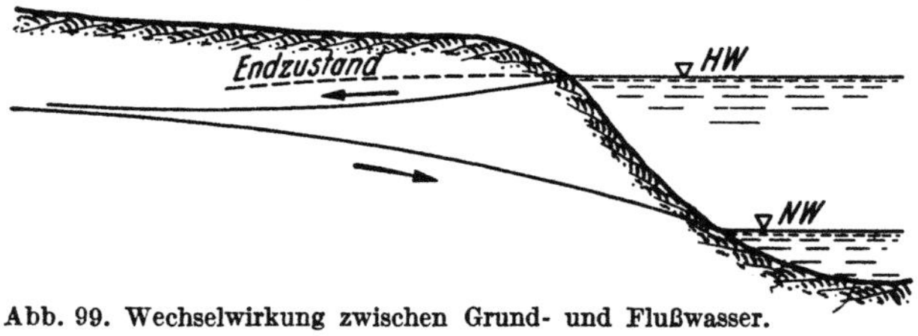

Abb. 99. Wechselwirkung zwischen Grund- und Flußwasser.

Ist der Stand eines früheren Hochwassers in einer Flußniederung durch Hochwassermarken auf eine ausreichend lange Strecke so festgelegt, daß man das damals vorhanden gewesene Wasserspiegelgefälle noch mit genügender Genauigkeit feststellen kann, so bietet sich unter Umständen die Möglichkeit, den sekundlichen Abfluß Q auf einer nicht zu unregelmäßigen Abflußstrecke aus Gl. (95) und daraus die Abflußspende q überschläglich zu berechnen.

Bisweilen kann man bei der Ermittlung der Abflußspenden auch die Erfahrungen benutzen, die in anderen Flußgebieten unter ähnlichen Verhältnissen gewonnen sind. Doch ist dabei hinsichtlich der HW-Spenden die größte

Zahlentafel 103.

	α	c			
		I	II	III	IV
Moräste und Tiefland	0,20	0,017	0,030	—	—
Niederung und flache Hochebene	0,25	0,025	0,040	—	—
Teils Niederung, teils Hügelland	0,30	0,030	0,055	—	—
Hügelland, jedoch nicht steil	0,35	0,035	0,070	0,125	—
Teils Mittelgebirge, teils Hügelland oder steiles Hügelland allein	0,40	0,040	0,082	0,155	0,400
Ardennen, Eifel, Westerwald, Vogelsberg, Odenwald und Ausläufer größerer Gebirge je nach Steilheit wechselnd, im Mittel	0,45	0,045	0,100	0,190	0,450
Harz, Thüringer Wald, Rhön, Frankenwald, Fichtelgebirge, Erzgebirge, Böhmerwald, Lausitzer Gebirge, Erlitzgebirge, Wiener Wald, im Mittel	0,50	0,050	0,120	0,225	0,500
Schwarzwald, Vogesen, Riesengebirge, Sudeten, Beskiden, im Mittel	0,55	0,055	0,140	0,290	0,550
Hochgebirge je nach Steilheit	0,60 bis 0,70	0,060 bis 0,080	0,160 bis 0,210	0,360 bis 0,600	0,600 bis 0,800

Vorsicht erforderlich, da diese, besonders in kleinen Niederschlagsgebieten, je nach den örtlichen Verhältnissen außerordentlich verschieden sind. So liegt z. B. im norddeutschen Flachland $q(MHW)$ im allgemeinen zwischen 30 und 80, in Oberbayern bei 1200 bis 1700 mm Jahresniederschlag zwischen 250 und 600 l/s km². Daher lassen sich die HW-Spenden nur auf Grund eingehender örtlicher Erfahrungen zutreffend einschätzen.

Die Werte $q(HHW)$ schwanken noch weit mehr, etwa zwischen 200 (Flachland) und rund 10000 l/s km² (Hochgebirge).

Zahlentafel 104.

	b
Gemischte oder mittlere Bodenarten, normale Vegetation	1
Bei den durch Seen regulierten Wasserläufen	1,5
Mehr durchlassende und weniger bewachsene Bodenarten	0,4—0,8
Weniger durchlassende und mehr bewachsene Bodenarten	0,4—0,8
Undurchlässige Bodenarten im Flachland	1—1,5
Undurchlässige Bodenarten im Hügelland, abnehmend mit Abnahme der Vegetation	0,8—0,5
Wie vor, aber fürs Gebirge (bei kleinen Bächen bis 0 sinkend)	0,6—0,3
Vergrößerungen von b:	
$F < 200$ km² und gute Vegetation	25%
$20000 < F < 50000$	0— 15%
$50000 < F < 100000$	10— 50%
$100000 < F < 200000$	50—100%
Je gleichmäßiger die Regenverteilung, desto größer wird b, in Gebieten mit Seeklima Zuschlag	bis 50%

Für mitteleuropäische Verhältnisse haben sich die folgenden empirischen Formeln bewährt:

Iszkowski.

$$MNq = 0{,}4 \cdot b\, Mq, \tag{190}$$

$$HHq = c\, m\, N. \tag{191}$$

N = mittlerer Jahresniederschlag in mm, $A = \alpha N$, α aus Zahlentafel 103, $Mq = 0{,}0317 \cdot A$ [Gl. (189)], b nach Zahlentafel 104, c nach Zahlentafel 103,

Zahlentafel 105.

	Bodenart	Oberflächengestalt	Vegetation	F	Ausnahmen
I	Stark durchlässig	Bei allen Bodenerhebungen	normal	—	Bei Gebieten mit hohem Grundwasserstand $F < 1000$: II $F = 1000 - 4000$: I—II
I	Teils leicht, teils schwer durchlässig oder mittel		üppig	> 1000	
I	Ackerland		—		
II	Gemischt	Hügelland und Gebirge	normal	—	Bei größeren Erhebungen $F < 150$: III $F = 150$—1000: II—III
II	Gemischt bis weniger durchlässig	Flach oder leicht wellig			—
III	Schwer durchlässig	Steileres Hügelland und Gebirge	normal	< 5000	F = 5000—12000: II—III $F > 12000$: II oder I—II
III					Bei bedeutendem Gefälle $F < 50$: IV $F = 50$—300: III—IV
IV	Sehr schwer durchlässig	Steiles Hügel- und Gebirgsland	spärlich oder keine	< 300	Gilt für HHW.

I bis *IV* nach Zahlentafel 105, *m* aus Zahlentafel 106, F = Niederschlagsgebiet in km².

Specht.

$$HHq = \frac{56 \cdot i}{\sqrt[12]{F}}\left(1 + \frac{4}{\sqrt[4]{t+1}}\right). \tag{192}$$

i = Regendichte in mm/h bei dem hochwassergefährlichsten Regen (Zahlentafel 107).

F = Niederschlagsgebiet in km².

$t = \sqrt{c\,L}$ = Anlaufzeit der Hochwasserwelle und gleichzeitig Stundendauer des hochwassergefährlichsten Regens.

L = Tallänge in km.

c = Beiwert zwischen den Grenzen 10 und 20 für gute oder schlechte Abflußbedingungen.

Zahlentafel 106.

F	*m* bei mittl. Jahresniederschlag von ≧ 1000 mm	750* mm	500* mm	*F*	*m*	*F*	*m*	*F*	*m*	*F*	*m*
1	10,00	13,33	20,00	200	6,87	1600	4,145	10000	3,017	140000	1,790
10	9,50	12,25	17,78	250	6,70	1800	3,960	20000	2,909	150000	1,725
20	9,00	11,18	15,55	300	6,55	2000	3,775	30000	2,801	160000	1,650
30	8,50	10,11	13,33	350	6,37	2500	3,613	40000	2,693	170000	1,575
40	8,20	9,47	12,00	400	6,22	3000	3,450	50000	2,575	180000	1,500
50	7,95	8,93	10,89	500	5,90	3500	3,335	60000	2,470	190000	1,425
60	7,75	8,50	10,00	600	5,60	4000	3,250	70000	2,365	200000	1,350
70	7,60	8,18	9,33	700	5,35	4500	3,200	80000	2,260	210000	1,280
80	7,50	7,97	8,88	800	5,12	5000	3,125	90000	2,155	220000	1,210
90	7,43	7,82	8,57	900	4,90	6000	3,103	100000	2,050	230000	1,140
100	7,36	7,67	8,26	1000	4,70	7000	3,082	110000	1,980	240000	1,070
120	7,25	7,43	7,77	1200	4,515	8000	3,060	120000	1,920	250000	1,000
150	7,10	7,10	7,10	1400	4,320	9000	3,038	130000	1,855	—	—

* Für Flachland und nicht steiles Hügelland.

Zahlentafel 107.

t in Std. =	1	2	3	4	5	6	7	8	9	10	11
Hügelland $N < 800$ mm .	79	42	28,5	20	15,5	12,5	9	9	8,5	8,5	8
Gebirgsland $N > 800$ mm .	83	62	42	29	15,5	15	14,5	14	13,5	13	12,5
t in Std. =	12	13	14	15	16	17	18	24	36	48	72
Hügelland $N < 800$ mm .	8	8	7,5	7,4	7	7	7	5,5	4	3	2
Gebirgsland $N > 800$ mm .	12	11,5	11	10,5	10	9,5	9,5	9	8	7	5,5

Zahlentafel 107a.

	Ebene in ozeanischer Lage (I)		Bergland in kontinentaler Lage (II)	
	log *c*	*m*	log *c*	*m*
Spitzenwerte (100 %)	3,180	−0,178	5,699	−0,632
90 %	2,701	−0,118	4,140	−0,406
80 %	2,535	−0,096	3,933	−0,376
70 %	2,369	−0,074	3,726	−0,346
60 %	2,203	−0,052	3,519	−0,316
50 %	2,037	−0,031	3,312	−0,286

Iszkowski hat seine Untersuchungen 1886 veröffentlicht. Wenn auch seine Gl. (191) für viele Zwecke der Praxis auch heute noch brauchbare Werte liefert, so zeigen doch die inzwischen gemachten Beobachtungen, daß die seltenen Extremwerte höher liegen. Wundt (*262a*) setzt

$$\left.\begin{aligned} HHq &= c\,F_N^{m}, \\ \log HHq &= \log c + m \log F_N. \end{aligned}\right\} \tag{193}$$

F_N in km², vgl. Zahlentafel 107a. Ebenen in ozeanischer Lage ergeben die kleinsten, Bergländer in kontinentaler Lage die größten Werte. Dazwischen sind Ebenen in kontinentaler und Bergländer in ozeanischer Lage einzustufen. Die Spitzenwerte der Zahlentafel sind die bisher beobachteten Höchstwerte. Die Prozentzahl 90 bedeutet, es besteht die Wahrscheinlichkeit von 90%, daß im Durchschnittsverhalten der Flußgebiete I bzw. II die entsprechenden Abflußspenden HHq nicht überschritten werden.

Das Verhältnis $\alpha = A : N$ bezeichnet man als Abflußverhältnis. Da man zur Berechnung von A aus N, sofern es sich um langjährige Mittelwerte handelt, am zweckmäßigsten Gl. (49) unter Einschätzung von V benutzt, soll auf die Werte α hier nicht näher eingegangen werden. Für deutsche Verhältnisse liegt α im Mittel vieler Jahre etwa zwischen 20% (Flachlandflüsse wie Havel) und 70% (Alpenflußgebiete wie Iller). Vgl. Zahlentafel 103.

5. Die Schwerstoffe.

Die dem Wasser beigemengten Stoffe bestehen aus organischen und mineralischen Bestandteilen. Die ersteren entstammen den organischen Lebensresten, die letzteren entstehen durch Abbrüche aus dem Flußbette und durch Verwitterung, z. B. durch die sprengende Einwirkung des Frostes auf das im Niederschlagsgebiet vorhandene Gestein. Es finden sich in einem Flusse Stücke der verschiedensten Größe, vom Felsblock bis zur feinsten Korngröße. Man gebraucht für diese Beimengungen den Ausdruck Schwerstoffe. Sinkstoffe (Schwebstoffe) sind diejenigen Schwerstoffe, die im bewegten Wasser in der Schwebe gehalten werden, sich jedoch im ruhenden Wasser absetzen, während sich die Geschiebe oder Gerölle (Steine, Kies, Sand) im allgemeinen auf der Gewässersohle gleitend, rollend oder in kleinen Sprüngen fortbewegen.

Die Sinkstoffdichte (g/m³) ist der Sinkstoffgehalt des Wassers in der Raumeinheit, man mißt sie dadurch, daß man mit besonders konstruierten Wasserschöpfern Wasserproben aus verschiedenen Wassertiefen entnimmt und ihren Sinkstoffgehalt in trockenem Zustande wiegt. Oder man bestimmt die Sinkstoffdichte mittels einer photoelektrischen Zelle (Lutumeter), die entsprechend der Trübung des Wassers auf verschiedene Lichtstärken mit verschiedener Intensität anspricht.

Unter der Sinkstofführung (Sinkstofftransport) versteht man die in der Zeiteinheit durch den ganzen Flußquerschnitt abgeführte Sinkstoffmenge, also mittlere Sinkstoffdichte mal Durchflußmenge. Die Sinkstoffmasse ist die in einer bestimmten Zeit, z. B. in 24 h, durchgehende Sinkstoffmenge (Sinkstofführung mal Zeit).

Beim Geschiebe spricht man vom Geschiebetrieb (kg/s), d. i. die Geschiebemenge, die in 1 s einen Flußquerschnitt oder einen Teil desselben durchläuft. Zur Klarstellung muß also stets der zugehörige Wasserquerschnitt mit angegeben werden. Der Geschiebetrieb ist in Flußmitte größer als in Ufernähe und scheint meistens periodisch zu schwanken, z. B. alle 2 bis 3 h einen Größtwert zu erreichen. Man mißt den Geschiebetrieb mit besonderen geeichten Geräten, die Sandführung mit der Sandfalle und die gröberen Geschiebe mit dem Geschiebefänger. Die Ergebnisse solcher Messungen sind jedoch mit erheblichen Fehlerquellen verbunden, wie denn überhaupt die Geschiebeforschung noch sehr in den Anfängen steckt. Die Geschiebemenge, die in einer längeren Zeit, z. B. in einem Jahr, einen ganzen Flußquerschnitt durchwandert, heißt Geschiebefracht (kg/Jahr).

Durch die Bewegung der Geschiebe wird ein Teil der lebendigen Kraft des Wassers verbraucht, was eine Verminderung der mittleren Wassergeschwindigkeit zur Folge haben muß. Welche näheren Beziehungen zwischen dem Geschiebetrieb und der Abflußmenge, der mittleren Wassergeschwindigkeit, dem Wasserstand oder der Form des Flußquerschnitts bestehen, ist noch nicht geklärt. Für manche flußbaulichen Maßnahmen (S. 222) ist jedoch die folgende Betrachtung von grundsätzlicher Bedeutung. Denkt man sich aus einer geraden Flußstrecke mit gleichförmigem Querschnitt eine Strecke L herausgeschnitten, so befindet sich die Strecke L im Geschiebegleichgewicht, d. h. der Geschiebetrieb ist am Ende der Strecke ebenso groß wie am Anfang. Verringert man nun die Breite der Strecke L, so wächst hier die mittlere Wassergeschwindigkeit von v_1 auf v_2 und damit auch die Schleppkraft (siehe unten). Das hat zur Folge, daß die kleinkörnigen Geschiebe die Strecke L schneller als bisher durchlaufen und daß außerdem noch Korngrößen abgetrieben werden, die bisher festlagen, daß also eine Vertiefung der Flußsohle und eine entsprechende Absenkung der Wasserstände eintritt. Die auch der Geschwindigkeit v_2 widerstehenden Geschiebeteile bleiben in der Strecke L zurück und bilden auf der Sohle eine immer stärker werdende schützende Decke, die schließlich eine weitere Sohlenvertiefung verhindert, oder die Vertiefung hört schon vorher an einer Sohlenschicht auf, die der Erosion größeren Widerstand entgegensetzt.

Türk hat ein akustisches Verfahren entwickelt, das aus dem Geräusch des laufenden Geschiebes (Stärke, Tonhöhe, Klangfarbe) seine Menge und Kornzusammensetzung erkennen läßt. Das Meßgerät muß durch gleichzeitige Messungen mit dem Geschiebefänger geeicht werden.

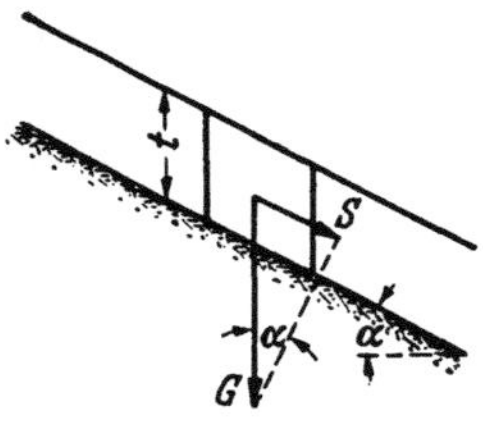

Abb. 100. Schleppkraft.

Das Gewicht der auf 1 m² der Sohle ruhenden Wassersäule von der Tiefe t ist $G = 1000 \cdot t$ in kg (Abb. 100). Davon wirkt stromabwärts die dem Wasserspiegel gleichgerichtete Seitenkraft $S = G \sin\alpha$. Da α stets sehr klein ist, kann man statt $\sin\alpha$ auch $\operatorname{tg}\alpha$ setzen, so daß

$$S = 1000 \cdot t\,J. \tag{194}$$

Man nennt S die Schleppkraft (Räumungskraft) und benutzt sie als Maßstab für die Kraft, mit der die Geschiebe stromabwärts getrieben werden. S wird in kg/m² (Schleppspannung), t in m ausgedrückt. Bei gleichbleibendem J wächst S mit zunehmender Wassertiefe t und erreicht bei einer bestimmten Tiefe t_0 den Grenzwert S_0, der eine allgemeine Bewegung der Geschiebe einleitet. Je gröber das Geschiebe, d. h. je größer sein mittlerer Durchmesser ist, um so größer muß t werden, bis die Geschiebebewegung eintritt. Für gleichkörniges Geschiebe mit dem Durchmesser d hat Krey die Beziehung abgeleitet

$$S_0 = 1000 \cdot t_0\,J = 125 \cdot d. \tag{195}$$

Der Korndurchmesser d ist in m einzusetzen, bei ungleichkörnigem Geschiebe näherungsweise als mittlerer Durchmesser. Für die Grenzschleppkraft S_0 sind gelegentlich folgende Werte ermittelt worden (kg/m²):

Feiner Sand	0,2 bis 0,6	Feines Gerölle (bis 50 mm Durchmesser)	3 bis 4
Grober Sand	0,6 „ 1,0	Mittleres Gerölle	5
Feiner Kies	0,8 „ 1,1	Grobes Gerölle (bis 100 mm Durchmesser)	6
Lehmiger Kies	1,5 „ 1,8		
Kies (etwa 15 mm Durchmesser)	1,5 „ 2,0		
Rasen (auf kurze Zeit)	2,0 „ 2,5		

Mit wachsender Geröllstärke wird S_0 noch wesentlich größer. Der Grenzwert S_0 wird auch durch den Sinkstoffgehalt des Wassers beeinflußt.

Flußabwärts wird t größer und J kleiner, doch nimmt J schneller ab als t zunimmt. Daher wird S dauernd kleiner, je mehr man sich der Mündung eines Flusses nähert. Daraus folgt, daß sich im Oberlauf die gröbsten Geschiebe ablagern und daß ihr Durchmesser nach dem Unterlaufe zu immer kleiner wird. Die feinsten Teilchen werden bis ins Meer getragen und bilden an dessen

Küsten den Schlick-, Klei- oder Marschboden. Ferner lagern sie sich bei Hochwasser auf den überschwemmten Vorländern der Flüsse ab, wo sie für die Düngung des Grünlandes sehr wertvoll sind.

Die Menge der bei verschiedenen Wasserständen von den Flüssen mitgeführten Schwerstoffe wechselt außerordentlich. Sie ist bei weitem am größten bei Hochwasser, nicht nur für den ganzen Fluß, sondern auch je m³ Wasser. Nach einer Zusammenstellung von Friedrich wurden folgende Sinkstoffmengen in t/km² · Jahr abgeführt (Mittelwerte aus 6 bis 16 Jahren):

Enns, Traun, Donau	26 bis 79
Isar, Ammer	107 „ 133
Iller, Lech, Inn, Salzach, Saalach	214 „ 269

Die Richtigkeit der Schleppkraftformel (194) ist mit Recht umstritten. Es ist nicht einzusehen, warum die Größe der Seitenkraft S maßgebend für die Geschiebebewegung sein soll, die vielmehr durch die Bewegungsenergie der sohlennahen Wasserteilchen verursacht wird. Man muß daher annehmen, daß S etwa verhältnisgleich dem Quadrat der Sohlengeschwindigkeit ist, und da (nach Köhn) die größte Sohlengeschwindigkeit im Stromstrich angenähert gleich der mittleren Querschnittsgeschwindigkeit v gesetzt werden kann, so ergibt sich die Beziehung

$$S = C v^2. \quad (196)$$

C ist ein Festwert. Tatsächlich fand auch Engels diese Beziehung durch Versuche bestätigt. Die Gln. (194) und (196) führen zu sehr verschiedenen Ergebnissen. In dem durch Zahlentafel 108 untersuchten Bereich schwanken die Werte v^2 bei gleichem S [nach Gl. (194)] erheblich. Es empfiehlt sich daher, den Grenzzustand, bei dem die Geschiebebewegung einsetzt, nicht nach Gl. (194) zu bestimmen, sondern nach der mittleren Querschnittsgeschwindigkeit v, die in Zahlentafel 109 für verschiedene Bodenarten angegeben ist. Es handelt sich um

Zahlentafel 108.

Wassertiefe t	Gefälle J	Schleppkraft S nach Gl. (194)	Verhältniszahlen v^2 nach Gl. (149) mit $k_f = 30$ Böschungen 1 : 1,5		
			Sohlenbreiten		
m	‰	kg/m²	1 m	3 m	5 m
1	J		100	138	161
2	$\frac{J}{2}$	J	115	149	173
3	$\frac{J}{3}$		126	156	180

Zahlentafel 109.

Bodenart, Material	Mittlere Profilgeschwindigkeit v m/s	
Schlamm	0,10	0,15
Loser, noch nicht abgelagerter Lehm	0,15	0,20
Feiner Sand (0,02—0,2 mm)	0,30	0,40
Mittlerer Sand (0,2—0,5 mm)	0,35	0,50
Sandiger Lehm (gewachsener Boden)	0,40	0,60
Grober Sand (0,5—2 mm)	0,45	0,65
Feiner Kies (2—5 mm), auch Kies mit hohem Sandgehalt	0,60	0,80
Fest gelagerter Lehm (gewachsener Boden)	0,70	1,00
Mittlerer Kies (5—20 mm)	0,80	1,15
Sehr fester Kleiboden (gewachsen)	1,00	1,30
Grober Kies oder feines Gerölle (20—50 mm)	1,40	1,60
Mittleres Gerölle (50—75 mm)	1,70	1,80
Grobes Gerölle (75—100 mm)	1,90	2,00
Gut verwurzelter Böschungsrasen	1,8	
Betonauskleidung (reibende Wirkung des Sandes! Bei nennenswertem Sandgehalt nur 2—2,5 m/s)	4	
Bruchsteinpflaster in Zementmörtel	5	

Durchschnittszahlen, von denen je nach den besonderen örtlichen Verhältnissen Abweichungen nach unten oder oben möglich sind. Die kleineren Zahlen beziehen sich auf klares, die größeren auf schlammführendes Wasser, wie es bei Hochwasser die Regel ist; bei größerem Schlamm- und Sandgehalt wächst die Grenzgeschwindigkeit. Für die Praxis ist nicht diejenige mittlere Profilgeschwindigkeit maßgebend, bei der die Bewegung des Geschiebes erst eben beginnt, sondern diejenige, die einen bedenklichen Umfang der Bewegung verursacht (S. 190).

Sinkt die Wassergeschwindigkeit auf einen bestimmten Wert v_1, so kommt das in Bewegung befindliche Geschiebe wieder zur Ruhe. Um die Geschiebeteilchen in Bewegung zu setzen, müssen zunächst ihr Gewicht und ihre Adhäsion überwunden werden, so daß $v_1 < v$ ist.

E. Die Winde.

1. Messung der Windgeschwindigkeiten.

Man mißt die Windgeschwindigkeiten mit den Windmessern (Anemometern, nach dem griechischen Wort ánemos = Wind). Auf unseren Wetterwarten wird heute fast ausschließlich der Schalenkreuz-Windmesser verwendet, der aus 4 halbkugelförmigen, kreuzweise angeordneten Schalen besteht (Abb. 101). Die Umdrehungen der senkrechten Achse werden auf einem durch ein Uhrwerk bewegten Papierstreifen verzeichnet, auf dem jedesmal nach einer bestimmten Anzahl von Umdrehungen des Schalenkreuzes ein Strich gezeichnet wird. Die Schalenkreuz-Windmesser messen die mittlere Windgeschwindigkeit v_m in einer bestimmten Zeit t. Es besteht die Beziehung $v_m = a + b\,n$, worin a und b Festwerte sind, die durch Versuche gefunden werden müssen; n ist die Zahl der Umdrehungen in der min. Werden z. B. 100 Umdrehungen in t Sekunden gemacht, so ist $n = 6000/t$, daher $v_m = a + b\,\frac{6000}{t}$. Da die Windstärke stets mehr oder weniger schnell wechselt, der Wind also stoßweise weht, und da die Nutzleistung N_n der Windmotoren verhältnisgleich dem Werte v^3 ist [S. 327, Gl. (245)], so gibt die mittlere Windgeschwindigkeit v_m zu kleine Werte N_n. Das erkennt man an folgendem (rein rechnerischen) Zahlenbeispiel: während 1 Stunde sei v je 15 min 2, 4, 6 und 8 m/s gewesen. Dann ergibt der Windmesser ein v_m von 5 m/s. Der wirkliche und der gemessene Winddruck verhalten sich daher wie $\frac{1}{4}(2^3 + 4^3 + 6^3 + 8^3) : 5^3 = 200 : 125$.

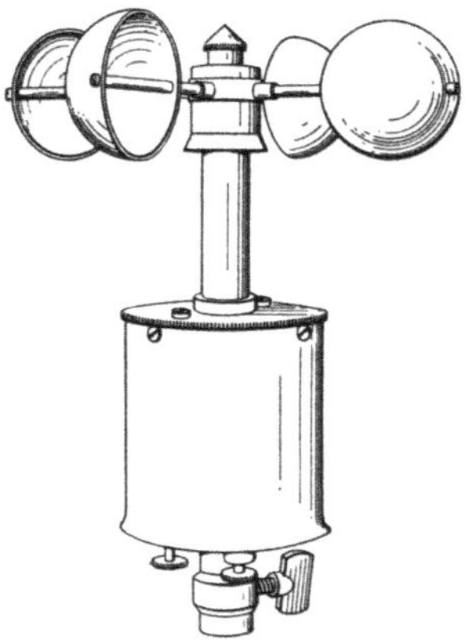

Abb. 101. Schalenkreuz-Windmesser.

2. Die Stärke der Winde.

Für den Antrieb von Windmotoren ist nur die Stärke des Windes, nicht aber seine Richtung von Bedeutung (S. 325). Zu beachten ist, daß die Windgeschwindigkeit mit der Höhe über dem Boden zunimmt. Hellmann fand in Nauen folgende mittlere Windgeschwindigkeiten (*89*):

Höhe	2	16	32 m
Oktober bis März	3,73	5,14	5,84 m/s
April bis September	2,93	4,24	4,97 m/s

Den geringsten Widerstand findet der Wind über Wasserflächen. Je unebener die Erdoberfläche ist, um so mehr wird die Windgeschwindigkeit gebremst.

So können Wälder die Windgeschwindigkeit stark herabsetzen. Durch die Bewegung der Bäume und ihrer Äste wird ein Teil der im Winde enthaltenen lebendigen Kraft verbraucht.

Über dem Lande hat man einen täglichen Kreislauf der Windgeschwindigkeit festgestellt. Nachts pflegt der Wind am schwächsten zu sein, er wird dann etwa von 7 bis 13 Uhr dauernd stärker, um nunmehr wieder abzufallen und etwa um 18 Uhr wieder unter das Tagesmittel zu sinken.

Zahlentafel 110.

Windgeschwindigkeit m/s	Januar	Februar	März	April	Mai	Juni	Juli	August	September	Oktober	November	Dezember	Jahr
0,0— 0,9	—	—	—	—	—	—	—	—	—	—	—	—	—
	1	—	—	—	—	—	—	—	—	—	—	1	2
1,0— 1,9	—	4	—	2	1	1	—	—	5	6	3	1	23
	10	7	4	1	2	—	—	1	8	9	10	8	60
2,0— 2,9	22	37	22	16	27	18	30	32	44	48	33	22	351
	47	56	30	26	27	51	54	50	61	76	50	37	565
3,0— 3,9	47	71	62	81	102	115	153	112	123	87	80	57	1090
	60	93	97	117	148	151	163	146	147	122	95	80	1419
4,0— 4,9	89	80	106	98	153	142	151	132	120	126	100	100	1397
	87	107	124	128	176	157	169	154	133	142	111	125	1613
5,0— 5,9	91	89	105	110	140	135	110	145	124	107	92	102	1350
	103	90	131	134	153	142	121	122	113	124	116	116	1465
6,0— 6,9	99	94	107	119	91	100	93	103	67	90	83	109	1155
	109	81	95	109	67	46	60	61	67	66	86	94	941
7,0— 7,9	72	64	75	82	51	49	49	58	60	71	80	87	798
	80	43	67	45	31	32	36	55	43	38	59	74	603
8,0— 8,9	77	52	55	54	33	31	20	23	43	46	57	62	553
	57	35	37	16	9	13	11	23	9	25	33	44	312
9,0— 9,9	56	31	50	17	16	7	9	13	8	18	40	35	300
	33	24	19	11	6	3	4	4	13	9	18	17	161
10,0—10,9	39	16	21	14	4	1	2	2	4	13	19	24	159
	14	14	10	6	1	3	1	2	3	6	16	11	87
11,0—11,9	16	15	11	5	2	1	2	—	—	4	3	9	68
	9	9	3	4	—	2	1	1	1	3	4	8	45
12,0—12,9	9	5	4	2	—	—	—	—	—	3	4	6	33
	9	6	2	1	—	—	—	—	2	—	2	5	27
13,0—13,9	3	5	1	—	—	—	—	—	1	1	5	2	18
	1	—	—	1	—	—	—	—	—	—	—	—	2
14,0—14,9	—	2	1	—	—	—	—	—	—	—	—	3	6
	—	—	—	1	—	—	—	—	—	—	—	—	1
15,0—15,9	—	—	—	—	—	—	—	—	1	—	1	1	3
	—	—	1	—	—	—	—	—	—	—	—	—	1

Die Küstengegenden der Nord- und Ostsee sind im allgemeinen windreicher als das Binnenland. Zahlentafel 110 gibt die Häufigkeit der Windgeschwindigkeiten nach Tagen in den 20 Jahren 1901 bis 1920 in Bremen (obere Zahlen) und Potsdam (untere Zahlen). Der Windmesser steht in Bremen 47 m und in Potsdam 41 m über dem Erdboden. Aus der letzten Spalte der Zahlentafel 110 erkennt man, daß in Potsdam die kleineren Windgeschwindigkeiten bis 6 m/s häufiger sind als in Bremen, umgekehrt in Bremen die größeren Geschwindigkeiten über 6 m/s häufiger als in Potsdam. In Zahlentafel 111 (S. 180) sind die Windgeschwindigkeiten im August 1918 in Bremen zusammengestellt. Die Zahlentafel zeigt, daß die Rechnung nach Tagen bei den mittleren Windgeschwindigkeiten (hier 4 bis 7 m/s) zu große, im übrigen zu kleine Häufigkeitszahlen ergibt. Das bedeutet in diesem Beispiel im Bereich der Windgeschwindigkeiten 3 bis 8 m/s, die bei Schöpfwerken ausnutzbar sind, daß die Berechnung der

Windkraft aus den Tageshäufigkeiten um etwa 15% zu große Werte ergibt gegenüber einer gleichen Berechnung aus den Stundenhäufigkeiten.

Zahlentafel 111.

Windgeschwindigkeit m/s	Häufigkeit nach Tagen	Häufigkeit nach h	Windgeschwindigkeit m/s	Häufigkeit nach Tagen	Häufigkeit nach h
0,0—0,9	0 = 0 h	4	7,0— 7,9	1 = 24 h	56
1,0—1,9	0 = 0 h	22	8,0— 8,9	1 = 24 h	26
2,0—2,9	3 = 72 h	111	9,0— 9,9	0 = 0 h	7
3,0—3,9	5 = 120 h	130	10,0—10,9	0 = 0 h	10
4,0—4,9	8 = 192 h	162	11,0—11,9	0 = 0 h	7
5,0—5,9	7 = 168 h	113	12,0—12,9	0 = 0 h	2
6,0—6,9	6 = 144 h	92	13,0—13,9	0 = 0 h	2

III. Bäche, Gräben und Entwässerungskanäle.

Wenn auch das Ziel aller kulturtechnischen Entwässerungsmaßnahmen zunächst darin besteht, die Kulturpflanzen vor einem Zuviel an Wasser zu schützen, so ist das Gesamtziel doch stets die Beherrschung des Wassers. Denn da die Wasseransprüche der Kulturpflanzenarten durchaus verschieden sind, da sie bei der einzelnen Art jahreszeitlich wechseln und da schließlich auch nasse und trockene Zeiten aufeinander folgen, so muß von jeder sachgemäßen Entwässerungsanlage unbedingt verlangt werden, daß der jeweilige Grad der Entwässerung diesen wechselnden Verhältnissen angepaßt werden kann.

A. Die schädliche Bodennässe.

1. Entstehung und Umfang der schädlichen Bodennässe.

Unter der schädlichen Bodennässe versteht man einen für das beste Wachstum der Nutzpflanzen zu hohen Wassergehalt des Bodens. Man vergleiche hierzu auch die Ausführungen im Teil I. Für die Bodenverbesserung empfiehlt es sich, fünf verschiedene Ursachen für die Entstehung der schädlichen Bodennässe zu unterscheiden:

1. Mangelnde Vorflut. Unter Vorflut im kulturtechnischen Sinne versteht man die Möglichkeit, den Grundwasserstand einer Fläche auf der für die Kulturpflanzen günstigsten Höhe zu halten. Das ist nur dann möglich, wenn der Wasserstand des Vorfluters so tief liegt, daß das Grundwasser ihm in der erforderlichen Tiefe zufließen kann. Mit steigendem Wasserspiegel des Vorfluters wird die Vorflut schlechter. Ein ständig hoher Wasserstand des Vorfluters kann einen so hohen Grundwasserstand zur Folge haben, daß die ganze Fläche versumpft. Man sagt dann, die Fläche habe keine ausreichende Vorflut. Eine Vertiefung des Vorfluters führt in solchen Fällen häufig zum Ziel.

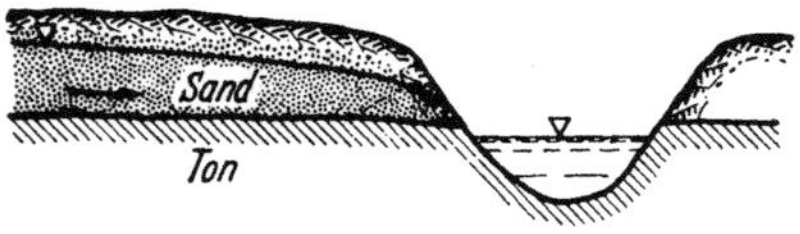

Abb. 102. Grundwasser auf einer Tonschicht.

2. Schwer durchlässiger Untergrund. Auch trotz guter Vorflut zeigen solche Flächen oft einen zu hohen Grundwasserstand und daher schädliche Bodennässe. Die Niederschläge durchsickern die obere durchlässige Bodenschicht und sammeln sich auf dem schwer durchlässigen Untergrund, z. B. einer Tonschicht, an. Hier bildet sich also Grundwasser, das erst dann zum Vorfluter abfließt, wenn es so gestiegen ist, daß das für den Abfluß erforderliche Gefälle vorhanden ist (Abb. 102). Die Grundwasseroberfläche kann sich dabei so hoch einstellen, daß schädliche Bodennässe entsteht.

3. Schwerer Boden mit großem Wasserhaltevermögen. Derartige Böden können das Wasser so festhalten, daß sie ohne eine Veränderung ihres Gefüges oder ihres Basenhaushaltes (S. 22) überhaupt nicht hinreichend zu entwässern sind, auch wenn das Grundwasser sehr tief liegt. Häufig hilft dann eine Dränung.

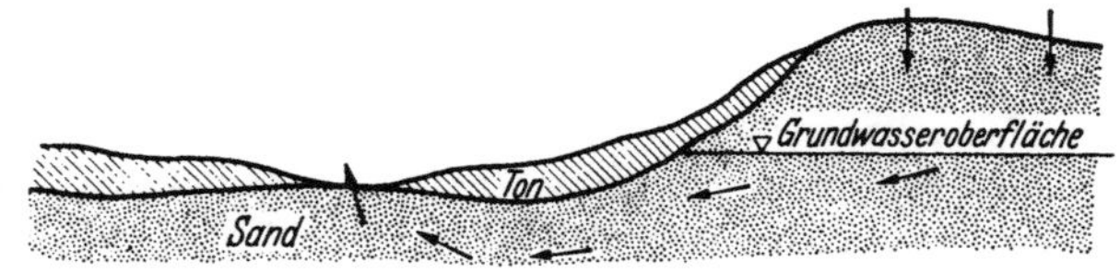

Abb. 103. Gespanntes Grundwasser.

4. Stellenweiser und oft nur zeitweiser Andrang von Fremdwasser. Man nennt Fremdwasser dasjenige Wasser, das seine Entstehung nicht den Niederschlägen auf der zu entwässernden Fläche verdankt. Es tritt oft in der Form von Quellen auf oder als sog. Druckwasser (Schweißwasser), besonders in hängigem Gelände (Abb. 44). Eine andere Form des Fremdwassers ist das gespannte Grundwasser, das unter Druck stehend von unten an solchen Stellen an die Oberfläche tritt, an denen besonders durchlässige Bodenschichten den Durchtritt am leichtesten gestatten (Abb. 103). Schließlich ist noch das Qualmwasser (*q*) und das Kuverwasser (*k*) zu nennen, das in der Nähe oberirdischer Gewässer von diesen verursacht wird (Abb. 104). Es ist eine besondere Art des Druckwassers. Man faßt das Qualm- und Kuverwasser auch mit der Bezeichnung Drängewasser zusammen (S. 343).

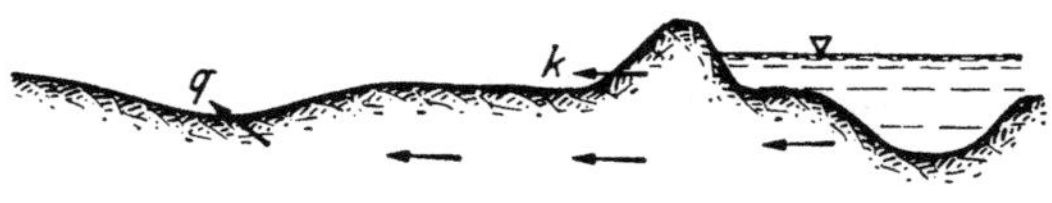

Abb. 104. Qualm- und Kuverwasser.

5. Überschwemmungen. Sie brauchen nicht in allen Fällen schädliche Bodennässe zu verursachen. Treten sie aber häufig und auf längere Zeit ein, so wird den überschwemmten Flächen ein solches Übermaß an Wasser zugeführt, daß der dem Landwirt nützliche Pflanzenbestand geschädigt wird.

Auch mehrere der vorstehend genannten Ursachen können zusammenwirken.

Die Flächen mit schädlicher Bodennässe sind recht erheblich. Nach einer Feststellung des Deutschen Landwirtschaftsrates wurden im Jahre 1928 die Flächen der Zahlentafel 112 als entwässerungsbedürftig ermittelt (*247, 8*). Von der Erhebung wurden etwa 26,9 Millionen ha landwirtschaftlicher Nutzflächen betroffen. Die Moore sind zum weitaus größten Teil in der Übersicht nicht enthalten (S. 456). Wenn auch ein derartiger Zahlennachweis mit manchen Fehlerquellen behaftet ist,

Zahlentafel 112.

Gebiet	Landwirtschaftliche Nutzfläche	Davon entwässerungsbedürftig	
	ha	ha	%
Bayern	4550709	2184000	48
Lippe-Detmold	83349	34000	41
Pommern	2105822	800000	38
Niederschlesien	1708271	625000	37
Hannover	2125303	731239	34
Oldenburg	292241	93647	32
Provinz Sachsen	1768497	570000	32
Brandenburg	2252103	650000	29
Schleswig-Holstein	1157933	320000	28
Mecklenburg-Schwerin	926818	250000	27
Württemberg	1213172	300000	25
Landesteil Lübeck	44500	10000	23
Ostpreußen	2682887	525000	20
Bremen	19877	4000	20
Freistaat Sachsen	1024748	200000	19
Reg.-Bezirk Kassel	553122	95000	17
Sigmaringen	68448	11781	17
Westfalen	1214968	150000	12
Rheinprovinz	1414893	150000	11
Baden	816250	80000	10
Grenzmark Posen-Westpreußen	461132	32000	7
Anhalt	156745	9000	6
Braunschweig	227576	6100	2,7
Hansestadt Lübeck	20218	150	0,7
Zusammen	26889582	7830917	29

so bestätigt er doch die allgemeine Erfahrung, daß noch sehr erhebliche Flächen durch Wasserläufe und Dränungen entwässert werden müssen, um ihnen volle Erträge abgewinnen zu können.

2. Anzeichen für schädliche Nässe.

Man kann das Vorhandensein schädlicher Bodennässe an mancherlei Anzeichen feststellen. Da ein zu hoher Grundwasserstand stets schädliche Nässe zur Folge hat, ist es von Bedeutung, die Lage der Grundwasseroberfläche zu ermitteln. In Bodenlöchern und Mulden tritt der Grundwasserspiegel gelegentlich zutage. Auch Schürflöcher können Aufschluß über ihn verschaffen (S. 270). Ein deutliches Kennzeichen der Nässe bieten ferner ausgesprochen nasse und versumpfte Stellen.

Nicht immer aber ist eine zu große Bodennässe so deutlich zu erkennen. Nur der Geübtere wird auch in weniger deutlichen Fällen Merkmale finden, die ihm über die Wasserverhältnisse des Bodens Aufschluß geben. Da ist es besonders die Pflanzengesellschaft, die stark vom Wassergehalt des Bodens beeinflußt wird. Zahlreiche Feuchtigkeit liebende Pflanzen sind auf S. 84ff. zusammengestellt. Der schlechte Stand der Feldfrüchte ist häufig auf mangelnde Entwässerung zurückzuführen. Die landwirtschaftlichen Nutzpflanzen pflegen auf nassen Böden zu kümmern, sie zeigen oft eine helle, gelblichgrüne Färbung. Das Weidevieh bevorzugt die auf nicht zu nassen Flächen gewachsenen Pflanzen. Auf nassen und daher kalten Stellen bleibt der Schnee länger liegen, die Pflanzen wintern leichter aus, das Getreide reift später. Im Frühjahr erkennt man nasse Stellen leicht an der dunkleren Bodenfarbe, wenn die trockenere Nachbarschaft bereits eine hellere Färbung angenommen hat. Da nasse Böden eine starke Verdunstung aufweisen, sind sie kälter als trockene und neigen daher zur Nebelbildung.

Je mehr der genannten Anzeichen gleichzeitig festgestellt werden, um so eher kann man naturgemäß auf das Vorhandensein schädlicher Nässe im Boden schließen.

3. Die Nachteile zu großer Bodennässe.

Die Nachteile einer übermäßigen Bodennässe zeigen sich namentlich im Zustand des Bodens. Nasser Boden ist infolge der sich ständig bildenden Verdunstungskälte kalt. Die warme Luft und der warme Regen können in die mit Wasser gefüllten Hohlräume des Bodens nicht eindringen und daher den Boden nicht erwärmen. Wegen der hohen Artwärme und Wärmeleitfähigkeit des Wassers (S. 24) vermögen auch die Sonnenstrahlen den nassen Boden nur langsam zu erwärmen. Es fehlt die, wenn auch nicht erhebliche Wärmeentwicklung, die in entwässerten Böden durch die Tätigkeit der Kleinlebewesen und durch die Wirkung des Sauerstoffes entsteht. Nasse und kalte Böden werden im Frühjahr später frostfrei, so daß die Frühjahrsbestellung sich verzögert. Das ist besonders nachteilig in Gegenden, in denen ohnehin der Winter lange anhält. Nasse Böden verkürzen also die Wachstumszeit der Nutzpflanzen. Sie frieren stärker auf als entwässerte und bewirken somit größere Schäden durch das Abreißen der Pflanzenwurzeln als diese.

Ein weiterer Nachteil der nassen schweren Böden ist ihr Einzelkorngefüge. Bei oberflächlichem Abtrocknen werden sie sehr hart, es bilden sich große Schollen, in nassem Zustande schlämmen sie fest zusammen. Es ist eine bekannte Erscheinung, daß Tonboden unter dem Einflusse der Austrocknung von Rissen durchfurcht wird, die bei eintretendem Regen wieder verschwinden (S. 17). Die Entwässerung bewirkt in Verbindung mit der Tätigkeit der Kleinlebewesen eine Umwandlung des Einzelkorngefüges in das wertvolle Krümelgefüge. Da viele der Zwischenräume zwischen den Krümeln zu groß sind, um

Haftwasser halten zu können, wird dadurch auch das Wasserhaltevermögen verringert. Bei kolloidfreien Sandböden kann man natürlich diese Wirkung der Entwässerung nicht erwarten.

In der mangelhaften Durchlüftung liegt einer der schwersten Nachteile des nassen Bodens. Die Luft im Boden ist für das Atmen der Pflanzenwurzeln unentbehrlich. Sie fördert die Umformung der im Boden vorhandenen schwer löslichen Nährstoffe in eine für die Pflanzen leicht aufnahmefähige Form und schafft die Voraussetzung für eine ausreichende Tätigkeit der Kleinlebewesen (S. 35). Damit sind wir bei den chemischen und Lebensvorgängen im Boden angelangt, die in nassen Böden völlig unzureichend sind. Die Regenwürmer dringen in nasse Böden nicht tief ein, können also ihre nützliche Tätigkeit nur in den oberen Schichten des Bodens ausüben. Da die Pflanzenwurzeln nur bis zum Saugsaum des Grundwassers vordringen, steht ihnen bei hohem Grundwasserstand nur ein beschränkter Bodenraum zur Entnahme von Nährstoffen zur Verfügung.

Bisweilen überstehen die Nutzpflanzen auf einem Boden, der im allgemeinen zu naß ist, bei zeitweiliger Dürre Wassermangel schlechter als auf einem angemessen entwässerten, und zwar dann, wenn das Grundwasser so schnell sinkt, daß die Pflanzenwurzeln nicht schnell genug folgen können, oder wenn bei tiefem Grundwasserstand das verfügbare Bodenwasser infolge der Gewöhnung der Pflanzen an starken Wasserverbrauch schnell verbraucht wird. Feuchte Grünlandniederungen liefern freilich in Trockenzeiten stets mehr Futter als höher gelegene Wiesen und Weiden, da sie niemals Mangel an Grundwasser haben.

Die schädlichen Folgen der übermäßigen Bodennässe für das Wachstum unserer Nutzpflanzen sind recht erheblich. Die feuchtigkeitsliebenden Unkräuter gewinnen die Oberhand und unterdrücken die Nutzpflanzen im Kampf ums Dasein. Diese fangen an zu kümmern und verlieren dadurch ihre Widerstandskraft gegen pflanzliche und tierische Schädlinge aller Art. Umgekehrt wird auf entwässerten Böden die Unkrautbekämpfung wesentlich vereinfacht, weil viele Unkräuter wasserliebend sind und durch die Entwässerung schon an sich geschwächt werden. Auch auf den Gesundheitszustand der Weidetiere wirkt die übermäßige Bodennässe schädlich, da sie das Wachstum giftiger Unkräuter (Sumpfschachtelhalm, Herbstzeitlose u. a.) und das Leben tierischer Schädlinge (Leberegel) begünstigt. Manche Beobachtungen sprechen dafür, daß trocknere Flächen auch ein bekömmlicheres Futter liefern als feuchte.

Schließlich ist noch zu berücksichtigen, daß sich die Ackerbearbeitung bei mäßigem Feuchtigkeitsgehalt des Bodens leichter gestaltet als bei ausgesprochener Nässe. Das gilt besonders für schwere Böden.

Nach allem kann man die Wirkung der Entwässerung dahin zusammenfassen, daß durch sie die Bestellung erleichtert und die Ernte nicht nur gesichert, sondern auch nach Menge und Güte vermehrt wird.

Überschwemmungen können schädlich und nützlich wirken. Entscheidend für die Wirkung sind ihre Dauer, die Zeit, in der die Überschwemmung stattfindet, die Pflanzen- und Bodenart sowie die Beschaffenheit des Wassers. Sofern das Eintreten einer Überschwemmung Sache des Zufalls ist, pflegen die schädlichen Wirkungen zu überwiegen. Schädlich sind stets die bisweilen durch Überschwemmungen bewirkten Sandablagerungen, nützlich die düngende Wirkung nährstoffreichen Wassers und die Vernichtung des Ungeziefers. Auf Äckern und in Gärten ist fast jede Überschwemmung während der Wachstumszeit äußerst schädlich. Nur kurze Überflutungen von geringer Höhe können auch hier einmal eine nützliche Anfeuchtung bringen, wenn der Boden nicht zu schwer ist. Schwerer Ackerboden verschlämmt sehr leicht, so daß sein Krümelgefüge verlorengeht. In der Wachstumsruhe kann auch eine stärkere Überschwemmung mit nährstoffreichem Wasser auf sandigen Äckern vorteilhaft sein. Das Grünland verträgt Überflutungen zwar besser als der Acker, jedoch können sie auch hier sehr zur Unzeit eintreten, z. B. während der Heuernte. Ungünstig kann auch die Schlammablagerung auf den Gräsern werden. Das Moorgrünland ist gegen längere Überschwemmungen besonders empfindlich. Aber auch mineralische Wiesen und Weiden dürfen in der Wachstumszeit nur kurze Zeit unter Wasser stehen. Denn der völlige Luftabschluß unserer guten Gräser kann zur Erstickung führen (S. 79). Am wenigsten schädlich für das Grünland sind noch die winterlichen Überflutungen, namentlich dann, wenn es sich um Naturwiesen handelt mit einem den häufigen Überflutungen angepaßten Pflanzenbestand (Phálaris, Glycéria). Vgl. auch S. 388.

Die durch hohen Grundwasserstand bewirkte schädliche Bodennässe ist am gefährlichsten, wenn das Grundwasser sich nicht in Bewegung befindet. Man spricht in solchen Fällen von stauender Nässe. Bewegtes Grundwasser wirkt deshalb nicht so schädlich wie stauendes, weil es sauerstoffreicher ist als dieses.

B. Die Ziele der Entwässerung.

1. Die Senkung des Grundwasserstandes.

Ein häufiges Ziel der Entwässerung ist die Senkung eines zu hohen Grundwasserstandes. Dabei taucht zunächst die Frage auf, welches denn im Einzelfall der günstigste Grundwasserstand ist. Wir sahen bereits (S. 72), daß diese Frage ganz von den jeweiligen örtlichen Verhältnissen abhängt. Erschwerend ist, daß viele Flächen keineswegs eine gleichmäßige Bodenbeschaffenheit oder gleiche Höhenlage aufweisen, daß vielmehr leichtere und schwerere Bodenarten, tiefere und höhere Flächenteile dauernd auf ihnen wechseln. Daher kann man die Zahlen der Zahlentafel 44 nur als grobe Mittelwerte ansehen und darf man ihre Bedeutung auch nicht überschätzen, zumal nasse und trockene Jahre miteinander wechseln. Eine reichlich starke Entwässerung ist vorteilhaft in nassen Jahren, eine schwache in trockenen. Fehler in der Tiefe eines Entwässerungsgrabens sind um so unschädlicher, je stärker das Gelände zu beiden Seiten des Grabens ansteigt, während in flachen Niederungen der Grundwasserstand auf größere Entfernungen durch die Tiefe der Gräben beeinflußt wird. Auch jahreszeitlich sind die Anforderungen an die Tiefe des Grundwasserstandes verschieden. Während der Wachstumsruhe ist ein tiefer Grundwasserstand vorteilhaft, damit Luft und Frost den Boden mürbe machen und die Pflanzennährstoffe aufgeschlossen werden. Im Sommer dagegen ist namentlich auf Grünland häufig ein höherer Grundwasserstand erwünscht, damit der starke Wasserbedarf der Pflanzen gedeckt wird.

Die Grundwasseroberfläche in einer durch Gräben entwässerten Niederung kann verschiedene Formen annehmen. Wenn die Pflanzen in der Wachstumsruhe kein Wasser verbrauchen, gelangen die in der Niederung fallenden Niederschläge zu einem großen Teil als Sickerwasser in das Grundwasser, das nun seinerseits in die Gräben abzufließen sucht. Dabei muß die Grundwasseroberfläche ein um so größeres Gefälle bekommen, je schwerer durchlässig der Boden ist (S. 18). Wenn dagegen der Wasserverbrauch der Pflanzen im Sommer sehr groß ist, tritt namentlich auf flachen Wiesen mit ihrem hohen Wasserbedarf häufig der Fall ein, daß die Niederschläge zur Deckung dieses Bedarfes nicht einmal ausreichen, daß die Pflanzenwurzeln daher auch dem Grundwasser noch Wasser entziehen und daß infolgedessen nach einer Trockenzeit die Grundwasseroberfläche zwischen den Entwässerungsgräben tiefer liegt als der Wasserspiegel der Gräben. Erst nach starken Niederschlägen tritt wieder eine Hebung des Grundwassers und ein Abfluß in die Gräben ein.

Die vorstehenden Betrachtungen zeigen, daß der bestmögliche Grundwasserstand auf allen Stellen einer größeren Fläche und zu jeder Zeit nicht zu erreichen ist. Man pflegt daher den mittleren Wasserstand der Wasserläufe etwas tiefer anzuordnen, als die Tiefenzahlen der Zahlentafel 44 angeben. Entscheidend muß immer der Gesichtspunkt sein, daß eine ausreichende Tiefe der Gräben und des Grundwassers im Winter zur Durchlüftung des Bodens und im Frühjahr zur schnellen Beseitigung einer übermäßigen Winterfeuchtigkeit (Schneeschmelze) erforderlich ist. Einer zu starken Senkung des Grundwassers im Sommer muß dann nötigenfalls durch den Einbau von Stauen in die Gräben entgegengewirkt werden (S. 188).

Gelegentlich kommt es auch vor, daß man die Senkung eines zu hohen Grundwasserstandes durch Aufhöhung des Geländes umgeht. So wird bei Flußregelungen häufig der gewonnene Baggerboden auf niedrigen Flächen aufgespült. Das Verfahren hat zwar den Vorteil, daß ein günstiger Grundwasserstand in einfacher Weise erreicht wird, dagegen den Nachteil, daß der tote Baggerboden meistens erst nach vielen Jahren die nötige Bodengare gewinnt. Ein anderes Verfahren, die sog. Auflandung (Kolmation, colmáre = überfließen), besteht darin, daß man das tiefliegende versumpfte Land durch Bewässerung mit sinkstoffreichem Wasser allmählich aufhöht. Diese Aufhöhung geht nur sehr langsam vor sich, vermeidet aber den Nachteil der mangelnden Bodengare, da die sich jeweils absetzenden dünnen Schlickschichten infolge der Witterungseinflüsse schnell aufgeschlossen werden. In südlichen Ländern spielt auch die Trockenlegung durch Anpflanzen stark Wasser verbrauchender Pflanzen eine Rolle. Als solche kommen in Betracht die Eukalyptus-Arten und die Sonnenblume (Heliánthus ánnuus).

Die Vor- und Nachteile der offenen Gräben im Vergleich zu den Dränungen sind auf S. 251 eingehend behandelt.

Durch die Senkung des Grundwasserstandes wird der Pflanzenbestand des Grünlandes in der Regel erheblich verändert. Die feuchtigkeitsliebenden Pflanzen fangen an zu kümmern oder verschwinden ganz, und es dauert dann oft viele Jahre, bis sich ein den neuen Wasserverhältnissen angepaßter Bestand von selbst entwickelt, falls dies überhaupt in absehbarer Zeit geschieht. Man muß daher stets prüfen, ob nicht landwirtschaftliche Folgeeinrichtungen (Umbruch, Düngung, Ansaat) erwünscht oder notwendig sind. Dabei sind die jeweiligen betriebswirtschaftlichen Verhältnisse der beteiligten landwirtschaftlichen Betriebe weitestgehend zu beachten und ist danach das Zeitmaß des Vorgehens abzustimmen. Nicht nur ein zu langsames, sondern auch ein zu schnelles Vorgehen kann falsch sein. Verzögert man die Folgeeinrichtungen, so steht dem Kapitaldienst der wassertechnischen Anlagen kein ausreichender Mehrertrag gegenüber, führt man sie jedoch zu schnell durch, so kann die erforderliche Umstellung des ganzen Betriebes damit nicht Schritt halten. Die Kosten der landwirtschaftlichen Folgeeinrichtungen sind von Anfang an mitzuveranschlagen, ihre Durchführung sollte stets von dem Wasser- und Bodenverband, der auch die wasserbaulichen Arbeiten ausführt, geregelt werden. Vgl. im übrigen die grundsätzlichen Ausführungen auf S. 83.

2. Die Beseitigung von Überschwemmungen.

Während ein zu hoher Grundwasserstand dauernd schädlich für das Wachstum der Nutzpflanzen ist, werden durch Überschwemmungen vorübergehende Schäden hervorgerufen (S. 183). Grundsätzlich sind in dieser Hinsicht Acker und Grünland verschieden zu behandeln. An sich ist es zwar wünschenswert, auf Ackerländereien die Wasserläufe so auszubauen, daß auch die größten Hochwasser schadlos abgeführt werden. Das ist jedoch bei den kleinen Wasserläufen (Bächen und Gräben) häufig nicht zu erreichen, da man nicht alle kleinen Wasserzüge, die ein Gebiet entwässern, eindeichen kann, und da die bordvolle Abführung des höchsten Hochwassers häufig so große Abmessungen der Wasserläufe bedingen würde, daß man schon wegen der hohen Kosten davon absehen muß. Diese großen Abmessungen könnten außerdem zur Folge haben, daß entweder die mittleren und niedrigen Wasserstände zu tief in den Gräben liegen und eine zu starke Absenkung des Grundwassers bewirken würden, oder daß die Gräben übermäßig breit angelegt werden müßten. Dort, wo Deiche nicht zweckmäßig sind, verzichtet man daher in der Regel auf die bordvolle Abführung des höchsten Hochwassers (*HHW*) und begnügt sich im Flachlande damit, die Ausuferung eines mittleren Winterhochwassers (*WiMHW*) zu verhindern.

Das Grünland ist weniger empfindlich gegen Überschwemmungen als Acker- und Gartenland. Man pflegt daher das Grünland nur soweit gegen Überschwemmungen zu schützen, daß die mittleren Sommerhochwasser (*SoMHW*) nicht ausufern.

Besondere Vorsicht ist überall dort erforderlich, wo Ansiedlungen vor Überschwemmungen geschützt werden müssen. Dann ist stets die bordvolle Abführung des höchsten Hochwassers (*HHW*) oder ein völliger Deichschutz erforderlich.

Unsere Waldbäume besitzen gegen Überschwemmungen eine sehr verschiedene Widerstandsfähigkeit (S. 79).

Bei größeren Wasserläufen ist es häufig ratsam, Untersuchungen darüber anzustellen, wie oft in Zukunft noch Überschwemmungen zu erwarten sind, wenn kein völliger Hochwasserschutz in Frage kommt (S. 223). Bei Bächen und Gräben fehlt es jedoch in der Regel an ausreichenden Beobachtungen, um die Untersuchungen durchführen zu können.

Mit dem Steigen des Wassers im Graben steigt in der Regel auch das benachbarte Grundwasser. Ein auf kurze Zeit erhöhter Grundwasserstand ist jedoch sowohl im Acker- als auch im Grünland unschädlich. Die Hochwasser der kleinen Wasserläufe dauern, wenn ausreichende Vorflut vorhanden ist, nicht sehr lange. Man kann daher unbedenklich den Hochwasserscheitel bis etwas unter Gelände steigen lassen, d. h. das Hochwasser bordvoll abführen, und braucht nicht zu verlangen, daß der Spiegel des Hochwassers noch ein bestimmtes größeres Maß (z. B. 50 cm) unter Gelände bleibt.

Die Beseitigung von Überschwemmungen kann auch Nachteile für den Pflanzenbestand mit sich bringen (S. 366).

C. Die Wasserläufe.

1. Allgemeines.

Die im vorausgehenden Abschnitt erläuterten Ziele der Entwässerung, nämlich die Senkung des Grundwasserstandes und die Beseitigung von Überschwemmungen, lassen sich nur dann erreichen, wenn der das Gebiet entwässernde Hauptvorfluter eine ausreichende Vorflut für die kleinen Wasserläufe (Bäche und Gräben) bietet, die die Binnenentwässerung vermitteln. Die Begriffe der Hauptvorfluter und der Binnenentwässerung sind bedingt zu verstehen. So kann z. B. ein Bach in einem großen Entwässerungsgebiet ein Teil der Binnenentwässerung sein und ein anderer von gleicher Größe in einem kleinen Gebiet bereits als Hauptvorfluter angesehen werden. Für die Größe der erforderlichen Hauptvorflut gelten sinngemäß die Ausführungen auf S. 180.

Es kommt ausnahmsweise auch wohl vor, daß man genötigt ist, in eine abflußlose Mulde mit Tümpel zu entwässern. Solche Fälle sind mit der größten Vorsicht zu behandeln. Falls nicht sichere Angaben über den Wasserstand im Tümpel und über dessen Schwankungen vorliegen, fehlt jede Unterlage zur Beurteilung, ob diese Vorflut ausreichen wird oder nicht. Aber selbst, wenn die Vorflut in dem Tümpel unter den gegenwärtigen Verhältnissen ausreichen sollte, ist sie für die Zukunft noch unsicher. Denn die drei maßgebenden Größen, der Zufluß aus der neuen Entwässerungsanlage, die Verdunstung und die Versickerung aus dem Tümpel, lassen sich nur ganz roh überschlagen, so daß leicht Fehlgriffe vorkommen. Insbesondere ist die Versickerung häufig nur ganz geringfügig.

Unter der Voraussetzung, daß die Hauptvorflut ausreicht, besteht nun die Aufgabe der Entwässerung darin, für alle Teilflächen des zu entwässernden Gebietes die Vorflut zu schaffen. Es leuchtet ein, daß man die größeren Wasserläufe an den tiefsten Geländestellen, z. B. in Mulden, anzuordnen hat, damit ihnen das oberirdische Wasser möglichst leicht zufließen kann und die Gräben ohne Schwierigkeit mit Gefälle in sie einzuleiten sind. Wenn die schädliche Bodennässe ganz oder zum Teil durch Fremdwasser verursacht wird, sei es, daß dieses ober- oder unterirdisch zufließt, so ist es häufig zweckmäßig, Randgräben (Fanggräben) am Rande des Entwässerungsgebietes herzustellen, um das Fremdwasser bereits vor seinem Eintreten in das Gebiet abzufangen. Zum Beispiel finden Randgräben mit Vorteil Anwendung, wenn Grundstücke, die am Fuße eines viel Grundwasser führenden Hanges liegen, entwässert werden sollen. Quer zum Flusse gerichtete Gräben wären meistens wirkungslos, weil das Grundwasser zwischen ihnen seinen Weg zum Flusse fortsetzen würde. Es ist daher ratsam, längs dem Fuße des Hanges einen Fanggraben anzulegen und durch diesen das Grundwasser, auch das von den Hängen herabkommende Tageswasser von den Wiesen abzuhalten und den Fanggraben an einer geeigneten Stelle in den Fluß einzuleiten, ihn unter Umständen auch noch durch Stichgräben nach dem Fluß hin zu entlasten. Der Fanggraben muß so tief sein, daß er den Grundwasserstrom ausreichend abfängt. Tiefe Grundwasserströme können durch Fanggräben erfahrungsgemäß nur unvollständig abgefangen werden. Man baut dann besser Fangdräne (S. 281).

Im Falle der Abb. 105 werde die Niederung N von dem Hauptflusse a berührt und von dem Bach b durchflossen. Die Niederung wird durch b häufig überschwemmt, und der hohe Wasserstand in a gewährt nicht genügende Vorflut für große Abflußmengen, die ein erhebliches Gefälle in b verlangen. Zur Entlastung von b werden nun die beiden Randgräben r_1 und r_2 angelegt und bei I und II in a eingeleitet. Die Randgräben nehmen das ihnen von den Höhen zufließende Fremdwasser auf, r_2 außerdem noch Wasser aus dem Oberlauf des Baches b. Man muß bei der Anlage von Randgräben beachten, ob die Herstellung eines Randgrabens unbedingt erforderlich ist, weil man anders die durch Fremdwasser bewirkte schädliche Bodennässe überhaupt nicht beseitigen kann, oder ob es lediglich eine Kostenfrage ist, wie die Entwässerung am billigsten zu erreichen ist. In Abb. 105 können z. B. die Verhältnisse so liegen, daß r_2 ein wesentlich stärkeres Gefälle und daher viel kleinere Abmessungen als b erhalten kann, so daß der Bau des Randgrabens r_2 und die durch ihn bewirkte Entlastung von b billiger wird als ein entsprechend stärkerer Ausbau des Baches b. Im Einzelfall müssen stets vergleichende Kostenberechnungen über die billigste Lösung aufgestellt werden. Bisweilen lassen sich vorhandene Wasserläufe als Randgräben verwenden, wodurch an Kosten gespart wird. Die Fernhaltung von Fremdwasser gewinnt an Bedeutung, wenn eine Niederung durch künstliche Vorflut entwässert werden muß (S. 304).

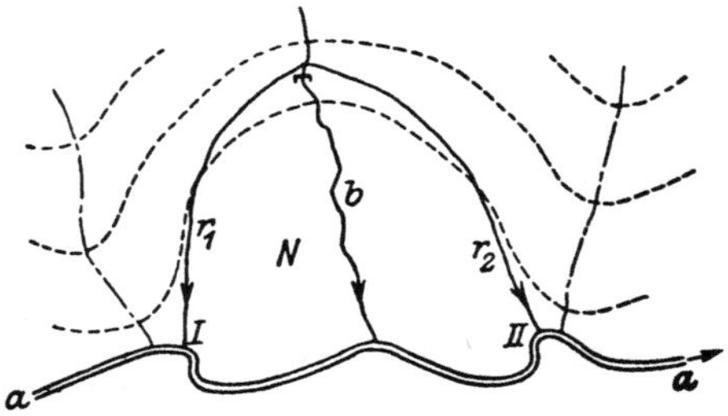

Abb. 105. Randgräben. (Nach Krüger.)

Wichtig ist bei der Entwässerung flachen Geländes die Frage, ob und in welchem Umfange Staue in die Gräben einzubauen sind (S. 381). Der Zweck der Staue besteht darin, das Wasser in trockener Zeit anzustauen, um eine zu schnelle Entwässerung der Flächen zu verhindern. Infolge des Stauens dringt auch Wasser aus den Gräben nach beiden Seiten ins Grundwasser, und zwar um so mehr, je durchlässiger der Boden ist. Man darf aber diese Speisung des Grundwassers aus den angestauten Gräben nicht überschätzen. In schwerdurchlässigen Böden ist sie sehr gering. Andererseits können Verhältnisse vorliegen, bei denen sie Bedeutung gewinnt. Wenn z. B. schwerer Boden auf einem grobsandigen, also leicht durchlässigen Untergrund liegt und die Grundwasseroberfläche unter die untere Grenze des schweren Bodens absinkt, wird der Wasseraufstieg unterbunden und infolgedessen trocknet die obere Bodenschicht bei fehlenden Niederschlägen stark aus. In solchen besonderen Fällen kommt der Speisung des Grundwassers aus den Wasserläufen erhöhte Bedeutung zu, um so mehr, als das Grundwasser in dem leicht durchlässigen Untergrund vom Graben aus unter Druck gesetzt wird, wenn dieser den Untergrund anschneidet. Ein Erfolg wird meistens nur dann eintreten, wenn die Wasserläufe auch in trockener Zeit Wasser führen, was leider häufig nicht der Fall ist. Sonst muß man versuchen, vorausschauend durch ein frühzeitiges Schließen der Staue die Austrocknung zum mindesten zu verzögern. Wenn dann nach einiger Zeit wieder Regen fällt, kann unter Umständen durch die Verzögerung des Abflusses ein für die Pflanzen gefährlich werdender Wassermangel gerade noch verhindert werden. Gehört das gesamte Niederschlagsgebiet des Grabens zu der Entwässerungsfläche, deren Grundwasserstand hoch gehalten werden soll, so ist in Grünlandniederungen die Wirkung des Stauens allerdings außerordentlich gering. Das ergibt sich aus folgender Betrachtung: wenn der gesamte Abfluß in trockener Zeit, z. B. 3 l/s km², durch Staue zurückgehalten würde, was ja in Wirklichkeit nicht einmal der Fall ist, so würde das einen Gewinn von täglich nur 0,26 mm Wasserhöhe bedeuten, während der mittlere tägliche Verdunstungsverlust des Sommers in Niederungen zu mindestens 2 mm angenommen werden kann (S. 108). Bei leicht durchlässigem Boden wird die Wirkung der Staue noch dadurch beeinträchtigt, daß das Wasser bestrebt ist, auf kürzestem Wege in Gestalt eines Grundwasserstromes die Stauschleuse zu umfließen und nach dem Unterwasser abzusickern. Um dies zu erschweren, kann man im Anschluß an die Stauschleuse undurchlässige, unterirdische Stauwände (Spundwände, Gräben mit Tonfüllung) anlegen, die sich senkrecht zum Wasserlauf in das Gelände erstrecken.

Wegen der Berechnung der Grabenquerschnitte und der zu wählenden Abflußspenden wird auf die S. 134 und 167 verwiesen. Bei der Querschnittsbemessung der kleinen Wasserläufe ist stets zu prüfen, ob mit starkem Krautwuchs zu rechnen ist. Da nur in größeren Zeitabständen gekrautet wird, läßt sich eine zeitweise mehr oder weniger starke Verkrautung häufig nicht verhindern, worauf bei der Wahl des Rauhigkeitsbeiwertes n der Gl. (141) oder der Beiwerte anderer Formeln zu achten ist.

Am einfachsten wird die Berechnung dann, wenn die Grundwasseroberfläche unter der künftigen Grabensohle liegt, da in diesem Falle die Lage des MW im Graben ohne Bedeutung ist (wenn es sich nicht um die Dränung schwerer Böden handelt). Dann hat also der Graben nur die Aufgabe, das HW schadlos abzuführen. Andernfalls tritt noch die weitere Forderung hinzu, daß das Mittelwasser in der vorgesehenen Tiefe unter Gelände abfließt. Der so berechnete Querschnitt reicht bei den kleinen Wasserläufen häufig aus, um auch das maßgebende Hochwasser bordvoll oder tiefer abzuführen. Das ist im Einzelfall nachzuprüfen und der Querschnitt nötigenfalls abzuändern, indem man ihn etwas breiter und weniger tief bemißt, um das Mittelwasser nicht zu sehr zu senken. Zu breite Querschnitte haben jedoch den Nachteil, daß sie leichter versanden und verschlammen als schmale, weil die Räumungskraft des Wassers gering wird.

Bei größeren Gräben kann es sich empfehlen, den wirtschaftlichsten Grabenquerschnitt zu ermitteln. In Zahlentafel 113 sind 2 Beispiele nach Gl. (149) mit $k_f = 30$ durchgerechnet. In dem Querschnitt der Abb. 106 soll die Abflußmenge $Q = 10\ \mathrm{m^3/s}$ bordvoll abfließen. Bekannt ist ferner das mittlere Geländegefälle $J = 0{,}4^0/_{00}$ der zu untersuchenden Grabenstrecke, das auch gleich

Zahlentafel 113.

	$\alpha = S/t$	t	S	f	$2 \cdot B_b$	B	K
Fall a	0,2	2,87	0,57	14,07	10,33	9,18	94,88
	0,4	2,72	1,09	14,03	9,79	9,25	95,30
	0,6	2,58	1,55	14,03	9,29	9,29	95,66
	1,0	2,37	2,37	14,05	8,53	9,48	97,04
	1,4	2,21	3,09	14,11	7,96	9,72	98,80
	2,0	2,02	4,04	14,26	7,27	10,10	101,68
Fall b	1,0	2,60	2,60	13,53	7,35	7,80	93,01
	1,4	2,38	3,33	13,58	6,73	8,09	91,02
	1,8	2,21	3,98	13,68	6,25	8,40	89,86
	2,2	2,08	4,58	13,79	5,88	8,74	89,31
	2,6	1,97	5,12	13,92	5,57	9,06	89,04
	3,0	1,87	5,61	14,05	5,29	9,35	88,85
	3,5	1,78	6,23	14,22	5,03	9,79	89,22
	4,0	1,70	6,80	14,40	4,81	10,20	89,74

dem Wasserspiegelgefälle ist. Die Einheitspreise in DM seien folgende:

k_1 = Grunderwerb sowie Abstechen und Aufsetzen des Rasens und Mutterbodens längs der Breite B je m²,
k_2 = Ausschachten und Beseitigen des Bodens für den wasserführenden Querschnitt f je m³,
k_3 = Sohlenbefestigung einschl. Mehraushub je m²,
k_4 = Böschungsbefestigung wie vor,
k_5 = Sicherung der Böschungsfüße je lfd. m.

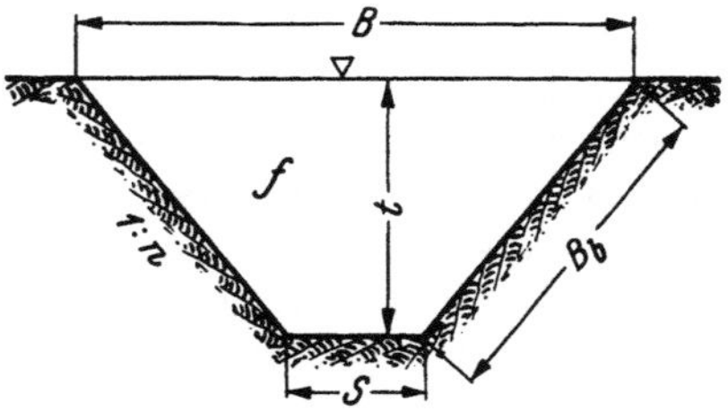

Abb. 106. Der wirtschaftlichste Grabenquerschnitt.

Dann betragen die Kosten je lfd. m

$$K = B\,k_1 + f\,k_2 + S\,k_3 + 2\,B_b\,k_4 + 2\,k_5. \tag{197}$$

Fall a: teurer Grunderwerb, billige Böschung. $n = 1{,}5$; $k_1 = 5{,}00$; $k_2 = 3{,}00$; $k_3 = 1{,}00$; $k_4 = 0{,}60$; $k_5 = 0$.

Fall b: billiger Grunderwerb, teure Böschung. $n = 1$; $k_1 = 0{,}40$; $k_2 = 3{,}00$; $k_3 = 2{,}00$; $k_4 = 6{,}00$; $k_5 = 0$.

Im Falle a ist also der günstigste Wert $\alpha = 0{,}2$ und im Falle b $= 3{,}0$. Bemerkenswert ist, daß K sich in beiden Fällen nicht erheblich mit α ändert, so daß man für die Wahl von α einen ziemlich weiten Spielraum hat, um auch den hydraulischen Erfordernissen Rechnung zu tragen.

Bei kleinen Niederschlagsgebieten reichen oft schon die kleinsten Grabenquerschnitte mit 0,50 m Sohlenbreite und 0,90 bis 1,30 m Tiefe aus, um das rechnungsmäßige HW bordvoll abzuführen. Gl. (149) ergibt für das Niederschlagsgebiet F_N (km²) die Beziehung

$$F_N \leqq \frac{3000 \cdot f\,R^{0,7}}{\sqrt{10}}\,\frac{\sqrt{h}}{q} = r\,\frac{\sqrt{h}}{q}. \tag{198}$$

Darin bedeuten f den Grabenquerschnitt, R den hydraulischen Radius, $h = 1000 \cdot J$ und q die Abflußspende bei HW in l/s km². Die Werte r sind aus Zahlentafel 114 zu entnehmen, deren Querschnitte also genügen, wenn Gl. (198) erfüllt ist. Bei $F_N < 2\,\mathrm{km}^2$ pflegt man die kleinsten Grabenquerschnitte nach Zahlentafel 114 ohne Berechnung als ausreichend zu unterstellen.

Da die Räumung der Gräben sich immer erst dann durchführen läßt, wenn sich so viel Sand oder Schlamm auf der Sohle und den Böschungen abgelagert hat, daß die Beseitigung sich lohnt und praktisch möglich ist, so kann es nötig werden, Zuschläge zu den Grabentiefen zu geben.

Zahlentafel 114.

Grabentiefe m	Werte r bei Böschung 1 : 1	1 : 1,5	1 : 2
0,90	640	890	1140
1,10	1010	1440	1850
1,30	1480	2140	2800

Das Sohlengefälle der kleinen Wasserläufe soll möglichst nicht kleiner als 0,3‰ sein. Allzu häufige, namentlich scharfe Gefällwechsel sind nach Möglichkeit zu vermeiden. Bei zu starken Gefällen werden Sohle und Böschungen der Wasserläufe durch die Strömung des Wassers angegriffen.

Um die zulässigen Höchstgrenzen der mittleren Wassergeschwindigkeit $v = Q/F$ zu ermitteln, geht man von den Zahlen der Zahlentafel 109 aus, die den Grenzzustand angeben, bei dem die Geschiebebewegung beginnt. Nun werden aber die Böschungen der Gräben zum mindesten mit Rasen befestigt, so daß man über die Geschwindigkeiten der Zahlentafel 109 nach praktischen Erfahrungen unbedenklich um 40% bei den kleinen und 20% bei den großen Werten hinausgehen kann, bevor eine Sohlenbefestigung erforderlich wird. Denn eine gewisse Geschiebebewegung auf der Grabensohle kann ohne weiteres zugelassen werden. In Moorgräben sind Höchstgeschwindigkeiten $v = 0{,}8$ bis $1{,}0$ m/s statthaft. Die feinen Moor- und Tonteilchen werden zwar schon bei sehr kleinen Wassergeschwindigkeiten mitgerissen, haften aber im Verbande des gewachsenen Bodens im allgemeinen doch so fest, daß die Gefahr größerer Abspülungen bei den vorstehend angegebenen Geschwindigkeiten nur gering ist. Nötigenfalls sind in einer wasserbaulichen Versuchsanstalt Versuche zu veranlassen, um ein Bild über die zulässige Höchstgeschwindigkeit zu erhalten.

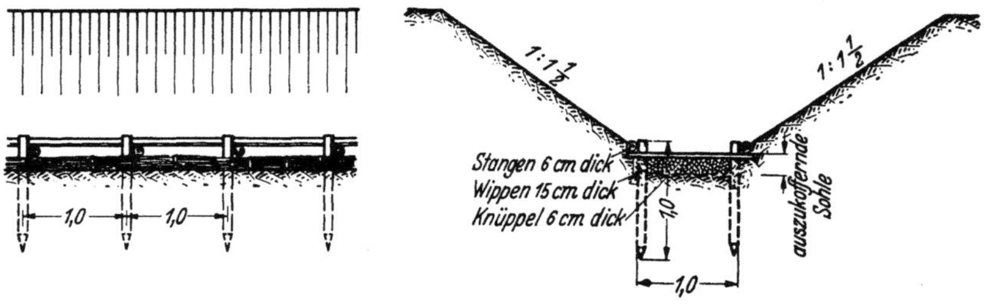

Abb. 107. Sohlensicherung mit Wippen (Handbuch der Arbeitstechnik).

Man gibt den kleinen Wasserläufen fast stets einen trapezförmigen Querschnitt. Nur auf Weiden wird bisweilen eine flache Muldenform gewählt, die dem Weidevieh das Betreten und Beweiden ohne Schaden für die Anlage erlaubt. Solche Entwässerungsmulden werden aber nur dann billig, wenn sie bei gutem Gefälle namentlich der Abführung größerer Regen- oder Schneewassermengen dienen sollen und daher nur flach zu sein brauchen, wenn sie also keine Senkung des Grundwasserstandes bezwecken. Die Sohle des Trapezquerschnittes soll mindestens so breit sein, daß man bei der Räumung bequem auf ihr stehen kann, möglichst 0,5 m und keinesfalls kleiner als 0,4 m. Die Neigung der begrünten Böschungen hat sich nach der Standfestigkeit des Bodens zu richten, sie soll in der Regel in bindigen Böden nicht steiler als 1 : 1, in Sandböden nicht steiler als 1 : 1,5 sein. Steile Böschungen von 1 : 1 wird man nur in schweren Lehm- und Tonböden anwenden. Bei feinem Sand mit geringen Bindemitteln können auch besonders flache Böschungen (1 : 2 bis 1 : 3) nötig werden. Über Böschungen in Moorböden siehe S. 460. Je graswüchsiger der Boden ist, um so steilere Böschungen verträgt er unter sonst gleichen Verhältnissen.

Besondere Sohlensicherungen werden bei großen Wassergeschwindigkeiten erforderlich. Man versucht zunächst, zu große Sohlengefälle und damit auch zu große Wassergeschwindigkeiten dadurch zu vermeiden, daß man Sohlenabstürze anordnet (S. 206). Häufig genügt es, in bestimmten Abständen kleine

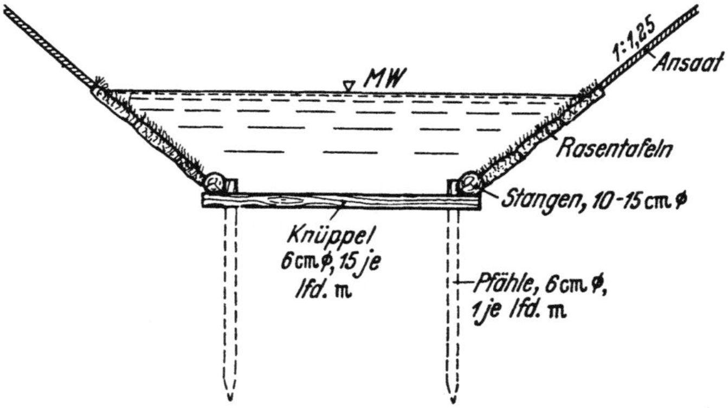

Abb. 108. Böschungs- und Sohlensicherung.

Sohlschwellen aus Spundbohlen oder Pfahlreihen einzubauen. Man schafft dadurch feste Punkte, die dem Fortschreiten etwaiger Sohlenvertiefungen Halt bieten. Schließlich bleibt in starken Gefällstrecken nur die Möglichkeit, die ganze Sohle mit grobem Kies, Steinschüttung (Lesesteinen), Ziegel- oder Betonbrocken, Steinpackung, mit Pflaster, Betonschalen, Betonplatten oder mit Holz zu sichern. Letzteres ist jedoch nur dann zu verwenden, wenn der Graben stets oder doch wenigstens fast ständig Wasser führt, da es sonst zu schnell fault. Zur Anwendung kommen Befestigungen mit dünnen Fa-

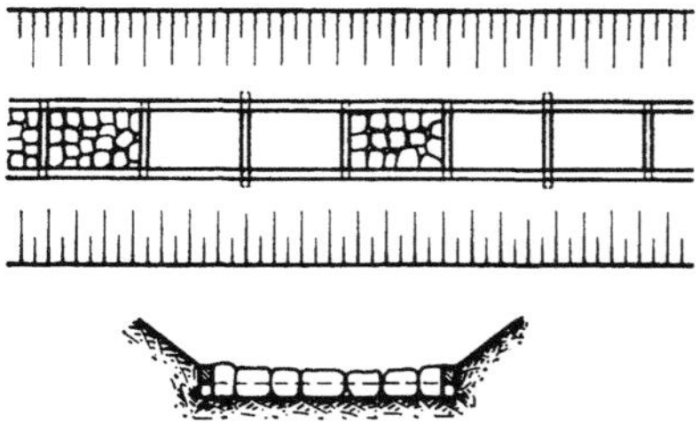

Abb. 109. Sohlensicherung mit Steinpackung und Lattenrahmen.

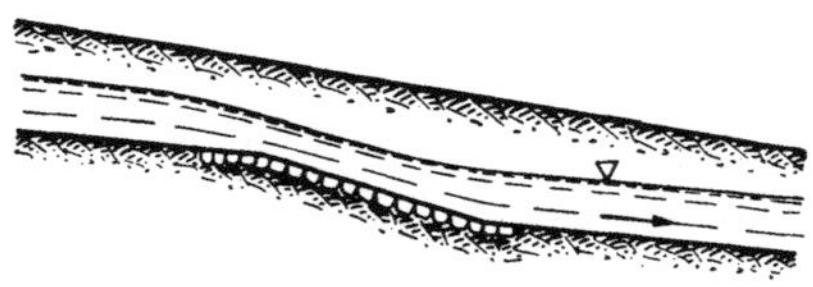

Abb. 110. Sohlenübergang.

schinen (Wippen), Reisern, Knüppeln oder Abfallbrettern, mit denen die Sohle zu belegen ist. Durch Quer- und Längshölzer sowie durch Pfähle ist dafür zu sorgen, daß die Sohlensicherung einen festen Halt bekommt und nicht aufschwimmt. Abb. 107 stellt eine Sohlensicherung mit Wippen dar. Legt man die Knüppel dicht nebeneinander und läßt die Wippen fort, so erhält man die Knüppelsicherung (Abb. 108). In sehr steilen Gefällen hat sich auch Steinpackung zwischen Rahmen aus Latten bewährt. Die Holzlatten ermöglichen die Verwendung verhältnismäßig kleiner Steine (Abb. 109). Um an Befestigungen zu sparen, kann man unter Umständen Sohlenübergänge nach Abb. 110 anordnen und braucht dann nur diese zu befestigen (S. 261).

Auch die Böschungen sichert man auf die verschiedenste Weise. Bei einfachen Verhältnissen verlegt man bis etwas über Mittelwasser Rasensoden, und zwar in der Form des Flachrasens (Abb. 111). Die Soden werden auf einer etwa 10 cm starken Unterlage von Mutterboden verlegt und bei größeren Wassergeschwindigkeiten mit 20 bis 30 cm langen Holznägeln angepflockt. Man gewinnt sie gerne auf feuchten Wiesen, deren Pflanzenbestand die Nässe der Gräben gut verträgt. Der gewachsene Rasen wird mit dem Rasenmesser (Rasenschneider) oder mit einem Rasenschneidpflug in 30 cm breite und 6 bis 8 cm starke Streifen oder Platten (Plaggen) geschnitten, mit dem Spaten abgehoben und möglichst sofort auf den Böschungen verlegt. Vor dem Abschälen ist er kurz zu mähen. Die Gewinnung von Hand kommt nur bei geringem Bedarf in Frage. Die Rasenplatten dürfen nicht für längere Dauer in Haufen aufgeschichtet werden, da sie dann verhältnismäßig schnell verrotten. Bei vorübergehender Aufschichtung legt man Grasnarbe auf Grasnarbe. Der Rasen wird auf der Böschung im Verbande verlegt und mit der Klatsche oder der Handramme festgeschlagen. Sehr zweckmäßig ist das Aufstreuen von 2 cm Muttererde. Ist wenig Rasen verfügbar, so begnügt man sich damit, einzelne Streifen der Böschung mit Rasen zu belegen und die dazwischen liegenbleibenden Felder anzusäen. Oberhalb der Rasenstücke genügt in vielen Fällen das Aufbringen von etwa 10 cm Mutterboden und das Ansäen mit einer geeigneten Grassamenmischung, nötigenfalls mit künstlicher Düngung. Sicherer, wenn auch teurer, ist es, die ganze Böschung mit Rasen zu sichern, da der noch nicht beraste Mutterboden und der Grassamen durch Hochwasser oder starke Regenfälle leicht fortgespült werden. Besonders in den hohlen Krümmungen belegt man oft die ganze Böschung mit Rasen. Bei Trockenheit ist in der ersten Zeit zu gießen, jedoch nicht im vollen Sonnenschein. Geeignete Grassamenmischungen sind folgende:

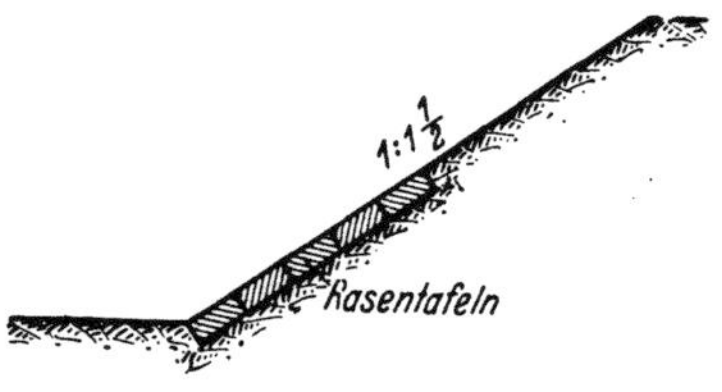

Abb. 111. Böschung mit Flachrasen.

1. Nährstoffreicher Auelehm, gelegentlich von nährstoffreichem *HW* überflutet. Einzusäen die Póa triviális-Variante des Knickfuchsschwanzrasens, in kg/ha:

Póa triviális	12,5	
Alopecúrus praténsis	6	
Lólium perénne	5	
Trifólium répens	2	
Agróstis alba	1,5	besonders auf oberem Teil der Böschung
Agropýron répens	3	besonders auf oberem Teil der Böschung

2. Nährstoffarmer Sandboden, gelegentlich von nährstoffarmem *HW* überflutet, feucht. Einzusäen Borstgrasrasen, in kg/ha:

Agróstis capilláris	7,5	
Anthoxánthum odorátum	7,5	
Festúca rúbra commutáta	7,5	
Hólcus lanátus	5	
Lótus uliginósus	3,5	
Trifólium répens	3	
Achilléa millefólium	1	
Festúca ovína vulgáris u. capilláris	3	nur auf oberem Teil der Böschung

Nach Einsaat dieser Pionierarten stellen sich die weiteren zugehörigen Arten von selbst ein.

Es ist nicht ratsam, noch nach Mitte August Grassaat zu säen, weil sie sich dann vor Winter nicht mehr genügend entwickelt. Kann die Saat nicht früher durchgeführt werden, so sät man besser Winterroggen und unter diesen als Deckfrucht die Grassaat im nächsten Frühjahr. Nach ihrer Entwicklung muß der Roggen grün abgemäht werden.

Der Mutterboden ist zur Erhaltung des Bakterienlebens nicht mit totem Boden zu vermischen, er ist luftig und locker zu lagern. Dagegen soll man Rohhumus mit etwas Mineralboden mischen. Zur Verhinderung des Unkrautwuchses sind Mutterbodenhaufen, die erst nach längerer Zeit verwendet werden sollen, mit Rasenplatten abzudecken oder mit Schmetterlingsblütlern anzusäen: Sandböden mit Serradella oder Lupinen, lehmige mit Wicken und Kalkböden mit Esparsette. Als Ersatz für Mutterboden können auch die oberen Schichten von Niederungsmooren dienen, nachdem sie unter Zusatz von Kalkmergel einen Sommer lang in Mieten gestanden haben.

Nicht immer genügen die oben genannten einfachen Befestigungen. So ist oft eine besondere Sicherung des Böschungsfußes nicht zu umgehen. Das trifft namentlich dann zu, wenn die Sohle des Grabens in einer Triebsandschicht liegt. Ein sehr gebräuchlicher Schutz des Böschungsfußes kleiner Wasserläufe ist der Flechtzaun (Abb. 112). Man schlägt Pfähle von 6 bis 12 cm Durchmesser in etwa 30 bis 50 cm Abstand und umflicht sie mit Ruten aus Laub- oder Nadelholz. Dazu haben sich Kiefer und Erle besonders bewährt. Weide schlägt aus und erschwert dadurch die Unterhaltung. Es ist darauf zu achten, daß die Pfahlköpfe nicht nach dem Graben zu überneigen, da die Pfähle dann dem Druck der Grabenböschung leicht nachgeben und sich immer schräger stellen. Ihre Mindestlänge soll 1,0 m betragen. An quelligen Stellen ist das Druckwasser dadurch unschädlich zu machen, daß man in der Böschung Rinnen aushebt und sie mit Steinen zupackt. An solchen Stellen sind zur Stützung des Böschungsfußes auch kräftigere und längere Pfähle für den Flechtzaun als sonst zu verwenden. Zum Einschlagen der Pfähle verwendet man Holzschlegel, da der Vorschlaghammer die Pfahlköpfe leicht zersplittert.

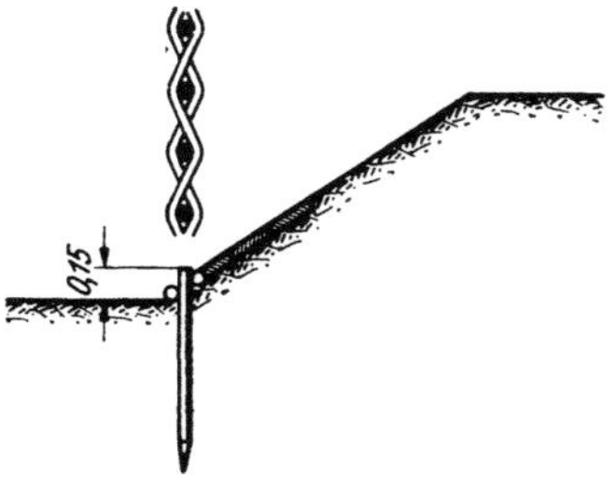

Abb. 112. Flechtzaun.

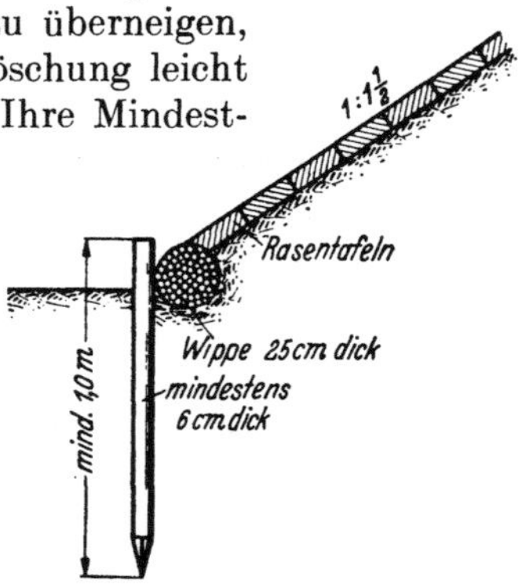

Abb. 113. Pfähle mit Wippen (Handbuch der Arbeitstechnik).

Statt des Flechtzaunes werden auch Wippen nach Abb. 113 angeordnet. Die Pfähle kann man durch die Wippen hindurchschlagen, oder man schlägt sie abwechselnd auf jeder Seite der Wippe. Bei der Herstellung der Wippen legt man in der Regel alle Stammenden nach derselben Richtung (S. 230).

Bei sehr großen Wassergeschwindigkeiten sind die Böschungen der größeren Bäche und Gräben mit Steinpflaster oder Steinpackungen zu sichern. Die Notwendigkeit dazu ergibt sich häufig im Gebirgs- und Hügellande, wo überdies Steine verhältnismäßig billig zu beschaffen sind. Man verlegt die 16 bis 24 cm hohe Steinschicht entweder auf den gewachsenen Boden oder auf eine 15 bis 25 cm starke Unterbettung von Kies oder Schotter. Letztere ist unentbehrlich in feinem Sande. Die Steine werden in der Regel nicht vergossen, kleine Lücken zwischen ihnen sind mit kleinen Steinstücken zu verzwicken. Der Pflasterfuß muß aus besonders kräftigen Steinen so hergestellt werden, daß er der ganzen Steinböschung einen festen Stützpunkt gibt, oder er ist durch eine Pfahlreihe zu sichern. Auch Betonplatten können zur Abdeckung der Böschungen verwendet werden, sie sind aber nicht so haltbar wie gute Natursteine. Die Fugen zwischen den Steinen oder Betonplatten füllt man mit Mutterboden aus, um etwas Pflanzenwuchs zu ermöglichen. In Ortslagen werden häufig, weil es an Platz fehlt, Ufermauern aus Bruchsteinen erforderlich.

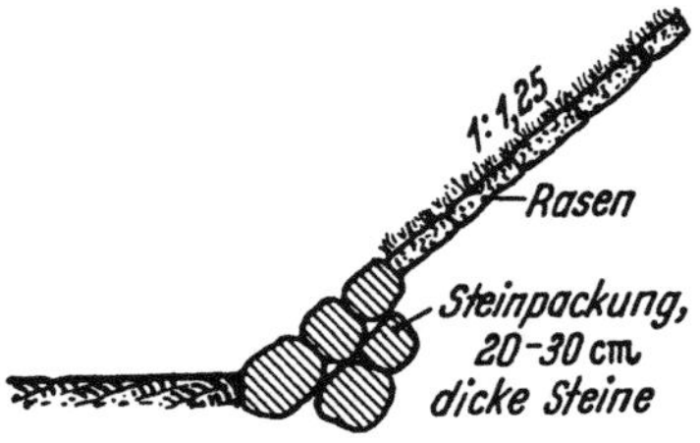

Abb. 114. Böschungssicherung.

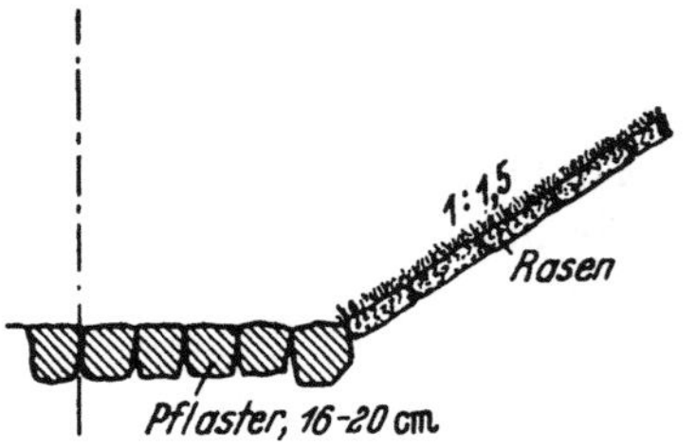

Abb. 115. Böschungs- und Sohlensicherung.

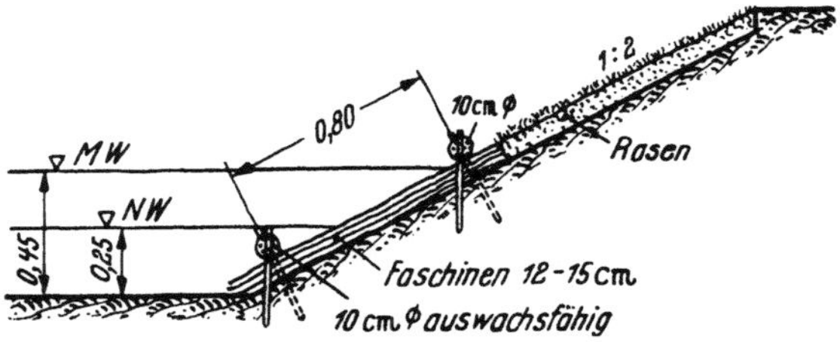

Abb. 116. Böschungssicherung.

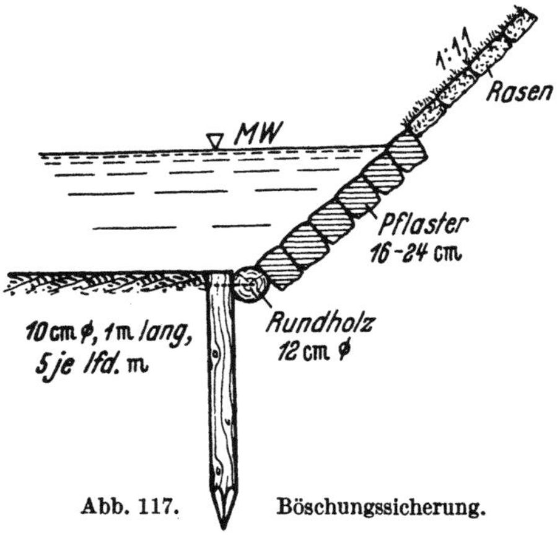

Abb. 117. Böschungssicherung.

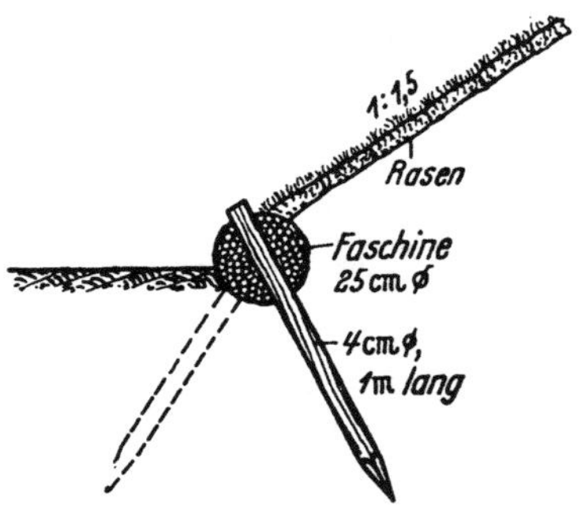

Abb. 118. Böschungssicherung.

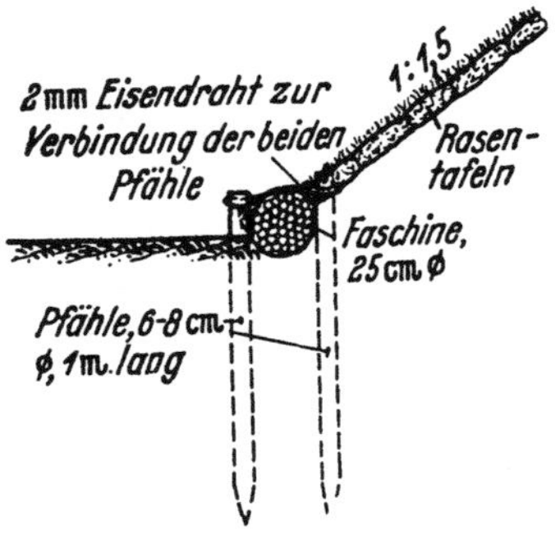

Abb. 119. Böschungssicherung.

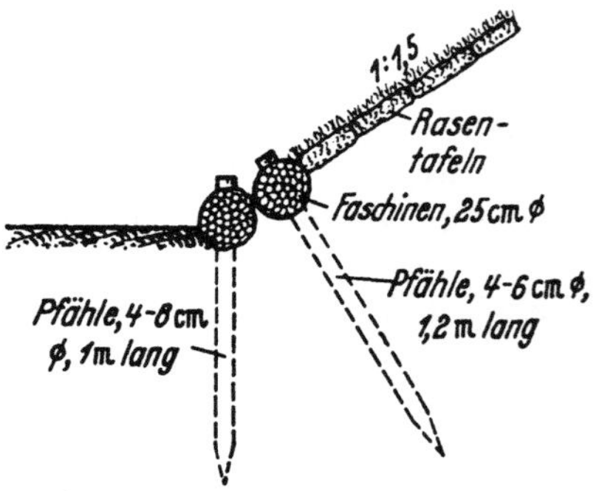

Abb. 120. Böschungssicherung.

Die Möglichkeiten zur Böschungs- und Sohlensicherung sind außerordentlich mannigfaltig. Man vergleiche dazu auch die Abb. 114 bis 120, die keiner Erläuterung bedürfen, ferner Abb. 121 bis 129.

Abb. 121. Absturz aus Beton, Böschungs- und Sohlenschutz aus Bruchsteinen.

Abb. 124. Entwässerungsgraben im Bau, Sicherung des Böschungsfußes durch Faschinen hinter Pfahlreihen.

Abb. 122. Absturz aus Beton, 50 cm hoch ohne Spundwand, Böschungssicherung mit Packfaschinen.

Abb. 125. Sohlensicherung durch 1″ starke überlappte Bretter mit seitlichen Derbstangen, $J = 19$ bis $36\,‰$.

Abb. 123. Spundwandabsturz, Böschung 1 : 2 in Flachrasen, Böschungsfuß mit 2 Wippen je 20 cm ⌀.

Abb. 126. Flachrasen 1 : 2, Moorboden, 15 bis 18 cm starkes Pflaster aus Bruchsteinen mit Überhöhung in der Kurve, Fugen mit Steinstücken verzwickt, Böschungsfuß aus Wippen und Pfählen.

Abb. 127. Böschung aus Betonplatten, Graswuchs in den offenen Fugen, $J = 2\,‰$.

Abb. 128. Sohlensicherung mit Weidenmatte im Bau, $J = 12\,‰$.

Abb. 129. Böschungsfuß mit Pfahlreihe und 2 Wippen je 20 cm ⌀, Spundwandabsturz, Sohlensicherung aus Quer- und Längshölzern.

Alle Sohlen- und Böschungssicherungen sind so anzubringen, daß sie den berechneten wasserführenden Querschnitt nicht einengen. Bei sehr tief eingeschnittenen Wasserläufen kann auch die Anordnung von Bermen (S. 226) zur Sicherung der Böschungen beitragen.

Sowohl bei der Instandsetzung vorhandener Wasserläufe als auch bei der Herstellung neuer Gräben ist zu prüfen, ob es sich nicht empfiehlt, Maßnahmen zum Schutze oder zur Förderung der Fischerei zu treffen. Das ist häufig mit geringen Kosten möglich. Beim Ausbau vorhandener Wasserläufe können anderenfalls auch Schadenersatzansprüche der Fischereiberechtigten geltend gemacht werden. Man frage daher rechtzeitig einen Fischereisachverständigen. Einmalige Schäden beim Bau können eintreten durch Sprengungen und Trockenlegungen. Wenn sie sich nicht vermeiden lassen, ist zum mindesten vorher den Fischereiberechtigten Nachricht zu geben. Am geringsten sind die der Fischerei zugefügten Schäden im Sommer, da die Laichzeit und die Wanderungen der Fische in die Zeit vom Herbst bis Ende Frühjahr fallen. Die für die Fischerei günstigste Bauzeit ist daher der Sommer (Juni bis September). Alle Erdarbeiten in vorhandenen Wasserläufen verringern die fruchtbare Bodenschicht, auf der die Fischnahrung entsteht. Diese Schicht muß sich dann nach und nach erst wieder bilden. Dauernde Fischereischäden entstehen, wenn eine solche Neubildung nicht möglich ist. Das ist überall dort der Fall, wo der Pflanzenwuchs durch Steinbefestigungen oder durch zu steile Böschungen unmöglich gemacht oder erschwert wird. Auch zu große Wassergeschwindigkeiten schädigen die Fischerei. Man vermeide daher lange gerade Strecken, gebe vielmehr dem Wasserlauf eine sanfte Schlängelung, damit die Fische hinter den vorspringenden Punkten des ausbuchtenden Ufers Schutz finden. Die Wassergeschwindigkeit kann durch Einbau von Schwellen (Sohlenabstürzen) wirksam verringert werden. Vorteilhaft ist eine seitliche Verbreiterung des Wasserlaufes unmittelbar unterhalb der Schwelle, damit die Fische sich hier in ruhigem Wasser ausruhen können. Auch an anderen Stellen des Wasserlaufes schafft man Ruhepunkte durch Anordnung von Unterschlupfen in der Böschung, die etwa 1 m lang und 20 bis 30 cm breit sind. Sehr wertvoll ist auch die Offenhaltung von Altarmen an ihrem unteren Ende. Bei Bauwerken ist nötigenfalls Vorsorge zu treffen, daß die Fischwanderung nicht unmöglich wird. Einige Bäume und Sträucher am Ufer haben den Vorteil, daß ihre Wurzeln zum Teil die Böschung durchwachsen, wo sie den Fischen Schutz gegen die Strömung und die Möglichkeit zur Laichablage geben.

2. Instandsetzung vorhandener Wasserläufe.

Bei der Entwässerung eines Gebietes ist zunächst festzustellen, ob bereits Wasserläufe vorhanden sind, die der Entwässerung dienstbar gemacht werden können. Es sind häufig solche Wasserläufe vorhanden, die aber entweder durch Vernachlässigung der Unterhaltung im Laufe der Zeit immer mehr verwildert sind oder trotz ausreichender Unterhaltung in ihren Abmessungen nicht ausreichen, um den vielleicht gesteigerten Ansprüchen der Landwirtschaft zu genügen.

Bevor man an die Instandsetzung eines vorhandenen Wasserlaufes herangeht, ist sorgfältig zu prüfen, ob sie sich lohnt oder ob die Herstellung eines neuen Vorfluters billiger wird oder aus sonstigen Gründen zweckmäßiger ist. So können z. B. bei Wasserläufen, an deren Ufern sich starker Baumwuchs befindet, allein die Rodungskosten so hoch werden, daß es wirtschaftlicher ist, einen gleichlaufenden Graben anzulegen und mit dessen Bodenaushub den alten Wasserlauf zuzufüllen. Bisweilen läßt sich eine Verbilligung der Instandsetzung dadurch erzielen, daß man die Verbreiterung des Wasserlaufes nur nach einer Seite hin vornimmt, so daß dann auch die Rodungen nur auf einer Seite nötig werden. Eine solche einseitige Verbreiterung hat auch den Vorteil, daß eine vielleicht gut bewachsene Böschung wenigstens im wesentlichen erhalten bleiben kann, wodurch gleichfalls an Kosten gespart wird. Zum Bau eines Nebenvorfluters wird man bisweilen dann greifen müssen, wenn durch Ablagerung von Sinkstoffen, entstanden durch Überschwemmungen, das Gelände neben dem vorhandenen Vorfluter zu sehr erhöht ist, um die Vorflut der auf ihn angewiesenen Flächen dorthin leiten zu können (Abb. 130). Dieser Nebenvorfluter $o - u$ steht entweder nur unten mit dem Hauptvorfluter in Verbindung oder auch am

Abb. 130. Nebenvorfluter. (Nach Krüger.)

oberen Ende, wenn er zeitweilig zur Entlastung des Hauptvorfluters dienen soll. In diesem Falle müssen beide Vorfluter mit je einer Sperrschleuse s_1 versehen werden, damit man das Maß der Entlastung in der Hand hat.

Bei der Instandsetzung vorhandener Wasserläufe ist es keineswegs immer nötig, den errechneten Sollquerschnitt an allen Stellen ausnahmslos herzustellen. Geringe Überbreiten und Übertiefen sowie hier und da in den Querschnitt etwas hineinragende Bäume können im allgemeinen unbedenklich bestehen bleiben. Man spart dadurch an Kosten. Ein Verbauen von Überbreiten mit geschüttetem Boden hat überdies leicht zur Folge, daß der lose Schüttboden wieder fortgespült wird, wenn er nicht sehr sorgfältig befestigt wird.

Abb. 131. Sandfang.

Sind erhebliche Ablagerungen zu erwarten, so verweist man sie gerne auf bestimmte Stellen, um die Forträumung zu erleichtern. Das geschieht durch die Anlage von Sand- und Kiesfängen. Darunter versteht man beckenartige Erweiterungen und Vertiefungen im Laufe des Vorfluters, in denen durch Geschwindigkeitsverminderung der von oben kommende Sand und Kies zur Ablagerung veranlaßt werden. Vor der Anlage eines Sandfanges ist zu überlegen, wie der abgelagerte Sand entfernt und wohin er geschafft werden soll. Abb. 131 zeigt einen Sandfang mit 2 getrennten Becken. Im Vordergrunde ein Abschlußdamm, über den das Wasser in dünner Schicht abfließt. Der Auslaß mit Schütz dient zum Ablassen des Wassers, wenn das Becken gereinigt werden soll.

Oft bestehen die Ursachen für die ungenügende Leistung eines Vorfluters nicht in dem mangelhaften Zustande seines Bettes, sondern in einzelnen Hindernissen, deren Rückstau eine um so größere Fläche in Mitleidenschaft zieht, je schwächer das Gefälle ist. Dazu gehören Tränkstellen, Durchfahrten, zu enge Durchlässe sowie Brücken und Stauwerke aller Art.

3. Herstellung neuer Gräben und Kanäle.

Die in einem zu entwässernden Gebiete vorhandenen Gräben und Kanäle reichen in den seltensten Fällen aus, um eine ausreichende Entwässerung zu erzielen. Fast stets bedarf es noch der Anlage neuer Gräben, für die gleichfalls die Ausführungen auf S. 186ff. gelten. Das ganze Gebiet muß mit einem Netz von Entwässerungsgräben überzogen werden. Man unterscheidet:

1. Den oder die Hauptvorfluter des Gebietes.
2. Die Zuggräben oder Vorfluter, die in einen der Hauptvorfluter münden.
3. Die Beetgräben und Grüppen, die ihr Wasser den Zuggräben zuführen.

Die Lage der Zuggräben ist so zu wählen, daß sie alle Gebietsteile erschließen. Im allgemeinen verfolgen sie die tiefsten Geländelinien, doch bietet es manchmal Vorteile in bezug auf Anlage und Unterhaltung (Verbilligung), wenn man kleine Höhen mit ihnen durchbricht und die tiefen Seitenlagen durch besondere Nebengräben anschließt. Man legt die Zuggräben auch gerne auf Eigentumsgrenzen. Infolge dieser Anpassung an die örtlichen Verhältnisse ist die Linienführung der Zuggräben vielfach unregelmäßig. Sind erheblichere Höhenzüge mit einer Entwässerung zu durchbrechen, so können unterirdische Rohrleitungen (S. 203) in Frage kommen, wenn die Aufwendungen für ihre Anlage und Unterhaltung geringer sind als die für die tief eingeschnittenen und schwer zu unterhaltenden offenen Gräben. Haben die Zuggräben nicht ständig Wasser zu führen, sondern nur zeitweilig eine Hochwasserwelle aufzunehmen, so hält man sie möglichst flach, um nicht das durchschnittene Land in Dürrezeiten zu stark zu entwässern. Auf Grünland genügt in solchen Fällen oft eine flache Mulde (S. 190).

Die Hauptvorfluter und Zuggräben sollen nach Möglichkeit eine schlanke, nicht aber auf längere Strecken eine völlig gerade Linienführung erhalten. Die Leistungsfähigkeit eines Grabens wird durch schwache Krümmungen in keiner Weise gegenüber der geraden Lage vermindert. Solche Krümmungen geben nicht nur dem ganzen Wasserlauf ein gefälliges Aussehen, sie sind auch günstig für die Fischerei (S. 197).

Die Beetgräben werden häufig durch eine Dränung oder durch ein besonders enges Netz von Zuggräben ersetzt. Namentlich auf Weiden sind enge Beetgräben recht störend, da sie eingezäunt werden müssen, was erhebliche zusätzliche Kosten verursachen kann. Es gibt jedoch Fälle, in denen die Beetgräben nicht durch Dräne zu ersetzen sind (vgl. auch S. 251):

1. Wenn das Gefälle für Dräne nicht ausreicht, deren kleiner Querschnitt ein größeres Gefälle verlangt.

2. Wenn den Dränen die unbedingt erforderliche Tiefe nicht mehr gegeben werden kann.

3. Wenn große oberirdische Wassermengen abzuleiten sind, z. B. wenn es sich darum handelt, rings von einem höheren Rande umgebene geschlossene Mulden zu entwässern, wie sie in der Diluviallandschaft vielfach vorkommen. Die hier oberirdisch zusammenlaufenden Wassermengen sind zu groß, als daß sie durch eine Dränung rechtzeitig abgeleitet werden könnten.

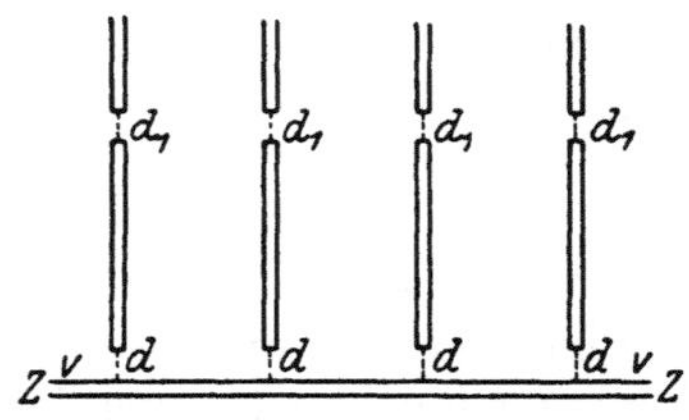

Abb. 132. Beetgräben. (Nach Krüger.)

Die Beetgräben werden immer zueinander gleichlaufend angelegt, um eine wirtschaftliche Form der Beete zu erhalten. Beete nennt man die zwischen je zwei Beetgräben liegenden Landstreifen. Häufig leitet man die Beetgräben mit etwa 5 m langen Durchlässen d (Abb. 132) durch das neben dem Zuggraben Z liegende Vorgewende $v-v$. Sind die Beetgräben sehr lang, so legt man noch eine zweite Reihe von Durchlässen d_1 an. Der Abstand der Beetgräben richtet sich nach der Beschaffenheit des Bodens und dessen Nutzungsart, d. h. Ackerland muß stärker entwässert werden als Wiesen, auch erfordert schwerer Boden eine engere Lage der Beetgräben als leichter. Man kann im Mineralboden etwa die Zahlen der untenstehenden Zahlentafel 115 annehmen. Wegen der Beetbreiten in Moorböden vgl. S. 461. Der Querschnitt der Beetgräben kann stets in kleinsten Abmessungen angelegt werden, da sie immer nur die kleine Wassermenge, die der Fläche eines Beetes entstammt, abzuführen haben. Bei starkem Krautwuchs ist es zweckmäßig, die Beetgräben nicht länger als einige 100 m zu machen. Ist das Gelände ziemlich hängig, so ist anzustreben, die Beetgräben senkrecht oder doch wenigstens schräge zur Bewegungsrichtung des Grundwassers anzuordnen, da dann ihre entwässernde Wirkung am besten ist.

Zahlentafel 115.

	Tiefe der Beetgräben m	Breite der Beete m
Acker .	1,0 bis 1,3	25 bis 40
Wiese .	0,6 bis 0,9	50 bis 100

Unter Grüppen (Grippen) versteht man kleine Wasserrinnen von etwa quadratischem Querschnitt mit rund 20 cm Seitenlänge. Sie finden vielfache Anwendung auf Gebirgswiesen, wo es sich darum handelt, einzelne quellige Stellen zu entwässern. Auch in Niederungen mit hohem Grundwasserstand dienen sie in Verbindung mit schmalen gewölbten Beeten (Abb. 133) zur Entwässerung (S. 295). Die Grüppen kann man auch mit einem geeigneten Grabenpflug ziehen.

Abb. 133. Gewölbte Beete.

Bei der Planung eines umfangreichen Grabennetzes ist stets zu überlegen, wie die Gräben später unterhalten werden sollen, insbesondere, ob eine maschinelle Grabenreinigung in Frage kommt. Aber auch dann, wenn eine solche vorerst nicht beabsichtigt ist, kann doch die weitere Entwicklung der Grabenreinigungsmaschinen in Zukunft zu dem Wunsche führen, die maschinelle Unterhaltung einzurichten. Das setzt dann voraus, daß die Brücken nicht zu eng und niedrig sind, und daß die größeren Wasserläufe eine bestimmte Mindestwassertiefe haben oder entsprechend angestaut werden können, wenn man schwimmende Geräte verwenden will. Bei der Räumung vom Ufer aus bedarf es eines freibleibenden Räumungsstreifens, auf dem das Räumungsgerät fahren kann, so daß Bäume und Weidezäune nicht unmittelbar am Wasserlauf stehen dürfen. Dieser Räumungsstreifen, der je nach der Grabenbreite ein- oder beiderseitig erforderlich ist, kann dann nicht beweidet, sondern nur gemäht werden.

Der in letzter Zeit vielfach erörterte Naturschutz und seine Berücksichtigung bei Entwässerungen darf keineswegs nur als Forderung der Naturschutzvereine angesehen werden, er hat darüber hinaus auch für die Wasserwirtschaft und Landwirtschaft eine nicht zu unterschätzende Bedeutung. Wie nötig der Windschutz für den Wasserhaushalt des Bodens ist, wurde bereits ausgeführt (S. 74). Darum soll man nicht jeden Baum und Strauch entfernen, mag auch der Laubfall hier und da die Unterhaltung etwas erschweren. Ob und in welchem Umfange die Beschattung durch Bäume und Sträucher die Verkrautung zurückhält, ist noch eine offene Frage. Baum- und Buschgruppen sind nur aus standortsgemäßen, heimischen Holzarten aufzubauen. Nicht minder liegt auch ein weitgehender Vogelschutz im ureigensten Interesse unserer Landwirtschaft, die ohne diesen der Schädlinge nicht Herr wird. Dazu bedarf es aber ausreichender Nistgelegenheiten, für die Freibrüter in Bäumen und Büschen, für die Höhlenbrüter in besonderen Nistkästen oder in Nisthöhlen, die man gelegentlich an Bauwerken anbringen kann.

Für die Vergebung von Erdarbeiten gelten folgende Bodenklassen:

Klasse	Benennung	Beispiele	Lösegeräte
Ia	Schwerer Schießfels	Gesunder Granit, Syenit, Porphyr	Bohren und Sprengen
Ib	Gewöhnlicher Schießfels	Sand- und Kalkstein, feste Schiefer, stark zerklüftete feste Gesteine	Teilweise Brechstangen, teilweise Bohren und Sprengen
IIa	Hackfels	Brüchiger Schiefer, weicher Sand- oder Kalkstein, Kreide, Rotliegendes	Spitzhacke, Brechstangen, Keile, Preßluftmeißel
IIb	Schwerer Hackboden	Sehr fester Lehm, Ton oder Mergel, steiniger oder kiesiger fester Lehm, Ton oder Mergel, festes grobes Geröll, loser verwitterter Fels in groben Stücken	Spitzhacke, Kreuzhacke, Keile
IIc	Gewöhnlicher Hackboden	Fester Lehm, Ton oder Mergel, bindiger grober Kies oder Gerölle	Breit- oder Spitzhacke
IIIa	Schwerer Stichboden	Weicher sandiger Lehm oder Ton, grober loser Kies, grobes loses Gerölle, Torf mit größeren Holzeinschlüssen	Leichte Hack- oder schwere Spatenarbeit
IIIb	Gewöhnlicher Stichboden	Schwach lehmiger Sand oder Kies, feuchter Sand und Kies, Löß, sehr weicher Lehm, Ton oder Schlick, Torf, zäher Schlamm, Wiesenkalk	Leichte Spatenarbeit oder erschwerte Schaufelarbeit
IV	Loser Boden	Dünensand, humose leichte Acker- oder Gartenkrume, ganz loser Fluß- und Grubensand, weicher nicht zäher Schlamm	Schaufel
V	Schwimmender Boden	Unentwässertes sehr weiches Moor, im Grundwasser liegender feiner Schluff, halbflüssiger Schlamm	Sackbagger, Baggerschaufel, Schlammpumpen

Die Kosten der Grabenarbeiten sind von der Stundenleistung und der Höhe des Stundenlohnes abhängig. Unter gewöhnlichen Verhältnissen kann man mit etwa folgenden Leistungen eines Berufsarbeiters in 8 h rechnen (Ausheben und Absetzen des Bodens zu beiden Seiten des Grabens):

Zahlentafel 116.

Grabentiefe in m	$\leqq$ 1,0	1,0 bis 1,5	
Aushub in m^3/m	$\leqq$ 2	2 bis 4	4 bis 6
Vorentwässertes Niederungsmoor	11 m^3	10 m^3	8 m^3
Sand und sandiger Lehm	9	8	7
Gewöhnlicher Lehm (erdfeucht)	7	6,5	6
Schwerer Lehm und Ton (erdfeucht)	5	4,5	4
Schwerer Lehm und Ton mit Steinen (erdfeucht). Stark verkitteter Sand und Kies	4,5	3,5	3
Lehm und Ton (trocken). Stark verkitteter grober Kies	4	3	2,5

Voraussetzung ist, daß die Witterung nicht besonders ungünstig ist und daß keine Nebenarbeiten (Rodung, Abheben von Mutterboden, Beseitigung großer Steine, schwierige Wasserhaltung) zu leisten sind. Bei der Herstellung größerer Entwässerungskanäle lohnt sich in der Regel der Einsatz von Baggern, für kleinere Gräben ist die Verwendung der Grabenbagger nur dann wirtschaftlich, wenn erhebliche Grabenlängen herzustellen sind (S. 216).

Bei der Herstellung neuer Gräben ist auch zu beachten, ob die Abflußverhältnisse so weitgehend geändert werden, daß Schadenersatzansprüche Dritter, z. B. der Unterlieger, zu erwarten sind.

Die Erdarbeiten sind stets von unten nach oben auszuführen, damit das zudringende Wasser freien Abfluß hat. Eine sachgemäße Bauausführung verlangt, daß der Ausschachtungsboden nicht wie ein Wall am Ufer liegenbleibt. Denn dadurch wird der Zweck des Grabens als Entwässerungsanlage für das Oberflächenwasser beeinträchtigt, und der Boden kann durch Wind und Regen wieder in den Graben zurückgelangen. Der Aushub ist daher möglichst sofort einzuebnen, abzufahren oder zur Ausfüllung tiefer Stellen in der Nachbarschaft zu verwenden. Oft wünschen die Anlieger diese Arbeit selbst auszuführen; doch führt dies Verfahren meistens zu recht unliebsamen Verzögerungen.

D. Bauwerke.

Zu den fast stets notwendigen Bauwerken gehören die Durchlässe. Am gebräuchlichsten sind die Rohrdurchlässe aus Zement- oder Tonrohren. Als Zementrohre haben sich infolge ihres dichten Gefüges die im Schleuderverfahren hergestellten besonders bewährt. Man nehme keine kleinere Lichtweite als 40 cm. Wenn das Wasser betonschädliche Stoffe in größerer Menge enthält, sind Tonrohre vorzuziehen. Die Stoßfugen der Rohre sind zu dichten. Ihre Sohle legt man zuweilen um 10 bis 15% ihrer lichten Weite tiefer als die Sohle des Wasserlaufes, damit eine spätere geringfügige Vertiefung des Grabens leichter durchzuführen ist. Doch ist zu beachten, daß eine zu weit gehende Tieferlegung der Sohle zu Sandablagerungen im Durchlaß führen kann. Die Überdeckung im Scheitel soll mindestens 40 cm betragen. Bei nicht genügend tragfähigem Untergrund ist eine künstliche Unterlage erforderlich (Schwellrost). Der Durchlaß muß so lang sein, daß seine Stirnflächen eine standfeste Böschung erhalten können, die man in halber Höhe der Rohre beginnen läßt und häufig mit Kopfrasen befestigt (Abb. 134). Statt der Böschungen werden auch senkrechte Stirnmauern angeordnet. Man spart dadurch zwar an der Länge des Durchlasses, die Kosten der Stirnmauern sind aber höher als diejenigen der Böschungen. Unterhalb des Durchlasses kann eine Sohlenbefestigung des Wasserlaufes nötig werden.

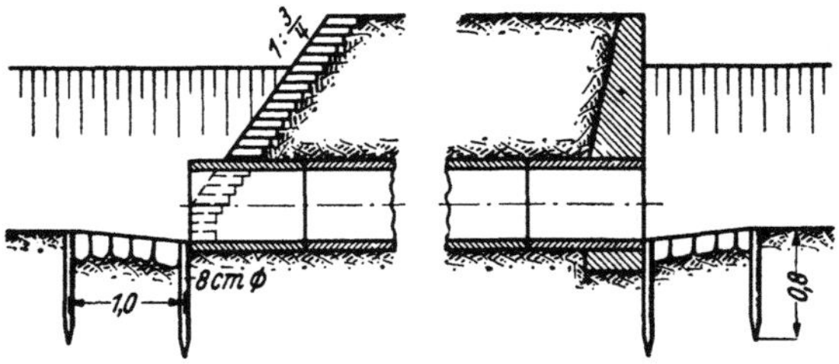

Abb. 134. Rohrdurchlaß.

Wegen der Berechnung von Rohrdurchlässen vgl. Abschnitt 3 S. 134. Mit den Bezeichnungen der Abb. 135 ist:

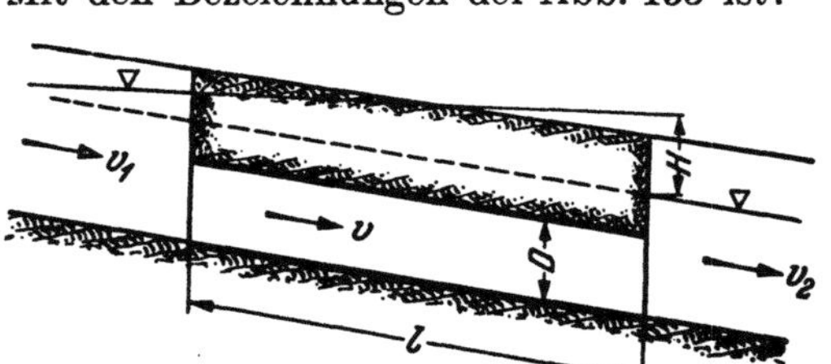

Abb. 135. Berechnung eines Rohrdurchlasses.

$$H = \lambda_e \frac{v^2}{2g} \quad \text{(Eintritt)}$$
$$+ \frac{(v^2 - v_1^2)}{2g} \quad \text{(Geschwindigkeitsänderung)}$$
$$+ \frac{\lambda l v^2}{D 2g} \quad \text{(Wandreibung)}$$
$$+ \frac{(v_2^2 - v^2)}{2g} \quad \text{(Geschwindigkeitsänderung)}$$
$$+ \frac{(v - v_2)^2}{2g} \quad \text{(Aufprall).}$$

Oder

$$H = \frac{1}{2g}\left[(v^2 - v_1^2) + v^2\left(\lambda_e + \lambda\frac{l}{D}\right) - 2v_2(v - v_2)\right]. \tag{199}$$

Beim Austritt des Wassers aus dem Durchlaß wird ein Teil der dort vorhandenen Bewegungsenergie $v^2/2g$ in Druck umgesetzt, ein Teil durch Aufprall vernichtet.

Das letzte Glied der Gl. (199) ist der nach Abzug des Aufprallverlustes übrigbleibende Druckgewinn.

Außer den Rohrdurchlässen kommen gemauerte und Plattendurchlässe in Frage. Mit Steinplatten kann man lichte Weiten bis zu 0,9 m überbrücken. Die 15 bis 30 cm starken Platten verlangen gute Auflager. Im Moor können auch kastenförmige Holzdurchlässe verwendet werden.

Sehr tiefe Grabenstrecken werden bisweilen durch Rohrleitungen ersetzt. Bei der Entwässerung abflußloser Geländemulden kann eine Rohrleitung zur Durchschneidung eines hohen Geländerückens unentbehrlich werden. Diese meistens langen Rohrleitungen müssen gegen Verstopfungen sorgfältig gesichert werden. Daher sollte ihr Gefälle nicht unter $0{,}5\,^0/_{00}$, besser nicht unter $1{,}0\,^0/_{00}$ hinabgehen. Der Einlauf muß durch Gitter gegen das Eindringen von Treibsel geschützt werden. Außerdem wird häufig vor dem Rohranfange ein geräumiger Sandfang angelegt. Um Verschlammungen im Innern der Rohrleitung zu er-

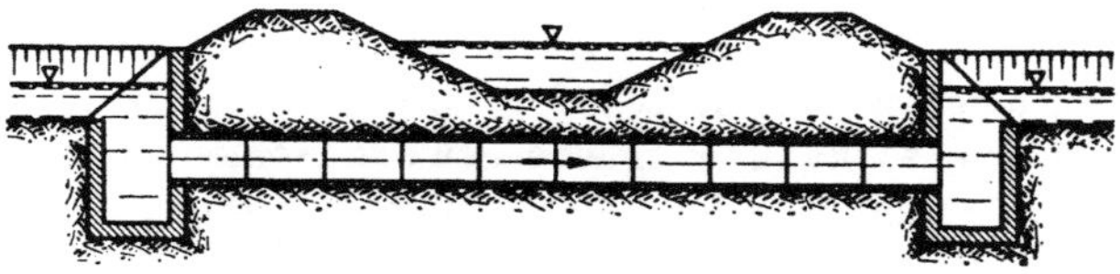

Abb. 136. Düker.

kennen und beseitigen zu können, muß die Leitung mit Reinigungsschächten versehen sein. Das sind besteigbare Schächte, die von der Rohroberkante bis an die Oberfläche des Geländes reichen. Man ordnet sie in Abständen von 100 bis 200 m an, vor allen Dingen da, wo die Rohrleitung einen scharfen Richtungswechsel aufweist. Da die Rohre sich meistens tief unter dem Gelände befinden, sind sie erheblichem Druck ausgesetzt. Es dürfen daher nur sehr widerstandsfähige Rohre verwendet werden, die bei unsicherem Untergrunde besonders

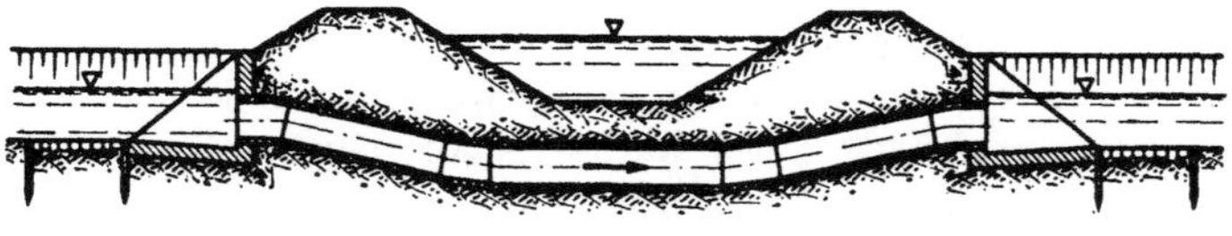

Abb. 137. Düker.

sicher gegründet werden müssen, z. B. auf Pfählen. Es empfiehlt sich, die Rohrleitung oder deren Vorgraben mit einem Stauwerk auszustatten, um das Wasser zwecks kräftiger Spülung nach Bedarf ansammeln zu können.

Eine besondere Art der Rohrleitungen sind die Vorflutdräne (S. 261). Sie finden dort Anwendung, wo das Dränwasser nicht in offenen Gräben durch fremde Grundstücke geleitet werden soll. Die Vorflutdräne werden aus Drän-, Ton- oder Zementrohren hergestellt, sie sind zu dichten und zum Schutz gegen Frost mindestens 0,8 m hoch zu überdecken. In langen Vorflutdränen sind, namentlich an den Knickpunkten, Dränschächte (S. 260) anzuordnen.

Düker vermitteln die Kreuzung zweier Wasserläufe, wenn der eine, meistens der kleinere, unter dem anderen durchgeführt werden muß. Man baut sie als druckfeste Zement-, Ton- oder Eisenrohre, auch als gemauerte Leitungen, entweder nach Abb. 136 mit zwei Schächten oder nach Abb. 137 ohne Schächte. Die Schächte kann man als Sandfänge ausbilden, was allerdings keinen großen praktischen Wert hat. Zu empfehlen ist der Einbau eines Spülschützes. Bei wichtigen Bauwerken legt man zwei Rohre nebeneinander. Auch empfiehlt sich meistens die Anordnung von Dammbalkenfalzen und Einsteigmöglichkeiten im Interesse der Reinigung.

Düker nach Abb. 137 sind wie Rohrdurchlässe zu berechnen [Gl. (199)]. Für Düker nach Abb. 136 gilt gleichfalls Gl. (199), jedoch mit $v_1 = v_2 = 0$. Denn in den engen Schächten ist eine waagerechte Komponente der Zu- und Abströmung praktisch nicht vorhanden.

Brücken haben vor Durchlässen den Vorteil, daß sie den Querschnitt des Wasserlaufes entweder überhaupt nicht oder nur in geringem Umfange einengen. Andererseits sind sie in der Regel teurer als Durchlässe. Ob man Holz-, Stein- oder gemischte Bauweise anzuwenden hat, ist in jedem Falle zu prüfen. Holzbau ist billig in der Herstellung, aber teuer in der Unterhaltung, da namentlich die hölzernen Widerlager leicht faulen. Man stellt daher gern die Widerlager aus Steinen oder Beton her und nimmt als Überbau je nach der Stützweite hölzerne oder eiserne Träger mit einfachem oder doppeltem Bohlenbelag.

Bei vorhandenen Brücken ist häufig eine Vertiefung der Sohle erforderlich. Ist die Brückengründung tief genug hinabgeführt, so stehen der Tieferlegung der Sohle unter der Brücke keine Schwierigkeiten entgegen. Die Untersuchung der Brückengründung durch Anstechen, Bohren oder Aufgraben bildet in solchen Fällen einen wichtigen Teil der Vorarbeiten. Erweist sich die Gründung als zu schwach, so kann man eine gewisse Sohlenvertiefung und damit Querschnittsvergrößerung erreichen durch muldenförmige Auspflasterung der Sohle zwischen Pfahlreihen (Abb. 138). Erfordert aber die Wasserführung die

Abb. 138. Sohlenvertiefung unter einer Brücke. (Nach Krüger.)

Abb. 139. Sohlenvertiefung unter einer Brücke. (Nach Krüger.)

Vertiefung in der ganzen Sohlenbreite, so bleibt nichts weiter übrig, als die Gründung durch Unterfangen zu vertiefen. Diese Arbeit erfordert große Vorsicht. Man untergräbt daher die Gründung jeweils in nur kurzer Länge (0,5 bis 1,0 m) und unterstampft sofort mit Beton, bevor man nach der Erhärtung des Betons zum nächsten Abschnitt übergeht. Wenn die Brücke zwar für die Abführung des Hochwassers noch ausreicht, weil ein vorübergehender Aufstau unbedenklich ist, nicht aber zur erforderlichen Absenkung des Mittelwassers, genügt die Anlage nach Abb. 139.

Durchfahrten (Furten) werden bisweilen an Stelle von Brücken angelegt, da sie billig sind. Sie erfordern sehr flache Durchfahrtsrampen. Die Sohle des Wasserlaufes ist im Bereiche der Durchfahrt zu pflastern. Die Furten haben aber den Nachteil, daß sie häufig bei höheren Wasserständen nicht benutzbar sind. Sie kommen daher nur im Zuge untergeordneter Wirtschaftswege in Frage.

Stauanlagen (Kulturstaue) sind bei der Entwässerung durch kleine Wasserläufe oft in großer Zahl erforderlich. Man muß daher, um an Kosten zu sparen, möglichst einfache Bauweisen wählen. Als Baustoff dient am häufigsten Beton und Holz. Bei kleinen Anlagen genügen Staubretter, die aber leicht abhanden kommen. Bei etwas größeren Wasserläufen verdienen Schützen den Vorzug. Auch wird man hier den festen Teil des Staues aus Beton oder Ziegelmauerwerk herstellen. Wichtig ist in allen Fällen ein gutes seitliches Einbinden des Bauwerkes ins Gelände, z. B. durch Spundwände. Bei starker Wasserbewegung besteht im Unterwasser des Staues die Gefahr der Kolkbildung und Böschungsbeschädigung. Um das zu verhindern, sind Sohle und Böschungen unterhalb des Staues zu befestigen. Bisweilen verbreitert und vertieft man auch hier den Wasserlauf noch beckenartig, wodurch die lebendige Kraft des Wassers schadlos vernichtet wird (Sturzkolk, Tosbecken). An der Weichselmündung hat sich eine einfache Stauschleuse bewährt, die Bertram (*7, 152*) wie folgt beschreibt: in einer quer über den Graben zu schlagenden Spundwand werden in entsprechenden Entfernungen I-Träger zwischen den hölzernen Spundbohlen gerammt. Die Spundwand wird unter Niedrigwasser abgeschnitten. Auf die abgeschnittene Spundwand werden zwischen den senkrechten I-Trägern entsprechend lange Stücke von I-Trägern waagerecht aufgelegt, die mit ihren unteren Flanschen die Oberkante der abgeschnittenen Spundwand umfassen. Zwischen den nach oben gerichteten Flanschen der waagerechten

Abb. 140. Kulturstau an einem Durchlaß.

Abb. 141. Schürzenwehr. (Nach Krüger.)

Trägerstücke und den Flanschen der senkrechten I-Träger wird einen halben Stein starkes Ziegelmauerwerk mit Flacheiseneinlage hergestellt und oben mit einem U-Eisen abgedeckt. In der Mitte der Wand bleibt ein Fach für das Schütz frei. Die senkrechten I-Träger neben der Schützöffnung reichen über das Gelände hinaus, die etwa vorhandenen übrigen bis zur Geländeoberfläche. Häufig kann man dadurch an Kosten sparen, daß man die Staue unmittelbar oberhalb an Durchlässe oder Brücken anlehnt, was bei kleinen Bauwerken unbedenklich ist (Abb. 140). Eine besondere Art des Staues ist das Schürzenwehr, das nach Bedarf eingebaut und entfernt werden kann (Abb. 141). Das Wehr besteht aus einer Latte *l* mit einem daran einseitig genagelten Stück Segeltuch *s*. Die Latte muß etwa 0,6 m länger sein als die obere Grabenbreite. Das Segeltuch ist so breit wie der Graben und erhält als Länge die 1½- bis 2fache Grabentiefe. Man legt die Latte quer über den Graben und breitet das Segeltuch auf den Grabenumfang, worauf es an den Rändern mit Steinen oder Erde beschwert wird. Der beim Stau entstehende Wasserdruck bewirkt eine ziemlich gute Dichtung am Umfange des Grabens. Die Schürze selbst wird durch die im Wasser enthaltenen Sinkstoffe gedichtet, oder man stellt die Dichtigkeit durch Tränken mit Leinölfirnis her. Eine bestimmte Stauhöhe kann man dadurch erreichen, daß man in der betreffenden Höhe einen Schlitz in die Schürze schneidet.

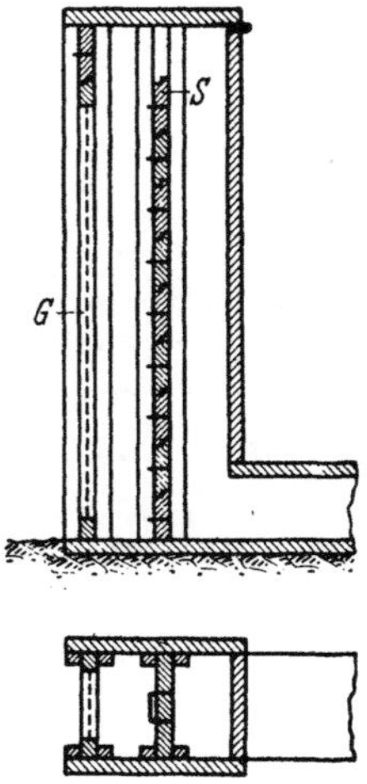

Abb. 142. Doppelmönch. (Nach Gerhardt.)

Der Vollständigkeit halber seien an dieser Stelle auch die Mönche erwähnt, die den Stau in Teichen regeln. Abb. 142 stellt einen sog. Doppelmönch dar. Der Deckel läßt sich aufklappen und wird durch ein Vorlegeschloß festgelegt. Vorne befindet sich ein Gitter *G*. Der Stau wird dadurch geregelt, daß die Staubrettchen *S* nach Bedarf herausgenommen und wieder eingesetzt werden.

Die zur Verringerung des Gefälles dienenden Sohlenabstürze können z. B. nach den Abb. 143 bis 147 ausgeführt werden. Die Böschungen sind im Bereiche der Abstürze gut zu befestigen. Abb. 143 zeigt eine einfache Ausführung, bestehend aus einer Pfahlreihe, die eine Bretterwand stützt. Sturzbett und Vorboden sind durch Steinpflaster gesichert. Auch die Sicherung des Vorbodens ist nötig, weil bereits dort eine beschleunigte Geschwindigkeit entsteht. Sofern die Sturzwand nicht immer unter Wasser liegt, ist Stein- oder Betonbau vorzuziehen

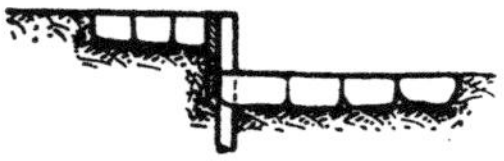

Abb. 143. Sohlenabsturz mit Pfahlreihe. (Nach Krüger.)

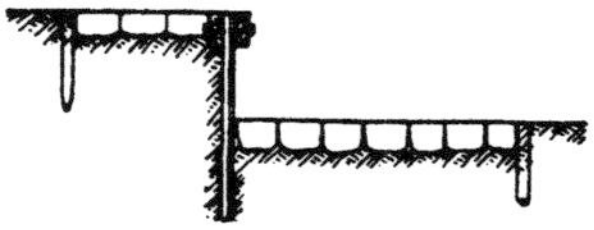

Abb. 144. Sohlenabsturz mit Spundwand. (Nach Krüger.)

Abb. 145. Sohlenabsturz aus Beton. (Nach Krüger.)

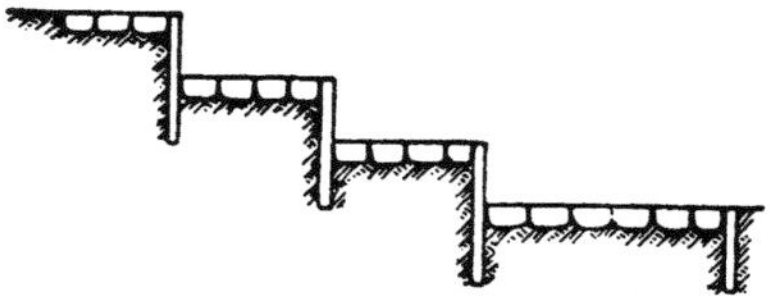

Abb. 146. Geteilter Sohlenabsturz. (Nach Krüger.)

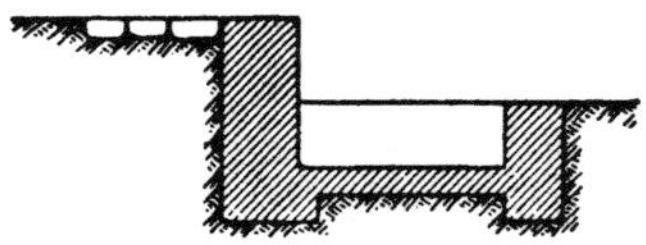

Abb. 147. Sohlenabsturz mit Wasserpolster. (Nach Krüger.)

(Abb. 145). Bei größerer Breite gibt man dem Absturze eine im Grundrisse nach dem Oberwasser hin ausbuchtende Form. Das verleiht der Mauer vermehrte Festigkeit (Gewölbebogen) und lenkt den Wasserstoß von den Ufern ab. Bisweilen ist es vorzuziehen, einen hohen Absturz durch eine Reihe kleinerer, unmittelbar hintereinander liegender zu ersetzen (Abb. 146). Wird der Wasserstoß zu groß, so gewährt die Anordnung eines Sturzbeckens (Wasserpolsters) Schutz für das Sturzbett (Abb. 147). Zwar werden die Baukosten dadurch vermehrt, die Unterhaltung aber verbilligt.

Abb. 148. Wasserbremsen. (Nach Ramshorn.)

Ramshorn (*183*) verwendet sog. Wasserbremsen (Abb. 148), um unterhalb von Abstürzen die lebendige Kraft des Hochwassers zu vernichten. Derartige Anlagen aus Holz oder Eisenbeton haben sich im Gebiete der Emschergenossenschaft bewährt. Im Bereiche der Wasserbremsen sind Sohle und Böschungen gut zu befestigen.

Wenn die Abflußmenge sehr gering ist (S. 261), kann ausnahmsweise mangels anderer Möglichkeiten eine Versenkung in den Untergrund in Frage kommen. Vorbedingung ist, daß der Untergrund genügend durchlässig ist, um die ihm zuzuleitende Abflußmenge schnell genug durch Versickerung aufnehmen und fortführen zu können. Eine Versenkung ist auch nur dann wirksam, wenn das in den Untergrund versenkte Wasser abfließen kann und nicht etwa zur Speisung eines Grundwasserbeckens dient, dessen Ränder so hoch liegen, daß nach seiner Füllung Versumpfung eintritt. Stark sinkstoffhaltiges Wasser ist für eine Versenkung ungeeignet, da sich die Bodenporen infolge der Sinkstoffe zu schnell verstopfen, es sei denn, daß man die Sinkstoffe durch ein Schlammbecken zurückhält. Dieses muß häufig gereinigt werden, was recht umständlich ist.

Der Versenkung des Wassers in den Untergrund dienen die Senkbrunnen. Sie können eine runde oder rechteckige Grundrißform sowie eine lichte Weite von etwa 1 bis 2 m erhalten und sind mindestens 1 bis 1,5 m in den durchlässigen Untergrund hinabzuführen. Man stellt in der Mitte des Brunnens lotrecht einige durchlochte Rohre auf, die filterförmig mit Steinen und Kies umpackt werden. Die Korngröße der Umpackung muß von der Mitte des Brunnens nach außen hin abnehmen. Die Wirkung der Senkbrunnen läßt sich dadurch erhöhen, daß kurze Dränstränge vom Brunnen aus in durchlässige Bodenschichten vorgetrieben und gleichfalls mit Steinen und Kies umhüllt werden.

In Stützmauern sind grundsätzlich Entwässerungslöcher anzuordnen, damit auf der Erdseite der Mauer kein einseitiger Wasserdruck entstehen kann.

E. Die Bearbeitung der Entwürfe.

1. Vorarbeiten.

Der Aufstellung jedes Entwässerungsplanes hat eine eingehende örtliche Besichtigung der zu entwässernden Flächen vorauszugehen, an der sich der Planbearbeiter und ein in Entwässerungsfragen erfahrener Landwirt beteiligen. Außerdem sollten stets einige Vertreter der beteiligten Landwirte zugezogen werden, damit sie über die örtlichen Verhältnisse und ihre eigenen Erfahrungen Auskunft geben können. Dabei ist freilich zu beachten, daß Landwirte, die in Wasserfragen keine Erfahrung besitzen, sich bisweilen ein ganz falsches Bild über die Ursachen der schädlichen Bodennässe machen.

Diese zu erkennen, ist das erste Ziel der Ortsbesichtigung. Zuvor verschafft man sich einen Überblick über die Niederschlagsverhältnisse des Gebietes und über seinen geologischen Aufbau, sofern geologische Karten vorhanden sind. Auch die Ergebnisse der Reichsbodenschätzung sind schon vorher einzusehen. Über die Anzeichen der schädlichen Bodennässe finden sich nähere Ausführungen auf S. 182. Man darf sich bei derartigen Besichtigungen nicht dadurch täuschen lassen, daß die Flächen infolge kürzlich gefallener Niederschläge noch verhältnismäßig naß sind. Eine gute Kenntnis der Pflanzengesellschaften und ihrer Vorliebe für Nässe oder Trockenheit bewahrt am besten vor derartigen Trugschlüssen. Wenn man ausreichende Anzeichen für eine schädliche Bodennässe festgestellt hat, so wird sich die erste Prüfung der Ursachen meistens auf den Zustand der vorhandenen Wasserläufe erstrecken, der in vielen Fällen schon die Ursachen erkennen läßt: Verkrautung, Verschlammung, zu stark gewundener Lauf und daher zu schwaches Gefälle, Erhöhung der Sohle oder der Ufer durch Sinkstoffablagerung, künstliche Hindernisse wie Stauwerke, zu enge Brücken usw. Häufig ist auch die Anzahl der vorhandenen Gräben zu gering. Schon bei der ersten Ortsbesichtigung sind ferner die Bodenarten durch Bohrungen zu ermitteln.

Das zweite Ziel der Ortsbesichtigung besteht darin, in großen Zügen zu prüfen, welche Wasserverhältnisse auf den zu nassen Flächen unter Berücksichtigung ihrer künftigen Nutzung erforderlich sind, wie sie am zweckmäßigsten erreicht werden können und ob anzunehmen ist, daß die Aufwendung der Kosten sich lohnen wird. Denn nur wenn hiermit zu rechnen ist, wird man im allgemeinen an die Aufstellung eines Entwurfes herangehen.

Hat die Ortsbesichtigung zu dem Ergebnis geführt, daß ein Entwässerungsentwurf aufgestellt werden soll, so sind zunächst die Feldaufnahmen durchzuführen. Als Lagepläne benutzt man in der Regel Abzeichnungen oder Abdrucke der Katasterkarten. Sie sind mit der Örtlichkeit zu vergleichen und nötigenfalls zu berichtigen und zu ergänzen. Die Benutzung von Katasterkarten ist schon deshalb erforderlich, weil die Eigentumsgrenzen bekannt sein müssen. Denn bei allen genossenschaftlichen Entwässerungen soll das genossenschaftliche Grabennetz im allgemeinen so weit verzweigt sein, daß jeder Genosse seine Grundstücke unmittelbar an das Netz anschließen kann, also insoweit von seinem Nachbarn unabhängig ist. In neuerer Zeit sind die Luftbildaufnahmen außerordentlich vervollkommnet worden. Sie geben viele Einzelheiten, die auf der Katasterkarte fehlen, insbesondere die genaue Lage der Wasserläufe. Bäche, die ihre Lage im Laufe der Zeit ändern, sind auf der Katasterkarte meistens falsch dargestellt und bedürfen dann einer Neueinmessung, die bei Verwendung eines Luftbildes gespart wird. Wenn Luftbildaufnahmen bereits vorhanden sind, ist ihre Benutzung zu empfehlen. Andernfalls ist die Frage ihrer Verwendung im wesentlichen eine Kostenfrage. Für allgemeine Vorentwürfe sind häufig auch die Meßtischblätter brauchbar.

Die Höhenlage des Gebietes muß durch eingehende Höhenmessungen festgestellt werden. Die Lage der Meßpunkte wird entweder nach einem Quadratnetze oder in Beziehung zu festen im Felde und auf der Karte vorhandenen Linien (Grundstücksgrenzen) oder in Beziehung zu einer abgesteckten Messungslinie festgelegt. Alle Höhenmessungen sind an sichere Festpunkte, z. B. die der Landesaufnahme, anzuschließen und möglichst auf Normalnull zu beziehen. Wenn eine lange Anschlußhöhenmessung hohe Kosten erfordert, sind zwei unverrückbare und dauerhafte Festpunkte in der Nähe zu wählen. Zwischenfestpunkte sind nach Bedarf einzuschalten. Bei der Aufnahme der Wasserläufe mißt man die Höhe der Sohle und Ufer in Abständen von mindestens 50 m und, wenn es zum Prüfen der Vorflut oder zum Berechnen des Bodenaushubes erforderlich ist, auch die ganzen Querschnitte. Sind ausgesprochene schmale Uferrehnen vorhanden, so ist auch die Geländehöhe unmittelbar neben der Rehne festzustellen. Häufig sind Vorfluterstrecken auch noch unterhalb des Entwässerungsgebietes aufzunehmen, wenn die Vorflut nicht gesichert scheint. Die Höhenmessung an einem Wasserlauf geschieht nach Durchführung einer Stationierung. Die aufzunehmenden Querschnitte werden mit Stationspfählen bezeichnet, an denen die jeweilige Stationsnummer anzuschreiben ist.

Von Brücken, Durchlässen und Stauen sind Handzeichnungen der Durchflußöffnungen mit ihrer Höhenlage herzustellen, auch ist die Gründungsart der Bauwerke sowie die Befestigung der Bauwerkssohle zu ermitteln. Wichtig sind ferner die Stauziele (Merkpfähle), der bauliche Zustand, die Unterhaltungspflichten und Wasserrechte. Der Bauzustand spielt insofern eine wichtige Rolle, weil nach ihm zu beurteilen ist, ob bei nicht genügender Lichtweite ein Um- oder ein Neubau in Frage kommt. Von den Wassertriebwerken sind die Betriebseinrichtungen und die wirtschaftlichen Betriebsverhältnisse (Umsatz) zu ermitteln, auch Inhalt und Zeit der Genehmigungsurkunde, weil diese Angaben für Entschädigungsansprüche von Bedeutung sind (S. 224). Aufzunehmen sind ferner Furten, Hochwassermarken, Pegel, Festpunkte, kurz alles, was für den Entwurf von Bedeutung ist.

Ist ein Pegel vorhanden, der seit mehreren Jahren beobachtet wird, so kann es sich empfehlen, auch Abflußmengenbestimmungen vorzunehmen, um die Abflußkurve des Pegels zu finden. Wichtig sind Bodenuntersuchungen, die jedoch nicht so eingehend zu sein brauchen wie bei Dränentwürfen (S. 270), und Grundwasserbeobachtungen. Die angebauten Nutzpflanzen, die Ausdehnung der Überschwemmungen, die Überschwemmungsschäden und die bisherigen Ernteerträge sind festzustellen, um Unterlagen für den wirtschaftlichen Erfolg der Entwässerung zu bekommen. Schließlich ist auch zu prüfen, ob

Schadenersatzansprüche Dritter zu erwarten sind, durch die das Unternehmen belastet werden würde.

Im übrigen wird auf die Ausführungen im Teil IV (S. 221) verwiesen, die zum Teil auch bei kleinen Wasserläufen sinngemäß zu beachten sind.

2. Die Form der Entwürfe.

Die Entwürfe bestehen aus folgenden Teilen: Erläuterung, Massenberechnung, Kostenanschlag, Übersichtskarte, Lagepläne mit Festpunktverzeichnis, Bodendurchschnitte, Längs- und Querschnitte der Wasserläufe sowie Bauwerkszeichnungen. Bei genossenschaftlichen Entwürfen ist außerdem ein Teilnehmerverzeichnis nach den amtlichen Bestimmungen aufzustellen.

Die Erläuterung soll kurz sein und nur die zeichnerische Darstellung des Entwurfes ergänzen, eine Beschreibung der bestehenden Verhältnisse, namentlich der vorhandenen Mißstände geben, die für das Beseitigen der letzteren erforderlichen Maßnahmen erörtern und die Wirtschaftlichkeit des Unternehmens nachweisen. Ganz besonderer Wert ist darauf zu legen, daß die zahlenmäßigen Grundlagen des Entwurfes ausreichend begründet werden. Dazu gehören die gewählten Abflußspenden, die angestrebte Tiefe des Grundwassers in der Wachstumszeit und im Winter, die bisherigen und in Zukunft erwarteten Ernteerträge u. a. m.

Bei allen Meliorationsunternehmen ist auch die Wirtschaftlichkeitsberechnung von besonderer Bedeutung. Sofern mit solchem Unternehmen eine mehr oder weniger große Umstellung der beteiligten landwirtschaftlichen Betriebe und die Beschaffung zusätzlicher Betriebsmittel (Kunstdünger, Geräte, Erweiterung der Baulichkeiten) verbunden sind, muß der Reinertrag der Melioration unter Berücksichtigung etwaiger Beihilfen ausreichen, um diese zusätzlichen Aufwendungen in angemessener Zeit abzudecken. Wegen des zu erwartenden Mehrertrages vgl. S. 83. Je größer der an der Melioration beteiligte flächenmäßige Anteil eines Betriebes ist, um so schwieriger die Umstellung. Ob die Kosten einer Melioration sich lohnen, wird jeder einigermaßen tüchtige Landwirt für seinen eigenen Betrieb selbst am besten beurteilen können, und es ist grundsätzlich verfehlt, wie es zeitweise geschah, diese Beurteilung von beamteten Landwirten durch Festsetzung einer sog. „tragbaren Höchstbelastung“ mehr oder weniger theoretisch vornehmen zu lassen. Die einzelnen Grundstücke werden später nach dem Vorteil eingeschätzt, den sie von der Melioration haben, und entsprechend belastet.

Als Übersichtskarte dient in der Regel ein Meßtischblatt (1 : 25000), in dem man das zu entwässernde Gebiet farbig umrandet oder mit einem Farbanstrich kenntlich macht. Nur wenn das Gebiet sehr groß ist, empfiehlt es sich, einen kleineren Maßstab zu wählen. In der Übersichtskarte sollen auch die Niederschlagsgebiete mit ihren Wasserscheiden dargestellt werden, desgleichen die Hauptvorfluter und wichtigsten Zuggräben.

Die Lagepläne müssen ein ausreichend deutliches Bild der Geländegestaltung geben, da sonst das für die neuen Gräben verfügbare Gefälle und der mögliche Oberflächenabfluß nicht zu erkennen sind. Man trägt daher auf Grund der Höhenzahlen Höhenlinien in gleichmäßigen Höhenabständen in die Pläne ein. Die Abstände können bei geringer Geländeneigung etwa 0,25 m betragen, sie sollen auch bei starker Neigung des Geländes 2 m nicht überschreiten. Die waagerechte Entfernung der Höhenlinien soll im Durchschnitt möglichst nicht größer als 50 m sein. Auf den Lageplänen sind die Anbauverhältnisse, Flurstücke und Eigentumsgrenzen kenntlich zu machen. Alle Ortschaften und Ansiedlungen, ferner Deiche, Bauwerke usw., die auf die Wasserverhältnisse von Einfluß sein können, Vorfluter und Gräben müssen eingetragen werden. Das Entwässerungs-(Genossenschafts-) Gebiet ist farbig zu umrändern. Die gebräuchlichsten Maßstäbe sind 1 : 2000 oder 1 : 2500. Auf jedem Lageplan ist der Maßstab darzustellen sowie die Nordrichtung und der Nullpunkt der Höhenmessung anzugeben. Der besseren Übersichtlichkeit halber weist man alle Festpunkte ihrer Lage und Höhe nach in einem besonderen Festpunktverzeichnis nach.

Wegen der Darstellung der Bodendurchschnitte wird auf S. 283 verwiesen.

Die wichtigeren Wasserläufe sind in Längsschnitten darzustellen (S. 224). In diesen, in den Querschnitten oder den Bauwerkszeichnungen sollen unter anderem die Lichtweite und Gründungsart der Brücken sowie die Befestigungsart der Bauwerkssohlen erkennbar sein. Sind ausgesprochene schmale Uferrehnen vorhanden, so ist auch die Geländehöhe unmittelbar neben der Rehne einzutragen. Bei der Darstellung der Wasserstände sind etwaige Rückstauverhältnisse kenntlich zu machen. Es empfiehlt sich, die Stationspunkte der bestehenden Anlagen unter, diejenigen der geplanten über der Grundlinie des Längsschnittes anzugeben. Die Querschnitte eines vorhandenen Wasserlaufes sind darzustellen, wenn seine Räumung nicht genügt, sondern sein Ausbau erforderlich ist, weil sie zur Berechnung der auszuhebenden Bodenmassen nötig sind. Bei neuen Gräben kann man Querschnitte häufig entbehren, da die Berechnung der Bodenmassen aus dem Längsschnitt möglich ist, wenn die Geländehöhe quer zum Graben nicht stark wechselt. Mit den Bezeichnungen der Abb. 149 ist nämlich

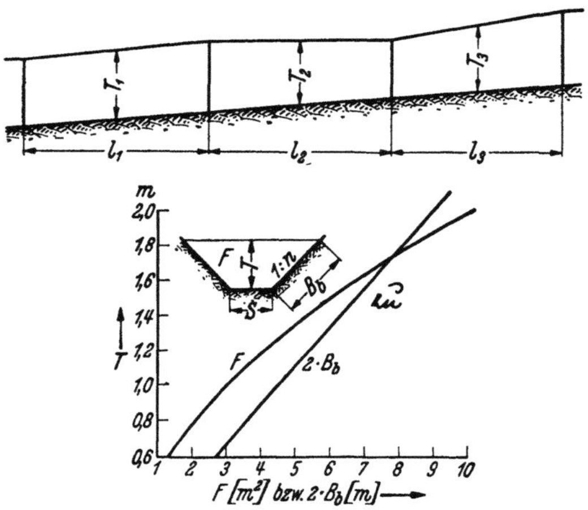

Abb. 149. Berechnung des Grabenaushubs.

$$F = T\,(S + n\,T), \qquad (200)$$

$$B_b = T\sqrt{1 + n^2}. \qquad (201)$$

Trägt man beide Werte auf Millimeterpapier in ein Achsenkreuz ein, so lassen sich die Bodenmengen $F\,l$ und Böschungsflächen $B_b\,l$ für die einzelnen Teilstrecken l und mittleren Tiefen T des Längsschnittes leicht ablesen. Bei vorhandenen Wasserläufen trägt man die alten Querschnitte in schwarzer, die neuen in zinnoberroter Farbe auf. Mit roter Farbe sind auch die für den Bodenaushub maßgebenden Querschnittsflächen F in m² und die Breiten B_b der Böschungsflächen, die befestigt werden sollen, in m einzuschreiben. Längsschnitte und Querschnitte werden am zweckmäßigsten auf Millimeterpapier dargestellt.

Für alle Zeichnungen verwendet man gutes, möglichst auf Leinwand zu ziehendes Zeichen- oder Lichtpauspapier. Die Größe der Zeichnungen soll nach dem Normblatt DIN 823 bemessen werden; nötigenfalls sind mehrere Stücke klappenartig zu verbinden.

F. Die Unterhaltung.

Die Unterhaltung der kleinen Wasserläufe geschieht durch Krautung und Räumung. Unter Krautung versteht man das Schneiden der in dem Wasserlauf wachsenden Pflanzen, unter Räumung den Aushub der in dem Bette sich ablagernden Sinkstoffe. Die Wichtigkeit einer geordneten Unterhaltung wird leider häufig von den Landwirten nicht genügend gewürdigt. Bei nicht genossenschaftlichem Zusammenschluß kommt der Umstand hinzu, daß sich ein Wasserlauf nur dann wirksam unterhalten läßt, wenn alle Anlieger einer längeren Strecke ihre Unterhaltungsarbeiten annähernd zur gleichen Zeit ausführen. Das ist aber in der Praxis nur sehr schwer zu erreichen. Es bedarf keiner weiteren Begründung, daß die Leistungsfähigkeit eines Wasserlaufes durch ungestörten Pflanzenwuchs und durch eine fortschreitende Ablagerung von Sinkstoffen immer geringer wird.

Da sich erfahrungsgemäß ohne einen behördlichen Druck eine ausreichende Unterhaltung der Wasserläufe nicht erzielen läßt, so sehen die Wassergesetze den Erlaß von Schauordnungen und die Vornahme von Schauen vor. Die Wasserpolizeibehörde hat mit Unterstützung wasserbaulicher Dienststellen dafür zu sorgen, daß die Wasserläufe ordnungsmäßig unterhalten werden. Durch die Schauordnungen läßt sich erreichen, daß auch nicht genossenschaftliche Wasserläufe etwa gleichzeitig von allen Anliegern gekrautet und geräumt werden.

Die Ursachen der Versandung und Verschlammung sind in der Hauptsache die Uferabbrüche weiter oberhalb. Schon daraus ergibt sich die Forderung, die Gräben und Wasserläufe von Zeit zu Zeit abzugehen und dabei festgestellte schadhafte Stellen der Grasböschungen sofort mit Rasensoden auszubessern. Derartige Besichtigungen der Böschungen sollten besonders nach jedem Hochwasser vorgenommen werden. Dabei ist auch festzustellen, ob an Flechtzäunen, Faschinen, Pflasterungen usw. Schäden entstanden sind, die der Beseitigung bedürfen. Man verringert durch diese schnelle Behebung der Böschungsschäden die späteren Räumungsarbeiten oft ganz erheblich.

Innerhalb der Ortslagen findet man nicht selten im Bach Waschstege und Entengatter, an denen sich bei Hochwasser Treibzeug aller Art festsetzt. Dadurch wird dann der Bachlauf verstopft und das Hochwasser ist gezwungen, sich seinen Weg über die benachbarten Gärten und Äcker zu suchen. Auch private Uferbefestigungen der Anlieger ragen häufig weit in das Sollprofil hinein und erschweren dadurch den Abfluß in unzulässiger Weise.

An sich ist auch der Aufwuchs von Sträuchern auf den Böschungen nicht zu dulden, namentlich nicht an schmalen Gräben und Bächen, wo ihre einengende Wirkung besonders groß ist. Bei breiteren Wasserläufen wird man dagegen unter Umständen auch berücksichtigen müssen, daß niedriges Buschwerk das Ufer gegen den Angriff des Wassers zu schützen pflegt und daher nicht immer restlos entfernt zu werden braucht.

Die auf den Böschungen und an den Grabenrändern wachsenden Gräser und Kräuter sind durch rechtzeitigen Schnitt kurz zu halten.

Besonderes Augenmerk ist überall auf die Reinhaltung der Grabendurchlässe zu richten, da diese häufig versanden und dann bei Hochwasser einen schädlichen Stau bewirken. Da die Versandung nicht ohne weiteres sichtbar ist, wird sie bei Begehen des Grabens oft übersehen.

Die Instandhaltung aller Wasserläufe wird auf Weiden sehr erschwert und verteuert, wenn man es unterläßt, sie einzuzäunen. Denn das Weidevieh pflegt dann die Böschungen bei der Suche nach Wasser stark zu zertreten. Das hat den weiteren Nachteil, daß solche Gräben ihren Zweck nicht voll erfüllen und daß Versumpfungen mit starkem Binsenwuchs in flachem Gelände unausbleiblich sind.

Die Krautung soll von unten beginnen, damit das geschnittene Kraut abschwimmt und unterhalb durch einen Krautfang abgefangen werden kann. Hier wird es dann ans Land gezogen. Die Krautfänge bestehen aus verankerten, schwimmenden Stangen oder Balken oder aus Rechen, die senkrecht im Wasser schwimmen und ebenfalls am Ufer befestigt werden. Man krautet ein- oder zweimal im Jahr, je nach der Krautwüchsigkeit. Der Herbst und das Frühjahr sind die geeignetsten Zeiten. Im Frühjahr ist so zeitig zu krauten, daß die Samen der Wasserpflanzen nicht reif werden können.

Häufig in den kleinen Wasserläufen auftretende Pflanzen sind:

Ceratophýllum (Igellock-Arten),
Elodéa canadénsis (Kanadische Wasserpest),
Lémna (Wasserlinsen),
Potamogéton (Laichkräuter),
Stratiótes aloides (Krebsschere)

u. a. Sie können zur Kompostbereitung verwendet werden. Die Wasserpest wird auch von Schweinen gern gefressen, ebenso die Krebsschere im Gemenge mit Kartoffeln. Die Wasserpflanzen sind im allgemeinen reich an Eiweiß und Vitaminen.

Die Räumung der Wasserläufe wird in der Regel einmal jährlich vorgenommen, doch kann es bei geringen Ablagerungen auch ausreichen, wenn man nur jedes zweite Jahr räumt. Für die Räumung ist es dringend erwünscht, daß die Sollquerschnitte des Wasserlaufes bekannt sind. Man legt daher, soweit es nicht bereits durch Brücken und Durchlässe ausreichend geschieht, seine Sohlenlage durch Sohlpfähle oder Sohlschwellen in Abständen von 100 bis 200 m fest. Solche Sohlfestpunkte bestehen entweder aus einer auf zwei Grundpfählen ruhenden Schwelle, die seitwärts noch je 0,3 bis 0,5 m unter die Böschung greift, oder aus einem einfachen fest eingerammten Pfahl, dessen Oberkante in der Höhe der planmäßigen Grabensohle liegt und durch Höhenmessung festzulegen ist. Zwischen je zwei Sohlschwellen oder Sohlpfählen kann dann die Sohle bei der Räumung in planmäßiger Lage dauernd erhalten werden. Zur Erleichterung der Reinigung dient die Abdämmung einzelner Grabenabschnitte. Während der Nacht werden die Abdämmungen geöffnet, damit das oberhalb angesammelte Wasser abfließen kann. Vorhandene Stauwerke sind während der Reinigung zu ziehen. Der Räumungsboden ist alsbald zu beseitigen, z. B. einzuebnen, oder zwecks Kompostbereitung so zu lagern, daß der Abfluß des Oberflächenwassers in den Wasserlauf nicht behindert wird. Das Einebnen ist nur ratsam, wenn keine erhebliche Gefahr der Verunkrautung besteht, sonst muß vorher kompostiert werden, wodurch die Unkrautsamen zugrunde gehen.

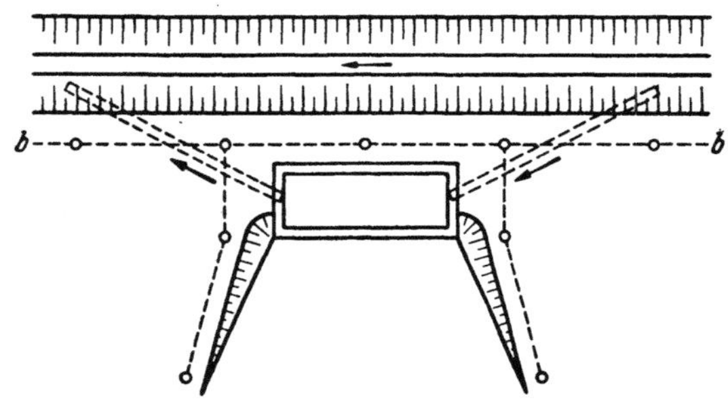

Abb. 150. Viehtränke.

Die Räumungsarbeiten werden unter Umständen durch Sandfänge (S. 198) wesentlich erleichtert. Auf Weiden legt man zur Verringerung der Unterhaltungskosten Viehtränken nach Abb. 150 an, um die Einfriedigung *b* — *b* nicht unterbrechen zu müssen und so das Weidevieh vom Graben völlig fernzuhalten. Die Tränke wird durch eine Dränrohrleitung mit fließendem Wasser versorgt, der Zugang etwas rampenförmig vertieft. Vgl. auch den Entwurf einer Viehtränke nach DIN 1181.

Zur Durchführung der Unterhaltungsarbeiten verwendet man Geräte und Maschinen der verschiedensten Art, die an dieser Stelle zusammenfassend besprochen werden sollen, auch wenn sie zum Teil nur bei größeren Wasserläufen eingesetzt werden. Seit längerer Zeit ist man bestrebt, die Handarbeit durch billigere Maschinenarbeit zu ersetzen, teilweise mit sehr gutem Erfolge. Leider stößt der Einsatz von Maschinen in der Praxis häufig auf Schwierigkeiten, sei es, daß Zäune, Hecken, Bäume, Böschungsbefestigungen, Dränausmündungen oder zahlreiche Seitengräben die Reinigungsarbeit vom Ufer aus erschweren oder verhindern, sei es, daß geringe Wassertiefen oder zu kleine

Brückenöffnungen die Verwendung schwimmender Geräte unmöglich machen. Auch die Konstruktion der Reinigungsmaschinen ist oft schwierig, da sie eine große Anpassungsfähigkeit an die stark wechselnden örtlichen Verhältnisse besitzen müssen.

Zur Krautung kleiner Wasserläufe bedient man sich namentlich der Krautsense (Stielsense), der Krautharke und der Sichel. Die Krautsense ist ein gewöhnliches Sensenblatt an langem Stiel. Die eiserne Krautharke ist 40 bis 50 cm breit mit 10 cm langen, etwas nach rückwärts gebogenen Zinken in 3 bis 4 cm Abstand. Sie ist an einem langen Stiel befestigt. Man harkt mit ihr den Untergrund ab, um die Wasserpflanzen mit den Wurzeln herauszuziehen. Die Entfernung der Wurzeln ist besonders wirksam.

Beim Freienwalder Krautmesser (Abb. 151) sind 2 Messer mit Außenschneide unter einem Winkel von 60° starr miteinander verbunden und mit schräg aufwärts gerichtetem Stiele versehen. Das Messer ist vom Kahne

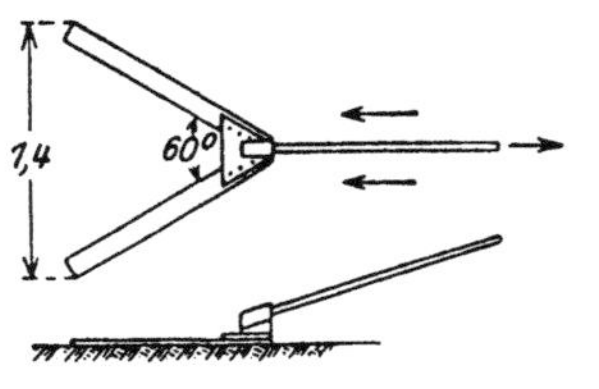

Abb. 151. Freienwalder Krautmesser. (Nach Krüger.)

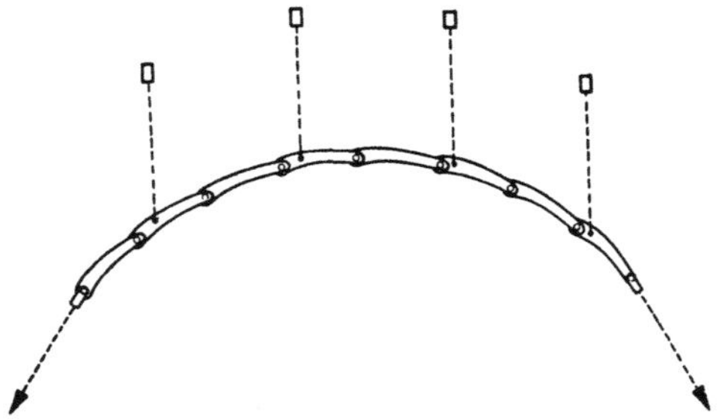

Abb. 152. Sensenkette.

aus zu benutzen. Dieser wird von zwei Leuten stromauf bewegt. Ein Dritter, am Heck des Kahnes stehend, zieht das Gerät ruckweise nach. Das Freienwalder Krautungsverfahren besteht darin, daß mehrere Kähne mit Handkrautern durch ein Motorboot gezogen werden.

Die Sensenkette (Abb. 152) besitzt mehrere Sensenblätter mit etwa 0,75 m

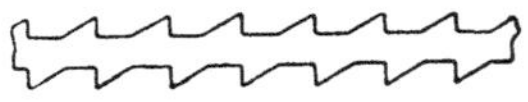

Abb. 153. Ziemsensche Krautsäge.

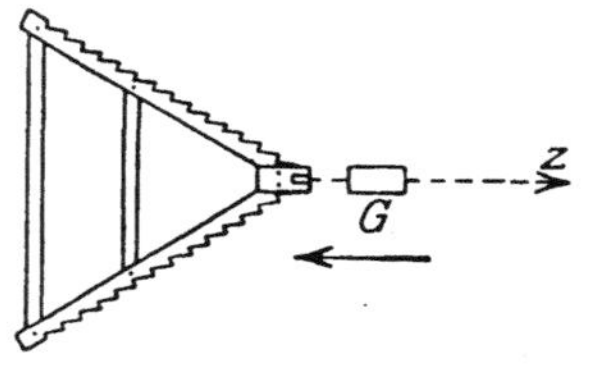

Abb. 154. Schleppsäge. (Nach Krüger.)

Arbeitsbreite, die durch Bolzen gelenkartig miteinander verbunden sind. Jedes zweite Messer wird mit einem Schleppgewicht versehen. An jedem Ende der Sensenkette ist ein Zugseil befestigt. Durch wechselweises Anziehen der Zugseile von den Ufern aus wird das Messer ruckweise sägend stromauf bewegt.

Die Ziemsensche Krautsäge (Abb. 153) besteht aus einem 10 bis 20 m langen biegsamen, beiderseits gezahnten Sägeblatt, das alle 1 bis 1,5 m durch aufgeschraubte flache gußeiserne Körper beschwert wird, vermittels derer es sich den gröberen Unebenheiten der Gewässersohle anschmiegt. Die Säge wird von den Ufern aus ruckweise hin- und hergezogen. Nach Abschrauben der Gußeisenkörper kann das Sägeblatt zusammengerollt und bequem fortgeschafft werden. Diese Krautsäge hat sich sehr bewährt, sie wird hergestellt von der Drahtwarenfabrik Wilhelm Müller in Wismar.

Bei der Schleppsäge (Abb. 154) sind 2 Sägeblätter durch Spreizen winkelförmig miteinander verbunden. Vorn sorgt ein Eisenkörper G als Beschwerungsgewicht für Grundschlüssigkeit. An dem Zugseil z wird die Säge hinter einem Kahn oder Motorboot stromauf gezogen. Die Arbeitsbreite beträgt 1 bis 3 m.

Eine Wasserpflanzen-Mähmaschine ist von der holländischen Firma Joh. Aberson in Olst entwickelt worden. Die in Abb. 155 am Bug befindliche senkrechte Welle trägt unten eine kreisförmige Scheibe mit auswechselbaren Messern, bei Schrägstellung der Welle können auch Böschungen gemäht werden. Abmessungen 500 × 154 cm, Tiefgang der beiden Schwimmer 25 cm, Antrieb durch

Abb. 155. Holländische Wasserpflanzen-Mähmaschine.

3-PS-Benzinmotor, anwendbar bei 50 bis 150 cm Wassertiefe, Kosten 4000 RM (1943). Auch in Deutschland verschiedentlich gut bewährt, wesentliche Kostenersparnis gegenüber Handarbeit, Auf- und Abbau sowie Bedienung sehr einfach, doch 3 PS stellenweise als zu schwach befunden. In der Regel ein Bedienungsmann, nur bei starker Verkrautung zwei. Die Böschungsarbeit war zum Teil schwierig, häufiger Wechsel der Sohlenhöhe (Sand- und Schlammbänke) erschwerte die Arbeit erheblich. Arbeitsleistung etwa 3,5 km/h mit 60 cm Schnittbreite, Treibstoffverbrauch etwa 1 Liter je Arbeitsstunde.

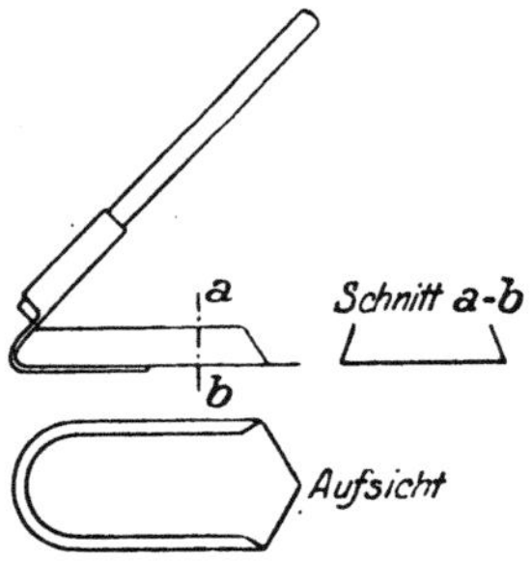

Abb. 156. Schloothacke. (Nach Krüger.)

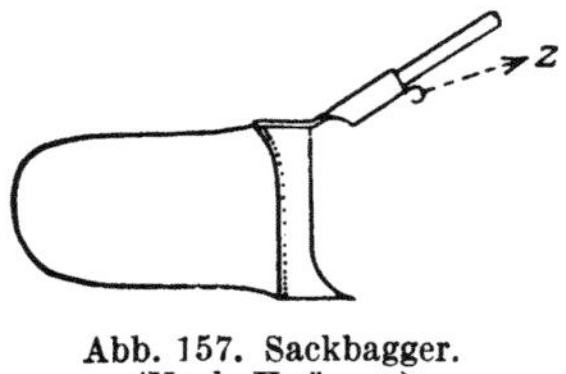

Abb. 157. Sackbagger. (Nach Krüger.)

In der Elsässischen Wasserwirtschaftsverwaltung werden mit gutem Erfolge Boots-Mähmaschinen verwendet, die 4 bis 6 km/h bei einer Arbeitsbreite von etwa 2 m leisten. Eiserne Boote 600 × 140 cm mit flachem Boden, ein 5-PS-Motor treibt ein Schaufelrad am Heck und die Mäheinrichtung am Bug, bestehend aus einem waagerechten Messer von 240 cm und einem senkrechten von 180 cm Länge, beide sind hochklappbar. Arbeit wie bei einer gewöhnlichen Mähmaschine, zwei Bedienungsleute, Treibstoffverbrauch bei starker Beanspruchung 1 l/h.

Räumungsgeräte sind Spaten, Schaufeln, Schloothacke u. a. Die Schloothacke oder Baggerschaufel (Abb. 156) ist eine große Schaufel aus Eisenblech mit aufgebogenen Seitenrändern, die an dem 4 m langen Stiel unter spitzem Winkel (etwa 45°) befestigt ist. Sie gestattet die Räumung von den Ufern aus. Man schlägt die Hacke in den Boden, legt die Stange auf die Schulter, drückt sie mit den Händen in die zu baggernde Masse und zieht sie dabei ans Ufer. Bei schlammigem, fließendem Boden kann auch der Sackbagger gute Dienste leisten (Abb. 157). Ein runder oder viereckiger Ring aus Eisen mit Schneide trägt einen Sack aus starker, möglichst wasserdurchlassender Leinewand. An einer langen Stange wird die Schneide in den Boden gedrückt, der Sack gefüllt und (vielfach mit Hilfe eines besonderen Zugseiles *z*) aus dem Wasser gezogen. Ein weiteres Räumungsgerät für kleine Wasserläufe ist der Baggerkasten (Abb. 158). Ein vorn offener Kasten aus Holz mit eiserner Schneide oder ganz aus Eisenblech, die Wände durchlöchert zum besseren Wasserabflusse, ist an einer Stange befestigt. Er wird in den Boden gedrückt und von einem zweiten Arbeiter an einem Zugseil *z* an das gegenüberliegende Ufer gezogen und hier entleert.

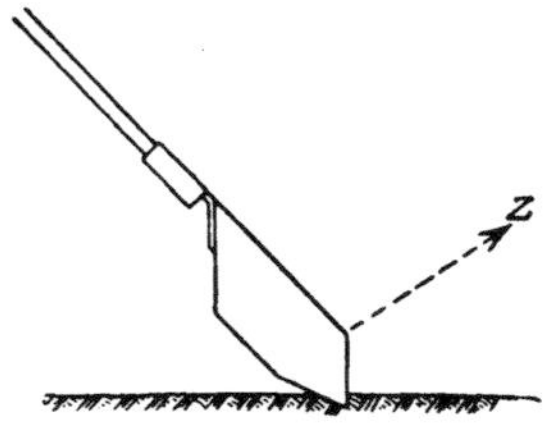

Abb. 158. Baggerkasten. (Nach Krüger.)

Der Grüppelpflug Friesland der Firma Petersen Söhne in Niebüll (Schleswig-Holstein) ist für Pferdezug gebaut, Tiefgang 20 und 30 cm, Sohlenbreite 25 bis 35 cm. Die Verteilung des Auswurfs muß von Hand vorgenommen werden.

Die frühere Maschinenfabrik Grüter in Bad Segeberg bei Kl.-Niendorf (Schleswig-Holstein) hat den Grabenpflug Medaus Grübbler herausgebracht, der von einem Schlepper oder einer Seilwinde gezogen wird. Zur Herstellung neuer und Räumung vorhandener Gräben, sehr saubere Arbeit (Abb. 159). Größte Grabenmaße: Tiefe 45 cm, Sohlenbreite 40 cm, obere Breite 90 cm. Breite, Tiefe und Böschungsneigung verstellbar. Der Pflug legt den Boden in 50 bis 75 cm Entfernung vom Grabenrand ab, dann Verteilung von Hand oder durch Eggen und Schleifen. Gewicht des Pfluges 1250 kg, Preis 1800 RM (1930). Ein Bedienungsmann, Leistung bei neuen Gräben etwa 6000 m/Tag.

Abb. 159. Herstellung eines Grabens mit Medaus Grübbler.

Abb. 160. Frässchnecke, Bauart Heumann.

Die Frässchnecke (Bauart Heumann) der Moorburger Trecker-Werke, Firma Karl Ritscher in Hamburg-Moorburg, ist in Abb. 160 dargestellt. Auch zur Vertiefung und Verbreiterung von Gräben geeignet, reißt Kraut mit heraus. Größte Grabentiefe 1,30 m, Fahrgeschwindigkeiten 0,8, 1,6 und 3 km/h, Leistung etwa 4000 m Graben einseitig. Steuerung nach Richtungsbaken, Bedienung ein Schlepperführer und ein Hilfsarbeiter. Preis 11000 RM (1930), Verbrauch in 8 h 50 kg Rohöl und 2 kg Schmieröl. Bisher wurden recht gute Ergebnisse erzielt.

Der Grabenbagger von Kleinwort in Obendeich bei Glückstadt wurde vor 20 Jahren gebaut, er fährt als Eimerbagger neben dem Graben und verteilt das Baggergut gleichmäßig auf das Land, der Graben wird vorher ausgepumpt. Fahrgeschwindigkeit 80 m/h, Leistung in 8 h etwa 600 m Graben einseitig. 15-PS-Benzinmotor, ein Bedienungsmann. Die ausgeführte Versuchsmaschine hat gute Ergebnisse geliefert.

Der Eimerkettenbagger der Firma Wens-Spandau läuft auf einem Gleis neben dem Graben und kann auf verschiedene Grabenbreiten eingestellt werden. Im Havelländischen Luch 1921 eingesetzt. Für die Böschung, die vom Bagger etwas zu stark angefaßt wurde, war Handarbeit erforderlich. Der Bagger hat sich bewährt, wenn je lfd. Meter größere Massen zu baggern waren. 30-PS-Benzolmotor, Gewicht 15 t, Preis 24000 Goldmark. Mittlere Leistungen bei Unterhaltung 15 m^3/h, bei Neubau 20 m^3/h, Kosten ohne Bodentransport 0,64 RM/m^3 bzw. 0,52 RM/m^3.

Der Elmey-Bagger der Firma Gebr. Meyn in Elmshorn (Schleswig-Holstein) ist ein Saugbagger, der das geförderte Gemisch durch eine Rohrleitung aufs Land spült (Abb. 161). Am Heck ein schwenkbarer Ausleger mit Saugrohr und rotierendem Schneidkopf, ein kompressorloser Dieselmotor treibt eine starke Schleuderpumpe. Nach Abnahme des Sonnendaches Durchfahrt durch Brükken leicht möglich. Die Uferkanten über Wasser müssen von Hand abgestochen werden. Bei Ortstein, schwerem Lehm und größeren Steinen nicht verwendbar, Wurzeln werden mit herausgerissen. Kleinere und mittlere Ausführung:

Abb. 161. Elmey-Bagger mit Spülleitung.

Länge 5,50 und 7,50 m, Breite 1,50 und 2,00 m,
Tiefgang 0,50 bis 0,60 m, Gesamtförderhöhe ~ 5 m,
Leistung 8 und 10 bis 12 PS, 1 und 2 m^3/min,
erreichbare Baggertiefe bis 3 m unter Wasser.

Bedienung einschl. Verlegen der Druckleitung zwei Mann, reine Baggerstunden etwa 6,5 je Tag. Der Bagger hat sich bestens bewährt.

Abb. 162. Holländischer Eimerkettenbagger, abmontiert.

In Ostfriesland sind in breiteren Wasserläufen (Entwässerungskanälen, Sieltiefen) mit gutem Erfolge die unempfindlichen Greifbagger mit Seitenpontons in Benutzung. Länge etwa 14 m, Breite 4,25 und mit Ponton 6,40 m, Tiefgang beladen 0,90 m, Greiferinhalt 0,5 m^3, Tagesleistung 150 m^3 in gutem Boden. Nachteilig ist, daß die Bagger wegen ihres Aufbaues niedrige Brücken nicht unterfahren können.

Der Eimerkettenbagger der holländischen Firma de Jongh u. Co. in Oudewater (Abb. 162) ist dadurch ausgezeichnet, daß er schnell auf eine verhältnismäßig geringe Höhe (250 cm über Wasser) abmontiert werden kann. Länge 750 cm, Breite 250 cm, Tiefgang 50 bis 70 cm, Gewicht 9 bis 10 t, 5 bis 6 PS, 12 bis 14 m^3/h, Arbeitstiefe bis 150 cm, Bedienung zwei Mann, Preis etwa 12000 RM (1930). Er hat sich auf den holländischen Wasserläufen gut bewährt.

Die Bestrebungen, zur Verteilung des Aushubs besondere Verteilmaschinen zu bauen, sind über Anfänge bisher nicht hinausgekommen.

Bei allen Bauwerken sind namentlich die erforderlichen Schutzanstriche rechtzeitig durchzuführen, was leider oft versäumt wird und dann einen vorzeitigen Verfall der betreffenden Bauwerksteile zur Folge hat. Gerade die kulturtechnischen Anlagen enthalten meist zahlreiche kleine, zerstreut liegende Bauwerke, wie Kulturstaue, Durchlässe und Wirtschaftsbrücken mit Holz- und Eisenteilen, die den Witterungseinflüssen stark ausgesetzt sind und daher ziemlich häufig einer Ausbesserung des Schutzanstriches bedürfen. Holz darf nur gestrichen werden, wenn es in der warmen Jahreszeit gut ausgetrocknet ist, von allen Eisenteilen ist vor dem Anstrich der braune Rostansatz sorgfältig zu entfernen. Man beachte, daß Holz an solchen Stellen am schnellsten fault, wo es im häufigen Wechsel der Nässe und Trockenheit ausgesetzt ist, wie z. B. in der Nähe des Wasserspiegels. Bisweilen macht es von außen noch einen durchaus gesunden Eindruck, ist aber in geringer Tiefe unter der Oberfläche schon morsch, wovon man sich durch Einstoßen eines Taschenmessers leicht überzeugen kann. Im Moor halten sich die Holzteile weit besser als in mineralischen Böden.

Bei allen Stauwerken, besonders bei den größeren, ist es dringend nötig, die jährlichen Untersuchungen des Bauwerkes auch darauf auszudehnen, ob es etwa umläufig geworden ist oder ob sich im Unterwasser Kolke gebildet haben, die für den Bestand des Stauwerkes gefährlich werden können. Solche Kolkbildungen sind meist nur durch Abpeilen festzustellen.

Alle Betonbauten im Moor müssen besonders sorgfältig beobachtet werden, da viele Moore den Beton angreifen. Man hat zu diesem Zwecke das Moor neben dem Beton etwas fortzugraben und so die gefährdete Oberfläche des Betons vorübergehend freizulegen. Hochmoore sind in dieser Hinsicht gefährlicher als Niederungsmoore.

Die Instandhaltungsarbeiten bedürfen stets bestimmter Ersatzmaterialien, von denen man nach Möglichkeit einen kleinen Vorrat bereit halten sollte: Anstrichmittel für Holz und Eisen, Faschinen, Pflastersteine usw.

In größeren Verbänden lohnt sich stets die Anstellung eines Vorarbeiters, der dem Vorsteher gegenüber die Verantwortung für die Instandhaltung der Anlagen trägt und zu seiner Unterstützung je nach Bedarf Hilfskräfte einstellt. Auch ein ohnehin benötigter Schöpfwerkswärter kann dieses Amt übernehmen. In sehr großen Verbänden muß der Vorsteher dadurch entlastet werden, daß das ganze Verbandsgebiet in mehrere Bezirke eingeteilt wird und ein Vorstandsmitglied für jeden Bezirk die Verantwortung übernimmt. Wie denn überhaupt eine klare Abgrenzung aller Verantwortlichkeiten der Schlüssel zum Erfolge ist. Kleine Verbände können sich häufig dadurch helfen, daß sie einen Vorarbeiter auf gemeinsame Kosten anstellen, was vertraglich zwischen ihnen zu regeln ist.

IV. Flüsse und Flußdeiche.

A. Die Flußregelung.

Die folgenden Ausführungen beschränken sich auf die nicht schiffbaren Wasserläufe des Flach- und Hügellandes, die ja für die Landwirtschaft eine besondere Bedeutung haben. Vgl. im übrigen den Abschnitt V (S. 244). Die Wildbachverbauung ist als ein der Landeskultur ferner stehendes Gebiet in diesem Buch nicht behandelt.

Die Regelung der nicht schiffbaren Flüsse im Interesse der Landeskultur weist gegenüber der Regelung der Ströme zu Schiffahrtszwecken mancherlei Unterschiede auf. Die Abflußmengen und Abmessungen der Wasserläufe sind wesentlich kleiner, die Uferschutz- und Regelungsbauten erheblich einfacher und nicht die Wassertiefen, sondern die Wasserstände entscheidend. In der Regel werden auch neue Deichanlagen erforderlich.

Der folgende Unterabschnitt soll zunächst einen Einblick in die allgemeinen Abflußvorgänge eines Flusses vermitteln. Denn die Kenntnis dieser Vorgänge ist die erste Voraussetzung für jede sachgemäße Planung.

Vgl. auch die auf S. 247 behandelten Maßnahmen zum Schutze der Fischerei.

1. Allgemeines.

Die Beschaffenheit des Bodens, in den ein Flußbett eingeschnitten ist, die Abflußmengen und deren zeitliche Verteilung sind von bestimmendem Einfluß auf die Gestaltung des Flusses hinsichtlich der Ausbildung des Laufes, des Gefälles und der Querschnitte.

Die Kräfte, die dabei tätig sind, beruhen in der lebendigen Kraft des fließenden Wassers und den widerstehenden Kräften des Bodens. Je größer die Abflußmenge und je größer die Geschwindigkeit ist, um so größer die lebendige Kraft und um so größer auch der Abbruch von Bodenteilen aus dem Flußbett. Daher finden bei Hochwasser die größten Umbildungen im Flußbett statt. Sobald aber mit abnehmender Abflußmenge die Geschwindigkeit nachläßt, setzen sich die mitgeführten Bodenteile ab. Unter diesem Wechselspiel nimmt ein anfänglich gerader Lauf durch Bildung von Krümmungen an Länge so lange zu, bis das Spiegelgefälle und die Wassergeschwindigkeit sich so weit ermäßigt haben, daß ein weiterer nennenswerter Abbruch nicht mehr stattfindet. Diesen Zustand beobachten wir am Mittel- und Unterlauf der Flüsse. Wenn man eine der maßgebenden Größen, z. B. die Lauflänge eines bereits in den Beharrungszustand übergegangenen Flußlaufes, durch künstlichen Eingriff ändert, nehmen die Naturkräfte ihre Tätigkeit wieder auf, um den alten Zustand wiederherzustellen. Selbst ein ganz gerader Wasserlauf nimmt die geschlängelte Form an, wenn durch irgendeinen Zufall der erste Anlaß dazu gegeben wird. Oft werden bei fortdauernder Verschärfung der Krümmungen die die einzelnen Krümmungen trennenden Landzungen so schmal, daß sie durchbrechen und daß das Spiel der Umformung von neuem beginnt. Uferabbrüche entstehen in besonders großem Umfange bei schnell fallendem Wasser. Die Voraussetzungen sind dann insofern günstig, als der Gegendruck von der Wasserseite aufhört und daher das während des Hochwassers in das Ufergelände eingedrungene Bodenwasser aus den Ufern austritt, während gleichzeitig die Widerstandskraft des Bodens gegen Gleiten infolge der Durchfeuchtung vermindert ist.

Als Maß für die Eigenart eines Flußlaufes hat man den Begriff der Laufentwicklung eingeführt. Man versteht darunter den Unterschied zwischen der Länge des Flußlaufes mit allen Krümmungen und der Länge des Tales, in Hundertteilen der letzteren. Ist z. B. das Tal 137 km, der Flußlauf 188 km lang, so beträgt die Laufentwicklung $(188 - 137) \cdot \frac{100}{137} = 37{,}2\,\%$. Je größer die Laufentwicklung einer Flußstrecke ist, um so reicher ist sie also an Krümmungen.

Die Form und Häufigkeit des Richtungswechsels eines Flußlaufes ist von hohem Einflusse auf die Flußquerschnitte. In einem gewundenen Flußlaufe sind niemals gleichmäßige Tiefen vorhanden, vielmehr findet ein ständiger Tiefenwechsel in der Längs- und Querrichtung statt. An dem einbuchtenden Ufer ist der Wasserangriff am größten, weil dieses Ufer unter einem gewissen Winkel von dem strömenden Wasser getroffen wird. Hier entstehen abbrüchige Steilufer und Auskolkungen der Sohle. Über diesen tiefsten Stellen ist auch die Wassergeschwindigkeit am größten, die Hauptwassermengen drängen sich an dem einbuchtenden Ufer zusammen. Als Stromstrich bezeichnet man die Linie, in der der Hauptabfluß stattfindet. Seine Kennzeichnung ist nicht einheitlich: Linie der größten Geschwindigkeiten an der Wasseroberfläche oder Linie der Schwerpunkte der durch die verschiedenen Flußquerschnitte strömenden sekundlichen Wassermengen. Die Länge des Stromstriches übertrifft also noch die des Laufes. Die vom Wasser mitgeführten Sinkstoffe kommen an den Stellen mit geringerer Wassergeschwindigkeit zur Ablagerung, und zwar namentlich an den ausbuchtenden Ufern. Die hier sich bildenden Sinkstoffbänke fallen häufig mit sanftem Quergefälle zum Flusse ab und enthalten in der Ufernähe die feinsten und nach dem Flusse hin die gröbsten Sinkstoffe, entsprechend den an diesen Stellen herrschenden verschiedenen Geschwindigkeiten.

Da der Stromstrich die aufeinander folgenden einbuchtenden Uferstrecken links und rechts miteinander verbindet, muß zwischen jedem Krümmungswechsel ein Wendepunkt liegen. Bei diesem kreuzt der Stromstrich etwa die Flußmitte und ist die Strömung nahezu symmetrisch über den Querschnitt verteilt. Die durchschnittliche Strömungsgeschwindigkeit ist daher hier geringer als an den einbuchtenden Ufern, weshalb nicht nur keine Ausspülung entsteht, vielmehr eine Ablagerung von Sinkstoffen stattfindet. Diese Übergänge genannten Flußstrecken bilden eine rückenartige Erhebung in der Flußsohle, die sich meistens von dem Ende des einen einbuchtenden Ufers schräg über den Fluß nach dem Anfange des nächst unterhalb gelegenen erstreckt (Abb. 163). Die Wassertiefen im Stromstrich zeigen also einen fortwährenden Wechsel derart, daß die einbuchtenden Strecken durch große, die Übergänge durch geringe Tiefen gekennzeichnet sind. Bei günstigen Verhältnissen verläuft der Stromstrich (Talweg) in einer geschlängelten Linie nach Abb. 163a. Es kann aber auch der Fall eintreten, daß die Tiefen sich übergreifen (Abb. 163b), wodurch an den Übergängen sehr unerwünschte Querströmungen entstehen.

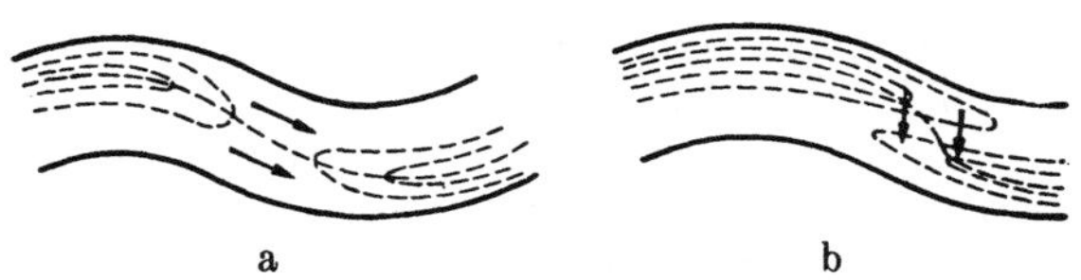

Abb. 163. Übergänge einer Flußstrecke.

Entsprechend der wechselnden Querschnittsgestaltung ist auch das Wasserspiegelgefälle verschieden, und zwar stärker an den Übergängen (Furten) als in den Krümmungen (Kolken). Diese Gefälleunterschiede gleichen sich bei steigendem Wasser immer mehr aus. Dann sinkt also das Gefälle an den Übergängen, während es in den Krümmungen wächst. Die Folge ist, daß die Schleppkraft (S. 176) in den Krümmungen stärker zunimmt als an den Übergängen und daß daher die Kolke vertieft und die Furten erhöht werden. Bei fallendem Wasser zeigt sich das umgekehrte Bild.

Die Flußkrümmungen sind in der Regel nicht nach einem Kreisbogen geformt, vielmehr nimmt der Krümmungshalbmesser von den Enden nach der Mitte ab.

Krautwuchs im Flusse verschiebt die Umbildung des Flußbettes durch das Wasser in zweierlei Hinsicht, weil er einerseits die Wassergeschwindigkeit an den Ufern ermäßigt und dadurch die Abbrüche vermindert, andererseits aber auch Ablagerungen begünstigt.

Da, wo das fließende Wasser auf ein einzelnes Hindernis trifft, entsteht meistens eine vermehrte Wassergeschwindigkeit, vermehrter Angriff auf die Sohle und häufig auch eine Sohlenauskolkung. Die dadurch frei gewordenen Sinkstoffe werden hinter dem Hindernis bei der dort vorhandenen verringerten Geschwindigkeit wieder abgelagert. Man nennt dies Gebiet der Ablagerung den Stromschatten, der hinter Brückenpfeilern, Inseln und anderen Abflußhindernissen meistens deutlich wahrgenommen werden kann.

Verlandungen treten ferner an solchen Stellen ein, wo die Gestaltung des Flußlaufes eine Schwächung der Stromkraft bedingt. Solche Fälle liegen vor bei übergroßen Flußbreiten, Stromspaltungen und in Strecken mit niedrigen Ufern, die bei steigendem Wasser ein frühzeitiges Entweichen der Wassermenge aus dem Flußbette gestatten. Während in dem eigentlichen Flußbette die Umformung der Querschnitte sich in endlosem Wechsel derart vollzieht, daß an derselben Stelle bald Vertiefungen, bald Ablagerungen stattfinden, verändert sich der Hochwasserquerschnitt auf den überschwemmten Vorländern stetig durch Auflandung. Die Wassergeschwindigkeit ist hier wesentlich geringer infolge der geringeren Tiefe und der größeren Reibungswiderstände, die durch den Pflanzenbestand verursacht werden.

Eine plötzliche Verminderung der Wassergeschwindigkeit tritt dann ein, wenn der Wasserstand die Uferhöhe zu übersteigen beginnt und das austretende Wasser die Vorländer überstaut. In diesem Augenblick gelangen die gröbsten und größten Sinkstoffmengen zur Ablagerung, weshalb bei häufig ausufernden Flüssen die Uferränder bald eine größere Höhe erreichen als das dahinter liegende Vorland. Es bilden sich die sog. Uferrehnen.

Nach dem im allgemeinen von oben nach unten abnehmenden Gefälle teilt man jeden größeren Flußlauf in den Ober-, Mittel- und Unterlauf. Diese Teile kennzeichnet man auch als das Gebiet des Abbruches, der Fortschaffung und der Ablagerung der Sinkstoffe. Die Nebenflüsse haben meistens ein stärkeres Gefälle als ihr Hauptfluß.

Die Form einer Hochwasserwelle ist in Abb. 43 dargestellt. Die Hochwasserwelle wird mit der Zeit flacher, sie fließt gleichsam auseinander unter gleichzeitiger Ermäßigung ihrer Scheitelhöhe (S. 127). Dabei ist die Fortschreitungsgeschwindigkeit des Wellenscheitels in der Regel größer als die mittlere Wassergeschwindigkeit des Hochwassers. Die Speisung des Grundwassers durch ein Hochwasser wirkt verringernd auf die Wassermenge der gesamten Welle.

Die Abhängigkeit des Wasserspiegelgefälles J von der Wasserspiegelbreite B und der mittleren Tiefe $t = F/B$ erkennt man, wenn man mit den Bezeichnungen auf S. 139

$$J = \frac{Q^2}{B^2 t^3 k^2} \qquad (202)$$

setzt. Bei gleichbleibendem Q (und k) ergibt sich:

1. t unverändert, B 10% größer: J 17% kleiner.
2. B unverändert, t 10% größer: J 25% kleiner.

Besonders die mittlere Tiefe ist also von erheblichem Einfluß auf das Spiegelgefälle der einzelnen Flußstrecken.

Die Regelung der Wasserläufe verfolgt für die Landeskultur folgende Ziele:

1. Das Hochwasser ohne Schaden für die anliegenden Grundstücke abzuleiten.

2. Bei den häufigsten (mittleren) Wasserständen hinreichende Vorflut für die auf den Wasserlauf angewiesenen Grundstücke zu schaffen, ohne daß das Niedrigwasser einen zu tiefen Stand annimmt.

3. Den Abfluß bei allen Wasserständen so zu gestalten, daß weder nennenswerte Abbrüche noch schädliche Anlandungen im Flußbette eintreten, die Unterhaltungslast also tunlichst verringert wird.

Die Beseitigung der Hochwasserschäden ist in der Regel nur dadurch zu erreichen, daß die Flußregelung mit einer Eindeichung der hochwassergeschädigten Grundstücke verbunden wird. Die erforderliche Vorflut der Grundstücke muß zum mindesten bei *SoMW*, besser noch bei *MW* überhaupt erreicht werden. Daher laufen die Flußregelungen für die Landeskultur fast stets auf die Erreichung dieses Zieles hinaus.

Es sollte ferner das Ziel aller Flußregelungen sein, den zu regelnden Wasserlauf von der Mündung bis zur Quelle nach einem einheitlichen Plan in den gewünschten Zustand zu bringen, auch wenn ein solcher Plan oft nur in langen

Zeiträumen verwirklicht werden kann. Bei der Aufstellung des Gesamtplanes ist zu prüfen, ob in absehbarer Zeit eine Veränderung der Abflußverhältnisse durch den Bau von Stauweihern oder Talsperren zu erwarten ist. Denn durch die Speicherung der Hochwasser wird der Wasserlauf entlastet und werden die Kosten der Flußregelung geringer. Grundsätzlich ist mit allen Flußregelungen am Unterlauf des Flusses zu beginnen. Würde man am Oberlauf anfangen, so würde in vielen Fällen der schnellere Wasserabfluß auf der Regelungsstrecke eine verstärkte Hochwassergefahr für die Unterlieger zur Folge haben. Denn größere Flußregelungsarbeiten beanspruchen meistens schon aus geldlichen Gründen eine vieljährige Bauzeit.

In welchem Umfange Überschwemmungen zu beseitigen sind, hängt ganz von den jeweiligen örtlichen Verhältnissen ab. Auch ist es zur Entscheidung dieser Frage von Bedeutung, ob die Flußregelung auf Kosten der beteiligten Landwirte oder des Staates ausgeführt werden soll. Im ersten Fall muß ein möglichst hoher Reinertrag erreicht werden (privatwirtschaftlicher Erfolg), während im zweiten Fall der Rohertrag entscheidend ist (volkswirtschaftlicher Erfolg). Der Staat wird daher die Kosten und den Erfolg einer Flußregelung nach anderen Gesichtspunkten als der einzelne werten, wie denn überhaupt die Regelung der größeren Wasserläufe im allgemeinen als Aufgabe der öffentlichen Hand angesehen werden muß.

2. Vorarbeiten und Pläne.

Man vergleiche auch die Ausführungen im Teil III, E (S. 207).

Das Entwerfen einer Flußregelung setzt eine genaue Kenntnis des zu regelnden Flusses voraus. Nur wer die Eigenarten des betreffenden Wasserlaufes aus eigener Erfahrung kennt, ist imstande, einen brauchbaren Plan zu bearbeiten. Die Kunst des Flußbauers besteht darin, aus dem Verhalten des Flusses selbst die Grundlagen der Regelung zu erkennen. Das ist wichtiger als manche rein rechnerischen Ermittlungen. Denn die Einflüsse auf die Gestaltung des Flußbettes sind so mannigfach, daß es jedenfalls bisher nicht gelungen ist, sie rein rechnerisch zu erfassen. Das ist auch der Grund für die starke Entwicklung, die die Versuche der wasserbaulichen Versuchsanstalten im Flußbau genommen haben. Grundfalsch wäre es, die Planbearbeitung für eine Flußregelung zu überstürzen, dem Bearbeiter muß vielmehr Zeit gelassen werden, damit er den Fluß im Hinblick auf die beabsichtigte Regelung eingehend erforschen kann. Dabei ergeben sich viele wertvolle Beobachtungen, deren Bedeutung für eine sachgemäße Planung noch lange nicht hinreichend gewürdigt wird.

Besonderes Augenmerk ist zunächst auf den Zustand der Ufer zu richten. Bei jedem Fluß findet man Uferstrecken, die sich seit vielen Jahren gut gehalten haben, während andere fast ständig unter Abbruch liegen. Man muß versuchen, die Gründe für dieses verschiedene Verhalten zu ermitteln: wenig standfester Boden, starker Wasserangriff in scharfen Krümmungen, große Wassergeschwindigkeit in Engstellen, Strudelbildung bei HW an einzelnstehenden Büschen und Bäumen, ungeeignete Pflanzendecke, Zertreten der Uferböschung durch das Weidevieh oder umgekehrt besonders standfester Boden, regelmäßige Flußstrecken mit natürlicher lebender Verbauung (welche Pflanzenarten ?) usw.

Sehr wichtig ist ferner ein genaues Studium der Flußbreiten und ihrer Beziehung zu anderen Profilwerten. Ein wesentliches Ziel der Regelung besteht fast immer darin, daß MW zu senken, was ohne eine Vertiefung der Sohle nicht zu erreichen ist. Es hat aber keinen Sinn, die meistens recht hohen Kosten der Vertiefung aufzuwenden, wenn die vertiefte Flußstrecke infolge zu großer Flußbreiten schon nach einigen Jahren wieder bis zur früheren Höhe versandet. Es empfiehlt sich, zunächst diejenigen Flußstrecken festzustellen, die eine verhältnismäßig regelmäßige Form ohne nennenswerte Uferabbrüche und Versandungen aufweisen. Das bezieht sich in gleicher Weise auf gerade Strecken und Krümmungen. Es gibt fast stets solche Strecken, die jahrelang so gut wie unverändert sind, in denen sich mithin eine Art Gleichgewichtszustand zwischen den Angriffen des Wassers und dem Widerstand des Flußbettes eingestellt hat. Sehr vorteilhaft ist es, wenn man Strecken findet, die gleichzeitig auch noch einen günstigen Mittelwasserstand aufweisen, der jedoch nicht darauf beruhen darf, daß das Gelände daselbst zufällig höher als sonst liegt. Abb. 164 zeigt bei gleichmäßig fallendem Gelände eine regelmäßige Strecke $a-b$ mit tieferer Sohlenlage. Hier liegt also das MW günstig, von b nach c wird das Spiegelgefälle schwächer, der Wasserspiegel nähert sich wieder mehr dem Gelände, weil sich

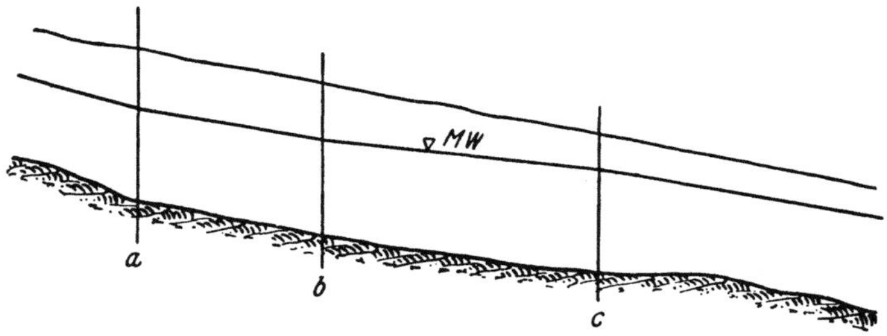

Abb. 164. Musterstrecke eines Flusses.

namentlich unterhalb c größere Sandablagerungen befinden. Stellt man nun außerdem noch fest, daß die Flußbreiten der Strecke $a-b$ kleiner sind als ober- und unterhalb, so wird man $a-b$ als Musterstrecke (B, U, F, R) ansehen können, die den besten Anhalt für die Wahl des Regelungsquerschnittes liefert. Wichtig ist dabei noch die Ermittelung des Spiegelgefälles J und der Wassergeschwindigkeit v auf der Strecke $a-b$. Wenn nämlich infolge etwa notwendig werdender Begradigungen J auf J_1 wächst, so muß, um die Schleppkraft nicht zu vergrößern, nach S. 177 v unverändert bleiben, d. h. der zu wählende Wert

$$R_1 = R\left(\frac{J}{J_1}\right)^{5/7} \tag{203}$$

gesetzt werden [Gl. (149)]. Das bedeutet, daß die Regelungsbreite $B_1 > B$ zu wählen ist, um eine zu weitgehende Austiefung der Sohle zu verhindern. Denn

$$v_1 = v, \quad F_1 = F, \quad R \sim F/B, \quad R_1 \sim F/B_1.$$

Schwieriger sind die Zusammenhänge zu übersehen, wenn das MW überall zu hoch liegt. Doch kann man auch in diesen Fällen zu wertvollen Beziehungen kommen, wenn man die statistischen Rechnungsverfahren anwendet. Es ist eine theoretisch und praktisch erwiesene Tatsache, daß die erodierende Wirkung des

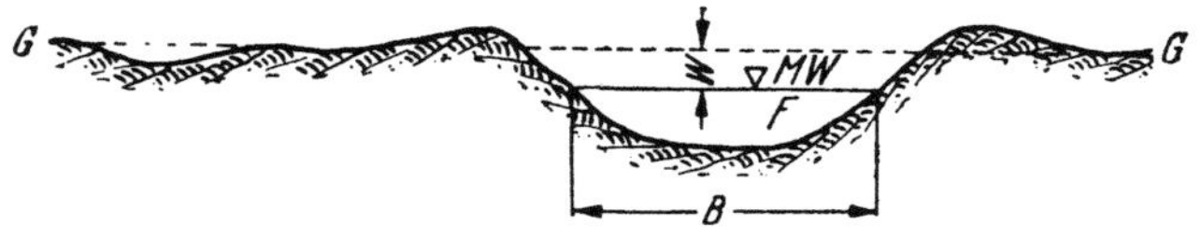

Abb. 165. Ermittelung der Regelungsbreite.

Wassers um so größer wird, je mehr man die Flußbreite B einschränkt (S. 176 und 225). Sind die Breiten B der einzelnen Querschnitte nennenswert verschieden und haben sie sich in den letzten 5 bis 10 Jahren nicht wesentlich verändert, so wird das folgende Verfahren empfohlen: man trägt in jeden Querschnitt einen Horizont G ein, der die Geländehöhe der flußnahen Niederungsflächen wiedergibt (Abb. 165). Diese Horizonte der einzelnen Querschnitte sollen im Längsschnitt einen möglichst ausgeglichenen Linienzug ergeben. Dann ist die mittlere Flußtiefe

$$T = \frac{F}{B} + W = f(B). \tag{204}$$

Man erhält also für jeden Querschnitt je ein Wertepaar T, B. Trägt man nun alle Wertepaare in ein Koordinatensystem ein, so entsteht eine Punktschar, die in dem Beispiel der Abb. 166 deutlich eine Beziehung zwischen T und B erkennen läßt. Zur Berechnung der Gleichung $T = f(B)$ wird die Ausgleichsrechnung herangezogen. Zur Klärung der Zusammenhänge sind außerdem die geologischen und bodenkundlichen Verhältnisse der Niederung festzustellen. Setzt man überschläglich den Profilradius $R = F/B$, also $MQ = F k \sqrt{F\,J/B}$, so wird in Verbindung mit Gl. (204)

$$MQ = B\,k \sqrt{J\,[f(B) - W]^3}. \tag{205}$$

Hieraus läßt sich B berechnen. W = beabsichtigter Mittelwasserstand unter Gelände, J = bisheriges Spiegelgefälle. Berücksichtigung von Laufverkürzungen nach Gl. (203).

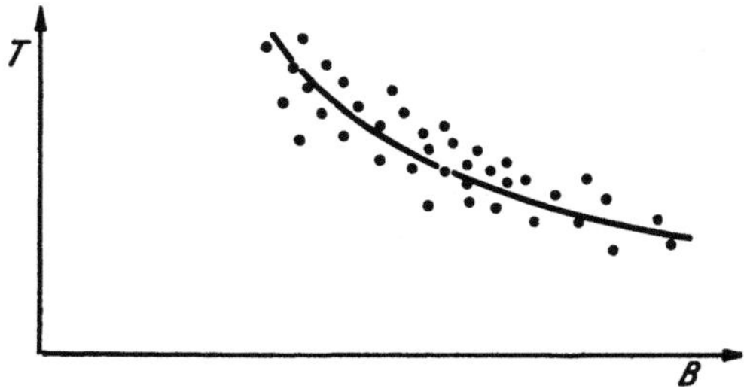

Abb. 166. Ermittelung der Regelungsbreite.

Häufig wird es sich empfehlen, die Ermittelungen am Flusse selbst noch durch Feststellungen in Versuchsrinnen zu ergänzen.

Die Untersuchung der hohlen Ufer in den Flußkrümmungen kann zeigen, welche Krümmungshalbmesser zugelassen werden können, ohne daß erhebliche Kosten für Uferbefestigungen erforderlich werden.

Für die Regelung der größeren Wasserläufe ist nun weiter eine genaue Kenntnis der Abflußverhältnisse ganz besonders wichtig. Erforderlich sind daher zuverlässige Pegelbeobachtungen und Abflußmengenmessungen. Dringend erwünscht ist eine über mehrere Jahrzehnte sich erstreckende Ganglinie der Wasserstände, aus der man die Dauer und jahreszeitliche Verteilung der bisherigen Überschwemmungen anschaulich übersehen kann. Es ist sehr zu empfehlen, die Pegelbeobachtungen auch nach erfolgter Regelung des Flusses fortzusetzen, um die durch die Regelung tatsächlich erreichte Veränderung der Wasserstände mit den vorher berechneten vergleichen zu können. Dadurch werden wertvolle Unterlagen für die richtige Beurteilung derartiger Regelungen gewonnen. Diese fortgesetzten Wasserstandsbeobachtungen dienen im Vergleiche mit den älteren vor Ausführung der Regelung durchgeführten auch zur Prüfung von angeblichen Schädigungen und zur Abweisung unberechtigter Schadenersatzforderungen.

Die vermessungstechnischen Vorarbeiten bestehen in der Herstellung der Lagepläne und in den Flußaufnahmen. Die Lagepläne müssen das gesamte Gebiet, das von der Flußregelung Vorteil hat, enthalten. Sie müssen daher über die Überschwemmungsgrenze hinausreichen, da auch noch die unmittelbar oberhalb dieser liegenden Grundstücke bei *HHW* eine bessere Vorflut erhalten. Die Höhenlage des Vorteilsgebietes ist durch Höhenlinien darzustellen. Wenn ausreichende Pegelbeobachtungen in der Nähe des zu verbessernden Gebietes vorhanden sind, kann man im Bereiche der Flußregelung die Wasserstände für *MHW* und *HHW* und mit Hilfe der Höhenlinien des Geländes die Grenzen der Überschwemmung ermitteln. Vor Ausführung der Feldaufnahmen versucht man, sich durch Nachfrage bei Ortseingesessenen über die flächenmäßige Ausdehnung der Hochwasser zu unterrichten. Noch günstiger ist es, wenn sich die Gelegenheit bietet, das Gelände bei Hochwasser zu begehen.

Die Lage des Flusses in der Wirklichkeit stimmt mit den Katasterkarten häufig nicht überein, so daß neue Messungen erforderlich werden. Alle vorhandenen Bauwerke, wie Brücken, Wehre, Uferbefestigungen, auch Abbruchsstellen sind aufzumessen. Im allgemeinen ist es zweckmäßig, auch einen Beharrungszustand des Wasserspiegels durch Höhenmessung festzulegen. Das geschieht meistens durch Schlagen von Spiegelpfählen bei beharrlichem Wasserstande. Um diesen tunlichst auszunutzen, beginnt man bei großer Länge des Wasserlaufes gleichzeitig an mehreren Punkten. Am Schlusse der Messung ist zu prüfen, ob während der Messung eine Wasserstandsänderung stattgefunden hat, damit man durch Ausgleich den beharrlichen Wasserspiegel ableiten kann.

Die Höhenlage der Flußsohle wird bei Wassertiefen bis zu etwa 2,0 m am besten durch unmittelbares Nivellement ermittelt, bei größeren Wassertiefen verwendet man die Peilstange. Sie ist unten mit einem Querbrett zu versehen, damit sie nicht im Schlamm einsinkt. In der Regel genügen Querschnittsaufnahmen in 100 m Abstand. Kommen dazwischen noch erhebliche Unregelmäßigkeiten vor, so sind sie nach Bedarf durch Zwischenquerschnitte festzulegen. Die Hydro-Apparate-Bauanstalt in Düsseldorf-Rath stellt einen beschwerten Peilschlauch her, dessen Ende auf der Sohle schleift und dem dauernd etwas unten wieder entweichende Druckluft zugeführt wird. Der Druck im Schlauch wird mit dem Manometer gemessen und ist ein Maß für die Wassertiefe. Auf diese Weise kann man fortlaufende Längsschnitte sehr schnell vom Boot aus aufnehmen.

Außer den gewässerkundlichen und vermessungstechnischen Vorarbeiten sind bisweilen noch weitere Ermittlungen erforderlich. So ist bei vorhandenen Stauwerken zu prüfen, ob sie bestehen bleiben können oder beseitigt werden müssen. Im ersten Falle wird es meistens erforderlich, die unmittelbar oberhalb des Staues liegenden Flächen ins Unterwasser des Staues zu entwässern. Liegen Geländeschwierigkeiten vor, z. B. hohes Gelände oder Gebäude auf der einen Seite des Stauwerkes, so kommt unter Umständen eine Unterdükerung des Flusses im Oberwasser des Staues in Frage, um so auf der anderen Seite des gestauten Flusses das Unterwasser zu erreichen. Soll der Stau gesenkt oder ganz beseitigt werden, so sind rechtzeitig Verhandlungen mit dem Eigentümer des Staues einzuleiten, um die Entschädigung festzulegen und vertraglich zu vereinbaren. Bei übertriebenen Forderungen wird man die in den Wassergesetzen zugunsten der Landeskultur zugelassene Enteignung betreiben (S. 208).

Wenn mit der Flußregelung eine Seesenkung verbunden werden soll, ist im Benehmen mit Fischereisachverständigen die Auswirkung auf die Fischerei zu untersuchen. Trocken gelegte Randflächen können in landwirtschaftliche Nutzung genommen werden. Man prüfe daher die Verbesserungswürdigkeit des Seegrundes durch Untersuchung von Bodenproben. Besteht der Seeboden aus Pflanzenmodder, so ist nach der Trockenlegung eine mehr oder weniger starke Sackung zu erwarten, auf deren richtige Einschätzung besondere Sorgfalt zu verwenden ist. Auch der Umfang einer zu erwartenden Grundwassersenkung ist von Bedeutung. Da Seen häufig von Wiesen umgeben sind, darf die Absenkung des Grundwassers nicht zu weit gehen. Namentlich bei durchlässigem Untergrund ist Vorsicht geboten. Auch Waldbestände in der Nähe des Sees können durch Grundwassersenkung geschädigt werden.

Für die Darstellung in den Lage- und Höhenplänen sind bestimmte Farben üblich. Der bestehende Geländezustand wird in schwarzer Farbe dargestellt, Höhenlinien braun. Für den neuen Flußlauf und neue Bauwerke ist Zinnoberrot zu wählen, für alle Wasserhöhen Blau. Überschwemmungsgrenzen bezeichnet man mit blauen Farbstreifen und schreibt gegebenenfalls den Tag der Überschwemmung daneben. Der Höhenplan (S. 210) muß folgende Linien enthalten (Fließrichtung von links nach rechts):

1. Die vorhandene Flußsohle, und zwar die mittlere Sohlenlage der einzelnen Querschnitte, falls erwünscht auch die tiefste.

2. Rechtes und linkes Ufer, rechtes gestrichelt, linkes ausgezogen.

3. Die für die Entwässerung maßgebenden Geländehöhen, wenn sie nicht schon durch die Höhenlage der beiden Ufer ausreichend gekennzeichnet sind und wenn das Flußtal flach und breit ist. Denn die Ufer liegen häufig höher als das Gelände dahinter (Rehnenbildung). Man bezeichnet die maßgebenden Geländehöhen im Höhenplan zweckmäßig durch kleine grüne Kreise.

4. Den Wasserstand der Aufnahme. Diese Linie hat aber nur dann Wert, wenn die ihr zugrunde liegende Abflußspende mit angegeben wird.

5. Die neue Flußsohle.

6. Das neue *MW* und die für die Regelung wichtigen neuen Hochwasserstände. Auch die Angabe von *SoMNW* kann ratsam sein.

Außerdem sind alle Bauwerke einzutragen. Ihre für den Abfluß maßgebenden Zahlen (Höhen, Lichtweiten) bringt man am besten in einem besonderen Bauwerksverzeichnis. Man zeichnet den Höhenplan im Zuge des neuen (durch Durchstiche verkürzten) Wasserlaufes, und zwar meistens stark überhöht, z. B. die Höhen im Maßstab 1 : 50 oder 1 : 100, die Längen 1 : 5000, 1 : 10000 oder seltener auch 1 : 20000. Die Querschnitte sind unverzerrt auf Millimeterpapier in Buchform aufzutragen. Das linke Ufer muß in den Querschnitten ebenfalls links liegen.

3. Die technischen Maßnahmen.

a) Die Regelungsbreite, Quer- und Längsschnitte. Die Bestimmung der richtigen Regelungsbreite ist eine der wichtigsten Aufgaben. Vgl. dazu die Hinweise auf S. 222. Je mehr man die Flußbreite einschränkt, um so größer wird die Schleppkraft, die dann eine Vertiefung der Sohle und eine Senkung des *MW* bewirkt.

Sodann ist die Frage zu entscheiden, mit welcher Querschnittsform Mittelwasser und Hochwasser abgeführt werden sollen. Das kann auf drei verschiedene Arten geschehen (Abb. 167):

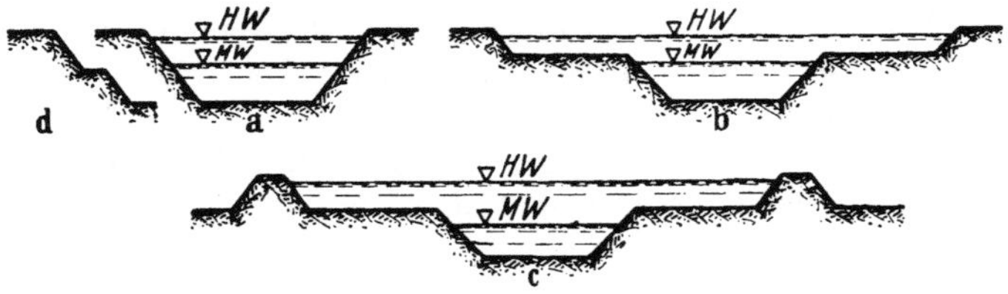

Abb. 167. Flußquerschnitte.

a) Einfacher Querschnitt. Diese Form ist nur dann möglich, wenn das Hochwasser nicht sehr erheblich ist oder wenn nur ein Teil des Hochwassers im Querschnitt abgeleitet wird.

b) Zusammengesetzter Querschnitt unter Gelände. Auch in diesem Falle dürfen die Hochwasser nicht allzu groß sein. Da ziemlich erhebliche Erdarbeiten entstehen, kommt die Anordnung nur dann in Frage, wenn aus irgendeinem Grunde Deiche vermieden werden sollen.

c) Zusammengesetzter Querschnitt mit Deichen. Das ist die weitaus häufigste Art der Ausführung.

Die Vorländer (S. 234) sind als Grünland, nicht als Acker, zu nutzen und sollen möglichst etwas Gefälle zum Fluß haben, auch kann sich die Abgrabung der höheren Stellen empfehlen. Bei Hochwasser sind sie Sand- und Schlammablagerungen ausgesetzt.

Die gebräuchlichste Querschnittsform ist das Trapez. Eine gebrochene Sohle, die in der Mitte tiefer liegt als an den Seiten, hält zwar das *NW* besser zusammen als eine waagerechte, gleicht sich aber von selbst wieder aus, wenn man sie nicht planmäßig in dieser Form mit erheblichen Kosten dauernd unterhält. In den Flußkrümmungen ist weder eine waagerechte noch eine symmetrisch gebrochene Sohle zu halten. Der Grund ist die Kolkbildung am einbuchtenden Ufer, deren Bekämpfung zwecklos ist. Daher wählt man bisweilen in den Krümmungen von vornherein einen unsymmetrischen Querschnitt mit einer auf der einbuchtenden Uferseite tieferen Sohlenlage. Die Neigung der Böschungen ist von ihrer Befestigungsart und den Bodenverhältnissen abhängig. Bei Pflaster, Steinschüttungen und Strauchwerk genügt 1 : 1,5 bis 1 : 2; auch sind noch steilere Böschungen aus Strauchwerk standfest, aber im allgemeinen nicht zu empfehlen. Mit Graswuchs befestigte Flußufer in leichtem Boden sollen nicht steiler als 1 : 2,5, besser 1 : 3 hergestellt werden. Eine Berme (Abb. 167d) in Mittelwasserhöhe oder etwas darunter erhöht die Standfestigkeit des Flußufers.

Häufig wird nun bei einer Flußregelung noch die Forderung gestellt, daß ein Hochwasser mit einer bestimmten Abflußspende bordvoll abfließen soll. Das ist aber nur in gewissen Grenzen zu erreichen. Denn man darf zu diesem Zwecke das *MW* nicht übermäßig tief absenken, namentlich nicht in sehr durchlässigem Boden, auch dürfen die Erdarbeiten nicht zu groß werden. Ferner darf man die Flußbreiten nicht nennenswert über die Breiten der Musterquerschnitte vergrößern (S. 222). Das *MW* muß ausreichende Vorflut gewähren, also tiefer liegen, als die Zahlen der Zahlentafel 44 angeben. Unter Berücksichtigung und Ausgleichung aller dieser Gesichtspunkte erhält man so einen Regelquerschnitt gemäß Abb. 167a, den man meistens einheitlich für die geraden Strecken und Krümmungen verwendet. Bisweilen werden jedoch die geraden Strecken enger ausgebaut als die Krümmungen, um die Versandung der Übergänge zu bekämpfen. Die Flußbreite wird dann im Bereich der Übergangsbögen (S. 227) allmählich geändert.

Die nächste Aufgabe besteht darin, die zweckmäßigste Sohlenlage mit Hilfe des Längsschnittes zu ermitteln. Dabei soll das *HW* der Abb. 167a bordvoll bleiben. An einzelnen tiefen Geländestellen können kleine Uferverwallungen hergestellt werden. Die neue Sohle soll sich der vorhandenen tunlichst anpassen, damit die Erdarbeiten nicht zu groß werden. Zwischen diesen Forderungen ist ein möglichst geschickter Ausgleich herbeizuführen, wobei allerdings größere Erdarbeiten auf der Flußsohle häufig nicht zu vermeiden sind. Wasserspiegel und Sohle werden gleichlaufend eingetragen, ein häufiger Gefällewechsel ist unzweckmäßig.

Zuletzt ist der ermittelte Regelquerschnitt unter Berücksichtigung der festgelegten Linienführung und Sohlenlage an den einzelnen Stationspunkten (z. B. alle 100 m) in die vorhandenen Fluß- oder Geländequerschnitte einzutragen (Abb. 168). Bei dieser Gelegenheit ist stets zu prüfen, ob sich streckenweise noch eine geringfügige Verschiebung der Mittellinie des Flusses empfiehlt, um an Erdarbeiten zu sparen, ohne daß dadurch die grundlegenden Gesichtspunkte der Linienführung beeinträchtigt werden.

Abb. 168. Alter und neuer Flußquerschnitt.

Eine noch umstrittene Frage ist, ob man alle kleinen Überbreiten (Abb. 168 rechts) verbauen soll. In vielen Fällen ist ein derartig schematisches Vorgehen durchaus nicht zweckmäßig. Es hat keinen Sinn, ein gut erhaltenes Ufer eines z. B. 30 m breiten Wasserlaufes um 0,5 m vorzuschieben, auch wenn durch diese Unterlassung streckenweise eine Breite von 30,5 m entsteht. Man soll daher überlegen, ob ein Verbauen im Einzelfall wirklich nötig ist oder ob nicht die Kosten gespart werden können.

b) Die Linienführung. Erfahrungen und rechnerische Überlegungen haben dazu geführt, bei der Regelung der Wasserläufe mit deren Begradigung nicht zu weit zu gehen. Man pflegt daher abwechselnd nicht zu lange gerade Strecken (ein- bis dreifache Regelungsbreite B) und nicht zu starke Krümmungen einzulegen.

In jeder Flußkrümmung wirken zwei Kräfte auf die Wassermasse, die Erdanziehung und die Fliehkraft. Letztere ist verhältnisgleich dem Quadrat der Wassergeschwindigkeit und umgekehrt verhältnisgleich dem Krümmungshalbmesser der betreffenden Flußkrümmung. Unter dem Einfluß dieser beiden Kräfte beschreiben die Wasserteilchen in der Flußkrümmung eine schraubenförmige Bahn, indem sie sich zunächst dem einbuchtenden Ufer nähern, hier abwärts sinken (Kolkbildung) und dann schräge aufwärts zur anderen Flußseite gelangen. Würde man nun an eine Krümmung mit verhältnismäßig kleinem Krümmungshalbmesser unvermittelt eine gerade Flußstrecke anschließen, so würde die

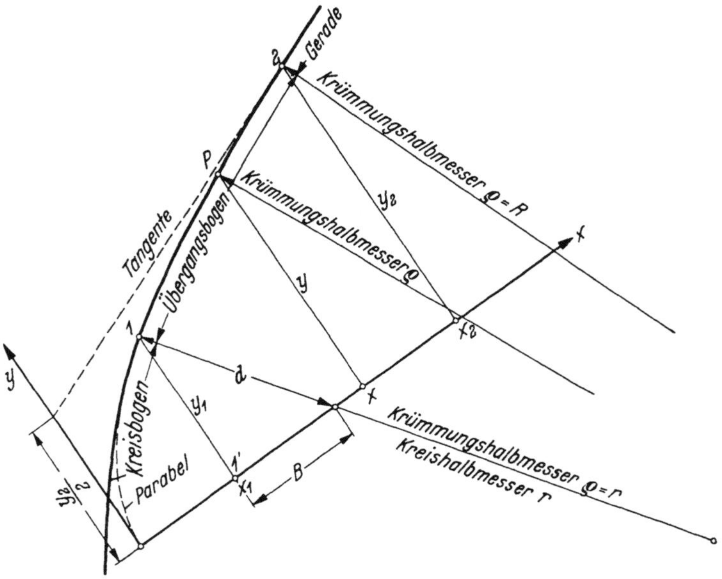

Abb. 169. Übergangsbogen.

schraubenförmige Bewegung der Wasserteilchen nicht ausklingen können, vielmehr würde das Wasser unmittelbar unterhalb der Krümmung stark nach der Seite des ausbuchtenden Ufers hinüberdrücken. Dadurch entstehen Querschwingungen, die die Wasserführung auf der geraden Strecke schädlich beeinflussen, der Stromstrich fängt an zu pendeln.

Um diese Nachteile zu vermeiden, muß man zwischen einer Krümmung und einer Geraden einen Übergangsbogen einschalten, in dem die Krümmung allmählich abnimmt. Als solcher eignet sich eine quadratische Parabel, deren Gleichung lautet (Abb. 169): $y^2 = 2px$. Der Krümmungshalbmesser ϱ einer quadratischen Parabel ist

$$\varrho = \sqrt{\frac{(p + 2x)^3}{p}}. \qquad (206)$$

Nach den von Ehlers durchgeführten Untersuchungen setzt man zweckmäßig $p = B$ (Regelungsbreite bei MW). Am Ende des Kreisbogens r (Punkt 1 der Abb. 169) soll nun $\varrho = r$ sein und am Ende des Übergangsbogens (Punkt 2) $\varrho = R$. $r = n_1 B$, $R = n_2 B$, $n_1 \gtreqless 5$, $n_2 = 15$ bis 20. Die rein mathematische hier fortgelassene Ableitung ergibt mit den Bezeichnungen der Abb. 169

$$d = B n_1^{1/3}; \quad x = \frac{B}{2}(n^{2/3} - 1); \quad y = B\sqrt{n^{2/3} - 1}. \qquad (207)$$

Für Punkt *1* ist $n = n_1$, für Punkt *2* $n = n_2$ zu setzen, für einen beliebigen Punkt $P(x, y)$ des Übergangsbogens nimmt man einen n-Wert der Zahlentafel 117. Ausgehend von dem Kreishalbmesser r trägt man auf diesem zunächst die Strecke d ab, findet *1'* durch B und y_1 sowie den Koordinaten-Nullpunkt durch x_1. Die Ordinaten x_1 und y_1 aus den Gln. (207), indem man $n = n_1 = r/B$ setzt. Wenn $n_1 > 10$, sind Übergangsbögen in der Regel nicht erforderlich.

Auch das durch Schramm für Gleiskurven entwickelte sogenannte Winkelbildverfahren ist zur Berechnung von Übergangsbögen im Flußbau verwendbar (*166*, *167* und *218*).

Nun ist es allerdings bei der Aufstellung eines Regelungsplanes meistens nicht möglich, die Linienführung des Wasserlaufes lediglich nach den vorstehenden Gesichtspunkten festzulegen. Denn man ist schon aus Gründen der Kostenersparnis häufig darauf angewiesen, vorhandene Flußstrecken, die einigermaßen brauchbar sind, ohne wesentliche Änderungen in den Regelungsplan zu übernehmen. Soweit angängig, ist jedoch das Gesagte zu beachten.

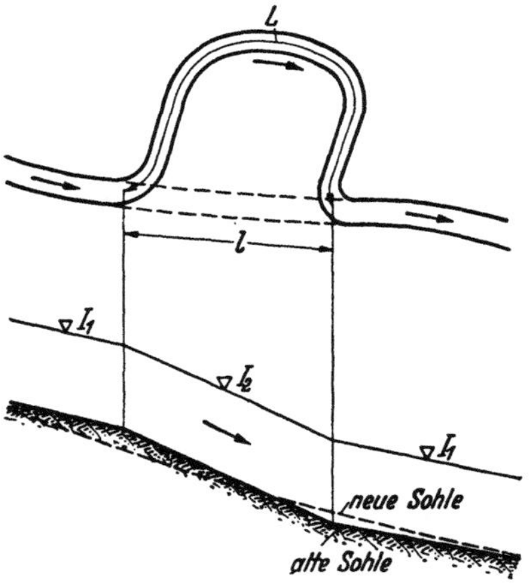

Abb. 170. Flußdurchstich.

Zahlentafel 117.

n	$n^{1/3}$	$\frac{1}{2}(n^{2/3} - 1)$	$\sqrt{n^{2/3} - 1}$
5	1,710	0,962	1,387
6	1,817	1,151	1,517
7	1,913	1,330	1,631
8	2,000	1,500	1,732
9	2,080	1,664	1,824
10	2,154	1,821	1,908
11	2,224	1,973	1,986
12	2,289	2,121	2,060
13	2,351	2,265	2,128
14	2,410	2,405	2,193
15	2,466	2,541	2,254
16	2,520	2,675	2,313
17	2,571	2,806	2,369
18	2,621	2,934	2,422
19	2,668	3,060	2,474
20	2,714	3,184	2,523

Übermäßig starke Krümmungen sind abzuflachen, Flußspaltungen grundsätzlich zu beseitigen, sofern nicht der schwächere Arm durch ein Wehr abgesperrt wird, um zur Hochwasserentlastung oder als Mühlgraben zu dienen.

Ein wichtiges Regelungsmittel sind auch die Durchstiche. Sie dienen zur Beseitigung ganz scharfer Krümmungen. Bei allen Durchstichen ist aber große Vorsicht erforderlich, da sie das Gefälle des Flusses oft erheblich vergrößern. Wenn man die in Abb. 170 dargestellte Flußschleife L mittels des Durchstiches l beseitigt, so wird das Gefälle J_2 im Durchstich größer als das alte Flußgefälle J_1. Unmittelbar nach der Ausführung des Durchstiches ist

$$J_2 = \frac{L}{l} J_1. \qquad (208)$$

Dieser Zustand ist aber nur von kurzer Dauer. Die im Durchstich entstehende größere Räumungskraft bewirkt hier eine Vertiefung der Sohle, die sich in dem alten Flußbett nach oben fortsetzt. Daher kann es nötig werden, oberhalb des Durchstiches die Böschungen einschließlich des Böschungsfußes besonders zu sichern. Im Laufe oft sehr langer Zeiträume, bisweilen erst nach Jahrzehnten, tritt dann meistens wieder ein Beharrungszustand ein, der durch ein stärkeres Gefälle als vordem gekennzeichnet ist. Ob dieses stärkere Gefälle zulässig ist, d. h. ob ein befriedigender Beharrungszustand überhaupt zu erwarten ist, ist bei erheblichen Laufverkürzungen außerordentlich schwer vorauszusagen. Allenfalls können noch die auf beständigen Strecken des Flusses beobachteten Gefälle und die Untersuchung der vorhandenen Geschiebe in einer Versuchsanstalt die Beurteilung erleichtern. Nötigenfalls ist ein Sohlenabsturz einzubauen. Unterhalb des Durchstiches tritt häufig eine Sohlenerhöhung ein, indem die aus der oberen Sohlenvertiefung stammenden Geschiebe zum Teil unten zur Ablagerung kommen. Das ist z. B. dann der Fall, wenn bei der Sohlenvertiefung gröbere Geschiebe gelöst werden, die bei der unterhalb vorhandenen kleineren Wassergeschwindigkeit nicht weiter wandern. Oder wenn überhaupt unterhalb des Durchstiches eine besonders geringe mittlere Wassergeschwindigkeit vorhanden ist, z. B. infolge großer Wasserspiegelbreite.

Ein Nachteil der Durchstiche ist die Durchschneidung der Grundstücke. Das macht bisweilen kostspielige Brückenbauten erforderlich. Besser ist es, diese durch eine Umlegung der Grundstücke (Flurbereinigung) zu vermeiden, wie denn überhaupt die Verbindung einer Flußregelung einschließlich Binnenentwässerung mit einer allgemeinen Grundstücksumlegung, falls eine solche erforderlich ist, als besonders zweckmäßig angesehen werden muß.

Die Durchstiche werden entweder mit Trockenbaggern unter Wasserhaltung oder mit Naßbaggern ausgeführt, die sich vom Flusse aus schwimmend vorarbeiten. Der Boden wird vielfach zum Deichbau, zur Aufhöhung benachbarter Vertiefungen oder zum Zuschütten der Altarme an ihrem oberen Ende verwendet, wobei die Fischereibelange zu beachten sind. Bisweilen beschränkt man sich auf die Aushebung eines Grabens, den man bei geraden Durchstichen in der Mitte anordnet, bei gekrümmten dagegen oben am Hohlufer und unten am ausbuchtenden. Die Uferbefestigungen werden vorher im Trockenen ausgeführt, das abtreibende Geschiebe kann durch schwebende Bauten zur Ablagerung gebracht werden, der Altarm soll das von oben kommende Geschiebe aufnehmen.

Eine ganze Flußverlegung kann sich empfehlen, wenn im Laufe langer Zeiträume die Sinkstofführung eine weitgehende Erhöhung der Ufer und der Flußsohle bewirkt hat und infolgedessen das Gelände keine Vorflut mehr in den Fluß findet.

Flutmulden sind ein geeignetes Mittel zur Abführung von Hochwasser, sie entlasten also den Wasserlauf. Im übrigen sind sie als Grünland zu nutzen. Man stellt sie in der Regel mit ganz flachen Böschungen her. Bisweilen sind auch natürliche Geländemulden vorhanden, die man der Hochwasserumleitung dienstbar machen kann.

c) Befestigungen, Bauwerke. Zur Befestigung der Böschungen und der Sohle nichtschiffbarer Wasserläufe gibt es zahlreiche Möglichkeiten:

1. Lebende Verbauung unter Beachtung der am Fluß selbst zu sammelnden Erfahrungen (S. 221), in erster Linie für Flachlandflüsse. Nötigenfalls Standortsversuche zur Auswahl der günstigsten Weidenarten und pflanzensoziologische Beratung (Zentralstelle für Vegetationskartierung in Stolzenau/Weser). Einen guten Uferschutz bieten vielfach etwa in MW-Höhe angeordnete und mit Schilf bepflanzte Bermen.

2. Ansaat, Flachrasen, Steinpackungen, Steinschüttungen, Betonplatten und Flechtzäune wurden bereits im Teil III (S. 191) behandelt. Die Steinschüttungen haben gegenüber Pflaster den Vorteil, daß sie sich Veränderungen der Böschung nachgiebig anpassen und durch Nachschüttungen leicht ergänzt werden können. Zur Steinschüttung können auch an Ort und Stelle hergestellte Beton-Kunststeine verwendet werden.

3. Pflaster aus wasser- und frostbeständigen Bruchsteinen, 16 bis 30 cm stark. Falls Bewegungen der Böschung zu erwarten sind, dürfen die Fugen nicht vergossen werden. Sonst dient Zementmörtel zum Vergießen, neuerdings auch Bitumenmischungen (Füllstoff mit Bitumen und Asbestfasern). Der Pflasterfuß ist durch eine Pfahlreihe (Pfähle 1,5 m lang, 10 bis 15 cm stark), Steinschüttung od. dgl. zu sichern.

4. Drahtnetzkörper in der Form von Walzen, Säcken, Polstern oder Kästen. Schotter und Steine aller Art werden mit Drahtgeflecht umhüllt (3 bis 4 mm, 6 bis 10 cm Maschenweite). Diese Bauweise dient namentlich der Sicherung von Böschungsfüßen und der Verbauung von Kolken. Auch können Drahtschotterkörper zum Bau von Buhnen und Leitwerken verwendet werden. Der schwächste Teil ist das rostende Drahtgeflecht (*104* und *105*).

5. Spreut- oder Spreitlage (Abb. 171) dient als Böschungsschutz bei starkem Wasserangriff. Sie besteht aus lebenden Weidenruten, die in 10 bis 20 cm starker Schicht mit dem Stammende nach unten senkrecht zur Flußrichtung auf die Böschung gebreitet werden. Etwa alle 60 cm werden sie durch quergelegte Würste und Pfähle (80 cm lang, 6 cm stark) festgehalten. Zwischen das Strauchwerk wird Boden geschüttet. Die ausgrünenden Weiden sind alle Jahre zu schneiden, damit sie den Wasserabfluß nicht hemmen. Würste (Wippen) sind dünne Faschinen (Ziffer 7).

Abb. 171. Spreutlage.

6. Rauhwehr. Sein Zweck ist derselbe wie bei Ziffer 5, seine Ausführung ähnlich. Nur werden die Weidenbüsche mit den Spitzen schräg nach unten und stromab verlegt, die Würste quer darüber. Im allgemeinen besser als Ziffer 5.

7. Faschinen dienen zur Sicherung des Böschungsfußes und als Bauteile für viele Flußbauarbeiten. Es sind 4 bis 6 m lange und etwa 20 bis 40 cm starke Bündel aus Reisern, die mit 1,5 bis 2,2 mm starkem geglühtem Eisendraht in höchstens 60 cm Entfernung zusammengehalten werden. Weiden sind zu bevorzugen, aber auch anderes Holz ist brauchbar, wenn es nicht zu sperrig und brüchig ist. Die einzelnen Reiser sollen mindestens 2 m lang und am Stammende nicht stärker als 3 bis 4 cm sein, sie werden so gebunden, daß nach jeder Seite abwechselnd Wipfel- und Stammenden zu liegen kommen. Zum Festheften der Faschinen benutzt man 0,8 bis 1,5 m lange und 6 bis 8 cm starke Pfähle in etwa 60 cm Abstand.

8. Senkfaschinen verwendet man zum Ausfüllen tiefer Kolke. Sie sind meistens 3 bis 6 m lang, 0,5 bis 1,0 m stark und bestehen aus einer Hülle von Strauchwerk mit Steinfüllung. Die Senkfaschine wird auf der Faschinenbank am Ufer zusammengewürgt und mit starkem geglühtem Eisendraht gebunden. Nach der Herstellung wird sie auf Leitbäumen vom Ufer in den zu deckenden Kolk gerollt, um hier eine Fußsicherung für die Flächendeckung auf der Unterwasserböschung zu bilden. Stellt man sie in „endlosen" größeren Längen her, so nennt man sie Senk- oder Sinkwalze.

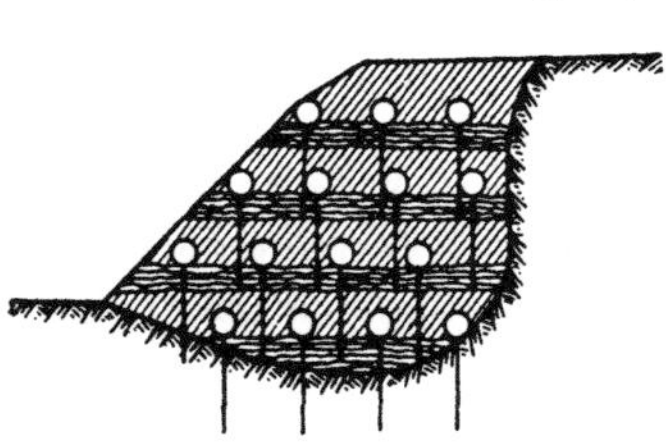

Abb. 172. Packwerk. (Nach Krüger.)

9. Packwerk (Abb. 172) dient zum Verbauen von Abbrüchen in tiefem Wasser. Es besteht aus 20 bis 30 cm starken Schichten von Faschinen, die durch Würste und Pfähle miteinander verbunden werden. Zwischen je 2 Schichten schüttet man etwa 20 bis 30 cm Erde, Kies oder Steine, die kräftig zu rammen sind, damit ein Teil in die Faschinen eindringt. Oberste Schicht häufig als Rauhwehr oder Pflaster.

10. Sinkstücke bestehen aus einem unteren und einem oberen Rost aus gekreuzten Würsten. Zwischen diesen werden lagenweise Faschinen und Beschwerungsmasse eingebaut. Die Dicke beträgt 1 m und mehr. Die beiden Roste werden an den Kreuzungsstellen der Würste durch Luntleinen, die durch die ganze Füllung reichen, fest miteinander verschnürt. Die Sinkstücke dienen zur Deckung

ausgedehnter Sohlenkolke. Sie werden in deren Größe zwischen zwei Prähmen hängend oder auf einer Hellige am Ufer gebaut, dann schwimmend zur Verwendungsstelle gebracht und durch Aufbringen von Steinbewurf zwischen vorübergehend und nur lose eingeschlagenen Leitpfählen an die richtige Stelle versenkt.

11. Sinkmatten sind schwächere sinkstückartige Faschinenkörper. Man kann sie an stark gefährdeten Stellen zur Böschungssicherung verwenden.

12. Sinkbäume sind belaubte Bäume, die man am Stammende beschwert und in Kolke versenkt, damit sie hier die Sinkstoffe auffangen.

13. Grundschwellen sind niedrige Grundwehre auf der Flußsohle, zu deren Festlegung sie dienen. Oberhalb erfolgt Aufhöhung, unterhalb besteht Kolkgefahr. Sie wirken in der Regel nur dann, wenn sie sehr eng liegen (Abstand kleiner als Flußbreite).

Um erhebliche Überbreiten zu verbauen, bedient man sich der Buhnen und Leitwerke. Buhnen liegen quer, Leitwerke (Parallelwerke) gleichlaufend zur Fließrichtung (Abb. 173). Die mit 10 bis 15° stromauf gerichtete dichte Buhne *a* hat vor der senkrechten *b* den Vorteil, daß das über sie fließende Wasser vom Ufer abgelenkt wird. Man legt den Buhnenkopf *K* etwa in die Höhe des Mittelwassers, die Krone der dichten Buhne steigt mit 1 : 30 bis 1 : 200 zur Buhnenwurzel *W*, die gut in das Ufer einzubinden ist. Dem Kopf größerer Buhnen gibt man in der Verlängerung der Buhne eine recht flache Böschung unter Wasser (flacher als 1 : 5), um die Kolkbildung zu verringern. Länge und Abstand der Buhnen sind nach den örtlichen Verhältnissen sehr verschieden.

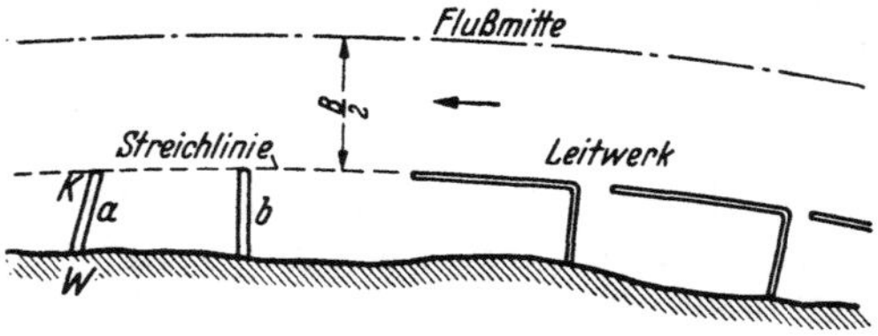

Abb. 173. Buhnen und Leitwerke.

Bezeichnet man mit *B* die Wasserspiegelbreite bei *MW* (Regelungsbreite zwischen den Streichlinien), so kann man für den Buhnenabstand *e* im großen Durchschnitt etwa folgende Maße annehmen:

Übergangsstrecken	$e = 0{,}50$ bis $0{,}75\ B$
Ausbuchtendes Ufer	$e = 1{,}5$ „ $2{,}0\ B$
Einbuchtendes (hohles) Ufer .	$e = B$

Dabei ist die Buhnenlänge mindestens $= 0{,}25\ e$ zu wählen.

In Flachlandflüssen kann man die gewünschten Verlandungen vielfach schon mit sehr einfachen, billigen Pfahlbuhnen erreichen. Diese bestehen aus einer einfachen Pfahlreihe mit 0,5 bis 1,0 m Pfahlabstand. Die Pfähle werden oben durch einen Holm miteinander verbunden und reichen bis etwas über *MW*. Am Buhnenkopf ist noch ein Schrägpfahl anzubringen, um der Buhne mehr Halt gegen den Wasserdruck zu geben. Gelegentliche Beschädigungen durch Eisgang kann man bei den geringen Wiederherstellungskosten in Kauf nehmen.

Je stärker der Stromangriff ist, um so schwerer wird die Bauart der Buhnen und Leitwerke. Packwerk, Senkfaschinen, Sinkstücke, Pfahlreihen, Steinschüttung und Pflaster sind ihre wichtigsten Bauteile. Wegen der einzelnen Bauweisen wird im übrigen auf das Schrifttum über Flußbau verwiesen.

Buhnen haben vor Leitwerken zwei Vorteile: geringere Kosten und die Möglichkeit, *B* noch nachträglich zu ändern. Die Strömung ist aber zwischen Leitwerken regelmäßiger als zwischen Buhnen. Trotzdem braucht man nicht eine vollständige Verlandung der Buhnenfelder anzustreben, die auch auf natürlichem Wege fast niemals eintritt. Der Bau von Buhnen kommt im übrigen bei den nichtschiffbaren Flüssen verhältnismäßig selten vor, dasselbe gilt für die Verwendung der oben aufgeführten Ziffern 10 bis 13.

Eine besondere Art der Leitwerke sind die schwebenden Bauten (nach Wolf). In der Streichlinie werden Pfähle geschlagen und an diesen Büsche oder

Bretter befestigt. Dadurch wird die Strömung auf der Uferseite dieser Bauten verringert und das Geschiebe kommt hier zur Ablagerung. Die Bauweise setzt eine ausreichende Geschiebeführung voraus und kann an den ausbuchtenden Ufern Verwendung finden.

Am meisten bedürfen die einbuchtenden Ufer (Hohlufer) einer kräftigen Befestigung.

Holz soll grundsätzlich nur unter *MW*, besser nur unter *MNW* verwendet werden. Im Interesse der Kostenersparnis wird man natürlich möglichst diejenigen Baustoffe wählen, die in der Nähe gewonnen werden können. Wichtig ist aber auch die Feststellung, welche Baustoffe und Bauweisen sich am gleichen Fluß oder unter ähnlichen Verhältnissen bereits bewährt haben. Soll der Fluß seine Sohle selbst noch vertiefen, dann sind meistens nachgiebige Bauweisen wie Steinwurf oder Senkfaschinen am Platze. An den kleineren nichtschiffbaren Flüssen des Flachlandes bevorzugt man den natürlichen lebenden Uferschutz, unterstützt durch künstliche lebende Verbauung mit Schilf und Weidenstecklingen oder lebender Spreutlage, soweit nicht Rasenplaggen genügen. Der Böschungsfuß ist nötigenfalls durch einen Flechtzaun, durch eine Pfahlreihe mit Stangenhölzern (10 cm ⌀), durch Steinwurf oder Senkfaschinen zu sichern. Bei stärkerem Wasserangriff (Hohlufer, Flüsse im Hügelland) gewinnt das Trockenpflaster auf Kies oder Schotter an Bedeutung. Zu scharfe Krümmungen müssen in der Regel durch Leitwerke am Hohlufer und durch Abgrabungen auf der Gegenseite abgeflacht werden.

Auch bei größeren Wasserläufen kann es erforderlich werden, Staue (Wehre) einzubauen, um ein zu starkes Absinken des Wasserstandes in Trockenzeiten zu verhindern (S. 188). Zuweilen sind Sohlenabstürze (mit kurzem Sturzbett und Schwelle) nötig, um das durch Durchstiche vergrößerte Sohlengefälle zu verringern.

d) Abflußberechnungen. Man vergleiche die Ausführungen im Teil II über Geschwindigkeitsformeln, Wehr- und Brückenstau usw. (S. 134).

Zur Beurteilung der Frage, ob und wie sehr eine Flußregelung sich lohnt, ist nach Möglichkeit die Häufigkeit der bisherigen Überschwemmungen und der zu hohen Wasserstände festzustellen. Zu diesem Zwecke trägt man die Wasserstandsganglinie eines nahen Pegels und den auf diesen Pegel bezogenen Ausuferungswasserstand $W-W$ der zu regelnden Flußstrecke nach Abb. 40 auf. Dieses Verfahren gibt den besten Überblick (S. 125). Ist h die für die Entwässerung erforderliche Wassertiefe unter Gelände, so beginnt die Vorflut unzureichend zu werden, sobald der Wasserstand W_0-W_0 überschritten wird. $W =$ bordvoller Wasserstand. Nötigenfalls ist ein Bezugspegel zu setzen (S. 124).

Wertvoll ist häufig auch die Ermittlung der bordvollen Leistungsfähigkeit des Flusses vor der Regelung. Ist auf der Regelungsstrecke ein Pegel vorhanden, dessen Abflußkurve bekannt ist, so kann man die bordvolle Leistungsfähigkeit Q_b für einen Pegelstand = mittlerer Uferhöhe unmittelbar aus der Abflußkurve ablesen. Ist dagegen kein Pegel vorhanden oder die Abflußkurve nicht festgestellt, so bleibt nur übrig, Q_b zu berechnen. Dabei ist für jede Flußstrecke der mittlere Querschnitt zugrunde zu legen, und sind Querschnittsteile, in denen kein Wasserabfluß stattfindet (tote Winkel), nicht mit zu berücksichtigen. Als Wasserspiegellinie nimmt man eine ausgleichende bordvolle Linie, die auf den einzelnen Flußstrecken gerade und etwa gleichlaufend zur Sohle verläuft.

Auch bei der Leistungsprüfung des neuen Flußbettes ist bisweilen mit mittleren Querschnitten zu rechnen, nämlich dann, wenn der Regelquerschnitt nicht auf allen Flußstrecken durchgeführt wird, sondern Überbreiten und Übertiefen bestehen bleiben.

Hinsichtlich der Abflußspenden bei *HW* ist zu beachten, daß diese durch eine Eindeichung größer werden als sie vor der Eindeichung waren (S. 237).

Bei der Durchführung von Flußregelungen ist hin und wieder die Wasserspeicherung in Seen von erheblicher Bedeutung. Es kann z. B. die Aufgabe gestellt sein, aus der Abflußmengenganglinie oberhalb eines Sees diejenige unterhalb zu berechnen. Man verfährt dann folgendermaßen. Es sei:

z_1 der Zufluß in den See in m³/s am Anfang eines Tages,
a_1 der Abfluß aus dem See in m³/s am Anfang desselben Tages,
W_1 der Seestand in cm am Anfang desselben Tages,
z_2, a_2 und W_2 die entsprechenden Werte am Ende desselben Tages,
F die Oberfläche des Sees in ha. In der Regel kann man F bei verschiedenen Wasserständen als unveränderlich ansehen.

Zahlentafel 118.

Tag	$z_1 + z_2$	W_1	a_1	R	W_2	a_2
1	8,0	40,00	4,00	84,00	40,00	4,00
2	10,6	40,00	4,00	86,60	41,25	4,10
3	19,6	41,25	4,10	98,00	46,71	4,58
4	36,0	46,71	4,58	124,84	59,45	5,94
5	46,0	59,45	5,94	158,96	75,44	8,08
6	38,2	75,44	8,08	181,00	85,63	9,74
7	24,2	85,63	9,74	185,72	87,81	10,10
8	14,8	87,81	10,10	180,32	85,32	9,68
9	10,2	85,32	9,68	171,16	81,09	8,98
10	8,4	81,09	8,98	161,60	76,66	8,28
11	8,0	76,66	8,28	153,04	72,68	7,68
12	8,0	72,68	7,68	145,68	69,24	7,20
13	8,0	69,24	7,20	139,28	66,25	6,78
14	8,0	66,25	6,78	133,72	63,63	6,46
15	8,0	63,63	6,46	128,80	61,32	6,16

Niederschläge und Verdunstung auf dem See pflegt man zu vernachlässigen. Außerdem wird der Wasserspiegel des Sees als ständig waagerecht angesehen, was insbesondere bei langgestreckten Seen nicht genau zutrifft. Da nun für je 24 h der Zufluß = Seespeicherung + Abfluß (in m³) ist, so erhält man die Gleichung

$$\frac{z_1 + z_2}{2}\,86400 = \frac{F \cdot 10000\,(W_2 - W_1)}{100} + \frac{a_1 + a_2}{2} \cdot 86400\,.$$

$$\frac{F}{432}\,W_2 + a_2 = z_1 + z_2 - a_1 + \frac{F}{432}\,W_1 = R\,. \qquad (209)$$

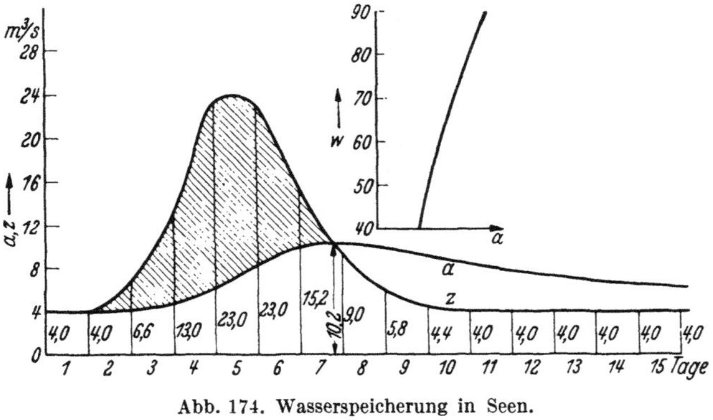

Abb. 174. Wasserspeicherung in Seen.

Ein Beispiel ist in der Zahlentafel 118 durchgerechnet. Dabei wurde $F = 864$ ha gesetzt. Die Beziehung der Abflußmenge a zum Seestand W muß bekannt sein (Abb. 174). Die erforderlichen Werte sind Tag für Tag zu berechnen. Für jeden Tag sind W_2 und a_2 durch Probieren so zu bestimmen, daß die linke Seite der Gl. (209) $= R$ wird. Da Abrundungsfehler sich durch die ganze weitere Rechnung hindurchziehen, muß man bei genauer Rechnung die Veränderung des Seestandes, wenn sie gering ist, auf mm festlegen, d. h. die W-Werte mit zwei Dezimalen berechnen. Das Ergebnis der Zahlentafel 118 ist in Abb. 174 aufgetragen. Im Scheitel der a-Linie ist stets $a = z$. Man sieht, daß die größte sekundliche Abflußmenge durch den See stark verringert, die Dauer des Hochwassers aber verlängert wird.

Wenn F mit steigendem W größer wird, wie es bei sehr flachen Ufern eintritt, hat man die Beziehung zwischen F und W zu ermitteln und in Gl. (209) mit dem veränderlichen F zu rechnen. In solchen Fällen bewirkt eine Seesenkung höhere Hochwasserwellen unterhalb des Sees als vor der Senkung.

Ein zeichnerisches Verfahren ist in Abb. 175 dargestellt. Linie I ist die Beziehung zwischen dem Tagesabfluß A in m³ und der Seehöhe W, Linie II die Inhaltssummenlinie für das Seebecken in m³ (J). Für jeden Zeitabschnitt (Tag) ist der Zufluß

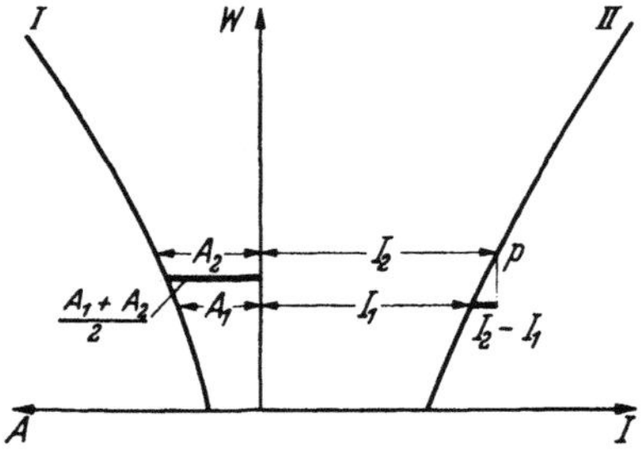

Abb. 175. Wasserspeicherung in Seen.

$$Z = \frac{z_1 + z_2}{2} 86400 \qquad \text{(S. 233).}$$

$$A_1 = a_1 \cdot 86400, \quad A_2 = a_2 \cdot 86400.$$

$$Z = \frac{A_1 + A_2}{2} + J_2 - J_1. \tag{210}$$

Wenn z_1 und z_2 bekannt sind, bestimmt man von Tag zu Tag fortschreitend jeweils durch Probieren den Punkt p so, daß Gl. (210) erfüllt ist.

Sind Abfluß (a) und Seewasserstand (W) in ihrem zeitlichen Verlauf bekannt, so findet man den Zufluß (z) ohne Probieren. Zu diesem Zweck setzt man in Gl. (209) $z_1 + z_2 = 2z$. Vgl. auch Nr. *136* des Schriftenverzeichnisses.

Die in Spülleitungen auftretenden Druckverluste können nach Versuchen von Winkel wie folgt berechnet werden (*259*). Die Versuche fanden mit verschiedenen Sand-Wasser-Gemischen statt, 1 Raumteil Sand + n Raumteile Wasser, γ des Sandes = 2,55, gerade Rohrleitung von 495 cm Länge, D = 2,5 cm.

Zahlentafel 119.

n	γ_m g/cm³	h cm	Q_g g/s	Q cm³/s	$\overline{Q}$ cm³/s	$\overline{Q} - Q$ cm³/s	%
5	1,258	71,5	970	771	750	− 21	− 2,7
7,5	1,182	64,0	870	736	755	+ 19	+ 2,6
11	1,129	61,5	850	753	775	+ 22	+ 2,9
12,5	1,115	54,3	835	749	738	− 11	− 1,5
15	1,097	52,0	802	731	734	+ 3	+ 0,4
17	1,086	45,3	764	703	692	− 11	− 1,6
Mittel . . .	—	—	—	—	—	—	|2,0|

In Zahlentafel 119 ist h die gemessene Druckhöhe, Q_g die gewogene Menge des Gemisches, $\gamma_m = (n + \gamma) : (n + 1)$ sein Artgewicht, $Q = Q_g : \gamma_m$. Es ergab sich die Beziehung

$$h = \lambda \frac{l}{D} \frac{c^2}{2g} \gamma_m^2. \tag{211}$$

λ wurde zu 0,01917 ermittelt. Gl. (211) liefert die Werte $\overline{Q}$, die von den Versuchswerten Q nur wenig abweichen.

Näherungsweise kann man Gl. (211) auch dazu verwenden, um die Wassergeschwindigkeit in einem stark mit Sinkstoffen beladenen Wasserlauf zu berechnen (S. 175). Nach Umformung erhält man

$$v = \frac{k}{\gamma_m} \sqrt{RJ}. \tag{212}$$

B. Die Flußdeiche.

1. Allgemeines.

Die Flußdeiche sind, meistens in Verbindung mit Flußregelungen, häufig auch mit Schöpfwerken, ein oft angewandtes Mittel des Hochwasserschutzes (S. 225). Das Land zwischen dem Deiche und dem Flusse nennt man Vorland oder Außendeichland; es liegt auf der Außenseite des Deiches, während die im Deichschutz liegenden Flächen Binnenland, Binnendeichland oder beim Schutz durch geschlossene Deiche auch Polder genannt werden (Binnenseite des Deiches). Man unterscheidet Winter- und Sommerdeiche, je nachdem die größeren Hochwasser gekehrt werden sollen, die im Flachlande zu Ausgang des Winters bei der Schneeschmelze eintreten (meistens *HHW*), oder nur die kleineren Sommerhochwasser. Die Winterdeiche werden vielfach auch als Haupt- oder Banndeiche bezeichnet. Abb. 176 zeigt folgende Deicharten:

1. Geschlossene Deiche erhalten oben und unten einen hochwasserfreien Anschluß an das hochliegende Gelände.

2. Offene Deiche werden nur oben hochwasserfrei an das Gelände angeschlossen. Das Hochwasser kann also von unten in das eingedeichte Gebiet zurückstauen.

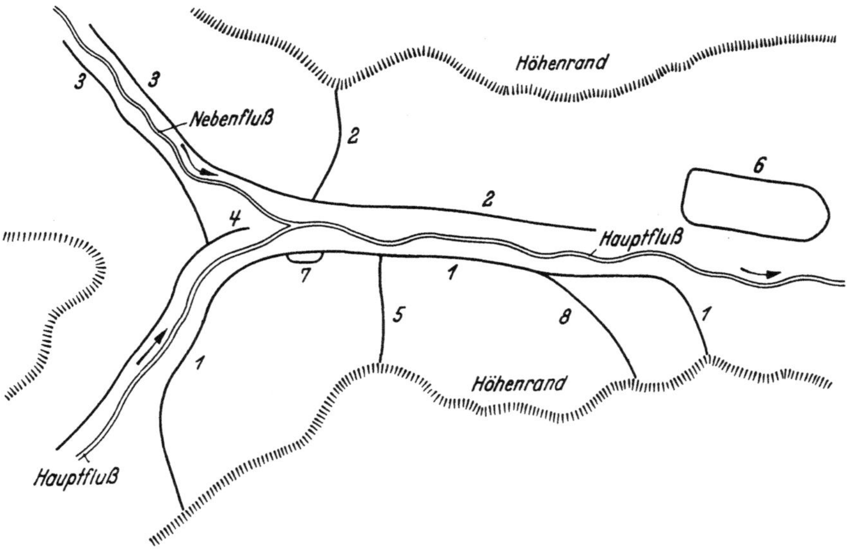

Abb. 176. Deicharten.

3. Rückstaudeiche (Rückdeiche) sind im Anschluß an die Hauptdeiche an Nebengewässern anzulegen, wenn deren offene Einmündung erhalten bleiben muß. Sie müssen so weit nach oben reichen wie der Rückstau aus dem Hauptflusse.

4. Flügel- oder Leitdeiche sollen die Richtung der Hochwasserströmung beeinflussen.

5. Binnendeiche teilen den Polder in zwei oder mehr Entwässerungsabteilungen und begrenzen die Schäden eines etwaigen Deichbruches.

6. Ringdeiche umgeben einzelne Flächen, Gehöfte oder ganze Ortschaften im Überschwemmungsgebiet.

7. Qualm-, Schloß-, Kuver- oder Quelldeiche riegeln solche Strecken des Hauptdeiches ab, die durch Quellbildung gefährdet sind.

8. Schlafdeiche sind alte Deiche, die durch neue überflüssig geworden sind oder höchstens noch als zweiter Schutz bei Deichbrüchen dienen.

Als Schaardeiche (Schar- oder Gefahrdeiche) bezeichnet man Deiche, die ohne Vorland unmittelbar am Flusse liegen.

Mit jeder Eindeichung ist gleichzeitig die Entwässerung des eingedeichten Polders zu verbinden. Vgl. S. 240 sowie die Teile III und VII.

2. Die Wirkung der Eindeichungen.

Der große Vorteil der Eindeichungen besteht in erster Linie darin, daß die eingedeichten Flächen gegen die Schäden der Überschwemmungen geschützt werden. Richtig geführte Deiche sind jedoch auch für den Fluß von erheblicher Bedeutung, da sie den Abfluß der Hochwasser und die Bewegung der Schwerstoffe gleichmäßiger gestalten sowie die Uferabbrüche verringern. Allerdings stehen diesen Vorteilen auch Nachteile gegenüber:

1. Entziehung der bisherigen häufig recht fruchtbaren Überflutungen des Polders, sofern nicht geflutet wird (S. 388). Man beachte, daß die am unteren Ende eines Polders liegenden Flächen durch die Eindeichung in der Regel sogar geschädigt werden, wenn nicht gleichzeitig ein Schöpfwerk gebaut wird. Denn ohne Schöpfwerk werden sie nach der Eindeichung durch das am Abfluß gehinderte Binnenwasser überschwemmt anstatt durch das schlickreiche Hochwasser des Flusses. Ein offener Deich wäre dann also besser als ein geschlossener.

2. Schädigung des Polders durch Drängewasser, das den Boden von unten nach oben durchdringt und ihn seiner Nährstoffe beraubt. Das Drängewasser wirkt also auslaugend auf den Boden.

3. Verstärkte Erhöhung des Vorlandes durch Sinkstoffablagerung und dadurch mit der Zeit Erhöhung der Hochwasser.

4. Gefahr des Deichbruches und der Vernichtung der in dessen Schutz entstandenen wertvollen Anlagen, die vor der Bedeichung sich von selbst verboten.

5. Erhöhung der Hochwasser zwischen den Deichen und infolgedessen Rückstau in das Gebiet oberhalb der neuen Deiche.

6. Erhöhung der Hochwasserwellen unterhalb der neuen Deiche.

Diese Nachteile treten bei allen Winterdeichen ein, die ja den Polder vor jedem Hochwasser schützen, während sie bei Sommerdeichen wegen ihres nur zeitweisen Hochwasserschutzes nur zum Teil und beschränkt Geltung haben.

Sommerdeiche haben aber trotzdem gegenüber Winterdeichen erhebliche Nachteile. Da sie von höheren Hochwassern überströmt werden, sind sie der Gefahr des Deichbruches besonders stark ausgesetzt. Man kann diese Gefahr dadurch einschränken, daß man den größten Teil des Deiches hochwasserfrei legt und das Hochwasser nur über besondere Überlaufstrecken und durch Einlaßbauwerke in den Sommerpolder einleitet. Ein weiterer Nachteil ist die beschränkte landwirtschaftliche Nutzung der Sommerpolder. Da sie auch bei besonders hohen Sommerhochwassern überflutet werden können, ist der Landwirt niemals vor Hochwasser gesichert. Daher unterläßt er meistens den Anbau lohnender Ackerfrüchte überhaupt, oder er wird, wenn er es trotz der Hochwassergefahr wagt, von Zeit zu Zeit durch den völligen Verlust der Ernte schwer geschädigt. Aber auch dann, wenn der Sommerpolder lediglich als Grünland genutzt wird, sind hochwertige Süßgrasbestände kaum zu halten, da sie wesentlich empfindlicher gegen längere Überschwemmungen sind als Naturwiesen. Es ist daher vor jeder Eindeichung eine der wichtigsten Fragen, ob ein nur teilweiser oder ein völliger Hochwasserschutz gewählt werden soll. Allerdings gibt es Fälle, in denen eine völlig hochwasserfreie Eindeichung deshalb nicht möglich ist, weil die zu schützenden Flächen für die Abführung des *HHW* nicht entbehrt werden können, sei es, daß sonst ein zu starker Rückstau flußaufwärts oder ein unzulässiger Höchstabfluß unterhalb zu befürchten ist (Ziffern 5 und 6).

Jede Hochwasserwelle erfährt eine Umformung, wenn durch einen Deich die Möglichkeit der Ausuferung beschränkt wird. Denn während vor der Eindeichung bei steigendem Wasserspiegel das von oben zufließende Wasser zum Teil auf den überschwemmten Flächen F gespeichert wird, fließt es sofort mit ab, sobald ein Deich D gezogen ist (Abb. 177). Ist die Wasserstandsbewegung des Hochwassers vor der Eindeichung im Bereiche des Deiches D bekannt, oder ermittelt man sie durch einen Bezugspegel (S. 124), so ergibt sich folgende Rechnung: ist I die Linie der überschwemmten Fläche F (ha) bei verschiedenen Wasserständen W (cm), II die Wasserstandsganglinie einer Hochwasserwelle vor der Eindeichung, so findet in der Zeit $t_2 - t_1$ (Stunden) eine Speicherung von $50 \cdot (F_1 + F_2) \cdot (W_2 - W_1)$ m³ statt, d. h. in der Zeit $t_2 - t_1$ wird nach der Eindeichung der sekundliche Abfluß im Mittel um

$$\varDelta Q = \frac{(F_1 + F_2)(W_2 - W_1)}{72\,(t_2 - t_1)} \text{m}^3/\text{s} \quad (213)$$

größer sein als vor der Eindeichung. Im Scheitel der Linie II ist $W_2 = W_1$, also $\varDelta Q = 0$. Bei fallendem Wasser wird $\varDelta Q$ negativ. Die Umformung der Hochwasserwelle durch die Eindeichung besteht mithin in einer Hebung der steigenden und in einer Senkung der fallenden Wasserstände. Es handelt sich um dieselben Vorgänge wie bei der Seespeicherung. Setzt man in Gl. (213) $F_1 = F_2$ und $t_2 - t_1 = 24$, so werden in 24 Stunden $100 \cdot F\,(W_2 - W_1)$ m³ gespeichert, das entspricht der Gl. (209). Es sind also die Gln. (209) und (210) anwendbar mit $\frac{z_1 + z_2}{2}$ bzw. Z als Unbekannter.

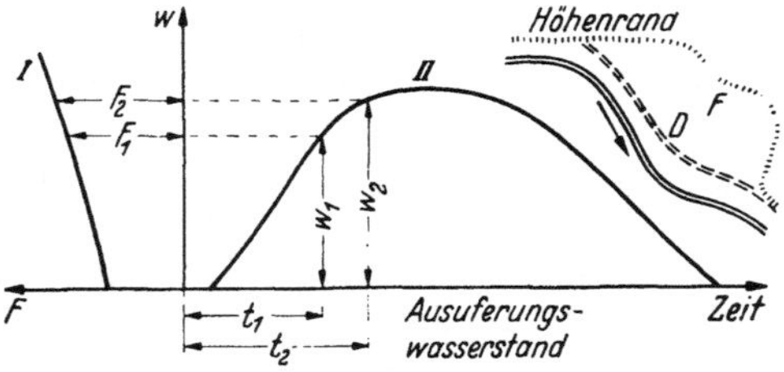

Abb. 177. Umformung einer Hochwasserwelle durch einen Deich.

Die vorstehenden Ausführungen zeigen, daß man bei Eindeichungen stets die Wirkung auf die unterhalb liegende Flußstrecke sorgfältig prüfen muß. Sollen mehrere Deiche in Abständen hintereinander errichtet werden, so ist, von oben beginnend, die Umformung der Hochwasserwelle schrittweise zu untersuchen, da der Zufluß zu jeder Flußstrecke durch alle oberhalb geplanten Eindeichungen beeinflußt wird.

Im Gegensatz zu den Winterpoldern (Trockenpoldern), die niemals überflutet werden, bieten die Sommerpolder und Überlaufpolder (Naßpolder) unter Umständen die Möglichkeit, den sekundlichen Größtabfluß zwischen Deichen zu verkleinern. Ist dieser $= z = 24$ m³/s (Abb. 174), so kann man die natürliche Wasserspeicherung in einem See dadurch ersetzen, daß man die Speicherung künstlich durch einen Überlauf bewirkt. Wäre der Polder ebenso groß wie der See (864 ha), so würde also der Größtabfluß von 24 auf 10,2 m³/s ermäßigt werden. Man nennt dieses Vorgehen das „Kappen" der Hochwasserspitze.

Um die schützende Wirkung einer Eindeichung und damit den Vorteil für die Landwirtschaft beurteilen zu können, stellt man mit Hilfe der Wasserstandsganglinien die Häufigkeit und zeitliche Verteilung der bisherigen und künftigen Überschwemmungen einander gegenüber. Hinsichtlich der künftigen ist dabei so zu verfahren, daß man feststellt, welche Überschwemmungen in der Vergangenheit eingetreten wären, wenn der Deich schon bestanden hätte.

3. Linienführung und Querschnitt der Deiche.

Bezüglich der Linienführung der Deiche ist folgendes zu beachten:

1. Die Deiche sollen möglichst in der Richtung des Hochwasserabflusses verlaufen. Trotz schroffer Krümmungen des Flusses sind schlanke Deichlinien zu wählen. Dadurch wird der Wasserangriff auf die Deiche ermäßigt und die Abführung des Eises erleichtert.

2. Der Abstand der Deiche soll tunlichst gleichbleibend sein. Deichverengungen erhöhen die Gefahr der Eisversetzung. Ein stark wechselnder Deichabstand vermehrt außerdem die Querströmungen, die den Wasserabfluß und

die Unterhaltung erschweren. Hat das Vorland auf längeren Strecken eine verschiedene Höhe, so kann man auf den höheren Strecken den Deichabstand etwas vergrößern, damit die mittlere Geschwindigkeit im Fluß sich möglichst wenig ändert. Häufig bestimmt man den Deichabstand nach bewährten eingedeichten Flußstrecken. Der wirtschaftlichste Deichabstand läßt sich durch Proberechnungen ermitteln, indem man für verschiedene Abstände die Deichkosten je lfd. m mit der Nutzungsminderung durch Deich und Vorland vergleicht. Sommerdeiche kann man zwar enger als Winterdeiche anordnen, ein auch für Winterdeiche ausreichender Abstand hat aber den Vorteil, daß man sie später leicht zu Winterdeichen ausbauen kann und daß unerlaubte Deicherhöhungen durch die Anlieger nicht so bedenklich sind. Im allgemeinen sollte die Vorlandbreite nicht schmaler als 10 bis 15 m sein. Im übrigen ist der Deichabstand so zu wählen, daß der Aufstau zwischen den Deichen nicht zu hoch für die Oberlieger wird und daß die Wassergeschwindigkeit sowohl im Flußbett als auch auf den Vorländern in zulässigen Grenzen bleibt.

3. Die Deiche sollen, soweit möglich, auf festem Untergrund liegen. Daher kann es zweckmäßig sein, tiefe Kolke zu umgehen, auch wenn dadurch die Linienführung beeinträchtigt wird. Nach Möglichkeit läßt man Kolke außendeichs, da sie bei binnenseitiger Lage meistens das Drängewasser vermehren. Ein fester Untergrund läßt sich im tiefgründigen Moor mit vertretbaren Kosten in der Regel nicht erreichen, da das Ausschachten des Moores zu teuer werden würde. Dann ist aber große Vorsicht geboten wegen der Sackung des Moores, dessen Beschaffenheit sorgfältig festzustellen ist. Sehr zweckmäßig ist es, zunächst eine kurze Probestrecke zu schütten und zu beobachten (S. 241). Auf Moor sind nur niedrige, nicht zu schmale Deiche zulässig.

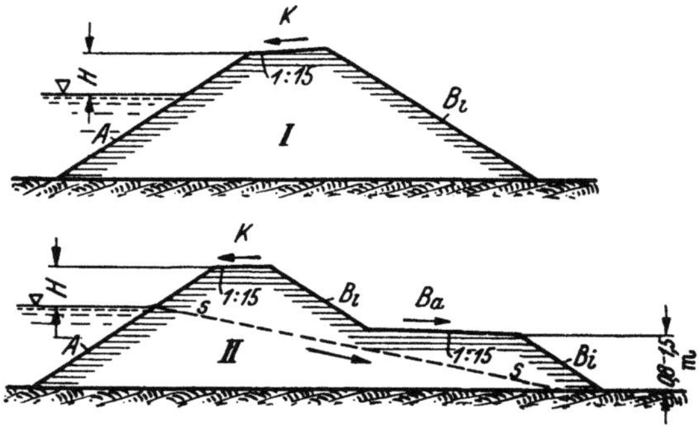

Abb. 178. Deichquerschnitte.

Zahlentafel 120.

Bezeichnung		Sommerdeiche	Winterdeiche
Außenböschung . .	*A*	1 : 2—1 : 3	1 : 2—1 : 3, bei starker Strömung unten 1 : 4—1 : 6
Binnenböschung .	*Bi*	1 : 4—1 : 10	1 : 1,5—1 : 2
Krone oder Kappe	*K*	1—2 m	2—4 m
Bankett	*Ba*	—	1—2 m, wenn befahrbar 3,5—4 m
Kronenhöhe über Außenwasser . .	*H*	0,3—0,5 m über dem zu kehrenden Wasserstand	0,8—1,2 m über HHW

Als Querschnitt der Deiche wählt man eine der in Abb. 178 dargestellten Formen mit den Abmessungen der Zahlentafel 120. Winterdeiche mit befahrbarer Krone oder mit schmaler Krone und Bankettweg zur Erleichterung der Deichverteidigung. Das Bankett ergibt eine sehr günstige Verstärkung des Deichfußes. Bankettweg nötigenfalls mit Ausweichen. Zweckmäßig ist eine Deicherhöhung von etwa 30 cm vor Ortslagen, um hier einen Deichbruch zu erschweren.

Sommerdeiche nur nach Form *I* mit guter Ausrundung auf beiden Seiten der Krone. Abgesehen von niedrigen Deichen unter 1,5 m Höhe sind Sommerdeiche stets mit Überläufen, häufig auch mit Einlaßbauwerken zu versehen, damit sich vor der Überströmung des Deiches ein „Wasserpolster" im Polder bildet. Dadurch wird der Angriff des überlaufenden Wassers auf die Binnenböschung verringert. Die Krone der Überlaufstrecken liegt um $H = 0{,}3$ bis 0,5 m unter Deichkrone. Die Länge der Überläufe, die Höhe H und gegebenenfalls die Einlaßbauwerke sind so zu bemessen, daß ein ausreichendes Wasserpolster entsteht, bevor die Überströmung des Deiches selbst beginnt. Die Überläufe erhalten eine sehr flache Böschung, bei niedrigen Deichen 1 : 20 bis 1 : 40 mit Rasen, sonst 1 : 8 bis 1 : 12 mit Pflaster. Wegen ihrer Berechnung vgl. S. 165. Je bindiger der Deichboden und je tiefer das Wasserpolster im Vergleich zur Deichhöhe ist, um so steiler kann die Binnenböschung des Deiches sein. Eine völlige Sicherheit gegen Deichbrüche ist jedoch auch bei einer sehr flachen Binnenböschung nicht vorhanden. Man soll daher stets prüfen, ob nicht Überläufe im Zuge hochwasserfreier Deiche vorzuziehen sind. Letztere sind trotz ihrer größeren Höhe bisweilen nicht wesentlich teurer als überströmte Deiche, da sie eine steilere Binnenböschung erhalten.

Ein Schutz gegen kleine Anschwellungen des Flusses läßt sich dadurch erreichen, daß man die niedrigen Strecken der Uferrehnen aufhöht.

Am binnen- und außenseitigen Böschungsfuß der Deiche sind Schutzstreifen von 2 bis 5 m Breite vorzusehen, sogenannte Binnen- und Außenbermen, die nicht beackert werden dürfen. Jeder Graben in Deichnähe auf der Außenseite ist überflüssig und schädlich, weil er bei *HW* den Deich gefährdet. Ein sogenannter Schweißgraben längs des Deiches auf seiner Binnenseite kann durch Abfangen von Drängewasser vorteilhaft sein, muß aber in schwerem Boden mindestens 3 m, in leichtem mindestens 6 m, bei Vorkommen von Fließsand 10 m vom Böschungsfuß entfernt liegen, da sonst Durchquellungen und Deichrutschungen zu befürchten sind. Eine zu nahe Lage am Deich kann auch die zu pumpende Drängewassermenge vergrößern.

Besonders gefährdete Deichstrecken sind mit Trockenpflaster zu sichern, das nachsacken soll, wenn sich ein Hohlraum darunter bildet. Der Kopf der Flügeldeiche wird mit 1 : 10 bis 1 : 15 abgeböscht, nötigenfalls durch Pflaster geschützt, das bei starker Umströmung auch noch auf das Gelände übergreifen muß. Befahrbare Strecken des Deiches sind mit lehmigem Kies oder Pflaster zu befestigen. Der Deichkrone gibt man eine Neigung nach außen von etwa 1 : 10 bis 1 : 20, damit das Regenwasser ablaufen kann. Allerdings hat das auf befahrenen Strecken wenig Wert, da hier der Regen ohnehin in den Wagenspuren versickert. Wenn das Hochwasser lange Zeit anhält, besteht die Möglichkeit, daß es den Deich durchsickert. Es bildet sich eine sog. Sickerlinie $s - s$ (Abb. 178), die nicht die Binnenböschung schneiden darf, da sonst das hier heraustretende Sickerwasser Boden aus dem Deich herausspülen und diesen gefährden würde. Als Neigung der Sickerlinie kann man bei sandigem und lehmig-sandigem Deichboden etwa 1 : 6 bis 1 : 8 annehmen. Man verhindert das Austreten der Sickerlinie aus der Binnenböschung nötigenfalls durch die Deichform *II* oder dadurch, daß man die Binnenböschung unten flacher als oben anlegt.

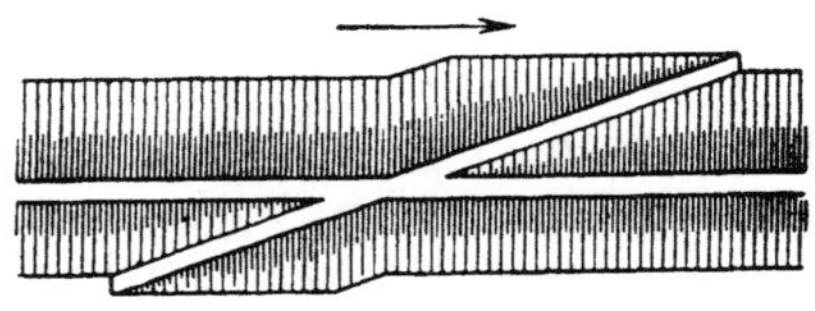

Abb. 179. Deichrampen. (Nach Krüger.)

Zur Vermittlung des Verkehrs über den Deich dienen Deichrampen oder Deichlücken. Die Deichrampen (Abb. 179) erhalten 1 : 12 bis 1 : 20 Steigung und sollen außendeichs stromab gerichtet sein, damit sie dem Stromangriff weniger ausgesetzt sind. In der Nähe von Ortslagen empfiehlt sich die Anlage von 0,6 bis 0,8 m breiten Fußgängerrampen, damit die Deichböschungen möglichst wenig betreten werden.

4. Bauwerke.

Die Deichlücken oder Deichscharten (Abb. 180) werden seitlich durch Mauern oder Bohlwände eingefaßt und bei Hochwasser mit 2 Dammbalkenlagen in 1 bis 1,5 m Abstand, zwischen die man Erde bringt, verschlossen. Man führt sie bei niedrigen Deichen bis zur Geländehöhe, bei höheren etwa bis zur halben Deichhöhe hinunter. Bisweilen bringt man unter der Fundamentplatte noch eine Herdmauer oder Spundwand an, um den Wasserdurchfluß zu erschweren. Aus demselben Grunde werden die Seitenmauern mit Rippen versehen, die in den Deich eingreifen.

Die Auslaßbauwerke (Siele) haben die Aufgabe, den Polder bei niedrigen Außenwasserständen zu entwässern. Sie werden bei den nichtschiffbaren Flüssen in der Regel als einfache Durchlässe aus Zement- oder Tonmuffenrohren, in Mauerwerk oder Beton hergestellt, auch in Holz als Kasten-, Balken- oder Ständersiele. Außen gibt man ihnen ein nach außen aufschlagendes, selbsttätig wirkendes Stemmtor. Wenn zeitweise ein zu starkes Sinken des Binnenwassers verhindert werden soll, wird auf der Binnenseite ein Schützenverschluß angeordnet. Rohrsiele kann man auch mit einer Rückschlagklappe versehen. Die Zahl der Siele ist möglichst zu beschränken, da jedes Siel eine Gefahrenstelle für den Deich bedeutet. Das Außentief ist kurz zu halten, da es der Versandung besonders ausgesetzt ist.

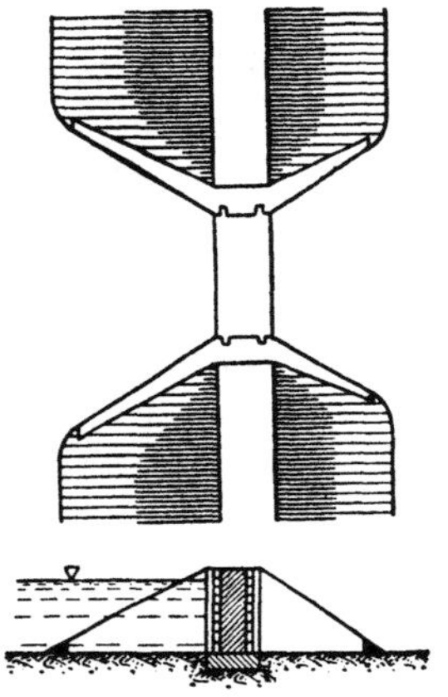

Abb. 180. Deichlücke. (Nach Krüger.)

In Sommerpoldern und Überlaufpoldern müssen die Siele so groß sein, daß das in den Polder eingeströmte Wasser bei fallendem Hochwasser im Fluß so schnell wieder herausfließt, daß kein zu großer Überdruck im Siel entsteht. Wenn die Wasserfläche des gefüllten Polders F ha groß ist und der Fluß in 24 h um s cm sinkt, so muß die Leistungsfähigkeit des Sieles bei dem als zulässig erachteten Überdruck zwischen Binnen- und Außenwasser betragen

$$Q = \frac{sF}{864} \text{ m}^3/\text{s}. \qquad (214)$$

In großen Poldern genügen dann meistens keine Rohrsiele, sondern müssen oben offene Auslaßbauwerke mit größerer Lichtweite errichtet werden.

Einlaßbauwerke dienen dem Einlassen von Flußwasser in bedeichte Niederungen, sei es zum Zwecke der Bewässerung (S. 388), sei es zur Entlastung des Wasserlaufes. Sie werden als Rohrdurchlässe oder als größere oben offene Bauwerke mit Schützenverschluß hergestellt. In niedrigen Deichen kann man auch einfache Dammbalkenverschlüsse nach Abb. 293 wählen, um an Kosten zu sparen.

Die lebendige Kraft des durch Aus- oder Einlaßbauwerke strömenden Wassers läßt sich mit gutem Erfolg durch die von Rehbock angegebenen Zahnschwellen vernichten (*184*).

Alle Bauwerke in Deichen müssen eine sorgfältige Verbindung mit dem Deichkörper erhalten, damit sich an den Berührungsflächen keine durchgehende Fuge bildet, durch die das Außenwasser leicht hindurchfließen kann (S. 332). Die Bauwerke werden dann „umläufig“. Rohrsiele versieht man ringsherum mit Wülsten, die das Siel mit dem Deichkörper verzahnen.

5. Die Ausführung.

Schon bei der Entwurfsbearbeitung ist zu prüfen, wo geeigneter Deichboden entnommen werden kann. Er darf keinesfalls im Binnenland gewonnen werden, da dann das Drängewasser leicht vermehrt wird. Aus diesem Grunde sind auch alle Bohrlöcher im Binnenlande mit Lehm oder Ton wieder zu verfüllen. Man nimmt den Deichboden entweder aus dem Vorlande, wo mit einer natürlichen Wiederaufschlickung durch die Sinkstoffe des Flusses zu rechnen ist, oder aus höhergelegenen Stellen der näheren Umgebung (Sandhorste, Höhenrand der Niederung). Die Entnahmegruben auf dem Vorland werden durch kleine Abzugsrinnen zum Fluß entwässert.

Man stellt nun entweder den ganzen Deichquerschnitt aus demselben Boden her, in der Ausführung das einfachste Verfahren, oder man sieht besondere Dichtungsschichten vor (Abb. 181). Diese kann man nach unten als Herddamm verlängern. Der Tonkern (*a*) hat gegenüber der Dichtungsschürze (*b*) den Vorteil, daß er besonders geschützt liegt und weniger Ton benötigt als die Schürze. Doch sind Mängel, die sich später etwa herausstellen, nur mit erheblicher Arbeit zu beseitigen. An besonders gefährdeten Stellen kann man sandige Deichschichten auch noch nachträglich durch Versteinung (Verfahren Joosten) oder durch Einpressen von Bitumenemulsion (Verfahren Shellperm) dichten (*99*). Die Dichtungsschichten erübrigen sich, wenn als Deichboden sandiger Lehm oder stark lehmiger Sand zur Verfügung steht, sie sind aber nötig bei reinem Sandboden. Die beste Bodenverteilung in einem Deichquerschnitt besteht darin, daß dichtere Bodenarten auf der Wasserseite, durchlässige auf der Binnenseite angeordnet werden. Fetter Ton ist für Deichbauten nur an solchen Stellen geeignet, wo er nicht austrocknen und daher nicht rissig werden kann, z. B. als Dichtungskern. Grober Sand ist besser als feiner, Schliefsand darf nicht verwendet werden. Über die Verwendung von Moor zum Deichbau sind die Ansichten geteilt. An sich ist Moorboden kein geeigneter Baustoff für Deiche, da er sehr leicht ist, bei Trockenheit puffig werden kann, so daß die Grasnarbe leidet, und mit der Zeit immer mehr vergeht. Das geringe Gewicht des Moorbodens ist aber günstig für Deiche auf tiefgründigem Moor, auf dem ein schwerer Sanddeich versacken würde. Man soll jedoch Moordeiche nicht höher als etwa 2 m anlegen, sie recht breit machen und die ganze Deichoberfläche übersanden (S. 465). Die Sanddecke schützt gegen Puffigwerden und Verwehen, fördert dadurch die Begrünung und macht den reichlich leichten Deich etwas schwerer und somit standfester. Wesentlich besser als reines Moor ist schlick- oder sanddurchsetztes, wie es in unseren Flußniederungen häufig zu finden ist. In Zweifelsfällen empfiehlt es sich, den für einen Deichbau in Aussicht genommenen Mineral- oder Moorboden durch eine Versuchsanstalt untersuchen zu lassen.

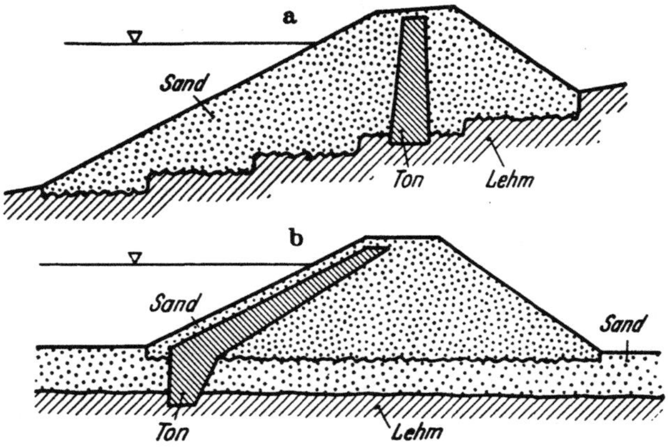

Abb. 181. Deichdichtungen.

Die Deichgrundfläche muß so hergerichtet werden, daß sich die Deichschüttung mit dem Untergrunde gut verbindet (Abb. 181). Daher ist der Rasen zu schälen; er wird seitlich gestapelt, um ihn später für die Außenböschung des Deiches verwenden zu können. Auch Mutterboden ist beiseite zu setzen. Alle Sträucher, Bäume und größeren Wurzeln müssen entfernt werden. In der Längsrichtung des Deiches zieht man Furchen mit dem Pfluge. Dort, wo das Gelände quer zum Deich stark geneigt ist, muß die Deichgrundfläche abgetreppt werden, damit keine geneigte Gleitfläche unter dem Deich liegt. Moorschichten geringer Stärke werden am besten entfernt.

Der Deich ist stets in einzelnen Lagen zu schütten, bei Handbetrieb von 20 bis 30 cm, bei Maschinenbetrieb bis 50 cm Stärke. Die Lagen müssen gestampft werden, soweit sie nicht schon durch das Gleis und die Muldenkipper zusammengedrückt werden. Sie sollen nach der Sackung noch deutlich gewölbt oder nach der Wasserseite hin geneigt sein, damit keine muldenförmige Schichtung entsteht, die versickernde Niederschläge auffängt und dadurch die Bildung von Schlammsäcken bewirkt. Als Sackmaß kann man bei Sand etwa 5 bis 8 %, bei Lehm 10 bis 12 % annehmen. Die Deiche sind also um 5 bis 12 % höher anzuschütten als sie später sein sollen. Die Außenböschung ist in der Regel mit Flachrasen zu befestigen (S. 192). Die Fugen zwischen den Rasensoden sind gut mit Mutterboden auszufüllen. Unter dem Flachrasen ist eine Mutterbodenschicht von 15 bis 20 cm erforderlich, damit die Grasnarbe kräftig wird. Auf der Binnenseite kann man, wenn es an Rasensoden fehlt, auch Mutterboden auf die Böschung bringen und ansäen. Die für eine Deichböschung geeignete Grassamenmischung sollte unter Berücksichtigung der jeweiligen örtlichen Verhältnisse nach pflanzensoziologischen Gesichtspunkten (S. 82) ermittelt werden, die Kosten eines pflanzensoziologischen Gutachtens machen sich in jedem Fall reichlich bezahlt.

Muß ein Deich ausnahmsweise durch einen Altarm geschüttet werden, so ist dieser zu beiden Seiten der Schüttung zunächst mit Faschinenpackwerk zu durchbauen. Auch Schlenken, die unmittelbar vor einem Deich liegen, werden an einzelnen Stellen mit Packwerk durchbaut, damit sie nicht durch die Hochwasserströmung weiter vertieft werden und den Deich gefährden. Schaardeiche schützt man dadurch, daß der Deichfuß durch Faschinenpackwerk oder Buhnen gesichert wird. Qualmdeiche müssen ganz besonders sorgfältig hergestellt werden; wenn sie brechen, tritt eine plötzliche Erhöhung des Wasserdrucks ein, die den Hauptdeich gefährdet. Damit sie nicht durch Überströmung zerstört werden, erhalten sie einen Überlauf, der tiefer als ihre Krone liegt. Spätere Deichverstärkungen werden am besten auf der Außenseite angebracht.

Die beste Bauzeit ist das Frühjahr, damit die Schüttung bis zum Eintritt gefährlicher Hochwasser ausreichend sackt und die Böschungen gut begrünen. Wird der Deich erst spät im Herbst geschüttet, so ist eine Ansaat mit Winterroggen zu empfehlen (S. 192). An besonders gefährdeten Stellen kann auch eine Abpflasterung der Außenböschung in Frage kommen. Faschinen sind nicht zweckmäßig, da sie über Wasser zu schnell vergehen.

6. Unterhaltung und Deichverteidigung.

Die Unterhaltung eines Deiches darf niemals dem einzelnen Grundstückseigentümer überlassen werden, ist vielmehr stets einem Deichverband oder einer Gemeinde zu übertragen. Denn sonst ist eine sachgemäße Unterhaltung nicht zu erreichen, wie zahlreiche Erfahrungen beweisen. Am wichtigsten ist eine stets geschlossene dichte Grasnarbe auf den Böschungen und auf der Krone der Sommerdeiche. Sie wird im allgemeinen nur dadurch zu erzielen sein, daß man gut düngt und mehrmals im Jahre mäht. Beweiden der Böschungen mit Schafen hat sich vielfach bewährt. Doch ist die Kuhweide nur zulässig auf festen, flachen Böschungen mit schwerem Boden (Lehm, Klei). Pferde, Schweine, Gänse und Hühner dürfen auf Deichen nicht geduldet werden. Maulwurfhaufen sind einzuebnen, Maulwürfe und Mäuse zu vertilgen, wenn sie überhand nehmen. Auch Hamster-, Kaninchen- und Fuchsbauten sind gefährlich. Radspuren auf der Deichkrone sind zu beseitigen, Sommerdeiche sollen aber nicht befahren werden. Der Deich selbst soll frei von Bäumen und Büschen sein. Am Fuße der Außenböschung haben sie sich jedoch in vielen Fällen als günstig erwiesen, da sie den

Wellenschlag und Eisdruck auf die Böschung verringern. Der Aufwuchs darf aber nicht so dicht werden, daß die Grasnarbe der Böschung unter Lichtmangel leidet und lückenhaft wird. Besondere Aufmerksamkeit ist der Uferunterhaltung vor schaar liegenden Deichen zu widmen.

Die Deiche können in folgender Hinsicht durch Hochwasser gefährdet werden:

1. Durch Wellenschlag, Strömung und Eisschollen wird die Grasnarbe der Außenböschung verletzt, es tritt eine Schälung ein. Wellenschlag ist besonders dann gefährlich, wenn der Deich mit breitem Vorlande quer zur herrschenden Windrichtung liegt. Dauernden Schutz dagegen gewährt Pflasterung, vorübergehenden bei der Deichverteidigung Faschinen, Strohmatten oder Gewebestoffe. Diese werden die Außenböschung abwärts gerollt und unten mit Pfählen angenagelt oder mit Sandsäcken beschwert.

Abb. 182. Deichdichtung durch Erdschüttung. (Nach Krüger.)

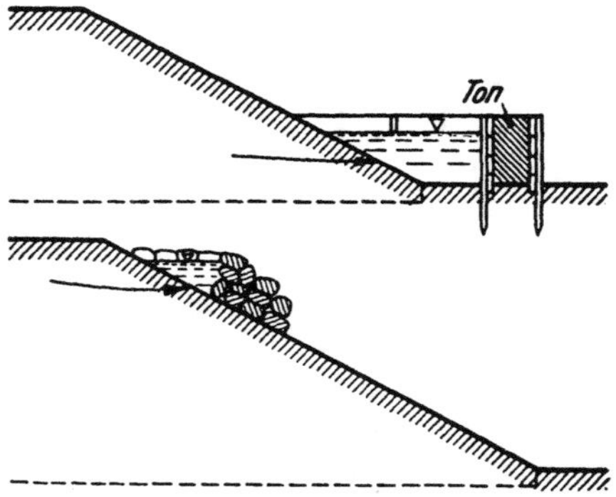

Abb. 183. Quellkaden.

2. Durch Auftreten von Quellen. An sich ist es am wirksamsten, eine solche Durchquellung durch Segeltücher, mit Sandsäcken beschwert, oder durch eine Erdschüttung mit Bretterwand (Abb. 182) auf der Außenseite zu dichten. Die Sandsäcke sind nur schlaff zu füllen, damit sie sich allen Unebenheiten besser anschmiegen und auch untereinander einen dichten Schluß ergeben. Häufig gelingt es aber nicht, die Stelle zu finden, an der das Wasser in den Deich eindringt. Dann muß man versuchen, durch Anbringung einer Quellkade auf der Binnenböschung einen Gegendruck zu erzeugen, indem man Sandsäcke, mit Steinen beschwertes Langstroh oder Erde zwischen Brettern verwendet (Abb. 183). Nicht selten sucht sich dann die Quelle einen anderen Austritt. Quellkaden am Böschungsfuß bedürfen oft einer ziemlichen Höhe, damit der Gegendruck des Wassers nicht zu klein ist, und sollen nicht zu kurz sein, damit eine seitlich entstehende neue Quelle gleich mit abgefangen wird. Solange das heraustretende Quellwasser klar ist, besteht noch keine besondere Gefahr für den Deich. Sobald es aber trübe wird, ist das ein Beweis dafür, daß Bodenteilchen aus dem Deich herausgespült werden und daß infolgedessen Hohlräume entstehen, die den Wasserdurchfluß dauernd größer werden lassen.

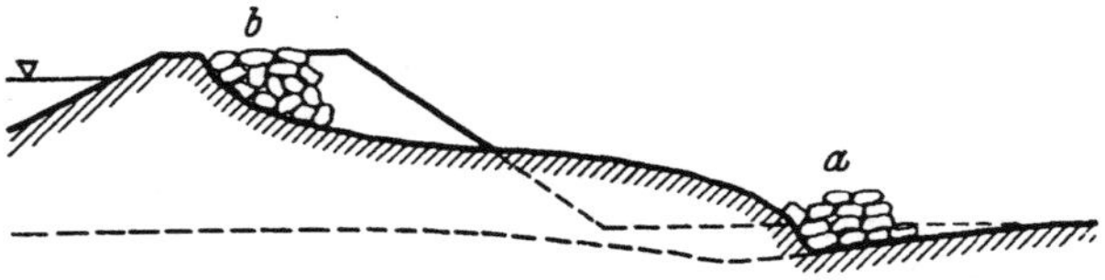

Abb. 184. Deichrutschung.

3. Durch Rutschungen. Sie sind meistens die Folgen der Ziffer 2, häufig ausgelöst durch Wasseraustritt am binnenseitigen Böschungsfuß oder an der Deichseite des Banketts. Zeigt sich Rutschneigung, so beschwert man vorsichtig mit Brettern, Faschinen, Langstroh, Sandsäcken und Steinen. Ist bereits eine Rutschung nach Abb. 184 eingetreten, so versucht man zunächst durch Sandsäcke bei *a* die weitere Rutschung zu stoppen. Eine Sandsackverstärkung bei *b* ist nur ausführbar, wenn der Deichboden hier noch fest ist, abgerutschte Massen sind für eine Belastung zu weich. Größte Vorsicht ist nötig, da für die Arbeiter Gefahr besteht; der Deich ist während der Arbeiten scharf zu beobachten, die

kleinste Veränderung sofort zu melden. Beim Abrutschen des flußseitigen Böschungsfußes infolge Unterspülung wirft man Sandsäcke und Steine auf die Rutschstelle. Wird die Binnenberme hochgedrückt, so hilft bisweilen das Verlegen von Segeltuch und seine Beschwerung mit Sandsäcken oder Steinen. Wenn offene Deiche auf beiden Seiten längere Zeit vom Wasser umspült werden und wenn ihre Böschungen wesentlich steiler sind als dem natürlichen Böschungswinkel des Deichbodens unter Wasser entspricht, so können sie aufweichen und auseinanderfließen. Hilfsmittel dagegen gibt es nicht.

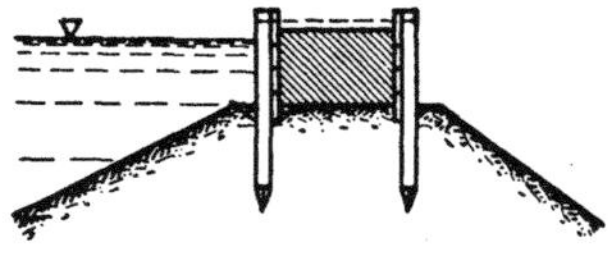

Abb. 185. Deichaufkadung. (Nach Krüger.)

4. Durch Überströmung. Um sie zu verhüten, erhöht man die Krone mit Sandsäcken, Rasenplaggen oder durch eine Aufkadung (Aufkastung), das ist eine Erdauffüllung zwischen Bretterwänden (Abb. 185). Tritt trotzdem eine Überströmung ein, so ist der Deich in der Regel nicht mehr zu halten.

Man unterscheidet folgende Arten der Deichbrüche: beim Kappsturz (Kronenbruch) wird nur die Deichkrone fortgerissen, beim gewöhnlichen Deichbruch der ganze Deichkörper, jedoch ohne Auskolkung des Untergrundes. Entsteht auch ein Kolk, so spricht man von einem Grundbruch, und bildet sich zwischen Fluß und Kolk noch eine nennenswerte Abflußrinne, so liegt ein Strombruch vor.

Für jeden Deich muß eine Deichverteidigungsordnung aufgestellt werden, da es sonst im Falle der Gefahr an der unbedingt notwendigen Vorbereitung und einheitlichen Leitung fehlt. Der Leiter der Deichverteidigung ist an den Hochwassermeldedienst anzuschließen, damit er bei Hochwassergefahr rechtzeitig seine Vorbereitungen treffen kann. Sandsäcke, Pfähle, Bretter, Faschinen, Langstroh, Steine, Draht und Werkzeuge müssen jederzeit in ausreichender Menge verfügbar sein und sind nötigenfalls besonders vorrätig zu halten. Die dafür entstehenden Kosten fallen gegenüber den großen Schäden eines Deichbruches überhaupt nicht ins Gewicht. Auch Transportmittel, wie Kippwagen mit Gleisen, Kähne und Motorboote sind häufig von großem Wert, nachts sind außerdem Laternen und Fackeln erforderlich. Der Hochwasserwachdienst ist rechtzeitig anzuordnen.

Bei der Wiederherstellung eines gebrochenen Deiches läßt man den Kolk nach Möglichkeit außendeichs. Die neue Deichstrecke ist besonders sorgfältig herzustellen: Entfernung des bei der Deichverteidigung benutzten Strauchwerks und Strohs, Verwendung guten Deichbodens, breites Bankett, sehr flache Binnenböschung, auch bei der Wiederzufüllung des Kolkes ist eine wirksame Dichtungsschicht unter dem Deich anzubringen, die in der Regel unter Wasser geschüttet werden muß. Man durchbaut dann den Kolk vor den beiden Deichfüßen durch je eine Packwerkvorlage.

V. Wirkungen der Wasserstraßen und Wasserkraftwerke auf Landeskultur und Fischerei.

A. Wirkungen auf die Landeskultur.

1. Allgemeines.

Die wichtigste Folge der hier behandelten Wasserbauten für die Landeskultur ist in der Regel eine Veränderung der Grundwasserstände, die günstig oder schädlich sein kann. Vgl. hierzu die Ausführungen im Abschnitt III, S. 180. Eine Senkung des Grundwasserstandes ist natürlich dann unschädlich, wenn er schon vorher so tief lag, daß die Pflanzenwurzeln das Grundwasser auch bisher nicht ausnutzen konnten. Der weitaus größte Teil der Wurzelmasse unserer Kulturpflanzen bleibt in den obersten Bodenschichten von wenigen dm, die Hauptmasse der Gräserwurzeln geht sogar über 10 cm Tiefe nicht hinaus, doch können einzelne wassersuchende Wurzeln in ausreichend lockeren Böden auch Längen von etwa 200 cm erreichen. Da nun die Steighöhe des Grundwassers in den kapillar günstigsten Böden (Löß und feinem Sand) etwa 50 bis 100 cm beträgt, so kann man mit Sicherheit unterstellen, daß die Senkung eines 3 m tief stehenden Grundwassers den Kulturpflanzen mit Ausnahme der ausgesprochenen Tiefwurzler (S. 68) und der tiefwurzelnden Bäume keinen Schaden bringt. Lag jedoch die Grundwasseroberfläche vor der Absenkung höher als 3 m unter Flur, so läßt sich die Wahrscheinlichkeit einer Schädigung nur nach den jeweiligen örtlichen Verhältnissen (Boden- und Pflanzenart, Größe und Verteilung der Niederschläge) beurteilen. In den meisten Fällen ist aber kein merkbarer Schaden zu erwarten, wenn ein Grundwasserstand von 2,5 bis 3,0 m gesenkt wird.

In den Flußniederungen liegt häufig eine geschlossene Schlickdecke auf grobem Sand und Kies. Ist diese beispielsweise nur 1 m stark und reicht das Grundwasser an sie heran, so werden die Pflanzen in Trockenzeiten kapillar aus dem Grundwasser versorgt. Eine jetzt eintretende Grundwassersenkung würde den kapillaren Wasseraufstieg unterbinden und zu erheblichen Schäden führen. Je stärker die Schlickdecke ist, um so mehr tritt die Versorgung aus dem Grundwasser hinter den Niederschlägen zurück, wobei natürlich die Art und das Gefüge des Schlickbodens von Einfluß sind. Die bisherigen Erfahrungen haben gezeigt, daß geschlossene Schlickdecken von 2,0 bis 2,5 m Stärke keinen Nutzen mehr von dem darunter befindlichen Grundwasser haben; die Pflanzen decken ihren Wasserbedarf dann ausschließlich aus den Niederschlägen.

Eine Hebung zu tief liegender Grundwasserstände auf eine günstige Höhe bringt natürlich erhebliche Vorteile und ist sinngemäß gleichfalls nach den vorstehenden Gesichtspunkten zu beurteilen.

Bezüglich einer vorteilhaften Senkung zu hoher Grundwasserstände vgl. S.72.

Auch das Trockenfallen der Wirtschaftsbrunnen durch absinkendes Grundwasser bedarf der Beachtung.

Um die Wirkung der beabsichtigten Wasserbauten später feststellen zu können, müssen schon einige Jahre vor Beginn der Bauarbeiten laufende Grundwasserbeobachtungen durchgeführt werden. Ein oder zwei Beobachtungsjahre reichen nicht aus, um den Umfang einer Veränderung deutlich zu erkennen. Bei stärkeren Schlickdecken auf Sand sind die Beobachtungsrohre zum Teil in den Sand abzusenken, zum Teil sollen sie im Schlick bleiben, um die verschiedenen Grundwasserverhältnisse der Schlickdecke und des Sanduntergrundes getrennt zu erfassen. Außer den Grundwasserbeobachtungen sind auch pflanzensoziologische Untersuchungen der voraussichtlich in Mitleidenschaft gezogenen Flächen vor Baubeginn zu veranlassen.

Die bei größeren Flußregulierungen bisweilen angelegten Entlastungspolder können nur als Naturwiesen genutzt werden, da Süßgrasbestände die oft wochenlangen Überflutungen nicht vertragen und der Ackerbau einem nicht vertretbaren Risiko unterliegt. Die Anwendung von Kunstdünger ist in der Regel nicht lohnend. Das Öffnen der Einlaßbauwerke bei Hochwasser stößt oft auf handgreiflichen Widerstand der beteiligten Landwirte. Die Entlastungspolder sind vom Standpunkt der Landeskultur ein möglichst zu vermeidender Notbehelf.

Der Einfluß der meisten großen Wasserbauten auf die Landeskultur ist so erheblich, daß man grundsätzlich alle diese zusammengehörigen Arbeiten durch eine gemeinsame Planung zusammenfassen sollte, um von Anfang an die zweckmäßigste Gesamtlösung zu finden und auch den Bauherrn vor unerwarteten Schadenersatzforderungen zu schützen. Die Gesamtplanung hat zum mindesten alle diejenigen landeskulturellen Maßnahmen zu umfassen, die zum Ausgleich der zu erwartenden Schäden erforderlich sind, insbesondere Ent- und Bewässerungsanlagen, nötigenfalls auch eine Umlegung. Für die Unterhaltung und den Betrieb dieser Anlagen ist der Landwirtschaft erfahrungsgemäß mit laufenden jährlichen Zuschüssen weit besser gedient als mit einer einmaligen Abfindung.

2. Wasserstraßen.

Die Ströme werden meistens auf *MW* geregelt (Mittelwasserregelung), seltener auf *MNW* (Niedrigwasserregelung). Der Regelungswasserstand (*MW* oder *MNW*) soll sich durch die Regelung nicht ändern, während alle Wasserstände unter (über) dem Regelungswasserstande bei gleicher Wasserführung gehoben (gesenkt) werden sollen. In Wirklichkeit hat aber die Verringerung der Flußbreiten durch Buhnen und Leitwerke durchweg eine beträchtliche Senkung der Sohle und Niedrigwasser unserer großen Ströme zur Folge gehabt, eine Erscheinung, die für die Landeskultur der Stromniederungen von größter Bedeutung ist. Die Regelung der Ströme vermindert auch die kleineren und mittleren Winterüberflutungen, die nicht nur den Wasservorrat des Bodens vermehren, sondern auch wertvoll für die Düngung sind. Zu beachten ist ferner die Absenkung der niedrigen Wasserstände oberhalb der Durchstiche. Andererseits findet in der Regel eine erwünschte Verbesserung der Vorflut statt, die Deichsicherheit wird durch Senkung der Hochwasser verbessert, die Betriebskosten der Schöpfwerke werden geringer. Eine Beeinträchtigung der Wirtschaftsbrunnen ist im allgemeinen nicht zu befürchten.

Die für Schiffahrtszwecke errichteten Talsperren bringen auch für die Landwirtschaft den Vorteil des Hochwasserschutzes, wenn ein nicht zu kleiner Hochwasserschutzraum vorhanden ist. Doch läßt diese Wirkung mit zunehmender Entfernung von der Sperre immer mehr nach. Solche Talsperren müssen in der Lage sein, in Trockenzeiten auch das Bewässerungswasser zu liefern, das die Landwirtschaft braucht, um etwaige durch die Stromregelung entstandenen Trockenschäden wieder auszugleichen. Nachteilig für die Landeskultur kann der Umstand sein, daß in den Talsperren Schlick und Geschiebe zurückgehalten werden; denn der Schlick geht der düngenden Bewässerung verloren, und das Abfangen der Geschiebe bewirkt weitere Senkungen der Flußsohle und der niedrigen Wasserstände.

Die Kanalisierung der Flüsse ist mit besonders großen Änderungen der Grundwasserstände verbunden, so daß Ent- und Bewässerungsanlagen fast stets in erheblichem Umfange erforderlich werden. Dabei ist zu beachten, daß das Grundwasser oft schon mehrere km oberhalb der Schleusen zum Unterwasser hin abzufallen beginnt. Grundsätzlich soll man die Stauhöhe einer Haltung so hoch anordnen, daß den trocken fallenden Flächen unter- und oberhalb der Schleuse das erforderliche Bewässerungswasser mit natürlichem Gefälle zugeleitet werden kann. Die Kanalisierung bringt ja für die Landeskultur den großen Vorteil, daß große Wassermengen verfügbar werden, weil die Schiffahrt sie nicht mehr benötigt. Diejenigen Flächen oberhalb einer Schleuse, denen durch die Stauhaltung die Vorflut verlorengeht, müssen durch ein Grabennetz ins Unterwasser der Schleuse entwässert werden, was im allgemeinen keine Schwierigkeiten macht. Ungünstig für die Landwirtschaft sind die langen Schleusenkanäle, die oft die Grundstücke unwirtschaftlich durchschneiden und zum mindesten gute Zuwege erfordern. Kleinere Hochwasser lassen sich durch Speicherung von Wasser in den Stauhaltungen merkbar abschwächen.

Auch Schiffahrtskanäle vermögen die Grundwasserstände erheblich zu verändern: Hebung oberhalb und Senkung unterhalb der Schleusen. Eine Hebung des Grundwasserstandes kann ferner eintreten durch die Versickerung aus dem Kanal, durch Tondichtungen, die in einen quer zum Kanal fließenden Grundwasserstrom eintauchen und ihn dadurch anstauen, sowie durch den Druck hoher Kanaldämme, der den Porenraum des Untergrundes verkleinert und dadurch den Abfluß des Grundwassers quer zum Kanal gleichfalls beeinträchtigen kann. Auch bei Schiffahrtskanälen sind in der Regel die oben genannten Ent- und Bewässerungsmaßnahmen erforderlich. Kreuzungen mit anderen Wasserläufen können durch Düker oder Durchlässe ermöglicht werden, die hinreichend tief liegen müssen, um auch den weitestgehenden Entwässerungsansprüchen zu genügen. Unter Umständen können die Kanäle auch der Ent- oder Bewässerung dienstbar gemacht werden, insbesondere auch der Hochwasserentlastung; schon bei einer mittleren Wassergeschwindigkeit von nur 0,3 m/s vermögen die großen Kanalquerschnitte von etwa 100 m² erhebliche Abflußmengen zu leisten, wobei jedoch das sich einstellende Wasserspiegelgefälle zu beachten ist. Bei der Beschaffung des Speisungswassers für die Scheitelhaltung ist stets zu prüfen, ob dadurch den Unterliegern nicht Schäden durch Absenkung des Grundwassers oder durch Entziehung von Bewässerungswasser erwachsen.

3. Wasserkraftanlagen.

Für alle Wasserkraftanlagen, die in kanalisierten Flüssen neben den Wehren errichtet werden, gilt das in Abschnitt 2 Gesagte.

Im übrigen ist man meistens bestrebt, den Stau zwischen Dämmen möglichst hoch zu legen, um eine große Druckhöhe für die Turbinen zu erhalten. Derartig hohe Staue können aber für die benachbarten Flächen in landeskultureller Hinsicht äußerst nachteilig werden. Ist nämlich der Untergrund stark wechselnd, so kommt es häufig vor, daß das unter starkem Druck stehende Bodenwasser auf dem Wege über durchlässige Sand- und Kiesadern auch zwischen den Gräben zutage tritt, durch das Grabennetz also nur unvollkommen beseitigt wird. Die Folge ist dann eine dauernde, durch landeskulturelle Gegenmaßnahmen überhaupt nicht abwendbare Wertminderung der Grundstücke.

Wird das Betriebswasser durch Werkkanäle oder Rohrleitungen aus dem Flusse abgeleitet und ihm erst weit unterhalb wieder zugeführt, so wird dem Fluß oft auf eine lange Strecke ein großer Teil seines Wassers entzogen. Die dadurch bewirkte häufig erhebliche Absenkung der mittleren und niedrigen Wasserstände führt zu starken Trockenschäden, die sich nur durch den Bau von Kulturwehren oder durch Bewässerungsanlagen verhindern lassen.

B. Wirkungen auf die Fischerei.

Schädigungen der Fischerei sind zwar bei allen Flußregelungen leider niemals ganz zu vermeiden, man sollte aber stets versuchen, sie auf ein Mindestmaß zu beschränken (S. 197). Das geschieht durch die Erhaltung und Neuschaffung von Laich-, Aufwachs-, Schutz- und Fangstellen und durch die Ermöglichung des Fischwechsels an Stauanlagen (Fischtreppen). Wenn das Betriebswasser einer Wasserkraftanlage dem Fluß streckenweise entzogen wird, so muß der Fischwechsel auf der wasserarmen Zwischenstrecke zum mindesten durch niedrige Schwellen sichergestellt werden. Von besonderer Bedeutung für die Flußfischerei ist die Uferausbildung. Denn hier leben die meisten Fischnährtiere. Ihre Lebensbedingungen werden durch die Begradigung der Wasserläufe und den Ausbau der Ufer verschlechtert, die Ruheplätze im stillen Wasser der Uferbuchten fallen fort. Man kann Ersatz schaffen, indem man bei Begradigungen einen Teil der Altarme (Altwässer) unten nach dem Fluß hin offen läßt und nur am oberen Ende zuschüttet. Hier ist durch einen Durchlaß für die Zuleitung von Frischwasser zu sorgen, falls nicht das Wasser für die Fischerei bedenklich ist (verschmutzt, sauerstoffarm). Die Altarme neigen zur Verlandung und bedürfen daher der Krautung und Räumung. Auch Schlenken, die ständig Wasser enthalten, aber mit dem Fluß nicht in offener Verbindung stehen, sind fischereilich wertvoll und sollten nicht restlos zugeschüttet werden. Tümpel, die nur zeitweise Wasser haben, sind Fischfallen, da die bei fallendem Hochwasser in ihnen zurückbleibenden Fische nach Austrocknen des Tümpels zugrunde gehen. Man muß sie daher entweder mit dem Wasserlauf verbinden oder zuschütten. Die Baggerlöcher der Kiesbaggereien auf den Vorländern lassen sich fischereilich ausnutzen. Die Buhnenfelder (S. 231) sind wertvoll als Ruhe- und Laichplätze sowie für das Wachsen der Fischnahrung. Der Boden der Felder soll eben sein, damit das Abfischen mit dem Netz möglich ist. Nicht zu tiefe Buhnenkolke sind fischereilich günstig. Freiliegendes Faschinenpackwerk kann in fanglicher Hinsicht recht unbequem werden, wenn die Netze sich darin festhaken. Diese Gefahr wird gemildert, wenn das Packwerk steil und gleichmäßig mit den Wipfelenden nach außen gepackt wird. Anderenfalls ist eine Abdeckung des Packwerkes mit Sand, Kies oder Steinen günstig. Die Buhnenfelder sollen möglichst flache Ufer haben, auch etwas Rohr- und Süßgrasbestand am Ufer.

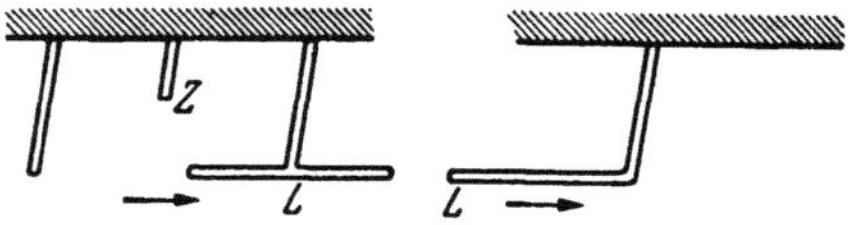

Abb. 186. Leitwerke vor Buhnenköpfen.

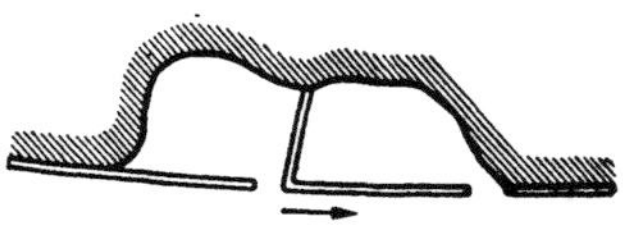

Abb. 187. Leitwerkfeld hinter einem Flußufer.

Zwischenbuhnen Z erschweren den Fang und beschleunigen oft die Verlandung der Buhnenfelder erheblich. Besser in fischereilicher Hinsicht sind Leitwerke L vor den Buhnenköpfen (Abb. 186). Leitwerke (S. 231) müssen zur Wassererneuerung eine Öffnung nach dem Fluß zu erhalten, durch die gegebenenfalls auch ein Fischerkahn hindurchfahren kann. Man legt diese Öffnung meistens an das untere Ende des Leitwerkes. Eine zweite Öffnung oben fördert die Frischwasserzufuhr, kann aber unter Umständen auch die Verlandung beschleunigen. Das Zufüllen der Buhnenfelder mit Baggergut sollte zugunsten der Fischerei möglichst unterlassen werden. Wenn es auch während der Baggerung meistens die billigste Art der Bodenbeseitigung ist, so doch keineswegs auf lange Sicht, da die natürliche Verlandung der Buhnenfelder nichts kostet, von dem künstlich eingebrachten Baggergut aber zweifellos ein Teil bei Hochwasser wieder herausgetrieben wird und dann an anderer Stelle zum zweiten Male gebaggert werden muß. Die Abdeckung der Flußböschungen (Deckwerke) soll nicht zu glatt sein, da sich an glatten Böschungen keine Fischnährtiere halten. Schüttsteine sind noch einigermaßen brauchbar. Man kann längere Deckwerke durch Leitwerke unterbrechen, hinter denen mit dem Fluß verbundene Leitwerkfelder liegen (Abb. 187). Die Kiesheger am ausbuchtenden Ufer scharfer Krümmungen dienen in größeren Flüssen häufig dem Lachs- und Salmfang (Fischerzüge). An solchen Stellen soll die Fischerei möglichst nicht durch Flußbauten oder Kiesbaggerungen gestört werden, wenn es sich um wertvolle Fangplätze handelt. Für die Fischerei ist es auch von Bedeutung, daß der Aalfang mit den Aalhamen und Aalschockern durch die Flußregelung nicht unmöglich gemacht wird. Wegen besonderer Maßnahmen zur Bekämpfung der für die Fischerei sehr gefährlichen Wollhandkrabbe (Eriochéir sinénsis) ist mit einem Fischereisachverständigen Fühlung zu nehmen. Die Vorländer sollen möglichst so gestaltet sein, daß die Fische bei fallendem Hochwasser nicht an tiefen Stellen zurückbleiben und dann an Wassermangel zugrunde gehen. Seesenkungen können erhebliche Schäden für die Fischerei bewirken, da gerade der wertvolle Uferstreifen, an dem die Fischnahrung aufwächst, trocken fällt. Über die fischereilichen Schutzmaßnahmen und die zu erwartenden fischereilichen Schäden ist ein Gutachten eines Fischereisachverständigen einzuholen, zumal die zu zahlenden Entschädigungen in den Kostenanschlag eingesetzt werden müssen.

Die vorstehenden Hinweise sind sinngemäß auch für Abschnitt IV zu beachten.

VI. Die Dränung.

A. Allgemeines.

1. Die Wirkung der Dränungen.

Dränung nennt man die Entwässerung mit künstlichen unterirdischen Abzügen, die den Zweck haben, die für das Wachstum der Nutzpflanzen schädliche Nässe aus dem Boden zu beseitigen.

In Abb. 188 ist eine Dränabteilung dargestellt, die aus zwei Sammlern *a* und *b* und den Saugern *1* bis *29* besteht (S. 252). Da diese stumpf gegeneinander gestoßen werden, ihre Schnittflächen (Stirnflächen) aber niemals völlig eben sind, so bieten die zwischen je zwei Rohren verbleibenden Stoßfugen Raum genug für das Eindringen des Bodenwassers, wie folgende Rechnung zeigt: angenommen, es gelänge, die Stoßfugen durchschnittlich nur 0,5 mm eng anzulegen, so bietet die ringförmige Stoßfuge eines 40 mm weiten Dränrohres immer noch $40 \cdot \pi \cdot 0{,}5 =$ rund 60 mm² Eintrittsöffnung. Bei 16 m Abstand der Rohre enthält 1 ha 625 m Sauger mit $625 \cdot 3 = 1875$ Rohren oder Stoßfugen. Auf 1 ha haben die Stöße also $1875 \cdot 0{,}6 = 1125$ cm² Eintrittsöffnung. Zusammengelegt entspricht das einer quadratischen Öffnung von 33 cm Seitenlänge. Da die Abflußmenge von 1 ha selten mehr als 1 bis 2 l/s beträgt, so ist die Öffnung überaus reichlich, um den Eintritt des Bodenwassers in die Rohre zu gestatten. Dagegen sind die Wassermengen, die durch die porigen Wandungen der gebrannten Tonrohre in die Dräne gelangen, außerordentlich gering.

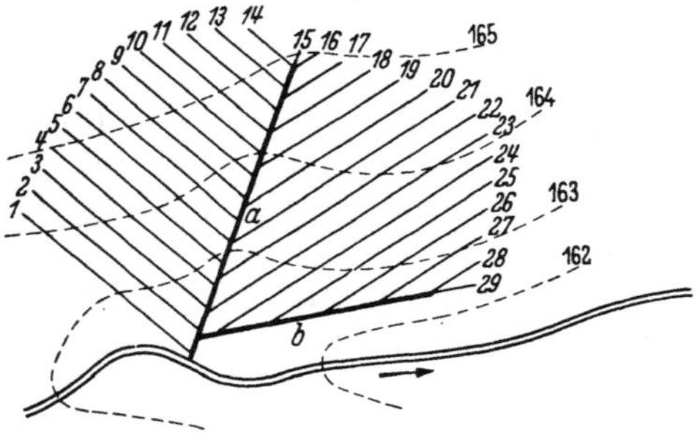

Abb. 188. Dränabteilung.

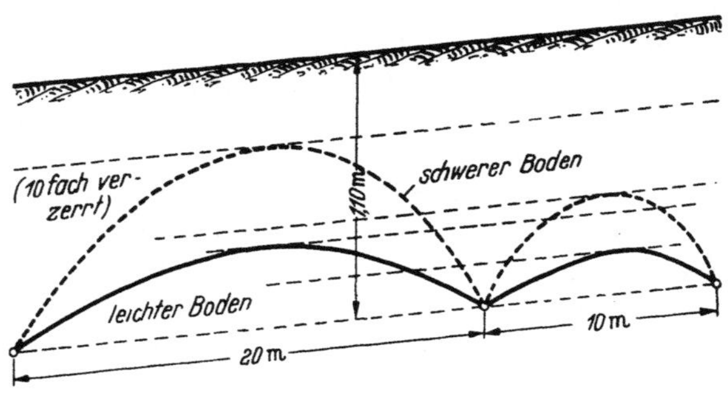

Abb. 189. Grundwassersenkung durch Dränrohre.

Die Wirkung der Dränstränge ist am augenfälligsten dort, wo das Grundwasser hoch liegt, wie es in Abb. 189 dargestellt ist. Je schwerer durchlässig der Boden ist, um so stärker ist unter sonst gleichen Verhältnissen die Wölbung der Grundwasseroberfläche. Daher findet man z. B. in den schwer durchlässigen Moorböden oft stark gewölbte Oberflächen des Grundwassers, während sandige Böden einen flachen Verlauf zeigen. Bei andauernder Trockenheit wird die Oberfläche immer flacher, nach Niederschlägen hingegen steiler. Abb. 189 zeigt ferner, daß das Grundwasser um so mehr gesenkt wird, je kleiner der Dränabstand ist.

Die Wirkung der Dränung beschränkt sich aber nicht auf die Absenkung des Grundwassers. In schweren Böden pflegt auch bei einem Grundwasserstand von vielen m unter Gelände eine sehr günstige Wirkung der Dränung auf den Wasserhaushalt des Bodens einzutreten. Da das Bodenwasser in schweren Böden zu langsam versickert, muß naturgemäß jede Maßnahme, die seinen Abfluß erleichtert, günstig wirken. Von erheblicher Bedeutung ist dabei auch die Auflockerung des Bodens durch die Drängräben, die im allgemeinen sehr lange anhält. In das lockere Erdreich der Gräben vermag das Sickerwasser leichter einzudringen als in den gewachsenen Boden. Man hat beobachtet, daß die Niederschläge sich bei etwas geneigtem Gelände zunächst in der lockeren Ackerkrume schwerer Böden talwärts bewegten und erst über dem nächsten Dränstrang nach unten sickerten. Eine weitere Folge der Drängräben besteht darin, daß der Boden in ihrer Nähe der ausdehnenden Wirkung des Frostes nachgeben kann, weil die lose Füllmasse der Gräben zusammendrückbar ist. Das hat eine Lockerung auch bei einem Teil des gewachsenen Bodens zur Folge.

Die Beseitigung einer übermäßigen Bodennässe vergrößert natürlich den Luftgehalt des Bodens. Da die Dränung ferner die Wasserbewegung im Boden beschleunigt, so wird auch die Luft schneller nachgesogen als vorher, der Boden wird infolgedessen wärmer als es ohne eine Dränung der Fall sein würde. Die bessere Durchlüftung und Erwärmung des Bodens vermehrt nun ihrerseits wieder die chemischen Umsätze und die Tätigkeit der Kleinlebewesen, es kommt zu einer mehr oder weniger umfangreichen Krümelbildung und damit zu einer weiteren Verbesserung des Wasserhaushaltes. Die günstige Wirkung der Dränung auf den Luftgehalt des Bodens kann allerdings bei ganz schweren Natrium-Tonen ausbleiben (S. 23). Auch in den Dränsträngen findet eine Luftbewegung statt. Die Luft strömt an den Ausmündungen bald von innen nach außen, bald umgekehrt (*101*, *338*). Man sagt daher: die Dränung „atmet“. Die durch Temperaturänderungen bewirkte Luftströmung ist in der Regel am Tage auswärts und nachts einwärts gerichtet. Außerdem hat der Wind stoßweise und recht unregelmäßige Luftbewegungen in den Dränen zur Folge. Ob und inwieweit aber diese Vorgänge den Wasser-, Luft- und Wärmehaushalt des Bodens beeinflussen, ist noch eine ungeklärte Frage. Es ist behauptet worden, daß die Grundluft durch die Dränrohre entweichen könne und daß infolgedessen eine Grundluftspannung nicht möglich sei, von der man eine Behinderung der Versickerung befürchtet. Eine solche Behinderung ist aber sehr unwahrscheinlich (S. 12). Dagegen ist anzunehmen, daß die Erneuerung der Bodenluft durch die Atmung der Dräne begünstigt wird. Es ist ferner die Vermutung ausgesprochen worden, daß der gedränte Boden im Frühjahr auch dadurch schneller erwärmt würde, daß warme Außenluft in die Dränstränge eindringe, und man hat vorgeschlagen, diese Luftbewegung in den Dränen noch besonders zu fördern, indem die Sauger an ihren oberen Enden durch einen besonderen Strang verbunden und durch ein senkrechtes Rohr oder einen Schacht mit der Außenluft in Verbindung gebracht werden (Durchlüftungsdränung). Bisher konnte aber bei Versuchen dieser Art eine Steigerung des Ernteertrages nicht nachgewiesen werden. Wie gering die Wärmemenge ist, die in einen Sammler einströmen kann, ergibt sich aus folgender Rechnung: bei einer Einströmungsgeschwindigkeit von 0,5 m/s strömen in einen Sammler von 10 cm Durchmesser in 24 h

$$0{,}5 \cdot \frac{0{,}1^2 \cdot \pi}{4} \cdot 86400 = 340 \text{ m}^3 \text{ Luft}$$

ein, die bei einem Temperaturgefälle von 10° C 1020 kcal Wärme abgeben können

(S. 24). Besteht der Boden aus 30 Raumteilen Wasser, 10 Raumteilen Luft und 60 Raumteilen fester Teile, so sind etwa 660 kcal erforderlich, um 1 m³ Boden um 1° C zu erwärmen. Würden also 2 Wochen ununterbrochen warme Luftmassen durch die Dränung fließen (bloße Annahme), so würden dem Boden 14280 kcal zugeführt werden, die nur 22 m³ des gewachsenen Bodens um 1° erwärmen könnten. Wärmemäßig hat daher die Durchlüftungsdränung keine Bedeutung.

Schon aus dem großen Umfang der ausgeführten Dränungen kann man den Schluß ziehen, daß sie mancherlei Vorteile gegenüber der Entwässerung durch offene Gräben (S. 199) besitzen. Sie wirken zunächst wesentlich stärker als diese. Es ist natürlich im Felde undurchführbar, offene Gräben in demselben Abstande anzuordnen wie die Sauger einer Dränung. Daher findet das im Übermaß vorhandene Bodenwasser in einem gedränten Felde überall die Möglichkeit des Abflusses, während es zu den Gräben im allgemeinen wesentlich längere Strecken durchfließen muß. Auch ist die Entwässerung durch Gräben während der Frostzeit, wenn der gefrorene Grabenumfang sich mit einer undurchlässigen gefrorenen Schicht bedeckt, geringer als durch Dräne, die, in frostfreier Tiefe liegend, das ganze Jahr hindurch entwässern. Daher wird auch gedräntes Land im Frühjahr schneller trocken als das durch Gräben entwässerte. So zeichnen sich denn gedränte Flächen durch eine besonders gute Durchlüftung und Erwärmung aus. Auch alle die anderen Vorteile der Bodenentwässerung sind bei der Dränung besonders groß: Auflockerung, Krümelbildung, Erschließung der tieferen Bodenschichten und der dort vorhandenen natürlichen Pflanzennährstoffe, Vergrößerung der Wurzeltiefe, gute Ausnutzung des Stall- und Kunstdüngers, Entsäuerung des Bodens, Anregung der Bakterientätigkeit, Widerstandsfähigkeit der kräftig entwickelten Nutzpflanzen gegen Krankheiten, Verlängerung der Wachstumszeit durch frühere Bestellung (insbesondere im Osten und im Gebirge), so daß die Pflanzen kräftiger in eine etwaige Dürrezeit hineinkommen, Erleichterung der Bestellung namentlich auf schweren Böden sowie gute Ausnutzung der Niederschläge im Sommer. Infolgedessen hat die Dränung erhebliche Mehrerträge zur Folge (S. 267).

Die Dränung vergrößert ferner die nutzbare Landfläche. Man gewinnt nicht nur die Grabenbreite, sondern auch die im Acker nötigen Schutzstreifen zu beiden Seiten der offenen Gräben. In den Marschen, in denen die offenen Gräben oft sehr eng liegen, beträgt der durch sie bewirkte Landverlust bisweilen 15%. Die Wirtschaftserschwernis der offenen Gräben wird bei der Dränung vermieden, insbesondere wird die Maschinenarbeit erleichtert. Auf Weiden, namentlich auf Moorweiden mit ihren weichen Grabenböschungen, sind offene Gräben sehr lästig, weil sie entweder mit erheblichen Kosten eingezäunt werden müssen oder durch das Weidevieh beschädigt werden und dann hohe Unterhaltungskosten verursachen. Diese sind an sich bei den Gräben schon höher als bei den Dränanlagen. Schließlich beseitigt der Ersatz von Gräben durch Dräne auch Unkräuter und Pflanzenschädlinge, die gerade an den Grabenrändern besonders üppig gedeihen.

Auf der anderen Seite haben aber die offenen Gräben auch einige Vorzüge im Vergleich zur Dränung. Vermöge ihres größeren Querschnittes verbrauchen sie weniger Gefälle als Dräne. Sie nehmen das Tagwasser schneller auf und führen es schneller ab. Sie sind stets übersichtlich und zugänglich, gestatten daher leichter die Wahrnehmung und Beseitigung von Abflußstörungen. Bei eintretendem Bedarf kann ein Graben vertieft oder verflacht werden, letzteres durch Unterlassen der Räumung oder durch Einbau von Sohlenabstürzen. Dieser Umstand ist von Bedeutung in den Mooren. Da das Moor sackt, so kann man dem bei offenen Gräben durch eine einfache Nachräumung Rechnung tragen, nicht aber bei Dränen, deren nachträgliche Vertiefung erheblich höhere Kosten verursachen würde (S. 52).

Die Wirkung einer Dränung ist nun nicht in jedem Jahre die gleiche. Es liegt auf der Hand, daß die beste Wirkung in nassen Jahren eintritt, in denen viel schädliches Bodenwasser zu entfernen ist. In den schwereren Böden wird jedoch durch die Verbesserung des Bodenzustandes als Folge der Dränung auch in trockenen Jahren ein Mehrertrag erzielt. Nicht so günstig liegen die Verhältnisse in leichteren Böden, die aber auch nicht so dränbedürftig sind wie die schweren. Hier kann bei geringen Niederschlägen unter Umständen durch die Dränung nützliches Bodenwasser entfernt werden, das damit den Pflanzenwurzeln entzogen wird.

Von mancher Seite ist behauptet worden, daß die Zunahme der Dränungen in einem Flußgebiet den Wasserabfluß für die Unterlieger ungünstig verändere. In vielen Fällen trifft aber das Gegenteil zu. Da der Boden nach der Dränung aufnahmefähiger für Niederschläge wird, so findet nach der Dränung eine stärkere Versickerung als vorher statt. In geneigtem Gelände, wo bisher ein nennenswerter oberirdischer Abfluß vorhanden war, wird daher der Abfluß verzögert und gleichmäßiger, die Hochwasser werden schwächer. Anders liegen die Verhältnisse in sehr flachem Gelände, dessen oberirdischer Abfluß sehr gering ist. Auf solchen Flächen werden die Gräben in der Hauptsache aus dem Grundwasser gespeist, dessen Abfluß durch die Dränung beschleunigt werden kann. Besonders in ziemlich durchlässigen Böden fängt eine Dränung nach ergiebigen Niederschlägen bald kräftig zu laufen an, dadurch den Abfluß im Vorfluter beschleunigend und das Hochwasser verstärkend. Nun ist aber zu beachten, daß alle Drängebiete ein mehr oder weniger großes Oberflächengefälle besitzen, da sie andernfalls gar nicht gedränt werden könnten, daß also ein gewisser Oberflächenabfluß stets vorhanden ist. Alles in allem überwiegt zweifellos die günstige Wirkung der Dränungen auf die Hochwasserführung der Wasserläufe, und sind Befürchtungen für die Unterlieger, von seltenen Ausnahmen abgesehen, unbegründet. Da jede Dränung die Versickerung fördert und somit die Wasserverluste durch Verdunstung verringert, so wird die Jahresabflußmenge größer, also das Mittelwasser erhöht. In der Wachstumszeit kommt aber diese Wirkung nicht zur Geltung, da die durch Dränung erzeugten höheren Ernten auch mehr Wasser verbrauchen. Bei einer ostpreußischen Dränung flossen im Durchschnitt von 4 Jahren in den Monaten Mai bis Oktober von 439 mm Niederschlägen nur 20 mm durch die Dräne ab (*44*). Wohl ist jedoch mit einer Erhöhung des Winter-Mittelwassers zu rechnen. Man vergleiche auch die von Krause durchgeführten Messungen (*122*).

Man baut zuweilen Stauverschlüsse in die Sammler ein, um den Abfluß des Dränwassers zeitweise zu verhindern oder zu erschweren. Ihre Nachteile sind weiter unten behandelt (S. 260 und 294), ihre Wirkung ist umstritten. Es ist zwar richtig, daß in leichter durchlässigen Böden schon ein geringer durch den Stau entstehender Überdruck im Innern der Dräne ausreicht, um das Wasser durch die Stoßfugen nach außen zu drücken und durch den durchlässigen Untergrund um den Stauverschluß herum entweichen zu lassen, daß also eine nennenswerte Wirkung nicht erzielt wird. In schweren Böden dagegen ist ein Aufstau am wenigsten nötig. Andererseits bewirkt aber das rechtzeitige Zusetzen der Stauverschlüsse zum mindesten eine Verzögerung des Wasserabflusses, die in Dürrezeiten (S. 77) durchaus von Vorteil sein kann.

Die Verwendung der Dränung zur Untergrundbewässerung ist auf S. 401 besprochen.

2. Die Bestandteile der Dränungen.

a) Die Dränarten. Die Sammler und Sauger einer Dränabteilung (Abb. 188) werden in den weitaus meisten Fällen aus Dränrohren hergestellt, die aus Lehm oder Ton gebrannt sind. Die Dränrohre sollen gerade und im Querschnitt kreisrund sein. Ihre Schnittflächen müssen eben sein und senkrecht zur Rohrachse stehen, da andernfalls die Stoßfugen zwischen je zwei Rohren leicht zu groß werden und dann Bodenteilchen in die Dräne gelangen, die zu Verstopfungen führen können. Auch eine möglichst glatte innere Wandung der Dränrohre ist wichtig, damit der Reibungswiderstand beim Durchfließen des Wassers gering bleibt, namentlich aber deshalb, weil Rauhigkeiten den ersten Anlaß zum Festsetzen von Eisenocker und anderen Abflußhindernissen (Boden- und Wurzelteilchen, Schwefelalgen) geben. Die Rohre dürfen daher an den Enden auch keinen inneren Rand (Brahmkante) besitzen.

Eine ausreichende Lebensdauer der Dränrohre ist nur dann gewährleistet, wenn sie aus gutem Rohstoff scharf gebrannt sind. Sie sollen daher ein gleichmäßiges, dichtes Gefüge aufweisen, möglichst ohne nennenswerte Kalkbeimengungen und ohne Steinchen. Man sehe sich daraufhin die Bruchflächen von Scherben an. Steinchen erzeugen stets Risse in der benachbarten Tonmasse, weil sie beim Brennen nicht schwinden wie der Ton. Kalkknollen vergrößern beim Löschen, das bei hinzutretender Feuchtigkeit stattfindet, ihren Raum und zersprengen so das Gefüge des Rohres. Wenn man ein trockenes Dränrohr mit einem metallenen Gegenstand anschlägt, soll es einen reinen, hohen Klang geben.

Nach dem Normblatt für Dränrohre (DIN 1180) sind nebenstehende Abmessungen in mm vorgeschrieben (s. Zahlentafel 121). Die Rohrlänge soll im Durchschnitt 333 mm betragen, so daß drei Rohre auf 1 m Dränstrang zu rechnen sind. Die großen Lichtweiten von 160 bis 200 mm können auch in einer Länge von 500 mm geliefert werden.

Zahlentafel 121.

Lichte Weite	Wand-dicke	Lichte Weite	Wand-dicke
40	7,5—11	130	12—20
50	8 —12	160	14—23
65	8,8—14	180	15—24
80	9,5—16	200	16—26
100	10,5—18		

Vor der Bestellung der Dränrohre sind Proberohre anzufordern und aufzubewahren. In Zweifelsfällen empfiehlt sich die Prüfung der Bruchlast. Sie wird dadurch ermittelt, daß man das zu untersuchende trockene Rohr in zwei Drahtseilschlaufen von 10 mm Dicke und 250 mm Abstand lagert und durch eine dritte, in der Mitte zwischen den ersteren angeordnete gleichartige Drahtseilschlaufe allmählich bis zum Bruch belastet. Jede Schlaufe soll annähernd den halben Rohrumfang umschließen. Die Mindestbruchlast beträgt $P = 50 \cdot s(d + s)$ kg. Darin bedeuten s die Wanddicke in cm, d die lichte Weite in cm.

Je dichter und je schärfer gebrannt ein Dränrohr ist, um so haltbarer ist es. Scharf gebrannte Rohre saugen nur langsam Wasser an. Man benutzt diese Tatsache zur Durchführung einer besonderen Prüfung, indem man ein Rohr mit seinem unteren Ende etwa 7 mm in eine flache Schale mit Wasser stellt und ein röhrenförmiges Gefäß über Rohr und Schale stülpt, damit das Wasser nicht verdunstet. Bezeichnet man mit H die Steighöhe des angesaugten Wassers über dem Wasserspiegel in cm und mit t die Steigzeit in Stunden, so ist der Wert $\frac{H^2}{t}$ ein Maß für die Schärfe des Brandes. Je kleiner dieser Wert bei gleichem Rohstoff ist, um so schärfer ist der Brand gewesen.

Für die Prüfung auf Kalknieren legt man ein mindestens 2 Wochen altes Rohr 48 Stunden lang in Wasser und mißt dann die Durchmesser der durch Absprengungen freigelegten Kalkteilchen. Sie dürfen nicht größer als 2 mm sein, auch darf die Summe aller Kalkteilchendurchmesser an einem Dränrohr 10 mm nicht übersteigen.

Zur Verbindung der Sauger mit den Sammlern und zu anderen Zwecken dienen die gleichfalls aus gebranntem Ziegelton hergestellten Formstücke (Abb. 190, S. 254): die Haken- (a) und Lochrohre (b) sowie die Astrohre (c)

als Einmündungsstücke, die Übergangsrohre (*d*) an denjenigen Stellen, an denen die Lichtweite sich ändert, und die Schlußrohre (*e*) an den oberen Enden der Sauger (S. 290). Der Anschluß eines Saugers an einen Sammler kann auch durch ein Lochrohr und ein Kragenrohr (*f*) erreicht werden.

Man hat auch Dränrohre aus starkem Glas hergestellt. Doch sind Dränungen mit solchen Glasrohren bisher nicht ausgeführt worden, da die Rohre noch zu teuer waren. Ein Vorteil der Glasrohre würde ihre sehr glatte Innenfläche sein.

Für die Herstellung der Dränrohre ist auch Zement und Kiessand verwendbar. Von dieser Herstellungsart ist gelegentlich Gebrauch gemacht worden, wenn

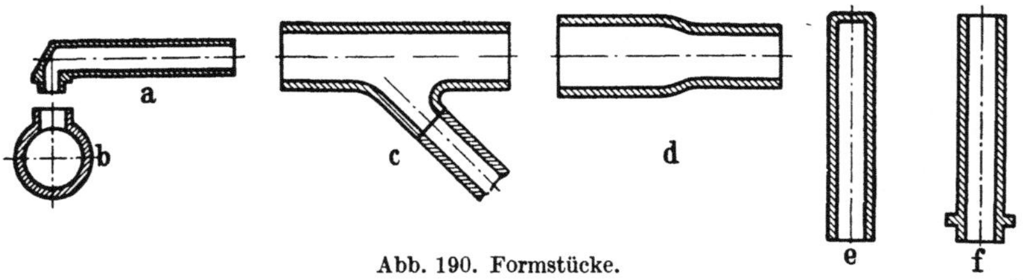

Abb. 190. Formstücke.

geeigneter Kiessand in der Nähe des Dränfeldes zur Verfügung stand. Zement-Dränrohre dürfen jedoch nur dann verwendet werden, wenn eine eingehende Untersuchung des Bodens und Grundwassers ergeben hat, daß eine Zerstörung der Rohre durch Säuren nicht zu befürchten ist. Das ist in Moorböden ganz besonders zu beachten. Die Zementrohre haben keine Verbreitung bei der Dränung gefunden, da ihre Lebensdauer in der Regel wesentlich kürzer ist als die gut gebrannter Tonrohre.

Eine andere Dränart sind die Steindräne. Wo Steine billig zu beschaffen sind, kann man den unteren Teil der Drängräben in einer Höhe von 30 bis 40 cm mit ihnen ausfüllen. Als unterste Lage sind die größeren Steine einzubringen. Nach oben hin läßt man ihre Größe allmählich abnehmen, damit eine filterförmige Anordnung entsteht, die das Nachrutschen des daraufliegenden Bodens verhindert. Besonders bewährt haben sich kastenförmige Steindräne nach Abb. 191, wie sie z. B. auf den Weiden des Westerwaldes vielfach ausgeführt sind. Zwischen den unteren großen Steinen soll ein Hohlraum von mindestens 10 × 15 cm vorhanden sein. Diese kastenförmigen Steindräne haben allerdings den Nachteil, daß sie eine erheblich größere Erdarbeit als die gewöhnlichen Rohrdräne und einfachen Steindräne erfordern.

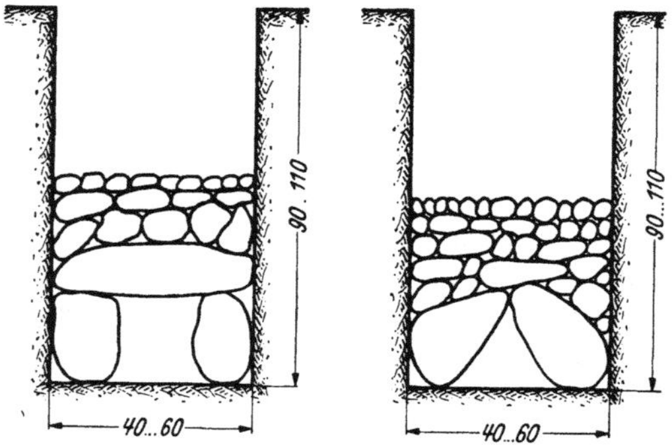

Abb. 191. Kastenförmige Steindräne.

In Mooren wird häufig auch Holz zur Ausführung von Dränungen verwendet. Es hält sich im Moorboden sehr lange, während es im Mineralboden meistens ziemlich schnell fault. Man verwendet Holz namentlich in der Form der Holzkasten-, Faschinen- und Stangendräne.

Die ersten Holzkastendräne stammen von Butz in Klagenfurth (Kärnten). Vier Bretter werden mit versetzten Stößen zu einem Dränstrang von quadratischem Querschnitt zusammengenagelt (Abb. 192). Diese hölzernen Dränstränge werden neben den Drängräben in beliebiger Länge hergestellt und dann in den Graben versenkt. Die Bretter sind meistens 4 m lang, 5 bis 20 cm breit und

1 bis 2 cm stark. Das Bodenwasser tritt durch seitliche Schlitze ein. Die Butzsche Kastendränung hat in weichen Mooren den großen Vorteil, daß sie keine gegeneinander verschiebbaren Stöße enthält und daher gegen Sackungen des Moores sehr unempfindlich ist. Dagegen sind Zerstörungen der Dränung dadurch eingetreten, daß die Nägel von den Moorsäuren zerfressen wurden, so daß die Holzkästen ihren Halt verloren. Um das zu verhindern, kann man schwer rostende Nägel aus Nirostastahl, einer Nickelverbindung, verwenden, die allerdings teurer als gewöhnliche Nägel sind. Sie haben sich z. B. in Vorpommern in 10 Jahren (1927 bis 1937) durchaus bewährt.

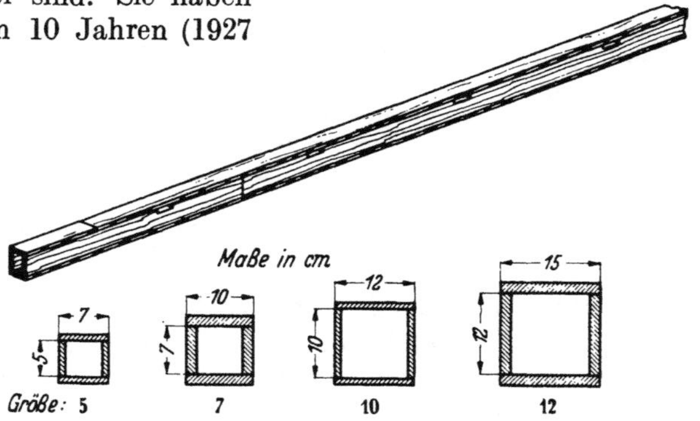

Abb. 192. Holzkastendrän von Butz.

Tillner verwendet die in Abb. 193 dargestellte Bauweise, bei der die Seitenbretter in 5 mm tiefe Nuten des Sohlenbrettes eingelassen werden. Oben am Deckbrett wird das Zusammenklappen der Seitenbretter durch Querhölzchen verhindert. Auch der Tillnersche Kastendrän wird zunächst genagelt, eine Zerstörung der Nägel durch Moorsäuren wird aber nicht so leicht wie bei dem Butzschen ein Zusammenfallen des Kastens zur Folge haben. Günstig für den Durchfluß des Wassers sind ferner die beiden fortlaufenden Spalten, die in sehr eisenhaltigen Mooren wegen der Verockerungsgefahr von 3 auf 5 mm zu vergrößern sind (*238*). Die Tillnersche Bauweise ist in Kurland zur Anwendung gekommen, jedoch nur in geringem Umfange.

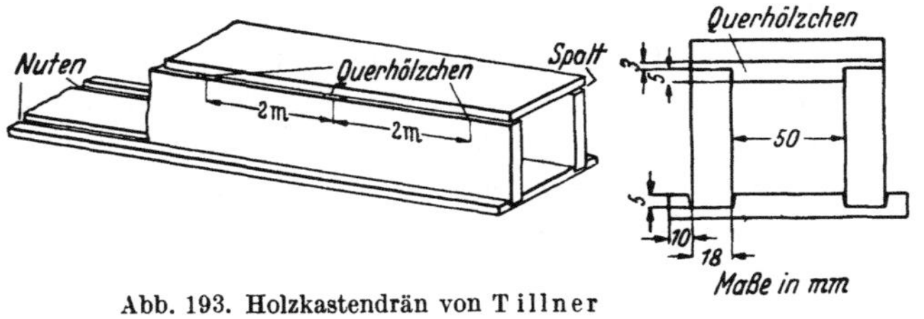

Abb. 193. Holzkastendrän von Tillner

Eine weitere Bauweise für Holzkastendräne hat Stahlschmidt eingeführt. Die 4 bis 5 m langen Dränstücke werden in Abständen von etwa 1 m durch eine Holzleiste mit zwei Holznägeln zusammengehalten (Abb. 194). Die Sohlenbrettchen der Dränstücke werden so gegeneinander versetzt, daß die benachbarten Dränstücke ineinander geschoben werden können. Die Firstfuge wird durch zwischengeklemmte Holzstückchen auf etwa 4 mm erweitert, außerdem werden die Seitenbrettchen noch durch kräftige Drahtnägel miteinander vernagelt, wodurch die Beförderung der Dränstücke erleichtert wird. Ein Verrosten der Nägel gefährdet die Dränstränge nicht, da sie nach den angestellten Versuchen auch ohne Nagelung ein schweres Walzen ertragen. Die Stöße der Sohlenbrettchen erhalten noch besondere Unterlagebrettchen. Der First wird mit durchlässigen Stoffen überdeckt. Die Stahlschmidtsche Bauweise ist im großen Moosbruch in Ostpreußen mit Erfolg verwendet worden.

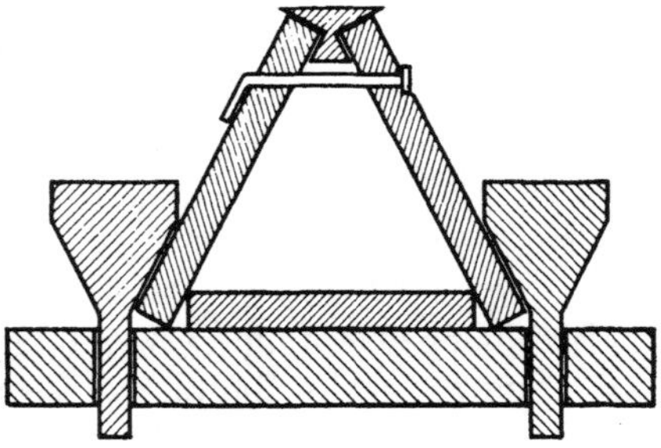

Abb. 194. Holzkastendrän von Stahlschmidt.

In Masuren (Ostpreußen) hat sich auch der Holzkastendrän von Brandes bewährt (Abb. 195), der sehr einfach und stabil ist. Decke und Sohle bestehen aus Schwarten, die Wangen aus Dachlatten. Querhölzchen von 4 mm Stärke sichern den Schlitz für den Durchfluß des Wassers, Holznägel halten die Kästen zusammen, die auf dem Sägewerk fertig hergestellt werden. Länge der Kästen 1,5 bis 2,0 m mit versetzten Stößen, lichte Weite zwischen den Wangen für Sauger 50 bis 60, für Sammler 100 bis 120 mm.

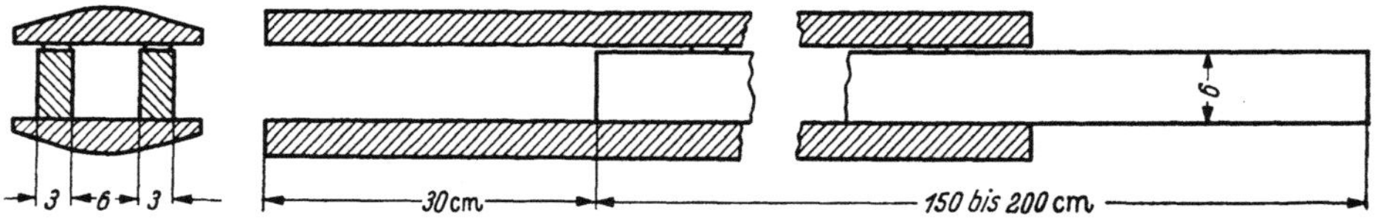

Abb. 195. Holzkastendrän von Brandes.

Weitere Vorschläge für Kastendräne stammen von Zunker (*96*, *142*), Stahlschmidt (*232*, *205*), Hinz (*96*, *162*) und Rogner. Letzterer verbindet die drei Bretter, die die gleichen Abmessungen haben, an ihren Enden durch Formstücke aus gebranntem Ton (Abb. 196). Diese werden so breit hergestellt, daß die Stoßenden je zweier Dränkästen durch das Formstück gut zusammengehalten werden und nicht ungleichmäßig sacken können. Die an der Spitze des Dreiecks befindliche Nase soll die Seitenbretter halten und einen Schlitz für den Wasserdurchfluß schaffen. Die Bretter müssen daher an den Enden gut eingepaßt werden. Auch darf der Schlitz nicht zu groß sein, damit die Dränkästen nicht durch Hineinfallen von Moorteilchen verschlammen.

Grundsätzlich kann man den dreieckigen Holzkastendränen nach den jetzt vorliegenden Erfahrungen keine Vorrangstellung vor den viereckigen einräumen.

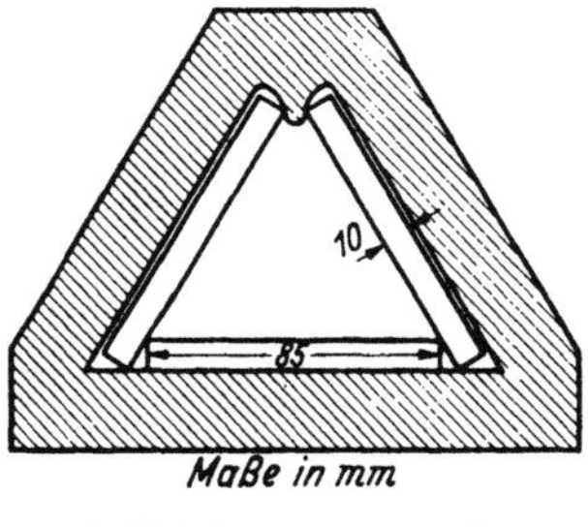

Abb. 196. Holzkastendrän von Rogner.

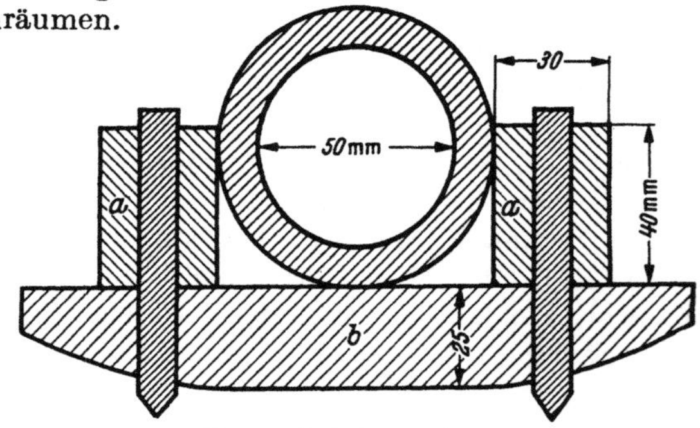

Abb. 197. Rohrdrän auf Brettern.

Im Moor gewinnt die Verwendung gewöhnlicher Dränrohre auf Holzunterlagen immer mehr Raum. In Ostpreußen hat sich z. B. die in Abb. 197 dargestellte Bauweise als zweckmäßig erwiesen: die kleinen Seitenleisten *a* werden mit Holznägeln auf dem Sohlenbrett *b* befestigt, an den Stößen werden die Sohlenbretter durch Unterlagsbretter zusammengehalten, damit sie sich nicht gegeneinander verschieben können.

Eine ähnliche Bauart ist von Brandes entwickelt worden (Abb. 198), sie hat den Vorzug sehr geringen Holzbedarfes. Die Unterlagsbrettchen sind 5 bis 10 cm breit, ihr Abstand ist so zu wählen, daß die dreieckigen Leisten sich nicht zu stark durchbiegen; der richtige Abstand wird am besten je nach der verwendeten Holzart ausprobiert. Nagelung mit Holz- oder Metallnägeln.

Abb. 199 zeigt eine weitere Ausführung, Abb. 200 die allgemeine Anordnung.

Faschinendräne bindet man 25 bis 30 cm stark aus möglichst grobem Reisig, das mit Weidenruten oder Draht zu langen Strauchbündeln zusammengewunden wird. Man kann dazu die verschiedensten Sträucher oder Zweige

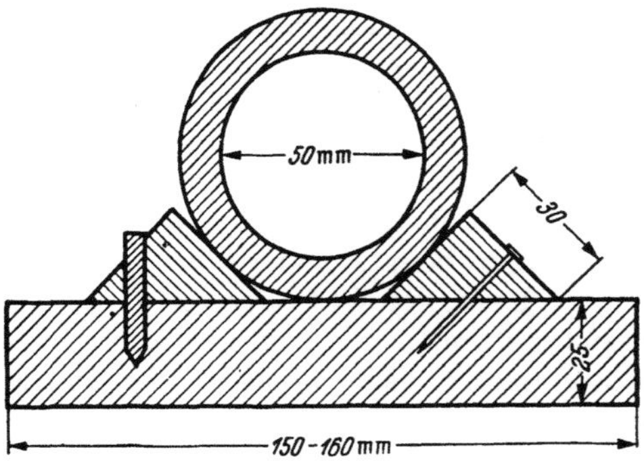

Abb. 198. Rohrdrän auf Latten (Brandes).

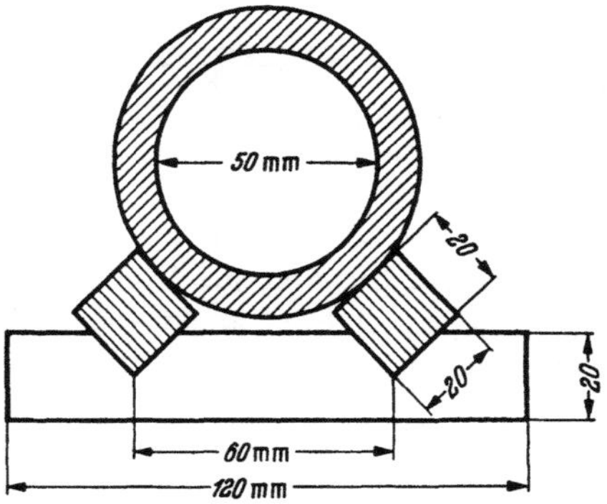

Abb. 199. Rohrdrän auf Latten.

größerer Bäume verwenden. Das Strauchwerk soll aber, besonders im Innern der Bündel, laub- und nadelfrei sein, damit der Wasserdurchfluß nicht erschwert wird. Auch die Faschinendräne sind mit Heidekraut (10 bis 15 cm), Heideplaggen, Rasensoden (Narbe nach innen) oder sonst geeigneten Stoffen sorgfältig zu umpacken, um das Eindringen des Moorschlammes möglichst zu verhindern.

Stangendräne werden in der Regel aus drei oder mehr Stangen (Durchforstungshölzern) hergestellt, die am Stammende 8 bis 12 cm Durchmesser haben. Man bindet die Stangen wie Faschinen zu langen Würsten zusammen, legt sie auf die Grabensohle und umpackt sie mit Heidekraut (Abb. 201).

In der Nähe von Sägemühlen kann man die Abfälle der Brettschneiderei, die sog. Saumlatten oder die Schwarten, die dort sehr billig zu haben sind, zur Herstellung von Dränen verwenden. Man nennt diese Dräne Saumlattendräne (Abb. 202) und Schwartendräne (Abb. 203). Letztere werden zusammengenagelt, während erstere keiner Nagelung bedürfen. Bezüglich der Nägel gilt dasselbe wie für die Butzschen Kastendräne. Die

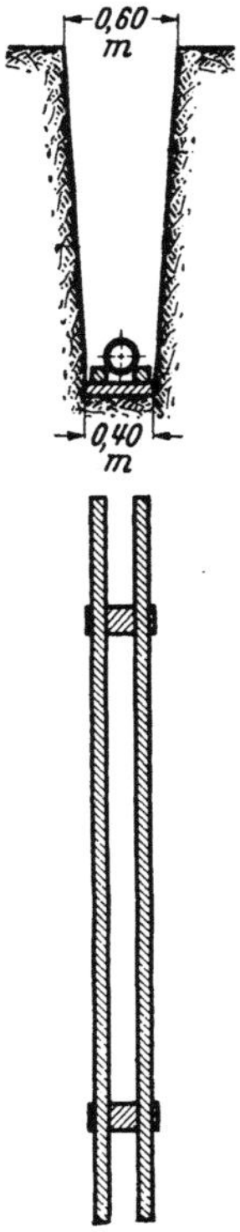

Abb. 200. Lattenunterlage für Rohrdräne. (Nach Brüne.)

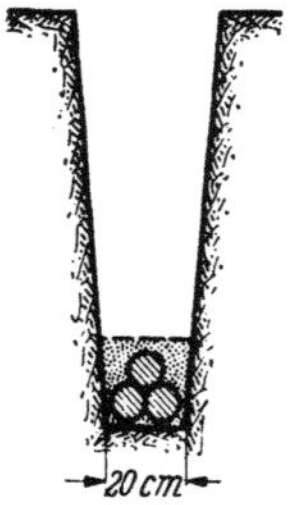

Abb. 201. Stangendrän. (Nach Brüne.)

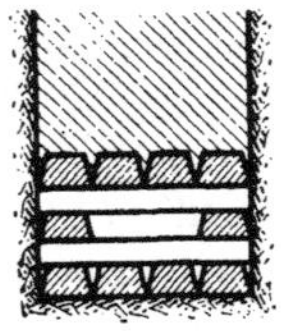

Abb. 202. Saumlattendrän.

Abb. 203. Schwartendrän. (Nach Brüne.)

Saumlatten verwendet man in der Weise, daß man auf die Grabensohle eine geschlossene Lage von Latten legt, darüber quer, in Abständen von etwa 1 m, kurze Lattenstücke. Darauf folgen zwei Längslatten an den Seiten, darüber wieder kurze Querlatten, die eine geschlossene Lage Längslatten tragen.

In Schweden findet man auch ausgehöhlte Durchforstungsstangen als Dränleitungen. Die Stangen, die einen Durchmesser von etwa 15 cm am Stammende besitzen, werden der Länge nach aufgetrennt. Dann höhlt man jede Stangenhälfte mit 5 bis 6 cm Durchmesser halbkreisförmig aus und heftet die beiden Hälften mit einigen Nägeln wieder zusammen, nachdem man vorher 2 bis 4 mm starke Holzstückchen zur Offenhaltung der Fuge zwischengelegt hat (Abb. 204).

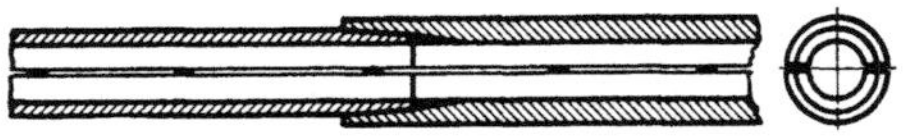

Abb. 204. Drän aus Durchforstungsstangen.

Schließlich hat man in den Mooren auch noch die an Ort und Stelle gewonnenen Torfsoden zur Herstellung von Dränen benutzt, oder man hat besondere Klappverfahren angewendet. Alle diese Bauarten sind aber recht roh und sollten höchstens bei Einzeldränen Verwendung finden. Sie sind heute durch die Röhrendränung fast vollständig verdrängt; denn sie vertragen die Bearbeitung des Moores mit schweren Kraftgeräten nur schlecht, weil sie gegen starken Druck nicht genügend widerstandsfähig sind. Sie werden ferner leicht durch Maulwürfe. Ratten, Wühlmäuse und andere Tiere zerstört, wenn diese in die Ausmündungen hineinkriechen können. Man sucht das dadurch zu erschweren, daß man die Ausmündungen unter Wasser anordnet.

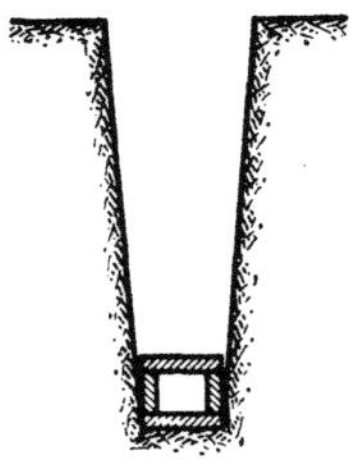

Abb. 205. Torfdrän. (Nach Brüne.)

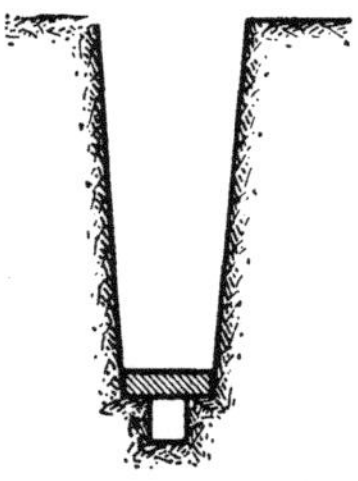

Abb. 206. Torfdrän. (Nach Brüne.)

Die Torfdräne werden entweder nach Abb. 205 mit quadratischem Querschnitt (8×8 cm) aus Torfsoden hergestellt, oder man überdeckt eine auf der Sohle des Drängrabens ausgestochene Rinne mit kräftigen Torfsoden oder Rasenstücken (Abb. 206). Torfdräne setzen voraus, daß das Moor fest und ausreichend faserig ist. Um zwischen den Torfsoden einen gleichmäßigen Dränquerschnitt zu erhalten, wird eine etwa 1 m lange Holzleere verwendet, die mit dem Baufortschritt vorgezogen wird.

Abb. 207. Freistatter Klappdränung. (Nach Brüne.)

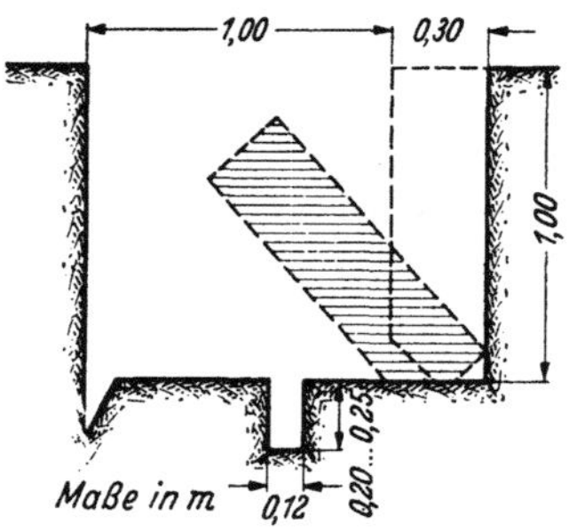

Abb. 208. Ostfriesische Klappdränung. (Nach Brüne.)

Die Herstellung der Freistatter Klappdränung, die zum erstenmal in der Moorsiedlung Freistatt (Hannover) 1905 in größerem Umfange angewendet wurde, ist aus Abb. 207 zu erkennen. Die Grüppe zwischen den Klappen ist nötigenfalls allmählich stufenweise auszuheben, wenn das Moor noch nicht genügend vorentwässert ist. Die Klappen müssen nach dem Zusammenklappen sofort hinterfüllt werden, und das Zufüllen des Drängrabens muß sehr vorsichtig geschehen. Man kann den Drän auch dadurch sichern, daß man vor dem Zusammenklappen in die Grüppe eine Stange legt und sie erst nach dem Verfüllen wieder herauszieht.

Eine zweite Art der Klappdränung ist die ostfriesische, die zum erstenmal im Klostermoor in Ostfriesland zur Anwendung kam. Abb. 208 zeigt die Art ihrer Ausführung. Das Umklappen des Moorstückes darf erst dann vorgenommen werden, wenn die Grabensohle durch die Grüppe und die keilförmige Rinne auf der linken Seite der Sohle genügend trocken und fest geworden ist.

Zum Schluß seien noch die Dränrohre der Firma Kluckhuhn-Wiesbaden erwähnt. Sie bestehen aus sehr durchlässigem Beton, sind außen quadratisch mit 6 bis 20 cm Seitenlänge und besitzen eine lichte Weite von 32 bis 120 mm Durchmesser. Das Wasser tritt nicht durch die Stoßfugen ein, sondern sickert durch den Beton. Ihre Kosten sind wesentlich höher als die der gewöhnlichen Dränrohre. Sie kommen daher für unsere landwirtschaftlichen Dränungen nicht in Frage, haben sich aber bei hochwertigen Anlagen wie Gärten, Flugplätzen, Sportplätzen usw. bewährt. Ihr Vorteil liegt darin, daß sie nicht verschlammen oder verwachsen können. Wegen ihrer Verwendung für Bewässerungszwecke vgl. S. 401.

b) Die übrigen Bauteile. Ein wichtiger Teil jeder Dränung sind die Ausmündungen der Sammler in die Vorfluter. Man verwendet in Mineralböden meistens besondere Formstücke aus Beton mit nach außen beweglichem und um eine obere waagerechte Achse drehbarem Gitter, damit keine Tiere in den Sammler hineinkriechen und ihn dadurch verstopfen können. Die lichte Entfernung der Gitterstäbe soll 5 mm betragen. Da der Abflußquerschnitt durch die Gitterstäbe eingeengt wird, macht man das Ausmündungsstück an der Stelle, wo das Gitter sitzt, breiter, um so den Querschnittsverlust wieder auszugleichen. Statt des Gitters kann auch eine leicht bewegliche Klappe aus dünnem Blech angeordnet werden, die gleichzeitig einen gewissen Schutz gegen Rückstau bei kurzen Hochwasserwellen bietet. Die Gitter und Klappen müssen unten und seitlich genügend Spielraum besitzen, damit sie sich nicht festklemmen. Kürzere Ausmündungsstücke als etwa 1 m haben in der Regel nicht genügend Halt in der Grabenböschung. Abb. 209 zeigt ein Ausmündungsstück aus Beton mit Gitter und Klappe (Bauart Breitenbach). Beide sind in einem Winkel von 70° fest miteinander verbunden. Diese Ausführung hat den Vorteil, daß das Hineinkriechen von Tieren auch bei gehobener Klappe unmöglich ist. Gitter und Klappe müssen herausnehmbar sein, damit man angesetzte Wurzelreste usw. beseitigen kann. In Abb. 210 ist die Bauart Altmann mit Aluminiumklappe dargestellt. Ausmündungen mit Häuptern aus Mauerwerk oder Beton werden wegen ihrer hohen Kosten nur dort angewandt, wo sie wegen ihrer Lage Angriffen ganz besonders ausgesetzt sind. Man formt sie mit Vorliebe so, daß das ausmündende Rohr verdeckt wird, um es den Eingriffen Unbefugter möglichst zu entziehen (Abb. 211). Ausmündungsstücke mit festem Gitter und solche ohne Gitter oder Klappe sind unzulässig.

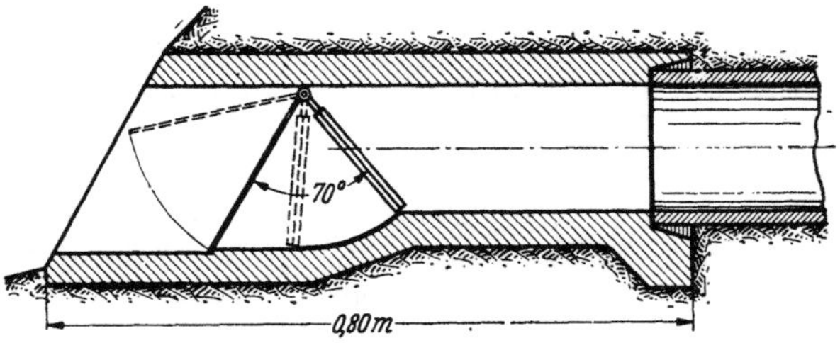

Abb. 209. Ausmündungsstück von Breitenbach.

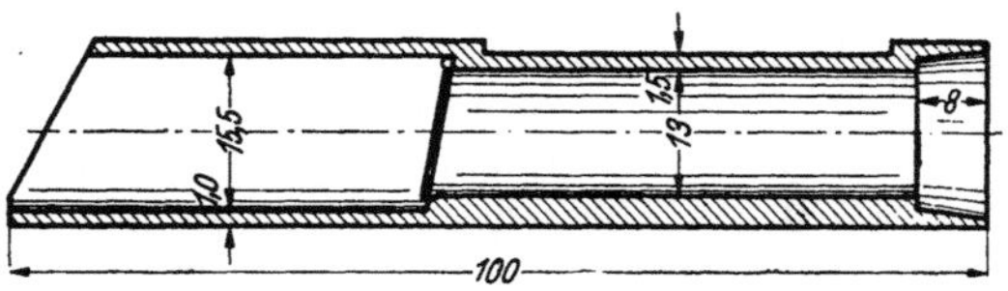

Abb. 210. Ausmündungsstück von Altmann.

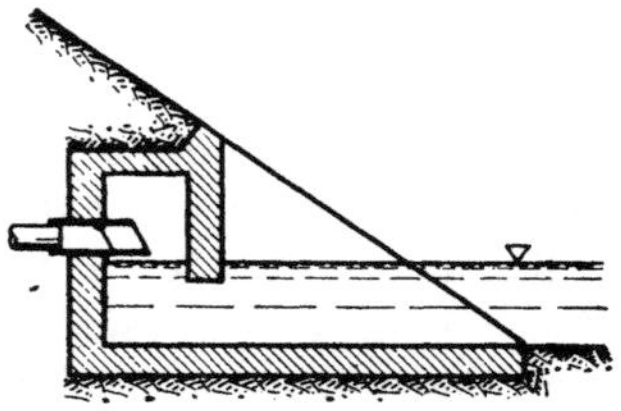
Abb. 211. Ausmündungsstück aus Betonplatten.

Man verlegt die Ausmündungsstücke entweder senkrecht zum Vorfluter oder schräge in seiner Fließrichtung, wobei jedoch ein sehr spitzer Winkel zu vermeiden ist. An der Grabenseite ist bisweilen eine besondere Sicherung der Ausmündungsstücke erforderlich, z. B. durch Pfähle, Pflasterung, Steinpackung, Trocken- oder sonstiges Mauerwerk. Ist die Ausmündungsstelle eines Sammlers sandig, dann empfiehlt sich auch die Umstampfung des Ausmündungsstückes mit bindigem Boden, damit es nicht vom Dränwasser umspült wird. Dort, wo das ausfließende Dränwasser auf die Grabensohle trifft, können unter Umständen Ausspülungen der Sohle eintreten. Man verhindert das jedoch leicht durch Verlegen einiger größerer Steine.

In Moorböden, in denen man Beton möglichst vermeidet, wählt man als Ausmündungen der Sammler zweckmäßig 1,0 bis 1,3 m lange Kästen aus Eichenholz, die man mit Karbolineum streicht. Das im Boden befindliche Ende des Kastens erhält eine kräftige Querlatte, die das unbefugte Herausreißen erschwert. Im übrigen gilt für die Holzkästen dasselbe wie für Betonkästen.

Einzelsauger in Mineral- und Moorböden versieht man an der Ausmündung mit einem Tonmuffenrohr, das ein Gitter oder eine Kappe aus Maschendraht erhält.

Wo sich mehrere Sammler größerer Entwässerungsgebiete vereinigen, wo eine starke Richtungsänderung großer Sammler notwendig wird oder wo ein starkes Sammlergefälle in ein wesentlich schwächeres übergeht, ordnet man Dränschächte (Brunnenstuben) an (Abb. 212). Auch werden über 1000 m lange Sammler gerne durch Dränschächte unterteilt. Der Zweck der Dränschächte besteht darin, Störungen des Abflusses möglichst zu verhindern oder doch die Störungsstelle leichter zu finden. Man stellt die Dränschächte in kreisrunder Grundrißform aus Mauerwerk oder aus aufeinandergelegten Zement- oder Tonrohren von besteigbarer Größe her, so daß die Zu- und Ableitungsrohre bequem überwacht werden können. Nötigenfalls sind Steigeisen anzuordnen. Die Unterkante der Zuleitungen soll nicht tiefer als die Oberkante der Ableitung liegen, damit das Wasser frei ausfließt und Störungen sofort erkannt werden. Bei zwei Zuleitungen wird so auch verhindert, daß die eine Rückstau von der anderen erhält. Die verschieden hohe Lage läßt sich allerdings in sehr flachem Gelände nicht immer erreichen. Am Grunde des Dränschachtes ist eine etwa 15 cm starke Betonunterlage anzubringen, deren Oberfläche mindestens 30 cm tiefer als die Unterkante des Ableitungsrohres liegt. Dadurch wird ein Sand- und Schlammfang geschaffen. Man baut die Dränschächte entweder verdeckt oder frei. Die verdeckten Schächte haben den Vorteil, daß sie die Bewirtschaftung nicht behindern, aber den Nachteil, daß ihre Überwachung leicht unterbleibt. Dieser letztere Umstand ist so wichtig, daß man den freien Dränschächten, die mindestens 10 bis 20 cm aus dem Boden hervorragen müssen, im allgemeinen den Vorzug gibt. Sie sind mit einem Deckel sicher zu verschließen. Die über verdeckten Schächten befindliche Bodenschicht muß so stark sein, daß die Schächte durch die Bewirtschaftung der gedränten Fläche nicht beschädigt werden. Alle Dränschächte haben den Nachteil, daß sie bei nicht sehr sorgfältiger Handhabung leicht zu einer Verunreinigung der Dränung führen, indem Bodenteilchen von oben in die Sammler gelangen. Man sollte sich daher stets bemühen, eine Dränung so zu entwerfen, daß keine oder doch möglichst wenige Dränschächte erforderlich werden.

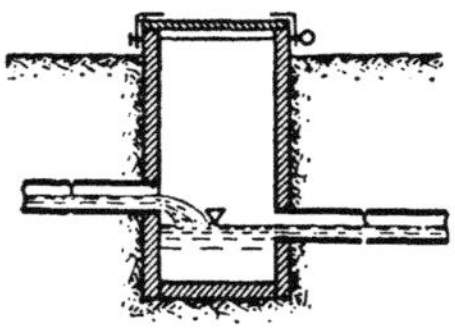
Abb. 212. Dränschacht.

Stauverschlüsse (S. 252) werden in die Sammler eingebaut, um den Abfluß vorübergehend verhindern zu können. Man verwendet in der Regel Formstücke (Abb. 324 bis 326), die über das Gelände hinausragen. Sie erschweren daher die Bewirtschaftung, vor allen Dingen geben sie aber Anlaß zu Abflußstörungen in den Dränen. Denn es können auch bei ihnen ebenso wie bei den Dränschächten leicht Bodenteilchen von der Geländeoberfläche her in den Sammler fallen, und der Druck des gestauten Wassers verursacht Bodeneinspülungen an den Dränfugen. Doch sind diese Nachteile in Moorböden geringer als in mineralischen.

Über die Wirkung des Stauens vergleiche die Ausführungen auf S. 294. Man sollte die Anwendung der Staue möglichst beschränken, weil sie oft mehr Nachteile als Vorteile bringen. Immerhin können sie zur Zurückhaltung des Bodenwassers auf Wiesen und Weiden dienen, wenn das Geländegefälle nicht zu groß ist, da ihre Wirkung dann weiter reicht als in starkem Gefälle. Eine Anfeuchtung der Flächen von unten läßt sich in besonderen Fällen auch dadurch erzielen, daß man Wasser aus Teichen oder Gräben in die Dränung einleitet (S. 400). Dabei ist jedoch mit größter Vorsicht zu verfahren. Man verwendet die Stauverschlüsse auch zur Spülung der Rohrstränge. Sie sind möglichst nicht an sehr durchlässigen Geländestellen anzuordnen; auf eine Länge von je 2 bis 3 m ober- und unterhalb der Stauverschlüsse sind statt der Dränrohre gedichtete Muffenrohre zu verlegen, es sei denn, daß der Boden an der betreffenden Stelle schwer durchlässig ist. Die Dränanlage wird natürlich durch die Stauverschlüsse verteuert.

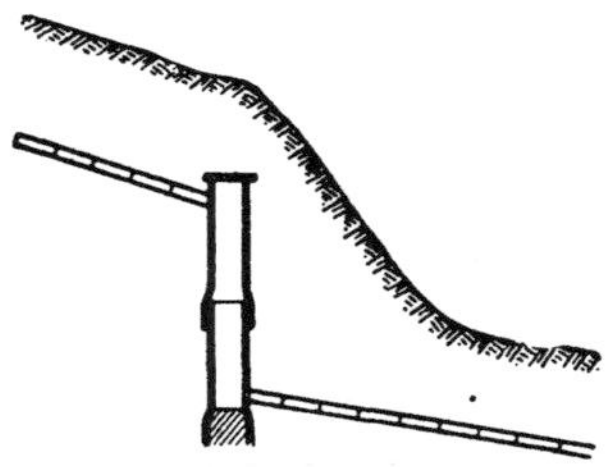

Abb. 213. Unterirdischer Dränabsturz. (Nach Krüger.)

Wenn ein kurzer Steilhang mit einem Sammler zu kreuzen ist, baut man einen unterirdischen Dränabsturz ein (Abb. 213). Man verwendet dazu senkrecht gestellte Ton- oder Zementrohre, die unten ausbetoniert und oben mit einem Stein oder einer Betonplatte abgedeckt werden. Ohne einen solchen Absturz würde der Drän durch eine zu große Wassergeschwindigkeit gefährdet werden.

Weitere Bauteile sind im folgenden Abschnitt behandelt.

3. Vorflutanlagen.

Nähere Angaben über die Anordnung, die Abmessungen und den Bau der Vorfluter findet man auf den Seiten 186 (Mineralböden) und 456 (Moorböden). Die Vorfluter sollen so tief sein, daß die Sammler bei Mittelwasser freien Ausfluß haben (S. 275). Um an Erdarbeiten zu sparen, legt man häufig unmittelbar oberhalb der Ausmündungen Sohlenabstürze oder Sohlenübergänge (Abb. 110) an. Letztere erhalten ein Gefälle von etwa 10% und werden mit geschütteten Lesesteinen (Findlingen), Ziegelbrocken oder auf andere einfache Weise befestigt. Sohlenabstürze sind in den Abb. 143 bis 147 dargestellt.

Sohlpfähle oder Sohlschwellen (S. 212) sind besonders zweckmäßig an den Ausmündungen der Sammler.

An Stelle offener Gräben finden bisweilen Vorflutdräne Anwendung (S. 203). Sie haben im Gegensatz zu anderen Dränen nicht den Zweck, das Bodenwasser durch ihre Fugen aufzunehmen.

Eine besondere, aber selten verwendete Art der Vorflutbeschaffung sind die Sickerschächte (Senkbrunnen), die gelegentlich auch bei kleinen Dränungen vorkommen (S. 207).

Für jede Dränung ist eine ausreichende Vorflut der Sammler unerläßliche Voraussetzung. Den Vorflutern fällt aber bei den Dränungen noch eine weitere Aufgabe zu. Während der Schneeschmelze und bei Starkregen würde die Dränung allein das im Übermaß vorhandene Wasser zu langsam abführen. Das Oberflächenwasser würde sich an den tieferen Geländestellen sammeln und hier zu lange verbleiben, wenn es nicht durch offene Gräben schnell fortgeführt würde. Man darf daher nicht alle bestehenden Vorflutgräben durch Dräne ersetzen oder in einem Gebiet, in dem sich keine Gräben befinden, auf solche ganz verzichten. Andernfalls besteht auf geneigten Äckern auch die Gefahr, daß das Oberflächenwasser sich zu immer größer werdenden Rinnsalen vereinigt und dann Bodenabschwemmungen verursacht. Oberirdisches Fremdwasser ist nötigenfalls durch Randgräben abzufangen.

Nicht immer wird man jede Geländemulde durch einen besonderen Graben entwässern wollen. Bei flachen Mulden genügt dann häufig die Herstellung einer Wasserfurche, die durchackert werden kann. Ausnahmsweise legt man in solchen Fällen auch einen Schlucker an (Abb. 214). Schlucker sind Stein- oder Kiesfilter, die meistens in der Weise hergestellt werden, daß ein rund 0,5 m weites Bodenloch (quadratisch oder rund) bis etwa 0,2 m unter den Dränstrang ausgehoben, mit Weidengeflecht umwandet und mit Steinen, Kies und grobem Sand gefüllt wird. Die Korngröße der Füllung muß zum Schutz gegen das Hineinfallen von Boden filterförmig von unten nach oben abnehmen. Im Acker sind die Schlucker mit einer für die Beackerung ausreichenden Mutterbodenschicht zu versehen. Alle Schlucker sind, da trotz größter Vorsichtsmaßnahmen leicht Bodenteile aus ihnen in die Dräne gelangen, nur an Sammler mit nicht zu schwachem Gefälle anzuschließen oder durch einen besonderen Dränstrang mit dem Vorfluter zu verbinden. Sie müssen sehr sorgfältig hergestellt werden. Da sie, wenn über einem Drän angeordnet, stets eine gewisse Gefahr für die Dränung bedeuten, so geht man bisweilen so vor, daß man zwischen dem Drängraben und dem Schlucker eine etwa 0,5 m starke Erdwand stehen läßt. Dann muß das sich im Schlucker sammelnde Oberflächenwasser zunächst die Erdwand durchsickern, bevor es in den Drän gelangt. Die entwässernde Wirkung des Schluckers wird dadurch zwar verlangsamt, aber auch die Gefahr beseitigt, daß die Dränung infolge des Schluckers versandet oder verschlammt. Es empfiehlt sich in diesen Fällen, den Schluckern reichliche Abmessungen zu geben oder mehrere anzuordnen.

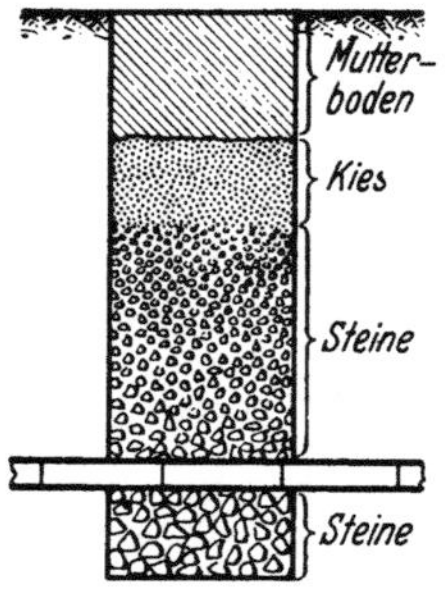

Abb. 214. Schlucker.

4. Die Berechnung der Rohrweiten.

Die aus Lehm oder Ton gebrannten Dränrohre werden nach der einfachen Formel von Kutter berechnet [Gl. (142)]. Es gelten dann für voll laufende Rohre (ohne Überdruck) folgende Beziehungen:

$$c = \frac{5 \cdot d}{0{,}6 + \sqrt{d}} \sqrt{h}\,, \qquad (215)$$

$$Q = \frac{3927 \cdot d^3}{0{,}6 + \sqrt{d}} \sqrt{h}\,. \qquad (216)$$

In diesen Gleichungen sind

Q die Abflußmenge in l/s,
c die Wassergeschwindigkeit in m/s,
h das Wasserspiegelgefälle in m auf 100 m Länge (%),
d der innere Rohrdurchmesser in m (Rohrweite).

Bei sehr kleinen Gefällen ist zu beachten, daß das Wasserspiegelgefälle eines Sammlers geringer sein kann als das Gefälle seiner Grabensohle, wenn nämlich der Durchmesser der Sammlerrohre nach unten hin größer wird.

Die Werte Q und c sind für verschiedene Gefälle und Rohrweiten in Zahlentafel 122 zusammengestellt.

Zur Berechnung der Holzkastendräne eignet sich Gl. (143) mit $\gamma = 0{,}16$.

Die den Berechnungen zugrunde zu legende Abflußspende q, die man in l/s ha auszudrücken pflegt, ist als reine Erfahrungszahl zu werten. Bei der Vielgestaltigkeit der Umstände, die auf q Einfluß haben, ist der Versuch, q rein rechnerisch mit bestimmten Annahmen über Regenmengen, Versickerungsmengen und Versickerungsgeschwindigkeit ermitteln zu wollen, sehr fragwürdig. Allgemein ist die Abflußspende um so größer, je durchlässiger der Boden ist (schnelle Versickerung), je flacher das Gelände (geringer oberirdischer Abfluß) und je größer die Niederschläge mit etwaigem Fremdwasser sind. Ein starker Wasser-

Zahlentafel 122.
(Die Geschwindigkeiten sind in Klammern angegeben.)

h	Rohrweite in cm											*h*
%	4	5	6,5	8	10	13	16	18	20	25	30	%
0,10	0,10	0,19	0,40	0,72	1,36	2,84	5,09	7,07	9,49	17,64	29,21	0,10
	(0,08)	(0,10)	(0,12)	(0,14)	(0,17)	(0,21)	(0,25)	(0,28)	(0,30)	(0,36)	(0,41)	
0,15	0,12	0,23	0,49	0,88	1,66	3,48	6,23	8,66	11,62	21,60	35,78	0,15
	(0,10)	(0,12)	(0,15)	(0,18)	(0,21)	(0,26)	(0,31)	(0,34)	(0,37)	(0,44)	(0,51)	
0,20	0,14	0,27	0,56	1,02	1,92	4,02	7,19	10,00	13,42	24,95	41,31	0,20
	(0,11)	(0,14)	(0,17)	(0,20)	(0,24)	(0,30)	(0,36)	(0,39)	(0,43)	(0,51)	(0,58)	
0,25	0,16	0,30	0,63	1,14	2,14	4,49	8,04	11,18	15,00	27,89	46,19	0,25
	(0,13)	(0,15)	(0,19)	(0,23)	(0,27)	(0,34)	(0,40)	(0,44)	(0,48)	(0,57)	(0,65)	
0,30	0,17	0,33	0,69	1,25	2,35	4,92	8,81	12,25	16,43	30,55	50,60	0,30
	(0,14)	(0,17)	(0,21)	(0,25)	(0,30)	(0,37)	(0,44)	(0,48)	(0,52)	(0,62)	(0,72)	
0,35	0,19	0,35	0,75	1,35	2,54	5,31	9,52	13,23	17,75	33,00	54,65	0,35
	(0,15)	(0,18)	(0,22)	(0,27)	(0,32)	(0,40)	(0,47)	(0,52)	(0,56)	(0,67)	(0,77)	
0,40	0,20	0,38	0,80	1,44	2,71	5,68	10,17	14,14	18,97	35,28	58,43	0,40
	(0,16)	(0,19)	(0,24)	(0,29)	(0,35)	(0,43)	(0,51)	(0,56)	(0,60)	(0,72)	(0,83)	
0,45	0,21	0,40	0,85	1,53	2,88	6,03	10,79	15,00	20,12	37,42	61,97	0,45
	(0,17)	(0,20)	(0,26)	(0,30)	(0,37)	(0,45)	(0,54)	(0,59)	(0,64)	(0,76)	(0,88)	
0,50	0,22	0,42	0,89	1,61	3,03	6,35	11,37	15,81	21,21	39,44	65,32	0,50
	(0,18)	(0,21)	(0,27)	(0,32)	(0,39)	(0,48)	(0,57)	(0,62)	(0,68)	(0,80)	(0,92)	
0,60	0,24	0,46	0,98	1,76	3,32	6,96	12,46	17,32	23,24	43,21	71,56	0,60
	(0,19)	(0,24)	(0,29)	(0,35)	(0,42)	(0,52)	(0,62)	(0,68)	(0,74)	(0,88)	(1,01)	
0,70	0,26	0,50	1,06	1,91	3,59	7,51	13,46	18,71	25,10	46,67	77,29	0,70
	(0,21)	(0,25)	(0,32)	(0,38)	(0,46)	(0,57)	(0,67)	(0,74)	(0,80)	(0,95)	(1,09)	
0,80	0,28	0,53	1,13	2,04	3,83	8,03	14,39	20,00	26,83	49,89	82,63	0,80
	(0,22)	(0,27)	(0,34)	(0,41)	(0,49)	(0,61)	(0,72)	(0,79)	(0,85)	(1,02)	(1,17)	
0,90	0,30	0,57	1,20	2,16	4,07	8,52	15,26	21,21	28,46	52,92	87;64	0,90
	(0,24)	(0,29)	(0,36)	(0,43)	(0,52)	(0,64)	(0,76)	(0,83)	(0,91)	(1,08)	(1,24)	
1,00	0,31	0,60	1,26	2,28	4,29	8,98	16,08	22,36	30,00	55,78	92,38	1,00
	(0,25)	(0,30)	(0,38)	(0,45)	(0,55)	(0,68)	(0,80)	(0,88)	(0,95)	(1,14)	(1,31)	
1,25	0,35	0,67	1,41	2,55	4,79	10,04	17,98	25,00	33,54	62,37	103,29	1,25
	(0,28)	(0,34)	(0,43)	(0,51)	(0,61)	(0,76)	(0,89)	(0,98)	(1,07)	(1,27)	(1,46)	
1,50	0,38	0,73	1,54	2,79	5,25	11,00	19,70	27,38	36,74	68,32	113,14	1,50
	(0,31)	(0,37)	(0,47)	(0,55)	(0,67)	(0,83)	(0,98)	(1,08)	(1,17)	(1,39)	(1,60)	
1,75	0,42	0,79	1,67	3,01	5,67	11,88	21,28	29,58	39,69	73,79	122,21	1,75
	(0,33)	(0,40)	(0,50)	(0,60)	(0,72)	(0,90)	(1,06)	(1,16)	(1,26)	(1,50)	(1,73)	
2,00	0,44	0,84	1,78	3,22	6,06	12,70	22,75	31,62	42,43	78,89	130,65	2,00
	(0,35)	(0,43)	(0,54)	(0,64)	(0,77)	(0,96)	(1,13)	(1,24)	(1,35)	(1,61)	(1,85)	
2,25	0,47	0,89	1,89	3,42	6,43	13,47	24,13	33,54	45,00	83,67	138,57	2,25
	(0,38)	(0,46)	(0,57)	(0,68)	(0,82)	(1,02)	(1,20)	(1,32)	(1,43)	(1,70)	(1,96)	
2,50	0,50	0,94	1,99	3,60	6,78	14,20	25,43	35,35	47,43	88,20	146,07	2,50
	(0,40)	(0,48)	(0,60)	(0,72)	(0,86)	(1,07)	(1,26)	(1,39)	(1,51)	(1,80)	(2,07)	
2,75	0,52	0,99	2,09	3,78	7,11	14,89	26,67	37,08	49,75	92,50	153,20	2,75
	(0,41)	(0,50)	(0,63)	(0,75)	(0,90)	(1,12)	(1,33)	(1,46)	(1,58)	(1,88)	(2,17)	
3,00	0,54	1,03	2,18	3,94	7,42	15,56	27,86	38,73	51,96	96,62	160,01	3,00
	(0,43)	(0,53)	(0,66)	(0,78)	(0,95)	(1,17)	(1,39)	(1,52)	(1,65)	(1,97)	(2,26)	
3,50	0,59	1,12	2,36	4,26	8,02	16,80	30,09	41,83	56,12	104,36	172,83	3.50
	(0,47)	(0,57)	(0,71)	(0,85)	(1,02)	(1,27)	(1,50)	(1,64)	(1,79)	(2,13)	(2,45)	
4,00	0,63	1,19	2,52	4,55	8,57	17,96	32,17	44,72	60,00	111,56	184,76	4,00
	(0,50)	(0,61)	(0,76)	(0,91)	(1,09)	(1,35)	(1,60)	(1,76)	(1,91)	(2,27)	(2,61)	
h	4	5	6,5	8	10	13	16	18	20	25	30	*h*
%	Rohrweite in cm											%

Zahlentafel 122 (Fortsetzung).

h	Rohrweite in cm											h
%	4	5	6,5	8	10	13	16	18	20	25	30	%
4,50	0,67	1,26	2,68	4,83	9,09	19,05	34,12	47,43	63,64	118,33	195,97	4,50
	(0,53)	(0,64)	(0,81)	(0,96)	(1,16)	(1,44)	(1,70)	(1,86)	(2,03)	(2,41)	(2,77)	
5,00	0,70	1,33	2,82	5,09	9,58	20,08	35,97	50,00	67,08	124,73	206,57	5,00
	(0,56)	(0,68)	(0,85)	(1,01)	(1,22)	(1,51)	(1,79)	(1,96)	(2,14)	(2,54)	(2,92)	
6,00	0,77	1,46	3,09	5,58	10,50	22,00	39,40	54,77	73,48	136,64	226,29	6,00
	(0,61)	(0,74)	(0,93)	(1,11)	(1,34)	(1,66)	(1,96)	(2,15)	(2,34)	(2,78)	(3,20)	
7,00	0,83	1,58	3,34	6,03	11,34	23,76	42,56	59,16	79,37	147,58	244,42	7,00
	(0,66)	(0,80)	(1,01)	(1,20)	(1,44)	(1,79)	(2,12)	(2,32)	(2,53)	(3,01)	(3,46)	
8,00	0,89	1,69	3,57	6,44	12,12	25,40	45,50	63,24	84,85	157,77	261,30	8,00
	(0,71)	(0,86)	(1,08)	(1,28)	(1,54)	(1,91)	(2,26)	(2,49)	(2,70)	(3,21)	(3,70)	
9,00	0,94	1,79	3,78	6,83	12,86	26,95	48,25	67,08	90,00	167,34	277,15	9,00
	(0,75)	(0,91)	(1,14)	(1,36)	(1,64)	(2,03)	(2,40)	(2,64)	(2,86)	(3,41)	(3,92)	
10,00	0,99	1,88	3,99	7,20	13,55	28,40	50,87	70,71	94,87	176,40	292,14	10,00
	(0,79)	(0,96)	(1,20)	(1,43)	(1,73)	(2,14)	(2,53)	(2,78)	(3,02)	(3,59)	(4,13)	
11,00	1,04	1,98	4,18	7,55	14,22	29,79	53,35	74,16	99,50	185,01	306,40	11,00
	(0,83)	(1,01)	(1,26)	(1,50)	(1,81)	(2,24)	(2,65)	(2,91)	(3,17)	(3,77)	(4,33)	
12,00	1,09	2,06	4,37	7,89	14,85	31,11	55,72	77,46	103,92	193,23	320,02	12,00
	(0,87)	(1,05)	(1,32)	(1,57)	(1,89)	(2,34)	(2,77)	(3,04)	(3,31)	(3,94)	(4,53)	
13,00	1,13	2,15	4,55	8,21	15,45	32,38	58,00	80,62	108,17	201,12	333,09	13,00
	(0,90)	(1,09)	(1,37)	(1,63)	(1,97)	(2,44)	(2,88)	(3,17)	(3,44)	(4,10)	(4,71)	
14,00	1,18	2,23	4,72	8,52	16,04	33,61	60,18	83,66	112,25	208,71	345,66	14,00
	(0,94)	(1,14)	(1,42)	(1,70)	(2,04)	(2,53)	(2,99)	(3,29)	(3,57)	(4,25)	(4,89)	
15,00	1,22	2,31	4,89	8,82	16,60	34,79	62,30	86,60	116,19	216,04	357,80	15,00
	(0,97)	(1,18)	(1,47)	(1,75)	(2,11)	(2,62)	(3,10)	(3,40)	(3,70)	(4,40)	(5,06)	
16,00	1,26	2,38	5,05	9,11	17,14	35,93	64,34	89,44	120,00	223,13	369,53	16,00
	(1,00)	(1,21)	(1,52)	(1,81)	(2,18)	(2,71)	(3,20)	(3,51)	(3,82)	(4,55)	(5,23)	
17,00	1,30	2,46	5,20	9,39	17,67	37,03	66,32	92,19	123,69	229,99	380,90	17,00
	(1,03)	(1,25)	(1,57)	(1,87)	(2,25)	(2,79)	(3,30)	(3,62)	(3,94)	(4,69)	(5,39)	
18,00	1,33	2,53	5,35	9,66	18,18	38,11	68,24	94,86	127,28	236,66	391,94	18,00
	(1,06)	(1,29)	(1,61)	(1,92)	(2,32)	(2,87)	(3,39)	(3,73)	(4,05)	(4,82)	(5,54)	
19,00	1,37	2,60	5,50	9,93	18,68	39,15	70,11	97,46	130,77	243,15	402,69	19,00
	(1,09)	(1,32)	(1,66)	(1,97)	(2,38)	(2,95)	(3,49)	(3,83)	(4,16)	(4,95)	(5,70)	
20,00	1,40	2,67	5,64	10,19	19,17	40,17	71,93	100,00	134,16	249,46	413,15	20,00
	(1,12)	(1,36)	(1,70)	(2,03)	(2,44)	(3,03)	(3,58)	(3,93)	(4,27)	(5,08)	(5,84)	
h	4	5	6,5	8	10	13	16	18	20	25	30	h
%	Rohrweite in cm											%

Zahlentafel 123.

Mittlerer Jahresniederschlag	Für schwere und mittelschwere Böden	Für leichte Böden
Unter 650 mm (Norddeutschland) .	0,40 l/s ha	0,55 l/s ha
650—750 mm	0,40—0,55 „	0,55—0,70 „
Über 750 mm (Gebirge)	0,55—0,70 „	0,70—0,85 „

verbrauch der Pflanzen und hohe Bodenverdunstung verringern die Versickerung und die Abflußspende. Wenn das zu dränende Gebiet flach ist und keinen besonders starken Fremdwasserzufluß aufweist, kann Zahlentafel 123 als Anhalt für die Wahl der Abflußspenden dienen. Im Gebirge kann man bei starker Geländeneigung unter Umständen auch mit kleineren Abflußspenden auskommen.

Wenn dagegen ein besonders großer Zufluß von Fremdwasser (Druckwasser, Schlucker) vorliegt, wird man bei allen Abflußspenden einen Zuschlag geben müssen, dessen Höhe nach den jeweiligen sehr verschiedenen örtlichen Verhältnissen und Erfahrungen eingeschätzt werden muß (meistens 20 bis 50%). Dabei ist aber zu beachten, daß nicht immer alle Dränstränge mit der gleichen Abflußspende zu berechnen sind, da Fangdräne (S. 281) und Dräne mit Schluckern besonders große sekundliche Wassermengen abzuführen haben.

In Bayern rechnet man auf den schweren Lehm- und Lettenböden der Jura- und Keuperformation mit mäßigem Oberflächengefälle bei durchschnittlich etwa 650 mm Jahresniederschlag mit 0,7 bis 1,0 l/s ha. Schicht-, Druck- oder Quellwasser sind dabei noch nicht berücksichtigt.

Nielsen geht von der Niederschlagshöhe N der 4 Monate Dezember bis März aus und fordert, daß der unterirdische Abfluß dieser Zeit (25 bis 50% in Zahlentafel 124) innerhalb von 14 Tagen geleistet wird. Die Zahlen der Zahlentafel 124 sind noch mit $N/100$ zu vervielfältigen.

Zahlentafel 124.

Geländeneigung %	Abfluß %	Abfluß in l/s·ha je 100 mm Niederschlag: schwere Böden	mittelschwere Böden	leichtere Böden
0— 2	50	0,33—0,39	0,39—0,43	0,43—0,45
2— 8	45	0,30—0,35	0,35—0,39	0,39—0,41
8—14	40	0,27—0,31	0,31—0,34	0,34—0,36
14—20	35	0,23—0,27	0,27—0,30	0,30—0,32
20—27	30	0,20—0,24	0,24—0,26	0,26—0,27
27—35	25	0,17—0,20	0,20—0,22	0,22—0,23

Die Lebensdauer einer Dränung hängt in hohem Maße davon ab, daß sich in den Dränrohren eine ausreichende Wassergeschwindigkeit entwickelt, damit sich kein Sand und Schlamm ablagern. Denn es läßt sich auch bei sorgfältigster Verlegung der Dränrohre niemals ganz verhindern, daß Bodenteilchen in die Dräne gelangen. Bei demselben Gefälle und derselben Rohrweite ist die Wassergeschwindigkeit um so größer, je glatter die Rohrwandungen sind und je regelmäßiger die Rohre verlegt wurden. Die Wassergeschwindigkeit in einem Drän schwankt in ziemlich weiten Grenzen, sie nimmt ab mit der sekundlich abfließenden Wassermenge. Daher hört bei kleinen Gefällen die Sinkstoffbewegung zu Zeiten geringer Wasserführung ganz auf, und die abgelagerten Stoffe werden erst bei stärkerer Wasserführung fortgespült. Besonders gefährlich ist der feine Triebsand, der leicht durch die Dränfugen hindurchtritt. Starker Eisengehalt führt zu Ablagerungen von Eisenocker, Schwefelgehalt (im Moor) zur Bildung von Schwefelalgen. Einzelne tonige Bodenteilchen werden leichter vom Wasser aus den Dränen wieder herausgespült als Sandkörner. Aus diesen Erwägungen und zahlreichen Erfahrungen ergeben sich für gefüllte Rohre von 4 bis 10 cm die folgenden Mindestgeschwindigkeiten c und somit die Mindestgefälle h. Bei größeren Rohrweiten sind die Mindestgefälle der letzten Spalte zu verwenden (Ausnahmen S. 295):

Zahlentafel 125.

Bodenart		Rohrweite in cm: 4	5	6,5	8	10	> 10
Triebsand	c	—	0,20	0,30	0,30	0,35	—
	h	—	0,45	0,60	0,45	0,40	0,40
Mineral- und Moorböden, wenn stark	c	—	0,18	0,25	0,25	0,30	—
eisen- oder schwefelhaltig	h	—	0,35	0,40	0,30	0,30	0,30
Böden mit nennenswertem Gehalt an	c	0,15	0,15	0,20	0,20	0,25	—
gewöhnlichen Sanden	h	0,35	0,25	0,30	0,20	0,20	0,20
Schwere Böden und Moorböden, wenn ohne	c	0,12	0,12	0,15	0,15	0,20	—
größeren Eisen- oder Schwefelgehalt	h	0,20	0,15	0,15	0,15	0,15	0,15

Es muß aber nochmals betont werden, daß **größere Geschwindigkeiten und Gefälle dringend erwünscht** sind. Auch in schweren, eisenfreien Ackerböden sollte man, wenn es irgend erreichbar ist, keine kleineren Gefälle als 0,2 % anwenden. Kann man in sehr flachem Gelände die Mindestgefälle der Zahlentafel 125 nicht erreichen, dann muß man entweder ganz besondere Vorsichtsmaßnahmen gegen eine Versandung, Verockerung oder Verschlammung der Dräne ergreifen (S. 292) oder auf eine Dränung ganz verzichten und statt dessen die Entwässerung mit offenen Gräben durchführen.

Bei **schrittweisen Dränungen** und **Teildränungen** (S. 272) geht man so vor, daß man die Rohrweiten der Sammler für eine Volldränung berechnet, damit nötigenfalls später weitere Sauger angeschlossen werden können. Infolgedessen sind die Sammler bei der gewählten Abflußspende nicht gefüllt, da ja nur ein Teil der Fläche durch Sauger an sie angeschlossen ist. Die geringere Füllung des Rohrquerschnittes hat aber eine geringere Wassergeschwindigkeit als im voll laufenden Rohr zur Folge. Bei kleinen Gefällen kann es daher nötig werden, auf diese Verringerung der Wassergeschwindigkeit Bedacht zu nehmen, damit die Mindestgeschwindigkeiten der Zahlentafel 125 nicht unterschritten werden. Die Verringerung der Wassergeschwindigkeit läßt sich folgendermaßen berechnen. Sind vorläufig nur f % der vollen Fläche F durch Sauger an einen Sammler angeschlossen und geht man davon aus, daß nur diese Teilfläche den Sammler speist, so beträgt die Wassergeschwindigkeit etwa g % der in Zahlentafel 122 angegebenen Werte:

$f =$ 10	20	30	40	50 bis	100%
$g =$ 60	75	85	95		100%

Beispiel: Von einer triebsandführenden Fläche, die 3,20 ha groß ist, sollen 0,95 ha = 30 % bei $h = 0{,}60$ und $q = 0{,}55$ l/s ha durch Sauger an den Sammler angeschlossen werden. Dann ist bei Volldränung $Q = 3{,}20 \cdot 0{,}55 = 1{,}76$ l/s, ferner nach Zahlentafel 122 $d = 8$ cm und $c = 0{,}35$ m/s. Da aber bei der beabsichtigten schrittweisen Dränung $f = 30$ % und daher $g = 85$ % ist, so vermindert sich c auf $0{,}35 \cdot 0{,}85 = 0{,}30$ m/s. Diese Wassergeschwindigkeit ist nach Zahlentafel 125 gerade noch ausreichend.

Bei der Berechnung der Rohrweiten bedient man sich also der Zahlentafel 122 oder auch besonderer **Tafeln**, in denen die Beziehungen zwischen c, d und h sowie zwischen q, F, d und h zeichnerisch dargestellt sind. Es ist $Q = F q$, wobei F die zu dränende Fläche in ha bedeutet. Gegebene Größen sind stets die Werte q und h, da q angenommen wird und h sich aus der Lage des zu berechnenden Sammlers ergibt. In der Regel sind dann bei angenommenem d die Werte F und c zu ermitteln. Das einfache **Beispiel** der Abb. 215 soll die Rechnung erläutern. Man beginnt mit $d = 5$ cm am oberen Ende des 600 m langen Sammlers. Bei $h = 1{,}00$, $d = 5$ cm und $q = 0{,}50$ l/s ha ergibt sich aus Zahlentafel 122 $Q = 0{,}60$ l/s und somit $F = 1{,}20$ ha. Der 5-cm-Sammler reicht daher bis zum Punkte a, an dem 1,20 ha entwässert werden. Am Punkte b sind 2,25 ha zu entwässern, somit 1,13 l/s abzuführen, was mit $d = 6{,}5$ cm möglich ist. Dasselbe d reicht jedoch unterhalb b nicht mehr aus. Es entwässern bei $h = 0{,}60$ und $d = 8$ cm $1{,}76 : 0{,}50 = 3{,}52$ ha. Die Rohrweite 8 cm genügt somit bis Punkt c usw. Bei unregelmäßigen Dränabteilungen kann man die an den einzelnen Punkten entwässernden Teilflächen mit dem Polarplanimeter ermitteln.

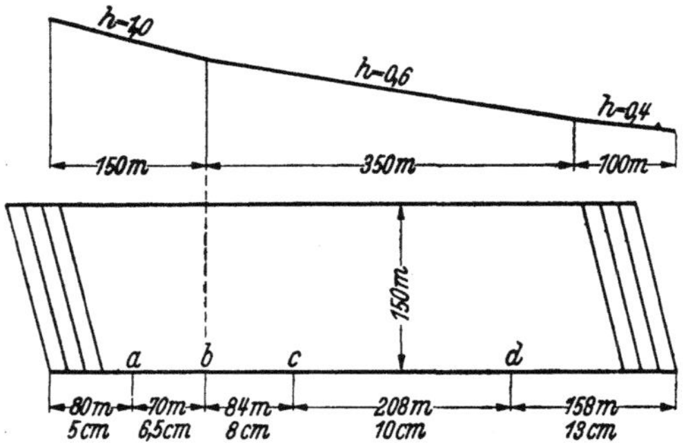

Abb. 215. Berechnung eines Sammlers.

5. Kosten, Mehrerträge und Wirtschaftlichkeit.

Die Kosten einer Dränung entfallen auf die beiden Hauptabschnitte der Vorflutbeschaffung und der eigentlichen Dränung. Die Vorflutkosten schwanken je nach den örtlichen Verhältnissen innerhalb sehr weiter Grenzen. Es gibt Fälle, bei denen sie kaum ins Gewicht fallen, und andere, bei denen sie die gesamte Dränung erheblich verteuern. Die Hauptkosten der eigentlichen Dränung sind die Beschaffung der Dränrohre und die Herstellung der Drängräben. Über die Kosten der Dränrohre müssen im Einzelfall Angebote von Dränrohrwerken eingeholt werden. Dazu kommen die Beförderungskosten vom Werk zur Verwendungsstelle. Als Anhalt mögen nebenstehende Dränrohrkosten für 1000 Stück ab Werk dienen (1936) [s. Zahlentafel 126].

Zahlentafel 126.

Lichte Weite mm	Kosten RM	Gewicht kg
40	etwa 30	etwa 900
50	35	1100
65	50— 55	1600
80	55— 60	2100
100	100—110	3000
130	145—160	4500
160	190—210	7000
180	300—330	9500
200	350—390	12500

Die Gewichte fallen je nach der Wandstärke und dem Rohstoff sehr verschieden aus und sind gleichfalls von dem Lieferwerk anzugeben.

Über die Stundenleistung eines gelernten Dränarbeiters hat Pollex (*172*) eingehende Untersuchungen angestellt. Er fand, je nach der Bodenfeuchtigkeit in standfähigem Stichboden, für Auswerfen und Wiederzufüllen von Saugergräben (4 cm) bei Stücklohn folgende mittlere Stundenleistungen:

Tonboden, 0,95 bis 1,05 m tief	3,0 bis 5,0 m
Schwerer Lehmboden, 1,05 bis 1,15 m tief	3,5 bis 5,4 m
Gewöhnlicher Lehmboden, 1,10 bis 1,20 m tief	4,3 bis 5,7 m
Lehmiger Sandboden, 1,20 bis 1,30 m tief	4,6 bis 6,4 m
Sand- und Moorboden, 1,20 bis 1,30 m tief	5,3 bis 7,0 m

Etwa 13% der Arbeit entfallen durchschnittlich auf das Wiederzufüllen, so daß z. B. im Tonboden in 1 h 3,4 bis 5,7 m Graben ausgehoben oder 23 bis 38 m verfüllt werden. Bei größeren Lichtweiten kann man mit folgenden Minderleistungen gegenüber den Saugergräben (4 cm) rechnen:

5 und 6,5 cm	10 bis 20%	13 und 16 cm	25 bis 40%
8 „ 10 cm	15 bis 25%	18 „ 20 cm	35 bis 55%

Ein geübter Rohrleger leistet stündlich einschließlich aller vorkommenden Sammler und aller herzustellenden Verbindungen im Durchschnitt etwa 40 bis 50 m, bei sehr schwachem Gefälle weniger als bei starkem.

Die von Pollex ermittelten Stundenleistungen stammen von Untersuchungen in Ostpreußen und gelten vorwiegend für Ost- und Mitteldeutschland. In stark steinhaltigen Böden (Hackböden) sind die Leistungen wesentlich geringer. So ergaben sich bei solchen Böden in Bayern für Auswerfen und Wiederzufüllen von Saugergräben mittlere Stundenleistungen von 0,8 bis 1,0 m. Das Abgleichen der Drängrabensohle und das Verlegen der Rohre ist hierin nicht eingeschlossen.

Der Dränungsstücklohn wird in der Regel so gestellt, daß der Dränarbeiter bei einer mittleren Stundenleistung 25% über den Stundensatz des Tiefbauarbeiters verdient. Also bei 5 m Stundenleistung (gewöhnlicher Lehmboden), 5 cm Rohrdurchmesser und 50 Pfg. Stundensatz würde der Dränarbeiter für 1 m Drängraben $\frac{50 \cdot 1,25}{5 \cdot 0,85} = 15$ Pfg. erhalten. Dazu kommt der Unternehmeraufwand mit rund 30% und der Unternehmergewinn. Beträgt dieser 10%, so kostet 1 m Drängraben $15 \cdot 1,4 = 21$ Pfg. Derartige Preise lassen sich aber nur erreichen, wenn ein Stamm gelernter Dränarbeiter zur Verfügung steht.

Zahlentafel 127.

Ort	Bodenart	Pflanzenart	Ernte in dz/ha vor der Dränung	Ernte in dz/ha nach der Dränung	Mehrertrag in dz/ha	Schriftenverzeichnis Nr.	Bemerkungen
Provinz Posen	Schwerer Boden	Roggen	4	16	12	132	Fehlt Angabe über die Art der Feststellung
		Weizen	16	32	16		
		Gerste	16	22	6		
Groß-Neudorf bei Brieg	Schwerer Schlickboden	Weizen	—	—	6 bis 8	143	Geschätzt
		Zuckerrüben	290	402	112		Nach genauerer Feststellung
Görlitz	Schwerer Lehmboden	Weizen, Roggen, Hafer	24	34	10	138	Durchschnittserträge mehrerer Jahre geschätzt; der geringe Mehrertrag der Kartoffeln wird auf den für diese zu schweren Boden zurückgeführt
		Kartoffeln	170	220	50		
		Futterrüben	330	580	250		
Württemberg	Lehmige Ton- und tonige Lehmböden	Weizen	20,6	26,9	6,3	168	Mittel aus vier bis sieben Flächen. Nach genauerer Feststellung
		Gerste	20,2	28,0	7,8		
		Hafer	19,6	28,0	8,4		
		Kartoffeln	118,8	173,8	55,0		
		Rüben	210,0	292,5	82,5		
Chotzen (Böhmen)	Schwerer Boden	Rüben	166,2	365,0	198,8	119	Mittel aus je zwei gewöhnlichen Jahren. Fehlt Angabe über die Art der Feststellung
		Weizen[1]	10,6	16,6	6,0		
		Gerste[1]	13,6	19,2	5,6		
		Hafer	13,6	19,1	5,5		
		Mischfrucht	7,8	17,1	9,3		
Libochowitz (Böhmen)	Schwerer Boden	Zuckerrüben	133,0	315,0	182,0	119	Mittel aus je zwei nassen Jahren. Fehlt Angabe über die Art der Feststellung
		Weizen	12,9	23,4	10,5		
		Gerste	15,1	22,2	7,1		
		Klee	16,0	32,3	16,3		
Purschwitz (Freistaat Sachsen)	Schwerer Boden	Weizen	11,0	20,7	9,7	32	Art der Feststellung angeblich zuverlässig. Durchschnitt aus je drei Jahren vor und nach der Dränung
		Roggen	11,4	19,8	8,4		
		Gerste	20,4	25,9	5,5		
		Hafer	18,8	27,1	8,3		
		Kartoffeln	112	194	82		

Im großen Durchschnitt kostete 1 m Saugergraben in 0,9 bis 1,2 m Tiefe (Ausheben und Zufüllen ohne Rohrverlegung) bei einigermaßen günstigen Bodenverhältnissen (Stichböden) 1936 etwa 0,20 bis 0,30 RM. Sammlergräben sind entsprechend den oben angegebenen Minderleistungen teurer. Für Übertiefen werden besondere Zuschläge bezahlt. Die Dränkosten je ha sind in erster Linie

[1] Aus hl umgerechnet. Bei Weizen 1 hl = 75 kg, bei Gerste 1 hl = 60 kg.

vom Dränabstand abhängig, der im Mineralboden stark wechselt, sowie von der Schwierigkeit der Bodenbearbeitung (Steingehalt). Die Volldränung mineralischer Böden kam 1935 auf etwa 300 bis 1000 RM/ha. Auf den staatseigenen Hochmooren Preußens kostete 1 ha Dränung bei 20 m Dränabstand ohne Vorflut im Jahre 1928 etwa 300 RM.

Der durch eine Dränung erzielte Mehrertrag ist nicht nur auf verschiedenen Flächen ein sehr unterschiedlicher, sondern auch auf derselben Fläche erheblichen Schwankungen unterworfen. Er wird durch zahlreiche Umstände, wie Bodenbeschaffenheit, Bodenbearbeitung, Witterungsverhältnisse und Pflanzenart, beeinflußt. Daß die Dränung, die ja eine Entwässerungsmaßnahme ist, in nassen Jahren höhere Mehrerträge liefert als in trockenen, ist natürlich (S. 252). In der Regel werden auch schwere Böden eine Dränung mit höheren Mehrerträgen lohnen als leichtere, da nicht gedränte schwere Böden viel mehr unter überschüssiger Bodennässe zu leiden haben als leichtere und daher durch eine Dränung auch in höherem Maße verbessert werden als diese.

Die volle Wirkung einer Dränung und damit auch der volle Mehrertrag treten bei leichteren Böden etwa nach 1 Jahr, bei schweren häufig erst 2 bis 3 Jahre nach Fertigstellung der Anlage ein. Denn in schweren Böden findet die Verbesserung des Bodenzustandes (Krümelgefüge) als Folge der Dränung erst allmählich statt. Durch Tiefpflügen mit Untergrundlockerung wird die Umformung beschleunigt. In sehr schweren Tonböden kann unter Umständen schon nach wenigen (5 bis 10) Jahren der Mehrertrag merkbar geringer werden, wenn der zunächst lockere Füllboden der Drängräben von Jahr zu Jahr wieder dichter wird und das in ihm entstandene Krümelgefüge wieder verlorengeht (S. 250). Solche Fälle kommen jedoch nur sehr selten vor. Einer sachgemäßen Dränung kann man, wenn nicht besonders ungünstige Verhältnisse vorliegen oder eintreten, eine Lebensdauer von 40 bis 50 Jahren zuschreiben, doch pflegen die Mehrerträge nach 30 Jahren allmählich nachzulassen.

Für die Wirtschaftlichkeit einer Dränung ist der durchschnittliche jährliche Mehrertrag von Bedeutung. Man drückt ihn zweckmäßig in dz je ha aus. In der Zahlentafel 127 sind einige Feststellungen über die durch Dränung erzielten Mehrerträge zusammengestellt; Fauser gibt die Zahlen der Zahlentafel 128 (Mehrerträge in %). Als rohe Durchschnittszahlen kann man in mittelfeuchten Jahren und auf mittelschweren Böden etwa folgende Mehrerträge annehmen (ohne Stroh und Kraut):

Zahlentafel 128.

Fruchtart	Rheinland %	Eifel %	Oberlausitz %
Roggen	23—33	55— 80	29—74
Hafer	30—42	59—116	24—44
Weizen	27—37	—	33—88
Kartoffeln	33—50	80—100	50—73

Roggen	5 dz/ha	Kartoffeln	60 dz/ha
Weizen	6 dz/ha	Zucker- und Futterrüben	100 dz/ha
Hafer	7 dz/ha		

Die Wirtschaftlichkeit einer Dränung wird wie die jeder Bodenverbesserung durch die Kosten und Mehrerträge bestimmt. Die Dränung der schweren Böden gehört zu den wirtschaftlichsten Bodenverbesserungen, die es gibt. Das gilt namentlich für Ackerdränungen, die selbst bei hohen Dränungskosten noch wirtschaftlich sind. Rechnet man z. B. mit den hohen Baukosten von 600 RM/ha (1937), 4% Zinsen, 2% Tilgung und 2% Unterhaltung entsprechend einer Tilgungszeit von 28 Jahren, so ergibt sich eine jährliche Belastung von 48 RM/ha, von denen etwa ¼ schon durch die Nebenvorteile der Dränung, wie Fortfall der Gräben, leichtere Bestellung, leichtere Unkrautbekämpfung u. a. (S. 251), gedeckt wird, der Restbetrag von 36 RM durch 2 bis 2½ dz Korn. Die höheren Werbungskosten und der höhere Düngerbedarf der größeren Ernten werden durch die Mehrerzeugung an Stroh wieder aufgewogen, zumal vor der Dränung der Dünger nur unvollkommen ausgenutzt wurde und daher in der Regel die Düngerrechnung durch Ackerdränungen nicht erheblich größer wird. Nicht ungünstiger ist die Wirtschaftlichkeit für Kartoffeln und Rüben.

Die Dränung schwerer Böden ist zwar in der Anlage je ha teurer als diejenige mittelschwerer, weil die Dränstränge in ersteren enger verlegt werden müssen als in letzteren. Trotzdem lohnt sich das Dränen der schweren Böden im allgemeinen ganz besonders (S. 269), während das Dränen sehr leichter Böden in der Regel überhaupt nicht mehr wirtschaftlich ist.

B. Die Dränung der Mineralböden.

1. Feldaufnahmen.

Die Flächen- und Höhenmessungen sind bereits auf S. 207 behandelt worden. Bei den Flächenmessungen ist zu beachten, daß ein Dränentwurf zahlreiche Einzelheiten enthalten muß, um die Dränung sachgemäß entwerfen zu können: Wasserläufe, Gräben, Deiche, Wege, Straßen und Eisenbahnen mit allen Bauwerken, die Umrisse der Ortschaften, einzelnstehende Gebäude, Kiesgruben, Steinbrüche, Quellen, Bäume, Hecken, ober- und unterirdische Leitungen, Festpunkte, Pegel und Bodenuntersuchungsstellen. Außerdem sind die Nutzungsarten des Drängebietes und seiner unmittelbaren Umgebung, wie sie jeweils draußen angetroffen werden, festzulegen, ferner, wenn es sich um genossenschaftliche Dränungen handelt, auch die Grenzen der Gemarkungen, Fluren und Flurstücke (Parzellen), die Flurstücknummern und Eigentumsgrenzen.

Bei allen Dränungen ist der größte Wert auf eingehende, sorgfältige Bodenuntersuchungen zu legen (S. 58). Denn die Beschaffenheit des Bodens ist von großem Einfluß auf die Dränabstände und Dräntiefen, und diese wiederum sind entscheidend für die Kosten und die Wirkung der gesamten Dränung. Die Bodenbeschaffenheit beeinflußt die Dränungskosten auch insofern, als ein steiniger Boden weit mehr Arbeit beim Ausheben der Drängräben erfordert als ein guter Stichboden.

Die Bodenuntersuchungen sollen ein klares Bild von der Verteilung der Bodenarten an der Oberfläche und im Untergrunde sowie von der Wasserführung des Bodens ergeben. In sehr gleichartigen Böden bedarf es nur weniger Untersuchungen. Man sollte aber doch auf je 5 ha mindestens eine Untersuchung vornehmen. Die Gleichartigkeit des Bodens ist häufig schon aus seiner Entstehung zu vermuten. Bei stark wechselnden Böden sind aber mehrere Untersuchungen je ha erforderlich. In solchen Böden erhält man einen ausreichenden Einblick in ihre Beschaffenheit häufig erst dann, wenn die Drängräben der Sammler und einzelner Sauger hergestellt sind. Die Bodenuntersuchungsstellen ordnet man in einigermaßen geradlinigen Reihen an, um gegebenenfalls Längs- und Querschnitte des Geländes mit den verschiedenen Bodenschichten auftragen zu können. Dabei kann man die einzelnen Stellen auch durch Abschreiten festlegen, wenn man ein zuverlässiges Schrittmaß besitzt. Falls eine Bodenkarte (S. 283) aufgestellt werden soll, ist sie bereits während der Feldaufnahmen zu entwerfen.

Den besten Einblick in die Beschaffenheit des Bodens und in die Grundwasserverhältnisse erhält man durch Schürfgruben, die daher bei keinem Dränentwurf fehlen dürfen. Sie sind aber wesentlich teurer als Bohrungen. Man verwendet daher stets beide Untersuchungsarten nebeneinander, indem man mit den Bohrungen beginnt und sich so zunächst ein allgemeines Bild über die Verteilung der Bodenarten verschafft. Die Schürfgruben sind dann auf Grund der Bohrergebnisse auf die bodenkundlich verschiedenen Flächen (Bodenflächen) so zu verteilen, daß sie einen guten Aufschluß über das ganze Drängebiet ergeben. Auf Grund des Ergebnisses der Schürfgruben werden oft noch weitere Bohrungen ausgeführt, um das gesamte Bodenbild zu vervollständigen.

Jede Bodenuntersuchung muß die Reihenfolge und Stärke der einzelnen Bodenschichten in der Regel bis etwa 1,5 m Tiefe erkennen lassen. Auf der Sohle der Schürfgruben pflegt man durch Bohrungen auch noch die Beschaffenheit der tieferen Schichten festzustellen. Bei allen Bodenuntersuchungen ist das Vorkommen von Triebsand, Eisenverbindungen, pflanzenschädlichen Bodenarten, Kalk, Steinen und zwischengelagerten durchlässigen oder undurchlässigen Schichten besonders zu vermerken. Auch ist der Stand des Grundwassers zu ermitteln. Man muß jedoch beachten, daß diese Feststellung in Bohrlöchern auf Schwierigkeiten stößt, weil der untere Teil des Saugwassers leicht als Grundwasser angesprochen werden kann. Man begnügt sich daher besser mit dem Grundwasserstand der Schürfgruben. Bei schwer durchlässigen Böden ist zu berücksichtigen, daß sich das Wasser in der Schürfgrube erst nach längerer Zeit mit dem Grundwasser ausspiegelt. Man vermerkt ferner für jede Untersuchung den Tag der Aufnahme und die Witterungsverhältnisse der letzten Zeit, die oft eine Erklärung für die Höhe des Grundwasserstandes geben.

Die Schürfgruben bieten noch die Möglichkeit zu besonders eingehenden Bodenuntersuchungen: Lagerungsdichte, Bodenrisse, Durchwurzelung, Bodenhorizonte (S. 61), wie überhaupt die Schichtung des Bodens in den Schürfgruben besonders deutlich zu erkennen ist. Aus den Schürfgruben entnimmt man auch Proben der hauptsächlich vorkommenden Bodenarten, die man mindestens bis zur Fertigstellung des Entwurfes aufbewahren sollte. Ob eine Untersuchung des Bodens durch eine bodenkundliche Untersuchungsstelle zweckmäßig oder nötig ist, muß von Fall zu Fall entschieden werden. Denjenigen Dienststellen, die häufig Dränungen zu entwerfen haben, ist die Anlegung einer Bodensammlung in Gläsern zu empfehlen. Zu jeder Bodenprobe sind Angaben über die vorhandenen Dränabstände und ihre Bewährung zu machen. Man kann dann neu zu untersuchende Böden mit der Bodensammlung vergleichen, wodurch die Entscheidung über die zu wählenden Dränabstände erleichtert wird.

Die schädliche Bodennässe läßt sich nur dann sachgemäß und möglichst wirtschaftlich beseitigen, wenn man ihre Ursachen festgestellt hat. Bevor man an die Untersuchung dieser Frage herangeht, wird man die allgemeinen geologischen und Niederschlagsverhältnisse des Drängebietes sowie die Niederschläge der letzten Zeit ermitteln. Als Ursachen der Nässe kommen folgende in Betracht:

1. Ein zu hoher Grundwasserstand. Er ist in durchlässigen Böden in der Regel auf unzureichende Vorflut zurückzuführen, kann aber auch bei ausreichender Vorflut entstehen (S. 180, Ziffern 1 und 2).
2. Zu langsame Versickerung der Niederschläge in schwer durchlässigen Böden auch bei tiefem Grundwasserstand (S. 181, Ziffer 3).
3. Stellenweiser Andrang von Fremdwasser (S. 181, Ziffer 4).

Gelegentlich können etwa vorhandene Bodenhorizonte einen Anhaltspunkt für die Ursachen der Bodennässe geben. Ein B-Horizont entsteht durch versickernde Niederschläge, ein G-Horizont dagegen durch Ablagerungen des Grundwassers (S. 62). Daher läßt z. B. ein hoch liegender G-Horizont unter Umständen auf zu hohen Grundwasserstand schließen, auch wenn man in trockener Zeit das Grundwasser tiefer antrifft.

Bei den Feldaufnahmen sind schließlich noch verschiedene weitere Ermittlungen anzustellen, um ein ausreichendes Bild über das zu dränende Gebiet zu bekommen, namentlich solche landwirtschaftlicher Art. Von Bedeutung sind der Kulturzustand des Bodens, die ortsüblichen Bearbeitungs- und Düngungsmaßnahmen, die häufigsten Anbaufrüchte, die Ernteerträge und ihre Beeinflussung durch die Witterung, Auswinterungsstellen, Pflanzengesellschaften (S. 82) und tief wurzelnde Unkräuter (S. 68). Daneben ist zu erkunden, ob etwa alte verfallene Dränungen im Drängebiet vorhanden und ob benachbarte Flächen ähnlicher Art bereits mit Erfolg gedränt sind. Man sollte überhaupt niemals versäumen, die örtlichen Erfahrungen der beteiligten Landwirte festzustellen, die häufig wertvolle Hinweise geben können. Besonders feuchte Flächenteile erkennt man im Frühjahr an der dunkleren Färbung. Sehr deutlich zeigen sich solche Flächen in den aus Flugzeugen aufgenommenen Luftbildern. Wichtig ist auch die Feststellung, ob und welche Flächen gelegentlich überschwemmt werden. Benachbarte Wälder und Gewässer sind bisweilen von Einfluß auf die Wind- und Feuchtigkeitsverhältnisse des zu dränenden Gebietes (Nebel- und Taubildung).

Alle für die Aufstellung des Dränentwurfes wichtigen Feststellungen sind in ein Feldbuch bzw. in eine Feldkarte einzutragen.

2. Umfang der Dränung.

Die erste bei jeder Entwurfsbearbeitung auftretende Frage ist die nach dem erforderlichen Umfang der Dränung. Da ein zu hoher Grundwasserstand in gut durchlässigen Böden im allgemeinen nur auf unzureichende Vorflut zurückzuführen ist, wird man in solchen Fällen zunächst die Wirkung einer Vorflutverbesserung abwarten. Erst wenn eine genügende Wirkung ausbleibt, ist zu überlegen, ob eine Dränung Erfolg verspricht.

Bisweilen liegt ein Teil des zu entwässernden Gebietes so tief, daß seine Dränung eine unwirtschaftliche Erhöhung der Vorflutkosten bedingen würde. Man schließt dann solche Flächen aus Gründen der Wirtschaftlichkeit von der Dränung ganz aus.

Besonders in hängigem Gelände ist stets zu prüfen, ob etwa ein Grundwasserstrom auf undurchlässigen Bodenschichten seitlich in das Drängebiet eintritt. Dieses Druckwasser muß am Rande des Drängebietes durch Fangdräne (S. 281) abgefangen werden. Wenn gespanntes Grundwasser an einzelnen Stellen durchbricht, verlegt man besondere Rohrstränge, Bedarfsdräne (S. 282), zur Ableitung des Wassers. Auch ausgesprochene Quellen und Fremdwasser jeder Art sind durch Bedarfsdräne zu entfernen. Wenn Drängebiete in dieser unregelmäßigen Weise dem örtlich wechselnden Bedarf entsprechend gedränt werden, spricht man von Teildränungen oder Bedarfsdränungen. Diese verdienen eine weit größere Beachtung, als ihnen vielfach entgegengebracht wird. Sie vermögen oft mit geringen Kosten eine völlig ausreichende Entwässerung zu bewirken. Es gibt zahlreiche Dränanlagen, bei denen die billigere Teildränung denselben Erfolg gebracht hätte wie die ausgeführte teurere Volldränung (s. unten). In Zweifelsfällen sollte man auch stets zunächst die Wirkung von Fangdränen abwarten, bevor man die unterhalb liegende Fläche voll dränt. Claus hat versucht, die Teildränung in der Weise durchzuführen, daß er die dränbedürftigen Stellen mit der Wünschelrute aufsucht. Nach dem heutigen Stande der Wünschelrutenforschung wird man dieses Verfahren ablehnen müssen.

Bei der Volldränung ist die ganze Dränfläche mit Sammlern und gleichlaufenden Saugern versehen (Abb. 188). Schwere Böden bedürfen fast stets einer Volldränung, damit das Sickerwasser überall auf unterirdische Abzüge trifft und der Bodenzustand in seiner ganzen Ausdehnung verbessert wird. Die Volldränung empfiehlt sich fast immer auch dann, wenn eine durchlässige Krume auf schwer durchlässigem Untergrunde liegt. Trotzdem soll man auch in diesen Fällen prüfen, ob nicht auf Flächenteilen, die weniger unter Nässe leiden, einzelne Sauger eingespart werden können.

Wenn Zweifel über die Notwendigkeit einer Volldränung bestehen oder wenn die Wahl der Dränabstände besonders schwierig ist, ist die schrittweise Dränung (*221*, *463*) angebracht. Man geht dabei so vor, daß man die am meisten unter Bodennässe leidenden Stellen zuerst dränt und die Wirkung abwartet. Dabei werden die Dränabteilungen (s. unten) für eine Volldränung entworfen, die Sauger aber zunächst nur dort angeschlossen, wo die Entwässerung am notwendigsten erscheint. Oder man verlegt die Sauger zunächst in sehr großen Abständen von etwa 50 bis 60 m und beobachtet, wie weit ihre entwässernde Wirkung nach beiden Seiten reicht, um nach dem Ergebnis dieses Versuches den endgültigen Dränabstand zu bestimmen und die noch erforderlichen Sauger nachträglich zwischenzuschalten.

3. Die Dränabteilungen.

Alle Rohrstränge, die das Wasser nach einer gemeinsamen Ausmündung leiten, bilden eine Dränabteilung. Die von ihr entwässerte Fläche wird kurz als Abteilungsfläche bezeichnet. Im folgenden sollen die Gesichtspunkte dargelegt werden, nach denen man die Dränabteilungen im allgemeinen anzuordnen hat. Bei Vorkommen von Triebsand, bei nennenswertem Eisengehalt des Bodens oder bei besonderer Verwachsungsgefahr sind außerdem die Ausführungen auf S. 292 zu beachten.

Bei jedem Dränentwurf sind in Verbindung mit den Vorflutern zunächst die Dränabteilungen zu entwerfen. Man muß also die Lage der Hauptsammler bestimmen, das sind diejenigen Sammler, die unmittelbar in einen Vorfluter münden, während die Nebensammler von einem Hauptsammler aufgenommen werden. Bei der Entscheidung über die Lage der Hauptsammler ist zu beachten, daß die Ausmündungen der Dränabteilungen wegen der Gefahr des Rückstaues möglichst nicht unmittelbar oberhalb von Brücken, Durchlässen oder Wehren liegen sollen. Sie sind an solche Stellen zu legen, die weder dem Abbruch noch der Verlandung in größerem Maße ausgesetzt sind. Für die Lage der Hauptsammler ist ferner von Bedeutung, in welcher Richtung die Sauger verlaufen sollen, d. h. ob man Quer-, Schräg- oder Längsdränung verwenden will (S. 276).

Man legt die Hauptsammler häufig an etwas tiefere Geländestellen, z. B. in flache Mulden, wie es in Abb. 188 geschehen ist. Wünschenswert ist eine nicht allzusehr wechselnde Sammlertiefe, namentlich soll die Durchschneidung größerer Bodenerhebungen tunlichst vermieden werden. Das Dränwasser ist auf möglichst kurzem Wege dem Vorfluter zuzuführen. Daher vermeidet man gern starke Richtungsänderungen der Sammler. Wasserscheiden werden im allgemeinen Grenzen der Abteilungsflächen.

In ausgesprochenen Geländeeinschnitten mit nennenswertem Oberflächengefälle besteht bisweilen die Gefahr, daß durch den Abfluß des Oberflächenwassers Bodenauswaschungen entstehen. Dann wird der lose Schüttboden eines Sammlergrabens an solchen Stellen leicht fortgespült. Man ordnet aus diesem Grunde zwei gleichlaufende Sammler im Dränabstande an, je einen auf jeder Seite der tiefsten Geländestellen. In flachen Mulden kann auch mangelnde Vorflut zu einer besonderen Anordnung der Sammler führen. Wenn nämlich ein Sammler in der Mitte der Mulde aus Vorflutmangel keine ausreichende Überdeckung erhalten kann, dann wird man gleichfalls zwei seitliche Sammler anlegen, deren Sauger in die Mulde vorgetrieben werden. Man erreicht dadurch, daß nur die oberen Enden der Sauger eine geringe Tiefe erhalten, was unbedenklich ist.

Die Größe der Dränabteilungen findet zunächst aus Gründen des Wasserabflusses dadurch eine Grenze, daß keine größeren Lichtweiten der Dränrohre als 20 cm verwendet werden sollen. Diese Grenze wird in flachem Gelände eher erreicht als in steilem, da mit wachsendem Gefälle die Leistung der Rohre zunimmt.

Große Dränabteilungen haben gegenüber kleinen Vorteile und Nachteile. Die Vorteile bestehen in der geringeren Zahl von Ausmündungen, in der besseren Spülung der Sammler und in der Regel auch in einer Verminderung der gesamten Dränungskosten. Viele Ausmündungen verteuern nicht nur die Dränung, sondern sind auch wunde Punkte, an denen die Dränung an die Oberfläche tritt und daher bei nicht sehr sorgfältiger Unterhaltung oder durch böswillige Eingriffe Störungen eintreten können. Die bessere Spülung ergibt sich daraus, daß bei gleichem Gefälle die Wassergeschwindigkeit im voll laufenden Rohr mit der Rohrweite zunimmt. Große Dränabteilungen vermindern die Kosten im allgemeinen noch dadurch, daß der Anteil der billigeren Sauger bei ihnen meistens größer ist als bei kleinen Abteilungen. Letztere haben aber den Vorteil, daß bei Störungen durchschnittlich nicht so große Flächen in Mitleidenschaft gezogen werden wie bei großen Dränabteilungen. Unter gewöhnlichen Verhältnissen (Ausnahmen S. 292) empfiehlt sich im Acker die Anwendung größerer Abteilungen mit langen, von beiden Seiten in den Sammler eingeführten Saugern. Flache Drängebiete und Wiesen sind jedoch in kleineren Abteilungen zu dränen. Denn in diesen Fällen ist die Gefahr, daß Störungen des Abflusses in den Dränrohren eintreten, größer als sonst.

Das sachgemäße Entwerfen der Dränabteilungen setzt im übrigen auch die genaue Kenntnis der im folgenden für Sammler und Sauger gegebenen Vorschriften voraus.

4. Die Sammler.

Man vergleiche auch die besonderen Ausführungen auf S. 292.

Sammler haben die gleiche Entwässerungswirkung wie Sauger (S. 279). Zwei nebeneinander liegende Sammler sind daher stets im Dränabstand voneinander zu verlegen. Wenn ein Sammler neben einem Graben verlaufen soll, pflegt man gleichfalls zwischen beiden den Dränabstand anzuordnen, bei besonders tiefen und daher stark entwässernden Gräben auch wohl einen größeren Abstand. Ferner sind Sammler, die am Rande des Drängebietes gleichlaufend mit seiner Grenze verlegt werden sollen, bis auf halben Dränabstand an die Grenze heranzuführen.

Die Länge der Sammler ist nur durch die Abflußleistung der Dränrohre beschränkt. Man verlegt aber nicht gern längere Sammler als 1000 m, ohne einen Dränschacht als Überwachungsstelle einzuschalten.

Sammler dürfen niemals im Zuge bestehen bleibender Gräben, etwa unter deren Sohle, verlegt werden, da sie dann leicht verschlammen oder verwachsen würden. Auch legt man niemals zwei Sammlerstränge nebeneinander in denselben Drängraben. Da nämlich das Wasser stets auf dem Wege des geringsten Widerstandes abfließt, besteht die Gefahr, daß es sich hauptsächlich des einen Rohres bedient und daher das andere nicht hinreichend gespült wird. Bei der Kreuzung von Vorflutern, Straßen und Wegen mit Ausnahme wenig befahrener Wirtschaftswege sind gedichtete Rohre zu verwenden. Man nimmt entweder Tonmuffenrohre oder dichtet die Stoßfugen der Dränrohre mit Zementmörtel oder mit Jutestoff und Asphalt. Dräne dicht unter der Sohle von Vorflutern können durch eindringende Wurzeln leicht verwachsen; bei starkem Sickerwasser besteht auch die Gefahr, daß Sand oder Schlamm in den Dränstrang gelangt. Straßen und Wege sind ständig Erschütterungen ausgesetzt, so daß Bodenteilchen durch die Dränfugen fallen. Auch kann es vorkommen, daß die Dränrohre gegen den Druck starker Verkehrslasten nicht widerstandsfähig genug sind.

Um den Sammler entwerfen zu können, ist es in der Regel erforderlich, einen Höhenplan für ihn aufzutragen. Das Gefälle ist dann auf die einzelnen Strecken möglichst so zu verteilen, daß die Geschwindigkeit im voll laufenden Rohr nach unten hin nicht abnimmt. Wegen der Berechnung vgl. S. 266. Die zulässigen

Mindestgefälle sind aus Zahlentafel 125 zu ersehen. Man sollte aber, wenn irgend möglich, keine kleineren Gefälle als 0,20% anwenden. Bei der schrittweisen Dränung gibt man den Sammlern von Anfang an die für eine Volldränung erforderliche Lichtweite, um später nach Bedarf weitere Sauger anschließen zu können. Auch bei der Teildränung läßt sich fast niemals von vornherein übersehen, ob nicht später der Anschluß weiterer Sauger nötig wird. Man pflegt daher auch in solchen Fällen den Sammlern reichliche Lichtweiten zu geben. Große Wassergeschwindigkeiten in den Rohren sind stets erwünscht, zu große (> 1,5 m/s) sollten aber dann vermieden werden, wenn nach der Bodenart zu befürchten ist, daß an den Dränfugen Bodenteilchen mitgerissen werden. Man führt daher an zu steilen Hängen die Sammler nötigenfalls in zickzackförmig gebrochener Linie am Hang herab, oder man umpackt die Stoßfugen mit Filterstoffen (S. 292).

Wegen der sehr verschiedenen Rohrdurchmesser der Sammler (5 bis 20 cm) ist es zweckmäßig, als Mindestmaß für ihre Tiefenlage den Abstand ihrer Rohroberkante von der Geländeoberfläche, d. i. ihre Überdeckung, zu wählen. Diese soll im allgemeinen nicht kleiner als 0,8 m sein (Ausnahmen s. unten und S. 292). Im übrigen richtet sich die Tiefenlage der Sammler nach derjenigen der Sauger, wobei zu beachten ist, ob die Sauger von oben oder von der Seite in die Sammler münden. Es kommt vor, daß Sammler streckenweise eine sehr tiefe Lage erhalten müssen, um eine Bodenerhebung zu durchschneiden. Dann pflegt man einen mit dem Hauptsammler gleichlaufenden Nebensammler in der Höhenlage der Sauger anzuordnen und in den Hauptsammler zu führen (Abb. 216). Man erreicht dadurch, daß alle Sauger eine regelrechte Tiefe erhalten und daß an Erdarbeit gespart wird. Ein solcher Nebensammler ist auch dann zweckmäßig, wenn der Hauptsammler auf der Strecke $a-b$ Fließsand durchschneidet. Man kann dann die Strecke $a-b$ mit Tonmuffenrohren durchfahren (S. 292).

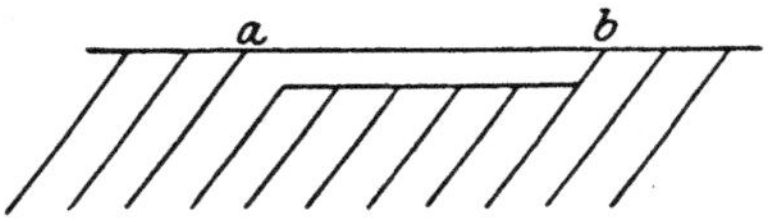

Abb. 216. Nebensammler bei tiefer Lage des Hauptsammlers.

Die Ausmündungen der Sammler sollen mit ihrer Rohrsohle, wenn irgend möglich, über dem mittleren Jahreswasserstand liegen (*MW*), mindestens aber über dem mittleren Wasserstand der Wachstumszeit (*SoMW*), erwünscht sind 0,10 bis 0,15 m über *MW*. Ihre Sohlen sind ferner wenigstens 0,2 m über Grabensohle anzuordnen. Bei knapper Vorflut ist es bisweilen schwierig, den unteren Strecken der Sammler eine Überdeckung von 0,8 m zu geben. Man ermäßigt dann diese auf kurze Strecken unmittelbar oberhalb der Ausmündungen ausnahmsweise bis auf 0,7 m. Läßt sich auch diese Überdeckung wegen besonders niedriger Lage des Geländes nicht erreichen, so ist das Ende des Sammlers in höheres Gelände zurückzulegen und mit dem Vorfluter durch einen Stichgraben oder durch gedichtete Rohre zu verbinden. Man kann das Gelände auch auf kurze Strecken aufhöhen, um 0,7 m Überdeckung zu schaffen. Auf Weiden sind die Ausmündungen vor einer Beschädigung durch Weidetiere zu schützen, was ja in der Regel schon durch Einzäunung der Gräben geschieht. Bisweilen bringt man an den Ausmündungen Nummersteine an, um sie leicht finden zu können, wenn sie durch starken Graswuchs verdeckt sind.

5. Die Sauger.

Man vergleiche auch die besonderen Ausführungen auf S. 292.

Bei der Volldränung verlegt man die Sauger gleichlaufend zueinander mit gleichen Dränabständen, um eine gleichmäßige Wirkung der Dränung auf der ganzen Fläche zu erzielen. Auch werden die Absteckung und Unterhaltung der Dräne dadurch vereinfacht. Die gleichlaufende Lage erleichtert nämlich das

Auffinden der Dräne wesentlich. Aus demselben Grunde vermeidet man auch Sauger mit Richtungswechsel, nötigenfalls durch Teilung der Sauger nach der Länge und Einschaltung eines Sammlers.

Je nach der Richtung der Sauger zum Geländegefälle unterscheidet man die Quer-, Schräg- oder Längsdränung. Bei der Querdränung (Abb. 217) liegen die Sauger annähernd gleichlaufend mit den Höhenlinien des Geländes, bei der Längsdränung (Abb. 218) etwa senkrecht und bei der Schrägdränung (Abb. 188) schräge zu ihnen. Man bevorzugt die Quer- und Schrägdränung vor der Längsdränung. Die Vorteile der Querdränung bestehen hauptsächlich im folgenden:

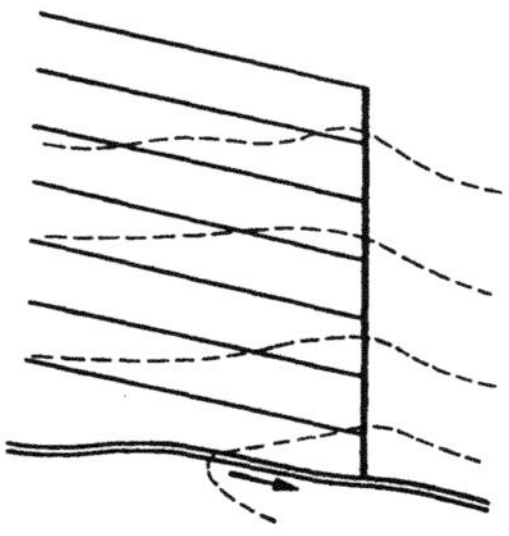

Abb. 217. Querdränung.

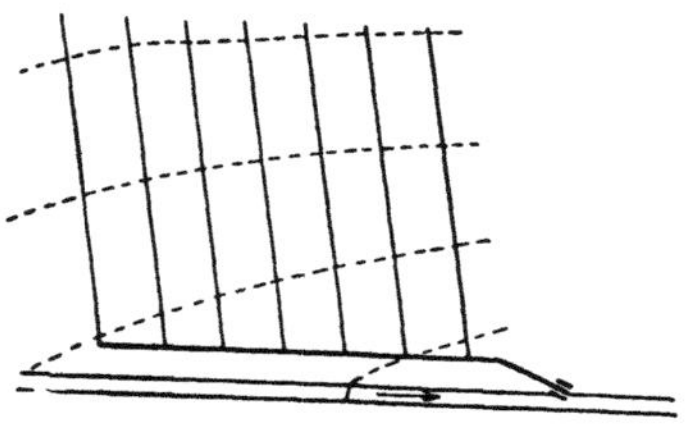

Abb. 218. Längsdränung.

1. Wenn die Sauger nahezu gleichlaufend mit den Höhenlinien angelegt werden, bleibt für die Sammler die Lage im stärksten Gefälle. Dadurch entsteht in ihnen eine große Wassergeschwindigkeit, man kann daher kleinere Rohrweiten anwenden und spart so an Kosten. Der Sauger mit dem üblichen Lichtmaß von 4 und 5 cm ist auch in dem zulässigen Mindestgefälle imstande, die ihm zukommende Wassermenge abzuleiten. Noch wichtiger ist der Umstand, daß die Wassergeschwindigkeit von den Saugern nach den Sammlern zunimmt, wodurch die beste Gewähr für eine regelmäßige Abführung der Sinkstoffe und für die Vermeidung von Verstopfungen gegeben ist.

2. Das meistens in Richtung des stärksten Oberflächengefälles zu Tal fließende Bodenwasser wird von Querdränen besser abgefangen als von Längsdränen.

3. Ein entwässernder Punkt im Boden, d. h. eine Dränfuge, wirkt nach oben, wenn man die Grundwasseroberfläche als geradlinig ansieht, in der Gestalt eines Kegels dcf mit senkrechter Achse (Abb. 219). Die Geländeoberfläche oder eine ihr gleichlaufende Ebene schneidet diesen Kegel in einer Ellipse, der entwässerten Fläche, deren große Achse in der Richtung des stärksten Gefälles liegt. Da jede Dränfuge in derselben Weise wirkt, so überdecken sich die Ellipsen zum Teil. Wenn E den Inhalt der Ellipse bedeutet und l die Länge des betrachteten Dränstranges, so ist die entwässerte Fläche bei der Längsdränung $F_l = E + 2bl$ und bei der Querdränung $F_q = E + 2al$. Da nun $a > b$, so ist $F_q > F_l$, d. h. bei Querdränung wird durch dieselbe Stranglänge eine größere Fläche entwässert als bei Längsdränung. Abb. 219 zeigt auch, daß man unter sonst gleichen Verhältnissen und bei gleicher Entwässerungswirkung bei ersterer einen größeren Dränabstand anwenden kann als bei letzterer (S. 280).

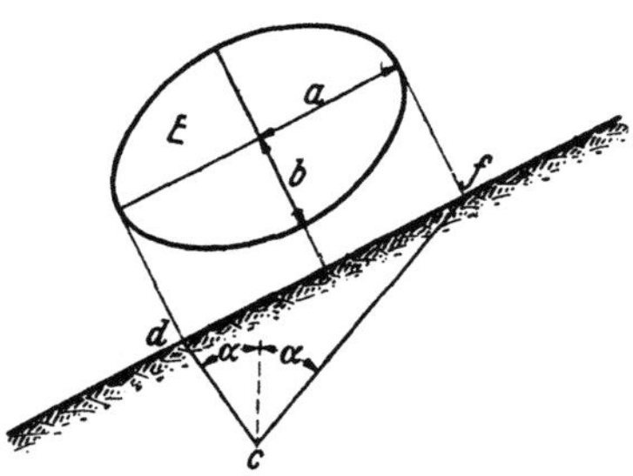

Abb. 219. Wirkungsbereich einer Dränfuge. (Nach Krüger.)

Bei der Schrägdränung schneiden die Sauger die Höhenlinien in einem Winkel von etwa 30 bis 60°. Wenn das Geländegefälle kleiner als 0,5 % ist, läßt sich eine Längsdränung häufig nicht vermeiden.

Den Abstand benachbarter Dränabteilungen bemißt man nach Abb. 220. Die oberen Enden der Sauger führt man an die Grenze des Drängebietes bis auf etwa ¼ Dränabstand heran, was praktisch ausreicht, da das Ende jedes Saugers vor Kopf eine etwa halbkreisförmige Fläche entwässert. Sauger erhalten von Vorflutern denselben Abstand wie Sammler (S. 274). Auch für die Kreuzung der Sauger mit Vorflutern, Straßen und Wegen gilt das auf S. 274 für Sammler Gesagte. Man vermeidet aber solche Kreuzungen meistens durch Einschalten eines Nebensammlers (Abb. 221).

Bei der Quer- und Schrägdränung beschränkt man die Länge der Sauger im allgemeinen auf 200 bis 250 m. Doch wird man bei maschinenmäßiger Herstellung der Drängräben auch größere Saugerlängen anwenden, da der Grabenpflug um so billiger arbeitet, je länger der Graben ist und je seltener der Pflug daher umsetzen muß. Kurze Sauger haben den Vorteil, daß Abflußstörungen in den Rohren nur eine kleine Fläche nachteilig

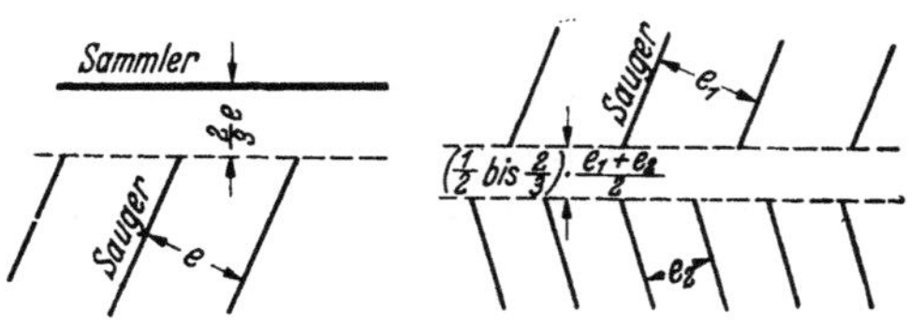

Abb. 220. Abstand benachbarter Dränabteilungen.

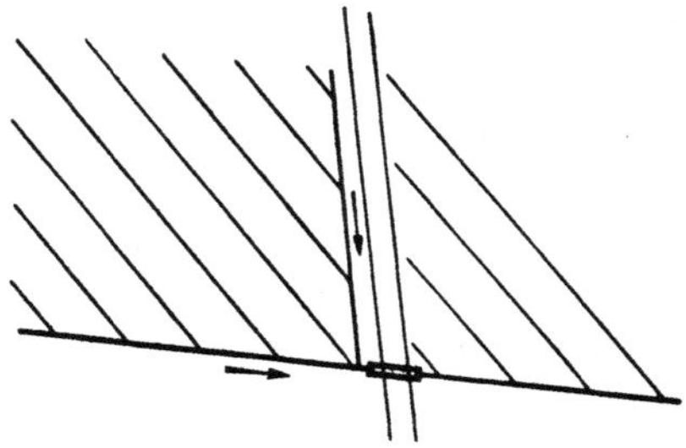

Abb. 221. Nebensammler an einem Weg.

beeinflussen. In Wiesen zieht man kürzere Sauger vor, wie überall dort, wo Abflußstörungen irgendwelcher Art in den Dränrohren zu befürchten sind. Die Sauger einer Längsdränung sind möglichst nicht länger als 150 m herzustellen. Das hat den Vorteil, daß mindestens alle 150 m ein Sammler quer zum Geländegefälle liegt und das von den Saugern nicht aufgenommene zwischen ihnen talwärts fließende Bodenwasser abfängt.

Wenn genügend Gefälle vorhanden ist, führt man die Sauger von oben in die Sammler ein (S. 293). Man verwendet dazu die auf S. 253 genannten Formstücke, andernfalls müssen die Rohre angeschlagen werden (S. 290). Die Verbindung der Sauger mit den Sammlern unter einem sehr spitzen Winkel ist möglichst zu vermeiden. Die rechts und links in denselben Sammler einmündenden Sauger versetzt man gegeneinander, damit in dasselbe Sammlerrohr nur ein Sauger mündet. Grundsätzlich sollen die Sauger in einen Sammler münden und nur ausnahmsweise unmittelbar in einen Vorfluter.

Wegen der Mindestgefälle und der Berechnung der Sauger vgl. S. 262. In den oberen Strecken der Sauger fließt nur wenig Wasser ab, das daher hier nur eine sehr geringe Spülkraft entwickelt, namentlich bei schwachem Gefälle. In den Saugern lassen sich daher dauernde Ablagerungen nicht immer verhindern. Die Erfahrung zeigt aber, daß trotzdem 4- und 5-cm-Rohre ausreichend sind. Die größere Lichtweite bietet den Vorteil, daß etwaige Ablagerungen erst nach längerer Zeit die Wirkung des Saugers merkbar beeinträchtigen und daß für den Eintritt des Bodenwassers ein größerer Querschnitt an den Stoßfugen zur Verfügung steht. Man verwendet daher 5-cm-Rohre namentlich dann, wenn Ablagerungen in den Rohren oder Verstopfungen der Fugen besonders zu befürchten sind. In Wiesen sind stets 5-cm-Sauger zu empfehlen, in quelligen Talauen u. U. sogar 6,5 cm.

Die Sauger werden in der Regel gleichlaufend mit der Oberfläche des Geländes verlegt, d. h. sie erhalten das in ihrer Richtung vorhandene mittlere Geländegefälle. Ein geringeres Gefälle als 0,25% ist auf jeden Fall unerwünscht, es sollte nur ausnahmsweise zugelassen werden. In sehr flachem Gelände muß man häufig ein sog. künstliches Gefälle dadurch schaffen, daß man die Sauger an ihrem oberen Ende flacher verlegt als am unteren. In diesen Fällen soll die Länge der Sauger im allgemeinen nicht größer als etwa 100 m sein, da sie sonst am oberen Ende zu flach liegen würden und ihre Wirkung, die von der Tiefe abhängig ist (Zahlentafel 129), hier viel geringer sein würde als am unteren Ende.

Unter der *Dräntiefe* versteht man den Abstand der Grabensohle von der Geländeoberfläche. Es ist für das Herstellen der Drängräben zweckmäßig, wenn die Dräntiefe gleich der Grabentiefe ist. Bei der Wahl der Dräntiefe sind hauptsächlich die Boden- und Witterungsverhältnisse sowie die zum Anbau kommenden Pflanzen zu berücksichtigen. Eine auch im kältesten Winter *frostfreie Lage* der Dränrohre ist dringend erwünscht, da während der langen Lebensdauer einer Dränung immer einmal mit dem Eintreten eines besonders strengen Winters gerechnet werden muß, und da die durchlässigen Wandungen der Dränrohre meistens Wasser enthalten, das beim Gefrieren sprengend wirkt. Je tiefer die Dräne liegen, um so geringer ist die Gefahr, daß *Pflanzenwurzeln* in sie hineinwachsen, obwohl auch tiefe Dräne nicht gegen Zuwachsen gesichert sind. Tiefe Dräne haben den weiteren Vorteil, daß die *Pflanzennährstoffe* des Bodens weniger stark ausgewaschen werden als bei flacher Lage. Die berühmten Versuche von *Rothamstead* haben das bestätigt. Man fand dort mit Lysimetern in 23 Jahren folgende Verluste an Salpeterstickstoff in Hundertteilen des Gesamtstickstoffes:

Dräntiefe	Verlust
0,5 m	11,5%
1,0 m	6,0%
1,5 m	5,3%

Je tiefer die Sauger verlegt werden, um so größer kann man ihren Abstand wählen. Man spart daher bei *tiefen Saugern* an Dränlängen, andererseits sind aber die tiefen Drängräben teurer als die flachen. Besonders zu beachten ist, daß tiefe Sauger das Sickerwasser langsamer ableiten als flache, was bei der Dränung schwerer Böden von Bedeutung ist. Durch tiefe Dränung wird ein größerer Bereich des Bodens für die Pflanzenwurzeln aufgeschlossen und zur Aufnahme von Niederschlägen befähigt.

Man geht nun beim Entwerfen der Sauger so vor, daß man zunächst die *Dräntiefen* festlegt. Dabei kommen für *Ackerdränungen* folgende Dräntiefen in Frage:

1. *Die flache Lage* von 0,8 bis 1,0 m. Flache Dränungen werden besonders in *schwer durchlässigen Böden* angewendet, damit die versickernden Niederschläge schnell genug abgeführt werden. Allerdings nimmt die Durchlässigkeit der schweren Böden einige Jahre nach der Dränung fast stets zu. Die flache Lage ist auch dann zweckmäßig, wenn unter einer leichter durchlässigen Bodenschicht in 0,8 bis 1,0 m Tiefe eine schwer durchlässige Schicht oder *Triebsand* beginnt. Es wäre falsch, in solchen Fällen die Dräne in die schwer durchlässige Schicht oder in den Triebsand zu legen, da die tiefere Lage im Ton keine stärkere Entwässerung bewirkt als die flachere (Abb. 222) und da im Triebsand Versandungen der Dräne zu befürchten sind. In leichteren Böden dränt man auch dann flach, wenn bei tiefer Dränung mit einer zu großen *Austrocknung* des Bodens zu rechnen ist. Das wird aber nur ausnahmsweise der Fall sein. Auch das Vorkommen eines deutlichen B-*Horizonts* läßt bisweilen eine flache Dränlage auch in leichteren Böden zweckmäßig erscheinen, wenn man dadurch erreicht, daß die Dräne über der verdichteten Schicht bleiben.

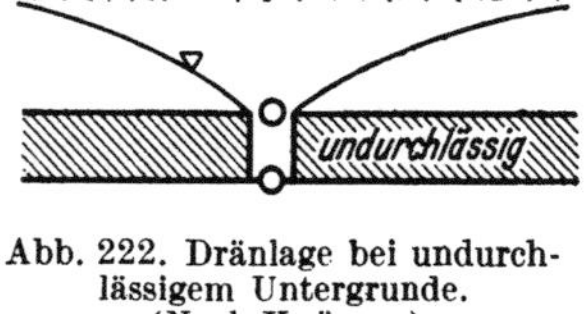

Abb. 222. Dränlage bei undurchlässigem Untergrunde. (Nach Krüger.)

Im allgemeinen gilt das Maß von 0,8 m als die geringste zulässige Tiefe der Sauger. Ausnahmsweise legt man die oberen Enden der Sauger bei künstlichem Gefälle auf 0,7 m. Auch dürfen kleine Flächen 0,7 m tief entwässert werden, wenn die Vorflut schwer zu beschaffen ist. Bei Vorkommen von Triebsand sind die Ausführungen auf S. 292 zu beachten.

2. *Die mittlere Lage* von 1,0 bis 1,2 m wird in *schweren und mittelschweren Böden* verwendet.

3. Die tiefe Lage beträgt 1,2 bis 1,3 m. Ihr Anwendungsgebiet sind die mittelschweren und leichteren Böden. In diesen sollte die Dräntiefe beim Anbau tief wurzelnder Pflanzen möglichst nicht kleiner als 1,3 m sein. Eine tiefe Dränung ist in der Regel in tiefgründigen, nährstoffreichen Lehmböden zu empfehlen, besonders bei kalkreichem Untergrund.

4. Die sehr tiefe Lage von 1,3 bis 1,8 m wählt man für tief wurzelnde Bestände in mittelschweren und leichteren Böden. So haben sich wiederholt Dräntiefen von 1,3 bis 1,5 m für Esparsette, Luzerne, Klee, Erbsen und Raps bewährt, solche von 1,6 bis 1,8 m für Hopfen und Wein. Wenn in einer Tiefe zwischen 1,3 und 1,8 m eine wasserführende durchlässige Schicht liegt und darüber ein nicht sehr schwerer Boden, legt man die Sauger gern in die wasserführende Schicht, da sie hier das schädliche Bodenwasser am leichtesten aufnehmen. Häufig wird allerdings in solchen Fällen eine Dränung überhaupt nicht nötig, unter Umständen sogar bedenklich sein, da die durchlässige Schicht im Untergrunde oft bereits wie eine Dränung wirkt. Auch Fangdräne sind häufig besonders tief anzuordnen.

Wiesen dränt man in der Regel 0,8 bis 1,1 m tief. Sie dürfen nicht so weitgehend entwässert werden wie Äcker. Weiden nehmen eine Mittelstellung zwischen Acker und Wiese ein. Ihre Dräntiefe ist daher derjenigen des Ackers oder der Wiese anzugleichen, je nachdem ihre Wasserverhältnisse denen des Ackers oder der Wiese ähnlich sind.

Die Entfernung der gleichlaufenden Sauger voneinander nennt man den Dränabstand. Er ist in der Hauptsache von der Bodenbeschaffenheit, Dräntiefe und Nutzungsart (Acker, Weide, Wiese) abhängig. Den Dränabstand richtig zu wählen, gehört zu den schwierigsten Aufgaben der Dränung. Er darf nicht zu groß sein, weil dann die Entwässerung nicht genügt, sondern mangelhaft entwässerte Streifen in der Mitte zwischen den Saugern verbleiben, aber auch nicht zu klein, weil dann die Kosten der Dränung unnötig hoch werden. Den besten Anhalt für die Wahl des Dränabstandes geben immer noch die Erfahrungen, die unter gleichartigen Verhältnissen mit anderen Dränungen, z. B. in der Nachbarschaft, gemacht sind. Auch auf den zu dränenden Flächen selbst kann man mit der schrittweisen Dränung solche Erfahrungen gewinnen (S. 273). Im übrigen bildet das Ergebnis der Bodenuntersuchungen den Ausgangspunkt für die Bestimmung der Dränabstände. Bisweilen kann aber die Bodenbeschaffenheit so stark wechseln, daß die übliche Bodenuntersuchung noch kein deutliches Bild über die Verteilung der Bodenarten ergibt. Alsdann empfiehlt es sich, den Dränabstand endgültig erst festzulegen, wenn die Drängräben der Sammler und einzelner Sauger ausgehoben sind. Denn der so gewonnene Bodenaufschluß ist außerordentlich anschaulich.

Als Anhalt für die Wahl der Dränabstände dienen die Angaben der Zahlentafel 129. Sie gelten für Ackerdränungen bei gleichmäßiger Bodenbeschaffen-

Zahlentafel 129.

Bodenart	Korngröße I $< 0,02$ mm in (Gewicht) %	Dräntiefe in m			
		0,80	1,00	1,20	1,40
Schwerer Ton . . .	100—75	6 — 8	6,5— 8,5	7 — 9	7,5— 9,5
Gewöhnlicher Ton .	75—60	8 — 9	8,5—10	9 —11	9,5—11,5
Schwerer Lehm . .	60—50	9 —10	10 —11,5	11 —12,5	11,5—13,5
Gewöhnlicher Lehm	50—40	10 —11,5	11,5—13	12,5—14,5	13,5—16
Sandiger Lehm . .	40—25	11,5—14,5	13 —17	14,5—19,5	16 —22
Lehmiger Sand . .	25—10	14,5—18	17 —22	19,5—26	22 —30
Sand	< 10	> 18	> 22	> 26	> 30

heit, bei einem mittleren Jahresniederschlag von etwa 650 mm, bei einem Geländegefälle unter 2% und bei der Ausführung als Quer- oder Schrägdränung. In den meisten Fällen müssen aber die Dränabstände der Zahlentafel 129 den besonderen örtlichen Verhältnissen durch prozentuale Zuschläge (+) oder Abzüge (—) noch angepaßt werden:

1. Jahresniederschlag (N): $100\left(\sqrt{\frac{650}{N}}-1\right)\%$.
2. Zufluß von Fremdwasser.
   Bei häufigen Überschwemmungen bis — 20%.
   Bei quelligen oder Schichtwasser führenden Böden bis — 30%
3. Geländegefälle an Südhängen (G).

G = 5 — 15%	15 — 25%	25 — 35%
+ 10%	+ 15%	+ 20%.

4. Lagerungsdichte.
   Bei Kalkgehalt über 20% in Ton- und Lehmböden + 10%, in sandigen Lehmböden + 10 bis + 15%.
   Bei hohem Eisen- oder Natriumgehalt in Ton- und Lehmböden — 5 bis — 20%, in lehmigen Sand- und Sandböden — 5%.
   Bei hohem Humusgehalt in schweren Lehm- und Tonböden + 5%, in lehmigen Sand- und Sandböden — 10%.
5. Triebsand: — 10%.
6. Längsdränung: — 10%.

Die Gründe für diese Abweichungen sind leicht zu erkennen. Kalk macht den Boden krümelig und durchlässiger, starkes Geländegefälle fördert den oberirdischen Abfluß und Südlage vermehrt die Verdunstung. Umgekehrt wirkt die Längsdränung an sich weniger stark entwässernd als die Querdränung, Eisen verkittet den Boden und macht ihn somit schwerer durchlässig, ebenso verringert Natrium die Durchlässigkeit (S. 23). Bei Triebsand, auch bei Eisengehalt besteht die Gefahr von Störungen, der man von Anfang an durch eine etwas engere Lage der Sauger Rechnung trägt. Ein hoher Humusgehalt macht schwere Böden durchlässiger, leichte dagegen schwerer durchlässig. Große Niederschläge, Überschwemmungen, Quellen und Schichtwasser vermehren naturgemäß das schädliche Bodenwasser. Zu Zahlentafel 129 ist noch zu bemerken, daß nicht nur der Gehalt an Bodenteilchen unter 0,02 mm Durchmesser, sondern auch der Kolloidgehalt des Bodens auf den Dränabstand von Einfluß zu sein scheint. Dafür spricht der Umstand, daß die Wasserdurchlässigkeit eines im Einzelkorngefüge befindlichen Bodens um so geringer ist, je mehr Kolloidteile er enthält (S. 16).

Zahlentafel 130.

Korngröße I %	Dauer-wiesen %	Dauer-weiden %
100—60	20—30	10
60—25	30—40	10—20
< 25	40—80	20—50

Bei Wiesen und Weiden berechnet man die Dränabstände zunächst nach Zahlentafel 129 unter Berücksichtigung der genannten Zuschläge und Abzüge und vergrößert dann diese Abstände wegen der geringeren Entwässerungsbedürftigkeit des Grünlandes um die Maße der Zahlentafel 130.

Bei der Wahl der Dränabstände ist weiter zu beachten, daß die zu dränenden Flächen häufig keine gleichmäßige Bodenbeschaffenheit aufweisen, daß vielmehr zwei oder mehrere Schichten vorhanden sind, z. B. 0,50 m sandiger Lehm auf schwerem Lehm. Man ermittelt dann den Dränabstand in der Regel nach dem Verhältnis der Stärke der einzelnen Schichten. Nimmt man an, daß der sandige Lehm nach Zahlentafel 129 mit 16 m und der schwere Lehm mit 11 m zu dränen sind, so ergibt sich bei 1,10 m Dräntiefe ein Dränabstand von

$$\frac{16 \cdot 0{,}50 + 11 \cdot 0{,}60}{1{,}10} = \text{rund } 13 \text{ m}.$$

Dieses Verfahren darf jedoch nicht gedankenlos angewendet werden. Wenn unter schwerem Boden etwa in Dräntiefe eine sehr durchlässige Schicht liegt, so pflegt die Wirkung einer Dränung durch diese Schicht stark unterstützt zu werden. Man spricht dann von einer natürlichen Dränung. Oft ist in solchen Fällen eine künstliche Dränung überhaupt nicht nötig, zum mindesten aber wird man den nach dem schweren Boden bestimmten Dränabstand meistens erheblich vergrößern können. Eine natürliche Dränung liegt auch dann vor, wenn schwerer Boden von zahlreichen sandigen oder kiesigen Adern durchzogen ist. Anders, wenn ein leichter Boden auf sehr schwerem lagert und die Dräne in letzterem liegen. Der schwere Boden wird durch den darüber liegenden leichten gegen Austrocknung geschützt, so daß sich die sonst für die Versickerung sehr günstigen Trockenrisse nicht bilden können. Daher ist in solchen Fällen allein der schwere Boden für den Dränabstand maßgebend, wenn die Drängräben nennenswert in ihn eingeschnitten sind.

Liegen die Dräne unmittelbar auf einer schwer durchlässigen Schicht, so bestimmt man den Abstand der Sauger für die darüber befindliche durchlässigere Bodenschicht, verringert aber den so gefundenen Wert etwas, weil unter den Dränen keine nennenswerte Grundwasserbewegung stattfinden kann (Abb. 31).

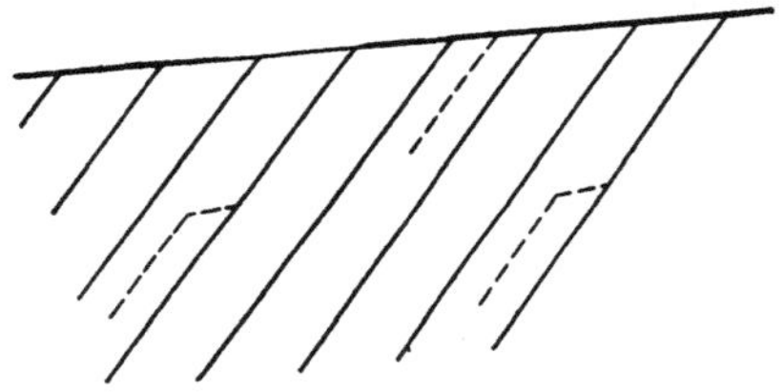

Abb. 223. Zwischendräne.

Besonders schwierig ist die Wahl der Dränabstände in stark wechselnden Böden (S. 279). Man hilft sich dann oft dadurch, daß man zunächst einen reichlichen Dränabstand nimmt und nötigenfalls später Zwischendräne nach Bedarf einschaltet, wenn die schädliche Bodennässe an einzelnen Stellen nicht ausreichend beseitigt wird (Abb. 223). Wenn in den Moränenböden leichte Bodenarten überwiegen, pflegt man diese für die Wahl der Dränabstände zugrunde zu legen, verringert jedoch die Abstände um so mehr, je mehr Einsprengungen schweren Bodens jeweils vorhanden sind.

Gewisse Anhaltspunkte für die Wahl der Dränabstände bieten bisweilen auch ausgesprochene Bodenhorizonte (S. 62). Ein *B*-Horizont entsteht durch Sickerwasser. Daher ist der Dränabstand zu verkleinern, wenn sich über den Dränen stärkere Schichten eines *B*-Horizonts befinden. Wenn dagegen über den Dränen ein *G*-Horizont liegt, der sich durch Ablagerungen aus dem Grundwasser gebildet hat, soll die Dränung häufig aus Nachbargebieten kommendes Grundwasser beseitigen, ein Vorgang, der durch den *G*-Horizont nicht behindert wird.

Wenn die Wirkung einer Rohrdränung durch einfache Maulwurfdräne verstärkt werden soll (S. 297), ist ein wesentlich größerer Dränabstand am Platze als bei gewöhnlicher Dränung.

Sauger mit künstlichem Gefälle haben an ihrem oberen Ende eine geringere Tiefe als unten. Dieser Umstand muß, wenn der Tiefenunterschied erheblich ist, bei der Wahl der Dränabstände berücksichtigt werden.

Eine Sonderstellung nehmen die Fangdräne ein (S. 272), die stets quer zum Grundwasserstrom liegen müssen, um ihn abzufangen. Man schneidet sie gern mit breiter Grabensohle etwas in die undurchlässige Schicht, auf der sich der Grundwasserstrom bewegt, ein. Doch wird man sie in der Regel nicht tiefer als 1,8 m verlegen. Sie erhalten mindestens 5 cm, vielfach besser 6,5 bis 10 cm weite Rohre. Der untere Teil der Fangdrängräben ist nach Möglichkeit mit durchlässigem Boden (Steinen, Kies, Schlacke) zu verfüllen, damit das Grundwasser leichter Zutritt zu den Dränen hat. Auch Steindräne sind sehr geeignet zum Abfangen des Druckwassers. Ein Fangdrän kann nur dann wirken, wenn er genügend tiefer liegt als die Grundwasseroberfläche.

Quellen pflegt man gleichfalls durch besondere Rohrstränge (Bedarfsdräne, S. 272) abzuleiten, um sie von der eigentlichen Dränung fernzuhalten. Denn die Pflanzenwurzeln suchen das in den Dränen fließende Wasser auf, wenn der Boden in trockener Zeit Wassermangel hat. Es kommt dann leicht zum Verwachsen der Stränge. Nur in Ausnahmefällen wird man einen besonders tief liegenden Sammler zum Ableiten einer Quelle verwenden dürfen, um ihn auf diese Weise gleichzeitig dauernd zu spülen. Das Quellwasser muß dann jedoch eisenfrei sein, da sonst die gefürchtete Ockerbildung einsetzt. Bei starkem Wasserandrang baut man einen Schlucker oder man verwendet an den quelligen Stellen gelochte und mit Steinen umpackte Rohre. Auch Steindräne dienen zum Abfangen von Quellen. Führt die Quelle Sand, so wird man unterhalb derselben nötigenfalls einen Dränschacht mit größerem Sandfang herstellen.

Die Steindräne (S. 254) finden nicht nur als Sauger, sondern auch als Sammler Verwendung. Das Gefälle der gewöhnlichen, nicht kastenförmigen Steindräne soll nicht zu schwach sein, da sie der Wasserbewegung einen größeren Widerstand als Rohrdräne bieten. Störungen durch Verwachsen sind nicht zu befürchten. Man kann daher Steindräne auch in geringer Tiefe verlegen, z. B. in Wiesen. Desgleichen findet man sie in Obstgärten. Ihre Unempfindlichkeit macht sie auch geeignet für Gebiete, die zu Bodenbewegungen neigen (Senkungsgebiete des Bergbaues).

6. Die Form der Entwürfe.

Ein vollständiger Dränentwurf besteht in der Regel aus folgenden Teilen: Erläuterung, Massenberechnung, Kostenanschlag, Lagepläne mit Festpunktverzeichnis, Bodendurchschnitte, gegebenenfalls Bodenkarten, Längsschnitte der Vorflutanlagen und Sammler sowie Querschnitte der Vorfluter. Im allgemeinen empfiehlt sich auch die Beifügung einer Übersichtskarte.

Wegen der Erläuterung vgl. S. 209.

Die Massenberechnungen der Sammler und Sauger und die Berechnung des Bedarfes an gewöhnlichen Rohren und Formstücken pflegt man nach besonderen Vordrucken durchzuführen, die in der Dränanweisung dargestellt sind (*176*, *66*).

Für den Kostenanschlag schreibt die Dränanweisung acht Teile vor: Vorarbeiten, Entschädigungen, Vorflutanlagen, Bauwerke, Erdarbeiten für die Drängräben, Beschaffung der Rohre nebst Zubehör, Bauleitung und Insgemein.

Über den Inhalt der Lagepläne vgl. die Angaben auf S. 270. Außerdem sind darzustellen: die zu dränenden Flächen mit ihren Grenzen und ihrer näheren Umgebung, die Höhenzahlen, Höhenlinien, Wasserscheiden und die Dränung selbst mit allem Zubehör (Dränschächte, Senkbrunnen usw.). Für die Eintragung der Höhenlinien gelten die Ausführungen auf S. 209. Als Höhenabstände wählt man in Dränentwürfen bei geringer Geländeneigung 0,20 oder 0,25 m, ausnahmsweise 0,10 m. Bei stark geneigtem Gelände genügen größere Abstände. Die üblichen Maßstäbe für Dränpläne sind 1 : 2000 oder 1 : 2500. Die Dränanweisung sieht bestimmte schwarze oder farbige Zeichen für die darzustellenden Gegenstände vor.

Wenn im Drängebiet viele kleine Flurstücke liegen, wird der Lageplan durch die zahlreichen Eintragungen leicht unübersichtlich. Man stellt dann die Grenzen der Gemarkungen, Fluren und Flurstücke, die Flurstücksnummern, Eigentumsgrenzen und gegebenenfalls auch die Namen der Eigentümer auf einer besonderen Abzeichnung der Katasterkarte dar.

Alle Festpunkte werden ihrer Lage und Höhe nach in einem Festpunktverzeichnis zusammengestellt. Bei genossenschaftlichen Entwürfen ist noch ein Teilnehmerverzeichnis erforderlich.

Zur Bildung einer Drängenossenschaft ist nicht immer sofort ein baureifer Dränplan nötig. Man stellt bisweilen zunächst nur einen vereinfachten Vorentwurf auf, der aber auf jeden Fall ein annähernd zutreffendes Bild über die Vorflutverhältnisse sowie über Umfang, Kosten und Erfolg der Dränung ergeben muß. Die Aufstellung eines Vorentwurfes setzt voraus, daß keine eingehenden Höhenmessungen nötig sind, um zu beurteilen, ob überall genügendes Gefälle für die Dränung vorhanden ist. Bodenuntersuchungen sind auch für Vorentwürfe unentbehrlich. Man rechnet überschläglich bei der Volldränung auf 1 ha zu dränender Fläche bei *E* m Dränabstand etwa *n* lfd. m Sauger:

Zahlentafel 131.

E	*n*	*E*	*n*	*E*	*n*	*E*	*n*
6	1650	13	750	20	480	30	310
7	1410	14	690	21	460	32	290
8	1230	15	650	22	440	34	275
9	1090	16	610	23	420	36	260
10	980	17	570	24	400	38	245
11	890	18	540	26	370	40	230
12	810	19	510	28	340		

An Sammlern kann man durchschnittlich je ha etwa 50 lfd. m in Ansatz bringen, und zwar

35% mit 6,5-cm-Rohren	15% mit 13-cm-Rohren
25% „ 8 „	5% „ 16- bis 20-cm-Rohren.
20% „ 10 „	

Zu den so berechneten Längen ist ein ausreichender Bruchzuschlag zu geben. Auf den Lageplänen gibt man an, mit welchen Dräntiefen und Dränabständen, sowie in welcher Art (Voll-, Teildränung) die einzelnen Flächen gedränt werden sollen.

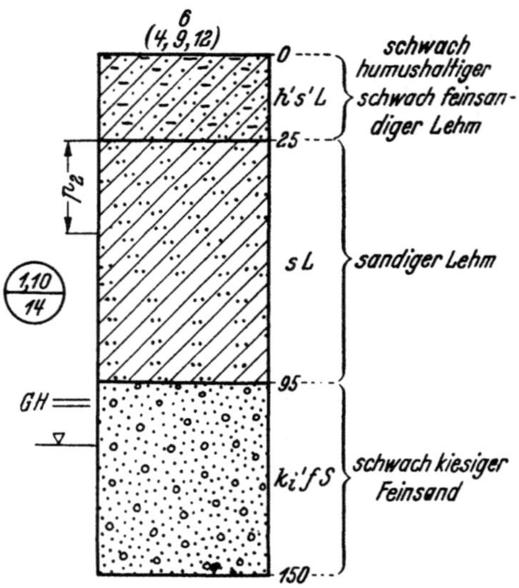

Abb. 224. Bodendurchschnitt. Schürfgrube (*6*), Bohrlöcher (*4, 9, 12*), *G*-Horizont (*GH*), Dräntiefe (*1,10*), Dränabstand (*14*), dichte Lagerung (p_2).

Die große Bedeutung der Bodenbeschaffenheit bei allen Dränungen erfordert stets die Auftragung von Bodendurchschnitten (Abb. 224). Die verschiedenen Bodenarten werden durch besondere Zeichen dargestellt, wobei man stets einheitlich verfahren sollte (Zahlentafel 132, S. 284). Beimengungen sind durch Einstreuung ihrer Zeichen in die Darstellung der Hauptbodenart zu bezeichnen (Zahlentafel 133, S. 285). Auf den Bodendurchschnitten bringt man auch zur Darstellung: die Lage des Grundwasserspiegels, wasserführende sandige Schichten und Gänge, Triebsand, eisenhaltigen Boden, hohen Steingehalt und pflanzenschädliche Bodenarten; ferner sind etwaige Feststellungen über Bodenhorizonte, Lagerungsdichte, Bodenrisse und Durchwurzelung zu vermerken (S. 61). Bei jedem Bodendurchschnitt sind die gewählte Dräntiefe und der Dränabstand anzugeben. Häufig ist die Herstellung von Bodenkarten zu empfehlen. Man geht dabei in der Weise vor, daß man

Zahlentafel 132.

Bodenart	Ab-kürzung	Schwarze Darstellung	Farbige Darstellung	Bodenart	Ab-kürzung	Schwarze Darstellung	Farbige Darstellung
Steine	St	+ + + + + +	dunkelzinnober	Schwerer Lehm	$\bar{L}$		dunkelbraun
Grobkies	gKi		hellzinnober	Gewöhnlicher Ton	T		hellviolett
Mittelkies	mKi	○ ○ ○ ○ ○ ○		Schwerer Ton	$\bar{T}$		dunkelviolett
Feinkies	fKi			Niederungsmoor	NMo		dunkelgrau
Grobsand	gS		gelb	Hochmoor	HMo		hellgrau
Mittelsand	mS	· · · · · ·		Kalk	Ka	K K K K K K K	hellblau
Feinsand	fS			Mergel	Me	/ K / K / K	braun mit hell-blauen Streifen
Triebsand	tS	· · · tS · · ·	gelbe Schrägstriche	Größerer Eisenockergehalt	Fe	┌ ┌ ┌ ┌ ┌ ┌ ┌	dunkelbraune Schrägstriche
Schluff	Schl		karmin	Pflanzenschädliche Böden (z. B. Ortstein, Raseneisenstein)	Or / Ra	└ └ └ └ └ └ └	grüne Schrägstriche
Gewöhnlicher Lehm	L		hellbraun				

die Flächen mit einigermaßen gleichen Bodendurchschnitten (Bodenflächen) in besonderen Plänen, den Bodenkarten, kenntlich macht. Die Grenzen dieser Flächen liegen im allgemeinen in der Mitte zwischen denjenigen Bodenuntersuchungsstellen, zwischen denen sich die Bodenbeschaffenheit nennenswert ändert. In die Bodenkarten sind einzutragen: sandige Gänge größeren Umfanges, Triebsand, stärkerer Eisengehalt des Bodens, pflanzenschädliche Bodenarten und Druckwasser. Die Bodenkarten erleichtern das Entwerfen der Dränung hinsichtlich der Wahl der Dräntiefen und Dränabstände. Sie sind natürlich entbehrlich bei sehr gleichmäßiger Bodenbeschaffenheit des gesamten Drängebietes und werden andererseits unübersichtlich, wenn die Bodenbeschaffenheit sehr häufig wechselt. Für die zeichnerische Darstellung der Bodendurchschnitte und Bodenkarten findet man Beispiele in der Dränanweisung (*176*).

Zahlentafel 133.

Beimengung	Schwach		Mittel		Stark	
	Abkürzung	Darstellung	Abkürzung	Dar- st llung	Abkürzung	Darstellung
Steinig	st′	+	st	+ +	$\overline{\text{st}}$	+ + +
Kiesig	ki′	○	ki	○ ○	$\overline{\text{ki}}$	○ ○ ○
Sandig	s′	·	s	· ·	$\overline{\text{s}}$	∴
Schluffig	schl′	\	schl	\\	$\overline{\text{schl}}$	\\\
Lehmig	l′	/	l	//	$\overline{\text{l}}$	///
Tonig	t′	|	t	||	$\overline{\text{t}}$	|||
Humushaltig . . .	h′	—	h	=	$\overline{\text{h}}$	≡
Moorig	mo′	—	mo	=	$\overline{\text{mo}}$	≡
Kalkhaltig	ka′	k′	ka	k″	$\overline{\text{ka}}$	k‴
Eisenhaltig	fe′	Γ	fe	F	$\overline{\text{fe}}$	₣

Die Längsschnitte der Vorflutanlagen und Sammler sowie die Querschnitte der Vorfluter sind nach den Angaben auf S. 210 anzufertigen.

Als Übersichtskarten verwendet man Meßtischblätter (1 : 25000), in denen man die Grenzen des Drängebietes, die wichtigsten Vorfluter und deren Wasserscheiden darstellt.

Man beachte auch die Normblätter DIN 16, 28, 406, 823 und 828.

7. Bauausführung.

Vor der Bauausführung empfiehlt sich eine Nachprüfung des Entwurfs im Felde. Ein solcher Vergleich mit den örtlichen Verhältnissen ist im Frühjahr besonders zweckmäßig, weil man dann die dränbedürftigen Stellen an ihrer dunkleren Färbung leicht erkennen kann (S. 182).

Für den Erfolg einer Dränung ist eine sorgfältige Bauausführung mindestens ebenso wichtig wie ein fachlich richtiger Entwurf. Ganz besonders in flachem Gelände kann der Wert einer gewissenhaften Ausführung gar nicht hoch genug veranschlagt werden. Daher ist eine ständige Fachaufsicht dringend erforderlich. Denn die Güte der Arbeiten wird dem Auge entzogen, sobald die Dröngräben zugeschüttet sind, und es ist in der Regel nicht zulässig, die Gräben nach dem Verlegen der Rohre so lange offenstehen zu lassen, bis ein nur zeitweise verfügbarer Fachmann zur Abnahme kommt (S. 291). Der aufsichtführende Techniker muß ausreichende Erfahrungen im Dränen und in der Bodenkunde besitzen, weil nicht selten noch während der Bauausführung Änderungen des Planes nötig werden, über die alsbald Entscheidung zu treffen ist. Solche Fälle treten besonders dann ein, wenn man beim Ausschachten der Drängräben Bodenarten antrifft, die man nicht erwartet hat. Wegen der großen Bedeutung einer gewissenhaften Bauausführung sollte man die Arbeiten, sofern sie nicht im Eigenbetriebe ausgeführt werden, stets nur einem durchaus zuverlässigen Unternehmer übertragen, der über geschulte Arbeitskräfte verfügt. Es empfiehlt sich, dem mit dem Unternehmer abzuschließenden Vertrage die amtlich eingeführten „Technischen Vorschriften für Kulturbauarbeiten" (Normblatt DIN 1958) zugrunde zu legen.

Die Drängräben lassen sich am leichtesten in einer Zeit ausführen, in der der Boden einen mittleren Feuchtigkeitsgrad besitzt. Bei Frost soll man möglichst nicht dränen. Die beste Zeit ist im allgemeinen der Herbst, wenn nach der Ernte kein Flurschaden verursacht wird. Ausreichende Vorflut ist Voraussetzung für den Beginn der Arbeiten. Man fängt mit den Sammlergräben an, indem man zunächst ihre Lage im Felde durch Pfähle bezeichnet, und zwar mindestens am Anfang, am Ende und an jedem Richtungswechsel. Bei größeren Längen sind noch weitere Pfähle einzuschalten. In derselben Weise ist ein Sauger einer Gruppe auf das Feld zu übertragen. Auf diesem werden zwei Lote errichtet, auf denen man dann nur noch den Dränabstand mehrmals abzutragen braucht, um die Lage aller anderen Sauger dieser Gruppe zu erhalten.

Ist das Geländegefälle schwach oder stark wechselnd, so muß die genaue Höhenlage des Geländes an den im Entwurf vorgesehenen Gefällebrechpunkten des Sammlers sowie an seinem Anfang und Ende nochmals durch eine Höhenmessung festgestellt werden, damit die Dräntiefen an diesen Punkten angegeben werden können. Denn im Dränplan ist die Höhenlage des Geländes genau nur dort bekannt, wo eine Höhenzahl steht. Bei Saugern mit sehr schwachem Gefälle ist sinngemäß zu verfahren. Bei stärker geneigten Sammlern ist eine neue Höhenmessung nicht immer nötig. Man hat das von Fall zu Fall zu entscheiden. Die entwurfsmäßige Herstellung der Drängrabensohlen und ihre Überwachung durch die Bauleitung werden erleichtert, wenn beim Ausgraben Wasser angetroffen wird, weil dann eine Unregelmäßigkeit im Gefälle leichter erkennbar wird.

Alle Punkte der Höhenmessung werden durch zwei Pfählchen festgelegt. Der Grundpfahl wird mit dem Kopf bündig in den Boden eingeschlagen und gibt die gemessene Höhenlage an, der Beipfahl steht daneben, ragt aus dem Boden hervor und trägt durch Aufschrift die Bezeichnung des Punktes. Die Pfähle stehen außerhalb des Grabenquerschnittes, und zwar zweckmäßig auf der Grabenseite, auf der der Mutterboden abgesetzt wird. Sie erhalten einen Abstand von etwa 20 cm von der Grabenkante. In einer dem Schachtmeister auszuhändigenden Liste werden die Grundpfähle nebst ihren Höhenzahlen zusammengestellt. Die Höhenzahlen auf die Beipfähle zu schreiben, empfiehlt sich nicht, weil die kleinen Ziffern leicht unleserlich werden. Über der Dränlinie wird eine Grabenkante durch eine straff gespannte Schnur festgelegt, die andere nach Augenmaß beim Ausschachten hergestellt. Beim Dränen von Wiesen oder Weiden, wenn ohnehin der Mutterboden durch Abstechen von Plaggen entfernt werden muß, werden die Grabenkanten (die eine nach der Schnur, die andere nach Augenmaß) durch Spatenstiche vorgerissen.

Nach Abheben des Mutterbodens, wozu man sich bei losem Ackerboden der Schaufel und bei vorhandener Grasnarbe des Spatens bedient, wird die Grabentiefe im allgemeinen durch drei Stiche mit dem Dränspaten hergestellt. Nach dem ersten Stich werden dicht neben den eingewogenen Grundpfählen in eine Grabenwand, die in dieser Tiefenlage bereits genügend fest ist, unter

Benutzung eines Nivellierinstruments oder einer Wasserwaage mit Setzlatte Holzpflöcke waagerecht so eingetrieben, daß sie noch 3 bis 4 cm vorstehen und mit ihrer Oberkante um ein gleiches Maß (Stichmaß) über der Sohle des Drängrabens liegen. Über diese Pflöcke, zwischen die je nach Bedarf noch weitere (mit demselben Stichmaß über Grabensohle) eingetafelt werden, wird möglichst straff eine Schnur gespannt. Von der Schnur aus kann man die richtige Grabensohle an jeder beliebigen Stelle abmessen und herstellen. Bei gutem Gefälle, insbesondere wenn die Grabensohle zur Geländeoberfläche gleich läuft, ist auch ein vereinfachtes Verfahren üblich, indem unter Verzicht auf die Stichmaßschnur nach dem Rohausheben des letzten Stiches die Sollhöhe der Grabensohle von den Grundpfählen aus eingewogen wird. Nach Bedarf werden dann noch einige Zwischenpunkte eingetafelt.

Abb. 225. Herstellung eines Drängrabens.

Die Drängräben werden meistens als Handarbeit mit Dränspaten verschiedener Breite ausgeführt (Abb. 226a). Bei hartem Boden, zumal wenn er mit Steingeröll vermengt oder durch Eisen verdichtet ist, erfordert die Arbeit auch die Anwendung der Breit-, Spitz- oder Kreuzhacke. An demselben Graben arbeiten, wenn nicht z. B. Triebsandvorkommen eine schnellere Arbeitsleistung erfordert, in der Regel zwei Arbeiter derart staffelförmig hintereinander, daß der eine einen Stich tiefer gräbt als der andere. Beim letzten oder Sohlenstich darf nicht zu tief gegraben werden, weil die dann nötige Wiederauffüllung den Rohren kein sicheres Lager bieten würde. Sollte aber trotzdem tiefer gegraben sein, so muß der aufgefüllte Boden wieder sorgfältig festgestampft werden.

Um die Erdarbeiten zu verringern, werden die Gräben möglichst schmal und die Böschungen so steil hergestellt, wie es der Boden zuläßt. Die Oberbreite beträgt bei 1,30 m tiefen Gräben für Sauger bei

Tonboden . . .	etwa	0,3 bis 0,4 m
Lehmboden . .	„	0,4 bis 0,5 m
Sandigem Lehm	„	0,5 bis 0,6 m.

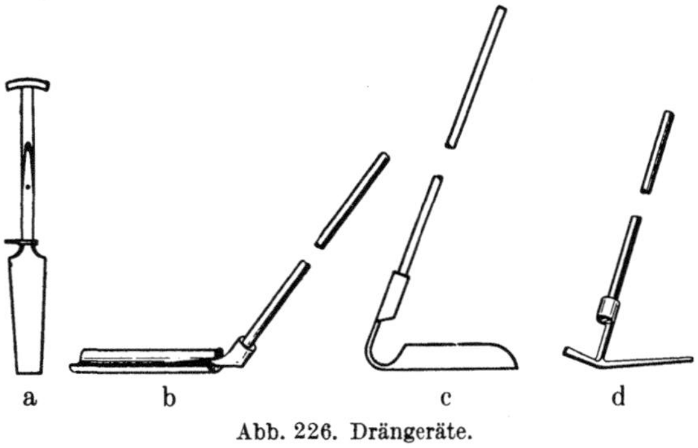

Abb. 226. Drängeräte.

Für Sammler muß die Breite ihrem größeren Durchmesser entsprechend größer sein. Auch bei Hackarbeit werden die Breiten größer, damit unten im Graben noch genügend Arbeitsraum bleibt. Die Unterbreite soll nur etwas größer sein als der Außendurchmesser des Rohres. Dann ist das Rohr auch gegen seitliche Verschiebungen gesichert. Nur geübte Dränarbeiter sind imstande, solchen Bedingungen entsprechende Gräben herzustellen.

Der Aushubboden ist zur Verminderung der Einsturzgefahr und, damit kein Boden in den Graben zurückfällt, nicht unmittelbar neben der Grabenkante abzulagern, und zwar der Mutterboden auf der einen (ansteigenden), der Unterboden auf der anderen (abfallenden) Seite. Diese Trennung ist nötig, um bei dem Zufüllen der Gräben die gute Erde wieder obenauf bringen zu können. Weil von der oberen Seite mehr Wasserandrang zu erwarten ist, soll diese durch den Aushubboden möglichst wenig belastet werden. Deshalb setzt man dort die geringere Menge (Mutterboden) ab. Größere Steine, die im Grabenzuge gefunden werden und zu schwer sind, um sie zu heben, sind mit dem Drän in schlankem Bogen zu umgehen, damit sie nicht bei einer etwaigen Sackung den darunter liegenden Drän zerdrücken. Wenn man sie sprengt, muß der lockere Füllboden des Sprengtrichters sehr fest in die Grabensohle wieder eingestampft werden. Das Unterfahren der Steine mit den Dränsträngen ist unstatthaft. Die endgültige Sohle des Grabens ist nach dem Stichmaße genau abzugleichen.

Die Drängräben werden stets von unten nach oben fortschreitend hergestellt, um dem Bodenwasser freien Abfluß zu gestatten und im Trockenen arbeiten zu können. Bei starkem Grabeneinsturz muß die Vorflut durch vorübergehend eingelegte Rohre erhalten werden. Um den Einsturz, der bei wenig widerstandsfähigem, nassen Boden einen sehr lästigen Umfang annehmen kann, tunlichst einzuschränken, sind die Arbeiten so zu betreiben, daß die Gräben nur kurze Zeit offen zu bleiben brauchen.

Die Maschinenarbeit hat bisher bei der Herstellung der Drängräben in Deutschland keine nennenswerte Verbreitung gefunden (*188*). In Württemberg sind vor etwa 20 Jahren Versuche mit einem Grabenbagger des Eisenwerkes „Weserhütte“ in Bad Oeynhausen angestellt worden (Abb. 227). Die Drängräben wurden 0,4 m breit und durchschnittlich 1,2 m tief ausgehoben. Die Leistung betrug bis zu 700 m in 10stündiger Arbeitszeit. Der Bagger brauchte einen Maschinenführer und drei Arbeiter für kleine Nacharbeiten auf der Grabensohle und zum Verlegen der Rohre. Steine bis Kopfgröße boten kein Hindernis. Die gesamten Unkosten (Löhne, Betriebskosten, Verzinsung der Anlagekosten und Ausbesserungen) für die Herstellung des Grabens und das Verlegen der Rohre betrugen 0,28 bis 0,30 RM/m. Die Kosten für das Wiederzufüllen der Gräben waren höher als bei den von Hand hergestellten Gräben, da der ganze Boden auf einer Seite lag und sich ziemlich fest lagerte. Auch die Bodenmenge war größer. Das Wiederzufüllen kostete 0,10 bis 0,12 RM/m. Bei 0,40 RM Gesamtkosten war aber der Maschinenbetrieb im allgemeinen teurer als die Handarbeit. Nur unter besonderen Verhältnissen, z. B. in trockenem, harten Lehmboden oder in schwerem Tonboden, war die Arbeit des Baggers lohnend.

Die Allgemeine Transport-Gesellschaft (ATG) in Leipzig hat 1942/43 unter Mitwirkung von Liczewski einen Drängrabenfräser herausgebracht, bei dem die Erdarbeit in einfachster Weise durch ein rotierendes mit Fräszähnen besetztes Rad geleistet wird (Abb. 228). Die in Schlesien durchgeführten Versuche sind günstig ausgefallen, die Maschine arbeitete gut, etwa 50% der bei Handarbeit nötigen Arbeitskräfte wurden gespart. Leistung in

leichtem Boden bei 1,25 m Dräntiefe	200 m/h
mittelschwerem „ „ 1,25 m „	160 „
schwerem „ „ 1,25 m „	120 „
sehr schwerem Boden bei 0,80 bis 0,90 m Dräntiefe .	120 „

Antrieb 40 PS, Preis 40000 bis 50000 RM ohne Serienherstellung.

Ein amerikanischer Radkellenbagger der Firma Buckeye und Cleveland (Abb. 229) hat sich in Finnland bewährt, er arbeitet je nach der Bodenart mit verschiedenen Kellen. Die wechselnde Tiefe wird während des Fahrens durch Heben oder Senken des Rades eingestellt. Graben 30 cm breit mit senkrechten Wänden, größte Tiefe 1,65 m, Gewicht 5 t. Größere Steine sind störend. Die Kostenersparnis gegenüber Handarbeit war nur gering.

Die neueren Drängrabenbagger leisten zwar technisch gute Arbeit, können aber bisher mit der Handarbeit nur dann in Wettbewerb treten, wenn große zusammenhängende Dränungen durchzuführen und die Arbeitslöhne hoch sind.

Ihr Einsatz kommt außerdem dann in Frage, wenn es überhaupt an Arbeitskräften mangelt.

Nach Fertigstellung der Gräben ist eine Nachprüfung der Sohlenlage durch die Bauaufsicht vorzunehmen. In sehr flachem Gelände kann dabei eine nochmalige Höhenmessung nötig werden.

Der Unternehmer, dem die Ausführung der Dränung übertragen wird, sollte an der Rohrlieferung unbeteiligt sein. Die Zurückweisung mangelhafter Rohre ist dann eher zu erwarten. Die Dränrohre sind sorgfältig abzuladen, damit nicht zuviel Bruch entsteht, und längs der Drängräben zu verteilen, damit sie möglichst schnell verlegt werden können. Schlechte Rohre sind sofort auszusondern. Weniger gute, aber noch brauchbare Saugerrohre verwendet man in den oberen Strecken der Sauger, da hier Abflußstörungen am wenigsten schaden. Das Verlegen der Rohre muß bald nach Vollendung des Grabens geschehen, um Grabeneinsturz möglichst zu vermeiden. Vor dem Verlegen ist die Sohle von etwa eingestürztem Boden nochmals gründlich zu reinigen und mit der Hohlkelle b oder dem Schwanenhals c (Abb. 226) eine dem äußeren Rohrdurchmesser entsprechende etwa halbkreisförmige Rille in der Grabensohle zu ziehen. Man verwendet den Schwanenhals

Abb. 227. Dränbagger der Weserhütte.

Abb. 228. Dränbagger der ATG.

Abb. 229. Amerikanischer Dränbagger.

und die Hohlkelle in verschiedenen Größen je nach dem Rohrdurchmesser. In steinigem Boden ist die Anbringung einer Rille häufig schwierig oder unmöglich. Man muß die Rohre dann seitlich gegen die Grabenwand verspannen oder die Sohle vor dem Verlegen mit etwas losem Boden bedecken. Mit dem Verlegen beginnt man am obersten Ende des Stranges. Das Anfangsrohr wird oben durch eine Dachsteinscherbe, einen Stein oder einen Pfropfen aus Beton verstopft, damit nicht Boden eingespült wird. Den sichersten Schluß erzielt man durch Schlußrohre (Abb. 190). Man fängt mit dem obersten Sauger an, verbindet ihn mit dem Sammler, stellt dann diesen bis zum nächsten Sauger her, verlegt den zweiten Sauger usw. Oder man verlegt erst alle Sauger und dann den zugehörigen Sammler. Das Hauptaugenmerk ist darauf zu richten, daß die Rohre mit engen Fugen dicht nebeneinander liegen. Etwas klaffende Stoßfugen sind abzudecken, gebogene Rohre so zu verlegen, daß sie in ihrer ganzen Länge gleich hoch liegen (Abb. 230).

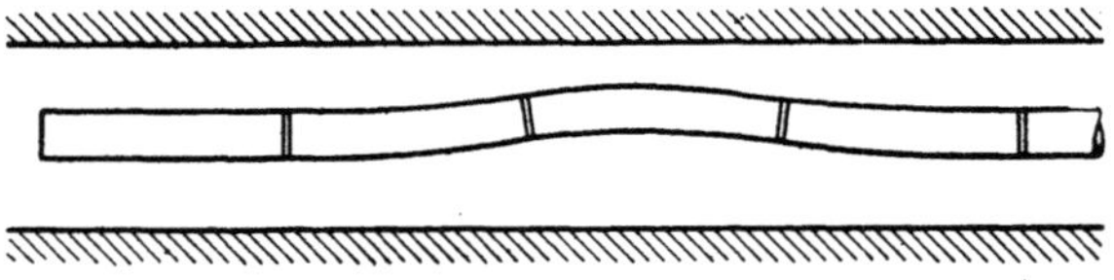
Abb. 230. Verlegung krummer Dränrohre.

Das Rohrlegen geschieht entweder mit der Hand durch einen im Drängraben stehenden Arbeiter oder mit dem Legehaken (Abb. 226d) vom Grabenrande aus. Dieser bietet den Vorteil, daß die Grabensohle nicht betreten zu werden braucht, was besonders bei weichem Boden günstig ist. Dagegen kann bei Handarbeit der dichte Fugenschluß sorgfältiger hergestellt werden. Man ist dabei leichter in der Lage, durch Drehen der Rohre selbst dann noch einen dichten Fugenschluß zu erreichen, wenn die Rohrenden nicht genau senkrecht zur Rohrachse abgeschnitten sein sollten. Die größeren schweren Rohre von 13 cm aufwärts sollen mit der Hand verlegt werden. Die Leistung mit dem Legehaken übertrifft die der Handverlegung. Zum Rohrlegen sind nur geübte und zuverlässige Arbeiter zu nehmen. Ihre Arbeit im Tagelohn ist empfehlenswert, weil dann im allgemeinen sorgfältiger als im Stücklohn gearbeitet wird, während die Gräben ohne Bedenken gegen Einheitssätze hergestellt werden dürfen. Bei Unterbrechungen der Rohrverlegung ist das jeweils unterste Rohr vorübergehend zu verschließen, namentlich um das Hineinkriechen von Tieren zu verhindern.

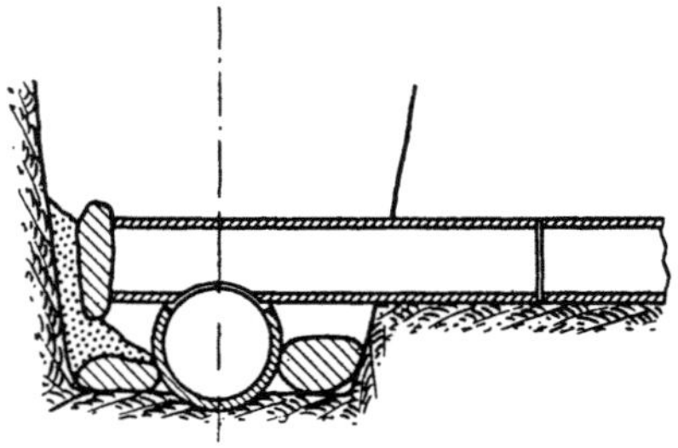
Abb. 231. Einmündung eines Saugers in einen Sammler.

Dem Rohrleger liegt es ob, auch die Verbindungen zwischen den Rohrsträngen herzustellen, insbesondere die der Sauger mit den Sammlern. Diese werden leider auch heute noch häufig durch Verhauen gewöhnlicher Dränrohre bewirkt, obwohl die Beschaffung von Formstücken eine so geringe Mehrausgabe bringt, daß sie gegenüber der besseren Arbeit gar keine Rolle spielt. Bei Verwendung nur gewöhnlicher Dränrohre müssen die Verbindungen durch Einhauen von Löchern mit dem Dränhammer hergestellt werden, wobei sehr viel Bruch und Arbeitsaufwand entsteht. Da die Löcher niemals völlig dicht aufeinander passen, so ist die Verbindung stets mit Rohrscherben oder Steinen zu dichten. Das überstehende Ende des oben liegenden angeschlossenen Stranges wird mit einem glatten Stein geschlossen, der durch Erdhinterfüllung in Verspannung mit der Grabenwand zu bringen ist (Abb. 231). Ist das nötige Gefälle nicht vorhanden, so muß man von der Seite her einmünden. Dann ragt jedoch der Sauger leicht innen in den Lichtquerschnitt des Sammlers hinein und stört den Abfluß.

Die Saugeranschlüsse sind die gefährdetsten Stellen der Rohrleitung. Da die Sohlen des Sammlers und der Sauger in der Regel nicht auf gleicher Höhe liegen, kommt es sehr leicht vor, daß die Saugersohle zu tief ausgehoben und dann aus Bequemlichkeit nur mit losem Boden auf die Sollhöhe gebracht wird. Dem Bauleiter muß daher Nachprüfung der Anschlüsse auf ihr festes Lager zur Pflicht gemacht werden. Das Einmündungsrohr darf bei Anschluß durch Verhau nicht gleichzeitig als Paßstück dienen, es ist vielmehr aus einem ganzen Rohr herzustellen. Auch die nächsten beiden Rohre oberhalb des Einmündungsrohres sollen nicht Paßstücke sein. Wenn das Rohrlager nicht völlig einwandfrei ist, sind die letzten zwei Saugerstöße mit Rohrscherben zu unterlegen.

In besonderen Fällen ist noch folgendes zu beachten: weiche (quellige) Grabensohlen muß man befestigen. Das geschieht durch Einbringen von Kies, Stroh oder anderen Stoffen; auch kann man die Rohre auf Bretter, Schwarten oder Latten legen und gegen seitliches Verschieben sichern (Abb. 197, 198, 199). Beim Durchfahren zugeschütteter Gräben treten solche Fälle ein. Ausnahmsweise kann es nötig werden, mit der fortschreitenden Grabenarbeit laufend sofort die Rohre zu verlegen, nämlich dann, wenn häufig Teile der Grabenwandungen einstürzen. In solchen Fällen ist jedoch die Gefahr des Versandens oder Verschlammens der Rohre sehr groß. Es bedarf dann einer besonders sorgfältigen Prüfung des Zustandes der Rohrstränge, bevor die Drängräben zugefüllt werden. In schweren Böden läßt sich die Wirkung der Dränung dadurch erhöhen, daß auf der Grabensohle zunächst eine dünne durchlässige, aber feste Bodenschicht aufgebracht wird. Trifft man bei der Ausführung auf alte Dräne, so ist es am zweckmäßigsten, sie durch Stein- und Kiesfilter an die neuen Dräne anzuschließen, weil sie in der Regel noch entwässernd wirken. Sonst müssen sie aufgenommen werden, da man sie ohne Filteranschluß nicht in unmittelbarer Nähe der neuen Dräne belassen darf. Denn sie können an den Kreuzungsstellen infolge ihrer Wasserführung leicht verschlämmend oder versandend auf die neue Dränung wirken. Muffenrohre dichtet man mit Teerstrick und Asphalt.

Die verlegten Dräne sollen nicht lange offen liegenbleiben. Würde ein starker Regen auf die noch offenen Gräben niedergehen, so würden die Rohre durch das Wasser leicht verschlämmt oder gar aus ihrer Lage gespült. Andererseits sollen die Drängräben nicht eher zugeschüttet werden, als die Rohre von der Bauleitung geprüft und als einwandfrei verlegt anerkannt sind. Läßt z. B. ein Graben baldigen Einsturz befürchten, so müssen die gleichmäßige Sohlenlage, der dichte Fugenschluß und die Verbindung der Sauger mit den Sammlern sofort nach dem Verlegen der Rohre nachgeprüft werden, damit man anschließend daran umgehend eine Deckschicht von 20 bis 30 cm aufbringen kann. Diese geringe Bodenschicht gestattet immer noch die Vornahme einer Gefälleprüfung mit Hilfe eines Stecheisens, das man bis zur Rohroberkante durchstößt. Ist der neben den Gräben liegende Boden schwer und zu festen Schollen zusammengetrocknet, so darf er nicht unmittelbar auf die Rohre geworfen werden, weil diese dabei zerbrochen werden könnten. Daher „versticht“ man die Rohre, d. h. man gewinnt die Deckschicht dadurch, daß man sie von den erdfeuchten Wänden des Drängrabens absticht. Dies Verfahren hat aber noch eine andere Bedeutung. Wenn man den grobschollig getrockneten Boden auf die Dräne wirft, so ergießt sich der nächste Sturzregen durch diese sehr lose und durchlässige Bodenmasse in die Rohre. Dabei werden Bodenteilchen in großer Menge in die Dränrohrleitung gespült. Schwerer Tonboden und sehr feiner Sand sind für die Deckschicht ungeeignet. Für ihre untere Lage kann Mutterboden verwendet werden, wenn er in ausreichender Menge zur Verfügung steht.

Im übrigen sind die Drängräben sobald wie möglich vollständig wieder zuzufüllen, der obere Teil mit Mutterboden. Wegen seiner Auflockerung kann der aus dem Graben gewonnene Boden bei der Zufüllung nicht wieder ganz im Graben untergebracht werden. Man stellt daher über der Grabenbreite eine Anwölbung mit dem überschüssigen Boden her, die mit dem Zusammensacken des Füllbodens allmählich wieder verschwindet.

In schwerdurchlässigen Böden hat man hier und da mit Erfolg ein besonderes Verfahren angewendet, um das Versickern der Niederschläge zu beschleunigen. Es besteht darin, daß man senkrecht über den Dränröhren in etwa 10 bis 20 m Abstand Faschinen, Strohwippen oder Sand- und Kiesfilter anbringt. Auch die Zugabe von fein gemahlenem Ätzkalk zum Füllboden ist zu empfehlen.

8. Überwindung besonderer Schwierigkeiten.

Besondere Schwierigkeiten treten bei Dränungen in der Hauptsache dann auf, wenn Triebsand vorkommt, wenn der Boden stark eisenhaltig ist oder wenn eine über das gewöhnliche Maß hinausgehende Verwachsungsgefahr besteht. Diesen Schwierigkeiten muß sowohl bei der Aufstellung der Entwürfe als auch bei der Bauausführung Rechnung getragen werden.

a) Triebsand. Triebsand (S. 58) besitzt eine so geringe Korngröße, daß er sehr leicht durch die Stoßfugen in die Dränrohre gelangt und hier Verstopfungen verursacht. Wenn Triebsand im Dränfelde angetroffen wird, versucht man zunächst, die Dräne über dem Triebsand zu verlegen. Die Überdeckung der Sammler und die Tiefe der Sauger sollen jedoch nicht kleiner als 0,75 m sein. Kleine Flächen dürfen ausnahmsweise mit 0,7 m tiefen Saugern entwässert werden.

Nicht immer aber läßt sich das Verlegen der Dräne im Triebsand vermeiden. Man dränt dann die Triebsandgebiete nach Möglichkeit besonders und mit kleinen Dränabteilungen. Die Sauger sollen nicht sehr lang sein und 5 cm Lichtweite erhalten. Ganz besonders wichtig ist ein möglichst starkes Gefälle der Dränstränge (Zahlentafel 125). In flachem Gelände kann man sich damit helfen, daß man kurzen Saugern ein künstliches Gefälle gibt. Die unteren gefällearmen Strecken der Sammler können durch Stichgräben ersetzt werden. Ferner kommen Vorkehrungen für ein Reinigen und Spülen der Dräne in Betracht (Dränschächte, Stauverschlüsse).

Bei der Bauausführung ist zunächst zu berücksichtigen, daß möglichst in trockener Zeit gedränt wird. Einzelne Triebsand führende Flächen werden zweckmäßig erst dann gedränt, wenn durch Verbesserung der Vorflut und durch Dränung der umliegenden Flächen bereits eine Senkung des Grundwasserstandes herbeigeführt ist.

Trifft man bei der Bauausführung auf unvermuteten Triebsand, so wird man versuchen, kleine Vorkommen zu umgehen oder die Dräntiefen des Planes zu verringern, um über dem Triebsand zu bleiben. Auch verzichtet man wohl auf das Verlegen einiger besonders gefährdeter Sauger, indem man zunächst einmal die Wirkung der benachbarten Dränstränge abwartet. Kleine Triebsandnester kann man mit sorgfältig abgedichteten Drän- oder Tonmuffenrohren durchfahren. Im Triebsand sind enge Stoßfugen sowie ein sorgfältiger Anschluß an die Sammler von größter Bedeutung. Für die Anschlüsse sind daher unbedingt Formstücke zu verwenden. Die Fugen sind zum Schutz gegen das Eindringen des feinen Sandes in der Regel in ihrem ganzen Umfange, also auch unten, mindestens 5 cm stark mit Filterstoffen zu ummanteln. Als solche können verwendet werden: Mutterboden, Schlacke, Fasertorf, Torfmull, Heidekraut, Nadelstreu, Waldmoos, Kaff, Häcksel u. a.

In sehr nassem Triebsand muß man die Drängräben bisweilen nach und nach stufenweise vertiefen, indem man das Wasser nach einem Dränspatenstich zunächst ablaufen läßt, bevor der folgende ausgehoben wird. Auch eine

Absteifung des Drängrabens kann erforderlich werden. Ist die Grabensohle sehr weich, so brauchen die Dränrohre eine Unterlage, z. B. eine 10 bis 15 cm starke Kiesschüttung oder Holz (S. 291). Alle Drängräben im Triebsand sind nach dem Verlegen der Rohre schnellstens wieder zuzufüllen.

Manchmal stammt das den Triebsand bildende Wasser aus einer Wasserader, die von oben her in das Dränfeld eintritt, und es gelingt, sie durch einen Fangdrän abzufangen.

b) Eisenocker. Bei stärkerem Eisengehalt des Bodens besteht die Gefahr, daß der Abfluß in den Dränrohren durch Absetzen von Eisenocker erschwert oder schließlich auch ganz verhindert wird (S. 57). Man wendet dann im wesentlichen dieselben Maßnahmen an wie beim Vorkommen von Triebsand. Die eisenhaltigen Flächen sind möglichst für sich mit kleinen Dränabteilungen, kurzen Saugern und mindestens 5 cm weiten Rohren zu entwässern. Besonders wichtig ist auch hier ein starkes Gefälle der Rohrstränge, damit durch große Wassergeschwindigkeiten eine Spülung eintritt (Zahlentafel 125). Eine solche kann auch durch besondere Maßnahmen (Dränschächte, Stauverschlüsse) durchgeführt werden. Die Stoßfugen sind mit Filterstoffen zu umpacken. Eisenhaltige Quellen und eisenhaltiges Druckwasser sind der übrigen Dränung fernzuhalten, indem sie durch besondere Dränstränge dem Vorfluter zugeführt werden. Je glatter die Innenfläche der Rohre ist, um so schwerer haftet der Eisenocker an ihr (S. 253). Die Drängräben sollen nach dem Verlegen der Dränrohre alsbald wieder zugefüllt werden, da die Stoßfugen möglicherweise infolge Luftzutrittes schneller verockern. Wenn vorhanden, bringt man als unterste Schicht eisenfreien Boden auf die Rohre.

Die Frage, durch welche Maßnahmen die Bildung des Eisenockers am besten verhindert oder verringert werden kann, ist noch nicht völlig geklärt. Man hat empfohlen, die Ausmündungen der Sammler unter Mittelwasser anzuordnen oder den Luftzutritt durch besondere Wasserverschlüsse oder Metallklappen zu erschweren, in der Erwartung, daß die so bewirkte geringere Sauerstoffzufuhr die Eisenausscheidung aus dem Grundwasser verlangsamt. Man hat ferner die Befürchtung ausgesprochen, daß die Einführung der Sauger in die Sammler von oben infolge des Wassersturzes eine besonders starke Durchlüftung des Wassers und daher auch eine starke Eisenausscheidung bewirke. Es sei daher bei nennenswertem Eisengehalt des Bodens vorzuziehen, die Sauger seitlich in die Sammler zu führen. Neuerdings ist die Wirkung dieser Maßnahme deshalb in Zweifel gezogen worden, weil offenbar den auf eine Belüftung nicht angewiesenen Eisenbakterien eine wesentliche Mitwirkung bei der Eisenausscheidung zuzuschreiben ist (*248*). Man hat daher auch vorgeschlagen, bakterientötende Stoffe (z. B. Kupfer) in die Dränstränge zu bringen, um die Eisenbakterien zu vernichten. Eine tiefe Lage der Dränung scheint die Verockerungsgefahr zu verringern.

c) Verwachsungen. Da die Pflanzenwurzeln das Wasser aufsuchen, wachsen sie durch die Stoßfugen in die Dränstränge hinein, falls im Boden Wassermangel eintritt, einzelne Dräne aber noch Wasser führen. Dieser Fall kann in trockenen Zeiten eintreten, wenn eine quellige Stelle noch Wasser liefert. In den Dränrohren bilden sich dann häufig dichte Wurzelzöpfe, da offenbar das Wachstum der Wurzeln unter den veränderten Lebensbedingungen im Dränrohr eine starke Steigerung erfährt.

Allgemein ist die Gefahr des Eindringens von Pflanzenwurzeln in die Dränrohre um so größer, je flacher die Dränung liegt. Keineswegs schützt aber eine tiefe Dränung völlig vor Verwachsungen. Immerhin spricht die Erfahrung dafür, flache Dränung möglichst zu vermeiden, wenn tiefwurzelnde und besonders mehrjährige Unkräuter in größerem Umfange vorkommen oder tiefwurzelnde Feldfrüchte angebaut werden (S. 68). Wenn im Sinne der vorstehenden Ausführungen die Verwachsungsgefahr als erheblich anzusehen ist, muß man besondere Schutzmaßnahmen treffen.

Ein viel angewendetes Mittel ist das Tränken der Rohrenden mit Karbolineum. Dieses soll mindestens 8 % Karbolsäure (Phenole) enthalten. Die Rohrenden sind dem Eindringen des Karbolineums längere Zeit auszusetzen. Man stellt sie etwa 20 min lotrecht in ein Gefäß, das 5 cm hoch mit Karbolineum gefüllt ist. In den ersten Jahren weichen die Pflanzenwurzeln den so behandelten Rohrenden aus, mit der Zeit wird aber die Schutzwirkung geringer. Man kann ferner die Stoßfugen mit pflanzenschädlichen oder sterilen Stoffen umpacken, z. B. mit Boden oder Schlacke, die mit stark karbolsäurehaltigem Karbolineum gut vermischt sind. Man nimmt etwa 12 l Karbolineum auf 1 m^3 trockenen Boden. Schlacke wird auch dann von den Wurzeln gemieden, wenn sie nicht in dieser Weise vorbehandelt ist, weil sie kaum Nährstoffe enthält und oft noch schwefelhaltig ist.

Ein weiteres Schutzmittel besteht in der Umhüllung der Fugen mit Muffen aus biegsamen Stoffen. Als solche dienen Dachpappe und geteertes Hanfgewebe (Jute). Man wickelt einen etwa 10 cm breiten Streifen um die Fuge und umschnürt ihn über den beiden Rohrenden mit einer Drahtschlinge. Die Arbeit ist umständlich und kann unten im Drängraben nicht ausgeführt werden. Daher schiebt man mehrere Dränrohre auf ein 3 bis 4 m langes Gasrohr. Dann verbindet man die Fugen in der genannten Weise und senkt die Rohre auf dem Gasrohr gemeinsam in den Graben.

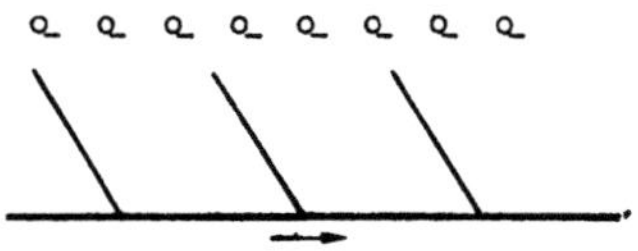

Abb. 232. Dränung neben einer Baumreihe.

Besondere Maßnahmen wendet man in der Nähe von Bäumen und Sträuchern an, indem man die Sammler an eine Baumreihe höchstens bis auf 20 m heranführt und den verbleibenden 20 m breiten Streifen durch kurze Sauger entwässert (Abb. 232). Diese kann man gegen das Eindringen der Pflanzenwurzeln noch besonders schützen. Bäume, die die Feuchtigkeit lieben, wie z. B. Erlen, Weiden und Pappeln, sind am gefährlichsten (S. 76). Gegen einzelne Bäume sichert man einen Dränstrang dadurch, daß man die gefährdete Strecke mit gedichteten Rohren auslegt. Umstritten ist noch die Frage, ob das Einwachsen der Wurzeln dadurch gefördert wird, daß die Dräne mit Mutterboden oder leicht verweslichen Stoffen umgeben werden. Besonders erheblich scheint aber die Wirkung des Mutterbodens und solcher Stoffe nicht zu sein.

d) Verschiedenes. Solange ein Drän freie Vorflut hat und nicht überlastet ist, pflegt Wasser nur in der einen Richtung, nämlich von außen nach innen, durch die Fugen zu treten. Dabei spannen sich die Bodenkörner gewölbeartig über die Fuge und werden so daran verhindert, durch die Fuge hindurchzudringen. Anders, wenn ein Drän bei mangelnder Vorflut oder bei dem Zusetzen von Stauverschlüssen unter Rückstau steht. Dann ist der Außenwasserdruck aufgehoben, die Spannung zwischen den Bodenkörnern läßt nach und sie gelangen leichter in den Drän. Wenn die untere Strecke des Sammlers ein gutes Gefälle besitzt, ist solch ein Rückstau nicht gefährlich, da die Bodenteilchen dann leicht weitergespült werden. Auch ein Rückstau, der nur gelegentlich einmal bei Hochwasser des Vorfluters eintritt, wirkt nicht allzu schädigend. Wenn dagegen die Dräne in sehr schwachem Gefälle und außerdem noch häufig unter Rückstau liegen, dann müssen die Stoßfugen durch Umpacken mit Filterstoffen besonders gesichert werden.

Wenn Bodenbewegungen zu erwarten sind (Senkungsgebiete des Bergbaues), ist natürlich eine sichere Lage der Dräne nicht gewährleistet. Man verwendet dann kleine Dränabteilungen, mindestens 5 cm weite Sauger und möglichst starke Gefälle. Insbesondere haben sich Steindräne in solchen Fällen bewährt.

Gelegentlich sind auch Pilzwucherungen in Dränsträngen beobachtet worden, wodurch die Leistungsfähigkeit der Rohre stark vermindert wurde. Ein im Schrifttum (*170*) erwähnter Fall wurde durch Abwasser von Rübenschnitzeln hervorgerufen, auch in der Nähe von Gärfutterbehältern wurden gleiche Erscheinungen festgestellt.

9. Die Dränung der Marschböden.

Die Dränung der Marschen weist gegenüber derjenigen der anderen Mineralböden mancherlei Abweichungen auf. Die Marschen zeichnen sich durch knappe Vorflut und sehr geringes Geländegefälle aus. Ihre Sielentwässerung ist von Ebbe und Flut abhängig, sie besitzen vielerorts seit alters her ein engmaschiges Grabennetz, insbesondere zahlreiche Beetgräben mit ziemlich stark gewölbten Beeten zwischen je zwei Gräben. Schließlich finden wir in den Marschen die jüngsten Bodenbildungen des Alluviums. Diese Besonderheiten der Marschen beeinflussen auch die Dränbauweise.

In der Sielschlußzeit entsteht bei vielen Dränungen ein (regelmäßig wiederkehrender) Rückstau in die Dräne, den man als unvermeidbar hinnehmen muß. Die schwer durchlässigen Marschböden verlangen eine besondere Rücksicht auf die Ableitung des Oberflächenwassers. Man unterstützt daher häufig die Wirkung der Dränung noch durch Anlage kleiner Grüppen.

Sehr schwierig ist oft die Gewinnung eines ausreichenden Drängefälles. Daher lassen sich die Mindestgefälle der Zahlentafel 125 in den Marschen nicht immer erreichen. Man soll aber keinesfalls noch unter 0,15 % heruntergehen. Bei sehr schwachen Gefällen umpackt man die Rohre sorgfältig mit Filterstoffen, um das Eindringen von Bodenteilchen von vornherein möglichst zu verhindern. Wegen der knappen Vorflut sind kleine Dränabteilungen geboten. Man wendet sogar häufig Einzelsauger an, doch empfiehlt es sich, wenigstens einige Sauger durch einen kurzen Sammler zusammenzufassen.

In neu eingedeichten Poldern ist zu beachten, daß der anfänglich hohe Kochsalzgehalt die Durchlässigkeit des Bodens zunächst verringert, bis eine Auslaugung des Salzes stattgefunden hat (S. 23). Man muß daher in solchen Fällen bei der Beurteilung der Dränbedürftigkeit vorsichtig sein.

Die Dräntiefen der Sauger können bis auf 0,7 m verringert werden. In neu eingedeichten Poldern geht man auch schrittweise vor, indem man zunächst auf 0,5 m Tiefe dränt und die Dräne in mehrjährigem Abstand allmählich tiefer legt. Der Grund dieses Verfahrens liegt darin, daß tiefere Dräne unmittelbar nach der Eindeichung nur mangelhaft wirken. Bei der Wahl der Dränabstände ist zu berücksichtigen, ob zahlreiche Grüppen zur Ableitung des Oberflächenwassers vorhanden sind. Dann können in der Regel größere Dränabstände als nach Zahlentafel 129 angewendet werden, weil die Dränung durch die Grüppen entlastet wird. Häufig trifft man in den Marschen auf ziemlich schwer durchlässige tonige Feinsande, für die sich bei 1,2 m Dräntiefe ein Dränabstand von etwa 13 bis 15 m im allgemeinen bewährt hat, obwohl sie nicht zu den schweren Böden der Zahlentafel 129 gehören.

Eine besondere Art der Marschdränung ist die Beetgrabendränung (Meedjeschlootdränung). Sie bezweckt den Ersatz der gleichlaufenden Beetgräben durch Dräne. Da die Gräben etwa 16 bis 24 m voneinander entfernt liegen, ist dadurch auch der Dränabstand gegeben. Man läßt den Beeten auch nach der Dränung ihre starke Wölbung und versieht die über den Dränsträngen liegenden Beetmulden mit einer gut ausgehobenen Furche, die das sich ansammelnde Oberflächenwasser einem Vorfluter zuführt. Bei der guten Oberflächenentwässerung hat sich ein Dränabstand von 16 bis 24 m auch in schweren Böden als ausreichend erwiesen. Die Dränrohre werden meistens unten in die Böschung der Beetgräben verlegt oder auch unter deren Sohle mit einer mittleren Tiefe von etwa 0,7 bis 1,0 m, bezogen auf die Oberfläche der Beetmulde. Die Lichtweite ist reichlich zu bemessen, einmal, weil die bei dem schwachen Gefälle zu befürchtenden Ablagerungen in den Rohren dann erst nach längerer Zeit gefährlich werden, sodann, weil über den Dränen in den Beetmulden eine verhältnismäßig starke Versickerung stattfindet.

10. Die Maulwurfdränung.

Die Maulwurfdränung ist vor etwa 150 Jahren in England entstanden und neuerdings auch in Holland mit Erfolg angewendet worden, hat aber in Deutschland bisher keine nennenswerte Verbreitung gefunden. Sie wird in der Weise ausgeführt, daß mit dem sog. Maulwurfpflug (Abb. 235) Hohlgänge als Sauger gezogen werden, die in offene Gräben oder in Sammler gewöhnlicher Bauart ausmünden. Alle Maulwurfpflüge (*134*, *6*) besitzen ein in der Höhenlage verstellbares Messer, das bei der Fortbewegung des Pfluges den Boden durchschneidet, somit einen schmalen senkrechten Spalt hinterläßt. Am unteren Ende des Messers befindet sich ein Dorn, durch den der Hohlgang im Boden hergestellt wird (Abb. 233). An diesem Dorn ist noch ein einem Geschoß ähnlicher Körper befestigt, der als Maulwurf bezeichnet wird. Er hat einen etwas größeren

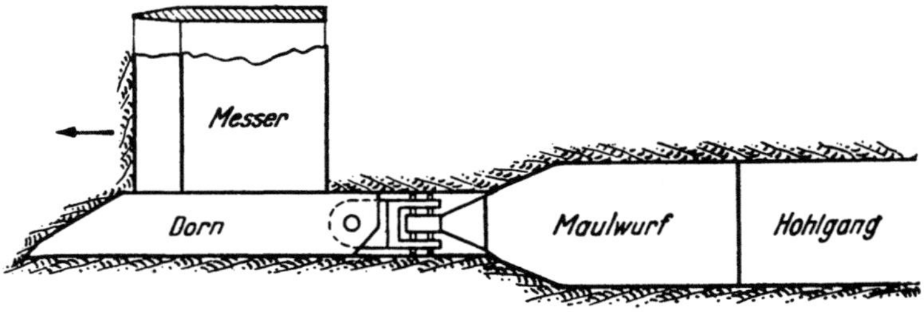

Abb. 233. Maulwurfdränung.

Durchmesser als der Dorn und glättet daher die Wände der vom Dorn bewirkten Hohlgänge. Um während der Pflugarbeit die Tiefensteuerung richtig bedienen zu können, bedarf es noch besonderer Hilfsmittel, z. B. einer Zieleinrichtung oder einer im Felde angebrachten Gefälleschnur, die neben der Pflugbahn gleichlaufend zu dem zu ziehenden Dränstrang liegt. Trotzdem ist es nicht immer leicht, ein durchgehendes, einigermaßen gleichmäßiges Gefälle der Dräne zu erreichen. Schroffe Unebenheiten des Geländes müssen daher durch Einebnungsarbeiten ausgeglichen werden, bevor der Pflug angesetzt werden kann. Als zweckmäßige Zugkraft hat sich die durch einen Schlepper angetriebene Seilwinde erwiesen.

Vor der Ausführung einer Maulwurfdränung ist zu prüfen, ob nennenswerte Hindernisse, wie große Steine oder Holz, im Boden vorhanden sind, weil in diesen Fällen die Verwendung des Maulwurfpfluges nicht in Frage kommt.

Die Maulwurfdränung gleicht in ihrer Wirkung nicht völlig einer gewöhnlichen Dränung. Es fehlt ihr die auflockernde Wirkung der Drängräben, und sie hat außerdem den Nachteil, daß der Boden in der Nähe der Gänge zusammengepreßt wird. Wieweit diese Umstände den Erfolg beeinflussen, kann nur die Erfahrung zeigen. Ein abschließendes Urteil darüber ist heute noch nicht möglich. Man kann annehmen, daß in schweren Böden die Wirkung des einzelnen Maulwurfganges wesentlich geringer ist als die eines gleich tief liegenden, gewöhnlichen Rohrdräns, daß dieser Nachteil aber zum Teil wieder ausgeglichen wird, da die Maulwurfgänge flacher und enger angeordnet werden. Die Maulwurfdränung hat gegenüber der gewöhnlichen Dränung den Vorteil, daß die Oberfläche des Dränfeldes frei von Erdarbeiten bleibt.

Wir unterscheiden zwei verschiedene Arten der Maulwurfdränung, die einfache und die umwandete. Die umwandete Maulwurfdränung besteht darin, daß Dränrohre, Holzkästen, Blechrohre od. dgl. durch den Pflug bei der Herstellung der Hohlgänge in diese hineingezogen werden, während die einfachen Maulwurfdräne (Erddräne) keine künstliche Umwandung erhalten. Einfache Maulwurfdräne kann man nur in bindigen, stein- und holzfreien Ton- und Lehmböden mit Aussicht auf eine einigermaßen ausreichende Lebensdauer anlegen. In nicht bindigen sandreichen Böden würden die Gänge bald wieder verfallen. Führt man einen Maulwurfgang durch stark wechselnden Boden, so bleibt er nur auf den Strecken mit schwerem Boden längere Zeit bestehen, während er auf den sandigen Strecken von kurzer Dauer ist. Aber auch dann bleibt noch der Vorteil, daß das Bodenwasser die zwischengelagerten schwer durchlässigen Schichten des Untergrundes mit Hilfe der in ihnen befindlichen Hohlgänge leichter als vorher durchfließen kann.

Da in den einfachen Erddränen leicht Abflußstörungen eintreten, so sind größere Saugerlängen als 100 m und große Dränabteilungen nicht zu empfehlen. Wenn die Sauger unmittelbar in einen Vorfluter geführt werden, sind ihre Ausmündungen auf etwa 1,0 bis 1,5 m Länge durch Rohre oder Holzkästen mit den üblichen Verschlüssen zu sichern. Als Dräntiefe sind etwa 0,5 bis 1,0 m üblich. Bei geringen Dräntiefen von 0,5 bis 0,6 m haben sich Dränabstände von 3 bis 6 m bewährt. Wegen der Schwierigkeit einer völlig fehlerfreien Tiefensteuerung empfiehlt es sich, den Maulwurfdränen ein nicht zu schwaches Gefälle zu geben. Im Bedarfsfalle ist künstliches Gefälle anzuwenden. Kleinere Gefälle als 0,4 % sind unerwünscht. Bei sehr starkem Gefälle können die Erdwände durch die große Wassergeschwindigkeit beschädigt werden.

In neuerer Zeit ist mehrfach die Ergänzung gewöhnlicher Dränungen durch einfache Maulwurfdräne empfohlen worden. Man hat die Erddräne dann quer zu den Rohrsaugern und in geringerer Tiefe als diese anzuordnen, indem man sie als seitliche Zubringer zu den Rohrsaugern betrachtet und fortlaufend über mehrere Rohrsauger hinwegzieht. An ihren Kreuzungsstellen mit den Rohrsaugern muß eine schnelle Versickerung des Wassers in diese möglich sein. Der Dränabstand der Rohrsauger ist in solchen Fällen wesentlich größer zu wählen als sonst. Bestimmte Maße lassen sich jedoch aus Mangel an Erfahrungen noch nicht angeben.

Flachliegende Erddräne können auch dort am Platze sein, wo die unzureichende Vorflut keine Rohrdränung zuläßt.

Die einfachen Maulwurfdränungen gelingen am besten, wenn der Boden weder zu trocken noch zu feucht ist Über ihre Lebensdauer liegen für deutsche Verhältnisse noch keine abschließenden Erfahrungen vor. Gefährlich für den Bestand aller Erddräne ist das Vorkommen zahlreicher Maulwürfe oder Wühlmäuse. Die freien Ausmündungen der Erddräne sollten jedes Jahr einer mehrmaligen Prüfung unterzogen werden. Wegen der verhältnismäßig geringen Kosten der Erddräne kann man sie von Zeit zu Zeit durch neue ersetzen, so daß die Maulwurfdränung dann zu einer regelmäßig wiederkehrenden Bodenbearbeitung wird. Kuhlewind (*134*, *34*) gibt als Kosten für 1 lfd. m Erddrän (Sauger ohne Sammler) 4 bis 6 Pfg. an. Die einfache Maulwurfdränung kann nur dann mit der Rohrdränung in Wettbewerb treten, wenn ihre Lebensdauer nicht zu kurz ist. Rechnet man z. B. (1937) im großen Durchschnitt mit 5 Pfg. für den lfd. m Erddrän, mit 40 Pfg. für den lfd. m Rohrsauger und mit einer Lebensdauer der Rohrdränung von nur 40 Jahren, nimmt man ferner an, daß die Rohrdräne mit dem dreifachen Dränabstand der Erddräne verlegt werden und daß dann beide Dränarten die gleiche Wirkung haben, so ergibt die Zinseszinsrechnung bei einem Zinsfuß von 4,5 %, daß die Erddräne mindestens 8 Jahre wirken müssen, wenn sie letzten Endes nicht teurer werden sollen als die gewöhnlichen Rohrdräne.

Die umwandete Maulwurfdränung ist auch in sandigen und kieshaltigen Böden anwendbar, da die Hohlgänge unmittelbar nach ihrer Herstellung durch eine Umwandung gesichert werden. Visser (Wageningen, Holland) montiert gewöhnliche Dränrohre auf zusammengekuppelten Brettern, die an den Maulwurf angehängt und so in den Maulwurfgang hineingezogen werden (Abb. 234).

Vormfelde (Bonn-Poppelsdorf) zieht die Dränrohre auf ein Seil (Eierkette), das am Maulwurf befestigt wird und beim Hochwinden des Messers selbsttätig

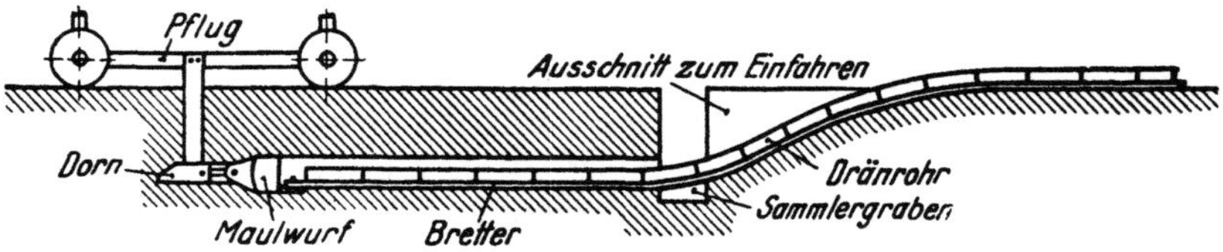

Abb. 234. Maulwurfdränung nach Visser.

ausklinkt. Das Seil wird dann aus dem Gang herausgezogen, wobei das Schlußrohr durch einen sich lösenden Holzpfropfen geschlossen wird. Bei der Verwendung von Dränrohren ist ein guter Fugenschluß besonders wichtig. Er wird dadurch erreicht, daß das letzte der aufgereihten Rohre alle übrigen vor sich herschiebt. Die Rohre müssen den Beanspruchungen, denen sie beim Hineinziehen in die Gänge ausgesetzt sind, gewachsen sein. Abb. 235 zeigt einen Maulwurfpflug nach diesem Poppelsdorfer Dränverfahren, der Maulwurf ist im Sammlergraben noch zu sehen. Links erkennt man das Messer, rechts daneben eine Schraubenspindel mit Skala für die Tiefensteuerung.

Abb. 235. Maulwurfpflug, Poppelsdorfer Bauart.

Bei der Verwendung von Blechrohren, wie sie Sack-Leipzig vorgeschlagen hat, ist deren Rostschutz von größter Wichtigkeit. Ausreichende Erfahrungen darüber liegen noch nicht vor.

Dräntiefen bis 1,3 m können auch mit Hilfe des Maulwurfpfluges erreicht werden. Für ihre Wahl gelten die Ausführungen auf S. 278. Die Dränabstände nimmt man zweckmäßig etwas kleiner als nach Zahlentafel 129, da der Maulwurfdränung die auflockernde Wirkung der Drängräben fehlt. Bedenklich ist die Anwendung der umwandeten Maulwurfdränung überall dort, wo man die Dränstränge einer gewöhnlichen Dränung mit Filterstoffen umpacken würde, also z. B. auf schwach geneigten Flächen mit Triebsand oder mit stärkerem Eisengehalt.

Die umwandete Maulwurfdränung ist auf größeren zusammenhängenden Flächen, auf denen sich Maschinenarbeit lohnt, billiger als eine gewöhnliche Rohrdränung. Solange jedoch über ihre Haltbarkeit und Wirkung bei uns in Deutschland noch keine ausreichenden Erfahrungen vorliegen, wird man sie höchstens dann anwenden, wenn sie auf Grund einer Vergleichsrechnung eine nennenswerte Kostenersparnis gegenüber der gewöhnlichen Dränung erwarten läßt.

11. Unterhaltung.

Da bei der Ausführung meistens Abweichungen vom Plane vorkommen, so sollte nie versäumt werden, nach vollendeter Dränung einen Ausführungsplan zu zeichnen, der in allen Einzelheiten mit der Ausführung übereinstimmen muß. Die Abweichungen sind schon während der Bauausführung genau aufzumessen. Wenn schon dieser Plan unentbehrlich für die Aufstellung der Abrechnung ist, so liegt doch seine Hauptbedeutung darin, daß er eine gute Grundlage für die Unterhaltung der Dränung bietet. Nur mit seiner Hilfe kann man einzelne Stränge sicher wiederfinden, um sie auszubessern, und die Vorflut planmäßig unterhalten.

Für die Überwachung der Vorfluter gelten die Ausführungen auf S. 210. Aber auch die gedränten Flächen selbst sind regelmäßig zu besichtigen, um die Wirkung der Dränung laufend zu prüfen. Man nimmt diese Besichtigungen am besten in jedem Frühjahr vor und möglichst auch nach längeren Regenzeiten. Unzureichend entwässerte Stellen sind dann leicht an der dunkleren Färbung zu erkennen. Auch ist darauf zu achten, ob einzelne Sammler im Vergleich zu den übrigen verhältnismäßig wenig Wasser liefern. Ferner lassen sich aus dem Pflanzenbestand häufig Rückschlüsse auf die Wirkung der Dränung ziehen. Nasse Stellen, die Störungen der Entwässerung vermuten lassen, sind im Gelände sofort zu bezeichnen, wenn die nähere Untersuchung nicht unverzüglich vorgenommen werden kann. Besonders sorgfältig sind alle Dränausmündungen und Dränschächte zu überwachen. Vernachlässigungen an diesen Stellen pflegen sich schnell nach oben fortzupflanzen. Zur leichteren Auffindung setzt man neben die Ausmündungen Nummersteine oder Nummerpfähle und mißt die verdeckten Dränschächte gegen feste Punkte ein.

Die Unterhaltung der Dränung erfordert weniger Arbeit als die offener Gräben, allerdings nur unter der Voraussetzung, daß sie sorgfältig angelegt wurde. Wenn die Schäden der Dränung (Verstopfungen) erst spät bemerkt werden, ist außer den Kosten für die Ausbesserung häufig noch ein empfindlicher Schaden an den Feldfrüchten zu beklagen. Alle Störungen in der Dränung sind daher baldigst zu beseitigen, ihr Auftreten ist nach Möglichkeit zu verhindern. Die Dränschächte müssen regelmäßig gereinigt werden. Wenn sich Ablagerungen in den Dränen befinden, kann man zunächst versuchen, sie durch Spülen zu beseitigen. Das ist am einfachsten, wenn Stauverschlüsse vorhanden sind, die man zusetzt und nach Ansammlung des Wassers plötzlich zieht, oder wenn sich die Möglichkeit bietet, Oberflächenwasser in die Dräne einzuleiten. Man spült die Dränstränge auch mit einer Handpumpe, deren Druckschlauch einige Rohrlängen in den Strang eingeführt wird. Dazu sind die Stränge von unten herauf etwa alle 50 m aufzugraben. Eine andere Art der Reinigung besteht darin, daß man einen Draht, dessen Ende mit Stoff umwickelt ist, durch die Dräne zieht. Man benutzt dazu vorhandene Dränschächte und gräbt die Dräne in Abständen von etwa 20 bis 40 m auf. Eisenocker läßt sich auf diese Weise leicht entfernen, solange er noch locker ist. Sind die Rohre stark verstopft, bleibt meistens nichts anderes übrig, als sie vollständig aufzugraben und nach sorgfältiger Reinigung mit einem Schutz aus Filtermasse neu zu verlegen. Die nach einer Reinigung wieder eintretende Verockerung pflegt mit den Jahren geringer zu werden, weil der Boden allmählich ärmer an Eisen wird.

Wenn auf einer gedränten Fläche ein neuer Weg angelegt wird, ersetzt man die Sammlerrohre unter dem Wege durch gedichtete Tonmuffenrohre, sofern nicht das Dichten der Dränrohre genügt. Die Sauger werden vor dem Wege durch einen Nebensammler abgefangen (Abb. 221).

Häufig ist bei den landwirtschaftlichen Maßnahmen auf die Dränung Rücksicht zu nehmen. So kann es unter Umständen ratsam sein, den Anbau tiefwurzelnder Pflanzen in den ersten Jahren nach der Dränung zu unterlassen oder auf besonders flach gedränten Flächen auf tiefwurzelnde Bestände ganz zu verzichten. Die Verwachsungsgefahr ist in den ersten Jahren am größten, weil dann der Füllboden der Drängräben noch sehr locker ist. Bei starkem Eisengehalt des Bodens bringt kräftiges Kalken den Vorteil, daß das Eisen gebunden wird. Die Wirkung der Dräne wird dadurch unterstützt, daß flachliegende Ortsteinschichten mit dem Untergrundlockerer aufgerissen werden. Auf stark verunkrauteten Äckern baut man nach der Dränung zur Bekämpfung des Unkrautes gerne Kartoffeln an, auch Grünlandflächen werden häufig zunächst als Acker genutzt. Die Verluste an Salpeterstickstoff (S. 81) lassen sich dadurch verringern, daß man den Stickstoff im Frühjahr und Frühsommer in mehreren Einzelgaben verabfolgt.

C. Die Dränung der Moorböden.

Für die Dränung der Moorböden gelten sinngemäß die Bestimmungen der Abschnitte A und B, soweit nicht im folgenden Abweichungen angegeben sind. Man vergleiche auch die Ausführungen über Moorsackungen (S. 52) und über die Vorflutbeschaffung und Wasserregelung in den Mooren (S. 456).

1. Verschiedenes.

Die Moordränung unterscheidet sich nicht viel von den Dränungen in Mineralböden, wenn der Moorstand so flach ist, daß die Dräne im mineralischen Untergrund sicher verlegt werden können. Ist dagegen ein tieferer Moorstand vorhanden, so müssen besondere Vorkehrungen getroffen werden, um die unverrückbare Lage der unterirdischen Entwässerungszüge sicherzustellen. Denn die unterhalb der Dräne liegenden Moorschichten können an dem Sacken beteiligt sein, so daß die Dränstränge noch nach ihrer Verlegung eine allgemeine Sackung erfahren, die jedoch nicht bei allen Rohren genau die gleiche ist. Hochmoore sacken in der Regel stärker als Niederungsmoore.

Die Wasserregelung wird durch Staue in den Vorflutern und durch Stauverschlüsse in den Dränen bewirkt. Staue in den größeren Vorflutern wirken meistens auf weite Entfernungen. Unter Umständen muß aber das Anstauen des Wassers in den größeren Vorflutern vermieden werden, z. B. um die Entwässerung von Wegen nicht zu unterbinden. Dann sind die Staue in Seitengräben anzuordnen oder nach Abb. 236. Bei der weichen und doch schwer durchlassenden Beschaffenheit des Moores kann man durch Eindrücken eines Staubrettes *S* den Stau nach Bedarf herstellen. Der Rückstau in die Dräne wirkt hinsichtlich der Verstopfung im Moor nicht so gefährlich wie im Mineralboden, da die faserige Beschaffenheit des Moores das Eintreten von Moorteilen durch die Dränfugen erschwert und da der sehr feine Moorschlamm leicht wieder herausgespült wird. Wegen der Stauverschlüsse, die häufig auch zur Spülung dienen, vgl. S. 260. Man verwendet in der Regel solche aus Holz. Das Einbauen von Stauen oder Stauverschlüssen ist besonders wichtig, wenn das Moor als Grünland genutzt wird und die Jahresniederschlagshöhe gering ist.

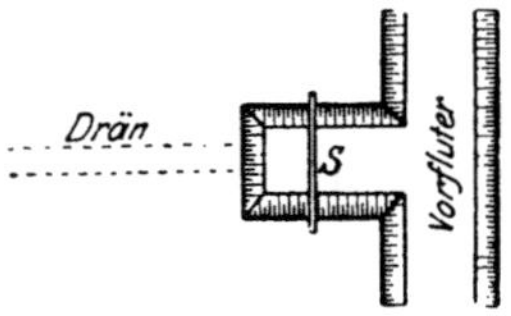

Abb. 236. Stauvorrichtung für Dräne. (Nach Krüger.)

Die Anordnung der Dräne braucht der ursprünglichen Oberflächengestaltung des Moores nicht allzusehr angepaßt zu werden, wenn in tiefgründigen Mooren noch mit erheblichen Sackungen zu rechnen ist. In solchen Fällen, namentlich in Hochmooren, ersetzt man auch die Sammler gern durch offene Gräben, die weniger empfindlich gegen Sackungen sind. In Mooren mit sehr schwachem Gefälle haben Einzelsauger den Vorteil, daß sie weniger Gefälle verbrauchen als Dränabteilungen. Sie erleichtern auch die Regelung des Wasserabflusses. Einzelsauger oder kleine Dränabteilungen sind auch in eisen- oder schwefelhaltigen Mooren angebracht (S. 293), wenngleich sie den Nachteil der zahlreichen Ausmündungen haben. Überhaupt vermeidet man in allen nicht gut vererdeten Mooren große Abteilungen. Sind stärkere Sackungen des Moores durch die Dränentwässerung zu befürchten, so muß man für eine möglichst gleichmäßige Entwässerung der gesamten Dränflächen sorgen. Man zieht dann die oberen Enden benachbarter Saugergruppen dicht aneinander heran. In tief liegenden Niederungsmooren mit durchlässigem Untergrund ist das seitlich eintretende Druckwasser durch Fangdräne abzufangen.

In sehr gefällearmen Mooren beschränkt man die Länge der Sauger im allgemeinen auf etwa 150 m. Neigt das Moor stark zur Bildung von Schwefelalgen oder besitzt es erheblichen Eisengehalt, so sind kleinere Saugerlängen zu empfehlen.

Auch in den Mooren herrscht heute die Rohrdränung vor anderen Dränungsarten vor. Dränrohre unter 5 cm Lichtweite sollen im allgemeinen nicht verwendet werden. Für die Berechnung genügt in der Regel eine Abflußspende von 0,4 l/s ha, doch kommen auch Fälle vor, in denen bis zu 0,8 l/s ha erforderlich sind. In sehr weichen Mooren, namentlich bei großer Moortiefe und starker Sackungsgefahr, verbürgen Kastendräne die sicherste Entwässerung. Man kann in solchen Fällen auch Stangen- oder Faschinendräne anwenden, sie haben aber infolge ihrer offenen Bauweise den Nachteil, daß sie auch bei stärkerem Gefälle leicht verschlammen. Voraussetzung für ihre Anwendung ist im allgemeinen, daß das erforderliche Holz in der Nähe der Baustelle besonders preiswert zur Verfügung steht. Die einfachen Maulwurfdräne werden in nicht stark zersetzten Mooren infolge der federnden Beschaffenheit des Moores oft schon nach kurzer Zeit mehr oder weniger wieder zusammengedrückt.

2. Gefälle, Tiefe und Abstand der Dräne.

Wenn man eine Moordränung entwirft, muß man bei der Wahl des Gefälles die voraussichtliche Sackung des Moores berücksichtigen, da sich sonst unter Umständen die Gefällerichtung sogar umkehren kann (Abb. 237). Wegen der Mindestgefälle vgl. Zahlentafel 125. Man soll aber versuchen, wenn irgend möglich, auch in Moorböden ohne größeren Eisengehalt ein Gefälle der Rohrdräne von mindestens 0,25 % zu erreichen. Nötigenfalls ist künstliches Gefälle anzuwenden. Namentlich in eisenreichen Mooren (Niederungsmooren) ist ein möglichst großes Gefälle erwünscht, damit die Verockerung der Rohre erschwert wird. Entbehren solche Moore eines ausreichenden Gefälles, so hat man zu prüfen, ob nicht eine Grabenentwässerung der Dränung vorzuziehen ist. Kastendräne kann man mit denselben Gefällen wie Rohrdräne verlegen, während man bei Faschinen- und Stangendränen möglichst kein kleineres Gefälle als 0,4 % wählen sollte. Der große Querschnitt der Kasten-, Faschinen- und Stangendräne verringert die Gefahr ihrer Verstopfung durch Eisenocker oder Schwefelalgen.

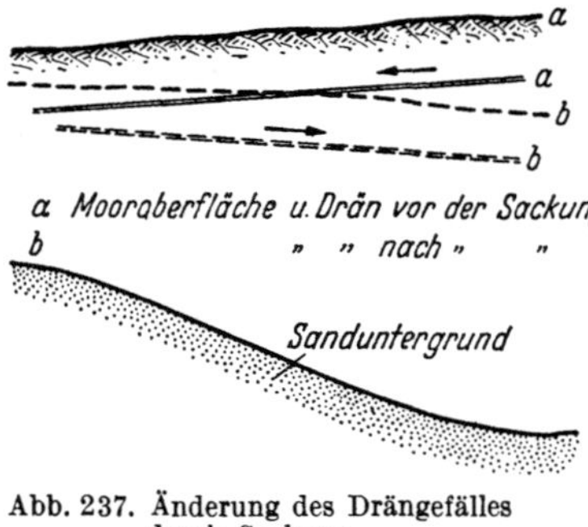

Abb. 237. Änderung des Drängefälles durch Sackung.

Über den günstigsten Grundwasserstand in Moorböden ist auf S. 72 Näheres ausgeführt. Die entwurfsmäßige Saugertiefe der Moordränungen hängt davon ab, in welchem Umfange die Moorschicht über den Dränen nach der Dränung voraussichtlich noch sacken wird. Auch ist zu beachten, daß die Vererdung des

Moores mit der Entwässerung zunimmt, so daß seine Durchlässigkeit sich verringert. Ist die zu erwartende Sackung nur gering, so nimmt man im Hochmoor die entwurfsmäßige Saugertiefe zu etwa 1,2 m an, und zwar sowohl für Acker als auch für Grünland. In Niederungsmooren kann man auch flacher dränen, bis zu etwa 1,0 m. Grundsätzlich ist aber in allen Mooren eine nicht zu flache Dränung erwünscht, damit in sehr nasser Zeit und im Frühjahr mit Rücksicht auf die schwere Durchlässigkeit des Moorbodens recht stark entwässert werden kann. Man muß nur Vorsorge treffen, daß in trockenen Zeiten der Abfluß durch Staue oder Stauverschlüsse verzögert wird. Sind stärkere Sackungen der oberen Moorschicht zwischen der Mooroberfläche und den Dränen zu erwarten, weil ausnahmsweise eine ausreichende Vorentwässerung nicht möglich war, so ist die Dräntiefe größer zu wählen, etwa bis zu 1,5 m. Wenn die Dräne bei stark wechselnder Moortiefe streckenweise in den mineralischen Untergrund eingebettet werden, muß bei der Entwurfsbearbeitung auf das ungleichmäßige Sacken der Drängrabensohle besonders Bedacht genommen werden.

Die Dränabstände der Rohrdränungen sind wesentlich andere als die der Zahlentafel 129. In flachgründigen Mooren, in denen die Sauger im durchlässigen mineralischen Untergrund liegen, pflegt man mit einem Dränabstand von 40 m und mehr zu dränen, im Zweifelsfalle lieber etwas weiter als zu eng, damit das Moor nicht zu stark entwässert wird. Nötigenfalls verlegt man später Zwischendräne. Je durchlässiger der Untergrund ist, um so größere Vorsicht ist geboten. Sauger mit großen Dränabständen können in derartigen Mooren auch als Ersatz für offene Gräben dienen.

In tiefgründigen Mooren soll der Dränabstand um so größer sein, je durchlässiger die oberen Moorschichten sind, je weniger also die Zersetzung des Moores vorgeschritten ist. Als Anhalt ist in über 1,5 m tiefen Mooren Nord- und Mitteldeutschlands von folgenden Zahlen auszugehen:

1. Acker,	Hochmoore . . .	15 bis 20 m	2. Grünland, Hochmoore . . .	etwa 20 m
	Niederungsmoore.	25 bis 30 m	Niederungsmoore .	25 bis 40 m

Weiden entwässert man etwas enger als Wiesen, damit die Flächen dem Tritt des Weideviehs genügend widerstehen. Wenn die Verdunstung durch Besandung des Moores verringert wird, kann eine etwas engere Dränung als sonst vorteilhaft sein. Eine solche ist ferner auf Mooren geboten, die infolge eines sehr schwachen Gefälles einen besonders geringen Oberflächenabfluß haben.

Die niederschlagsreiche Voralpenzone verlangt eine ziemlich starke Grundwasserabsenkung. In den tiefgründigen Niederungsmooren (> 2 m) und in flacheren mit schwer durchlässigem Untergrund sind Dränabstände von 15 bis 20 m, Dräntiefen von 1,2 m, Abflußspenden von 0,7 bis 1,0 l/s ha und Saugerweiten von 6,5 cm üblich. Ein Drängefälle von $3^0/_{00}$ ist fast überall erreichbar. Die einer starken Sackung ausgesetzten Hochmoore werden zunächst durch Holzkastendräne entwässert, da auch Rohrdräne auf Latten in der ersten Zeit zu unregelmäßig sacken. Die Kastendräne erhalten 10 m Dränabstand und 1,8 m Dräntiefe. Nach 10 bis 15 Jahren werden dann die Holzkästen durch eine Rohrdränung auf Lattenunterlage ersetzt, da nunmehr eine Gefährdung der Rohrdräne durch Sackung nicht mehr zu befürchten ist. Der Dränabstand in dem gesackten, stark verdichteten Moor liegt zwischen 8 und 10 m, Dräntiefe im Mittel 1,3 m, Lichtweiten der Sauger 6,5 und 8 cm. In den gedränten Mooren am Chiemsee wurden Abflußspenden bis zu 3,6 l/s ha festgetellt.

3. Bauausführung.

Grundsätzlich soll jede Moordränung erst nach gründlicher Vorentwässerung der zu größeren Sackungen neigenden tiefgründigen oder weichen Moore durchgeführt werden. Eine schrittweise Vorentwässerung verringert auch die spätere Verockerung und die Bildung von Schwefelalgen in eisen- und schwefelreichen Mooren. Je nachhaltiger die Vorentwässerung ist, um so kleinere Sackungen der oberen Moorschichten sind nach der Dränung zu erwarten, um so sicherer liegt daher die ganze Dränung. In gut zersetzten, nicht besonders wasserreichen Niederungsmooren kann man meistens von einer längeren Vorentwässerung absehen.

Mitunter nutzt man auch die Drängräben selbst zur Vorentwässerung aus, indem man sie zunächst nur 0,5 bis 0,6 m tief aushebt, um sie erst später auf volle Tiefe zu bringen und dann die Dränstränge zu verlegen.

Abb. 238. Moordränung mit Legestange.

Die Dränrohre müssen gegen ungleichmäßiges Sacken besonders gesichert werden. Man verlegt sie daher entweder in eine Schicht von Heidekraut, Fasertorf, Stroh, Schilf, Rasensoden oder ähnlichen Stoffen oder auch auf Holzunterlagen. Im Hochmoor ist Heidekraut meistens in großen Mengen auf der Baustelle vorhanden. In weichen Mooren und bei der Kreuzung von Wegen sind Holzunterlagen vorzuziehen. Gebräuchlich sind Ausführungen nach den Abb. 197 bis 200 (S. 256). Dabei tritt aber die schon oben (S. 255) erwähnte Gefahr auf, daß die gewöhnlichen eisernen Nägel in sauren Mooren bald zerstört werden. In nicht zu weichen Mooren hat sich folgendes Verfahren bewährt: nach Anstampfen der Streuschicht werden etwa 10 auf eine Legestange (Gasrohr) geschobene Rohre gleichzeitig verlegt und mit einer weiteren Schicht aus den oben genannten Stoffen überdeckt (Abb. 238). Die Legestange ist erst wieder herauszuziehen, wenn der Drängraben etwa bis zur halben Tiefe zugefüllt ist. Die Streuschicht soll in zusammengepreßtem Zustande die Rohre von allen Seiten etwa 10 cm umhüllen. Um das zu erreichen, muß man reichlich Heidekraut nehmen. Vielfach ist es üblich, die Rohre in dieser Weise von unten nach oben zu verlegen. Die dabei in die Dräne gelangenden feinen Schlammteilchen werden erfahrungsgemäß leicht wieder herausgespült. Dieses Verfahren hat den Vorteil, daß man die Legestange auch am unteren Ende des Saugers verwenden kann, wo eine gute Lage der Rohre besonders wichtig ist und wo man sonst, bei der von oben nach unten fortschreitenden Dränung, die Legestange aus dem Drän nicht wieder herausziehen könnte. Das von oben zufließende Wasser wird durch die bereits verlegte Dränstrecke schnell abgeleitet, so daß das Verlegen der Rohre keine Schwierigkeiten bereitet. In wasserreichen Mooren stellt man die endgültige Grabentiefe erst unmittelbar vor dem Legen der Rohre her, da sich sonst sehr viel feiner Moorschlamm auf der Grabensohle ansammeln würde.

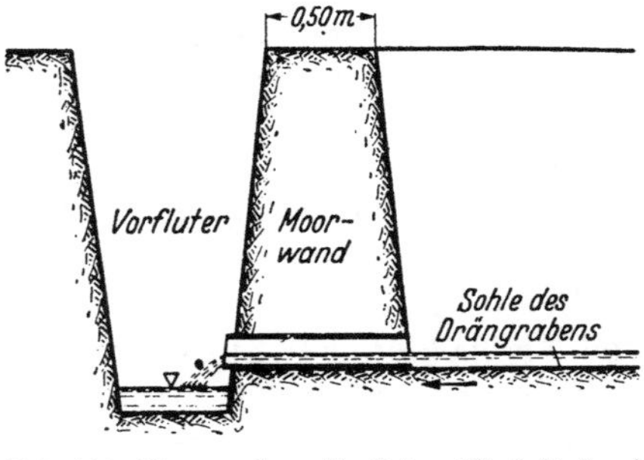

Abb. 239. Moorwand am Vorfluter. (Nach Brüne.)

Damit der Füllboden des Drängrabens später nicht in den Vorfluter rutscht, empfiehlt es sich, nach Abb. 239 eine Moorwand von etwa 0,5 m Stärke stehenzulassen. Die Wand wird nach Bedarf mittels einer Stange durchstoßen, um dem Wasser Abfluß zu schaffen. Zum Schluß wird sie mit einem Ausmündungsstück oder mit Dränrohren durchfahren.

Das sofortige Zufüllen der Drängräben bis zur Mooroberfläche ist wichtig, wenn mit der Bildung von Eisenocker oder Schwefelalgen gerechnet werden muß. Als Füllmaterial ist, soweit irgend möglich, Weißtorf oder Bunkerde zu verwenden. Denn stark zersetztes Hochmoor lagert sich verhältnismäßig dicht und erschwert die Versickerung des Wassers zum Dränstrang.

VII. Schöpfwerke.

A. Die Anlage im allgemeinen.

Die Hebung des Wassers durch Schöpfwerke (Pumpwerke) kann dann erforderlich werden, wenn eine natürliche Vorflut nicht vorhanden ist. Die Schöpfwerke schaffen eine „künstliche Vorflut" oder „künstliche Entwässerung". Auch dienen sie der Hebung von Bewässerungswasser. An sich hat der Bau eines Entwässerungsschöpfwerkes stets den Nachteil, daß die Entwässerung mit den laufenden Betriebskosten des Schöpfwerkes belastet wird. Man muß daher in jedem Einzelfalle prüfen, ob ein Schöpfwerk unbedingt erforderlich ist, weil sich anders eine ausreichende Vorflut überhaupt nicht erreichen läßt, oder ob die künstliche Entwässerung trotz der laufenden Betriebskosten wirtschaftlicher ist als die natürliche. Derartige Überlegungen können nur auf eingehenden Vergleichsrechnungen fußen.

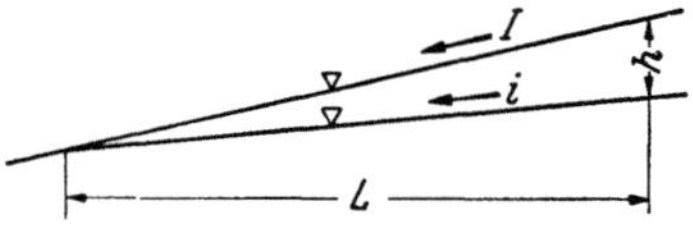

Abb. 240. Vorflutbeschaffung durch schwaches Gefälle.

Eine ausreichende natürliche Vorflut ist bisweilen dadurch zu erreichen, daß man den Hauptentwässerungsgraben des zu entwässernden Gebietes mit schwachem Gefälle i weiter unterhalb in den Vorfluter führt (Abb. 240), der das größere Gefälle J aufweist. Man gewinnt dann auf die Länge L eine Senkung $h = L(J - i)$. Besonders günstig liegen die Verhältnisse, wenn der Hauptentwässerungsgraben in das Unterwasser eines vorhandenen Staues eingeleitet werden kann. Ergibt die Vergleichsrechnung, daß die Jahreskosten einer natürlichen Entwässerung nicht wesentlich höher als die einer künstlichen sind, so sollte man trotzdem die natürliche Vorflut vorziehen. Denn die Erfahrung zeigt, daß häufig eine falsche Sparsamkeit im Schöpfwerksbetriebe den Erfolg der ganzen Anlage verringert. Auch werden die Anlagekosten mit der Zeit getilgt, während der Schöpfwerksbetrieb eine dauernde Belastung bleibt.

Bei der Entwässerung durch Schöpfwerke unterscheidet man die Fluß-, Tief- und Tidepolder. Flußpolder haben bei den tieferen Wasserständen im Fluß freie Vorflut, während Tiefpolder so tief liegen, daß sie nur künstlich entwässert werden können. In den Tidepoldern, deren Außenvorfluter im Ebbe- und Flutbereich liegt, treten die Schöpfwerke im allgemeinen nur dann in Tätigkeit, wenn das Grabennetz nicht imstande ist, stärkere Binnenzuflüsse in der Sielschlußzeit zu speichern. Hier ist daher ein gutes Speichervermögen der Gräben sehr erwünscht.

Besonderer Untersuchungen bedarf die Frage, ob das gesamte dem Schöpfwerk zufließende Wasser gepumpt oder ob ein Teil durch einen Randgraben mit natürlicher Vorflut abgeführt werden soll (Abb. 241). In der Regel fließt dem zu entwässernden Polder P von höher gelegenen Flächen F, dem sog. Fremdgebiet (S. 343), noch Wasser zu, das durch einen Randgraben R abgefangen werden kann, bevor es in den tiefliegenden Polder gelangt. Häufig werden die

Anlage- und Betriebskosten des Schöpfwerkes infolge der Entlastung durch den Randgraben so verringert, daß der Bau des Randgrabens sich lohnt. In anderen Fällen ist zu prüfen, ob die Einleitung eines Fremdwasser führenden Grabens G (Abb. 242) in den Vorfluter mit Rückstaudeichen R und Düker D wirtschaftlicher ist als das Pumpen des Fremdwassers.

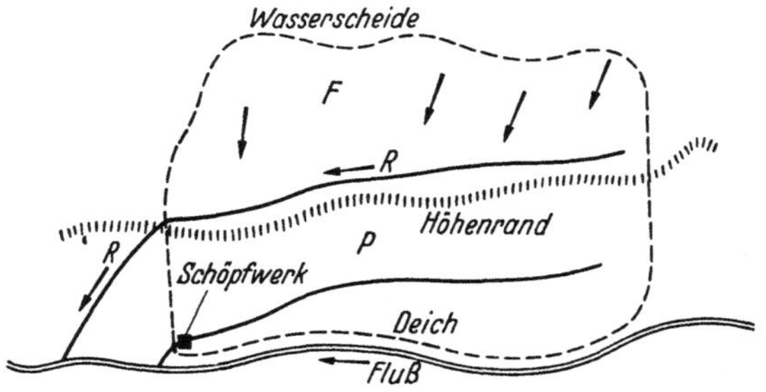

Abb. 241. Schöpfwerk mit Randgraben.

Liegen die tiefsten Flächen f (Abb. 243) in der Mitte des Polders, so kann es lohnend sein, vom Fluß aus einen eingedeichten Stichgraben in den Polder hineinzulegen, anstatt den Hauptentwässerungsgraben durch die höheren Randflächen des Polders hindurchzuführen. Das Schöpfwerk S steht dann am Ende des Stichgrabens, wo auch der Hauptentwässerungsgraben endet. Ein Nachteil dieser Lösung liegt darin, daß auch die Deiche des Stichgrabens Drängewasser liefern.

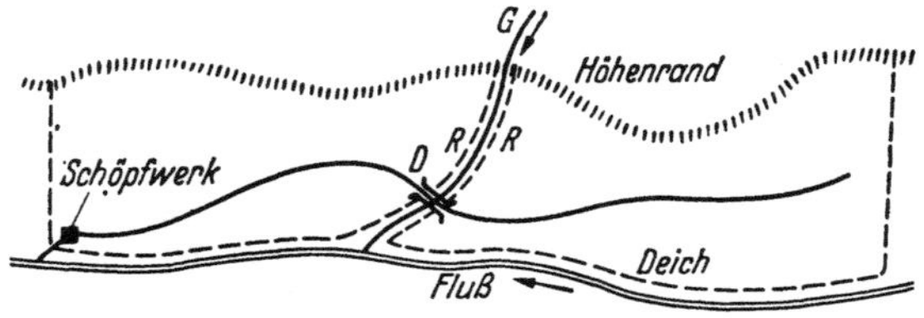

Abb. 242. Fremdwasserableitung mit Rückstaudeichen.

In langgestreckten großen Poldern ist häufig der Bau mehrerer Schöpfwerke zweckmäßig. Wenn der Polder der Abb. 244 die beiden Schöpfwerke I und II erhält, so wird durch den Betrieb des Schöpfwerkes II der Hauptentwässerungsgraben zwischen I und II entlastet, seine Bau- und Unterhaltungskosten werden somit verringert. Unter Umständen ist auch die Höhenlage des Geländes so, daß das Schöpfwerk II eine kleinere Förderhöhe zu überwinden hat als I, so daß auch hierdurch an Kosten gespart wird. Eine Vergleichsrechnung wird im Einzelfall ergeben, ob die Mehrkosten des Baues zweier Schöpfwerke nebst den höheren Jahreskosten für Bedienung und Unterhaltung durch die genannten Ersparnisse wieder aufgewogen werden.

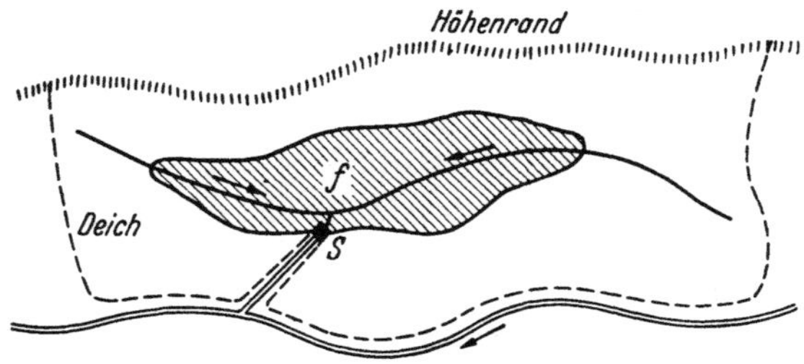

Abb. 243. Schöpfwerk mit Stichgraben.

Aber auch wenn das nicht der Fall ist, kann sich trotzdem der Bau mehrerer Schöpfwerke empfehlen. Denn je größer und namentlich je langgestreckter das von einem Schöpfwerk zu entwässernde Gebiet ist, um so leichter wirkt sich eine mangelhafte Unterhaltung der Gräben, mit der man zeitweise rechnen muß, dahin aus, daß die weiter vom Schöpfwerk entfernt liegenden Flächen nicht ausreichend entwässert werden. Dann bieten mehrere kleinere Schöpfwerke den Vorteil, daß die künstliche Entwässerung der oberhalb liegenden Flächen unabhängig wird von dem Unterhaltungszustand der unterhalb liegenden Strecke

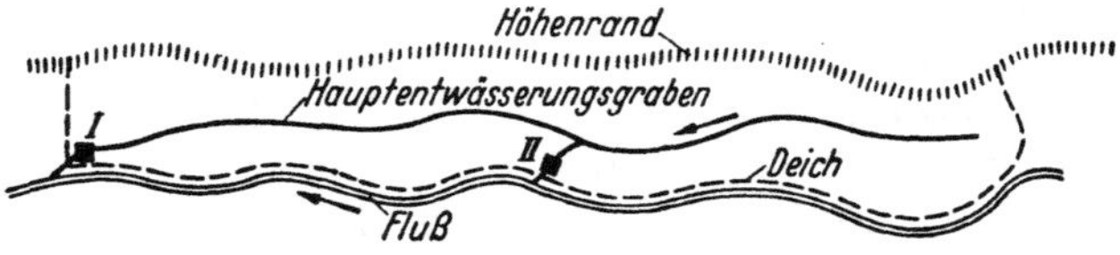

Abb. 244. Mehrere Schöpfwerke.

des Hauptentwässerungsgrabens. Je flacher der Polder ist, um so wichtiger ist die Frage, ob man mit einem Schöpfwerk auskommt. In fast waagerechten Poldern hat es sich im allgemeinen als zweckmäßig erwiesen, einem Schöpfwerk nicht mehr als 5 bis 6 km Hauptzubringer zuzuteilen, da sonst das erforderliche Wasserspiegelgefälle, das größer als das Geländegefälle ist, nur mit großen Erdarbeiten und hohen Kosten erreicht werden kann.

Ein weiterer Grund für die Anlage von zwei Schöpfwerken kann der sein, daß der Polder aus zwei Teilflächen von ausgesprochen verschiedener Höhenlage besteht. Wenn ein kleiner Teil des Polders wesentlich tiefer liegt als die übrigen Flächen, müßte zu seiner Entwässerung unter Umständen der Hauptentwässerungsgraben übermäßig tief eingeschnitten werden, wodurch nicht nur hohe Kosten entstehen würden, sondern auch eine streckenweise zu starke Absenkung des Grundwassers bewirkt werden könnte. Man zieht es dann bisweilen vor, die tiefere Fläche durch ein besonderes Zusatzschöpfwerk in den Hauptentwässerungsgraben zu entwässern, dessen Wasserspiegel und Sohle in diesem Falle nur so tief zu liegen brauchen, wie der größte Teil der Polderflächen es verlangt.

Auf den Hektar bezogen sind die Baukosten großer Schöpfwerke erklärlicherweise geringer als diejenigen kleiner. Bertram führt als Beispiel an (*7, 139*), daß die Schöpfwerke der Weichselniederung vor 1914 für einen Polder von 60 ha etwa 100 RM, für einen solchen von 1700 ha jedoch nur 30 RM je ha gekostet haben. Hinsichtlich der Betriebskosten besteht kein erheblicher Unterschied zwischen großen und kleinen Pumpen, da der Wirkungsgrad der Maschinen nicht wesentlich von ihrer Größe abhängt. Dagegen erfordern mehrere kleine Schöpfwerke größere Bedienungskosten als ein großes von gleicher Leistung.

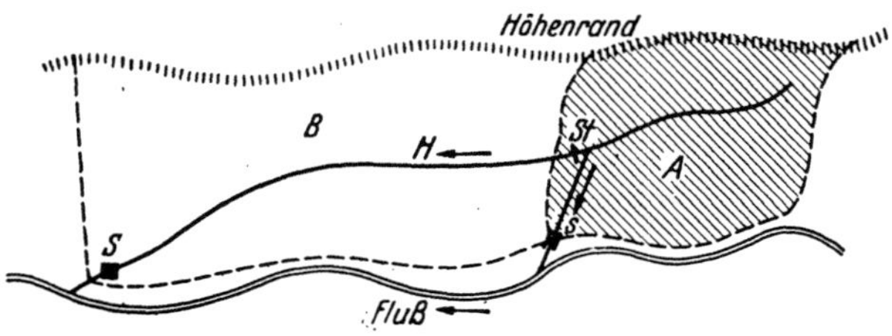

Abb. 245. Schöpfwerk mit Nebensiel.

Bei der Wahl der Schöpfwerksstelle sind verschiedene Gesichtspunkte zu beachten. Im allgemeinen ordnet man das Schöpfwerk in der Nähe des Deiches an, und zwar dort, wo ein Hauptentwässerungsgraben den Deich kreuzt. Das ist in der Regel die tiefste Stelle des Polders am Deich. Denn das Polderwasser soll durch ein günstig liegendes Grabennetz an das Schöpfwerk herangeführt werden. Bei niedrigen Außenwasserständen muß der Hauptbinnengraben frei entwässern, so daß an seiner Kreuzungsstelle mit dem Deich ein Siel (Auslaßschleuse) erforderlich ist. Nur in Tiefpoldern, die niemals freie Vorflut haben, ist ein Siel unnötig. Das Hauptsiel liegt in der Nähe des Schöpfwerkes und wird mit diesem bisweilen zu einem gemeinsamen Bauwerk vereinigt. Weitere Siele an anderen Stellen haben die Aufgabe, das Polderwasser auf kürzestem Wege dem Vorfluter zuzuführen, solange freie Vorflut vorhanden ist. Liegt z. B. ein Teil *A* des Polders (Abb. 245) höher zum Wasserspiegel des Vorfluters als die übrigen Flächen *B*, so muß das Schöpfwerk *S* bereits in Tätigkeit treten, während das Siel *s* noch frei entwässern kann. Man sperrt dann den Hauptentwässerungsgraben *H* durch die Stauschleuse *St* so lange ab, wie bei *s* freie Vorflut vorhanden ist, und entlastet dadurch vorübergehend das Schöpfwerk.

Besitzt ein alter Deich ein noch brauchbares Siel an geeigneter Stelle, so soll dieses grundsätzlich beibehalten werden. Man vermeidet dadurch das Anschneiden des alten Deichkörpers und die damit verbundenen Gefahren bei Hochwasser (S. 330).

Wertvoll ist die Lage des Schöpfwerkes in der Nähe eines natürlichen Mahlbusens. Wenn nämlich weniger Polderwasser in der Zeiteinheit zufließt als die Pumpe leistet, und wenn im Grabennetz nur wenig Wasser gespeichert werden kann, müßte der Pumpbetrieb in kurzen Zeitabständen dauernd unterbrochen werden, weil der Hauptentwässerungsgraben schnell leer gepumpt würde und sich erst wieder füllen müßte. Der Mahlbusen dient dann als Ausgleichbecken und verringert die Unterbrechungen um so mehr, je größer er ist. Gleichzeitig wirkt er als Schlammfang; eine Entschlammung kann von Zeit zu Zeit nötig werden. Auch das Grabennetz des Polders dient als Grabenstauraum. Künstliche Mahlbusen erfordern meistens so erhebliche Kosten, daß sich ihre Herstellung nicht lohnt. Als natürliche Mahlbusen dienen alte Flußschlenken, Teiche oder Wasserlöcher, die binnendeichs liegen. Bevor man sich entschließt, sie als Mahlbusen zu verwenden, ist zu untersuchen, ob sie viel Drängewasser liefern (S. 344). Denn sie stehen bisweilen durch unterirdische durchlässige Bodenschichten mit dem Flußbett in Verbindung. Man mißt bei höheren Außenwasserständen die Veränderung ihres Wasserspiegels und nötigenfalls ihren sekundlichen Abfluß, um daraus die Drängewassermenge zu berechnen. Ist diese groß, so ist das Gewässer als Mahlbusen ungeeignet. Es kann dann sogar notwendig werden, derartige in der Nähe des Deiches liegende Schlenken und Wasserlöcher mit Ringdeichen *R* (Deichschlössern) zu umgeben, innerhalb derer der Wasserspiegel bei höheren Außenwasserständen ansteigt (Abb. 246). Dadurch wird der Überdruck des Außenwassers von der Höhe *H* auf *h* und somit auch die Menge des Drängewassers verringert. Die Ringdeiche *R* sind besonders sorgfältig herzustellen, damit sie nicht ihrerseits viel Drängewasser durchlassen.

Abb. 246. Deichschloß.

Wenn der Hauptentwässerungsgraben in der Nähe des Deiches den unter einer Schlickschicht liegenden feinsandigen Untergrund anschneiden würde, ist es zu vermeiden, den Graben dicht an den Deich heranzuführen, damit der feine Sand nicht in Bewegung gerät und dadurch der Deich gefährdet wird (S. 239).

Die Lage des Schöpfwerkes hängt auch vom Baugrund ab. Gerade an den tiefsten Stellen der Flußniederungen ist er häufig wenig günstig. Im Zweifelsfalle sind Bohrungen erforderlich. Das Schöpfwerk muß durch einen Weg zugänglich sein, um Ersatzteile, gegebenenfalls auch Betriebsstoffe, heranschaffen zu können. In Sommerpoldern muß das Schöpfwerk auch bei überschwemmtem Polder erreichbar sein. Nötigenfalls ist in solchen Fällen der Deich selbst als Fahrweg zu benutzen und darauf einzurichten.

Auch die Bedienung des Schöpfwerkes ist im voraus zu klären. Es ist immer günstig, wenn der Schöpfwerkswärter in der Nähe wohnt. Von einem besonderen Dienstgehöft sieht man in der Regel ab, zum mindesten in den zahlreichen Fällen, in denen die Wartung im Nebenberuf ausgeübt wird. Der Wärter wohnt dann in einem nahen Dorf. Seine Bemühung um einen geregelten Schöpfwerksbetrieb pflegt größer zu sein, wenn er selbst entwässerungsbedürftiges Land in der Nähe des Schöpfwerkes bewirtschaftet.

Soll ein Schöpfwerk elektrisch betrieben werden, so ist es von Bedeutung, ob in der Nähe schon eine Stromleitung liegt. Man hat unter Umständen die Wahl, den elektrischen Strom entweder mit der für den Motor erforderlichen Betriebsspannung an das Schöpfwerk heranzuführen oder mit einer höheren Spannung und ihn dann beim Schöpfwerk auf die Betriebsspannung zu transformieren. Da die Energieverluste mit der Länge der Leitung zunehmen und um so größer sind, je kleiner U und je größer daher J ist, so ist zu prüfen, welches der beiden Verfahren im Einzelfall wirtschaftlicher ist (S. 358).

Sofern es möglich ist, ordnet man das Schöpfwerk nahe am Flusse an, damit der Außengraben zwischen Deich und Fluß recht kurz wird. Denn dieser ist unter der Einwirkung der Flußhochwasser der Versandung und sonstigen Beschädigungen stark ausgesetzt. Er soll möglichst an einer hohlen Krümmung des Flusses münden, weil hier die Gefahr der Versandung seiner Mündung am geringsten ist. Die Auslaßschleusen sind nötigenfalls als Kahnschleusen einzurichten, damit auf größeren Binnenvorflutern der Kahnverkehr, z. B. für die Fischer, nicht unterbunden wird.

Für das Grabennetz des Polders gelten die im Teil III angegebenen Vorschriften. Daneben müssen aber manche Besonderheiten beachtet werden. So gibt man dem Hauptentwässerungsgraben in der Nähe des Schöpfwerkes besonders flache Böschungen, 1 : 2 bis 1 : 3, wenn hier eine sehr starke Wassergeschwindigkeit zu erwarten ist, oder wenn der Wasserspiegel des Grabens mangels ausreichenden Speicherraumes häufig steigt und fällt. Denn das ist für die Grabenböschungen recht ungünstig. Die Sohle des Hauptentwässerungsgrabens soll am Schöpfwerk so tief angeordnet werden, daß man zur Erleichterung der Grabenräumung imstande ist, das Binnenwasser weitgehend abzusenken (Übertiefe etwa 0,50 bis 0,75 m).

In Tiefpoldern kann sich die Frage ergeben, ob man durch Vergrößerung der Grabenquerschnitte die Absenkung des Binnenwassers am Schöpfwerk geringer halten und so durch Verminderung der Förderhöhe an Pumpkosten sparen kann. Die Ersparnis an Betriebskosten muß dann größer sein als die Zunahme des Zins- und Tilgungsdienstes infolge der größeren Grabenkosten. Im allgemeinen ist jedoch eine Vergrößerung der Grabenquerschnitte, die meistens auch noch vermehrte Unterhaltungskosten mit sich bringt, nicht lohnend. Im Zweifelsfalle können nur vergleichende Kostenberechnungen Aufschluß geben.

Auch im Außengraben soll das gepumpte Wasser in der Nähe des Schöpfwerkes einen ungehinderten Abfluß finden. Gerade die Außengräben werden häufig vernachlässigt, weil ihrem Zustand keine Bedeutung beigemessen wird. Fehlt aber der geregelte Abfluß im Außengraben, so treten Wirbel- und Kolkbildungen ein, die nicht nur die baulichen Anlagen gefährden können, sondern auch eine unnötige Mehrbelastung der Kraftmaschine bedingen.

In denjenigen Fällen, in denen vor Beginn des Wachstums im Frühjahr eine verstärkte Schöpfwerkstätigkeit erforderlich ist (S. 344), müssen auch die Gräben imstande sein, die größere sekundliche Wassermenge an das Schöpfwerk heranzuführen. Dann sind also unter Umständen größere Grabenquerschnitte erforderlich als bei natürlicher Vorflut und sonst gleichen Verhältnissen. Reichliche Grabenquerschnitte (obere Breiten) vermehren auch den Speicherraum der Gräben oberhalb des mittleren Wasserstandes (S. 307).

In Poldern, deren Teilflächen verschieden hoch über dem mittleren Grundwasserstand liegen, kann man eine zu starke Absenkung des Grundwassers auf höheren Flächen infolge des Pumpbetriebes dadurch verhindern, daß man an geeigneten Stellen Stauschützen in die größeren Nebengräben einbaut. Der Hauptentwässerungsgraben, der zum Schöpfwerk führt, soll frei von Stauen bleiben. In ihm muß stets Vorflut vorhanden sein, so daß der Grabenwasserspiegel in jeder durch eine Stauschleuse abgeschlossenen Haltung nach Bedarf gesenkt oder gehoben werden kann, ohne daß dadurch die übrigen Haltungen in Mitleidenschaft gezogen werden. Auch bei verschiedenen Nutzungsarten (Acker und Grünland) kann das Verfahren der Stauhaltungen angewendet werden, wenn die Nutzungsarten in ausreichendem Umfange zusammenliegen. In sehr großen Poldern kommt auch eine Unterteilung der Schöpfarbeit in der Weise zur Anwendung, daß das Hauptschöpfwerk die ständige Vorflut im Hauptentwässerungsgraben sicherstellt und kleineren Polderschöpfwerken die Aufgabe zufällt, den Wasserstand in den einzelnen Polderabschnitten (Haltungen) zu regeln. Durch eine Querverbindung zwischen zwei Haltungen kann bisweilen erreicht werden, daß bei Störungen ein Schöpfwerk für das andere eintritt. Die günstigste Poldereinteilung und die wirtschaftlichste Anzahl der Schöpfwerke sind durch Kostenvergleiche zu ermitteln.

B. Die Schöpfwerksmaschinen.

1. Wasserhebemaschinen.

a) Schleuderpumpen. Die wichtigste Wasserhebemaschine für Schöpfwerke ist die Schleuderpumpe. Wesentlich seltener werden die übrigen Maschinen verwendet (S. 316f.).

Alle im Schöpfwerksbau verwendeten Schleuderpumpen sind Niederdruckpumpen. Nach der Bauart des Laufrades unterscheidet man Zellenräder, Schraubenräder und Flügelräder (Propellerräder, Schraubenschaufler). Die 6 bis 12 Schaufeln des Zellenrades a liegen zwischen einem inneren und äußeren Radkranz (Abb. 247), während diejenigen des Schraubenrades b (4 bis 8) an einer inneren Nabe befestigt sind. Die 3 oder 4 Flügel der Flügelräder c sitzen einzeln an der Nabe und sind entweder fest oder drehbar angeordnet. Das Gestänge zum Drehen der Flügel liegt in der hohlen Pumpenwelle. Die Veränderung der Flügelstellung hat zur Folge, daß die Pumpe bei gleichbleibender Förderhöhe und Drehzahl eine andere sekundliche Wassermenge fördert. Je nach der Ausführung läßt sich die Flügelstellung entweder während des Betriebes oder nur bei stillstehender Pumpe ändern. Im zweiten Falle ist die bauliche Lösung einfacher als im ersten. Die Verstellung während des Betriebes verlangt auch gut geschulte Wärter, sie hat sich bisher nicht durchgesetzt. Praktische Bedeutung hat die Flügelverstellung namentlich bei elektrischem Antrieb mit unveränderlicher Drehzahl. Flügelräder mit verstellbaren Flügeln haben sich schon vielfach bewährt. Sie ermöglichen eine stufenlose, also sehr genaue Anpassung der sekundlichen Schöpfmenge an den jeweiligen Zufluß. Ihr Wirkungsgrad ist gut (S. 138).

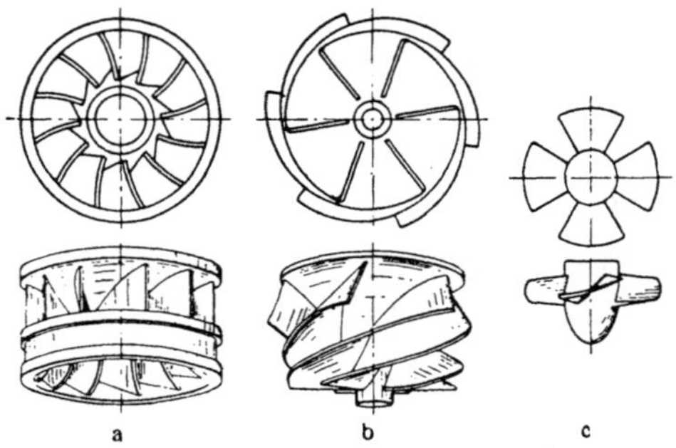

Abb. 247. Bauarten des Laufrades (Schöpfwerksausschuß).

Um dieselbe sekundliche Wassermenge auf die gleiche Förderhöhe zu heben, bedürfen die Flügelräder einer größeren Drehzahl als die Schraubenräder, diese wiederum einer größeren als die Zellenräder. Oder bei gleicher Drehzahl und gleicher Förderhöhe heben Zellenräder die größte, Flügelräder die kleinste Wassermenge in der Zeiteinheit.

Man unterscheidet ferner Pumpen mit liegender (waagerechter) und solche mit stehender (senkrechter) Welle, offene Pumpen und Gehäusepumpen, Pumpen mit und ohne Leitkranz. Die offenen Pumpen erhalten stets eine stehende Welle. Der über ihnen liegende Pumpendruckschacht wird kreisförmig (mit Zunge zwecks Führung des Wassers) oder spiralförmig hergestellt.

Die Gehäuse werden als Schneckengehäuse (Spiralgehäuse), Längsgehäuse (Axialgehäuse), Kreisgehäuse oder Schräggehäuse gebaut. Die offene unter Wasser liegende Pumpe mit stehender Welle und Zellenrad wird auch Kreisel genannt, heute aber kaum noch verwendet. Das Schneckengehäuse läuft um das Laufrad der Pumpe herum, wobei es an Querschnitt gleichmäßig zunimmt, und gibt der Pumpe das Aussehen einer Schneckenwindung. Es läuft tangential in die Druckleitung aus (Abb. 248). Schneckenpumpen mit Zellenrad nennt man „Zentrifugalpumpen“. Die Anordnung des Längsgehäuses ist aus Abb. 249 zu erkennen. Das Kreisgehäuse umgibt das Laufrad mit gleichem Querschnitt, es kommt bei Schöpfwerkspumpen nur selten zur Anwendung. Abb. 250 zeigt ein Schräggehäuse. Hier wird das aus dem Laufrad nach außen strömende Wasser in die Richtung der Achse zurückgeleitet.

Im Leitkranz wird das aus dem Laufrad der Pumpe kommende Wasser verzögert und dadurch seine Geschwindigkeit in Druck umgesetzt. Gleichzeitig wird das Wasser durch die Schaufeln des Leitrades in die Abströmrichtung gelenkt.

Beim Kreis- und Schneckengehäuse spricht man von einer oberschlächtigen oder unterschlächtigen Lage des Druckstutzens, je nachdem ob dieser ober- oder unterhalb der liegenden Welle angebracht ist.

Man unterscheidet einströmige und zweiströmige Pumpen, je nachdem das Wasser nur von einer oder von zwei Seiten zugeführt wird. Die zweiströmige Pumpe besitzt zwei nebeneinander liegende Laufräder (Zellenräder) und leistet unter sonst gleichen Verhältnissen das Doppelte wie die einströmige. Ihr wird

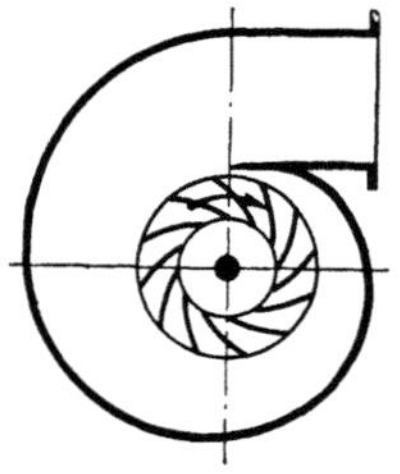

Abb. 248. Schneckengehäuse (Schöpfwerksausschuß).

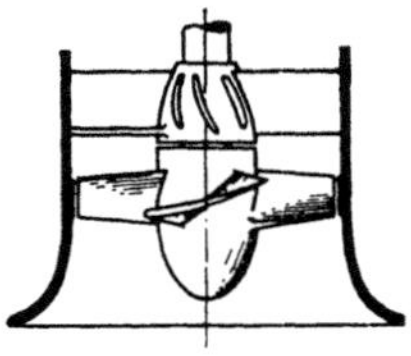

Abb. 249. Längsgehäuse (Schöpfwerksausschuß).

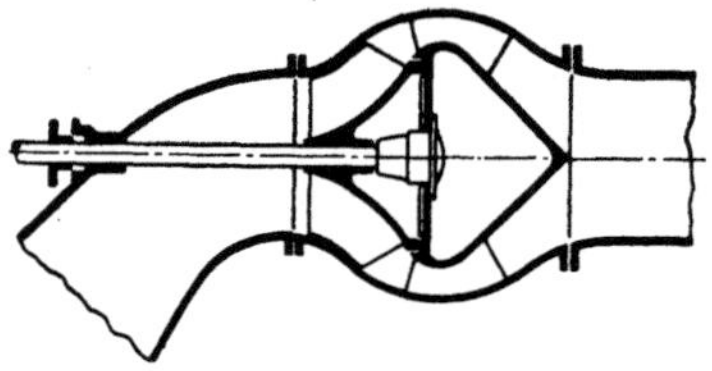

Abb. 250. Schräggehäuse (Schöpfwerksausschuß).

das Wasser entweder durch zwei getrennte Saugrohre mit je einem Saugkrümmer zugeführt oder durch zwei Saugkrümmer, die sich zu einem sog. Hosenrohr vereinigen, an das sich ein Saugrohr anschließt.

Für alle Schleuderpumpen gelten die auf S. 137 abgeleiteten wichtigen Beziehungen (*246*). Auf diesen beruhen die Leistungsversuche, die auf den Prüfständen der Pumpenwerke angestellt werden. Durch verschiedene Drosselung eines in die Druckleitung der Pumpe eingebauten Schiebers wird die Förderleistung Q verändert. Man mißt Q durch Überfälle (S. 133), durch Düsen oder auf andere Weise. Für jeden Q-Wert findet man leicht v_3 und v_4 mit Hilfe der Rohrquerschnitte an den Stellen 3 und 4. Die Druckwerte p_3 und p_4 werden durch Manometer ermittelt. Da $(h_{g\,4} - h_{g\,3})$ leicht zu messen ist, ergibt sich somit H_m aus Gl. (106). Die Wellenleistung N wird entweder mittels eines zwischen Antriebseinrichtung und Pumpenwelle geschalteten, geeichten Dynamometers oder mittels eines geeichten unmittelbar gekuppelten Elektromotors bestimmt, dessen Kraftverbrauch zu messen ist und dessen Wirkungsgrad η_M bei verschiedenen Belastungen bekannt sein muß (S. 353). Sehr genau arbeitet der Torsionsdynamometer. In diesem Meßgerät wird ein Stab durch das übertragene Moment verdreht und die Verdrehung durch Spiegelung gemessen. Der Wert η_P der Pumpe ist aus den Gln. (105) und (107) zu berechnen. Bei jedem Versuch ist auch die Drehzahl n der Pumpe zu ermitteln.

Führt man derartige Versuche für mehrere Q-Werte durch und trägt man die zueinander gehörigen Werte H_m und Q nach Abb. 251 auf, so erhält man die Drossellinie, die auch $Q\,H_m$-Linie oder Pumpenkennlinie genannt wird.

Rechnerisch ist die Gesamtförderhöhe H_m aus Gl. (104) oder (108) zu ermitteln. H_{Ea} in Gl. (104) umfaßt alle Energieverluste außerhalb der Pumpe, also h_r nach Gl. (99) sowie die Werte h_e, h_k, h_f und h_a (S. 159). Die konische Erweiterung des Saugrohres hat den Zweck, h_e möglichst klein zu halten, während man das Druckrohr konisch auslaufen läßt, damit die Austrittsgeschwindigkeit c_a [$= c_1$ der Gl. (169)] und somit h_a klein wird. Bei senkrechtem Saugrohr ist $v_1 = 0$; v_2 [$= c_2$ in Gl. (169)] ist meistens 0, da die Wassermasse vor dem Druckrohr fast stets im Rückstau liegt. Dann wird $h_a = c_a^2/2\,g$.

Der Fall der Gl. (108) kommt bei Schöpfwerken kaum vor, da die Förderhöhe unnötig groß wird, ein Aufprallverlust tritt nicht ein ($h_a = 0$).

Zwischen der Gesamtförderhöhe H_m und der Nutzförderhöhe H_g besteht in der Regel die Beziehung der Gl. (104) mit $v_1 = v_2 = 0$, d. h.

$$H_m = H_g + H_{Ea}. \tag{217}$$

Alle Glieder der Höhe H_{Ea} nehmen mit c^2, also auch mit Q^2 zu. Trägt man daher die Verlusthöhen H_{Ea} für verschiedene Q-Werte nach Abb. 251 auf, so erhält

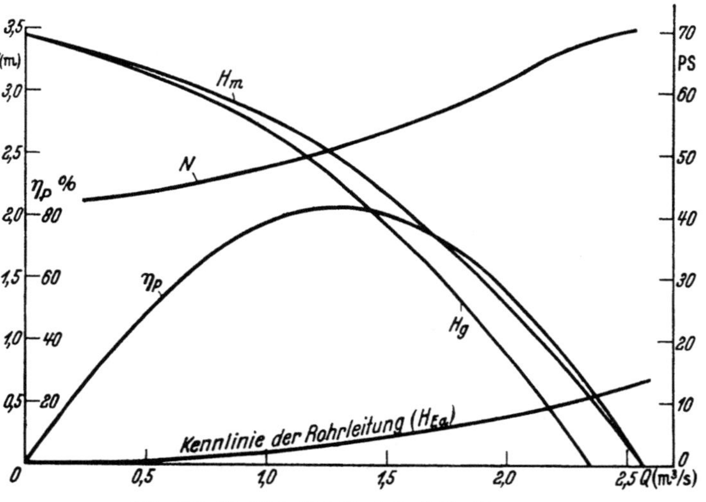

Abb. 251. Wichtige Kurven einer Schleuderpumpe.

man die sog. Kennlinie der Rohrleitung als quadratische Parabel und mit ihrer Hilfe ohne weiteres auch die $Q\,H_g$-Linie.

Durch Q und H_m ist auch die Nutzleistung der Pumpe bestimmt, sie beträgt

$$N_n = \frac{\gamma\, Q\, H_m}{75} = 13{,}33 \cdot Q\, H_m \tag{218}$$

Pferdestärken (PS). Aus den Gln. (105) und (107) folgt

$$\eta_P = \frac{Q\, H_m}{0{,}102 \cdot K\, \eta_M}. \tag{219}$$

Die auf die Pumpenwelle zu übertragende Leistung N der Kraftmaschine (Antriebsleistung der Pumpe) ist wegen der in der Pumpe auftretenden Verluste größer als N_n, nämlich

$$N = \frac{N_n}{\eta_P}. \tag{220}$$

Auch N und η_P werden zeichnerisch aufgetragen (Abb. 251).

Jedes Wertepaar $Q\,H_m$ bestimmt einen Punkt im Koordinatensystem $Q\,H_m$, den man Betriebspunkt nennt. Damit die Pumpe die sekundliche Wassermenge Q auf die manometrische Förderhöhe H_m hebt, muß ihre $Q\,H_m$-Linie durch den betr. Betriebspunkt gehen, was sich durch eine entsprechende Wahl der Drehzahl erreichen läßt.

Ändert man die Drehzahl n einer Schleuderpumpe (n = Zahl der Umdrehungen je Minute), so ändern sich auch die Strömungsverhältnisse in der Pumpe. Die in ihr auftretenden Verluste, die den Wirkungsgrad bedingen, lassen sich in innere (Strömungsverluste) und äußere (Gleitflächenverluste) trennen. Die Strömungsverluste hängen nur vom Stoßzustand der Pumpe ab, d. h. von dem Winkel, unter dem das Wasser auf die Schaufeln stößt. Dieser Stoßzustand bleibt für alle Betriebspunkte, die auf einer Stoßparabel P liegen (Abb. 252), unverändert. Das bedeutet, daß auch die Strömungsverluste und der durch sie bewirkte sog. innere Wirkungsgrad der Pumpe sich längs einer Stoßparabel nicht ändern. Man nennt die Stoßparabeln auch Parabeln gleichen Stoßzustandes. Eine dieser Parabeln, P_0, heißt die Parabel des besten (inneren) Wirkungsgrades, weil längs dieser die Strömungsverluste am kleinsten sind, es ist die Parabel des stoßfreien Wassereintritts.

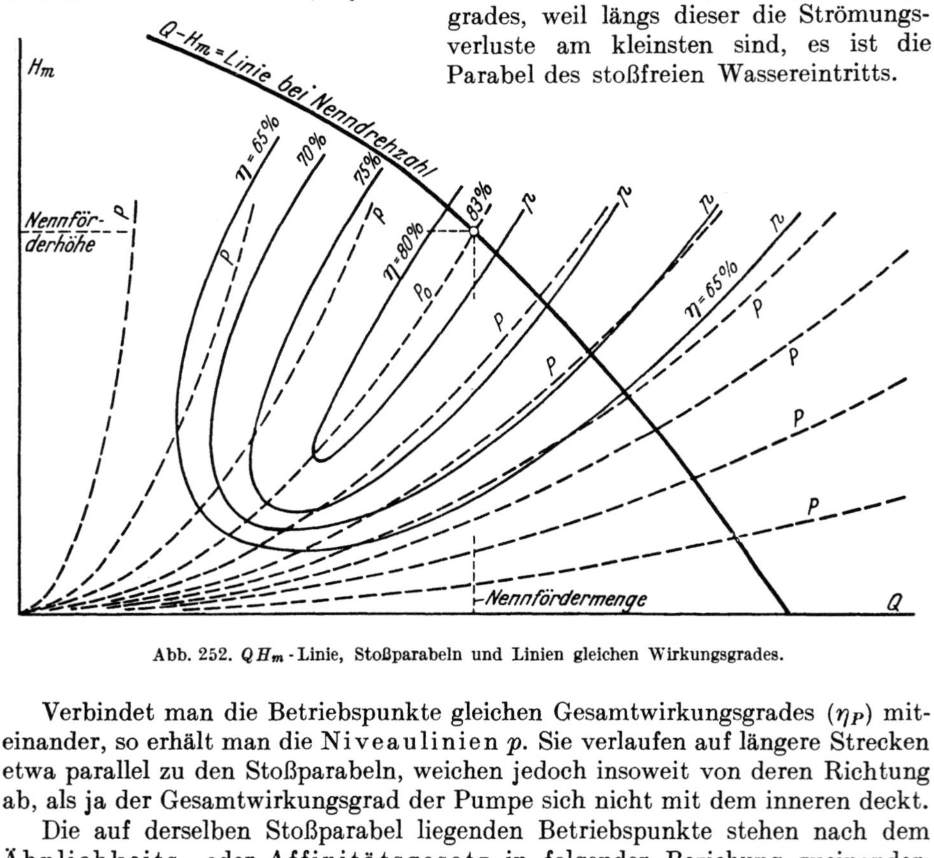

Abb. 252. QH_m-Linie, Stoßparabeln und Linien gleichen Wirkungsgrades.

Verbindet man die Betriebspunkte gleichen Gesamtwirkungsgrades (η_P) miteinander, so erhält man die Niveaulinien p. Sie verlaufen auf längere Strecken etwa parallel zu den Stoßparabeln, weichen jedoch insoweit von deren Richtung ab, als ja der Gesamtwirkungsgrad der Pumpe sich nicht mit dem inneren deckt.

Die auf derselben Stoßparabel liegenden Betriebspunkte stehen nach dem Ähnlichkeits- oder Affinitätsgesetz in folgender Beziehung zueinander, wenn man die zusätzlichen Verluste, wie Lagerreibung, Radreibung usw., vernachlässigt

$$\frac{n}{n_1} = \frac{Q}{Q_1} = \sqrt{\frac{H_m}{H_{m1}}} = \sqrt[3]{\frac{N_n}{N_{n1}}}. \tag{221}$$

Entsprechend ergibt sich die Gleichung der Drossellinie zu

$$H_m = k_1 n^2 + k_2 n Q + k_3 Q^2. \tag{222}$$

k_1, k_2, k_3 sind Festwerte. Hat man auf dem Versuchsstand die Drossellinie für die Nenndrehzahl (s. unten) aufgenommen, so braucht man nur für 3 Punkte dieser Linie die zugehörigen Werte Q und H_m zu entnehmen. Man erhält dann 3 Gleichungen mit den 3 Unbekannten k_1, k_2 und k_3. Zweckmäßig führt man diese Rechnung für 2mal 3 oder 3mal 3 Punkte durch und bildet die Mittelwerte der 2- oder 3mal gefundenen k-Werte. Diese Werte kann man als genügend genau ansehen, wenn man die Drehzahlen um nicht mehr als etwa $\pm 30\,\%$ gegenüber der zugrunde gelegten Drehzahl ändert. Aus Gl. (222) folgt für

$$Q = 0 : H_m \text{ verhältnisgleich } n^2.$$
$$H_m = 0 : Q \text{ verhältnisgleich } n.$$

Abb. 253 zeigt, daß der Wirkungsgrad $\eta = 0$ ist für $Q = 0$ und für $H_m = 0$. Mit steigender Drehzahl wird der Größtwert der Wirkungsgradlinie nach rechts verschoben und nimmt dabei etwas zu. Abb. 253 zeigt ferner, wie die strichpunktierten Linien gleichen Wirkungsgrades gezeichnet werden können. Die beiden Gln. (221) und (222) gelten wohlgemerkt nur für denjenigen Bereich, in dem die Niveaulinien angenähert parallel zu den Stoßparabeln verlaufen.

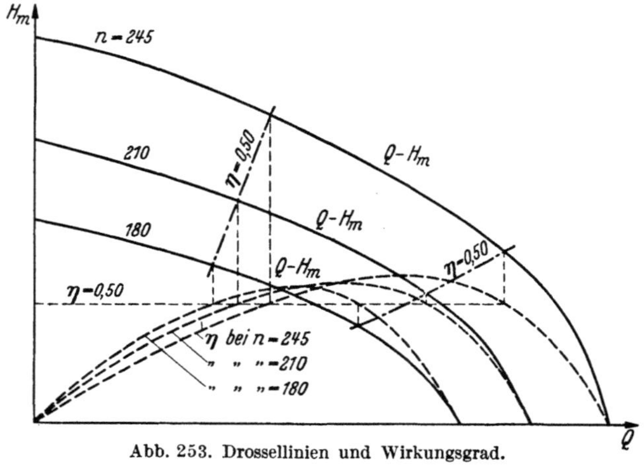

Abb. 253. Drossellinien und Wirkungsgrad.

Diejenigen zusammengehörigen Werte der Fördermenge, manometrischen Förderhöhe und Drehzahl, die den höchsten Wirkungsgrad ergeben, bezeichnet man als Nennfördermenge, Nennförderhöhe und Nenndrehzahl der betreffenden Pumpe.

Vergrößert man die Drehzahl n einer Wasser fördernden Schleuderpumpe, so steigt natürlich ihre Arbeitsleistung, was in einer Vergrößerung ihres Drehmomentes M zum Ausdruck kommt. Drückt man M (mkg) als Kräftepaar aus

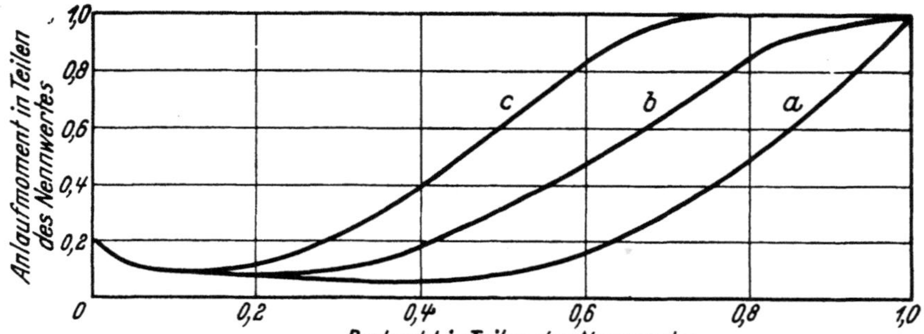

Abb. 254. Anlaufmomente von Schleuderpumpen.

(zwei gleichlaufende entgegengesetzt gerichtete Kräfte P im Abstande a), so legt jede Kraft P in 1 s den Weg $\frac{a\pi n}{60}$ zurück, leistet daher $\frac{a\pi n}{60} P$ mkg/s. Da nun $M = P\,a$ ist und zwei Kräfte P Arbeit leisten, so wird

$$M = \frac{60 \cdot 75}{2\pi} \frac{N_n}{n}. \tag{223}$$

N_n in PS, M in mkg. Da nach Gl. (221) $N_n : N_{n1} = n^3 : n_1^3$, so ist

$$M : M_1 = n^2 : n_1^2. \tag{224}$$

Beim Anlaufen einer Schleuderpumpe erreichen n und M erst nach einer gewissen Zeit ihren vollen Wert, man bezeichnet M in dieser Zeit als Anlaufmoment. Abb. 254 zeigt den Verlauf des Anlaufmomentes für langsamlaufende

Zellenrad-Querstrompumpen (*a*), für Schraubenrad-Schrägstrompumpen (*b*) und für schnellaufende Flügelrad-Längsstrompumpen (*c*). Wenn das Anlaufmoment der Kraftmaschine erheblich schneller wächst als das der Pumpe, besteht die Gefahr, daß die Wellen, Kupplungen, Zahnräder usw. beim Anlassen zu stark beansprucht werden.

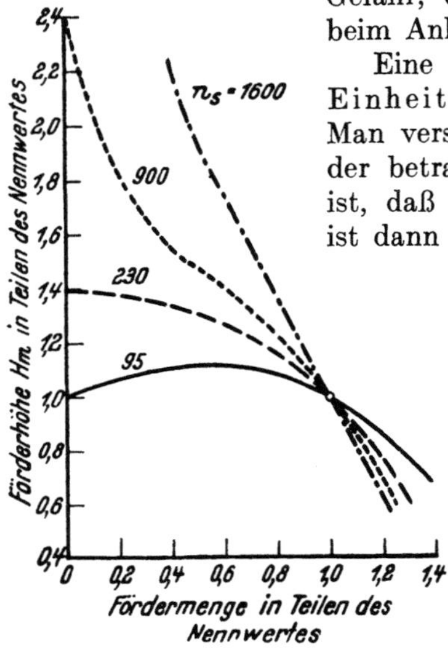

Abb. 255. QH_m-Linien.

Eine im Pumpenbau häufig benutzte Zahl ist die Einheitsdrehzahl (spezifische Drehzahl) n_s der Pumpe. Man versteht darunter die Drehzahl einer Pumpe, die der betrachteten raummäßig ähnlich und so bemessen ist, daß sie bei $H_m = 1$ m 75 l/s leistet, also 1 PS. Es ist dann

$$n_s = \frac{3{,}65 \cdot n \sqrt{Q}}{\sqrt[4]{H_m^3}}. \tag{225}$$

n = Drehzahl
Q = Fördermenge in m³/s
H_m = Gesamtförderhöhe in m

für die betrachtete Pumpe beim Bestwert ihres Wirkungsgrades (vgl. Abb. 252).

Die Schöpfwerkspumpen haben etwa folgende Einheitsdrehzahlen nach Gl. (225):

Zellenräder . . .	300	bis	600
Schraubenräder .	450	bis	900
Flügelräder . . .	700	bis	1700

Die Einheitsdrehzahl ist ein wichtiges Kennzeichen der Schleuderpumpen. So ist z. B. die größte zulässige Förderhöhe H_m von n_s abhängig. In einem Beispiel ergab sich bei 2 m Saughöhe:

$n_s =$	78	260	400	800
$H_m \leqq$	100 m	18 m	14 m	5 m

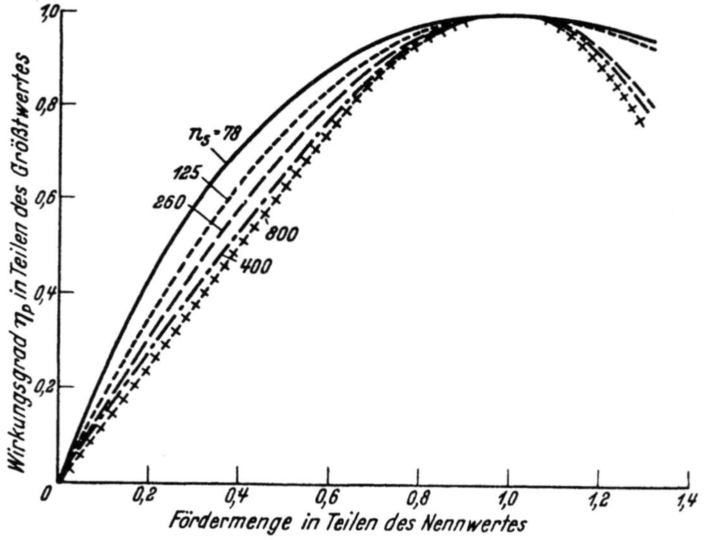

Abb. 256. Wirkungsgradlinien η_P in Teilen des Größtwertes.

$n_s = 400$ war eine Schraubenpumpe, $n_s = 800$ eine Propellerpumpe. Die Abb. 255 bis 257 zeigen den Verlauf der QH_m-Linie, des Wirkungsgrades η_P und der Leistung N für verschiedene Einheitsdrehzahlen.

Die meisten Drossellinien sind stabil, d. h. Q wird mit wachsendem H_m kleiner. Das ist bei den meisten Schöpfwerkspumpen der Fall. Nur bei sehr kleinem n_s kann die Drossellinie von $Q = 0$ ab zunächst steigen, um erst dann mit dem Fallen zu beginnen. Eine solche Drossellinie heißt labil. Es gehören bei ihr zu verschiedenen H_m-Werten je zwei Q-Werte, was im Betrieb zu Schwingungen führen kann. Man darf die Pumpe in solchem labilen Bereich nicht dauernd arbeiten lassen. Eine labile Drossellinie ist unzulässig, wenn mehrere Pumpen durch eine Leitung verbunden sind.

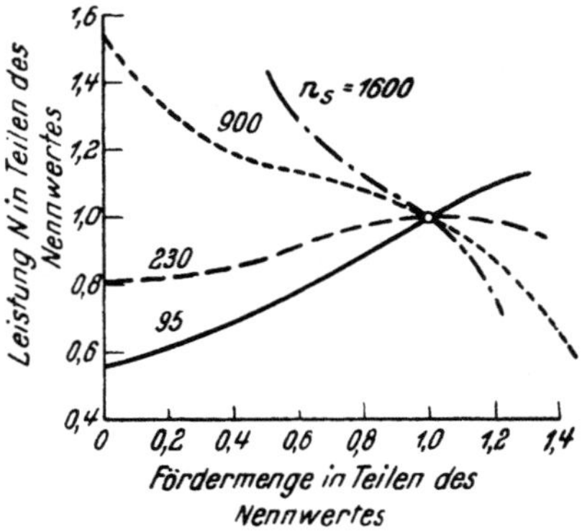

Abb. 257. Abhängigkeit der Leistung N von der Fördermenge Q.

Für Schöpfwerke kann man langsam- oder schnellaufende Pumpen verwenden, beide haben ihre Vor- und Nachteile. In Abb. 258 wurde ein einfaches Beispiel behandelt. Die erste Forderung für eine Schöpfwerksanlage ist stets die, daß bei einer zu bestimmenden Nutzförderhöhe H_g eine größte Wassermenge Q geleistet werden soll. Dieser Forderung soll in Abb. 258 der Betriebspunkt $H_m = 2{,}16$, $Q = 1{,}52$ entsprechen, durch den daher, wenn nur eine Pumpe aufgestellt wird, die Drossellinie verlaufen muß. Verglichen wurde eine langsamlaufende Pumpe *1* ($n_s = 205$, $n = 90$ und 77) mit einer schnellaufenden *2* ($n_s = 822$, $n = 600$ und 510). Trägt man nun die Wirkungsgradkurven über H auf, wie es für solche Untersuchungen unerläßlich ist, so erkennt man, daß die Kurven η_{1a} und η_{1b} innerhalb des Förderbereiches $H_m = 0$ bis 2,16 m wesentlich

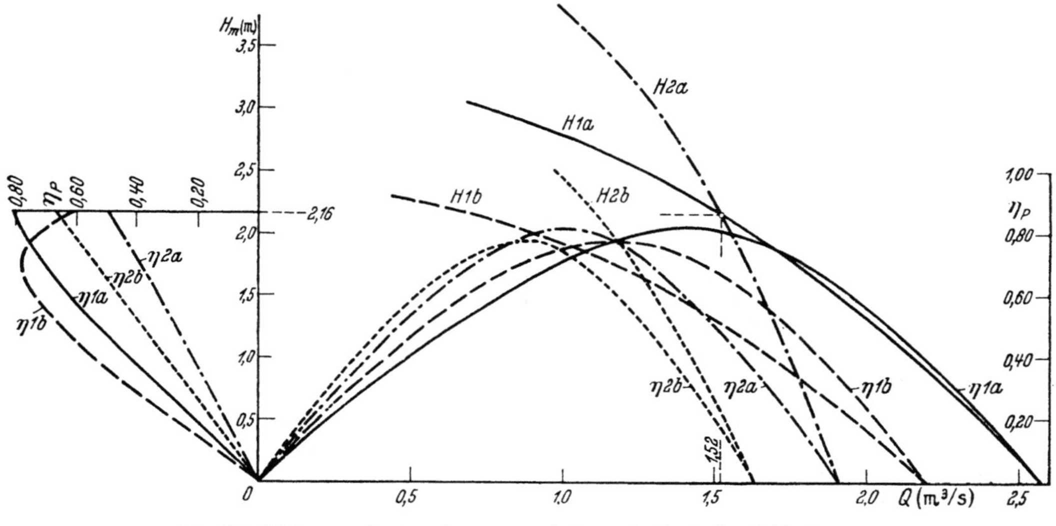

Abb. 258. Wirkungsgrade einer langsam- und einer schnellaufenden Schleuderpumpe.

günstiger verlaufen als η_{2a} und η_{2b}. Die langsame Pumpe arbeitet also mit besseren Wirkungsgraden als die schnelle. Daran würde sich auch grundsätzlich nichts ändern, wenn man mehrere langsam- oder schnellaufende Pumpen aufstellen würde, die zusammen bei $H_m = 2{,}16$ m 1,52 m³/s leisten. Demgegenüber steht der Vorteil der schnelleren Pumpe, daß sie selbst und ihre Kraftmaschine geringere Abmessungen erhält als die langsame und daher in der Anschaffung billiger wird als diese. Auch besitzt die schnellere Pumpe den weiteren Vorteil, daß die Fördermenge bei kleinen Förderhöhen nicht so unnötig anwächst wie bei der langsamen. Man erkennt an diesem Beispiel, daß sich die wirtschaftlichste Lösung nur durch einen Vergleich der Bau- und Betriebskosten finden läßt (S. 358).

Die Saughöhe einer Schleuderpumpe darf nicht zu groß sein, da sonst der gefürchtete Hohlsog (Kavitation) auftritt. Man versteht darunter die Bildung eines mit verdünnter Luft gefüllten Hohlraumes im Innern des Rohres, der die Leistung der Pumpe stark verringern kann. Infolge des Unterdruckes verdampft Wasser in dem Hohlraum. Es bilden sich Dampfblasen, die mit großer Geschwindigkeit auf das Eisen prallen und dadurch schwammig- löcherige Anfressungen bewirken. Für gute Pumpen kann man setzen:

$$h_s = B - k\, H_m. \tag{226}$$

h_s = zulässige (manometrische) Saughöhe in m. Bei liegenden Pumpen ist für h_s Oberkante Laufrad maßgebend,
B = Luftdruck in m (im Tieflande etwa 9,8 m),
H_m = manometrische Förderhöhe in m.
k ist von n_s abhängig [Gl. (225)]:

n_s = 200	k = 0,2	n_s = 1000	k = 2,6
400	0,5	1200	3,7
600	1,0	1400	4,9
800	1,7	1600	6,2

Die schnellaufenden Flügelpumpen neigen bei größeren Saughöhen besonders zum Hohlsog.

Zur Entlüftung von Schöpfwerkspumpen kann man auch selbstansaugende Schleuderpumpen verwenden (Sihi-Pumpe der Firma Siemen u. Hinsch-Itzehoe).

b) Wasserschnecken und Wasserschrauben. In Verbindung mit Windmotoren werden vielfach Wasserschnecken (Tonnenmühlen) oder Wasserschrauben verwendet. Während die Wasserschraube in einem oben offenen Trog läuft (Abb. 259), ist die Wasserschnecke mit einem festen Mantel umgeben. Sie hat gegenüber der Wasserschraube den Vorteil, daß keine Spaltverluste eintreten, fördert daher auch noch bei ganz geringen Drehzahlen. Ein Nachteil besteht aber darin, daß das Unterwasser den Lufteintritt am unteren Schneckenrand nicht absperren darf. Man muß daher die Schnecke unten beweglich anordnen, um sie heben zu können. Ihre größte Neigung beträgt etwa 30°. Als größte Förderhöhe kann man 4,5 m, als größten Durchmesser 1,2 m ansehen. Größte Länge etwa 9 m, Wirkungsgrad 85%. Dabei ist unter dem Wirkungsgrad das Verhältnis der Nutzarbeit in mt gehobenen Wassers (Höhenunterschied H_g zwischen dem Schwerpunkt der Wasserschüttung und dem Unterwasser) zu der auf die Schneckenwelle übertragenen Arbeit der Kraftmaschine zu verstehen.

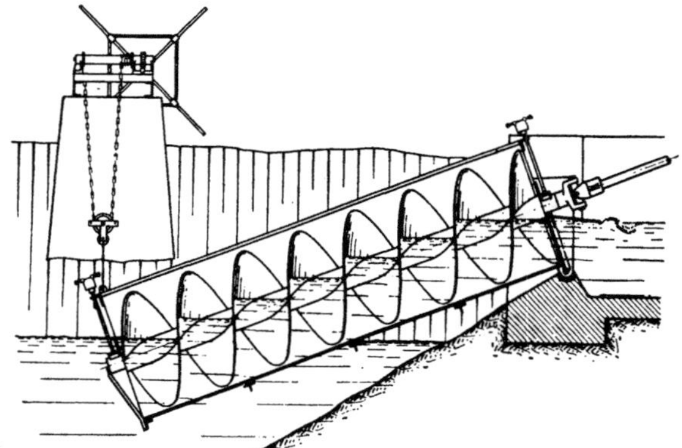
Abb. 259. Wasserschraube von Köster.

Für die Leistung der Schnecke hat Köpcke (*117*) auf Grund von Versuchen folgende Gleichung entwickelt:

$$M = z\, a\, F \left[\frac{\pi}{2} - \operatorname{arc}\,(\alpha + \beta)\right]. \tag{227}$$

M = Fördermenge der Schnecke bei einer Umdrehung in m³,
z = Anzahl der Schraubengänge,
a = lichte Weite zwischen den einzelnen Gängen in der Richtung der Achse in m,
α = Steigungswinkel der Schraubengänge,
β = Neigungswinkel der Schnecke,
F (Abb. 260) $= R^2\left(\frac{\pi}{2} + \arcsin\frac{r}{R}\right) + r\sqrt{R^2 - r^2} - r^2\pi$,
R = innerer Halbmesser der Schnecke in m,
r = Halbmesser der Spindel in m.

Differentiert man F nach r, so erhält man den Größtwert für F, wenn r etwa $= 0{,}3\,R$ ist: $F = 1{,}88\,R^2$. Den Wert α setzt man vielfach $= 30°$. Da nun die Ganghöhe h der Schraubenwindung

$$h = \frac{R + r}{2}\,2\pi\,\mathrm{tg}\,\alpha \tag{228}$$

ist und $z\,a = h$ – der Dicke der Schraubengänge, so wird für $r = 0{,}3\,R$ und $\alpha = 30°$ h $= 2{,}358 \cdot R$. Gibt man den hölzernen Schraubengängen die Dicke $\frac{R}{18}$, so wird für eine dreigängige Schraube $z\,a = R\,(2{,}358 - {}^3/_{18}) = 2{,}191 \cdot R$. Man erhält mit diesen Werten aus Gl. (227) für

$$\beta = 20° \quad M = 2{,}877 \cdot R^3$$
$$25° \quad 2{,}516 \cdot R^3$$
$$30° \quad 2{,}157 \cdot R^3$$

R wählt man nach der Erfahrungsgleichung

$$R = \frac{k}{2}\sqrt[3]{\frac{Q}{n}}. \tag{229}$$

Q = Fördermenge in l/s, n = Drehzahl,

β =	20°	25°	30°
k =	0,551	0,576	0,606

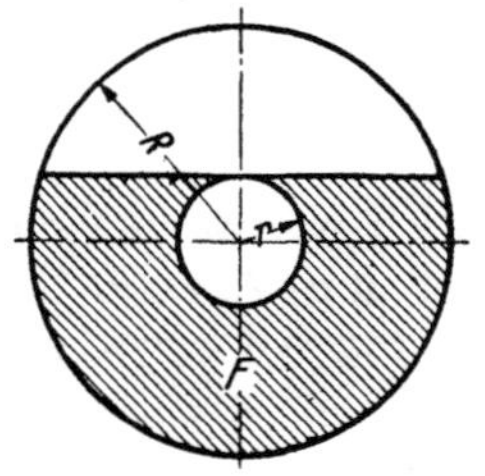

Abb. 260. Querschnitt einer Wasserschnecke.

Bei der Wasserschraube muß der Zwischenraum zwischen den Trogwänden und den Schraubengängen möglichst gering sein (5 mm), damit nicht zuviel Wasser zurückläuft. Die größte Länge beträgt etwa 10 m, der größte Durchmesser 2 m. Als größter Hub sind etwa 3 m anzusehen. Die Schrauben werden ebenso wie die Schnecken aus Holz oder Eisen, der Trog auch aus Mauerwerk oder Beton hergestellt. Die Holzbauweise hat den Nachteil, daß der Zwischenraum fast stets größer als 5 mm ausfällt. In Abb. 259 ist der eiserne Trog beweglich angeordnet. Die Fördermenge M der Wasserschraube kann ebenfalls nach Gl. (227) berechnet werden, jedoch unter Berücksichtigung des Umstandes, daß ein Teil des Wassers ins Unterwasser zurückfließt. Je kleiner die Drehzahl n der Schraube ist, um so größer ist dieser anteilige Wasserverlust. Man kann ihm dadurch Rechnung tragen, daß man bei gewöhnlicher Drehzahl η nur etwa $= 75\,\%$ setzt.

Die Umfangsgeschwindigkeit der Schnecken und Schrauben soll nicht größer als 2,5 m/s werden. Daraus ergibt sich die Bedingung

$$n < \frac{24}{R}. \tag{230}$$

Bei den Schrauben geht man mit n ungern unter den Wert $\frac{15}{R}$ hinab, damit die Spaltverluste nicht zu groß werden.

Die erforderliche Kraftleistung N in PS beträgt

$$N = \frac{M\,n\,H_g}{4{,}5 \cdot \eta}. \tag{231}$$

H_g = geodätische Förderhöhe in m (S. 316).

Nachteilig ist für alle Schnecken und Schrauben ein schwankender Außenwasserstand, weil dann das Wasser bei tiefer liegendem Außenwasser unnötig hoch gehoben werden muß. Dieser Nachteil kann dadurch gemildert werden, daß der Mantel oder Trog in der Nähe des Auslaufes Bodenklappen erhält, die jedoch gut schließen müssen.

Die Wellen langer Schnecken und Schrauben sind bei böigen Winden einer erheblichen Torsionsbeanspruchung ausgesetzt. Die Gründung der Kammern kann ziemlich kostspielig werden. Eine Schmierung des unteren Wellenlagers stößt bei stärkerem Frost auf Schwierigkeiten, weil sich dann das gefrorene Stauferfett von der am oberen Wellenende befindlichen Stopfbuchse nicht nach unten drücken läßt.

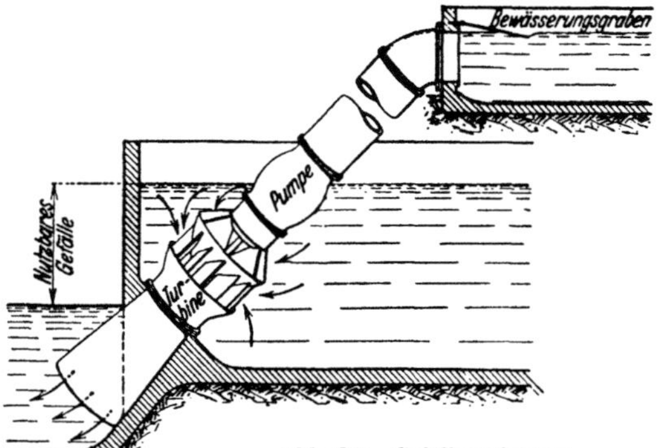

Abb. 261. Gefälleumformer. (Aus Lawaczek: Turbinen und Pumpen.)

c) Gefälleumformer. Eine besondere Art der Wasserhebemaschine ist der Gefälleumformer (Turbinenpumpe) von Lawaczeck (Abb. 261). Er stellt eine Verbindung von Turbine und Schleuderpumpe dar, die auf einer gemeinsamen Welle sitzen. Ein Teil des zur Verfügung stehenden Zuflusses wird zum Antrieb der Turbine verwendet, ein Teil wird gepumpt. Der Wirkungsgrad η der gesamten Anlage ist

$$\eta = \frac{Q\,H_m}{Q_t\,h}. \tag{232}$$

Q = Leistung der Pumpe in l/s,
H_m = manometrische Förderhöhe der Pumpe in m,
Q_t = Schluckmenge der Turbine in l/s,
h = Turbinengefälle in m (Höhenunterschied zwischen Ober- und Unterwasser).

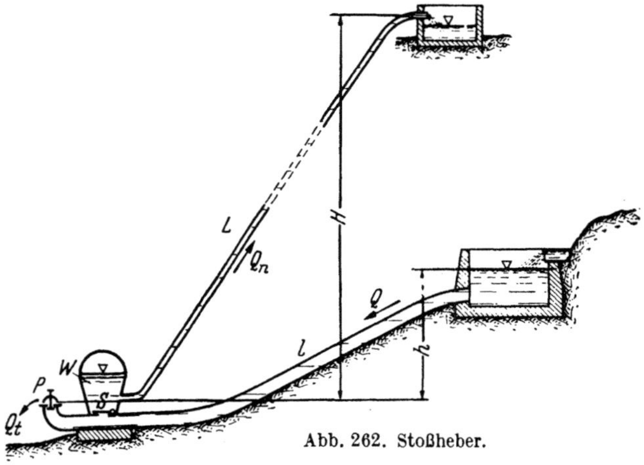

Abb. 262. Stoßheber.

Versuche ergaben einen Gesamtwirkungsgrad von etwa 50%. Dabei waren (*91*)

$Q = 370$ bis 400 l/s, $H_m = 2{,}0$ bis 2,2 m, $Q_t = 1050$ bis 1060 l/s, $h = 1{,}5$ bis 1,6 m.

Gefälleumformer kommen nur in Sonderfällen zur Anwendung, und nur für Bewässerungszwecke. Voraussetzung ist, daß genügend Wasser zum Antrieb der Turbine zur Verfügung steht (Hersteller: Deutsche Werke, Kiel).

d) Stoßheber. Auch der Stoßheber (hydraulischer Widder) ist eine Verbindung von Kraft- und Wasserhebemaschine. Er dient zum Heben kleiner Wassermengen auf größere Höhen. In Abb. 262 ist eine solche Anlage umrißmäßig dargestellt. P ist der Stoßschalter, S der Steigschalter. Der Stoßschalter ist etwas schwerer als Wasser und öffnet sich infolgedessen in ruhendem Wasser, indem er herunterfällt. Er schließt sich aber, sobald Wasser bei P ausströmt, da er dann hochgerissen wird. Daraus ergibt sich folgende Wirkung des Stoßhebers:

1. P fällt nach unten und gibt die Öffnung frei.
2. Das Wasser in l kommt in Bewegung und strömt bei P aus.
3. P wird mitgerissen und schließt die Öffnung.
4. Durch die plötzliche Absperrung des Wassers entsteht in der Leitung l ein Stoßdruck, durch den der Steigschalter S nach oben geöffnet und Wasser in den Windkessel W und in die Leitung L gedrückt wird.
5. Durch das Abströmen von Wasser in den Windkessel geht der Druck in der Leitung l zurück, P fällt nach unten usw.

Am günstigsten ist es, wenn H etwa 3- bis 7mal so groß wie h ist. Das Triebgefälle h muß mindestens 1 m betragen. Bezeichnet man mit

Q die zur Verfügung stehende (meist kleine) Wassermenge in l/s,
Q_n die Nutzwassermenge, die gehoben wird,
Q_t die Triebwassermenge, die verlorengeht,
η den Wirkungsgrad des Widders (50 bis 70%),

so ist

$$Q = Q_n + Q_t, \tag{233}$$

$$Q_n H = \eta Q h,$$

$$Q_n = \eta Q \frac{h}{H}. \tag{234}$$

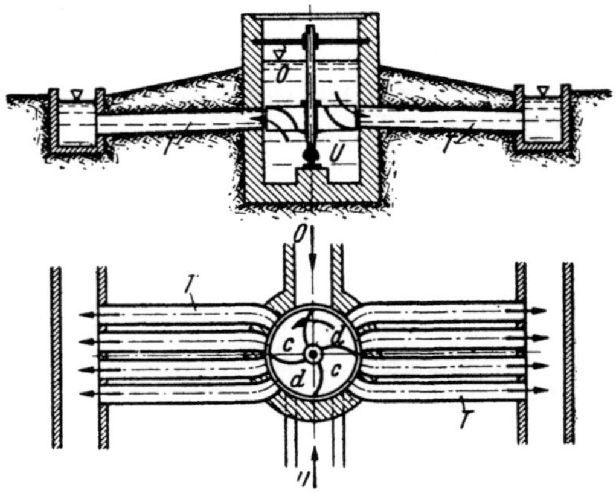

Abb. 263. Hydropulsor von Abraham. (Nach Vogdt.)

Der Stoßheber kann zur Bewässerung kleiner Flächen oder zum Heben von Tränkwasser für das Weidevieh verwendet werden. Seine Wartung ist denkbar einfach, es braucht nur von Zeit zur Zeit die Luft im Windkessel erneuert zu werden.

e) Hydropulsor. Der Hydropulsor von Abraham wirkt nach Abb. 263 wie folgt: das in dem Brunnen an einer senkrechten Welle befindliche Laufrad besitzt abwechselnd nach oben offene Druckkammern d und nach unten offene Saugkammern c. Dem oberen Teil des Brunnens wird das Betriebswasser aus dem Oberwasser eines Staues zugeführt, dem unteren Teil das zu hebende Wasser einer zu entwässernden Fläche. Das Betriebswasser gelangt in die Druckkammern und aus diesen in die Triebrohre T, aus denen es in das Unterwasser des Staues abfließt. Da die Scheidewände zwischen den Kammern wie Turbinenschaufeln gekrümmt sind, dreht sich das Laufrad. Durch diese Drehung wird das Triebrohr, das soeben noch mit dem Oberwasser in Verbindung stand, von diesem plötzlich abgesperrt und gleichzeitig mit einer Saugkammer verbunden. Das in dem Triebrohr abfließende Wasser saugt dann Wasser aus der Saugkammer nach. Die Triebrohre fördern also abwechselnd Druck- und Saugwasser. Die Maschine arbeitet im Gegensatz zum Widder stoßfrei. Es gilt Gl. (233). Der Wirkungsgrad η beträgt 65 bis 70%. Der Hydropulsor ist geeignet für kleine Förderhöhen und größere Wassermengen, wenn genügend Betriebswasser aus einem gestauten Wasserlauf zur Verfügung steht.

Man kann die Maschine auch so verwenden, daß man das Triebwasser durch die Triebrohre in die Kammern des Laufrades leitet. Es gelangt dann abwechselnd durch die Saugkammern in den unteren Teil des Brunnens und durch die Druckkammern in den oberen. Ein Teil des Wassers treibt demnach das Laufrad, der andere Teil wird nach oben gedrückt und kann zur Bewässerung verwendet werden.

f) Aquapulsor. Auch der gleichfalls von Abraham erfundene Aquapulsor ist mit der von Knoch angegebenen Änderung eine vereinigte Wasserkraft- und

Wasserhebemaschine (Abb. 264). In der umrißmäßigen Skizze ist L ein kreisrunder Schwimmerkolben, der mit einem Luftkasten versehen und so ausgeglichen ist, daß er gerade aufschwimmt. Der Schalter V_1 wird durch den Kolben so gesteuert, daß er den Raum R unter dem Kolben bei tiefer Kolbenlage mit dem Oberwasser, bei hoher Kolbenlage mit dem Unterwasser verbindet. Daraus ergibt sich folgender Arbeitsvorgang:

1. V_1 sperrt das Unterwasser ab, Kolben L schwimmt auf.
2. V_1 wird umgesteuert und sperrt nunmehr das Oberwasser ab.
3. In R sinkt der Wasserdruck (Unterwasser).
4. L wird durch den Überdruck des Oberwassers nach unten gedrückt. Gleichzeitig schließt sich V_2, während V_3 sich öffnet und das verdrängte Wasser in die Leitung l gedrückt wird.
5. V_1 wird bei tiefer Lage des Kolbens wieder umgelegt usw.

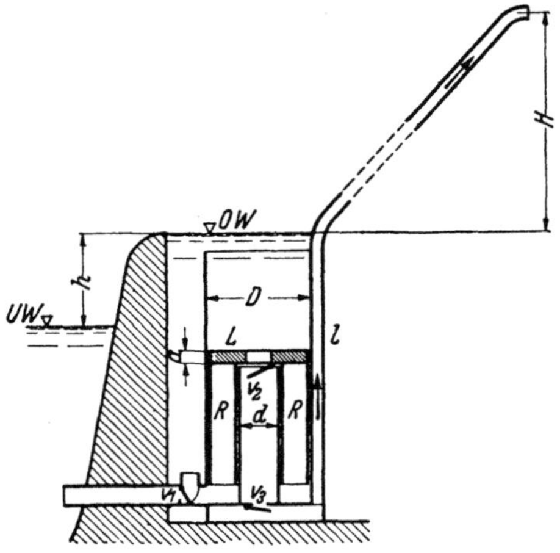

Abb. 264. Aquapulsor von Abraham.

Damit der Kolben durch den Überdruck des Oberwassers nach unten gedrückt wird, muß die Bedingung erfüllt sein

$$(D^2 - d^2)\frac{\pi}{4}(h - a) > \frac{d^2\pi}{4}(H + a)$$

oder

$$d < D\sqrt{\frac{h-a}{h+H}}. \qquad (235)$$

Der Durchmesser d muß den Grenzwert der Gl. (235) genügend unterschreiten, damit die Bewegung des Kolbens nicht zu langsam und die Fördermenge in der Zeiteinheit nicht zu gering ist. Der Aquapulsor kommt nur für kleine Bewässerungsanlagen in Frage, er ist bisher nur selten verwendet worden (*159* und *257*).

g) Wurf- und Pumpräder. Die früher gebräuchlichen Wurf- und Pumpräder, die durch eine Kraftmaschine angetrieben wurden und zur Entwässerung von Niederungen dienten, werden heute nicht mehr gebaut (*71*, *33*). Dagegen findet man bisweilen noch Schöpfräder für kleine Bewässerungsanlagen (Abb. 292). Sie bestehen aus einem unterschlächtigen Wasserrade (bis zu 6 m Durchmesser), an dessen Umfang neben den Schaufeln Schöpfgefäße befestigt sind. Ihre Hubhöhe beträgt bis zu 5 m. Der Fluß selbst, aus dem geschöpft wird, treibt das Rad. In der tiefsten Stellung werden die Gefäße durch Untertauchen gefüllt und in der höchsten in eine Rinne ausgegossen, die das Wasser auf das zu bewässernde Land leitet. Der Betrieb der Schöpfräder ist billig, er erfordert nur Unterhaltungskosten, ihre Leistung ist jedoch gering. Sie werden aus Holz oder Eisen hergestellt.

2. Kraftmaschinen.

Die für Schöpfwerke am häufigsten verwendeten Kraftmaschinen sind die Elektromotoren und Verbrennungsmotoren. Wesentlich seltener werden Dampf- und Windkraftmaschinen verwendet. Schöpfräder vereinigen in sich die Kraft- und Hebemaschine. Dasselbe ist der Fall beim Stoßheber, Gefälleumformer, Hydropulsor und Aquapulsor (S. 318 ff.).

Die Drehzahl einer Kraftmaschine (oder Pumpe) darf nicht in die Nähe der kritischen Drehzahl rücken. Jede Maschinenwelle gerät bei einer bestimmten Drehzahl, der kritischen. in resonanzmäßige Schwingungen. Sie fängt dann an zu schleudern. Unter Resonanz versteht man den Zustand, daß die erregende Kraft und der schwingende Körper die gleiche Frequenz haben, d. h. die gleiche Schwingungszahl je s, so daß jeder Kraftstoß die Schwingung verstärkt.

a) Elektromotoren. Als Elektromotoren werden fast ausschließlich Drehstrommotoren benutzt. Sie arbeiten mit einer Spannung von 380 bis 500 V. Das einem Drehstrommotor aus der Leitung zufließende elektrische Arbeitsvermögen je s beträgt

$$N = U\, I \cos\varphi \sqrt{3}\,. \tag{236}$$

N = Leistung in Watt (W) = Wirkleistung.
U = Spannung in Volt (V).
I = Stromstärke in Ampere (A).

Das in t Sekunden zugeführte Arbeitsvermögen des elektrischen Stromes ($N\,t$) wird durch die Wattstundenzähler unmittelbar gemessen. Der Wert $\cos\varphi$ heißt Leistungsfaktor und drückt die in der Maschine jeweils vorhandene und veränderliche Phasenverschiebung zwischen U und I aus. Der $\cos\varphi$ eines asynchronen Drehstrommotors hängt außer von der Bauart der Maschine nur von ihrer Belastung ab (S. 354). Der Motor verbraucht außer dem der Wirkleistung entsprechenden Wirkstrom noch einen sogenannten Blindstrom, d. h. er hat auch eine Blindleistung. Diese wird nicht in mechanische Arbeit umgesetzt, sie ist bei Leerlauf im Verhältnis zur Wirkleistung sehr groß und daher $\cos\varphi$ sehr klein, bei Teillast ist $\cos\varphi$ kleiner als bei Vollast. Ein kleiner Leistungsfaktor ist gleichbedeutend mit hohem Blindstrom, der ebenso wie der Wirkstrom über das Netz zugeführt werden muß und um so größere Leitungsverluste bringt, je größer er ist. So hat also auch jedes Leitungsnetz einen $\cos\varphi$, der im wesentlichen gleich der Resultanten der $\cos\varphi$-Werte der jeweiligen Stromverbraucher ist. Ein kleiner $\cos\varphi$ im Leitungsnetz verursacht also Stromverluste im Netz, die dem Kraftwerk zur Last fallen. Während nun $\cos\varphi$ im Netz beim ausschließlichen Betrieb von Glühlampen nahezu 1 ist, sinkt sein Wert mehr oder weniger durch die Einschaltung von Elektromotoren. Dieser Umstand kann zur Folge haben, daß bei einem Schöpfwerk ein erhöhter Kilowattstundenpreis gefordert wird, zumal es häufig nur mit einer geringen Teilbelastung läuft, wodurch der $\cos\varphi$ des Motors und dadurch auch des Netzes noch weiter sinkt. Unter dem Wirkungsgrad η_M eines Drehstrommotors versteht man das Verhältnis der von der Maschine abgegebenen Leistung zum Werte N der Gl. (236) (S. 311). Es ist:

$$\left.\begin{array}{ll} 1\ \text{kWh} = 367\ \text{mt}. & 1\ \text{PSh} = 270\ \text{mt} \\ 1\ \text{kW} = 102\ \text{mkg/s}. & 1\ \text{PS} = 75\ \text{mkg/s}. \end{array}\right\} \tag{237}$$

Beispiel: $U = 500$ V. $I = 40$ A. $\cos\varphi = 0{,}85$. Vom Motor abgegebene Leistung $= 35$ PS. $N = 500 \cdot 40 \cdot 0{,}85 \cdot 1{,}732 = 29444$ W $= 29{,}444 \cdot 102 = 3003$ mkg/s. $\eta_M = \frac{35 \cdot 75}{3003} = 0{,}87$.

Steht nur hochgespannter Strom zur Verfügung, so ist die Umspannung durch einen Transformator nötig, wodurch eine Erhöhung der Baukosten eintritt. Der Stromverlust in den Transformatoren ist nur gering (S. 357). Lange Zuleitungen des Stromes verteuern jedoch die ganze Anlage beträchtlich.

Die Elektromotoren werden mit liegender und stehender Welle gebaut. Obwohl letztere teurer sind als erstere, verwendet man sie gerne für Pumpen mit stehender Welle, mit denen sie unmittelbar gekuppelt werden (S. 327). Sie besitzen außerdem den Vorteil geringen Platzbedarfes. Die Umlaufzahl (Drehzahl) eines Drehstrommotors (Zahl der Umdrehungen je min) läßt sich nicht ohne weiteres verändern. Die Umlaufzahlen der marktgängigen Drehstrommotoren liegen in ziemlich weiten Stufen fest (250, 300, 375, 500, 600, 750, 1000, 1500, 3000).

Bei der Verwendung von Drehstrommotoren ist zu beachten, daß sie für die höchste vorkommende Dauerleistung zu bemessen sind, zu der man einen Aufschlag von etwa 10% gibt. Dieser Höchstleistung, der sog. Nennleistung, entsprechen der Nennstrom und das Nennmoment. Die Motoren passen sich mit ihrer Stromstärke und ihrem Drehmoment dem von der Pumpe abgeforderten Drehmoment selbsttätig an, sie werden aber bei einer länger dauernden Überschreitung ihres Nennmomentes unzulässig erwärmt. Mit sinkendem Lastmoment (Drehmoment) der Pumpe wird auch das Drehmoment des Motors kleiner als sein Nennmoment, da er dem Netz dann weniger Strom entnimmt. Doch sinkt die Stromentnahme nicht im gleichen Verhältnis wie die Leistung, so daß der Wirkungsgrad schlechter wird; auch der Leistungsfaktor nimmt ab (S. 321).

Anlaufmoment und Anlaufstromstärke sind von der Bauart des Motors und von der Schaltung abhängig. Der Anlaufstrom setzt stets mit einem Höchstwert ein und fällt mit steigender Drehzahl auf die Nennstromstärke ab. Bei der Dreieckschaltung sind der Anlaufstrom und das Anlaufmoment etwa 3mal so groß wie bei der Sternschaltung. Unter Sterndreieckschaltung versteht man das Einschalten in Stern- und Umlegen auf Dreieckschaltung.

Vorherrschend im Schöpfwerksbau sind die Drehstrom-Asynchronmotoren und die Drehstrom-Kommutatormotoren.

Die einfachsten und betriebssichersten Asynchronmotoren sind die Kurzschlußläufer, zu denen die gewöhnlichen Kurzschlußläufer, die Doppelstabläufer (auch Doppelnutläufer genannt) sowie die Wirbelstromläufer (Tiefnut- oder Hochstabläufer) gehören. Es werden auch dem Pumpenbetrieb angepaßte Sonderausführungen verwendet. Da alle diese Motoren keine Schleifbürsten besitzen, sind sie sehr unempfindlich und billig in der Unterhaltung; die Anschaffungskosten sind gering. Man baut sie meistens so, daß η_M und $\cos\varphi$ möglichst günstig werden, kann jedoch auf Kosten von η_M und $\cos\varphi$ auch den Anlaufstrom und das Anlaufmoment günstiger als sonst gestalten.

Da die Kurzschlußläufer kein Anlaßgerät haben, kann man die Dauer ihres Anlaufens nicht verlängern, der Vorgang vollzieht sich vielmehr selbsttätig und verursacht nicht selten stärkere Stromstöße im Netz, die den Elektrizitätswerken sehr unerwünscht sind. Das Anlaßmoment des gewöhnlichen Kurzschlußläufers ist sehr hoch, beim Anlassen in Dreieckschaltung wird daher das Triebwerk (Kuppelungen, Zahnräder) erheblich beansprucht und muß entsprechend stark bemessen werden, zumal auch mit der Sterndreieckschaltung in diesem Falle kaum eine Verbesserung des Anlaufs zu erzielen ist. Günstiger liegen die Verhältnisse beim Wirbelstromläufer. Der Doppelnutläufer mit Sterndreieckschaltung ergibt mit Ausnahme sehr schneller Pumpen in der Regel gute Anlaufmomente. Dasselbe gilt für den Doppelnutläufer in Sonderausführung mit Dreieckschaltung. Doch ist beim Antrieb schnellaufender Pumpen zu prüfen, ob sein Drehmoment auch ausreicht.

Die Schleifringanker- und die Anlaßumformermotoren pflegt man nur bei besonders ungünstigen Netzverhältnissen zu verwenden. Sie sind teurer und empfindlicher als die Kurzschlußläufer und besitzen ein besonderes Anlaßgerät, das entweder langsam von Hand oder durch einen selbsttätigen Anlasser mittels Druckknopf oder Schwimmer in Betrieb gesetzt wird.

Die Drehzahl der Asynchronmotoren läßt sich nur dadurch verringern, daß man Regelwiderstände einschaltet, in denen ein Teil der elektrischen Energie in Wärme umgesetzt wird und somit verlorengeht.

Dieser Verlust läßt sich durch den Einsatz polumschaltbarer Drehstrommotoren verringern. Sie werden für zwei oder drei verschiedene Drehzahlen n gebaut, z. B. für $n = 500/1000$, $n = 750/1000/1500$, aber auch für andere Zusammenstellungen. Es sind dieselben Stufen wie oben. Die Höchstleistung der Maschine tritt bei der größten der gewählten Drehzahlen ein. Die polumschaltbaren Motoren sind teurer und empfindlicher als die gewöhnlichen. Wenn auch ihr Wirkungsgrad bei den kleineren Drehzahlen absinkt, so arbeiten sie doch bei diesen wesentlich wirtschaftlicher als die normalen Asynchronmotoren mit Widerstandsregelung.

Die Drehstrom-Kommutator- oder Drehstrom-Kollektormotoren besitzen für Schöpfwerke den großen Vorzug, daß ihre Drehzahl stufenlos und mit verhältnismäßig kleinem Energieverlust verändert werden kann, und zwar durch einfache Verschiebung der Bürsten. Der Regelbereich für Schöpfwerke beträgt etwa 1 : 2,5. Andererseits sind sie wesentlich teurer als die Kurzschlußläufer, viel empfindlicher und bedürfen einer besonders sorgfältigen Wartung. Bei selbsttätigem Betrieb überträgt man die Bürstenverstellung einem kleinen Drehstrommotor, der durch einen Schwimmer betätigt wird. Man unterscheidet die Drehstrom-Reihenschluß- und die Drehstrom-Nebenschlußmotoren. Erstere sind besonders einfach im Aufbau, ihr Wirkungsgrad ist besser als der der Nebenschlußmotoren. Bei Abnahme der Belastung steigt die Drehzahl, während n bei den Nebenschlußmotoren nahezu unabhängig von der Belastung ist. Die Drehstrom-Kommutatormotoren werden angelassen, indem man die Bürsten aus der Nullstellung heraus langsam verschiebt.

Der Drehstromregelsatz dient einer verlustlosen Drehzahlregelung, indem die bei Schlupfregelung durch Widerstände im Läuferkreis vernichtete Energie in sog. Hintermaschinen mechanisch nutzbar gemacht wird. Man spricht bei solchen Anlagen auch von einer Kaskadenschaltung. Der Drehstromregelsatz ermöglicht gleichfalls eine stufenlose Regelung, Wirkungsgrad und Leistungsfaktor bleiben im gesamten Regelbereich gut. Die Anordnung ist technisch am vollkommensten, aber infolge ihres großen Aufwandes an Maschinen und Zubehör und ihres erheblichen Platzbedarfes so teuer, daß sie für Schöpfwerke meistens nicht gewählt werden kann.

Die Gleichstrommotoren werden heute für Schöpfwerke nur noch verhältnismäßig selten verwendet, obwohl sich ihre Drehzahl mittels eines Regelwiderstandes praktisch fast verlustlos in weiten Grenzen ändern läßt.

Außer den vorstehend behandelten Möglichkeiten einer Drehzahländerung kommen noch weitere Verfahren zur Anwendung, z. B. der Einsatz von zwei Elektromotoren für eine Pumpe. Jeder Motor treibt ein Ritzel an, beide Ritzel liegen rechts und links von einem Zahnrad und haben verschiedene Durchmesser und Zahnzahlen. Das Zahnrad sitzt auf der Pumpenwelle. Ein Motor läuft stets leer mit, die Leerlaufverluste sind gering. Man verwendet gewöhnliche Drehstrommotoren, so daß Wirkungsgrad und Leistungsfaktor gut sind. Das große Borssumer Schöpfwerk bei Emden arbeitet in dieser Weise.

Umschaltbare Stufengetriebe werden als Zahnradvorgelege mit zwei oder drei Schaltstufen gebaut. Durch Einschalten einer anderen Übersetzung läßt sich also die Drehzahl der Pumpe verändern, während die Kraftmaschine mit unveränderter Drehzahl weiterläuft. Die Getriebe sind nicht teuer und haben sich allgemein bewährt. Sie haben zwar im Schöpfwerksbau bisher kaum Verwendung gefunden, dürften aber auch hier gut verwendbar sein.

Man kann auch zwei der vorstehenden Regelungsverfahren miteinander verbinden, z. B. polumschaltbare Maschinen mit umschaltbaren Stufengetrieben, wodurch man eine noch weitere Abstufung der Drehzahlen erreicht (vgl. ferner S. 309).

Zum Antrieb langsam laufender Pumpen kann man auch langsam laufende Elektromotoren verwenden, um ein Übersetzungsgetriebe zu vermeiden. Diese sind aber erheblich teurer als gewöhnliche, da sie sehr groß ausfallen und keine marktgängige Ware sind. Es gibt ferner sog. Hochspannungsmotoren, die Strom von 3000 bis 10000 V unmittelbar verwenden und daher keinen Transformator, statt dessen eine Überspannungs-Schutzanlage brauchen. Man spart also bei ihrer Verwendung unter Umständen eine besondere Transformatorenstation. Ob ihr Einbau sich lohnt, muß im Bedarfsfall durch vergleichende Kostenberechnungen ermittelt werden.

Mit nennenswerten Störungen des Schöpfwerksbetriebes durch Stromunterbrechungen ist nicht zu rechnen, Störungen in der Zuleitung lassen sich fast stets schnell beseitigen.

b) Verbrennungsmotoren. Die wichtigste Verbrennungskraftmaschine für Schöpfwerke ist die kompressorlose Dieselmaschine. Sie wird mit den verschiedensten Schwerölen betrieben. Die Umlaufzahl der Dieselmaschine kann man auf ungefähr 70% der größten dadurch verringern, daß man die Brennstoffzufuhr drosselt. Doch wird ihr Wirkungsgrad dann schlechter, indem sie je PSh mehr Brennstoff verbraucht als bei der Höchstleistung (S. 355). Eine nachträgliche Steigerung der Umlaufzahl und damit der Leistung ist bei Dieselmaschinen im Dauerbetrieb ebensowenig wie bei Elektromotoren möglich. Ihre Nennleistung entspricht daher der Höchstleistung und der höchsten Drehzahl. Anwendbar sind auch die umschaltbaren Stufengetriebe.

Bei Dieselmaschinen ist besonders darauf zu achten, daß die von den bewegten Massen ausgeübten Kräfte gut ausgeglichen sind, da sonst die Unterbauten sehr ungünstig beansprucht werden. Größere liegende Maschinen mit zwei oder drei Zylindern sind in dieser Hinsicht besonders ungünstig. Zweckmäßiger ist die stehende Anordnung mit sechs Zylindern. Unter dem Ungleichförmigkeitsgrad einer Maschine versteht man den Ausdruck $\frac{2 \cdot \Delta v}{v}$, wenn die schwankende Umlaufgeschwindigkeit der Welle $v \pm \Delta v$ in m/s beträgt. Alle Dieselmaschinen verlangen wesentlich stärkere und größere Unterbauten als gleich starke Drehstrommotoren. Auch ihr Raumbedarf ist ein größerer.

Außer den Dieselmaschinen werden für kleine Anlagen auch Glühkopfmaschinen gebraucht, die gleichfalls mit Schweröl angetrieben werden. Die mit Benzin, Benzol oder Petroleum betriebenen Leichtölmaschinen kommen nur für sehr kleine Schöpfwerksanlagen in Frage.

Alle Verbrennungsmotoren bedürfen der Kühlung. Man rechnet im Durchschnitt etwa 30 l Kühlwasser je PSh. Das Kühlwasser muß möglichst frei von schädlichen Beimengungen sein, damit die Kühlmäntel nicht angefressen werden. Unreines Kühlwasser kann zu Absetzungen in den Kühlmänteln führen und so die Kühlwirkung verschlechtern. Nötigenfalls ist daher reines Wasser im Kreislauf mit Rückkühlung zu verwenden. Größere Verbrennungsmotoren läßt man mit Druckluft anlaufen.

c) Dampfmaschinen. Dampfmaschinen, auch fahrbare, werden im Schöpfwerksbetriebe nur noch selten verwendet (S. 340). Ihre wirtschaftlichste Füllung und ihr bester Wirkungsgrad fallen mit der Nennleistung zusammen. Eine Verkleinerung der Füllung verschlechtert den Wirkungsgrad erheblich, eine Vergrößerung dagegen nur unwesentlich. Die Vorteile der Dampfmaschinen bestehen darin, daß man ihre Drehzahl durch Veränderung des Füllungsgrades leicht regeln, insbesondere erhöhen kann. Überlastungen sind unschädlich, Störungen sehr selten, die Wartung ist einfach, wenn auch nicht in gleichem Maße wie beim Drehstrommotor, und die verschiedensten Brennstoffe können verwendet werden. Alle diese Vorteile sind aber in der Regel nicht imstande, die Nachteile auszugleichen: hohe Anschaffungskosten, großer Raumbedarf, erhebliche Kosten für die Anfuhr der Betriebsstoffe und für die ständige Wartung, Notwendigkeit der Kesselreinigung. Unbequem ist auch das häufige Anheizen, das Zeit und Kohlen kostet. Der Dampfbetrieb ist daher ungeeignet, wenn der Schöpfwerksbetrieb häufig unterbrochen werden muß. Die Unterhaltung der Dampfmaschine und der Kesselanlage ist teurer als die des Elektromotors.

d) Windmotoren. Windmotoren finden zum Antrieb von Schöpfwerken namentlich dort Verwendung, wo nicht zu schwache Winde häufig sind, z. B. im Küstengebiet der Nord- und Ostsee. Ihr Vorzug liegt in der Ausnutzung der kostenlos zur Verfügung stehenden Windkraft. Nachteilig ist jedoch der Umstand, daß das Schöpfwerk still steht, wenn der Wind zu schwach ist. Je mehr es gelingt, auch schwache Winde auszunutzen, um so günstiger wird die Ausnutzung der Windkraft für Schöpfwerke.

Die Windmotoren (Windturbinen, Windräder) werden aus Stahl hergestellt und sitzen auf der Spitze eines Eisen- oder Stahlturmes. Abb. 265 zeigt einen Langsamläufer mit 12 m, Abb. 266 einen Schnelläufer mit 9,6 m Raddurchmesser. Die Windmotoren drehen sich selbsttätig vermittels einer Steuerfahne in den Wind. Eine Selbstregelung sorgt dafür, daß sich das Windrad bei stärkeren Winden schräg zur Windrichtung einstellt. Der Wind wirkt dann nicht mehr mit voller Kraft und die Drehzahl des Rades bleibt in zulässigen Grenzen. Der Turm soll so hoch sein,

Abb. 265. Windmotor (Langsamläufer) mit Wasserschraube.

Abb. 266. Windmotor (Schnelläufer) mit Schleuderpumpe.

daß die Unterkante des Windrades alle Windhindernisse, wie Bäume, Häuser, Berge usw., die im Umkreis von etwa 400 m liegen, um 3 bis 4 m überragt. Das Windrad besteht aus etwa 6 bis 30 strahlenförmig angeordneten Flügeln und wird mit einem Durchmesser bis zu 15 m hergestellt. Die neueren Windmotoren für Schöpfwerke laufen bei Windgeschwindigkeiten von 2 bis 2,5 m/s an und rücken bei etwa 8 m/s selbsttätig aus. Die erforderliche Leistung des Windrades muß im Nordseegebiet bei einem Wind von 6 m/s, im Ostseegebiet bei 5,5 und in Mitteldeutschland bei 5 m/s erreicht werden, wenn kein Kraftersatz (Elektromotor oder Dieselmotor) vorhanden ist.

Das Verhältnis u/v (Umfangsgeschwindigkeit des Windrades: Windgeschwindigkeit) nennt man die Schnelläufigkeit des Rades. Beim Langsamläufer ist $u/v < 1{,}5$, beim Mittelläufer $= 1{,}5$ bis $3{,}5$ und beim Schnelläufer $> 3{,}5$. Für Schöpfwerke wurden bisher nur Langsamläufer verwendet, die ein günstiges Anlaufmoment, aber einen schlechten Leistungsbeiwert besitzen. Die ausgesprochenen Schnelläufer mit 3 oder 4 stromlinienförmig ausgebildeten Flügeln sind bisher nur für die Stromerzeugung entwickelt worden.

Da die Umlaufzahl der Windmotoren mit der Stärke des Windes wächst, so ändert sich auch die Umlaufzahl der Wasserhebemaschine ständig. Man läßt daher die Windmotoren vielfach auf Wasserschnecken arbeiten, deren Wirkungsgrad von der Drehzahl fast unabhängig ist. Neuerdings haben sich aber auch die Kegelpropellerpumpen der Firma Köster (Heide in Holstein) insbesondere zur Ausnutzung kleiner Windgeschwindigkeiten gut bewährt.

Der Turm muß sehr sorgfältig gegründet werden, da schon geringfügige Schrägstellungen den Betrieb der ganzen Anlage erheblich beeinträchtigen können. Zweckmäßig ist es, die senkrechte Welle des Windrades mit der Pumpenwelle nur durch zwei Bolzen zu kuppeln, die bei starken Windstößen brechen und so die Pumpe entlasten. Die Unterhaltung der Windräder und Türme verlangt von Zeit zu Zeit einen Schutzanstrich gegen die Rostgefahr. Die Bedienung ist einfach, doch bereitet das Schmieren der Lager an der Spitze des Turmes einige Schwierigkeiten.

Für die Wirkung des Windes auf Windmotoren bestehen folgende Beziehungen (*9*): D = Durchmesser des Windrades (Abb. 267), $F = D^2\pi/4$, m_1 = Masse von 1 m³ Luft, S = Druck von 1 m³ Luft auf das Rad in kg, S' = Gegendruck des Rades auf 1 m³ Luft, also $S' = -S$. Vor dem Rade hat 1 m³ Luft das Arbeitsvermögen $m_1 v_1^2/2$, hinter dem Rade $m_1 v_2^2/2$, daher wird durch 1 m³ Luft in 1 s auf das Rad die Energie A übertragen.

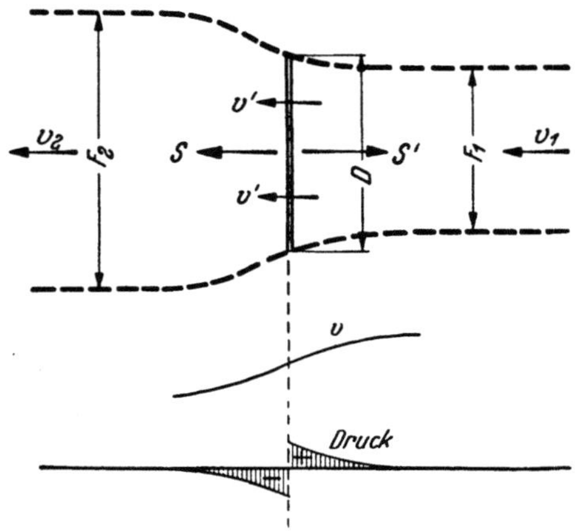

Abb. 267. Ausnutzung der Windenergie.

$$A = \frac{1}{2} m_1 (v_1^2 - v_2^2). \tag{238}$$

Da Kraft = Masse × Beschleunigung, so ist weiter

$$S' = m_1 \frac{\Delta v}{1\,s} = m_1 \frac{v_2 - v_1}{1\,s}. \tag{239}$$

Die Beschleunigung ist hier negativ (Verzögerung). Bei der Überwindung des Gegendruckes S' leistet 1 m³ Luft in 1 s die Arbeit $-S'v'$ (Kraft × Weg), die bei einer verlustlosen Maschine ebenso groß sein muß wie die auf das Rad übertragene Energie A, d. h.

$$\frac{1}{2} m_1 (v_1^2 - v_2^2) = -S'v' = m_1 (v_1 - v_2) v'$$

$$v' = \frac{v_1 + v_2}{2}. \tag{240}$$

In 1 s gehen $F v'$ m³ Luft durch das Windrad, daher beträgt die Gesamtleistung

$$\overline{N} = \frac{1}{2} m_1 (v_1^2 - v_2^2) F \frac{v_1 + v_2}{2}. \tag{241}$$

Die Differentiation nach v_2 ergibt, daß $\overline{N}$ bei $v_2 = v_1/3$ am größten wird

$$\overline{N}_{Gr} = \frac{8}{27} F m_1 v_1^3. \tag{242}$$

Als indizierte Leistung N des Windmotors sieht man an

$$N = \frac{1}{2} (m_1 F v_1) v_1^2, \tag{243}$$

somit

$$\frac{\overline{N}_{Gr}}{N} = \frac{16}{27} = 0{,}59, \tag{244}$$

d. h. die Leistung der Windmotoren kann nicht größer werden als 59% der indizierten N. Es empfiehlt sich daher, den Wirkungsgrad η_M der Windmotoren auf die Größtleistung $\overline{N}_{Gr}$ zu beziehen. Da 1 m³ Luft bei 15° 1,22 kg wiegt, so ist $m_1 = 1{,}22/g$ ($g = 9{,}81$ m/s²) und man erhält als Nutzleistung N_n eines Windmotors in PS

$$N_n = \frac{16}{27} \frac{D^2 v_1^3}{1536} \eta_M, \tag{245}$$

$$N = \frac{D^2 v_1^3}{1536}. \tag{246}$$

Der Wert $C_l = 16 \cdot \eta_M/27$ wird im Windturbinenbau als Leistungsbeiwert bezeichnet; daher ist auch

$$N_n = C_l\, N. \tag{247}$$

Wegen der Werte C_l vgl. S. 356.

3. Gesamtanordnung.

Die Gesamtanordnung der Schöpfwerksmaschinen ist zunächst durch die Art gekennzeichnet, wie die Kraft auf die Pumpe übertragen wird. In Frage kommen die unmittelbare Kupplung, der Riementrieb und das Zahnradvorgelege.

Bei der unmittelbaren Kupplung liegen die Wellen der Kraftmaschine und Pumpe in einer Achse. Daher müssen beide Maschinen stets mit der gleichen Drehzahl laufen. Da aber die wirtschaftlich günstigsten Drehzahlen der Kraftmaschine und der Pumpe häufig nicht übereinstimmen, kann man die unmittelbare Kupplung trotz ihrer Einfachheit oft nicht anwenden. Es kann z. B. der durch ein Zahnradvorgelege eintretende Kraftverlust dadurch wieder zurückgewonnen werden, daß die Pumpe mit einer günstigeren Drehzahl und daher mit einem besseren Wirkungsgrad läuft, als es bei unmittelbarer Kupplung der Fall sein würde.

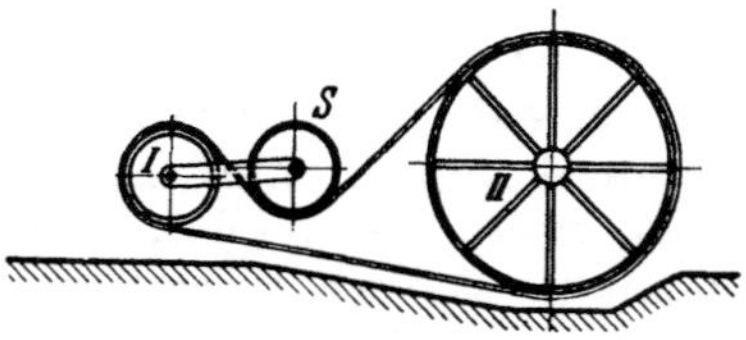

Abb. 268. Spannrollenantrieb.

Die Riemenübertragung kann bei Leistungen bis etwa 100 PS verwendet werden. Man unterscheidet den offenen Riementrieb und den Spannrollenantrieb. Der offene Riementrieb verlangt einen Mindestabstand zwischen Kraftmaschinen- und Pumpenwelle von etwa 3 bis 4 m. Dadurch entsteht ein nicht unerheblicher Raumbedarf. Für Schöpfwerke ist der Spannrollenantrieb vorzuziehen. Der Riemen läuft bei ihm über eine Spannrolle S nach Abb. 268. Man kann auf diese Weise die beiden Wellen I und II dicht beieinander anordnen. Der Riemen erfährt in Schöpfwerksgebäuden infolge der wechselnden Luftfeuchtigkeit häufig Längenänderungen, die durch die Spannrolle unschädlich gemacht werden. Riementrieb setzt voraus, daß Kraftmaschine und Pumpe liegende Wellen haben. Ausnahmen hiervon sind zwar möglich, sollten jedoch vermieden werden. Die Spannrolle hat in der Regel den Durchmesser der kleineren Scheibe. Der Riemenantrieb gibt die Möglichkeit, durch Auswechseln der Riemenscheibe gegen eine solche mit anderem Durchmesser die Drehzahl der Pumpe zu verändern. Er hat ferner den Vorteil, daß kleine Verschiebungen zwischen Kraftmaschine und Pumpe unbedenklich sind. Daher eignet er sich besonders für behelfsmäßige Anlagen. Es empfiehlt sich, nur die besten Riemen zu verwenden. Die dadurch bedingten Mehrkosten sind immer lohnend. Die Riemen werden an beiden Enden mit langer Schräge abgeschnitten und gut vernäht. Sie sind stets gut gefettet zu halten, damit sie geschmeidig bleiben. Hart gewordene Riemen wäscht man in heißem Wasser (nicht in kochendem) und tränkt sie dann mit Riemenfett.

Große Verbreitung haben die Zahnradvorgelege (Zahnradgetriebe) gefunden, die heute fast ausnahmslos in besonderen Gehäusen angeordnet sind. Man unterscheidet Stirnrad- und Kegelradgetriebe. Die Stirnräder sind billiger, halten länger und haben einen besseren Wirkungsgrad als die Kegelräder. Erstere verbinden gleichlaufende, letztere sich schneidende Wellen. Über umschaltbare Stufengetriebe siehe S. 323. Die Zahnradgetriebe erhalten eine selbsttätige Umlaufölung und zweckmäßig auch eine Kühlvorrichtung für das Öl. Die Ölung wird durch eine Ölumlaufpumpe betrieben. Da diese erst bei voller Drehzahl ausreichend wirkt, ist Sorge zu tragen, daß die Ölung schon beim Anlassen der Kraftmaschine beginnt. Man bedient sich dazu bei größeren Anlagen einer besonders angetriebenen Anlaßschmierpumpe, sonst auch eines Ölbehälters, der einige Meter über dem Getriebe liegt. Bei Frost ist dickflüssig gewordenes Öl vorher zu erwärmen. Für Schöpfwerkspumpen verwendet man in der Regel die doppelte Schrägverzahnung (Pfeilverzahnung). Da diese Zahnräder gegen Verlagerung der Achsen empfindlich sind, wird mindestens auf der einen Seite des Zahnradvorgeleges, entweder auf der Pumpen- oder der Kraftmaschinenseite, eine nachgiebige (längsbewegliche) Kupplung eingeschaltet. Wenn der Ungleichförmigkeitsgrad einer Verbrennungskraftmaschine (S. 324) größer als etwa 1 : 100 ist, besteht die Gefahr, daß die Zähne der Zahnräder zu stark beansprucht werden.

Bei allen Antrieben und Übersetzungen ist darauf zu achten, daß die kritischen Drehzahlen (S. 320) nicht eintreten. Die unmittelbaren Kupplungen und die Zahnradgetriebe sind außerdem empfindlich gegen jede Verschiebung, die die Pumpe in ihrer Lage zur Kraftmaschine erfährt. Daher müssen gemeinsame eiserne Grundplatten für Kraftmaschine und Pumpe sehr kräftig sein, damit sie sich nicht verbiegen können.

Hinsichtlich der Aufstellungshöhe der Pumpen unterscheidet man die Tauch- und die Heberanordnung. Bei der Tauchanordnung liegt das Laufrad der Pumpe unter dem tiefsten Binnenwasserspiegel, so daß die Pumpe beim Anlassen ohne weiteres Wasser fördert. Das ist für den Betrieb äußerst bequem, Betriebsstörungen sind jedoch wegen der tiefen Lage der Pumpe schwieriger zu beheben als bei der Heberanordnung. Bisweilen entstehen erhebliche Gründungskosten für die baulichen Einrichtungen. Die Schöpfwerksgebäude brauchen meistens nur eine kleine Grundfläche zu erhalten. Damit bei stillstehender Pumpe das Außenwasser nicht rückwärts in den Polder läuft, ist eine selbsttätige Absperrvorrichtung in Form einer Rückschlagklappe oder eines Stemmtores erforderlich. Häufig wird außerdem noch ein Schieber in das Druckrohr der Pumpe eingebaut oder ein Schützenverschluß vorgesehen. Sich nur auf einen Schieber oder eine Schütze zu beschränken, ist nicht ratsam, da das Schließen versehentlich unterbleiben könnte. Man wählt daher in der Regel eine selbsttätige und eine zu bedienende Absperrvorrichtung. Die Selbsttätigkeit der Rückschlagklappen und Stemmtore darf nur dann vorübergehend beseitigt werden, indem man sie hochwindet oder festlegt, wenn der Schöpfwerkswärter ständig anwesend ist. Das hat dann den Vorteil einer glatteren Wasserführung ohne Wirbelbildungen. Ist starker Eisgang im Außenvorfluter zu erwarten, so muß auf eine geschützte Lage der Absperrvorrichtungen Bedacht genommen werden. Auch sollte man Vorsorge treffen, um bei hohem Außenwasser Störungen beseitigen zu können.

Bei der Heberanordnung liegt der ganze Scheitelquerschnitt der Rohrleitung nebst Pumpe über dem höchsten Außenwasser, so daß kein Wasser von außen durch Pumpe und Rohrleitungen in den Polder fließen kann. Das setzt allerdings voraus, daß ein im Scheitel des Hebers befindlicher Belüftungshahn sich selbsttätig öffnet, sobald die Pumpe aufhört zu laufen. Denn sonst würde die Heberwirkung das Außenwasser nach binnen fließen lassen. Der Hahn muß vor der nächsten Inbetriebnahme der Pumpe wieder geschlossen werden. Da die

Heberanordnung eine Saugleitung verlangt, ist stets eine Saugpumpe erforderlich, mit der vor dem Ingangsetzen der Schöpfwerkspumpe die Luft aus der Saugleitung abgesaugt wird. Heberanlagen versieht man nur dann mit einer Absperrvorrichtung (Schieber), wenn sonst die Rohrleitung infolge häufiger Betriebsunterbrechungen oft entlüftet werden müßte. Im Gegensatz zur Tauchanordnung können Ausbesserungen der über Wasser liegenden Pumpen leicht vorgenommen werden. Günstig ist auch die liegende Pumpenwelle, die sich mit der liegenden Welle der Kraftmaschine leicht kuppeln läßt, ferner der Umstand, daß der Deich durch das Druckrohr nur flach angeschnitten und daher kaum geschwächt wird. Im Gegensatz zur Tauchanordnung können aber Undichtigkeiten des Saugrohres den Wirkungsgrad des Schöpfwerkes beeinträchtigen.

Zwischen Tauch- und Heberanordnung gibt es zwei Zwischenformen. Man legt die Pumpe unter das niedrigste Binnenwasser und führt ihre Druckleitung als Heberleitung über das höchste Hochwasser hinaus. In diesem Falle spricht man von einer Tauchanordnung mit Heberleitung. Zu beachten ist, daß sich im Rohrscheitel kein Luftraum bilden darf. Da keine Entlüftung der Rohrleitung stattfindet, hat die Pumpe beim Anlaufen eine größere Förderhöhe zu überwinden als nach Eintritt der Heberwirkung. Dabei muß der Rohrscheitel völlig mit Wasser gefüllt werden. Die Anordnung vereinigt Vorteile der Tauch- und der Heberanordnung.

Die zweite Zwischenform besteht darin, daß man die Pumpe nur über *MHW* anordnet, nicht jedoch über *HHW*, wodurch die Heberanordnung in die Mittelanordnung übergeht. Diese kann zur Anwendung kommen, wenn bei der Heberanordnung die Saughöhe zu groß werden und dadurch die Gefahr des Hohlsoges entstehen würde. Um bei steigendem Außenwasser ein Rückwärtslaufen des Wassers zu verhindern, pflegt man nach dem Abstellen der Pumpe und dem Entleeren der Rohrleitung den Belüftungshahn der Heberleitung sofort wieder zu schließen. Die dann in der Leitung eingeschlossene Luft verhindert den Rückstrom des Außenwassers, jedoch nur dann, wenn der Druck des steigenden Außenwassers nicht imstande ist, die eingeschlossene Luft nach der Binnenseite hinauszudrücken (*225*).

Die bei Heberanordnungen erforderliche Luftpumpe soll imstande sein, die Luft in 5 bis 10 min anzusaugen. Empfehlenswert ist eine Ersatzluftpumpe, zum mindesten bei größeren Anlagen. Man betätigt die Luftpumpe entweder durch eine besondere Kraftmaschine oder durch einen ausrückbaren Riemenantrieb, der von der Welle der Kraftmaschine oder der Pumpe angetrieben wird. Für eine sachgemäße Entlüftung ist es wichtig, daß die Luft an der richtigen Stelle (oder an mehreren Stellen) der Rohrleitung abgesaugt wird. Sonst kann es vorkommen, daß Wasser in die Luftleitung gelangt, bevor die Luft ausreichend entfernt ist. Bei Verwendung einer Dampfmaschine kann man zur Entlüftung der Pumpe einen Exhaustor benutzen.

Günstig ist es, wenn das Wasser möglichst ohne schroffe Richtungswechsel die gesamte Anlage (Binnengraben—Saugrohr—Pumpe—Druckrohr—Außengraben) durchfließt, da der Kraftverbrauch um so größer wird, je schroffer die Fließrichtung des Wassers sich ändert.

Schleuderpumpen lassen sich mit allen Kraftmaschinen kuppeln. Wasserschnecken und Wasserschrauben werden dagegen nur mit Windkraft betrieben, da sie in Verbindung mit anderen Kraftmaschinen den Schleuderpumpen unterlegen sind.

C. Die Schöpfwerksgebäude und Nebenanlagen.

1. Die Bauweisen.

In baulicher Hinsicht unterscheidet man bei jeder Schöpfwerksanlage den Maschinenraum, in dem sich die Kraft- und häufig auch die Wasserhebemaschine befindet, das auf der Binnenseite liegende Einlaufbauwerk (Binnensumpf), aus dem das Wasser entnommen wird, und auf der Außenseite das Auslaufbauwerk (Außensumpf), in das die Pumpe das Wasser drückt. Je nach der Anordnung dieser drei Teile erhält man Schöpfwerke in aufgelöster, halb aufgelöster oder Blockbauweise.

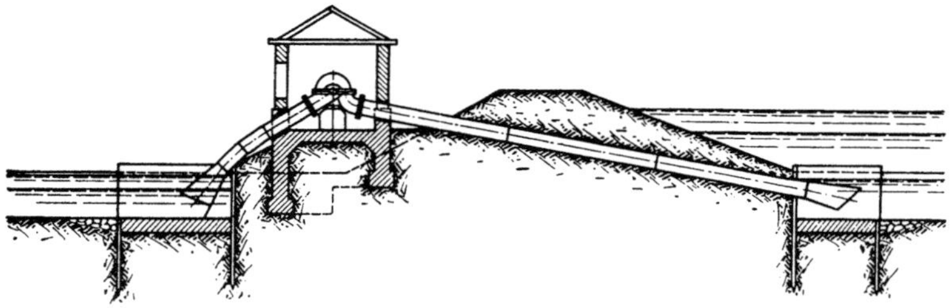

Abb. 269. Aufgelöste Bauweise mit Heberanordnung (Schöpfwerksausschuß).

Bei der aufgelösten Bauweise liegen die drei Bauteile völlig getrennt voneinander (Abb. 269). Das Maschinenhaus wird zweckmäßig so angelegt, daß die Deichkrone für die Deichverteidigung frei bleibt. Seine Lage kann beliebig gewählt werden, also auch völlig außerhalb des Deichquerschnittes. Ein weiterer Vorteil besteht darin, daß man, wenn das Wasser betonschädliche Stoffe ent-

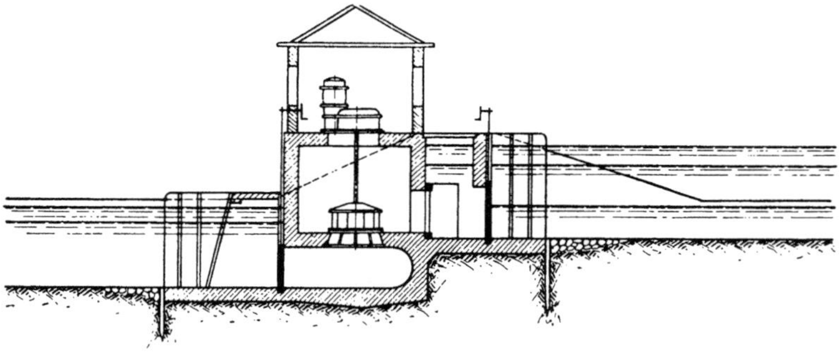

Abb. 270. Blockbauweise mit Tauchanordnung (Schöpfwerksausschuß).

hält, den Binnen- und Außensumpf aus Holz herstellen kann, während das flach gegründete Maschinenhaus nicht gefährdet ist. Man verwendet die aufgelöste Bauweise in Verbindung mit der Heberanordnung oder mit der Mittelanordnung. Namentlich die erstere Verbindung gibt die Möglichkeit, die Druckleitung ohne starkes Anschneiden des Deiches zu verlegen, was bei alten Deichen häufig ratsam ist. Bei kleinen Pumpen mit Heberanordnung kommt fast stets die aufgelöste Bauweise zur Ausführung. Nachteilig können die Rohrleitungswiderstände werden, wenn die Hubhöhen klein und die Rohre lang sind. Die Grundfläche der Maschinenhäuser fällt in der Regel ziemlich groß aus, da die Maschinen mit waagerechten Wellen erheblichen Platz beanspruchen.

Bei der Blockbauweise werden die beiden Sümpfe baulich mit dem Maschinenhaus vereinigt (Abb. 270). Diese Bauweise wird in Verbindung mit der Heberanordnung, Mittelanordnung, vorzugsweise aber mit der Tauchanordnung verwendet. Nachteilig kann das Anschneiden des Deiches werden (S. 332). Rohrleitungswiderstände fehlen ganz oder sind doch sehr gering. Die Grundmauern reichen tiefer hinab als bei der aufgelösten Bauweise. Die Grundfläche des Schöpfwerkes ist klein, besonders bei Verwendung von Elektromotoren mit senkrechter Welle. Daher entsteht häufig eine beachtliche Bodenpressung, die bei schlechtem Untergrunde die Gründung verteuert (Pfahlrost).

Die halb aufgelöste Bauweise besitzt ein Einlaufbauwerk, das mit dem Maschinenhaus verbunden ist, während das Auslaufbauwerk getrennt liegt (Abb. 271). Sie ist oft mit der Tauchanordnung verbunden.

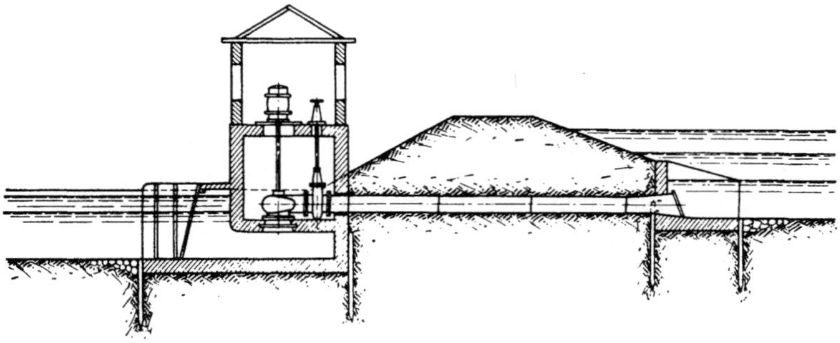

Abb. 271. Halbaufgelöste Bauweise mit Tauchanordnung (Schöpfwerksausschuß).

Eine besondere Bauweise, die man bisweilen im Tidegebiet findet, besteht darin, daß zwischen Schöpfwerk und Siel eine Druckkammer eingeschaltet wird (Abb. 272). Dann wird bei Tidehochwasser in der Regel nicht gepumpt. Man kann ein schon vorhandenes Siel verwenden, ohne daß an diesem etwas geändert zu werden braucht. Auch der Deich bleibt von dem Bau des Schöpfwerkes völlig unberührt. In der Druckkammer beruhigt sich das gepumpte Wasser, bevor es in das Siel fließt.

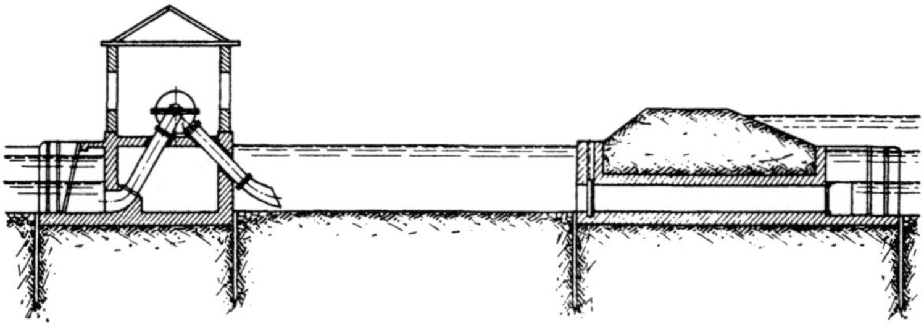

Abb. 272. Blockbauweise mit Mittelanordnung und Druckkammer (Schöpfwerksausschuß).

Es ist oft nicht leicht, die günstigste Bauweise des Schöpfwerkes und die günstigste Pumpenanordnung für den Einzelfall zu finden. Man wird sich stets fragen müssen, auf welche Gesichtspunkte jeweils besonderer Wert zu legen ist. Sind es lediglich die Kosten, so genügen Vergleichsrechnungen.

2. Das Maschinenhaus.

Die Maschinenhäuser werden in hölzerner oder Stein- (Beton-) Bauweise ausgeführt. Holz verwendet man jedoch nur bei behelfsmäßigen Bauten oder wenn unbedingt an Baukosten gespart werden muß; auch dann, wenn nach einer Reihe von Jahren eine wesentliche Änderung der Schöpfwerksanlage zu erwarten ist. Holzbauten verlangen eine schnellere Abschreibung und höhere Unterhaltungskosten als Steinbauten. In der Regel werden diese wirtschaftlicher sein, jedoch nicht immer. Ist z. B. Holz in der Nähe sehr billig zu haben, so kann eine Vergleichsrechnung durchaus zugunsten der Holzbauweise ausfallen. Abb. 273 zeigt eine häufig angewandte Form der hölzernen Ausführung. Bei der Holzbauweise ist eine unverrückbare Lage zwischen Kraftmaschine und Pumpe schwer zu erreichen, wenn beide getrennt aufgestellt werden. Am anpassungsfähigsten ist dann noch der Riemenantrieb.

Gemauerte Maschinenhäuser müssen, wenn sie den Deich anschneiden, mit dem Deichboden durch Rippen verzahnt werden. Ihre Berührungsflächen mit dem Deich erhalten zweckmäßig einen geringen Anlauf nach Abb. 274, damit sich der Deichboden beim Setzen keilförmig gegen das Bauwerk legt und keine Hohlräume neben dem Bauwerk entstehen können. Häufig ist eine sorgfältige Gründung erforderlich (S. 307). Nötigenfalls ist eine durchlaufende Sohlplatte oder Pfahlgründung ohne oder mit Spundwandkasten zu verwenden. Wegen des Schutzes gegen betonschädliche Stoffe vgl. S. 482.

Die Maschinengrundbauten stellt man meistens aus Beton her. Sie werden bei der Heberanordnung oft getrennt von den Grundbauten des Maschinenhauses ausgeführt, damit die Erschütterungen, die der Maschinengrundbau erfährt, nicht auf das Haus übertragen werden. Das ist besonders wichtig für Dieselmaschinen, auch für größere Elektromotoren. Oder man trennt den Maschinengrundbau

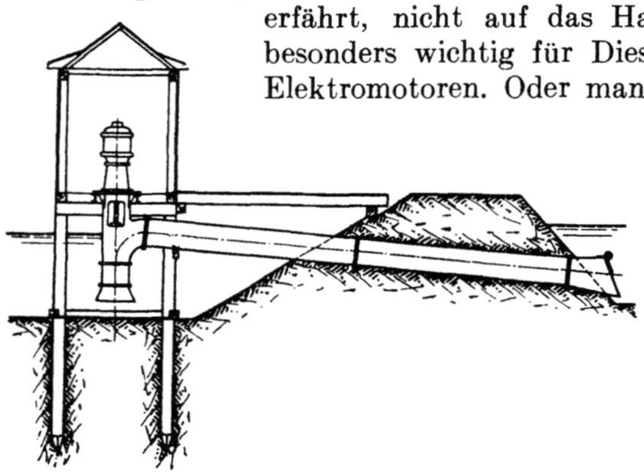

Abb. 273. Behelfsmäßige Aufstellung (Schöpfwerksausschuß).

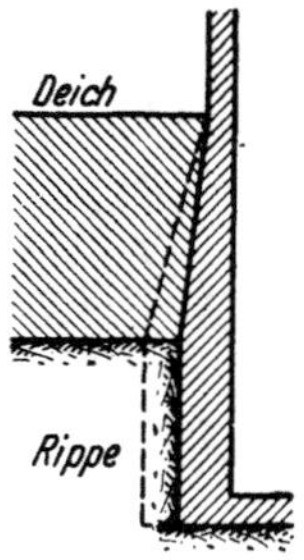

Abb. 274. Anschluß des Maschinenhauses an den Deich.

durch Kork oder Filz von dem Hausgrundbau, wodurch die Übertragung der Erschütterungen erschwert wird. Je nach Lage und Tragfähigkeit des Baugrundes sowie nach den aufzunehmenden Lasten gibt es für die Maschinengrundbauten verschiedene Ausführungsformen, deren Grundgedanken folgende sind:

1. Man setzt einen besonderen Maschinengrundbau auf die Fußbodenplatte des Maschinenhauses, die zu diesem Zwecke unter dem Maschinengrundbau durch größere Stärke, Eiseneinlagen oder Unterzüge besonders kräftig ausgeführt wird. Bei der Blockbauweise lassen sich in der Regel Haus- und Maschinengrundbau nicht voneinander trennen (Abb. 270). Dann ist der gesamte Bau als Einheit so zu berechnen, daß alle auftretenden Kräfte unschädlich abgeleitet werden.

2. Man stellt einen vom Hausgrundbau getrennten Betonblock her, der möglichst bis zum gewachsenen Boden reicht. Ist ausnahmsweise eine Aufschüttung unter dem Block nötig, so muß sie in dünnen Lagen (20 bis 30 cm) gestampft und eingeschlämmt werden.

3. Man ordnet einen vom Hausgrundbau getrennten Betonblock auf Holz- oder Betonpfählen an, wenn der tragfähige Baugrund tief liegt und eine Aufschüttung vermieden werden soll.

Ob der Flur des Maschinenhauses über dem höchsten Hochwasser liegen soll, hängt zunächst von der Anordnung der Pumpen ab. Die Heberanordnung ist ja gerade durch eine solche Lage gekennzeichnet. Es ist jedoch zu beachten, daß die Saughöhe nicht zu groß sein darf (S. 316). Bei der Tauchanordnung hat die hohe Lage des Flurs den Vorteil, daß die Kraftmaschinenanlage bei Deichbrüchen über Wasser bleibt. Auf jeden Fall muß der Maschinenflur so hoch liegen, daß er bei einer längeren Störung des Schöpfwerksbetriebes nicht von dem steigenden Binnenwasser erreicht wird.

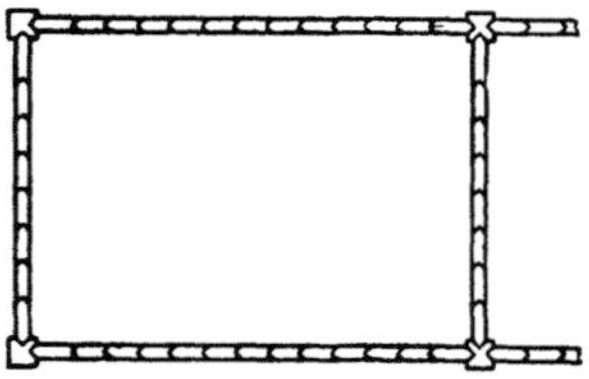

Abb. 275. Spundwandgründung für spätere Erweiterung.

Es kann sich empfehlen, von vornherein eine spätere Erweiterung des Schöpfwerkes in Erwägung zu ziehen, z. B. wenn die zweckmäßigste Größe der Anlage zunächst schwer zu ermitteln ist. In solchen Fällen ordnet man den Grundriß des Maschinenhauses so an, daß ein Anbau leicht zu bewerkstelligen ist. Bei Gründungen zwischen Spundwänden schlägt man dann zweckmäßig auf der Seite der späteren Erweiterung im Anschluß an die Bundpfähle vorsorglich einige Spundbohlen (Abb. 275).

Wert ist auch auf das äußere Aussehen des Maschinenhauses zu legen, das sich namentlich seiner Umgebung anpassen soll.

Abb. 276. Schöpfwerksgebäude.

Wenn Elektromotoren verwendet werden, die gegen Feuchtigkeit empfindlich sind, muß der Maschinenraum möglichst trocken sein. Hölzerne Schuppen sind dann besonders sorgfältig herzustellen, z. B. innen zu verputzen.

Helle Räume sind dringend erwünscht. Man sorge daher für große Fenster, die zu vergittern sind. Ebenso ist eine ausreichende Beleuchtung vorzusehen. Muß der Schöpfwerkswärter sich häufig längere Zeit im Maschinenhause aufhalten, so empfiehlt sich die Herstellung eines besonderen Aufenthaltsraumes mit einfacher Ausstattung einschließlich Heizung und Waschgelegenheit sowie eines Abortes. Die Zweckmäßigkeit einer Fernsprechanlage ist zu prüfen. Je größer die Schöpfwerksanlage ist, um so umfangreicher müssen auch die Anlagen sein, die Ausbesserungen an Ort und Stelle ermöglichen, von einer einfachen Werkbank bis zu einer vollständigen Werkstatt. Zum Heben der größeren Maschinenteile sind Flaschenzüge oder ein Laufkran vorzusehen. Schon beim Entwerfen des Maschinenhauses ist auf die Anbringung der Hebezeuge Rücksicht zu nehmen. Bei tiefliegenden Pumpen ist darauf zu achten, daß sie durch eine genügend große

Abb. 277. Diesel-Schöpfwerk.

Öffnung im Flur des Maschinenhauses nach oben gehoben werden können. Dadurch werden Ausbesserungen sehr erleichtert.

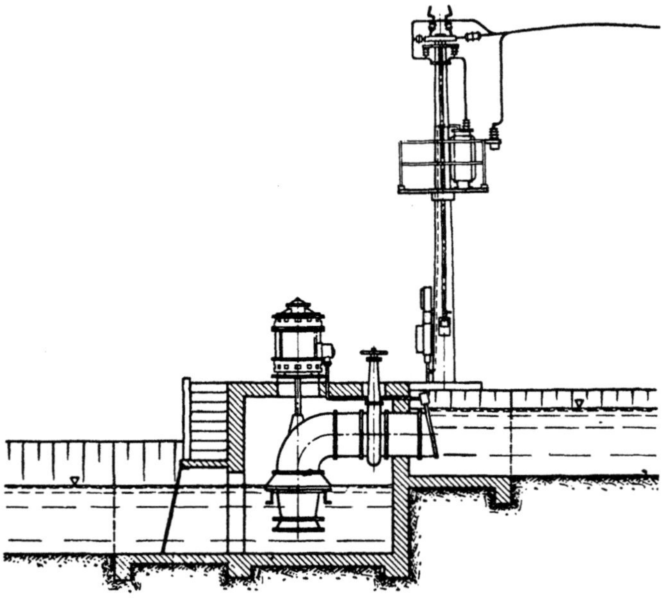

Abb. 278. Freiluft-Schöpfwerk von Siemens-Schuckert.

Die Siemens-Schuckert-Werke haben den Vorschlag gemacht, elektrische Schöpfwerke ohne Maschinenhaus, sog. Freiluft-Schöpfwerke, zu bauen. Die für derartige Schöpfwerke in Anwendung kommenden Einrichtungen haben sich für andere Verwendungszwecke schon häufig im Freien bewährt. Eine solche Anordnung dürfte auch für Schöpfwerke in Frage kommen (Abb. 278), soweit keine ständige Wartung erforderlich ist.

3. Nebenanlagen.

Für die Ein- und Auslaufbauwerke sind verschiedene Ausführungsarten üblich: einfacher Spundwandkasten mit unbefestigter Sohle, mit Beton- oder mit Pflastersohle. Dauerhafter sind Wände aus Beton oder Klinkern. Wenn das Wasser in größerem Ausmaße betonschädliche Stoffe enthält, sind Klinker zu wählen. Die Art der Sohlenbefestigung hängt von der Wasserbewegung ab, die bei einer günstigen Anordnung der Saug- und Druckrohre sehr gleichmäßig und ohne kolkende Wirbel sein kann (S. 336). Nötigenfalls hat man auch die Sohle und unteren Böschungsteile des Vorfluters am Auslaufbauwerk noch besonders zu befestigen, z. B. mit Steinschüttung. Spundwandkästen bedürfen unter Umständen einer Absteifung. Man führt hölzerne Spundwände keinesfalls über *MW*, besser nicht über *MNW* hinaus, da ihr oberer Teil sonst leicht fault. Darüber ist eine Böschung anzusetzen, die gut zu berasen oder besser noch zu pflastern ist. Die Sohle des Einlaufbauwerkes soll so tief liegen, daß der Binnenwasserstand auch für Grabenräumungen tief genug abgesenkt werden kann.

Ist das Einlaufbauwerk mit dem Maschinenhaus verbunden, so ist eine spätere Vertiefung seiner Sohle schwierig und kostspielig. Man gibt daher in solchen Fällen bei der Bemessung der Sohlenlage einen ausreichenden Sicherheitszuschlag. Um Betriebsstörungen der unter Wasser liegenden Pumpe schnell beseitigen zu können, muß die Einlaufkammer (der Pumpenschacht) gegen das Binnenwasser abgesperrt werden können, bei kleineren Anlagen mit Dammbalken, bei größeren mit Schützen oder Nadeln. Die Verschlußvorrichtungen sind so anzuordnen, daß man jede von mehreren Pumpen eines Schöpfwerkes für sich ausschalten kann, ohne daß der Betrieb der anderen gestört wird. Das Auspumpen des Pumpenschachtes geschieht mit einer vorzuhaltenden besonderen Hilfspumpe. Dammbalkenfalze sind auch sonst überall dort vorzusehen, wo man zu Ausbesserungszwecken das Wasser gelegentlich auspumpen will.

Die Schöpfwerke werden mit Pumpenrechen ausgestattet. Diese haben allerdings den Nachteil, daß sie die Förderhöhe der Pumpen vergrößern, da sich am Rechen ein Stau bildet. Eine Rechenverstopfung hat einen erhöhten Stau am Rechen zur Folge, den man ausnutzen kann, um die Verstopfung durch Schwimmer auf elektrischem Wege akustisch oder optisch zu melden. Der Rechen wird in der Regel im Einlaufbauwerk untergebracht. Er ist für vollen Wasserüberdruck zu berechnen, damit er nicht eingedrückt wird, wenn er sich zusetzt. Man kann ihn auch vor dem Mahlbusen in den Zuleiter auf eine Querspundwand setzen. Das hat den Vorteil, daß das Wasser hinter dem Rechen nicht so schnell fällt, wenn dieser sich zusetzt. Die Anordnung ist aber teurer, als wenn der Rechen im Einlaufbauwerk liegt. Sehr zweckmäßig ist es, wenn man den Rechen leicht hochziehen und über Wasser festlegen kann, um ihn so bequem zu reinigen. Bei großen Schöpfwerksanlagen kann eine elektrische Heizvorrichtung des Rechens in Frage kommen, um ein Verstopfen mit Eis zu verhindern. Bei der Tauchanordnung läßt sich das Einströmen kalter Luft in den Pumpenschacht und die damit verbundene Frostgefahr dadurch verhindern, daß der Einlauf zum Schacht und der Rechen ganz unter Wasser angeordnet werden.

Man unterscheidet Grob- und Feinrechen. Falls ein Schutz der Fischerei erforderlich ist, sind Feinrechen mit einer lichten Weite von höchstens 20 mm zu verwenden. Im übrigen soll die Rechenweite kleiner sein als die kleinste Lichtweite der Laufräder und Leitanlagen der Pumpe. Am empfindlichsten sind die Zellenräder, besonders bei kleineren Pumpen. Auch Flügelräder mit verstellbaren Flügeln bedürfen eines guten Schutzes. Man verwendet daher in diesen Fällen Feinrechen, während sonst oft Grobrechen genügen, die billiger sind und weniger stauen. Bisweilen ordnet man auch zwei Rechen an, einen Grob- und einen Feinrechen. Ersteren dann meistens in einfacher, billiger Holzbauweise, z. B. aus Rundhölzern; der Feinrechen wird so durch den Grobrechen entlastet und geschont.

Grundsätzlich soll jedes Schöpfwerk je einen Pegel im Binnenwasser und Außenwasser erhalten. Das ist schon deshalb nötig, damit dem Schöpfwerkswärter Vorschriften gegeben werden können, wie er das Schöpfwerk bei den verschiedenen Binnen- und Außenwasserständen zu bedienen hat. Die Pegel ermöglichen ferner die Feststellung der jeweiligen Nutzförderhöhe H_g und damit eine Überwachung des Schöpfwerksbetriebes. So kann man beispielsweise prüfen, ob der Kraftbedarf bei gleicher Förderhöhe sich verändert; in solchen Fällen hat man der Ursache nachzugehen und etwaige Störungen oder Mängel zu beseitigen. Auch Leistungsprüfungen und Untersuchungen von allgemeinem Interesse sind ohne Pegel nicht durchzuführen.

Für die Druckrohrleitungen verwendet man Gußeisen, Flußstahl, Beton oder Stahlbeton. Auch eine Klinkerumkleidung um Betonrohre kommt in Frage, um die Lebensdauer der Rohrleitung zu erhöhen. Beton- und Stahlbetonrohre können auch über dem niedrigsten Wasserstand verwendet werden, wenn ein völliger Luftabschluß nicht erforderlich ist. Andernfalls (in Heberleitungen) kleidet man sie mit Blech aus. Sie verlangen eine sichere Gründung, damit keine Senkungen eintreten. Enthält das Wasser in nennenswertem Umfange betonschädliche Stoffe, so sind Betonrohre abzulehnen. Ein Schutzanstrich der Betonrohre ist stets ratsam (S. 483). Im übrigen ist es im wesentlichen eine Kostenfrage, ob Eisen oder Beton gewählt wird.

Gußeisen hat vor Flußstahl den Vorteil einer größeren Sicherheit gegen Rosten, weil es kohlenstoffreich ist, infolge seiner größeren Wandstärke und weil die Gußhaut einen Rostschutz bildet (*220*). Als Schutzanstrich hat sich ein Grundanstrich mit Mennige mit 2 bis 3 weiteren Teeranstrichen bewährt (Steinkohlenteer). Er ist besonders wichtig für Stahlrohre. Innere Schutzanstriche haben aber nur eine beschränkte Wirkungszeit, da sie den Angriffen des im Wasser mitgeführten Sandes nicht dauernd standhalten. Die Erneuerung des inneren Schutzanstriches ist nur möglich bei begehbaren Rohren. Diese kann man daher unbedenklich aus Stahl herstellen. Bei Senkungen sind Muffenverbindungen nachgiebiger und daher zweckmäßiger als Flanschen, Stahlrohre widerstandsfähiger als gußeiserne, da sie zugfester als diese sind. Die Muffen werden meistens mit Hanfstrick und Bleiverstemmung gedichtet. Neuerdings sind Versuche mit Aluminiumwolle gemacht worden, die sich zu bewähren scheint. Bei großen Durchmessern ist zu prüfen, ob die Stahlblechrohre auch den äußeren Überdruck aushalten. Eiserne Rohre mit sehr großem Durchmesser (> 1 m) bedürfen häufig einer besonderen Unterlage, z. B. aus Beton. Tiefe Rohrleitungen können recht erhebliche Kosten für die Erdarbeiten verursachen.

Eine schlanke Linienführung der Rohre ist die Voraussetzung für geringe Rohrwiderstände. Wenn dadurch auch höhere Baukosten entstehen, so werden diese doch oft durch die Ersparnis an laufenden Betriebskosten mehr als aufgewogen. Auch Schieber verursachen Kraftverluste.

Im allgemeinen erhält jede Pumpe ein besonderes Druckrohr. Wird dieses infolge besonderer örtlicher Verhältnisse außergewöhnlich lang, so kann man die Rohrwiderstände dadurch herabsetzen, daß man entweder eine Druckkammer nach Abb. 272 einschaltet oder ein gemeinsames Druckrohr für mehrere Pumpen anordnet, an das die einzelne Pumpe durch ein Anschlußrohr mit Schieber angeschlossen wird. Wenn dann nur eine Pumpe arbeitet, ist die Wassergeschwindigkeit im Druckrohr sehr gering und somit auch der Rohrwiderstand. Ein großes Rohr hat häufig auch den Vorzug, daß es begehbar ist. Nachteilig ist die Abhängigkeit des gesamten Betriebes von einem Rohr.

Die Geschwindigkeiten des Wassers beim Eintritt in das Saugrohr und beim Austritt aus dem Druckrohr sind möglichst klein zu halten. Von besonderer Bedeutung ist die Ausbildung sowie die Anordnung der Ein- und Auslaufstücke. Saug- und Druckrohre sollen an ihren Enden trichterförmig erweitert werden. Der höchste Punkt der Saugkante des Einlaufstückes soll mindestens um halbe Saugrohrstärke unter dem tiefsten Binnenpeil liegen. In der Praxis des Pumpenbaues nimmt man die Eintrittswiderstände, die auch durch die Ausbildung des Pumpensumpfes beeinflußt werden, etwa zu 7 bis 15 cm an, bei schlechten Zulaufverhältnissen noch höher. Am Druckstutzen der Pumpe ist eine Geschwindigkeit von 2,5 bis 3,5 m/s zulässig, abnehmend mit der Förderhöhe, das Druckrohr soll sich dann konisch erweitern (nicht stärker als 11°, vgl. Abb. 78), damit die Geschwindigkeitsenergie in Druckenergie umgesetzt wird. Man rechnet bei eisernen Saug- und Druckrohren mit einer größten Wassergeschwindigkeit von 1,8 bis 2,5 m/s und geht bei längeren Rohrleitungen nicht gern über 2,0 m/s hinaus. Für Beton- und Schleuderbetonrohre ist der Größtwert zu 1,5 m/s anzunehmen. Die konische Erweiterung des Auslaufstückes soll eine Austrittsgeschwindigkeit von höchstens 1,2 bis 1,5 m/s ergeben, gleichfalls abnehmend mit der Förderhöhe.

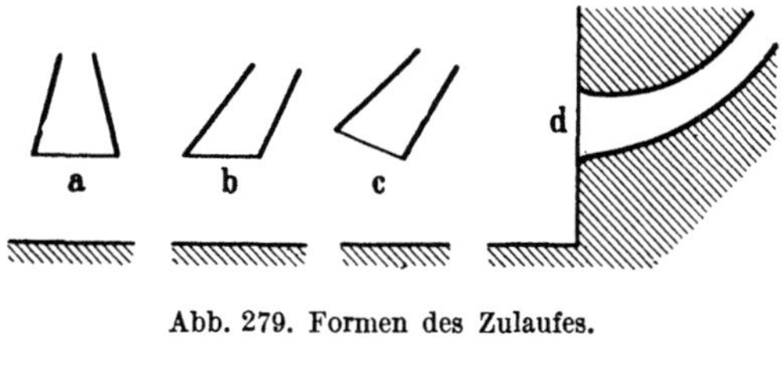

Abb. 279. Formen des Zulaufes.

Eingehende Lichtbilduntersuchungen über die im Zulauf von Schöpfwerken auftretenden Störungen hat Schulze-Pillot angestellt. Hierbei ergaben sich für die verwendeten Rohre a bis c (Abb. 279) drei Störungserscheinungen: Ablösung an umströmter Kante, Außendrall im Pumpenschacht und Innendrall im Saugrohr. Je schärfer die Kante des Saugtrichters ist, um so plötzlicher ist hier der Richtungswechsel zahlreicher Wasserteilchen. Die Strömung löst sich dann unter Wirbeln von der Wand ab. Dadurch wird der wirksame Querschnitt verengt, und es treten Verluste ein. Die Saugrohrkante ist daher kräftig abzurunden.

Der Außendrall entsteht dadurch, daß das zufließende Wasser durch das Saugrohr in zwei Äste geteilt wird, die sich hinter dem Saugrohr nicht wieder schließen. Es bilden sich Wirbel, die gegen die Rückwand des Schachtes stoßen. Der entstehende Drall umschließt einen Kern aus Luft, der bis an die Oberfläche reicht. Dieser Luftschlauch kann bis in das Saugrohr hinabgesogen werden. Die Pumpe saugt dann Luft, und ihr Wirkungsgrad fällt stark ab. Man rückt das Saugrohr möglichst nahe an die Rückwand des Pumpenschachtes heran, so daß diese den Wirbel abbremst, und bringt am unteren Saugrohrrand eine ringförmige, waagerechte Blechblende an (Abb. 280).

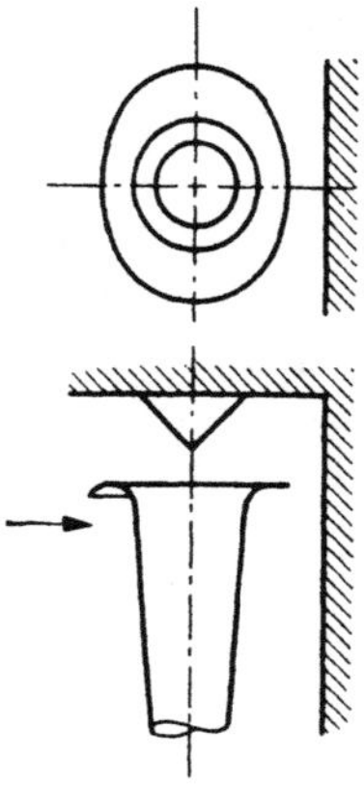

Abb. 280. Saugrohr mit Kegel und Blende.

Der Innendrall wird dadurch bewirkt, daß das Wasser von allen Seiten dem Saugrohr zuströmt. Im Innern des Dralles bildet sich ein hohler, mit Luft und Wasserdampf gefüllter Kern. Auch der Innendrall hat Verluste auf Kosten der Nutzleistung der Pumpe zur Folge. Setzt man einen Kegel aus Beton oder Gußeisen mit der Spitze nach oben gegenüber der Saugrohrachse auf den Boden des Pumpenschachtes, so wird der Wirbel schon im Zustande der Entstehung abgebremst (Abb. 280).

Die vorstehend geschilderten Störungen werden vermieden, wenn man das Saugrohr nach Abb. 279d ausbildet, z. B. in Beton.

Die Rückschlagklappen bestehen aus Eisen oder Holz. Sie sind so auszuwiegen, daß sie sich schon bei geringem Überdruck öffnen, damit nicht unnötige Kraft zum Heben der Klappe verbraucht wird. Man erreicht das bei eisernen Klappen durch Gegengewichte oder Schwimmer, während hölzerne mit Eisen beschwert werden. Das Auswiegen der Rückschlagklappen hat außerdem den Vorteil, daß sie beim Stillsetzen der Pumpe nicht zu stark schlagen.

Selbsttätige Schalteinrichtungen werden durch Schwimmer betätigt, die ins Binnenwasser tauchen. Zwischen Anlasser und Schwimmer liegt ein Schwachstrom-Auslöser, die Ein- und Ausschaltung erfolgt selbsttätig. Jede Pumpe erhält einen Schwimmer für das Ein- und Ausschalten, außerdem bei Bedarf, z. B. beim Drehstrom-Kommutatormotor, einen weiteren für die Drehzahlregelung. Auch das Öffnen und Schließen der Schieber läßt sich elektrisch steuern. Ein bei der Emschergenossenschaft eingeführter selbsttätiger Betrieb beruht auf der Anwendung der Druckluft. Leitet man einem ins Unterwasser eintauchenden Rohr (4 mm Lichtweite) aus einem Kompressor laufend geringe Mengen Druckluft zu, so steigt der Luftdruck im Rohr mit steigendem Unterwasser. An das Rohr sind Manometer angeschlossen, eines für jede Pumpe, das durch einen elektrischen Kontakt die Pumpe ein- und ausschaltet. Die Kontakte werden auf verschiedene Drücke und damit auch auf verschiedene Unterwasserstände eingestellt, so daß die Pumpen nacheinander ein- und ausgeschaltet werden. Die Anordnung hat sich bei der Emschergenossenschaft gut bewährt, sie ist unempfindlich gegen Einfrieren, und die dünnen Rohre lassen sich leicht verlegen. Hersteller ist die Hydro-Apparate-Bauanstalt in Düsseldorf-Rath.

Falls der Wärter unmittelbar am Schöpfwerk wohnt, wird er im allgemeinen den Stand des Binnenwassers von seiner Wohnung aus beobachten können. Andernfalls ist eine Meldevorrichtung einzurichten, die ihm mitteilt, ob der zulässige Höchststand des Binnenwassers überschritten ist. Sehr zweckmäßig sind selbstschreibende Strommesser, aus denen man ersehen kann, wann die Pumpe gearbeitet hat und mit welcher Stromstärke. Eine ungewöhnliche Stromstärke läßt auf Störungen schließen.

Die selbsttätige Ein- und Ausschaltung hat sich nur bei unter Wasser liegenden Pumpen bewährt, da diese nicht entlüftet zu werden brauchen. Bei Heberpumpen muß man sich auf die selbsttätige Ausschaltung beschränken, mit der eine selbsttätige Belüftung zu verbinden ist, damit das Außenwasser nicht in den Polder zurückläuft. Eine weitere Voraussetzung des selbsttätigen Betriebes ist ein ausreichender Speicherraum, damit die Schaltungen nicht zu häufig stattfinden. Wenn das Binnenwasser am Schöpfwerk zu schnell fällt, kann das Grundwasser nicht schnell genug folgen und beschädigt die Böschungen durch Ausspülen. Auch darf keine wesentliche Verstopfungsgefahr für den Rechen bestehen.

Betriebsöl lagert man in eisernen Behältern, die wegen der Feuersgefahr außerhalb des Maschinenhauses und nicht unmittelbar neben diesem einzubauen sind. Kühlwasserbehälter werden im Maschinenhaus untergebracht.

Transformatoren werden entweder in besonderen Häuschen oder innerhalb des Maschinenhauses in einem getrennten Raum aufgestellt. Letzteres ist vorzuziehen, wenn der Strom in unmittelbarer Nähe des Schöpfwerkes transformiert werden kann, da die Vereinigung des Transformatoren- und Maschinenraumes in einem Gebäude meistens am billigsten ist.

Die bei elektrischem Antrieb erforderliche Schalttafel soll einen Voltmesser und Wattmesser sowie einen Größt- und Kleinstausschalter aufweisen. Mit Hilfe des Voltmessers wird die Spannung geprüft, bei deren Absinken die Stromstärke steigt und daher ein Warmwerden des Elektromotors droht. Der Wattmesser zeigt laufend den Kraftverbrauch an, somit auch eine etwa eintretende Überlastung des Motors. Wenn eine solche eintritt, schaltet der Größtausschalter den Strom selbsttätig aus, während der Kleinstausschalter dieselbe Wirkung bei einer Unterbrechung der Stromzuführung ausübt. Dieser verhindert also, daß der Motor beim Wiedereinsetzen des Stromes sofort mit hoher Drehzahl zu laufen beginnt.

Zu den Nebenanlagen eines Schöpfwerkes gehört in der Regel auch ein Deichsiel (S. 240). Es kann als besonderes Bauwerk ausgeführt oder baulich mit dem Schöpfwerk vereinigt werden. Letzteres ist oft bei der Blockbauweise der Fall.

D. Die Wahl der Schöpfwerksmaschinen.

Die Wahl der im Einzelfall zweckmäßigsten Schöpfwerksmaschinen muß stets auf einer Gemeinschaftsarbeit des Wasser- und Maschinenbauers beruhen. Dabei darf keinem der beiden das Gebiet des anderen fremd sein. Eine mündliche Besprechung der auftretenden Fragen ist dringend zu empfehlen. Man vgl. auch die Ausführungen im Abschnitt B.

1. Allgemeine Gesichtspunkte.

Von großer Bedeutung für die Wahl der Kraftmaschinen sind die Jahreskosten (Abschnitt E). Denn die Wirtschaftlichkeit einer Schöpfwerksanlage hängt wesentlich von der jährlichen Belastung der zu entwässernden Flächen durch Zinsen, Tilgung, Betriebs- und Unterhaltungskosten ab. Die günstigste Kraftmaschine läßt sich daher in der Regel nur durch vergleichende Kostenberechnungen ermitteln. In den weitaus meisten Fällen sind es der Elektromotor und die kompressorlose Dieselmaschine, die in Wettbewerb miteinander treten.

Beim Vergleich des Elektromotors und der Dieselmaschine ergibt sich hinsichtlich der Betriebskosten häufig eine Überlegenheit der letzteren, es sei denn, daß die Kraftwerke einen sehr niedrigen Strompreis stellen. Wenn man bei derartigen Vergleichsrechnungen den billigen Nachtstrom zugrunde legen will, muß man beachten, daß dann das ganze Schöpfwerk stärker ausfällt, weil nur nachts gepumpt wird. Dabei ist auch zu prüfen, ob das Aussetzen des Pumpbetriebes während der Tagesstunden zulässig ist, weil eine ausreichende Speichermöglichkeit besteht. Der bloße Nachtbetrieb kostet weniger Bedienung als der doppelt so lange Tag- und Nachtbetrieb.

Einen überschläglichen Vergleich der Betriebskosten stellt man wie folgt an: 1 PSh an der Pumpenwelle sind 0,736 kWh. Rechnet man mit einem Gesamtwirkungsgrad des Elektromotors einschließlich der Hochspannungsanlage von 89 %, so sind der Kraftmaschine $\frac{0,736}{0,89} = 0,827$ kWh zuzuführen. Somit kostet die PSh bei einem kW-Stundenpreis von 6 Pfg. 4,96 Pfg. Die Dieselmaschine verbrauche je PSh rund 200 g Brennstoff. Wenn 1 kg Öl 18 Pfg. kostet (1937), so ergibt sich ein PS-Stundenpreis von 3,60 Pfg. In der Regel sind jedoch genauere Vergleichsrechnungen nach S. 347 nicht zu umgehen.

Die geringen Betriebskosten der Dieselmaschine werden aber mehr oder weniger dadurch wieder ausgeglichen, daß sie wesentlich höhere Anschaffungskosten erfordert als der Kurzschlußläufer, daher auch einen höheren Zins- und Tilgungsdienst. Je größer die Anzahl der jährlichen Betriebsstunden ist, um so mehr tritt der Vorteil der niedrigen Betriebskosten gegenüber dem höheren Zins- und Tilgungsdienst in Erscheinung. Aus diesem Grunde ist das durch eine Dieselmaschine angetriebene Schöpfwerk in der Regel bei langer Betriebsdauer, das elektrisch betriebene bei kurzer Betriebszeit überlegen. Auch hohe Zins- und Tilgungssätze fördern den Einbau der billigeren Elektromotoren.

Bei dem Vergleich der Dieselmaschine und des Elektromotors können auch volkswirtschaftliche Gesichtspunkte mitsprechen. Während der Strom ein Inlandserzeugnis ist, muß unter Umständen das Treiböl aus dem Auslande bezogen werden.

Ferner müssen die Kosten, die für die Heranschaffung des Stromes oder des Öls aufzuwenden sind, berücksichtigt werden. Lange Zuleitungen und die Umspannung hochgespannten Stromes auf die Betriebsspannung können hohe Kosten verursachen. Auf der anderen Seite kann bei langen und schlechten Zuwegen auch das Anfahren des Öls beschwerlich und teuer werden.

In der Wartung zeichnet sich der Elektromotor vor der Dieselmaschine durch größere Einfachheit aus. Er kann daher leichter als diese auch durch ungeübte Leute bedient werden, was für Schöpfwerke deshalb von Bedeutung ist, weil häufig keine vollen Fachkräfte für ihre Bedienung zur Verfügung stehen. Ausbesserungen an den Elektromotoren, Transformatoren und Leitungen werden in der Regel von den überall vorhandenen Fachkräften der Kraftwerke in kurzer Zeit erledigt, wenngleich bisweilen auch schädliche Zeitverluste vorgekommen sind. Bei Dieselmaschinen kann es erforderlich werden, erst einen Fachmann des Lieferwerkes kommen zu lassen, wodurch wertvolle Zeit verlorengeht.

Der selbsttätige Betrieb eines Schöpfwerkes verlangt stets elektrischen Antrieb. Wenn Wert darauf gelegt wird, die Umlaufzahl der Kraftmaschine weitgehend zu ändern, kann auch dieser Gesichtspunkt zur Wahl des elektrischen Antriebes führen, da man die Umlaufzahl der Dieselmaschine nur bis auf etwa 70 % der größten herabsetzen kann (S. 324).

Windmotoren kommen hauptsächlich in der Nähe der Meeresküsten zum Antrieb von Schöpfwerken in Betracht (S. 325). Leider ist es aber keine Seltenheit, daß gerade nach stärkeren Niederschlägen eine Windklemme (Windflaute) eintritt. Die Unzuverlässigkeit der Windkraft kann um so eher in Kauf genommen werden, je seltener nach den örtlichen Verhältnissen mit Windklemmen zu rechnen ist, und je besser die in Frage kommenden Bestände vorübergehende Überschwemmungen vertragen. Man sollte daher die künstliche Entwässerung des Ackerlandes niemals allein auf die Windkraft abstellen, sondern höchstens Wiesen allein mit Windkraft entwässern. Denn auch auf Weiden können Überschwemmungen sehr störend für den Weidebetrieb werden. Unter Umständen kann man tiefere Flächen als Wiese, höhere als Acker und Weide nutzen und dann gelegentliche Überschwemmungen der Wiesen in Kauf nehmen. Günstig ist natürlich ein reichlicher Grabenstauraum. Um sicher zu gehen, ist das Windschöpfwerk mit einer elektrischen oder Dieselkraft-Reserve zu versehen. Dadurch werden aber die Anlagekosten erheblich erhöht. Lohnend kann eine solche Anlage infolgedessen nur dann sein, wenn ohne Windmotor die Betriebskosten eines Elektromotors oder einer Dieselmaschine im Vergleich zu den Anlagekosten ganz besonders hoch sein würden.

Aus Ostpommern liegen Erfahrungen mit kombinierten Schöpfwerken vor, über die Humburg eingehende Untersuchungen angestellt hat. Daraus interessiert besonders der Anteil, den die Windkraft an der Pumparbeit gehabt hat und der in Zahlentafel 134 für 6 Polder zusammengestellt ist. Man rechnet dort im Durchschnitt mit einer Leistungsverteilung von 80 und 20% auf Wind und elektrischen Strom. Dem Windmotor wurden in der Regel 40 bis 60 l/s km², dem Elektromotor die darüber hinausgehenden Spitzen zugewiesen. Jede der beiden Kraftmaschinen treibt eine besondere Pumpe. Bezüglich der Jahreskosten vgl. Zahlentafel 135 und S. 358.

Zahlentafel 134.

Poldergröße	Im Jahr gefahrene Betriebsstunden		Anteile an der jährlichen Pumparbeit	
	Windmotor	Elektromotor	Windmotor	Elektromotor
ha			%	%
163	~ 2000	520	41	59
250	~ 2000	185	77	23
128	~ 2000	290	62	38
220	1460	136	89	11
1250	1460	25	94	6
250	—	—	83	17

Zahlentafel 135.

Schöpfwerk	Bauteil	Baukosten	Nutzungsdauer	Verzinsung (4%) und Tilgung		Unterhaltung		Stromkosten	Schmiermittel	Wartung	Jahressumme
		RM	Jahre	%	RM	%	RM	RM	RM	RM	RM
elektrisches	baulicher . . .	9700	50	4,655	452	0,7	68	1700	120	360	
	maschineller . .	4300	25	6,401	275	1,7	73	(21200 kWh)			
	Summe	14000	—	—	727	—	141	1700	120	360	3048
kombiniertes	baulicher . . .	15200	50	4,655	708	0,7	106	340	180	360	
	Turm und Windrad	7300	20	7,358	537	2	146	(4240 kWh)			
	sonstiger maschineller	7500	25	6,401	480	1,7	128				
	Summe	30000	—	—	1725	—	380	340	180	360	2985

Die Verwendung von Dampfmaschinen ist auf besondere Fälle beschränkt. So kann im Moor die Ausnutzung des Torfes an Ort und Stelle den Anlaß geben, ein Dampfschöpfwerk zu bauen. Behelfsmäßige Schöpfwerke werden bisweilen mit Lokomobilen betrieben, die ohnehin oft für landwirtschaftliche Zwecke vorhanden sind.

Auf die Kraftmaschinen, die gleichzeitig Wasserhebemaschinen sind (S. 320), soll hier nicht näher eingegangen werden, da sie nur selten Verwendung finden.

Die Wahl der zweckmäßigsten Pumpen steht in enger Beziehung zur baulichen Anordnung der ganzen Schöpfwerksanlage. So können z. B. hohe Gründungskosten die Tauchanordnung verbieten, die Größe des Maschinenhauses ist stark von der Pumpenart abhängig usw. Man hat daher die Frage der zu wählenden Pumpen und ihrer Anordnung stets im Zusammenhang mit den baulichen Fragen zu prüfen.

Da die Frage der zweckmäßigsten Pumpen nur auf Grund maschinenbaulicher Sonderkenntnisse zu lösen ist, deren Kenntnis bei einem Wasserbauer nicht vorausgesetzt werden kann, so werden stets Angebote mehrerer Pumpenfirmen eingeholt, die auch die Kraftmaschinen mit anbieten und liefern müssen, damit nur eine Stelle für die gesamte Maschinenanlage verantwortlich ist. Aufgabe des Wasserbauers ist es, alsdann die Wirtschaftlichkeit der Angebote miteinander zu vergleichen (S. 358). Daneben sind jedoch noch andere Gesichtspunkte auch für den Wasserbauer wichtig.

So ist abgesehen von ganz kleinen Anlagen stets zu überlegen, ob man eine oder mehrere Pumpen aufstellen will. Zwei und mehr Pumpen haben den Vorteil einer größeren Betriebssicherheit, da bei einer Störung an einer Pumpe nicht das ganze Schöpfwerk ausfällt. Mehrere Pumpen ermöglichen außerdem eine bessere Anpassung der Schöpfwerksleistung an den wechselnden Wasserzufluß als eine. Bei mehreren Pumpen gleicher Leistung brauchen weniger Ersatzteile vorrätig gehalten zu werden, als wenn alle Pumpen verschieden groß sind. Demgegenüber gewähren aber Pumpen verschiedener Größe eine bessere Anpassung an den Wasserzufluß. Man kann mit drei Pumpen der Leistung 1, 2 und 4 eine Schöpfwerksleistung von 1 bis 7 in gleichen Abstufungen erreichen, je nachdem man eine, zwei oder alle drei Pumpen arbeiten läßt. Bei vier Pumpen der Leistung 1, 2, 4 und 8 erhält man sogar die Stufen 1 bis 15.

Ob Zellen-, Schrauben- oder Flügelräder gewählt werden, kann man im allgemeinen der Pumpenfirma überlassen. Nur wenn zur Anpassung an den Wasserzufluß verstellbare Flügel gewünscht werden, müssen Flügelpumpen zur Verwendung kommen. Pumpen mit verstellbaren Flügeln sind wesentlich teurer als gewöhnliche und auch empfindlicher, haben jedoch erheblich bessere Wirkungsgrade. Sie sind besonders dort mit Erfolg verwendbar, wo die Fördermengen stark, die Förderhöhen dagegen wenig schwanken. Denn die Förderhöhe bleibt im Bereich des besten Wirkungsgrades bei verschiedenen Einstellwinkeln des Propellers ziemlich konstant.

Auch die Vor- und Nachteile der Heber- und Tauchanordnung sind für den jeweiligen Fall von vornherein zu prüfen. Selbsttätiger Betrieb macht die Tauchanordnung nötig oder erwünscht (S. 338). Auch bei häufigen Unterbrechungen des Betriebes ist die Tauchanordnung dringend zu empfehlen. Will man den Deich nicht tief anschneiden, so ist man gezwungen, zur Heberanordnung oder zur Tauchanordnung mit Heberleitung zu greifen, wenn nicht eine Druckkammer (S. 331) vorgeschaltet werden soll. Auch das Bestreben, Störungen an der Pumpe schnell beseitigen zu können, führt zur Heberanordnung. Sind große Wassermengen auf geringe Höhen zu fördern, so sind möglichst geringe Rohrwiderstände erwünscht. Das bedingt offene Unterwasserpumpen ohne Rohrleitungen in Blockbauweise. So sind noch manche andere Überlegungen anzustellen, wenn die Wahl der Pumpen und ihre Anordnung zur Entscheidung stehen.

Von besonderer Bedeutung ist die Anpassung der Pumpenleistung an die wechselnden Zuflußmengen und Förderhöhen. Wegen der vielfachen Vorzüge der einfachen Kurzschlußläufer sollte man stets prüfen, ob sich ihre Verwendung empfiehlt, bevor man zu anderen Lösungen greift. Unter Umständen schwanken die Zuflußmengen oder die Förderhöhen gar nicht so stark, daß weitgehende Drehzahländerungen nötig werden. Die Veränderlichkeit des Zuflusses wird bisweilen durch große Speicherräume (natürliche Mahlbusen, Grabenstauraum) gut ausgeglichen, so daß auch ein selbsttätiger Betrieb des Schöpfwerks vorgesehen werden kann. Im übrigen läßt sich die gewünschte Anpassung der Pumpenleistung häufig auch durch mehrere Pumpen mit verschiedenen Nennfördermengen und Nennförderhöhen, durch umschaltbare Stufengetriebe oder durch Zweimotorenantrieb erreichen. Wenn die Bau- und Betriebskosten einer Anlage mit Kurzschlußläufern nicht nennenswert höher sind als die Verwendung von polumschaltbaren oder von Kommutatormotoren, und wenn das Elektrizitätswerk dem Einbau von Kurzschlußläufern zustimmt, verdient diese Lösung den Vorzug, allerdings unter der weiteren Voraussetzung, daß nicht Verbrennungsmotoren oder andere Kraftmaschinen wirtschaftlicher arbeiten als der vielleicht zu teure elektrische Strom. Der Drehstromregelsatz kann infolge seiner hohen Kosten mit anderen Kraftmaschinen nur dann in Wettbewerb treten, wenn, wie bei Tiefpoldern, der gesamte Binnenabfluß und große Drängewassermengen zu pumpen sind und wenn besonders mit den unteren Drehzahlen, also bei niedrigen Teilbelastungen, gefahren werden muß.

Die Förderhöhen sind bei allen Untersuchungen auf einen festen Binnenwasserstand (Binnenpeil) zu beziehen. Man unterscheidet den tiefsten und den höchsten Binnenpeil. Letzteren legt man meistens etwas unter das tiefste Gelände. Die Gräben dürfen auch im Acker vorübergehend bordvoll gefüllt sein. Als tiefster Binnenpeil wird in der Regel das *MW* genommen. Unnötig tiefe Binnenpeile würden nur die Pumpkosten erhöhen. Bei den Untersuchungen über die Leistung und Jahreskosten eines Schöpfwerkes genügt es in vielen Fällen, wenn man das Mittel des tiefsten und höchsten Binnenpeils (mittlerer Binnenpeil) als Ausgangspunkt für die Förderhöhe nimmt. In Tiefpoldern mit ihrem Dauerbetrieb kann es sich jedoch empfehlen, die Förderhöhen vom tiefsten Binnenpeil aus zu rechnen.

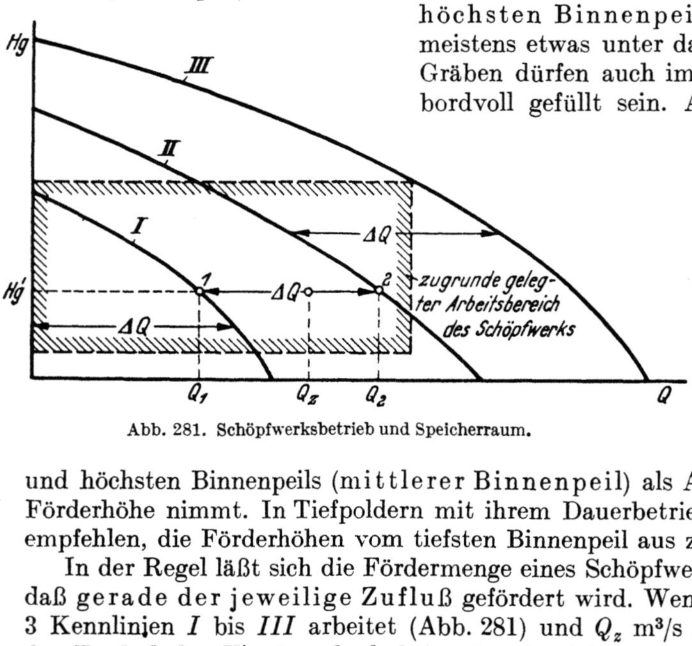

Abb. 281. Schöpfwerksbetrieb und Speicherraum.

In der Regel läßt sich die Fördermenge eines Schöpfwerks nicht so einstellen, daß gerade der jeweilige Zufluß gefördert wird. Wenn das Schöpfwerk mit 3 Kennlinien *I* bis *III* arbeitet (Abb. 281) und Q_z m³/s zufließen, so muß bei der Förderhöhe H_g' abwechselnd in den Betriebspunkten 1 und 2 gearbeitet werden. Es seien: S = Speicherraum (Mahlbusen, Grabennetz) in m³, t_1 = Füllzeit des Speicherraums in Stunden, t_2 = Entleerungszeit. Dann ist:

$$S = (Q_z - Q_1) \cdot 3600 \cdot t_1 = (Q_2 - Q_z) \cdot 3600 \cdot t_2 .$$

Die Arbeitsdauer t_1 oder t_2 einer Kennlinie erreicht ihren Kleinstwert, wenn $(Q_z - Q_1)$ bzw. $(Q_2 - Q_z)$ etwas kleiner als ΔQ ist. Damit die Ein- und Ausschaltung der Pumpen oder ihre Umschaltung auf eine andere Drehzahl nicht häufiger als alle t-Stunden nötig werden, was für den Betrieb zweckmäßig ist, muß der Speicherraum

$$S \geqq 3600 \cdot (\Delta Q)_{\max} \cdot t \tag{248}$$

sein. Die Größe von t ist nach den Besonderheiten des Einzelfalles zu wählen, bei gegebenem Speicherraum kann man aus Gl. (248) den Wert t ermitteln.

Für die Betriebsdauer ist, sofern der Betrieb nicht selbsttätig eingerichtet wird, in erster Linie die Speichermöglichkeit maßgebend. Denn nur bei ausreichendem Speicherraum ist auch bei starkem Zufluß z. B. ein 12stündiger Betrieb (tags oder nachts) durchführbar. Dann ist es im wesentlichen eine Kostenfrage, für welche tägliche Betriebszeit man die Pumpenleistungen berechnet. Mindestens 2 h täglich sind für unvermeidbare Betriebsunterbrechungen anzusetzen. Es empfiehlt sich aber auch bei genügend Speicherraum nicht, bis auf 22 h zu gehen, da bei kürzerer rechnungsmäßiger Betriebszeit eine Reserve für unerwartet große Zuflüsse vorhanden ist. Je kürzer die tägliche Betriebszeit angenommen wird, um so größer und teurer werden allerdings die Pumpen (S. 347). Im Tidegebiet mit seinem meist sehr flachen Gelände ist in der Regel soviel Grabenspeicherraum vorhanden, daß man bei Tidehochwasser den Betrieb mehrere h aussetzen kann, um an Pumpkosten zu sparen.

2. Die Leistung der Maschinen.

Beim Entwerfen von Schöpfwerken sind zunächst die größten Abflußmengen (m³/s) zu ermitteln, mit deren Zufluß zum Schöpfwerk zu rechnen ist. Man teilt sie in vier Gruppen:

1. und 2. Abfluß der im Polder und im Fremdgebiet fallenden Niederschläge. Als Poldergebiet gilt dabei die unter der Flußhochwasserlinie im Deichschutz liegende Fläche. Polder und Fremdgebiet bilden zusammen das Niederschlagsgebiet des Schöpfwerkes.

3. Qualm- und Kuverwasser (S. 181).

4. Sonstiges Wasser, das aus Niederschlägen stammt, die weder im Polder noch im Fremdgebiet gefallen sind. Dabei handelt es sich um Quellen oder um Druckwasser, das von der Seite her in das Niederschlagsgebiet des Schöpfwerkes einströmt (vgl. z. B. Abb. 44).

Um die Berechnung des Abflusses zu den Ziffern *1* und *2* zu verdeutlichen, sollen zunächst die Verhältnisse in einem Flußpolder dargelegt werden, der nur vorübergehend künstlich zu entwässern braucht, wenn der Außenvorfluter Hochwasser führt. Es bedarf keiner Begründung, daß in solchen Fällen dieselben Abflußspenden anzuwenden sind wie bei der Grabenentwässerung ohne Schöpfwerke (S. 168). Das sind also Erfahrungszahlen, in denen die klimatischen und geologischen Verschiedenheiten der einzelnen Gegenden zum Ausdruck kommen. Ob man dabei ein Sommer- oder ein Winterhochwasser zugrunde legt, ist genau so wie bei der Grabenentwässerung von den jeweiligen örtlichen Verhältnissen abhängig zu machen. Während jedoch ein Grabennetz mit Vorflut zu jeder Zeit ungestört entwässern kann, besteht für viele Polder die Gefahr, daß während der Schneeschmelze zu Ausgang des Winters auch der Außenvorfluter hohe Wasserstände hat, also zu einer Zeit, in der eine schnelle Absenkung des Binnenwassers zur Erwärmung des Bodens besonders dringlich ist. Dieser Umstand bedarf in jedem Falle einer sorgfältigen Prüfung und kann dazu führen, daß man der Pumpenleistung statt eines sonst ausreichenden Sommerhochwassers ein Winterhochwasser zugrunde legen muß. Die Wasserstandsganglinien des Außenvorfluters sind zur Prüfung heranzuziehen. Ob der Schöpfwerksbetrieb auch im Winter durchgeführt wird oder nicht, ist bei Flußpoldern nicht von nennenswertem Einfluß auf die Höchstleistung des Schöpfwerks. Denn auch im Winter pflegen diese genügend freie Vorflut zu besitzen, die es auch bei stillstehenden Pumpen verhindert, daß sich größere Wassermengen im Polder ansammeln.

In Tiefpoldern dagegen wird die Höchstleistung des Schöpfwerks in der Regel durch die Forderung bestimmt, daß das Binnenwasser im zeitigen Frühjahr genügend tief abgesenkt sein muß. Der ständige, auch im Winter durchgeführte, Schöpfwerksbetrieb ist zum mindesten bei intensiver Wirtschaftsweise dringend erwünscht, um den Frost auf den Boden einwirken zu lassen.

In solchen Fällen brauchen die Pumpen (abgesehen von den Ziffern 3 und 4) nur für ein gewöhnliches *WiHW* bemessen zu werden. Wenn jedoch im Winter nicht gepumpt wird, dann steigt das Grundwasser der Tiefpolder weit mehr, als dem allgemeinen winterlichen Anstieg entspricht, und muß vor Beginn des Wachstums wieder abgesenkt werden. In Norddeutschland muß diese Arbeit in etwa 15 bis 30 Tagen erledigt sein. Die zusätzliche Leistung des Schöpfwerkes, die die gewöhnlichen Abflußspenden des Frühjahrshochwassers übersteigt, kann nur ganz roh ermittelt werden. Wenn beispielsweise in den Monaten November bis März nicht gepumpt wird, würde sich in einem Tiefpolder, der keine freie Vorflut hat, folgende zusätzliche Leistung z des Schöpfwerkes in l/s km² ergeben:

$$z = (N - V - S)\,\frac{12}{t}. \qquad (249)$$

N = Niederschläge von November bis März in mm,

V = Verdunstung „ „ „ „ „ „ ,

S = Wasserspeicherung in mm, die dem allgemeinen winterlichen Steigen des Grundwassers sowie der Eis- und Schneedecke entspricht (Zahlentafel 77). Im großen Durchschnitt in den nord- und mitteldeutschen Niederungen mindestens 50 mm,

t = Anzahl der Tage (15 bis 30), in denen die zusätzliche Leistung erledigt werden soll. Jeder Tag zu 24 h gerechnet.

Daneben können Drängewasser und Druckwasser (Ziffern 3 und 4) zur Aufspeicherung kommen. Fließt im Winter ein Teil der Niederschläge N mit freier Vorflut ab, so kann man versuchen, diesen Abfluß zu schätzen. Wenn Erfahrungen darüber vorliegen, um welche Höhe h (in mm) das Grundwasser bei fehlendem Winterbetrieb in der kalten Jahreszeit über den allgemeinen winterlichen Anstieg hinaus zu steigen pflegt, so läßt sich auch hieraus in Verbindung mit der spezifischen Wasserlieferung φ des Bodens (S. 21) z ganz roh berechnen, indem man in Gl. (249) statt $(N - V - S)$ den Wert $h\,\varphi$ setzt.

Nennenswerte Drängewassermengen treten in der Regel erst dann auf, wenn das Außenwasser etwa 0,5 bis 1,0 m über das Gelände des Polders gestiegen ist. In besonders ungünstigen Fällen beginnt das Qualmen bereits, wenn das Außenwasser die Geländehöhe erreicht hat. Die kleineren Zahlen gelten für leicht durchlässigen, die größeren für schwer durchlässigen Untergrund. Die Erfahrung hat ferner gezeigt, daß die sekundliche Drängewassermenge etwa verhältnisgleich mit dem Steigen des Außenwassers wächst. Es sei:

H_0 die Höhe des Außenwassers über Binnenwasser, bei der das Qualmen beginnt, in m,
H_t die jeweilige Höhe des Außenwassers über Binnenwasser in m,
d_1 die Drängewassermenge in l/s je km Deichlänge für $H_t - H_0 = 1$ m.

Dann ist die sekundliche Drängewassermenge d in l je km Deich

$$d = d_1\,(H_t - H_0). \qquad (250)$$

Die Drängewasserspende d_1 ist in hohem Maße von den Bodenarten der Niederung abhängig. Leider sind wir zur Zeit noch auf rohe Schätzungen angewiesen. Eine besondere Schwierigkeit liegt darin, daß es in vielen Fällen sehr schwer ist, die in irgendeinem Polder gesammelten Erfahrungen auf einen anderen Polder zu übertragen, weil zu dem Zwecke sehr eingehende Untersuchungen der Untergrundverhältnisse in beiden Poldern erforderlich sein würden, die in der Praxis schon der Kosten wegen meistens unterbleiben. Nur dort, wo sehr gleichmäßige Bodenverhältnisse vorliegen, können derartige Rückschlüsse in Frage kommen. Wo aber die Beschaffenheit des Untergrundes stark wechselt, sind Vergleiche kaum möglich. Kann doch eine einzige Kiesader mehr Drängewasser liefern als viele km Deich mit günstigeren Bodenverhältnissen.

Die Drängewassermenge wird in der Hauptsache von der Durchlässigkeit des Untergrundes, weniger von der Beschaffenheit der Deiche selbst bestimmt. Daher wird der Wert d_1 um so größer, je durchlässiger der Untergrund in der Nähe der Deiche ist. Maßgebend sind namentlich diejenigen Bodenschichten, die von Entwässerungsgräben, Kolken, Teichen und anderen Vertiefungen angeschnitten und vom Drängewasser (Grundwasser) durchflossen werden. Stark wechselnder Bodenbeschaffenheit ist Rechnung zu tragen. Denn Adern aus Kies und grobem Sand sind geeignet, auch in sonst wenig durchlässigen Poldern große Drängewassermengen zu liefern. Nennenswerter Schlickfall im Vorfluter kann die Durchlässigkeit des Flußbettes merklich verringern. Jedoch wirkt er sich in diesem Sinne auf den überströmten Vorländern weniger aus, weil seine dichtende Wirkung durch Rissebildung, durch die dauernde Tätigkeit der Kleinlebewesen, Tiere und Pflanzen sowie durch die landwirtschaftlichen Arbeiten beeinträchtigt wird.

Nach den Erfahrungen in Mitteldeutschland und in der norddeutschen Tiefebene kann man etwa mit folgenden Werten für d_1 rechnen:

Sehr wenig . . .	5 l/s km	Viel	30 l/s km
Wenig	10 l/s km	Sehr viel . .	50 l/s km
Mittel	20 l/s km		

Aufgabe des Entwurfsbearbeiters ist es, auf Grund eingehender Erforschung der örtlichen Verhältnisse den Wert d_1 in Anlehnung an die obigen Zahlen einzuschätzen. Dabei sind zuverlässige örtliche Erfahrungen äußerst wertvoll.

Schließlich ist bisweilen noch der Zufluß von Grundwasser (Druckwasser) aus Nachbargebieten in das oberirdische Niederschlagsgebiet eines Schöpfwerkes zu ermitteln (Ziffer 4). Man muß zu diesem Zweck unter Beachtung etwa vorliegender Beobachtungen die örtlichen geologischen Verhältnisse prüfen (Abb. 44). Die Größe des Gebietes, aus dessen Versickerung das fremde Grundwasser stammt, kann in Verbindung mit der Jahresniederschlagshöhe eine überschlägliche Berechnung des gesamten Jahreszuflusses ermöglichen. Jedoch läßt sich der jeweilige sekundliche Zufluß überhaupt nicht berechnen, sondern höchstens aus Beobachtungen schätzen. Es bleibt daher nichts anderes übrig, als die sekundliche Leistung des Schöpfwerkes in Ansehung der örtlichen Verhältnisse nötigenfalls gefühlsmäßig zu vergrößern. Nur durchlässige, also sandige und kiesige Schichten können wirklich ins Gewicht fallende sekundliche Druckwassermengen liefern. In den meisten Fällen hat aber das fremde Grundwasser keinen nennenswerten Einfluß auf die größte sekundliche Zuflußmenge zum Schöpfwerk (S. **346**).

Allgemein bedürfen die bodenkundlich-geologischen Verhältnisse des Gebietes einer eingehenden Berücksichtigung.

Bei der Schwierigkeit, die sekundliche Zulaufmenge zu den Schöpfwerken zutreffend zu bestimmen, ist es kein Wunder, daß sich im Schrifttum stark voneinander abweichende Angaben darüber finden. Der Fehler dieser Angaben liegt meistens darin, daß die in Einzelfällen gemachten Erfahrungen verallgemeinert werden. In Wirklichkeit sind die örtlichen Verhältnisse so verschieden, daß sie zu ganz verschiedenen Ergebnissen führen müssen. Daher ist dringend zu empfehlen, örtliche Erfahrungen der näheren Umgebung zu verwerten, wenn solche vorliegen und anzunehmen ist, daß dort ähnliche Verhältnisse bestehen wie in dem zu behandelnden Fall.

Während Bertram für die Tiefpolder des Danziger Werders mit einer größten sekundlichen Pumpenleistung von 15 mm/Tag einschließlich Drängewasser rechnet, das sind etwa 174 l/s km² bei 24 h täglicher Betriebszeit, gibt es an anderen Stellen Schöpfwerke, die mit 50 l/s km² den gestellten Anforderungen völlig genügen. Beide Zahlen sind auf einen Außenwasserstand bezogen, der das *MHW* etwas übersteigt, sowie auf das gesamte Niederschlagsgebiet des Schöpfwerkes.

Der Deutsche Ausschuß für Kulturbauwesen (Schöpfwerksausschuß) gibt folgende Richtlinien (*211* und *212*):

A. Fremdgebiet. Wald verringert, viele Gräben vermehren den Abfluß.

1. Feinsandig, dünenartig gewellt, mit Moorflächen durchsetzt, arm an Wasserzügen: überwiegend sehr langsamer unterirdischer Abfluß, $\leqq$ 20 bis 40 l/s km².
2. Stark eingeschnitten, Untergrund der Randhöhen sehr durchlässig: stärkere Grundwassergefälle, Abfluß meistens größer als bei 1.
3. Lehmig oder tonig-mergelig, leidlich eben, Grabennetz weitmaschiger als im Polder: Abfluß meistens kleiner als der des Polders, $\leqq$ 40 bis 60 l/s km².
4. Undurchlässig, stark hügelig: Abfluß weit größer als der des Polders.

B. Polder.

1. Schlickböden in Nord- und Ostdeutschland: 10 mm/Tag.
2. Schlickböden in regenreichen Gebieten der Nordseeküste und anderswo bei ungewöhnlichen Niederschlagsverhältnissen: 12 mm/Tag.
3. Schlickböden bei sehr intensiver Bewirtschaftung (Gartenbau, Saatzucht, Obstbau): unter Umständen > 12 mm/Tag.
4. Schlickböden, wenn für die Bemessung des Schöpfwerks Absatz b (siehe unten) maßgebend ist: unter Umständen 8 mm/Tag.
5. Sandfelder und Niederungsmoore, flach mit zahlreichen Gräben: je nach der Grabendichte werden die Abflußspenden der Schlickböden nahezu erreicht.
6. Sandköpfe, hochliegend, beim Übertreten der Poldergräben nicht eingestaut, wenig Gräben: in der Regel $\leqq$ 30 bis 50 l/s km².

Die vorstehenden Zahlen unter A und B enthalten noch nicht das Dränge- und Druckwasser.

In großen flachen Tiefpoldern kann eine merkbare Verringerung der Abflußspenden dadurch eintreten, daß eine erhebliche Wassermenge im Grabennetz, auch in Seen und alten Flußschlenken vorübergehend gespeichert wird.

Der Schöpfwerksausschuß empfiehlt ferner, die Leistungsfähigkeit eines Schöpfwerkes nach den folgenden Gesichtspunkten zu ermitteln:

a) Das Schöpfwerk muß imstande sein, zur Zeit der Schneeschmelze auch bei heftigen Niederschlägen und starkem Drängewasser infolge höherer Außenwasserstände den Zufluß so schnell zu bewältigen, daß eine Überstauung der Wintersaaten vermieden wird und die Flächen so weit abtrocknen, daß rechtzeitig mit der Frühjahrsbestellung begonnen werden kann.

b) Es müssen die größten Sommerabflußmengen in 1 bis 2 Tagen bei Acker und Weiden, in 3, äußerstenfalls 5 Tagen bei Wiesen ausgeschöpft werden können. Dabei darf das Grabenwasser bei Acker und Weiden keinesfalls austreten, bei Wiesen nur ausnahmsweise.

c) Zu untersuchen ist aber in jedem Falle, ob es wirtschaftlich richtig ist, diese Fristen auch bei sehr selten auftretenden Höchstniederschlägen innezuhalten.

Zur Berechnung der größten sekundlich vom Schöpfwerk zu hebenden Wassermenge Q führen wir folgende Bezeichnungen ein:

Q_1 = sekundliche Drängewassermenge beim höchsten Außenhochwasser,
Q_1' = sekundliche Drängewassermenge bei einem tieferen Außenhochwasser, das mehr oder weniger über *MHW* liegt,
Q_2 = größter sekundlicher Abfluß aus Polder und Fremdgebiet, abgeleitet aus den größten Abflußspenden dieser Gebiete (S. 168). Ohne Drängewasser,
Q_2' = sekundlicher Abfluß aus Polder und Fremdgebiet, der aus den Abflußspenden eines mittleren Binnenhochwassers abgeleitet ist (S. 168). Ohne Drängewasser.

Bei spitzen Hochwasserwellen des Außenvorfluters, deren Höchststand nur kurze Zeit anhält, fallen nun Q_1 und Q_2 außerordentlich selten zeitlich zusammen. Es kann daher vielfach als ausreichend angesehen werden, wenn man entweder $Q = 0{,}5 \cdot Q_1 + Q_2$ oder $Q = Q_1 + Q_2'$ setzt. Aus Sicherheitsgründen pflegt man den größeren der beiden Q-Werte, die sich aus den vorstehenden Gleichungen ergeben, zugrunde zu legen. In der Regel kommt die Qualmwasserspitze erst einige Tage nach dem höchsten Außenwasserstand zum Abfluß. Daher ist es ungünstig, wenn das Außenhochwasser dem durch die Niederschläge des Polders bewirkten Binnenhochwasser um einige Tage voranzueilen pflegt.

Häufig geht man auch davon aus, daß das *HHW* außendeichs außerordentlich selten zu erwarten ist und überdies noch erheblich höher liegt als die häufiger auftretenden größeren Hochwasser. In solchen Fällen kann es sich aus wirtschaftlichen Gründen empfehlen, eine sehr seltene kurze Überschwemmung, z. B. von Gründlandflächen, zuzulassen, indem man sich bei der größten möglichen Förderhöhe mit einer Minderleistung der Pumpen begnügt. Man legt daher der vollen Pumpenleistung ein Außenhochwasser zugrunde, das noch häufig genug vorkommt, um es beachten zu müssen. Bei dem so gewählten Außenhochwasser ist also die größte sekundliche Wassermenge $Q = Q_1' + Q_2$ zu pumpen, während bei höheren Außenwasserständen der Q-Wert nach der Drossellinie kleiner wird.

Die auf 24 h abgestellten Höchstmengen Q bedürfen insofern noch einer Berichtigung, als man nicht mit einem 24stündigen Schöpfwerksbetrieb rechnen darf (S. 342). Sie sind z. B. bei 12stündiger Betriebszeit zu verdoppeln. In Zweifelsfällen sollte man die sekundliche Leistung der Schöpfwerkspumpen lieber etwas stärker als zu schwach wählen, namentlich, wenn bei Ackerwirtschaft Überschwemmungen unter allen Umständen verhindert werden müssen. Man beachte jedoch, daß übermäßig große Pumpen die Anpassung des Betriebes an die veränderlichen Zuflußmengen erschweren können.

Für die Leistung der Schöpfwerksmaschinen sind jedoch nicht nur die Höchstmengen Q von Bedeutung. Um eine Schöpfwerksanlage zweckmäßig entwerfen und ihre durchschnittlichen jährlichen Betriebskosten berechnen zu können, muß auch das Abflußbild des zu entwässernden Gebietes ermittelt werden. Wir verstehen darunter eine Darstellung nach Abb. 284, deren einzelne Felder die zugehörigen durchschnittlichen Pumpmengen je Jahr in 1000 m³ enthalten.

Zunächst ist der aus den örtlichen Niederschlägen stammende Abfluß mittels einer Dauerlinie der Abflußspenden darzustellen. Nach dem Gesetz von Fechner ist bei vielen Naturvorgängen, die in ihrer Größe stark schwanken, der Logarithmus der Größe hinsichtlich der Häufigkeit, mit der die verschiedenen Größen auftreten, verhältnisgleich dem Gaußschen Fehlergesetz. Dieses Gesetz gilt auch für die Abflußvorgänge unserer Wasserläufe (vgl. dazu die Aufsätze von Graßberger in den Zeitschriften Die Wasserwirtschaft 1932 und Deutsche Wasserwirtschaft 1936). Trägt man also in einem Koordinatensystem als Abszissen die Werte $\log q$ und als Ordinaten die Unterschreitungsdauer (%) in der Einteilung des Gaußschen Fehlergesetzes auf, so verläuft die Dauerlinie in einem solchen System geradlinig. In Abb. 282 entspricht somit der Abflußspende q_i eine Unterschreitungsdauer von 90%, das sind $365 \cdot 0{,}90 = 328{,}5$ Tage. Die an der Ordinatenachse angeschriebenen Prozentzahlen sind nach dem Gaußschen Fehlergesetz gleichsam verzerrt eingetragen, die Abstände e, die von der 100%-Linie aus nach unten rechnen, sind für verschiedene Prozente in Zahlentafel 136 (S. 348) zusammengestellt.

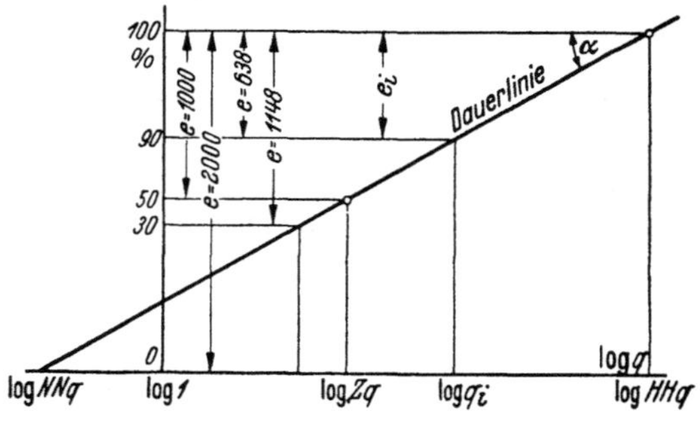

Abb. 282. Dauerlinie des Abflusses.

Um nun die in Abb. 282 geradlinig verlaufende Dauerlinie eindeutig festzulegen, bedarf es zweier Punkte, da ja jede Gerade durch 2 Punkte bestimmt ist. Man wählt als solche die beiden Abflußspenden Zq mit einer Unterschreitungsdauer von 50% und HHq mit einer solchen von 100%. Wir führen jetzt noch folgende Bezeichnungen ein:

$$Zq = a\,HHq; \qquad Mq = c\,HHq; \qquad q_i = b\,HHq. \tag{251}$$

Es läßt sich nun nachweisen, daß a eine Funktion von c ist; die Abhängigkeit ist aus Zahlentafel 137 zu entnehmen. Setzt man nämlich in irgendeinem Maßstab $HHq = 1$ und nimmt man für a einen beliebigen Wert an, so kann man die Ordinaten q_i der Dauerlinie aus Gl. (254) berechnen und findet mit der Dauerlinie auch $Mq = c$. Unterwirft man die Zahlen der Zahlentafel 137 einer Ausgleichsrechnung, so erhält man die Beziehung

$$a = 0{,}8519 \cdot c + 0{,}5008 \cdot c^2 - 0{,}0133. \tag{252}$$

Zahlentafel 136.

%	e	%	e	%	e	%	e
100	0	93	583	45	1036	4	1494
99,95	70	90	638	40	1072	3	1531
99,9	127	85	707	35	1109	2	1580
99,8	187	80	762	30	1148	1	1657
99,5	272	75	809	25	1191	0,5	1728
99	343	70	852	20	1238	0,2	1813
98	420	65	891	15	1293	0,1	1873
97	469	60	928	10	1362	0,05	1930
96	506	55	964	7	1417	0	2000
95	535	50	1000	5	1465		

Jetzt berechnet man die mittlere Jahresverdunstung V aus Gl. (53), den mittleren Jahresabfluß A aus Gl. (49) und Mq aus Gl. (189). Der Wert HHq wird in der Regel auf Grund örtlicher Erfahrungen eingesetzt. Vgl. auch die Formeln (191) und (192). Dann ergibt sich c aus der mittleren Gl. (251), das zugehörige a aus Gl. (252). Somit kennen wir jetzt auch Zq und haben nun 2 Punkte der Dauerlinie. Aus Abb. 282 folgt weiter:

$$\operatorname{tg}\alpha = \frac{1000}{\log HHq - \log Zq} = \frac{e_i}{\log HHq - \log q_i} \tag{253}$$

oder

$$\log q_i = \log HHq + \frac{e_i}{1000} \log a\,. \tag{254}$$

Zahlentafel 137.

a	c	a	c	a	c
0,02	0,0370	0,09	0,1137	0,16	0,1832
0,03	0,0492	0,10	0,1238	0,17	0,1930
0,04	0,0607	0,11	0,1339	0,18	0,2027
0,05	0,0718	0,12	0,1439	0,19	0,2124
0,06	0,0826	0,13	0,1538	0,20	0,2220
0,07	0,0931	0,14	0,1636		
0.08	0,1035	0,15	0,1734		

Die e-Werte dieser Gleichung sind für verschiedene Unterschreitungszeiten (%) aus Zahlentafel 136 zu entnehmen, so daß man etwa 10 bis 15 Werte q_i nach Gl. (254) berechnen und die Dauerlinie auftragen kann, die somit den Abflußverhältnissen eines Durchschnittsjahres entspricht.

Die Dauerlinie (Abb. 283) zeigt nun, wie lange der Abfluß von 0 bis 5, 5 bis 10, 10 bis 15 ... l/s km² dauert und welche Wassermengen (l/km²) dabei abfließen. So liefert z. B. der Abfluß von 10 bis 15 l/s km² in der Zeit t die schraffierte Wassermenge.

Die nächste Aufgabe besteht darin, die Dauerlinie der Außenwasserstände zu ermitteln, auch hier für den Jahresdurchschnitt. Wenn langjährige Pegelbeobachtungen vorliegen, sind sie auszuwerten; befindet sich der Pegel weitab vom Polder, so kann unter Umständen ein Bezugspegel gesetzt und einige Zeit beobachtet werden. Reichen dagegen die Wasserstandsbeobachtungen zur Zeichnung einer Dauerlinie nicht aus, so wird man zunächst eine Dauerlinie der Abflußspenden wie oben konstruieren. Dabei ist auszugehen von NNq,

Zq und HHq, sowie die folgende Beziehung zu beachten, die aus Abb. 282 folgt:

$$\log HHq - \log NNq = 2 \cdot (\log Zq - \log NNq)$$

oder

$$(HHq)\,(NNq) = (Zq)^2. \qquad (255)$$

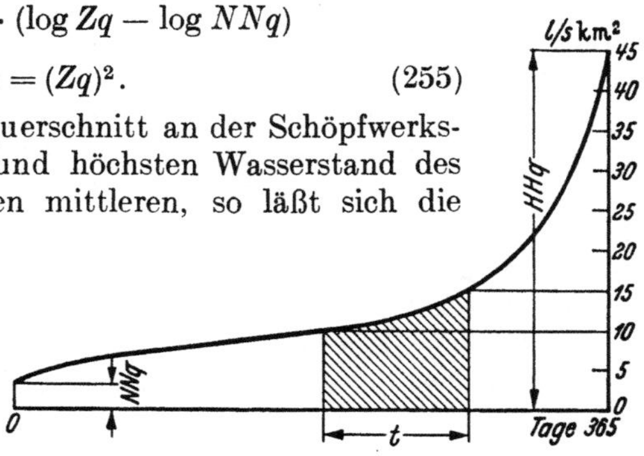

Abb. 283. Dauerlinie des Abflusses.

Ermittelt man jetzt noch den Flußquerschnitt an der Schöpfwerksstelle und den tiefsten, mittleren und höchsten Wasserstand des Außenvorfluters, zum mindesten den mittleren, so läßt sich die Dauerlinie der Wasserstände aus derjenigen der Abflußspenden unschwer ableiten, indem man k und J in Gl. (111) als konstant betrachtet. Diese zweite Dauerlinie liefert uns nunmehr die Dauer der verschiedenen Wasserstände (80 bis 100, 100 bis 120 cm ...) im Jahresdurchschnitt.

Häufig kann man davon ausgehen, daß der Abfluß des Polders unabhängig von den Außenwasserständen ist, weil die Niederschläge des kleinen Polders und des großen Gesamtgebietes zeitlich nicht parallel verlaufen. Dann ist die Wahrscheinlichkeit, daß im Laufe einer langen Jahresreihe ein bestimmter Binnenabfluß mit einem bestimmten Außenwasserstand zeitlich zusammenfällt, nur von der Häufigkeit abhängig, mit der beide Faktoren auftreten. Zahlentafel 138

Zahlentafel 138.

Binnenabfluß l/skm²			0—2,5	2,5—5	5—10	10—15	15—20	20—30	30—40	40—50	50—80	Summe
Außenwasser	Drängewasser	Tage	41,2	102,2	130,9	51,6	19,8	14,1	2,1	1,1	2,0	365
240			18,7	46,4	59,4	23,4	9,0	6,4	1,0	0,5	0,9	165,7
bis	55	6,9	0,7	5,1	12,9	8,5	4,5	4,6	1,0	0,7	1,7	39,7
260			3,7	9,2	11,7	4,6	1,8	1,3	0,2	0,1	0,2	32,8
220			21,7	53,8	68,8	27,1	10,4	7,4	1,1	0,6	1,1	192,0
bis	33	8,0	0,8	5,9	15,0	9,8	5,3	5,3	1,1	0,7	2,0	45,9
240			2,6	6,4	8,2	3,2	1,2	0,9	0,1	0,1	0,1	22,8
200			27,4	67,8	86,7	34,2	13,1	9,4	1,4	0,7	1,3	242,0
bis	11	10,1	1,0	7,4	18,9	12,4	6,6	6,7	1,4	1,0	2,5	57,9
220			1,1	2,7	3,4	1,3	0,5	0,4	0,1	0,0	0,1	9,6
180			35,8	88,8	113,7	44,8	17,4	12,3	1,8	1,0	1,7	317,3
bis	—	13,2	1,4	9,7	24,8	16,2	8,7	8,8	1,8	1,2	3,2	75,8
200			—	—	—	—	—	—	—	—	—	—
160			46,6	116	148	58,5	22,4	16,0	2,4	1,2	2,3	413,4
bis	—	17,2	1,8	12,6	32,3	21,2	11,4	11,5	2,4	1,6	4,3	99,1
180			—	—	—	—	—	—	—	—	—	—
140			67,8	168	215	85,0	32,6	23,2	3,4	1,8	3,3	600,1
bis	—	25,0	2,6	18,3	46,8	30,4	16,5	16,6	3,5	2,3	6,2	143,2
160			—	—	—	—	—	—	—	—	—	—
120			148,1	367	471	185,4	71,3	50,7	7,6	4,0	7,2	1312,3
bis	—	54,7	5,7	40,0	102,5	67,2	36,1	36,4	7,6	5,1	13,5	314,1
140			—	—	—	—	—	—	—	—	—	—
100			389,5	966	1237	488	187	133,1	19,8	10,4	18,9	3449,7
bis	—	143,8	15,0	105,0	269,4	176,5	95,0	95,7	20,1	13,4	35,4	825,5
120			—	—	—	—	—	—	—	—	—	—
			233,2	579	742	292	112	79,9	11,9	6,2	11,3	2067,5
$<$ 100	—	86,1	0,0	63,0	161,4	105,8	56,9	57,4	12,1	8,0	21,2	494,8
			—	—	—	—	—	—	—	—	—	—
			988,8	2452,8	3141,6	1238,4	475,2	338,4	50,4	26,4	48,0	8760
	Summe	365	38	267	684	448	241	243	51	34	90	2096
			7,4	18,3	23,3	9,1	3,5	2,6	0,4	0,2	0.4	65,2

zeigt die durchzuführende Berechnung: Jahresdurchschnitt $N = 732$ mm, γ geschätzt zu -2, V nach Gl. (53) $= 481$, also Jahresdurchschnitt $A = 251$ mm, Mq nach Gl. (189) $= 7{,}96$ l/s km², HHq nach Erfahrungen $= 80$ l/s km², daher $c = 0{,}0995$, a nach Gl. (252) $= 0{,}0764$. Dann lautet Gl. (254): $\log q_t = 1{,}90309 - 0{,}0011169 \cdot e_t$. Daraus für die Unterschreitungszeiten 0, 5, 10, 15, 20, 30, 40, 50, 60, 70, 80, 85, 90, 95, 97, 99 und 100% $q_t = 0{,}47$, 1,85, 2,41, 2,88, 3,31, 4,18, 5,08, 6,11, 7,36, 8,94, 11,27, 12,99, 15,51, 20,21, 23,95, 33,11 und 80,00 l/s km². Die so ermittelte Dauerlinie ergibt die Abflußzeiten (41,2, 102,2 ...) und den Binnenabfluß (38, 267 ... in 1000 m³). Niederschlagsgebiet des Schöpfwerks = 835 ha, daher gesamter Binnenabfluß $= 835 \cdot 100^2 \cdot 0{,}251 = \sim 2096$ in 1000 m³. Links steht die Dauer der Außenwasserstände (6,9, 8,0 ...). Im Verhältnis dieser Dauer wurden die 41,2 Tage = 988,8 Std. und die 38000 m³ auf die Außenwasserstände verteilt.

Drängewasser: Beginn bei Außenwasserstand 200 cm, $d_1 = 25$ l/s km, Deichlänge = 4,4 km, also Drängewasser bei 10, 30 und 50 cm mittlerer Druckhöhe = 11, 33 und 55 l/s. In 18,7 Stunden fließen zu $18{,}7 \cdot 3600 \cdot 55$ l $= 3{,}7$ in 1000 m³.

Bedeutung der Felder in der Tafel: soweit ein Binnenabfluß von 0 bis 2,5 l/s km² zeitlich mit einem Außenwasserstand von 240 bis 260 cm zusammenfällt, was im Durchschnitt einer langen Jahresreihe jährlich 18,7 Stunden der Fall ist, beträgt in dieser Zeit der Binnenabfluß 0,7 und das Drängewasser 3,7 in 1000 m³.

Zur weiteren Auswertung der Zahlentafel 138 muß zunächst der Betrieb des Schöpfwerks in seinen Grundzügen festgelegt werden. Das Gelände liegt am Schöpfwerk etwa auf 160 cm am Pegel, mit dem Pumpen soll daher begonnen werden, wenn das Außenwasser über 160 steigt. Während des Pumpbetriebes soll das Binnenwasser zwischen 160 und 80 cm schwanken, da ein größerer Mahlbusen sich abwechselnd füllt und wieder entleert wird. Man muß daher den Außenwasserstand 240 bis 260 cm (ebenso die übrigen) mit den Binnenwasserständen 80 bis 100, 100 bis 120, 120 bis 140 und 140 bis 160 cm kombinieren, wobei sich folgende Förderhöhen ergeben:

I.	Binnenwasser	80	bis	100,	Förderhöhen	140	bis	180 cm
II.	„	100	„	120,	„	120	„	160 „
III.	„	120	„	140,	„	100	„	140 „
IV.	„	140	„	160,	„	80	„	120 „

In dieser Zusammenstellung erscheinen die Förderhöhen 160 bis 180 und 80 bis 100 je einmal, die dazwischen liegenden je zweimal. Daher hat man den Zufluß von $700 + 3700 = 4400$ m³ durch 8 zu teilen und den genannten Bereichen je $^1/_8$ bzw. $^2/_8$ zuzuweisen, wie es in Abb. 284 (obere Zahlen) geschehen ist. Dabei wurde auf zwei Dezimalstellen abgerundet. Die Zahlen der Abb. 284 sind folgendermaßen entstanden: es sind zu pumpen bei einem Binnenabfluß von 0 bis 5 l/s km² und bei einem Außenwasserstand von

240 bis 260 cm	$0{,}7 + 3{,}7 + 5{,}1 + 9{,}2$	$= 18{,}7$	(: 8 = 2,34)
220 „ 240 „	$0{,}8 + 2{,}6 + 5{,}9 + 6{,}4$	$= 15{,}7$	(: 8 = 1,96)
200 „ 220 „	$1{,}0 + 1{,}1 + 7{,}4 + 2{,}7$	$= 12{,}2$	(: 8 = 1,53)
180 „ 200 „	$1{,}4 + 9{,}7$	$= 11{,}1$	(: 8 = 1,39)
160 „ 180 „	$1{,}8 + 12{,}6$	$= 14{,}4$	(: 8 = 1,80)

Alle Zahlen in 1000 m³. Vgl. im übrigen Zahlentafel 138a. Die unteren Zahlen geben die zu leistende Arbeit in 1000 mt gehobenen Wassers an, z. B. $2{,}34 \cdot 1{,}7 = 4{,}0$, abgerundet auf eine Dezimalstelle. Der weitaus größte Teil dieser Arbeit ist auf der linken Seite der Abbildung zu leisten, nämlich 57% in dem schraffiert eingerahmten Teil, 82% innerhalb der gesamten Einrahmung. Die Pumpen müssen daher in diesem Bereich besonders gute Wirkungsgrade besitzen.

Die vorstehend durchgeführte Teilung durch 8 ist ein überschlägliches Rechnungsverfahren, das man wie folgt durch eine genauere Rechnung ersetzen kann. Die 4 Binnenwasserbereiche I bis IV haben für den Außenwasserstand 240 bis 260 cm die Speicherräume S_1 bis S_4 (m³) und die mittleren Förderhöhen 160, 140, 120, 100 cm, die mittels der Kennlinie die Pumpenleistungen Q_1 bis Q_4 ergeben. Der Zufluß zum Schöpfwerk betrage Q_z l/s. Wenn dann der Bereich I in t_1 s leergepumpt wird, so ist

$$Q_1 t_1 = M_1 = S_1 + Q_z t_1, \qquad t_1 = \frac{S_1}{Q_1 - Q_z},$$

$$M_1 = S_1 \frac{Q_1}{Q_1 - Q_z}. \tag{256}$$

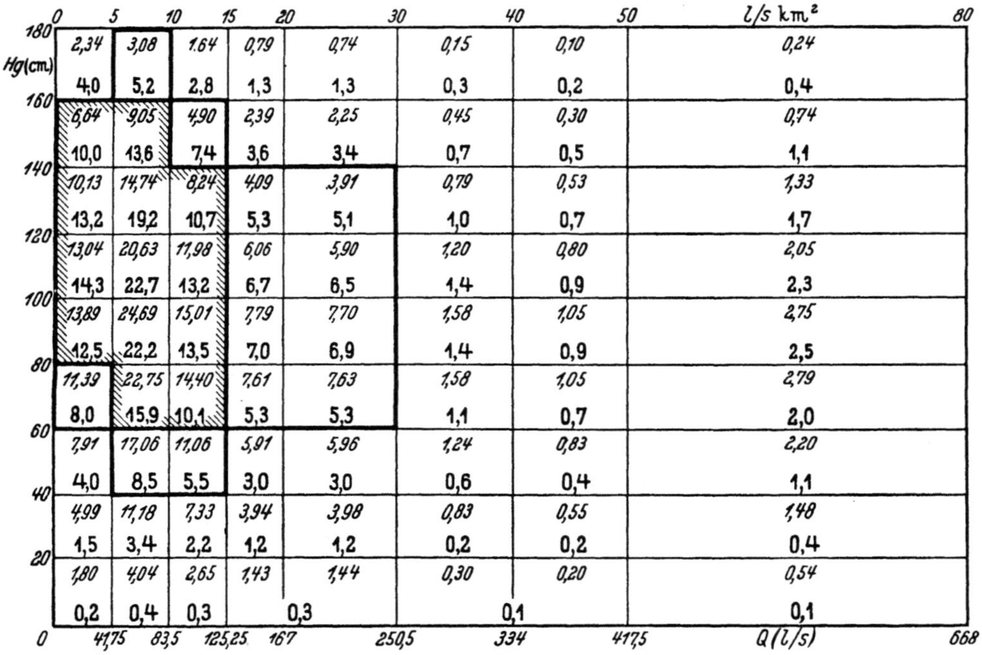

Abb. 284. Abflußbild eines Schöpfwerks.

Berechnet man in gleicher Weise die Wassermengen M_2 bis M_4, so sind die obigen 4400 m³ im Verhältnis $M_1 : M_2 : M_3 : M_4$ auf die 4 Bereiche I bis IV oder im Verhältnis $M_1 : (M_1 + M_2) : (M_2 + M_3) : (M_3 + M_4) : M_4$ auf die Förderhöhen 160 bis 180, 140 bis 160, 120 bis 140, 100 bis 120 und 80 bis 100 zu verteilen.

Zahlentafel 138a.

Geodätische Förderhöhe cm	Fördermengen in 1000 m³ bei einem Außenwasserstand von					
	240—260	220—240	200—220	180—200	160—180	Summe
160—180	2,34	—	—	—	—	2,34
140—160	4,68	1,96	—	—	—	6,64
120—140	4,68	3,92	1,53	—	—	10,13
100—120	4,68	3,92	3,05	1,39	—	13,04
80—100	2,34	3,92	3,05	2,78	1,80	13,89
60— 80	—	1,96	3,05	2,78	3,60	11,39
40— 60	—	—	1,53	2,78	3,60	7,91
20— 40	—	—	—	1,39	3,60	4,99
0— 20	—	—	—	—	1,80	1,80

Findet die Speicherung hauptsächlich im Grabennetz statt, dann ist natürlich die Ermittelung der S-Werte umständlich, sie wird jedoch dadurch erleichtert, daß man für die Verwendung der Gl. (256) lediglich die Verhältnisse $S_1 : S_2 : S_3 : S_4$ braucht, aber nicht die absoluten Werte.

Um nun die mittleren jährlichen Pumpkosten zu berechnen, trägt man die Kennlinien $Q H_g$ der Pumpen nach Abb. 285 auf, die dieselbe Feldeinteilung erhält wie Abb. 284. Neben jeder Kennlinie werden die Wirkungsgrade vermerkt. In dem behandelten Beispiel der Abb. 285 sind zwei Pumpen I und II vorgesehen. Wenn beide Pumpen gleichzeitig laufen $(I + II)$, sollen 50 l/s km² als größte Fördermenge bei 180 cm geodätischer Förderhöhe geleistet werden. Allgemein ist der durchschnittliche Wirkungsgrad η bei zwei gleichzeitig arbeitenden Pumpen ($Q_1 \eta_1$ und $Q_2 \eta_2$) genau genug

$$\eta = \frac{Q_1 + Q_2}{\frac{Q_1}{\eta_1} + \frac{Q_2}{\eta_2}}. \tag{257}$$

Mit Hilfe der Kennlinien und ihrer Wirkungsgrade sowie unter Berücksichtigung des beabsichtigten Pumpenbetriebes lassen sich nunmehr die Pumpenwirkungs-

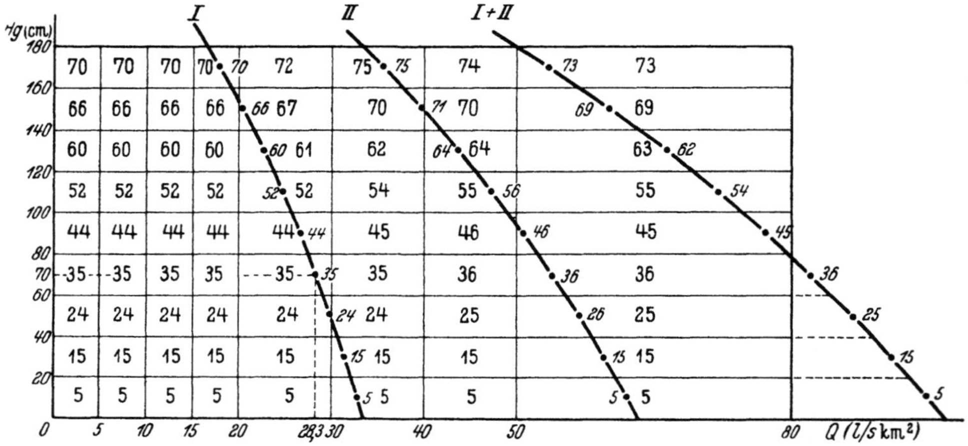

Abb. 285. Die Wirkungsgrade im Arbeitsbereich eines Schöpfwerks.

grade der einzelnen Felder leicht eintragen. Um auch die Wirkungsgrade der Kraftmaschinen zu ermitteln, ist für das einzelne Feld der Kraftbedarf der Pumpe zu berechnen.

Beispiel: Feld 60 bis 80 cm, 10 bis 15 l/s km². Geodätische Förderhöhe 70 cm, aus ihr möge sich die manometrische zu 82 cm ergeben. Förderleistung 28,3 · 8,35 = 236 l/s, Wirkungsgrad der Pumpe 35% (Abb. 285). Daher Antriebsleistung der Pumpe (0,82 · 236) : (0,35 · 75) = 7,4 PS. Daraus ergibt sich die Teilbelastung der Kraftmaschine sowie der Wirkungsgrad des Elektromotors oder der Brennstoffverbrauch des Dieselmotors (S. 354). Hat man z. B. 81% als Wirkungsgrad gefunden, so werden für das untersuchte Feld benötigt (14400 × 0,82) : (0,35 · 0,81 · 367) = 114 kWh (Abb. 284). Die Summierung über alle Felder liefert den durchschnittlichen jährlichen Kraftbedarf des Schöpfwerks. Auf diese Weise lassen sich auch mehrere Entwürfe hinsichtlich ihres Kraftbedarfs miteinander vergleichen.

Wenn in besonderen Fällen eine Abhängigkeit zwischen dem Binnenabfluß und den Außenwasserständen in der Weise besteht, daß ein starker Binnenabfluß verhältnismäßig häufig mit hohen Außenwasserständen zeitlich zusammenfällt, so ist diesem Umstand in folgender Weise Rechnung zu tragen. Auf der linken

Seite der Zahlentafel 139 ist die Häufigkeit der Außenwasserstände in % errechnet. Nach den gleichen Verhältniszahlen müßten sich auch die Tage gleicher Niederschlagshöhe des Polders auf die verschiedenen Außenwasserstände verteilen, wenn man lange Jahresreihen zugrunde legt und wenn keinerlei Beziehung zwischen den Niederschlägen des Polders und den Außenwasserständen besteht. In Zahlentafel 139 ist aber eine solche Beziehung deutlich erkennbar, da geringe Niederschläge und niederschlagsfreie Tage viel seltener mit hohen Außenwasserständen zusammentreffen als starke Niederschläge. Untersucht wurden 20 Jahre

Zahlentafel 139.

Außenwasser		Tagesniederschläge in mm							
Stand	Dauer	0	0,0—0,9	1,0—2,9	3,0—4,9	5,0—6,9	7,0—9,9	10,0—14,9	$\geqq$ 15,0
240 bis 260	138 1,9 %	5 0,2 %	10 0,6 %	22 1,8 %	16 2,3 %	16 3,7 %	17 5,4 %	17 11,9 %	35 12,9 %
220 bis 240	161 2,2 %	18 0,7 %	21 1,2 %	25 2,1 %	19 2,7 %	16 3,7 %	16 5,1 %	15 10,5 %	31 11,4 %
200 bis 220	202 2,8 %	43 1,7 %	32 1,9 %	33 2,7 %	21 3,0 %	17 3,9 %	16 5,1 %	13 9,1 %	27 9,9 %
180 bis 200	265 3,6 %	76 3,0 %	55 3,2 %	45 3,7 %	26 3,7 %	18 4,1 %	14 4,4 %	11 7,7 %	20 7,4 %
160 bis 180	344 4,7 %	118 4,7 %	80 4,7 %	53 4,4 %	34 4,9 %	22 5,0 %	15 4,7 %	9 6,3 %	13 4,8 %
140 bis 160	500 6,8 %	186 7,4 %	123 7,2 %	82 6,8 %	48 6,8 %	29 6,7 %	19 6,0 %	5 3,5 %	8 2,9 %
120 bis 140	1095 15,0 %	405 16,1 %	271 15,9 %	186 15,3 %	103 14,7 %	58 13,3 %	40 12,6 %	10 7,0 %	22 8,1 %
100 bis 120	2877 39,4 %	1027 40,8 %	691 40,5 %	478 39,4 %	274 39,0 %	166 38,1 %	115 36,4 %	44 30,7 %	82 30,1 %
< 100	1723 23,6 %	640 25,4 %	423 24,8 %	288 23,8 %	161 22,9 %	94 21,5 %	64 20,3 %	19 13,3 %	34 12,5 %
Summe	7305 100 %	2518 100 %	1706 100 %	1212 100 %	702 100 %	436 100 %	316 100 %	143 100 %	272 100 %

mit 7305 Tagen, die ermittelten %-Zahlen geben einen Anhaltspunkt, nach dem in Zahlentafel 138 die Verteilung des Binnenabflusses auf die verschiedenen Außenwasserstände vorzunehmen ist.

Zur Leistungsberechnung der Maschinen sollen im folgenden noch einige Werte für die Wirkungsgrade gegeben werden:

1. Elektromotoren. Gleichstrommotoren nach Zahlentafel 140 für 110, 220 oder 440 Volt (η %), asynchrone Drehstrommotoren in offener Bauart nach Zahlentafel 141 (S. 354, obere Zahl η %, untere $\cos\varphi$, eingeklammerte Werte für Kurzschlußmotoren). Bei Teil- oder Überbelastung asynchroner Drehstrommotoren η (%) und $\cos\varphi$ nach Zahlentafel 142 (S. 354). Für Drehstrom-Kommutatormotoren gelten folgende Werte:

	η
Kleine Maschinen	70%
Mittlere Maschinen (> 15 kW)	80%
Größere Maschinen	83%
Große Maschinen (mehrere 100 kW)	88%

Zahlentafel 140.

Leistung	Drehzahl n =						
kW	2800 %	2000 %	1400 %	950 %	750 %	600 %	500 %
1	75	75	74	72	—	—	—
5	82	82	82	80	79	78	76
10	—	84	84	83	82	81	80
50	—	—	88,5	88	88,5	88	87
80	—	—	—	90	89,5	89	—
100	—	—	—	91	90	—	—

Zahlentafel 141.

Drehzahl n	Leistung in kW						
	7,5	15	30	50	100	200	250
3000	83 (86) 0,87 (0,89)	85 (86,5) 0,89 (0,89)	88,5 (88,5) 0,90 (0,90)	89,5 (89,5) 0,91 (0,91)	90,5 (90,5) 0,91 (0,91)	92 0,92	92,5 0,92
1500	85 (87) 0,85 (0,87)	87,5 (87,5) 0,87 (0,87)	89 (89) 0,89 (0,89)	90 (90) 0,90 (0,90)	91 (91) 0,90 (0,90)	92,5 0,91	93 0,91
1000	84 (86) 0,83 (0,85)	86,5 (86,5) 0,85 (0,85)	88,5 (88,5) 0,87 (0,87)	90 (90) 0,88 (0,88)	91 (91) 0,89 (0,89)	92,5 0,90	93 0,90
750	83,5 (84) 0,81 (0,83)	86 (86) 0,84 (0,84)	88 (88) 0,86 (0,86)	89,5 (89,5) 0,87 (0,87)	91 (91) 0,88 (0,88)	92 0,89	92,5 0,89
600	83,5 (84) 0,79 (0,81)	85,5 (85,5) 0,81 (0,82)	87,5 (87,5) 0,83 (0,83)	89 (89) 0,85 (0,85)	90,5 (90,5) 0,86 (0,86)	92 0,88	92,5 0,88
500	— —	85 (85) 0,78 (0,79)	87 (87) 0,81 (0,80)	88,5 (88,5) 0,83 (0,82)	90,5 (90,5) 0,85 (0,85)	92 0,86	92,5 0,87

Zahlentafel 142.

η_M bei Belastung						$\cos\varphi$ bei Belastung					
$^1/_4$ etwa	$^2/_4$	$^3/_4$	$^4/_4$	$^5/_4$	$^6/_4$	$^1/_4$ etwa	$^2/_4$	$^3/_4$	$^4/_4$	$^5/_4$	$^6/_4$
89	93	94,5	95	95	94,5	0,74	0,87	0,90	0,91	0,91	0,908
88	92,5	93,5	94	93,5	92,5	0,72	0,85	0,89	0,90	0,90	0,89
87	91,5	92,5	93	92,5	91,5	0,67	0,82	0,87	0,89	0,89	0,88
86	91	92	92	91,5	90	0,63	0,80	0,86	0,88	0,88	0,87
85	90	91	91	90	88,5	0,60	0,78	0,85	0,87	0,87	0,86
83	89	90	90	89	87	0,58	0,77	0,84	0,86	0,87	0,86
82	88	89	89	88	86	0,56	0,74	0,82	0,85	0,86	0,86
80	87	88	88	87	85	0,54	0,72	0,81	0,84	0,85	0,85
79	86	87	87	85,5	83	0,50	0,70	0,80	0,83	0,84	0,84
77	84,5	86	86	84,5	82	0,49	0,69	0,78	0,82	0,83	0,83
76	83,5	85	85	83,5	81	0,48	0,68	0,77	0,81	0,82	0,82
74,5	82,5	84	84	82,5	80	0,47	0,67	0,76	0,80	0,81	0,81
73	81,5	83	83	81,5	79	0,46	0,65	0,75	0,79	0,80	0,80
71,5	80,5	82	82	80	77	0,44	0,63	0,73	0,78	0,80	0,80
70,5	79,5	81	81	79	76	0,42	0,62	0,72	0,77	0,79	0,79
69	78,5	80	80	78	75	0,40	0,60	0,70	0,76	0,78	0,78

Vgl. ferner die Zahlentafeln 143 und 144 (nach Siemens-Schuckert). Beim Kommutatormotor ist angenommen, daß die Leistung mit der dritten Potenz der Drehzahl n abnimmt (S. 312). Zahlentafel 144 zeigt die Wirkungsgrade der polumschaltbaren Elektromotoren: verringert man n von 975 auf 725, so fällt die Nutzleistung N_n der Pumpe nach Gl. (221) von N_n auf $0{,}41 \cdot N_n$, die Leistung N des Motors ($= N_n : \eta_P$) wegen des kleiner werdenden Wirkungsgrades η_P jedoch weniger stark. Daher ist der Leistungsabfall von 100 auf 30 kW für Schöpfwerke sehr reichlich, also ungünstig angenommen.

Zahlentafel 145 enthält die Wirkungsgrade der polumschaltbaren Motoren am Spoykanal (Rheinland) für eine Leistung von 30/100/225 PS bei $n = 480/730/960$.

Zahlentafel 143.

Bauart	Preis %		n			
			1000	800	600	500
Drehstrom-Reihenschluß-Kommutatormotor	450	kW η % $\cos\varphi$	100 86,0 0,98	51,2 86,0 0,84	21,6 78,0 0,51	12,5 70,0 0,40

Zahlentafel 144.

Bauart	Preis %	η % cos φ	n (kW)	Belastung $^4/_4$	$^3/_4$	$^2/_4$	$^1/_4$
Normaler Drehstrommotor mit Kurzschlußläufer	100	η	975 (100)	90,5	90,5	89,5	84,0
		cos φ		0,88	0,85	0,77	0,55
Polumschaltbarer Drehstrommotor mit 2 Ständerwicklungen	150	η	975 (100)	88,0	88,0	86,5	80,0
		cos φ		0,89	0,86	0,80	0,60
		η	725 (30)	87,0	87,0	85,5	79,0
		cos φ		0,86	0,84	0,67	0,53
Polumschaltbarer Drehstrommotor mit 2 Wicklungen, davon 1 polumschaltbar für 2 Drehzahlen	polumschaltbar	η	980 (100)	89,0	89,0	87,0	81,0
		cos φ		0,90	0,88	0,82	0,63
	210	η	735 (30)	86,0	86,0	84,0	78,0
		cos φ		0,86	0,84	0,76	0,53
	polumschaltbar	η	460 (66)	86,0	86,0	84,0	78,0
		cos φ		0,72	0,68	0,55	0,35

Zahlentafel 145.

Pumpe					Motor	
n	H_g m	H_m m	Q m³/s	η_P %	n	η_M %
143,5	1,0	1,17	1,080	77	480	85
143,5	1,5	1,65	0,865	79,5	480	85,5
218	3,0	3,22	1,490	77	730	90
218	3,5	3,68	1,320	80	730	90
287	4,5	4,85	2,170	77	960	90,2
287	5,1	5,40	2,050	78,5	960	90,4

2. Dieselmotoren. Wenn man zur Verringerung der Drehzahl die Brennstoffzufuhr eines Dieselmotors drosselt, so steigt sein Brennstoffverbrauch je PSh. Es empfiehlt sich, vom Lieferwerk eine Charakteristik des Motors nach Abb. 286 (S. 356) zu fordern. Die Normalbelastung beträgt hier 300 PS bei $n = 450$ Umdrehungen. Verlangt nun die Pumpe beispielsweise 250 PS bei $n = 400$, 200 PS bei $n = 350$ und 162 PS bei $n = 300$, so erhält man die gestrichelte Kurve als Abhängigkeit der Antriebsleistung N der Pumpe von ihrer Drehzahl und kann aus dieser Kurve den Brennstoffverbrauch je PSh ablesen; er beträgt in diesem Beispiel für

$n = 450$ . . . . 48100 : 300 = 160 g/PSh
$n = 400$ . . . . 40250 : 250 = 161 „
$n = 350$ . . . . 32870 : 200 = 164 „
$n = 300$ . . . . 27050 : 162 = 167 „

Bei kleineren Motoren steigt der Brennstoffverbrauch der Vollbelastung auf über 200 g/PSh.

Zahlentafel 146.

Tägliche Betriebsstunden	Handfeuerung		Selbsttätige Rostbeschickung	
	größte Dauerleistung in PS			
	60	87	140	295
10	0,991	0,911	0,829	0,752
8	1,014	0,932	0,848	0,770
5	1,088	0,999	0,910	0,826
4	1,134	1,042	0,948	0,861

3. Dampfmaschinen. Zahlentafel 146 zeigt den Steinkohlenverbrauch (7500 WE) der Kondensations-Verbund-Lokomobilen einschließlich der Zuschläge für Anheiz- und Stillstandsverluste in kg je PSh Nutzleistung (*4,106*). Die Zahlen gelten für normale Verbund-Lokomobilen mit einfacher Überhitzung bei ¾-Durchschnittsbelastung.

4. Windmotoren. Leistungsbeiwerte C_l eines Langsamläufers (a) und eines Schnelläufers (b) in Abhängigkeit von der Laufzahl u/v nach Abb. 287, also Größtwerte etwa 0,30 und 0,42. Nach Mitteilung der Ventimotor G.m.b.H. in Weimar sind bei Versuchen mit Schnelläufern schon C_l-Werte bis 0,50 erreicht worden.

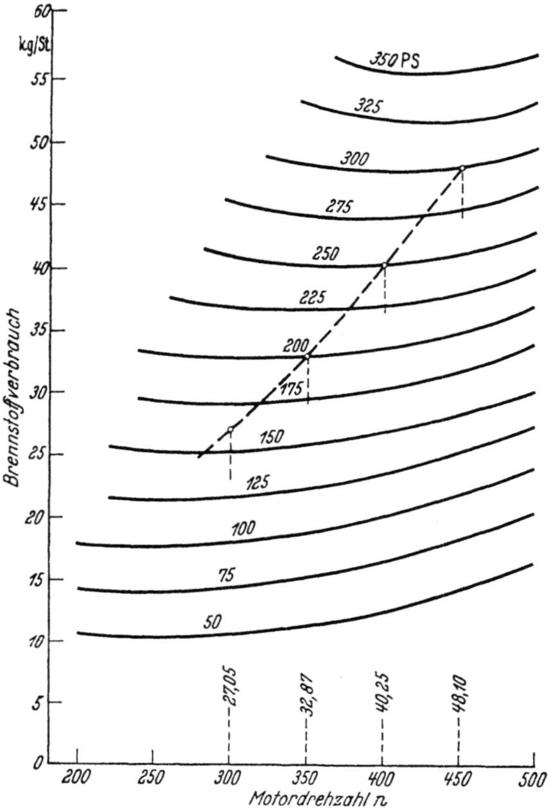

Abb. 286. Brennstoffverbrauch eines Dieselmotors.

5. Schleuderpumpen. Der Höchstwert der Wirkungsgradlinie einer guten Schöpfwerkspumpe liegt bei 80% und etwas darüber. Einen Höchstwert von mindestens 70% sollte man stets verlangen. Der Verlauf der η-Linie ist zu verschieden, als daß bestimmte Werte dafür gegeben werden könnten. Er ist in jedem Einzelfall durch Prüfung der Pumpe auf dem Versuchsstand festzustellen (S. 310).

Abb. 288 zeigt die Kennlinien einer Kegelpropellerpumpe von 720 mm Laufraddurchmesser (S. 310), die durch einen Windmotor (Schnelläufer) von 9,6 m Durchmesser angetrieben wird; n = Drehzahl der Pumpe. Versuche an der ausgeführten Anlage ergaben, daß die Leistung der Pumpe bei Windgeschwindigkeiten von 4,4 bis 7,0 m/s im Mittel noch um 13% höher lag.

6. Gesamtwirkungsgrade. Untersuchungen der AEG für das Schöpfwerk Brieskow bei Frankfurt/Oder. Die in Abb. 289 dargestellten Gesamtwirkungsgrade sind das Produkt aus den Wirkungsgraden der Pumpen, des elektrischen Antriebes mit Transformator und der Riemenübertragung. Beim Antrieb b) ist außerdem der Verlust des leer mitlaufenden Motors berücksichtigt. Die untersuchten Antriebsarten sind:

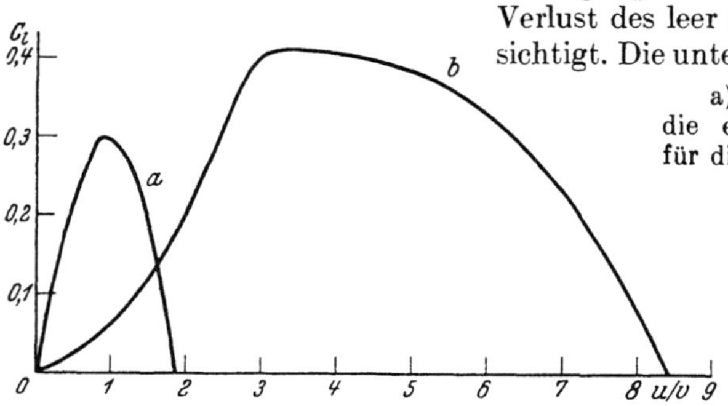

Abb. 287. Leistungsbeiwerte von Windmotoren.

a) Polumschaltbare Motoren, für die erste Pumpe mit $n = 720/960$, für die zweite mit $n = 580/960$.

b) Wechselweiser Antrieb durch zwei gekuppelte Motoren verschiedener Drehzahl, Motoren der ersten Pumpe mit $n = 720$ und $n = 960$, der zweiten mit $n = 580$ und $n = 960$.

c) Drehstrom-Kommutatormotor.

d) Gleichstrommotor mit Gleichrichter.

Unter dem Gesamtwirkungsgrad einer Schöpfwerksanlage versteht man zuweilen auch das Verhältnis der in einer bestimmten Zeit geleisteten Nutzarbeit in mt gehobenen Wassers zu der dazu aufgewendeten Arbeit in mt [Gl. (237)]. Es kann für die verschiedenen Nutzförderhöhen berechnet werden und ist natürlich ein besserer Maßstab für die Güte der Anlage als der Pumpenwirkungsgrad η_P. Nutzarbeit je s $= Q\,H_g$, aufgewendete $= Q\,H_m : \eta_P\,\eta_M\,\eta_V$ (η_V = Wirkungsgrad von Vorgelege und Kupplung), daher beträgt der Gesamtwirkungsgrad η_{Sch}

$$\eta_{Sch} = \left(1 - \frac{H_{Ea}}{H_m}\right)\eta_P\,\eta_M\,\eta_V \qquad (258)$$

gültig für die Nutzförderhöhe $H_g = H_m - H_{Ea}$ [Gl. (217)].

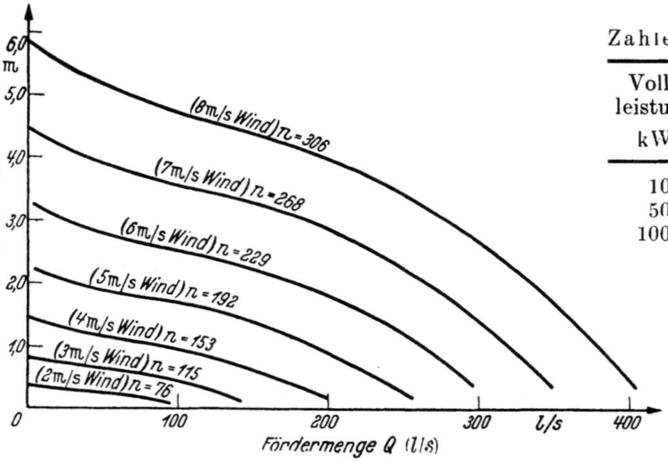

Abb. 288. Kennlinien einer Kegelpropellerpumpe mit Windantrieb.

Zahlentafel 147

Voll-leistung kW	η %
10	95—96
50	96—97
100	97—98

7. Drehstrom-Transformatoren. Der Wirkungsgrad ist das Verhältnis des vom Transformator abgegebenen zu dem ihm zugeführten elektrischen Arbeitsvermögen. Je nach der Größe des Transformators kann man mit obenstehenden Wirkungsgraden rechnen (s. Zahlentafel 147).

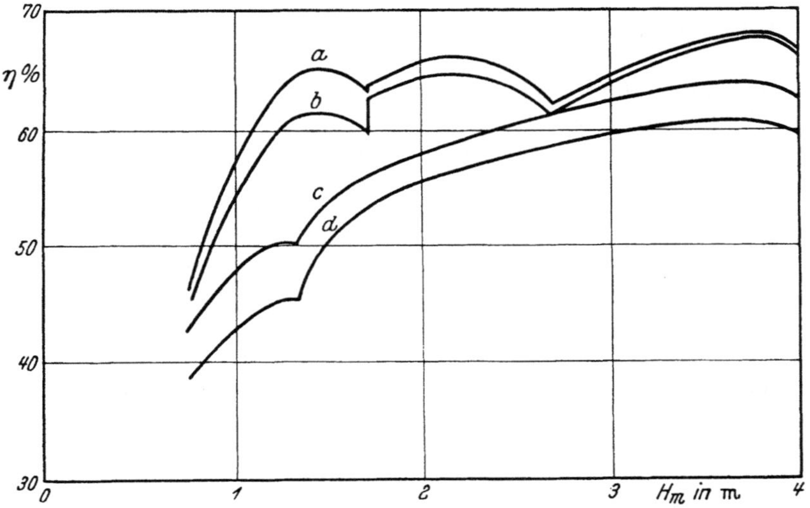

Abb. 289. Gesamtwirkungsgrade von Schöpfwerken.

Mit fallendem $\cos\varphi$ sinkt η nur unbedeutend, desgleichen bei Teilbelastungen bis herunter zu ¼ der Volleistung. Transformatoren mit hohen Eisen- (Leerlauf-) Verlusten haben bei ¼-Belastung etwa 5 % Abfall im Wirkungsgrad. Fällt die Belastung noch weiter, so wird η erheblich kleiner, z. B.

bei $^1/_{10}$ Belastung etwa 80 bis 85 %,
„ $^1/_{20}$ „ „ 70 „ 75 %.

Dagegen besitzen Transformatoren mit niedrigem Eisenverlust häufig den besten Wirkungsgrad bei $^2/_4$-Belastung und bei $^1/_{10}$-Belastung immerhin noch einen η-Wert von 92% und mehr. Sie sind daher für Schöpfwerke mit häufigen Teilbelastungen zu empfehlen.

8. Freileitungen. Ein Schöpfwerk sei durch eine Freileitung von l Meter Länge an das Stromnetz angeschlossen, der Motor verbrauche bei Nennleistung N Watt. U = Netzspannung in Volt, J = Stromstärke in Ampere, R = Widerstand in Ohm für einen Draht von $2 \cdot l$ Meter Länge (Zu- und Rückleitung) sowie q mm² Querschnitt. $R = 2 \cdot l/q\,\varkappa$. $\varkappa = 57$ für Kupfer, 33 für Aluminium, 8 für Eisen. Dann ist die Leistung, die der Freileitung zugeführt wird, gleich den Verlusten auf der Leitung + der Leistung, die der Motor aufnimmt, oder für Gleichstrom

$$U \cdot J = J^2 \cdot R + N. \tag{259}$$

Daraus J, da U, R und N bekannt sind. Also Leitungverluste $= J^2 R$ Watt.

Für den technischen Drehstrom mit seiner geringen Frequenz von 50 gilt überschläglich unter Außerachtlassung der Phasenverschiebung eine ganz analoge Gleichung

$$U J \sqrt{3} = \frac{5}{3} \cdot J^2 R + N. \tag{260}$$

U, J, R und N wie oben. q ist der Querschnitt jedes der 3 Drähte. Aus Gl. (260) ist J zu berechnen, Leitungsverluste $= {}^5/_3 \cdot J^2 R$ Watt. $R = 2\,l/q\,\varkappa$ gilt auch für Gl. (260). Diese beruht also auf der Annahme eines guten Leistungsfaktors.

9. Übersetzungen. Zahnradantriebe in Gehäusen mit selbsttätiger Ölung ergeben einen Kraftverlust von etwa 3%, somit $\eta = 97\%$. Bei Riemenantrieb kann man mit etwa 3 bis 4% Verlust rechnen.

E. Die Jahreskosten.

Die Jahreskosten einer Schöpfwerksanlage müssen bekannt sein, um die Wirtschaftlichkeit des Betriebes beurteilen zu können. Sie setzen sich zusammen aus der Verzinsung und Tilgung der Anlagekosten, den Betriebs-, Unterhaltungs- und Verwaltungskosten.

Die Tilgungszeit darf keinesfalls länger sein als die Nutzungsdauer der Anlage. Letztere ist in erheblichem Umfange von der mehr oder weniger sorgfältigen Unterhaltung abhängig. Man tut gut, in dieser Hinsicht nicht zuviel vorauszusetzen, da die Wartung der Schöpfwerke häufig nur nebenberuflich und nicht von ersten Fachkräften ausgeübt wird. Man soll aber noch aus einem anderen Grunde die Nutzungsdauer nicht zu hoch ansetzen. Denn je schneller die Anlagekosten getilgt werden, um so früher wird man frei von der Tilgungslast und kann nötigenfalls veraltete Anlagen erneuern. Danach ist also die Nutzungsdauer für den Einzelfall einzuschätzen, und zwar unter Benutzung der Zahlentafel 148, die für durchschnittliche Verhältnisse gilt. Erdbauwerke, wie Deiche und ähnliche haben bei sachgemäßer Unterhaltung eine unbegrenzte Nutzungsdauer.

Beträgt die Nutzungsdauer einer Anlage n Jahre, so sind bei einem Zinssatz von p% jährlich p_1% der Baukosten n Jahre lang für Zinsen und Tilgung zu zahlen, wenn die Anlagekosten gerade nach n Jahren getilgt sein sollen:

$$p_1 = \frac{p\,q^n}{q^n - 1}. \tag{261}$$

In dieser Gleichung ist $q = 1 + \frac{p}{100}$ zu setzen. Die so berechneten Zins- und Tilgungsbeträge der Einzelanlagen sind dann zu summieren. Der Jahressatz p_1%

ist der Mindestsatz, der einer Wirtschaftlichkeitsberechnung zugrunde gelegt werden muß. Die Kostendeckung der Arbeiten kann jedoch mit Hilfe eines Darlehens auch so erfolgen, daß jährlich mehr als p_1% an Zinsen und Tilgung zu zahlen sind. Dann ist also die Jahresbelastung höher als der Nutzungsdauer der Anlage entspricht.

Die Betriebskosten umfassen die Ausgaben für die Krafterzeugung (elektrischer Strom, Treiböl, Kohlen usw.), für Nebenkosten (Schmieröl, Fett, Putzwolle usw.) und für Wartung. In manchen Fällen und für manche Zwecke (Überschlagsrechnungen) ist es möglich und wird es genügen, die jährlichen Betriebskosten je ha Entwässerungsgebiet aus Erfahrungen zu bestimmen, die unter ähnlichen Verhältnissen in der Nachbarschaft gewonnen sind. Will man jedoch die Betriebskosten genauer ermitteln, was in der Regel und besonders dann

Zahlentafel 148.

Gegenstand	Nutzungsdauer Jahre	Unterhaltungskosten %
Gebäude und Anlagen aus Stein oder Beton	40—80	0,3—1
Wie vor aus Kiefer	15—20	3—4
Wie vor aus Eiche	30—45	1,5—2,5
Pflaster, je nach Güte der Steine	25—50	1—3
Brunnen aus gewöhnlichen Backsteinen oder Zementröhren	20—30	1—3
Fernleitungen (ohne Masten)	15—30	2—4
Holzmasten aus Kiefer	15	3—4
Eisenmasten aus Stahl	20—25	1—1,5
Kabel	25—30	1
Transformatoren	20—25	1—1,5
Elektromotoren	20—25	1—1,5
Dieselmotoren	15—20	1—3
Lokomobilen	20—25	1,5—2,5
Windmotoren mit Turm (Gefahr von Windschäden)	20—25	2—2,5
Schleuderpumpen	20—30	1,5—3
Eiserne Wasserschnecken und -schrauben	20	1—2,5
Hölzerne Wasserschnecken und -schrauben	10—15	2—3
Wasserräder, Schöpfräder (je nach Material)	15—25	1,5—2,5
Gußeiserne Rohre	40—60	0,5—1
Stahlmuffenrohre	25—45	1—2
Beton- und Stahlbetonrohre (je nach Dichte u. Säureangriff)	30—60	0,5—3
Steinzeugrohre	60—100	0,3—1
Asbestzementrohre (je nach Dichte u. Säureangriff)	30—60	0,5—3
Holzrohre	30—40	1—3
Schieber	40—50	1—2,5
Elektrische Geräte (Schaltanlagen)	10—20	1,5—2,5

erforderlich ist, wenn mehrere Schöpfwerksentwürfe hinsichtlich ihrer Jahreskosten miteinander zu vergleichen sind, so muß das Verfahren des Abflußbildes (S. 347) angewandt werden.

Die Nebenkosten sind bei Elektromotoren sehr gering, bisweilen ist noch Zählermiete zu zahlen. Bei Dieselmaschinen hat man etwa 3 bis 5 g Schmieröl je PSh zu rechnen, 3 g bei den langsam-, 5 g bei den schnellaufenden Maschinen.

Die Unterhaltungskosten pflegt man als Hundertsätze der Baukosten zu veranschlagen. Im großen Durchschnitt kann etwa mit den jährlichen Hundertsätzen der Zahlentafel 148 gerechnet werden. Die Unterhaltungskosten der Windmotoren sind mit der Unsicherheit etwaiger Windschäden belastet und dürfen daher nicht zu niedrig angesetzt werden. Ein verhältnismäßig gut gepflegter Windmotor in Ostpommern verursachte im 16jährigen Jahresdurchschnitt (1927 bis 1942) 140 RM. Unterhaltungskosten, das sind etwa 1,6%. Allgemein steigen die Unterhaltungskosten mit der jährlichen Betriebsdauer.

Die vorstehenden Angaben können dazu dienen, die Angebote mehrerer Lieferwerke miteinander zu vergleichen. Solche Kostenvergleiche sind nur auf dem Wege über die Jahreskosten möglich.

Über die Verwaltungskosten der Deichverbände lassen sich keine zahlenmäßigen Angaben machen, da sie je nach der Größe des Verbandes und dem Ausmaß der ehrenamtlichen Tätigkeit sehr verschieden sind. Es empfiehlt sich daher, die bei gleichen oder ähnlichen Verbänden gemachten Erfahrungen festzustellen.

Zahlentafel 135 (S. 340) enthält die Jahreskosten für eine im Kreise Stolp ausgeführte Anlage, sowohl für rein elektrischen als auch für kombinierten Antrieb durch Wind und Strom. Das Schöpfwerk ist für kombinierten Antrieb gebaut, Wind- und Elektromotor treiben jeder eine besondere Pumpe. Bei den angenommenen Zahlen für die Nutzungsdauer und Unterhaltung sind die Jahreskosten in beiden Fällen etwa gleich hoch.

F. Der Schöpfwerksbetrieb.

In Poldern, in denen Ackerbau getrieben wird, ist auch im Winter der Binnenwasserstand so niedrig zu halten, daß Überschwemmungen verhindert werden. Wenn der Frost nicht zu stark ist, kann unbedenklich auch im Winter gepumpt werden. Man hat jedoch bei Frost die Pumpe vollständig vom Wasser zu entleeren, wenn der Betrieb ruht. Ob man bei Grünland im Winter an Betriebskosten sparen und eine vorübergehende Überschwemmung in Kauf nehmen soll, hängt in erster Linie von dem Zustand des Grünlandes ab. Bei minderwertigen Grünlandflächen kann eine solche Ersparnis berechtigt sein, dagegen wird es sich stets lohnen, wertvolle Grünländereien auch im Winter vor Überschwemmungen zu schützen, sofern es sich nicht um eine planmäßige, düngende Bewässerung handelt. Acker und hochwertiges Grünland sind auch stets für einen tiefen Grundwasserstand im Winter dankbar, damit der Boden durchlüften und durchfrieren kann.

Ein vorübergehendes Ansteigen des Binnenwassers in den Gräben etwa bis zur bordvollen Füllung ist ganz unbedenklich. Man macht davon Gebrauch, wenn man den Grabenraum über dem Mittelwasser als Speicherraum ausnutzt, z. B. bei selbsttätigem Schöpfwerksbetrieb. Auch im Tidegebiet muß versucht werden, bei hohen Außenwasserständen die dann hohen Pumpkosten zu sparen und während dieser Zeit in den Gräben zu speichern. Soll das Binnenwasser zunächst einige Zeit auf dem höchsten Binnenpeil gehalten werden, so beginnt man mit dem Pumpbetrieb, sobald dieser Binnenwasserstand erreicht ist. Soll dagegen das Binnenwasser im Interesse einer besseren Entwässerung nur vorübergehend den höchsten Binnenpeil erreichen und dann sofort wieder abgesenkt werden, so kann es unter Umständen zweckmäßig sein, zunächst einen möglichst tiefen Binnenwasserstand zu halten und den Grabenspeicherraum erst bei den höchsten Außenwasserständen auszunutzen, um an Pumpkosten zu sparen. Will man die Zweckmäßigkeit eines solchen Betriebes prüfen, so empfiehlt es sich, die Anzahl der PSh zu berechnen, die bei verschiedenen Förderhöhen zur Hebung von 1000 m³ Wasser erforderlich sind. Nach S. 311 ist

$$N = (1000 \cdot Q\, H_m) : (75 \cdot \eta_P).$$

Da nun die Hebung von 1000 m³ Wasser $t = 1000 : (3600 \cdot Q)$ Stunden dauert, so erfordert sie

$$N \cdot t = \frac{3{,}7 \cdot H_m}{\eta_P} \text{ PSh}. \tag{262}$$

Untersucht man mit dieser Gleichung die Kennlinie H_{1a} der Abb. 258, so erhält man die Zahlen der Zahlentafel 149, aus denen hervorgeht, daß der Kraftbedarf infolge der besseren Wirkungsgrade bei den größeren Förderhöhen sich nicht wesentlich ändert.

Das Einlassen von Außenwasser in den Polder durch Rohrleitung und Pumpe, wie es z. B. bei der Heberanordnung vorkommt, sollte man besser unterlassen und statt dessen von vornherein eine besondere Einlaßvorrichtung vorsehen, sofern das Einlassen erwünscht ist.

Besondere Vorsicht ist beim Anlassen der Pumpen erforderlich. Man vermeide es, die schnellaufenden Pumpen gegen einen geschlossenen Schieber anlaufen zu lassen. Denn bei $Q = 0$ ist ihr Leistungsbedarf erheblich größer als der normale (Abb. 257), so daß die Kraftmaschine dann viel stärker als sonst gewählt werden müßte. Bei der Heberanordnung und bei der Tauchanordnung mit Heberleitung kann man zunächst die Pumpe in Betrieb setzen, um erst dann das Wasser durch Absaugen der Luft anzuhebern. Das hat den Vorteil, daß die Belastung der Kraftmaschine allmählich größer wird. Beim Anlassen muß das Drehmoment des Elektromotors zum Drehmoment der Pumpe in bestimmter Beziehung stehen. Hat der Motor zeitweise ein kleineres Moment als die Pumpe, so kann er die Betriebszahl n nicht erreichen und läuft überlastet weiter. Hat er dagegen ein wesentlich größeres Anlaufmoment, so kann die Drehzahl zu groß oder das Triebwerk überlastet werden. In diesem Falle tritt auch ein starker Anlaßstrom auf, der im Leitungsnetz einen schädlichen Stromstoß bewirkt. Bei den Drehstrom-Kommutatormotoren und bei Maschinen mit Schleifringen hat man es in der Hand, langsam anzulassen. Erstere sind ziemlich empfindlich, beide sind teurer als die Kurzschlußmaschinen, die man daher im allgemeinen bevorzugt. Die Kurzschlußmaschinen werden entweder unmittelbar in der Betriebsschaltung (Dreieckschaltung) angelassen oder in Sternschaltung angeschaltet und dann auf Dreieck umgeschaltet. Sie haben den Nachteil, daß sie nicht allmählich angelassen werden können. Die Wahl der Kraftmaschinenart und des Anlaßverfahrens ist u. a. von der Schnelläufigkeit der Pumpe abhängig. Man mache dem Lieferwerk stets eine sorgfältige Beachtung dieser Gesichtspunkte zur Pflicht und vergewissere sich rechtzeitig der Zustimmung des den Strom liefernden Kraftwerkes.

Zahlentafel 149.

H_m	η_P	PSh für 1000 m³ Wasser	
		PSh	Abweichungen vom Mittel
m	%		%
0,10	4	9,25	+3,7
0,20	8	9,25	+3,7
0,30	13	8,54	—4,3
0,50	22	8,41	—5,7
0,75	32	8,67	—2,8
1,00	43	8,60	—3,6
1,25	54	8,56	—4,1
1,50	64	8,67	—2,8
1,75	72	8,99	+0,8
2,00	78	9,49	+6,4
2,10	80	9,71	+8,8
	Mittel	8,922	| 4,2 |

Beim Anlassen der Dampfmaschinen bestehen keinerlei Schwierigkeiten, da man ihr Anlaufmoment mit der Steuerung völlig beherrscht.

Dieselmaschinen sind bei Leerlauf oder schwacher Belastung mit Druckluft in Gang zu setzen. Bei Heberanordnung läßt man daher zunächst die Pumpe leerlaufen (s. oben) und saugt erst dann die Luft ab. Anderenfalls ist das allmähliche Zuschalten der Pumpe dadurch zu bewirken, daß man zwischen Pumpe und Kraftmaschine eine Reibungskupplung legt, mit der man die Pumpe langsam anlaufen läßt, sobald die Kraftmaschine voll läuft.

Auf die Gefahr des Hohlsogs bei größeren Saughöhen wurde bereits hingewiesen (S. 316). Auch während des Betriebes ist auf verdächtige Erscheinungen in dieser Hinsicht zu achten. Flügelräder neigen unter sonst gleichen Verhältnissen am meisten zum Hohlsog. Man sorge auch für einen einwandfreien Zustand der Rechenanlage, damit keine Verstopfungen der Pumpe eintreten. Gehäusepumpen müssen einen Überwachungsdeckel haben, damit man eine trotzdem einmal eingetretene Verstopfung schnell beseitigen kann.

Alle Elektromotoren müssen im Betriebe gleichmäßig summen, ungleichmäßige Geräusche sind verdächtig. Die Lagertemperatur darf 80° nicht übersteigen. Für die Lager ist nur einwandfreies Fett (Starrfett) zu verwenden. Das alte Fett wird am besten mit Benzin entfernt. Riemenscheiben, Kupplungen usw. sind niemals durch Hammerschläge, sondern stets durch besondere Ab- und Aufziehvorrichtungen abzuziehen und wieder aufzubringen. Brennbare Stoffe dürfen nicht in der Nähe der Elektromotoren gelagert werden (Funkenbildung). Wegen der erforderlichen Meßgeräte vgl. S. **338**. Bei kühler, feuchter Witterung ist es gut, die Elektromotoren gelegentlich leer laufen zu lassen, damit sie warm und dadurch trocken werden.

Sehr einfach ist der Betrieb der Drehstrom-Kurzschlußläufermotoren, die keine Bürsten und Schleifringe besitzen. Sonst sind möglichst abhebbare Bürsten zu wählen, die durch einen Hebelgriff abgehoben werden, sobald die Maschine voll läuft. Beim Reihenschlußmotor muß der Drehsinn des Drehfeldes mit dem des Motors übereinstimmen, der Motor kann bei Leerlauf hohe Drehzahlen annehmen und soll niemals unter Strom stehen bleiben. Der sich während des Betriebes bildende Kupferstaub der Kommutatormotoren ist von Zeit zu Zeit mit Druckluft auszublasen oder noch besser auszusaugen. Nach längerem Betriebe kann ein Abdrehen des Stromwenders (Kommutators) nötig werden. Dieser darf keine starke Funkenbildung zeigen und soll möglichst frei von Öl und Fett bleiben. Die Bürsten müssen gut aufliegen und dürfen nicht in den Haltern klemmen, Ersatzbürsten sind nur vom Lieferwerk des Motors zu beziehen.

Die Wartung der Dieselmaschinen erfordert größere Kenntnisse als die der Elektromotoren. Der Schöpfwerkswärter muß über die Bedienung der Dieselmaschine durch einen Sachverständigen des Lieferwerkes genau unterrichtet werden. Im Maschinenraum soll die Temperatur nicht unter 8° sinken, damit das Öl noch leicht durch die Leitungen fließt. Besonders wichtig ist eine gute Verbrennung des Öls. Der Auspuff muß stets unsichtbar bleiben. Auf Störungen lassen mancherlei Anzeichen schließen: die Maschine pendelt beim Anlassen zurück, sie stößt im Betriebe, der Auspuff rußt, das Auspuffventil bleibt hängen, die Luftpumpe arbeitet ungenügend, der Regler schwankt stark oder die Maschine bleibt gar stehen. In allen diesen und ähnlichen Fällen muß der Wärter imstande sein, alsbald den Fehler ausfindig zu machen und zu beseitigen, soweit das überhaupt an Ort und Stelle möglich ist. Vor dem Abstellen ist die Dieselmaschine zunächst zu entlasten. Nach dem Abstellen soll man sich überzeugen, ob kein Maschinenteil heiß gelaufen ist. Alle blanken Teile sind sorgfältig zu fetten. Bestimmte Teile der Maschine müssen von Zeit zu Zeit nachgesehen werden, namentlich die Kolben und Ventile, ganz besonders aber das Brennstoffventil. Man verwende nur solche Treib- und Schmieröle, die vom Lieferwerk als geeignet für die Dieselmaschine angegeben sind.

Zweckmäßig ist es, gelegentlich die Leistung und den Wirkungsgrad des Schöpfwerkes an Ort und Stelle festzustellen. Das ist jedoch leider in den meisten Fällen mit Umständen und Kosten verbunden, so daß eine solche Nachprüfung in der Regel unterbleibt. Man kann dabei so vorgehen, daß man den Hauptzubringer zum Schöpfwerk in gewisser Entfernung von diesem absperrt, seine genauen Querschnitte aufnimmt und mit einer Stoppuhr mißt, in welcher Zeit die sonach bekannte Wassermenge gefördert wird.

Wegen des Luftabschlusses bei der Mittelanordnung vgl. S. 329.

Nicht zuletzt ist die Anstellung eines tüchtigen, zuverlässigen Schöpfwerkswärters von besonderer Wichtigkeit. Vielfach hat es sich bewährt, ihn auch bei den Unterhaltungsarbeiten an den Deichen und Gräben des Deichverbandes als Vorarbeiter zu beschäftigen. Er hat ein vorgeschriebenes Betriebsbuch zu führen, in das alle für den Schöpfwerksbetrieb wichtigen Angaben einzutragen sind: Zeit des Pumpens, Pegelstände, Öl- oder Stromverbrauch usw. Auf stets saubere Maschinen und Maschinenräume ist Wert zu legen.

VIII. Die Bodenbewässerung.

A. Allgemeines.

Wir haben bereits im Teil I (S. 67) gesehen, daß das Wasser eine unentbehrliche Wachstumsbedingung der Pflanzen ist. Nach dem „Liebigschen Gesetz vom Minimum" können Höchsternten nur dann erzielt werden, wenn außer den übrigen Wachstumsbedingungen auch ausreichend Wasser zur Verfügung steht. Das ist keineswegs überall oder zu jeder Jahreszeit der Fall. Man bewässert daher Wiesen, Weiden, Äcker und Gärten einschließlich der Obstgärten. Es kann nicht wundernehmen, daß die Bodenbewässerung in Gegenden entstanden ist, die in der Wachstumszeit besonders arm an Niederschlägen sind. In heißen und trockenen Ländern bildet die Bewässerung eine schon längst bekannte Form der Bodenverbesserung, die stellenweise bereits im frühen Altertum zu großer Berühmtheit gelangte.

Aber auch bei uns in Deutschland reichen die Niederschläge nicht überall aus, um den Wasserbedarf der Pflanzen zu decken, zumal dann nicht, wenn unsere Landwirtschaft immer höhere Flächenerträge erzielen muß. Der Wasserbedarf einer hohen Ernte ist aus Zahlentafel 47 zu ersehen. Wenn kein Grundwasser zur Verfügung steht, müssen also die Niederschläge in der Wachstumszeit wegen der Verluste durch Versickerung und Bodenverdunstung noch höher sein, was in umfangreichen Gebieten nicht der Fall ist. So liegt der Sinn der anfeuchtenden Bewässerung darin, den Wassermangel der Trockengebiete dadurch zu beheben, daß man den aus niederschlagsreichen Gegenden kommenden ober- oder unterirdischen Zufluß den niederschlagsarmen Gebieten künstlich zuführt. In anderen Fällen wird das Wasser nicht nur um seiner selbst willen, sondern auch als Träger von Pflanzennährstoffen auf die zu bewässernden Flächen geleitet (düngende Bewässerung). Man unterscheidet vier Verfahren der oberirdischen Bewässerung, den Einstau, die Überstauung, die Rieselung und die Beregnung sowie die unterirdische Bewässerung.

Der Wasserverbrauch unserer Nutzpflanzen steigt mit der Länge ihrer Wachstumszeit, der erzeugten Pflanzenmasse, der verdunstenden Blattoberfläche und der Wurzelausbildung. Aber auch manche anderen noch nicht geklärten physiologischen Eigenschaften der einzelnen Pflanzenart vermögen ihren Wasserverbrauch erheblich zu beeinflussen.

Die Bewässerungsbedürftigkeit in ihrer Beziehung zu den Niederschlägen wurde bereits auf S. 99 besprochen.

Der Umfang der noch bewässerungsbedürftigen Flächen des früheren Reichsgebietes (1935) wurde auf etwa 9,5 Millionen ha geschätzt, er wächst jedoch mit den Ernteansprüchen. Etwa ⅓ davon kommt bei dem heutigen Stande der Verfahren und der Wirtschaft für eine Bewässerung in Frage.

B. Die Wirkung der Bewässerung.

So vorteilhaft eine sachgemäß durchgeführte Bewässerung ist, so nachteilig kann andererseits manche Bewässerung sich auswirken, wenn die im folgenden dargelegten Gesichtspunkte nicht beachtet werden. Leider ist der Betrieb der Bewässerung noch keineswegs frei von schweren grundsätzlichen Fehlern.

Bei den meisten unserer Überstauungs- und Rieselanlagen wird dem Boden ein solches Übermaß an Wasser zugeführt, daß die an sich schon vor sich gehende Alterung der leichteren Böden durch Auswaschung (S. 40) erheblich beschleunigt wird. Das ist natürlich ganz besonders bei der düngenden Bewässerung mit Flußwasser der Fall, die für eine ausreichende Düngung große Wassermengen erfordert, aber sehr häufig auch bei der anfeuchtenden Bewässerung. So entstehen oft in geringer Tiefe die verdichteten Illuvialhorizonte, die das Wurzelwachstum behindern, und die Auswaschung der Kolloide läßt den Boden zusehends verarmen. Eine solche Bewässerung ist ein Raubbau am Boden, der nur dadurch verhindert werden kann, daß man die Einzelgaben nach den Ausführungen auf S. 27 bemißt, wie es im Auslande auch schon weitestgehend geschieht. Hier werden sogar schon Meßgeräte verwendet, die den jeweiligen Wassergehalt des Bodens selbsttätig anzeigen. Richtig bemessene Einzelgaben sind aber nur dann möglich, wenn die ganze Anlage von vornherein darauf abgestellt wird. Davon wird weiter unten noch die Rede sein.

Trotzdem wird es sich in der Praxis der Bewässerung nie ganz vermeiden lassen, daß dem Boden mehr Wasser zugeführt wird, als die Pflanzen im Zeitabschnitt der Bewässerung verbrauchen. Daraus folgt, daß stets für die Ableitung des überschüssigen Wassers gesorgt werden muß, wenn die Entstehung schädlicher Bodennässe vermieden werden soll. Mit der Bewässerung ist daher in solchen Fällen stets eine einwandfreie Entwässerung zu verbinden. Lediglich bei der künstlichen Beregnung ist eine Vernässung des Bodens nicht zu befürchten (S. 418).

Bei der Überstauung einer Grünlandfläche wird der gesamte Pflanzenbestand zeitweise unter Wasser gesetzt und dadurch von der Luft abgeschlossen. Wenn daher die Überstauung, namentlich im Sommer, zu lange dauert, treten Schädigungen des Bestandes ein (S. 79). Man hat somit die Dauer der Überstauung den örtlichen Verhältnissen sorgfältig anzupassen.

Eine dritte Schädigung durch unsachgemäße Bewässerung ist dann zu erwarten, wenn das Bewässerungswasser dem Boden Wärme entzieht, die er für das Pflanzenwachstum benötigt. Solche Fälle können namentlich im Frühjahr eintreten, wenn die Wärme die für das Wachstum entscheidende Voraussetzung ist. Ob eine Wärmeentziehung stattfindet, läßt sich leicht dadurch feststellen, daß man die Temperatur des Bewässerungswassers unmittelbar vor der Aufleitung und nach der Ableitung mißt. Eine Temperaturzunahme des Wassers zeigt an, daß das Wasser entweder dem Boden Wärme entzogen oder Wärme aus der Luft aufgenommen hat, die sonst den Boden erwärmt haben würde. In dieser Hinsicht ist also bei der Frühjahrsbewässerung größte Vorsicht geboten. Andererseits kann die Aufleitung warmen Wassers im Frühjahr sehr günstig wirken, indem sie eine schnellere Erwärmung des Bodens zur Folge hat oder Fröste dem Boden fernhält (S. 65).

Die Vorteile der anfeuchtenden Bewässerung werden besonders groß in regenarmen Jahren, in denen meistens eine große Wärmemenge zur Verfügung steht, die jedoch aus Mangel an Wasser für das Pflanzenwachstum nicht ausgenutzt werden kann. Auch vermag eine rechtzeitig einsetzende anfeuchtende Bewässerung dadurch erhebliche Vorteile zu bringen, daß sie kritische Trockenzeiten überbrückt (S. 77). Ein besonderer Vorteil liegt darin, daß eine rechtzeitige Bewässerung gegen Ende der Wachstumszeit die Notreife verhindert.

Neben der Anfeuchtung und Erwärmung des Bodens fördert die Bewässerung auch die Erneuerung der Bodenluft in gleicher Weise, wie es durch das in den Boden einsickernde Niederschlagswasser geschieht (S. 22 und 79). Bei der Berieselung und Beregnung nimmt auch das Wasser selbst durch Bindung Luft auf. So bereichert dringt es in den Boden und verdrängt dadurch gleichzeitig die an Kohlensäure überreiche Luft. König fand:

Zahlentafel 150.

	Kohlensäure mg	Schwefelsäure mg
Im Bewässerungswasser .	121	59
Im Abfallwasser	273	128

Das in den Boden eindringende Bewässerungswasser wirkt ferner bodenreinigend, indem es Ungeziefer, wie Mäuse, Engerlinge, Raupen, Rebläuse usw., vernichtet. Schädliche Stoffe, wie Humussäuren, Kochsalz u. a., werden aus dem Boden ausgewaschen. Im Trockenklima werden häufig auch die Salzanhäufungen in der Krume schwerer Böden (O-Böden) durch Bewässerung beseitigt.

Schließlich wirkt die Bewässerung auch düngend, wenn das Wasser reich an Pflanzennährstoffen ist (S. 367). Die im Wasser enthaltenen Sinkstoffe sinken zu einem großen Teil im ruhenden oder langsam fließenden Wasser zu Boden und bleiben auf den bewässerten Flächen zurück. Die gelösten Stoffe werden im Boden selbst, an der Geländeoberfläche und im Pflanzenbestand (Grünland) zum Teil gebunden und so zurückgehalten. Sehr wichtig ist auch die humusbildende Eigenschaft der städtischen und manch anderer Abwässer (S. 430).

Die Wirkung einer Bewässerung ist in hohem Maße von der Bodenart abhängig. Leichte nährstoffarme Böden haben von der düngenden Bewässerung einen größeren Vorteil als schwere. Die anfeuchtende Bewässerung wirkt um so günstiger, je mehr sie einen vorhandenen Wassermangel des Bodens beseitigt. Daher sind lehmige Sande für die Bewässerung besonders dankbar, weil sie einerseits wasserbedürftig sind, andererseits aber auch ein ausreichendes Wasserhaltevermögen besitzen, das ein zu schnelles Versickern des Bewässerungswassers wie bei den reinen Sanden verhindert.

Auch die Bewässerungszeit hat großen Einfluß auf die Wirkung einer Wassergabe. Denn jede Pflanzenart hat kritische Zeiten, in denen sie des Wassers ganz besonders bedarf (S. 77). Für die Bewässerungstechnik wäre es äußerst wichtig, den mit dem Entwicklungszustand wechselnden Wasserbedarf der einzelnen Pflanzenarten durch Bedarfskurven festzulegen. Eine starke Wasserzufuhr am Ende der Wachstumszeit erhöht im allgemeinen die Frostempfindlichkeit.

Die Bewässerung pflegt ferner mehr oder weniger starke Veränderungen der Pflanzengesellschaften zu bewirken, da die einzelnen Pflanzenarten des Grünlandes sehr verschieden auf die Bewässerung ansprechen (S. 88).

Die Bewässerung von Moorböden ist mit Vorsicht zu handhaben. Eine lediglich anfeuchtende Bewässerung ist wegen der hohen wasserhaltenden Kraft des Moores meistens entbehrlich. Sie kann aber in besonderen Fällen durchaus erfolgreich sein, wenn das Wasser nur kurze Zeit aufgeleitet und alsdann durch eine gute Entwässerung schnell wieder beseitigt wird. Am besten wirkt die Rieselung (S. 389). Bewässert werden nur Grünlandflächen. Besser als die anfeuchtende erweist sich die düngende Bewässerung der Moore mit Abwasser (S. 438).

Bei den schweren Lehm- und Tonböden ist gleichfalls Vorsicht geboten, namentlich dann, wenn im flachen Gelände unter einer verhältnismäßig durchlässigen oberen Schicht in geringer Tiefe ein schwer durchlässiger Untergrund liegt, auf dem das versickerte Bewässerungswasser leicht stauende Nässe bewirkt.

Hinsichtlich der Reinigung und Ausnutzung der Abwässer haben leichtere Bodenarten wie lehmiger Sand und stark sandiger Lehm noch den Vorteil, daß ihre rege Bakterientätigkeit eine gute Reinigung des Wassers und Verwertung der Pflanzennährstoffe sicherstellt.

Da sich unsere Nutzpflanzen der künstlichen Wasserzufuhr anpassen, so muß bei der düngenden Bewässerung auch in Dürrezeiten Bewässerungswasser verfügbar sein. Manche Bewässerungen mit gewerblichen Abwässern leiden an dem Übelstande, daß die das Wasser liefernden Betriebe nur zeitweise arbeiten, wie Stärke- und Zuckerfabriken.

Das Einlassen von Flußwasser in eingedeichte Niederungen (S. 388) wirkt nicht in gleicher Weise auf den Pflanzenbestand des Grünlandes wie die natürliche Überschwemmung eines nicht eingedeichten Gebietes bei Hochwasser. Die Erfahrung zeigt, daß wertvolle Gräser des natürlichen Überschwemmungsbestandes wie Phálaris arundinácea (Rohrglanzgras) und Glycéria-Arten im Ertrage meistens stark zurückgehen. Der Grund dürfte zum Teil auch darin liegen, daß eingedeichte Niederungen fast stets stärker durch Gräben entwässert und daher auch die Grundwasserverhältnisse andere werden, als sie vor der Eindeichung waren. Außerdem ist in vielen Fällen die Wasserbewegung bei der künstlichen Überflutung weniger lebhaft als bei der natürlichen.

Die auch heute noch hier und da vertretene Ansicht, man solle Grünland im Winter unter Wasser setzen, damit es vor dem Frost geschützt werde, ist gänzlich irrig. Das Auffrieren des Moorbodens wird im Frühjahr weit zweckmäßiger mit der schweren Walze wieder ausgeglichen. Auch der Wiesenboden bedarf der die Pflanzennährstoffe aufschließenden Wirkung des Frostes, mithin der winterlichen Durchlüftung.

Bei den meisten Bewässerungsanlagen (außer der Beregnung) muß man mit einem Ansteigen der Grundwasseroberfläche rechnen, was zwar bei tiefem Grundwasserstand unbedenklich ist, bei hohem aber der Beachtung bedarf. Man sollte dann schon vor Durchführung der Bewässerung Grundwasserstandsbeobachtungen vornehmen, zumal ein schädliches Steigen des Grundwassers auch zu Schadenersatzforderungen der Nachbarn führen kann.

C. Die Beschaffenheit des Wassers.

1. Allgemeine Gesichtspunkte.

Zur Bewässerung ist nur Wasser geeignet, das frei von schädlichen Stoffen und Unkrautsamen ist. Unmittelbar schädlich für das Pflanzenwachstum sind alle Säuren und starken Salzlaugen, z. B. die Abwässer von Papierfabriken, Verzinkereien, Kaliwerken, Bleichereien, Gerbereien, Gasanstalten, vielfach auch aus Bergwerken. Ablagerungen von Schwefelkies führen zur Bildung von Schwefelsäure (S. 58). Die an Humussäure reichen Gewässer aus Mooren und Waldgebieten sind im allgemeinen nicht schädlich. Auf armem Sandboden können sie sogar von Vorteil sein, da sie die in ihm enthaltenen schwerlöslichen Nährstoffe in aufnehmbare Form überführen. Wasser mit größeren Mengen gelöster Humusstoffe enthält aber in der Regel wenig Sauerstoff.

Mittelbar schädlich für das Pflanzenwachstum ist ein Wasser, das die Bodeneigenschaften ungünstig beeinflußt. Eisenhaltiges Wasser verschlämmt und verstopft die Bodenporen. Man kann es jedoch zur Bewässerung verwenden, wenn man es vorher durch einfache Belüftungsverfahren vom Eisen befreit, z. B. in dünner Schicht über Steine oder Wassertreppen rieseln läßt. Kochsalz wirkt schädlich auf den Wasserhaushalt der schweren Böden (S. 23) und lösend auf die Pflanzennährstoffe. Das kann günstig sein, aber auch zu Nährstoffverlusten führen. Eine solche lösende Wirkung haben auch alle saueren Wasser. Besonderer Erwähnung verdienen z. B. die Abwässer von Schlachthäusern. Sie sind zwar im hohen Maße dungreich, führen aber bisweilen Milzbrandsporen mit sich. Diese sind von sehr langer Lebensdauer und können mit dem auf der Bewässerungswiese gewonnenen Heu die gefährliche Krankheit übertragen (S. 455).

In Zweifelsfällen muß Wasser, das zur Bewässerung verwendet werden soll, vorher auf seinen etwaigen Gehalt an pflanzen- und bodenschädlichen Stoffen untersucht werden. Auch ein Berieselungsversuch kann wertvolle Aufschlüsse ergeben. Im allgemeinen wird man ein Wasser als brauchbar anzusehen haben, wenn Frösche, Lurche und Fische darin leben und wenn in und an dem Gewässer Pflanzen üppig wachsen, die ein gutes, nährstoffreiches Wasser bevorzugen (S. 84).

Bisweilen kann man schädliche Stoffe ohne zu hohe Kosten dadurch beseitigen, daß man die schwebenden Bestandteile durch Absetzen in Teichen, die gelösten wie beim Eisen durch Belüftung (Oxydation) oder Kalkzusatz in ausreichendem Maße ausscheidet.

Auch die Temperatur des Wassers darf nicht unberücksichtigt bleiben (S. 364). Kaltes Quell- oder Flußwasser ist im Frühjahr und Sommer nötigenfalls in Teichen oder Becken vorzuwärmen. Je flacher diese sind, um so schneller erfolgt die Vorwärmung. Grundwasser ist im Sommer kälter als Oberflächenwasser. Bei der künstlichen Beregnung wird kaltes Wasser im Sommer durch die Luft erheblich erwärmt. Im Herbst kann die Bewässerung die Wärmeausstrahlung des Bodens verlangsamen, da Luft sich schneller abkühlt als Wasser.

2. Der Dungwert des Wassers.

Bei der düngenden Bewässerung soll das Wasser genügenden Reichtum an den wichtigsten Pflanzennährstoffen aufweisen: Stickstoff, Kali, Phosphorsäure und Kalk. Fehlt es an einem dieser Stoffe, so muß er dem Boden in Handelsdüngern zugeführt werden. Bisweilen werden nährstoffarmem Wasser Dungstoffe auch künstlich zugesetzt.

a) Fluß- und Seewasser. Im allgemeinen kann man aus der Beschaffenheit des Niederschlagsgebietes auf den Wert des Wassers schließen. Entscheidend sind die Bodenarten, aus denen das Wasser kommt, die Oberflächengestalt des Gebietes, die Nutzungsarten und der Anbauzustand des Bodens. Man vergleiche dazu die Ausführungen über die Zusammensetzung der verschiedenen Gesteine (S. 28). Gebiete mit starker Bebauung und mit viel Ackerland liefern nährstoffreicheres Wasser als Wälder und Moore. Günstig ist hängiges Gelände, in dem das abfließende Oberflächenwasser wertvolle Bestandteile der Ackerkrume (Dünger) mit zu Tal führt.

Die Nährstoffe sind in zwei verschiedenen Formen vorhanden: als Schwebstoffe (Sinkstoffe) und in Lösung, erstere sichtbar, letztere unsichtbar. Man darf daher ein klares, farbloses Wasser nicht ohne weiteres als arm bezeichnen, wenn auch das mit Schwebstoffen beladene in der Regel reicher ist. Das aus Mooren stammende braune Wasser ist meistens wertlos. Während die aus feinen Schlammteilen bestehenden Schwebstoffe erst durch Umformung für die Pflanzen nutzbar gemacht werden, sind die in Lösung befindlichen Nährstoffe meist unmittelbar aufnahmefähig. Soweit die Pflanzen sie nicht unmittelbar aufnehmen, werden sie mehr oder weniger durch Bodenbindung festgehalten. Die Bindungskraft des Bodens ist in hohem Maße von seinem Gehalt an Kolloiden (S. 16) und Zeolithen (S. 32) abhängig. Kolloide sind in Ton und Humus enthalten. Da wir nun durch die Bewässerung mit den Schwebstoffen Ton und Humus zuführen, so wird dadurch die Bindungskraft des Bodens verbessert. Die mit der Bewässerung zugeführten Schwebstoffe dienen also hauptsächlich zur Verbesserung der physikalischen Eigenschaften des Sandbodens, da sie dessen von Natur mäßige wasserhaltende und bindende Kraft verbessern.

Die im Wasser gelösten Stoffe lassen sich mit dem Wasser auf beliebige Entfernungen fortleiten und auf große Flächen gleichmäßig verteilen, was bei den Schwebstoffen nicht der Fall ist. Diese halten sich nur solange schwebend, wie das Wasser genügende Geschwindigkeit hat, sonst bleiben sie als Sinkstoffe liegen.

Der Gehalt an Nährstoffen im Flußwasser schwankt in weiten Grenzen, sowohl bei den verschiedenen Flüssen als auch mit der jeweiligen Wasserführung des Flusses; er pflegt bei Hochwasser am größten zu sein. Denn dann vollzieht sich der oberirdische Zufluß stärker und verursacht Bodenabspülungen. Besonders günstig ist der Herbst (S. **404**). Anders bei Wasserläufen, die eine größere Menge Abwässer aufzunehmen haben. Die darin enthaltenen Nährstoffe werden natürlich bei Hochwasser verdünnt.

Die von den Flüssen mitgeführten Nährstoffmengen sind sehr groß. Nach Ermittlungen von Harlacher (*131*, *184*) flossen durch die Elbe bei Lobositz im Jahre 1866 etwa 4750 Millionen m³ Wasser ab. Diese enthielten 455000 t Schwebstoffe und 519000 t gelöste Stoffe. Darin waren an wichtigen Pflanzennährstoffen enthalten:

Zahlentafel 151.

	Schwebstoffe t	Gelöste Stoffe t
Kalk	2480	114500
Kali	20280	25150
Phosphorsäure	1250	—
	24010	139650

Man sieht, wie erheblich der Wert der gelösten Nährstoffe (85 %) dem der schwebenden (15 %) überlegen sein kann. In der Regel fehlt es an Phosphorsäure, so daß sie durch Handelsdünger zugeführt werden muß. In zweifelhaften Fällen ist eine Untersuchung des Wassers anzuraten, da es sich bei Bewässerungen meistens um erhebliche Anlagekosten handelt. Die Untersuchungen müssen sich auf verschiedene Jahreszeiten und Wasserstände erstrecken. Es liegt auf der Hand, daß man bei düngender Bewässerung von reichem Wasser geringere Mengen aufzuleiten braucht als von armem. Je üppiger die auf S. **84** genannten Pflanzen gedeihen, um so mehr kann man damit rechnen, daß das Wasser wertvolle Pflanzennährstoffe enthält. Mit noch größerer Sicherheit kann man den Wert des Wassers nach dem Einfluß beurteilen, den Überschwemmungen auf das Pflanzenwachstum der überschwemmten Flächen ausüben.

Das Wasser aus Seen ist an Schwebstoffen und damit auch an Nährstoffen ärmer als Flußwasser, weil sich die Schwebstoffe bei der im See verminderten Wassergeschwindigkeit absetzen.

b) Grund- und Quellwasser. Grund- und Quellwasser ist meistens ganz frei von Schwebstoffen und auch arm an gelösten Nährstoffen, ausgenommen an Kalk, der oft reichlich in ihm gefunden wird. Quellwasser ist arm an Sauerstoff; man muß es also, bevor es zur Bewässerung verwendet wird, durch Berührung mit der Luft mit Sauerstoff anreichern. Dränwasser ist reich an Stickstoff, Kali und Kalk, wenn es einem Boden entstammt, der sich in hohem Kulturzustand befindet. Vgl. die Ausführungen auf S. 81 über die Nährstoffverluste durch Sickerwasser.

c) Abwasser. Für die düngende Bewässerung kommt sowohl städtisches Abwasser als auch solches der verschiedensten Gewerbebetriebe in Frage. Dabei ist zu beachten, daß auch das städtische Abwasser die Abflüsse aus Gewerbebetrieben enthalten kann. Der Gehalt der verschiedenen Abwässer an Pflanzennährstoffen schwankt in ziemlich weiten Grenzen. Je mehr Wasser einem Betriebe zur Verfügung steht, um so stärker pflegt die Verdünnung, um so geringer also der Nährstoffgehalt je m³ Abwasser zu sein. Im Einzelfall ist daher stets eine Untersuchung erforderlich. Sehr eingehende Untersuchungen sind von

König angestellt (*115*, Band II). Für ganz überschlägliche Berechnungen können die Zahlen der Zahlentafel 152 (nach König) einen Anhalt geben. Der Gehalt ist in g/m³ angegeben. In der Regel sind die Nährstoffe im Abwasser nicht in dem Verhältnis vorhanden, wie sie zum Aufbau der Pflanzen nötig sind. Meistens ist der Stickstoff gegenüber Kali und Phosphorsäure vorherrschend. Will man ihn als Pflanzennahrung ausnutzen, so muß man die anderen Nährstoffe in Düngesalzen zufügen. Doch ist zu beachten, daß von dem in den Abwässern enthaltenen Stickstoff ein Teil nicht ausgenutzt wird (S. **433**).

Zahlentafel 152.

Art der Abwässer		Schwebstoffe im ganzen	Schwebstoffe N	Gelöste Stoffe im ganzen	Gelöste Stoffe N	Gelöste Stoffe K_2O	Gelöste Stoffe P_2O_5	Gelöste Stoffe CaO	Insgesamt N	Insgesamt P_2O_5
Städtisches Abwasser ohne Aborte	Essen	319	19	843	50	65	13	77	69	?
	Braunschweig	1082	55	857	93	29	42	122	148	?
	Dortmund .	430	18	966	53	50	13	127	71	?
Städtisches Abwasser mit Aborten	Berlin . . .	1084	?	1088	109	73	32	107	?	?
	Breslau	405	?	773	92	60	20	82	?	?
	Halle (Saale)	594	38	2794	148	180	43	232	186	?
	Mittelwerte .	700	—	1100	—	70[1]	—	120[1]	90	25
Schlachthäuser		1254	88	1920	172	118	?	110	260	32
		8954	517	3197	354	165	?	401	871	137
Brennerei		476	?	814	36	37	17	170	?	?
Stärkefabriken		165	11	2353	56	58	28	114	67	?
		298	15	2870	23	90	19	294	38	?
Zuckerfabriken		191	8	651	30	28	5	163	38	?
		4433	40	908	19	34	10	198	59	?
Brauereien		196	8	571	15	21	10	128	23	?
		497	43	1170	14	100	14	155	57	?
Molkereien		565	18	835	40	68[1]	?	183[1]	58	17
		82	?	790	?	24[1]	?	275[1]	7	5

Außer den in Zahlentafel 152 aufgeführten Gewerbebetrieben kommen noch die Abwässer der folgenden Betriebe für die düngende Bewässerung in Frage: Abdeckereien, Hefefabriken, Flachsröstereien, Konservenfabriken, Mälzereien, Gerbereien, Leimfabriken und Kartoffelflockenwerke.

D. Die Wassergewinnung.

Anhaltspunkte für den Wasserbedarf sind weiter unten bei den einzelnen Bewässerungsverfahren gegeben. Sind unter ähnlichen Verhältnissen betriebene Anlagen vorhanden, so ist dringend zu empfehlen, die dabei gemachten Erfahrungen auszunutzen.

1. Die Wasserentnahme.

Die Gewinnung des erforderlichen Bewässerungswassers stößt nicht selten auf rechtliche Schwierigkeiten, da ja die Entnahme von Wasser aus einem Wasserlauf den Wasserzufluß zu den Unterliegern vermindert (S. **377**). Daher sind vor dem Bau einer Bewässerungsanlage alle mit der Wasserentnahme verbundenen Rechtsfragen entsprechend den wassergesetzlichen Bestimmungen zu klären. Nötigenfalls sind entgegenstehende Wasserrechte abzulösen.

[1] Gesamtgehalt einschließlich der Schwebstoffe.

Wenn unterhalb des zu bewässernden Gebietes bereits ältere Bewässerungsanlagen bestehen, wird man ihnen das unbedingt erforderliche Bewässerungswasser nicht entziehen dürfen.

Will man Bewässerungswasser aus Flüssen oder Bächen entnehmen, so ist stets zu prüfen, ob das Wasser mit natürlichem Gefälle auf die Bewässerungsfläche gelangen kann oder ob es künstlich gehoben werden muß. Für die Ausnutzung des natürlichen Gefälles ist von der Höhenlage der Bewässerungsfläche und dem Wasserstand im Wasserlauf, bei dem bewässert werden soll, auszugehen. Die anfeuchtenden Stau- und Rieselverfahren (S. 380) verlangen meistens den Einbau eines Stauwehres in den Wasserlauf, da sonst in trockener Zeit, wenn einerseits die Bewässerung besonders wichtig, andererseits der Wasserstand im Fluß besonders niedrig ist, ein ausreichendes Gefälle nicht zur Verfügung stehen würde oder mit einem sehr langen und in seinem oberen Teil tief eingeschnittenen Hauptzuleiter erkauft werden müßte. Das Stauwehr S muß so weit oberhalb der Bewässerungsfläche F liegen, daß der Hauptzuleiter Z das Wasser mit dem nötigen Gefälle der Fläche zuleiten kann (Abb. 290).

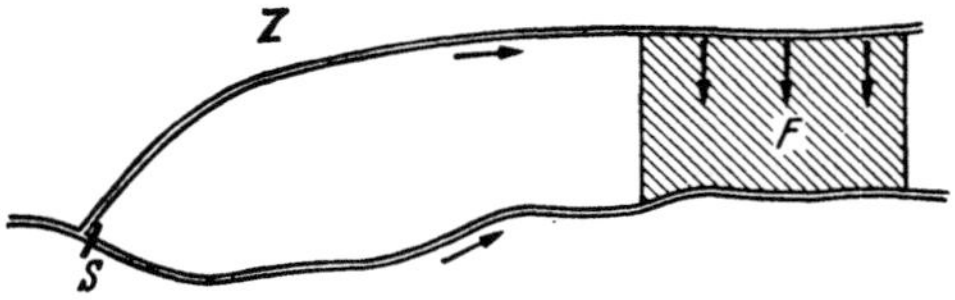

Abb. 290. Zuleitung des Bewässerungswassers.

Günstig kann die Mitbenutzung einer vorhandenen Stauanlage sein. Wasserableitungen ohne Stauwehr haben auch den Nachteil, daß Veränderungen am Wasserlauf, z. B. eine Vertiefung der Sohle, die Wasserentnahme erheblich beeinträchtigen können. Vor dem Einlauf ist ein Rechen von 20 mm Lichtweite anzubringen, um Fische und Treibzeug fernzuhalten.

Der Aufstau darf nur soweit getrieben werden, wie es für die Vorflut der oberhalb liegenden Grundstücke zulässig ist. Auch in dieser Hinsicht sind die wassergesetzlichen Bestimmungen zu beachten. Wenn ein höherer Aufstau unvermeidlich ist, so muß das Gelände oberhalb durch gleichlaufende Gräben, die ins Unterwasser münden, entwässert werden, und wenn der Stau das Gelände oberhalb übersteigt, so ist dieses außerdem noch durch Seitenverwallungen zu schützen. Ein solcher Fall ist in Abb. 291 dargestellt. Darin bedeuten: s das Stauwerk im Wasserlaufe, d die Seitendämme, z die Bewässerungszuleiter mit den Einlaßschleusen e. Die Entwässerungsgräben a sind mit Unterleitungen u den Zuleitern unterführt und münden ins Unterwasser der Stauschleuse s.

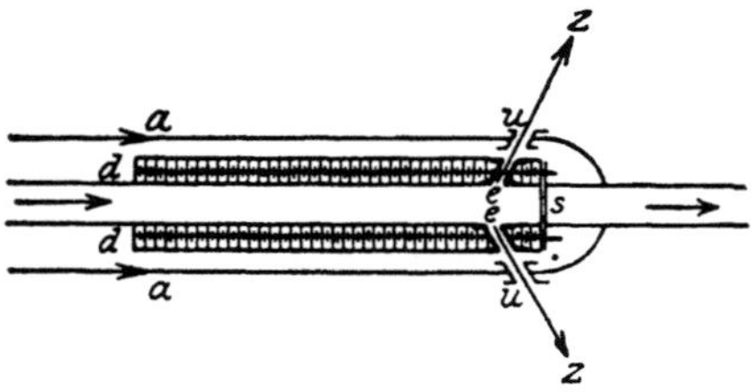

Abb. 291. Stauwehr mit Rückstaudämmen, Zu- und Ableitern. (Nach Krüger.)

Ist die Wasserführung des speisenden Wasserlaufes nur klein oder sehr schwankend, so kann das Wasser in Seen, Stauweihern oder Talsperren aufgespeichert werden, von wo es nach Bedarf abgelassen wird. Der Bau der Stauwehre, Talsperren usw. bietet auch bei Bewässerungsanlagen nichts Besonderes gegenüber den allgemein üblichen Ausführungsarten.

Unter Umständen ist auch die Wasserabgabe aus Schiffahrtskanälen zu Bewässerungszwecken möglich. In der Regel ist allerdings die Wasserknappheit in den Kanälen gerade dann am größten, wenn die Bewässerung am dringlichsten ist. Ein Schiffahrtskanal kann aber als Zubringer für das Bewässerungswasser mitverwendet werden (S. 247).

Die Beschaffung des Wassers aus Dränen und Quellen gestaltet sich einfach, weil nur kleine Wassermengen abzuleiten sind. Wenn deren Abflußmenge so gering ist, daß ihre Fortleitung und Verwendung nicht möglich ist, weil sie durch Versickerung verlorengehen würde, so muß sie zunächst in einem Sammelbecken aufgespeichert werden, um von diesem aus in größeren Mengen verwendet zu werden. Die Sammelbecken sind wasserdicht anzulegen, da die kleine Fördermenge keine Verluste verträgt. Am besten, aber auch am teuersten sind Becken aus Steinen oder Beton. Billiger sind Erdbecken, die durch Tonschlag, Pflaster usw. genügend gedichtet werden müssen. Zur Entleerung nach jedesmaliger Füllung dienen selbsttätige Heberanlagen.

Es wurde bereits erwähnt, daß unter Umständen auch eine künstliche Wasserhebung zur Heranschaffung des Bewässerungswassers in Frage kommt. Im Zweifelsfalle wird man stets durch vergleichende Kostenberechnungen (Bau-, Unterhaltungs- und Betriebskosten) die günstigste Lösung zu ermitteln haben. Wenn die Fläche *F* in Abb. 290 mit natürlichem Gefälle berieselt werden soll, kann das mit Hilfe der Stauschleuse *S* und des Hauptzuleiters *Z* geschehen. Wenn aber diese Anlagen sehr teuer werden, wird zu prüfen sein, ob die Aufstellung einer Pumpe auf der Fläche *F* und die künstliche Wasserhebung wirtschaftlicher sind. Je größer die Wassermengen sind, die jährlich zur Bewässerung benötigt werden, um so mehr pflegt sich der Bau des Wehres und Hauptzuleiters zu lohnen. Man findet daher die künstliche Wasserhebung für die Stau- und Rieselverfahren mit ihrem erheblichen Wasserbedarf weniger bei der Verwendung von Flußwasser, sondern meistens nur dann, wenn eine Anfeuchtung und Düngung mit nährstoffreichem Abwasser vorgenommen werden soll und dadurch der größte Teil der sonst erforderlichen Düngungskosten gespart wird. Die Pumpkosten rechtfertigen sich besonders dann, wenn das Abwasser sonst durch besondere Anlagen geklärt und beseitigt werden müßte.

Abb. 292. Schöpfrad.

Zur Wasserhebung dienen dieselben Maschinen, die im Teil VII (S. 309) besprochen sind. Bei größerem Wasserbedarf sind Schleuderpumpen mit Antrieb durch Elektromotoren oder Dieselmaschinen am besten geeignet, zumal sie auch unreines Wasser ohne Betriebsstörung zu fördern vermögen. Alle übrigen Anlagen (Windmotoren, Schöpfräder usw.) kommen nur für kleinere Bewässerungsanlagen in Betracht. Nötigenfalls ist ein Sammelbecken zwischenzuschalten (s. oben).

Auch Grundwasser kann zur Bewässerung verwendet werden, wenngleich Wasser aus Flüssen und Seen an sich geeigneter ist. Häufig ist aber die Gewinnung des Grundwassers an Ort und Stelle wirtschaftlicher als die Fortleitung des Flußwassers auf große Entfernungen. Hinzu kommt, daß die allgemeine wasserwirtschaftliche Entwicklung immer mehr zur Ausnutzung der Grundwasserreserven führen wird.

Zum Einlassen von sinkstoffreichem Hochwasser eines Flusses in bedeichte Niederungen (S. 388) bedarf es in der Regel nur der Herstellung eines oder mehrerer Ein- und Auslaßbauwerke in den Deichen. Diese Bauwerke werden aber infolge der erforderlichen großen Durchflußquerschnitte oft recht teuer. Bei kleinen Deichhöhen bis 1,5 m genügen bisweilen auch einfache mit Dammbalken verschließbare und mit einem Gehsteg versehene Deichlücken nach Abb. 293 (S. 372).

Bei der Gartenbewässerung (Obstgärten) wird das entnommene Wasser häufig zunächst einem Hochbehälter und von diesem aus durch ein Rohrnetz den einzelnen Teilen des Bewässerungsgebietes zugeführt. Der Hochbehälter wird zweckmäßig als einfaches Sammelbecken auf einer ausreichend hohen Geländestelle errichtet und braucht gegen Verunreinigungen nicht geschützt zu werden, wenn das Wasser lediglich Bewässerungszwecken dienen soll.

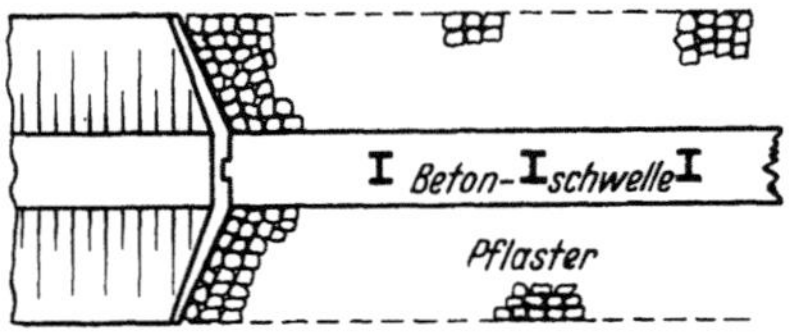

Abb. 293. Einlaßbauwerk mit Dammbalkenverschluß.

2. Der Hauptzuleiter.

Der Hauptzuleiter hat den Zweck, das Wasser von der Entnahmestelle zur Bewässerungsfläche zu leiten. Er beginnt vielfach schon weit oberhalb des Bewässerungsgebietes und wird meistens mit schwachem Gefälle dem Verlauf der Höhenlinien angepaßt. Man findet daher die Hauptzuleiter in der Regel an den Höhenrändern der Niederungen. Infolgedessen wird die Vorflut vom Hochlande zur Niederung häufig unterbrochen. Ist das Fremdwasser zur Bewässerung geeignet, ist auch nicht zu befürchten, daß es bei Hochwasser den Zuleiter überlasten oder mit Sinkstoffen füllen könnte, so kann es in den Zuleiter aufgenommen werden, wenn dessen Wasserstand genügende Vorflut gewährt. Oder man ordnet an der Bergseite des Hauptzuleiters einen Seitengraben an, der die Vorflut des vom Hauptzuleiter durchschnittenen Gebietes auf der Bergseite sicherstellt. Muß mit dem aufgedämmten Zuleiter eine breite Niederung gekreuzt werden, die bei Überschwemmungen Wasser abzuführen hat, so muß die Kreuzung mit einer Rohrleitung bewirkt werden, die den Zuleiter aufnimmt, da sonst der Hochwasserabfluß in unzulässiger Weise behindert würde (Abb. 294). In anderen Fällen genügt es, den Hauptzuleiter mittels Düker unter einen ihn kreuzenden Wasserlauf hindurchzuführen oder umgekehrt, je nachdem, welche Anordnung im Einzelfall die günstigste und billigste ist. Die Lage des Hauptzuleiters ist nach Möglichkeit so zu wählen, daß er ganz im Einschnitte liegt, weil dann sein Bestand gesicherter ist und die Versickerungsverluste geringer zu sein pflegen als bei einem aufgedämmten Zuleiter. Aufdämmung ist jedoch nicht immer zu vermeiden. Am billigsten wird die Anlage dann, wenn der aus dem Einschnitte gewonnene Boden zur Herstellung der Dämme gerade ausreicht (Abb. 295). Nicht immer ist eine Linienführung mit einigermaßen gleichmäßigem Gefälle möglich. Man ist dann bisweilen gezwungen, Gefällstufen (Abstürze) einzubauen, die bei ausreichender Höhe zur Kraftgewinnung ausgenutzt werden können, um Bewässerungswasser auf besonders hochliegende Flächen zu pumpen, die vom Hauptzuleiter aus nicht beschickt werden können.

Abb. 294. Kreuzung eines Überschwemmungsgebietes mit einem Hauptzuleiter. (Nach Krüger.)

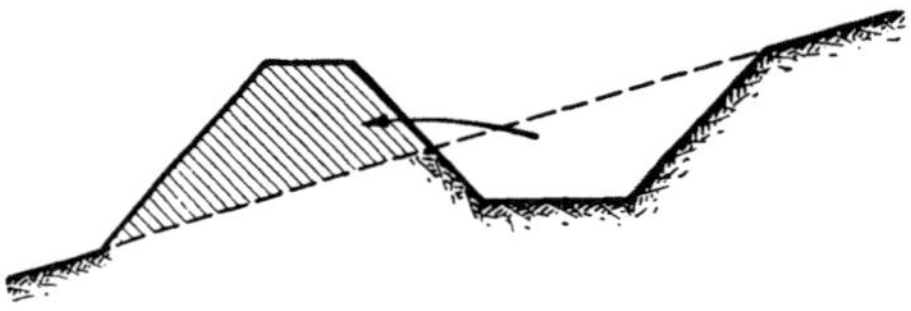

Abb. 295. Hauptzuleiter mit Bodenausgleich.

Je schwächer das Gefälle des Hauptzuleiters ist, um so schneller gewinnt er eine ausreichende Höhe über dem Wasserstand des Flusses, aus dem das Wasser entnommen wird. Indes darf die Wassergeschwindigkeit nicht zu gering werden. Als untere Grenze der mittleren Geschwindigkeit v rechnet man bei Flußwasser 0,3 m/s, wenn noch die feineren Schwebstoffe mit dem Wasser fortbewegt werden sollen (S. 448). Daraus folgt, daß das Gefälle um so geringer sein darf, je größer die Wasserführung ist, weil v mit der Wassermenge Q zunimmt. So geht das Gefälle der Hauptzuleiter bis 0,1‰ herab. Auf der anderen Seite darf die Geschwindigkeit die zulässige Höchstgrenze nicht überschreiten, oder Sohle und Böschungen müssen besonders befestigt werden (S. 191).

Ist eine Führung auf Dämmen nicht zu vermeiden, so muß für eine gute Dichtung der Dammstrecken mit Ton, Beton oder anderen Mitteln gesorgt werden. Bisweilen genügt eine gut gepflegte Grasnarbe. Am sichersten wirkt aber die Auskleidung mit einer 5 bis 8 cm starken Betonschicht. Etwa alle 6 bis 10 m ist eine durchgehende Dehnungsfuge anzuordnen, da sonst unter dem Einfluß der Temperaturänderungen Risse entstehen. Beton leidet durch Frost. Neuerdings verwendet man auch 4 bis 7 cm starke Decken aus Asphaltbeton (Mineralstoffe und Bitumen, S. 30). Die Korngrößen der einzelnen Mineralstoffe müssen so gewählt werden, daß ein Mindestmaß an Hohlräumen entsteht. Tonauskleidung (5 bis 15 cm stark) muß fest eingestampft und 10 bis 15 cm hoch mit Boden bedeckt werden, weil sie sonst nach Leerlaufen des Zuleiters rissig wird. Aber auch eine richtig angelegte Tondichtung ist nicht völlig zuverlässig, da sie von den die Seitendämme mit Vorliebe bewohnenden Wühltieren oft undicht gemacht wird. Das Einschlämmen von Ton in die Wasserfüllung ist meistens wirkungslos. Die auf den Grabenumfang gebrachte dünne Tonschicht wird bei dem nächsten Leerlaufen des Zuleiters unter dem Einfluß von Wind und Sonne abgeblättert und fällt dann zum Teil von der Böschung herab. Nur die mit Abwasser beschickten Hauptzuleiter pflegen im Laufe der Zeit von selbst dichter zu werden, da dauernd viele Dichtungsstoffe durch das Abwasser herangebracht werden. Die durch sinkstoffreiches Wasser abgelagerte Schlammschicht bewirkt oft eine besonders starke Verkrautung, ein Umstand, den man bei der Berechnung der Querschnitte zu beachten hat. Die Krone der Seitendämme sollte mindestens 0,3 m, bei größeren Zuleitern bis 0,5 m über dem gewöhnlichen Wasserstande liegen. Ihre Breite soll 0,5 bis 1,5 m betragen, je nach der Bedeutung des Zuleiters und der für die Dämme verfügbaren Bodenart. Das Sackmaß der Dämme ist reichlich zu wählen, da sie infolge der Versickerung stark zu sacken pflegen. Im übrigen gelten für die Ausbildung des Hauptzuleiters die Ausführungen des Teiles III (S. 186).

Bei der Entnahmestelle ist der Hauptzuleiter mit einer Einlaßschleuse zu versehen, um den Bewässerungsbetrieb unabhängig von den Flußwasserständen zu machen. Unterhalb der Schleuse ordnet man bisweilen einen Sandfang an (S. 198). Die Versandung der Einlaufstelle des Hauptzuleiters läßt sich dadurch verhindern, daß man seine Sohle etwas höher legt als die Flußsohle und daß das Stauwehr im Fluß an der Seite des Hauptzuleiters einen Grundablaß erhält, mit dem die Flußsohle von Zeit zu Zeit gespült wird.

Unterhalb der Stellen, wo Nebenzuleiter abzweigen, sind in dem Hauptzuleiter Stauschleusen (Abteilungsschleusen) vorzusehen, die den Wasserbezug unter ausreichender Stauhöhe unabhängig von der jeweiligen Wasserführung im Hauptzuleiter sicherstellen. Außerdem sind nach Bedarf Brücken im Zuge gekreuzter Wege oder für neue Abfuhrwege herzustellen, deren Anlage wegen der zu erwartenden Steigerung des Wirtschaftsbetriebes vielfach nötig wird.

E. Die Zu- und Ableiter.

Die Zuleiter haben den Zweck, das Bewässerungswasser dem Hauptzuleiter zu entnehmen und den verschiedenen Bewässerungsabteilungen zuzuleiten. Daneben müssen auch Ableiter vorhanden sein, und zwar Neben- und Hauptableiter, die das überschüssige Wasser aus den einzelnen Abteilungen sammeln und nach dem Hauptvorfluter abführen. Die Gräben sollen nach Möglichkeit auf Eigentumsgrenzen angelegt werden, um unwirtschaftliche Durchschneidungen der Grundstücke zu vermeiden. Häufig sind aber die Forderungen der Bewässerung damit nicht vereinbar, so daß dann diese für die Lage der Gräben maßgebend sein müssen. Bei Berechnung der Querschnitte für die Zu- und Ableiter ist an der Hand des Betriebsplanes zunächst zu ermitteln, welche Wassermengen von den Gräben in ihren verschiedenen Abschnitten bei größter Belastung geführt werden müssen. In der Regel nimmt die Wassermenge bei den Zuleitern von oben nach unten ab, umgekehrt bei den Ableitern. Das kommt in den Querschnitten durch Einschränkung der Sohlenbreite und Verminderung der Wassertiefe zum Ausdruck. Zur Berechnung dienen die Abflußformeln (S. 134). Im übrigen sind die Ausführungen über den Hauptzuleiter sinngemäß zu beachten.

1. Die Zuleiter.

Die Zuleiter müssen ganz den jeweiligen Geländeverhältnissen angepaßt werden. Ihre Lage ist durch die höchsten Geländelinien ziemlich fest vorgezeichnet, meistens wird eine Unterteilung in Zuleiter verschiedener Ordnung erforderlich. Der Wasserstand muß überall mindestens 5 bis 10 cm über dem zu bewässernden Gelände liegen, um das Wasser unter genügendem Druck abziehen zu können. Daraus folgt, daß die Zuleiter mit aufgedämmtem Querschnitt angelegt werden müssen. Die Dammkrone sollte mindestens 0,3 m, besser 0,5 m breit sein und mindestens 0,2 m über dem gewöhnlichen Wasserstande liegen. Man macht den Querschnitt der Zuleiter gern flach, um das zufließende Wasser in recht breiter Schicht mit der Luft in Berührung zu bringen.

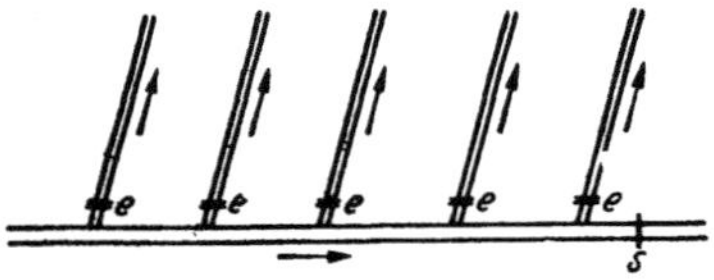

Abb. 296. Abzweigung von Zuleitern.

Einlaßschleusen *e* sind überall dort einzubauen, wo aus einem Zuleiter höherer Ordnung ein solcher niederer Ordnung abzweigt, Stauschleusen *s* dort, wo in einem Zuleiter höherer Ordnung ein Anstau des Wassers nötig ist, um den oberhalb abzweigenden Zuleitern niederer Ordnung ausreichende Wassermengen zuführen zu können (Abb. 296). Die Einlaß- und Stauschleusen, die meistens in großer Anzahl erforderlich sind, müssen zur Kostenersparnis in möglichst einfacher Bauart ausgeführt werden. Kleinere Schleusen werden daher häufig in Holz erstellt. Wichtigere Bauwerke sollte man jedoch möglichst in Stein (Beton) errichten, um an Unterhaltungskosten zu sparen. Auch bei dieser Bauart kann man durch einfache und einheitliche Bauweise die Kosten gering halten. Häufig verwendet werden die nach der Grabenböschung abgeschrägten Einlaufformstücke aus Beton.

In kleineren Zuleitern wendet man statt der festen Stauschleusen auch die verlegbaren Schürzenwehre an, die nach Bedarf eingebaut und entfernt werden (S. 205).

Durch die Dämme der kleinen Zuleiter wird das Wasser vermittels einfacher kleiner Kastenschleusen oder Röhren aus Ton, Zement oder Holz in die Verteilgräben oder Rieselrinnen (S. 391) geleitet und von diesen über das Bewässerungsgebiet verteilt.

Bei der Bewässerung von Gärten verwendet man bisweilen kleine Zuleiter aus Beton oder Holz, deren Kosten bei guten Absatzverhältnissen der Gartenerzeugnisse durchaus tragbar sind. Sie haben den Vorteil, daß kaum Wasser aus ihnen verloren geht. Die Betontröge verlegt man auf dem Gelände, um mit natürlichem Druck Wasser aus ihnen abziehen zu können. Für kleine, seitwärts abzuziehende Wassermengen baut man in die Trogwände kurze Eisenrohrstücke von 20 bis 40 mm Weite ein (Abb. 297), die unmittelbar in eine Bewässerungsfurche ausgießen. Die Ausflußmenge kann durch einen Schieber innen vor dem Rohr geregelt werden. Sind größere Wassermengen seitwärts abzunehmen, so ordnet man kleine Schieberschützen in den Seitenwänden an (Abb. 298). Um den Seitenabzug sicher in der Hand zu haben, wird unterhalb desselben ein Querschieber eingelegt. Derartige Betontröge setzt man aus einzelnen Abschnitten mit Stoß zusammen und deckt diesen durch Falze oder übergeklebte Streifen aus geteertem Hanfgewebe (Jute). Auf alle Fälle sollte man sie mit Eiseneinlagen herstellen.

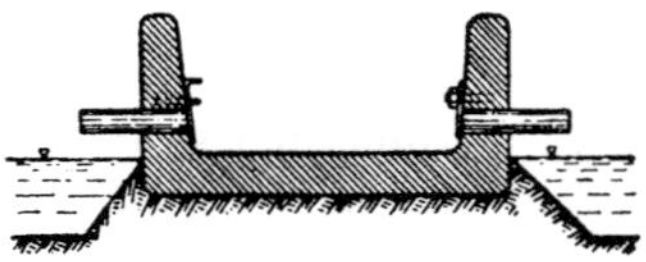

Abb. 297. Verteilrinne aus Beton mit Rohrauslässen. (Nach Krüger.)

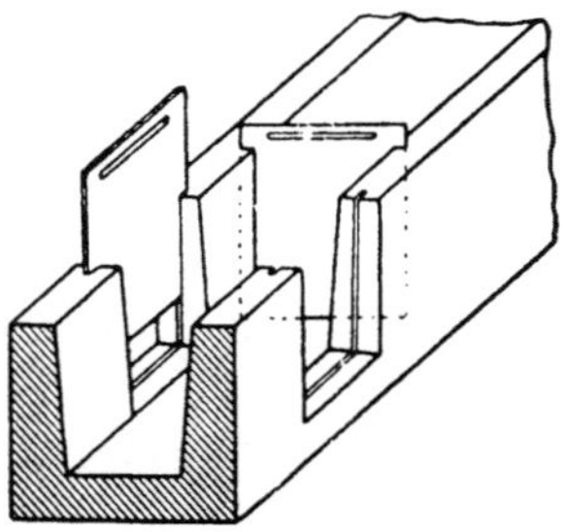

Abb. 298. Verteilrinne aus Beton mit Schiebern. (Nach Krüger.)

Hölzerne Rinnen bestehen meistens aus zwei unter rechtem Winkel zusammengenagelten Brettern, deren winkelrechte Form durch quergenagelte Lattenstücke gesichert wird. Die Nagelfuge wird durch einen in sie gelegten Streifen geteerter Pappe oder Filz gedichtet. Die Rinnen dienen als Zuleitungs- und Verteilrinnen auf durchlässigem Boden oder zur Führung über Strecken mit starkem Gefälle, wo das Wasser wegen zu großer Geschwindigkeit sonst Ausspülungen verursachen würde. Wenn es gilt, eine kurze Geländefalte zu überschreiten, so stellt man die Rinne auf kleine Gerüstböcke (Abb. 299). Die auf der Erde liegenden Rinnen werden in eine mit dem Pfluge vorgezogene Rille gelegt. Sie werden in handlich tragbaren Längen von 3 bis 5 m gefertigt. Die eine Länge lagert immer auf einer überstehenden Leiste, die an das vorhergehende Stück angenagelt ist. Die Fuge wird durch Umpackung mit Boden gedichtet.

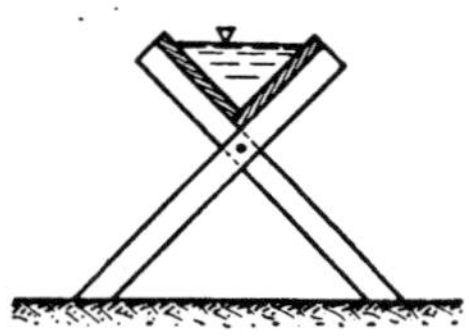

Abb. 299. Hölzerne Verteilrinne auf Gerüstböcken. (Nach Krüger.)

Bei Verteilrinnen werden die Bretter an den Punkten, wo sie Wasser abgeben sollen, mit einem Randeinschnitte versehen, dessen Ergiebigkeit durch einen Blechschieber geregelt werden kann. Durch Einlegen von Abflußhindernissen in Gestalt von Steinen unterhalb der Abzüge kann die abgeleitete Wassermenge noch weiter geregelt werden. Vor der Beackerung des Bodens sind die Holzrinnen beiseite zu legen.

2. Die Ableiter.

Ableiter können allenfalls dann entbehrt werden, wenn eine nur kleine durchlässige, sandige Fläche bewässert wird, weil dann die Versickerung allein für die Entwässerung genügt. Sonst müssen sie das Abwasser aus allen Teilen des Bewässerungsgebietes schnell und gründlich abführen. Sie müssen daher ein weit verzweigtes Grabennetz bilden, das sich schließlich zu einem Hauptableiter vereinigt. Ihre Lage ist durch die tiefsten Geländelinien vorgezeichnet, und ihr Gefälle ist so stark wie möglich und zulässig zu gestalten. Die Ableiter sind so zu berechnen, daß während der Bewässerungspausen eine gründliche Entwässerung stattfindet; während des Bewässerungsbetriebes dürfen sie volllaufen. Staue werden nur dann in die Ableiter eingebaut, wenn in trockenen Zeiten auch durch Anstauen angefeuchtet werden soll.

Bei Kreuzungen von Zu- mit Ableitern, die recht häufig vorkommen, sind folgende Lösungen möglich:

a) Der Ableiter wird dem Zuleiter mit Düker unterführt.

b) Der Zuleiter wird dem Ableiter mit Düker unterführt.

c) Der Zuleiter wird mit einem Gerinne über den Ableiter geführt.

An sich ist es am natürlichsten, den tieferliegenden Ableiter zu unterführen. Zu berücksichtigen ist der mit der Unterdükerung verbundene Aufstau. Im Fall c) soll das Überleitungsgerinne nicht in den Spiegel des Ableiters eintauchen. Überleitungsgerinne über kleinen Wasserläufen werden bisweilen als eiserne Gerinne hergestellt, die durch Spindeln gehoben werden können, um das Hochwasser frei durchzulassen.

Abb. 299a. Überführung eines Zuleiters über einen Ableiter.

F. Der Wasserverbrauch.

1. Verluste in den Zuleitern.

In den Zuleitern einschließlich des Hauptzuleiters treten Wasserverluste ein, die auf Versickerung und Verdunstung zurückzuführen sind und in der Regel so hoch werden, daß sie nicht unberücksichtigt bleiben dürfen. Am genauesten lassen sich noch die Verdunstungsverluste berechnen, indem man die Angaben auf S. **105** benutzt. Wesentlich unsicherer ist die Einschätzung der Sickerverluste, die dann zu erwarten sind, wenn die Grundwasseroberfläche tiefer liegt als der Wasserspiegel des Zuleiters und dieser nicht besonders gedichtet ist. Die Versickerung hängt in erster Linie von der Bodenbeschaffenheit (Sand, Lehm, Ton) ab, in zweiter Linie davon, ob der Zuleiter im gewachsenen oder aufgeschütteten Boden liegt, drittens von der Beschaffenheit des Bewässerungswassers. Bei der gleichen Bodenbeschaffenheit versickert im aufgeschütteten und daher gelockerten Boden wesentlich mehr Wasser als im gewachsenen, namentlich solange sich der Boden noch nicht gesetzt hat. Ist das Wasser stark sinkstofführend, so werden auch Sandböden im Laufe der Zeit weniger durchlässig, weil die feinen Schlammteilchen die Bodenporen zum Teil verstopfen. Ein längere Zeit im Betriebe befindlicher Zuleiter erfährt noch eine weitere Dichtung dadurch, daß sich auf seiner Sohle und seinen Böschungen eine Schlammschicht absetzt, die die Versickerung erschwert, aber in ihrer dichtenden Wirkung nachläßt, wenn der Zuleiter trocken läuft (S. **373**). Künstliche Dichtungen mit Ton oder Beton sind recht teuer. In manchen Fällen muß und kann man sich mit einer dichten Berasung des Grabenumfanges begnügen. Bei tiefstehendem Grundwasser und nicht völlig (z. B. durch Beton) gedichteten Gräben sind die Sickerverluste in der ersten Zeit nach der Füllung des Grabens am größten, weil dann der Boden noch einen wasseraufnahmefähigen Porenraum besitzt. Mit der allmählichen Füllung der Poren läßt die Versickerung nach. Daß Mäuse- und Maulwurflöcher erhebliche Verluste bringen können, liegt auf der Hand. Die Sickerverluste wachsen mit der Druckhöhe h der Abb. 300.

Abb. 300. Sickerverluste.

Über die zahlenmäßige Größe der Sickerverluste liegen nur vereinzelte Untersuchungen vor. Krüger hat unbefestigte Versuchsgräben in Sand und Lehm angelegt (*129*, *315*). Der Graben im Sandboden hatte 0,5 m Tiefe, 0,5 m Sohlenbreite und $1^1/_2$fache Böschungen. Eine Bohrung bis 2,5 m Tiefe ergab nur Sand. Im Lehm wurde ein Versuchsgraben von 0,4 m Tiefe, 0,4 m Sohlenbreite und einfachen Böschungen angelegt. Unter 0,8 m humushaltigem Lehm lagerte schwerer Ton. Bezeichnet man die Wasserspiegelbreite im Graben mit B, die Grabenlänge mit L und die in t min auf der Länge L versickerte Wassermenge mit M (m^3), so ergab sich für die Fläche $B\,L$ (m^2) nach der Sättigung des den Graben umgebenden Bodens eine etwa gleichmäßige Versickerungsgeschwindigkeit $v = \frac{1000 \cdot M}{t\,B\,L}$ in mm/min, und zwar für den

Sandboden $v = 2{,}0$,
Lehmboden $v = 0{,}3$.

Die in diesen Zahlen enthaltene Verdunstung spielt bei der Kürze der Versuchszeit keine Rolle.

Krüger hat ferner auf dem Versuchsfelde bei Dratzig an der Netze Sickerversuche angestellt (*130*, *83*). Der Boden bestand bis 0,4 m aus Sand mit tonigen Teilchen, von 0,4 bis 1,5 m aus eisenschüssigem Sand, darunter aus reinem Sand. Der 380 m lange Hauptzuleiter hatte 0,5 m Sohlenbreite und 1½fache Böschungen. Sohle und Böschungen waren mit einer 20 cm starken, gestampften Tonschale versehen, die mit einer 10 cm starken Bodenschicht und Flachrasen bedeckt war. Die Dämme des Hauptzuleiters wurden von Mäusen und Maulwürfen ziemlich stark durchlöchert. Trotz der sorgfältigen Dichtung ergab sich daher bei einem Füllungsversuch des Hauptzuleiters bei etwa 2 m Wasserspiegelbreite in 50 min ein Verlust von 77 m^3, d. h. eine Versickerungsgeschwindigkeit $v =$ rund 2 mm/min. Die hierin enthaltene Verdunstung ist bedeutungslos. Etwa 20% können jedoch auf die unvermeidlichen Undichtigkeiten an den geschlossenen Auslaßschleusen gerechnet werden.

Die Sickerverluste können in sehr durchlässigen Böden ohne künstliche Dichtung in der ersten Zeit nach der Füllung des Zuleiters bis zur Hälfte der durchgeleiteten Wassermenge betragen.

Bei gleicher Versickerungsgeschwindigkeit v ist der anteilige Wasserverlust der den Zuleiter durchfließenden Wassermenge um so kleiner, je größer die sekundlich zugeleitete Wassermenge ist. Eine sorgfältige Dichtung der Zuleiter in durchlässigen Böden ist um so wichtiger, je knapper oder teurer das Wasser ist und je weniger mit einer natürlichen Dichtung durch Schlammbildung gerechnet werden kann.

2. Verbrauch auf der Bewässerungsfläche.

Der auf der Bewässerungsfläche entstehende Wasserverbrauch ist in zweifacher Hinsicht von Bedeutung. Zunächst wollen die Unterlieger häufig wissen, mit welcher endgültigen Wasserentziehung sie zu rechnen haben. Der durch Pflanzenverbrauch und Verdunstung von Boden- und Wasserflächen verlorengehende Anteil des Bewässerungswassers ist je nach der Art der Bewässerung sehr verschieden. Wenn das Bewässerungsgebiet im Niederschlagsgebiet des Wasserlaufes liegt, gelangt alles Sickerwasser wieder in ihn zurück. Während der Wachstumsruhe entfällt der Pflanzenverbrauch. Den größten anteiligen Wasserverbrauch bringt die Beregnung während der Wachstumszeit. Man kann annehmen, daß das gesamte verregnete Wasser alsdann verbraucht wird. Am geringsten ist der Verbrauch beim einfachen Grabeneinstau (S. 381). Er besteht darin, daß die verdunstende Wasseroberfläche vergrößert wird und daß geringe Wassermengen zu beiden Seiten der Gräben in den Boden eindringen und hier von den Pflanzenwurzeln verbraucht werden. Bisweilen wird auch der Abfluß des Grundwassers in die Gräben unterbunden oder verringert, so daß die Pflanzenwurzeln dem Grundwasser mehr Wasser entnehmen können, als es ohne den Grabeneinstau möglich sein würde. Alles in allem kann aber der so eintretende Wasserverbrauch nur als gering bezeichnet werden.

Die Einschätzung des Wasserverbrauchs bei den übrigen Bewässerungsverfahren ist außerordentlich schwierig. Er setzt sich zusammen aus der Verdunstung der freien Wasserflächen, der Verdunstung des Bodens und dem Wasserverbrauch der Pflanzen. Die Verdunstungsverluste der Wasserflächen in den Zu- und Ableitern sowie auf den überstauten Flächen sind nach den Angaben auf S. 106 einzuschätzen. Nach Ablassen des Wassers ist der Boden zunächst weitgehend durchfeuchtet. Er verdunstet dann auf einige Zeit mehr Wasser als unter gewöhnlichen Verhältnissen. Die Bodenverdunstung ist um so größer, je weniger der Boden von einer schützenden Pflanzendecke bedeckt ist. Sehr gering ist daher die bloße Bodenverdunstung des Grünlandes. Im Sommer tritt noch der Wasserverbrauch der Pflanzen hinzu. Den durch die Bewässerung bewirkten Mehrverbrauch der Pflanzen berechnet man am besten dadurch, daß man den Mehrertrag an Trockenmasse schätzt und daraus den Mehrverbrauch an Wasser mit Hilfe der auf S. 76 angegebenen Zahlen berechnet. Folgendes Beispiel möge die Art der Rechnung erläutern: ein Wiesengebiet von 100 ha (2 ha Zu- und Ableiter, 4 ha Wege und Dämme, 94 ha Bewässerungsfläche) soll in den Monaten April bis Oktober durch Überstauung (S. 383) bewässert werden. Jede Fläche wird durchschnittlich 2mal im Monat je 2 Tage überstaut. Die Zu- und Ableiter sind dauernd (210 Tage) im Betrieb. Der Wasserverbrauch beträgt:

a) Verdunstung der freien Wasserflächen. Vom April bis Oktober 600 mm, im Durchschnitt also 2,8 mm je Tag (Zahlentafel 72).

$$\begin{array}{rrl} 2\text{ ha} & 210\text{ Tage} = & 420\text{ ha-Tage} \\ 94\text{ ha} & 28\ \text{,,} \ = & 2632\ \text{,,}\quad\text{,,} \\ \hline & & 3052\text{ ha-Tage.} \end{array}$$

$$\text{Verbrauch} = \frac{3052 \cdot 10000 \cdot 2{,}8}{1000} = 85000\text{ m}^3.$$

b) Zusätzliche Bodenverdunstung. Wir nehmen unter Berücksichtigung der örtlichen Verhältnisse (Bodenart) an, daß die Bodenverdunstung in den 7 Monaten infolge der wiederholten Durchfeuchtung etwa 100 mm größer ist als sonst.

$$\text{Verbrauch} = \frac{94 \cdot 10000 \cdot 100}{1000} = 94000\text{ m}^3.$$

c) Zusätzlicher Wasserverbrauch der Pflanzen. Geschätzter Mehrertrag = 50 dz/ha an lufttrockenem Heu = $94 \cdot 50 \cdot 100 \cdot 0{,}85 = 400000$ kg Trockenmasse. Nach S. 76 wird angenommen, daß 500 l Wasser nötig sind, um 1 kg Trockenmasse zu erzeugen. Verbrauch also = $400000 \cdot 0{,}5 = 200000\text{ m}^3$.

Gesamtverbrauch = rund 380 mm auf einer Fläche von 100 ha, d. s. als Durchschnitt der gesamten Zeit (April bis Oktober) 21 l/s = 0,21 l/s ha.

Sinngemäß ist die Berechnung durchzuführen, wenn es sich um die Berieselung einer Grünlandfläche handelt (S. 389). Je nachdem, ob das Rieselwasser in kurzem Gras dem Wind und der Sonne stark ausgesetzt ist oder im Schutze eines höheren Pflanzenbestandes fließt, wird die Verdunstung freier Wasserflächen oder eine geringere anzunehmen sein. Bei der Ackerbewässerung ist die zusätzliche Bodenverdunstung infolge Durchfeuchtung meistens erheblich größer als auf der Wiese, weil die Ackerpflanzen in der Regel nicht denselben Schutz gewähren wie die Grasnarbe der Wiese. So läßt sich unter Berücksichtigung der jeweiligen örtlichen Verhältnisse mangels anderer Unterlagen wenigstens überschläglich ermitteln, welche Wassermenge durch eine Bewässerung dem Flußgebiet endgültig entzogen wird.

Da die Grundwasserbewegung zum Flusse sich nur langsam vollzieht, so tritt durch die Bewässerung auch eine zeitliche Verschiebung in der Wasserführung des Flusses ein, die dann besonders groß werden kann, wenn bei Beginn der Bewässerung im Herbst der ausgetrocknete Boden erstmalig wieder mit Wasser gefüllt werden muß. Eine solche zeitliche Verschiebung findet auch dann statt, wenn die in den Gräben vorhandenen Staue geschlossen werden, um einen Grabeneinstau durchzuführen. Die Wasserentnahme aus einem Bach oder Fluß entzieht daher den Unterliegern vorübergehend mehr Wasser in der Zeiteinheit, als dem endgültigen Wasserverbrauch bei der Bewässerung entspricht.

Beim Entwerfen einer Bewässerungsanlage ist zweitens die Kenntnis erwünscht, welcher Anteil des auf eine Fläche geleiteten Bewässerungswassers dem Ableiter dieser Fläche wieder zufließt. Denn nach diesem Zufluß richten sich die Abmessungen der Ableiter sowie der Umfang, in dem das Wasser nochmals zur Bewässerung einer anderen Fläche verwendet werden kann (S. 404). Der hier in Frage kommende Verbrauch schließt also das auf der Bewässerungsfläche versickernde Wasser mit ein, auch wenn es den Ableitern auf unterirdischem Wege nach längerer Zeit wieder zufließt. Da die Versickerung in hohem Maße von der Bodenart abhängig ist, so schwankt sie und mit ihr der gesamte Wasserverbrauch in weiten Grenzen, wie aus den folgenden Angaben hervorgeht.

An der Rögnitz (Mecklenburg) wurden von Heß Untersuchungen über den Wasserverbrauch einer Wiesenberieselung angestellt (*94*, *165*). Im wesentlichen war es eine Stauberieselung. Grundwasser etwa 0,3 bis 0,4 m unter Gelände (!). Durchlässiger Sandboden. Das Abwasser der oberen Abteilung (80 ha) diente zum Bewässern der unteren (98 ha). Nach Eintreten eines gewissen Beharrungszustandes ergab sich: Zufluß und Abfluß der oberen Abteilung 1,130 und 0,864 m³/s, der unteren 0,796 und 0,486 m³/s. Mithin Wasserverbrauch 3,3 und 3,2 l/s ha. Bewässert wurde Mitte Mai. In einem anderen Jahr (Anfang Mai) erhielt die obere Abteilung 1,168 m³/s, von der unteren flossen 0,457 ab. Daher Verbrauch 4,0 l/s ha.

König fand in der Bokerheide bei der Stauberieselung von Wiesen folgende Zahlen (*116*, *505*):

1. 0,3 bis 0,7 m Schlick auf kiesigem Sand oder grobkörnigem Diluvialsand. 74 ha. Zuleitung 1,138, Abfluß 0,933 m³/s. Verbrauch = 2,8 l/s ha. August. Vor dem Versuch starke Regenfälle, während des Versuches warmes trockenes Wetter bei ziemlich starkem Wind.

2. 0,6 bis 0,7 m sandiger Lehm auf reinem Sand. 8,5 ha. Zuleitung 0,598, Abfluß 0,548 m³/s. Verbrauch = 5,9 l/s ha. August. Dabei mäßig warm und Regenschauer. Zweiter Versuch auf derselben Fläche mit 1,480 m³/s Zuleitung und 1,340 Abfluß. Verbrauch = 16,5 l/s ha. April bei Sonnenschein und leichtem Wind.

3. Sehr feiner Sand mit Lehmbeimischung, 2,29 ha. Zuleitung 141 l/s ha, Abfluß 131. Verbrauch = 10 l/s ha. Mitte November, bewölkt und nebelig. Zweiter Versuch auf einer Teilfläche von 0,378 ha. Zuleitung 0,072, Abfluß 0,067 m³/s. Verbrauch = 13,2 l/s ha. Ende Juli, bewölkt mit zeitweise feinem Nebelregen.

Überstauungsversuche von Krüger (*130*, *96*) auf dem Sandboden des Dratziger Versuchsfeldes (S. 377) in einem 1,00 ha großen Polder ergaben sehr erhebliche Verbrauchszahlen. Die Versuche wurden im Juni und August durchgeführt, sie dauerten 6 bis 10 h. Zuleitung 2700 bis 4800 m³. Verbrauch = 100 bis 117 l/s ha.

Allgemeine Angaben über den Wasserverbrauch bei der Berieselung von Wiesen stammen von der landwirtschaftlichen Versuchsanstalt Münster i. W. (*31, 24*). Danach soll man bei der Aufleitung von 100 l/s ha auf die bewässerte Fläche im Mittel mit den untenstehenden Verbrauchszahlen rechnen (s. Zahlentafel 153). Diese Zahlen lassen jedoch nicht genügend den Einfluß der Bodenart erkennen. Auch ist der jahreszeitliche Unterschied geringer als die Zahlen aufweisen.

Nach Versuchen von Heuschmid wurden bei der anfeuchtenden Berieselung in sehr trockener Zeit die folgenden Wassermengen verbraucht: auf schwerem Tonboden ¼, auf mildem Lehmboden ⅓, auf sandigem Lehm- und lehmigem Sandboden ⅓ bis ½ und auf leichtem Sandboden > ½ des aufgeleiteten Wassers.

Zahlentafel 153.

Monate	l/s ha	mm/Tag
November, Dezember, Februar. .	1— 4	8— 35
Oktober, April, Mai	5— 8	43— 69
Juni, Juli	9—15	78—130

Der Wasserverbrauch der Grünlandberieselung (in l/s ha) ist im allgemeinen um so größer, je durchlässiger der Boden, je größer die Aufleitung in l/s ha, je kleiner das Hanggefälle, je größer die Hangbreite und je größer der Luftgehalt des Bodens während der Bewässerung ist. Außerdem ist die vorhandene Pflanzengesellschaft von Einfluß. Daher muß man entweder unter ähnlichen Verhältnissen gewonnene Erfahrungen verwerten oder auf einer Probefläche vor der Aufstellung des Entwurfs einen Rieselversuch durchführen.

Ebenso ist bei der Überstauung zu verfahren, die im allgemeinen noch mehr Wasser verbraucht als die Rieselung, namentlich auf brachliegendem Acker, dessen obere Schicht stets lockerer ist als beim Grünland. Auch der dichte Pflanzenbestand des letzteren erschwert die Versickerung. Diese ist bei der Überstauung nicht von der sekundlich zufließenden Wassermenge je ha abhängig, sondern im wesentlichen von der Zeitdauer der Überstauung, wobei der mittlere Verbrauch je Zeiteinheit um so kleiner ist, je länger die Überstauung dauert. Denn mit zunehmender Zeit füllen sich die Bodenporen mit Wasser, wodurch die weitere Versickerung erschwert wird.

Allgemein wächst die Versickerung je ha mit abnehmender Größe des Bewässerungsgebietes, weil das versickerte Wasser den nicht bewässerten Nachbargebieten ausgleichend zufließt. Die Aufnahmefähigkeit des Bodens wird durch häufige Bewässerungen geringer; man hat daher den größten Wasserverbrauch zu Beginn eines Bewässerungszeitraumes zu erwarten.

G. Die Stau- und Rieselverfahren.

Während die oben besprochenen Zuleiternetze dazu dienen, das Wasser nach allen Punkten des Bewässerungsfeldes zu schaffen, ist es die Aufgabe des inneren Ausbaues, das Wasser nach Möglichkeit gleichmäßig über die einzelnen Flächen zu verteilen. Zu diesem Zwecke haben sich im Laufe der Zeit verschiedene Bewässerungsverfahren herausgebildet. Die Wahl des richtigen Verfahrens für den gegebenen Fall ist für den Erfolg von großer Bedeutung. Maßgebend dabei sind folgende Erwägungen:

1. Die verfügbare Wassermenge. Beispielsweise erfordert die Überstauung leichter Böden wesentlich mehr Wasser als der Grabeneinstau.

2. Der Zweck der Bewässerung. Bei der düngenden Bewässerung mit Flußwasser ist eine ausreichende Düngung oft nur durch Überstauung oder Stauberieselung zu erreichen.

3. Das Geländegefälle. Während die Rieselung ein nicht zu kleines Geländegefälle verlangt, ist für die Überstauung ein gefällearmes Gelände Voraussetzung.

4. Die Bodenart. Zum Beispiel eignet sich die Furchenbewässerung nicht für sehr leichte Böden.

5. Die Nutzungsart der Bewässerungsfläche. Grünländereien vertragen eine nicht zu lange dauernde völlige Überstauung, die Ackerpflanzen dagegen nicht.

6. Die Wirtschaftlichkeit der Anlage. Die Kosten der einzelnen Verfahren für Anlage, Betrieb und Unterhaltung sind sehr verschieden. Der durch die Bewässerung erzielte Mehrertrag hängt u. a. stark von der Bodenart, seine Verwertung von den Marktverhältnissen ab. Daher spielt bei der Wahl des Bewässerungsverfahrens auch die zu erwartende Wirtschaftlichkeit der gesamten Anlage eine entscheidende Rolle.

1. Der oberirdische Einstau.

a) Der Grabeneinstau. Der gewöhnliche Grabeneinstau und seine Wirkung sind bereits auf S. 188 behandelt worden. Die Durchlüftung des Bodens wird nicht beeinflußt. In schwer durchlässigen Böden ist die anfeuchtende Wirkung sehr gering, doch wird die Taubildung gefördert. Der Wasserbedarf des Grabeneinstaues ist in der Regel nur klein, in durchlässigen Böden größer als in schweren. Während der zu füllende Stauraum aus der Breite und dem Gefälle der Gräben leicht überschläglich berechnet werden kann, ist die versickernde Wassermenge stark von der Bodenart und der Höhe der Grundwasseroberfläche abhängig und im voraus schwer zu schätzen. Bei tiefem Grundwasserstand ist der Grabeneinstau zwecklos, da das Sickerwasser der Niederschläge ohnedies nicht in die Gräben fließt, sein Abfluß also durch den Einstau nicht verhindert werden kann, und da das aus den eingestauten Gräben versickernde Wasser fast senkrecht ins Grundwasser absinkt. Eine (überschlägliche) Berechnung des Wasserbedarfes erübrigt sich meistens, kann sich aber empfehlen, wenn eine Zuleitung fremden Wassers in Frage kommt. Der Grabeneinstau dient lediglich Anfeuchtungszwecken, und zwar ebenso für Grünland wie für Äcker. Sein Anwendungsgebiet sind die Flächen mit schwachem Gefälle, z. B. flache Niederungen, in denen die Staue eine große Reichweite besitzen. Die Wirkung des Grabeneinstaues wird durch Beetgräben verstärkt und läßt sich unter Umständen dadurch sichern, daß man einen auch in Trockenzeiten Wasser führenden Bach oder Fluß zur Speisung des Grabennetzes verwendet.

b) Die Furchenbewässerung. Ein zweites Verfahren des oberirdischen Einstaues ist die Furchen- (Einstau-) Bewässerung. Während beim Grabeneinstau nur die ohnehin erforderlichen Entwässerungsgräben verwendet werden, verteilt man bei der Furchenbewässerung das Wasser noch durch besondere Bewässerungsgräben und durch zahlreiche Furchen. Die Gräben und Furchen werden jedoch nicht zum Überlaufen gebracht, das Wasser soll lediglich aus ihnen versickern. Je bindiger der Boden ist, um so mehr ziehen auch die seitlich von der Furche liegenden Bodenschichten das Wasser an. In Sandböden sickert der größte Teil des Wassers fast senkrecht in die Tiefe. Abgesehen von sehr leichtem Boden zieht sich das Wasser etwa 0,3 bis 0,5 m weit seitlich in den Boden hinein. Eine wirksame Anfeuchtung der oberen Bodenschichten erhält man daher nur, wenn man Furchen in etwa 0,6 bis 1,0 m Abstand verwendet. Je durchlässiger der Boden ist, um so enger sind die Furchen anzuordnen. Man nennt diese Art der Bewässerung auch Beetbewässerung. Die Furchen werden mit dem Häufelpfluge oder mit besonderen Walzen hergestellt. Furchenbewässerung findet nur auf Acker- und Gemüseland, nicht auf Grünland Anwendung, sowohl zur anfeuchtenden als auch zur düngenden Bewässerung (Abwasser). Die zu bewässernden Ackerfrüchte sind in Reihenpflanzung anzulegen. Bei dem jährlichen Pflügen des Bodens wird der Schlick, den das düngende

Abwasser in den Furchen zurückgelassen hat, ausreichend verteilt. Außerdem kann man mit der Lage der Furchen von Jahr zu Jahr wechseln.

Die Furchen legt man möglichst in schwaches Gefälle, etwa 0,3 bis 0,5 %, höchstens jedoch 2 %. Auf steileren Hängen hat man es in der Hand, Furchen in beliebigem Gefälle herzustellen, je nach dem Winkel, unter dem sie die Höhenlinien des Geländes schneiden. Je länger die Furchen sind, um so größer muß ihr Gefälle sein, da sonst kein Wasser mehr bis an ihr Ende gelangt. Größere Längen als 120 m sind nicht zu empfehlen. In leichten Böden sind kürzere Längen zu wählen, da in ihnen das Wasser versickert, bevor es 120 m durchlaufen hat. Abwasser bildet allerdings bald eine etwas dichtende Schlammschicht. Unten aus der Furche austretendes Wasser ist unerwünscht. Will man bei knappem oder teurem Wasser eine Furchenbewässerung anlegen, so sollte man möglichst durch einen Versuch vorher feststellen, wie lang man die Furchen unter den gegebenen Verhältnissen (Bodenart, Menge des Speisewassers) anzulegen hat.

Der Betrieb gestaltet sich so, daß man das Bewässerungswasser aus dem Zuleiter *Z* (Abb. 301) zunächst in einen kleinen Verteilgraben *v* leitet, aus dem es in die Furchen fließt. Jede Furche braucht eine bestimmte sekundliche Wassermenge entsprechend der auf ihrer gesamten Länge sekundlich stattfindenden Versickerung. Dieser Furchenbedarf kann nur von Fall zu Fall aus der praktischen Erfahrung abgeleitet werden. Je mehr Wasser der Zuleiter sekundlich heranführt, um so mehr Furchen lassen sich gleichzeitig beschicken. Man stellt daher zunächst Versuche an, in welchen Abständen der Zuleiter zweckmäßig mit dem Verteilgraben zu verbinden ist. Diese Verbindungsstellen können als einfache Grabenstückchen ausgeführt und mit einem Stechschütz verschlossen werden. Die Stechschützen bestehen aus Blech oder blechbeschlagenem Holz und werden einfach in die Sohle und Böschungen eingedrückt.

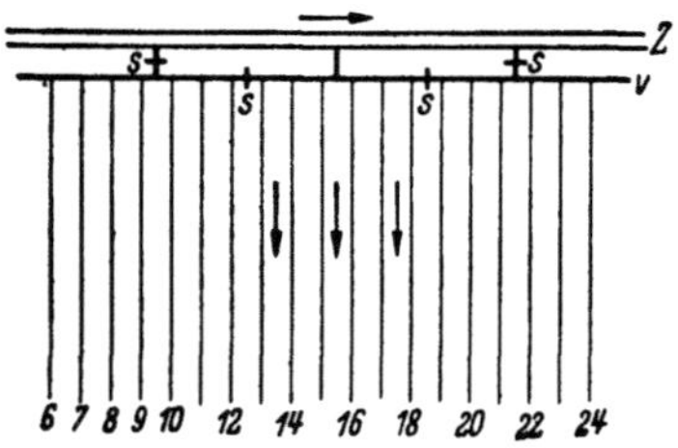

Abb. 301. Furchenbewässerung.

Oder man verbindet den Zuleiter mit dem Verteilgraben durch Tonrohre, die man mit Holzstöpseln verschließt. In Abb. 301 ist dargestellt, wie gerade die Furchen 13 bis 18 beschickt werden. Alle übrigen sind durch Stechschützen *s* vom Zuleiter getrennt. Zu Beginn jeder Füllung ist der Wasserverbrauch stärker als später, wenn der Untergrund erst mit Wasser durchtränkt ist. Man gibt daher zuerst eine größere Wassermenge auf die Furche und drosselt nach Füllung der ganzen Länge den Zufluß so weit, daß nur die Versickerung gedeckt wird.

Da der sekundliche Wasserverbrauch der einzelnen Furche gering ist, kann man sich der sekundlich verfügbaren Wassermenge jederzeit anpassen. Der Wasserbedarf einer anfeuchtenden Furchenbewässerung läßt sich wie folgt ermitteln. Wenn z. B. bei tiefstehendem Grundwasser vom April bis September im Mittel nur 250 mm Regen fallen, aber 400 mm erwünscht sind (Zahlentafel 48), so wären 150 mm zuzüglich eines Aufschlages für Versickerungs- und Verdunstungsverluste aufzubringen. Die Verdunstungsverluste sind bei der Furchenbewässerung nur gering. In mittelschweren Böden ist jedoch zu berücksichtigen, daß schätzungsweise ⅓ des Bewässerungswassers so schnell aus den Furchen fast senkrecht in die Tiefe sinkt, daß es für die Pflanzen verloren ist. Rechnet man im obigen Beispiel mit 100 mm Sickerzuschlag einschließlich der Verluste in den Zuleitern, so sind 250 mm in 6 Monaten aufzuleiten, das entspricht einem ständigen Zufluß von 0,16 l/s ha. Im großen Durchschnitt nimmt man bei der anfeuchtenden Furchenbewässerung 0,15 bis 0,20 l/s ha als ständigen Zufluß an (*147*, *11*). Der Wasserbedarf der düngenden Furchenbewässerung hängt außerdem vom Dungwert des Abwassers ab.

Eine besondere Art der Furchenbewässerung sind die Hanggräben (Horizontalgräben), die man in Wäldern und Obstgärten anlegt. Auf Steilhängen fließt das Regenwasser schnell zu Tal, ohne Zeit zum Einsickern zu haben. Diese Wasserverhältnisse kann man wesentlich dadurch verbessern, daß man zwischen den Bäumen kleine waagerechte Furchen zieht, die das Wasser aufhalten, zur völligen Versickerung nötigen und zur Tränkung der Bäume nutzbar machen.

Die Furchenbewässerung wird hauptsächlich bei Hackfrüchten, Gemüse und in Obstgärten angewendet. Voraussetzung ist ein ziemlich ebenes Feld mit gleichmäßigem Gefälle, das ohne Umbau die Anlage langer Furchen gestattet. Das Verfahren wird umständlich in Anlage und Betrieb, wenn das Gelände nur kurze, unregelmäßig liegende Furchen zuläßt. Die lediglich anfeuchtende Furchenbewässerung ist ungeeignet für sehr durchlässige Böden, während die düngende Furchenbewässerung mit Abwasser auf allen Böden möglich ist. Die Vorteile der Furchenbewässerung bestehen in ihrem geringen Wasserbedarf sowie darin, daß der Boden auf den Beeten zwischen den Furchen nicht verkrustet. Sie hat aber den Nachteil, daß die nutzbare Landfläche durch die Gräben und vielen Furchen verkleinert wird. Auch müssen die Furchen jedes Jahr wieder neu hergestellt werden.

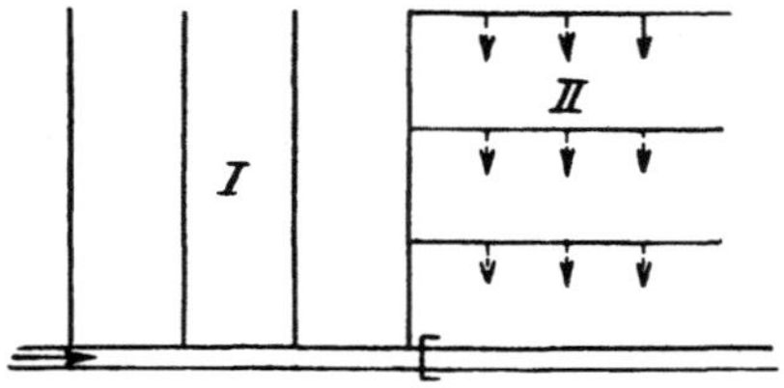

Abb. 302. Einstaubewässerung mit Grüppen. (Nach Krüger.)

Eine Einstaubewässerung ohne Furchen, lediglich mit den in größeren Abständen angelegten Bewässerungsgräben hat in der Regel eine so geringe Wirkung, daß sie kaum angewendet wird. Kommt sie doch einmal zur Ausführung, so empfiehlt es sich, die Bewässerungsgräben nur als kleine Grüppen (20 · 20 cm) herzustellen und sie durch Anstauen eines Entwässerungsgrabens mit Wasser zu beschicken (Abb. 302). Bei der Anordnung *II* kann man aus einer Stauschleuse trotz erheblichem Geländegefälle eine große Fläche speisen, die Schleusen können also in größeren Abständen liegen. Bei dieser Anordnung findet auch eine vorteilhafte Bewegung des Grundwassers nach dem Unterwasser der Schleuse statt (durch Pfeile angedeutet).

2. Die Überstauung.

a) Die einfache Überstauung. Eine Überstauungsanlage wird dadurch geschaffen, daß man die Bewässerungsfläche durch kleine Dämme *d* in einzelne Abteilungen (Polder) einteilt, die meistens nacheinander überstaut werden. In Abb. 303 ist eine Anlage mit den drei Abteilungen *I* bis *III* dargestellt, die mittels des Zuleiters *Z* aus dem Oberwasser der Stauschleuse *S* mit Wasser beschickt werden. Etwa an den höchsten Geländestellen der Abteilungen liegen die Einlaßschleusen *e*, an den tiefsten die Auslaßschleusen *a*. Innerhalb jeder Abteilung wird durch Anlage von dem Gelände angepaßten Verteil- und Entwässerungsgräben *g* die Überflutung der Fläche unterstützt, namentlich aber dafür gesorgt, daß das Bewässerungswasser nach dem Öffnen der Auslaßschleuse möglichst schnell wieder abfließt.

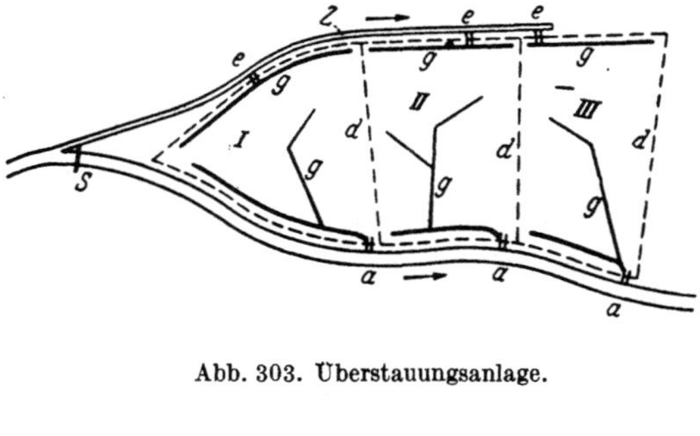

Abb. 303. Überstauungsanlage.

Die Überstauung setzt voraus, daß das Gelände wenigstens annähernd waagerecht ist. Geländeerhöhungen sind möglichst einzuebnen, der Mutterboden ist dabei wieder aufzubringen. Das Geländegefälle muß um so kleiner sein, je größer der Polder werden soll. Sonst würden die unteren Abschlußdämme unverhältnismäßig hoch und teuer werden, und die Sinkstoffablagerung würde sehr ungleichmäßig, da sie um so größer ist, je tiefer die Wasserschicht. Stärker geneigtes Gelände verlangt außerdem verhältnismäßig viel Wasser für die Überstauung. Man rechnet im Durchschnitt mit einer Überstauungshöhe von etwa 0,2 bis 0,3 m. Im unteren Teil der Fläche soll die Wassertiefe 0,5 m nicht übersteigen.

Die Größe der Abteilungen liegt je nach den örtlichen Verhältnissen zwischen weiten Grenzen, sie schwankt bei den ausgeführten Anlagen meistens etwa zwischen 1 und 10 ha. Es kommen aber auch kleinere Abteilungen von nur einigen 100 m² (Obstbewässerung) und größere von 20 und mehr ha vor. Sehr große Abteilungen haben den Nachteil, daß erheblicher Wellenschlag entstehen kann, der höhere Dämme verlangt und das Absetzen der Sinkstoffe erschwert. Ferner ist zu beachten, daß überstautes Grünland nur eine bestimmte Höchstzeit unter Wasser stehen darf (s. unten). Man hat daher die Zeit vom Beginn des Füllens bis zum Ende des Entleerens unter Berücksichtigung der Sickerverluste zu berechnen und danach die Abteilungsgröße so festzulegen, daß jedenfalls die zulässige Wässerzeit nicht überschritten wird. Die Wasserverteilung kann durch ein Netz von Verteilgräben gefördert und dadurch die gleichmäßige Füllung beschleunigt werden. Die Abteilungen brauchen keineswegs regelmäßige Formen zu haben. Man spart vielmehr an Kosten, wenn man für die Abschlußdämme höhere Geländestellen ausnutzt, ohne freilich die Dämme dadurch wesentlich zu verlängern. Günstig ist es, wenn man für die Lage der Dämme Eigentumsgrenzen benutzen kann, um die Bewirtschaftung der Grundstücke nicht zu erschweren.

Die Dämme erhalten eine waagerechte Krone von 0,6 bis 1,5 m Breite, die 0,3 bis 0,5 m über dem Stauspiegel liegt. Der Boden für die Dämme ist, wenn möglich, aus den Gräben zu entnehmen. Die Böschungen werden in der Regel zwei- bis dreifach angelegt und mit Rasen befestigt. Diese Befestigung muß besonders sorgfältig hergestellt werden, wenn in großen Poldern mit nennenswertem Wellenschlag zu rechnen ist.

Die in den Dämmen anzulegenden Ein- und Auslaßschleusen (S. 374) sind in Zweifelsfällen hinsichtlich ihrer Leistungsfähigkeit zu berechnen.

Da man sich bei der düngenden Bewässerung mit Flußwasser in der Regel des Hochwassers bedienen muß, um eine ausreichende Wirkung zu erzielen, und da die Hochwasser sehr unregelmäßig eintreten, soll man die Abflußmengenganglinie des Flusses für einen möglichst langen Zeitraum feststellen und aus ihr ermitteln, welche Wassermengen in diesem Zeitraum für die beabsichtigte Bewässerung zur Verfügung gestanden hätten. Heute werden allerdings solche Anlagen bei uns in Deutschland kaum noch ausgeführt.

Der Bewässerungsbetrieb gestaltet sich am einfachsten, wenn im Winter unbestelltes Ackerland düngend bewässert wird. Zu beachten ist nur, daß man dem Boden auch genügend Zeit zum Durchfrieren gibt und daß er zum Frühjahr wieder ausreichend entwässert wird. Grünlandbewässerungen sind jedoch mit großer Vorsicht zu handhaben, da die guten Wiesengräser in der Wachstumszeit eine lange Überstauung nicht vertragen. Sie werden dann leicht von lästigen Unkräutern verdrängt. Im Winter kann dem Grünland eine längere Überflutung als im Sommer zugemutet werden. Bei der Sommerbewässerung sollte man Grünland höchstens 1 bis 2 Tage unter Wasser setzen, für eine Anfeuchtung genügen häufig einige Stunden. Nach jeder Überstauung ist dem Boden genügend Zeit zur Entwässerung zu geben. Im allgemeinen wird man mit einer Pause von etwa 1 bis 2 Wochen auskommen, je nach der Schwere des Bodens. Wegen der Wässerzeiten und der wiederholten Benutzung des Wassers vgl. S. 403ff. Bei der Überstauung des Grünlandes ist zu berücksichtigen, daß das Wasser in der ersten Wässerabteilung an Luft verarmt. Man läßt es daher in die nächste Abteilung möglichst in dünner Schicht abfließen, damit es belüftet und wieder mit Sauerstoff bereichert wird. Bei gleich großen Abteilungen muß der zweiten und dritten Zuschußwasser gegeben werden, um die entstandenen Verluste auszugleichen. Die Wiederverwendung des Bewässerungswassers setzt voraus, daß die Abteilungen stufenweise in verschiedener Höhe angeordnet werden können.

Vor der Aufstellung eines Entwurfs sind seine wichtigsten Grundlagen rechnerisch festzulegen. Wie das geschehen kann, soll an einem Beispiel gezeigt werden, und zwar an der anfeuchtenden Überstauung einer Grünlandfläche mit gleich großen Abteilungen und mehrmaliger Wasserbenutzung. Es bezeichnen:

F = gesamte Bewässerungsfläche in ha,
F_1 = Teilfläche in ha, die gleichzeitig bewässert wird,
n = Umlaufzahl (S. 405),
H = monatlicher Verbrauch des Grünlandes in mm, d. i. derjenige Teil der aufgeleiteten Wasserhöhe, der infolge Versickerung und Verdunstung nicht sofort oder überhaupt nicht wieder abfließt,
h_0 = mittlere Überstauungshöhe in mm. Sie ist abhängig von der Breite B der Abteilung in der Gefällerichtung und dem Geländegefälle und so zu wählen, daß die ganze Abteilung gerade überstaut ist,
h = Verbrauch einer Einzelbewässerung in mm,
r = Anzahl der monatlichen Bewässerungen, der Monat zu 30 Tagen gerechnet,
v = mittlerer Verbrauch auf der Fläche F_1 während der Zeit t in l/s ha,
L, B = Länge und Breite einer Abteilung in m,
t = Bewässerungszeit einer Einzelüberstauung in Stunden,
T = Entwässerungszeit zwischen zwei Bewässerungen in Stunden,
Q_1 = Zufluß zur ersten Abteilung in l/s,
Q_2 = Zufluß zu den weiteren Abteilungen.

Dann ist, wie sich leicht zeigen läßt:

$$F = n F_1 = n \frac{L B}{10000}, \tag{263}$$

$$H n = 259 \cdot v, \tag{264}$$

$$n r t = 720, \tag{265}$$

$$H = r h, \tag{266}$$

$$h = 0{,}36 \cdot v t, \tag{267}$$

$$T = (n - 1) t. \tag{268}$$

$$Q_1 = \frac{(h_0 + h) F}{0{,}36 \cdot t n}; \qquad Q_2 = \frac{h F_1}{0{,}36 \cdot t}. \tag{269}$$

Zahlenbeispiel. $F = 40$ ha, sehr sandiger Lehm. H wird zu 100 mm angenommen (vgl. Zahlentafel 154). B wird zunächst $= 60$ m angesetzt und daraus unter Berücksichtigung des Geländegefälles $h_0 = \sim 200$ mm ermittelt. Man hat nun weiter durch einige Sickerversuche v zu bestimmen. Das kann in der Weise geschehen, daß man während einer Trockenperiode eine 1 m² große Fläche mit einem Bretterkasten einfaßt, wobei die Bretter etwas in den Boden einzulassen sind, den Kasten etwa 25 bis 30 cm mit Wasser füllt und dann durch wiederholtes Einmessen des Wasserspiegels den zeitlichen Verlauf der Versickerung feststellt. Dadurch findet man v als Abhängige von t. Für $t = 12$ Std. möge v im Mittel zu 14 l/s ha ermittelt sein. Nach Gl. (264) $n = 36$, nach Gl. (265) $r = 1{,}67$, nach Gl. (266) $h = 60$ mm. h darf die Werte der Gln. (43) und (44) nicht überschreiten. Schließlich ergeben die Gln. (263) und (269) $F_1 = 1{,}11$ ha, $L = 185$ m, $Q_1 = 67$ l/s und $Q_2 = 16$ l/s. Anlage nach Abb. 304, Bewässerung in der Reihenfolge der Polderzahlen, Q_1 für die Polder 1, 10, 19 und 28, Q_2 für die übrigen (ohne die Verluste in den Zuleitern).

Wie aus Gl. (268) zu erkennen ist, führen kurze Füll- und lange Entwässerungszeiten zu hohen Umlaufzahlen. Umgekehrt sind niedrige Umlaufzahlen das beste Kennzeichen eines fehlerhaften Betriebes: zu lange Überstauung oder zu kurze Pausen zwischen zwei Einzelgaben. Das gilt auch für die düngende Bewässerung mit schlickhaltigem Flußwasser, bei der sich allerdings die erwünschten kurzen Füllzeiten meistens nicht erreichen lassen und daher eine zusätzliche Auswaschung der leichten Böden nicht zu vermeiden ist. Man sollte sie daher auf weniger durchlässige Böden beschränken. Sie verliert im übrigen zusehends an Bedeutung. Die Dränung der Staupolder ist nicht nur eine sehr kostspielige Maßnahme, sie widerspricht auch ganz und gar einer sachgemäßen Bewässerung und ist nur die Begleiterscheinung einer unzulässigen Überlastung des Bodens mit Wasser.

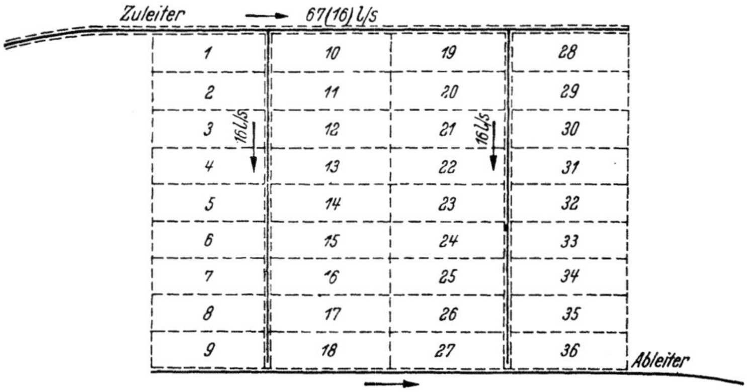

Abb. 304. Überstauungsanlage.

Die Vorteile der Überstauung bestehen in geringen Bau- und Unterhaltungskosten. Die Polder können ohne Schwierigkeit beweidet werden. Beim Weidebetrieb entstehen jedoch besondere Kosten durch die Einzäunung, die um so größer sind, je kleiner die Polder angelegt werden. Leichte Sandböden erfahren durch die Schlickablagerung eine wesentliche physikalische, chemische und biologische Verbesserung. Auch eine Auflandung (Kolmation) kann durch schlickreiches Wasser im Laufe der Zeit erreicht werden. Das Ungeziefer wird gut vernichtet, durchgreifender als durch die Rieselung. Man hat die Überstauung namentlich zur düngenden Bewässerung des Grünlandes verwendet, um die schlickhaltigen Hochwasser der Flüsse auszunutzen. Ein Nachteil liegt darin, daß das ruhende Stauwasser an Sauerstoff verarmt. Mit Abwasser wird namentlich Brachland überstaut. Die Anwendung der anfeuchtenden Überstauung im Sommer stößt häufig auf rechtliche Schwierigkeiten, da verhältnismäßig große Wassermengen benötigt werden und die Unterlieger der starken Wasserentziehung widersprechen.

Eine besondere Art der Überstauung ist das Beckenverfahren (Checksystem). Durch niedrige Erddämme, die meistens mit einem Häufelpfluge hergestellt werden und der Richtung der Höhenlinien folgen, wird das Feld in Staubecken geteilt, deren Größe von dem Geländegefälle und der zu ihrer Füllung verfügbaren Wassermenge abhängt (Abb. 305). Die Becken sind bisweilen nur wenige ar groß. Oberflächeneinebnung in den Becken muß vermieden werden, weil die dadurch bedingten Kosten zu hoch sind, auch die Güte der Ackerkrume beeinträchtigt wird. Die 30 bis 50 cm hohen Dämme werden bisweilen mit ganz flachen Böschungen (1 : 5) angelegt, um sie mit Ackergeräten überfahren und mitbestellen zu können.

Am oberen Rande der höchsten Beckenreihe liegt der Zuleiter Z, aus dem die Becken gefüllt werden. Danach wird das Wasser in die nächst unterhalb liegende Reihe abgelassen usw. Zur Überleitung dienen Öffnungen in den Dämmen, die in einfachster Weise nach Bedarf verschlossen werden. Man kann auch jede Beckenreihe durch einen besonderen Nebenzuleiter anschließen, der es ermöglicht, jedem Becken frisches Wasser zuzuleiten. Für eine einmalige Bewässerung genügen in der Regel etwa 15 cm Stauhöhe. Man verwendet die Beckenbewässerung auf Ackerland, Grünland und in Obstgärten. In Deutschland kommt sie in erster Linie bei der Abwasserverwertung in Frage (S. 439). Sie erschwert unter Umständen infolge der zahlreichen Dämme die Bewirtschaftung, falls nicht die einzelnen Becken etwa im Gartenbetrieb ohnehin von Hand bestellt oder die Dämme mit beackert werden. Wiesen müssen mit der Hand gemäht werden. Der Wässerbetrieb ist einfach.

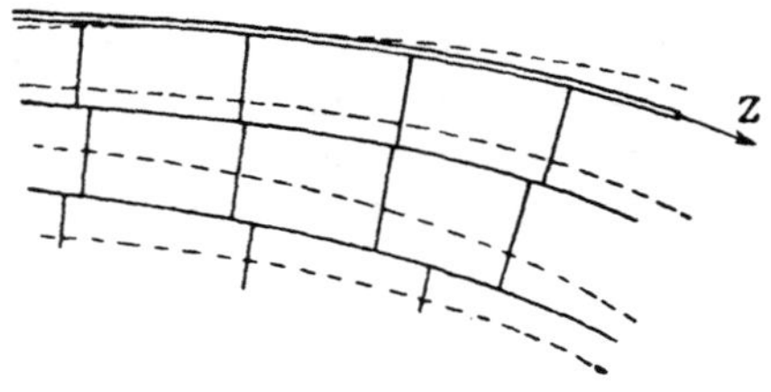

Abb. 305. Beckenverfahren. (Nach Krüger.)

b) Die Stauberieselung. Auch die Stauberieselung (besser Fließüberstauung) rechnet man zu den Überstauungen. Sie vermeidet einen Nachteil der gewöhnlichen Überstauung des Grünlandes dadurch, daß sie nicht mit stillstehendem, sondern mit langsam bewegtem Wasser arbeitet. Die baulichen Anlagen sind ganz ähnliche wie bei der oben behandelten einfachen Überstauung. So kann die Anlage der Abb. 303 auch zur Stauberieselung verwendet werden, indem man die Polder zunächst bis zu einer bestimmten Höhe mit Wasser füllt und danach durch Regelung der Auslaßschleusen a dafür sorgt, daß der Zufluß bei e ebenso groß wird wie der Abfluß bei a und der Wasserverbrauch im Polder. Die Ein- und Auslässe sind so anzuordnen, daß möglichst alle Teile des Polders vom Wasser durchflossen werden und keine toten Winkel entstehen. Durch Verbauung flacher Mulden mit niedrigen und flach geböschten Dämmen oder durch Leitdämme kann die gleichmäßige Überströmung aller Flächenteile noch wirksam gefördert werden.

Während in Abb. 303 das Bewässerungswasser aus den einzelnen Poldern sofort wieder in den Fluß zurückfließt, wird es in anderen Fällen mehrfach verwendet (S. 404). Man leitet dann bei der düngenden Bewässerung bisweilen das Wasser aus größeren Abteilungen in kleinere, damit seine verringerte Güte durch die größere Menge wenigstens zum Teil wieder ausgeglichen wird. Die wiederholte Verwendung des Wassers wird dadurch erreicht, daß man die unteren Abschlußdämme der Polder mit zahlreichen Dammsielen oder mit breiten Überläufen versieht. Letztere haben den Vorteil, daß sie das in etwa 5 cm Stärke hinüberfließende Wasser gut belüften und so mit neuem Sauerstoff versorgen. Die Anlage soll aber grundsätzlich so geplant werden, daß jede Abteilung auch unmittelbar frisches Wasser erhalten kann.

Die Erfahrung hat gezeigt, daß zu große Polder nicht zweckmäßig sind, weil das Wasser sich in ihnen zu langsam fortbewegt. Man müßte denn schon sehr große sekundliche Wassermengen aufleiten, was aber große Abmessungen der Zuleiter und Bauwerke und daher hohe Kosten bedingt. Im allgemeinen soll man bei Verwendung von Flußwasser über eine Poldergröße von etwa 15 bis 20 ha nicht hinausgehen. Bei derselben sekundlichen Aufleitung fließt das Wasser um so schneller, je schmaler der Polder quer zur Fließrichtung ist.

Die mittlere Wassertiefe kann bei der Stauberieselung kleiner als bei der einfachen Überstauung gewählt werden, soll aber mindestens 10 bis 15 cm betragen.

Für die Ausführung der Dämme und Schleusen gilt das auf S. 384 Gesagte. Die Überfälle erhalten auf der Unterwasserseite eine sehr flache Böschung, die besonders gut mit Rasen zu befestigen ist (etwa 1 : 5). Wegen ihrer Berechnung vgl. S. 165. Aus Sicherheitsgründen empfiehlt sich ein Zuschlag von etwa 30% zu der errechneten Überfallänge. Überläufe legt man möglichst an solchen Stellen an, an denen das Gelände hoch, der Damm also niedrig ist. Die Polder sind von größeren Hindernissen (höheren Wegen usw.) zu befreien, damit das Bewässerungswasser frei durchfließen kann. Sonst ist die Wirkung der Bewässerung eine sehr unregelmäßige. Die Entwässerungsgräben sind so anzulegen, daß sie den Polder nach Beendigung einer Überstauung und bei Niederschlägen schnell entwässern. Statt der Gräben werden auch flache Mulden verwendet.

Die Stauberieselung ist zuerst von Heß in Hannover durchgeführt worden. Sie dient namentlich dazu, das Hochwasser der Bäche und Flüsse zur düngenden Bewässerung des Grünlandes auszunutzen. In trockenen Sommern sollte die Möglichkeit bestehen, auch eine anfeuchtende Bewässerung durchzuführen. Auf diesen Gesichtspunkt ist von vornherein bei der Anordnung der ganzen Anlage Bedacht zu nehmen.

Erfahrungsgemäß liefert die Stauberieselung im allgemeinen ein besseres Futter als die einfache Überstauung, da das Wasser besser belüftet wird. Besonders schwierig ist jedoch eine gleichmäßige Verteilung der Sinkstoffe. Der Vorteil der einzelnen Teilflächen ist daher oft ein recht verschiedener und erst nach einigen Jahren zu erkennen, wenn Beobachtungen vorliegen. Ebenso wie bei der einfachen Überstauung sind auch bei der Stauberieselung die Bau-, Unterhaltungs- und Betriebskosten gering, obwohl mehr Ein- und Auslässe, daneben auch Überläufe benötigt werden. Auch die Wirtschaftserschwernis ist nicht erheblich. Zur düngenden Bewässerung des brach liegenden Ackers wird nur die einfache Überstauung verwendet, nicht die Stauberieselung.

Die grundsätzlichen Betrachtungen zur Überstauung gelten auch für die Stauberieselung. Zwischen beiden besteht bei der anfeuchtenden Bewässerung überhaupt kein praktischer Unterschied, wenn man den Polder nach der Füllung sofort wieder entleert. Das Fließen des Wassers durch den Polder hat nur dann Bedeutung, wenn er längere Zeit, z. B. mehrere Tage, unter Wasser steht. Das ist aber für eine Anfeuchtung nicht erforderlich, sondern sogar schädlich. Die vorhandenen Anlagen zur düngenden Stauberieselung mit Flußwasser arbeiten mit jährlichen Wasserhöhen, die in der Regel etwa zwischen 3 und 10 m liegen, aber sogar auf 20 m und mehr steigen. Der Grund dafür ist der, daß man den Düngerwert der nur gelegentlich eintretenden Hochwasser ausnutzen will. Dem wirtschaftlichen Erfolg der ersten Jahrzehnte steht die ständig zunehmende Auslaugung der leichteren Böden gegenüber. Hinzu kommt, daß der Schlickgehalt unserer Flüsse geringer wird und daß die wasserwirtschaftliche Entwicklung dahin geht, auch die Hochwasser als Reserven für Trockenzeiten mehr und mehr zu speichern. Die Neuanlage solcher düngenden Stauberieselungen kann daher für deutsche Verhältnisse im allgemeinen jetzt nicht mehr empfohlen werden.

c) Das Fluten eingedeichter Niederungen. Auch das Einlassen von Flußwasser in eingedeichte Niederungen ist zu den Überstauungen zu rechnen. Es dient in der Regel der Düngung, bisweilen auch der Anfeuchtung. Bei der düngenden Bewässerung wird Hochwasser durch Einlaßbauwerke, die in den Deichen liegen, am oberen Ende des Polders in diesen eingelassen, durchfließt ihn langsam und tritt durch Auslaßbauwerke am unteren Ende wieder in den

Fluß zurück. Es handelt sich also um eine natürliche Stauberieselung, die sehr billig in der Anlage ist, weil meistens nur ein oder mehrere Einlaßbauwerke erforderlich sind. Die Deiche und Auslaßbauwerke pflegen vorhanden zu sein, letztere für die Entwässerung des Polders.

Dem Verfahren haften jedoch mehrere Nachteile an. Da man die Dauer eines Hochwassers nicht voraussehen kann, muß man unter Umständen eine sehr lange Überstauung des im Polder vorhandenen Grünlandes in Kauf nehmen, die schädlich wirkt. Ferner wird in derartigen größeren Poldern der Schlick fast stets sehr ungleichmäßig abgesetzt. Meistens erhalten die Flächen, die in der Nähe der Einlaßschleusen liegen, die beste Düngung. Eine etwas bessere Verteilung des Wassers läßt sich durch Quer- und Leitdämme im Polder erreichen. In der Praxis stößt das Fluten häufig deshalb auf große Schwierigkeiten, weil die eingedeichte Niederung zum Teil als Acker genutzt wird. Dieser verträgt eine Überstauung nur, wenn er brach liegt. Es darf also nur dann, und zwar im Winter, geflutet werden, wenn alle Beteiligten den Anbau von Winterung unterlassen. Eine Einigung darüber ist nur schwer zu erreichen. Über die Wirkung des Flutens auf den Pflanzenbestand vgl. S. 366.

Im Sommer kann auch ein anfeuchtendes Fluten in Frage kommen. Dieses läßt sich bisweilen so durchführen, daß nur tiefer liegende Grünlandflächen überflutet werden, während die in der Regel höher liegenden Äcker wasserfrei bleiben. Man muß dann versuchen, einen vorübergehenden höheren Wasserstand des Flusses auszunutzen, da bei niedrigen Wasserständen ein Einlassen von Flußwasser meistens nicht möglich ist. Eine künstliche Wasserhebung ist fast niemals lohnend.

Die Niederung muß gut durch Gräben aufgeschlossen sein, da sonst das Bewässerungswasser leicht in tieferen abflußlosen Mulden lange stehen bleibt und hier zur Versumpfung führt.

3. Die Rieselung.

a) Die wilde Rieselung. Die einfachste Form der Rieselung besteht darin, daß man das Bewässerungswasser durch Zuleiter auf die höchsten Geländestellen leitet und von hier aus mehr oder weniger unregelmäßig in dünner Schicht verrieseln läßt. In der Regel werden aus den Zuleitern Rieselrinnen abgezweigt, die den höchsten Geländelinien fast waagerecht folgen. Indem man mit Stechschützen oder durch Steine Hindernisse in die Rieselrinnen baut, wird das Wasser genötigt, die Furchenkanten zu überschlagen und in breiter Bahn über die Flächen zu rieseln. Die in den Geländemulden gelegenen Entwässerungsgräben nehmen das abgerieselte Wasser auf, soweit es ihnen zufließt. Sonstige Einrichtungen werden nicht getroffen. Diese sog. wilde Rieselung ist daher billig in Anlage und Betrieb. Die einzelnen Flächenteile werden jedoch meistens sehr verschieden angefeuchtet und gedüngt, da sich das Wasser nach den etwas tiefer liegenden Flächen hinzieht. Kleine Unebenheiten des Geländes können ausgeglichen werden. Wegen der erforderlichen Geländeneigung siehe S. 392. Günstig ist es, wenn Höhen und Mulden in nicht zu großen Abständen aufeinander folgen, so daß die Hänge kurz sind. Unter diesen Voraussetzungen kann die wilde Rieselung infolge ihrer geringen Kosten sogar wirtschaftlicher sein als der unten behandelte natürliche Hangbau. Ihr Anwendungsgebiet ist dasselbe wie bei diesem. Ein Nachteil ist oft das ungleichmäßige Wachstum der berieselten Pflanzenbestände. Die Bewirtschaftung der Flächen wird nur sehr wenig behindert. Der Wasserbedarf der wilden Rieselung ist etwas größer als der des natürlichen Hangbaues (S. 391).

Da den Nachteilen der wilden Rieselung der große Vorteil der geringen Kosten gegenübersteht, sollte man bei der Bearbeitung eines Bewässerungsentwurfes stets prüfen, ob nicht die Voraussetzungen für eine lohnende wilde Rieselung gegeben sind.

b) Die Staugrabenrieselung. Ein besonderes Rieselverfahren ist die namentlich in Bayern (Franken) seit Jahrzehnten mit Erfolg angewandte Staugrabenrieselung (Abb. 306). Bei diesem Verfahren werden die Zuleiter durch kleine Stauschützen in einzelne Haltungen eingeteilt. Die Grabenkanten des Zuleiters werden im Bereiche jeder Haltung nahezu waagerecht angelegt, soweit erforderlich, durch kleine Dämme, damit das Wasser beim Anstauen gleichmäßig über die Grabenkante rieselt. Liegt der Zuleiter auf einem Geländerücken, so wird nach beiden Seiten gerieselt, liegt er am Hang, so braucht nur eine Grabenkante waagerecht angelegt zu werden. Die Grabenkanten sollen nicht genau waagerecht liegen, da auch der Stauwasserspiegel ein, wenn auch sehr geringes Gefälle besitzt. Es ist Sache des Rieselwärters, nach Inbetriebnahme der Anlage die Grabenkanten so abzugleichen, daß das Wasser überall gleichmäßig überfließt.

Abb. 306. Staugrabenrieselung.

Die Länge der Haltungen ist in erster Linie vom Gefälle der Zuleiter abhängig. Lange Haltungen erschweren einen gleichmäßigen Wasserübertritt über die Grabenkanten und verlangen höhere Dämme. Man geht ungern über 50 cm Dammhöhe hinaus, zumal die überrieselten Dammböschungen möglichst flach anzulegen sind, 2- bis 4fach je nach der Bodenbeschaffenheit. Aus diesen Gründen sind längere Haltungen als 100 m nicht zweckmäßig. Kleine Haltungen haben andererseits den Nachteil, daß viele Stauschützen nötig werden, wodurch bei größeren Zuleitern erhebliche Kosten entstehen können. Sind aber die Staue klein und billig, so empfiehlt es sich, die Haltungen nicht länger als 50 m anzulegen. Je durchlässiger der Boden, je schwächer das Hanggefälle und je breiter der Hang ist, um so mehr Wasser muß je m Grabenlänge überschlagen, um so kürzer müssen daher bei gleicher sekundlicher Wasserlieferung die Haltungen sein. Wassermangel bedingt also kurze Haltungen. Die Dämme erhalten meistens eine Kronenbreite von etwa 0,5 m. Der gestaute Wasserspiegel soll überall mindestens 5 cm über Gelände liegen.

Kleine Einebnungsarbeiten auf den zu berieselnden Hängen können ohne nennenswerte Kosten durchgeführt werden. Bei sorgfältiger Einebnung der Hänge reicht erfahrungsgemäß noch ein Hanggefälle von 0,5 bis 1,0% aus. Bei sehr ebenen Hängen sind Hangbreiten bis etwa 70 m zulässig. Zu breite Hänge haben den Nachteil, daß die von den Zuleitern weiter abliegenden Flächenteile zu wenig Wasser und Dungstoffe erhalten und sehr ungleichmäßig bewässert werden. Man kann dann waagerechte Sammelrinnen einschalten (S. 391). Auch dauert die Bewässerung im allgemeinen um so länger, je breiter die Hänge sind. Eine zu lange Bewässerung ist aber für unsere Nutzpflanzen nicht günstig.

Die Staugrabenrieselung dient in der Hauptsache der Wiesenbewässerung, sie kann düngende und anfeuchtende Zwecke verfolgen. Doch läßt sich u. U. auch Ackerland bei ausreichender Vorsicht nach diesem Verfahren bewässern. Bei allen Ackerrieselungen darf aber das Geländegefälle nur klein sein, damit die Krume nicht abgespült wird. Die Anordnung einer Staugrabenrieselung ist aus Abb. 307 zu ersehen.

Der Wasserbedarf entspricht dem des natürlichen Hangbaues (S. 392).

c) Der natürliche Hangbau. Der natürliche Hangbau unterscheidet sich von der wilden Rieselung dadurch, daß durch Anlegen von Verteilgräben, Rieselrinnen und Ableitern eine größere Gleichmäßigkeit der Bewässerung erzielt wird. Es gibt daher keine scharfe Grenze zwischen der wilden Rieselung und dem natürlichen Hangbau. Abgesehen von unbedeutenden Einebnungsarbeiten soll eine Umformung des Geländes wie beim künstlichen Hangbau und Rückenbau (s. unten) nicht vorgenommen werden. Man spricht aus diesem Grunde von einem „natürlichen“ Hangbau.

Abb. 308 zeigt mehrere gebräuchliche Anordnungen einer natürlichen Hangberieselung. Vor der Stauschleuse *s* wird der Zuleiter *Z* abgeleitet. Das Wasser wird durch verschließbare Einlässe auf die Bewässerungsfläche abgezogen. Die oberste Rieselrinne liegt dicht neben dem Zuleiter. Über die untere Kante der Rieselrinne *r* schlägt das Wasser über und rieselt über den darunterliegenden Hang. Man unterscheidet mehrere Unterarten:

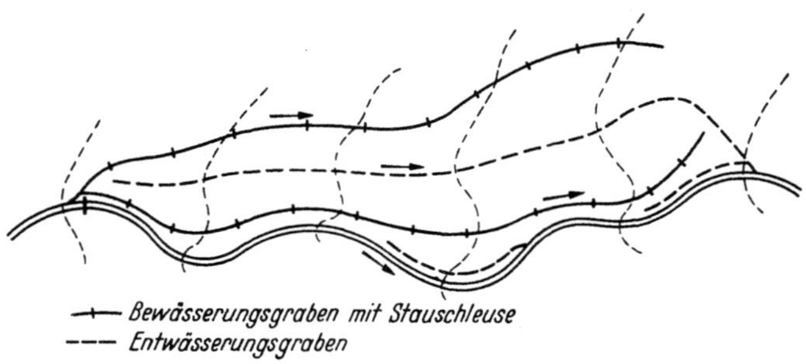

Abb. 307. Staugrabenrieselung.

I. Mit unbeschränkter Wiederbenutzung des Wassers. Das über den ersten Hang gerieselte Wasser wird von der zweiten Rinne (Sammelrinne) aufgefangen und über den zweiten Hang gerieselt usw. Hier fehlt die Verteilrinne *v*.

II. Mit beliebiger Wiederbenutzung. Will man das abgerieselte Wasser nicht stets wieder benutzen, so schließt man die Verteilrinne *v* unterhalb der Rieselrinne mit einem Stechschütz (Abb. 309), auch mit eingelegten Steinen oder Rasenstücken, und die Rieselung vollzieht sich wie bei I. Will man z. B. Hang *4* mit Frischwasser versorgen, so baut man nur das Stechschütz *4* ein.

III. Mit Entwässerung. Unmittelbar oberhalb der Rieselrinnen *r* werden Entwässerungsrinnen *e* angelegt, die das über einen Hang abgerieselte Wasser unmittelbar zum Bache leiten. Man kann so eine Entwässerungsrinne über jeder Rieselrinne anlegen, wobei dann das Wasser immer nur auf einem Hange benutzt wird (Abb. 308 *III* links), oder man legt die Entwässerungsrinnen *e* bei jeder *n*ten Rieselrinne *r* an, womit eine *n*fache Benutzung des Wassers verbunden ist (Abb. 308 *III* rechts).

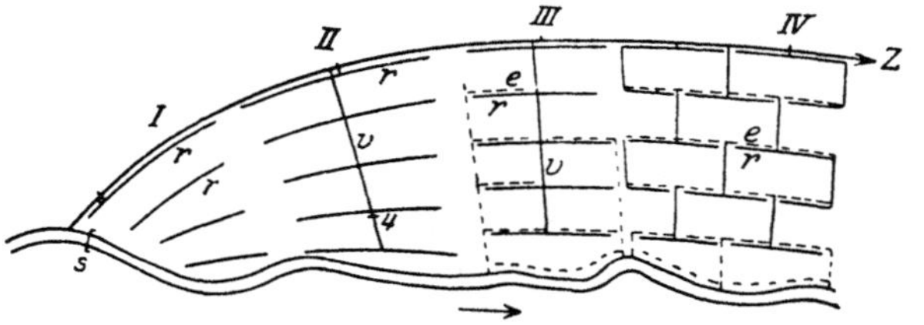

Abb. 308. Natürlicher Hangbau. (Nach Krüger.)

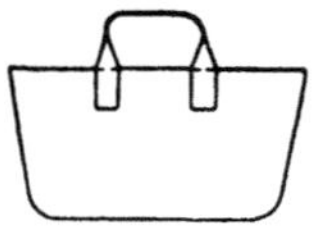

Abb. 309. Stechschütz.

IV. Wechselweise wiederholte Benutzung des Wassers auf der ganzen Hangbreite.

Die Hangtafeln erhalten eine Länge von 20 bis 25 m an jeder Seite der Verteilrinne und 5 bis 30 m Breite. Letztere darf um so größer sein, je stärker das Hanggefälle, je ebener das Gelände, je weniger durchlässig der Boden ist und je mehr und je besseres Wasser zur Verfügung steht. Sind auf den Hängen merkliche Unebenheiten vorhanden, oder wurden die Hänge zu breit angelegt, so daß das Wasser nicht in gleichmäßiger Schicht über sie fließt, so stellt man auf ihnen gefällelose Sammelrinnen (Fangrinnen) her, ohne Zusammenhang mit den Verteilrinnen, in denen sich das Rieselwasser sammelt, um von neuem in gleichmäßiger Schicht überzuschlagen (Abb. 317). Der unterste Hang darf sein Abwasser nicht breit über die Bachböschung zurückfließen lassen, weil dadurch die Böschung beschädigt werden würde. Man muß vielmehr das Wasser an einzelnen, besonders zu sichernden Stellen zurückleiten. Die Zuleiter können wie bei der Staugrabenrieselung auch unmittelbar zur Verrieselung verwendet werden. Die Lage der Zu- und Ableiter sowie der Verteil- und Rieselrinnen wird den wechselnden Gefälleverhältnissen des Geländes angepaßt, so daß in der Regel mehr oder weniger ungleichmäßige Anordnungen entstehen.

Die Verteil- und Rieselrinnen erhalten rechteckige Querschnitte. Die Breite der Verteilrinnen beträgt 15 bis 30 cm, ihre Tiefe 10 bis 15 cm. Die entsprechenden Abmessungen der Rieselrinnen liegen zwischen 10 und 20 sowie 8 und 15 cm. Nach dem Ende hin kann der Querschnitt der Rieselrinnen entsprechend der verminderten Wasserführung abnehmen. Häufig werden aber die Rieselrinnen mit einem besonderen Rieselrinnenpflug in gleichbleibendem Querschnitt hergestellt. Bewährt haben sich u. a. die Pflüge der Firma Engels in Hönningen bei Köln (Merrem-Pflug) und der Firma Gebr. Eberhardt in Ulm. Gute Dienste leistet auch der Rieselrinnenstecher (Abb. 310). Dadurch, daß man während des Ausstechens der Rieselrinne sofort Wasser in die Rinne leitet, kann man ohne Höhenmessung waagerechte Rinnen herstellen. Im übrigen gehört es zu den Aufgaben des Rieselwärters, für ein gleichmäßiges Überschlagen der Rieselrinnen zu sorgen. Als größte Länge einer Rieselrinne sind etwa 25 m anzunehmen. Bei größerer Länge ist ein gleichmäßiges Überschlagen des Wassers schwer zu erreichen. Der gegenseitige Abstand der Rieselrinnen wechselt erheblich, etwa zwischen 5 und 30 m (s. oben). Wenn die Verteilrinnen in stärkerem Gefälle liegen, befestigt man sie nötigenfalls mit Rasenstücken, um Bodenausspülungen zu verhindern. Die Sammelrinnen liegen waagerecht und sind 10 bis 15 cm breit und tief. Die Entwässerungsrinnen erhalten Breiten und Tiefen von etwa 20 bis 25 cm, von oben nach unten zunehmend. Der Streifen zwischen einer Entwässerungs- und einer Rieselrinne ist etwa 30 bis 40 cm breit.

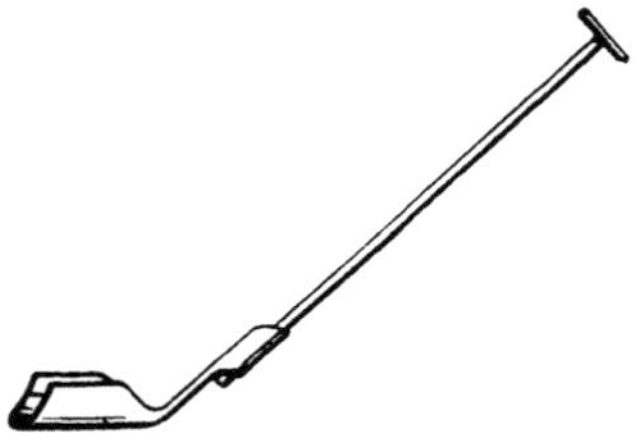

Abb. 310. Rieselrinnenstecher.

Im Durchschnitt kann man 2 % als das für den natürlichen Hangbau erforderliche Mindestgefälle des Geländes ansehen. Auf sehr durchlässigen Böden reicht jedoch häufig dieses Gefälle nicht aus, weil bei der langsamen Rieselung zuviel Wasser versickert. Auf schweren Böden kann es dann zu schwach sein, wenn das Gelände etwas uneben ist und daher viel Wasser in kleinen abflußlosen Mulden stehenbleibt, wo es schädliche Bodennässe hervorruft. Gegebenenfalls sind Einebnungsarbeiten durchzuführen, wenn sie nicht zu kostspielig werden. Unter sehr günstigen Verhältnissen (nicht zu leichter Boden und sehr ebenes Gelände) kann noch bei einer Geländeneigung von 1 % gerieselt werden. Wesentlich günstiger sind aber Gefälle von 3 bis 6 %. Bei der Ackerbewässerung darf die Neigung des Hanges nicht zu groß sein, da sonst Feinerde mit abgeschwemmt wird, und zwar ist diese Gefahr um so größer, je stärker gerieselt wird. Auf jeden Fall ist Vorsicht geboten.

Der Wasserbedarf einer anfeuchtenden Berieselung ist außerordentlich verschieden. Man muß beachten, daß nicht die aufgeleitete Wasserhöhe (in mm) für die Wirkung der Anfeuchtung entscheidend ist, sondern diejenige Wassermenge, die von den Pflanzenwurzeln und Blättern ausgenutzt wird. Die

Wirkung der Berieselung auf einer bestimmten Fläche hängt namentlich von der Durchlässigkeit des Bodens, vom Zufluß (l/s ha), von dem Geländegefälle und von der Hangbreite ab. Alle Rieselverfahren haben den Nachteil, daß namentlich auf den leichteren Böden die oberen Teile eines Hanges stärker bewässert werden als die unteren. Je kleiner die Beschickung einer Rieselrinne ist, um so größer ist der Unterschied der Bewässerungsstärke. Auch die Einschaltung von Sammelrinnen ändert hieran nichts. Beschickt man aber die erste Rieselrinne verhältnismäßig stark, so wird zwar die Bewässerung wesentlich gleichmäßiger, die Menge des in der Entwässerungsrinne aufgefangenen und weiter unterhalb einer zweiten Rieselrinne zugeleiteten Wassers ist jedoch erheblich kleiner als der Zufluß zur ersten Rinne, so daß der zweite Hang viel weniger Wasser erhält als der erste. Verzichtet man dagegen auf die Wiederbenutzung des Wassers überhaupt, so geht viel Wasser ungenutzt verloren. Dieser Nachteil der ungleichmäßigen Wasserverteilung läßt sich nur dadurch

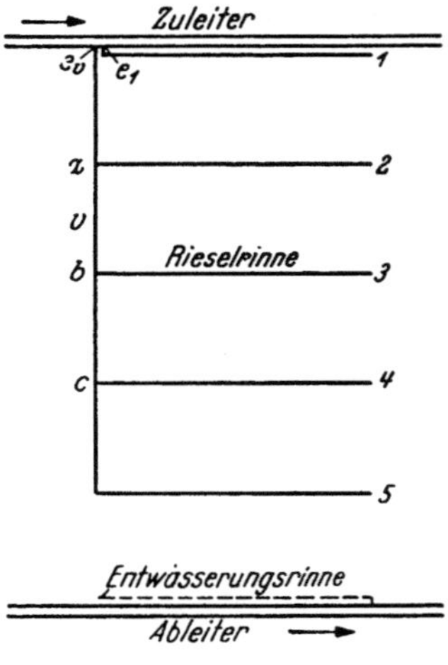

Abb. 311. Rieselhang.

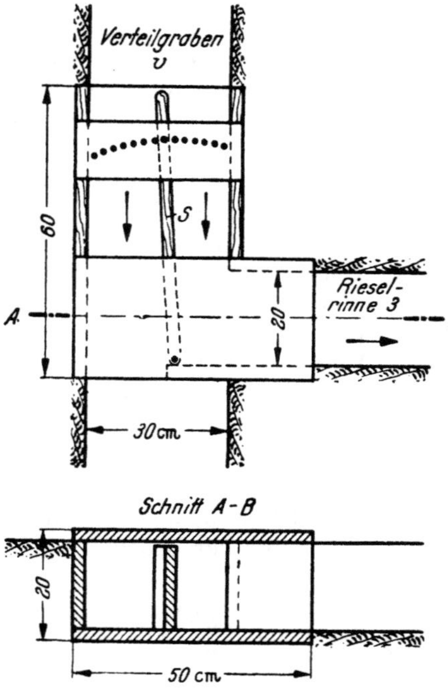

Abb. 312. Hölzerner Verteilkasten.

beseitigen, daß man den unteren Hängen neben dem abgerieselten Wasser gleichzeitig auch noch Frischwasser zuleitet. Dazu wird das folgende Verfahren vorgeschlagen: Abb. 311 zeigt 5 Rieselhänge mit den Rieselrinnen *1* bis *5* und dem Verteilgraben *v*. Aus dem Zuleiter werden *v* und *1* durch je eine Einlaßröhre e_v und e_1 mit Schiebern gespeist. An den Stellen *a*, *b* und *c* werden besondere hölzerne Verteilkästen eingesetzt (Abb. 312), deren schwenkbare Schieber *S* so einzustellen sind, daß bei *a* etwa ¼, bei *b* ⅓ und bei *c* ½ der

Zahlentafel 154.

Bodenart	Zufluß *z*	Rieselhöhe		Verbrauch auf der Fläche		
		je Monat	Mai bis August	%	Mai bis August	je Monat (*H*)
	l/s ha	mm	mm		mm	mm
Schwerer Lehm.	0,4	100	400	30	120	30
Gewöhnlicher Lehm. . .	0,6	150	600	35	210	55
Sandiger Lehm	0,8	200	800	40	320	80
Lehmiger Sand	0,9	225	900	45	400	100
Sand	1,0	250	1000	50	500	125

jeweiligen Abflußmenge in die Rieselrinne fließt. Dann bekommen die Rieselrinnen *2* bis *5* die gleiche Zuschußwassermenge, und man kann die Zuflüsse zu v und *1* mittels der beiden Einlässe e_v und e_1 unschwer so regeln, daß alle 5 Rieselrinnen gleichzeitig etwa gleich stark beschickt werden, und zwar so, daß auch die unteren Teile der Hänge noch eine kräftige Rieselung erhalten.

Den Wasserbedarf für eine anfeuchtende Grünlandberieselung in Mitteleuropa kann man nach zahlreichen Erfahrungen des In- und Auslandes nach Zahlentafel 154 ansetzen, nämlich zu 0,4 bis 1 l/s ha ohne die Verluste in den Zuleitern, das entspricht monatlichen Rieselhöhen von 100 bis 250 mm. Diese Zahlen stimmen auch gut überein mit den Versuchsergebnissen Heuschmids in Franken, der dort außerdem festgestellt hat, daß etwa 30 bis 50% des aufgeleiteten Wassers auf der Fläche selbst verbraucht werden. In den 4 Monaten Mai bis August ergibt sich somit ein Verbrauch von 120 bis 500 mm, und zwar für sehr trockene Sommer, in denen die Blattverdunstung der Wiese nach Zahlentafel 47 mit etwa 500 mm anzunehmen ist. Geht in solchen Fällen ein Sandboden mit geringem Wasserhaltevermögen ohne nennenswerte Wasserreserven ins Frühjahr, so werden die kleinen Sommerniederschläge im wesentlichen durch die unvermeidbaren Verluste aufgezehrt (Verdunstung sowie oberirdischer Abfluß und Versickerung bei Starkregen). Man erhält also die durchschnittlichen monatlichen Verbrauchszahlen H der Zahlentafel 154 (S. 393), die man bei der Entwurfsbearbeitung als Anhalt verwenden kann, sofern nicht genauere Zahlen aus örtlichen Erfahrungen vorliegen. Dabei ist noch zu beachten, daß die Einzelgaben um so häufiger zu verabfolgen sind, je durchlässiger der Boden ist. Die Rieselhöhen der Zahlentafel 154 (100 bis 250 mm) entsprechen einem Rieselabfluß von 70 bis 50% und können bei kleiner werdendem Abfluß selbst auch kleiner werden. Dabei muß allerdings in Kauf genommen werden, daß die Wasserverteilung auf dem Rieselhang dann meistens ungleichmäßiger wird.

Zur Berechnung des Wasserbedarfs einer Rieselanlage ist ähnlich wie bei der Überstauung (S. 383) zu verfahren. Die Werte F, F_1, n, H, h, r, v und T wie auf S. 385. Ferner bedeuten:

z = Zufluß in l/s ha, bezogen auf die Fläche F,
z_1 = Zufluß in l/s ha, bezogen auf die Fläche F_1,
a_1 = mittlerer Abfluß in l/s ha während der Zeit t, bezogen auf die Fläche F_1
t = Rieselzeit einer Einzelgabe in Std.,
Q = Wasserbedarf der Fläche F_1 in l/s.

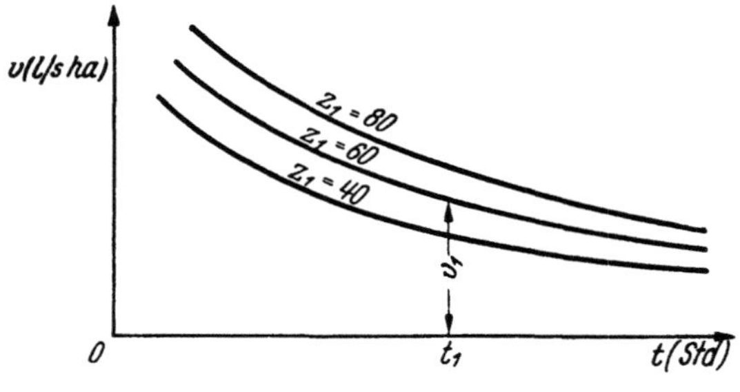

Abb. 313. Mittlerer Wasserverbrauch einer Rieselanlage.

Dann ist

$$z_1 = n\,z\,, \tag{270}$$

$$v = z_1 - a_1\,, \tag{271}$$

$$Q = F_1\,z_1\,. \tag{272}$$

Außerdem gelten auch in diesem Fall die Gln. (263 links) und (264) bis (268). Man führt nun zunächst einige Rieselversuche in trockener Zeit mit einer angenommenen Hangbreite B durch, die um so kleiner angenommen wird, je durchlässiger der Boden ist. Die Rieselzeit t wird so gewählt, daß nachts keine Wartung nötig ist, z. B. zu 12 oder 24 Std. Bei den einzelnen Versuchen ist der Zufluß z_1 zur Rieselrinne zu verändern. Das abgerieselte Wasser wird durch die unterhalb liegende Entwässerungsrinne abgeleitet und überschläglich alle Stunden gemessen (a_1). Man erhält dann v nach Gl. (271) als Abhängige von t und z_1. Diese Abhängigkeit ist in der Art der Abb. 313 aufzutragen, in der also v_1 der mittlere Verbrauch in der Zeit $0 - t_1$ bei $z_1 = 60$ l/s ha ist. Entsprechend ist a_1 in Gl. (271) der mittlere Abfluß in dieser Zeit. Man beachte, daß a_1 mit zunehmender Rieselzeit t größer wird, weil die Rieselfläche bei Beginn der Rieselung am meisten Wasser verbraucht. Der Flächenverbrauch v ist in erster Linie von der Bodenart abhängig.

Zahlenbeispiel: $F = 70$ ha, sandiger Lehm, H nach Zahlentafel 154 zu 80 angenommen, desgleichen $t = 12$ und z_1 nach den Erfahrungen bei den Proberieselungen $= 15$. t und z_1 mögen nach Abb. 313 den Wert $v = 9$ ergeben. Dann erhält man $n = 29$ [Gl. (264)], $r = 2{,}1$ [Gl. (265)], $h = 39$ [Gl. (266)], $T = 336$ [Gl. (268)], $z = 0{,}52$ [Gl. (270)], $F_1 = 2{,}41$ [Gl. (263)] und $Q = 36$ [Gl. (272)]. h darf die Werte der Gln. (43) und (44) nicht überschreiten. Wir teilen F_1 in 10 Rieselabteilungen nach Abb. 311 mit je 5 Rieselhängen. Hangbreite $= 10$ m, Hanglänge $= 2 \cdot 24 = 48$ m. $10 \cdot 50 \cdot 48 = 24000$ m². Jede Abteilung erhält 3,6 l/s. Die Rechnung wäre mit anderen Werten t und z_1 unter Umständen auch H zu wiederholen, wenn das Ergebnis nicht befriedigen würde.

Die Aufleitung z_1 liegt bei der anfeuchtenden Rieselung meistens etwa zwischen 50 und 150 l/s ha. Je leichter der Boden und je kleiner das Hanggefälle ist, um so größer muß z_1 sein. Bei sehr durchlässigen Böden sind in der

Zahlentafel 155.

Bodenart	Rieselhöhe in 4 Monaten	z_1 in l/s ha		
		50	100	150
	mm	18 mm/h	36 mm/h	54 mm/h
Schwerer Lehm.	400	2 × 11,1 h 3 × 7,4 h	2 × 5,6 h 3 × 3,7 h	—
Gewöhnlicher Lehm. . .	600	3 × 11,1 h 4 × 8,2 h	3 × 5,6 h 4 × 4,2 h	—
Sandiger Lehm	800	4 × 11,1 h 5 × 8,9 h	4 × 5,6 h 5 × 4,4 h	4 × 3,7 h 5 × 3,0 h
Lehmiger Sand	900	—	5 × 5,0 h 6 × 4,2 h 7 × 3,6 h	5 × 3,3 h 6 × 2,8 h 7 × 2,4 h
Sand	1000	—	6 × 4,6 h 7 × 4,0 h 8 × 3,5 h	6 × 3,1 h 7 × 2,6 h 8 × 2,3 h

Regel kurze und häufige Überrieselungen zur Anfeuchtung der Krume am zweckmäßigsten. Mit den viermonatlichen Rieselhöhen der Zahlentafel 154 und $z_1 = 50$, 100 und 150 l/s ha kommt man in diesen 4 Monaten im allgemeinen zu etwa 2 bis 8 Einzelgaben und den in Zahlentafel 155 angegebenen Rieselzeiten (in Std. je Einzelgabe). Die heute noch vielfach üblichen Zeiten von 1 bis 4 Tagen sind nach neueren Erkenntnissen zu lang.

Bei der düngenden Rieselung mit Flußwasser sind wesentlich größere Aufleitungen z_1 üblich als bei der anfeuchtenden. Vgl. dazu die Ausführungen auf S. 388 über die Nachteile der Stauberieselung.

Übrigens kann man den Abstand der Rieselrinnen beim natürlichen Hangbau ohne große Arbeit auch später noch verändern, somit den praktischen Erfahrungen anpassen (Abb. 308).

Der Wasserbedarf für die düngende Rieselung ist weitgehend vom Nährstoffgehalt des Wassers abhängig. Über den Bedarf an Abwasser vgl. die Ausführungen auf S. 443. Wesentlich mehr Wasser ist erforderlich, wenn mit Flußwasser (Hochwasser) gerieselt werden soll. Man braucht dann auch bei der Rieselung mehrere m Wasserhöhe im Jahr, was aber erhebliche Nachteile für die leichten Böden zur Folge hat (S. 364).

Der natürliche Hangbau hat vor den künstlichen Verfahren, dem sogenannten Kunstwiesenbau, nämlich dem künstlichen Hangbau und dem Rückenbau (s. unten), große Vorzüge. Er ist billiger und einfacher als diese. Die Bewirtschaftung der berieselten Flächen wird durch die Riesel-, Verteil- und Entwässerungsrinnen kaum beeinträchtigt, da die Maschinenarbeit anwendbar bleibt. Das Verfahren gibt die Möglichkeit einer weitgehenden Anpassung an die örtlichen Verhältnisse, was bei der Entwurfsbearbeitung geschickt auszunutzen ist. In der Wachstumszeit wird es namentlich für Wiesen und Weiden angewendet, in besonderen Fällen aber auch für Ackerfrüchte (Feldfutterschläge). Im Winter berieselt man Grünland mit Abwasser, solange kein stärkerer Frost herrscht.

d) Der künstliche Hangbau. Wenn das zu bewässernde Gelände zu gefällearm ist, um einen natürlichen Hangbau einzurichten, besteht die Möglichkeit, das fehlende Gefälle künstlich zu schaffen, indem man die Hangtafeln sägezahnartig übereinander anordnet (Abb. 314). Dieses Verfahren des künstlichen Hangbaues wird heute jedoch nur noch selten angewendet, da es erhebliche Anlage- und Unterhaltungskosten verursacht. Auch die Wartung ist verhältnismäßig teuer und die Bewirtschaftung der Flächen wird sehr erschwert. Man soll daher den künstlichen Hangbau möglichst vermeiden und zunächst prüfen, ob nicht ein anderes Bewässerungsverfahren einen genügenden Erfolg verspricht.

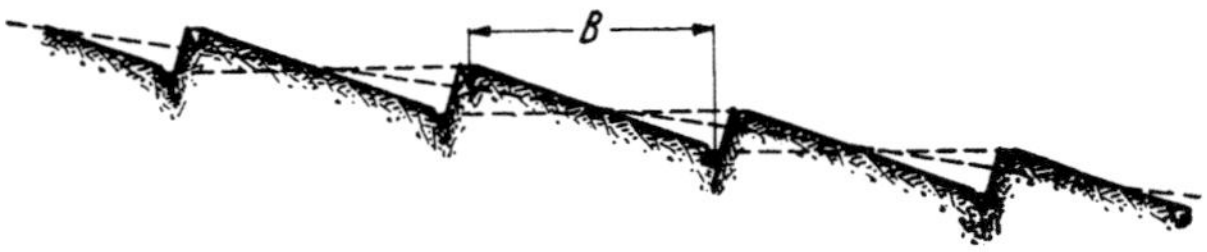

Abb. 314. Schnitt durch künstlichen Hangbau. (Nach Krüger.)

Das Gefälle der künstlichen Hänge darf nicht zu klein sein, da der Boden durch den Umbau zum Teil aufgelockert und dadurch die Versickerung vermehrt wird. Man sucht in schweren Böden ein Gefälle von mindestens 4% zu erreichen, in leichten möglichst das Doppelte. Doch muß man sich häufig der Kosten wegen auch mit weniger begnügen. Man kann dann so vorgehen, daß man im Abtrag 2 bis 3% nimmt, im Auftrag aber mehr (Abb. 315). Das kleinste Gefälle im Abtrag unter günstigen Umständen beträgt 1,5%. Um die Bodenbewegung einzuschränken, sollen Auf- und Abtrag einander tunlichst ausgleichen. Der Mutterboden muß unbedingt wieder auf die Oberfläche gebracht werden. Besonderer Überlegung bedarf die Frage, wie breit die Hangtafeln B anzulegen sind (Abb. 314). Eine große Breite hat den Vorteil, daß die Wirtschaftserschwernisse geringer werden, dagegen den Nachteil einer größeren Erdbewegung. Der zu leistende Abtrag ist bei der regelmäßigen Anlage der Abb. 314 $12{,}5 \cdot B\,(J - i)$ in m³/ha. Darin bedeuten J das neue und i das alte Geländegefälle in %. Beispielsweise ergibt sich für $B = 15$ m, $J = 6\%$ und $i = 0{,}7\%$ bereits die ansehnliche Bodenbewegung von 990 m³/ha. Man begnügt sich daher fast stets damit, die Hangtafeln nur so breit anzulegen, daß sie von einer an ihrer oberen Kante liegenden Rieselrinne aus in ihrer ganzen Breite ohne Einschaltung weiterer Rieselrinnen berieselt werden können. An der unteren Kante der Hangtafel liegt die Entwässerungsrinne.

Abb. 315. Künstlicher Hang mit verschiedenem Gefälle.

Die Hangtafeln H werden nach Abb. 316 zwischen einem Zuleiter Z und Ableiter A angeordnet. Um an Wasser zu sparen, muß der Rieselwärter den Zufluß aus den Zuleitern zu den Rieselrinnen so regeln, daß nur kleine Wassermengen den Entwässerungsrinnen zufließen. Man kann aber die Anordnung auch so treffen, daß eine doppelte oder mehrfache Verwendung des Wassers möglich ist. Zu dem Zwecke ist das abgerieselte Wasser durch den Ableiter auf eine Fläche zu leiten, auf der es weiteren Rieselrinnen zugeführt werden kann. Eine Schwierigkeit liegt jedoch darin, daß die Ableiter tiefer als die Zuleiter liegen, so daß man den Ableiter erst nach Einschaltung eines Zwischenstückes zum Zuleiter machen kann. In Abb. 316 ist eine solche Anordnung dargestellt. Die Übergangsstrecken *Ü* führen die Ableiter *A* mit schwachem Gefälle auf die für die Zuleiter *Z* nötige Höhe. Neben den Übergangsstrecken liegen Ableiter. Am unteren Ende jeder Zuleiterstrecke wird ein kleiner Absturz angelegt, um jeder Abteilung auch Frischwasser zuführen zu können. Das Gelände fällt gleichmäßig und schwach von links nach rechts.

Der Wasserbedarf des künstlichen Hangbaues ist nach den früheren Ausführungen zu ermitteln. Mit Rücksicht auf den zum Teil lockeren, aufgeschütteten Boden kann noch ein Zuschlag von 10 bis 30% nötig werden, damit auch die unteren Teile der Hangtafeln genügend Wasser erhalten.

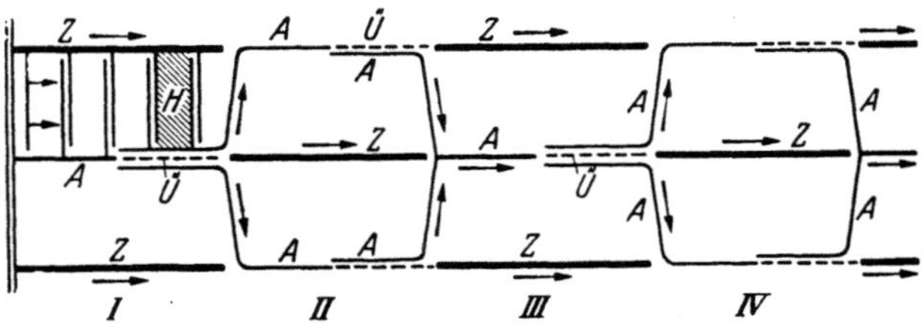

Abb. 316. Künstlicher Hangbau mit Wiederbenutzung des Wassers.

Ob es im Einzelfall vorzuziehen ist, unebenes Gelände mit einem für die Berieselung ausreichenden Gesamtgefälle im ganzen einzuebnen, um eine natürliche Hangberieselung einrichten zu können, oder einzelne Hangtafeln oder Rücken (s. unten) herzustellen, bedarf besonderer Prüfung. Bei etwa gleichen Kosten ist der natürliche Hangbau dem künstlichen vorzuziehen. Werden die Erdarbeiten zu groß, ist die Möglichkeit einer Überstauung zu untersuchen.

Bezüglich der Einzelheiten gelten sinngemäß die Ausführungen beim natürlichen Hangbau.

e) Der Rückenbau. Der Rückenbau kann angewendet werden, wenn das Geländegefälle für einen natürlichen Hangbau nicht ausreicht. In der Regel muß der Rückenbau durch Ab- und Auftrag künstlich hergestellt werden. Ein Rücken besteht aus zwei Tafeln *t* (Abb. 317), die auf den Längsseiten von einer gemeinsamen Rieselrinne *r* und je einer Entwässerungsrinne *e* begrenzt werden, auf den Schmalseiten durch 2 dreieckige Zwickel. Die Rieselrinnen werden durch den Zuleiter *Z* gespeist, die Entwässerungsrinnen münden in den Ableiter *A*.

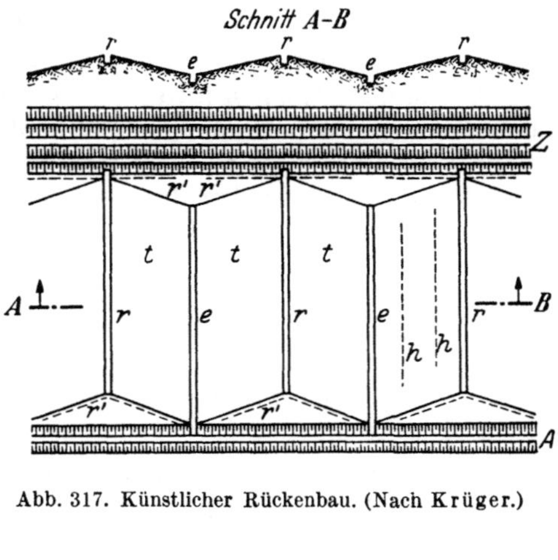

Abb. 317. Künstlicher Rückenbau. (Nach Krüger.)

Die Rieselrinne liegt entweder in sehr schwachem Gefälle oder oft ganz ohne solches, ebenso der First der Rückentafeln, den man in Richtung des natürlichen Geländegefälles zu legen pflegt. Die Entwässerungsrinne und mit ihr die Entwässerungskante werden dagegen mit größerem Gefälle angelegt. Da nun die Rückentafeln im Grundriß die Form eines Parallelogramms haben, so ist ihre Oberfläche eine windschiefe Fläche, deren Gefälle nach dem unteren Ende hin zunimmt.

Die Länge der Rücken treibt man nicht gern über 30 m, weil bei größerer Länge das gleichmäßige Überschlagen des Wassers über die Rieselkante erschwert und daher kein gleichmäßiger Graswuchs erreicht wird. Beschränkt wird ferner die Rückenlänge durch das Geländegefälle. Sie muß um so kleiner sein, je stärker das Gefälle ist, weil sonst die Erdarbeiten für Auf- und Abtrag zu groß und teuer würden. Schließlich ist auch noch die Bodenbeschaffenheit von Einfluß, da bei langen Rieselrinnen in stark durchlässigem Boden eine zu große Versickerung entsteht.

Als Rückenbreite bezeichnet man die Entfernung zwischen zwei benachbarten Entwässerungsrinnen. Diese verteilt sich auf die zwei Rückentafeln, deren Breite man bei Wiesen als ein Vielfaches aus der Schwadenbreite bestimmt, um die Arbeit der Mäher voll auszunutzen. Eine Schwadenbreite beträgt etwa 1,85 m. Daher wechselt die Rückenbreite etwa zwischen 7 und 33 m. Sie ist in der Hauptsache von der Durchlässigkeit des Bodens, dem Seitengefälle der Rücken und dem Zweck der Bewässerung abhängig, nicht zum mindesten aber auch von den Kosten der Erdarbeiten. Denn diese wachsen mit der Rückenbreite, und zwar um so mehr, je stärker das Seitengefälle der Rücken ist. Auf sehr durchlässigen Böden und bei schwachem Seitengefälle schränkt man die Rükkenbreite ein, wenn man mit dem Wasser sparsam umgehen muß. Denn breite Rücken verlangen um so mehr Wasser, je mehr bereits auf dem oberen Teil des Rückens versickert. Auf schweren Böden dagegen haben breite Rücken den Vorteil, daß das Rieselwasser auf der größeren Fläche besser ausgenutzt wird. Dasselbe wird durch eine wiederholte Wasserverwendung erreicht. Für düngende Bewässerung haben schmalere Rücken den Vorteil einer gleichmäßigeren Verteilung der Pflanzennährstoffe.

Abb. 317a. Künstlicher Rückenbau.

Auf breiten Rücken fördert man die gleichmäßige Rieselung wie beim Hangbau dadurch, daß man auf der Rückentafel zwischen Riesel- und Entwässerungsrinne noch besondere Fangrinnen *h* (Abb. 317) gleichlaufend zum Rückenfirst einschneidet. Die beiden dreieckigen Zwickel des Rückens werden aus besonderen Seitenrinnen *r'* berieselt, in die man kleine Hindernisse (Steine) legt, um das Wasser zum Überschlagen zu bringen.

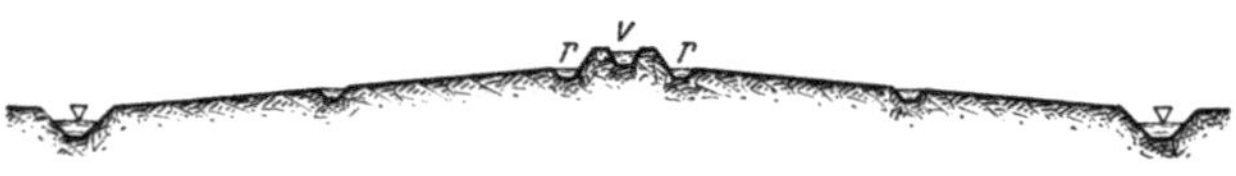

Abb. 318. Rücken mit Verteilgraben.

Will man die Rücken in besonderen Fällen länger als 30 m anlegen, so ist auf dem First ein kleiner Verteilgraben *v* anzuordnen, der sein Wasser an mehreren Stellen an die neben ihm liegenden Rieselrinnen *r* abgibt (Abb. 318). Man kann alsdann auch mehrere kurze Firstrieselrinnen hintereinander herstellen, aus denen das Wasser gleichmäßig überschlägt. Die Rückenlänge findet jedoch stets in den Kosten der Erdarbeiten eine Grenze. Mit abnehmender Breite der Rücken steigt infolge der engen Lage der Rinnen die Wirtschaftserschwernis, der Landverlust und die Unterhaltungslast.

Ist das zu bewässernde Gelände breiter als die zulässige Rückenlänge, so werden mehrere Rückenreihen untereinander angeordnet. Ist das ursprüngliche Geländegefälle so stark, daß die Rieselrinnen der Staffel *II* dieselbe Höhe erhalten wie die Entwässerungsrinnen der Staffel *I*, so kann das Abwasser der letzteren unmittelbar von den Rieselrinnen *II* aufgenommen werden (Abb. 319). Es ist aber durch einen Zuleiter *Z'* dafür zu sorgen, daß den unteren Staffeln auch frisches Wasser gegeben werden kann. Wenn dagegen das Gefälle so schwach ist, daß bei diesem Verfahren die Vorflut für die obere Staffel leiden müßte, so erfolgt die Wiederbenutzung des Wassers erst in der dritten oder vierten Staffel (Abb. 320). Zwischen diesen Staffeln pflegt man die Heuabfuhrwege anzulegen.

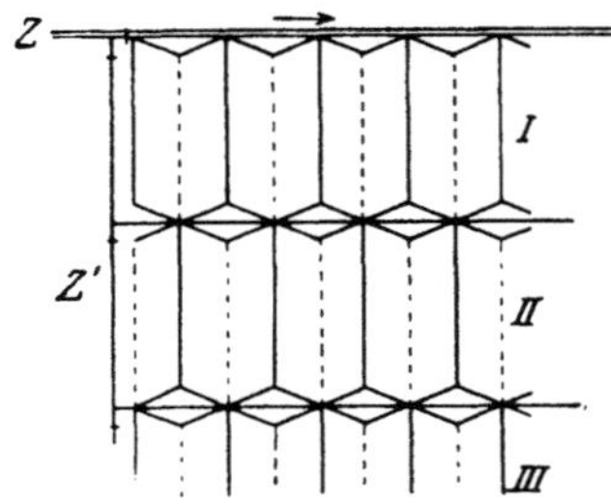

Abb. 319. Staffelrückenbau. (Nach Krüger.)

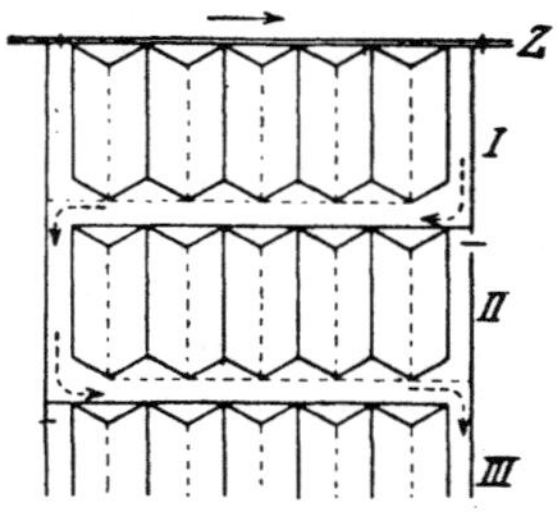

Abb. 320. Staffelrückenbau in schwachem Gefälle. (Nach Krüger.)

Eine für die Bewirtschaftung sehr bequeme Form bildet der Stockwerksrückenbau. Bei ihm liegen die Rücken gleichfalls in der Richtung des Geländegefälles, teils im Einschnitt, teils im Auftrage in großer Länge durch das ganze Bewässerungsgebiet reichend. Jeder Rücken ist für sich derart gestaffelt, daß der Übergang zur anderen Höhe mit einem sanft geneigten Hange vermittelt wird (Abb. 321). Auf dem First liegt ein durchgehender Verteilgraben *v*. Die zwischen den Rücken vorhandene Entwässerungsrinne *a* ist durch eine fast waagerecht liegende Querrinne *r'* mit dem Verteilgraben *v* unterhalb des Hanges verbunden, so daß das abgerieselte Wasser der oberen Staffel in der zunächst unteren wieder benutzt werden kann.

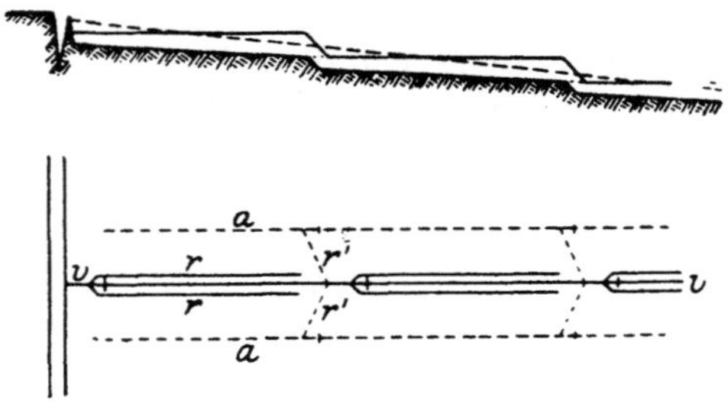

Abb. 321. Stockwerksrückenbau. (Nach Krüger.)

Man kann die Rücken auch quer zum Geländegefälle anordnen, wie es in Abb. 322 geschehen ist. Die Hänge *H* werden im Hangbau berieselt. Das abgerieselte Wasser der Staffel *I* fließt in den Graben *G* und wird auf der Staffel *II* nochmals ausgenutzt, der mittels der Übergangsstrecken *Ü* auch Frischwasser aus dem Zuleiter *Z* gegeben werden kann. *A* ist der Ableiter.

Die Zuleiter *Z* (Abb. 319) werden im Bereich einer Rückengruppe meistens mit schwachem Gefälle (etwa 0,5‰) angelegt. Wegen der Querschnitte der Riesel-, Entwässerungs- und Sammelrinnen vgl. S. 392. Den Entwässerungsrinnen gibt man Gefälle von mindestens 0,5 %.

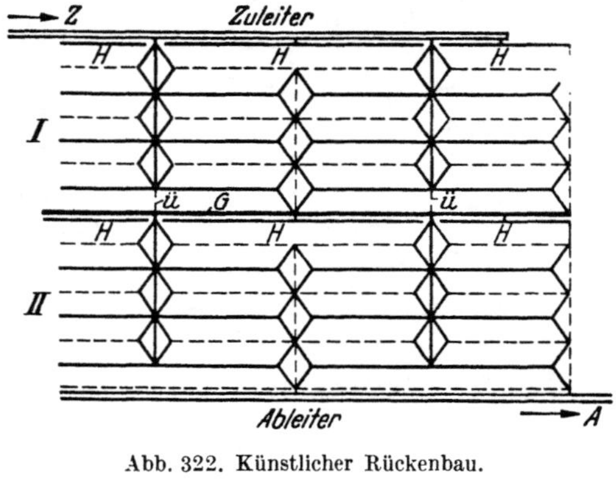

Abb. 322. Künstlicher Rückenbau.

Das Quergefälle der Rücken ist am Anfang am geringsten und am Ende am größten. Als durchschnittliches Quergefälle wählt man etwa 4 bis 6 %. Das geringste Quergefälle erhalten schmale Rücken in schwerem Boden, das größte breite Rücken in leichtem Boden. Bei der Planbearbeitung ist es wichtig, Länge, Breite und Gefälle der Rücken so zu bestimmen, daß die Erdarbeiten tunlichst gering werden.

Der Wasserbedarf des Rückenbaues kann dem des künstlichen Hangbaues gleichgesetzt werden (S. 397).

Um an Erdarbeiten zu sparen, geht man bei der Anlage der Rücken bisweilen schrittweise vor (angedeuteter Rückenbau). An der Stelle, wo die Entwässerungsrinnen liegen sollen, schält man den Rasen in größerer Breite (1 bis 2 m) und baut aus den Rasenstücken in der Mitte zwischen zwei Entwässerungsrinnen eine Rieselrinne auf. Dieser Aufbau wird verstärkt mit dem Aushub aus einem sanft geböschten flachen Graben, der an den Stellen des abgestochenen Rasens ausgehoben wird. Die Verstärkung wird ebenfalls flach geböscht, die Rückentafeln vorbereitend. Von Zeit zu Zeit wird der Ausbau mit der Räumungserde aus den Gräben oder mit besonders angefahrener Erde fortgesetzt. Der sehr langsame Baufortschritt wird etwas beschleunigt, wenn das Rieselwasser viele Sinkstoffe mit sich führt, wie es bei der Rieselung mit Abwasser der Fall ist.

Der Rückenbau wird ebenso wie der künstliche Hangbau wegen seiner hohen Kosten und wegen seiner Wirtschaftserschwernisse heute nur noch selten angewendet. Maschinenarbeit und Weidebetrieb sind kaum möglich.

4. Die unterirdische Bewässerung.

Die unterirdische Bewässerung ist im Auslande, u. a. in Turkestan, Iran und Zentralasien, seit langem sehr verbreitet. Die bei uns in Deutschland angewandten Verfahren sind der Dräneinstau, die Verschlußdränung (Ventildränung), die Dränbewässerung, die Untergrundbewässerung und der Petersensche Wiesenbau.

Der Dräneinstau besteht einfach darin, daß man durch Staue in den Vorflutern den Wasserabfluß einer vorhandenen Dränung zeitweilig aufhebt. Die Verschlußdränung

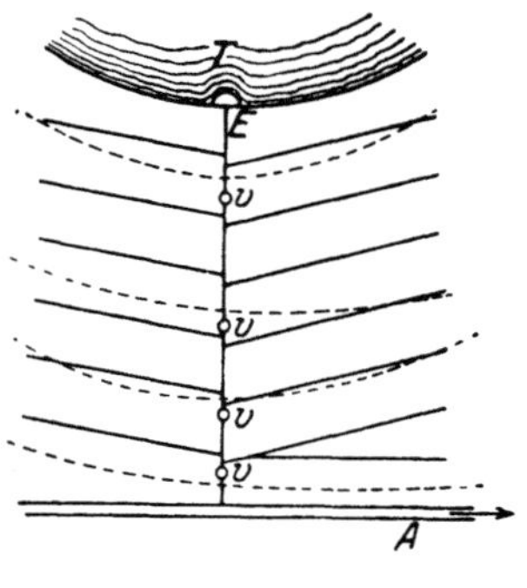

Abb. 323. Dränbewässerung. (Nach Krüger.)

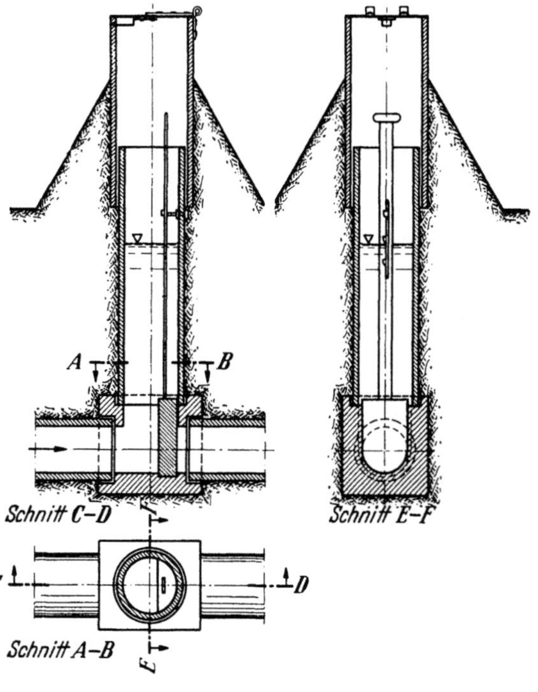

Abb. 324. Stauverschluß von Krause.

wurde bereits auf S. 260 erwähnt. Beide Verfahren entsprechen dem oberirdischen Verfahren des Grabeneinstaues.

Bei der Dränbewässerung wird Wasser in eine mit Stauverschlüssen versehene Dränung eingeleitet. Abb. 323 stellt eine Dränbewässerung mit Speisung aus einem Teiche T dar. Der Einlaß E ist gut zu sichern, damit der Sammler sich nicht verstopft. Dieser mündet in einen Vorfluter A und enthält die Stauverschlüsse *v*, die in verschiedenen Formen hergestellt werden. Abb. 324 zeigt einen Stauverschluß (Bauart Krause) aus Beton ohne Gefälleverlust, wie er von der Firma Habermann & Guckes-Liebold in Holzminden angefertigt wird. Über dem Verschluß sitzt das Rohr, in dem das Wasser ansteigen und seine Standhöhe beobachtet werden kann. Das Rohr reicht nicht in die vom Frost berührte oberste Bodenschicht hinauf, damit es nicht durch den Frost gehoben werden kann. Zu diesem Zwecke ist ein Aufsatzrohr lose übergeschoben. Das durch die Stauverschlüsse gestaute Wasser tritt aus den Stoßfugen der Dräne in den Untergrund. Vgl. auch die Ausführungen S. 252. Zur Bewässerung kann auch das in den Rohren sich sammelnde Grundwasser dienen. Zwei andere Stauverschlüsse sind in den Abb. 325 und 326 dargestellt. Überfallbretter nach Abb. 325 haben den Vorteil, daß man den Stau und damit auch den Grundwasserstand nach Wunsch regeln kann.

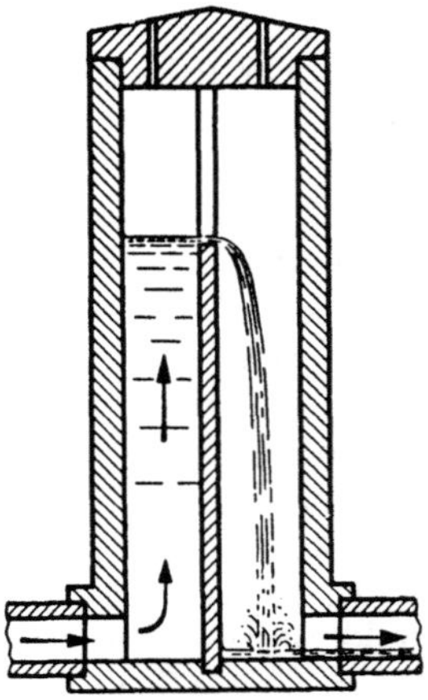

Abb. 325. Stauverschluß mit Überfallbrett.

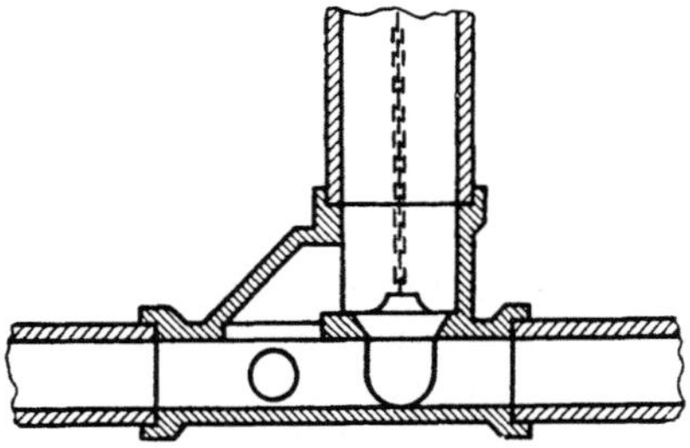

Abb. 326. Stauverschluß mit Ventil.

Die Dränbewässerung findet auf Grünland und Acker Verwendung. Geeignet sind Flächen mit sandiger Oberschicht auf schwer durchlässigem Untergrund, wenn sie durch eine gewöhnliche Dränung im Sommer sonst leicht zu stark entwässert würden.

Die Untergrundbewässerung wird in der Weise durchgeführt, daß man Wasser in flach verlegte Dräne oder andere Rohre einleitet, die oben oder allseitig porig sind. So sind die auf S. 259 erwähnten Kluckhuhn-Rohre in Gärtnereibetrieben zur Untergrundbewässerung verwendet worden, wobei nur der obere Teil der Rohre porig hergestellt wurde. Die Rohre werden etwa 0,4 m tief in Abständen von 0,5 bis 2 m verlegt. Im Gegensatz zur Dränbewässerung erhalten die Rohre keine Stauverschlüsse. Janert hat einen Rohrpflug bauen lassen, der ebenso wie ein Maulwurfdränpflug Hohlgänge im Boden zieht und diese sofort während der Fahrt mit fugenlosen porigen Betonrohren von 3 cm Lichtweite auskleidet. Die Rohre werden etwa 0,4 bis 0,5 m tief und in Abständen von 1,5 bis 3 m mit sehr geringem Gefälle angeordnet und mit Wasser beschickt, sie dürfen nicht unter innerem Überdruck stehen, damit das Wasser nur kapillar vom Boden angesaugt wird. Das Wasser muß rein sein, damit sich die Poren der Rohre nicht zusetzen. Ferner sind standfeste Bodenarten und ebenes Gelände Voraussetzungen für die Anwendung des Verfahrens. Ausreichende Erfahrungen liegen noch nicht vor.

Eine besondere Art der Dränbewässerung wurde zuerst von dem Gutsbesitzer Petersen zu Wittkiel in Schleswig angegeben und seit etwa 1860 vielfach dort angewendet, wo eine ganz intensive Wiesennutzung eingeführt werden sollte. Sie ist unter der Bezeichnung „Petersenscher Wiesenbau" bekannt geworden und besteht in der Verbindung einer Hangbewässerung mit einer Verschlußdränung. Die Sauger und Rieselrinnen werden quer zum stärksten Geländegefälle angelegt. Die Stauverschlüsse werden in die Sammler eingebaut, und zwar in solchen Entfernungen, daß der Stau bis zum nächst oberen Stauverschluß noch genügend hoch reicht, um die Pflanzenwurzeln ausreichend mit Wasser zu versorgen. Der Abstand der Stauverschlüsse kann also um so größer sein, je geringer der zu bewässernde Hang geneigt ist. Über 50 m pflegt man nicht hinauszugehen. Auf stark geneigten Hängen folgen die Stauverschlüsse aufeinander mit einer lotrechten Steigung von etwa 0,5 bis 0,6 m. Die Ausführung der Dränung unterscheidet sich nicht viel von der gewöhnlichen. Den Dränabstand wählt man meistens zu 6 bis 12, höchstens zu 15 m. Die Sauger sollen nicht zu kurz sein, möglichst 120 bis 150 m, um an Stauverschlüssen zu sparen. Zu beachten ist weiter, daß eine besonders gute Sicherung der Stoßfugen durch Umpackungen zweckmäßig ist, um bei der starken Wasserbewegung die Verschlammungsgefahr zu vermindern. Zur Berechnung der Rohrweiten wählt man eine reichliche Abflußspende (1,5 l/s ha).

Der Betrieb spielt sich so ab, daß der Boden zunächst im Winter bei geöffneten Stauverschlüssen gut entwässert und durchlüftet wird. Im zeitigen Frühjahr werden dann die Stauverschlüsse geschlossen und die Flächen etwa 12 bis 24 h berieselt, worauf man unter Öffnung der Verschlüsse eine mehrtägige Entwässerung einschaltet, die man bei mittleren Verhältnissen etwa 6- bis 7mal so lange dauern läßt wie die Bewässerung. Die im Sammler liegenden Verschlüsse sind dabei der Reihe nach zu öffnen, indem man unten beginnt. Der beim Öffnen jedes Verschlusses zur Wirkung kommende starke Wasserdruck bewirkt eine schnelle Entwässerung und ein kräftiges Nachströmen der Außenluft. Gerade ein häufiger Wechsel zwischen Be- und Entwässerung hat sich als besonders vorteilhaft erwiesen. Die wiederholte Durchlüftung und Erwärmung des Bodens spielt dabei eine wesentliche Rolle. Vgl. jedoch den unten erwähnten Nachteil.

Das Verfahren von Wichulla (*131*, *210*) bezweckt ebenfalls eine Anfeuchtung des Untergrundes, ist aber von dem vorstehenden dadurch unterschieden, daß es für Be- und Entwässerung zwei getrennte Scharen von Dränen anwendet. Es hat sich in der Praxis nicht durchgesetzt, ist auch sehr teuer.

Die Verwertung von Abwasser mittels der unterirdischen Bewässerung ist auf S. 441 behandelt.

Die unterirdische Bewässerung besitzt vor der oberirdischen einige Vorzüge: die Felder brauchen überhaupt nicht betreten zu werden und die Verdunstungsverluste an Bewässerungswasser sind belanglos. Der Umstand, daß keine Verdunstungskälte entsteht, wirkt sich je nach der Witterung günstig oder ungünstig aus. Der wichtigste Vorzug ist jedoch darin zu sehen, daß im Gegensatz zu allen übrigen Bewässerungsverfahren das Krümelgefüge der Bodenkrume und damit die Bodengare in keiner Weise beeinträchtigt werden. Im übrigen hängt aber die Wirkung einer unterirdischen Bewässerung in hohem Maße von der Bodenbeschaffenheit ab. Auch wenn man dem Boden nur so viel Wasser zuführt, wie er kapillar zu halten vermag, so nimmt doch in leichten Böden nur die nähere Umgebung der Rohre das Bewässerungswasser auf, weil die Kapillarkraft sehr gering ist. In der Mitte zwischen zwei Rohren und besonders in der humushaltigen und daher verhältnismäßig gut speicherungsfähigen Krume wird das Wasserhaltevermögen nicht ausgenutzt. Gibt man zuviel Wasser, so sinkt ein Teil davon ungenutzt in die Tiefe. Nur dann, wenn unter leichteren Bodenarten in etwa 1,5 bis 2 m Tiefe schwer durchlässige Schichten liegen, durch die die Versickerung verhindert wird, ist der Erfolg ein guter. In schweren Böden treten zwar die vorstehend geschilderten Nachteile nicht oder nur geringfügig auf, doch kann häufig das unterirdisch zugeführte Wasser nicht in genügender Menge kapillar bis zur Krume aufsteigen. Die lockere Krume ist aber hier gerade der wichtigste Speicherraum für Bewässerungswasser. Daher lohnen im allgemeinen die mittelschweren Böden die unterirdische Bewässerung am besten. Auch bei dieser sind die einzelnen Wassergaben nach den auf S. 27 dargelegten Grundsätzen zu ermitteln. Auf dieser Forderung ist das Verfahren von Janert bewußt aufgebaut, während der Grundgedanke des Petersenschen Wiesenbaues einer sachgemäßen modernen Bewässerungstechnik widerspricht, weil hier erheblich mehr Wasser gegeben wird, als der Boden festhalten kann, und daher die Auswaschung einen erheblichen Umfang annimmt.

Ein interessanter Versuch Freckmanns ergab bei Buschbohnen die folgenden Erträge an reifen Samen:

unberegnet	16,00 dz/ha
beregnet (55 mm)	27,11 dz/ha
unterirdisch bewässert (55 mm)	30,79 dz/ha

5. Bewässerungszeiten und Bewässerungsbetrieb.

Die Bewässerung wird zu allen Jahreszeiten ausgeübt. Je nach der Jahreszeit, in der bewässert wird, ist Folgendes zu beachten:

Eine anfeuchtende Winterbewässerung findet bei uns in Deutschland nicht statt. Sie würde auch in der Wachstumsruhe im allgemeinen keinen Zweck haben, da die Pflanzen dann mit ganz geringen Wassermengen auskommen. In besonderen Fällen könnte allerdings eine Auffüllung des Bodenwasservorrats dem Wachstum im nächsten Frühjahr zugute kommen. Die anfeuchtende Berieselung von Grünland würde bei Frost nur Schaden bringen und sich wegen der Eisbildung von selbst verbieten. Dagegen wird eine düngende Überstauung oder Furchenbewässerung auch im Winter häufig durchgeführt, namentlich auf brach liegendem Acker, die Überstauung auch auf Grünland. Man ist bisweilen dazu gezwungen, weil man anfallendes Abwasser unterbringen muß oder weil man die düngende Wirkung eines zu Ausgang des Winters eintretenden Hochwassers ausnutzen möchte. Eine zu lange dauernde Überstauung im Winter hat den Nachteil, daß die günstige Wirkung des Frostes dem Boden vorenthalten wird. Man muß daher auch im Winter stets ausreichend lange Entwässerungszeiten einschalten. Zur Frage der Grünlandüberstauung im Winter vgl. die Ausführungen auf S. 366.

Die Frühjahrsbewässerung des Grünlandes ist mit der größten Vorsicht zu handhaben. Im März und April ist in der Regel noch ausreichend Bodenfeuchtigkeit für das Wachstum vorhanden, viel wichtiger pflegt dann die Wärme zu sein. Will man trotzdem wässern, z. B. zum Zwecke der Düngung oder Bodenreinigung oder zum Schutz gegen Spätfröste, dann darf die Bewässerung nur durchgeführt werden, wenn das Wasser wärmer als die Luft ist. Im Frühjahr soll auch nicht lange hintereinander bewässert werden, vielmehr empfiehlt es sich, nach höchstens einem Wässertage mindestens 6 Tage zu entwässern. Um die Bodenerwärmung durch die warme Luft zu fördern, bewässert man gern während der Nacht und bekämpft damit gleichzeitig die gefährlichen Spätfröste, die besonders in hellen Nächten aufzutreten pflegen. Sobald die Gräser schossen, ist die Bewässerung einzustellen und erst wieder aufzunehmen, wenn Wassermangel eintritt. Man muß im Frühjahr bei der Überstauung besonders vorsichtig sein und die Überstauungsdauer auf ein Kleinstmaß beschränken.

Auf noch nicht bestellten Äckern kann man auch im Frühjahr jede Art der düngenden Bewässerung anwenden, sofern nur die Flächen bis zur Bestellung wieder ausreichend trocken werden. Dem Grünland pflegt jedoch die Bewässerung mit Frühjahrshochwasser unmittelbar vor dem Erwachen des Wachstums mehr zu schaden als zu nützen.

Im Sommer hat die anfeuchtende Bewässerung eine besondere Bedeutung. Wiesen dürfen unmittelbar vor dem Mähen durch die Bewässerung nicht zu weich werden. Gründliche Anfeuchtung nach der ersten Aberntung ist ratsam. Sie verhindert zu starke Ausdörrung des Bodens durch die Sonnenstrahlen. Auch nach der Grummeternte empfiehlt sich in trockener Zeit eine Anfeuchtung. Nur soll man nicht unmittelbar nach dem Schnitt bewässern, da die Pflanzen in dieser Zeit das Wasser nicht so gut ausnutzen wie einige Tage später.

Eine Bewässerung mit Abwasser unmittelbar vor dem Schnitt des Grases ist bedenklich, weil die Pflanzen durch anhaftende Schmutzteile minderwertig werden können. Zu Ackerfrüchten wird die düngende Bewässerung, die ja gleichzeitig anfeuchtend wirkt, im Sommer in der Form der Furchenbewässerung, ausnahmsweise auch der Rieselung durchgeführt (S. 439).

Jede Bewässerung in der Wachstumszeit verlangt eine anschließende gründliche Bewässerungspause (Entwässerung), die um so länger dauern muß, je schwerer der Boden und je nasser die Witterung ist (S. 384). Die Entwässerung ist unbedingt jedesmal so lange auszudehnen, bis der Boden wieder gut durchlüftet und erwärmt ist.

Der Herbst ist die beste Zeit für die düngende Bewässerung mit Bach- und Flußwasser, das in dieser Jahreszeit am meisten Pflanzennährstoffe enthält. Denn der Acker ist zur Winterung frisch gedüngt und aufgelockert, jeder Regen bringt daher Nährstoffe vom Acker in die Gewässer. In der Hauptsache bewässert man im Oktober und November. Auch die düngende Bewässerung mit Abwasser auf Äckern und Grünland ist im Herbst besonders wirksam, da die abgesetzten Sinkstoffe durch den Frost des kommenden Winters mürbe werden. Vor Beginn des Frostes pflegt man die Berieselung des Grünlandes einzustellen, weil manche Wiesenpflanzen leiden, wenn sie mit Eis bedeckt werden. Im Herbst ist eine längere Bewässerungszeit t (S. 385) nicht so gefährlich wie im Sommer, da die Wiesenpflanzen in der Wachstumsruhe weniger empfindlich sind als in der Wachstumszeit.

Um mit einer gegebenen Wassermenge eine möglichst große Fläche zu bewässern, braucht man dasselbe Wasser wiederholt derart, daß man das bei der ersten Bewässerung in den Ableitern (Entwässerungsgräben) gesammelte Wasser von neuem auf tiefer liegende Flächenteile leitet. Dies Verfahren macht keine Schwierigkeiten, wenn die ganze Bewässerungsfläche in starkem Gefälle liegt. Bei schwächerem Gefälle kann man schädlichen Rückstau dadurch vermeiden, daß man das Wasser der ersten Abteilung nicht auf der darunterliegenden zweiten, sondern erst auf der dritten oder vierten wieder benutzt (Abb. 320). Die weitere Leitung des Wassers ist sogar von Vorteil, wenn das durch die erste Bewässerung an Sauerstoff verarmte Wasser auf dem weiteren Wege wieder mit Sauerstoff aus der Luft bereichert wird.

Die Wiederbenutzung des Wassers kommt auch bei der düngenden Bewässerung in Frage. Im allgemeinen ist aber das Wasser bei der ersten Bewässerung an Nährstoffen ärmer geworden. Das muß dadurch berücksichtigt werden, daß man bei der Wiederbenutzung mehr m^3 Wasser je ha verwendet als bei der ersten Bewässerung. Außerdem ist es ratsam, Einrichtungen zu treffen, vermittels derer die in der Hauptsache mit benutztem Wasser versorgten Gebiete ab und an auch frisches Wasser erhalten.

Für den Betrieb der Bewässerung ist es im allgemeinen vorteilhaft, wenn die einzelnen Abteilungen nahezu dieselbe Größe haben.

Da jede Bewässerung nur dann in vollem Maße wirkt, wenn dem Boden nach erfolgter Durchfeuchtung auch wieder Gelegenheit zum Entwässern und Durchlüften gegeben wird, so ist niemals das ganze Bewässerungsgebiet gleichzeitig unter Bewässerung zu setzen, sondern nur teilweise, während der andere Teil entwässert wird. Man nennt das den Wechsel der Bewässerung oder die Bewässerung im Umlauf. Man spricht z. B. von dreifachem Umlauf, wenn gleichzeitig ⅓ des ganzen Gebietes bewässert, ⅔ dagegen entwässert werden. Man ist auf die Bewässerung im Umlauf auch dann angewiesen, wenn das

Bewässerungsgebiet so groß ist, daß die gleichzeitige Verteilung einer verhältnismäßig kleinen sekundlichen Wassermenge auf das ganze Gebiet Schwierigkeiten bereiten würde. Die Umlaufzahl ist von großer Bedeutung für die Gestaltung der Bewässerungsanlagen und muß meistens auf die gewöhnlich zur Verfügung stehende Wassermenge von vornherein abgestellt werden. Allerdings werden Änderungen der Umlaufzahl nötig, sobald die Wassermenge von der gewöhnlichen abweicht; denn die Umlaufzahl muß z. B. bei *NW* oft vergrößert werden. Wird die Bewässerung durch Frost unterbrochen, so wird nach dessen Beendigung der Umlauf dort fortgesetzt, wo er vorher aufhörte.

Die Umlaufzahl n liegt bei den meisten vorhandenen Anlagen etwa zwischen 5 und 20, t (S. 385) zwischen 0,5 und 3 Tagen. Bei neuzeitlichen Anlagen wird man aber häufig zu kürzeren Bewässerungszeiten t und größeren Umlaufzahlen kommen (vgl. S. 395). Da schwerer Boden langsamer trocknet und durchlüftet als leichter, so muß man bei ersterem besonders darauf achten, daß n nicht zu klein wird.

Der Betrieb größerer Bewässerungsanlagen ist ohne die Anstellung eines tüchtigen Wärters und die Aufstellung einer Bewässerungsordnung nicht durchzuführen. Jeder einzelne Grundstücksbesitzer muß aus der Bewässerungsordnung ersehen können, zu welchen Zeiten bei ihm bewässert werden soll, damit er seinen ganzen landwirtschaftlichen Betrieb darauf einstellen kann. Dem Wärter liegt neben dem Bewässerungsbetrieb auch die Unterhaltung der Bewässerungsanlagen ob. Je nach Bedarf wird er zu diesem Zwecke Hilfskräfte annehmen müssen.

Bei der Verteilung der Bewässerungskosten pflegt man sich, wenn irgend möglich, mit überschläglichen Verteilungsmaßstäben zu begnügen. Der Wärter hat über die Bewässerung genau Buch zu führen. Häufig werden die bewässerte Fläche und die Dauer der Bewässerung zugrunde gelegt. Das setzt aber voraus, daß jeder ha in der Zeiteinheit etwa die gleiche Wassermenge derselben Beschaffenheit erhält. Andernfalls muß nach der Wassermenge abgerechnet werden. Dabei ist zu beachten, ob in größeren Gebieten für die weit unterhalb liegenden Flächen mit langer Zuleitung verhältnismäßig hohe Sickerverluste eintreten. Außerdem ist fast stets der Wert des Wassers bei seiner Wiederverwendung geringer als bei der ersten Benutzung, namentlich bei allen düngenden Bewässerungen. Bei der einfachen Überstauung nimmt der Sauerstoffgehalt des nicht bewegten Wassers ab, was für seine Wiederverwendung nicht günstig ist. Daher muß bisweilen auch die Beschaffenheit des Wassers berücksichtigt werden.

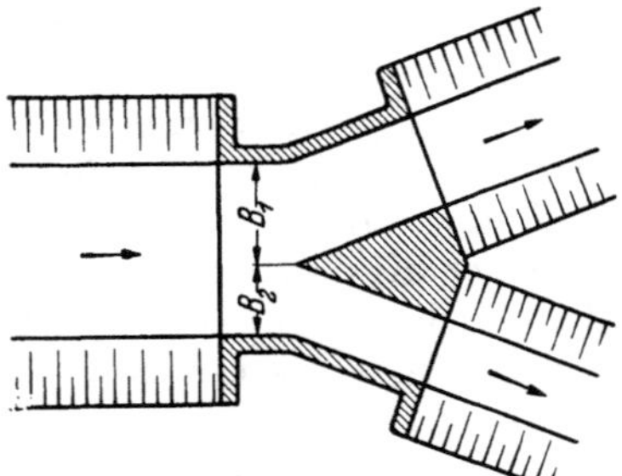

Abb. 327. Verteilungsbauwerk.

Eine gerechte Wasserverteilung wird man in großen Gebieten nur dann vornehmen können, wenn man an einzelnen, besonders geeigneten Stellen Vorrichtungen für eine Messung des sekundlichen Zuflusses einbaut. Als solche sind üblich: Rinnen von bestimmter Breite und bestimmtem Gefälle, Öffnungen bestimmter Abmessungen (Moduli) und Meßwehre (S. 133). Hat man beispielsweise an zwei Stellen des Bewässerungsgebietes zwei gleich lange hölzerne Rinnen gleichen Querschnittes und gleichen Gefälles eingebaut, so kann man den Zufluß so regeln, daß beide Rinnen etwa gleich hoch mit Wasser gefüllt sind und daher, wenn kein Rückstau besteht, den angeschlossenen Abteilungen auch dieselbe sekundliche Wassermenge zuleiten. Auch an der Gabelung eines Zuleiters läßt sich ein einfaches Verteilungsbauwerk errichten (Abb. 327), indem man die beiden Abzweigungen unter dem gleichen Winkel anordnet. Bei senkrechten Wänden rechnet man alsdann genau genug, wenn man eine Wasserverteilung nach dem Verhältnis $B_1 : B_2$ annimmt.

6. Kosten, Unterhaltung und Mehrerträge.

Die Kosten der Stau- und Rieselverfahren schwanken auch bei der gleichen Bewässerungsart je nach der Wassergewinnung, Zuleitung und den für die Herrichtung der Flächen selbst, den sogenannten inneren Ausbau, erforderlichen Arbeiten in sehr weiten Grenzen. Für die nach den örtlichen Verhältnissen außerordentlich wechselnden Kosten der Wassergewinnung und Zuleitung, die bisweilen große Bauwerke und lange Zuleiter nötig machen, lassen sich keine allgemein gültigen Zahlen angeben. Aber auch die Kosten des inneren Ausbaus sind sehr unterschiedlich (vgl. Zahlentafel 156). Die dort aufgeführten Anlagen wurden vor etwa 70 Jahren errichtet. Der innere Ausbau einer wilden Rieselung, einer sehr einfachen Überstauung oder einer Furchenbewässerung ist u. U. schon für 100 RM/ha und weniger zu erstellen (Preise 1938). Im großen Durchschnitt sind die Überstauung und Stauberieselung billiger als der natürliche Hangbau, die Kunstwiesenbauten bei weitem am teuersten. Der innere Ausbau hat seinerzeit bei den Siegener Kunstwiesen etwa 700 bis 1200 M/ha gekostet, bei den hannoverschen im Mittel etwa 600 bis 1000, beim Petersenschen Wiesenbau kann man mit 70 bis 80% dieser Summen rechnen. Als grobe Durchschnittskosten des natürlichen Hangbaues sind 150 bis 400 RM/ha für den inneren Ausbau anzunehmen (Preise 1938).

Zahlentafel 156.

Bewässerungsanlage	Bewässerungsverfahren	ha	Baukosten M/ha insgesamt	Baukosten M/ha innerer Ausbau
Baunach, Unterfranken	Staugrabenrieselung	282	440	360
Föhrbau, Oberfranken	Künstlicher Rückenbau	14,3	3500	1800
Leeste-Brinkum bei Bremen	Stauberieselung	988	200	unbedeutend
Bruchhausen-Syke-Thedinghausen bei Bremen	Stauberieselung	4600	430	55

Die Unterhaltungs- und Betriebskosten der Rieselverfahren (natürlicher Hangbau und Kunstwiesenbau) pflegen 2- bis 3mal so hoch zu sein wie bei der Überstauung und Stauberieselung, sofern diese große Stauabteilungen besitzen. Der Unterschied wird jedoch um so geringer, je kleiner die Stauabteilungen sind. Rieselanlagen können jährlich bis zu etwa 50 RM/ha erfordern (1938).

Über die Kosten der Untergrundbewässerung nach dem Verfahren von Janert liegen bisher nur wenige Erfahrungen vor. Die Herstellung von 1 lfd. m veranschlagte Janert vor 10 Jahren zu 0,12 RM.

Die Mehrerträge der Bewässerungswiesen können sehr erheblich sein, wenn die Anlage richtig betrieben wird. Die bekannten Wässerwiesen des Siegerlandes bringen in den besseren Lagen 70 bis 150 dz/ha Heu in drei Schnitten, während der Durchschnittsertrag zweischüriger nichtbewässerter Wiesen nur 30 bis 40 dz/ha beträgt. In Oberfranken erfuhren die Wiesen durch Rieselanlagen eine Wertsteigerung von 2000 bis 4000 M/ha. Beim Petersenschen Wiesenbau sind schon Erträge von 200 dz/ha und mehr erzielt worden. Durch die Untergrundbewässerung von Janert wurde der Knollen- und Stärkeertrag der Kartoffeln bei einem zweijährigen Versuch auf Sandboden etwa verdoppelt.

Unterhaltung und Betrieb der Bewässerungsanlagen werden am zweckmäßigsten besonderen Wiesenwärtern übertragen, die je etwa 30 bis 60 ha Rieselfläche übernehmen können. Will man die Bewässerung der einzelnen Flächen dem jeweiligen Grundbesitzer überlassen, so sind doch zum mindesten alle gemeinsamen Teile der Anlage (Wassergewinnung, Zuleitung, Ableitung) genossenschaftlich zu betreiben und ist die Wasserzuteilung an die einzelnen Landwirte durch einen Bewässerungsplan genossenschaftlich zu regeln. Für die Unterhaltung der Gräben und Bauwerke gelten die allgemeinen Ausführungen auf S. 210. Doch ist besonders darauf zu achten, daß dichtende Schlammschichten in den Zuleitern erhalten bleiben. Wichtig ist die Bekämpfung der Mäuse und Maulwürfe, durch deren Gänge sehr unerwünschte Wasserverluste entstehen. Die Maulwurfhaufen auf den Rieselhängen stören auch die Gleichmäßigkeit der Wasserverteilung. Aus demselben Grunde sind etwaige Radspuren und Trittlöcher des Weideviehs zu beseitigen. Bei Kunstwiesenbauten wird das Befahren und Beweiden der Hänge vielfach verboten, da die Bodenaufträge nicht fest genug sind. Wird die Bewässerung auf längere Zeit eingestellt, z. B. vor dem Winter, so sind alle kleinen Zubehörteile, wie Staubretter, Schieber, Stechschützen usw., nötigenfalls auszubessern und zusammen aufzubewahren. Meistens werden dann auch die Zuleiter entleert, was aber den Nachteil haben kann, daß eine Dichtungsschicht auf der Sohle und den Böschungen durch Witterungseinflüsse an Wirkung verliert.

H. Die Feldberegnung.

1. Die Bestandteile einer Beregnungsanlage.

In den letzten 30 Jahren hat eine besondere Art der Bodenbewässerung, die Beregnung, sich aus einfachen Anfängen stark entwickelt. Jede Beregnungsanlage besteht aus vier Teilen, der Kraftmaschine, der Pumpe, der Druckrohrleitung und den Regnern. Die von der Kraftmaschine betriebene Pumpe drückt das Wasser durch die Rohrleitung zu den Regnern, die es mittels besonderer Düsen ausspritzen und verteilen.

Für die Wahl der Kraftmaschine ist neben den Anlage- und Betriebskosten namentlich der Umstand von Bedeutung, ob sie ortsfest oder beweglich sein soll. Bei beweglichen Anlagen müssen Kraftmaschine und Pumpe häufig an verschiedene Wasserentnahmestellen gebracht werden. Man kann sie zu diesem Zwecke auf einem Wagen anordnen, falls sie nicht zu schwer sind. Verhältnismäßig leicht ist die Glühkopfmaschine, die für Beregnungsanlagen viel verwendet wird. Auch die Leichtölmaschinen haben nur ein geringes Gewicht, werden jedoch stark abgenutzt und verursachen ziemlich hohe Brennstoffkosten, denn Benzin, Benzol und Petroleum sind erheblich teurer als Rohöl. Wegen ihrer hohen Drehzahl kann man sie mit der Pumpe unmittelbar kuppeln. Leider läßt sich der sehr leichte Elektromotor bei beweglichen Anlagen selten verwenden, weil die Zuleitung des elektrischen Stromes meistens Schwierigkeiten macht. Er wird aber bei ortsfesten Anlagen sehr gern gebraucht, bisweilen kann man auch einen fahrbaren Transformator unmittelbar an die Hochspannungsleitung legen. Der Dieselmotor findet häufige Anwendung, auch die Lokomobile kommt in Frage. Wenn eine solche schon vorhanden ist, kann man sie doch nur selten auch für die Beregnung nutzbar machen; dasselbe gilt vom Trecker. Auch Gas- und Holzgasmotoren finden Verwendung. In besonderen Fällen kann auch der durch die Höhenunterschiede des Geländes bewirkte Naturdruck ausgenutzt werden. Nähere Ausführungen über Kraftmaschinen findet man auf S. 320ff. Man beachte, daß die Lebensdauer beweglicher Anlagen kürzer ist als diejenige ortsfester.

Als Pumpen werden ausschließlich Schleuderpumpen verwendet, und zwar Hochdruck-Zentrifugalpumpen für Weitstrahl- und Feinberegnung, Mitteldruckpumpen für Grobberegnung (guter Wirkungsgrad) und Niederdruckpumpen für Grobberegnung und Berieselung. Bei großen Höhenunterschieden des Geländes nimmt man mehrstufige Pumpen mit Entnahmestutzen an verschiedenen Stufen, um den Druck verändern zu können. Zur Entlüftung dient meistens eine kleine Handflügelpumpe, sonst auch eine von der Kraftmaschine angetriebene Entlüftungspumpe (Wasserring-Luftpumpe). Abb. 328 zeigt eine schwimmende Pumpe, Abb. 329 eine fahrbare Pumpenanlage. Vor die Öffnung des Saugrohres setzt man als Filter einen Weidenkorb oder ein Sieb. Die Maschenweite soll 2 mm kleiner als die Weite des Laufradspaltes sein. In der Saugleitung $c \leqq 2$ m/s. Die Beregnungspumpe wird bisweilen auch als Feuerlöschpumpe eingesetzt.

Abb. 328. Schwimmende Beregnungspumpe.

Abb. 329. Fahrbare Pumpenanlage.

Die Druckrohrleitung kann oberirdisch, unterirdisch oder zum Teil ober-, zum Teil unterirdisch verlegt werden. Man spricht dann von vollbeweglichen, ortsfesten oder teilbeweglichen Anlagen. Die vollbewegliche Anlage besteht in einer von der Wasserentnahmestelle W (Abb. 330) ausgehenden oberirdischen Feldleitung F, von der rechts und links die Zweig- oder Regnerleitungen R abzweigen, die die Regner tragen und nach Beregnung eines Flächenstreifens an einer anderen Stelle der Feldleitung angeschlossen werden, um einen neuen Streifen zu beregnen. Derartige vollbewegliche Anlagen werden bis zu etwa 80 m³ Stundenleistung gebaut. Eine teilbewegliche Anlage ist in Abb. 331 dargestellt. Hier werden die beweglichen Feldleitungen F an die mit Hydranten H versehene unterirdische Stammleitung S angeschlossen, und zwar nacheinander an die verschiedenen Hydranten, um alle Schläge zu beregnen. Mit den teilbeweglichen Anlagen kann man Stundenleistungen bis zu etwa 150 m³ erreichen. Die ortsfeste Anlage besteht aus lauter unterirdischen Rohrleitungen und Hydranten H, von denen aus man mit Weitstrahlregnern (S. 411) die ganze Fläche bestreichen kann (Abb. 332). Stundenleistung bis 350 m³. Der Düsendruck beträgt bei diesen drei Anordnungen etwa 20 bis 40, 30 bis 50 bzw. 60 bis 120 m.

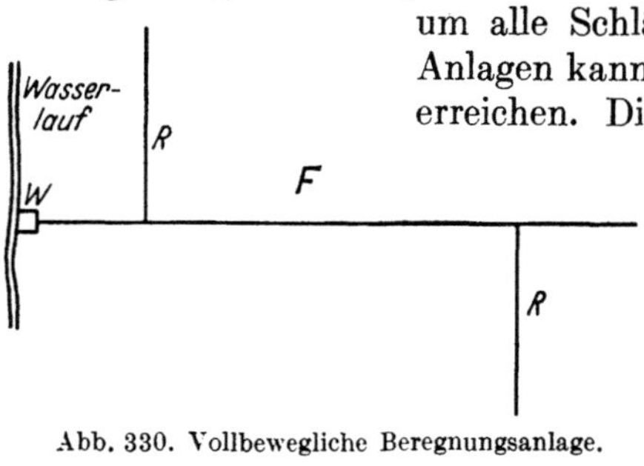

Abb. 330. Vollbewegliche Beregnungsanlage.

Da die beweglichen Leitungen häufig von einer Stelle des Feldes zur nächsten geschafft werden müssen, dürfen die einzelnen Rohrteile nur so schwer sein, daß sie noch ohne zu große Kraftanstrengung von zwei Leuten getragen werden können. Die 5 bis 8, in der Regel 6 m langen Rohre werden aus feuerverzinktem Stahl oder Stahlblech mit 1 bis 2 mm Wandstärke oder aus Aluminium (Wandstärke 2 bis 5 mm) hergestellt, ihre lichte Weite liegt zwischen 30 und 250 mm. Der Vorteil der Aluminiumrohre ist ihr geringes Gewicht. So wiegt ein 6 m langes Stahlrohr von 100 mm Durchmesser etwa 35 kg, ein gleich starkes Stahlblechrohr nur 26 kg und ein entsprechendes Aluminiumrohr gar nur 20 kg. Die Rohre erhalten innen einen Inertolanstrich, der aber nur einige Jahre hält. Aluminiumrohre sind etwa 80 bis 100% teurer als Stahlblechrohre. Ein kräftiger Mann vermag 35 bis 40 kg zu tragen, wenn das Umsetzen einer Regnerleitung in die nächste Stellung mit mehrstündigen Pausen geschieht. Sind die Gewichte größer oder die Pausen kleiner als 3 bis 4 h, so werden 2 oder mehr Leute benötigt. Für größere Rohrtransporte bedient man sich besonderer Rohrtransportwagen oder bei kleinen Anlagen auch gewöhnlicher Ackerwagen. Die einzelnen Rohre werden durch Schnellkupplungen miteinander verbunden, um sie schnell an- und abkuppeln zu können. Dieser von Krause stammende Gedanke hat die Feldberegnung außerordentlich gefördert. An die Kupplungen werden im praktischen Betriebe hohe Anforderungen gestellt. Sie müssen schnell und leicht bedienbar, abwinkelbar, wasserdicht und widerstandsfähig gegen Wasserschläge, Temperaturänderungen und andere Einwirkungen sein. Die Regnerfirmen haben zahlreiche Arten von Schnellkupplungen herausgebracht, von denen diejenigen von Krause, Lanninger, Hydor, Siemens-Schuckert, Hüdig, Perrot und Lochbihler die bekanntesten sind. Bemerkenswert sind die Druckkupplungen, die sich durch den Innendruck der Leitung selbsttätig dichten, und die Lanninger-Kupplungen, die als selbständige Leitungsteile die völlig glatten Rohrenden miteinander verbinden. Als Kupplungsverschlüsse dienen Sperrklinken, Bügel, Hebel, Kniehebel, Gewichtshebel, Kugelgelenke, Bolzen usw. Abb. 333 zeigt eine Schnellkupplung von Lanninger mit Gelenkkniehebel. Die Rohrleitungen legt man meistens auf eiserne Böcke, sogenannte Spreizfüße. In Abb. 334 (S. 410) ist eine Abzweigung mit Schieber dargestellt. Wegen der Ausführung im einzelnen wird auf die Druckschriften der Firmen verwiesen.

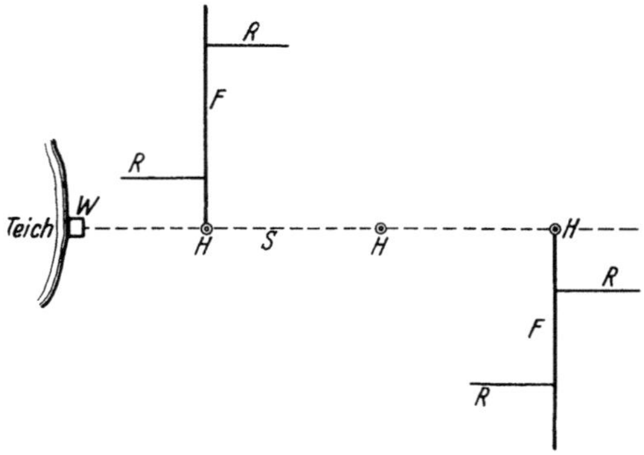

Abb. 331. Teilbewegliche Beregnungsanlage.

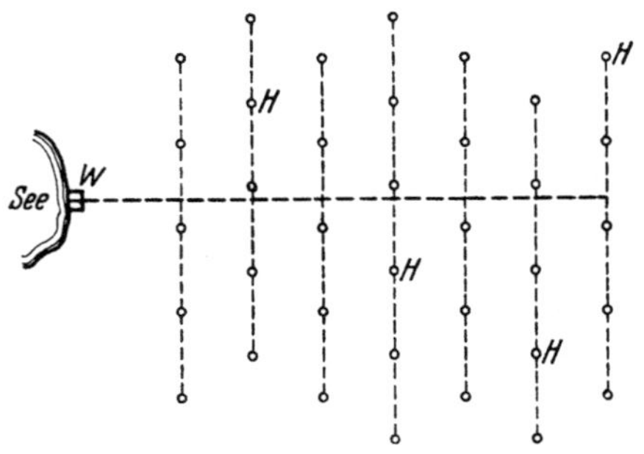

Abb. 332. Ortsfeste Beregnungsanlage.

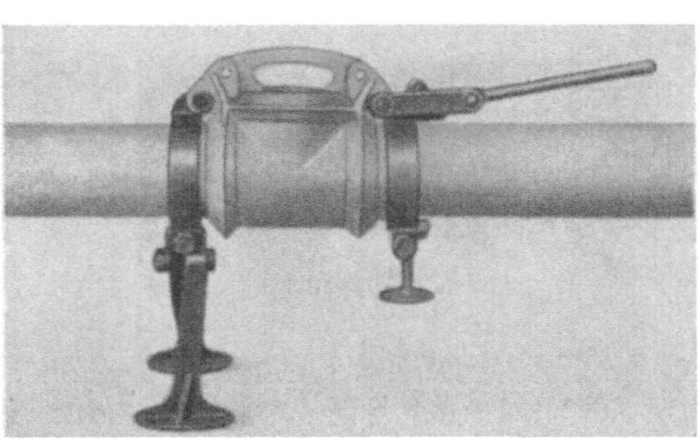

Abb. 333. Schnellkuppelung mit Gelenkkniehebel.

Als unterirdische ortsfeste Leitungen werden verwendet:

Gußrohre, etwa 5 m lang.

Nahtlos gewalzte Stahlmuffenrohre mit Schutzanstrich (Neobitum), außerdem außen mit imprägnierter Jute geschützt, bis zu 16 m lang, Prüfung auf 50 bis 75 atü.

Abb. 334. Abzweigung mit Schieber.

Stahl- und Stahlblechrohre, Baulängen wie vor, 10 bis 30 atü je nach Wandstärke.

Hume-Stahlbetonrohre, Länge bis 4 m, 15 atü.

Eternitrohre (Asbestzement), bis 4 m lang, 6 bis 30 atü je nach Wandstärke. Bei allen Betonrohren ist besonders darauf zu achten, daß auch die Rohrverbindungen hinreichend drucksicher sind.

Holz- und Holzdaubenrohre, im Mittel etwa 6 m lang, mit Spannringen, bis 15 atü.

Ob Zementrohre (Humerohre, Asbestzementrohre) sich bewähren und ob mit ihnen eine Kostenersparnis gegenüber den eisernen erzielt wird, läßt sich noch nicht abschließend beurteilen. Die unterirdischen Leitungen sind an den tiefsten Stellen mit Entleerungsvorrichtungen zu versehen, um sie bei Ausbesserungen und im Winter entleeren zu können. Dann genügt es, die eisernen Leitungen etwa 0,5 bis 0,6 m tief zu verlegen, da Frostschäden bei ihnen nicht vorkommen können. Eine tiefere Lage ist aber geboten, wenn sie auch im Winter zur Verrieselung von Abwasser verwendet werden sollen. Zementrohre sollten stets frostfrei liegen, also mindestens 0,8 bis 1,0 m tief (S. 278). Absperrschieber sind nach Bedarf einzubauen, ihre Lage richtet sich nach der Art des Beregnungsbetriebes (S. 413). Die Hydranten werden als Ober- oder Unterflurhydranten verwendet, letztere erleichtern das Befahren der Fläche.

Abb. 335. Düsenflügel im Betrieb.

Die Regner bestehen aus einfachen Düsen oder aus besonderen Geräten. Bei den Düsenflügeln sind die Rohre oder Kupplungen in gleichen und geringen Abständen mit Düsen versehen, die gleichzeitig einen Geländestreifen beregnen. Je größer der Düsendruck, um so größer auch die Wurfweite. Der Düsendruck ist der Überdruck gegenüber dem Luftdruck, wird also in atü gemessen. Unter der Wurfweite versteht man die waagerechte Entfernung von der Düse bis zu der Stelle, auf die bei Windstille und sich nicht drehendem Strahl die äußersten Tropfen des noch zusammenhängenden Strahls fallen. Die nutzbare Reichweite, mit der man praktisch zu rechnen hat, beträgt bei Regnern mit Gleichrichtern 80 bis 85% der Wurfweite, sonst 70 bis 75%. Vergrößert man nach und nach den Druck einer Kreisdüse, so tritt das Wasser zunächst in Blattform, dann als Strahlenbündel, Wasserschleier und schließlich als Nebel aus. Die festen Düsenflügel beregnen Geländestreifen von 6 bis 14 m Breite und bis zu 200 m Länge. Düsendruck etwa 10 bis 20 m. In Gärtnereien werden auch die schwenkbaren Düsenflügel verwendet, die auf Stützen drehbar gelagert sind und durch einen Wassermotor betrieben werden.

Die Weit- oder Drehstrahlregner besitzen ein drehbares Düsenrohr mit Reichweiten von 12 bis 120 m, also Beregnungsflächen von 450 bis 45000 m². Düsendruck etwa 20 bis 120 m, Düsenweiten rd. 15 bis 50 mm, Verbrauch 10 bis 350 m³/h, Länge der Regnerflügel bis zu 400 m. Der günstigste Neigungswinkel des Strahlrohrs beträgt 30 bis 33°. Die Strahlregler (Gleichrichter) bewirken das Zusammenhalten des Wasserstrahls durch Rippen an der Innenwand des Strahlrohrs oder durch Röhrenbündel im Strahlrohr und erhöhen dadurch die Wurfweite um 10 bis 15 %.

Abb. 336. Weitstrahlregner im Betrieb.

Das Strahlrohr muß in langsame Drehung versetzt werden. Außerdem muß erreicht werden, daß auch die Flächen in nächster Nähe des Regners Wasser erhalten, da der starke Wasserstrahl sich erst in einiger Entfernung vom Regner aufzulösen beginnt und als feiner Regen zu Boden fällt. Zur Drehung des Weitstrahlregners benutzt man die Kraft des ausströmenden Wassers. So arbeitet der Phönix-Weitstrahlregner mit der Rückstoßkraft des Wassers. Durch zwei regelbare Kolbenölbremsen läßt sich die Drehgeschwindigkeit des Regners beliebig einstellen. Siemens-Schuckert leitet den austretenden Wasserstrahl auf einen kleinen Kreisel, dessen Drehung auf den Regner übertragen wird. Besonders einfach wird die Drehung bei dem Propeller-Regner von Märtens erreicht. Ein zweiflügeliger Propeller wird zunächst mit der Hand angeworfen. Bei seinem Durchgang durch den Wasserstrahl erhält er jedesmal einen Stoß, so daß er dauernd in Bewegung bleibt. Jeder Stoß drückt den drehbaren Regner etwas zur Seite, bewirkt also eine ruckartige Drehung. Die Unterbrechung des Strahles beim Durchgang des Propellers hat gleichzeitig die Wirkung, daß auch die in der Nähe des Regners liegenden Flächen genügend Wasser erhalten. Lanninger leitet einen kleinen Triebstrahl auf ein Schaufelrad, dessen Bewegung durch einen Schneckenantrieb auf das Strahlrohr übertragen wird. Der Triebstrahl bewirkt gleichzeitig die Nahberegnung (Innenberegnung) in der Nähe des Regners. Ein solcher Triebstrahl (Hilfsstrahl) ist jedoch bei Abwasser wegen der Verstopfungsgefahr nicht verwendbar. Lanninger ordnet daher bei einer

Abb. 337. Weitstrahlregner.

anderen Bauart ein kleines Turbinenrad am Düsenmundstück an und läßt es durch den Hauptstrahl antreiben. Die dadurch eintretende Strahlstörung dient gleichzeitig der Nahberegnung. Auf dem gleichen Grundsatz beruht der Rüsselregner von Lanninger.

Zur Sicherung einer gleichbleibenden Drehzahl haben sich die Getrieberegner am besten bewährt, bei denen die Drehung durch ein vom Wasser in Bewegung gehaltenes Getriebe zwangsläufig geregelt wird, während der getriebelose Regner mit der Zeit durch Nachlassen der Bremsen, Stopfbüchsen und Lager seine Drehzahl erhöht und dadurch die Wurfweite erheblich verringert. Denn ein zu schnell laufender Weitstrahlregner besitzt einen kometenschweifartig abgebogenen Strahl.

Es gibt zahlreiche Verfahren, um die dem Regner nahen Flächen mit Wasser zu versorgen. Perrot verwendet z. B. einen Draht, der vor der Düse sitzt und in den Strahl eintaucht. Der Draht bewirkt eine Störung des Wasserstrahles und somit eine Nahzerstäubung. Beim Weitstrahlregner von Hüdig-Berlin taucht ein Spritzblech in den Strahl ein. Der Hydor-Regner (Berlin) besitzt ein Hauptstrahlrohr für die äußere Kreisberegnung und ein besonderes Verteilerrohr für die Innenberegnung. Lanninger-Frankfurt a. M. erreicht die Zerstäubung des Wassers zum Zwecke der Nahberegnung durch ein Kreiselrädchen.

Eine besondere Art der Weitstrahlregner ist die Regenkanone von Michaelis, die nach dem Speicherverfahren arbeitet. Sie besitzt einen Druckkessel, in den das Wasser langsam einströmt und dadurch die Luft verdichtet. Sobald eine einstellbare Druckhöhe erreicht ist, öffnet sich ein Ventil. Dadurch wird das Strahlrohr freigegeben und das im Kessel angesammelte Wasser schießt so lange hinaus, bis der Druck im Kessel wieder auf eine bestimmte Höhe gesunken ist. Während des Schusses erfährt das Strahlrohr durch Rückstoß eine kleine ruckartige Drehbewegung, so daß im Laufe der Zeit eine Kreisfläche beregnet wird. Man kann also bei diesem Verfahren mit geringen Rohrdurchmessern der Zuleitung auskommen, weil die Regenkanone auch bei sehr kleiner sekundlicher Wasserzuführung arbeitet. Eine untere Grenze findet der Rohrdurchmesser nur in der gesamten Wassermenge, die in einer bestimmten Zeit auf eine bestimmte Fläche gebracht werden soll.

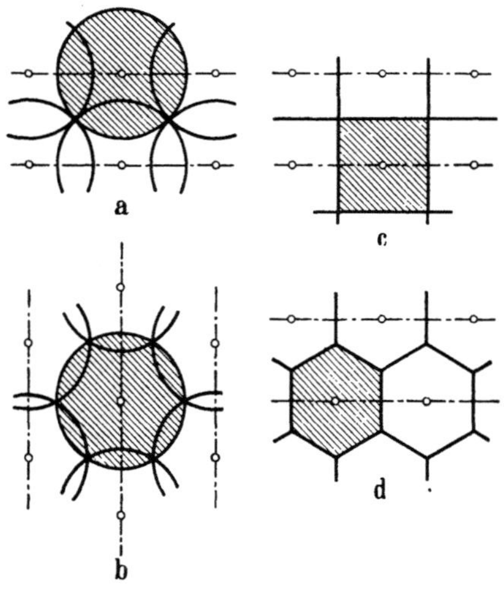

Abb. 338. Kreis-, Quadrat- und Sechseckdüsen.

Der von Lanninger gebaute Umsteuer-Regner beregnet nur ⅔ der Kreisfläche, so daß er im Trocknen umgesetzt werden kann. Er wird an den Enden eines Kreisbogens von 240° durch ein besonderes Getriebe selbsttätig umgesteuert, so daß er abwechselnd in verschiedenen Richtungen läuft.

Die sekundlich durch ein Strahlrohr verregnete Wassermenge ist vom Düsendruck und der Düsenweite abhängig. Will man sie bei gleichbleibendem Düsendruck verändern, so wechselt man das Strahlrohrmundstück gegen ein kleineres oder größeres aus.

Die einzelne Düse beregnet entweder einen Kreis, einen Kreisausschnitt, ein Quadrat oder Rechteck, seltener ein Sechseck (Abb. 338). Im Falle a werden 57 % der Fläche doppelt beregnet, im Falle b nur 21 %. Die meisten Weitstrahlregner beregnen Kreisflächen, manche auch Quadrate bis zu 36 m Seitenlänge (vgl. auch Abb. 344).

Im Winter verwendet man die Regnerrohre auch zum Verrieseln von Abwasser mit geringem Druck (3 bis 5 m), um an Betriebskosten zu sparen. Diesem Zweck dient das Röhrenrieselgerät (Abb. 349). Alle 50 cm befindet sich ein Hahn zur Regelung des Ausflusses, darunter eine Verteilerschaufel, die einen Wasserschleier erzeugt. Klappt man sie herunter, so fließt das Abwasser in geschlossenem Strahl aus (Furchenbewässerung).

2. Der Betrieb.

Der Betrieb einer Beregnungsanlage soll so vor sich gehen, daß während der Arbeitszeit möglichst wenig Regenpausen entstehen. Denn alle Pausen kosten Löhne und, wenn die Pumpe zeitweise gegen geschlossenen Schieber arbeitet, auch Kraft, ohne daß diesen Ausgaben die Beregnung als Wert gegenüber steht. Der Betrieb soll ferner so eingerichtet werden, daß man mit einer Mindestzahl an Arbeitskräften auskommt, soweit es bei der jeweiligen

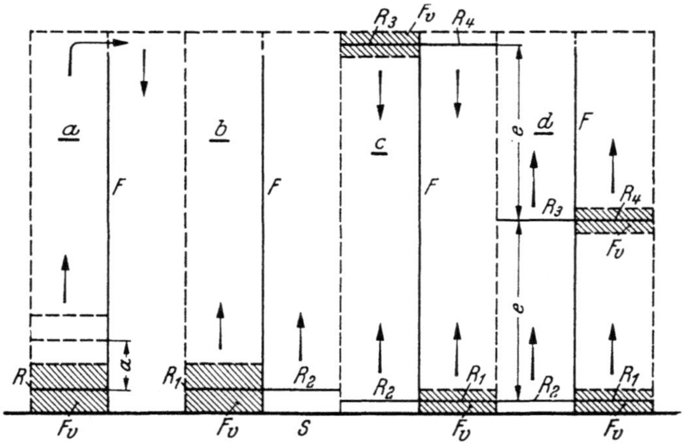

Abb. 339. Arten des Beregnungsbetriebes.

Anlage möglich ist. Das bedingt die Vermeidung unnötiger Wege und die Verwendung nicht zu schwerer Rohre und sonstiger Bauteile, soweit sie häufig versetzt werden müssen.

Die Art des Betriebes hat erheblichen Einfluß auf die Pumpenleistung und die Bedienungskosten. In Abb. 339 sind S die Stammleitung, F die Feldleitungen und R die Düsen- oder Regnerflügel, die also entweder zahlreiche Düsen oder einige Regner tragen. Die Pfeile geben die Vorschubrichtung an.

Beim einseitigen Betrieb (Abb. 339a) muß die Leitung R nach Beregnung der schraffierten Fläche um den Vorschub a vorgetragen werden. Während dieser Arbeit fällt also die Beregnung aus, so daß die Anlage schlecht ausgenutzt wird. Die Bedienungsleute haben in der Beregnungszeit fast nichts zu tun. Der einseitige Betrieb ist daher sehr unzweckmäßig und kommt höchstens in Ausnahmefällen in Frage.

Der einfache Wechselbetrieb (Abb. 339b) vermeidet diesen Nachteil. Denn während der eine Regnerflügel arbeitet, wird der andere vorgeschoben. Man hat somit einen pausenlosen Betrieb. Beide Flügel rücken zusammen vor, so daß die Wege der Bedienungsleute nur kurz sind.

Beim doppelten Wechselbetrieb (Abb. 339c) sind die beiden Flügel R_1 und R_3 gleichzeitig in Tätigkeit, aber jeder nur mit der halben sekundlichen Wassermenge wie in den Fällen a und b. Sobald R_1 und R_3 ausgeregnet haben, werden R_2 und R_4 eingeschaltet und dann R_1 und R_3 vorgeschoben. Einen doppelten Wechselbetrieb in anderer Anordnung stellt Abb. 339d dar. Beide Anordnungen sind hydraulisch günstiger als der einfache Wechselbetrieb, wie die in Zahlentafel 157 enthaltenen Verhältniszahlen der Reibungsverlusthöhen h_r [Gl. (99)] zeigen, sie benötigen aber bei Düsenflügeln doppelt soviel Bedienungsleute wie im Fall *b*. Wenn dagegen die Regnerflügel nur einige Weitstrahlregner speisen, dann kann die Beregnungsdauer der schraffierten Flächen

Zahlentafel 157.

	b	c	d
Mittelwerte h_r . . .	133	100	100
Größtwerte max h_r .	245—260	120—130	145—160
max $h_r/\bar{h}_r$	1,85—1,95	1,20—1,30	1,45—1,60

unter Umständen so lang werden, daß 2 (oder 3) Bedienungsleute alle 4 Regnerflügel bedienen können, insbesondere bei nicht sehr langen Flügeln. Der doppelte Wechselbetrieb ermöglicht auch eine Beschleunigung der Beregnung, was in Trockenperioden sehr wichtig sein kann. Man hat zu diesem Zweck die sekundlich zugeleitete Wassermenge und entsprechend die schraffierten Vorschubflächen F_v zu vergrößern. Andererseits ist jede Verkürzung der Umlaufzeit wieder mit Mehrkosten verbunden, weil entweder größere Rohrdurchmesser erforderlich sind oder höhere Reibungsverluste h_r entstehen. Schließlich werden beim doppelten Wechselbetrieb auch mehr Rohre gebraucht, und es sind mehr Vorschübe erforderlich als beim einfachen.

Die günstigste Betriebsanordnung läßt sich daher im Einzelfall nur durch vergleichende Kostenberechnungen ermitteln.

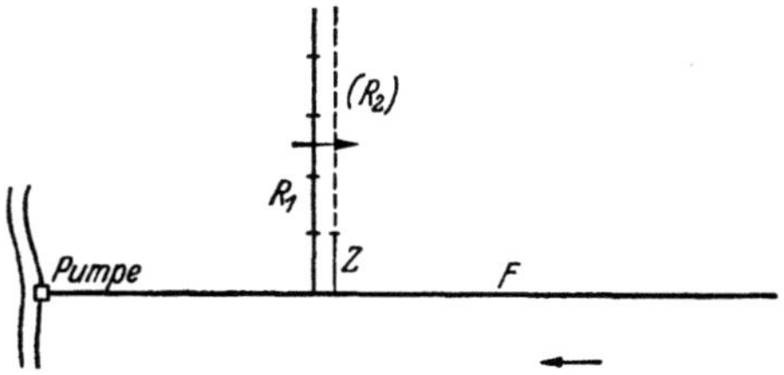

Abb. 340. Betrieb mit Zusatzflügel.

Statt wie in Abb. 339 mit 2 Flügeln R_1 und R_2 zu arbeiten, kann man nach dem Vorschlag von Lanninger auch einen Haupt- und einen Zusatzflügel verwenden, um einen pausenlosen Betrieb von Weitstrahlregnern zu ermöglichen (Abb. 340). Von der Feldleitung F zweigt der Hauptflügel R_1 ab, der $5 \cdot 2 = 10$ Anschlüsse für die Regner besitzt, von denen jeweils 2 gleichzeitig regnen. Der Zusatzflügel Z hat gleichfalls 2 Anschlüsse. Sobald nun aus allen 10 Stellungen der Leitung R_1 beregnet ist, werden 2 Regner auf dem Zusatzflügel in Betrieb gesetzt und der Flügel wird durch Abbau der Leitung R_1 zur vollen Leitung R_2 ausgebaut.

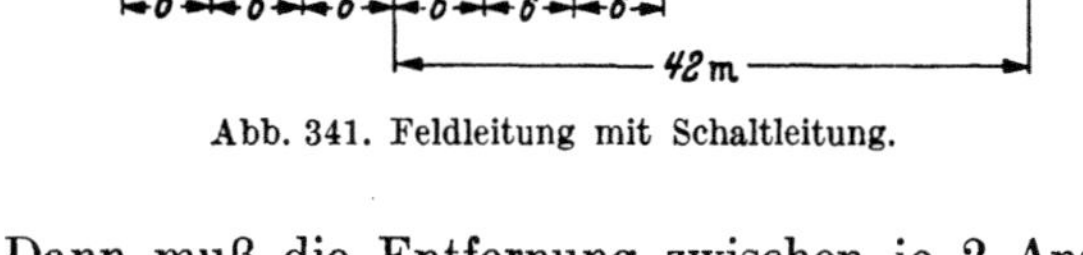

Abb. 341. Feldleitung mit Schaltleitung.

Die Anschlußstellen A, an denen die Regnerflügel das Wasser aus der Feldleitung F beziehen, sind zur Kostenersparnis häufig in größeren Abständen angeordnet (Abb. 341). Dann muß die Entfernung zwischen je 2 Anschlußstellen durch eine Schaltleitung *s* überbrückt werden. Der Regnerflügel wird nacheinander an die Anschlußstutzen *1, 2, 3, 4* der Schaltleitung angeschlossen und nach Umsetzen der Schaltleitung in die gestrichelte Lage an *5, 6* und *7*. Alsdann wird die Schaltleitung mit der nächsten Anschlußstelle A verbunden.

Beim Einsatz von Weitstrahlregnern mit Kreisflächen ist der Dreiecksverband aus den unten angegebenen Gründen wesentlich günstiger als der quadratische (Abb. 338). Die Regnerflügel können, wie Abb. 342 zeigt, mit 90, 60 oder 30° von der Feldleitung abzweigen. Der Winkel von 60° (30°) bietet den Vorteil, daß sämtliche Regnerflügel völlig gleich aufgebaut werden können, was bei 90° nicht der Fall ist.

Bei Weitstrahlregnern mit sehr großer Wurfweite verlegt man das ganze Rohrnetz auch unterirdisch nach Abb. 332. Die hier dargestellte versetzte Anordnung der Hydranten (Abb. 338b) hat vor der quadratischen (Abb. 338a) eine Reihe von Vorteilen. Letztere erfordert 6 % mehr Zweigleitungen, 30 % mehr Hydranten und hat etwa 2½ mal soviel an doppelt beregneter Fläche wie die versetzte Anordnung, gleiche Reichweite der Weitstrahlregner vorausgesetzt. Alle Leitungen werden zweckmäßig in eine Ringleitung eingefügt, um die Rohrwiderstände zu verringern (S. 136) und die Betriebssicherheit zu erhöhen. Ausreichende Absperrmöglichkeiten durch Schieber sind vorzusehen.

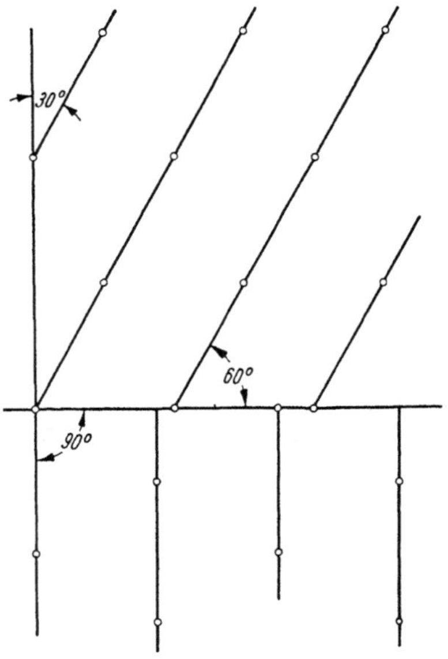

Abb. 342. Anordnung der Regnerflügel.

Sollen mit einer Beregnungsanlage nur solche Kulturen bewässert werden, deren Beregnungszeiten ganz verschieden liegen und sich mit Sicherheit nicht überschneiden, so kann man die hohen Kosten einer ortsfesten Anlage dadurch vermeiden, daß man nach dem Vorschlage von Lanninger ein als Ringleitung angeordnetes oberirdisches Leitungsnetz verlegt und es auf dem betreffenden Schlage so lange liegen läßt, bis er seine letzte Regengabe erhalten hat (Abb. 343), um alsdann mit dem zweiten Schlage in gleicher Weise zu verfahren Trotz ihres großen Rohrbedarfs ist eine solche Anlage doch immer noch erheblich billiger als eine ortsfeste.

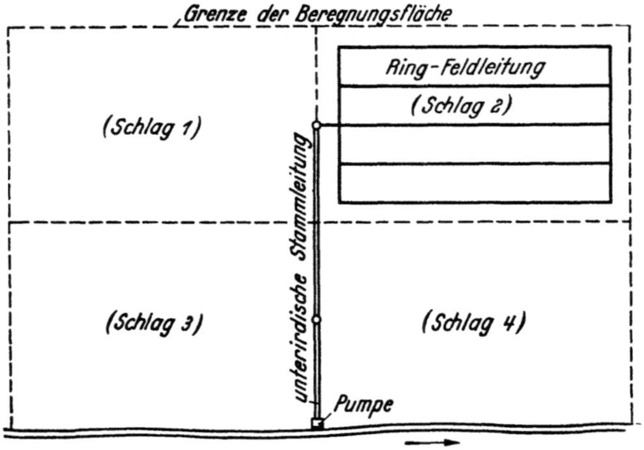

Abb. 343. Ring-Feldleitung.

Die Berieselungsgeräte werden mit einem Verbindungsschlauch an die Hydranten des Regnerflügels angeschlossen und während der Wassergabe abschnittsweise vorgezogen. Da ihre Wasserschüttung nur einen verhältnismäßig geringen Druck verbraucht, wird die Rohrberieselung auch mit einseitigem Betrieb durchgeführt.

Man betreibt die Beregnung als Feinberegnung mit hohem Druck, besonders auf schweren Böden, die sonst leicht verschlämmen, als Grobberegnung mit mittlerem Druck, z. B. zu Kartoffeln auf leichten Böden, oder als Rohrberieselung mit geringem Druck (rauhe Furche, Futterschläge, Weiden). Die Grobberegnung ermöglicht die Verregnung größerer Wassermengen in der Zeiteinheit als die Feinberegnung, beschleunigt also den Umlauf. Eine gute Beregnungsanlage muß imstande sein, diese verschiedenen Forderungen je nach Bedarf zu erfüllen.

Für einen einwandfreien Betrieb sind noch weitere Gesichtspunkte von Bedeutung. Man hüte sich, die Rohrdurchmesser zu knapp zu wählen, um an Anschaffungskosten zu sparen. Reichliche Rohrweiten ermäßigen nicht nur die Pumpkosten, sondern haben außerdem die Wirkung, daß der Düsendruck und die Düsenergiebigkeit (l/s) mit der Entfernung von der Pumpe nicht zu stark abfallen. Je größer die Rohrweiten sind, um so leichter kann man auch in Trockenzeiten den Umlauf beschleunigen, wenn die normale Wassergeschwindigkeit in den Rohren noch eine vorübergehende Steigerung zuläßt. Damit im Zusammenhang steht auch die Frage der täglichen Betriebszeit, für die sich keine schematischen Vorschriften geben lassen. Lange Betriebszeiten fördern die Ausnutzung der ganzen Anlage. Denn ihr Ziel besteht immer darin, einer gegebenen Gesamtfläche eine bestimmte durchschnittliche Beregnungshöhe r (mm) an einer bestimmten Zahl von Tagen zu verabfolgen. Je größer daher die tägliche Betriebszeit ist, um so kleiner wird die sekundliche Wassermenge, die das Rohrnetz zu leisten hat, um so kleiner werden also die Rohrdurchmesser und die Anlagekosten. Der Wert r muß so groß sein, daß die Zeit für den Vorschub nicht zu klein wird und die Bedienungsleute dadurch überlastet werden (meistens $r \geqq 15$ bis 20 mm). Vgl. auch die Ausführungen über Tag- und Nachtberegnung auf S. 417 und beachte, daß für die Nachtarbeit oft besondere Zuschläge zu zahlen sind. Selbstverständlich müssen einige Stunden täglich für unvorhergesehene Betriebsstörungen eingerechnet und muß die Zeit für den Umbau der Anlage berücksichtigt werden.

Die Beregnungszeiten und der Umfang der Beregnung sind weiter unten behandelt. Sie sind wichtig für die Aufstellung des Beregnungsplanes, der bei keinem Entwurf fehlen darf, zumal die Beschaffung einer Beregnungsanlage meistens erhebliche Betriebsumstellungen nach sich zieht. Der Beregnungsplan muß eine Reserve für besondere Dürrezeiten enthalten und kann natürlich nicht schematisch durchgeführt werden, da die Witterung einen großen Unsicherheitsfaktor bildet. Für jede Beregnungsanlage ist die Aufstellung eines Regenmessers zu empfehlen. Der rechtzeitige Einsatz des Kunstregens ist wichtiger als die jährliche Regenhöhe.

Der Beregnungsbetrieb erfordert eine besondere Ausrüstung der Bedienungsleute. Sie sollten eine wasserdichte Kleidung erhalten, zum mindesten aber einen solchen Schurz. Bei warmem Wetter können sie barfuß gehen, müssen aber die Füße einfetten. Sonst sind wasserdichte Stiefel erforderlich. Lanninger erreicht das Vorbringen der Rohre im Trockenen dadurch, daß er mit jeder Düse eines Düsenflügelregners nur eine Drittelkreisfläche beregnen läßt (Abb. 344). Kupplungen, an denen das Wasser beim Nachlassen des Druckes von selbst ausfließt, haben den Vorteil, daß die Entleerung der Rohrleitung beim Öffnen einer Kupplung nicht plötzlich nur an dieser einen Stelle stattfindet.

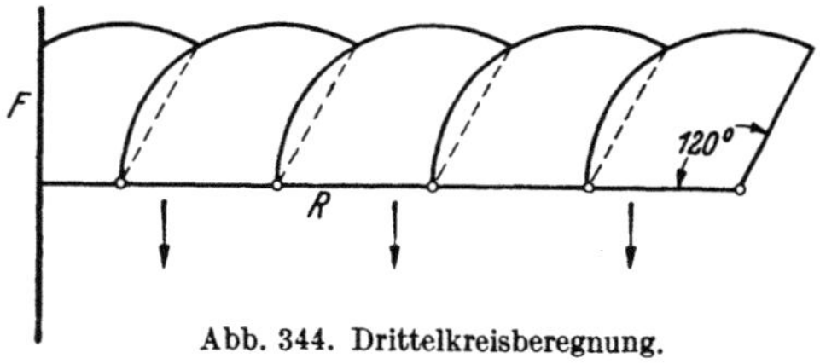

Abb. 344. Drittelkreisberegnung.

Will man die Vorteile der Beregnung für kleine landwirtschaftliche Betriebe ausnutzen, so empfiehlt sich in der Regel ein genossenschaftlicher Zusammenschluß. Bei Ackerberegnung wird dann unter Umständen auch ein gewisser Flurzwang nicht zu vermeiden sein. Eine Erweiterungsmöglichkeit der Anlage sollte von vornherein vorgesehen werden. Die Zweckmäßigkeit des Zusatzes von Jauche oder Kunstdünger zum Beregnungswasser ist zu prüfen.

Ein reibungsloser Betrieb erfordert eine sorgsame Behandlung der Anlage. Wegen der Wartung der Maschinen vgl. S. 361. Die der Frostgefahr ausgesetzten unterirdischen Leitungen sind rechtzeitig zu entleeren. Nach Einstellung der Beregnung im Herbst muß die ganze Anlage überprüft werden, schadhafte Teile sind auszubessern oder es ist sofort Ersatz zu beschaffen, damit die Anlage im Frühjahr völlig betriebsfähig ist. Nötigenfalls ist der Anstrich der Rohre zu erneuern, die beweglichen Teile sind zu reinigen, soweit erforderlich einzufetten und den Winter über trocken zu lagern. Die Gummidichtungen nimmt man heraus, um sie an einem kühlen, feuchten Ort besonders aufzubewahren, damit sie nicht brüchig werden.

3. Die Wirkung der Beregnung.

Die künstliche Beregnung ist zwar dem natürlichen Regen ähnlich, unterscheidet sich aber doch von diesem in mancherlei Hinsicht und erreicht ihn nicht in ihrer Wirkung auf das Pflanzenwachstum. Der Naturregen fällt fast ausnahmslos bei bedecktem Himmel und ziemlich hoher Luftfeuchtigkeit, seine Dichte ist im allgemeinen erheblich geringer als die des Kunstregens. Nach Zahlentafel 70 liegt die Dichte der Dauerregen etwa zwischen 0,02 und 0,03 mm/min. Eine so geringe Regendichte ist beim Kunstregen nicht erreichbar, was ein Nachteil des Kunstregens gegenüber dem natürlichen ist. Die kleinste Regendichte i erzielt man mit der Regenkanone. Unter Einrechnung der Pausen zwischen den einzelnen Schüssen kann hier i kleiner als 0,05 mm/min werden. Trotzdem ist die Wirkung eine andere als beim Naturregen, der ja nicht schußweise, sondern fortlaufend gleichmäßig niederfällt. Nach einem Versuch von Freckmann brachten 205 mm künstlichen Regens denselben Kartoffelertrag (Knollen) wie 98 mm Naturregen.

Die reichlich große Dichte des künstlichen Regens kann ein Verschlämmen der schweren Böden bewirken, und zwar um so mehr, je trockener ihre Krume ist. Ein dichter Pflanzenbestand verringert jedoch die Verschlämmung erheblich. Nötigenfalls muß der Beregnung die Hacke folgen.

Das Wasser des Kunstregens erfährt zwar schon auf dem kurzen Wege, den es durch die Luft zurücklegt, eine merkliche Erwärmung und eine für das Pflanzenwachstum vorteilhafte Anreicherung mit Sauerstoff. Die Sauerstoffanreicherung fördert den Abbau schädlicher Abwassersäuren. Die Erwärmung des künstlichen Regens an der Luft reicht jedoch nicht aus, um die günstige Wirkung der warmen Landregen herbeizuführen. In der Regel bewirkt die starke Dichte des Kunstregens infolge der Verdunstungskälte eine stärkere Abkühlung des Bodens, als es beim Landregen der Fall ist. Bei diesem kann man gelegentlich sogar eine Erwärmung des Bodens beobachten. Es empfiehlt sich daher, Kunstregen möglichst nur dann zu geben, wenn die Lufttemperatur mindestens 17 bis 18° beträgt. Nach Feststellung Freckmanns kann sich der Boden bei der Verregnung nicht temperierten Wassers bis um 3° C abkühlen, was unter Umständen sogar eine Ertragsverminderung bewirkt.

Welche unterschiedliche Wirkung die künstliche Beregnung bei trübem Wetter und bei Sonnenschein hat, bedarf noch weiterer Klärung. Es scheint so, als ob die Beregnung bei trübem Himmel am vorteilhaftesten ist. Die Beregnung bei Sonnenschein hat jedenfalls erhebliche Verluste an Beregnungswasser durch Verdunstung zur Folge. Auf der anderen Seite hat man die Frage aufgeworfen, ob nicht eine Beregnung während der Mittagsstunden den Sättigungsfehlbetrag der Luft verkleinere, dadurch die mittags besonders starke Blattverdunstung verringere und so die Assimilation fördere. Die Frage ist aber noch nicht geklärt. Ein großer Teil des Wassers wird während der Nacht bei Wassermangel im Boden oberirdisch durch die Blätter aufgenommen (S. 73). Ein Versuch mit Buschbohnen ergab bei Nachtberegnung etwa 30% mehr an reifen

Körnern als bei Tagberegnung. Russische Versuche zeigten keinen Ertragsunterschied bei der Beregnung in den Morgen-, Mittags- oder Abendstunden. Wenn auch die Pflanzen das Wasser nachts wahrscheinlich etwas besser ausnutzen als tags (S. 73), so liegt doch nach dem heutigen Stande unseres Wissens kein Grund vor, in der Praxis die Nachtberegnung zu bevorzugen. Man soll aber die großen Verdunstungsverluste in sonnigen Mittagsstunden möglichst vermeiden.

Gegenüber den anderen Bewässerungsverfahren mit Ausnahme der Untergrundbewässerung nutzt die Beregnung das Wasser am besten aus, vorausgesetzt, daß man nicht zu kleine Regengaben gibt, von denen dann ein verhältnismäßig hoher Anteil wieder verdunstet. Sickerverluste treten fast überhaupt nicht ein, so daß besondere Entwässerungsanlagen entbehrlich sind. Doch sind dränbedürftige Flächen zunächst zu dränen, bevor man sie beregnet. Das Wasser darf nicht zu stark zerstäubt werden, da die ganz kleinen Wassertropfen vom Winde zu weit verweht werden. Im großen Durchschnitt ist die Wirkung der künstlichen Beregnung um so besser, je unzureichender die Niederschläge in der Wachstumszeit sind. Einen Anhalt bietet in dieser Hinsicht die Zahl der Dürremonate (S. 98). Daneben ist aber auch die Bodenart von Bedeutung. Humushaltige und lehmige Sandböden scheinen nach den bisherigen Erfahrungen die Beregnung am besten zu lohnen. Sie leiden ja auch bei Trockenheit mehr als die schwereren Bodenarten. Humusarme reine Sandböden sind so durchlässig, daß im Ackerboden bei stärkeren Regengaben ein Teil des Beregnungswassers durch Versickerung verlorengehen kann. Sehr schwere Böden haben bei der Beregnung den Nachteil, daß sie leicht verkrusten und daher wiederholt durch Bearbeitung gelockert werden müssen. Während man früher die künstliche Beregnung auf schweren Böden fast ganz verwarf, haben neuere Erfahrungen gezeigt, daß kleine Regengaben zur Überbrückung einer kritischen Zeit auch auf schweren Böden äußerst lohnend sind. Sie können auch die Rübenernte durch Aufweichen des harten Bodens erleichtern.

Zahlentafel 158.

Bestand	Wichtige Beregnungszeiten	Jährliche Regenhöhe mm
Halmfrüchte	2 bis 3 Wochen vor dem Schossen (Mai) 15 bis 30 mm	30 bis 50
Kartoffeln	Im Beginn der Blüte (Juni oder Juli) 20 bis 30 mm	50 bis 80
Zucker- und Futterrüben	Anfangend etwa Mitte Juli, fortlaufend bis Anfang oder Mitte September	60 bis 120
Luzerne, Klee, Wiese	2 Wochen vor jedem Schnitt je 15 bis 30 mm	50 bis 150
Dauerweiden	Während der gesamten Wachstumszeit	100 bis 250
Zwischenfrüchte	Während der gesamten Wachstumszeit	60 bis 80
Möhren	Anfangend etwa Mitte Juli, fortlaufend bis Mitte August	60 bis 80
Kohl	Anfangend etwa Mitte Juli, fortlaufend bis Anfang September	60 bis 100

Die Wirkung der Beregnung ist in hohem Maße auch davon abhängig, daß man sie weitestgehend auf die besonderen Ansprüche der einzelnen Kulturarten einstellt. Untersuchungen von Brouwer (*17*) haben gezeigt, daß der günstigste Beregnungszeitpunkt bei den verschiedenen Nutzpflanzen ganz verschieden liegt. Schon eine geringe Regengabe vermag zu günstiger Zeit viel wirksamer zu sein als eine wesentlich größere Gabe zu einem anderen Zeitpunkt (Zahlentafel 158).

So kann eine unzeitige Beregnung sogar Schaden bringen durch zu kaltes Wasser, Störungen der Befruchtung in der Blütezeit, zu starke Blattentwicklung, Förderung des Unkrautes usw.

Am besten lohnen die Hackfrüchte die Beregnung, von den Getreidearten besonders der Hafer und der Winterweizen. Wichtig ist aber eine richtige Sortenwahl, da die einzelnen Sorten oft sehr verschieden auf die Beregnung ansprechen. Beim Grünland und Feldfutterbau wird namentlich der Ertrag auch in Dürrezeiten gesichert oder es wird durch die Beregnung überhaupt erst die Möglichkeit geschaffen, auf leichten Böden in niederschlagsarmen Gebieten Dauerweiden oder Futterflächen anzulegen. Natürlich beeinflußt die Beregnung auch das Artenverhältnis des Grünlandes (S. 71), da der Wasserbedarf der Gräser ganz verschieden ist. Die Beregnungsbedürftigkeit einer Wiese ist sehr eingehend zu prüfen (Grundwasserstand!), da die Wasserverhältnisse der Wiesen sehr wechseln. Die Gemüsearten, besonders der Kohl, sind für eine Beregnung sehr dankbar. Daß die Beregnung in ausgesprochenen Trockenjahren für alle Nutzpflanzen günstig ist, bedarf keiner Begründung.

Der etwas ungleichmäßigen Wasserverteilung ist kein nennenswerter Einfluß auf die Gesamtwirkung der Beregnung beizumessen. Am Rande der von einer Düse beregneten Fläche wird die Regendichte geringer, so daß man die einzelnen Flächen sich etwas überschneiden läßt (S. 412). Das ist auch bei Quadrat- und Sechseckdüsen zweckmäßig. Im übrigen werden benachbarte Unregelmäßigkeiten in der Beregnung zu einem Teil schon dadurch ausgeglichen, daß das Wasser sich im Boden verteilt. Ein Düsendruck von 2,5 bis 4 atü ergibt im allgemeinen die gleichmäßigste Wasserverteilung. Schwacher Wind pflegt die Wasserverteilung nicht in störender Weise zu beeinflussen. Starker Wind dagegen kann die feinen Wassertropfen weit fortführen, namentlich bei Weitstrahlregnern. Er stört auch die Gleichmäßigkeit der Wasserverteilung. Die von einer Düse beregnete Fläche verliert unter der Wirkung des Windes ihre ursprüngliche Form. Bei Wind ist daher die Überschneidung der Kreisflächen von Vorteil. Übrigens wird auch die gleichmäßige Verteilung des Naturregens durch stärkeren Wind beeinträchtigt. Bei sehr starkem Wind pflegt man die Beregnung zu unterlassen.

Die Wasserverteilung der Berieselungsgeräte läßt sich durch die Regulierhähne der einzelnen Ausgüsse sehr gleichmäßig einstellen.

Da der Düsendruck um so größer ist, je näher die Pumpe und je niedriger das Gelände ist, so ist die Regendichte auf den einzelnen Flächen verschieden. Der sekundliche Wasserverbrauch einer Düse ändert sich im Verhältnis der Quadratwurzeln aus den Düsendrücken. Innerhalb eines Regnerflügels von 200 bis 300 m Länge sind die Unterschiede nicht groß. Am Anfang und Ende langer Feldleitungen herrschen jedoch häufig sehr verschiedene Düsendrücke. Sinkt z. B. der Druck von 60 auf 20 m, so nimmt die Dichte der Beregnung im Verhältnis 100 : 58 ab. Bei Weitstrahlregnern sind wegen des an sich schon höheren Betriebsdruckes die Schwankungen weniger merkbar. Nötigenfalls gibt man der pumpennahen Düse ein kleineres Mundstück als der weiter entfernten. Man kann die geringere Regendichte auch durch eine längere Beregnungsdauer ausgleichen, oder man versieht die einzelnen Düsen eines Düsenflügels mit Reglerverschlüssen, um ihren Wasserverbrauch einstellen zu können. Der verschiedene Düsendruck beeinflußt jedoch die Wasserverteilung der Düsenflügelregner. Je kleiner er ist, um so größer sind die Wassertropfen, so daß in der Nähe der Düse verhältnismäßig wenig Wasser fällt. Mit wachsendem Druck entstehen mehr feinere Tropfen, die nahe der Düse niederfallen, da das Verhältnis ihrer lebendigen Kraft zum Luftwiderstand sehr gering ist.

Trägt ein Rohr vom Durchmesser D (m) im Abstande l (m) 2 Weitstrahlregner mit gleichem Düsenquerschnitt, so hat die zweite Düse einen kleineren

Düsendruck und eine kleinere Düsenergiebigkeit als die erste (Zahlentafel 159). c vor der ersten Düse = 2,5 m/s, λ in Gl. (99) = 0,03 einschließlich aller sonstigen Verluste. h_d ist der innere Überdruck bei der ersten Düse. Je kleiner h_d und je größer l/D ist, um so größer werden die Unterschiede.

Zahlentafel 159.

	h_d	l/D		
		1000	2000	3000
	m	%	%	%
Abfall der Düsenergiebigkeit der zweiten Düse gegenüber der ersten in %	30	— 4,2	— 8,0	— 11,5
	50	— 2,5	— 4,8	— 7,1
	70	— 1,9	— 3,5	— 5,1
Abfall des Düsendruckes der zweiten Düse gegenüber der ersten in %	30	— 8,3	— 15,3	— 21,6
	50	— 5,0	— 9,4	— 13,7
	70	— 3,8	— 6,8	— 10,0

Die düngende Wirkung der Abwasserverregnung ist weiter unten behandelt (S. 441). Der Einsatz der Beregnung zur Frostbekämpfung bei hochwertigen Kulturen steckt noch in den Anfängen.

4. Wasserbedarf und Wasserbeschaffung.

Der Wasserbedarf bei der anfeuchtenden künstlichen Beregnung ist im Vergleich zu anderen Bewässerungsarten sehr gering. Er ist abhängig von den natürlichen Niederschlägen der Wachstumszeit, der Bodenbeschaffenheit, der Pflanzenart und dem Zeitpunkt der Beregnung. Je geringer die natürlichen Niederschläge sind, um so mehr Kunstregen ist erforderlich. Leichtere Böden beregnet man etwas stärker als schwerere, weil sie unter sonst gleichen Verhältnissen in Trockenzeiten weniger Bodenwasser zur Verfügung haben als die bindigen Böden.

Die Wassermengen, die man den einzelnen Nutzpflanzen zur Anfeuchtung gibt, sind wesentlich von Fragen der Wirtschaftlichkeit abhängig. Ein zur richtigen Zeit gegebener Kunstregen braucht weniger Wasser zu vermitteln, als wenn der günstigste Zeitpunkt nicht eingehalten wird (vgl. S. 418). Im großen Durchschnitt kann man nach den vorliegenden Erfahrungen etwa mit den Regenhöhen der Zahlentafel 158 rechnen. Die Zahlen gelten jedoch nur für den Fall, daß die angegebenen Beregnungszeiten beachtet und daß auch im übrigen die einzelnen Regengaben so gegeben werden, daß keine Wachstumsstockungen durch Dürre eintreten. Man beachte, daß der zusätzliche Wasserbedarf der Weiden, die ständig neues Futter erzeugen müssen, erheblich höher zu sein pflegt als der der Wiesen, zumal diese in der Regel auch noch vom Grundwasser zehren.

Die Höhe der einzelnen Regengabe liegt etwa zwischen 5 und 40 mm. Kleinere Gaben als 10 mm verwendet man nur bei ortsfesten Anlagen, bei beweglichen dagegen, bei denen jede neue Aufstellung Geld kostet, ist es wirtschaftlicher, mindestens 10 bis 20 mm zu geben. Bei sehr kleinen Gaben ist auch der durch Verdunstung ungenutzte Anteil ziemlich groß, in der Nacht geringer als am Tage.

Die in der Zeiteinheit gegebene Regenmenge nennt man die Regendichte (S. 100). Sie wird in mm je min ausgedrückt. Als größte zulässige Regendichten kann man etwa folgende annehmen:

auf leichten Böden . . . . 1,25 mm/min,
auf mittleren Böden . . . 0,75 bis 1,00 mm/min,
auf schweren Böden . . . 0,40 bis 0,60 mm/min.

Weitstrahlregner besitzen eine kleinere Regendichte als Kurzstrahldüsen. Bei ersteren liegt i im allgemeinen zwischen 0,2 und 0,5, bei letzteren zwischen 0,6 und 1,2 mm/min. Um dieselbe Regenhöhe zu geben, brauchen also die Weitstrahlregner mehr Zeit als die Düsenflügel.

Das für eine Beregnung erforderliche Wasser kann aus Wasserläufen, Seen oder aus dem Grundwasser beschafft werden. Auch Abwasser wird mit bestem Erfolg verwendet (S. 441). Bei der Wasserentnahme aus Wasserläufen ist stets zu prüfen, ob auch in trockener Zeit die erforderliche Wassermenge zur Verfügung steht und ob der Entnahme etwa Rechte Dritter entgegenstehen. Die Entnahme aus zuflußlosen kleineren Seen oder Teichen findet eine Grenze in dem vorhandenen Wasservorrat, soweit nicht durch die Absenkung ein Zufluß von Grundwasser bewirkt wird. Oberflächenwasser verdient insofern den Vorzug vor Grundwasser, weil es wärmer und oft auch billiger ist als dieses, häufig auch noch Pflanzennährstoffe enthält. Das Grundwasser ist aus Brunnen zu entnehmen, die in der Regel für Beregnungsanlagen besonders hergestellt werden müssen. Man ordnet sie möglichst im Mittelpunkt der zu beregnenden Fläche an, um die Kosten für das Rohrnetz und den Pumpbetrieb zu verringern. In Zweifelsfällen wird man die Ergiebigkeit der Brunnen durch Pumpversuche feststellen müssen (S. 112). Man kann das Beregnungswasser auch aus den Rohrschächten unterirdischer Leitungen entnehmen, wenn diese nicht unter Druck stehen.

5. Vorzüge, Kosten und Mehrerträge.

Die künstliche Beregnung besitzt vor den meisten anderen Bewässerungsarten eine Reihe von Vorzügen. Sie ist völlig unabhängig von der Geländegestaltung, eine besondere Herrichtung der zu beregnenden Flächen erübrigt sich. Sie kann während der Wachstumszeit zu allen Beständen angewendet werden und gewährleistet daher die größtmögliche Ertragssicherheit, ganz besonders deshalb, weil man kritische Dürrezeiten sofort mit geringen Wassergaben überbrücken kann. Ferner erreicht man durch Kunstregen die sofortige Wirkung der Düngemittel. Die Vermehrung des Zwischenfruchtbaues ist ein weiterer Vorteil. Die Wasserverteilung ist gleichmäßiger als bei dem Rieselverfahren. Der Wasserbedarf ist außerordentlich niedrig, Wasserverluste durch Oberflächenabfluß und Versickerung treten so gut wie gar nicht ein, wenn die Anlagen sachgemäß betrieben werden. Daher ist auch die Gefahr der Auswaschung von Bodennährstoffen wesentlich geringer als bei den meisten anderen Bewässerungsverfahren. Schließlich hat die künstliche Beregnung den Vorteil, daß sie den Pflanzen das Wasser in der natürlichen Form des sauerstoffreichen und in der Regel auch ausreichend warmen Regens vermittelt. Vgl. auch S. 417.

Die Jahreskosten einer Beregnungsanlage setzen sich aus folgenden Teilen zusammen:

1. Verzinsung und Tilgung der Anlagekosten (feste Kosten).
2. Antriebskosten der Kraftmaschine.
3. Löhne.
4. Unterhaltungskosten (z. T. feste Kosten).

Die Anlagekosten lassen sich im Einzelfall nur auf Grund eines eingehenden Kostenanschlages genau berechnen. Vollbewegliche Anlagen kosten etwa 150 bis 400 RM/ha, teilbewegliche 250 bis 1000 und ortsfeste 800 bis 1500 RM (1938). Die Tilgung sollte man stets so ansetzen, daß die gesamte Anlage in spätestens etwa 10 bis 15 Jahren abgeschrieben ist. Je weniger bewegliche Teile die Anlage enthält und je sorgfältiger sie unterhalten wird, um so länger ist ihre Lebensdauer. Mangelhaft unterhaltene bewegliche Anlagen sind meistens nach etwa 10 Jahren verbraucht, während ortsfeste 15 bis 20 Jahre und länger halten. Aluminium besitzt eine längere Nutzungsdauer als Stahl und Stahlblech, etwa 15 bis 20, höchstens 25 Jahre gegenüber 10 bis höchstens 15 Jahren bei Stahl.

Wegen der Lebensdauer der Maschinen vgl. S. 359. Die Verzinsung und Tilgung der Anlagekosten K (in DM/ha) ist in jedem Jahre erforderlich ohne Rücksicht darauf, ob viel oder wenig beregnet wird (feste Kosten). Setzt man dafür rund 10% ein und bezeichnet man mit R die jeweilige Jahresregenhöhe in mm, so wird 1 m³ verregnetes Wasser mit K/R Pfg. belastet. Je kleiner also R ist, um so mehr muß man bestrebt sein, auch K niedrig zu halten, um nicht zu hohe feste Kosten zu bekommen. Daher sind die teuren ortsfesten Anlagen nur dann lohnend, wenn eine große jährliche Regenhöhe R gegeben werden soll und wenn gleichzeitig gegenüber einer beweglichen Anlage noch besonders an Bedienungskosten gespart wird, da häufige kleine Einzelregengaben beabsichtigt sind.

Die Antriebskosten der Kraftmaschine werden von den Kosten der Betriebsmittel (elektrischer Strom, Brennstoffe) wesentlich beeinflußt. Der Nachtbetrieb hat den Vorteil, daß Nachtstrom billiger als Tagstrom ist. Die Antriebskosten schwanken etwa zwischen 2 und 7 Pfg. je m³ Wasser (1936).

Die Höhe der Lohnkosten ist in erster Linie von der Betriebsart abhängig. Ortsfeste Anlagen mit Weitstrahlregnern und elektrischem Antrieb bedürfen meistens nur eines Mannes, der den Elektromotor anstellt sowie auf dem Felde die Absperrschieber und Regner bedient. Nur bei großer Regendichte i und kleinen Einzelgaben wird man bisweilen mit zwei Bedienungsleuten rechnen müssen. Bei Dieselantrieb braucht man in der Regel noch einen besonderen Maschinenwärter.

Wesentlich größer sind die Lohnkosten bei vollbeweglichen Anlagen. Sie entstehen durch den Umbau und Vorschub. Unter Umbau versteht man die Beförderung der beweglichen Teile bei Verlegung der Feldleitung. Die Kosten sind von Fall zu Fall zu ermitteln und fallen sehr verschieden aus, da sie von der Häufigkeit des Umbaues und von den Entfernungen abhängig sind. Man setzt dabei in der Regel eine besondere Mannschaft ein, die die Rohre auf einen Wagen verlädt und so zur neuen Stelle schafft. Schonnopp ermittelte bei vollbeweglichen Anlagen von etwa 50 m³ Stundenleistung Umbaukosten von 1,0 bis 2,4 Pfg./m³ (1936). Im großen Durchschnitt kann man annehmen, daß die Umbaukosten vollbeweglicher Anlagen unter gewöhnlichen Verhältnissen 10 bis 20% der gesamten Betriebskosten (Antriebskosten, Löhne, Fuhren) betragen. Bei teilbeweglichen Anlagen können sie auf einige Hundertteile sinken.

Der Vorschub ist das Vortragen der Regnerleitungen und Regner längs der Feldleitung. Man trägt entweder die Rohre einzeln vor oder 2 bis 4 zusammen, um an Kupplungsarbeit zu sparen. Bei einer sekundlichen Leistung bis zu etwa 20 l braucht man bei einer zweiflügeligen Düsenregneranlage 2 bis 3 Mann. Das setzt aber voraus, daß 1 Mann nicht mehr als etwa 35 bis 40 kg zu tragen hat (S. 408). Die Verwendung der leichten Aluminiumrohre kann die Lohnkosten herabsetzen. Verlegbare Weitstrahlregner bedürfen zum Vorschub bei 20 bis 30 l sekundlicher Leistung nur etwa halb so hohe Bedienungskosten. Man kommt bei ihnen mit 1 bis 2 Bedienungsleuten aus, mit 1 Mann jedoch nur dann, wenn die Rohre von ihm ohne Überanstrengung getragen werden können. Bei der großen Mannigfaltigkeit der Anordnungen wird man, sofern nicht praktische Erfahrungen aus gleichen Anordnungen vorliegen, sich ein genaues Bild über die von den Bedienungsleuten beim Vorschub zurückzulegenden Wege machen müssen, desgleichen über die Gewichte, die von 1 oder 2 Mann zu tragen sind. Als mittlere Wegegeschwindigkeit unter Einschluß der Zeit für Ab- und Ankuppeln können bei eingearbeiteten Leuten 2,5 bis 3,5 min für je 100 m gerechnet werden. Aus der Höhe der Regengabe und aus der Regendichte ergibt sich die Zeit, die für den Vorschub zur Verfügung steht. Wenn z. B. ein aus 6 m langen Düsenrohren bestehender 120 m langer Regnerflügel um 12 m vorgetragen werden soll, so sind die in Abb. 345 (S. 424) durch eine strichpunktierte Linie dargestellten Wegestrecken zurückzulegen, d. s. rund 500 m, wozu etwa 13 bis 17 min erforderlich sind. Sollen 15 mm Regen mit einer Regendichte von

Zahlentafel 160.

Lage	Bodenart	Bestand (Regenhöhe)	Ernte in dz/ha unberegnet	Ernte in dz/ha beregnet	Mehrertrag dz/ha	Schriftenverzeichnis	Bemerkungen
Mark Brandenburg	Leichter Sandboden	Futterrüben (126 mm)	241	666	425	*61*	Jahr 1934
Letzlinger Heide	Grober Sand	Gemenge (54 mm)	6,1 11,7	13,3 26,8	7,2 15,1	*61*	Sommerroggen — Hafer Oben Körner, unten Stroh
Schlesien	Lehmiger Sand	Hafer (36 mm)	11,5 22,5	21,0 36,0	9,5 13,5	*61*	Petkuser Gelbhafer. Oben Körner, unten Stroh
Tschechnitz	Tonig mit sandigen Beimengungen	Weide (50 mm)	2790 kg	3670 kg	880 kg	*194* (S. 130)	Jahr 1931. Milchertrag in kg/ha
		„ (150 mm)	3539 kg	5716 kg	2177 kg		Jahr 1930. Milchertrag in kg/ha
Spandau	Leichter Sandboden	Frühkartoffeln (20 mm)	271	343	72	*194* (S. 155)	Jahr 1932
		Spätkartoffeln (18 mm)	293	391	98		Jahr 1931
		„ (20 mm)	247	311	64		Jahr 1931
		„ (60 mm)	247	340	93		Jahr 1931
		Hafer (15 mm)	28,8	32,2	3,4		Jahr 1932
		„ (20 mm)	24,3	34,3	10,0		Jahr 1931
		„ (35 mm)	24,3	30,4	6,1		Jahr 1931
		Grünland (150 mm)	110	196	86		Jahr 1931. 150 mm in Gaben von je 15, 80 mm in Gaben von je 5 mm
		„ (80 mm)	110	189	79		
		„ (105 mm)	64	102	38		Jahr 1932. Es handelt sich um die ersten beiden von drei Schnitten
		„ (75 mm)	64	97	33		
Dahlem	Lehmiger Sand	Wiese (175 mm)	89	97	8	*61*	Jahr 1934. Heu
Schlesien	Aueboden	Kartoffeln (25 mm)	213	275	62	*61*	Jahr 1934
Klingenberg (Neckar)	Milder Lehm	Frühkohl (60 mm)	205	285	80	*78*	Jahr 1919
		Weißkohl (60 mm)	310	470	160		
		Wirsingkohl (60 mm)	220	355	135		
		Rotkohl (60 mm)	185	315	130		
		Gelbe Rüben (60 mm)	290	370	80		
		Erbsen, grün (60 mm)	78	115	37		
		Frühkartoffeln (60 mm)	85	125	40		
		Tomaten (40 mm)	90	107	17		

0,6 mm/min gegeben werden, so bleibt ein Regnerflügel jedesmal 25 min in seiner Stellung. Es ist daher hinreichend Zeit für den Vorschub vorhanden. Nach den Gewichten der Rohre ist weiter zu untersuchen, ob für den Vorschub 2 Leute nötig sind oder einer die Arbeit mit ausreichenden Ruhepausen leisten kann. Im großen Durchschnitt kostet der Vorschub bei beweglichen und halbbeweglichen Anlagen 1,5 bis 4,5 Pfg./m³ (1936).

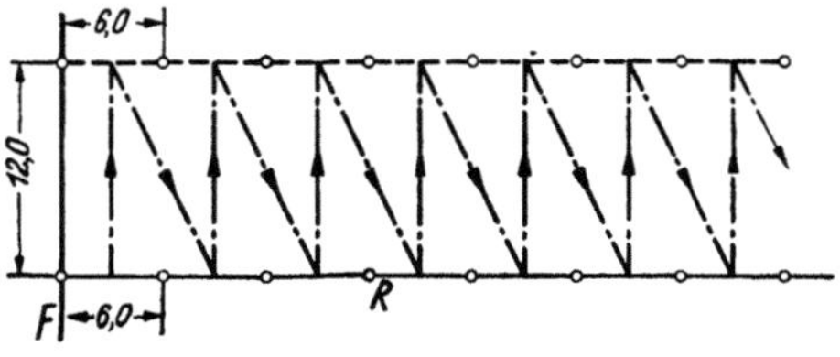

Abb. 345. Wegestrecken beim Vorschub.

Die gesamten Betriebskosten (Antrieb, Umbau und Vorschub) einer Beregnungsanlage liegen meistens zwischen 5 und 10 Pfg./m³ (1936).

Die Unterhaltung setzt sich zusammen aus der Unterhaltung der Pumpanlage einschließlich eines etwaigen Maschinenhauses (S. 359), der unterirdischen Rohrleitungen und der oberirdischen Teile. Für die unterirdischen Leitungen rechne man mit 0,5 bis 1,5 %, für die oberirdischen Teile mit 1,5 bis 2,0 % des Anschaffungswertes als durchschnittliche jährliche Unterhaltungskosten.

Die Zahlen über die Kosten eines m³ verregneten Wassers liegen zwischen so weiten Grenzen, daß sie für Wirtschaftlichkeitsberechnungen im Einzelfall nicht brauchbar sind. Man prüft vielmehr die Wirtschaftlichkeit einer Regenanlage auf Grund einer besonderen Kostenberechnung (S. 427).

Für die durch anfeuchtende künstliche Beregnung erzielten Mehrerträge liegen zahlreiche Ermittlungen vor. In den Zahlentafeln 160 (S. 423) und 161 sind einige Ertragssteigerungen zusammengestellt (Zahlentafel 161 nach Schonnopp).

Zahlentafel 161.

Bestand	Gebiet	Jahr	Regenhöhe mm	Mehrertrag dz/ha	Bemerkungen
Winterweizen . . .	Schlesien	1934	36	9,5 + 13,5	Körner und Stroh
,, . . .	,,	1934	75	5,0 + 9,0	,, ,, ,,
Hafer	Brandenburg	1929	20	11,2 + 13,6	,, ,, ,,
,, ...	Grenzmark	1933	20	4,2 + 6,4	,, ,, ,,
Sommergerste . .	Brandenburg	1932	15	8,8 + 8,0	,, ,, ,,
Frühkartoffeln . .	Pommern	1932	59	31,5 + 9,4	Speise- und Futterware
,, . .	Provinz Sachsen	1930	35	26,0 + 6,0	,, ,, ,,
,, . .	Rheinpfalz	1934	30	12,0 + 11,0	,, ,, ,,
Spätkartoffeln . .	Grenzmark	1933	40	58,4 (15,4)	Knollen (Stärke)
,, . .	Schlesien	1934	18	55,5	Knollen
,, . .	Brandenburg	1932	20	91,0	,,
Zuckerrüben . . .	Schlesien	1930	140	18,7 + 202,6	Rüben und Blätter
,, . . .	Niederösterreich	1933	75	68,4	Rüben
,, . . .	Brandenburg	1930	40	66,1 + 68,4	Rüben und Blätter
Grüne Bohnen . .	,,	1934	40	102,8	—
,, . .	Pommern	1930	82	53,2	—
Möhren	,,	1932	59	187,7 + 2,7	Speise- und Futterware
,, ...	,,	1933	25	109,5 + 33,0	,, ,, ,,
Sonnenblumen . .	Brandenburg	Durchschnitt 1932/33	115	304,2	grüne Masse (Zwischenfrucht)

Beim Getreide liegt der Mehrertrag zum Teil auch in den Erträgen des Zwischenfruchtbaues, was in den Zahlentafeln nicht zum Ausdruck kommt. Eine erfolgreiche Weideberegnung verlangt einen leistungsfähigen Viehstand. Zu beachten ist, daß der Mehrertrag einer Beregnung nicht so sehr durch die Höhe der gesamten Regengabe als vielmehr von den Einzelgaben und deren Zeitpunkt beeinflußt wird. Viele Versuche haben ergeben, daß der Stärkegehalt der Kartoffeln (in %) und der Zuckergehalt der Zuckerrüben durch Beregnung eher zu- als abnehmen. Die Beregnung erhöht auch die Knollengröße der Kartoffeln. So wurde bei einem Versuch festgestellt: unberegnet 197 dz/ha gesunde und große Knollen, 125 dz/ha glasige und kleine, dagegen beregnet 294 große und 35 kleine. Auch in dieser Wirkung liegt bei Speisekartoffeln ein erheblicher wirtschaftlicher Erfolg. Besonders stark ist der Einfluß der Beregnung, wenn infolge Trockenheit die Saat nicht aufläuft oder die jungen Pflanzen sich nicht entwickeln wollen: Futterrüben auf Sand brachten unberegnet nur 241 dz/ha, beregnet mit 126 mm dagegen 666. Die Beregnungsanlage sichert auch die Ausnutzung des Kunstdüngers, der bei Wassermangel nicht gelöst wird.

Es ist selbstverständlich, daß der durch die Beregnung bewirkte Mehrertrag eine entsprechend stärkere Düngung erfordert. Auch darüber liegen zahlreiche Versuche vor, aus denen sich ergibt, daß man mit der Wasserzufuhr auch die Düngerzufuhr entsprechend steigern muß, um Höchsterträge zu erzielen. Außerdem wirkt die Beregnung humuszehrend, so daß auch für eine kräftige Kompost- oder Stallmistdüngung zu sorgen ist. Bei Hackfrüchten erreicht man durch Hacken nach der Beregnung eine Verringerung der Verdunstung und dadurch eine besonders gute Ausnutzung der gegebenen Wassermengen.

6. Berechnungen.

Zur Berechnung der Rohrweiten bedient man sich der Gleichung

$$D = 40\sqrt{\frac{q}{c}}. \qquad (273)$$

D = innerer Rohrdurchmesser in mm. Etwa 10% Verringerung des Durchmessers durch Verkrustungen usw. sind in der Gleichung bereits berücksichtigt.
q = Wassermenge in l/s.
c = Wassergeschwindigkeit in m/s.

Größere Wassergeschwindigkeiten als 2,5 m/s sind unerwünscht, da die Druckverluste im Rohr um so größer werden, je größer c ist.

Für die Berechnung des Widerstandes in den Rohrleitungen geht man von Gl. (99) aus. Oehler (*193, 150*) hat Versuche über die Leitwiderstände von Schnellkupplungsrohren angestellt und dabei den Wert λ nach Lang gewählt mit $a = 0{,}020$ [Gl. (155)]. Für $l = 100$ m erhält man

$$h_r = \varrho \frac{c^2}{D}, \qquad (274)$$

$$\varrho = \frac{100 \cdot \lambda}{2g}.$$

Zahlentafel 162.

Lichtweite des Rohres mm	Wassergeschwindigkeit in m/s 2,0	2,5	3,0
40	0,134	0,131	0,129
60	0,129	0,126	0,124
80	0,125	0,123	0,121
100	0,123	0,120	0,119
120	0,121	0,119	0,117

Die Werte ϱ sind aus der obenstehenden Zahlentafel zu entnehmen.

Oehler fand nebenstehende Abweichungen ε als Verhältnis der gemessenen zu den nach Gl. (274) berechneten Werten. Der Widerstand in den Regnerleitungen ist nicht nur von der Wandreibung, sondern auch von den Druckverlusten in den Kupplungen abhängig. Ungünstig wirken Schweißnähte, desgleichen die Innenteerung der Rohre. Oehler fand bei Lichtweiten von 70 bis 100 mm

Zahlentafel 163.

Lichtweite des Rohres mm	Werte ε für ein geschweißtes Blechrohr	nahtloses Rohr	nahtloses Rohr
40	1,23	0,88	0,81
60	0,91	0,81	0,76
80	0,84	0,75	0,72
100	0,82	0,72	0,69
120	—	0,70	0,67

und $c = 2{,}80$ m/s eine Widerstandsvergrößerung durch die Innenteerung um etwa 10% (*193, 161*). In den Kupplungen sind es die mehr oder minder starken Wirbelbildungen, die den Druckverlust erzeugen.

Besondere Widerstände entstehen in den Formstücken. Nach den Untersuchungen Oehlers kann man bei einer Durchflußgeschwindigkeit von 1 m/s für Bogenstücke sowie in gerader Richtung durchströmte T- und Kreuzstücke je Formstück mit etwa folgenden Druckverlusten rechnen:

Lichtweite		Lichtweite	
40 mm	5 cm	80 mm	2 cm
60 mm	3 cm	100 mm	1,5 cm

Das sind Durchschnittszahlen, da die verschiedenen Erzeugnisse Abweichungen zeigen. Werden T- und Kreuzstücke in der Abzweigung durchflossen, so kann man im Durchschnitt etwa die dreifachen Verluste annehmen. Die Verlusthöhen wachsen allgemein mit dem Quadrat der Durchflußgeschwindigkeit, sind also bei $c = 2$ m/s 4mal so groß wie oben angegeben. Wenn zahlreiche Formstücke vorkommen, können ihre Druckverluste beachtlich werden. Man sieht jedoch in der Regel von einer getrennten Berechnung der Druckverluste in den geraden Rohren und in den Formstücken ab und begnügt sich für die Formstücke mit einem Zuschlag für λ. Man kann das unbedenklich auch deshalb tun, weil man ohnehin die Leistung der Pumpe reichlich bemessen soll. Unter Berücksichtigung der Zahlen der Zahlentafeln 162 und 163 kann man daher den ϱ-Wert der Gl. (274) zu 0,15 annehmen, wodurch bei gewöhnlichen Verhältnissen die Widerstände der Formstücke ausreichend berücksichtigt sind. Nur bei geschweißten Blechrohren von 40 mm Durchmesser wird $\varrho = 0{,}20$ zu setzen sein (S. 162). $\varrho = 0{,}15$ entspricht etwa $\lambda = 0{,}03$.

Wenn das Wasser in einen Düsenflügel von der Länge l mit der Geschwindigkeit c eintritt, so berechnet man zunächst den Druckverlust h_r nach Gl. (274) oder (99) für die Länge l und die Geschwindigkeit c. Da nun aber c in dem Düsenflügel von Düse zu Düse kleiner wird, wenn der Rohrdurchmesser wie üblich unverändert bleibt, so hat man den so erhaltenen Wert noch mit 0,4 zu vervielfältigen, um angenähert den wirklichen Druckverlust zu erhalten.

Die von der Pumpe zu überwindende manometrische Förderhöhe setzt sich zusammen aus der geodätischen Förderhöhe, den Verlusten in der Rohrleitung und dem Düsendruck. Die Berechnung dieses Kraftbedarfes der Pumpe setzt voraus, daß man vorher den Betrieb der Beregnungsanlage genau festlegt (S. 413 und Abb. 339). Die Größe des Düsendruckes kann aus den Druckschriften der Regnerwerke entnommen werden. Die Wurfweite einer Weitstrahldüse hängt von der Strahlstärke und dem Düsendruck ab. Oehler fand nebenstehende Beziehungen (*192, 112*). Dabei betrug die Düsenrichtung 30° über der Waagerechten, die Düsenhöhe 2 m über dem Boden. Die Wurfweite bezieht sich auf die äußersten Tropfen.

Zahlentafel 164.

Düsendruck	Wurfweite in m bei einer Strahlstärke von			
m	20 mm	30 mm	37 mm	48,5 mm
10	17	17	17	17
20	32	33	33	34
40	46	57	62	67
60	53	69	76	87
80	57	77	81	101

Bei der Berechnung einer Beregnungsanlage ist darauf Bedacht zu nehmen, daß die Jahreskosten (S. 421) möglichst niedrig werden. Man ist daher häufig genötigt, Vergleichsrechnungen anzustellen. Größere Rohrdurchmesser erhöhen die Anlagekosten der Rohrleitung, unter Umständen auch die Lohnkosten, weil mehr Leute für das Vortragen erforderlich sind. Sie haben aber den Vorteil kleinerer Pumpanlagen und geringerer Pumpkosten. Ortsfeste Anlagen sind teuer in der Anlage und billig in der Bedienung. Weitstrahlregner erfordern einen großen

Düsendruck, somit starke Pumpen und hohe Pumpkosten, aber geringe Löhne. Nur bei Abwägung aller dieser Gesichtspunkte wird man zu einer nach den örtlichen Verhältnissen möglichst wirtschaftlichen Beregnungsanlage kommen.

Der Wirkungsgrad der Beregnungspumpen ist sehr verschieden. Bei einer sekundlichen Wassermenge von 10 bis 20 l liegt η meistens zwischen 60 und 65%, kann aber bei kleinen Pumpen bis 40% fallen und bei großen bis 75% steigen. Bei Übersetzungen treten weitere Verluste ein (S. 358). Der Wirkungsgrad der Schmutzwasserpumpen bei der Abwasserverregnung ist kleiner als der einer entsprechenden Reinwasserpumpe.

Bei teilbeweglichen und ortsfesten Anlagen haben Ringleitungen zwei beachtliche Vorteile. Sie verringern die Reibungsverluste und erhöhen die Betriebssicherheit. Um ihre zum Teil recht umständliche Berechnung zu erleichtern und ein überschlägliches Bild über die Wasserverteilung zu geben, ist die Zahlentafel 165 beigefügt, die sich auf die symmetrische Anordnung der Abb. 346 bezieht. Die Rohrdurchmesser sind als gleichbleibend angenommen. Mit $a/b = s$ und $c_1 = kc$ ergeben sich die k-Werte der Zahlentafel 165 für die 4 Fälle, daß das Wasser je zur Hälfte an den beiden Stellen *1* und *2* (Fall I), *1* und *3* (II), *1* und *4* (III) sowie *2* und *3* (IV) entnommen wird. Im letzten Fall erhält man, um ein Beispiel anzuführen, die folgenden Gleichungen (S. 136):

Zahlentafel 165.

s	Fall I	Fall II	Fall III	Fall IV
1/10	0,508	0,289	0,276	0,278
1/6	0,512	0,306	0,290	0,288
1/4	0,516	0,322	0,304	0,297
1/3	0,520	0,336	0,316	0,304
1/2	0,527	0,358	0,336	0,313
1	0,541	0,403	0,379	0,326
2	0,562	0,457	0,432	0,333
3	0,577	0,494	0,470	0,335
4	0,588	0,523	0,500	0,335
5	0,596	0,543	0,524	0,335
6	0,603	0,559	0,542	0,335
8	0,614	0,580	0,567	0,335
10	0,622	0,594	0,583	0,335

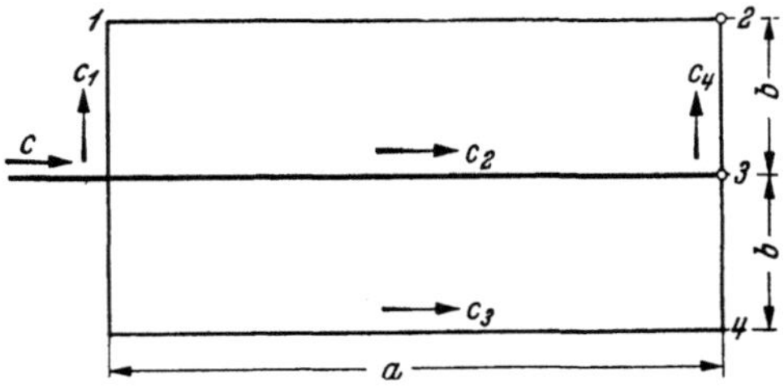

Abb. 346. Berechnung einer Ringleitung.

$$\left.\begin{aligned} c_1 + c_4 &= c/2, \\ c_2 + c_3 - c_4 &= c/2, \\ a\,c_2^2 &= (a + 2b)\,c_3^2, \\ (a + b)\,c_1^2 &= a\,c_2^2 + b\,c_4^2. \end{aligned}\right\} \quad (275)$$

Aus diesen 4 Gleichungen lassen sich die 4 unbekannten c_1 bis c_4 berechnen. Wird nun c_1 aus Zahlentafel 165 entnommen, so wird dadurch die Rechnung wesentlich vereinfacht.

Die Berechnung einer Beregnungsanlage zeigt das folgende Beispiel: Der Beregnungsplan.

Zahlentafel 166.

Bestand	ha	mm	11. bis 20. Mai	21. bis 30. Mai	1. bis 10. Juni	11. bis 20. Juni	1. bis 10. Juli	21. bis 30. Juli	11. bis 20. August	21. bis 30. August
Sommerung . .	30	30	15	15	—	—	—	—	—	—
Winterung . . .	25	20	—	20	—	—	—	—	—	—
Kartoffeln . . .	10	60	—	—	20	20	20	—	—	—
Rüben	15	80	—	—	—	—	20	20	20	20
Wiese	10	50	—	—	—	25	—	25	—	—
Weide	20	60	—	—	—	25	—	15	20	—
Wasserbedarf in m³			4500	9500	2000	9500	5000	8500	7000	3000

110 ha erhalten 49000 m³ Wasser.

Der Betrieb. Es sollen beschafft werden 282 m Feldleitung und 456 m Regnerleitung. Regenfläche je Düse = 144 m². Regnerrohre einschl. Kupplung 6 m lang, Vorschub = 12 m. Die Regnerleitungen werden an die Kupplungen der Feldleitung angeschlossen, die Düsen sitzen auf den Kupplungen der Regnerleitungen. Doppelter Wechselbetrieb nach S. 413. R'_1, R'_2 ... sind die Endstellungen der Düsenflügel. Von der Feldleitung aus können $288 \cdot 240 = 69120\,\mathrm{m}^2$ beregnet werden.

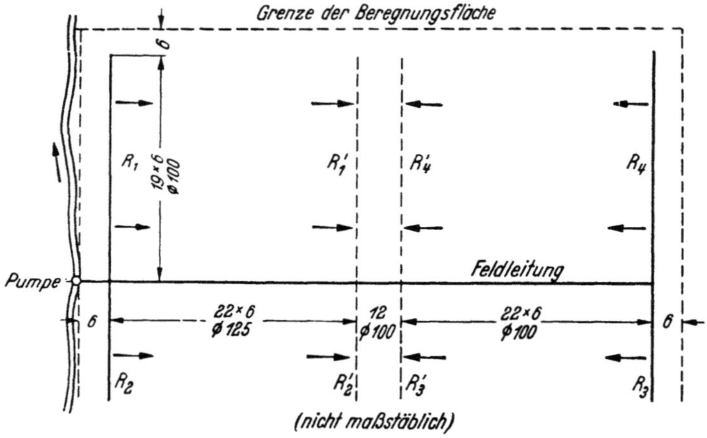

Abb. 346a. Berechnung einer Beregnungsanlage.

Die Regendichte. Vorgesehene Regengaben 15, 20, 25 mm. Wir wählen $i = 0{,}5$ mm/min. Dann stehen für den Vorschub 30, 40, 50 min zur Verfügung, was ausreicht.

Der Zeitaufwand je Dekade. Von 2 Regnerleitungen mit 20 Düsen werden in einer Stunde $(20 \cdot 0{,}5 \cdot 60 \cdot 144) : 1000 = 86{,}4\,\mathrm{m}^3$ Wasser versprengt. Größte Dekadenleistung 9500 m³ auf 55 ha (21. bis 30. Mai). Daher reine Regenzeit $9500 : 86{,}4 = 110$ Stunden. Zeitaufwand für 8maligen Umbau der Feldleitung $(55 : 6{,}9)$ je 3 Stunden = 24 Stunden. $110 + 24 = 134$. Dazu etwa 10% für unvorhergesehene Zwischenfälle = 150 Stunden. Das läßt sich in 10 Tagen leisten.

Der Wasserbedarf. $86{,}4\,\mathrm{m}^3/\mathrm{Std.} = 86400 : 3600 = 24\,\mathrm{l/s} = q$.

Die Rohrweiten. $D = 40\sqrt{\frac{q}{c}}$ (mit Berücksichtigung von Verkrustungen).

a) 138 m Feldleitung: $D = 40\sqrt{\frac{24}{2{,}5}} = 124$ (125 mm),

b) 144 m Feldleitung und die Regnerleitung: $D = 40\sqrt{\frac{12}{2{,}0}} = 98$ (100 mm).

Diese Rohrstärken können durch 2 Leute getragen werden. Feuerverzinkte Stahlblechrohre mit 39 und 26 kg Gewicht.

Die Druckhöhen. Größte geodätische Förderhöhe (Unterwasser bis Düse) im gesamten Gebiet bei Regnerstellung $R_4 = 9{,}0$ m. Düsendruck (aus Firmenkatalog) = 15,0 m.

Regnerleitung. Wenn c überall = 2,00 m/s wäre, würde

$$h_r = 0{,}15\,\frac{2{,}0^2}{0{,}100} \cdot \frac{114}{100} = 6{,}9\ \mathrm{m}$$

werden. Von diesem Wert ~ 40% (S. 426) = 2,8 m. $9{,}0 + 15{,}0 + 2{,}8 = 26{,}8$ m.

Feldleitung:

a) Anfangsstellung der Regnerleitungen.

$$c = \frac{1600 \cdot q}{D^2} = \frac{1600 \cdot 12}{125^2} = 1{,}23\ \mathrm{m/s}.$$

$0{,}15 \cdot \frac{2{,}5^2}{0{,}125} \cdot \frac{6}{100}$ . . . . 0,45 m

$0{,}15 \cdot \frac{1{,}23^2}{0.125} \cdot \frac{132}{100}$ . . . . 2,40 „

$0{,}15 \cdot \frac{2{,}0^2}{0{,}100} \cdot \frac{144}{100}$ . . . . 8,64 „

11,5 m

b) Endstellung der Regnerleitungen.

$0{,}15 \cdot \frac{2{,}0^2}{0{,}100} \cdot \frac{12}{100}$ . . . . 0,72 m

$0{,}15 \cdot \frac{2{,}5^2}{0{,}125} \cdot \frac{138}{100}$ . . . . 10,35 „

11,1 m

Größte Förderhöhe = 26,8 + 11,5 = ∼ 40 m.

Die Leistung der Maschinen. 12 l/s sind auf 40 m zu fördern, der Rest mit gleichem Druck. Gewählt wird eine Pumpe, die 24 l/s auf 40 m manometrische Druckhöhe fördert. Ihr Wirkungsgrad betrage 65 %.

$$\frac{40 \cdot 42}{75 \cdot 0{,}65} = 19{,}7 \text{ PS.}$$

Wir wählen einen Elektromotor von 24 PS.

Die Jahreskosten (1936).

a) Anlagekosten. 19000 RM zu 4 % in 12 Jahren zu tilgen. 19000 · 10,66 % = 2025 RM.

b) Betriebskosten. Mittlere Gesamtförderhöhe = 7,0 (mittlere geodätische Förderhöhe) + 15,0 + 2,8 + (11,1 + 11,5) : 2 = ∼ 36 m.

Zu fördern sind einschl. Verlusten rund 50000 m³. Der Elektromotor habe einen mittleren Wirkungsgrad von 86 %. 1 kW-Stunde = 367 m/t, sie koste 5 Pfg.

$$\frac{50000 \cdot 36 \cdot 0{,}05}{367 \cdot 0{,}65 \cdot 0{,}86} = 439 \text{ RM.}$$

c) Löhne. Erforderlich 4 Leute einschl. Motorbedienung, für 9500 m³ sind 150 Stunden nötig (siehe oben), Stundenlohn einschl. Soziallasten 0,55 RM.

$\frac{50000}{9500} \cdot 150 \cdot 4 \cdot 0{,}55$ . . . . = 1740 RM

Für An- und Abtransport . . . . = 100 „

1840 RM

d) Unterhaltung.

Motor und Pumpe	2400 RM · 2,5% =	60 RM
Rohrleitungen usw.	16600 RM · 1,8% =	300 „
		360 RM

Gesamtkosten = 4664 RM.

$$\frac{4664}{110} = 42{,}40 \text{ RM/ha}; \qquad \frac{4664 \cdot 100}{49000} = 9{,}5 \text{ Pfg/m}^3.$$

I. Die Bewässerung mit Abwasser.

Auch für die Bewässerung mit Abwasser gelten die Ausführungen der voraufgehenden Abschnitte. Daneben sind aber die im folgenden dargelegten Besonderheiten zu beachten. Die Unterabschnitte 1 bis 7 beziehen sich auf städtisches Abwasser.

1. Allgemeines, Voruntersuchungen.

Alle aus den Städten stammenden Abwässer sind stark verunreinigt und müssen vielfach schon aus gesundheitlichen Gründen besonders gereinigt werden, bevor sie in die Wasserläufe gelangen. Die Verwendung des Flußwassers zum Baden und Viehtränken, die Fischerei und der Naturschutz verlangen dringend eine solche Reinigung. Häufig treten auch starke Schlammablagerungen ein, die die Vorflut empfindlich verschlechtern. Es sind also für die Reinigung ohnehin Kosten aufzuwenden. Die Abwässer enthalten nun eine erhebliche Menge an Pflanzennährstoffen (Zahlentafel 152), deren landwirtschaftliche Verwertung naheliegt. Ein weiterer wesentlicher Vorteil ist ihre humusbildende Kraft und ihr Gehalt an Spurenelementen und Wuchsstoffen, die für das Pflanzenwachstum nötig sind. Wichtige Wachstumsbedingungen sind ferner das Wasser als solches und die Wärme des Abwassers, besonders im Frühjahr. Das städtische Abwasser kommt in dieser Jahreszeit meist wärmer als 10° auf dem Felde an.

Ganz besonders dringend ist die landwirtschaftliche Verwertung der Abwässer wegen der ständig fortschreitenden Verarmung unserer Böden. Während noch vor einigen 100 Jahren alleErnterückstände fast restlos dem Boden zurückgegeben wurden, fließt heute ein großer Teil davon durch die Schwemmkanalisation der Städte ins Meer (Rückstände der Nahrungsmittel und der industriellen Rohstoffe). Dadurch gehen dem Boden Jahr für Jahr erhebliche Mengen an organischen und mineralischen Stoffen verloren. Der Mangel an Spurenelementen (S. 81) hat schon vielfach zu ausgesprochenen Mangelerkrankungen von Kulturpflanzen geführt, und der ständige Verlust des Bodens an organischer Masse verringert die Humusbildung, die als das Kernproblem jeder Ertragssteigerung erkannt ist.

Die weiträumige Landbewässerung, die heute allein noch in Frage kommt, beruht auf dem Grundsatz, jede Überlastung des Bodens mit Pflanzennährstoffen, wie sie auf den älteren städtischen Rieselfeldern besteht, zu vermeiden. Das ergibt sich bei der Beregnung mit ihren verhältnismäßig kleinen Wassergaben ganz von selbst, so daß die Abwasserverregnung eine völlige Reinhaltung unserer Wasserläufe verbürgt. Sie beruht auf der Zurückhaltung der in dem Wasser vorhandenen Schmutzstoffe durch Filterung und Bindung im Boden sowie durch Umbau dieser Stoffe in Pflanzennahrung. Dasselbe gilt für eine sachgemäß durchgeführte Untergrundbewässerung (S. 441). Die reinigende Wirkung der übrigen Bewässerungsverfahren hängt erheblich von den aufgeleiteten Wassermengen und der Art des Betriebes ab. Mit Abwasser überlastete Flächen verringern den Klärerfolg unter Umständen erheblich, sofern nicht Abwasserfischteiche nachgeschaltet sind. Vgl. dazu die Ausführungen auf S. 450.

Nachdem Dankwerts 1899 die Samländische Rieselfeldgenossenschaft zur Verwertung der Königsberger Abwässer und Kreuz 1913 die Abwassergenossenschaft Dülmen gegründet hatten, ist die genossenschaftliche Verwertung heute allgemein üblich geworden. Entweder schließen die das Abwasser liefernde Stadt und die es ausnutzenden landwirtschaftlichen Grundstücke sich in einer öffentlich-rechtlichen Genossenschaft zusammen oder eine nur aus den landwirtschaftlichen Grundstücken bestehende Genossenschaft schließt einen langjährigen Vertrag mit der Stadt. Der Grundgedanke ist dabei stets folgender: die Stadt müßte, wenn ihre Abwässer nicht von der Landwirtschaft übernommen würden, eine andere Art der Reinigung wählen und für diese eine zu errechnende Summe a für Zinsen, Tilgung, Betrieb und Unterhaltung jährlich aufbringen. Die beteiligten Landwirte können jährlich entsprechend ihrem aus der Bewässerung entstehenden Vorteil die Summe b übernehmen. Wenn also die gesamten Jahreskosten der Anlage kleiner als $a + b$ sind, dann ist die landwirtschaftliche Verwertung unbedingt geboten. Somit ist die Aufgabe der Genossenschaft eine doppelte, das Abwasser landwirtschaftlich zu verwerten und den Wasserlauf vor einer unzulässigen Überlastung zu schützen.

Die Reinigung des städtischen Abwassers verursacht durchschnittlich etwa die in Zahlentafel 167 zusammengestellten Kosten (nach Prüß, 1936).

Zahlentafel 167.

Für 150 l/ET oder 55 m³/E · Jahr	Kosten in RM	
	Mechanische Reinigung einschließlich Rechen, Sandfang und Faulräumen	Biologische Reinigung des mechanisch vorgereinigten Abwassers einschließlich Schlammfaulräumen
Baukosten (RM/E)	5,00—6,50—8,00	6,50—8,50—10,50
Zins und Tilgung (7 %) (RM/E · Jahr)	0,46	0,60
Betrieb und Unterhaltung (RM/E · Jahr)	0,25	0,65

Die erste Voruntersuchung hat sich mit der Menge und Beschaffenheit des zu verwertenden Abwassers zu befassen. Der Trockenwetterabfluß ist bei den verschiedenen Städten sehr unterschiedlich, er kann unter 100 l/ET (Liter je

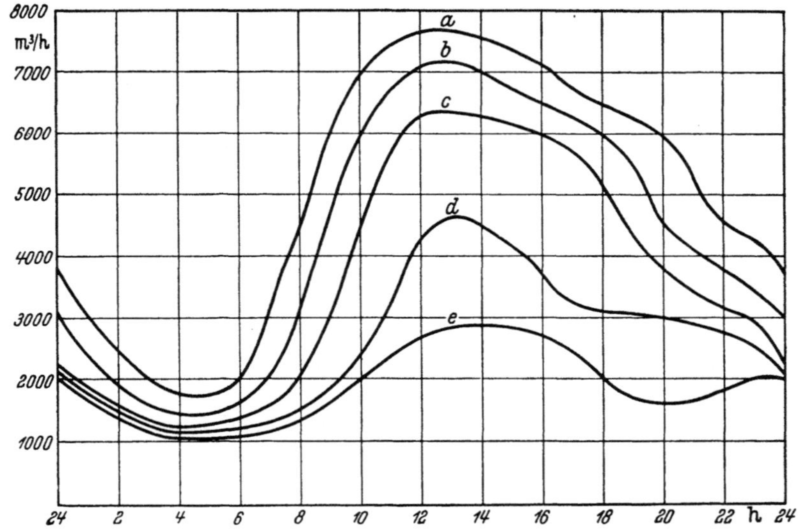

Abb. 347. Trockenwetterabfluß.

Einwohner und Tag) liegen, aber auch über 300 steigen. Ferner unterliegt er in ein und derselben Stadt erheblichen Schwankungen sowohl nach den Tagesstunden wie nach den Jahreszeiten. Aufgabe der Untersuchungen ist es daher, die wechselnde Größe des Abflusses möglichst genau festzustellen. Abb. 347 zeigt den Trockenwetterabfluß der Stadt Leipzig im Abflußjahr 1934:

a = größter Tagesabfluß (10. 7. 34; 121 200 m³),
b = Sommerdurchschnitt ohne Sonn- und Feiertage (Mai bis Oktober; 103 000 m³),
c = Winterdurchschnitt wie vor (November bis April; 87 000 m³),
d = Durchschnitt von 44 Sonn- und Feiertagen (62 200 m³),
e = kleinster Tagesabfluß (26. 12. 33; 45 300 m³).

Der größte Tagesabfluß kann den Jahresdurchschnitt bis um 50 % überschreiten. Der Trockenwetterabfluß einer Stadt läßt sich nicht aus dem Verbrauch ihres Wasserwerks ermitteln, weil Undichtigkeitsverluste der Wasserleitungen, Verdunstung, Entnahme aus Einzelbrunnen und Grundwassereintritt in die Kanalisation den Zusammenhang mehr oder weniger verwischen.

Der Gehalt des Abwassers an einzelnen Beimengungen in g/m³ ist von dem Wasserverbrauch, der Ernährungsweise und von der Menge und Art der gewerblichen Abwässer abhängig, die von der Kanalisation mit abgeführt werden. Er weist daher gleichfalls erhebliche Unterschiede auf und ändert sich mit den Tagesstunden und Jahreszeiten. Für allgemeine Überschlagsrechnungen kann man annehmen, daß je Einwohner und Tag durchschnittlich etwa 10 g Stickstoff (N), 6 g Kali (K_2O) und 2,5 g Phosphorsäure (P_2O_5) in das Kanalnetz abgeführt werden. Der Kalkgehalt (CaO) hängt hauptsächlich von der Härte des Leitungswassers ab. Man untersucht das Abwasser auf seinen Gehalt an Trockenmasse, Asche, organische Masse, Gesamtstickstoff, Ammoniakstickstoff, Salpeterstickstoff, P_2O_5, K_2O, Na_2O, CaO, Cl und H_2S. Alle boden- und pflanzenschädlichen Stoffe müssen festgestellt werden (S. 455), außerdem die Reaktion.

Zahlentafel 168.

		N			K_2O	P_2O_5	CaO	Humus und humusbildende Stoffe
		Ammoniak	organischer	Nitrit Nitrat				
Absetzbecken	Zufluß	72	25	3	60	25	150	375
	Frischschlamm . .	8	3	Spuren	6	6	30	165
	Faulschlamm . .	6	3	0	6	6	30	140
	Abfluß	64	22	3	54	19	120	210
Tropfkörper	Zufluß	64	22	3	54	19	120	210
	Frischschlamm . .	—	—	—	6	6	20 (?)	188
	Faulschlamm . .	—	—	—	6	6	20 (?)	160
	Abfluß	19	8	26	48	13	100 (?)	22
Schlammbelebungsanlage	Zufluß	64	22	3	54	19	120	210
	Frischschlamm . .	—	—	—	6	6	20 (?)	205
	Faulschlamm . .	—	—	—	6	6	20 (?)	175
	Abfluß	38	7	22	48	13	100 (?)	5

Zahlentafel 168 enthält Mittelwerte in g/m³ Rohwasser für einen Trockenwetterabfluß von 100 l/ET nach Angaben von Prüß und Husmann. Die Zahlentafel zeigt, wie sich der Gehalt an Kernnährstoffen und Humus durch die verschiedenen Klärverfahren im großen Durchschnitt ändert.

Zahlentafel 169.

Bebauungsart	E/ha	Abflußbeiwert ψ	Regenabfluß l/s ha	Trockenwetterabfluß in l/sha		Verdünnung		Verlust bei 800 Niederschlagsstd.		Verlust bei 1000 Niederschlagsstd.	
				100 l/ET	200 l/ET	100 l/ET	200 l/ET	100 l/ET %	200 l/ET %	100 l/ET %	200 l/ET %
Sehr dicht .	350	0,8	2,67	0,41	0,81	7,5	4,3	7,9	7,0	9,9	8,8
Dicht . . .	250	0,6	2,00	0,29	0,58	7,9	4,4	8,0	7,1	10,0	8,8
Geschlossen	150	0,4	1,33	0,17	0,35	8,8	4,8	8,1	7,2	10,1	9,0
Weitläufig .	100	0,25	0,83	0,12	0,23	7,9	4,6	8,0	7,1	10,0	8,9

Untersuchungen über den Regenabfluß interessieren natürlich nur beim Mischverfahren. Die durch den Regen verursachte Verdünnung des Abwassers bewirkt einen Verlust an den gelösten und ungelösten Stoffen. Würden schwache Landregen von 1,2 mm/h 800 bis 1000 h dauern (Zahlentafel 61), so würden sich die in Zahlentafel 169 berechneten Verlustzahlen ergeben, die sich auf den Fall beziehen, daß auch bei Regen nur Mischwasser in der Menge des Trockenwetterabflusses verwendet wird. Der Umstand, daß die Verdünnung zeitweise größer ist, hat nur eine geringe Erhöhung der Verlustzahlen zur Folge, so daß mit einem Verlust von 8 bis 11 %, im Durchschnitt mit rund 10 % zu rechnen ist.

Die größte Wassermenge, die ein einzelner Regenfall liefert, entsteht durch Landregen. Ihre überschlägliche Berechnung kann nötig werden, wenn es sich darum handelt, den Regenabfluß in Entlastungsanlagen zu leiten. Dabei wird die Annahme einer größten Regendauer von 36 bis 48 h mit 1,8 mm/h im allgemeinen ausreichen. Die Abflußbeiwerte ψ ergeben dann den Regenabfluß. Tritt der unterste Regenauslaß bereits bei zweifacher Verdünnung (1 Teil Trockenwetterabfluß + 1 Teil Regenwasser) in Tätigkeit, so braucht die Entlastungsanlage nur eine Mischwassermenge in der Größe des 36- bis 48stündigen Trockenwetterabflusses aufzunehmen.

In Verbindung mit den Niederschlags- und Bodenverhältnissen ist auch die Bewässerungsbedürftigkeit des in Frage kommenden Gebiets zu untersuchen (S. 98), wenngleich eine Abwasserverwertung im Sommer fast ausnahmslos günstig ist. Mit den Grundwasserbeobachtungen muß so bald wie möglich begonnen werden, um etwaige Veränderungen des Grundwasserstandes später feststellen zu können. Ferner ist zu prüfen, ob die Unterlieger der Verwendung des Abwassers zur Bewässerung auf Grund besonderer Rechtstitel widersprechen können.

Sehr zweckmäßig ist es, den landwirtschaftlichen Wert des Abwassers vorher durch Wachstumsversuche festzustellen. Allgemein ist mit den landwirtschaftlichen Dienststellen von Anfang an zusammenzuarbeiten.

2. Grundlegende Fragen.

Auf dem Gebiete der landwirtschaftlichen Abwasserverwertung sind im Laufe ihrer Entwicklung zahlreiche grundlegende Fragen entstanden, die hier besprochen werden sollen.

Das ist zunächst der Ausnutzungsgrad der im Abwasser vorhandenen Stoffe. Wir wollen dabei von der Abwassermenge ausgehen, die auf eine Fläche wirklich aufgeleitet wird. Würde sie ebensoviel Stoffe enthalten wie eine gleichgroße Menge des Trockenwetterabflusses und würden diese Stoffe durch die Pflanzen voll ausgenutzt, so würde man von einem Ausnutzungsgrad von 100% sprechen. Aber schon die Verdünnung des Trockenwetterabflusses durch Regen bewirkt einen allgemeinen Verdünnungsverlust von etwa 10% (S. 432). Die durch die Vorbehandlung des Abwassers entstehenden Verluste können nach Zahlentafel 168 eingeschätzt werden. Ein weiterer Verlust ist der Abflußverlust, der dadurch eintritt, daß bei der Hangberieselung und Überstauung je nach der bewässerungstechnischen Handhabung ein mehr oder weniger großer Teil der im Abwasser gelösten Stoffe durch den Abfluß verloren geht, soweit das abgeflossene Abwasser nicht auf anderen Flächen restlos ausgenutzt wird. Die Größe dieses Verlustes kann nur von Fall zu Fall geschätzt werden und ergibt sich aus dem Verhältnis des Abflusses zur Aufleitung. Die Versickerungsverluste gelöster Nährstoffe sind häufig größer als die durch Regen bewirkten normalen Auswaschverluste der Kunstdünger. Das trifft zwar für die Feldberegnung nicht zu, wohl aber für die anderen Bewässerungsverfahren auf leichten Böden, wenn nicht die Einzelgaben der jeweils vorhandenen Speicherfähigkeit des Bodens angepaßt werden (S. 364). Geschieht das, so sind diese Verluste praktisch gering, namentlich in der Wachstumszeit, in der die Pflanzenwurzeln die zugeführten Nährstoffe bald verbrauchen. Ein weiterer zusätzlicher Verlust im Vergleich zum Kunstdünger ist dadurch zu erwarten, daß der Kochsalzgehalt der städtischen Abwässer lösend auf die Phosphor-, Kali- und Kalkverbindungen des Bodens wirkt.

Noch wenig geklärt ist zur Zeit die Ausnutzung des Stickstoffs, der sich in seinen verschiedenen Formen ganz verschieden verhält. Während die löslichen Nitrate der Gefahr der Auswaschung unterliegen, wird das Ammoniak zunächst als huminsaures Ammonium gebunden. Der organische Stickstoff wird im Boden zu Ammoniak abgebaut. Bei der Beregnung kann nach Versuchen von Brouwer ein großer Teil des Ammoniaks verdunsten. Auch die Reaktion des Abwassers beeinflußt die Stickstoffverluste, ein schwacher Säuregrad verringert sie. Die Zudüngung von Stickstoff zur Abwasserverwertung hat zum Teil gute, zum Teil keine Erfolge gehabt. Vgl. auch die Ausführungen auf S. 446.

Will man nun im Einzelfall den Ausnutzungsgrad der im Abwasser befindlichen Pflanzennährstoffe wenigstens überschläglich ermitteln, so hat man zunächst den Verdünnungsverlust (10%) zu berücksichtigen und die Verluste der Vorbehandlung, des Abflusses, der Ammoniakverdunstung bei Beregnung sowie einer durch die Bewässerung bewirkten verstärkten Versickerung einzuschätzen. Das Ergebnis sei ein Ausnutzungsgrad von n_0%. Werden also auf eine Fläche 1000 m³ Abwasser aufgeleitet und enthält 1 m³ Trockenwetterabfluß im Mittel 90 g N, so würde die Fläche mit beispielsweise $n_0 = 55\%$ 49,5 kg N erhalten. Aber auch diese Stickstoffgabe, die etwa einer gleichgroßen Kunstdüngergabe entspricht, unterliegt nun noch den gleichen Verlusten wie die künstlichen Dünger. Diese im Boden eintretenden Verluste sind von dem Bindungsvermögen der Böden abhängig, daher im allgemeinen in leichten Böden größer als in schweren. Die Phosphorsäure wird stark gebunden, das Kali ziemlich leicht ausgewaschen. Da es nun bei der landwirtschaftlichen Abwasserverwertung darauf ankommt, eine Überdüngung (insbesondere mit N) zu vermeiden, so wird man eine gute Ausnutzung n_B im Boden zugrunde legen, etwa 0,90 bis 0,95 bei P_2O_5, 0,60 bis 0,70 bei K_2O und 0,75 bis 0,85 bei N, die kleineren Zahlen für leichte, die größeren für schwere Böden. Dann beträgt also der Ausnutzungsgrad, wie er oben definiert wurde, $(n_0\, n_B)$%. Mit seiner Hilfe kann man die Zufuhr an Nährstoffen dem Entzug durch die zu erwartenden Ernten gegenüberstellen.

Ob es landwirtschaftlich günstiger ist, frischen oder ausgefaulten Schlamm zu verwenden, ist noch nicht ausreichend geklärt. Im Winter aufgebrachter Frischschlamm zersetzt sich bis zum Beginn des Pflanzenwachstums. Hingegen wurde mehrfach beobachtet, daß die Ablagerung frischen Schlammes auf Grünland in der Wachstumszeit den Bestand zunächst ungünstig beeinflußte. Doch spielt dabei auch die Beschaffenheit des Schlammes eine Rolle, und scheinen sich die einzelnen Pflanzenarten keineswegs gleich zu verhalten. Auch die Wirkung des frischen und angefaulten Abwassers bedarf noch der Klärung, obwohl aus zahlreichen Erfahrungen hervorgeht, daß das Abwasser in beiderlei Form erhebliche Mehrerträge gebracht hat. Auf jeden Fall empfiehlt es sich, diese Fragen im Einzelfall vorher durch Wachstumsversuche zu klären.

Jede Abwasserverwertung hat selbstverständlich den hygienischen Anforderungen zu entsprechen. Daher darf Abwasser in der näheren Umgebung von Wassergewinnungsanlagen nicht verwendet werden, die Größe des erforderlichen Schutzbezirks ist sehr verschieden und richtet sich ganz nach den jeweiligen örtlichen Verhältnissen. Zu bedenken ist, daß sich etwaige Krankheitserreger hauptsächlich im Schlamm befinden und durch dessen Ausfaulung abgetötet werden; eine Ausnahme bilden die Milzbrandsporen (S. 455). Speisekartoffeln dürfen nach der Blüte nicht mehr mit Abwasser gedüngt werden. Für Gemüse ist in der Wachstumszeit nur die Furchenbewässerung oder die Untergrundbewässerung zulässig. Die vor einigen Jahren von Seifert aufgestellte Behauptung, daß der Genuß der mit menschlichen Abgängen gedüngten Pflanzen aus allgemeinen biologischen Gründen für den Menschen gesundheitsschädlich sei, ist durch nichts bewiesen und wurde damals auch von den führenden hygienischen Stellen als unbegründet abgelehnt.

Daß eine landwirtschaftliche Abwasserverwertungsanlage ebenso wie jede Kläranlage nur dann hygienisch einwandfrei ist, wenn sie richtig angelegt und betrieben wird, liegt auf der Hand. Dann ist aber auch ihre hygienische

Wirkung besser als die der künstlichen biologischen Verfahren, weil der natürliche Abbau der Lebensreste im Boden die beste Reinigung ist, die es gibt. Ganz abgesehen davon, daß die Benutzung des Flußwassers vielen mit Recht zuwider ist, wenn etwas oberhalb der Abfluß einer Kläranlage eingeleitet wird.

Da das Abwasser nach einiger Zeit anfault, sind Geruchsbelästigungen niemals ganz zu vermeiden. Sie werden durch das Faulen des Schlammes verstärkt, also durch eine vorausgehende Entschlammung verringert. Die Beregnung bringt nur sehr schwache Gerüche, die Überstauung die stärksten. Man legt offene Zuleiter und die Bewässerungsflächen selbst in der Regel nicht näher als etwa 200 bis 300 m an Siedlungen, Bahnanlagen oder Hauptverkehrswege heran, wobei auch die vorherrschende Windrichtung zu berücksichtigen ist. Bei Weitstrahlregnern kann ein größerer Abstand nötig werden. Offene Zuleiter, die wichtige Verkehrswege kreuzen, sind streckenweise zu verrohren.

Eine sehr umstrittene Frage ist die Vorklärung des Abwassers. Daß die mechanische Vorreinigung und Ausfaulung des Schlammes große Vorzüge hat, ist unbestreitbar. Die Verschlammung der Gräben, die Unterhaltungskosten und Geruchsbelästigungen werden erheblich geringer. Der Frischschlamm setzt sich hauptsächlich in der Nähe der Rieselrinnen ab, so daß die Düngung recht unregelmäßig wird. Durch das Ausfaulen des Schlammes werden die Fette, Seifenstoffe und Unkrautsamen weitestgehend zerstört und so der Boden von ihnen entlastet. Der hygienische Vorteil der Schlammausfaulung wurde bereits oben erwähnt. Auch ästhetische Gesichtspunkte sprechen für die Entschlammung. Wenn das Abwasser gepumpt werden muß, werden durch die Entschlammung nicht unbedeutende Pumpkosten gespart, da die Pumpen, die entschlammtes Abwasser fördern, einen erheblich besseren Wirkungsgrad besitzen als diejenigen, die auch den Frischschlamm mit verarbeiten müssen. Die Entschlammung verringert außerdem die Störungen im Pumpbetrieb. Durch die Schlammausfaulung läßt sich das wertvolle Methangas gewinnen, wodurch die Kosten der Ausfaulung gedeckt werden. Die Anlage eines Absetzbeckens bringt in vielen Fällen noch einen großen betrieblichen Vorteil. Sie ist nämlich oft das einzige Mittel, um die Verwendung des Abwassers den wechselnden landwirtschaftlichen Bedürfnissen anzupassen und den Fluß vor unzulässiger Verschmutzung zu schützen, wenn eine Betriebsstörung im Pumpwerk eintritt (S. 437). Und schließlich ist nach den bisherigen Erfahrungen anzunehmen, daß der ausgefaulte Schlamm besser wirkt als der Frischschlamm.

Gegen die Entschlammung wird geltend gemacht, daß sie mit Stickstoffverlusten verbunden sei. Diese sind aber sehr gering (Zahlentafel 168) und treten bei der Zersetzung des Frischschlammes auf dem Felde mindestens in gleichem Umfange ein. Außerdem wäre es bei Pumpbetrieb völlig unwirtschaftlich, den geringen Gewinn an Stickstoff und Humus durch den schlechteren Wirkungsgrad der Pumpe erkaufen zu wollen (S. 436). Der ausgefaulte Schlamm geht der landwirtschaftlichen Nutzung nicht verloren. Entweder wird er dem entschlammten Wasser wieder zugesetzt, ohne daß dadurch der Wirkungsgrad der Pumpe beeinträchtigt wird, oder er wird als wertvoller Humusdünger an benachbarte Landwirte und Siedler abgegeben. Diese Verteilung auf größere Flächen wirkt sogar ertragssteigernd, da nach dem Gesetz vom abnehmenden Bodenertrag der erste dz/ha eine größere Wirkung hat als jeder nächste. Die Bewässerungsfläche selbst würde auch ohne den Faulschlamm noch den weitaus größten Teil der landwirtschaftlich wertvollen Stoffe erhalten (Zahlentafel 168). Beim Einsatz von Weitstrahlregnern ist eine Entschlammung nicht nötig, doch ist sie bei Düsenflügelregnern unentbehrlich (S. 410). Ein Anfaulen des Abwassers tritt im Absetzbecken nicht ein.

Nun wird gegen die Vorreinigung noch eingewandt, sie sei nicht unbedingt erforderlich und koste nur unnötig Geld. Der Einwand bezieht sich auf den Fall, daß noch kein Absetzbecken vorhanden ist, geht aber fehl, wenn gepumpt werden muß, da in diesem Fall die Ersparnis an Pumpkosten wegen des besseren Wirkungsgrades der Pumpe größer ist als die Belastung durch ein Absetzbecken in einfacher Ausführung (S. 447). Beispiel: 10000 Einwohner, 150 l/ET, 40 min Aufenthalt, 1500 m³/T, Beckengröße $= 2 \cdot \frac{2}{3}\, 1500/18 = 111$ m³, Kosten einschl. Schlammfaulraum zwischen Erddämmen (900 m³) und Trockenplatz (500 m²) = 3500 RM. Nutzungsdauer 30 Jahre, Zinsfuß 4 %, Unterhaltung 3 %, Bedienung durch den Pumpenwärter. Jahreskosten = 307 RM. Jährlich zu pumpen 547000 m³, $H_m = 40$ m, 5 Pf./kWh, $\eta_M = 0{,}90$, $\eta_P = 0{,}75$ bzw. 0,65, jährliche Ersparnis an Pumpkosten = 5096 − 4416 = 680 RM (Preise 1936).

Die vorstehenden Ausführungen lassen erkennen, daß bei Pumpbetrieb die mechanische Vorreinigung mit Schlammausfaulung die beste und wirtschaftlichste Lösung ist. Sie sollte aber grundsätzlich auch in den anderen Fällen gewählt werden.

Das künstlich biologisch geklärte Abwasser enthält einschließlich des Schlammes trotz der Stickstoffverluste nach Zahlentafel 168 noch so viele wertvolle Stoffe, daß seine ertragsteigernde Wirkung nicht allzusehr hinter der des nur mechanisch geklärten zurücksteht. Sein geringer Ammoniak- und großer Nitratanteil läßt bei der Beregnung eine verhältnismäßig gute Stickstoffausnutzung erwarten, da die durch Verdunstung bewirkten Ammoniakverluste abnehmen und erhebliche Nitratverluste durch Auswaschung nicht wahrscheinlich sind. Dagegen ist der hohe Nitratanteil bei der Rieselung und Überstauung nachteilig, weil das Nitrat leicht versickert, das Ammoniak jedoch als huminsaures Ammonium vom Boden festgehalten wird. Die künstliche biologische Klärung gibt die Möglichkeit, das geklärte Abwasser einfach in den Fluß zu leiten, wenn die Landwirtschaft es zeitweise nicht braucht, sie hat aber den großen Nachteil, daß sie sehr erhebliche Kosten verursacht. Es ist an sich schon widerspruchsvoll, zwei biologische Klärverfahren, ein künstliches und ein natürliches, hintereinander zu schalten. Jedenfalls ist eine künstliche biologische Klärung für die landwirtschaftliche Abwasserverwertung nicht erforderlich und in der Regel der hohen Kosten wegen auch nicht zweckmäßig. Sofern dem Fluß nur biologisch geklärtes Abwasser zugeführt werden darf, kann seine Reinhaltung in den meisten Fällen auch durch die auf S. 449 erläuterten Maßnahmen erreicht werden.

Die offenen Zuleiter haben im Vergleich zu den Rohrleitungen eine ganze Reihe von Nachteilen. Das Abwasser friert trotz seiner anfänglichen Wärme, wenn es in strengen Wintern lange Zuleiter zu durchfließen hat. In der Delitzscher Wasserverwertungsgenossenschaft bildete sich bei − 15° und einer Wasserführung von 700 l/s nach 30 km eine geschlossene Eisdecke, die jedoch um so eher eintritt, je kleiner die Wasserführung ist. Besonders nachteilig sind die Schneeverwehungen, die Verstopfungen und ein Überlaufen der Zuleiter bewirken. Schutzhecken sind nur begrenzt anwendbar. Weitere Nachteile sind: Landverlust, Wirtschaftserschwernisse, Verbreitung von Unkraut, das an den Abwassergräben sehr üppig wächst, Stickstoffverluste alkalisch reagierender Abwässer und Geruchsbelästigungen. Die Schlammablagerungen und durch sie beeinflußten Unterhaltungskosten sind natürlich wesentlich davon abhängig, ob der Schlamm mitverwendet wird oder nicht. Wenn die offenen Zuleiter nicht besonders gedichtet werden, ist auch mit mehr oder weniger großen Versickerungsverlusten zu rechnen. Abweichend von sonstigen Erfahrungen werden ungedichtete Gräben in Sandböden ziemlich dicht, da der Schlamm die Poren mit der Zeit verstopft und die Gänge der Regenwürmer und Mäuse bald wieder verfallen, während sich diese Gänge in bindigen Böden lange Zeit halten und daher viel Wasser versickert. Das gilt jedoch nicht für ständig wasserführende Zuleiter. Der starke

Pflanzenwuchs an den Abwassergräben verbraucht große Wassermengen. Der wichtigste Nachteil der Rohrleitungen sind ihre hohen Kosten. Das Abwasser fault in ihnen infolge des Luftabschlusses schneller als in den offenen Zuleitern. Seine festen Teile werden gut zerkleinert und verteilt. Trotz der erheblichen Vorteile der Rohrleitungen sind ihrer Anwendung der Kosten wegen Grenzen gesetzt, so daß man in den meisten Fällen sowohl Rohre als auch Gräben verwenden wird.

Die Frage Rieselung oder Beregnung ist durch die Praxis heute dahin entschieden, daß in der Regel eine Verbindung beider Verfahren am günstigsten ist. Wenn geeignete Hänge vorhanden sind, sollte man sie möglichst ausnutzen, da die Rieselung erheblich billiger als die Beregnung ist, den Nachtbetrieb erleichtert und den ganzen Betrieb elastisch gestaltet (S. 444).

Die Verwertung der doppelten Wassermenge bei Regen (1 Teil Brauch- und 1 Teil Regenwasser) ist landwirtschaftlich falsch. Die Praxis zeigt auch, daß die Landwirtschaft dem widerstrebt. Denn meistens regnet es gleichzeitig in der Stadt und auf der Bewässerungsfläche, die dann also das zusätzliche Wasser am wenigsten braucht. Schon der schwächste Landregen bringt ein Mehrfaches des Trockenwetterabflusses. Außerdem entstehen unwirtschaftliche Mehrkosten durch größere Gräben und Rohrdurchmesser, häufig auch höhere Pumpkosten. Der vielfach angewandte Ausweg, die Rieselwiesen bei Regen stärker als sonst zu belasten, übersieht den Umstand, daß auch die Wiese einen optimalen Wasserbedarf besitzt, der im Interesse einer ausreichenden Durchlüftung und eines gesunden Bakterienlebens nicht überschritten werden darf. Auf durchlässigen Böden ist außerdem jede zusätzliche Bodenauswaschung möglichst zu vermeiden. Übrigens zeigt schon eine einfache Rechnung, daß sogar der Bau eines besonderen Regenwasserbeckens in vielen Fällen billiger ist als die Pumpkosten des Mischwassers. Wenn der unterste Regenauslaß bei zweifacher Verdünnung anspringt, muß Mischwasser in der Menge des Trockenwetterabflusses entweder geklärt oder gepumpt werden. Nach Zahlentafel 61 soll mit 720 Niederschlagsstunden gerechnet werden. H_m = manometrische Förderhöhe, $\eta_M = 0{,}90$, $\eta_P = 0{,}70$, k = Stromkosten in Pf./kWh, K = Baukosten des Beckens in DM/m³, p = Verzinsung, Tilgung, Unterhaltung und Betrieb in % von K, Durchflußzeit = 20 min. Dann läßt sich leicht ausrechnen, daß das Klären billiger als das Pumpen wird, wenn

$$K\,p < 7 \cdot H_m\,k\,. \tag{276}$$

Die Abwasserverwertung ist gleichzeitig eine anfeuchtende und düngende Bewässerung. Um den Nährstoffbedarf der zu erwartenden hohen Ernten zu decken, müßten die in Zahlentafel 170 berechneten jährlichen Höhen (mm) eines Abwassers mittlerer Beschaffenheit aufgebracht werden. Die Zahlentafel läßt erkennen, daß sehr verschiedene Wassermengen nötig sind, um den Bedarf der Ernten an N, P_2O_5 und K_2O zu decken. Diese Unterschiede sind in Wirklichkeit noch wesentlich größer, da ja die Zahlentafel nur Durchschnittswerte enthält. Nun ist eine Überdüngung mit Stickstoff unbedingt zu vermeiden, weil sie die Erträge nicht mehr steigert, sondern verringert. In die gleiche Richtung weisen die Untersuchungen von Schanderl (S. 38). Man muß daher die jährliche Bewässerungshöhe so bemessen, daß

1. die optimale Wassermenge nicht überschritten wird, wie in den Abschnitten 13 (S. 25), G (S. 380) und H (S. 407) dargelegt ist, und daß
2. nicht mehr Stickstoff zugeführt wird, als dem Bedarf einer hohen Ernte entspricht (vgl. dazu S. 444). Der kleinste der beiden so ermittelten Werte ist also zugrunde zu legen.

In diesem Zusammenhang muß auch die Frage des Winterbetriebes erörtert werden. Die Winterbewässerung ist in niederschlagsreichen Wintern ausschließlich eine düngende, während bei Mangel an winterlichen Niederschlägen daneben auch noch eine Auffüllung des Bodenwasservorrats erwünscht sein kann. Ist nun der Wasserwert = 0, so lohnt es sich in manchen Fällen überhaupt nicht, im Winter bei Regen das verdünnte Abwasser zu pumpen.

Zahlentafel 170.

Bestand			Hafer	Kartoffeln	Futterrüben	Zuckerrüben	Möhren	Wiese
Ernte		dz/ha	40	400	1000	500	600	200
N	Bedarf in kg/ha		100	180	220	180	160	310
10 g/ET	E/ha		46	82	100	82	73	142
Ausnutzung	mm	100 l/ET	168	299	365	299	266	518
		150 l/ET	252	449	548	449	399	777
60 %		200 l/ET	336	598	730	598	532	1036
P_2O_5	Bedarf in kg/ha		43	75	100	75	80	145
2,5 g/ET	E/ha		55	97	129	97	103	187
Ausnutzung	mm	100 l/ET	200	354	471	354	376	683
		150 l/ET	300	531	707	531	564	1025
85 %		200 l/ET	400	708	942	708	752	1366
K_2O	Bedarf in kg/ha		125	325	500	250	330	450
6 g/ET	E/ha		114	297	457	228	302	411
Ausnutzung	mm	100 l/ET	416	1084	1668	832	1102	1500
		150 l/ET	624	1626	2502	1248	1653	2250
50 %		200 l/ET	832	2168	3336	1664	2204	3000

Beispiel: 10000 Einwohner, 200 l/ET, schon ein gewöhnlicher Landregen bringt 5fache Verdünnung (Zahlentafel 169). Düngerwert nach Zahlentafel 171 = 0,42 Pf./m³. Manometrische Förderhöhe = 40 m, 1 kWh = 8 Pf., $\eta_M = 0{,}90$, $\eta_P = 0{,}70$, Pumpkosten = $(1 \cdot 40 \cdot 8) : (367 \cdot 0{,}7 \cdot 0{,}9) = 1{,}38$ Pf./m³. Löhne je Tag für 2 Leute = $2 \cdot 10 \cdot 0{,}60 = 12$ RM, also $1200 : 10000 = 0{,}12$ Pf./m³. Daher 1,50 Pf. Kosten gegen 0,42 Pf. Düngerwert, dem noch der Wert der humusbildenden Stoffe zuzurechnen ist (Preise 1936).

Unter besonders ungünstigen Verhältnissen kann sogar die Wirtschaftlichkeit der ganzen Winterbewässerung zweifelhaft werden.

Zahlentafel 171.

	g/ET	Ausnutzung %	g/m³	g Kunstdünger	Düngerwert Pf./m³
N	8	60	4,80	24 g schwefelsaures Ammoniak	0,29
P_2O_5	3	85	2,55	18 g Thomasphosphatmehl .	0,08
K_2O	6	50	3,00	7,5 g 40 %iges Kalisalz . . .	0,05
				Summe	0,42

Beispiel: 10000 Einwohner, 250 l/ET, $H_m = 70$ m, 10 Pf./kWh, sonst wie oben. Man erhält für den bloßen Trockenwetterabfluß einen Düngerwert = 1,68 Pf./m³, Pumpkosten = 3,03 Pf./m³ und Löhne = 0,48 Pf./m³. Die beiden Beispiele zeigen, daß das Pumpen im Winter bei Regen sich häufig nicht lohnen wird und daß auch stets geprüft werden sollte, ob überhaupt der winterliche Pumpbetrieb wirtschaftlich ist.

Über die Bewässerung von Moorboden mit Abwasser liegen zur Zeit nur wenige Erfahrungen vor. Im Kreise Delitzsch hat sich die Berieselung gut zersetzten Niederungsmoores mit Leipziger Abwasser nur stellenweise bewährt (S. 365). Die Flächen waren mit Gräben und Dränungen sehr stark entwässert. Das Moor war besonders dankbar für einen starken Schlammgehalt des Abwassers. Als wichtig haben sich ferner erwiesen: gleichmäßige Wasserverteilung und gute Durchlüftung. Letztere verlangt, daß immer nur kurze Zeit gerieselt wird, damit bald wieder frische Luft in den Boden eindringen kann. Ein längeres Stehenbleiben von Rieselwasser auf einzelnen Teilflächen wirkt schädlich. Auf einigen Flächen wurde die Berieselung später wieder eingestellt. Der Unkrautbekämpfung muß besondere Beachtung geschenkt werden.

Eine wasserwirtschaftliche Wirkung der Abwasserverwertung ist häufig das Ansteigen des Grundwassers. Sofern es durch Versickerung aus Bodenfiltern oder Entlastungsanlagen anderer Art (Sand- und Kiesgruben) sowie aus Ableitern verursacht wird, kann es durchaus zu begrüßen sein, wenn ein höherer Grundwasserstand unschädlich oder gar erwünscht ist. Man soll sich aber stets vor Augen halten, daß die Versickerung aus den Zuleitern (Wasserverluste) und auf den leichten Böden des Bewässerungsgebietes (Boden- und Nährstoffauswaschung) keineswegs gut zu heißen ist.

3. Die Bewässerungsverfahren.

a) Die Furchenbewässerung. Die Furchenbewässerung (S. 381) findet Anwendung bei Hackfrüchten, Gemüse und auf unbestelltem Acker. Auf völlig waagerechtem Gelände kann man die etwa 20 cm breiten und 25 bis 30 cm tiefen Furchen abschnittsweise mit Abwasser füllen, das dann versickert. Man beschickt sie häufig mit dem Röhrenrieselgerät (S. 413).

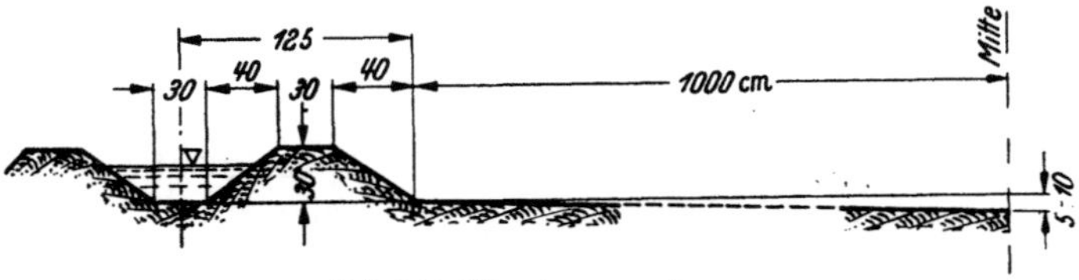

Abb. 348. Überstauungsanlage.

b) Die Überstauung. Bei der anfeuchtenden Überstauung (S. 383) wurde bereits dargelegt, daß die Stauabteilungen nach ihrer Füllung sofort wieder entleert werden müssen, um eine Überlastung des Bodens mit Wasser und eine Schädigung des Grünlandes zu verhindern. Das würde aber bei der Abwasserverwertung zur Folge haben, daß die im Abwasser gelösten Stoffe zum größten Teil nicht ausgenutzt werden, es sei denn, daß ein Abwasserfischteich (S. 450) nachgeschaltet wird. Bei vorhandenen Abwasserverwertungsanlagen sind bisweilen Grünland-Stauabteilungen verwendet worden, um im Winter Abwasser unterzubringen, wenn wegen stärkeren Frostes die Grünlandberieselung unterbrochen werden muß. In solchen Fällen muß jedoch in der Regel auch der Fischteich ausgeschaltet werden und die Wasserhöhe in der Stauabteilung darf dann nicht zu gering sein, da das Wasser sonst schnell gefriert. Die Entlastung der Rieselflächen im Winter durch Staupolder auf Grünland ist daher kein brauchbares Verfahren. Wenn die Rieselung bei Frost unterbrochen werden muß, ist das Abwasser entweder auf die rauhe Furche, in Entlastungsanlagen (S. 449) oder nach mechanischer Klärung in den Fluß zu leiten.

Reicht das Geländegefälle für eine Hangberieselung nicht aus (S. 392), so kann die Überstauung mit kleinen Becken von wenigen ar Größe durchgeführt werden. Derartige Becken von beispielsweise 20 m Breite und 30 m Länge sind von den beiden Längsseiten aus durch mehrere Einlaßschleusen mit Abwasser zu füllen. Wenn ihre Grundfläche nach der Mitte hin schwach fällt (Abb. 348), was durch Abgleichen zu bewerkstelligen ist, können sie in kurzer Zeit eben überstaut werden. Die Bewässerungshöhe ist nur gering, das gesamte Abwasser versickert, eine Dränung ist nicht erforderlich und die Überstauung kann zu Anfeuchtungszwecken ausreichend oft wiederholt werden. Bei stärkerem Frost ist die Bewässerung ebenso wie auf Rieselhängen einzustellen, wenn es sich um Grünland handelt. Das Verfahren ist billiger als die Beregnung, hat aber den Nachteil, daß Flächenverluste durch Gräben und Dämme sowie Wirtschaftserschwernisse eintreten. Letztere lassen sich dadurch wesentlich verringern, daß man die Schmalseiten der Becken nicht als Dämme anlegt, sondern niedrige Bleche wie beim Bagger-Spülbetrieb verwendet. Die Kurzfristigkeit der Überstauung bewirkt, daß die Durchlüftung des Bodens schon nach kurzer Zeit wieder einsetzt. Der Abbau der Schmutzstoffe verlangt eine besonders starke Tätigkeit der Kleinlebewesen, die an eine gute Durchlüftung des Bodens gebunden ist.

Das vorstehend beschriebene Verfahren ist auch für den Gemüsebau geeignet. Im Winter werden die Becken mit Abwasser gedüngt, im Sommer werden sie mit Furchen versehen und mit Abwasser oder Klarwasser beschickt.

c) Die Rieselung. Die Rieselung (S. 389) ist auf allen, auch schweren Bodenarten recht gut anwendbar, da die Reinigung des Abwassers bei ihr nicht so sehr durch die Vorgänge im Boden, sondern im wesentlichen durch die starke Belüftung und die so durch Belebung eintretenden Abbauvorgänge bewirkt wird. Das abgerieselte und in einem Ableiter aufgefangene Wasser wird häufig zum zweiten oder dritten Male nochmals auf andere Flächen oder in Fischteiche geleitet. In der Abwassergenossenschaft Dülmen ergab eine zweimalige Hangberieselung, daß von 156 g/m³ Schwebstoffen 22 g, von 895 g gelösten Stoffen 475 g im Abwasser blieben. Das Abwasser wird um so besser gereinigt, je länger die Strecke ist, die es durchrieselt; eine lange Strecke kann also dieselbe Wirkung haben wie zwei kurze. In leichten Böden wird stets ein Teil des Abwassers im Boden selbst geklärt.

Abb. 349. Röhrenrieselgerät.

Man verwendet fast ausschließlich den natürlichen Hangbau, weil die Anlage neuer Kunstwiesenbauten zu teuer ist. Da die Rieselrinnen durch Abwasser stark verschlämmen, empfiehlt es sich, von Zeit zu Zeit neben der alten Rinne eine neue anzulegen und die dabei ausgestochenen Rasenstücke in die alte Rinne zu bringen. Jede Rinne soll nach Möglichkeit unmittelbar vom Zuleiter mit Abwasser beschickt werden können, damit alle Flächenteile gleichmäßig gedüngt werden.

Der Rieselbetrieb auf Grünland spielt in der Abwasserbewässerung eine wichtige Rolle (S. 444). Wenn das Gefälle ausreicht, sollte man auf Grünland stets die Rieselung anwenden, die erheblich billiger als die Beregnung ist, allerdings mehr Wasser verbraucht als diese. Bei stärkerem Frost muß die Rieselung unterbrochen werden.

Grünlandhänge lassen sich auch mit Hilfe des Röhrenrieselgerätes bewässern (S. 413). Man spart dadurch an Zuleitern und braucht keine Verteil-, Riesel- und Entwässerungsrinnen.

Die Ackerberieselung ist nur beschränkt anwendbar. Im Winter nimmt man die düngende Berieselung der rauhen Furche vor, in der Regel mit Regnerrohren, falls eine Beregnungsanlage vorhanden ist. In der Wachstumszeit sind die Feldfutterschläge geeignet (Luzerne, Klee, Mais), auf denen z. T. das Röhrenrieselgerät gute Dienste leistet. Das Berieseln von Getreide hat sich nicht bewährt, zumal die Ungleichmäßigkeit der Düngung an den stärker gedüngten Stellen leicht zur Lagerung des Getreides führt. Bei Rüben auf schwerem Boden ist zwar die Rieselung unter günstigen Geländeverhältnissen möglich, sie hat jedoch den Nachteil einer beträchtlichen Bodenverschlämmung und wird daher besser durch die Beregnung ersetzt.

Sehr zu empfehlen ist es, die Wirkung des Abwassers vor der Ausführung des Entwurfs durch Versuchsrieselungen zu ermitteln.

d) Die Beregnung. Die Abwasserverregnung (S. 407) hat den großen Vorteil, daß sie völlig unabhängig von der Geländegestaltung ist. Man verwendet Weitstrahlregner mit weiten Düsen, so daß keine Verstopfungsgefahr besteht. Auch der Antrieb für die Drehbewegung des Regners muß so ausgebildet sein, daß die Betriebssicherheit nicht durch Schmutzstoffe im Abwasser gefährdet wird. Man kann dann schlammreiches Abwasser sogar ohne Sieb verregnen. Die Pflanzennährstoffe des Abwassers werden sehr gleichmäßig auf der ganzen Fläche verteilt. Es findet eine wirkungsvolle Belüftung des Abwassers statt, so daß fast keine Geruchsbelästigung auftritt. Die Beregnung ist auch auf schweren Böden anwendbar. Allerdings ist der Geländebedarf erheblich, da schon der Betriebskosten wegen keine großen Wassermengen verregnet werden können. Das hat aber den Vorteil, daß das Abwasser besonders gut ausgenutzt wird (Gesetz vom abnehmenden Bodenertrag; S. 435). Da die künstliche Beregnung auf unbestellten Flächen unwirtschaftlich ist, beschränkt man sie auf fünf Sommermonate (Mai bis September). In der übrigen Zeit muß daher das erforderliche Abwasser mittels einer anderen Bewässerungsart zugeführt werden. Man verregnet nur den Trockenwetterabfluß. Für Regenzeiten ist Vorsorge zu treffen, daß das Abwasser dann nicht verregnet zu werden braucht. Abgesehen von den einschränkenden gesundheitlichen Forderungen (S. 434) ist die Beregnung bei allen Kulturen anwendbar.

Die Röhrenrieselung (S. 413) gibt die Möglichkeit, größere Wassermengen mit vermindertem Druck und daher auch mit geringeren Kosten aufzuleiten, als die Beregnung sie verursacht. Dann müssen aber die Rohrleitungen entsprechend große Durchmesser erhalten, was bei der Entwurfsbearbeitung zu berücksichtigen ist. Das Anwendungsgebiet der Röhrenrieselung sind das Grünland, die Feldfutterschläge, die Furchenbewässerung (S. 439) und die rauhe Furche. Bei reichlichem Geländegefälle und ebenen Flächen kann man von einem Standort aus bis zu 75 m berieseln. Die Düngung der rauhen Furche läßt sich auch so durchführen, daß man kleine Stauabteilungen von etwa 5 m Seitenlänge pflügt und sie mit Abwasser füllt.

e) Die Untergrundbewässerung. Schließlich besteht noch die Möglichkeit, das Abwasser den Pflanzen unterirdisch zuzuleiten (S. 400). Die Stadt Köln betreibt nach den Angaben von Betge seit 1930 eine solche Anlage. Sie besteht aus einer luftabgeschlossenen Faulkammer mit anschließender Belüftungskammer und einem belüfteten Drännetz. Das Abwasser bleibt in jeder der beiden Kammern 1,5 bis 2 Tage. Die 10 cm weiten Dränrohre liegen in Kiespackung mit 0,8 bis 1,6 m Dränabstand und mit einer Überdeckung von etwa 0,5 m. Das Dungwasser tritt durch die Stoßfugen aus. Die Anfaulung kann beliebig weit getrieben werden. Besonders wichtig ist die richtige Belüftung und Beschickung der einzelnen Dränfelder. Die Belüftung wird durch einige von den Dränen nach oben führende Belüftungsrohre sowie dadurch erreicht, daß die waagerecht angeordneten Dränrohre niemals vollaufen. Für das Abwasser einer Person sind nach den bisherigen Erfahrungen bei 50 l/ET etwa 10 m Dränlänge erforderlich. Die Pflanzenwurzeln sind bei der Kölner Anlage bisher nur bis in die Kiespackung vorgedrungen, nicht aber in die Rohre hineingewachsen. Die Anlagekosten sind wegen der engen Dränung recht hoch. Der Boden darf nicht zu schwer sein. Ähnliche Untergrundbewässerungen sind zahlreich in Siedlungen ausgeführt und unter der Bezeichnung „Verfahren Friedersdorff“ bekannt geworden.

Die Abwasserbelastung beträgt bei 50 l/ET und 1,2 m Dränabstand etwa 1500 mm im Jahr. Der Boden wäre damit stark überlastet, wenn nicht, wie Betge annimmt, der größte Teil des versickerten Abwassers kapillar gehoben wird und wieder verdunstet. Das hängt natürlich sehr von der Bodenart ab und trifft zweifellos bei leichten Böden nicht zu. Die Anlage der Kölner Siedlung Neurath hat große Mehrerträge gebracht (S. 453). Das Verfahren verursacht keine Geruchsbelästigungen und ist insofern für Siedlungen geeignet. Der ausgefaulte und daher geruchlose Schlamm wird jährlich einmal aus der Faulkammer entfernt.

Übrigens wird das in den Kammern vorbehandelte Abwasser auch zur Berieselung und Beregnung verwendet, seine Wirkung im Vergleich zu frischem Abwasser bedarf noch der Klärung.

4. Der Betrieb.

Eine betriebstechnisch wichtige Frage ist die Festsetzung der Bewässerungszeit. Die Beregnung während der Nachtstunden hat sich nicht bewährt, es fehlt dann die Kontrolle, auch ist in dunklen Nächten ohne künstliche Beleuchtung nicht auszukommen. Dagegen kann man einen Rieselhang oder eine Stauabteilung abends ein- und morgens wieder ausschalten, ohne daß eine nächtliche Bedienung erforderlich ist. Das ist betrieblich am einfachsten, wenn das Abwasser dem Verwertungsgelände mit natürlichem Gefälle zufließt. Man kann aber auch die Pumpe nachts ohne Aufsicht laufen lassen, wenn sie sich bei Störungen selbsttätig ausschaltet und das Abwasser dann durch ein Absetzbecken oder in eine Entlastungsanlage fließt. Die Furchenbewässerung dagegen ist ohne Bedienung nicht durchzuführen. Im übrigen ist zu berücksichtigen. daß es häufig an dem erforderlichen Bedienungspersonal für die Nachtarbeit fehlt und daß diese auch erhöhte Löhne kostet, während der Strom in den Nachtstunden billiger zu sein pflegt als am Tage. Bei kleineren Anlagen können die nächtlichen Lohnkosten größer werden als die Kosten eines Speicherbeckens (S. 436) und die Mehrkosten der Rohrleitung, die für den bloßen Tagesbetrieb in der Regel einen größeren Durchmesser erhalten muß, als wenn sich die Pumpmenge auf 24 Stunden verteilt. Man muß sich daher unter Berücksichtigung aller dieser Umstände zunächst entscheiden, ob nur tags oder auch nachts bewässert werden soll.

Auch der Betrieb an Sonntagen stößt bisweilen auf Schwierigkeiten, die sich dadurch vermeiden lassen, daß man das Speicherbecken für die Aufnahme des Trockenwetterabflusses von Sonnabend abend bis Montag morgen bemißt. Der 36stündige Aufenthalt des Abwassers im Speicherbecken führt nicht zu Geruchsbelästigungen, wenn man die Anlage nach S. 447 anordnet. Eine andere Lösung besteht darin, den Sonntagsabfluß im allgemeinen nicht zu verwenden, sondern nur in extremen Trockenperioden als Reserve einzusetzen, wenn kein Klarwasser zur Verfügung steht.

Bei Regenwetter im Herbst setzt oft starker Dreschbetrieb und damit erhöhter Strombedarf ein. Da die Bewässerung in solchen Zeiten ohnehin entbehrlich ist, kann man sie einstellen und durch solche Sperrstunden einen günstigeren Stromtarif erreichen.

Am Tage kann man die Bewässerungszeit zwischen 8 und 16 Stunden wählen. Soll eine bestimmte Abwassermenge täglich verteilt werden, so wachsen die Lohnkosten mit der Bewässerungszeit, umgekehrt verhalten sich die Baukosten der Zuleiter. Die billigste Lösung ergibt sich durch Vergleichsrechnungen. Bei

Beregnungsanlagen muß auch genügend Zeit für den Umbau und für die Unterbrechung der Beregnung in heißen, sonnigen Mittagsstunden vorgesehen werden.

Die für die einzelnen Kulturen zweckmäßigsten jährlichen Abwassermengen (in mm) lassen sich für die einzelne Verwertungsanlage erst später aus den praktischen örtlichen Erfahrungen ermitteln. Dasselbe gilt für die zweckmäßigste Größe der Einzelgaben. Da man aber für die Entwurfsbearbeitung diese Werte braucht, muß man sie schon vorher wenigstens überschläglich festsetzen. Die dabei unvermeidlichen Fehlschätzungen sind später dadurch wieder auszugleichen, daß man die Bewässerungsfläche verkleinert oder vergrößert.

Die wichtigste Forderung besteht nun darin, daß der Wasserbedarf auch in ausgeprägten sommerlichen Trockenperioden gedeckt wird. Das wird sehr erleichtert, wenn im Sommer Klarwasser aus Wasserläufen, Seen oder aus dem Grundwasser mitbenutzt werden kann. Das Klarwasser ist auch für die Gemüsebewässerung sehr erwünscht (S. 434). Die Deckung des Spitzenbedarfs durch Klarwasser ermöglicht eine ziemlich gleichmäßige Abwasserbelastung der einzelnen Kultur, unabhängig von der Witterung. Steht dagegen kein Klarwasser zur Verfügung, so ist die auf Trockenzeiten abgestellte Abwassermenge in regenreichen Sommern zu hoch. Man muß sich dann unter Umständen mit einer nur teilweisen Verwertung des Abwassers begnügen, oder man verwertet den Sonntagszufluß lediglich als Reserve in Trockenzeiten, läßt ihn aber im übrigen ungenutzt.

Allgemein ist noch zu beachten, daß die günstigsten jährlichen Wasserhöhen bei Abwasser größer sein müssen als bei Klarwasser, da ersteres größere Ernten liefert als letzteres. Diese größeren Wasserhöhen sind auch auf leichteren Böden zulässig, weil das Abwasser einen gewissen Ersatz für die Auswaschverluste bringt.

Als erstes ist stets der für den Erfolg entscheidende Wasserbedarf der anfeuchtenden Bewässerung in der Wachstumszeit festzustellen. Das Verfahren, die Belastung mit Abwasser nach Einwohnern je ha zu bestimmen, stellt fälschlicherweise den Dunggehalt des Abwassers in den Vordergrund, nicht aber seinen Wasserwert. Es berücksichtigt aber auch nicht den Umstand, daß der Trockenwetterabfluß der Städte außerordentlich verschieden ist. Als Anhalt für die Anfeuchtung im Sommer können die Abwasserhöhen (mm) der Zahlentafel 172 dienen, sie entstammen praktischen Erfahrungen. Die eingeklammerten

Zahlentafel 172.

Bestand	Rieselung	Röhrenrieselung ohne Furchen	Furchenbewässerung (auch mit Rieselgerät)	Beregnung	Überstauung
Hafer	—	—	—	60—120	—
Anderes Getreide	—	—	—	40— 80	—
Mais	—	—	250—400	150—250	—
Kartoffeln	—	—	50—150	40—100	—
Zuckerrüben	—	—	200—300	130—250 (300)	—
Futterrüben	—	—	300—500	150—300 (450)	—
Möhren	—	—	150—250	100—150	—
Ölfrüchte	—	—	100—150	80—130	—
Luzerne	—	250—400	250—400	120—200	—
Klee	—	200—300	200—300	100—150	—
Kohl	—	—	200—400	100—180	—
Zwischenfrüchte	—	—	120—180	80—120	—
Wiesen	400—1000	300—600	—	120—200	300—600
Dauerweiden	500—1200	400—700	—	150—250 (350)	—

Zahlen sind selten vorkommende Grenzwerte. Je leichter der Boden und je kleiner und ungünstiger verteilt die Niederschläge sind, um so größer ist natürlich der Wasserbedarf. Die zum Teil sehr großen Wassermengen sind nötig, um zusammen mit den Niederschlägen die Pflanzenmasse der zu erwartenden hohen Ernten aufzubauen: z. B. 1400 dz/ha Futterrüben und 450 dz/ha Kraut mit 700 bis 1000 mm Blattverdunstung, 200 dz/ha Wiesenheu mit 600 bis 1000 mm, in der gleichen Größenordnung bei Luzerne und Mais (vgl. S. 453). Diese Wassermengen sind also bewässerungstechnisch gerechtfertigt und stellen keine Überlastung des Bodens mit Wasser dar. Mit der Beregnung sind solche Spitzenerträge nur durch entsprechende Regenhöhen zu erreichen, wodurch aber auch die Betriebskosten erheblich steigen. Daraus erklärt sich die große Verbreitung der Furchenbewässerung. Über 300 mm Regenhöhe geht man im allgemeinen nicht hinaus. Auf Wiesen hat sich die Abwasserverregnung im Vergleich zur Hangberieselung nicht durchgesetzt, obwohl auch mit Regenhöhen über 500 mm hohe Reinerträge erzielt wurden (Schebitzer Versuche von Zunker). Weiden brauchen allgemein mehr Wasser als Wiesen. Bei der Hangberieselung des Grünlandes ist der Abwasserbedarf erheblich von der Art des Rieselbetriebes abhängig. Aufleitungen von 1000 bis 1200 mm sind nur dann vertretbar, wenn ein erheblicher Teil davon (z. B. 50 %, vgl. Zahlentafel 154) wieder abfließt und etwa einem Fischteich zugeleitet wird. Die Wiesenüberstauung mit 300 bis 600 mm setzt einen Sparverbrauch nach S. 76 voraus.

Der größte Gesamtbedarf an Abwasser fällt in die Monate Juli bis September. In dieser Zeit kann ein weitgehender Einsatz der Beregnung mit ihrem verhältnismäßig geringen Wasserbedarf von Nutzen sein. Wegen der Höhe der einzelnen Anfeuchtungsgaben vgl. die Abschnitte G (S. 380) und H (S. 407). Beregnungsgaben wie bei der Beregnung mit Klarwasser oder etwas höher. Die kleinste Rieselgabe bei der Hangberieselung und Furchenbewässerung beträgt 40 bis 50 mm, die größte bei der Hangberieselung etwa 150 mm und bei der Furchenbewässerung 80 bis 100 mm.

Nach Festlegung der Sommerbewässerung ist dann die im wesentlichen düngende Winterbewässerung zu entwerfen. Dabei gelten zwei Grundsätze. Erstens darf die Gesamtbewässerung (Sommer und Winter) keine Überdüngung mit Stickstoff bewirken, was auf Grund des N-Gehalts des Rohwassers und eines angemessenen Ausnutzungsgrades (S. 434) überschläglich zu ermitteln ist. Es können im Winter auch Flächen abgedüngt werden, die im Sommer kein Abwasser erhalten haben. Zweitens muß gerade im Winter besonders darauf geachtet werden, daß die leichteren Böden nicht mit Wasser überlastet werden und dadurch eine unerwünschte Auswaschung stattfindet. Denn im Winter ist diese Gefahr besonders groß, weil der starke Wasserverbrauch der Pflanzen fehlt. Je größer der jeweilige Wassergehalt des Bodens und je kleiner sein Wasserhaltewert ist, um so weniger Abwasser darf er erhalten (S. 364).

Die vorstehenden Überlegungen sind in einem Abwasserverteilungsplan zusammenzufassen, der von dem durchschnittlichen zukünftigen Anbauverhältnis des Bewässerungsgebiets auszugehen hat: z. B. 30 % Grünland, 38 % Getreide, 16 % Kartoffeln, 7 % Futterrüben, 5 % Futterpflanzen und 4 % Ölfrüchte. Dieser Durchschnittsplan ist der Entwurfsbearbeitung zugrunde zu legen. Später stellt man dann für jedes Jahr einen Abwasserverteilungsplan auf, der dem jeweils beabsichtigten Anbau genauer Rechnung trägt und auch die inzwischen gemachten Erfahrungen berücksichtigt.

Ein größerer Grünlandanteil (30 bis 40 %) ist für den Bewässerungsbetrieb sehr vorteilhaft, nicht nur weil die Grünlandflächen das Abwasser bestens verwerten, sondern auch deshalb, weil das Grünland fast während des ganzen Jahres für das Abwasser aufnahmefähig ist und dadurch den Betrieb elastisch macht. Das zeigt sich besonders in der Bestellzeit, wenn die übrigen

Flächen nicht bewässert werden können, oder bei Betriebsstörungen. Auch kann man Grünland nachts ohne Aufsicht berieseln.

Grundsätzlich soll nicht die Gesamtfläche des einzelnen landwirtschaftlichen Betriebes in die Bewässerung einbezogen werden, weil dadurch die landwirtschaftliche Anpassung an die Bewässerung erheblich erschwert wird. Hiermit hängt auch die Frage der sogenannten Wechselflächen zusammen. Nach den bisher vorliegenden Erfahrungen ist anzunehmen, daß manche Kulturen ebenso wie den Stallmist auch die Abwasserdüngung besser ausnützen, wenn sie schon im Vorjahr verabfolgt ist, so daß nicht jede Fläche jedes Jahr abgedüngt werden darf. Das läßt sich aber nur durchführen, wenn die gesamte Bewässerungsfläche größer ist als diejenige des Einzeljahres. Andererseits soll man die Wechselflächen nicht größer als nötig ansetzen, da eine möglichst geschlossene Lage des Bewässerungsgebietes die Verteilung des Abwassers verbilligt.

Es folgen einige Hinweise für die Sommerbewässerung verschiedener Bestände:

Getreide. Nur Beregnung, der Hafer lohnt am besten. Regengaben kurz vor und während des Schossens.

Mais. Bewässerung während der gesamten Wachstumszeit.

Kartoffeln. Richtige Sortenwahl besonders wichtig. Bewässerung hauptsächlich während der Blüte (Beginn des Knollenansatzes).

Zuckerrüben. Bewässerung Juli bis Anfang September, besonders zur Zeit der größten Blattentwicklung. Boden lockern, Furchen zwischen den Rübenreihen zur Furchenbewässerung.

Futterrüben. Empfindlich gegen stauende Nässe. Furchen zwischen den Reihen. Bewässerungszeit vom Beginn der Feldbeschattung bis Ende September.

Möhren. Wichtigste Bewässerungszeit etwa 7 bis 11 Wochen nach der Aussaat.

Luzerne, Klee. Empfindlich gegen Wasseransammlungen von längerer Dauer. Bewässerung einige Tage nach jedem Schnitt.

Gemüse. Besonders lohnend alle Kohlarten, Kohlrüben, Rettiche, Tomaten, Sellerie.

Grünland. Am einfachsten ist die Weidebewässerung, Dauerwiesen neigen stark zur Verunkrautung. Diese ist durch richtige Sortenwahl zu bekämpfen. Gute Rieselgräser sind:

Knaulgras (Dáctylis glomeráta),
Wiesenrispengras (Póa praténsis),
Gemeines Rispengras (Póa triviális),
Wiesenfuchsschwanz (Alopecúrus praténsis),
Deutsches Weidelgras (Lólium perénne),
Italienisches Raygras (Lólium itálicum),
Französisches Raygras (Avéna elátior),
Wiesenschwingel (Festúca praténsis),
Wiesenlieschgras (Phléum praténse).

Klee hält sich nur auf Rieselweiden. Rieselpausen mindestens 1 Woche vor jedem Schnitt oder vor jedem Auftrieb, um das Mähen und Trocknen zu erleichtern bzw. das Durchtreten des Weideviehs zu vermeiden. Gräser nach der Mahd oder dem Abtrieb des Viehs einige Tage vernarben lassen, bevor weitergerieselt wird. Bei zeitweisem Wassermangel kann man die Rieselung vorübergehend durch Beregnung ersetzen. Trocknen des Grases durch Aufreutern oder künstliche Trocknungsanlagen, Einsäuern in Gärfutterbehältern, kleine Koppeln für schnellen Umtrieb, Boden durch Eggen lockern zwecks Durchlüftung.

Die Winterberieselung des Grünlandes ist so lange unbedenklich, wie das warme Abwasser den Boden auftaut, so daß es versickern kann; eine dünne Eisdecke schadet nicht. Bei stärkerem Frost ist jedoch der Rieselbetrieb zu unterbrechen. Dann ist der Betrieb auch möglichst so einzurichten, daß die offenen Zuleiter nur auf kurze Strecken durchflossen werden.

Stets erforderlich ist eine ausgiebige Kalkung, durch Düngungsversuche stellt man fest, wieweit eine Zusatzdüngung mit Kali und Phosphorsäure sich lohnt. Interessant ist, daß auch zusätzliche Stickstoffgaben bei Hackfrüchten und Futterpflanzen zu guten Erfolgen geführt haben, was in diesen Fällen auf einen nur geringen Ausnutzungsgrad des Abwasserstickstoffs schließen läßt. Allgemein ist der Sortenwahl größte Beachtung zu schenken, auf Grünland auch der Entwicklung des Artenverhältnisses. Betriebswirtschaftlich sind die Veränderung des Grünlandanteils und die Stärke der Viehhaltung die grundlegenden Faktoren der landwirtschaftlichen Abwasserverwertung.

Um zusammenliegende Grünlandflächen zu schaffen und dadurch den Betrieb wesentlich zu erleichtern, kann sich eine Umlegung der Grundstücke empfehlen. Ein Anbauzwang ermöglicht größere mit derselben Frucht bestellte Flächen und vermag gleichfalls den Betrieb oft erheblich zu vereinfachen.

Durch einen Regenmesser ist der Verlauf der Niederschläge zu verfolgen, durch den Einbau eines selbstschreibenden Wassermengenmessers in das Druckrohr der Pumpe lassen sich die Wassermengen kontrollieren. Grundwasserbeobachtungsrohre zeigen Veränderungen des Grundwasserstandes an und ermöglichen dadurch eine Kontrolle des Bewässerungsbetriebes, der um so besser ist, je weniger Wasser ins Grundwasser versickert. Das Grundwasser soll von Zeit zu Zeit auch auf Veränderung seiner Beschaffenheit untersucht werden.

Mit der Pumpstation läßt sich gut eine Werkstatt für die Ausbesserung schadhafter Teile der Regenanlage verbinden.

Die Verteilung des Abwassers auf die einzelnen landwirtschaftlichen Betriebe ist durch die Genossenschaft durchzuführen. Für den Rieselbetrieb sind Rieselwärter einzustellen, in der Regel einer für etwa 30 bis 60 ha. Die Verteilung innerhalb des einzelnen Betriebes bleibt am besten in der Hand des Betriebsleiters.

Zu beachten sind schließlich noch die Beschaffung zusätzlicher Arbeitskräfte, Geräte und Maschinen, die Notwendigkeit von Neubauten, die Unkrautbekämpfung und Wirtschaftsberatung.

5. Besondere Anlagen.

Notwendig sind zunächst Rechen und Sandfang in der üblichen Ausführung[1]. Bewährt haben sich Zerkleinerungsmaschinen für das Rechengut, das kompostiert oder dem Abwasser wieder zugesetzt wird. Der Sandfang ($v = 0{,}3$ m/s) verringert den Verschleiß der Pumpen und der Rohrleitung.

Abb. 350. Speicherbecken.

Das Speicherbecken hat die Aufgabe, den während der Nachtstunden oder auch am Sonntag anfallenden Trockenwetterabfluß vorübergehend zu speichern, um ihn tagsüber zu verwerten. Man legt der Berechnung der Beckengröße die Sommerabflußkurven zugrunde (Abb. 347 *b* und *d*) und findet nach Auftragung der Zuflußsummenlinie und nach Festlegung der Betriebszeit (S. 442) leicht die erforderliche Größe, die jedoch wegen der Unsicherheit der Unterlagen noch einen Sicherheitszuschlag erhält. Ausführung in einfachster Form als Erdbecken mit Böschungen, zur Kostenersparnis auch

[1] Vgl. Imhoff: Taschenbuch der Stadtentwässerung (*98*).

mit Massenausgleich zwischen Dämmen, wenn die Gefälleverhältnisse es zulassen. Wird das Abwasser vor seiner Einleitung in das Speicherbecken durch ein besonderes Absetzbecken entschlammt, so brauchen nur die Böschungen über dem niedrigsten Wasserspiegel gedichtet zu werden, etwa durch eine Tonschicht, da unter Wasser eine natürliche Dichtung eintritt. Der Schlammfall ist so gering, daß eine Reinigung kaum erforderlich wird. Findet dagegen keine mechanische Vorreinigung statt, so werden Sohle und Böschungen durch Betonplatten mit Bitumenverguß ausgelegt. Besteht der Boden aus Löß, Lößlehm oder sandigem Lehm, so kann man ihn auch zu Bodenbeton verfestigen. Sohle mit Gefälle zur besseren Entleerung, Form rechteckig oder rund. Grundsätzlich soll das Speicherbecken zweiteilig sein, gewöhnlich sind beide Hälften im Betrieb, vorübergehend wird eine zur Säuberung oder Ausbesserung ausgeschaltet. Spülung mit Schläuchen. Da das Speicherbecken bei Regen auch einen Teil des Mischwassers aufnimmt, muß ein Überfall das überschüssige Wasser in den Fluß oder in eine Entlastungsanlage abschlagen. Wenn das Abwasser ausnahmsweise nicht entschlammt wird, kann man es unmittelbar in den Pumpensumpf leiten, der sich neben dem Becken befindet; dadurch wird die Schlammablagerung im Becken stark verringert. Der Pumpensumpf speist das Becken durch einen Überfall und erhält Zuschußwasser aus dem Becken durch einen Zulauf mit Rückschlagklappe. Nachteilig ist jedoch, daß die Pumpe dann morgens verhältnismäßig viel Schlamm fördert. Will man das vermeiden, so muß man das Abwasser unmittelbar in das Speicherbecken leiten und den Schlamm durch eine Spülvorrichtung am Absetzen hindern.

Wenn bei Tag- und Nachtbetrieb kein Speicherbecken erforderlich ist, muß ein kleineres Ausgleichbecken die Aufgabe übernehmen, den wechselnden Stundenzufluß so auszugleichen, daß dem Verwertungsgebiet eine gleichbleibende Abwassermenge zugeleitet werden kann. Der Bewässerungsbetrieb wird dadurch einfacher. Ein Speicherbecken wirkt natürlich gleichzeitig ausgleichend. Man kann aber auch dem Absetzbecken eine solche Wassertiefe geben, daß der obere Beckenraum als Ausgleichraum dient, oder man verwendet immer dasjenige der beiden Absetzbecken, das gerade nicht zur Vorklärung benutzt wird, als Ausgleichbecken.

Wird das Abwasser aus einem Speicher- oder einem Ausgleichbecken durch eine Pumpe entnommen, so ist dadurch eine genügend gleichmäßige Entnahme gesichert. Bei freiem Ausfluß und gleichbleibendem Ausflußquerschnitt ändert sich jedoch die sekundliche Ausflußmenge erheblich mit der Druckhöhe, so daß sich unter Umständen der Einbau eines an einem Schwimmer hängenden sog. Schwenkrohres empfiehlt, dessen Einlauf stets in gleicher Tiefe unter dem schwankenden Wasserspiegel liegt.

Zur Entschlammung sind einfache Absetzbecken mit Leerausräumung geeignet. Sie werden ebenso wie die Speicherbecken als Erdbecken mit Böschungen hergestellt und mit Betonplatten ausgelegt, die Sohle steigt in der Durchflußrichtung an. Alle 7 bis 14 Tage Entleerung und Reinigung mit Spülwasser und Gummischiebern. Der Schlamm wird in den Schlammraum gepumpt (offen zwischen Erddämmen) und kommt nach der Ausfaulung auf die Trockenplätze. Der Aufenthalt des Abwassers im Absetzbecken soll mindestens 40 min betragen, dann werden etwa 90% der absetzbaren Schwebstoffe ausgeschieden. Größte Durchflußgeschwindigkeit 50 mm/s. Der Beckeninhalt J beträgt (*98*)

$$J = \frac{q\,E\,t}{1000 \cdot 18}\ (\mathrm{m}^3). \tag{277}$$

q = mittlerer Trockenwetterabfluß im Sommer in l/ET, E = Anzahl der Einwohner, t = Aufenthaltszeit im Becken (z. B. ⅔ Std). Ein gleichgroßer Raum für die Schlammablagerung, daher gesamte Beckengröße $= 2 \cdot J$. An sich sind 2 Becken erforderlich, von denen jeweils eines in Betrieb ist. Bei Regen werden beide Becken gefüllt, die Aufenthaltszeit des Mischwassers kann dann auf 20 min verringert werden. Da eines der beiden Becken zu Beginn des Regens keinen Schlamm enthält, läßt sich etwa der fünffache Trockenwetterabfluß verarbeiten.

Ist auch ein Speicherbecken erforderlich, so kann man das im Absetzbecken vorgeklärte Abwasser in dieses leiten. Dann erübrigt sich aber ein zweites Absetzbecken, da das Speicherbecken bei Regen und bei der Entleerung des Absetzbeckens ein zweites Absetzbecken vorübergehend ersetzen kann. Das um so mehr, als ein Absetzbecken bei Regen den doppelten Trockenwetterabfluß aufnimmt, was in der Regel ausreicht. Denn meistens beginnt auch der unterste Regenauslaß bereits bei doppelter Verdünnung zu laufen.

Man kann jedoch das Absetzbecken mit dem Speicherbecken auch baulich verbinden, indem man durch Vertiefung des Speicherbeckens für den Durchfluß des Abwassers bei tiefstem Beckenwasserstand und für die Ablagerung des Schlammes einen Raum schafft, dessen Größe $= 2 \cdot J$ ist [Gl. (277)]. Das Becken muß dann zweiteilig werden, um eine Hälfte entleeren und den Schlamm in den Faulraum pumpen zu können. Die Speisung des Pumpensumpfes aus dem Becken ist so anzuordnen, daß der Schlamm dadurch nicht aufgerührt wird.

Soll der ausgefaulte Schlamm auf der Bewässerungsfläche mit verwertet werden, so leitet man ihn in regelmäßigen kleinen Mengen in flüssigem Zustande in den Pumpensumpf. Seine Trocknung kann dann also gespart werden.

Am Auslauf der Kanalisation ist häufig eine Pumpanlage erforderlich. Als Kraftmaschinen dienen meistens Elektromotoren, Dieselmotoren oder Sauggasmotoren mit eigener Sauggaserzeugung. Die wirtschaftlichste Antriebsart ist durch Vergleichsrechnungen zu ermitteln. Die Wahl der Schleuderpumpen hat sich nach der Beschaffenheit des Abwassers zu richten. Abwasser mit Frischschlamm verlangt Pumpen mit großen Durchgangsöffnungen, sie haben einen schlechteren Wirkungsgrad als Pumpen, die Abwasser ohne Schlamm oder mit ausgefaultem Schlamm fördern sollen. Manche Abwasserpumpwerke haben mit stark unterschiedlichen Förderhöhen zu arbeiten, sei es, daß das Abwasser auf verschieden hochliegendes Gelände zu pumpen ist, sei es, daß Berieselung und Beregnung verschiedene Druckhöhen bedingen. In solchen Fällen kann die Forderung nach einem möglichst guten Wirkungsgrad der gesamten Anlage dazu führen, zwei Pumpen für verschiedene Förderhöhen aufzustellen oder zwei einstufige Pumpen nach Bedarf hintereinander zu schalten. Auch auf das Vorhandensein einer Reserve ist Bedacht zu nehmen. Das liegt nicht nur im Interesse eines ungestörten Bewässerungsbetriebes, sondern dient auch der Reinhaltung des Flusses. Bisweilen ist die Förderung von Klarwasser zu berücksichtigen.

Für die Zuleiter sind sinngemäß die Ausführungen in den Abschnitten D und E (S. 373) zu beachten. Der offene Hauptzuleiter folgt den höchsten Geländelinien, damit das Wasser mit natürlichem Gefälle verteilt werden kann. Die Auftragsstrecken größerer Zuleiter erhalten zweckmäßig Überläufe, die bei Betriebsstörungen überschüssiges Abwasser auf Entlastungsflächen abschlagen. Die Leistungsfähigkeit der Zuleiter darf nicht zu knapp bemessen werden, da es schwer ist, die im praktischen Betriebe eintretende Höchstbelastung genau voraus zu berechnen, zumal die Praxis nicht selten später noch Änderungen der Abwasserverteilung mit sich bringt. Meistens $v = 0{,}30$ bis $0{,}60$ m/s, vgl. Zahlentafel 109. In Gl. (141) setzt man $n = 0{,}025$ ohne Verkrautung und $n = 0{,}040$, wenn Zuleiter nur zeitweise Wasser führen und daher stark verkrauten.

Dichtung der Zuleiter mit Beton- oder Asphaltplatten, Fugendichtung mit Bitumen. Natürliche Dichtung der ständig abwasserführenden Zuleiter, dagegen starke Wasserverluste bei der Inbetriebnahme der nur zeitweise benutzten, nicht künstlich gedichteten Gräben: nach Stein in mittelschweren bis leichten Böden 100 bis 150 l je m Grabenlänge. Bei reinem Sand und Kies sind die Sickerverluste nach der jedesmaligen Inbetriebnahme noch bedeutend größer. Die Frage der künstlichen Dichtung kann nur von Fall zu Fall entschieden, sie muß vom Standpunkt der Kosten und der etwaigen Wasserknappheit aus beurteilt werden. Abstürze in den Zuleitern (Abb. 351) fördern die Belüftung des Abwassers.

Rohre aus Gußeisen, Stahl, Schleuderbeton mit und ohne Stahleinlagen oder aus Asbestzement. Gewöhnlicher Stampfbeton hat sich mehrfach nicht bewährt, er ist jedenfalls nicht so geeignet wie die dichteren Schleuderbeton- und Asbestzementrohre. Gut ist die Glockenmuffendichtung mit Gummiringen. Wegen der unvermeidlichen Druckstöße werden die Dichtungen stark beansprucht. Daher empfiehlt sich auch der Einbau einer Rückschlagklappe in die Druckleitung zum Schutze der Pumpen. Auch Standrohre in der Druckleitung können die Druckstöße abfangen. Schutz der Betonrohre durch Bitumenanstrich. Berechnung der Rohre mit $m = 0{,}25$ [Gl. (142)] oder $a = 0{,}02$ [Gl. (155)]. In ständig volllaufenden Rohren bildet sich eine Sielhaut, die die Reibung verringert und vom Rohrmaterial unabhängig macht. In der Regel $c = 0{,}60$ bis 1,25 m/s. Vorteil der Ringleitungen (S. 427). Ausreichend Schieber und Hydranten sind vorzusehen. Der günstigste Rohrdurchmesser ist durch Vergleichsrechnungen zu ermitteln. An den Tiefpunkten der Rohrleitung sind Entleerungsvorrichtungen erforderlich, auch ist für Entlüftungsmöglichkeiten zu sorgen, wobei jedoch zu beachten ist, daß Entlüftungsventile der Verstopfungsgefahr unterliegen. Daher benutzt man besser die Entnahmestellen an den Hochpunkten gleichzeitig zur Entlüftung.

Abb. 351. Absturz im Zuleiter.

Die auch sonst erforderliche sachgemäße Entwässerung ist um so notwendiger, als auch bei sparsamer Wasseraufleitung und trotz des erheblich ansteigenden Wasserverbrauchs der hohen Ernten eine zusätzliche Belastung der Flächen mit Wasser eintritt (Versickerung aus Zuleitern, Abfluß von Rieselhängen usw.). Auch wird der oberirdische Abfluß dadurch verstärkt, daß die Aufnahmefähigkeit der bewässerten Flächen für Niederschläge geringer wird. Auf schweren Böden kann sich die Bewässerung auch dahin auswirken, daß bisher nicht dränbedürftige Böden in den Bereich der Dränbedürftigkeit rücken.

Außer den verschiedenen Bewässerungsarten werden zur Unterbringung der Abwässer auch die Bodenfilterung und die Abwasserfischteiche herangezogen. Die Bodenfilterung bezweckt eine Reinigung des Abwassers dadurch, daß es den Boden durchsickert. Die zur laufenden Reinigung der städtischen Abwässer dienenden Bodenfilter (*98*, *129*) werden auf Sandboden zwischen kleinen Dämmen angelegt. Größe eines Staubeetes bis 0,4 ha, Sohle waagerecht, Dränung in 1 m Tiefe mit 10 m Abstand, Dränrohrweite 10 cm. Belastung täglich 50 bis 100 mm, im Winter alle 3 bis 4 Tage 200 bis 300 mm mit Lüftungshügeln, die über die Wasserfläche oder Eisdecke emporragen. Bei der landwirtschaftlichen Abwasserverwertung handelt es sich oft darum, größere Wassermengen an wenigen Tagen unterzubringen. Eine Überstauung mit 500 mm und mehr ist dann ohne weiteres zulässig, wenn nach der Versickerung wieder eine mehrtägige Durchlüftung stattfindet, und eine Dränung ist nicht in jedem Fall erforderlich. Mit der Zeit bildet sich auf den Staupoldern eine Schlickschicht, die ab und an zu entfernen ist, da sonst das Abwasser zu langsam versickert. Der Schlick kann mit bestem Erfolg zur Düngung abgefahren werden. Sehr zweckmäßig ist es, vor der Entwurfsaufstellung die Wasseraufnahmefähigkeit des Bodens durch einen Versuch im kleinen an Ort und Stelle zu ermitteln. Bisweilen bietet sich die Möglichkeit, alte Kiesgruben oder sandige Ödländereien zur Bodenfilterung zu verwenden. Die Bodenfilterung soll bei der landwirtschaftlichen Abwasserverwertung als Bereitschaft dienen, um das Abwasser auch in solchen Zeiten unterbringen zu können, in denen seine landwirtschaftliche Ausnutzung Schwierigkeiten macht. Dazu können auch Waldstücke wertvolle Dienste leisten. Geeignete Baumarten scheinen die kanadische Pappel und die Erle zu sein. Stehen genügend Flächen für die Bodenfilterung zur Verfügung, so kann man im Wechsel mehrerer Jahre die Hälfte beschicken und die andere Hälfte landwirtschaftlich nutzen.

Die Reinigung des Abwassers in Fischteichen beruht auf der Tätigkeit der Kleinlebewesen, die sich jedoch nur dann ausreichend entwickeln, wenn das Teichwasser genügend Sauerstoff enthält. Indem die kleineren Lebewesen den größeren zur Nahrung dienen, wachsen zahlreiche Schnecken, Larven, Würmer, Wasserkrebse, Algen usw., die wiederum von den Süßwasserfischen verzehrt werden. Nicht nur städtisches Abwasser, sondern auch solches vieler gewerblicher Betriebe ist in Abwasserfischteichen verwertbar. Geruchsbelästigungen treten nicht ein. Ein ausreichender Sauerstoffgehalt des Teichwassers kann auf verschiedene Art erreicht werden. Einmal dadurch, daß man einem m^3 Abwasser 3 bis 5 m^3 Klarwasser zusetzt. Die Sauerstoffanreicherung wird noch wesentlich gefördert, wenn man das Abwasser und Klarwasser vor ihrer Einleitung in den Teich in dünner Schicht verrieseln oder über Wassertreppen laufen läßt. Eine ausgedehnte „Vorrieselung“ des Abwassers kann die Frischwasserzufuhr sogar vollständig ersetzen, da sie eine beachtliche Sauerstoffanreicherung und Vorreinigung bewirkt. Schließlich kann man das Abwasser ohne Klarwasser und ohne Vorrieselung auch in Teiche oder Seen bringen, wenn diese im Verhältnis zur Menge des Abwassers sehr groß sind. Bisweilen ist es zweckmäßig, den Abfluß aus einem Abwasserfischteich noch zu verrieseln.

Das Abwasser ist einer Vorreinigung durch Rechen und Absetzbecken zu unterwerfen, und zwar so schnell, daß es nicht in angefaultem Zustande in den Fischteich gelangt. Es ist vor der Einleitung in den Teich mit dem Klarwasser zu verdünnen. Als solches nimmt man möglichst Oberflächenwasser, da Grundwasser sauerstoffarm ist. Bei der Vorrieselung sind Absetzbecken zur Vorklärung des Abwassers nicht erforderlich. Im übrigen wird wegen der Einzelheiten, die bei der Herstellung der Abwasserfischteiche zu beachten sind, auf das Schrifttum verwiesen (z. B. *29* und *125*).

Im Winter werden die Lebensvorgänge in den Teichen geringer, unter einer Eisdecke kann auch der Sauerstoffgehalt des Wassers abnehmen und dadurch ein Fischsterben eintreten. Ferner muß die Vorrieselung bei Frost unterbrochen werden. Man hat daher die Möglichkeit einer anderweitigen Unterbringung des Abwassers im Winter (Bodenfilterung) vorzusehen. Die fischereiliche Ausnutzung des Abwassers ist in der kalten Jahreszeit nur mangelhaft.

Bei Frischwasserzufuhr kann man etwa 2000 bis 2500 Personen je ha Teichfläche rechnen. Neuerdings sind noch stärkere Belastungen mit Erfolg durchgeführt worden. Wird mangels Frischwasser eine Vorrieselung vorgeschaltet, so pflegt man den Trockenwetterabfluß von etwa 1000 bis 1500 Personen je ha Teichfläche einzusetzen. In den Wintermonaten Dezember bis Februar ist die Belastung der Fischteiche allgemein um 30 bis 40% geringer als im Sommer anzunehmen, soweit nicht die Abwassereinleitung bei Frost überhaupt eingestellt wird.

Die Abwasserfischteiche werden im Frühjahr mit zweisömmerigen ¾ Pfund schweren Satzkarpfen besetzt, die im Spätherbst desselben Jahres als 2,5 bis 3 Pfund schwere Speisekarpfen abgefischt werden. Daneben werden Schleien als Beifische gezogen.

6. Die Grundlagen der Planung.

Es empfiehlt sich, die Grundlagen der Planung unter Berücksichtigung der Ausführungen in den Abschnitten 1 bis 5 in der folgenden Reihenfolge zu ermitteln und festzulegen:

1. Die städtischen Verhältnisse: Misch- oder Trennverfahren, Größe des Trockenwetterabflusses nach Tagesstunden und Jahreszeiten, sein Gehalt an landwirtschaftlich wertvollen Stoffen sowie an pflanzen- oder bodenschädlichen Beimengungen, Niederschläge, Regenwassermengen, bestehende Kläranlagen, Anforderungen an die Reinhaltung des Flusses, Bebauungspläne.

2. Ein Verwertungsgebiet wird in Aussicht genommen. Gesichtspunkte für die Auswahl: Bodenverhältnisse, Grundwasserstände, Fließrichtung des Grundwassers, Niederschläge, Bewässerungsbedürfnis, betriebswirtschaftliche Verhältnisse, Höhenlage (Förderhöhe), Entfernung von der Stadt, Geländegefälle (Rieselung möglich?), Möglichkeiten für Fischteichanlagen, Vorhandensein von Klarwasser, vorherrschende Windrichtung, Nähe von Siedlungen.

3. Die zukünftigen allgemeinen betriebswirtschaftlichen Verhältnisse des Gebiets sind durch landwirtschaftliche Dienststellen festzulegen: betriebswirtschaftliche Ziele, Grünlandverhältnis und die wichtigsten Ackerkulturen als Gebietsdurchschnitt, Frage der Grundstücksumlegung, insbesondere Schaffung zusammenliegender Grünlandflächen.

4. Anzuwendende Bewässerungsverfahren: Rieselung, Beregnung, Furchenbewässerung, Überstauung. Anlage von Fischteichen.

5. Bewässerungszeit: wann soll bewässert werden, zu welchen Tagesstunden, nachts, sonntags?

6. Ist ein Speicherbecken für den Nachtzufluß erforderlich? Es ist nur dann entbehrlich, wenn nachts Rieselhänge oder Stauabteilungen ohne örtliche Bedienung beschickt werden können.

7. Vorbehandlung des Abwassers: Entschlammung und Schlammausfaulung sind grundsätzlich vorzusehen, Ausnahmen nur in besonders begründeten Fällen. Genügt eine mechanische Klärung für die Reinhaltung des Flusses?

8. Soll ein Teil des Regenabflusses mitverwertet werden? Im Winter wird grundsätzlich davon abzusehen sein, wenn das Abwasser auf die Verwertungsfläche gepumpt werden muß.

9. Örtliche Lage der Becken. Wenn das Abwasser mit Gefälle von der Stadt zur Verwertungsfläche fließt, kann man eine Speicherung des Nachtzuflusses, eine Entschlammung oder den Ausgleich des Zuflusses entweder an den Anfang oder ans Ende des Hauptzuleiters verlegen. Die Anordnung dieser Anlagen im Verwertungsgebiet hat den Vorteil, daß sie von den dort ohnehin arbeitenden Leuten beaufsichtigt werden können und daß in der Nähe der Stadt keine Geruchsbelästigungen eintreten. Andererseits ist ein offener Hauptzuleiter im schwachen Gefälle der Verschlammung ausgesetzt. Da der unterste Regenauslaß bei zwei- oder dreifacher Verdünnung anspringt, muß das nicht verwertete Mischwasser selbsttätig in eine Entlastungsanlage fließen, die möglichst in der Nähe des Hauptzuleiters, im übrigen aber an beliebiger Stelle liegt. Ordnet man dagegen ein etwa erforderliches Speicherbecken oder ein Absetzbecken am Anfang des Hauptzuleiters an, so hat das den Vorteil, daß bei Regen das nicht verwertete Mischwasser durch ein solches Becken geklärt und dann in den Fluß geleitet werden kann. Durch das Absetzbecken wird außerdem ein offener Zuleiter vor Verschlammung geschützt.

Muß das Abwasser vom Tiefpunkt der Stadtentwässerung auf das Verwertungsgelände hinaufgepumpt werden, so sind grundsätzlich alle jeweils in Frage kommenden Becken am Pumpwerk zu errichten. Da hier stets mindestens ein Becken (Speicher-, Absetz- oder Ausgleichbecken) vorhanden sein muß, bietet sich auch stets die Möglichkeit zur Klärung des Regenabflusses in einem der ohnehin vorhandenen Becken. Die Anordnung der Becken am Pumpwerk hat weiterhin den Vorteil, daß bei Betriebsstörungen im Pumpwerk eine mechanische Klärung des Abwassers ohne weiteres durchgeführt und dadurch eine unzulässige Verschmutzung des Flusses leicht verhindert werden kann.

10. Ermittelung des Flächenbedarfs, der sich aus dem durchschnittlichen Anbauverhältnis (Ziffer 3) und dem jährlichen Wasserbedarf der einzelnen Kulturen ergibt. Gang der Rechnung: je 100 ha mit durchschnittlichem Anbauverhältnis brauchen zur Anfeuchtung in der Wachstumszeit in normalen Sommern W_1 und in trockenen W_2 m³. T_s = Trockenwetterabfluß in der Wachstumszeit in m³ nach Abzug der (zu schätzenden) Verluste in den Zuleitern. Steht nun kein Klarwasser zur Verfügung, so ist die rechnerische Bewässerungsfläche $F_0 = (100 \cdot T_s) : W_2$ in ha. Alsdann ist zu untersuchen, ob F_0 auch noch den Trockenwetterabfluß außerhalb der Wachstumszeit aufnehmen kann, ohne durch Wasser und Stickstoff überlastet zu werden. Unter Umständen braucht man zur Vermeidung einer solchen Überlastung noch eine weitere Fläche f_0, die dann im Winter mit Abwasser gedüngt wird. Die so ermittelte Fläche $(F_0 + f_0)$ bedarf in der Regel noch einer Vergrößerung f_w mit Rücksicht auf Wechselflächen (S. 445). Die Fläche $F = F_0 + f_0 + f_w$ ist nun eine wichtige Größe der gesamten Planung und so auszuweisen, daß weder eine zu starke Streulage noch ein zu hohes Beteiligungsverhältnis (S. 445) entsteht und daß auch für eine spätere Erweiterung Raum bleibt. Da F auf Trockenjahre abgestellt ist, kann es in nassen Sommern nötig werden, einen Teil des Trockenwetterabflusses auf Entlastungsflächen oder nach mechanischer Klärung in den Fluß zu leiten, falls dies statthaft ist.

Günstiger liegen die Verhältnisse, wenn man im Sommer auch Klarwasser verwenden kann. Dann wird $F_0 = (100 \cdot T_s) : W_1$ und $W_2 - W_1$ ist durch Klarwasser zu decken, das außerdem für den Gemüsebau von großem Wert ist (S. **443**).

Das Ergebnis der vorstehenden Untersuchungen wird in einem Wasserverteilungsplan zusammengestellt, der also auf den durchschnittlichen Verhältnissen des Verwertungsgebietes beruht.

11. Größe und zweckmäßige Anordnung der Entlastungsanlagen. Am einfachsten, wenn das Abwasser ohnehin entschlammt wird und daher jederzeit in den Fluß geleitet werden kann. Aber auch in diesem Fall sind im Verwertungsgebiet noch Entlastungsanlagen erforderlich, so z. B. am Ende des Hauptzuleiters und in größeren Gebieten je eine für jeden größeren Zuleiter. Grundsätzlich selbsttätige Entlastung durch Überfälle, bei kurzen Betriebsstörungen auch Ableitung auf Wiesen zulässig.

7. Wirtschaftlicher Erfolg.

Die landwirtschaftliche Abwasserverwertung hat bei Grünland, Gemüse, Hackfrüchten und Futterpflanzen (Mais, Sonnenblumen, Luzerne, Klee) erhebliche Ertragssteigerungen gebracht, auch bei Hafer und Sommergerste wurden gute Erfolge erzielt.

Die Anlage- und Betriebskosten sind je nach den örtlichen Verhältnissen außerordentlich verschieden und bedürfen daher in jedem einzelnen Fall der besonderen Berechnung. Allgemeingültige Zahlen können nicht gegeben werden. Am teuersten ist im allgemeinen die Verregnung, dagegen kann eine Hangberieselung bei günstigen Geländeverhältnissen schon recht billig hergestellt werden. Bei den Betriebskosten ist auch die durch das Abwasser bewirkte starke Unkrautwüchsigkeit zu berücksichtigen. Die Kosten einer Abwasserfischteichanlage hängen in erster Linie davon ab, ob man vorhandene Teiche, auch natürliche Geländemulden ausnutzen kann, oder ob der Teich mit erheblichen Erdarbeiten erst hergestellt werden muß.

Über die durch Abwässer bewirkte Steigerung der Roherträge je ha liegen bisher nur wenige zuverlässige Ermittlungen vor (Zahlentafel 173, S. 454). Daß aber allgemein mit sehr erheblichen Ertragssteigerungen gerechnet werden kann, steht fest. Auf Weiden kann man in der Regel 4, in besonders günstigen Fällen sogar 6 Stück Großvieh je ha ohne Zufutter von Anfang Mai bis Mitte Oktober ernähren. Für die hohen Erträge, die mit Abwasser erzielt wurden, mögen noch folgende Beispiele dienen:

Delitzsch-Schenkenberg (*249*). Verrieselung von 1280 mm städtischem Abwasser auf sehr leichtem Boden. Erträge in dz/ha:

Grünland (Gras)	919	Luzerne (Heu)	147
Klee (grün)	783	Roggen	28
Hafer	25	Kartoffeln	422
Grün-Mais	769	Möhren	776
Zwiebeln	337	Sellerie	186
Rote Rüben	390	Kohlrabi (Marktware)	514

Schebitz (*278*). Verregnung von städtischem Abwasser auf feinsandigem, humusarmen Lehm. Im Durchschnitt von 8 Jahren brachten 1 kg Abwasserstickstoff 0,36 dz und 1 m³ Abwasser 0,029 dz sehr eiweißreiches Heu. Der Mehrertrag gegenüber unberegneten, gedüngten Flächen betrug 0,26 bzw. 0,0215 dz. Bei 500 mm Abwasser wurden also im Durchschnitt 145 dz Heu je ha geerntet. 1934 wurden nach 490 mm Kunstregen ohne Zusatzdüngung 1417 dz/ha Futterrüben und 472 dz/ha Kraut erzielt.

In der Delitzscher Wasserverwertungsgenossenschaft wurden bereits in den ersten Jahren sehr erhebliche Ertragssteigerungen festgestellt. Auf 0,2 ha konnte 1 Stück Großvieh bei ausgezeichneten Milcherträgen und starken Gewichtszunahmen ernährt werden. Luzerne brachte 150 dz Heu je ha, Wiesen 4 bis 5 gute Schnitte mit 15 bis 16% Roheiweiß. Auch ein lohnender Zwischenfruchtbau war möglich. So ergaben Futtermöhren nach Wintergerste noch 200 dz/ha und Futterkartoffeln nach gleicher Vorfrucht 150 dz/ha (*40*). Niederungsmoorwiesen lieferten etwa 160 dz Heu je ha. In dem Trockenjahr 1947 brachten bewässerte Zuckerrüben etwa 600 dz/ha, unbewässerte nur 100.

Eine Untergrundbewässerung bei Köln ergab Kartoffelerträge von 430 bis 440 dz/ha (*8*). Die Baukosten einer solchen Anlage einschließlich des Drännetzes betrugen nach Betge (1938) etwa 120 bis 140 RM je Einwohner, die Betriebskosten einschließlich Strom 1,5 bis 2 Pf./ET.

Bei den Abwasserfischteichen kann man mit einem Zuwachs von jährlich etwa 10 Zentnern Karpfenfleisch je ha Teichfläche rechnen.

Allgemein ist auch bei der Abwasserverwertung zu beachten, daß ihr Erfolg weitestgehend von der richtigen Wahl der Bewässerungszeit abhängt.

8. Die gewerblichen Abwässer.

Außer den städtischen Abwässern eignen sich auch viele gewerbliche zur landwirtschaftlichen Verwertung, so insbesondere die auf S. 369 aufgeführten.

Der Gehalt der gewerblichen Abwässer an Pflanzennährstoffen schwankt, wie Zahlentafel 152 zeigt, in sehr weiten Grenzen. Häufig treten auch schädliche Beimengungen auf. Daher ist stets zu untersuchen, welche Pflanzennährstoffe und möglicherweise pflanzen- oder bodenschädliche Stoffe ein Abwasser enthält. Häufig finden sich organische Säuren im Abwasser. die

Zahlentafel 173.

Ort	Bestand	Abwasser je Jahr mm	Art der Bewässerung	Erträge in dz/ha ohne Abwasser	Erträge in dz/ha mit Abwasser	Mehrertrag dz/ha	Schriftenverzeichnis	Bemerkungen
Delitzsch-Schenkenberg	Runkelrüben	1280	Berieselung	686	1393	707	*249*	Sand mit Kiesuntergrund. Städtisches Abwasser
Schebitz (städtisches Abwasser; schwach humushaltiger lehmiger Feinsand, darunter Lehm und Sand mit lehmigen Streifen)	Wiese	280	Beregnung	34	104	70	*277*	Heu. Die nicht beregneten Flächen erhielten K_2O, P_2O_5 und N
		560	,,	34	144	110		
	Weißkohl	200	Beregnung	102	477	375		Köpfe. Die nicht beregneten Flächen erhielten K_2O, P_2O_5 und N
		300	,,	102	476	374		
	Futterrüben	180	Beregnung	388	641	253		Die nicht beregneten Flächen erhielten K_2O, P_2O_5 und N
		320	,,	388	909	521		
	Zuckerrüben	180	Beregnung	221	357	136		Die beregneten Flächen erhielten P_2O_5, die nicht beregneten K_2O, P_2O_5 und N
		320	,,	221	350	129		
	Kartoffeln	180	Beregnung	247	309	62		Knollen. Die nicht beregneten Flächen erhielten K_2O, P_2O_5 und N
		280	,,	247	318	71		
	Winterweizen	145	Beregnung	38	31	—7		Die nicht beregnete Fläche erhielt K_2O, P_2O_5 und N
Spandau (städtisches Abwasser auf leichtem Sandboden)	Hafer	35	Beregnung	24	34	10	*194* (S. 155)	
		10	,,	24	36	12		
	Kartoffeln	20	Beregnung	247	327	80		
		60	,,	247	294	47		
		18	,,	294	397	103		
	Grünland	45	Beregnung	17	20	3		Heuertrag des dritten Schnittes. Die nicht beregnete Fläche erhielt Kaliammonsalpeter
		105	,,	17	48	31		
Allenberg (Ostpreußen)	Klee	80	Beregnung	31	50	19	*216* (S. 58)	Lehmboden, 1929. Abwasser der Heilanstalt
Tapiau (Ostpreußen)		80	Beregnung	12	42	30		Sandboden, 1929. Abwasser der Heilanstalt

meistens durch saure Gärung entstehen. Um diese zu vermeiden, sind die Abwässer möglichst frisch zu verwerten, mit häuslichen Abwässern zu vermischen, mit Klarwasser zu verdünnen oder mit Kalk abzustumpfen. Besonders die Verdünnung ist in vielen Fällen dringend erwünscht oder erforderlich. Bei sauerstoffarmem Wasser kann man leicht eine Sauerstoffzunahme von etwa 3 g/m³ erzielen, wenn man es in ganz dünner Schicht über einen Absturz leitet.

Die Chlor- und Schwefelverbindungen wirken lösend auf die Pflanzennährstoffe im Boden, insbesondere auf Kali, Phosphorsäure und Kalk. Die Schädlichkeitsgrenze des Kochsalzes liegt etwa bei 500 mg/l. NaCl aktiviert also einerseits die Nährstoffe und macht sie dadurch für die Pflanzen aufnahmefähiger, fördert andererseits aber auch ihre Auswaschung. Ähnlich wie Chlornatrium wirken andere Chlorverbindungen wie Chlorkalzium, Chlormagnesium, Chlorstrontium und Chlorbarium. Auch Eisen- und Zinksulfat, desgleichen die Sulfide besitzen eine lösende Wirkung. Durch Umsetzungen im Boden können aus den Chlor- und Schwefelverbindungen Salzsäure bzw. Schwefelsäure entstehen, die die Lösung der Nährstoffe noch verstärken, wenn sie nicht sofort durch Kalk gebunden werden. Eisensulfathaltiges Wasser führt bei Luftzutritt zur Bildung von Eisenoxyd, das die Bodenporen verstopft.

Die verschiedenen Beimengungen der gewerblichen Abwässer können auch das Pflanzenwachstum beeinträchtigen. Häufig ist es so, daß Spuren eines Stoffes wachstumsfördernd sind, während ein stärkerer Gehalt schädlich wirkt. Dabei liegen die Grenzen, an denen die Schädlichkeit beginnt, für die einzelnen Pflanzenarten meistens ganz verschieden. So wurde z. B. die Keimfähigkeit von Gerste schon bei 500 mg/l NaCl erheblich herabgesetzt, während 10000 mg/l bei Weizen keinen Schaden brachten. Bei Versuchen wurden in Einzelfällen noch folgende Schädlichkeitsgrenzen festgestellt: Arsen 1 mg/l, Kobalt 1 bis 2, Nickeloxydul 2,5, Kupferoxyd in Form von Kupfersulfat 7 bis 10, Chlorbarium 10, Rhodanammonium 25, Zinksulfat 50 bis 200, Karbolsäure 500, Eisenvitriol 2000 mg/l. Schädlich für das Pflanzenwachstum können auch Blei, Kalziumsulfit, Schwefelwasserstoff sowie Salz- und Schwefelsäure werden.

Bei den Abwässern der Schlachthäuser, Gerbereien (Lederfabriken) und Abdeckereien ist wegen der Möglichkeit der Milzbrandübertragung Vorsicht geboten. Die Frage ist aber noch nicht völlig geklärt (S. 434).

Die landwirtschaftliche Verwertung der gewerblichen Abwässer steckt noch sehr in den Anfängen. Es liegen daher erst wenige Erfahrungen vor, und auch diese lassen sich nicht ohne weiteres auf alle anderen Fälle anwenden, da Abwässer gleicher Art (z. B. Molkereiabwässer) auch noch sehr verschieden zusammengesetzt sind. Aus diesem Grunde muß man vor der Verwertung eines gewerblichen Abwassers durch Versuche im kleinen feststellen, wie das Abwasser nach verschiedener Vorbehandlung und in verschiedener Verdünnung auf die Bestände wirkt. Schon Topfversuche können wertvolle Aufschlüsse ergeben. Auch die reinigende Wirkung der verschiedenen Bewässerungsverfahren ist bei den gewerblichen Abwässern besonders zu beachten. Schon bei den städtischen Abwässern wirkt ja die Versickerung besser reinigend als die Rieselung. Erst wenn alle Vorfragen dieser Art geklärt sind, wird man mit der Bearbeitung des Entwurfs beginnen, für den im übrigen auch die Ausführungen der Abschnitte 1 bis 6 sinngemäß gelten.

Manche gewerbliche Abwässer fallen sehr unregelmäßig oder in so geringen Mengen an, daß sie zunächst in einem Speicherbecken auf kurze Zeit gesammelt werden müssen, andere, wie z. B. die Abwässer der Zuckerfabriken, nur in einigen Monaten.

IX. Die Moorkultur.

Die Entstehung der Moore, ihre Arten (Niederungs-, Übergangs- und Hochmoore) sowie ihre Eigenschaften sind auf S. 48ff. eingehend behandelt worden. Man beachte auch die Ausführungen über das Wasser als Wachstumsbedingung (S. 67).

Über die in Deutschland vorhandenen Moorflächen fehlt bisher ein zuverlässiger Zahlennachweis. Nach einer Zusammenstellung des Vereins zur Förderung der Moorkultur verteilten sich die Moore im Jahre 1932 auf die verschiedenen Gebiete des damaligen Reiches etwa wie folgt (*231*, *768*):

Brandenburg	374000 ha
Ostpreußen	361000 ha
Pommern	315000 ha
Hannover	300000 ha
Schleswig-Holstein	150000 ha
Schlesien	87000 ha
Westfalen	60000 ha
Grenzmark Posen-Westpreußen	48000 ha
Rheinprovinz	30000 ha
Hessen-Nassau	1000 ha
Preußen	1726000 ha

Preußen	1726000 ha
Bayern	197000 ha
Mecklenburg	150000 ha
Oldenburg	120000 ha
Württemberg	26000 ha
Baden	17000 ha
Sachsen	9000 ha
Reich	2245000 ha

Nur 15 bis 20% dieser Flächen dürften bisher erschlossen sein. In Hannover, Oldenburg und Schleswig-Holstein überwiegen die Hochmoore, in den übrigen Gebieten die Niederungsmoore. Über den Anteil der Moorarten liegen nur sehr rohe Schätzungen vor. Etwa die Hälfte bis zwei Drittel aller Moore werden im Schrifttum als Niederungsmoore angegeben.

A. Die Entwässserung der Moore.

Bezüglich der Vorflutbeschaffung und Entwässerung gelten im wesentlichen dieselben Gesichtspunkte, die im Teil III bereits erörtert wurden. Hier sind daher nur diejenigen Maßnahmen zu besprechen, die durch die besonderen Eigenschaften des Moorbodens bedingt sind, durch seine hohe wasserhaltende Kraft, seine große Empfindlichkeit gegen zu starke Entwässerung, seine lose Beschaffenheit und die damit in Zusammenhang stehenden Sackungen sowie sein meistens nur geringes Oberflächengefälle.

Wegen der Dränung der Moorböden wird auf S. 300 verwiesen.

1. Allgemeines.

Fast stets ist eine sorgfältige Entwässerung der Moore die unerläßliche Voraussetzung für ihre Kultivierung. Denn das rohe, unentwässerte Moor ist wegen seines großen Wassergehaltes für unsere Nutzpflanzen kein geeigneter Standort. Die Entwässerung hat das Eindringen von Luft und Wärme in den Moorboden zur Folge und damit auch eine Beschleunigung der Vererdung. Da vererdete (zersetzte) Moore schwerer durchlässig sind als wenig zersetzte, so muß man damit rechnen, daß ein Moor nach seiner Entwässerung allmählich an Durchlässigkeit verliert (S. 55).

Die durch Entwässerung bewirkte Durchlüftung des Moores hat auch eine Aufschließung der vorhandenen Pflanzennährstoffe zur Folge und einen Abbau pflanzenschädlicher Stoffe wie Schwefelwasserstoff und anderer, die sich unter dem früheren Luftabschluß gebildet haben. Auch die Tätigkeit der nützlichen Kleinlebewesen wird durch die Luftzufuhr gefördert.

Eine weitere Folge der Entwässerung sind die Moorsackungen (S. 52). Da die Frage ihrer Größe noch keineswegs geklärt ist, sollte man bei der Durchführung einer Moorentwässerung stets Beobachtungen darüber anstellen. Zu dem Zwecke sind Festpfähle bis in den festen Untergrund einzuschlagen. In etwa je 2 m Abstand von einem Festpfahl schlägt man zwei kleine Sackungspfähle *b*, die die Sackungen mitmachen. Eine quer darüber gelegte Setzlatte *B* gibt dann an dem Festpfahl die jeweilige Moorhöhe an (Abb. 352).

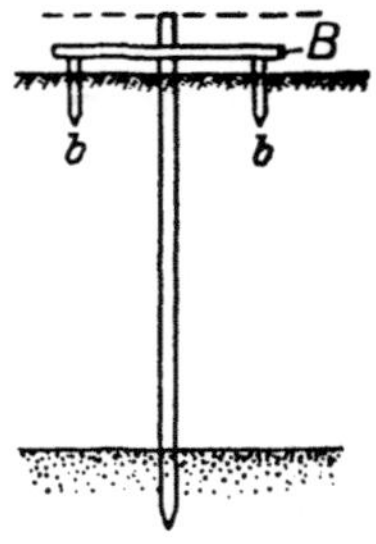

Abb. 352. Messen der Moorsackung. (Nach Krüger.)

Ein sehr weiches, wasserhaltiges Moor gleicht einer zähflüssigen Masse. Sobald man einen Graben einschneidet, kann es leicht vorkommen, daß das Moor in Bewegung gerät. Dabei wird die Moorfaser zerrissen. Das einmal zerrissene und in eine zusammenhanglose Masse verwandelte Moor ist nur sehr schwer wieder zur Ruhe zu bringen. Die Zerstörung der in weiches Moor unvorsichtig eingeschnittenen Gräben vollzieht sich durch Zusammenklappen oder Sohlenaufbruch. Beide wirken auch wohl zusammen. Oft bilden sich seitwärts vom Graben Risse *r* im Moor (Abb. 353), die sich bis oben mit Wasser füllen und infolge des Wasserdruckes das Zusammenklappen noch beschleunigen. Derartige Risse sind meistens nur schmal und kaum zu sehen, wenn das Moor stark mit Heide bewachsen ist. Sie können leicht unschädlich gemacht werden, indem man sie durch eine schmale, genügend tiefe Grüppe mit dem Graben in Verbindung bringt und dadurch entwässert.

Abb. 353. Zusammenklappen eines Moorgrabens. (Nach Krüger.)

Der Sohlenaufbruch entsteht durch Wasserdruck von unten gegen die Sohle (Abb. 354). Dieser treibt die Sohle auf oder durchbricht sie. Dabei klappen die Böschungen nach außen um. Der Sohlenaufbruch tritt um so leichter ein, je breiter die Sohle angelegt wurde. Daher bietet eine anfänglich schmale Sohle das wirksamste Mittel gegen ihren Aufbruch.

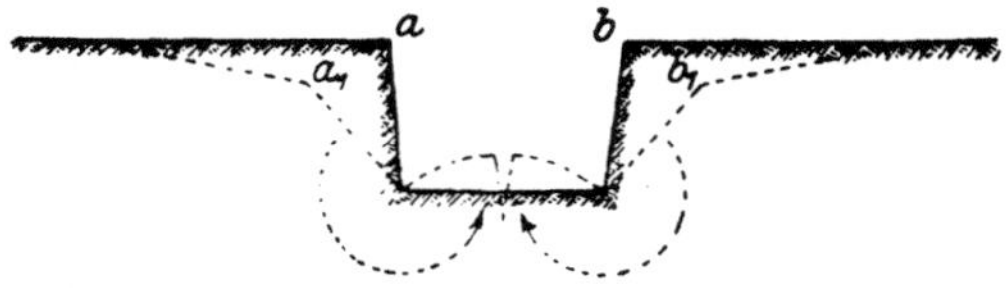

Abb. 354. Sohlenaufbruch im Moorgraben. (Nach Krüger.)

Eine zu weitgehende Entwässerung der Moore kann deren Puffigwerden zur Folge haben (S. 56), namentlich dann, wenn das Moor als Acker genutzt wird und infolgedessen der gegen die austrocknenden Witterungseinflüsse schützenden Grasdecke entbehrt. Man muß daher bei allen Moorentwässerungen eine zu tiefe Absenkung des Grundwassers sorgsam vermeiden. Nach neueren Versuchen scheint Kupfersulfat (50 bis 100 kg/ha) das Puffigwerden der Moorböden zu erschweren.

Dringend zu empfehlen ist, vor Beginn aller Arbeiten in einem Moor Proben des Moores in einer Moorversuchsanstalt untersuchen zu lassen. Dabei sind insbesondere Aufbau, Zersetzungsgrad, Durchlässigkeit und Nährstoffgehalt des Moores festzustellen. Man sollte auch stets die Bodenbeschaffenheit des Untergrundes ermitteln, ob aus leicht oder schwer durchlässigen Bodenarten bestehend. Wenn in flachen Mooren ein Anschneiden des Untergrundes durch die Gräben zu erwarten ist oder wenn der Untergrund als Bodenverbesserungsmittel (Sand, Schlick, Kuhlerde) in Frage kommt, ist auch eine Untersuchung auf pflanzenschädliche Stoffe erforderlich.

2. Die Beschaffung der Vorflut.

Bei allen Moorentwässerungen, ganz gleich, ob nur offene Gräben oder auch Dräne verwendet werden sollen, sind zunächst die Hauptvorfluter zu entwerfen. Hochmoore liegen in der Regel so hoch, daß sie mit natürlicher Vorflut entwässern können, während in Niederungsmooren die Schaffung einer künstlichen Vorflut durch Schöpfwerke häufig nicht zu entbehren ist. Für die Lage der Hauptvorfluter sind nun keineswegs immer die tieferen Stellen der unentwässerten Mooroberfläche maßgebend. Denn wenn der Untergrund in stark wechselnder Tiefe liegt, was häufig der Fall ist, sacken die Flächen mit größerer Tiefe am stärksten, so daß Flächen, die ursprünglich höher lagen, aber eine größere Moortiefe besaßen als andere, nach der Entwässerung tiefer liegen können als diese. Man muß sich daher vor der Entwässerung eines Moores stets Aufschluß über die Lage des Mooruntergrundes verschaffen, was durch Bohrungen oder Peilungen geschieht (S. 58). Befindet sich unter dem Moor weicher Ton oder Schlamm, so liefert die Peilung leicht eine zu große Moortiefe. Die Oberfläche des Untergrundes wird, wenn sie starke Höhenunterschiede aufweist, am besten auf dem Lageplan durch Höhenlinien dargestellt, damit man die Hauptvorfluter möglichst dort vorsieht, wo die tiefsten Stellen der Mooroberfläche nach der Sackung zu erwarten sind, im allgemeinen also in den Senken des Mooruntergrundes.

Die Hauptvorfluter müssen auch noch nach der Sackung des entwässerten Moores eine ausreichende Vorflut gewähren. Im Moor selbst kann man meistens noch nachträglich eine Vertiefung der Vorfluter vornehmen, ohne daß dadurch untragbar hohe Kosten entstehen, wenn man nur von vornherein die Bauwerke mit ausreichend tiefen Sohlen angelegt hat. Weit schwieriger können aber die Verhältnisse werden, wenn ein größerer Wasserlauf die Vorflut für das Moor bildet, sein Ausbau aber der hohen Kosten wegen nicht möglich ist. In solchen Fällen ist besondere Vorsicht geboten. Denn falls das Moor stärker sackt, als man angenommen hat, kann unter Umständen die ursprünglich vorhanden gewesene natürliche Vorflut verlorengehen und sich nachträglich noch die Notwendigkeit ergeben, ein Schöpfwerk zu errichten, dessen Bau- und Betriebskosten eine sehr unliebsame Mehrbelastung zur Folge haben. Schwimmende Moore, wie man sie häufig am Rande von Seen antrifft, haben schon mehrfach zu solchen Überraschungen geführt. Derartige Schwingwiesen haben meistens eine Stärke bis zu etwa 2 m, darunter befindet sich bisweilen eine Wasserschicht von 0,5 bis 1 m, unter dem Wasser eine mehr oder weniger starke Schlammschicht.

In flachen Mooren mit durchlässigem Sanduntergrund sollte der tiefste Wasserstand der Hauptvorfluter, wenn möglich, noch über dem Sanduntergrund liegen, damit nicht die unmittelbar unter dem Moor liegenden Sandschichten trockenlaufen und dadurch dem Moor der Aufstieg des Saugwassers entzogen wird. Wenn der Hauptvorfluter auch in trockener Zeit ständig Wasser führt, läßt sich einem zu weitgehenden Fallen des Wasserstandes durch Einbau von Stauen begegnen.

In den meisten Hochmooren und in weichen Niederungsmooren kann eine bisweilen jahrelange Vorentwässerung nötig werden. Sie besteht darin, daß man die Vorfluter, anfangend mit kleinen Grüppen, schrittweise vertieft und verbreitert. Je wasserreicher das Moor ist, um so langsamer ist dabei vorzugehen. In sehr wasserreichen Mooren kann es nötig werden, bei der Vorentwässerung auch noch kurze Seitengräben von 5 bis 10 m Länge in den nach und nach zu vertiefenden Vorfluter einzuführen, damit auch seine nähere Umgebung ausreichend entwässert wird. Die Höhenmessungen der Mooroberfläche führt man zweckmäßig erst nach der Beendigung der Vorentwässerung aus, weil die dann noch zu erwartende Sackung geringer und daher leichter einzuschätzen ist.

Die Stauanlagen sind nach Möglichkeit in den Hauptvorflutern anzuordnen, da ihr Wirkungsbereich dann größer ist, als wenn sie in den Nebengräben liegen. Ihre Wirkung ist aber in hohem Maße von der Durchlässigkeit des Mooruntergrundes abhängig. Denn da die Moore das Wasser nur schwer durchlassen, kann sich ein hoher Grabenwasserstand nur dadurch nach beiden Seiten auf das Moor auswirken, daß der Wasserdruck sich im durchlässigen Untergrund mit einem nur geringen Druckverlust fortpflanzt und das Moor von unten unter Druck setzt. Voraussetzung ist weiter, daß die Grabensohlen in den Sanduntergrund eingeschnitten sind (S. 188). In allen anderen Fällen ist mit einer nennenswerten Wirkung der Grabenstaue nicht zu rechnen. Ist nun eine solche nach dem Vorstehenden zu erwarten, so sind Stauanlagen vorzusehen, weil eine zu weitgehende Grundwassersenkung gerade in Mooren für das Pflanzenwachstum sehr gefährlich werden kann. Außerdem schwankt auch der allgemeine Grabenwasserstand mit den wechselnden jährlichen Niederschlägen und kann nach längerer Trockenzeit wesentlich tiefer liegen als er entwurfsmäßig unter Zugrundelegung eines gewöhnlichen Jahres festgelegt wurde. In tiefgründigen Mooren erreicht man durch den Anstau des Wassers eine Erhöhung der Luftfeuchtigkeit und Förderung der Taubildung, auch eine zeitweise Zurückhaltung des Dränabflusses.

Bei der Entwässerung größerer, zusammenhängender Moorflächen tritt in der Regel die Frage auf, wie sich die Erschließung des Moores auf den Wasserabfluß weiter unterhalb auswirken wird. Die Entwässerung und der Anbau eines Moores haben zur Folge, daß der Abfluß aus dem Moor einerseits durch die neuen Gräben beschleunigt, andererseits aber auch verzögert und verringert wird, da das Moor infolge Absenkung des Grundwassers und infolge Lockerung durch die Anbaumaßnahmen mehr Niederschläge als vorher zu speichern vermag und da die landwirtschaftlichen Nutzpflanzen mehr Wasser verbrauchen als der wilde Pflanzenwuchs. Daß der Bau von Gräben in einem unberührten, größeren Moor, das nur ein geringes oder stellenweise überhaupt kein Oberflächengefälle besitzt, den Abfluß beschleunigt, ist durch zahlreiche Erfahrungen bewiesen. Die beiden entgegengesetzt wirkenden Folgen der Moorerschließung können nun durchaus verschiedene Gesamtwirkungen haben, je nachdem die beschleunigende oder verzögernde Wirkung überwiegt. Bei der Vielgestaltigkeit der mitwirkenden Umstände ist eine Vorausberechnung der Gesamtwirkung bisher nicht möglich gewesen. Ausreichende Versuche liegen nicht vor. Die im Kehdinger Moor vorgenommenen Messungen (*235*) umfassen leider nicht den Zustand des unberührten Moores. Zahlreiche Erfahrungen haben aber gezeigt, daß namentlich in der vegetationslosen Zeit der sekundliche Größtabfluß aus einem kultivierten Hochmoor wächst, besonders wenn auf gefrorenen Boden viel Neuschnee gefallen ist und dann plötzliches Tauwetter eintritt. Denn die vielen Unebenheiten des natürlichen Hochmoores haben nach der Erschließung ihre Speicherwirkung eingebüßt. Ob sich der mittlere Jahresabfluß, wie Tacke annimmt, durch die Erschließung wirklich allgemein vermindert, ist zum mindesten zweifelhaft und bisher nicht erwiesen. Es ist dringend zu empfehlen, bei größeren Moorerschließungen Abflußmessungen schon vor der Herstellung der ersten Entwässerungsgräben vorzunehmen.

3. Die Gräben.

Über die Vor- und Nachteile der offenen Gräben gegenüber einer Dränung gelten die auf S. 251 gemachten Ausführungen.

Während die Lage der Hauptvorfluter in der Regel nach der allgemeinen Form der zu entwässernden Flächen, nach dem vorhandenen Gefälle und gegebenenfalls auch nach der Lage des Untergrundes bestimmt werden muß, sind die kleineren Gräben mehr nach den praktischen Rücksichten einer zweckmäßigen Flächenaufteilung anzuordnen. Man braucht sich also mit ihnen der Geländegestaltung nicht so weitgehend anzupassen wie bei den größeren Vorflutern.

Besonders wichtig für die Anordnung des Grabennetzes ist die Prüfung der Frage, auf welche Ursachen die Versumpfung des Moores zurückzuführen ist. Sie kann darauf beruhen, daß die im Moor fallenden Niederschläge aus Mangel an Gräben nicht abfließen können. Bei Niederungsmooren, die oft kesselförmig in Flußtälern liegen, wird die Versumpfung aber häufig auch dadurch verursacht, daß dem Moore von den höher gelegenen Randgebieten ober- oder unterirdisches Fremdwasser zufließt (Abb. 355). Besteht der Mooruntergrund aus durchlässigem Boden, so drückt das von den Hängen kommende Grundwasser von unten gegen das Moor und dringt in dieses ein. In solchen Fällen pflegt man am Rande des Moores Fanggräben *g* oder Fangdräne *d* anzulegen, um das Fremdwasser vor seinem Eintritt in das Moor abzufangen. Ist das Moor sehr weich, wie es häufig verlandete Seen sind, dann kann es erforderlich werden, mit der Anlage der Randgräben zu beginnen und mit fortschreitender Entwässerung des Moores nach und nach weitere Gräben gleichlaufend zu den Randgräben anzulegen. Denn wenn man gleich zu Anfang einen Hauptvorfluter in der Mitte des Moores herstellen wollte, so würde dieser in dem noch viel zu weichen Moor keine ausreichende Standfestigkeit besitzen.

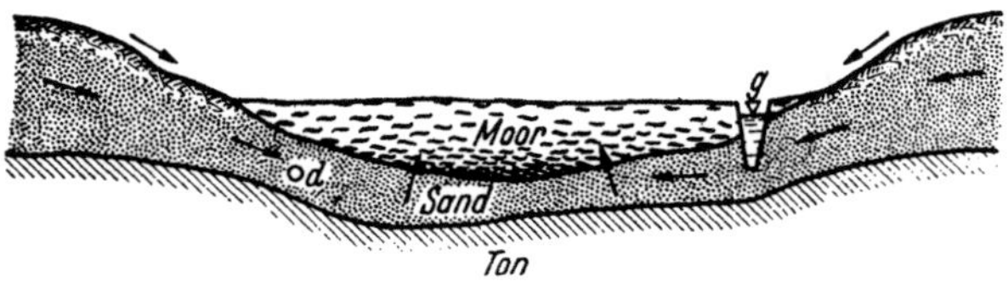

Abb. 355. Zufluß von Fremdwasser in ein Niederungsmoor.

Die Linienführung der Gräben hängt auch davon ab, wie man ihnen ein ausreichendes Gefälle geben kann. Im Hochmoor ist ein Gefälle von 0,2‰ noch als ausreichend zu bezeichnen, im Notfall muß man sich sogar mit 0,1‰ begnügen. Niederungsmoore sind oft sehr gefällearm. Sie haben auch den Nachteil, daß sich die Grabenböschungen im Gegensatz zum Hochmoor bald mit üppigem Pflanzenwuchs bedecken, wodurch der Wasserabfluß erschwert wird. Daher sind stärkere Gefälle besonders erwünscht, aber meistens nicht erreichbar. An sich sind schwache Gefälle in Mooren deshalb vertretbar, weil die Moorteilchen sehr leicht sind und infolgedessen vom Wasser, namentlich bei stärkeren Niederschlägen, mitgeführt werden, so daß sie schwer zur Ablagerung kommen.

In allen gut zersetzten Böden, insonderheit also im Niederungsmoor, sind flache Böschungen erforderlich, etwa 1 : 1,5, in sehr erdigen Mooren sogar 1 : 2. Die flachen Böschungen sind auch leichter anzusäen als steile und erheblich leichter zu unterhalten als diese. Doch haben sich in standfesten Niederungsmooren auch Böschungsneigungen 1 : 1 bewährt, insbesondere, wenn sie bald begrünen und dadurch eine gute Festigkeit erlangen. Bei steileren Böschungen sind Bodenaushub und Landverlust kleiner. Sie werden auch nicht so leicht vom Weidevieh zertreten wie flache. Allerdings sollten alle wichtigeren Gräben auf Weiden eingezäunt werden. Für die Wahl des Böschungsverhältnisses (1 : 1 bis 1 : 2) der Niederungsmoorgräben sind örtliche Erfahrungen besonders wertvoll.

Im Gegensatz zum Niederungsmoor verwendet man in Hochmooren, deren obere Schicht aus fast unzersetztem, faserigem, jüngerem Moostorf besteht, nahezu senkrechte Böschungen, etwa 1 : 0,1 bis 1 : 0,2. Zahlreiche Erfahrungen haben gezeigt, daß solche steilen Böschungen im faserreichen Hochmoor sogar besser halten als flache, was anscheinend darauf beruht, daß sie den zerstörenden Einflüssen von Sonne und Niederschlägen weniger ausgesetzt sind. Im Laufe der Zeit kann sich aber die Notwendigkeit ergeben, die Böschungen abzuflachen, da auch das Hochmoor nach und nach durch Vererdung seinen faserigen Zustand immer mehr verliert. Ist ein Hochmoorgraben sehr tief, so unterbricht man seine Böschungen in Tiefenabständen von etwa 0,75 m durch 0,3 bis 0,5 m breite Bermen, die den durch Regen und Frost an den Böschungen entstehenden

Moorschlamm auffangen und so von der Grabensohle fernhalten. Der Schlamm muß von Zeit zu Zeit von den Bermen entfernt werden. Diese erhalten eine schwache Querneigung nach dem Graben hin, damit kein Wasser auf ihnen stehenbleibt.

Da die Böschungsneigung von dem Zersetzungsgrad des Moores abhängt, so ist es wichtig, daß auch dieser in dem Gutachten der Moorversuchsanstalten behandelt wird, sofern Zweifel darüber bestehen (S. 457).

Zum Ansäen der Böschungen von Niederungsmoorgräben empfiehlt Brüne folgendes Samengemisch (*23, 36*):

Agróstis álba	1 kg/ha	Übertrag:	13 kg/ha
Agróstis vulgáris . . .	2 kg/ha	Lólium perénne . . .	6 kg/ha
Cynosúrus cristátus . .	2 kg/ha	Phléum praténse . . .	3 kg/ha
Festúca praténsis . . .	4 kg/ha	Póa praténsis	12 kg/ha
Festúca rúbra	4 kg/ha	Trifólium répens . . .	6 kg/ha
	13 kg/ha		40 kg/ha

Vgl. S. 468.

Wegen der anzustrebenden Tiefe der Grundwasseroberfläche in der Wachstumszeit wird auf Zahlentafel 44 und die anschließenden Ausführungen sowie auf S. 184 verwiesen. Daß man Weiden stärker als Wiesen entwässert, hat besonders im Moor noch den Vorteil, daß die Oberfläche mehr Widerstandsfähigkeit gegen den Tritt der Weidetiere erhält. Im Winter ist eine stärkere Absenkung des Grundwassers erwünscht als in der Wachstumszeit. Gegen eine zu starke Grundwassersenkung sind die Hochmoore empfindlicher als die Niederungsmoore, da die Pflanzenwurzeln in dem saueren Hochmoorboden dem absinkenden Grundwasser nicht folgen können. Deckkulturen verlangen einen tieferen Grundwasserstand als unbesandetes Moor, und zwar um so tiefer, je gröber der Decksand ist und um so mehr er dadurch die Verdunstung des Bodenwassers verhindert (S. 466).

Ebenso wie bei den Hauptvorflutern ist auch bei den Binnengräben in flachgründigen Mooren mit durchlässigem Untergrund, wenn möglich, zu vermeiden, daß der Grabenwasserspiegel wesentlich tiefer als der Untergrund liegt (S. 458). Wegen der geringen Durchlässigkeit der Moore legt man den mittleren Wasserstand der Gräben im großen Durchschnitt etwa 20 cm tiefer als den angenommenen günstigsten Grundwasserstand nach Zahlentafel 44. Diese Tiefe ergibt bei den zeitweilig trocken liegenden kleineren Binnengräben im allgemeinen auch die Grabentiefe. Die vorstehenden Angaben gelten für den endgültigen Zustand der Mooroberfläche nach beendeter Sackung. Unter Umständen sind aber die Grabentiefen zu verringern, damit der Sanduntergrund nicht zu sehr angeschnitten wird. Vorübergehende höhere Wasserstände in den Gräben kann man in Kauf nehmen, wenn sie nur einige Tage dauern.

In Beziehung zum mittleren Grabenwasserstand der Wachstumszeit steht der Abstand der gleichlaufenden kleinen Beetgräben. Dieser kann um so größer sein, je tiefer der Grabenwasserstand liegt. Im norddeutschen Flachland haben sich folgende Abstände bewährt: im tiefen Niederungsmoor 25 bis 30 m für Äcker, 25 bis 45 für Weiden und 30 bis 60 für Wiesen, im tiefen Hochmoor entsprechend 15 bis 25, 20 bis 30 und 25 bis 40 m. Auf besandeten Niederungsmooren ist der Abstand der Beetgräben noch um 20 bis 25% zu verkleinern. In den sehr niederschlagsreichen Voralpenländern hat man tiefgründige unbesandete Mooräcker mit 10 bis 15, ebensolche Moorwiesen mit 20 bis 30 m Grabenabstand entwässert. In flachgründigen Mooren, deren Gräben in einen durchlässigen Untergrund einschneiden, kann der Abstand der Gräben gegenüber den obigen Zahlen oft erheblich vergrößert werden. Man tut in solchen Fällen gut, zunächst nur schwach zu entwässern und nötigenfalls später weitere Gräben einzuschalten. Die bis zu 2 m mächtigen Niederungsmoore in den Flußtälern der bayerischen Schotterebene, deren Gräben den durchweg kiesigen Untergrund anschneiden, sind mit 100 bis 300 m Grabenabstand entwässert worden.

Die Länge der Beetgräben sollte 200 bis 300 m möglichst nicht überschreiten.

Die im Mineralboden, z. B. bei Vorkommen von Triebsand, angewendete Befestigung der Böschungsfüße mit Pfählen und Faschinen versagt in weichen, tiefen Mooren, weil in diesen die Pfähle nicht feststehen. Man muß in solchen Fällen durch eine langsame, schrittweise Entwässerung (Vorentwässerung) zunächst die Standfestigkeit des Moores verstärken.

Der Grabenaushub darf nicht unmittelbar neben den Grabenrändern abgelagert und muß alsbald eingeebnet werden. Soweit er aus Moor besteht, muß die Einebnung noch in erdfeuchtem Zustande erfolgen, damit das Moor nicht zu festen Stücken zusammentrocknet. Bezüglich des Sandaushubes ist zu prüfen, ob er für eine Besandung verwendet werden soll. Die baldige Entfernung des Aushubes ist nötig, da sonst die Einsturzgefahr der Gräben durch den Druck der Aushubmassen noch vergrößert werden würde. Wenn die Gräben den Untergrund des Moores anschneiden, ist dieser auf seinen etwaigen Gehalt an pflanzenschädlichen Stoffen, z. B. Schwefeleisen, zu untersuchen (S. 58). Man entnimmt zu dem Zwecke Durchschnittsproben des Untergrundes und schickt sie an eine Moorversuchsanstalt. Nach dem Vorschlage von Fleischer kann man die Untersuchung auf Schwefeleisen auch selbst durchführen, indem man Proben des Untergrundes mit Haferkörnern besät. Die Spitzen der jungen Haferblätter werden nämlich gelb, falls der Boden Schwefeleisen enthält. Diese Untersuchungen des Untergrundes sind deshalb wichtig, weil das Einebnen schwefeleisenhaltigen Bodens auf dem Moor ein Absterben der Pflanzen bewirken würde. Durch reichliches Kalken kann die schädliche Wirkung des Schwefeleisens verhindert werden. Denn der Kalk bindet die schädlichen Zerfallstoffe des Schwefeleisens im schwefelsauren Kalk.

Die starke Graswüchsigkeit der Niederungsmoore hat einen sehr üppigen Graswuchs auf den Grabenböschungen und oft auch auf der Sohle der Gräben zur Folge, so daß häufige Krautungen erforderlich sind. Im Hochmoor dagegen ist viel weniger Krautungsarbeit nötig.

B. Die Kultur der Niederungsmoore.

Sachgemäß entwässerte und angebaute Niederungsmoore können außerordentlich ertragreiche Wiesen und Weiden liefern, namentlich wegen ihrer sicheren Versorgung mit Wasser und Stickstoff. Daher ist die Erschließung unserer Niederungsmoore für die Erzeugung wirtschaftseigenen Futters von großer Bedeutung.

1. Allgemeines.

Nach Durchführung der Entwässerung ist zunächst der wilde Pflanzenbestand des Moores zu beseitigen. Denn nicht in allen Fällen kann der Pflug sofort angesetzt werden. Häufig ist das Moor dicht mit großen Bülten (Kaupen) besetzt, die mit einem starken Wiesenhobel oder mit einer Scheibenegge beseitigt oder zerkleinert werden müssen, oder man sägt sie mit der Bültensäge ab, die ein waagerechtes Sägeblatt und lange senkrechte Stiele besitzt. Auch Rodungsarbeiten sind oft erforderlich. Durch Abbrennen des trockenen Grases und der Sträucher läßt sich die Arbeit erleichtern. Die günstigste Zeit dafür ist im allgemeinen der März. Beim Abbrennen ist Vorsicht geboten, damit nicht Teile des entwässerten Moores selbst in Brand geraten.

Nach diesen vorbereitenden Arbeiten erfolgt der Umbruch, der mit dem Pfluge oder der Fräse vorgenommen werden kann. Damit die Pferde in das meistens noch weiche Moor nicht einsinken, werden an ihren Hufen sog. Moorschuhe aus Pappel- oder Birkenholz befestigt. Zweckmäßig ist der verstellbare schwedische Bügelschuh, der auf verschiedene Hufgrößen eingestellt werden kann. Voraussetzung für seine Anwendung ist, daß die Pferde beschlagen sind. Eine einwandfreie Pflugarbeit ist für die Herstellung eines guten Keimbettes von größter Wichtigkeit. Man verwendet daher besondere Pflüge (Wiesenpflüge, Moorpflüge), die die Scholle um 180° wenden und jeden Pflugstreifen glatt neben den anderen legen. Dazu ist nötig, daß die erste Scholle herausgenommen wird. Die Pflugtiefe darf nicht zu gering sein und soll 25 bis 30 cm betragen. Nur ist darauf zu achten, daß durch das tiefe Pflügen nicht Moorschichten an die Oberfläche kommen, die verhältnismäßig schlecht zersetzt sind. Gefährlich ist das Unterpflügen einer dichten starken Moosdecke, die, auf der Pflugsohle liegend, den Wasseraufstieg behindert. In solchen Fällen ist zunächst das Moos mit Krümmern zu entfernen.

Die Bodenfräse bewirkt eine weitgehende Zerkleinerung der Narbe und dadurch oft eine starke Lockerung der oberen Bodenschicht, die durch starkes Walzen wieder beseitigt werden muß. Man verwendet daher die Fräse gern im Herbst, damit sich das gelockerte Moor im Winter noch wieder setzen kann. Ein Nachteil des Fräsens besteht darin, daß die unterirdischen Ausläufer mancher Unkräuter in viele einzelne Stücke zerschlagen werden, die dann jedes für sich weiter wachsen können.

Bei Ackernutzung läßt man zweckmäßig neben den Grabenrändern einen Schutzstreifen von etwa 30 cm Breite stehen, während bei Wiesen und Weiden bis an den Grabenrand zu pflügen ist, damit die ganze Fläche, einschließlich der Grabenböschungen, einen einheitlichen Pflanzenbestand erhält. Sonst besteht die Gefahr einer Verunkrautung und Schädlingsverbreitung von den Grabenrändern aus.

Der Umbruch im Herbst hat den Vorteil, daß der Frost des Winters den Boden mürbe macht. Vorsicht ist aber dann geboten, wenn ein Moor infolge starker Vererdung zum Puffigwerden neigt. Dann muß im Frühjahr für eine frühzeitige Bestellung und Beschattung des Bodens gesorgt werden, oder man bricht erst im Frühjahr kurz vor der Ansaat um.

Größere Unebenheiten der Mooroberfläche sind möglichst durch Einebnen zu beseitigen. Denn stark unebene Flächen haben den Nachteil einer sehr verschiedenen Tiefe des Grundwassers unter Gelände und einer schwereren Bearbeitung mit Maschinen. Daß ein um wenige dm wechselnder Grundwasserstand den Pflanzenwuchs erheblich zu beeinflussen vermag, wurde bereits erwähnt (Zahlentafel 39). Die tieferen Stellen des Moores neigen dann leicht zu starkem Binsenwuchs. Die zur Einebnung erforderliche Bodenbewegung kann bei kürzeren Wegen bis zu etwa 75 m und bei nicht zu großen Bodenmengen mit der Erdschaufel vorgenommen werden, die meistens von zwei Pferden gezogen wird. Bei längeren Wegen sind leichte Feldbahngleise zu verlegen und Kippwagen zu verwenden. Der Füllboden soll möglichst von der gleichen Beschaffenheit sein wie das gewachsene Moor, damit die Einheitlichkeit des Pflanzenbestandes nicht beeinträchtigt wird. Beim Auffüllen ist auch darauf zu achten, daß nicht schlecht zersetztes Moor an die Oberfläche gelangt.

Nach dem Pflügen oder Fräsen ist der gelockerte Moorboden durch eine schwere Walze wieder zu festigen. Das Gewicht der Walze soll mindestens 1 t je m Arbeitsbreite betragen. Die schwere Moorwalze ist auch später bei der Pflege der Flächen unentbehrlich (S. 470). Man stellt sie zweckmäßig aus Beton in einer Länge von 1,1 bis 1,2 m und mit 0,8 m Durchmesser her, möglichst mit einem Mantel aus Eisenblech (4 mm). Im Herbst umgebrochene Flächen werden meistens erst im nächsten Frühjahr gewalzt, damit der Frost besser in den Boden eindringen kann. Die Walze kann auch dazu dienen, diejenigen Pflugschollen, die beim Pflügen nicht völlig umgelegt sind, anzudrücken. Zur

Zerkleinerung der Pflugschollen bedient man sich der Scheiben- oder Telleregge sowie der Flügel- oder Spatenegge.

Auf die zahlreichen bei der Moorkultur verwendeten Geräte kann hier nicht näher eingegangen werden. Man tut gut, sich bei Bedarf die Druckschriften der in Frage kommenden Firmen schicken zu lassen, von denen hier folgende genannt seien:

Deutzer Motorenfabrik A.G., Köln-Deutz.
Eberhardt, Ulm.
Lanz, Mannheim.
Pommersche Eisengießerei, Stralsund.
Rudolf Sack, Leipzig.
Siemens-Schuckert, Berlin.
Westphal, Bremen.

Bei der Düngung der Niederungsmoore kann man sich im allgemeinen auf eine Kali-Phosphor-Düngung beschränken, weil Kalk und Stickstoff ausreichend in den meisten Niederungsmooren vorhanden sind, zum mindesten anfänglich. Die Phosphorsäure wird auch vom Moorboden gut festgehalten. Geeignete Kunstdünger sind Thomasphosphat, Rhenaniaphosphat und Dikalziumphosphat, Superphosphat dagegen nur für nicht saure Niederungsmoore. Der an Humussäuren gebundene Kalk (Kalkhumat) wird erst wirksam, wenn er nach der Entwässerung und Durchlüftung in basisch wirkendes Kalkkarbonat übergeht. Auch der Stickstoff der Niederungsmoore wird erst dann aufgeschlossen, wenn die Tätigkeit der Kleinlebewesen nach ausreichender Entwässerung einsetzt. Eine mäßige Stickstoffgabe kann die Pflanzen über kritische Zeiten hinwegbringen. Wenn später dem Moore durch die Ernten immer mehr Stickstoff entzogen wird, kann eine Stickstoffersatzdüngung erforderlich werden. Auch Stalldung oder Kompost sind auf Niederungsmooren nützlich, da sie die Tätigkeit der Kleinlebewesen und die Bodengare fördern, namentlich auf noch wenig vererdeten, rohen Flächen. Der Kompost muß aber so weitgehend zersetzt sein, daß er keine keimfähigen Unkrautsamen oder lebensfähige Wurzelstücke mehr enthält. Zur Feststellung des Düngungsbedürfnisses kann man sich auch des Feldversuches bedienen. Schließlich sind die Regeln des Düngens zu beachten: Verwendung von Maschinen, Rücksicht auf Witterung, Vorsicht beim Mischen verschiedener Dünger usw.

2. Die Ackerwirtschaft.

Man unterscheidet drei Arten der Ackerwirtschaft auf Niederungsmoorböden, die Schwarzkultur, die Deckkultur und die Mischkultur.

a) Die Schwarzkultur. Unter der Schwarzkultur versteht man die Bewirtschaftung des reinen Moores, das nicht durch Sandbeigaben verändert ist. Infolge der besonderen Eigenschaften des Moorbodens (S. 48ff.) ist eine dauernde Ackerwirtschaft in Form der Schwarzkultur sehr schwierig. Das Auffrieren der Oberschicht, die gefürchteten Spätfröste und das Puffigwerden des Moores können zu großen Schäden führen. Man findet daher die Schwarzkultur auf Niederungsmoor nur selten. Sie kann vorübergehend von Wert sein, wenn man ein stark verunkrautetes Moor vor der Anlage von Grünland möglichst unkrautrein machen will.

Bei der Bewirtschaftung ist besonders darauf zu achten, daß die Oberschicht nicht zu trocken wird und dadurch ihre kolloidalen Eigenschaften verliert. Der Pflanzenbestand soll daher die Mooroberfläche in den wasserarmen Zeiten gut beschatten.

Mit Erfolg werden auf Schwarzkulturen insbesondere Kartoffeln (außer Frühkartoffeln), die verschiedensten Rübenarten (außer Zuckerrüben), Sommerroggen, Winterroggen (Frostgefahr in der Blütezeit), Gemenge von Hafer und Sommerroggen, Hanf und weißer Senf angebaut. Meistens wechselt man Hackfrüchte und Getreide. In den Hackfruchtjahren ist dann das Unkraut kräftig zu bekämpfen. Wichtig ist die Wahl frostsicherer Sorten. Dem Puffigwerden und der überhandnehmenden Verunkrautung kann man erfolgreich auch dadurch begegnen, daß man für 2 oder 3 Jahre eine Grünlandnutzung einschiebt. Besonders unkrautbekämpfend und gareerhaltend wirkt der Hanf.

Als Vorratsdüngung empfiehlt Freckmann (*60*, *83*) im großen Durchschnitt 100 kg Phosphorsäure (P_2O_5) und 150 kg Kali (K_2O) je ha, als Ersatzdüngung die folgenden Mengen:

Die Zahlen der Zahlentafel 174 beruhen auf der Annahme, daß folgende Durchschnittsernten dem Moor die Nährstoffe entziehen:

Getreide. . . .	20 bis 30 dz/ha
Stroh	40 bis 60 dz/ha
Kartoffeln . . .	200 bis 300 dz/ha
Rüben	500 dz/ha

Zahlentafel 174.

	Bedarf in kg/ha	
	P_2O_5	K_2O
Getreide und Hülsenfrüchte	30—40	60— 80
Kartoffeln . . .	40—50	150—170
Rüben	50—60	250

Die Vorratsdüngung wird bisweilen nicht nur im ersten, sondern auch im zweiten oder gar noch im dritten Jahr verabfolgt und bis auf 150 kg P_2O_5 und 200 kg K_2O je Jahr gesteigert. Man verwendet in der Hauptsache hochwertige Kalisalze, bei Getreide aber besser Kainit und bei Kartoffeln schwefelsaures Kali und schwefelsaure Kalimagnesia. Auf kalkarmen Niederungsmooren ist Thomasmehl wegen seines Kalkgehaltes zu empfehlen. Bei Getreide und Hülsenfrüchten hat man durch einen Zusatz von 30 kg Kupfersulfat je ha (alle 3 bis 4 Jahre) beachtliche Ertragssteigerungen erreicht, die auf eine Kräftigung der Pflanzen durch Erhöhung ihres Blattgrüngehaltes zurückgeführt werden. Kupfersulfat scheint auch frostmildernd zu wirken. Außer Kupfer haben sich Mangan, Bor und Schwefel als günstig erwiesen (Spurenelemente). Im Havelländischen Luch sind auf Schwarzkulturen gute Erfahrungen mit der Düngung durch städtischen Müll gemacht worden. Gut verrotteter Stalldünger belebt nicht nur die Bakterientätigkeit, sondern wirkt auch der Entstehung der Pulverkornstruktur (Vermullung) entgegen.

b) Die Deckkultur. Die ungünstigen Eigenschaften des Moorbodens lassen sich dadurch mildern, daß man ihn mit einer Schicht von Mineralboden bedeckt. Dieses Verfahren wurde bereits 1817 vom Gutsbesitzer Pogge in Mecklenburg angewandt, kam dann aber wieder in Vergessenheit. Es wurde neu belebt durch Rimpau-Cunrau und wird nach ihm die Rimpausche Deckkultur genannt. Sie besteht im wesentlichen darin, daß das entwässerte und eingeebnete Moor 5 bis 15, ausnahmsweise 20 cm hoch mit Mineralboden bedeckt wird, so daß nach dem Setzen des Bodens noch eine Schicht von 4 bis 13 cm bleibt. Nur diese Deckschicht darf mit dem Pfluge umgebrochen werden, ohne sie mit dem darunter befindlichen Moore zu vermischen, da sonst die Wirkung der Schicht verlorengeht. Die Pflanzenwurzeln dringen durch die Deckschicht in das Moor ein und entnehmen ihm Wasser und Nährstoffe. Namentlich bei sehr feinsandigem Decksand ist damit zu rechnen, daß ein Teil des Sandes nach und nach in das Moor versinkt, z. B. durch Ausfüllen der Wurzellöcher. In die größeren Wurzellöcher der Rüben wird jede Deckschicht einen, wenn auch nur geringen Teil ihres Bodens verlieren. Man hat daher bisweilen die Deckschicht bis zu 20 cm erhöht. Je höher die Sanddecke ist, um so sicherer wird auch bei weniger sorgfältigem Pflügen ein Vermischen des Moores mit dem Sande vermieden. Die Befürchtung, daß bei einer hohen Deckschicht von 20 cm die Wurzeln der jungen Keimpflanzen zu lange Zeit brauchen, um die Nährstoffe des Moores zu erreichen, und sich daher in der ersten Zeit nicht kräftig genug entwickeln, scheint nach manchen Erfahrungen nicht begründet zu sein.

Die Wirkung der Deckschicht (S. 55) besteht darin, daß die Spätfröste und das Auffrieren des Moores verringert werden und daß den Pflanzen ein sicherer Standort gegeben wird (keine Vermullungsgefahr). Die Sandschicht ist leicht zu bearbeiten und früher zu bestellen als das unbesandete Moor. Sie erhöht die Tragfähigkeit des Moores und wirkt namentlich auf seine Wasserverhältnisse dadurch ein, daß die Verdunstung des Moores verringert und der Aufstieg des Saugwassers infolge der Belastung, die das Moor zusammendrückt, vergrößert wird. Der Einfluß der Deckschicht auf die Verdunstung hängt wesentlich von ihrer Beschaffenheit ab. Zehnmonatige Versuche Krügers ergaben folgende Verhältniszahlen für die Verdunstung:

Unbesandetes Moor	100
Moor mit 8 cm Feinsand . . .	80
Moor mit 8 cm Grobsand . . .	50

Die stärkste Wirkung wird also mit grobem Sand erzielt, der zur besseren Bearbeitung am zweckmäßigsten etwas lehmhaltig sein sollte. Grober Sand verhindert infolge seiner geringen Saugkraft weitgehend die Verdunstung des Moores, läßt aber alles Regenwasser in das Moor eindringen, wo es für die Pflanzenwurzeln zur Verfügung bleibt. Feiner Sand wird leicht vom Winde verweht und kann auch den Luftwechsel im Boden beeinträchtigen. Wenn es sich darum handelt, Bodenfeuchtigkeit zu sparen, sollte man nach Möglichkeit groben Sand zur Deckung verwenden, während feiner Sand für feuchtere Moore in Betracht kommt.

Die Temperatur der sandbedeckten Moore ist höher und daher günstiger für das Pflanzenwachstum als die der unbesandeten (S. 56).

Es kann trotz guter Entwässerung vorkommen, daß die obere Moorschicht durch das Gewicht der Sanddecke zu stark verdichtet wird, so daß sie von Zeit zu Zeit, etwa alle 3 bis 5 Jahre, mit dem Untergrundpflug zu lockern ist. Dabei ist aber eine Vermischung des Sandes mit dem Moor nicht immer zu vermeiden.

Die Deckkultur setzt voraus, daß das Moor ausreichend entwässert und in seinen oberen Schichten auch gut zersetzt ist (S. 461). In Cunrau hält man noch heute Entwässerungstiefen von etwa 1,0 m für zweckmäßig. Ein nicht genügend entwässertes Moor bleibt nach Aufbringen der Sanddecke zu feucht und wird auch leicht durch das Gewicht der Deckschicht zu stark zusammengepreßt, so daß sein Luftgehalt zu gering wird. Wenn man ein schlecht zersetztes Moor besandet, ist ferner zu befürchten, daß die für das Pflanzenwachstum wichtige weitere Zersetzung durch Luftabschluß verzögert wird und daß pflanzenschädliche Gase (z. B. Schwefelwasserstoff) schwerer als sonst entweichen können. Eine gute Zersetzung ist um so notwendiger, je höher die Deckschicht ist. Bei zu stark entwässerten Mooren kann man durch Aufbringen einer Sanddecke die Feuchtigkeitsverhältnisse nachträglich verbessern.

Zu empfehlen ist, das Moor vor dem Besanden ordnungsmäßig umzubrechen. Man wird dann von Anfang an mit größerer Sicherheit gute Erträge erwarten können als ohne Zerstörung der Narbe.

Tiefgründige Moore können durch die schwere Sanddecke eine starke Sackung erfahren, was häufig wegen der Vorflut ungünstig ist. Geeignet sind Moorstärken von 1 bis 1,5 m. Man kann aber auch Moore bis hinab zu 40 cm Stärke noch als besandungswert ansehen.

Die Sanddecke soll überall möglichst gleich hoch sein, damit ein gleichmäßiger Pflanzenbestand erzielt wird. Denn dieser wechselt leicht mit der Höhe der Deckschicht.

Sanddeckanlagen erfordern die Bewegung recht großer Sandmengen und sind daher in der Regel sehr kostspielig, es sei denn, daß billige Arbeitskräfte zur Verfügung stehen, etwa weil der Landwirt die Ausführung mit seinen Familienangehörigen nach und nach selbst übernimmt. Man muß daher von Fall zu Fall berechnen, ob die Besandung einen höheren Reinertrag verspricht als das nicht besandete Moor. In flachen Mooren kann der Grabenaushub verwendet werden, wenn er geeigneten Sand liefert. Allerdings führt dieses Verfahren oft zu sehr breiten Gräben, die unnötigen Landverlust und unnötig hohe Unterhaltungskosten mit sich bringen. Bei einer Entwässerung durch Dräne ist es überhaupt nicht durchführbar. Man ist daher häufig genötigt, den Sand aus Sandhorsten, die im Moor liegen, oder aus den sandigen Randgebieten des Moores zu entnehmen, was bei größeren Entfernungen erhebliche Kosten verursacht. Der Sand darf keine pflanzenschädlichen Stoffe enthalten und ist nötigenfalls vorher zu untersuchen. Sand aus dem Untergrunde enthält häufig den gefährlichen Schwefelkies, während Sande, die über dem Grundwasser liegen, meistens davon frei sind. Auch Sand mit Unkrautsamen oder Unkrautausläufern (Quecken) ist zu vermeiden.

Trotz der hohen Kosten kann eine Sanddeckanlage auf Niederungsmoor dann erforderlich werden, wenn man Neusiedlungen auf Moor nicht lediglich auf Grünlandwirtschaft abstellen will und mineralische Flächen zur Ackernutzung in der Nähe nicht zur Verfügung stehen. Man wird dann einen verhältnismäßig kleinen Teil der ganzen Siedlerstelle mittels einer Besandung als Acker nutzen, damit der Siedler in der Lage ist, wenigstens seinen Eigenbedarf an Kartoffeln, Getreide und Gemüse ohne ein zu großes Wagnis auf dem Moor zu erzeugen.

Sanddeckanlagen brauchen nicht so schwer gewalzt zu werden wie unbesandete Flächen. Das halbe Gewicht der schweren Moorwalze (S. 463) wird in der Regel genügen.

Über die Düngung der Sanddeckanlagen gilt das oben für die Schwarzkulturen Gesagte (S. 465), nur wird die Düngung mit Kali und Phosphorsäure im allgemeinen etwas größer sein müssen, weil auch die Ernten größer sind. Die Sanddeckanlagen in Cunrau haben in den 40 bis 70 Jahren ihres Bestehens keinen Stickstoff erhalten, auch keinen Stalldünger. Doch haben sich neuerdings Stallmistgaben von etwa 200 bis 300 dz/ha zu Kartoffeln gut bewährt.

Während auf Schwarzkulturen nur wenige Feldfrüchte mit Erfolg angebaut werden können, gedeihen auf Deckkulturen fast alle Früchte des Mineralbodens, wenigstens diejenigen Arten, die sich den Verhältnissen des Moores angepaßt haben. Im Zweifelsfalle muß ein Anbauversuch entscheiden. Sommerung ist im allgemeinen sicherer als Winterung.

Auch die Sanddeckanlagen unterliegen einer starken Verunkrautungsgefahr. Man wechselt daher ständig zwischen Halm- und Hackfrüchten und hackt bisweilen auch die ersteren.

Die Lebensdauer einer Deckkultur ist keine unbeschränkte, weil es sich trotz größter Vorsicht nicht vermeiden läßt, daß beim Pflügen etwas Moor in die Sandschicht gelangt, und weil ein Teil des Sandes auch in tiefere Moorschichten gelangen kann (S. 465). Ein schwaches Ritzen der oberen Moorschicht kann insofern sogar günstig sein, als dadurch die Mooroberfläche etwas gelockert wird. In der Regel muß nach etwa 30 Jahren eine neue dünne Sandschicht aufgebracht werden.

In Cunrau brachten im Frühjahr 1933 angelegte Neubesandungen, die erst am 21. und 22. Juni bestellt werden konnten, 160 dz Kartoffeln und 16 bzw. 24 dz Hafer je ha. Eine späte Bestellung scheint bei Sanddeckanlagen unschädlich, vielleicht sogar günstig zu sein. Allgemein kann man bei Ackernutzung auf Sanddeckanlagen mit etwa 20 bis 25% höheren Erträgen als auf Schwarzkulturen rechnen. Moritz (*157*) nennt als Durchschnittserträge auf Moordammanlagen im Havelländischen Luch folgende Zahlen in dz/ha:

Kartoffeln	260	
Sommerroggen	24	
Weizen	20	in den ersten Jahren nach der Übersandung
Gerste	30	
Hafer	30	
Futterrüben	600	

c) Die Mischkultur. Die Mischkultur nimmt in ihrer Wirkung eine Mittelstellung zwischen der Schwarz- und Deckkultur ein. Sie besteht darin, daß man eine Mineralbodenschicht auf das Moor bringt und sie durch Pflügen und Eggen mit dem Moor gut vermischt. Je niedriger die Schicht ist, um so geringer ist ihre Wirkung. Schon 3 bis 4 cm können das Moor beachtlich verbessern, im allgemeinen wird man aber eine nachhaltige, jahrelange Wirkung nur mit höheren Schichten von etwa 10 cm erreichen. Zum Mischen kann man Sand verwenden, noch besser aber sandigen Lehm oder Lehm, deren Nährstoffe dann neben der physikalischen Verbesserung des Moorbodens mit ausgenutzt werden. Auf kalkarmen Niederungsmooren ist auch Mergel ein geeignetes Mittel für die Mischkultur. Diese kommt ferner dann zur Anwendung, wenn eine Sanddecke auf sehr feuchten Mooren nicht angelegt werden darf.

3. Die Grünlandwirtschaft.

a) Die gewöhnliche Grünlandkultur. Die Grünlandwirtschaft ist die von Natur gegebene Nutzung der Niederungsmoore. Das ergibt sich einmal aus der starken Graswüchsigkeit aller Niederungsmoore, sodann aber auch daraus, daß ein ständiger, dichter Grasbestand das Puffigwerden der Mooroberfläche verhindert und daß die Spätfröste dem Grünland im Gegensatz zu den Ackerpflanzen keinen nennenswerten Schaden zufügen können.

Die wichtigsten für die Ansaat in Frage kommenden Gräser und Kleearten sind folgende:

1. Agróstis álba, weißes Straußgras, Fioringras. Untergras mit Ausläufern. Auf Wiesen und Weiden. Feuchtigkeitsliebend, Blüte spät.
2. Alopecúrus praténsis, Wiesenfuchsschwanz. Obergras mit Ausläufern. Auf Wiesen. Feuchtigkeitsliebend, hält auch Überschwemmungen aus. Blüte früh. Wertvoll und ausdauernd.
3. Avéna elátior, Glatthafer. Obergras, bildet Horste. Auf Wiesen. Bevorzugt trockene Lagen.
4. Avéna flavéscens, Goldhafer. Kein ausgesprochenes Ober- oder Untergras. Wegen seiner Empfindlichkeit auf Niederungsmooren nicht häufig.
5. Cynosúrus cristátus, Kammgras. Untergras, bildet kleine Horste und blüht spät. Liefert gutes, aber wenig Futter.
6. Dáctylis glomeráta, Knaulgras. Obergras mit starken Horsten. Auf Wiesen und Weiden. Empfindlich gegen Frost, da es früh austreibt. Verdrängt leicht andere Gräser.
7. Festúca praténsis, Wiesenschwingel. Obergras, horstbildend. Auf Wiesen und Weiden. Feuchtigkeitsliebend, unempfindlich gegen nicht zu lange Überschwemmungen. Wertvoll und ausdauernd.
8. Festúca rúbra var. genuína, ausläufertreibender Rotschwingel. Untergras. Auf Wiesen und Weiden. Sehr anpassungsfähig an feuchte und trocknere Lagen. Wertvoll und ausdauernd.
9. Lólium multiflórum (itálicum), welsches Weidelgras. Obergras, horstbildend. Auf Wiesen. Nicht ausdauernd und nicht häufig verwendet.
10. Lólium perénne, deutsches Weidelgras. Untergras mit lockeren Horsten. Auf Weiden. Nicht sehr frostbeständig.
11. Phálaris arundinácea, Rohrglanzgras (Militz). Obergras, starke Ausläufer treibend. Namentlich auf Wiesen. Liebt zeitweise Überschwemmungen, aber auch anpassungsfähig an trocknere Lagen. Ausdauernd und wertvoll. Muß rechtzeitig gemäht werden.
12. Phléum praténse, Wiesenlieschgras. Obergras, horstbildend. Besonders auf Wiesen, gelegentlich auch auf Weiden. Feuchtigkeitsliebend, verträgt auch nicht zu lange Überschwemmungen. Blüte spät.
13. Póa palústris (serótina, fértilis), fruchtbares Rispengras. Untergras, bildet Horste. Hält Überschwemmungen aus. Frostsicher. Wertvolles Futter.
14. Póa praténsis, Wiesenrispengras. Untergras mit Ausläufern. Auf Wiesen und Weiden. Sehr widerstandsfähig. Ausdauernd und wertvoll.
15. Póa triviális, gemeines Rispengras. Untergras mit oberirdischen Ausläufern. Auf nassen Flächen.
16. Lótus corniculátus, gehörnter Schotenklee. Auf Wiesen und Weiden. Auf nicht zu feuchten Böden. Ausdauernd und anpassungsfähig.
17. Lótus uliginósus, Sumpf-Schotenklee. Bevorzugt nasse Flächen.
18. Trifólium hýbridum, Bastardklee.
19. Trifólium répens, Weißklee. Auf Wiesen und namentlich auf Weiden wertvoll.

Für die Anlage von Grünland auf Moorböden ist die Verwendung von widerstandsfähigen Züchtungen von besonderer Bedeutung. Daher sind deutsche Saaten vor ausländischen auch schon deshalb zu bevorzugen, weil sie unseren Witterungsverhältnissen besser angepaßt sind.

Man düngt die Wiesen und Weiden in den ersten 2 bis 3 Jahren in der Regel mit etwa 150 bis 200 kg K_2O und 120 bis 150 kg P_2O_5. Auf kalkarmen Niederungsmooren wird meistens das basische Thomasmehl, auf sehr kalkreichen das saure Superphosphat verwendet. Kali wird gern als hochprozentiges Salz verabfolgt. Stickstoff zu geben, ist im allgemeinen nicht wirtschaftlich. Auch eine Kalkdüngung kommt nur ausnahmsweise in Frage, z. B. um die Zersetzung des Moores zu beschleunigen. Zu beachten ist, daß nur eine Kali-Phosphor-Düngung die Erträge steigert, nicht aber eine einseitige Düngung mit nur einem der beiden Dünger. Ein Düngungsversuch ergab (*60, 51*):

Ungedüngt	36 dz Heu je ha	Nur Phosphorsäure	42 dz Heu je ha
Nur Kali.	32 dz Heu je ha	Kali und Phosphorsäure . .	98 dz Heu je ha

Als Ersatzdüngung verwendet man auf Wiesen für je 10 dz geerntete Heumenge 20 kg K_2O und 6 bis 7 kg P_2O_5. Die Wiesenpflanzen entziehen nämlich dem Boden etwa 3mal soviel Kali wie Phosphorsäure. Moorweiden brauchen nur 60 bis 80 kg K_2O und 30 kg P_2O_5 je ha, weil sie weniger Masse als Moorwiesen erzeugen und den Dung der Weidetiere erhalten.

Stalldung und Kompost sind namentlich dann anzuwenden, wenn man aus besonderen Gründen das Wachstum fördern will, z. B. auf wenig vererdeten Flächen oder bei Saaten, deren Entwicklung infolge Trockenheit zurückgeblieben ist.

Die wichtigste Forderung bei allen Ansaaten besteht darin, möglichst schnell einen geschlossenen Bestand zu erreichen. Die Saatmenge schwankt zwischen 35 und 55 kg/ha. Das Saatgemisch ist der Beschaffenheit des Moores und seinen Wasserverhältnissen anzupassen. Die Wahl eines geeigneten Saatgemisches ist für den Erfolg der Ansaat von großer Bedeutung. Man tut gut, sich dabei von einer Moorversuchsanstalt oder einem Pflanzensoziologen beraten zu lassen. Sehr wichtig zur Erzielung eines lückenlosen Bestandes ist die gleichmäßige Verteilung des Samens auf der ganzen Fläche. Vielfach geht man so vor, daß man zunächst die Fläche mit einer Ringelwalze abwalzt, dann ansät und die Ringelspuren schließlich mit der Glattwalze (in der Spurrichtung) wieder zudrückt. Die in die Ringelspuren gefallenen Samen erhalten dadurch eine günstige Bodenüberdeckung. Man kann mit der Hand oder mit Säemaschinen säen. Bei der Handsaat empfiehlt es sich, den Samen mit der fünffachen Sandmenge zu vermischen, was eine gleichmäßige Aussaat ermöglicht. Die Saatzeit soll etwa zwischen dem 1. Mai und 1. August liegen.

Umstritten ist die Frage, ob man mit oder ohne Deckfrucht (Überfrucht) säen soll. Diese hat den Zweck, die jungen Graspflanzen zu schützen. Sie darf aber nur dünn gesät werden, damit sie die Grassaat nicht unterdrückt. Man bemißt sie daher auf 30 bis 40 kg/ha Hafer oder am besten Sommerroggen. Sobald sie etwa 10 cm lang ist, wird das Kleegrasgemenge gesät. Die Deckfrucht soll grün gemäht werden. Im allgemeinen ist aber eine Deckfrucht nicht zu empfehlen, weil sie die Bildung eines geschlossenen Kleegrasbestandes verlangsamt. Nur in besonderen Fällen, so bei Frost- oder bei Vermullungsgefahr, ist sie angebracht.

Häufig ist die Frage zu entscheiden, ob man eine entwässerte Moorwiese umbrechen und neu ansäen soll oder ob es gelingen wird, den ursprünglichen Pflanzenbestand durch Düngung, Walzen und andere Maßnahmen in einigen Jahren ausreichend zu verbessern und so an Kosten zu sparen. Am schnellsten führt der Umbruch zum Ziele. Er wird immer dann anzuwenden sein, wenn der vorhandene Pflanzenbestand im wesentlichen aus saueren Gräsern und Unkräutern besteht und daher nur eine sehr langsame Bestandsverbesserung durch bloße

Pflege zu erwarten ist. Letztere erfordert auch erhebliche Kenntnisse in der Grünlandwirtschaft, die man nicht ohne weiteres bei jedem Grünlandbesitzer voraussetzen kann. Nur eingehende Beratung durch sachverständige Stellen kann dann helfen. Fehlt es auch an dieser, so ist immer der Umbruch vorzuziehen. Auf der anderen Seite kann aber auch die bloße Pflege der entwässerten Moorwiesen zum Erfolge führen, falls gute Gräser, wenn auch nur spärlich, in dem natürlichen Bestande vorhanden sind und ihr Wachstum durch geschickte landwirtschaftliche Maßnahmen gefördert wird.

Auch die Erhaltung einer Neuansaat ist keineswegs leicht. Jedes Grünland sucht sich mit urwüchsiger Gewalt, oft nur langsam, einen ganz bestimmten Pflanzenbestand zu schaffen, der seinem Boden und seinen Wasserverhältnissen sowie dem Klima entspricht. Je mehr aber diese natürliche Pflanzengesellschaft von der durch Menschenhand geschaffenen künstlichen Ansaat abweicht, um so schwerer ist es, den künstlichen Bestand zu halten (S. 83). Bei einem pflanzensoziologisch falschen Samengemisch ist mit starken Veränderungen des Bestandes nach spätestens etwa 6 bis 8 Jahren zu rechnen. Bei ungenügender Pflege kann eine nachteilige Bestandsveränderung sogar schon nach wenigen Jahren eintreten. Geringer ist diese Gefahr für Weiden, bei denen der Tritt und Biß der Weidetiere die dagegen empfindlichen Unkräuter stark zurückhält. Man kann die Ertragsrückgänge durch ein- bis zweijähriges vorübergehendes Beweiden der Wiesen oder Mähen der Weiden mit Erfolg bekämpfen, daneben durch geschickte Anwendung der Dünger und der schweren Walze. Ferner kommt die Nachsaat in Frage, entweder mittels einer Wiesenritzerdrillmaschine oder nach gründlicher Verwundung der Narbe, die z. B. mit dem Federzahnkrümmer aufgerissen wird. Wenn alle anderen Mittel versagen, um eine im Ertrage stark zurückgegangene Grünlandfläche wieder ausreichend zu verbessern, bleiben nur Umbruch und Neuansaat übrig.

Die Ertragsrückgänge zeigen sich in der Regel in dem Überhandnehmen bestimmter Unkräuter, von denen besonders die folgenden vorkommen:

Aíra caespitósa (Rasenschmiele).
Alectorólophus (Klappertopf-Arten).
Anthríscus silvéstris (Wilder Kerbel).
Átriplex (Melde-Arten).
Bídens tripartítus (Dreiteiliger Zweizahn).
Chaerophýllum (Kälberkropf-Arten).
Círsium (Distel-Arten).
Equisétum arvénse (Ackerschachtelhalm).
Equisétum palústre (Sumpfschachtelhalm).
Galeópsis (Hohlzahn-Arten).
Heracléum Sphondýlium (Bärenklau).
Juncáceae (Binsen).
Méntha (Minze-Arten).
Polýgonum (Knöterich-Arten).
Potentílla anserína (Gänse-Fingerkraut).
Ranúnculus (Hahnenfuß-Arten).
Rúmex acetósa (Sauerampfer).
Rúmex obtusifólius (Stumpfblättriger Ampfer).
Scutellária galericuláta (Kappen-Helmkraut).
Stellária média (Vogelmiere).
Úrtica dióica (Große Brennessel).

Man bekämpft die Unkräuter meistens durch wiederholtes Abmähen und Abwalzen.

Auch tierische Schädlinge können die Erträge des Grünlandes stark vermindern. Namentlich ist es die Típula, die Larve der Wiesenschnake, die bisweilen so massenhaft auftritt, daß sie ganze Flächen völlig vernichtet. Die Larve ist etwa 2 bis 4 cm lang, sie hält sich während des Tages im Boden auf, wo sie an den Wurzeln frißt, und kommt nachts an die Oberfläche, um sich über die Blätter herzumachen. Wenn die Pflanzennarbe an einzelnen Stellen abgestorben ist und sich leicht abheben läßt, besteht Verdacht auf Típula. Man bekämpft die Típula vorbeugend durch Ansiedlung von Staren, bei starkem Auftreten durch 15 bis 20 cm tiefe und ebenso breite Gräben mit senkrechten Wänden. Die nachts hineinfallenden Larven werden dann am nächsten Morgen vernichtet. Auch arsenikessigsaures Kupfer, sog. Schweinfurter Grün, hat sich als Gift gegen die Típula bewährt.

Für die Pflege des Grünlandes auf Niederungsmoor ist die schwere Walze (S. 463) unentbehrlich, namentlich auf Wiesen, auf denen der Tritt der Weidetiere fehlt. Das Zusammendrücken des Moores begünstigt den Aufstieg des Saugwassers und vermehrt das Wasserhaltevermögen der oberen Moorschichten. Das Saugwasser fördert auch den Wärmenachschub nach oben und verringert so die Frostgefahr. Das Auffrieren der Mooroberfläche im Winter (S. 56) muß im zeitigen Frühjahr durch die schwere Walze wieder ausgeglichen werden. Das Walzen beeinflußt auch den Pflanzenbestand in günstiger Weise, indem es die Unkräuter zurückhält und eine zu starke Horstbildung der Obergräser verhindert. Wiesen darf man nur dann walzen, wenn die Gräser noch nicht zu hoch sind. Auf trockenem Niederungsmoor wirkt die Walze nicht genügend, weil trockenes Moor federt. Das Walzen nassen Moores kann dazu führen, daß das Moor zu stark zusammengedrückt und sein Luftgehalt zu sehr vermindert wird. Man muß daher walzen, wenn das Moor einen mittleren Feuchtigkeitsgehalt aufweist, was im allgemeinen einen mittleren Grundwasserstand zur Voraussetzung hat. Stark zersetzte Moore besitzen bei hohem Grundwasserstand schon an sich nur einen geringen Luftgehalt und sind dann gegen starkes Zusammendrücken durch die schwere Moorwalze oft besonders empfindlich (S. 55). Man sieht auch aus diesen Zusammenhängen, wie wichtig es ist, die Gräben und Staue leistungsfähig zu erhalten.

Im übrigen ist für die Pflege der Wiesen noch mancherlei zu beachten. Die Wiese muß unbedingt dann gemäht werden, wenn das vorherrschende Gras zu blühen beginnt, da später gemähtes Gras an Futterwert verliert. Vermooste oder stark verunkrautete Stellen sind zu eggen und nachzusäen. Kahlstellen müssen durch Düngung und Nachsaat möglichst schnell wieder geschlossen werden. Maulwurfhaufen sind zu verteilen. Auf Weiden gilt das gleiche für den Dünger der Weidetiere. Hier sind auch die Geilstellen abzumähen.

Ist das Moor noch nicht genügend zersetzt, so ist die Herstellung eines hinreichend festen Grünlandes nicht erreichbar. Man tut in solchen Fällen gut, die Grasansaat noch hinauszuschieben und einige Jahre Ackerbau zu treiben (Hafer, Kartoffeln), unter deren Anbau eine beschleunigte Vererdung eintritt.

b) Die Deckkultur. Die Besandung der Niederungsmoore, die zwar im wesentlichen für Ackerbau in Frage kommt, kann auch bei Weiden angewendet werden, die dadurch auch tragfähiger für die Weidetiere werden. Die Sandschicht wird in einer Stärke von 5 bis 8 cm aufgebracht. Wenn man eine fertige Weide noch nachträglich besanden will, ist die Schichtstärke auf 2 bis 3 cm einzuschränken, damit die Pflanzen durchwachsen können. Man kann dann später nochmals 2 bis 3 cm aufbringen. Auch sandiger oder mergeliger Lehm sind als Deckschicht geeignet. Wiesen werden im allgemeinen nur dann besandet, wenn ihre zu starke Entwässerung wieder ausgeglichen werden soll. Sonst lohnt sich meistens die Besandung nicht, es sei denn, daß sie besonders billig ausgeführt werden kann. Wegen der Wirkung der Besandung und der erforderlichen Voraussetzungen wird auf S. 465 verwiesen. Nach Moritz (*157*) wurden auf Sanddeckanlagen im Havelländischen Luch durchschnittlich 80 dz Heu je ha geerntet. Ein Stück Großvieh konnte auf 1,5 Morgen Weide ernährt werden. In Cunrau brachten die besandeten Moorweiden bei 8 bis 10 Zentner schweren Ochsen einen durchschnittlichen Fleischzuwachs von 1,5 Pfd. je Tag.

C. Die Kultur der Hochmoore.

1. Allgemeines.

Man unterscheidet vier Verfahren der Hochmoorkultur: die Brandkultur (Brennkultur), die Fehnkultur (Verfehnung), die Mischkultur und die deutsche Hochmoorkultur. Die Brandkultur dient lediglich der Ackerwirtschaft und ist daher weiter unten behandelt (S. 477).

a) Die Fehnkultur. Die Fehnkultur wurde im 17. Jahrhundert von Holland nach den benachbarten Gebieten Preußens übernommen. Bei ihr werden die Hauptentwässerungsgräben für kleine Schiffahrt eingerichtet und erhalten Anschluß an einen vorhandenen Schiffahrtsweg. Von der Hauptwieke (Hauptkanal) zweigen Neben- und Inwieken (Nebenkanäle) ab, die jeder Siedlung Anschluß an den Wasserweg geben. Dieser dient zur Ausfuhr von Brenntorf und Ernteerzeugnissen sowie zur Einfuhr von Düngemitteln usw. Die kleineren Entwässerungsgräben münden in die Wieken.

Der gewöhnliche Wasserstand muß unter der Oberfläche des Sanduntergrundes liegen, und zwar noch etwas tiefer als der angestrebte Grundwasserstand. Für diesen kann man etwa 50 bis 60 cm für Wiesen und 80 bis 90 cm für Acker annehmen, wobei von der völlig gesackten Oberfläche der mit Sand vermischten Bunkerde auszugehen ist (s. unten). Größere Höhenunterschiede in verschiedenen Teilen des Fehngebietes bedingen Kammerschleusen zur Vermittlung des Schiffsverkehrs. Da das Niederschlagsgebiet der Wieken meistens nur klein ist, muß häufig Betriebswasser vom Unterwasser der Schleuse ins Oberwasser hochgepumpt werden. Neben den Wieken liegen Wege zur Vermittlung des Ortsverkehrs.

Von den Wieken ausgehend beginnt das Abtorfen, nachdem das zunächst abzutorfende Land durch Entwässerungsgräben trockengelegt wurde. Der Torf wird in großen Mengen gestochen, um für den Anbau auf der abgetorften Fläche möglichst bald Raum zu schaffen. Aus dem Erlös für den verkauften Torf nimmt der Siedler seine ersten Einnahmen, die ihm Lebensunterhalt bieten und die Mittel für den Anbau liefern. Die aus jüngerem Moostorf bestehende Oberschicht, die Bunkerde, wird nicht zu Torf verarbeitet, sondern vor dem eigentlichen Abtorfen abgestochen und auf die davor bereits abgetorfte Fläche, das Leegmoor, gleichmäßig verteilt (Leegmoorkultur). Ist der Untergrund des Moores in seiner Höhenlage ziemlich unregelmäßig, so empfiehlt sich sein Einebnen, bevor die Bunkerde aufgebracht wird. Denn sonst würde das Grundwasser später sehr verschieden tief unter Gelände liegen, was wegen der ungleichmäßigen Wasserversorgung der Pflanzen unerwünscht ist. Mindestens 40 cm Bunkerde im abgelagerten Zustande sollen im allgemeinen auf dem Untergrunde zurückgelassen werden.

Die ausgebreitete Bunkerde wird mit dem aus dem Untergrunde gewonnenen Sande, der in einer Stärke von etwa 10 cm aufzubringen ist, gut vermischt, wodurch die physikalischen Eigenschaften des Moorbodens wesentlich verbessert werden. Die Verfehnung ist somit eine Art Mischkultur (s. unten). Sie bedarf einer ausreichenden Kalkung und Zufuhr von Kunstdünger oder Kompost (städtischem Abfalldünger) und eignet sich besonders für gärtnerische Nutzung. Bei der Düngung ist zu berücksichtigen, daß das kultivierte Leegmoor einem humusreichen Sandboden ähnlich ist. Nach Versuchen der Moorversuchsstation Bremen lagen die für Höchsterträge nötigen Kalkgaben zwischen 20 und 30 dz/ha.

Da die Mischung der Bunkerde mit Sand hohe Kosten verursacht oder bei Handarbeit einen großen Arbeitsaufwand für die Beteiligten bedeutet, so ist bisweilen auch auf die Sandbeimischung verzichtet worden, z. B. in den niederschlagsreichen süddeutschen Hochmooren. Diese werden durch Entwässerungsgräben, Wege und Feldbahnen aufgeschlossen, und das Leegmoor mit Bunkerde wird nach dem Verfahren der deutschen Hochmoorkultur (s. unten) genutzt. Auch wenn die Grundwasserverhältnisse sehr günstig sind oder der Grundwasserstand sich durch Staue weitestgehend regeln läßt, ist die Sandbeimischung nicht unbedingt erforderlich.

Eine Umgestaltung der Fehnkultur ist in neuerer Zeit dadurch eingetreten, daß der Torf an Ort und Stelle durch Großkraftwerke zur Erzeugung elektrischer Energie verwertet wird, wie es seit 25 Jahren im Auricher Wiesmoor der Fall ist. Dadurch entfällt der Abtransport des Torfes aus dem Moor, statt der teuren Schiffahrtskanäle genügen Entwässerungskanäle und der Torfabbau erfährt eine erhebliche Beschleunigung. Auch die heute dringend gewordene industrielle Verwertung des Torfes zu verschiedenen Zwecken hat der Fehnkultur neuen Auftrieb gegeben. Das ist deshalb nur zu begrüßen, weil zahlreiche Erfahrungen gezeigt haben, daß die Fehnsiedlungen eine weit günstigere wirtschaftliche Entwicklung durchgemacht haben als die Hochmoorsiedlungen, auf denen der Anbau von Getreide und Hackfrüchten weitaus größeren Gefahren durch Spätfröste, Puffigwerden, Auswinterungsschäden u. dgl. unterworfen ist als auf dem Leegmoor.

Man muß heute die Abtorfung bis auf den Sanduntergrund nicht etwa nur im Interesse der Torfverwertung, sondern ebenso im Interesse der späteren landwirtschaftlichen Nutzung auch dann erwägen, wenn der Untergrund so tief liegt, daß das Leegmoor einer künstlichen Entwässerung bedarf. Das setzt allerdings voraus, daß der Mehrgewinn aus dem Torf für den Bau und Betrieb der erforderlichen Schöpfwerke mitverwendet wird und daß deren spätere Betriebs-, Unterhaltungs- und Amortisationskosten auch nach Beendigung des Torfabbaues sichergestellt werden, z. B. dadurch, daß eine öffentlich-rechtliche Körperschaft diese Lasten aus einer ihr durch den Torfabbauunternehmer zu zahlenden und in ertragssicheren Grundstücken anzulegenden Abfindungssumme bestreitet.

Wegen der maschinellen Vermischung der Bunkerde mit Sand und der Zerstörung des sog. Sohlbandes vgl. den folgenden Abschnitt.

b) Die Mischkultur. Sanddeckanlagen, die auf Niederungsmooren sehr lohnend sind, haben sich im allgemeinen auf Hochmoor nicht bewährt. Dagegen hat man mit einem Mischen der oberen Moorschicht mit Sand (etwa 10 cm) günstige Erfahrungen gemacht. Auch bei der Mischkultur auf Hochmoor ist für eine stärkere Entwässerung Sorge zu tragen, als sie ohne Sandbeimengung nötig sein würde. In Schweden und Finnland hat man mit bestem Erfolge auch Lehm verwendet, wobei schon eine Lehmschicht von nur 1 cm Stärke ausreichte, um erhebliche Mehrerträge zu liefern. Ferner sind Naturmergel, Schlick und Kuhlerde in gleicher Weise verwendet worden. Kalkhaltige Kuhlerde in etwa 3 cm Schichtstärke kann unter Umständen auch die Kalkung ersetzen. Die Anwendung von kupferhaltigen Mitteln hat sich auch auf den Mischkulturen bestens bewährt.

Besondere Bedeutung hat die Mischkultur schon seit langer Zeit auf den flachgründigen, etwa 50 bis 100 cm tiefen Hochmoorböden. Mittels des sog. Kuhlverfahrens wird hier der erforderliche Sand in mühsamer Handarbeit auf die Mooroberfläche geschafft. Dieses Kuhlen verbürgt jedoch nur dann einen ausreichenden Erfolg, wenn gleichzeitig das fast stets unter diesen flachen Mooren liegende, etwa 10 bis 20 cm dicke Sohlband und die darunter befindlichen Ortsteinschichten durchstoßen werden. Das Sohlband ist eine durch Humusstoffe verdichtete Pechsandschicht, die die Bewegung des Bodenwassers häufig gänzlich unterbindet. Durch den Kuhlpflug der Firma Ottomeyer, Pyrmont, ist es neuerdings gelungen, die beschwerliche Arbeit des Handkuhlens durch Maschinenarbeit zu ersetzen. Der neue Kuhlpflug ist imstande, noch bei einer Moordecke von 1 m etwa 15 bis 20 cm Sand an die Oberfläche zu holen und dabei die verhärteten Schichten des Untergrundes aufzubrechen (*25*).

Die gleiche Wirkung erzielt der Pflug bei der Fehnkultur, wo nicht nur das Sohlband, sondern auch die bei industrieller Abtorfung über dem Sand zurückbleibenden restlichen Moorschichten die Kapillarwirkung verhindern.

c) Die deutsche Hochmoorkultur. Die Abhängigkeit der Verfehnung von der Gewinnung und Verwertung des Torfes einerseits und die Notwendigkeit andererseits, unsere Hochmoore möglichst bald der landwirtschaftlichen Nutzung zu erschließen, haben zur Folge gehabt, daß die Nutzung der nicht abgetorften Hochmoore im Laufe der Zeit zugenommen hat.

Die Anfänge der deutschen Hochmoorkultur lassen sich etwa bis zum Jahre 1750 zurückverfolgen. Dieses Verfahren nutzt das Hochmoor selbst, ist also unabhängig vom Torfstechen und kann sich daher viel schneller ausbreiten als die Verfehnung. Zur Bewältigung des Verkehrs genügen Wege, nötigenfalls mit Feldeisenbahnen. Solange man nur mit tierischem Dünger arbeitete, war die Ausdehnung des Wirtschaftsbetriebes abhängig von der Entwicklung des Viehbestandes und ging dementsprechend nur langsam voran. Das änderte sich jedoch mit der Einführung des Kunstdüngers.

Da man damit rechnen muß, daß auch reine Hochmooranlagen später einmal verfehnt werden, so ist es erforderlich, beim Entwerfen der Besiedlungspläne den Übergang zur Verfehnung offenzuhalten. Abb. 356 zeigt einen der üblichen Besiedlungspläne (nach Tacke), bei dem die Gehöfte in der Mitte der Siedlungsflächen I, II, III usw. liegen.

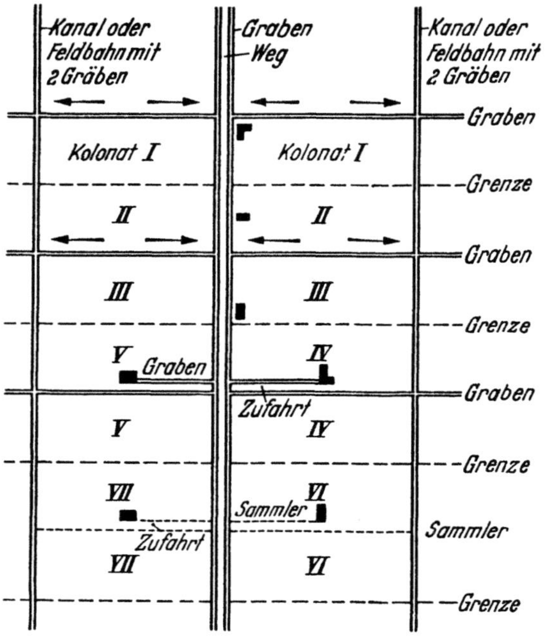

Abb. 356. Moorsiedlung.

Für die Bearbeitung des Hochmoores kommt menschliche, tierische oder Maschinenkraft in Frage. Bei der tierischen Pflugarbeit müssen die Zugtiere in weichem Moor mit Moorschuhen ausgerüstet werden (S. 462). Manche Hochmoorflächen sind jedoch so stark mit Kaupen besetzt, daß Pferde nicht verwendet werden können. Man muß dann entweder zur Hackarbeit greifen, die im Kleinbetriebe meistens von den Besitzern selbst in einer Zeit ausgeführt wird, in der Mangel an anderen landwirtschaftlichen Arbeiten ist, oder zur Benutzung von Großkraftgeräten. Das Hacken geschieht im Kleinbetrieb mit der Moorhandhacke (Moorhaue). Gewöhnlich muß das wilde Moor 3 mal gehackt werden, bevor es genügend zerkleinert ist. Die sperrigen Heidepflanzen erschweren die Bearbeitung und die nötige Festigung des Bodens. Es ist daher empfehlenswert, sie vor der Bodenbearbeitung abzubrennen. Wegen der Lieferwerke für Geräte vgl. S. 464. Die wichtigsten Kraftgeräte für die Kultivierung der Hochmoore sind die Dampfpflüge und die Fräsen. Die Bearbeitungstiefe soll mindestens 20 cm betragen. Sehr bewährt hat es sich, die Pflanzennarbe des Hochmoores vor dem Umpflügen mit einer scharf schneidenden Egge (Scheibenegge, Flügelegge usw.) in verschiedenen Richtungen zu bearbeiten und zu zerkleinern, weil diese Zerkleinerungsarbeit nach dem Pflügen kaum noch möglich ist. Wenn auf der Pflugsohle eine schlecht zerkleinerte Pflanzennarbe liegt, so leidet darunter der Wasseraufstieg aus tieferen Schichten. Auch im Hochmoor ist die schwere Glattwalze (S. 463) für die Verdichtung der Oberflächenschicht unentbehrlich.

Da die obere Schicht der Hochmoore, d. h. der jüngere Moostorf, in der Regel nur wenig zersetzt ist, so ist es in Hochmooren oft viel schwieriger, das für das

Gedeihen der Nutzpflanzen nötige Krümelgefüge zu erzielen, als in Niederungsmooren. Man sollte sich daher bei der Bodenbearbeitung der schlecht zersetzten Hochmoore etwas Zeit lassen, damit nach einer sorgfältigen Zerkleinerung der Oberflächenschicht die Witterung (Frost) und Kalkung ihre Zersetzungsarbeit leisten können. Es ist besser, ein Jahr später mit der Nutzung zu beginnen, als die Nutzpflanzen einem zu wenig gekrümelten Moorboden anzuvertrauen.

Die Hochmoore sind arm an Pflanzennährstoffen (S. 49). Ihr Kalkgehalt reicht bei weitem nicht aus, um die vorhandenen freien Humussäuren zu binden. Der Hochmoorboden ist daher in natürlichem Zustande stets sauer. Entscheidend für das Kalkbedürfnis der Hochmoore ist nicht etwa der prozentische Säuregehalt der Bodentrockenmasse, vielmehr sind es die mit Hilfe des Raumgewichts errechneten Säuremengen des frischen Bodens. Versuche mit der Untergrundskalkung, d. h. mit der Zuführung von Kalk in tiefere Moorschichten (bis zu etwa 40 cm), haben nicht zu einem günstigen Ergebnis über die Wirtschaftlichkeit dieses Verfahrens geführt. Man hat die Beobachtung gemacht, daß eine zu starke Kalkung auch schädlich wirken kann. Das hängt wahrscheinlich zum Teil damit zusammen, daß sie die Tätigkeit der salpeterzersetzenden Bakterien (S. 36) so weitgehend steigert, daß erhebliche Salpeterverluste eintreten. Mit starken Kalkverlusten durch Auswaschung ist nach Versuchen der Moorversuchsstation Bremen nicht zu rechnen. Vgl. die Ergebnisse der Gerlachschen Versuche mit Niederungsmoorboden (Zahlentafel 53). Übrigens ist die Kalkfrage für Hochmoorböden noch keineswegs gelöst.

Der Kalk muß ebenso wie die künstlichen Dünger in der vom Pfluge oder von anderen Geräten gelockerten oberen Moorschicht (20 cm) möglichst gleichmäßig verteilt werden, da er sonst nicht hinreichend entsäuernd wirken kann. Das läßt sich nur dann erreichen, wenn er sehr feinpulverig und völlig trocken ist. Man verwendet Brandkalk, Ätzkalk (Löschkalk) oder kohlensauren Kalk, letzteren in der Form des Kalkmergels, der am besten als sog. Feinmergel wirkt. Bei diesem müssen mindestens 80% durch ein Sieb mit 0,3 mm Maschenweite hindurchgehen, während der Rest nicht gröber als 1 mm sein darf. Da der Kalkmergel wesentlich weniger CaO besitzt als Brandkalk, so muß bei gleicher Kalkwirkung die Mergelmenge etwa doppelt so groß sein wie die Brandkalkmenge, was die Beförderungskosten beeinflußt. In 1 kg $CaCO_3$ sind nur 0,56 kg CaO enthalten. Im Brandkalk ist 1 kg CaO billiger als im Ätzkalk. Ein Vorzug des Kalkmergels besteht darin, daß er bei weitem nicht so ätzend wirkt wie die beiden anderen Kalkarten. Daher wird auch der feine Kalkmergel im allgemeinen bei der Kultivierung der Hochmoore bevorzugt.

Man streut den Kalk grundsätzlich mit einer Düngerstreumaschine, und zwar in völlig trockenem Zustande. Die beste Vermischung mit dem Moor wird durch Einfräsen erreicht. Oder man pflügt einen Teil des Kalkes unter und streut den Rest erst nach dem Umpflügen.

Die bei der Kultivierung der Übergangsmoore erforderlichen Kalkmengen sind in der Regel geringer als bei Hochmooren. Da aber der Kalkgehalt der Übergangsmoore ein sehr verschiedener ist, so ist bei ihnen eine Untersuchung vor der Kalkung besonders wichtig.

Die Stickstoffarmut der Hochmoore macht eine kräftige Stickstoffdüngung erforderlich, zumal der organisch gebundene Stickstoff der Hochmoore von den Pflanzen nur schlecht verwertet wird. Eine Ausnahme bilden nur verschiedene Schmetterlingsblütler, die mit Hilfe der Knöllchenbakterien den Luftstickstoff ausnutzen können (S. 37) und daher auch ohne Stickstoffgaben auskommen. Dann ist allerdings Voraussetzung, daß das Hochmoor entweder die Knöllchenbakterien bereits in ausreichender Menge enthält, was meistens nicht der Fall ist, oder daß man eine Impfung mit Reinzüchtungen der gewünschten Bakterienart vornimmt. Bisweilen sind geringe Stickstoffgaben allerdings auch zu Schmetterlingsblütlern zu empfehlen, wenn zu Anfang die Tätigkeit der Knöllchenbakterien noch gering ist.

Nach den Untersuchungen der Moorversuchsstation Bremen hat sich der Kalkstickstoff auf Hochmoorböden nicht bewährt. Zu beachten ist auch im Hochmoor die langsame Wirkung der Ammoniak- und die schnelle Wirkung der Salpeterdünger. Auf stark gekalkten Hochmooren wirken die sauren Stickstoffdünger (schwefelsaures Ammoniak, Leunasalpeter) am besten, auf schwach gekalkten die basischen Salpeter (Natronsalpeter, Kalksalpeter, Kalkammonsalpeter).

Das Kali wird im Hochmoor von den Pflanzenwurzeln leicht aufgenommen. Ohne Kalidüngung würde daher das Moor seinen geringen natürlichen Kaligehalt sehr schnell verlieren. Nennenswerte Auswaschungsverluste sind anscheinend nur dann zu befürchten, wenn die Kolloidteilchen des Moores mit Kali gesättigt sind. Man soll daher Vorratsdüngungen mit Kali vermeiden und jährlich nach Bedarf düngen. Verwendet werden sowohl die Rohsalze (Kainit, Carnallit usw.) als auch die hochwertigen Düngesalze. Brüne empfiehlt für die ersten 3 Jahre je Jahr und ha 160 bis 200 kg K_2O für Acker und Grünland. Bemerkenswert ist die Beobachtung, daß die Kalidünger einen gewissen Schutz gegen Frostschäden gewähren. Die Gründe dieser Erscheinung sind jedoch noch nicht geklärt. Eine gleiche Wirkung wird dem Kupfervitriol zugeschrieben.

Auch an Phosphorsäure ist das Hochmoor arm. Die Phosphorsäure der Hochmoore ist außerdem sehr fest an die Humusstoffe gebunden und daher den Pflanzenwurzeln nur schwer zugänglich. Auswaschungsverluste sind nicht zu befürchten. Als Düngemittel werden vorzugsweise Thomasmehl, Rhenaniaphosphat und Rohphosphate verwendet. Letztere werden durch die freien Humussäuren aufgeschlossen, die trotz der Kalkung immer noch im Hochmoor vorhanden sind. Auf eine feine Mahlung der Phosphordünger ist Wert zu legen. Superphosphat hat sich im Hochmoor nicht bewährt, da es schwefelsauren Kalk enthält und seine Umsetzung leicht zu freier Schwefelsäure führt, die ein starkes Pflanzengift ist. Im großen Durchschnitt kann man für Acker und Grünland in den ersten 3 Jahren je Jahr und ha mit 125 bis 150 kg P_2O_5 düngen.

Abb. 357. Windschutzanlage im Moor.

Die organischen Dünger (Stallmist, Kompost, Jauche) sind für die Kultivierung der Hochmoore von großer Bedeutung. Ihr Hauptwert liegt in der Erzielung der Bodengare. Sie führen dem Hochmoor große Mengen Kleinlebewesen zu, die im unerschlossenen, sauren Hochmoorboden nur in geringer Zahl vorhanden sind. Die Jauche wird zweckmäßig in Verbindung mit Torfstreu verwendet, die in den Hochmooren leicht zu beschaffen ist. Die organischen Dünger müssen aber stets zusammen mit Kunstdünger und Kalk Anwendung finden, da sie allein nicht ausreichen, um den nährstoffarmen, sauren Hochmoorboden anbaufähig zu machen, wie auch umgekehrt Kunstdünger und Kalk allein ohne organischen Dünger nicht zum Erfolge führen würden.

Man kann bei Neuanlagen auf Hochmoor auch die Gründüngung anwenden, zweckmäßig ist ein Gemenge von etwa 100 kg gelber Lupine und 40 kg Serradella je ha.

Als wichtig hat sich auf den ausgedehnten Hochmooren die Herstellung von Windschutzanlagen erwiesen (Abb. 357). Sie bieten gleichzeitig Nistgelegenheiten für die insektenvertilgende Vogelwelt.

2. Die Ackerwirtschaft.

a) Die Brandkultur. Die ursprünglichste, aber heute nur noch ausnahmsweise angewandte Form der Ackerwirtschaft auf Hochmooren ist die Brand- oder Brennkultur. Das Moor ist für dieses Verfahren reif, sobald es mit Heide (Callúna vulgáris) bewachsen ist. Das zu brennende Land wird dann durch 30 bis 40 cm tiefe und ebenso breite Grüppen in 10 bis 15 m Abstand entwässert und mitsamt der Heide durch schwere Hacken von dreieckiger Form im Herbst umgehackt. Nachdem es im Frühjahr (Mai) oberflächlich abgetrocknet ist, wird es gebrannt. Das geschieht in der Weise, daß an der dem Winde abgekehrten Kante des Feldes Feuer gemacht wird, damit man Herr des Feuers bleibt und dieses nicht „fortläuft". In einem Haufenfeuer aus Torfstücken werden glühende Torfstücke gewonnen und mit einer langstieligen eisernen Pfanne verteilt. So wird das Feuer nach und nach gegen den Wind vorgetragen. Wenn das Moor nicht nur ganz oberflächlich abgetrocknet ist, so besteht namentlich im trockenen Frühjahr die Gefahr eines Schadenfeuers. Solche kommen vor in Gestalt von Flächenbränden und Tiefenbränden. Letzteren kann man nur durch Umzingelung mit tiefen Gräben beikommen, die bis auf das Grundwasser hinabreichen. Sie wüten oft monatelang, verlöschen erst dann, wenn der Vorrat an brennbarem Moor erschöpft ist und vernichten das Moor als Brennstoff und Nutzland.

Unmittelbar nach beendetem Brennen erfolgt die Saat. Sie besteht meistens in Buchweizen, seltener in Hafer oder Kartoffeln. Eine Düngung wird nicht gegeben. Die Wirkung des Brennens beruht auf einer teilweisen Entsäuerung des Bodens und in der Aufschließung und Verdichtung der geringen Nährstoffmengen, die in der verbrannten Moormenge enthalten sind. Dazu kommt noch die physikalische Verbesserung des Moorbodens durch Beimengung der Asche. Jungfräuliches Moor kann etwa 6 bis 10 Jahre hintereinander gebrannt werden, doch lassen die Erträge von Jahr zu Jahr nach. Dann muß das Moor 20 bis 30 Jahre ruhen, bis es wieder mit Heide bewachsen ist und sich Heidehumus gebildet hat.

In nassen Jahren gelingt das Brennen nur unvollkommen und die Saatzeit fällt sehr spät. Mißernten sind die Folge. Ein weiterer Nachteil ist die Einseitigkeit der anzubauenden Früchte (Buchweizen). Für die nächste Umgebung bringt der Brandbau die Gefahr des Schadenfeuers mit sich und für die weitere Umgebung die Belästigung durch Moorrauch (Höhenrauch), der die Sonnenscheindauer beeinträchtigt.

Der Brandbau hat seine frühere Bedeutung völlig verloren und wird nur noch ausnahmsweise zur vorübergehenden Nutzung eines Hochmoores verwendet, dessen Anbau bisher nicht möglich war. Wir sind heute auch auf eine stärkere Ausnutzung unserer Moore angewiesen. Das Brennen dient ferner als vorbereitende Maßnahme für die deutsche Hochmoorkultur (S. 474).

b) Die deutsche Hochmoorkultur. Bei der deutschen Hochmoorkultur ist hinsichtlich der Kalkung und Düngung außer den Ausführungen auf S. 475 noch folgendes zu beachten. Man rechnet bei der Urbarmachung mit etwa 2500 bis 3000 kg CaO je ha unter Zugrundelegung einer Krumentiefe von 20 cm. Eine spätere Nachkalkung ist unter Umständen auch dann erforderlich, wenn man dem Moor durch kalkhaltige Phosphordünger ständig Kalk zuführt, und zwar um so eher, je weniger sorgfältig und ausgiebig die erste Kalkung erfolgte und je mehr saure Kunstdünger (schwefelsaures Ammoniak) verwendet werden. Die Schaffung eines richtigen Kalkzustandes auf Hochmoor wird dadurch erleichtert, daß die meistens angebauten Früchte (Roggen, Hafer und Kartoffeln) keine sehr verschiedene Bodenreaktion verlangen. Eine gute Zeigerpflanze für Kalkmangel auf Hochmooren ist der kleine Sauerampfer (Rúmex acetosélla).

Als Stickstoffdüngung auf Neuanlagen verwendet man bei Halmfrüchten 40 bis 60 kg und bei Hackfrüchten 80 bis 120 kg N je ha, doch sind diese Düngergaben zu ermäßigen, wenn gleichzeitig Stallmist oder Gründüngung verabfolgt wird. Eine spätere Nachdüngung mit mineralischem Stickstoff ist aber in ihrer Wirkung sehr zweifelhaft.

Wegen der Kali-Phosphor-Düngung in den ersten Jahren wird auf S. 476 verwiesen. Als regelmäßige Nachdüngung nimmt man bei Getreide je ha etwa 80 bis 100 kg K_2O und 40 bis 60 kg P_2O_5. Hackfrüchte erhalten außerdem noch eine kräftige Stallmistdüngung. Für Kartoffeln ist das schwefelsaure Kali oder die schwefelsaure Kalimagnesia (Patentkali) zu bevorzugen. Beide sind chlorfrei. Da Kartoffeln und Rüben sehr kalibedürftig sind, verlangen sie als Nachdüngung hohe Kaligaben: etwa 250 kg/ha K_2O.

Auch auf Hochmooren birgt die dauernde Ackernutzung die Gefahr der Vermullung in sich, wenngleich bei weitem nicht in demselben Umfange wie auf Niederungsmooren. Man kann dieser Gefahr aber dadurch begegnen, daß man zeitweise kleine Mengen unzersetzten Moores aus dem Untergrund nach oben pflügt und daß man reichlich mit Stallmist düngt. Die ständige Anwendung der Fräse scheint die Vermullung des Hochmoores zu fördern, was wohl darin seinen Grund hat, daß die Fräsarbeit den Boden besonders stark durchlüftet und so seine Zersetzung begünstigt.

Das Auffrieren der Hochmoorböden kann den Wintersaaten erheblichen Schaden bringen. Ein rechtzeitiges Anwalzen ist daher meistens unerläßlich.

Die wichtigsten Nutzpflanzen sind Wintér- und Sommerroggen, Hafer und Kartoffeln, in zweiter Linie auch Runkel- und Steckrüben, Futterkohl, Erbsen und Pferdebohnen. Besonders wichtig ist die Sortenwahl. Man bevorzugt wenig frostempfindliche Kartoffelsorten, die aber nicht zu früh gepflanzt werden dürfen, ferner den nordwestdeutschen Moorroggen und verschiedene Arten des Moorhafers. Pflanzensorten, die auf Mineralboden gezüchtet sind, müssen sich häufig den Verhältnissen im Moor erst anpassen. Die auf Hochmoor gebauten Kartoffeln sind fast stets verhältnismäßig arm an Stärke, so daß man besonders stärkereiche Sorten pflanzen soll.

Der mittlere Jahresertrag der Hochmoorpflanzen wird durch die unvermeidlichen Frostgefahren herabgedrückt. Brüne rechnet in Nordwestdeutschland höchstens mit den nebenstehenden Mittelerträgen in dz je ha.

Zahlentafel 175.

	Ernten in dz/ha		
	Korn	Stroh	Knollen
Winterroggen . . .	20—24	50—60	—
Sommerroggen . . .	18—20	35—40	—
Hafer	22—26	45—50	—
Kartoffeln	—	—	200—250

Wichtig zur Bekämpfung der Unkräuter ist auch auf dem Hochmooracker eine zweckmäßige Fruchtfolge als Wechsel von Halm- und Blattfrüchten. Als häufigste Unkräuter trifft man u. a. folgende:

Galeópsis Tétrahit (Stechender Hohlzahn).
Hólcus móllis (Weiches Honiggras).
Polýgonum Persicária (Floh-Knöterich).
Rúmex acetosélla (Kleiner Sauerampfer).
Senécio silváticus (Wald-Kreuzkraut).
Senécio vulgáris (Gemeines Kreuzkraut).
Stellária média (Vogelmiere).

3. Die Grünlandwirtschaft (als deutsche Hochmoorkultur).

Die Anlage von Wiesen und Weiden ist auch auf Hochmoor die von Natur gegebene Nutzungsart (S. 468).

Um möglichst bald einen geschlossenen Pflanzenbestand zu erhalten, ist zunächst ein feinkrümeliges Saatbett herzustellen, in dem die nur angewalzte

Saat lückenlos keimt. Das feine Krümelgefüge ist bei Grünland mit seinen zarten Sämereien wichtiger als bei Ackernutzung. Größere Unebenheiten der Mooroberfläche sind vor der Saat einzuebnen, da später ein Einebnen beim Grünland im Gegensatz zum Acker nicht mehr möglich ist. Aus dem gleichen Grunde müssen auch Kalk und Kunstdünger bei Grünlandneuanlagen von Anfang an sehr gut im Boden verteilt werden, weil eine spätere Vermischung durch Pflügen wie beim Acker fortfällt.

In der Regel schickt man der Einsaat einen zwei- bis dreijährigen Vorfruchtbau voraus. Man erreicht durch die mehrmalige Bearbeitung des Bodens die Beseitigung von Unebenheiten, die Vertilgung von Unkräutern, eine gute Krümelung, gute Verteilung des Kalkes und der Kunstdünger sowie überhaupt eine bessere Bodengare. Als Vorfrüchte dienen Hafer und Kartoffeln.

Für die Einzelheiten der Ansaat gilt auch beim Hochmoor das auf S. 469 Gesagte. Eine Deckfrucht (Überfrucht) hat sich im Hochmoor nicht bewährt. Man wird erfahrungsgemäß nur dann schnell einen lückenlosen guten Bestand erhalten, wenn man vor der Ansaat mit der schweren Walze eine dichte Lagerung des Moores erzielt und wenn man die junge Saat mitsamt den Unkräutern schon nach einigen Wochen mäht. Denn gerade die Unkräuter werden durch das Mähen in ihrem Wachstum erheblich gestört, viel mehr als die Gräser.

Wiesen und Weiden sind für eine starke Kalkung besonders dankbar, namentlich die Schmetterlingsblütler des Grünlandes. Man gibt daher den Grünlandneuanlagen mehr Kalk als den Ackerneuanlagen, etwa 4000 bis 5000 kg CaO je ha, doch haben sich entsprechend den errechneten Säuremengen auch schon wesentlich größere Kalkmengen als erforderlich erwiesen. Dabei wird eine Krumentiefe von etwa 20 cm vorausgesetzt. Als Nachkalkung genügt dann häufig der Kalkgehalt der kalkhaltigen Phosphordüngung.

Als einmalige Stickstoffdüngung zu Grünlandneuanlagen kann man etwa 30 bis 40 kg N je ha wählen, um die junge Saat zu kräftigen. Dagegen ist die Frage, ob Hochmoorwiesen einer laufenden Stickstoffdüngung bedürfen, nach den Versuchen der Moorversuchsstation Bremen zu verneinen. Auf Weiden scheinen die Aussichten für einen Erfolg der laufenden Stickstoffdüngung günstiger zu liegen als auf Wiesen.

Auch Stalldünger und Jauche sind auf Hochmoorgrünland mit bestem Erfolg zu verwenden. Das gilt unbeschränkt für Neuanlagen, während später darauf Bedacht zu nehmen ist, daß die Kleearten durch starke Stickstoffgaben nicht zu sehr unterdrückt werden. Stalldünger wird auf Wiesen zweckmäßig im Februar und März gegeben, auf Weiden später, etwa im Juni, da das Weidevieh die im Februar oder März gedüngten Flächen offenbar aus Geschmacksgründen meidet.

Die erstmalige Kali-Phosphor-Düngung wurde bereits auf S. 476 behandelt. Laufend gibt man auf Wiesen und Weiden dieselben Mengen wie im Niederungsmoor (S. 469).

Für die Pflege der Hochmoorwiesen (Walzen, Beweiden usw.) gelten die Ausführungen auf S. 470ff. Zahlreiche Beobachtungen weisen darauf hin, daß Hochmoorwiesen im allgemeinen ohne gelegentliches Beweiden überhaupt nicht auf der Höhe des Ertrages zu halten sind. Umgekehrt ist auch eine vorübergehende Heunutzung auf Weiden durchaus zweckmäßig.

Das lästigste Unkraut auf dem Hochmoorgrünland, namentlich auf Weiden, sind die Binsen. Bei Neuanlagen kann man sie durch einen mehrjährigen Vorfruchtbau (Kartoffeln) unterdrücken, im übrigen hilft oft die schwere Walze, ein Dränen der verbinsten Flächen oder ein häufiges Abmähen. Einzelne Binsenhorste kann man auch mit Staubkainit oder ähnlichen Mitteln vernichten. Mit Binsen durchsetzter Grabenaushub darf nicht auf dem Moor verteilt werden, ist vielmehr zu kompostieren. Bemerkenswert ist, daß man auf Hochmoorweiden weder den giftigen Sumpfschachtelhalm (Equisétum palústre) noch den Leberegel findet, letzteren deshalb nicht, weil sein Zwischenwirt, die kleine Schlammschnecke, in dem saueren Wasser des Hochmoores nicht leben kann. Über die Bekämpfung der Típula, die erhebliche Schäden auf Wiesen und Weiden, aber auch an Wintersaaten anrichten kann, wurde bereits auf S. 470 das Wichtigste ausgeführt.

Gut gepflegte Hochmoorwiesen liefern hohe Massenerträge eines sehr nahrhaften Futters. Nach Ermittelungen des „Vereins zur Förderung der Moorkultur im Deutschen Reiche", die in den Jahren 1909—1911 in den verschiedensten Moorgebieten angestellt wurden, ergab sich ein mittlerer Heuertrag von 68 dz je ha. Für das Futter einer Hochmoorweide fand die Moorversuchsstation Bremen als Durchschnitt einer Weidezeit, auf 85% Trockenmasse berechnet (S. 74), die nebenstehenden Werte. Ein Vergleich mit den Kellnerschen Zahlen für Fettweiden zeigt den Vorsprung der Hochmoorweide beim Eiweiß, Kalk und bei der Phosphorsäure. Der hohe Kalk- und Phosphorgehalt dürfte der Grund dafür sein, daß gerade das Jungvieh, wie die Erfahrung zeigt, auf Hochmoorweiden ganz besonders gut gedeiht. Im Königsmoor bei Bremen wurden bei einer Weidedauer von 150 bis 160 Tagen in langjährigem Durchschnitt eine Lebendgewichtszunahme der Ochsen von 350 bis 400 kg/ha und ein Milchertrag von 4000 bis 5000 l/ha erzielt.

Zahlentafel 176.

	Hochmoorweide %	Fettweide (nach Kellner) %
Rohfaser . . .	15,12	15,60
Fett	3,53	3,90
Roheiweiß . .	23,41	17,55
Kali	2,54	3,40
Kalk	1,48	1,01
Phosphorsäure	1,00	0,75

D. Bauten im Moor.

Vor der Erschließung größerer Moorflächen muß man sich darüber klar werden, wie die Flächen später genutzt werden sollen. Namentlich ist es von Bedeutung, ob die das Moor nutzenden landwirtschaftlichen Betriebe mit ihren Gebäuden bereits vorhanden sind oder ob sie als Neusiedlungen erst geschaffen werden müssen. Bei einer großen Flächenausdehnung des Moores ist zu prüfen, ob vielleicht ein Teil des zu erschließenden Moores soweit von den bestehenden Betrieben entfernt liegt, daß die Nutzung wegen dieser großen Entfernung mit erheblichen Unkosten verbunden ist und daß aus diesem Grunde neue Stellen im Moor selbst einzurichten sind. Das kann auch dann nötig werden, wenn vorhandene Betriebe so große Moorflächen besitzen, daß sie in absehbarer Zeit nicht in der Lage sind, die bisher schwach genutzten Flächen in nachhaltige Nutzung zu nehmen. Von der Beantwortung der vorstehenden Fragen ist die Anordnung des Wegenetzes abhängig, das von Anfang an auf eine etwaige Besiedlung abgestimmt werden muß. Dasselbe gilt für einen Teil der Gräben, die die späteren Siedlungsgrundstücke nicht wild durchschneiden dürfen, sondern im allgemeinen auf die Grundstücksgrenzen zu legen sind. Da vielfach der Grabenaushub, soweit er aus Sand besteht, für den Wegebau Verwendung findet, ist es erforderlich, die nötigen Wegebauten in den Entwässerungsplan hineinzuarbeiten und zusammen mit den Vorflutern und Gräben auszuführen. Der Erfolg einer umfangreichen Moorerschließung hängt häufig entscheidend davon ab, daß ausreichende Wegeverbindungen und Siedlerstellen geschaffen werden.

1. Wegebauten.

Keine Schwierigkeiten bietet der Wegebau bei der Verfehnung, da ja hier die Wege auf dem freigelegten Untergrund des Moores angelegt werden können.

Auch in flachgründigen Mooren bis zu etwa 1 m Stärke sind besondere Schwierigkeiten beim Wegebau in der Regel nicht zu erwarten. Befestigte

Straßen sollte man in solchen Fällen tunlichst auf den Untergrund legen, nachdem das Moor im Zuge der Straße entfernt und wenn möglich als Torf verwertet ist. Nur ist zu beachten, daß der Wasserstand der Straßengräben in flachgründigen Mooren mit durchlässigem Untergrund nicht zu tief liegen darf (S. 461). Man kann aber trotzdem meistens mit vertretbaren Kosten eine ausreichende Entwässerung der Straße erreichen, wenn man ihre Oberfläche durch eine Sandschüttung über den Untergrund hinaushebt. Der Sand läßt sich bisweilen aus benachbarten Gräben oder aus Sandhorsten im Moor gewinnen. Bei besonders wichtigen Straßen darf man auch höhere Kosten nicht scheuen, um das Moor zu entfernen und durch eine Sandschüttung zu ersetzen. Letztere ist jedoch entbehrlich, wenn das Moor zu beiden Seiten der Straße in absehbarer Zeit abgetorft werden soll.

In *tiefgründigen Mooren* ist in der Regel eine Entfernung des Moores über dem Wege mit entsprechender Sandschüttung nicht durchzuführen, es sei denn, daß die Bedeutung einer Straße es trotz der hohen Kosten erfordert. Es bleibt dann oft nichts anderes übrig, als den Weg *auf dem Moor* selbst anzulegen. Das bedingt zunächst eine gründliche Entwässerung des Wegekörpers durch beiderseitige *Wegegräben*, die eine Tiefe von 1,0 bis 1,3 m erhalten.

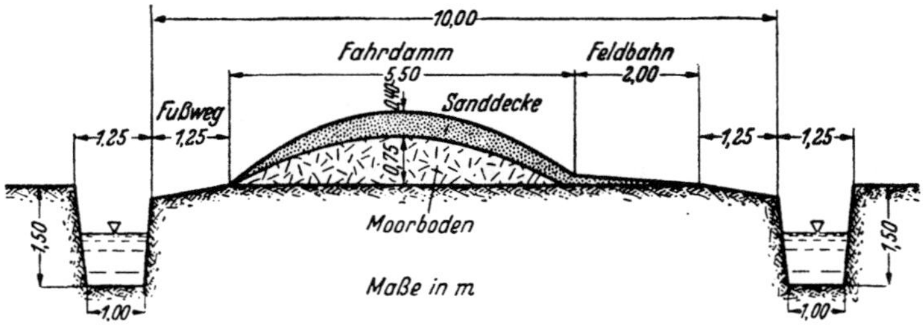

Abb. 358. Hauptweg im Moor. (Nach Brüne.)

Eine schrittweise Vertiefung der Gräben und die Anordnung von Bermen sind bisweilen erforderlich, damit die Grabenböschungen standfest werden. Der Abstand der Gräben richtet sich nach der gewünschten *Breite des Weges*. Diese muß größer sein als auf Mineralboden, weil die Wagenräder den Grabenböschungen nicht zu nahe kommen dürfen. Hauptwege erhalten eine Breite zwischen den oberen Grabenrändern von 10 bis 12 m. Am zweckmäßigsten ist es, den zwischen den Gräben stehenbleibenden Moorkörper sich allmählich entwässern zu lassen, ohne diese Entwässerung durch besondere *Quergräben* zu beschleunigen. Denn letztere geben später leicht den Anlaß zu einem unregelmäßigen Setzen des Moorkörpers und damit auch des Weges. Nur wenn eine schnelle Fertigstellung des Weges unbedingt nötig ist, wird man solche Quergräben ziehen und sie später wieder sorgfältig mit Moorboden, der festzustampfen ist, verfüllen.

Der Moorkörper ist zunächst mit Moorboden so *aufzuwölben* (Abb. 358), daß nach der Sackung eine ausreichende Wölbung bleibt. Der für die Aufwölbung nötige Moorboden kann in der Regel aus den Wegegräben gewonnen werden.

Alle *Hauptwege* erhalten über dem aufgewölbten Moorboden eine *Besandung*. Die Sanddecke ist um so stärker herzustellen, je schwerer der Wagenverkehr und je feiner der Sand ist. Bei etwas lehmhaltigem, groben Sand wird man häufig schon mit einer 30 bis 40 cm starken Decke auskommen, bei feinem Sand können 50 bis 60 cm erforderlich werden. Man kann statt des Sandes auch *Schlacke* verwenden, wenn diese mit vertretbaren Kosten zu beschaffen ist. Je stärker die Sanddecke ist, um so größer ist ihr Druck auf die Grabenböschungen. Daher ist auf eine ausreichende Breite der Seitenwege (Bankette) Bedacht zu nehmen.

Die Unterbettung der Sanddecke mit Faschinen oder Knüppeln ist nur ein Notbehelf, wenn wegen der Eilbedürftigkeit des Wegebaues die Entwässerung eines sehr weichen Moores nicht abgewartet werden kann. Man legt dann die Stammenden in die Mitte des Weges, damit die Zugtiere hier eine möglichst starke Unterlage finden.

Bei weniger wichtigen Wegen kann man auf die Sanddecke verzichten. Die mit Moorboden hergestellte Überhöhung ist dann gut auszugleichen sowie nach Kalkung und Düngung mit einem Kleegrasgemenge anzusäen. In dem Saatgemisch sind solche Gräser zu bevorzugen, die reichlich Ausläufer treiben und dadurch der Wegedecke eine gewisse Festigkeit geben.

Untergeordnete Wirtschaftswege erhalten bisweilen überhaupt keine Wegegräben. Das hat den Vorteil, daß man von jeder Stelle auf das Feld abbiegen kann und daß die Kosten für Überfahrten gespart werden. Als Breite genügen 5 m. Die Befestigung geschieht mit einer Sanddecke von 15 bis 20 cm oder durch Ansaat.

Zweckmäßig ist das Anpflanzen von Wegebäumen, zum mindesten an den Hauptwegen. Die Pflanzlöcher sind in Würfelform von 60 bis 80 cm Kantenlänge auszuheben und mit gutem Boden zu füllen. Hierfür hat sich ein Gemisch von Mineralboden mit etwas Moor und Kompost bewährt. Die Löcher sind tunlichst nahe an die Grabenkante zu rücken, um die Nutzbreite des Weges nicht zu sehr einzuschränken. Es empfiehlt sich, sie über Eck anzuordnen (Abb. 359), weil dann der weiche Grabenrand der schweren Lochfüllung und dem Druck des vom Winde bewegten Baumes besser widersteht.

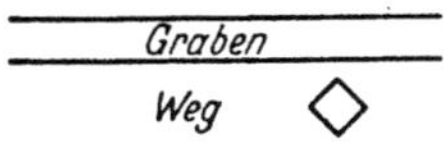

Abb. 359. Anordnung der Pflanzlöcher.

Neben den in tiefgründigen Mooren vorherrschenden Sand-, Kies- und Schlackenwegen kann auch der Bau von Straßen in Frage kommen. In den Hochmooren Nordwestdeutschlands findet man besonders Klinkerstraßen, die sich bei sachgemäßer Herstellung durchaus bewährt haben. Voraussetzung für den Bau einer Klinker-, Schotter- oder Pflasterstraße ist jedoch, daß sich das Moor vorher ausreichend gesetzt hat. Man wird daher in der Regel zunächst Sandwege anlegen und erst nach einer längeren Reihe von Jahren zur Beschotterung oder Pflasterung schreiten. Schotterstraßen vertragen noch eher kleine Sackungen als Pflasterstraßen, da die Schotterdecke durch Aufhacken und Nachfüllen der gesackten Stellen verhältnismäßig leicht wieder ausgeglichen werden kann.

2. Brücken und Durchlässe.

Brücken von geringerer Bedeutung werden im Moor vielfach aus Holz hergestellt. Man kann mit hölzernen Rammpfählen auch noch in ziemlich tiefgründigen Mooren den tragfähigen Untergrund erreichen. Das Holz hat, soweit es im Moor steht, eine befriedigende Lebensdauer und läßt sich auch oberhalb des Moores durch eine gelegentliche Erneuerung des Schutzanstriches ausreichend lange erhalten, es fault aber mit Ausnahme der Eiche ziemlich schnell im Bereich des absinkenden oder schwankenden Grundwassers.

Demgegenüber besteht bei Betonbauten im Moor häufig die Gefahr einer Zerstörung durch Säuren (S. 34). Will man Beton verwenden, so ist stets eine Untersuchung des Moores und seines Wassers auf betonschädliche Stoffe erforderlich. Der Beton ist nötigenfalls durch eine Klinkerverblendung oder durch einen besonders dichten Vorsatzbeton mit Schutzanstrich gegen den Angriff der Säuren zu schützen. Dichter Beton muß möglichst wenig Hohlräume enthalten, was durch richtige Wahl der Korngrößen der Zuschlagstoffe erreicht wird. Am meisten gefährdet sind diejenigen Betonteile, die ständig mit fließendem Wasser und dadurch dauernd mit neuen Säuren in Berührung kommen. Es empfiehlt sich, die Durchlässe aus Tonrohren herzustellen, die auch im Moor unbegrenzt haltbar sind. Allenfalls kann man zur Kostenersparnis auch die geschleuderten Zementrohre verwenden, die infolge der Art ihrer Herstellung ein sehr dichtes Gefüge besitzen. Sie sind innen und außen mit einem Schutzanstrich zu versehen.

Die Versuche des Moorausschusses über die zerstörende Wirkung des Moores auf Beton (*30*) haben ergeben, daß ein möglichst dichter Beton besonders wichtig ist. Bei fetter Mischung kann man Portlandzement, Eisenportlandzement und Hochofenzement verwenden. Schutzanstriche halten länger auf rauhen als auf glatten Flächen und sind erst aufzubringen, wenn der Beton genügend erhärtet ist. Bewährt haben sich Anstriche mit Preolit und Awa-Asphalt, weniger solche mit Teerasphalt. Auch Inertol ist zu empfehlen.

In kalkreichen Niederungsmooren kann man auch Betonpfähle an Ort und Stelle stampfen, indem man 50 cm weite genietete Blechröhren ins Moor bis auf den Sanduntergrund versenkt, das Moor aus ihrem Innern ausbohrt und sie beim Betonstampfen wieder herauszieht (Abb. 360). Fertige Stahlbetonpfähle, die eingerammt werden, haben den Vorteil, daß man sie zum Schutz gegen betonschädliche Stoffe mit einem dichten Zementglattstrich versehen und dann auch in schwachsauren Mooren verwenden kann.

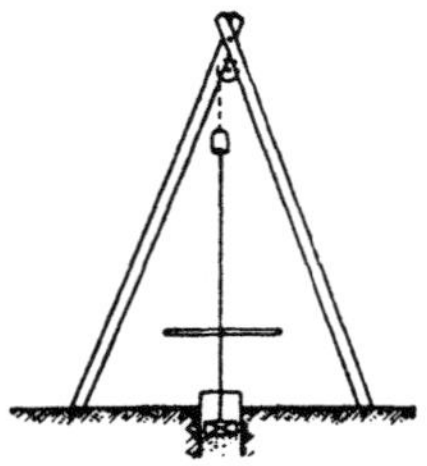

Abb. 360. Stampfen von Betonpfählen. (Nach Krüger.)

In starksauren Hochmooren mit großer Tiefe empfiehlt sich eine kombinierte Gründung in der Weise, daß man mit Klinkern verblendete Betonfundamente auf einen hölzernen Pfahlrost setzt. Man hat dabei die Rostoberfläche von vornherein so tief anzuordnen, wie später nach vollendeter Sackung und Entwässerung des Moores der tiefste Grundwasserstand liegen wird.

Bei kleinen, leichten Durchlässen bedarf es in der Regel keiner Pfahlgründung. Sie lassen sich als holzgezimmerte Durchlässe in ganzer Länge aus einem Stück herstellen, als Rahmenkonstruktionen in Stahlbeton oder aus Tonrohren auf einem hölzernen Schwellrost, der ein ungleichmäßiges Sacken der einzelnen Rohre verhindert.

3. Hausbauten.

Während die Errichtung von Häusern bei der Fehnkultur keine Schwierigkeiten bereitet, ist bei der deutschen Hochmoorkultur stets zu versuchen, alle Hausbauten entweder unmittelbar am Rande des Moores auf mineralischem Boden oder auf im Moore befindlichen Sandhorsten zu errichten. Oder man wählt Stellen mit geringer Moortiefe, an denen das Aufgraben des Moores bis zum Sanduntergrund noch ohne allzu große Schwierigkeiten möglich ist. Schon bei der Aufstellung des Erschließungsplanes, insbesondere des Wegenetzes, muß auf die Gründung der Siedlungsbauten Bedacht genommen werden. Die sog. feste Gründung auf dem Mooruntergrund ist heute vorherrschend geworden, zumal die früheren leichten Fachwerkshäuser den gegen die Witterung widerstandsfähigeren Massivbauten immer mehr haben weichen müssen.

Bewährt haben sich 1,5 bis 2 Stein starke gemauerte Pfeiler mit zwischengespannten Wölbdecken, die im Auricher Wiesmoor sogar noch bis zu 6 m Moortiefe ausgeführt sind. An anderen Stellen hat man das Moor von den Bauplätzen restlos entfernt und nach Bedarf durch eingeschlämmten Sand ersetzt. Dabei hat es sich bei schweren Gebäuden als notwendig erwiesen, das Moor um das doppelte Maß der Höhe der Sandschüttung unter den Fundamenten über die Außenwände hinaus zu beseitigen.

Die Gründung auf mit Sand vollgeschlämmten Gräben, die bis zum Sanduntergrund reichen, hat sich mehrfach nicht bewährt. Bei starker Belastung kann ein Teil des Sandes seitlich in das Moor ausweichen, so daß unregelmäßige Sackungen der Hausfundamente eintreten.

In alkalischen Niederungsmooren können auch Stahlbetonpfähle unter den Hausmauern gerammt oder es kann das Verfahren der Abb. 360 angewandt werden, und in den sauren Hochmooren kann man sich auch durch die Verwendung eichener Rammpfähle im Grundwasserbereich helfen.

Im Gegensatz zur festen steht die sog. schwimmende Gründung. Ihr Wesen besteht darin, daß man das Haus oben auf dem Moor errichtet, so daß es die Moorsackungen mitmachen muß. Sie sind unbedenklich, wenn sie allmählich und für das ganze Bauwerk gleichmäßig eintreten. Daher muß auf gleichmäßige Belastung der ganzen Baufläche Bedacht genommen werden. Den dennoch auftretenden kleineren Ungleichmäßigkeiten der Sackung ist durch ein besonders festes Gefüge des Hauses Rechnung zu tragen. Bei Steinbauten wendet man zu diesem Zweck Eiseneinlagen an, bei Fachwerkbauten muß die Verzimmerung besonders stark sein. Die schwimmende Gründung erfolgte in früheren Jahren u. a. durch Schwellroste aus Stahlbetonbalken oder am sichersten durch eine etwa 40 cm starke zusammenhängende Stahlbetonplatte unter dem ganzen Hause. Aber auch bei der Stahlbetonplatte ist ein völlig gleichmäßiges Sacken des Hauses nicht gewährleistet und das Maß der Sackung im voraus nicht zu übersehen. Die schwimmende Gründung kommt daher heute, wenn überhaupt, nur noch in ganz seltenen Ausnahmefällen zur Anwendung.

X. Die Landgewinnung.

Unter Landgewinnung versteht man die Verwandlung bisher vom Wasser bedeckter Flächen in Nutzland. Wir können drei Gruppen dieser Art unterscheiden. Zunächst die Aufspülung von Wassertümpeln, alten Flußschlenken, Seen oder Teilen davon mit Baggergut, das in der Nähe gewonnen wird. Wichtig ist eine vorausgehende Untersuchung des Baggerbodens auf pflanzenschädliche Stoffe. Solche bilden sich durch chemische Umsetzungen zuweilen auch erst dann, wenn das Baggergut mit der Luft in Berührung kommt. Der tote Baggerboden ist für das Wachstum unserer Nutzpflanzen in der ersten Zeit meistens ungeeignet. Es bedarf dann geraumer Zeit und erheblicher Anstrengungen, bis der Boden genügend zersetzt und mit Humus und Kleinlebewesen angereichert ist. Zu beachten sind die häufig auftretenden Fischereischäden.

Eine zweite Gruppe bilden die Seesenkungen. Sie gehören zu den schwierigsten Bodenverbesserungen, weil ihre Wirkung meistens sehr schwer vorherzusagen ist. Die Tieferlegung des Seespiegels oder gar die gänzliche Trockenlegung des Sees hat eine Absenkung der Grundwasseroberfläche in der näheren Umgebung des Sees zur Folge, die um so größer ist, je tiefer der See abgesenkt wird und je durchlässiger der Boden ist. Die Absenkung des Grundwassers kann für die vorhandenen Nutzungsarten (Acker, Grünland, Wald) günstig oder ungünstig sein. Ihr Umfang läßt sich nur auf Grund eingehender Kenntnis der geologischen Verhältnisse einschätzen. Neben der Durchsicht der geologischen Karten sind in der Regel besondere Bohrungen und Bodenuntersuchungen unentbehrlich. Die ständige Absenkung der natürlichen Grundwasseroberfläche ist häufig nur durch Schöpfwerke zu erreichen. Die von ihnen zu pumpende Wassermenge und die daraus sich ergebenden Pumpkosten sind schwer zu berechnen. Außer dem oberirdischen Zufluß fließt dem Schöpfwerk auch das Sickerwasser des unterirdischen Einzugsgebiets (S. 129) zu, soweit es nicht durch die Pflanzenwurzeln oder auf andere Weise, z. B. durch Brunnen, verbraucht wird. Wie sich dieser unterirdische Zufluß durch die Seesenkung vergrößert, läßt sich nur roh schätzen. Besonders schwierig liegen im allgemeinen die Verhältnisse in unmittelbarer Nähe der Meeresküste, wo bereits kleine Adern von Kies oder grobem Sand ein starkes, unberechenbares Durchquellen des Meerwassers bewirken können. Wichtig ist eine eingehende physikalische und chemische Untersuchung des Seeuntergrundes. Es ist festzustellen, ob er sich für die landwirtschaftliche Nutzung eignet und in welchem Umfange er durch die Wasserentziehung sacken wird. Sackungen der auf dem Boden des Sees lagernden Schlammschicht um 30 bis 50% ihrer ursprünglichen Höhe sind keine Seltenheit. Schließlich muß bei jeder Seesenkung auch der für die Fischerei entstehende Schaden berücksichtigt werden (S. 249).

Im folgenden soll uns nun die dritte Gruppe der Landgewinnungsarbeiten kurz beschäftigen, soweit es im Rahmen dieses Buches möglich ist. Es ist die Landgewinnung an unserer Nordseeküste. Ihre Besonderheit besteht darin, daß die gestaltenden Kräfte der Natur der Landgewinnung dienstbar gemacht werden.

A. Die gestaltenden Kräfte.

Die an der Nordseeküste wirkenden Naturkräfte äußern sich in Bewegungen des Wassers, der Luft und der Erde. Diese Kräfte haben im Laufe der Jahrhunderte erhebliche Veränderungen der Küste bewirkt. So hat das Meer in den letzten 300 Jahren die schleswig-holsteinische Westküste stark angegriffen und zurückgedrängt. Die das Bild der Küste gestaltenden Kräfte sind aufbauender und zerstörender Art. Das Überwiegen der einen oder der anderen bestimmt die Gesamtwirkung. Nur wenn man diese Kräfte, ihr Zusammen- und Gegenspiel kennt, wird man sie durch wasserbauliche Maßnahmen so lenken können, wie es für die Landgewinnung günstig ist.

Von entscheidender Bedeutung für die Landgewinnung ist die Ebbe- und Flutbewegung des Meeres, die in ihrem Wesen als bekannt vorausgesetzt wird (S. 122).

Die zerstörende Kraft der Meereswellen ist auch dem Nichtfachmann zur Genüge bekannt. Die gewaltigen Sturmfluten, die an unserer Nordseeküste im großen Durchschnitt etwa alle 5 bis 7 Jahre einmal eintreten, können große Landmassen verschlingen. Ihre Kraft pflegt um so stärker zu sein, je weniger schräge sie die Küste treffen. Aber nicht minder gefährlich können die ständig nagenden kleinen und mittleren Meereswellen werden. Ihr unablässiger Angriff entreißt dem Lande ein Bodenteilchen nach dem anderen und saugt sie mit dem Rückstrom ins Meer. Auch die Meeresströmungen können Gefahren bringen, wenn sie gleichlaufend mit der Küste in deren unmittelbarer Nähe verlaufen (Küstenströmung) und auf ihrem Wege ständig Bodenteilchen entführen. Denn je tiefer das Meer vor der Küste ist, um so größer ist die Gefahr des Abbruchs, um so schlechter sind die Aussichten der Landgewinnung.

Der zerstörenden Tätigkeit des Meeres stehen jedoch zum Glück auch stark aufbauende Eigenschaften gegenüber. So können z. B. die vorstehend genannten Küstenströmungen auch Sand heranführen und vor der Küste abwerfen. Diese Strömungen sind übrigens nach Richtung und Stärke keineswegs unveränderlich. Schon geringe Ursachen können eine bislang günstige Strömung zur schädlichen umgestalten. Derartige Vorgänge entziehen sich bisher jeder Berechnung. Von größter Bedeutung ist der Schlickgehalt des Nordseewassers, der in Verbindung mit Ebbe und Flut die Landgewinnung überhaupt erst ermöglicht. Der Schlick (S. 45) ist in großen Mengen während der Eiszeiten entstanden. Die Flüsse haben ihn in gewaltigen Massen ins Meer geführt und tun das auch heute noch. Doch wirken auch noch andere Ursachen bei der Entstehung des Schlicks mit, wie z. B. die Tätigkeit der Kleinlebewesen im Wattenmeer selbst. Infolge seiner sehr geringen Korngröße genügen schon geringe Wasserbewegungen, um den Schlick mitzuführen und im Wasser lange Zeit schwebend zu halten. Schon kleine Wellen erschweren daher die Ablagerung. Die zwischen Niedrig- und Hochwasser liegenden Watten werden nun bei jeder Flut, also zweimal in 24 h, von dem schlickreichen Meerwasser überströmt, das überall dort, wo es, z. B. in geschützten Buchten, kurze Zeit zur völligen Ruhe kommt, den Schlick absetzt und nach seinem Wiederabfließen (Ebbe) auf dem Watt zurückläßt. Das Meerwasser strömt an den tieferen Stellen der Watten, den sog. Prielen (S. 487), ein und aus und überschwemmt von hier aus auch die höheren Flächen. Dieser ununterbrochene Vorgang führt im Laufe der Jahre zu erheblichen Auflandungen. Sobald das Watt eine Höhe von etwa 0,50 m unter *GHW*[1] erreicht hat, siedelt sich als erste Salzpflanze der Queller (Salicórnia herbácea) an, namentlich an ruhigen Stellen und dort, wo der Schlick mit etwas Sand vermischt ist. Seine Wurzeln befestigen den Boden und seine oberirdischen Teile verlangsamen die Wasserbewegung, so daß der Schlick im Schutze der Quellerpflanzen besonders stark zur Ablagerung kommt. Erreicht das Watt die Höhe des *GHW*, so wird es nur noch bei höheren Fluten überschwemmt, dadurch werden die Lebensbedingungen des Quellers ungünstiger. Er weicht immer mehr einer anderen Pflanzengesellschaft, die durch den Strand-Salzschwaden oder Andel (Átropis marítima) gekennzeichnet ist. Daneben findet man unter anderen

Arméria marítima (Strand-Grasnelke),
Artemísia marítima (Strand-Beifuß),
Átriplex litorále (Strand-Melde),
Glaux marítima (Strand-Milchkraut),
Plantágo marítima (Strand-Wegerich),
Sagína marítima (Strand-Knebel),
Sálsola Káli (Salzkraut),
Suáeda marítima (Strand-Sode),
Triglóchin marítima (Strand-Dreizack).

In neuerer Zeit hat sich an verschiedenen Stellen auch das Reisgras (Spartína Townséndii) eingefunden, das den Queller und Andel verdrängt, jedoch nicht so günstig für die Landgewinnung und den Küstenschutz ist wie diese.

Je höher nun das Watt über *GHW* wächst, um so seltener wird es durch höhere Hochwasser überströmt, um so langsamer wächst es also weiter. Bei 0,30 m über *GHW* hört der Quellerwuchs im wesentlichen auf. Als deichreif bezeichnet man das Gelände, wenn es eine Höhe von 0,40 bis 0,50 m über *GHW* erreicht hat. Dann pflegt man es einzudeichen. Doch scheint nach neueren Feststellungen bei künstlicher Entwässerung auch eine frühere Eindeichung und landwirtschaftliche Nutzung möglich zu sein. In der hier geschilderten Weise sind zum Teil auch unsere heutigen Marschen entstanden. Nicht überall sind jedoch die Voraussetzungen für eine solche Bildung neuen Landes gegeben. Namentlich können ungünstige Strömungsverhältnisse das Absetzen des Schlicks ganz oder teilweise verhindern.

Einen großen unmittelbaren Einfluß auf die Gestaltung der Nordseeküste übt auch der Wind aus. Die Dünen verdanken ihm ihre Entstehung. Wesentlich ist die vorherrschende Windrichtung. Da an der Nordseeküste westliche und nordwestliche Winde am häufigsten sind, sucht der Wind im allgemeinen den Sand der Küste zuzutreiben, was für die Verlandung vorteilhaft ist. Der Vorgang spielt sich häufig so ab, daß die durch Meeresströmungen (Küstenströme, Flutstrom) herangetragenen Sandmassen sich vor der Küste als Sandbänke ablagern, bei Tnw zum Teil trocken laufen, und daß dann die an der Sonne sehr schnell völlig trocken werdende obere Sandschicht vom Winde landwärts getrieben wird. Diese vorwiegend landwärts gerichtete Sandbewegung ist überall dort von Bedeutung, wo das Meer Sand an die Küste heranträgt.

Drittens sind es Bewegungen der festen Erdrinde, die naturgemäß einen Einfluß auf die Gestaltung der Küste ausüben müssen. Unmittelbar dadurch, daß das Küstenland und der davorliegende Meeresboden, also auch das Watt,

[1] *GHW* = gewöhnliches Hochwasser = *MThw* (S. 122).

durch Bewegungen der Erdkruste eine Senkung oder Hebung erfahren, mittelbar dadurch, daß derartige Veränderungen des Meeresbodens die Meeresströmungen für die Bildung neuen Landes günstig oder ungünstig beeinflussen. Nach den bisherigen Untersuchungen kann man annehmen, daß die Nordseeküste in der Gegend des Jadebusens in den letzten Jahrhunderten durchschnittlich je Jahr um etwa 3 mm gesunken ist. Von hier aus nach Norden und Westen scheint die Senkung geringer zu sein.

B. Die technischen Maßnahmen.

1. Allgemeine Gesichtspunkte.

a) Die Landerhaltung. Eine planmäßige Landgewinnung ist undenkbar ohne die Sorge für die Erhaltung des neu geschaffenen Landes. Kann doch die ständige Kleinarbeit vieler Jahrzehnte durch eine einzige Sturmflut in wenigen Tagen wieder vernichtet werden. Die Zerstörungsarbeit einer solchen Sturmflut wächst lawinengleich, sobald die erste Bresche in die Hochwasserverteidigung gelegt ist. Diese Erwägungen gelten auch für den Schutz des bereits seit langer Zeit bestehenden alten Landes.

Von großer Bedeutung sind in diesem Zusammenhang die dem Festlande vorgelagerten Inseln, die die lebendige Kraft des von der See kommenden Flutstromes und der Wellen stark schwächen. Ein Teil der Brandung zerbricht an ihnen, sie schaffen an ihrer dem Festlande zugekehrten Seite verhältnismäßig stilles Wasser, in dem der Schlick sich absetzen kann, und sie zwingen den Flutstrom, sich zu teilen und so in geschwächtem Zustande dem Festland zuzufließen. Diese günstigen Wirkungen werden auch von den sog. Halligen ausgeübt, wenngleich natürlich in geringerem Maße als von den größeren Inseln. Die Halligen sind Reste alten Marschlandes, die dem Angriff des Meeres bisher standgehalten haben. Ihre Fläche verringert sich aber ständig. Sie ist vor 200 Jahren noch etwa doppelt so groß gewesen wie heute. Die zum Teil unbedeichten Halligen sind den Angriffen des Meeres völlig schutzlos preisgegeben. Sie sind von zahlreichen Prielen durchzogen. Unter Prielen versteht man kleinere Rinnen, während die größeren Tiefs genannt werden. Die begrünte Oberfläche der Halligen liegt etwa 0,80 bis 1,20 m über *GHW*. Die Befestigung der Halligen besteht in der Sicherung ihrer abbrüchigen Ufer durch Deckwerke und Buhnen und in dem Durchdämmen der Priele, in denen eine zu starke Flut- und Ebbeströmung umfangreiche Uferabbrüche bewirkt. Diese Arbeiten lassen in Verbindung mit den unten behandelten Landanschlußdämmen eine dauernde Sicherung der Halligen erwarten, solange die Strömungsverhältnisse der Nordsee im wesentlichen die gleichen bleiben wie heute.

Auch die Festlandküste selbst muß gegen die höchsten Sturmfluten durch genügend hohe und starke Deiche gesichert werden. Denn sie ist der Ausgangs- und Stützpunkt der Landgewinnungsarbeiten. Von hier aus werden diese vorgetrieben. Ganz abgesehen davon, daß ja auch die landwirtschaftliche Nutzung des Festlandes den Hochwasserschutz erfordert. Die besonders gefährdeten schaar liegenden Deiche sucht man durch Schaffung eines breiten Vorlandes zu sichern. Dieses soll mindestens 50 m breit sein, über *GHW* liegen und begrünt werden.

Auch das neu gewonnene, deichreif gewordene Land bedarf natürlich in gleicher Weise wie das alte Festland der Deichsicherung.

b) Die Landgewinnung. Das Ziel der Landgewinnung besteht darin, die Wattflächen zwischen dem Festlande und den Inseln bis zur Deichreife aufzulanden, dann einzudeichen und landwirtschaftlich zu nutzen. Eine möglichst schnelle Auflandung ist an zwei Voraussetzungen gebunden. Erstens muß das schlickhaltige Wasser möglichst gleichmäßig und ruhig auf die aufzulandenden

Flächen geleitet und von ihnen wieder abgeleitet werden. Denn je gleichmäßiger der Wasserzu- und -abfluß ist, um so weniger treten unregelmäßige Querströmungen und Wirbelbewegungen des Wassers auf, durch die die Schlickablagerung gestört wird. Auch die Wellen verringern das Absetzen des Schlicks. Zweitens ist dafür Sorge zu tragen, daß der abgesetzte Schlick schon bis zur nächsten Überflutung durch Sonne und Wind gut getrocknet wird, da ausgetrockneter fester Schlick auch bei späteren Überflutungen liegenbleibt, während die frischen unter Wasser liegenden Schlickschichten, die noch lange Zeit eine lockere, schlammige Masse bilden, bei der nächsten Überflutung leicht wieder aufgerührt und vom Wasser mitgeführt werden.

Zur Verhinderung von Querströmungen an der Küste, die in ihrem Auftreten und ihrer Größe ganz unberechenbar sind, sind Verbindungsdämme vom Festlande zu den größeren Inseln und Halligen ein ausgezeichnetes Mittel. Die Verbindungsdämme zu den Halligen können als große Buhnen angesehen werden, deren Kopf die Hallig bildet. Ihre Dammkronen legt man etwa 2,50 bis 3,00 m über *GHW*, damit die Dämme möglichst selten überströmt werden. Je seltener eine Überströmung stattfindet, um so günstiger ist es für die Verlandung der zwischen den Dämmen liegenden Wattflächen.

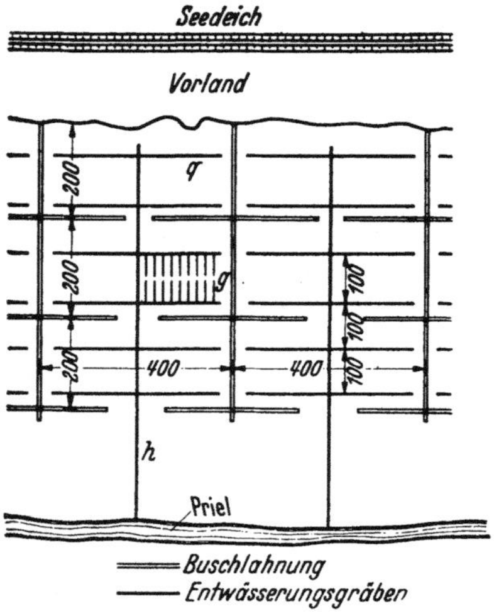

Abb. 361. Anordnung der Lahnungen und Gräben. (Nach Heiser.)

Die Frage, ob auch einzelne Inseln und Halligen durch Dämme miteinander zu verbinden sind, kann stets nur nach der Lage des Einzelfalles beurteilt werden. Größere Wassertiefen können solche Arbeiten außerordentlich verteuern. Daneben ist aber auch der Einfluß solcher Dämme auf die Flut- und Ebbeströmung von der größten Bedeutung. Denn die Verbauung einer Durchflußöffnung zwischen zwei Inseln kann eine Verstärkung des Flut- und Ebbestromes an anderen Stellen zur Folge haben, und es ist sorgfältig zu untersuchen, ob das unbedenklich zugelassen werden kann.

Die Anordnung der kleineren Landgewinnungsbauten ist in Abb. 361 dargestellt. Die Dämme werden als Lahnungen bezeichnet. Man legt ihre Krone etwa 0,30 bis 0,40 m über *GHW*, so daß sie nur bei höheren Hochwassern überströmt werden. Die senkrecht zum Vorland angeordneten Dämme verhindern die schädlichen Querströmungen, alle Dämme verringern den Wellenschlag. Das Flutwasser tritt langsam und gleichmäßig von der Seeseite her in die Lahnungsfelder ein, wobei die Gräben die gleichmäßige Überflutung noch fördern. Bei Ebbe findet durch dieselben Gräben eine gründliche Entwässerung der Felder statt. Die Einteilung und Ausrichtung der Auflandungsfelder und ihrer Lahnungen muß von Anfang an so gestaltet werden, daß die Tiden günstige Vorbedingungen für das Ein- und Ausströmen finden. Damit die Felder im Wechsel der Tiden gut trocken fallen, muß bisweilen durch Räumung der unteren Vorflutwege nachgeholfen werden. Die Lahnungen werden vom Vorland aus schrittweise immer weiter, bisweilen kilometerweit ins Watt vorgetrieben. Die Anordnung der Dämme und Gräben ist nicht starr an das Vorbild der Abb. 361 gebunden, Abweichungen unter Wahrung des Grundsätzlichen sind durchaus möglich und bisweilen auch nötig, wenn in der Nähe eines Priels das Netz der Lahnungen den örtlichen Verhältnissen angepaßt werden muß und dann unregelmäßig ausfällt.

In den einzelnen Feldern legt man ein enges Grabennetz an, bestehend aus den Grüppen *g*, den Quergräben *q* und den Hauptgräben *h* (Abb. 361). Die Anordnung der Grüppen ist aus Abb. 362 zu ersehen. Die gewölbten Beete gewährleisten eine gute Entwässerung. Die Grüppen verschlicken mit der Zeit und müssen daher alle 1 bis 3 Jahre neu ausgeworfen werden. Die Entwicklung von Maschinen für die Begrüppung ist ein sehr dringendes Problem, um die hohen Kosten der Handarbeit herabzusetzen. Die Beete sind recht haltbar, wenn sie aus fettem Schlick bestehen, halten sich aber weniger gut, wenn der Schlick sehr sandhaltig ist.

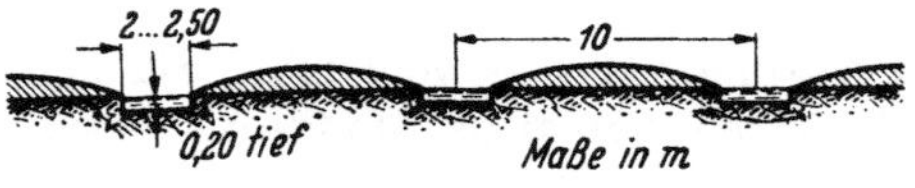

Abb. 362. Anordnung der Grüppen.

Der Erfolg der Arbeiten ist nicht überall der gleiche. Die Verhältnisse liegen z. B. an der schleswig-holsteinischen Westküste im Durchschnitt viel günstiger als an der ostfriesischen Küste. Namentlich nördlich von Husum besteht eine ziemlich starke Neigung zur Verlandung. Heiser (*86, 383*) hat folgenden mittleren Landzuwachs über *GHW* von 1900 bis 1936 errechnet, bezogen auf die Küstenlänge und auf 1 Jahr:

nördlich Husum	9,50 m	Wilhelmshaven bis Emden	3,60 m
Husum bis Elbe	4,20 m	Ley-Bucht	10,00 m

Die Zahlen sind jedoch nicht unmittelbar vergleichbar, da nicht überall planmäßige Landgewinnungsarbeiten durchgeführt worden sind. Im örtlichen Bereiche solcher Arbeiten sind wesentlich größere Erfolge erzielt worden, jährlich 25 bis 50 m. Dabei hängt die Schnelligkeit der Verlandung von der bei jedem *HW* abgesetzten Schlickschicht ab, die um so dicker ist, je höher das Wasser auf der Fläche steht, je mehr absetzbaren Schlick es enthält und je ruhiger es ist. Sehr feine Schlickteilchen bleiben lange im Wasser schwebend und gehen mit dem Ebbestrom ins Meer zurück. An günstigen Stellen der schleswig-holsteinischen Westküste rechnet man damit, daß etwa 30 bis 40 Jahre vergehen, bis eine größere Wattfläche, deren Eindeichung sich lohnt, deichreif geworden ist. Man kann daher Landgewinnungsarbeiten nur auf lange Sicht durchführen.

Die beste Bauzeit sind die Monate Juni bis September. Die möglichst frühzeitige Herstellung der Lahnungen ist deshalb nötig, damit noch vor dem Herbst die Grassoden anwachsen und die Buschdämme verlanden (S. 493). Auch haben die aufgeworfenen Beete dann ausreichend Zeit, sich durch sommerliche Austrocknung so zu festigen, daß sie nicht von den Winterstürmen wieder fortgespült werden. Wichtig ist die sorgfältige Unterhaltung der Lahnungen und Entwässerungsgräben, da vernachlässigte Anlagen sofort stark an Wirkung verlieren.

c) Die Nutzung des Neulandes. Die Nutzung des neu gewonnenen Landes beginnt bereits, wenn es etwas über *GHW* hinausgewachsen, aber noch nicht deichreif geworden ist. Derartige Flächen werden als „Vorland" oder „Heller" bezeichnet und durch Sommerdeiche geschützt, deren Krone mindestens 1,20 m über *GHW* liegt. Diese sichern den Weidegang, da sie bei überraschenden Sturmfluten dem Vieh einen Rückweg ermöglichen. Sie verhindern aber auch die sonst immer wieder bei den Sommersturmfluten durch Versalzungen eintretenden Störungen. Folgt auf eine solche Sturmflut sonniges Wetter, so verbrennt der Graswuchs, besonders auf den niedrigeren Flächen, auf denen sich der Salzgehalt verdichtet. Außerdem fördern die Sommerdeiche die Anlandung. Sie erhalten in der Regel mehrere hölzerne Klappensiele für die Entwässerung. Die Siele werden nach der Weidezeit geöffnet, so daß alle etwas höheren Winterfluten ein- und ausströmen und die Aufschlickung vollenden können. Im Polder selbst werden alle Löcher und Priele verfüllt, wodurch der Weidewert der Fläche erheblich zunimmt. Durch die Beseitigung der Priele wird der Rückstrom geschwächt und die Auflandung gefördert.

In Ostfriesland geht man an die Sommerbedeichung heran, wenn das Land etwa 20 bis 30 cm über dem gewöhnlichen Tidehochwasser liegt. Man kann unter günstigen Verhältnissen durchschnittlich mit einer etwa 15- bis 20jährigen Zwischennutzung des Sommerpolders rechnen, die bei der starken Nachfrage nach Weideland die Anlagekosten durchaus bezahlt macht.

Da die Vorländer noch verhältnismäßig häufig von höheren Fluten überschwemmt werden, ist der Boden noch salzhaltig. Trotzdem liefert der Pflanzenbestand ein recht gutes Futter. Besonders geschätzt wird der Andel (Átropis marítima). Man beweidet die Flächen mit Schafen und Gänsen, aber auch mit Jungvieh, zumal der Jodgehalt des Andelgrases für das Knochenwachstum der Weidetiere äußerst günstig ist und die spätere Milchleistung fördert. Für eine gute Entwässerung durch Gräben ist zu sorgen, da sonst das Flutwasser nicht ausreichend wieder abfließen kann. Wichtig ist auch die Anlage von Tränken. Das erforderliche Süßwasser wird entweder durch Rohrleitungen herangeführt oder als Regenwasser an Ort und Stelle gesammelt, indem man die etwa 0,9 m tiefe Tränke mit einem Ringdeich umgibt. Die Inanspruchnahme des Regens ist natürlich in trockener Zeit unsicher. In Ostfriesland sind daher mit gutem Erfolg auch Filterrohrbrunnen mit Windturbinenantrieb verwendet worden. Bei höheren Fluten muß das Vieh entweder über den nahen Winterdeich oder auf einer sog. Wurt in Sicherheit gebracht werden. Als Wurt bezeichnet man einen künstlich hochwasserfrei aufgeschütteten Platz mit sehr flachen Böschungen, auf dem in der Regel auch Gebäude zur Unterbringung von Menschen und Vieh errichtet werden.

Das Vorland wächst nun durch Überflutungen langsam höher, auch wird sein Salzgehalt allmählich durch die auslaugende Wirkung des Regens geringer. Durch Eindeichung des deichreif gewordenen Landes entstehen die Köge, Polder oder Groden. Man unterscheidet Winterdeiche (Haupt-, Bann-, Schaudeiche) und Sommerdeiche. Letztere haben den Nachteil, daß sie bisweilen überflutet werden, aber den Vorteil der geringeren Kosten. Man sollte die Sommerdeiche wenn möglich so führen, daß sie wenigstens streckenweise später in Winterdeiche umgebaut werden können. Eine schlanke Linienführung der Deiche ist dringend erwünscht. Vorspringende Deichecken bieten den Wellen eine gute Angriffsmöglichkeit, während zurückspringende Winkel die Höhe der auflaufenden Wellen vergrößern. Vor den Deichen soll ein mindestens 50 m breiter grüner Vorlandstreifen liegen.

Zu beachten ist, daß eingedeichte Neulandflächen mit der Zeit noch etwas zu sacken pflegen. Da der Salzgehalt des Schlicks erst viele Jahre nach der Eindeichung völlig verschwindet, wird auch der Wassergehalt des Bodens erst nach langer Zeit geringer (S. 23). So tritt allmählich ein Schwinden des Bodens und daher eine Sackung ein, namentlich dort, wo fetter Schlick im Untergrund liegt, weniger bei stärkerem Sandgehalt des Schlicks. Man hat diesen Umstand bei der Entwässerung der Polder und bei der Höhe der Deiche zu beachten.

Der Schlick liefert einen ausgezeichneten Boden, der in gleicher Weise für Acker- und Weidewirtschaft geeignet ist. Neben dem Kalkgehalt ist eine geringe Sandbeimengung günstig, weil sie den sonst übermäßig schweren Boden milder macht. In den ersten Jahren nach der Eindeichung empfiehlt sich in Winterpoldern der Ackerbau. Ernten von 80 Zentnern Korn und mehr je ha sind dann keine Seltenheit. Als erste Frucht haben sich Hafer und Wintergerste bewährt, da sie gegen den zunächst noch vorhandenen Salzgehalt weniger empfindlich sind. Die Kosten der Landgewinnung sind allerdings sehr erhebliche. An der schleswig-holsteinischen Westküste rechnete man 1936 je ha für die Landgewinnung selbst im Mittel etwa 1000 bis 1200 RM ohne den Zinsverlust und für die Wintereindeichung unter mittleren Verhältnissen (10 lfd. m Deich für 1 ha) etwa 3000 RM/ha. Zu diesen Beträgen kamen noch etwa 300 bis 400 RM/ha für den Binnenausbau des bedeichten Neulandes (Sielzüge, Gräben usw.). Die Deichkosten lagen meistens zwischen 250 und 350 RM/m. Bezüglich der Wirtschaftlichkeit ist zu berücksichtigen, daß das neu gewonnene Land gleichzeitig auch einen erhöhten Schutz des alten Nutzlandes bewirkt und die Unterhaltungskosten der älteren Schutzanlagen (Deiche, Uferschutzwerke) erheblich verringert. Doch ist nur der Staat in der Lage, die hohen Kosten und das Risiko der Landgewinnung zu tragen.

2. Technische Einzelheiten.

a) Deiche. Die gelegentlich der Überströmung ausgesetzten Sommerdeiche erhalten eine Kronenbreite von 1 bis 2 m. Die Krone liegt 2,5 bis 3,5 m über *GHW*, sie wird gewölbt angelegt und mit Rasen geschützt. Die Böschungen legt man außen 4- bis 8fach an, und zwar um so flacher, je mehr der Deich den Angriffen des Wassers ausgesetzt ist, innen 5- bis 10fach. Steilere Binnenböschungen werden durch überströmendes Wasser leicht beschädigt.

Die Krone der Winterdeiche soll 0,3 bis 0,5 m höher liegen als der Wellenkamm bei der höchsten Sturmflut, die bisher beobachtet wurde. Den Wasserstand, den die Flut ohne Wellenschlag haben würde, nennt man Wasserpaß. Die Wellenhöhe über dem Wasserpaß, wie sie unmittelbar vor dem Deich auftritt, hängt wesentlich davon ab, welche Wellen sich überhaupt im freien Meer vor dem Deich entwickeln können, von der Lage des Deiches zur Windrichtung sowie von der Breite und Höhe des Vorlandes. Bei derselben Windstärke entstehen um so höhere Wellen, je länger die Streichweite des Windes, d. h. je größer die in der Windrichtung gemessene Entfernung von Land zu Land ist, längs der der Wind auf das Wasser drückt. Vorgelagerte Inseln wirken daher stark verringernd auf die Wellenhöhe. Je schräger die Küste zur Wind- und Wellenrichtung liegt, um so niedriger werden die Wellen vor der Küste. Schließlich wirkt auch ein breites, hohes Vorland stark bremsend auf die Wellenhöhe. An unserer deutschen Nordseeküste liegen die Kronen der Winterdeiche im allgemeinen etwa 1 bis 3 m über der höchsten bekannten Sturmflut. Sie haben fast durchweg eine Breite von 2,5 m. Die Binnenböschung wird meistens 2fach angelegt, nur bei weichem Untergrunde flacher. Häufig dient eine etwa 7 m breite Binnenberme als Fahrweg. Die Außenböschung ist unten flacher als oben (Abb. 363). Der Deich wird dadurch widerstandsfähiger gegen den Wellenschlag. Man legt den oberen Teil der Außenböschung 3- bis 4fach, den unteren bei Kleiboden (Ton) 6- bis 10fach, bei stark sandigem Boden dagegen 10- bis 16fach an.

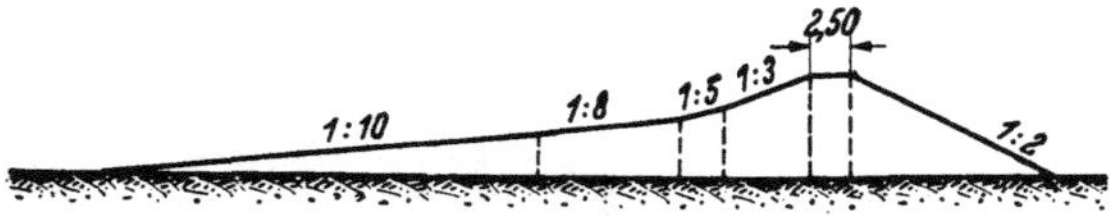

Abb. 363. Querschnitt eines Winterdeiches.

Am besten haben sich die Deiche aus gutem Kleiboden bewährt. Das Spülverfahren mit Wattsand und aufgebrachter Kleidecke birgt bei starker Beschädigung die Gefahr, daß Sturmfluten den freigelegten Sandkern durchbrechen.

Ist mit einer nennenswerten Sackung des Neulandes zu rechnen (S. 490), so genügt es in der Regel, die Deiche 15 bis 20% höher zu bauen, als es ohne die Sackung nötig sein würde. Deiche ohne Vorland müssen häufig noch besonders gegen Unterspülung ihres Fußes gesichert werden. Diesem Zweck dienen Strohbestickungen oder Steinböschungen. Die Strohbestickung ist nur eine vorübergehende Sicherung, da sie nur eine kurze Lebensdauer besitzt. Die auf dem unteren Teil der Außenböschung verlegte Strohlage wird mit 3 bis 4 cm starken Strohseilen in der Weise auf dem Kleiboden der Böschung befestigt, daß das Strohseil mittels einer Sticknadel alle 10 bis 15 cm etwa 10 cm tief in den Boden hineingedrückt wird (Abb. 364). Bisweilen wird auf der Strohbestickung noch eine Spreutlage verlegt (S. 230). Steinböschungen führt man als Steinschüttungen oder als Pflaster aus (S. 193). Abb. 365 zeigt eine Steinschüttung zur Sicherung des Deichfußes. Das Pflaster wird an weniger gefährdeten Deichstrecken auch aus Ziegelsteinen hergestellt, die an der Küste weit billiger als

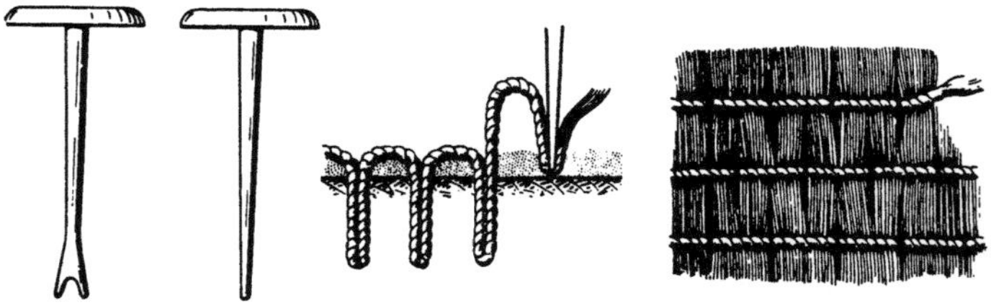

Abb. 364. Strohbestickung. (Nach Garbe.)

natürliche Steine sind, allerdings auch nicht so widerstandsfähig wie diese. Der beste Schutz des Deichfußes ist ein sorgfältig verzwicktes Trockenpflaster aus möglichst schweren Natursteinen.

Das Beweiden der Deiche durch Schafe und Jungvieh fördert die dringend nötige geschlossene Grasnarbe. Das bei Sturmfluten in großen Mengen an die Deiche antreibende Schwemmsel (Teek) wird zweckmäßig kompostiert und zur Düngung der Böschungen verwendet. Die verlassenen Deiche sollte man nicht abtragen, sondern zur Sicherheit als Schlafdeiche (S. 235) bestehen lassen.

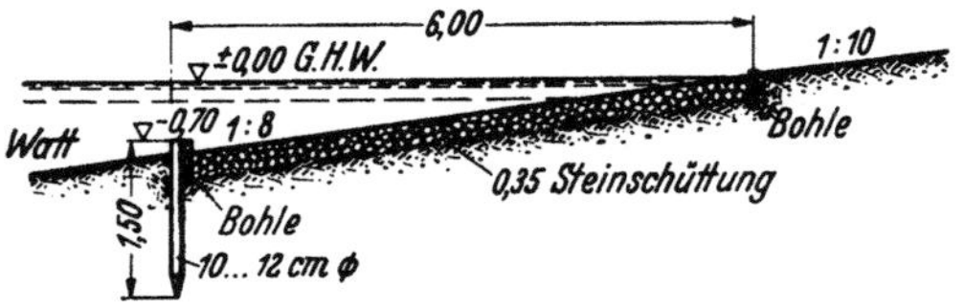

Abb. 365. Sicherung eines Deichfußes. (Nach Heiser.)

Wegen der Deichsiele und Deichlücken vgl. S. 240. Hebersiele haben sich im Tidegebiet nicht bewährt. Die Schlagschwelle soll etwa 25 cm unter der Ausbausohle des Zubringers liegen. Die Lichtweite der Siele in den Küstenniederungen ist so zu berechnen, daß bei starkem Andrang des Binnenwassers

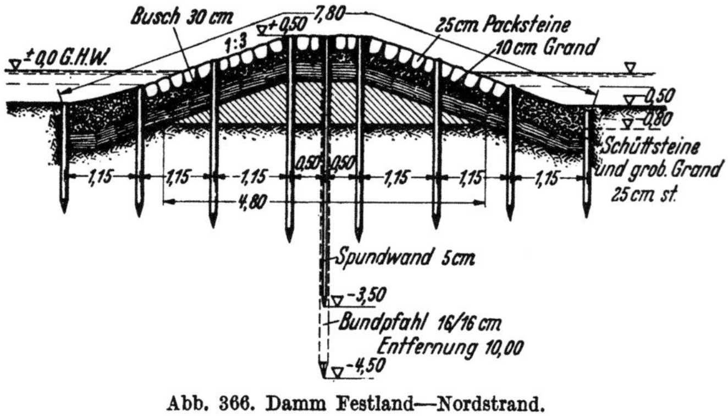

Abb. 366. Damm Festland—Nordstrand.

nicht mehr als 6 bis 8 cm Druckhöhe im Siel verbraucht werden. Die Deichlücken sind in Hauptdeichen möglichst zu vermeiden, da sie stets schwache Punkte des Deichschutzes bilden. Als Verschlußeinrichtung sind wegen überraschend auftretender Sturmfluten oft Stemmtore sehr erwünscht. Man muß beachten, daß die Deichlücken im Tidegebiet nicht selten auch nachts zu schließen sind.

b) Dämme. Die Verbindungsdämme zwischen dem Festlande und den Inseln erhalten eine Kronenhöhe von etwa 2,5 bis 3,0 m über *GHW*, damit sie, von seltenen Fällen abgesehen, nicht überströmt werden. Denn häufige Überströmungen würden den erst vor kurzem abgesetzten und daher noch nicht hinreichend festen Schlick aufrühren und wieder fortspülen. Die Dämme werden als Erddämme gebaut und müssen gegen den Angriff der Wellen besonders geschützt werden. Das geschieht in der Regel dadurch, daß der Erdkörper zunächst mit einer 20 bis 30 cm starken Buschlage abgedeckt wird, die dann ihrerseits mit Schütt- und Packsteinen bedeckt wird. Abb. 366 stellt den Querschnitt des Verbindungsdammes vom Festland zur Insel Nordstrand dar, dessen Krone aber nach neueren Erfahrungen nicht hoch genug über *GHW* liegt.

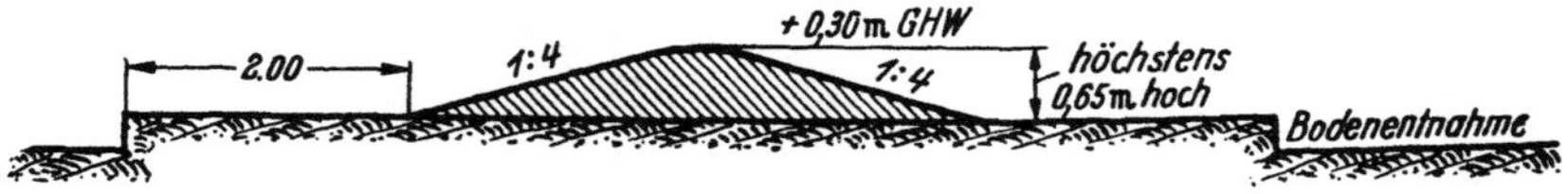

Abb. 367. Erddamm.

Die Lahnungen werden als Erd- oder Buschdämme errichtet. Die Erddämme (Abb. 367) verwendet man in der Nähe des Ufers, wo das Watt nur noch wenig unter *GHW* liegt. Ihre Krone legt man im Mittel etwa 0,30 bis 0,40 m über *GHW*. Die Höhe der Erddämme beträgt höchstens 0,60 bis 0,70 m. Als Baustoff nimmt man den vorhandenen Schlick, der bisweilen mit Rasensoden abgedeckt wird. Doch halten sich diese unter *GHW* nicht lange. Die Böschungen werden 4- bis 5fach angelegt. Weiter seewärts auf tieferem Watt würden Erddämme nicht widerstandsfähig genug sein. Hier verwendet man daher Buschdämme, auch Schlickfänger genannt (Abb. 368). Die 1,50 bis 3,00 m langen Pfähle rammt man am besten mit der Kopframme. Zwischen ihnen werden

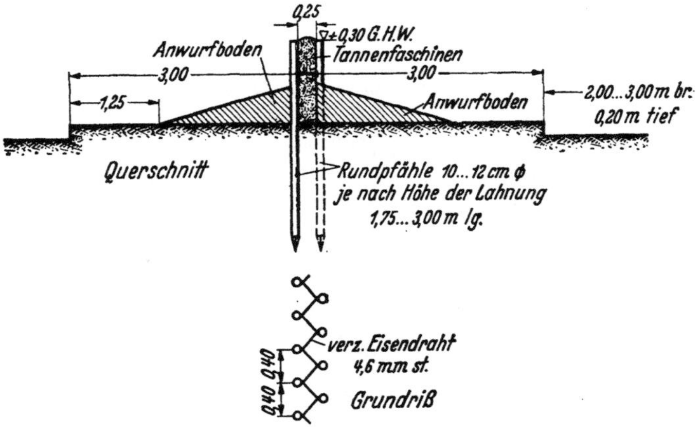

Abb. 368. Schlickfänger. (Nach Heiser.)

Faschinen aus Nadelholz oder Eiche eingebracht, die sich im Seewasser besonders gut halten. Abb. 368 stellt eine leichte Bauart dar. Schwere Buschlahnungen erhalten statt 0,25 m einen Pfahlabstand von 0,60 bis 0,80 m. Auch belastet man bei ihnen die Faschinenpackung mit schweren Steinen, damit die Faschinen im Wasser nicht hoch treiben. Bewährt haben sich behauene Granitsteine von 25 · 30 · 75 cm, die von zwei Leuten noch verlegt werden können. Bei leichten Werken erübrigt sich die Steinbelastung, man sichert sie aber durch Anwurfboden. Als Füllstoff der Schlickfänger dient im unteren Drittel auch Heidekraut, das sehr dauerhaft ist, sich bei Schlickfall rasch dichtsetzt und dadurch eine Durchläufigkeit verhindert. Darüber liegt die Buschpackung. Bei Schlickfängern, auf deren Dichtigkeit es besonders ankommt, werden mit gutem Erfolg auch Tafeln aus 25 mm starken Eichenholzbrettern auf der Innenseite der

Werke eingebaut. Sie haben eine Lebensdauer von etwa 12 Jahren, Blechtafeln dagegen nur eine solche von etwa 8 Jahren. Die Höhe der Buschdämme über dem Watt beschränkt man auf 1,0 bis 1,2 m. Als Fußsicherung sind auch kleine

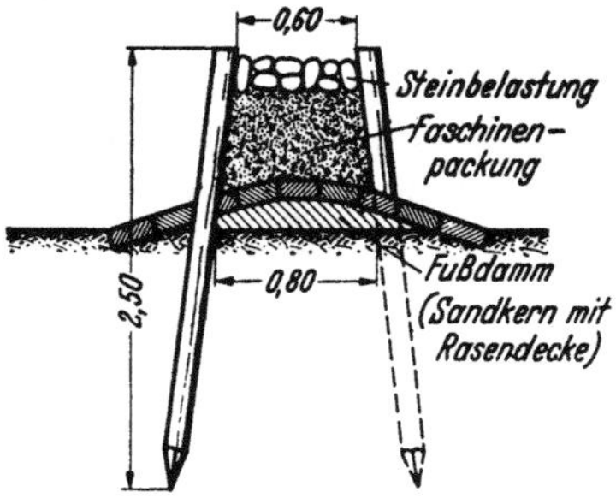

Abb. 369. Schwere Buschlahnung. (Nach Heiser.)

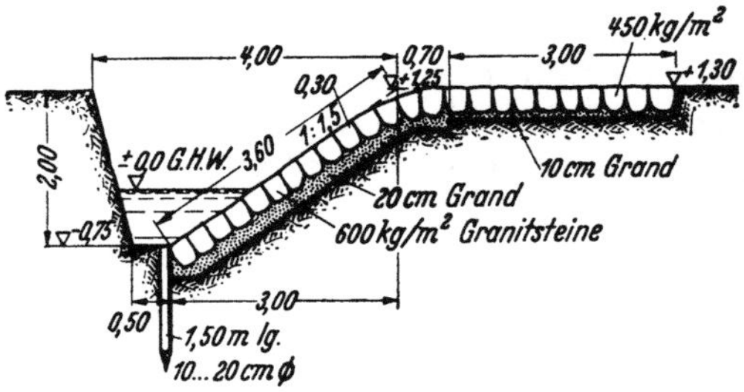

Abb. 370. Steindeich. (Nach Heiser.)

Spundwände mit Erfolg verwendet worden. Abb. 369 zeigt den Querschnitt einer schweren Buschlahnung. Der kleine mit Rasen abgedeckte Fußdamm schützt gegen Unterspülung. Die Unterspülungsgefahr ist um so größer, je mehr Sand das Watt enthält.

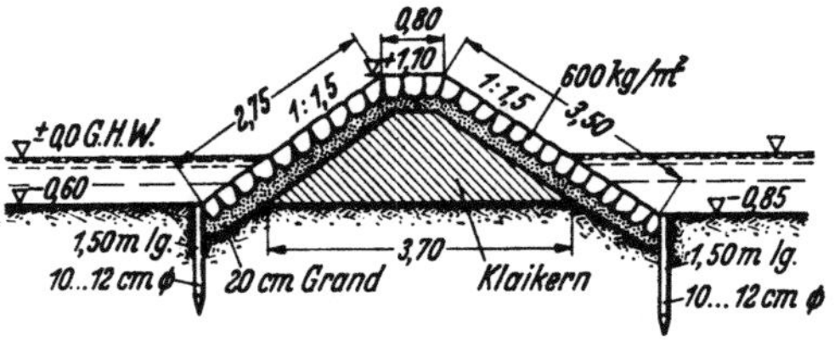

Abb. 371. Buhne auf Hallig Oland.

c) Uferschutzwerke. Die Ufer der Halligen werden durch schwere Deckwerke aus Granit- oder Basaltpflaster, sog. „Steindeiche", gesichert (Abb. 370). Vor diesen Deckwerken ordnet man zu ihrem Schutz gegen Unterspülung bisweilen noch Buhnen an (Abb. 371). Die gleiche Bauart wie diese Buhnen zeigen die

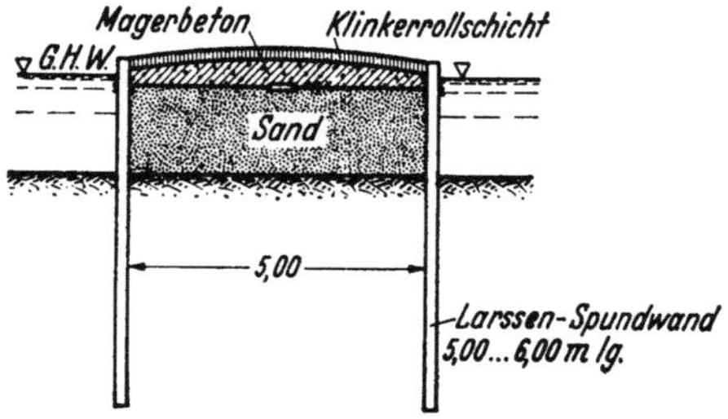

Abb. 372. Buhne auf Norderney.

Dämme, mit denen man die Priele auf den Halligen durchbaut. Die größeren Inseln werden streckenweise mit schweren Strandmauern und Buhnen (Abb. 372) geschützt.

Wegen weiterer Einzelheiten muß auf das einschlägige Schrifttum verwiesen werden (*71, 552* und *86*).

Schriftenverzeichnis.

Bi.	= Der Bauingenieur.
Bt.	= Die Bautechnik.
D.L.	= Deutsche Landeskulturzeitung.
D.L.G.	= Mitteilungen der deutschen Landwirtschaftsgesellschaft.
D.L.P.	= Deutsche Landwirtschaftliche Presse.
D.W.	= Deutsche Wasserwirtschaft.
K.T.	= Der Kulturtechniker.
L.J.	= Landwirtschaftliche Jahrbücher.
M.E.	= Die neuzeitliche Moorkultur in Einzeldarstellungen.
M.V.M.	= Mitteilungen des Vereins zur Förderung der Moorkultur im deutschen Reiche.
M.Z.	= Meteorologische Zeitschrift.
R.K.	= Schriften des Reichskuratoriums für Technik in der Landwirtschaft.
Z.B.	= Zentralblatt der Bauverwaltung.

Klammer im Text, z. B. (*15, 64*) = Nr. 15 des Schriftenverzeichnisses, S. 64.

1. Aereboe: Die Beurteilung von Landgütern und Grundstücken. 1919.

2. Baden: Wird die Wasserführung im Moorboden mit der fortschreitenden Zersetzung der Torfe reger oder träger? D.L. 1940 Nr. 12.

3. Ball: Betrachtungen über die pflanzenphysiologischen Grundlagen der künstlichen Beregnung. K.T. 1934 S. 1.

4. Barth: Wahl, Projektierung und Betrieb von Kraftanlagen. 1914.

5. Bernbeck: Der Wind als pflanzenpathologischer Faktor. Diss. Bonn: Straßburger 1907.

6. Bertram: Die Auswirkung von Grundwasserstandsschwankungen in künstlich entwässerten Poldern. K.T. 1931 S. 194.

7. — Neuere Grundsätze für Schöpfwerksbauten. 1925.

8. Betge: Nicht Abwasserbeseitigung, sondern Abwasserverwertung. Gesundh.-Ing. 1935 Nr. 5.

9. Betz: Wind-Energie und ihre Ausnutzung durch Windmühlen. 1926.

10. Beyerhaus: Geschwindigkeitsformeln für Wasserläufe und maßgebendes Gefälle; Mängel der Ganguillet-Kutterschen Formel und Darlegung eines geeigneten Ersatzes. Bi. 1921 S. 485, 523.

11. Biegeleisen u. Bukowski: Grundlagen zur Berechnung von Wasserrohrleitungen. Gesundh.-Ing. 1914 S. 477.

12. Bilau: Die Ausnutzung der Windkräfte. Z.B. 1925 S. 393.

13. — Die Windkraft in Theorie und Praxis. 1927.

13a. Billib: Die größten Abflußmengen kleiner Niederschlagsgebiete des Flach- und Hügellandes nach Iszkowski. D.W. 1942 S. 330.

14. Borchers: Zweckmäßige Bohrwerkzeuge für kulturtechnische Zwecke. K.T. 1932 S. 487.

15. Brandt u. Romig: Das neue Entwässerungspumpwerk am Borßumer Siel bei Emden. D.W. 1933 S. 243.

16. Breitenbach: Die Bestimmung der Drän-Entfernung auf Grund der Hygroskopizität des Bodens. Diss. Königsberg 1911.

17. Brouwer: Beregnungszeitpunkt und Beregnungserfolg. R.K. 1933 Heft 49.

18. Brüne: Die Entnahme von Moorproben für landwirtschaftliche oder torftechnische Zwecke. M.V.M. 1934 S. 3.

19. — Die Düngung der Moorböden nach neuzeitlichen Grundsätzen. M.V.M. 1933 S. 179.

20. — Bemerkungen der Preußischen Moor-Versuchsstation in Bremen zu den vorstehenden Ausführungen des Professors Dr.-Ing. M. Schirmer-Magdeburg (Betr. Rimpausche Besandungsanlagen). D.L. 1935 S. 10.

21. — Grundsätzliches über die Regelung des Wasserhaushaltes in landwirtschaftlich genutzten Moorböden. D.W. 1936 S. 21.

22. — u. Igel: Wichtige Fragen der Hochmoordränung. M.V.M. April 1933.

23. Brüne: Grundsätze für die Regelung des Wasserhaushaltes in landwirtschaftlich genutzten Moorböden und ihre technische Durchführung. M.E. 1929.
24. — Die Kultur der Hochmoore. M.E. 1931.
25. — Die Kultivierung von Natur flachgründiger Hochmoore sowie abgetorfter, mit Moorabraum (Bunkerde) bedeckter Hochmoorböden. D.L.P. 1941 S. 427.
26. — Die Düngung der Moorböden nach neuzeitlichen Grundsätzen. Beitr. Agrarwissenschaft 1947 Heft 1.
27. Butz: Ein neues Verfahren zur Entwässerung tiefgründiger Moore. K.T. 1911 S. 126.
28. Carlé: Die Rolle des Waldes im Wasserhaushalt. Gas- u. Wasserfach 1947 S. 118
29. Demoll: Das Abwasserfischteichverfahren. 1920.
30. Deutscher Ausschuß für Eisenbeton (Moorausschuß). Versuche über das Verhalten verschiedener Zemente und Betonschutzmittel im Moor. 1931.
31. Die Entwicklung der Landeskultur in der Provinz Westfalen im 19. Jahrhundert. 1900.
32. Dilger: Noch Einiges über Dränage. K.T. 1900 S. 10.
33. DIN 1957: Ausbau und Anlage von Wasserläufen und Deichbau. 1932.
34. DIN 1184: Schöpfwerke. 1938.
35. Düll: Graphische Berechnung der Seerückhaltung. D.W. 1927 S. 37.
36. Duysen: Unkräuter. Bücherei für Landwirte. 1925.
37. Ehlers: Regulierung geschiebeführender Flüsse, insbesondere der Weichsel. 1913.
38. — -Winkel: Bau, Unterhaltung und Verteidigung der Flußdeiche. 1947.
39. Endell: Beitrag zur chemischen Erforschung und Behandlung von Tonböden. Bt. 1935 S. 226.
40. Engel: Die landwirtschaftliche Verwertung der Abwässer der Stadt Leipzig im Gebiet der „Delitzscher Wasserverwertungsgenossenschaft". D.L. 1936 S. 18.
41. — Die landwirtschaftliche Verwertung städtischer Abwässer. D.L.P. 1935 S. 233.
42. Engels: Handbuch des Wasserbaues. 1921.
43. — Weitere Versuche über Streichwehre. Z. VDI 1920 S. 101.
44. Ermert: Der Einfluß der Dränungen auf die Hochwasserführung der Wasserläufe. D.L.P. 1935 S. 271.
45. Fabian: Die Verdunstungsmessungen auf der Scheitniger Schleuseninsel in Breslau. K.T. 1926 S. 377.
46. Fauser: Eine verfehlte Dränierung in schwerem Tonboden. K.T. 1910 S. 179 und 1911 S. 139.
47. — Kulturtechnische Bodenverbesserungen. Sammlung Göschen 1947 Nr. 691 und 1941 Nr. 692.
48. — Bodenuntersuchungen auf dem Dränungsversuchsfelde Ellwangen. K.T. 1933 S. 438.
49. — Verhandlungen der 6. Kommission der Internationalen Bodenkundlichen Gesellschaft. Teil A und B. Groningen 1932 und 1933.
50. Ficker, v.: Wetter und Wetterentwicklung. Verständliche Wissenschaft, Bd. 15 (1932).
51. Fischer: Niederschlag und Abfluß. In „Die Wasserkraftwirtschaft Deutschlands". 1930.
52. — Die Seeverdunstungsmessungen der preußischen Landesanstalt für Gewässerkunde. M.Z. 1922 S. 337.
53. — Abflußverhältnis, Abflußvermögen und Verdunstung von Flußgebieten Mitteleuropas. Z.B. 1925 Heft 41.
54. — Die Grundgleichungen des Wasserhaushaltes eines Flußgebietes. Z.B. 1925 Heft 18.
55. — Niederschlag, Abfluß und Verdunstung des Weserquellgebietes. Jahrbuch für die Gewässerkunde Norddeutschlands. Besondere Mitteilungen Bd. 4 (1925 u. 1928) Nr. 3.
56. — -Friedrich: Zur Beurteilung der Verdunstungsmessungen an freien Wasserflächen. Gerlands Beitr. Geophys. 1937 Heft 2 bis 4.
57. Fleischer: Anlage und Bewirtschaftung von Moorwiesen und Moorweiden. 1921.
58. Foerster: Taschenbuch für Bauingenieure. 1921.
59. Francé: Das Leben der Pflanze. Bd. 1 (1906).
60. Freckmann: Die Kultur der Niederungsmoore. M.E. 1930.
61. — u. Schonnopp: Neuere Erfahrungen mit der Feldberegnung. D.L.P. 1935 Nr. 18 u. 19.
62. — Versuche über den Wasserbedarf verschiedener Gräser. L.J. Erg.-Bd. 1 (1926) S. 51.
63. — Versuche über den Einfluß verschieden hoher Grundwasserstände auf das Gedeihen eines Kleegrasbestandes. L.J. Erg.-Bd. 1 (1926) S. 38.
64. — -Brouwer: Untersuchungen über den Einfluß der Düngung, der künstlichen Beregnung und des Grundwasserstandes auf einen Kleegrasbestand. Pflanzenbau, Januar 1934.

65. Freckmann: Zeitfragen der Bewässerung und ihre Bedeutung für die deutsche Landwirtschaft. Die Ernährung der Pflanze, 1939 Heft 2.
66. Friedrich: Messungen der Verdunstung von freien Wasserflächen. Z.B. 1930 Nr. 3.
67. — Über die Verdunstung vom bewachsenen und unbewachsenen Erdboden. D.W. 1933 Heft 4.
68. — Messungen der Verdunstung vom Erdboden. K.T. 1935 S. 234.
69. — Über die Verdunstung vom bewachsenen Erdboden. D.W. 1936 Heft 6.
70. Gallenkamp: Über den Zusammenhang von Windgeschwindigkeit und Verdunstung. M.Z. 1917 S. 24.
71. Gerhardt: Landwirtschaftlicher Wasserbau. Handbuch der Ingenieur-Wissenschaften, III. Teil, Bd. 7. 1924.
72. — Kulturtechnik. In Vogler: Grundlehren der Kulturtechnik. 1909.
73. Gerlach: Untersuchungen über die Menge und Zusammensetzung der Sickerwässer. L.J. 1926 S. 701.
74. — Welche Ertragssteigerung kann durch Ackerbewässerung in unserem Klima erzielt werden? D.L.G. 1906 Stück 40.
75. Gisiger: Die Stauberechnung für das Wasserkraftwerk Safe Harbor im Susquehannastrom. D.W. 1936 S. 8.
76. Haeuser: Kurze starke Regenfälle in Bayern. Abhandlungen der Bayerischen Landesstelle für Gewässerkunde. 1919.
77. — Kurze starke Regenfälle in Bayern, Erg.-Bd. 1. 1922.
78. Hagenbucher: Erfahrungen der Praxis mit dem Krause-Regner. Der praktische Ratgeber im Obst- und Gartenbau. 1921 S. 143.
79. Hahn: Der Abfluß in vereisten oder verkrauteten Wasserläufen. D.W. 1942 S. 419.
80. Hann u. Süring: Lehrbuch der Meteorologie. 1926.
81. Harttung: Die Sackung der Moore. K.T. 1934 S. 184.
82. Haselhoff-Blanck: Lehrbuch der Agrikulturchemie. 1929.
83. Hegi: Illustrierte Flora von Mitteleuropa. 1906.
84. Heinemann: Sind die guten Gräser Flachwurzler? D.L. 1934 Heft 4.
85. Heinrich: Bodenverbesserung der Geestländereien durch Schlickgaben. D.L.P. 1934 Nr. 24.
86. Heiser: Landerhaltung und Landgewinnung an der deutschen Nordseeküste. Bt. 1933 S. 179 u. 371.
87. Hellmann: Klimaatlas von Deutschland. 1921.
88. — Die Niederschläge in den norddeutschen Stromgebieten. 1906.
89. — Über die Bewegung der Luft in den untersten Schichten der Atmosphäre. M.Z. 1915 S. 1.
90. Hellriegel: Beiträge zu den naturwissenschaftlichen Grundlagen des Ackerbaues. 1883.
91. Helmrich: Die Bewässerungsgenossenschaft Schwarzer Winkel. K.T. 1927 S. 1.
92. Hensen: Der Einfluß einer Eisdecke auf den Abfluß und die Bettrauhigkeit in einem Fluß. Bt. 1948 Heft 6.
93. Hermann: Die Betriebseigenschaften von Pumpen verschiedener Schnelläufigkeit und deren Regulierung. D.W. 1934 S. 92.
94. Heß: Über die Wasserverluste bei Bewässerungsanlagen. Z. Archit.- u. Ing.-Ver. Hannover 1883.
95. Heyl: Die Pflanzen. Landw. Lehrbuch-Reihe 1940.
96. Hinz: Die Mängel bei Moordränungen und ihre Beseitigung. M.V.M. 1928 S. 140 u. 160.
97. Hütte: 26. Aufl., 1931—34.
98. Imhoff: Taschenbuch der Stadtentwässerung. 1947.
99. Jähde: Die Dichtung eines Erddammes mit Bitumen-Emulsion. Wasserkraft und Wasserwirtschaft 1937 S. 201.
100. Janert: Neue Methoden zur Bestimmung der wichtigsten physikalischen Grundkonstanten des Bodens. L.J. 1927 S. 425.
101. — u. Schönfeldt: Die Luftströmung in Dränungen. K.T. 1934 S. 338.
102. Kahle: Die Einwirkung des Hochwasserüberschwemmungsgebietes auf den Abflußvorgang eines Flusses. Z.B. 1927 S. 402.
103. Karsten: Untersuchungen über die Wärmeleitungsfähigkeit einiger Bodenarten. Internat. Mitt. Bodenkde. Bd. 1 (1912) S. 524.
104. Keutner: Die Verwendung von Drahtnetzkörpern im Wasserbau. Mitt. Forsch.-Inst. Wasserbau u. Wasserkraft. München 1935.
105. — Buhnenbauten aus Drahtnetzkörpern. Bt. 1936 S. 513.

106. Kirwald: Grundzüge der forstlichen Wasserhaushaltstechnik. 1944.
107. Kittlitz, Freiherr v.: Mein Hydropulsor-Werk an der Lausitzer Neiße. K.T. 1920 S. 117.
108. Kleinlogel: Einflüsse auf Beton. 1930.
109. — Zementbeton in Moorböden. K.T. 1927 S. 49.
110. Kleinschmidt: Die Häufigkeit dürrer und nasser Monate in Württemberg und Hohenzollern. Württembergische Jb. Statistik u. Landeskde. 1928.
111. Koehne: Das unterirdische Wasser. Handbuch der Geophysik Bd. 7 (1933).
112. — Grundwasserkunde. 1928.
112 a. — Grundwasserkunde 1948.
113. — Die Kräfte, durch die die Pflanzen Wasser aus dem Boden aufnehmen. K.T. 1933 S. 4.
114. Könekamp: Beitrag zur Kenntnis des Wurzelwachstums einiger Klee- und Gräserarten. L.J. 1934 Heft 4.
115. König: Die Verunreinigung der Gewässer. 1899.
116. — Untersuchungen über quantitative und qualitative Veränderungen von Rieselwasser bei öfterer Benutzung. L.J. 1879.
117. Köpcke: Die steuerfreie Niederlage zu Harburg. Z. Archit.- u. Ing.-Ver. Königreich Hannover. 1860 S. 222.
118. Kopecky: Die physikalischen Eigenschaften des Bodens. Internat. Mitt. Bodenkde. Bd. 4 (1914) S. 138.
119. — Neue Erfahrungen auf dem Gebiete der Bodenentwässerung mittels Dränage. K.T. 1908 S. 9.
120. Kötting: Die Verwertung der städtischen Abwässer durch die Landwirtschaft. D.L.P. 1935 Nr. 16.
121. Krafft-Fruwirth: Lehrbuch der Landwirtschaft Bd. 1 u. 2 (1927).
122. Krause: Über den Einfluß der Dränagen auf das Hochwasser der Flüsse. K.T. 1898 S. 1.
123. Kreuz: Die landwirtschaftliche Verwertung der Stadtabwässer. D.L. 1933 Heft 12.
124. — Deutschlands Stadtabwässer. D.L. 1936 S. 4.
125. — Teichbau und Teichwirtschaft. 1928.
126. Kröhnke: Ein paar Formeln für den Bau von Wasserschnecken. Dtsch. Bauztg. 1876 S. 377.
127. Krüger: Bauten im Moor. Die Entwicklung der Moorkultur in den letzten 25 Jahren. 1908 S. 178.
128. — Beobachtungen über die Bewegungen des Grundwassers im Kehdinger Hochmoor. Protokoll der 48. Sitzung der Zentral-Moor-Kommission. 1901 S. 239.
129. — Über Einstaubewässerung und Grabenversickerung. Mitt. Kais.-Wilh.-Inst. Landwirtsch. Bromberg Bd. 1 (1908).
130. — Das Versuchsfeld bei Dratzig für Wiesenbewässerung. Mitt. Kais.-Wilh.-Inst. Landwirtsch. Bromberg Bd. 4 (1911).
131. — Kulturtechnischer Wasserbau. Handbibliothek für Bauingenieure. 1921.
132. — Für und wider die Dränage. K.T. 1914 S. 302.
133. Krügge: Krautungsgeräte. K.T. 1906 S. 303.
134. Kuhlewind: Die Maulwurfsdränung ohne und mit Tonröhren. 1932.
135. Lau: Beiträge zur Kenntnis der im Ackerboden befindlichen Luft. Diss. Rostock 1906.
136. Leiner: Verfahren zur Untersuchung von Wasserspeichern. Seerückhalt. Bi. 1925 S. 175.
137. Lemmermann: Methoden für die Untersuchung des Bodens. 1932.
138. Letsch: Zur Ertragsteigerung durch Dränanlagen. K.T. 1919 S. 171.
139. Lindboe: Eine neue Formel zur Ermittelung der mittleren Geschwindigkeit in natürlichen Wasserläufen. Diss. Dresden 1910.
140. Linstow, v.: Bodenanzeigende Pflanzen. Abh. Preuß. Geolog. Landesanst., N. F. 114 (1929).
141. Lippke: Beitrag zur Kenntnis des Abflußgesetzes in den natürlichen Strömen. Z. B. 1934 S. 423 u. 440.
142. — Beitrag zur Kenntnis der Geschwindigkeitsformel von Ganguillet und Kutter. Wasserkr. u. Wasserwirtsch. 1934 S. 259, 274, 290, 298.
143. Löbbecke, v.: Bericht über die Dränage-Anlage mit künstlicher Entwässerung in Groß-Neudorf bei Brieg, Bezirk Breslau. K.T. 1909 S. 5.
144. Löhnis: Die Biologie des Bodens. Handbuch der Landwirtschaft, Ackerbaulehre. 1929.
145. Lorke: Die Bodenkarte für kulturtechnische Zwecke. Diss. Breslau 1934.

146. Lüdecke: Über die Größe der Bodenverdunstung bei verschiedener Tiefe des Grundwasserspiegels. K.T. 1904 S. 195.
147. — Über die zur Anfeuchtung ausgedehnter Landstriche erforderlichen Wassermengen K.T. 1905 S. 9.
148. Lueger-Weyrauch: Die Wasserversorgung der Städte. Städt. Tiefbau Bd. IIa. Bd. 1 (1914).
149. Meinardus: Eine einfache Methode zur Berechnung klimatologischer Mittelwerte von Flächen. M.Z. 1900 S. 241.
150. Michaelis: Die Wasserstoffionenkonzentration. 1922.
151. Milch: Die Zusammensetzung der festen Erdrinde als Grundlage der Bodenkunde. 1926.
152. Mirtsch: Eine Bestimmung der Benetzungswärme des Bodens. Bot. Arch. 1930 S. 451.
153. Mises, v.: Elemente der technischen Hydromechanik. 1914.
154. Mitscherlich: Untersuchungen über die Ermittlung des Wasserbedarfs unserer wichtigsten Kulturpflanzen. K.T. 1926 S. 46.
155. — Bodenkunde für Land- und Forstwirte. 1923.
156. Moeller: Die Wirkungsgrade der Windkraftmaschinen. Technik in der Landwirtsch. 1925 S. 239.
157. Moritz: Moordammkultur seit 1888. M.V.M. 1927 S. 182.
158. Münzinger: Das Klima in landwirtschaftlicher Beziehung. Handbuch der Landwirtschaft. Ackerbaulehre. 1929.
159. Neue Wasserkraftmaschine für Be- und Entwässerung und Kraftversorgung. D.W. 1927 S. 136.
160. Niggli: Lehrbuch der Mineralogie. 1920 u. 1926.
161. Nolte: Biologische Stickstoffbindung im Boden. D.L.G. 1933 S. 1130.
162. Odén: Die Huminsäuren. 1919.
163. Oehler: Grundzüge der Entwicklung der Feldberegnung in Deutschland. ATL-Schriftenreihe. 1928 Heft 3.
164. — Erfahrungen mit der Maulwurfdränung auf Hochburg. K.T. 1933 S. 9.
165. Pennink: Über die Bewegung von Grundwasser. J. Gasbeleuchtg. u. Wasserversorgg. 1907 S. 69.
166. Petersen: Der Übergangsbogen im Eisenbahngleis. 1932.
167. — Der Übergangsbogen im Straßenbahngleis. Verkehrstechnik 1933 Heft 15/16.
168. Pfeiffer: Ertragsteigerung durch Dränung. K.T. 1924 S. 153.
169. Pilaski: Über den Wasserverbrauch der hauptsächlichsten Kulturpflanzen. Bot. Arch. Bd. 15 (1926).
170. Pilzwucherungen in Dränagen. K.T. 1911 S. 278.
171. Pisek: Der Wasserverbrauch einiger Pflanzenvereine. 1941.
172. Pollex: Arbeitsleistungen im Dränungsbau. K.T. 1930 S. 557.
173. Potonié-Seitz: Geologie. Bücherei für Landwirte. 1925.
174. Preußische Landesanstalt für Gewässerkunde. Die wichtigsten Regeln für Abflußmessungen mit dem Flügel. 1941.
175. Preußische Landesanstalt für Gewässerkunde. Pegelvorschrift. 1935.
176. Preußisches Landwirtschaftsministerium. Dränanweisung. 1934.
177. Preußisches Meteorologisches Institut. Anleitung zur Anstellung meteorologischer Beobachtungen, Teil II. 1913.
178. Preußisches Meteorologisches Institut. Anleitung zur Messung und Aufzeichnung der Niederschläge. 1927.
179. Preußische Moorversuchsstation in Bremen. Anweisung zur Entnahme von Moorbodenproben für die physikalische und chemische Untersuchung.
180. Preußische Versuchsanstalt für Wasserbau und Schiffbau. Bestehen Zusammenhänge zwischen Rutschneigung und Chemie von Tonböden? 1935.
181. Prinz: Handbuch der Hydrologie. 1923.
182. Ramann: Forstliche Bodenkunde und Standortslehre. 1893.
183. Ramshorn: Neuartige Absturzbauwerke in offenen mit Betonplatten ausgekleideten Bachläufen. Techn. Gemeindebl. 1933 Nr. 5.
184. Rehbock: Die Bekämpfung der Sohlenauskolkung bei Wehren durch Zahnschwellen. Schweiz. Bauztg. 1926 S. 27 u. 44.
185. — Wassermessung mit scharfkantigen Überfallwehren. Z. VDI 1929 S. 817.
186. — Brückenstau und Walzenbildung. Bi. 1921 S. 341.
187. — Der Abfluß von Wasser über Wehre verschiedenen Querschnittes. Z. Verb. dtsch. Arch.- u. Ing.-Ver. 1913 S. 4.
188. Reichel: Grabenbagger. K.T. 1924 S. 6.

189. Reichsamt für Wetterdienst. Anleitung für die Beobachter an den Niederschlagsmeßstellen des deutschen Reichswetterdienstes. 1936.

190. Reichsfinanzministerium. Schätzungsrahmen mit Erläuterungen. 1935.

191. RKTL-Schriften, Heft 10. Maschinelle Grabenreinigung. 1930.

192. RKTL-Schriften, Heft 13. Die Feldberegnung und ihre Bedeutung für Landwirtschaft und Gartenbau. 1930.

193. RKTL-Schriften, Heft 30. Neue Beiträge aus Wissenschaft und Praxis der Beregnung in Landwirtschaft und Gartenbau. 1932.

194. RKTL-Schriften, Heft 38. Die Feldberegnung, zweite Folge. 1933.

195. Reichsleitung des Arbeitsdienstes und Reichskuratorium für Wirtschaftlichkeit. Handbuch der Arbeitstechnik, Heft 3, Erdarbeiten. 1935.

196. Reincke: Über die Zusammenhänge zwischen Grundwasserstand und Ertrag auf Niederungsmoorwiesen. D.L.G. 1932 S. 299.

197. Richter: Verstopfungen in Dränagen. K.T. 1914 S. 217.

198. Rinne: Gesteinskunde. 1921.

199. Rothe: Über den Wasserhaushalt der Marschböden im niederelbischen Obstbaugebiet. Arb. biol. Reichsanst. Land- u. Forstwirtsch. 1933 Heft 5 S. 603.

200. Rothe: Die Strangentfernung bei Dränungen im Mineralboden. K.T. 1929 S. 155.

201. — Meliorationen. Handbuch der Landwirtschaft, Ackerbaulehre. 1929.

202. — Verdunstungs- und Druckwassermengen im Haffdeichverband im Memeldelta. K.T. 1922 S. 55.

203. Rotmistroff: Das Wesen der Dürre. 1926.

204. Ruschmann: Bedeutung des Humus im Boden. Mitt. Landwirtsch. 1935 S. 655.

205. Salfeld: Erfahrungen und Winke bei der Neukultur der Hochmoore. M.V.M. 1896 S. 189.

206. Schäfer: Beitrag zur Bestimmung der Durchflußöffnung bei Wehranlagen und Brücken. D.W. 1935 S. 207.

207. Schanderl: Botanische Bakteriologie und Stickstoffhaushalt der Pflanzen auf neuer Grundlage. 1947.

208. Schewior: Hilfstafeln zur Bearbeitung von Meliorationsentwürfen, Kanalisationen und anderen wasser- und tiefbautechnischen Aufgaben. 1930.

209. Schildknecht: Die Bestimmung der Bewässerungsbedürftigkeit in der Landwirtschaft. K.T. 1932 S. 133.

210 Schirmer: 70 Jahre Rimpausche Moordammkulturen. K.T. 1934 Heft 2.

211. — Die Nachprüfung der vom Unterausschuß für Schöpfwerke aufgestellten „Richtlinien I für die Berechnung der Zulaufmengen zu den Schöpfwerken" vom Herbst 1929 an Hand der von den Kulturbaubehörden gelieferten Fragebögen über bestehende Schöpfwerke. K.T. Sonderh. vom 30. Okt. 1934.

212. — Vorläufige Richtlinien des deutschen Ausschusses für Kulturbauwesen für die Berechnung der Zulaufmengen zu den Schöpfwerken. K.T. 1930 S. 27.

213. — Vorläufige Richtlinien des deutschen Ausschusses für Kulturbauwesen für die Anlage und Ausrüstung von Schöpfwerken. K.T. 1932 S. 305.

214. Schleicher: Taschenbuch für Bauingenieure. 1942.

215. Schlipfs Handbuch der Landwirtschaft. 1929.

216. Schneider: Die rationelle Verwertung der Stadtabwässer in der Landwirtschaft. 1931.

217. Schoklitsch: Geschiebebewegung in Flüssen und an Stauwerken. 1926.

218. Schramm: Die Gestaltung der Gleisbögen als Kurven mit fortlaufend veränderlicher Krümmung. 1931.

219, Schroeder: Beitrag zur Bearbeitung von Schöpfwerksentwürfen. K.T. 1927 S. 223, 1928 S. 278.

220. — Die Verwendung von nahtlosen Stahlmuffenrohren für Wasserleitungen. K.T. 1932 S. 216.

221. — Schrittweise Dränung. K.T. 1928 S. 463.

222. Schubert: Bodendecke und Wasserhaushalt. Z. ges. Forstw. 1944 S. 33.

223. Schucht: Grundzüge der Bodenkunde. 1930.

224. Schulze: Wurzelatlas. 1911 u. 1914.

225. Schulze-Pillot: Sicherung von Heberleitungen an Schöpfwerken durch Einschließen von Luft. K.T. Sonderh. 30. Okt. 1934.

226. Schüngel: Tafeln zur graphischen Ermittlung der Wassergeschwindigkeit v für trapezförmige Fluß- und Grabenprofile. 1900.

227. Seelhorst, v.: Handbuch der Moorkultur. 1914.

228. — Der Wasserverbrauch von Wiese und Weide. J. Landwirtsch. 1910.

229. Seifert-Liebs: Zur Frage der Übertragbarkeit der Flügeleichungen auf Wassermessungen. Mitt. Preuß. Versuchsanst. Wasserbau u. Schiffbau. 1931.
230. Sellke: Fortschritte der Wiesenwirtschaft im Weichseldelta auf der Grundlage tieferer Entwässerung. Danz. statist. Mitt., Mai 1929.
231. Sering: Die deutsche Landwirtschaft unter volks- und weltwirtschaftlichen Gesichtspunkten. 1932.
232. Stahlschmidt: Die zweckmäßigsten Holzkastendräns für Moorboden. M.V.M. 1928 S. 203.
233. Strate: Herstellung von Drängräben durch Dampfgeräte. K.T. 1908 S. 179.
234. Strecker: Erkennen und Bestimmen der Wiesengräser. 1927.
235. Tacke: Einfluß der Moore auf die Wasserverhältnisse der Unterlieger. D.W. 1935 S. 115.
236. — Die naturwissenschaftlichen Grundlagen der Moorkultur. M.E. 1929.
237. — Über die bei der Entwässerung und Kultivierung des Moorbodens eintretenden Sackungen. Jb. Moorkde. 1912 S. 35.
238. Tillner: Neue Bauweise von Holzkastendräns. K.T. 1928 S. 267.
239. Tolkmitt-Zander: Grundlagen der Wasserbaukunst. 1940.
240. Trabert: Neuere Beobachtungen über die Verdampfungsgeschwindigkeit. M.Z. 1896 S. 261.
241. Troßbach: Die Häufigkeit dürrer und nasser Monate im oberen Donaugebiet. K.T. 1930 S. 236.
242. Uhden: Die Steigerung der Leistungsfähigkeit der Stromwasserstraßen (insbesondere durch Kanalisierung) und die Landeskultur. D.W. 1943 Heft 3.
243. Uhl: Grundsätzliches über Bachdüker. Bt. 1933 S. 675.
244. Vageler: Der Kationen- und Wasserhaushalt des Mineralbodens. 1932.
245. — Der Einfluß der Bewässerung auf den Boden. D.W. 1942, Beilage S. 1941.
246. VDI.-Verlag, Berlin: Regeln für Leistungsversuche an Kreiselpumpen. 1928.
247. Verband deutscher Landeskulturgenossenschaften: Bedeutung und Umfang der Meliorationen in Deutschland. 1931.
248. Vogt: Eisenbakterien und Grünland-Dränung. D.L.P. 1930 Nr. 2.
249. Weber: Die landwirtschaftliche Abwasserverwertung in der Rieselfeldgenossenschaft Delitzsch-Schenkenberg. K.T. 1934 S. 151.
250. Weiland: Die Vorgänge im Kapillarwasser des Bodens bei Veränderung der Grundwasserspiegelhöhenlage. K.T. 1933 S. 147.
251. Weise: Die Fortentwicklung der landwirtschaftlichen Bewässerung unter Verwertung der städtischen Abwässer. Bt. 1935 S. 527 u. 601.
252. Weiß: Staukurvenberechnung für natürliche Wasserläufe. Wasserkr. 1921 S. 300.
253. Weyrauch-Strobel: Hydraulisches Rechnen. 6. Aufl. 1930.
254. Wießmann: Einfluß des Lichtes auf Wachstum und Nährstoffaufnahme bei verschiedenen Getreidegattungen. L.J. 1921/22.
255. Wilharm: Straßen- und Wegebau im Moor. Druckerei der Deutschen Tageszeitung. 1930.
256. Winkel: Die Grundlagen der Flußregelung. 1947.
257. — Eine neue Wasserkraftmaschine „Aquapulsor". Glasers Ann. 1922 S. 92.
258. — Angewandte Hydromechanik im Wasserbau. 1947.
259. — Förderung von mit Wasser vermischtem Sand. Bt. 1941 S. 424.
260. Witte: Beitrag zu den Grundlagen des Grasbaues. Diss. Bonn-Poppelsdorf 1928.
261. Wohltmann: Die Möglichkeit der Ackerbewässerung in Deutschland. Arb. D.L.G. 1904 Heft 97.
262. Wrangell, v.: Ernährung und Düngung der Pflanzen. Handbuch der Landwirtschaft, Ackerbaulehre. 1929.
262 a. Wundt: Die größten Abflußspenden in Abhängigkeit von der Fläche. Wasserwirtschaft 1949/50 S. 59.
263. Wussow: Die Häufigkeit zu nasser und zu trockener Sommermonate (Dürremonate) in Ostpreußen. K.T. 1926 S. 191.
264. — Die Häufigkeit nasser und dürrer Sommermonate in Nordwestdeutschland. K.T. 1932 S. 20.
265. — Die Häufigkeit nasser und dürrer Sommermonate in Westdeutschland. K.T. 1933 S. 14.
266. — Die Häufigkeit nasser und dürrer Sommermonate in Mitteldeutschland. K.T. 1931 S. 30.
267. — Die Häufigkeit nasser und dürrer Sommermonate in Schlesien. K.T. 1934 S. 63.

268. Wussow: Die Häufigkeit nasser und dürrer Sommermonate im mittleren Norddeutschland. K.T. 1930 S. 243.
269. — Stark- und Dauerregen auf Grund fünfjähriger Registrierungen. M.Z. 1933 S. 67.
270. Zentral-Moor-Kommission. Protokoll der 87. Sitzung 1926.
271. Zunker: Das Verhalten des Bodens zum Wasser. Handbuch der Bodenlehre. 1930.
272. — Beziehung zwischen Bodenbeschaffenheit und Entfernung der Sauger von Dränungen. L.J. 1921/22.
273. — Die spezifische Oberfläche des Bodens als Grundlage für die Normung der Dränentfernung. K.T. 1923 S. 89.
274. — Hygroskopizität und Benetzungswärme. K.T. 1928 S. 80.
275. — Über das Schwinden und Quellen der Böden und ein neues Bodenuntersuchungsverfahren. K.T. 1928 S. 527.
276. — Gebrauchsanweisung zur Bestimmung der spezifischen Oberfläche des Bodens. K.T. 1926 S. 157.
277. — Vorläufiger Bericht über die Abwasserberegnungsversuche in Schebitz im Jahre 1933. K.T. 1934 Sonderheft S. 189.
278. — Landwirtschaftliche Verwertung der Abwässer. Gesundh.-Ing. 1936 Nr. 24 u. 25.

Sachverzeichnis.

M 401.

GPSR Compliance

The European Union's (EU) General Product Safety Regulation (GPSR) is a set of rules that requires consumer products to be safe and our obligations to ensure this.

If you have any concerns about our products, you can contact us on ProductSafety@springernature.com

In case Publisher is established outside the EU, the EU authorized representative is:

Springer Nature Customer Service Center GmbH
Europaplatz 3
69115 Heidelberg, Germany

Batch number: 10683525

Printed by Printforce, the Netherlands